Petrographie der magmatischen und metamorphen Gesteine

Wolfhard Wimmenauer

Petrographie der magmatischen und metamorphen Gesteine

1. Auflage, 1. durchgesehener Nachdruck
297 Einzelabbildungen, 106 Tabellen

Ferdinand Enke Verlag Stuttgart

Prof. Dr. Wolfhard Wimmenauer
Mineralogisch-petrographisches Institut
der Albert-Ludwigs-Universität
Albertstraße 23b
D-7800 Freiburg i. Br.

CIP-Kurztitelaufnahme der Deutschen Bibliothek

Wimmenauer, Wolfhard:
Petrographie der magmatischen und metamorphen
Gesteine / Wolfhard Wimmenauer. – Stuttgart :
Enke, 1985.
ISBN 3-432-94671-6

Satz und Druck: Maisch + Queck, D-7016 Gerlingen, Filmsatz 9/10 Times, Linotype System 4

Vorwort

Petrographie – und nicht Petrologie – der magmatischen und metamorphen Gesteine ist das Thema des hier vorgelegten Buches; die damit betonte Konzentration auf eine überwiegend beschreibende Darstellung der kristallinen Gesteine war das Grundprinzip bei der Wahl der Inhalte und für die Gliederung des Stoffes. Anlaß für den Entschluß des Autors und des Verlages, ein Buch mit dieser bestimmten Zielsetzung vorzubereiten, war einerseits die Existenz mehrerer hervorragender Werke über die Petrologie der Magmatite und Metamorphite, andererseits die Tatsache, daß seit vielen Jahren keine ausführlichere deskriptive Petrographie in deutscher Sprache mehr erschienen war. Es ist in diesem Sinne ein besonderes Anliegen dieses Buches, die für das Verständnis der Petrologie erforderliche petrographische Kenntnis der magmatischen und metamorphen Gesteine in solcher Breite zu vermitteln, wie es der vorgegebene Umfang irgend erlaubt. Grundkenntnisse in Geologie und Mineralogie sind Voraussetzung für das Verständnis; zur Ergänzung und Vertiefung wird der Gebrauch spezieller Bücher und Tabellenwerke über die gesteinsbildenden Minerale empfohlen (siehe S. 9).

Hinweise auf petrographische und petrologische Literatur erscheinen in zweierlei Form: als „Weiterführende Literatur“ am Ende der Hauptabschnitte und als Quellenverzeichnis am Ende des Buches. Als weiterführend gelten einschlägige Lehrbücher und andere zusammenfassende Darstellungen bestimmter Gebiete, Sammelbände mit Beiträgen zu besonderen Themen, alle möglichst neueren Datums, aber fallweise auch „Klassiker“, die lange Zeit wegweisend waren und bis heute zu den grundlegenden Werken des Faches gehören.

Der Text war Anfang 1984 fertiggestellt; neuere Literatur konnte noch in einzelnen Fällen, zum Teil nur durch Nennung in den Literaturverzeichnissen, berücksichtigt werden.

Der Verfasser dankt seinen Kollegen Dr. W. Czygan, Dr. C. Hoffmann, Prof. Dr. J. Keller, Prof. Dr. J. Otto, Dr. H. Schleicher und Dipl.-Geol. L. Trautmann (alle Freiburg i. Br.) sowie Herrn Prof. Dr. P. Paulitsch (Darmstadt) für wertvolle Beratung und die Überlassung von Dünnschliffen und Bildmaterial, Frau Sibylle Groos für das mühevolle Schreiben des Textes und der Tabellen, Frau Dipl.-Min. Monika Sebert für die Hilfe beim Lesen der Korrekturen sowie Frau Dipl.-Min. Isabel Hofherr für die Herstellung der Dünnschliff- und Handstücks-Photos. Die Karten, Profile und Diagramme zeichnete Frau Livia Scholz-Breznay.

Freiburg i. Br., im September 1985

Wolfhard Wimmenauer

Inhalt

1 Allgemeines

1.1 Gegenstände und Methoden der Petrographie

Als **Gesteine** definiert man natürliche Mineralaggregate, deren Zusammensetzung und Gefüge über eine gewisse Erstreckung gleichförmig sind und die geologisch selbständig auftreten. Die in dieser Definition geforderte minimale Größe eines als Gestein anzuerkennenden Mineralaggregates ist der Bereich, innerhalb dessen die Mineralkomponenten statistisch annähernd gleichmäßig verteilt sind. Die Größe dieses Bereiches hängt von der Korngröße und Verteilung der Hauptminerale ab. Sie ist bei feinkörnigen Gesteinen viel geringer, als bei grobkörnigen. Die geologische Selbständigkeit ist dann gegeben, wenn ein Mineralaggregat nach Bildungsart oder -zeit von seiner unmittelbaren Umgebung verschieden ist. Selbständige Gesteinskörper in diesem Sinne sind z. B. ein mehrere Kilometer großer Granitpluton mit überall etwa gleicher mineralischer Zusammensetzung, eine über viele Zehner Kilometer lateraler Erstreckung gleichartig zusammengesetzte Sedimentschicht, aber auch ein nur wenige Zentimeter breites, kleinkörniges Granitgängchen oder eine nur faustgroße Scholle von feinkörnigem Kalksilikatfels in Gneis. Eine terminologische Sonderstellung nehmen die Migmatite ein; sie sind per definitionem „grobgemengte“ Gesteine aus mehreren, petrographisch deutlich verschiedenen Anteilen (s. Abschn. 4). Hydrothermale Mineralgänge in beliebigem Nebengestein, Quarzadern und -knauern in Schiefern, pegmatitische Nester und Schlieren in Graniten und viele andere, örtliche Anreicherungen bestimmter Minerale in sonst homogenen Gesteinen werden konventionell nicht als selbständige Gesteine qualifiziert. Sie werden vielmehr durch Nennung ihrer Hauptminerale und der Form ihres Auftretens gekennzeichnet, z. B. als Quarz-Fluorit-Baryt-Gang, Quarzlinsen oder -adern, (pegmatitartige) Quarz-Feldspat-Nester, biotitreiche Schlieren, Turmalin-„Sonnen“ und analog nach den Erfordernissen des Einzelfalles.

Die **Petrographie** untersucht und beschreibt das Vorkommen, die Zusammensetzung und das Gefüge der Gesteine und der in ihnen auftretenden besonderen Mineralbildungen. Sie benennt die Gesteine nach bestimmten Regeln und klassifiziert sie nach ihrer Genese (magmatische, metamorphe und Sedimentgesteine), ihrer Zusammensetzung und ihrem Gefüge. Die **Petrologie** untersucht die Entstehung der Gesteine in der Natur und im Experiment; sie erforscht die genetischen Zusammenhänge und Entwicklungen der Gesteinswelt und begründet sie durch Anwendung der Gesetze der Physik und Chemie.

Die wichtigsten **Arbeitsmethoden** der Petrographie und Petrologie sind:

- Die petrographische **Feldarbeit:** Feststellung des Vorkommens und der Verbandsverhältnisse der Gesteine, die (oft nur vorläufige) Charakterisierung der Gesteine nach Mineralbestand und Gefüge, Aufnahme besonderer Lagerungs- und Gefügeverhältnisse (z. B. Klüftung, Schieferung, Faltung) und die Probenahme, welche je nach den angestrebten Zielen in verschiedener Weise erfolgen muß (z. B. repräsentative Einzelproben zur petrographischen Gesteinsbestimmung, orientierte Proben für Gefügeuntersuchungen, Großproben zur Herstellung von Mineralkonzentraten, für geochemische und geochronologische Untersuchungen). Die Beobachtungen bei der petrographischen Feldarbeit sind somit teils **makroskopisch,** sofern sie Erscheinungen im Aufschlußbereich und darüber hinaus größere Zusammenhänge berücksichtigen, teils **mesoskopisch** bei der Betrachtung der Gesteine und ihrer Gefüge im Handstücksbereich und herunter bis zur Grenze der Erkennbarkeit mit dem bloßen Auge. Unterhalb dieser Grenze beginnt der Bereich der **mikroskopischen** Untersuchungen.
- Die **mikroskopische Untersuchung** der Gesteine erfolgt im Dünnschliff, im polierten Anschliff und in Körnerpräparaten. Das **Polarisationsmikroskop** ist das bevorzugte Instrument des Petrographen für das mikroskopische Studium der Gesteine, ihrer Minerale und Gefüge. Wichtige Zusatzgeräte sind der Universaldrehtisch, verschiedene Arten von Geräten zur quantitativen Bestimmung des Mineralbestandes, der Korngröße und anderer Gefügeeigenschaften (s. Abschn. 1.3.1 und 3.4.6) sowie Geräte zur Bestimmung der Lichtbrechung

und anderer optischer Eigenschaften der Gesteinsminerale. Speziell der Untersuchung der fluiden Einschlüsse gesteinsbildender Minerale dienen Heiz- und Kühlvorrichtungen am Mikroskop. Wegen der Einzelheiten der Arbeit am Polarisationsmikroskop wird auf die einschlägigen Lehrbücher verwiesen.

- **Elektronenmikroskopische Methoden:** Rasterelektronenmikroskopische Bilder der Oberfläche von Gesteins- und Mineralproben; Scanning-elektronenmikroskopische Abbildung der Elementverteilung an der Oberfläche von Gesteins- und Mineralpräparaten; Mikroskopie von dünnsten Mineral- und Gesteinspräparaten im durchfallenden Elektronen-„Licht“ (Transmitted Electron Microscopy = TEM).
- Zur stofflichen Charakterisierung eines Gesteins gehört neben der Kenntnis seines Mineralbestandes auch die **chemische Analyse** der Hauptelemente. Sie ist unentbehrlich bei vielen feinkristallinen oder glasigen Gesteinen, besonders bei Vulkaniten (s. Abschn. 1.3.3 und 2.4). Chemische Analysen von Gesteinsserien sind Voraussetzung für die petrologische Erforschung der Herkunft und Entwicklung der Gesteine. Hier ist auch die Kenntnis der Neben- und Spurenelemente sowie der Isotopenverhältnisse bestimmter Elemente von größter Bedeutung.
- Als weitere wichtige Instrumente der Petrographie und Petrologie sind zu nennen: die **Elektronen-Mikrosonde** zur punktuellen chemischen Analyse gesteinsbildender Minerale, sowie die
- Apparaturen zur **experimentellen Erforschung** der Gesteins- und Mineralbildung, besonders unter hohem Druck und hohen Temperaturen.

1.2 Grundbegriffe der Petrographie

1.2.1 Die Hauptkategorien der Gesteine

Obwohl die Petrographie im Prinzip eine beschreibende Wissenschaft ist, werden ihre Objekte, die Gesteine, gewöhnlich in einer vorgegebenen Anordnung dargestellt, die die Kenntnis ihrer Bildungsweise, wenigstens in allgemeiner Form, schon voraussetzt. Die drei Hauptkategorien der Gesteine sind danach:

- **Die magmatischen Gesteine** (Magmatite), die durch Verfestigung einer Gesteinsschmelze entstehen.
- Die **Sedimentgesteine,** die in verschiedener Weise als Ablagerungen im Wasser oder an der Luft auf der Oberfläche des festen Erdkörpers gebildet werden.
- Die **metamorphen Gesteine,** die durch Umwandlung magmatischer und sedimentärer Gesteine unter Bedingungen entstehen, die von denen der ursprünglichen Bildungsumstände verschieden sind. Dabei sind besonders die Druck-, Temperatur- und Bewegungsverhältnisse in der Erdkruste, nicht aber die Bedingungen der Verwitterung und der Diagenese gemeint.

Sehr viele Gesteine sind schon aufgrund einfacher Feldbeobachtungen einer der drei Kategorien zweifelsfrei zuzuordnen. Ihre Benennung und weitere Klassifizierung kann dann nach Ermittlung des Mineralbestandes, des Gefüges und nach weiteren Kriterien vorgenommen werden. Nicht selten ergeben sich allerdings auch Probleme dadurch, daß die Form des Auftretens eines Gesteins nicht erkennbar ist oder dadurch, daß die oben formulierten Bildungsvorgänge zwar begrifflich, aber nicht in der Natur immer scharf unterscheidbar sind. Auf die Gesteins- und Mineralbildungen solcher Übergangsbereiche wird im vorliegenden Buch mehrfach eingegangen. Wegen ihrer petrographischen und petrologischen Besonderheiten sind ferner den drei genannten Hauptkategorien der Gesteine in diesem Buch drei weitere zur Seite gestellt:

- Die **metasomatischen Gesteine,** die durch chemische und mineralische Veränderung von Gesteinen im überwiegend festen Zustand entstehen,
- die **Migmatite,** bei deren Bildung neben metamorphen und metasomatischen Prozessen teilweise Aufschmelzung und Wiederkristallisation beteiligt sind, und die
- **Gesteine des oberen Erdmantels,** die in mehrfacher Hinsicht eine besondere Kategorie bilden und vielfach nicht eindeutig als Magmatite oder Metamorphite unterscheidbar sind.

Viele außerirdische Gesteinsbildungen, besonders die chondritischen Meteorite und manche Gesteine des Mondes, entziehen sich ebenfalls der einfachen Klassifizierung als magmatische, sedimentäre oder metamorphe Gesteine.

1.2.2 Mineralbestand, Struktur und Textur

Zur petrographischen Kennzeichnung und Benennung eines Gesteins ist die Kenntnis folgender Eigenschaften erforderlich:

- Mineralische Zusammensetzung,
- Gefüge und
- geologisches Auftreten (Verbandsverhältnisse).

Immer ist neben der Kenntnis des Mineralbestandes auch die der chemischen Zusammensetzung von Interesse und in vielen Fällen sogar unentbehrlich. Die **mineralische Zusammensetzung** ist die wesentliche Grundlage der Nomenklatur der magmatischen Gesteine, deren Namen großenteils auch Aussagen über das geologische Auftreten mit enthalten; in der allgemein üblichen binären Klassifikation stehen sich jeweils besondere Namen für Plutonite und Vulkanite gleicher Zusammensetzung gegenüber, z. B. Granit – Rhyolith, Gabbro – Basalt usw. (s. Abschn. 2.4). Bei den metamorphen Gesteinen sind weithin zusammengesetzte Namen gebräuchlich; sie enthalten neben Hinweisen auf den Mineralbestand auch Aussagen über Gefügeeigenschaften (z. B. Gneis, Schiefer, Fels) und sogar über die vormetamorphe Herkunft des Gesteins (z. B. Ortho- bzw. Paragneis, s. Abschn. 3.1). Besondere Zusätze zu den Namen können auch die Bedingungen der Metamorphose kennzeichnen (s. Abschn. 3.3).

Die häufigsten Minerale der magmatischen Gesteine sind:

- Feldspäte **(Sanidin, Orthoklas, Mikroklin, Albit** und die **Plagioklase),** Feldspatvertreter (**Nephelin, Leucit,** Kalsilit, Sodalith, Nosean, Hauyn, Lasurit, Cancrinit), **Muskovit, Quarz,** Tridymit, Cristobalit und Analcim; sie werden als **salische** oder felsische Minerale zusammengefaßt.
- **Olivin,** Pyroxene **(Diopsid, Salit, Augit, Pigeonit, Ägirin,** Enstatit, **Bronzit, Hypersthen),** Amphibole (**„Hornblende"** mit ihren vielen Varietäten, Riebeckit, Arfvedsonit), **Biotit, Phlogopit, Melilith,** Monticellit, primäre Karbonate von Ca, Mg und Fe, Zirkon, Titanit, Apatit, **Magnetit, Ilmenit** und verschiedene **Sulfidminerale.** Sie werden als **mafische** Minerale oder **Mafite** den salischen Mineralen gegenübergestellt. Der Anteil der Mafite in Volum-% ist die **Farbzahl** (colour index, C. I.). Die magmatischen Gesteine werden nach ihrer Farbzahl in

– hololeukokrate	Farbzahl	0–10
– leukokrate	Farbzahl	10–35
– mesokrate	Farbzahl	35–65
– melanokrate	Farbzahl	65–90
– holomelanokrate	Farbzahl	90–100

eingeteilt. Die Zuordnung sekundärer Umwandlungsminerale (z. B. Serpentin, Chlorit, Serizit, Calcit, Zeolithe) richtet sich nach der Zugehörigkeit des jeweiligen Ausgangsminerals zur salischen oder mafischen Gruppe.

Hauptminerale der metamorphen und metasomatischen Gesteine sind ebenfalls die Feldspäte Quarz, Muskovit und alle schon aufgeführten Mafite. Als typisch metamorphe Bildungen kommen hinzu: **Granat** (z. B. Almandin, Pyrop, Grossular, Andradit), **Staurolith, Cordierit, Andalusit, Sillimanit, Disthen,** die Minerale der **Epidotgruppe** (Zoisit, Klinozoisit, Epidot, Pumpellyit), Prehnit, Lawsonit, Wollastonit, Vesuvian, Skapolith, aus der **Amphibolgruppe** Tremolit, Aktinolith, Glaukophan, Cummingtonit, aus der **Pyroxengruppe** Jadeit; ferner Pyrophyllit, Talk, **Serpentinminerale, Chlorite,** Chloritoid, Vermiculit, Illit, bestimmte Zeolithe (z. B. Laumontit) und viele weitere Mineralarten. Die Kennzeichnung des Mineralbestandes nach der Beteiligung salischer und mafischer Minerale ist nur bei bestimmten Metamorphiten sinnvoll und üblich. Viele der in diesem Absatz genannten Minerale sind keiner der beiden Gruppen ausdrücklich zugeordnet. Es steht vielmehr die Beurteilung der Mineralbestände im Hinblick auf die Metamorphosebedingungen und mittelbar auch auf das Ausgangsmaterial im Vordergrund.

Gesteine, die ganz überwiegend aus nur einer Mineralart bestehen, werden als **monomineralisch,** solche aus zwei und mehr Mineralarten als bimineralisch bzw. **polymineralisch** bezeichnet. **Hauptminerale** eines Gesteins sind solche, die mit mehr als 5 Vol.% beteiligt sind. Viele Gesteinsnamen sind schon durch die Kombination bestimmter Hauptminerale definiert; zur vollständigen Kennzeichnung genügt es dann, den Namen der etwa zusätzlich vorhandenen Hauptminerale voranzustellen, z. B. Biotitgranit, Olivinbasalt und analoge. Viele metamorphe Gesteine sind nur durch Nennung aller Hauptminerale vollständig gekennzeichnet (z. B. Plagioklas-Quarz-Biotit-Paragneis oder -Orthogneis). **Nebenminerale** oder Nebengemengteile sind dann zu nennen, wenn sie zur Charakterisierung des Gesteins aus besonderen Gründen wesentlich sind, z. B. cordieritführender Biotitgranit, nephelinführender Olivinbasalt. **Akzessorische Minerale** (= „Akzessorien") erscheinen nicht im Gesteinsnamen; ihre Volumanteile sind meist unter 1%. Manche von ihnen, wie etwa Apatit, Zirkon, Magnetit und andere sind aber in vielen magmatischen und metamorphen Gesteinen fast regelmäßig vorhanden.

Grundbegriffe zur Kennzeichnung der **Gefüge** magmatischer, metasomatischer und metamorpher Gesteine sind **Korngröße, Kornform, Struktur** und **Textur.** Die „Körner" dieser Gesteine sind im allgemeinen Einkristalle mit idiomorpher oder anderer Gestalt, wobei auch Formen, die von dem, was landläufig als „Korn" bezeichnet wird, stark abweichen, einbegriffen sind. Häufige Bezeichnungen der Kornform sind:

- isometrisch (d. h. in allen drei Raumesrichtungen etwa gleichmäßig erstreckt), würfelig, prismatisch, langprismatisch, säulig, stengelig, nadelig, faserig, tafelig, blättrig, schuppig;
- eckig, in verschiedenem Grade gerundet, ellipsoidförmig, kugelig.

Die Gestalt der **Korngrenzen** wird als einfach geradlinig oder gekrümmt, buchtig, stark buchtig, zerlappt, amöbenartig, gezackt, ausgefranst, skelettartig, dendritisch und fallweise auch anders beschrieben (Abb. 1). Im allgemeinen wird damit das Erscheinungsbild der Körner im Dünn- oder Anschliff charakterisiert. Idiomorphe Körner zeigen im Anschnitt geradlinige, oft paarweise parallele Grenzen und scharfe Ecken (Abb. 2 A und B). Weitere Ausführungen zur Kornform s. Abschn. 1.3.2.

Die **Korngröße** ist eine für die mesoskopische und mikroskopische Erscheinung der Gesteine sehr wesentliche Eigenschaft. Gesteine können **gleichkörnig** oder in verschiedenem Maße **ungleichkörnig** sein. Variieren die Korngrößen stetig von einem maximalen zu einem minimalen Wert, so nennt man die Korngrößenverteilung **serial;** bei unstetiger Variation wird sie **hiatal** genannt. Hiatale Korngrößenverteilungen haben viele magmatische Gesteine mit **porphyrischer** Struktur, die durch relativ große **Einsprenglinge** in einer feinerkörnigen Grundmasse charakterisiert ist (s. Abschn. 2.3). In ungleichkörnigen Gesteinen haben die einzelnen Mineralarten meist ihre eigene besondere Korngrößenverteilung.

Bei der Messung und Berechnung von **Korngrößen** im Dünn- und Anschliff ist zu berücksichtigen, daß die Kornanschnitte im allgemeinen nicht dem größten Durchmesser der Körner entsprechen. Bei einfachen geometrischen Verhältnissen (einfacher Korngestalt) läßt sich die wahre Korngröße zwar berechnen, bei den meist nicht einfachen Kornformen magmatischer und metamorpher Gesteine ist dies nur mit großem Meßaufwand möglich. Außerdem wird die durch eine Zahl anzugebende „Korngröße" mit zunehmender Abweichung der Körner von der isometrischen Form zu einer von den natürlichen Verhältnissen weit entfernten Abstraktion. In solchen Fällen sind andere Kriterien zu erarbeiten, die den mehr unregelmäßigen und komplizierten Kornformen Rechnung tragen (s. Abschn. 1.3.2). Zur vorläufigen Kennzeichnung eines Gesteins bedient man sich der in Tabelle 1 angege-

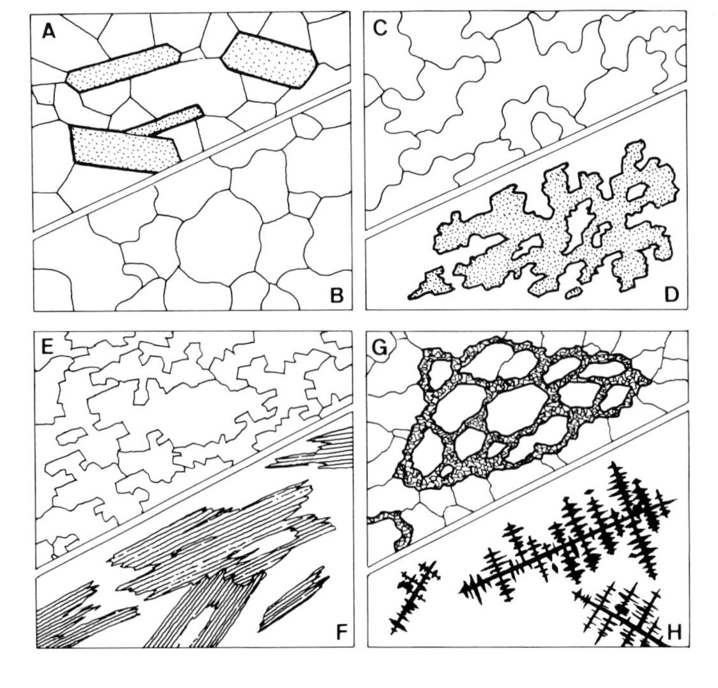

Abb. 1 Formen der Korngrenzen gesteinsbildender Minerale.
A) gerade
B) gekrümmt
C) buchtig
D) zerlappt
E) gezackt
F) ausgefranst (Biotit)
G) skelettförmig (Granat)
H) dendritisch (Magnetit).

Tabelle 1 Korngrößenskala für kristalline Gesteine nach TEUSCHER

	Korndurchmesser in mm	Kornzahl pro cm^2
riesenkörnig	> 33	$\ll 1$
großkörnig	33–10	< 1
grobkörnig	10–3,3	$1–10^1$
mittelkörnig	3,3–1,0	$10^1–10^2$
kleinkörnig	1,0–0,3	$10^2–10^3$
feinkörnig	0,3–0,1	$10^3–10^4$
sehr feinkörnig	0,1–0,01	$10^4–10^6$
dicht	$< 0,01$	$> 10^6$

benen Korngrößenskala; im Dünn- und Anschliff kann man weiterhin die größten und kleinsten vorkommenden Maße der Körner jeder Mineralart leicht bestimmen und bei einfacher Korngestalt eine mittlere Größe der Kornanschnitte als (scheinbare) Korngröße abschätzen. Genauere Angaben werden durch Messen der Korndurchmesser einer Mineralart auf einer Linie und Abzählen der durchlaufenen Körner erhalten. Es ergibt sich daraus der **mittlere Kornanschnitt** als Summe aller einzelnen Anschnitte, geteilt durch die Anzahl der getroffenen Körner. Eine „mittlere" Korngröße ergibt sich auch aus der Anzahl aller Körner auf einer Einheitsfläche. Für kristalline Gesteine hat E. O. TEUSCHER die in Tabelle 1 dargestellte Korngrößenskala vorgeschlagen.

Der Größenbereich zwischen 33 und 10 mm wird auch *sehr grobkörnig* genannt; Gesteine mit Korngrößen zwischen 0,1 und 0,01 mm werden vielfach auch schon als mesoskopisch dicht oder *aphanitisch* bezeichnet.

Als **Struktur** eines Gesteins bezeichnet man die Art seines Aufbaus aus den Einzelkomponenten. Die Struktur ist gegeben durch die Gestalt der einzelnen Mineralkomponenten und durch ihre gegenseitigen geometrischen Verhältnisse. Die oben behandelten Kornformen und die Korngrößenverhältnisse sind damit die wesentlichen Elemente der Gesteinsstrukturen.

Die **Textur** eines Gesteins beruht auf der Anordnung seiner Komponenten im Raum. Die *Komponenten* sind in diesem Falle nicht so sehr die einzelnen Körner, als vielmehr Komplexe gleicher Minerale oder anderer gleicher Gefügeelemente. Dabei kommen die Orientierung der Komponenten als Richtungsgefüge, die Verteilung derselben als Verteilungsgefüge und die Raumerfüllung (kompakte und poröse Gefüge) in Betracht. Typische Beispiele für orientierte Gefüge bieten die metamorphen Schiefer mit ihren parallel eingeregelten Glimmern. Gesteine mit Lagen unterschiedlicher mineralischer Zusammensetzung haben damit ein inhomogenes Verteilungsgefüge; Laven mit Gasblasen sind durch ihre in besonderer Weise unvollständige Raumerfüllung gekennzeichnet.

Im einzelnen sind die Strukturen und Texturen der magmatischen, metasomatischen, migmatischen und metamorphen Gesteine in den betreffenden Kapiteln (Abschn. 2.3 bzw. 3.4, 4 und 5.1) behandelt.

Im englisch-amerikanischen Sprachgebrauch haben die Worte *structure* und *texture* andere Bedeutungen. *Texture* ist etwa synonym mit der deutschen *Struktur,* während *structure* Erscheinungen wie Falten, Klüftung, Absonderungsformen und dergleichen bezeichnet. Der deutschen *Textur* entspricht das englische *fabric.*

1.2.3 Strukturen innerhalb des Einzelkornes

Im Idealfall ist das kristalline Einzelkorn im Gestein homogen und frei von Einschlüssen und Umwandlungserscheinungen. Sehr häufig kommen aber Abweichungen von diesem Zustand vor, die in vielerlei Hinsicht Aussagen über die Bedingungen der Bildung und späteren Veränderung der Minerale ermöglichen. Sehr verbreitete, bei der Kristallisation aus der Schmelze entstandene Inhomogenitäten sind:

– **Zonarbau:** Die Zusammensetzung des Kristalls ändert sich während des Wachstums, so daß eine *schalige* oder *schichtige* Struktur parallel zu den Kristallflächen entsteht (Abb. 2 A und B). Da die chemischen Unterschiede auch die optischen Eigenschaften bestimmen, wird der Zonenbau im Dünnschliff oder Anschliff erkennbar. Veränderliche Eigenschaften sind die Farbe (z. B. bei Augit und manchen Granaten), die Lichtbrechung, die Doppelbrechung und die Lage der Indikatrix, von der die Auslöschungsschiefe bei gekreuzten Polarisatoren abhängt. Häufig sind alle vier Eigenschaften miteinander variabel, z. B. bei den Augiten; bei farblosen Mineralen, wie Plagioklas, verändern sich Auslöschungslage und – weniger auffallend – auch Licht- und Doppelbrechung in zonarer Abfolge. Speziell bei diesem Mineral spricht man von *normalem* Zonarbau, wenn der Kristall innen anorthitreicher ist, als außen; *inverser* Zonarbau ist die umgekehrte Abfolge. Nicht selten kommen *Rekurrenzen,* d. h. Zonen mit nach außen hin wieder erhöh-

A

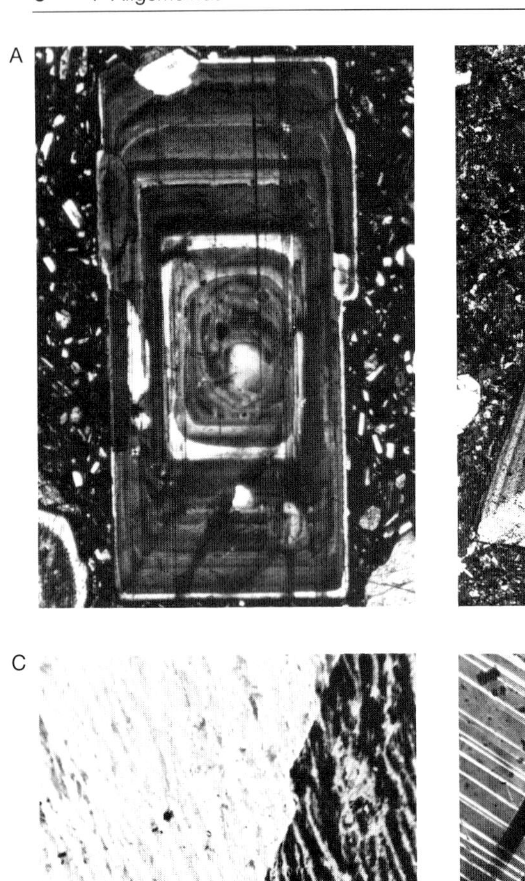

B

C

D

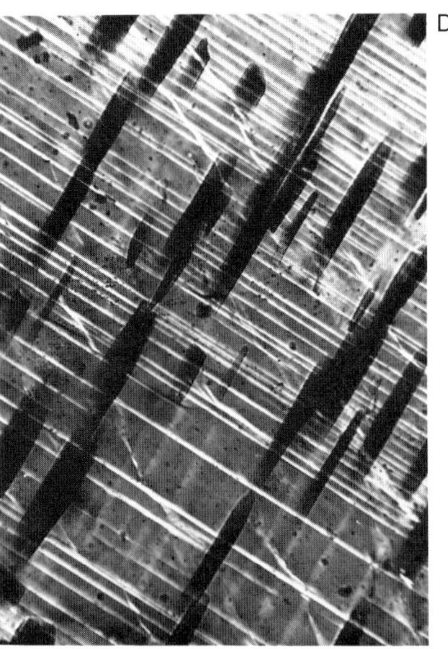

Abb. 2

A) Zonar gebauter Plagioklas in Andesit vom Karadağ (Zentralanatolien). Gekr. Nicols; 25 mal vergr. Photo H. SCHLEICHER.

B) Zonar gebauter Titanaugit mit Sanduhrstruktur in Monchiquit vom Horberig (Kaiserstuhl). Gekr. Nicols; 20 mal vergr.

C) Perthitisch entmischter K-Na-Feldspat (Karlsbader Zwilling) in Alkaligranit. Scharm-el-Scheich (Sinai). Gekr. Nicols; 40 mal vergr.

D) Antiperthitisch entmischter Plagioklas (Kalifeldspat-Entmischungskörper in Dunkelstellung), in Granulit. Comarin (Südindien). Gekr. Nicols; 100 mal vergr.

tem Anorthitgehalt vor; wenn sich diese Erscheinung mehrmals wiederholt, spricht man von *oszillierendem* Zonenbau. Da die oberflächennächsten Schichten eines wachsenden Kristalls jeweils im Gleichgewicht mit der umgebenden Schmelze stehen, erlaubt der Zonarbau wichtige Rückschlüsse auf deren (veränderliche) Zusammensetzung.

- Eine weitere Form von chemischer Inhomogenität kommt dadurch zustande, daß die verschiedenen Flächen des wachsenden Kristalls etwas unterschiedlich zusammengesetzte Substanz anlagern. Dadurch entsteht mit fortschreitendem Wachstum eine Gliederung des Kristalls in chemisch (und optisch) verschiedene Sektoren. In günstigen Anschnitten erscheint dieser Bau in Gestalt einer Sanduhr, z. B. bei Augit in Vulkaniten, und wird entsprechend **Sanduhrstruktur** genannt (Abb. 2 B). Auch Turmaline in Pegmatiten haben manchmal außer einem gewöhnlichen Zonarbau eine solche Gliederung in Sektoren.

Neben diesen regelmäßigen Inhomogenitäten sind unregelmäßig-fleckige und anders gestaltete Inhomogenitäten verbreitet, z. B. bei Epidot.

- **Entmischungserscheinungen** sind bei manchen häufigen gesteinsbildenden Mineralen, z. B. den Orthoklasen der Granite, sehr verbreitet. Sie sind im Dünnschliff, seltener auch schon mit dem bloßen Auge als zahlreiche, orientierte lamellen- oder spindelförmige oder anders gestaltete Einlagerungen einer entmischten Phase in der Wirtsphase erkennbar. Im Falle der Kali-Natron-Feldspäte mit Albit als entmischter und Kalifeldspat als Wirtsphase spricht man von perthitischer Entmischung oder zusammenfassend von **Perthit** (Abb. 2C), von Mikroperthit bei mikroskopischer Kleinheit der Struktur und von **Kryptoperthit**, wenn die Entmischung nur röntgenographisch nachweisbar ist. **Mesoperthit** ist ein entmischter Alkalifeldspat mit etwa gleichen Anteilen von K- und Na-Feldspat. **Antiperthit** ist ein Na-Ca-Feldspat (Plagioklas) mit eckigen bis gerundeten prismen- bis tropfenförmigen Entmischungskörperchen von Kalifeldspat (Abb. 2D).

Verbreitete Entmischungen sind ferner solche von Klinopyroxen in Orthopyroxen (Lamellen parallel (100)) und umgekehrt; **inverted pigeonite** ist eine Entmischungsbildung mit Orthopyroxen- und Klinopyroxenlamellen aus Ca-armem Klinopyroxen (Abb. 3A). Im Erzmikroskop sind häufig Ilmenit-Entmischungslamellen in Titanomagnetit erkennbar.

Alle Entmischungen zeigen an, daß bei relativ hoher Temperatur gebildete Mischkristalle mit fallender Temperatur zunehmend instabil werden und in ihre reineren Komponenten zerfallen. Langsame Abkühlung begünstigt diesen Vorgang, schnelle Abkühlung kann ihn ganz

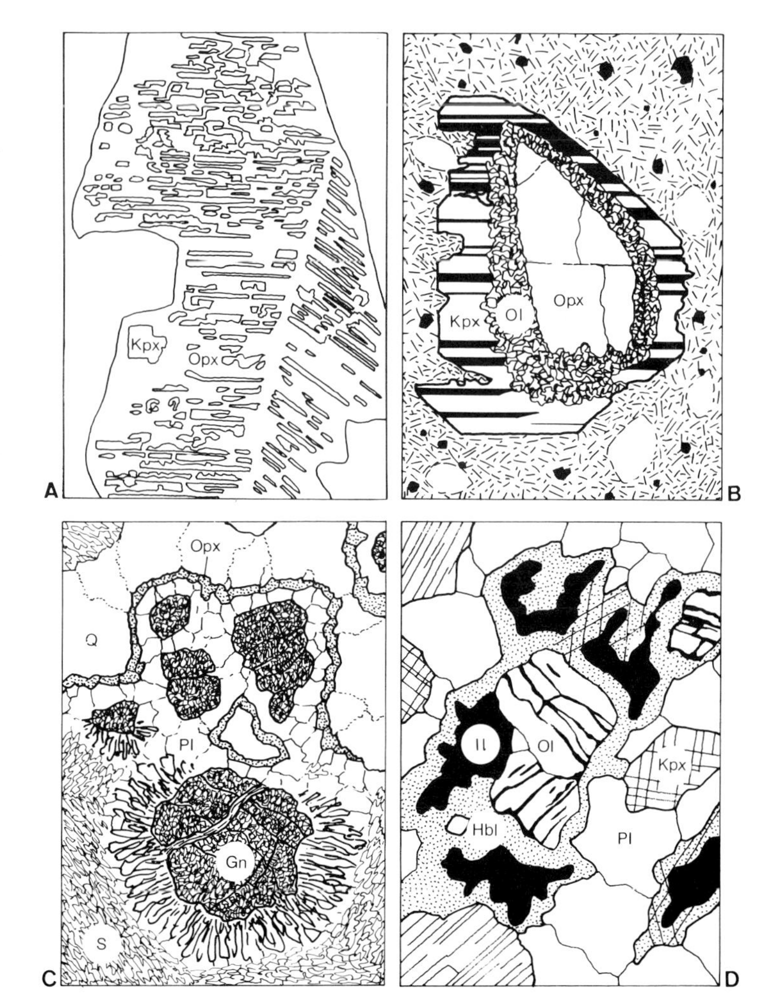

Abb. 3 Umwandlungs- und Reaktionsstrukturen.

A) „Inverted pigeonite“ aus dem Skaergaard-Gabbro, Grönland. Nach WAGER & BROWN 1968 umgezeichnet. Der ursprünglich einphasige Pigeonit ist in Mg-Fe-Orthopyroxen (Opx) und Ca-reichen Klinopyroxen (Kpx) zerfallen.

B) Reaktionsstrukturen um einen Orthopyroxen-Xenokristall: Opx in Olivinnephelinit, Jostal, Schwarzwald. Olivingranulat (Ol), nach (100) verzwillingter Klinopyroxen (Kpx). Umgebung: Olivinnephelinit-Grundmasse.

C) Zerfall von Granat (Gn) in Kelyphit aus Hornblende und Plagioklas (unten) und, durch Reaktion mit Quarz (Q), in eine Corona aus Plagioklas (Pl) und Orthopyroxen (Opx oben). S = Klinopyroxen-Plagioklas-Symplektit. Glottertal (Schwarzwald).

D) Reaktionssäume aus Hornblende (Hbl) zwischen Plagioklas (Pl) und Olivin (Ol) bzw. Ilmenit (Il). Kpx – Klinopyroxen.

Aus Gabbro vom Frankenstein (Odenwald). – Breite der Bildausschnitte etwa 2,5 mm.

oder teilweise verhindern, z. B. in unentmischten K-Na-Feldspäten (Sanidinen) und Titanomagnetiten in Vulkaniten.

- **Phasenumwandlungen** polymorpher Substanzen erzeugen charakteristische innere Strukturen, vor allem polysynthetische Zwillingsbildungen. Bekannte Beispiele sind der nach zwei Gesetzen polysynthetisch verzwillingte Mikroklin (Abb. 4 A), der oft zusätzlich noch perthitische Entmischungen enthält, und der parkettartig struierte β-Leucit. Er entsteht durch Umwandlung des kubischen α-Leucits in gesetzmäßig angeordneten Lamellen der β-Form bei fallender Temperatur unterhalb von etwa 605° C.

- **Zwillingsbildungen** sind charakteristische Merkmale vieler gesteinsbildender Minerale. Eine der am meisten, auch mesoskopisch auffallenden Erscheinungen ist die Verzwillingung der großen Kalifeldspäte der Granite nach dem Karlsbader Gesetz (Abb. 2 C). Sie wird durch die verschiedene Lage der Spaltflächen nach (001) der beiden Zwillingspartner sichtbar; der Spiegeleffekt der Spaltflächen kann jeweils nur an einem der beiden Partner gesehen werden.

Dadurch erscheint der Zwilling meist wie „halbiert" in bezug auf den Glanz. Eine ähnliche Situation liegt auch bei den polysynthetisch nach dem Albitgesetz verzwillingten Plagiokla-

A

B

C

D

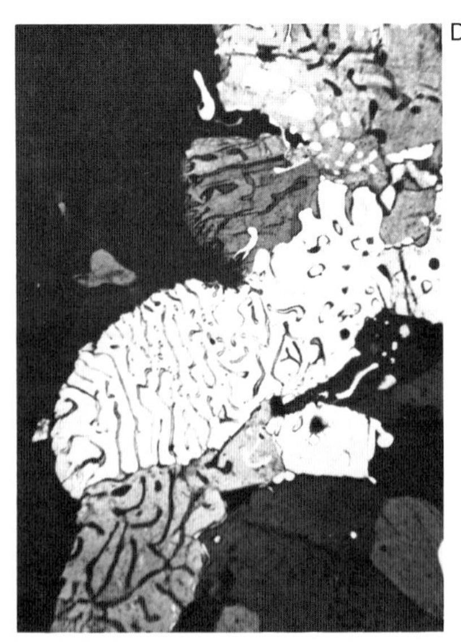

Abb. 4

A) Mikroklin mit gitterartiger Verzwillingung und einer breiten Albitader (grau), aus Pegmatit von Minas Gerais (Brasilien). Gekr. Nicols; 40 mal vergr. Photo R. Wegner.

B) Nach dem Albit- und Periklingesetz verzwillingte Plagioklase in Gabbro vom Frankenstein (Odenwald). Gekr. Nicols; 10 mal vergr.

C) Schachbrettalbit (albitisierter Orthoklas) in Albtalgranit, Tiefenstein (Schwarzwald). Gekr. Nicols; 25 mal vergr.

D) Myrmekit in Hornblendegranit, Farariana (Madagaskar). Gekr. Nicols; 45 mal vergr.

sen vor, sofern die Erscheinung mesoskopische Dimensionen erreicht. Im übrigen zeigen sich bei der Betrachtung von Dünn- und Anschliffen bei gekreuzten Polarisatoren die Zwillingsbildungen anisotroper Kristalle in aller Deutlichkeit (Abb. 4A und B). Über die Untersuchung der Zwillingsbildungen an Feldspäten, besonders an den Plagioklasen, und ihre Interpretation im Hinblick auf ihre Zusammensetzung und Entstehung informiere man sich in den einschlägigen Lehrbüchern der Mineraloptik.

Andere, sehr häufig verzwillingte gesteinsbildende Minerale sind:

Calcit (lamellar nach $\langle 01\bar{1}2 \rangle$, also drei Flächenlagen in einem Kristall); Dolomit $\langle 02\bar{2}1 \rangle$;
Augit, meist nach (100);
Hornblende und verwandte Amphibole, nach (100);
Cordierit, Drillinge und unregelmäßig lamellare Zwillinge nach $\langle 110 \rangle$;
manche Zeolithe, z. B. Phillipsit.

- Sehr markante Veränderungen der inneren Struktur kommen bei **mechanischer Beanspruchung** von Mineralen (*postkristalline Deformation* durch tektonische und andere Prozesse) zustande. Verbiegungen, Verstellungen und andere Verformungen des Kristallgitters anisotroper Minerale werden bei der Betrachtung im Mikroskop bei gekreuzten Polarisatoren deutlich sichtbar. Je nach den Bedingungen während der Beanspruchung kommt es schließlich zum bruchlosen Zergleiten und äußerer Formänderung des Minerals oder zum Zerfall durch Bruch. Die Einzelheiten dieser Erscheinungen sind im Kapitel 3 „Metamorphe Gesteine", in den Abschnitten 3.4, 3.7 und 3.8 behandelt.
- Die Bildung von **Umwandlungsmineralen** ist streng genommen keine Erscheinung der inneren Struktur der Gesteinsminerale, da ja dabei neue Phasen entstehen (Abb. 3). In ihren Anfängen sind aber viele solche Umwandlungen deutlich auf die Strukturen der primären Mineralarten bezogen, so daß hier einige kurze Hinweise auf häufige Erscheinungen dieser Art angebracht sind. Die Umwandlungsminerale können das primäre Mineral in verschiedener Weise verdrängen:
  - vom Rande aus, gleichmäßig oder ungleichmäßig nach innen vordringend;
  - entlang von kristallographisch definierten Flächen, z.B. Hämatitbildung entlang der Oktaederflächen von Magnetit (Martitisierung), von Spaltrissen oder anderen Flächen;
  - von innen her; dies besonders bei zonar gebauten Kristallen, deren innere Partien gegenüber der Umwandlung anfälliger sind als die äußeren. So entstehen z. B. die „gefüllten Plagioklase" durch bevorzugte Umwandlung der anorthitreichen inneren Zonen in Serizit oder Klinozoisit; die albitreichen äußeren Zonen bleiben als solche erhalten.
  - in diffuser Verteilung, wolken- oder nesterartig.

Schachbrettalbit ist ein aus vielen polysynthetisch verzwillingten Subindividuen zusammengesetzter Na-Feldspat, der im Dünnschliff unter gekreuzten Polarisatoren eine schachbrettartige oder ähnliche, aus etwa rechteckig umgrenzten Feldern bestehende Struktur zeigt (Abb. 4C). Er entsteht durch Albitisierung von Kalifeldspat.

Andere, mit besonderen Namen belegte Umwandlungsbildungen häufiger Gesteinsminerale sind **Uralit** (Klinopyroxen → Aktinolith), **Saussurit** (Plagioklas → Zoisit u. a., s. Abschn. 3.6.2) und **Pinit** (Cordierit → Muskovit ± Chlorit). Bei allen diesen Umwandlungen bleibt die äußere Form des Primärminerals oft gut erhalten.

Weiterführende Literatur zu Abschn. 1.2.2–1.2.3

BURRI, C. (1950): Das Polarisationsmikroskop. – 308 S., Basel (Birkhäuser)

DEER, W. A., HOWIE, R. A., & ZUSSMAN, J. (1962–1966): Rock Forming Minerals, 1. Aufl., 6 Bände. – London & New York (Longman); 2. Aufl., 1978 ... ebenda.

MACKENZIE, W. S. & GUILFORD, C. (1981): Atlas gesteinsbildender Minerale in Dünnschliffen. – 98 S., Stuttgart (Enke)

MATTHES, S. (1983): Mineralogie. Eine Einführung in die spezielle Mineralogie, Petrologie und Lagerstättenkunde. – Berlin (Springer).

MÜLLER, G. & RAITH, M. (1973): Methoden der Dünnschliffmikroskopie. – Clausthaler Tekton. H., **14:** 131 S., Clausthal (Pilger)

SCHUMANN, H. (1973): RINNE-BEREK, Anleitung zur allgemeinen und Polarisations-Mikroskopie der Festkörper im Durchlicht, 3. Aufl. – 323 S., Stuttgart (Schweizerbart)

TRÖGER, W. E. (1982): Optische Bestimmung der gesteinsbildenden Minerale, Teil 1 (Bestimmungstabellen), 5. Aufl. – 188 S., Stuttgart (Schweizerbart)

TRÖGER, W. E. (1969): Optische Bestimmung der gesteinsbildenden Minerale, Teil 2 (Textband), 2. Aufl. – 822 S., Stuttgart (Schweizerbart).

1.2.4 Kristalline Einschlüsse in gesteinsbildenden Mineralen

Die Art der Kristallisationsvorgänge in magmatischen, metasomatischen und metamorphen Gesteinen bringt es mit sich, daß die Einzelkörner oft nicht rein sind, sondern Einschlüsse verschiedener Art, Zahl und Größe enthalten. Im einzelnen können die verschiedensten Vorgänge zur Einschlußbildung führen:

- Umwachsen älterer Minerale durch jüngere in der Schmelze; daraus kann (immer unter Berücksichtigung anderer Möglichkeiten der Umschließung) eine Ausscheidungsfolge abgeleitet werden. Die eingeschlossenen Kristalle können in bezug auf den Kristallbau des umschließenden „Wirtes" orientiert oder nicht orientiert sein (Abb. 5 A und B). Bekannte und viel diskutierte Beispiele für eine orientierte Einlagerung sind Plagioklaskristalle in den großen Kalifeldspäten vieler Granite. Häufig liegen diese Einschlüsse auch in bestimmten Zonen des Wirtkristalls (s. S. 62).
- Wirtkristalle mit sehr vielen eingeschlossenen Körnern einer oder mehrerer anderer Mineralarten werden als **poikilitisch** bezeichnet, besonders, wenn ihre Gestalt, für sich betrachtet, wie durchlöchert (siebartig) erscheint.
- Wachstum von Körnern mehrerer Mineralarten im festen Gefügeverband. Dabei können Körner der Mineralart mit bevorzugtem Größenwachstum kleinere Körner der anderen Arten einschließen (**xenoblastische** bis **poikiloblastische** Kornformen, siehe Abb. 5 B und 92 D).
- Neubildung einer Mineralart im Inneren schon vorhandener Kristalle durch Umwandlung (s. Abb. 5 E und F) oder Entmischung (s. S. 7f.).

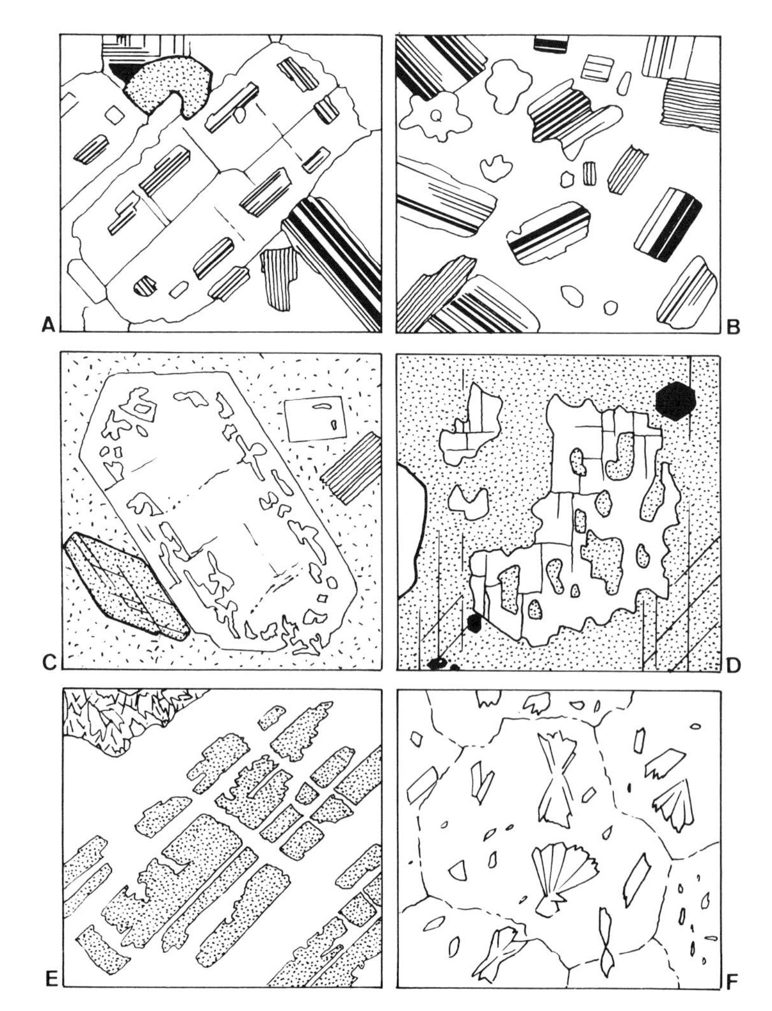

Abb. 5 Einschlüsse in gesteinsbildenden Mineralen, schematisch.

A) Orientierte Plagioklaseinschlüsse (mit Zwillingslamellierung) in Orthoklas; aus Quarzsyenit.

B) Nicht orientierte Einschlüsse von Plagioklas und Quarz (Q) in einem poikilitischen Orthoklas (weiß); aus Monzonit.

C) Zone von Glaseinschlüssen in einem Plagioklas-Einsprengling; aus Andesit.

D) Einschlußbildung durch Umwandlung von außen: Relikte von Klinopyroxen (weiß) in Hornblende (punktiert); aus Diorit.

E) Einschlußbildung durch Umwandlung von innen: Calcit (punktiert) verdrängt Orthoklas in kristallographisch begrenzten Teilräumen; aus der hydrothermalen Umwandlungsaureole eines Barytganges.

F) Einschlußbildung durch Umwandlung von innen: nicht orientierte Aggregate und Einzelschuppen von Muskovit sprossen in Plagioklas auf. Vorkommen wie bei E.

Breite der Bildausschnitte: A und B etwa 3,5 mm, C–F etwa 1,3 mm.

- Zerfall einer Mineralart in mehrere andere, deren Partikel fein verwachsen sind und sich gewissermaßen gegenseitig einschließen (sog. **Symplektite**).
- Umwachsen von Schmelzetröpfchen bei der Kristallisation; die so gebildeten Einschlüsse können als Glas erhalten oder nachträglich kristallisiert sein (siehe Abb. 5 C und 6).

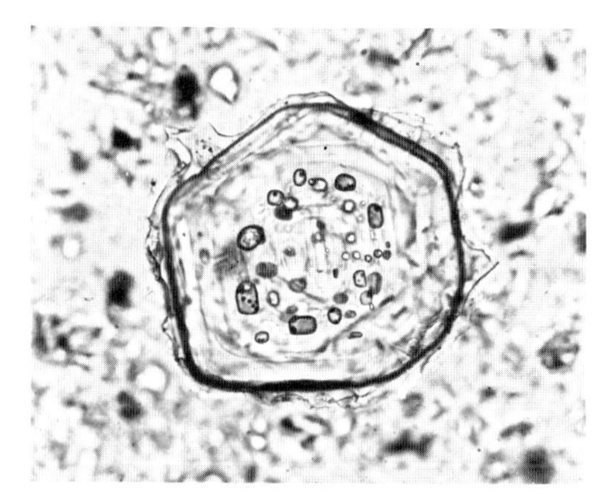

Abb. 6 Plagioklaskristall mit zonar angeordneten Glaseinschlüssen und außen anhaftenden Glasresten. Aus Asche des Mount Saint Helens, Ausbruch vom 27. Mai 1980. 80 mal vergr.

Bei der Beurteilung der Einschlußnatur von Partikeln im Dünn- und Anschliff ist zu berücksichtigen, daß das Bild einer allseitigen Umschließung auch dadurch zustandekommen kann, daß das „eingeschlossene" Mineral von oben oder unten in eine Konkavität des Wirtes hineinragt und damit kein eigentlicher Einschluß ist.

Im Bereich der metasomatischen und metamorphen Gesteinsbildung sind als spezifische Arten der Einschlußbildung zu nennen:

- Umwachsen älterer Minerale durch jüngere unter Verdrängung; die noch erhaltenen Relikte der älteren Mineralart sind von hohem Aussagewert für die Gesteinsgenese. Die neugebildeten Kristalle können in bezug auf die älteren orientiert oder nicht orientiert wachsen.
- Nicht oder nicht vollständig verdrängte Körner einer älteren Mineralart können noch Merkmale ihrer ursprünglichen Gefügeeigenschaften zeigen, z. B. Parallelorientierung oder Feinfältelung (siehe Abb. 90 A und 92 B).
- Einsprossen jüngerer Minerale im Inneren von Kristallen einer bestehenden Mineralart.

1.2.5 Fluide Einschlüsse

Neben den oben behandelten kristallinen Einschlüssen sind solche von Flüssigkeiten, Gasen und überkritischen Phasen in den Mineralen magmatischer und metamorpher Gesteine weit verbreitet. Sie geben durch ihr Verhalten beim Erhitzen oder Abkühlen und durch ihre unmittelbar oder mittelbar zu analysierende Zusammensetzung außerordentlich wichtige Informationen über die Bildung und Umbildung der sie einschließenden Minerale. Jeder dieser Einschlüsse ist zugleich ein **intra**kristalliner Hohlraum. Zweifellos gibt es außer diesen auch **inter**kristalline Hohlräume im Gestein (Poren, Kornzwickel, Korngrenzen, feinste Risse), die ebenfalls immer fluide Phasen enthalten. Diese sind aber gegenüber denen **in** den Kristallen viel mehr veränderlich und insofern für die Beurteilung der Gesteinsgenese nur bedingt oder nicht verwendbar. Um so größer ist die Bedeutung der interkristallinen Hohlräume für das Verwitterungs- und das mechanische Verhalten der Gesteine.

Fluide Einschlüsse sind im allgemeinen mikroskopisch bis submikroskopisch klein. Sie bewirken, wenn sie massenhaft auftreten, charakteristische Unreinheiten, „Fahnen" oder diffuse Trübungen in sonst klaren Kristallen. In Bergkristallen und Steinsalzkristallen erreichen sie gelegentlich mesoskopische Dimensionen. Sie sind dann besonders an ihren Gasblasen *(Libellen)* deutlich erkennbar.

Die **äußere Form** der fluiden Einschlüsse variiert von einfach-rundlichen oder unregelmäßigen bis zu vollkommen regelmäßigen, kristallographisch definierbaren Figuren (Abb. 7 A bis I). Die regelmäßig-kristallographischen Formen beziehen sich auf die des einschließenden Kristalls; so findet man in Quarzen vollkommene, eckig-kantig umgrenzte Hohlräume von „Bergkristall"-Gestalt, in Steinsalz Würfel und andere rechtwinklig begrenzte Hohlkörper, in Apatit hexagonale Hohlprismen und Kanäle parallel zur c-Achse des Kristalls. Unter den unregelmäßigen Formen gibt es bizarre, verzweigte Hohlräume, die schlauch- oder spaltenartig mit Verengungen und Erweiterungen, teils ebenflächig, teils uneben begrenzt, im Wirtsmineral etabliert sind. Nicht selten sind die Einschlüsse auf bestimmte Zonen oder Flächen des Kristalls konzentriert. Sehr häufig sind mehr oder weniger ebenflächig verlaufende Einschlußschwärme im Quarz vieler, besonders metamorpher Gesteine, die ein von fluiden Phasen durchzogenes System von Rissen abbilden *(Mikrorisse)*. Die zeitweise durchge-

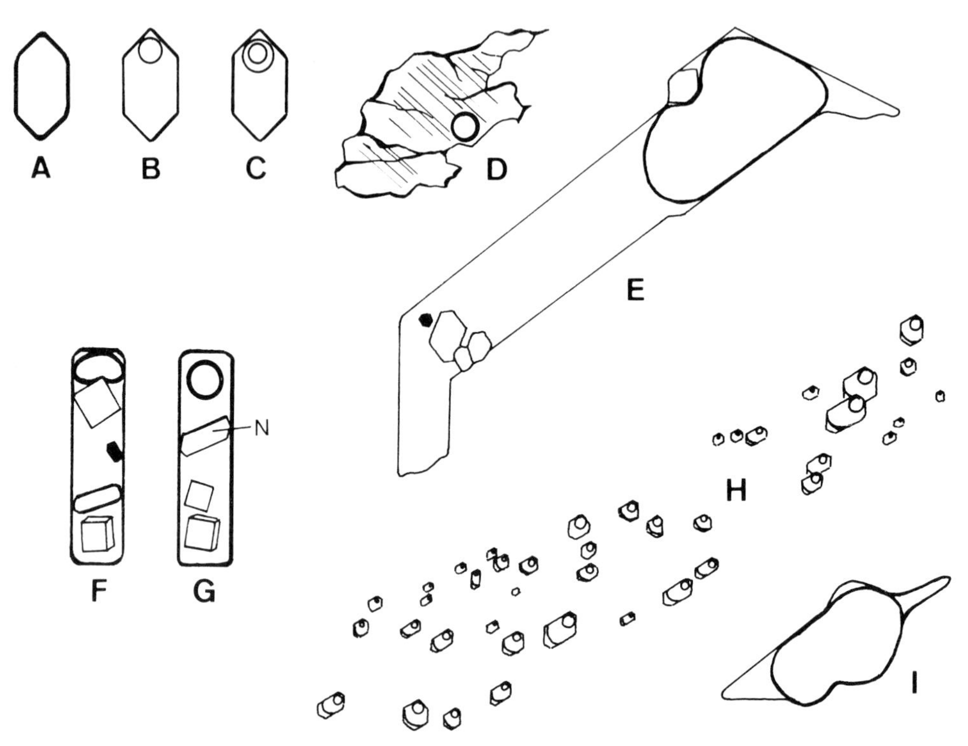

Abb. 7 Verschiedene Erscheinungsformen von Flüssigkeits- und Gaseinschlüssen in gesteinsbildenden Mineralen, schematisch. A) Einsphasiger (Gas-) Einschluß. – B) Zweiphasiger Einschluß (Flüssigkeit mit Gaslibelle). – C) Dreiphasiger Einschluß. Die Hauptmenge des Inhaltes ist Wasser mit gelösten Salzen; die doppelte Libelle besteht aus flüssigem CO_2 (außen) und Gas (innen). – D) Unregelmäßig geformter Flüssigkeitseinschluß mit Gaslibelle in Quarz. Die parallelen Striche deuten eine Streifung auf einer Grenzfläche des Einschlusses an; diese verläuft parallel einer äußeren Prismenfläche des Wirtkristalls. – E) Bizarr gestalteter Flüssigkeitseinschluß mit großer Gaslibelle und mehreren Tochtermineralen in Topas. Der Einschluß ist parallel (001) des Wirtkristalls (und parallel zur Bildebene) stark abgeflacht. Gesamtlänge etwa 2,5 mm (nach Roedder 1962). – F) Phasenreicher Einschluß in Apatit aus Karbonatit vom Kaiserstuhl mit würfelförmigen Tochterkristallen von NaCl und KCl, einer Sulfatphase, einem opaken Kristall und einer Gaslibelle (nach Walther 1981, umgezeichnet). – G) Einschluß in Apatit aus Karbonatit von Wasaki (Kenya), ähnlich wie F, aber mit einem Tochterkristall von Nahcolit $NaHCO_3$ (N) (nach Rankin & Le Bas 1974). – H) Schwarm von Einschlüssen in Quarz (verzerrte „negative Kristalle") mit Gaslibelle, flüssigem CO_2 und wenig wässeriger Salzlösung (jeweils nur ein kleiner Meniskus links unten) (nach Roedder 1962). – I) Einschluß in Quarz mit viel Methangas und einer wässerigen Salzlösung; teilweise kristallographisch definierte Formen (nach Stalder 1976).

hend offenen Risse sind mit Quarzsubstanz verheilt, wobei eine gewisse Menge der zuletzt vorhandenen fluiden Phase auf der Rißfläche in Einschlußform „eingefangen" wurde. Der Vorgang des progressiven Abgrenzens der Einschlußindividuen durch Einschnürung bis zur völligen Trennung ist in seinen verschiedenen Stadien gelegentlich mikroskopisch deutlich erkennbar (engl. „necking").

Die **Größen** der fluiden Einschlüsse liegen im allgemeinen im mikroskopischen Bereich und vielfach noch darunter. Die Volumina der einzelnen Einschlüsse und der in ihnen enthaltenen flüssigen, gasförmigen und anderen Phasen sind bei einfachen geometrischen Verhältnissen näherungsweise zu messen bzw. zu berechnen. Die Zahl der Einschlüsse, besonders der sehr kleinen und dicht gestreuten, geht oft in Größenordnungen von 10^6 pro cm^3 und darüber.

Nach ihrem **Inhalt** lassen sich die fluiden Einschlüsse in erster Näherung folgendermaßen gliedern (Abb. 7 A bis G):

- Einphasige Einschlüsse, meist Gas-, nur sehr selten Flüssigkeitseinschlüsse. Gaseinschlüsse heben sich durch ihre extrem niedrige Lichtbrechung sehr stark von ihrer mineralischen Umgebung ab. Einschlüsse in magmatischen Feldspäten und Quarzen, die dagegen eine nur relativ wenig niedrigere Lichtbrechung als diese haben, können aus Glas bestehen!

- Zweiphasige Einschlüsse mit einer Flüssigkeit und einer Gasblase. Auch gegenüber der Flüssigkeit ist die Gasblase gewöhnlich sehr deutlich durch ihre niedrigere Lichtbrechung abgehoben. Die Gasblasen sind, sofern sie nicht zu klein sind oder durch Oberflächenkräfte festgehalten werden, beweglich, d. h. sie steigen in der Flüssigkeit nach oben auf. Sehr kleine Bläschen (<2 μm) sind in Brownscher Bewegung. Die Anteile der Gasblasen am Gesamtvolumen des Einschlusses variieren in weiten Grenzen *(Füllungsgrad)*. In den meisten zweiphasigen Einschlüssen, die aus Wasser (mit gelösten Substanzen) und Wasserdampf bestehen, wird die Gasblase beim Erwärmen kleiner und verschwindet bei der *Homogenisationstemperatur* schließlich ganz. Die Einschließungstemperatur des Einschlusses kann daraus unter Berücksichtigung des (aus anderen Kriterien zu schätzenden) Druckes mit Hilfe einer Druckkorrektur berechnet werden.
- Dreiphasige Einschlüsse enthalten meist eine Gasblase und zwei flüssige Phasen, von denen häufig eine die Gasblase konzentrisch umgibt. Die drei Phasen sind durch ihre verschiedene Lichtbrechung optisch gut erkennbar. Sehr oft bestehen solche Einschlüsse aus flüssigem Wasser (mit gelösten Stoffen), flüssigem CO_2 und einer H_2O-CO_2-Gasphase.
- Einschlüsse mit **Tochtermineralen.** Nicht selten sind in den fluiden Einschlüssen kristalline Ausscheidungen zu beobachten, die sich offenbar aus der eingeschlossenen Lösung bei fallender Temperatur gebildet haben. Es sind naturgemäß meist in Wasser gut lösliche Mineralarten, wie NaCl, KCl, Alkalikarbonate, Sulfate und andere; Kristalle schwer löslicher Minerale kommen ebenfalls vor, sind aber meist sehr klein.

Von diesen noch heute in einem unverfestigten Zustand erhaltenen fluiden Einschlüssen im eigentlichen Sinne sind die **Glaseinschlüsse** magmatischer Gesteinsminerale zu unterscheiden. Sie wurden zunächst im schmelzflüssigen Zustand umwachsen und erstarrten in amorpher Form, häufig unter Bildung eines Schrumpfungshohlraums. Man kennt Einschlüsse dieser Art mit einer oder zwei Glasphasen, mit Tochtermineralen und solche, die nachträglich auskristallisiert sind.

Untersuchungsmethoden für fluide Einschlüsse und ihre Tochterminerale sowie die Glaseinschlüsse sind:

- Analysen der flüchtigen Bestandteile; sie werden durch Zermahlen des einschlußhaltigen Materials im Vakuum freigesetzt. Die weitere Untersuchung erfolgt mit dem Massenspektrometer, mit der Gaschromatographie und mit anderen chemischen Methoden.
- Extraktion der flüssigen und löslichen Phasen, meist mit Wasser, und chemische Analyse.
- Analyse der festen Phasen mit der Mikrosonde.
- Bestimmung der optischen Eigenschaften des Einschlußinhaltes (Lichtbrechung der fluiden Phasen, Licht- und Doppelbrechung sowie eventuelle Farbe der festen Phasen); Definition der Kristallformen der festen Phasen.
- Beobachtung des Verhaltens des Einschlußinhaltes beim Erwärmen (siehe oben unter „zweiphasige Einschlüsse"). Die Methode dient vor allem der Bestimmung der Homogenisations- bzw. Einschließungstemperatur und liefert oft auch noch Kriterien für die Zusammensetzung und andere Eigenschaften des Einschlusses. Auch an den Glaseinschlüssen magmatischer Gesteinsminerale sind das Verschwinden des Hohlraumes, das Erscheinen oder Verschwinden von Tochtermineralen und andere Phänomene zu beobachten.
- Die Dekrepitationsmethode beruht darauf, daß oberflächennahe Einschlüsse, die über ihre Homogenisationstemperatur erhitzt werden, explosionsartig nach außen durchbrechen. Der Vorgang kann akustisch beobachtet werden.
- Beobachtung des Einschlußinhaltes beim Abkühlen auf dem Kühltisch unter dem Mikroskop. Einer der Haupteffekte ist die Gefrierpunkterniedrigung wässriger Salzlösungen und damit die Möglichkeit der Abschätzung der Salinität. Weitere Kriterien im Hinblick auf die Zusammensetzung sind durch das Verhalten des CO_2 (Verflüssigung, Kristallisation) gegeben.
- Beobachtungen von Gasen unter Druck (> 1 bar) durch Zerdrücken des Einschlußinhaltes in Immersionsöl unter dem Mikroskop. Gas unter Überdruck ist meist CO_2.
- Beobachtungen über die Viskosität (Beweglichkeit der Gasblasen) und über das Benetzungsverhalten der fluiden Phasen.
- Spektroskopische Methoden (IR- und UV-Spektroskopie; Fluoreszenz).

Hinsichtlich der **Bildungsweise** werden unterschieden:

- Primäre Einschlüsse, die in Lücken des Kristallgitters gleichsam eingefangen wurden,
- Sekundäre Einschlüsse, die bei der Ausheilung von Rissen in dem schon fertigen Kristall entstanden sind, und
- Pseudosekundäre Einschlüsse, die durch Ausheilen von Rissen während der Hauptphase des Kristallwachstums gebildet wurden.

Die Beurteilung von Einschlüssen als primär, pseudosekundär oder sekundär ist oft schwierig. Für eine sekundäre Entstehung spricht z. B. die Anordnung von vielen Einschlüssen auf Flächen, die mehrere benachbarte Körner in ungefähr gleicher Lage durchsetzen. Die Quarze vieler metamorpher und plutonischer Gesteine sind oft reich an solchen Einschlußschwärmen. Viele andere schwarmartig auftretende Einschlüsse sind ebenfalls sekundärer Entstehung. Negative Kristallformen und das Auftreten von Einschlüssen in idiomorphen Drusenmineralen sind keine tragfähigen Kriterien für primäre Entstehung. Der Inhalt primärer Einschlüsse ist nicht immer identisch mit dem Medium, aus dem der Kristall selbst gebildet wurde; dies kann der Fall sein, wenn der Kristall in einer zweiphasigen (entmischten) Flüssigkeit wächst und nur Tröpfchen der ihm fremden Phase einschließt. Die Interpretation der Einschlüsse ist also nur unter Berücksichtigung mehrerer Phänomene und selbst dann nicht immer mit Sicherheit möglich.

In den magmatisch aus der Schmelze gebildeten Mineralen sind die Glaseinschlüsse auch magmatischer Entstehung (Abb. 5 C und 6). Viele andere Einschlüsse in den Mineralen von Plutoniten sind sicher bei niedrigeren als magmatischen Temperaturen gebildet. Dies kann bedeuten, daß sie sekundär in bezug auf das einschließende Mineral sind; es kommt aber auch die primäre Bildung der Minerale selbst bei pegmatitisch-pneumatolytischen Bedingungen in Betracht. Indessen sind in manchen Granitmineralen fluide Einschlüsse mit Homogenisationstemperaturen von 700 bis 800°C und sogar noch darüber beobachtet worden. Die fluiden Einschlüsse in Pegmatitmineralen zeigen Bildungstemperaturen zwischen etwa 450 und 700°C an. Viele Magmatite und Pegmatite enthalten auch fluide Einschlüsse mit weit niedrigeren Bildungstemperaturen; sie sind sekundärer, hydrothermaler Entstehung. Hauptträger von fluiden Einschlüssen in magmatischen Gesteinen sind der Quarz, in geringerem Maße auch Feldspäte. Der Apatit ist ebenfalls oft einschlußreich. In den Pegmatiten und pneumatolytischen Gesteinsbildungen bieten Topas, Beryll und Fluorit oft große und mehrphasige Einschlüsse dar.

Viele der in metamorphen Gesteinen gefundenen Einschlüsse sind ebenfalls sekundär, doch kennt man auch Einschlüsse mit hohen Bildungstemperaturen, die denen der Gesteinsmetamorphose selbst gut entsprechen, z. B. in manchen Granuliten.

Die **Zusammensetzung** der fluiden Einschlüsse variiert in weiten Grenzen. Wasser ist in den meisten fluiden Einschlüssen der oberen Erdkruste die Hauptkomponente. Es enthält gewöhnlich gelöste Salze; die Konzentration ist meist geringer als 10%, kann aber bis über 50% ansteigen. Die häufigsten Kationen sind Na^+, K^+, Ca^{2+}, Mg^{2+}, die häufigsten Anionen Cl^-, SO_4^{2-}, HSO_3^-, HCO_3^- und CO_3^{2-}. Freies CO_2 ist verbreitet und kann sogar die vorherrschende Phase werden, vor allem in der tieferen Erdkruste und im oberen Mantel, aber auch in oberflächennahen Gesteinen. Weitere Komponenten sind H_2S, H_2, N_2, CO, CH_4, C_2H_6 und komplexere organische Verbindungen. Zu diesen als **fluide Stoffe** zusammengefaßten Substanzen kommen noch die mannigfaltigen Tochterminerale, die gelegentlich 20 bis 30% des Einschlußvolumens einnehmen können.

Weiterführende Literatur zu Abschn. 1.2.4–1.2.5

DEICHA, G. (1955): Les lacunes des cristaux et leurs inclusions fluides. – 126 S., Paris (Masson).

ROEDDER, E. (1981): Problems in the use of fluid inclusions to investigate fluid-rock interactions in igneous and metamorphic processes. – Fortschr. Miner., **59:** 267–302.

ROEDDER, E. (1984): Fluid Inclusions. – Reviews in Miner., **12:** 644 S.; Washington (Miner. Soc. Amer.).

1.3 Quantitative Bestimmungen an Gesteinen, ihre rechnerische Verarbeitung und graphische Darstellung

1.3.1 Die quantitative Bestimmung der Mineralbestände von Gesteinen

Die Kenntnis des quantitativen Mineralbestandes ist eine der Hauptvoraussetzungen zur Definition und Klassifikation magmatischer und metamorpher Gesteine. Die Bestimmung der mineralischen Zusammensetzung geschieht gewöhnlich durch Ausmessen oder Auszählen im Dünnschliff unter dem Mikroskop. Nur bei sehr grobkörnigen oder sehr feinkörnigen Gesteinen müssen andere Methoden angewandt werden. Für die Bestimmung des Mineralbestandes im Dünnschliff sind drei Verfahren in Gebrauch:

- Das Ausmessen *(Integrieren)* mit dem **Spindeltisch.** Dabei wird der Dünnschliff mit Hilfe eines Schneckenmechanismus entlang paralleler gerader Linien (Traversen) unter dem Mikroskop durchbewegt; die in jeder Mineralart im Fadenkreuz des Mikroskopbildes durchlaufenen Strecken werden auf je einer Spindel ablesbar addiert. Es können so in einfacher Weise so viele Minerale *integriert* werden, als Spindeln vorhanden sind. Die für alle Mineralarten erhaltenen Strecken werden zuletzt addiert und die Anteile der einzelnen Mineralarten auf 100% umgerechnet. Das Ergebnis wird gewöhnlich als äquivalent mit dem Flächenanteil und dem Volumanteil der Mineralarten angesehen; es wird als **modaler Mineralbestand** oder **Modus** bezeichnet. Der Abstand der Traversen und die Gesamtlänge der Meßstrecke richten sich nach den Korngrößenverhältnissen des Gesteins und nach der gewünschten Genauigkeit (s. S. 17). Neben dem handbetriebenen Spindeltisch gibt es auch motorbetriebene Apparate, die ebenfalls nach dem Prinzip der Streckenmessung arbeiten.
- Die **Punktzählgeräte** (point counter) bestehen aus einer automatischen Objektführung, die den Dünnschliff in regelmäßigen Schritten unter dem Gesichtsfeld des Mikroskopes und dessen Fadenkreuz durchbewegt, sowie einem Zählwerk, das acht oder mehr einzelne Zähler für ebensoviele zu zählende Mineralarten enthält. Durch Betätigen eines Knopfes oder einer Taste des Zählwerkes wird der Dünnschliff jeweils um einen Schritt weiterbewegt; man betätigt jeweils diejenige Taste, welche der gerade unter dem Fadenkreuz liegenden Mineralart zugeordnet ist.

  Anstelle der Traversen des Spindeltisches und der Streckenanteile der einzelnen Minerale auf ihnen treten hier parallele Punktreihen und Anteile der einzelnen Minerale an der Gesamtzahl der Punkte. Die Abstände der Punkte untereinander (Schrittweite), die Querabstände der Punktreihen und die Gesamtzahl der Punkte richten sich nach der Korngröße des Gesteins und nach der gewünschten Genauigkeit. Die Berechnung des modalen Mineralbestandes erfolgt in analoger Weise, wie bei der Integration mit dem Spindeltisch, wobei die Anteile der Einzelminerale an der Gesamtzahl der Punkte als ihre Volumanteile interpretiert werden.
- Das **Punktzählokular** zeigt meist 25 eingravierte Punkte, welche regelmäßig über das Gesichtsfeld des Mikroskops verteilt sind. Mit Hilfe mehrerer (8 bis 10) kombinierter Zählwerke werden die Mineralarten registriert, welche jeweils unter diesen Punkten liegen; der Dünnschliff wird dann mit Hilfe eines Kreuztisches mit sich selbst parallel so weit weiterbewegt, bis der zuerst durchgezählte Ausschnitt des Gesteins eben verschwunden ist; dann wird das neu eingestellte Gesichtsfeld in gleicher Weise durchgezählt. Auf diese Weise entsteht eine Zeile von kreisförmigen Gesteinsausschnitten und durch Verschiebung senkrecht dazu eine regelmäßige flächenhafte Überdeckung des ganzen Dünnschliffes durch solche. Die Berechnung des modalen Mineralbestandes erfolgt in der gleichen Weise wie beim Punktzähler. In Abhängigkeit von der Korngröße des Gesteins ist die Vergrößerung des Dünnschliffbildes durch Wahl geeigneter Objektive zu variieren (siehe unten). Die Genauigkeit des Ergebnisses ist ferner von der Gesamtzahl der Punkte abhängig.

Die Theorie und Praxis der quantitativen Bestimmung des Mineralbestandes von Gesteinen im Dünnschliff sind ausführlich von F. CHAYES (1956) dargestellt worden. Als für die Praxis wichtige allgemeine Richtlinien sind zu berücksichtigen:

- Die Wahl der **Punktabstände** beim **Punktzähler** und im **Punktzählokular** richtet sich nach der mittleren Korngröße des Gesteins. Der Punktabstand ist so einzustellen, daß benachbarte Punkte jeweils in verschiedene Körner fallen oder, was dasselbe bedeutet, daß jedes Korn im Durchschnitt nur von einem Zählpunkt getroffen wird. Diese Bedingung ist allerdings nur in ideal gleichkörnigen Gesteinen erfüllbar. Die meisten Gesteine sind in verschiedenem Maße ungleichkörnig; sehr ausgeprägt ist diese Eigenschaft z. B. bei den porphyrischen Vulkaniten und Ganggesteinen, aber auch bei Plutoniten, die neben großkristallinen Hauptmineralen kleinkristalline Akzessorien und Sekundärminerale enthalten. Eine mittlere Korngröße und der entsprechende Punktabstand können dann nur grob geschätzt werden; dabei kommen in erster Linie die Maße der Hauptminerale in Betracht. Bei nicht zu stark ungleichkörnigen Gesteinen soll der Punktabstand mindestens so groß sein, wie die Anschnitte der gröbsten zu analysierenden Mineralart. Nur dann gelten die unten erläuterten Berechnungen der Standardabweichung, welche auf der Zahl der den verschiedenen Mineralarten zugehörigen Körner basieren. Bei porphyrischen Gesteinen kann es angebracht sein, eine Zählung mit grobem Raster für Einsprenglinge und Grundmasse und eine andere mit feinem Raster für die Minerale der Grundmasse durchzuführen. Eine genauere Erfassung kleiner und relativ seltener Minerale (also der Akzessorien) kann durch Anwendung sehr kleiner Punktabstände und einer sehr hohen Gesamtzahl der Punkte erreicht werden; dies geschieht zweckmäßig in einem besonderen Arbeitsgang, bei dem die Hauptminerale als Einheit zusammengefaßt werden. Der Arbeits- und Zeitaufwand hält sich dann in vertretbaren Grenzen. In jedem Fall ist die Genauigkeit durch die relativ geringe Zahl der Einzelkörner im Dünnschliff beschränkt.

- Die Übertragung dieser Gesichtspunkte auf die Messung mit dem **Spindeltisch** bedeutet, daß dort der Traversenabstand so zu wählen ist, daß im Durchschnitt jedes Einzelkorn nur einmal geschnitten wird. Auch hier ergeben sich bei ungleichkörnigen Gesteinen die gleichen Probleme wie bei den Punktzählverfahren.

Die **Gesamtzahl** der gezählten Punkte bestimmt vorrangig die Genauigkeit des Ergebnisses. Ein homogenes Gestein kann als Menge von Mineralkörnern verschiedener Arten in zufälliger Verteilung angesehen werden. Die Zuverlässigkeit der Aussage über die Beteiligung einer dieser Mineralarten kann durch die **Standardabweichung** charakterisiert werden. Sie ist zu berechnen nach

$$s = \sqrt{\frac{p\,(100 - p)}{n}},$$

wobei p der ermittelte prozentuale Anteil des betreffenden Minerals ist und n die Zahl der insgesamt gezählten Punkte. Die Größe von s gibt außerdem den Bereich unter- und oberhalb des ermittelten prozentualen Gehaltes an, innerhalb dessen der wahre Wert mit einer Wahrscheinlichkeit von 68% liegt. Hat man z. B. einen Granit mit 1000 Punkten durchgezählt und sind davon 280 Punkte dem Quarz zugefallen, dann ist der Quarzgehalt als 28 ± 1,4% anzugeben. Der wahre Wert liegt in 68 von 100 Fällen innerhalb dieses Bereiches. Eine Vermehrung der Zählpunkte auf 2000 (bzw. 560 für Quarz) verbessert das Ergebnis auf 28 ± 1,0%. Die Verhältnisse sind in einem von VAN DER PLAS & TOBI (1965) konstruierten Diagramm (Abb. 8) ablesbar. Die kurvenfreien Felder links und rechts unten sind Bereiche, für die die hier sonst benutzten statistischen Methoden nicht sinnvoll anwendbar sind. Die Angabe der Standardabweichung entfällt für alle Mineralanteile, bei denen p·n und n·(100-p) kleiner als 500 sind. Das Diagramm enthält zugleich Kurven, an denen der relative Fehler für das betrachtete Mineral ablesbar ist. Er beträgt in den obigen Beispielen 9,6 beziehungsweise 6,7%.

Die Gesamtzahl der zu zählenden Punkte und der den einzelnen Mineralen zufallenden Punkte hängt demnach von den vorgegebenen Ansprüchen auf Zuverlässigkeit der Analyse ab. Will man z. B. in einem Granit die jeweils mit 30% vertretenen Hauptminerale Quarz, Kalifeldspat und Plagioklas mit einer Standardabweichung von 1% (im 68%-Vertrauensbereich) und einem relativen Fehler von 3,33% bestimmen, so braucht man 630 Zählpunkte für jedes Mineral und 2100 Zählpunkte für das gesamte Gestein (210 davon für die insgesamt 10% anderen Minerale).

Mit dem durch die Korngröße bestimmten Punktabstand und der durch den Genauigkeitsanspruch geregelten Punktzahl ist auch festgelegt, welche Fläche eines homogenen Gesteins für die Durchführung der Analyse erforderlich ist. Die Zahl der auf einer Dünnschliff-Fläche von x · y mm Größe unterzubringenden Punkte ist $x \cdot y \cdot (1/z)^2$, wobei z die Schrittweite des Punktzählers oder der Punktabstand im Punktzählokular (in mm) ist. Zur Unterbringung einer vorgegebenen Zahl von Punkten n ist eine Dünnschliff-Fläche $a = n \cdot z^2$ (in mm^2) erforderlich. Schrittweite z und Flächenbedarf a verhalten sich dann wie in Tabelle 2 dargestellt.

Tabelle 2 Beziehungen zwischen Schrittweite z und Flächenbedarf a für 2000 Zählpunkte in einem Dünnschliff

z	a
0,1 mm	20 mm²
0,3 mm	180 mm²
0,5 mm	500 mm²
normale Dünnschliffgröße:	676 mm²
1,0 mm	2 000 mm²

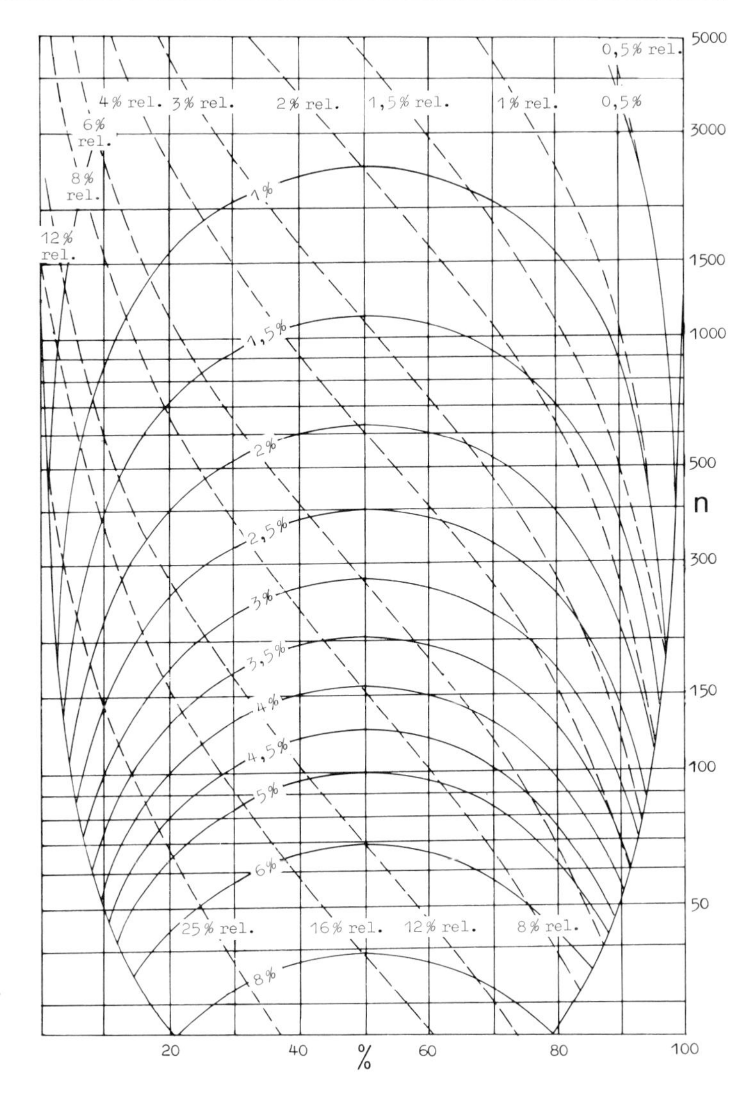

Abb. 8 Diagramm zur Ermittelung der absoluten und relativen Fehler bei der Auszählung von Mineralanteilen in Gesteinen. % ist der prozentuale Anteil des Minerals, n die Zahl der insgesamt gezählten Punkte. Die Prozentzahlen an den durchgezogenen Linien sind die Standardabweichungen, wie sie nach der Formel S. 16 berechnet werden (nach VAN DER PLAS & TOBI 1965).

Daraus folgt, daß bei Gesteinen, die wegen ihrer Korngröße Schrittweiten von über 0,6 mm erfordern, *ein* Dünnschliff zum Erreichen der in obigem Beispiel geforderten Genauigkeit nicht mehr genügt. Bei sehr vielen Graniten ist dies der Fall; es müssen dann mehrere Dünnschliffe vom selben Handstück ausgezählt werden.

Die sinngemäße Übertragung dieser Anforderungen auf die Integration mit dem **Spindeltisch** bedeutet, daß der Traversenabstand in Abhängigkeit von der Korngröße so variiert wird, daß kein Korn mehr als einmal von einer Traverse geschnitten wird. Der Traversenabstand entspricht dann auch ungefähr der Schrittweite und dem Querabstand der Punktreihen beim Punktzählverfahren. Die Gesamtlängen der Traversen, durch die dann die gleichen Dünnschliff-Flächen wie in Tabelle 2 überdeckt werden, sind in Tabelle 3 dargestellt.

Zur „Unterbringung" von 2000 mm Traversen-Gesamtlänge und 1 mm Querabstand sind mehr

Tabelle 3 Beziehungen zwischen Traversenabstand und Gesamtlänge der Traversen für die gleichen Flächen wie in Tabelle 2

Traversenabstand	Gesamtlänge
0,1 mm	200 mm
0,3 mm	600 mm
0,5 mm	1 000 mm
1,0 mm	2 000 mm

als drei Dünnschliffe normaler Größe erforderlich.

Die Ermittlung der **Korngrößen,** die an sich für die Wahl der Punkt- bzw. Traversenabstände bekannt sein sollten, ist in den meisten magmatischen und metamorphen Gesteinen nur angenähert möglich. Bei der vielfach nicht äquidimensionalen, oft sogar äußerst unregelmäßigen Gestalt der Körner ist ihre Größe nicht in einfacher Weise zu erfassen und durch eine Zahl anzugeben. Als für den vorliegenden Zweck taugliche Hilfsgrößen können aber der **mittlere Kornanschnitt** einer Mineralart und die Zahl der **Korngrenzenübergänge** auf einer Einheitsstrecke (IC = *identity changes*) bestimmt werden. Zur Messung des mittleren Kornanschnittes mittels der linearen Integration (Spindeltisch) müssen die in einer Mineralart durchlaufenen Strecken und die Zahl der dabei geschnittenen Einzelkörner registriert werden. Man erhält daraus den oft mit einer großen Streuung behafteten mittleren Kornanschnitt. Es sollten jeweils etwa 200 bis 300 Kornanschnitte vermessen werden. Der Traversen- bzw. Punktabstand für die Integration bzw. Auszählung des Mineralbestandes sollte jeweils beträchtlich größer als der mittlere Kornanschnitt gewählt werden, wobei die jeweils größten Kornanschnitte noch einen zusätzlichen Anhaltspunkt geben. IC ist die Anzahl der Korngrenzenübergänge auf einer Meßstrecke von 40 mm (Chayes 1956). Sie ist in einfacher Weise (z. B. mit Hilfe des Kreuztisches) zu bestimmen und gibt ein Maß für die mittlere Größe der Kornanschnitte aller Mineralarten. Hat man z. B. 125 Korngrenzenübergänge auf 40 mm Meßstrecke, so ist der mittlere Kornanschnitt 0,32 mm. Die Schrittweite bei der Punktzählmethode und der Traversenabstand beim linearen Meßverfahren (Spindeltisch) sind auf jeden Fall größer als dieser mittlere Kornanschnitt und sogar größer als der mittlere Kornanschnitt des grobkörnigsten Minerals im Gefüge zu wählen.

Für die Praxis der Mineralbestandbestimmung kommt weiterhin entscheidend in Betracht, was mit den Resultaten charakterisiert und eventuell verglichen werden soll. Will man z. B. mit der Punktzählmethode die Variation des Mineralbestandes innerhalb eines Granitkörpers erfassen, so sind vorab folgende Fragen zu beantworten:

1. Welcher Punktabstand (Schrittweite) ist bei der gegebenen Korngröße des Gesteins zu wählen?
2. Wieviele Punkte sind in jeder Probe (Handstück) zu zählen? Die Punktzahl hängt von der letztlich erforderlichen Genauigkeit der Analyse ab (siehe unter 4.).
3. Wieweit ist die Einzelprobe (Handstück) charakteristisch für einen bestimmten Aufschluß? Zur Beantwortung dieser Frage muß die Streuung der Ergebnisse an mehreren Proben aus einem Aufschluß ermittelt werden.
4. Wie verhalten sich die Unterschiede der Mineralbestände verschiedener Teilbereiche des Granitkörpers zu der Streuung innerhalb eines Aufschlusses?

Nach den auf diese Fragen gegebenen Antworten richtet sich letzten Endes, wieviele Proben pro Aufschluß und wieviele Zählpunkte darin zur Charakterisierung etwa vorhandener Unterschiede zwischen den Aufschlüssen erforderlich sind. Die Streuung s^2 wird berechnet nach

$$s^2 = \frac{\Sigma(\bar{x} - x_i)^2}{N - 1},$$

wobei $\bar{x} - x_i$ die Differenz zwischen dem arithmetischen Mittel und einem einzelnen Meßwert ist. Alle Differenzen (die positive oder negative Vorzeichen haben können) werden addiert und durch die um 1 verminderte Anzahl der Einzelmessungen (hier der Einzelproben) dividiert.

Beispiele für die quantitativ-mineralogische Untersuchung von Graniten geben Chayes (1956) und in deutscher Sprache Rein (1961).

Die graphische Darstellung der Ergebnisse in der Karte erfolgt gegebenenfalls durch Konstruktion von **Isoplethen** (oder Isomodalen, Abb. 37), d. h. Linien gleicher Mineralgehalte oder durch Kreise an jedem Probenpunkt, in denen der Mineralbestand durch Sektoren angegeben ist. Wenn Ergebnisse von vielen Probenpunkten vorliegen, dann ist die Verarbeitung der Daten durch einen Computer empfehlenswert, der u. a. auch Trendflächen berechnet und graphisch darstellt.

Besondere Probleme ergeben sich für die quantitative Bestimmung des Mineralbestandes in Gesteinen mit ausgeprägter **Formregelung** ihrer Komponenten (s. Abschn. 3.4.5); dies ist bei sehr vielen metamorphen Gesteinen der Fall. Diese Eigenschaft wirkt sich vor allem dadurch aus, daß mit ihr oft ein Lagen- oder Zeilenbau verbunden ist, eine Inhomogenität also, die sich auch innerhalb eines Dünnschliffes bemerkbar machen kann. Chayes empfiehlt für den Fall, daß mehrere solcher Lagen oder Zeilen in einem Dünnschliff vorhanden sind, die Punktreihen (bzw. Traversen) schräg (mit einem Winkel von 30 bis 50°) gegen den Lagenbau verlaufen zu lassen.

Bei zu großem Lagerbau müssen mehrere Dünnschliffe ausgezählt werden. Im übrigen wird man in Gesteinen mit Formregelung der Minerale die Meßlinien senkrecht zu der vorherrschenden Längserstreckung der Körner legen, weil damit eine maximale Zahl von Kornanschnitten erreicht wird.

Bei der Vermessung kleiner **opaker Körner** im Dünnschliff ist zu beachten, daß ihre scheinbare Schnittfläche größer ist, als die in einer Ebene liegende, wenn ihre Grenzen schräg zur Ober- und Unterfläche des Dünnschliffes verlaufen. Der Effekt ist schon bei Körnern von wenigen Zehntel Millimetern mittlerem Durchmesser nennenswert und wird bei solchen, die kleiner als die Dünnschliffdicke sind, sehr erheblich. Der wahre Volumanteil ist mittels eines Faktors $C = \frac{4r}{4r + 3k}$ zu korrigieren, wobei k die Dicke des Dünnschliffes und r der Radius einer mit dem Korn volumengleichen Kugel ist. Seine Größe kann im Dünnschliff nur durch eine angenäherte Messung oder Schätzung ermittelt werden. Bei der Vermessung von **Erzanschliffen** tritt das Problem nicht auf.

Aus allen diesen Betrachtungen lassen sich für die Praxis der Mineralbestandsbestimmung nach der Punktzählmethode folgende Faustregeln ableiten:

- Bei einigermaßen gleichkörnigen Gesteinen sind die Schrittweite und der Abstand der Punktreihen so einzustellen, daß möglichst kein Korn von mehr als einem Punkt getroffen wird.
- Bei mäßig ungleichkörnigen Gesteinen richtet sich diese Einstellung nach der relativ grobkörnigsten auszuzählenden Mineralart.
- Bei sehr ungleichkörnigen Gesteinen sind zwei Meßgänge (z. B. einer für Einsprenglinge und Matrix, ein zweiter für die Matrix allein) durchzuführen.
- Mit 1500 Zählpunkten wird für Hauptgemengteile, die mit etwa 30 Vol.% (= 450 Zählpunkte) beteiligt sind, eine Standardabweichung s von ± 1,2% erreicht. Es ist dem Urteil des Bearbeiters überlassen, ob diese Genauigkeit für den vorgegebenen Zweck, z. B. die Projektion im STRECKEISEN-Doppeldreieck, genügt oder nicht.
- Die mit geringeren Volumanteilen vorhandenen Nebengemengteile und Akzessorien sind bei einer Gesamtzahl von 1500 Zählpunkten nur ungenau erfaßt. Eine größere Genauigkeit läßt sich nur durch Vermehrung der auf sie entfallenden Zählpunkte erreichen.
- Bei mittel- bis grobkörnigen Gesteinen müssen zwei oder mehr Dünnschliffe von einer Probe ausgezählt werden.
- Wird bei klein- bis feinkörnigen Gesteinen die Fläche des Dünnschliffes nur teilweise von dem Punktraster mit begrenzter Punktzahl bedeckt, dann können die Querabstände zwischen den Punktreihen entsprechend vergrößert werden, so daß die Dünnschliff-Fläche gleichmäßig überdeckt wird.
- Bei Gesteinen mit Formregelung (Schieferung und ähnlichem) legt man die Punktreihen quer zur vorherrschenden Längserstreckung der geregelten Minerale.
- Bei feinlagigem Gefüge (mehrere bis viele Lagen verschiedener Zusammensetzung in einem Dünnschliff) legt man die Punktreihen in einem Winkel von 30 bis 50° schräg zu den Lagen. Gröbere Lagigkeit erfordert das Vermessen mehrerer Dünnschliffe oder der einzelnen Lagentypen gesondert.
- Die Meßwerte feinkörniger opaker Minerale (Radius kleiner als etwa 0,1 mm) bedürfen der Korrektur.

Eine einfache empirische Methode zur Veranschaulichung der mit zunehmender Punktzahl (oder Traversenlänge) abnehmenden Streuung der ermittelten prozentualen Anteile der Minerale in einem Gestein ist folgende: Man berechnet in regelmäßigen Abständen (etwa nach Abzählen von je 200 Punkten oder nach Ausmessen von bestimmten Traversenlängen) den prozentualen Anteil der beteiligten Minerale und trägt die Ergebnisse auf Millimeterpapier als „Prozente gegen Punktzahl“ bzw. „Prozente gegen Traversenlänge“ auf. Bei nicht ganz grob inhomogenen Gesteinen werden die Prozentwerte der Hauptminerale zunächst stark streuen und sich dann auf einen kaum noch veränderlichen Endwert einpendeln. Man beachte, daß je nach dem für die Prozentwerte gewählten Maßstab die relative Streuung der Nebengemengteile mehr oder weniger deutlich zum Ausdruck kommt. Sie bleibt noch groß, auch wenn die der Hauptgemengteile schon sehr klein geworden ist!

Weitere Ausführungen über die Fehlerberechnung bei der Punktzählmethode und Nomogramme zur graphischen Ermittelung der Fehler und der unter verschiedenen Bedingungen erforderlichen Punktzahlen finden sich z. B. bei FRANGIPANE & SCHMID 1974.

Weiterführende Literatur zu Abschn. 1.3.1

CHAYES, F. (1956): Petrographic modal analysis. – 113 S., New York (Wiley)

FRANGIPANE, M., & SCHMID, R. (1974): Point counting and its errors. – Schweiz. miner. petrogr. Mitt., **54:** 19–32

VAN DER PLAS, L., & TOBI, A. (1965): A chart for judging the reliability of point counting results. – Amer. J. Sci., **263:** 87–90, New Haven

1.3.2 Die quantitative Erfassung der Korngestalt und der Verwachsungsverhältnisse in Gesteinen

Die Gestalt der Mineralkörner, ihre Orientierung und ihre Verwachsungsverhältnisse sind wichtige Kriterien für die genetische Interpretation eines jeden Gesteins. Ihre qualitative Darstellung ist eine Hauptaufgabe der petrographischen Beschreibung. Die für die Erfassung der Orientierung üblichen Methoden sind in Abschn. 3.4 angeführt. Gestalt und Verwachsungsverhältnisse können ebenfalls mehr oder weniger vollständig **quantifiziert** werden. Die hierfür geltenden Verfahren und Regeln sind Gegenstände der mineralogisch-petrographischen Stereologie. Wichtige zur Charakterisierung mineralischer Gefüge bestimmbare Größen sind:

- Die **innere spezifische Oberfläche** einer Phase (Mineralart); sie ist der Anteil der Grenzflächen einer Mineralart an der Gesamtheit der im Gestein vorhandenen Phasengrenzflächen.
- Der **Anteil** der Grenzflächen zwischen **zwei bestimmten Phasen** an der Gesamtheit der Phasengrenzflächen.
- Die **spezifische Oberfläche** einer Phase im engeren Sinne. Sie ist gleich der „inneren spezifischen Oberfläche“ dieser Phase, geteilt durch den Volumanteil der Phase, also auch gleich der Oberfläche der Volumeinheit derselben Phase. Sie wird in $\frac{cm^2}{cm^3} = cm^{-1}$ angegeben.
- Die **Gliedrigkeit** einer Kornart nach SANDER; sie ist ebenfalls ein Maß für das Verhältnis von Kornoberfläche zu Kornvolumen, dargestellt durch die Länge der Konturen dieser Kornart und ihren Flächenanteil an der Einheitsfläche im Dünn- oder Anschliff. Sie ist ebenso wie die spezifische Oberfläche korngrößenabhängig. Mit abnehmender Korngröße nehmen Gliedrigkeit und spezifische Oberfläche im engeren Sinne zu. Außerdem nehmen beide Größen mit zunehmender Abweichung der Kornform von der Kugelgestalt höhere Werte an.
- Die **Konkavität** einer Kornart nach SANDER ist ein Maß für die Beteiligung von Konkavitäten an der Gesamtform der Körner, die im Anschnitt als Einbuchtungen oder Hohlräume (bzw. Einschlüsse anderer Phasen) erscheinen. Körner mit Konkavitäten können von einer Meßlinie mehr als einmal geschnitten werden. SANDER definiert daher die Konkavität als Anzahl der Kornanschnitte geteilt durch die An-

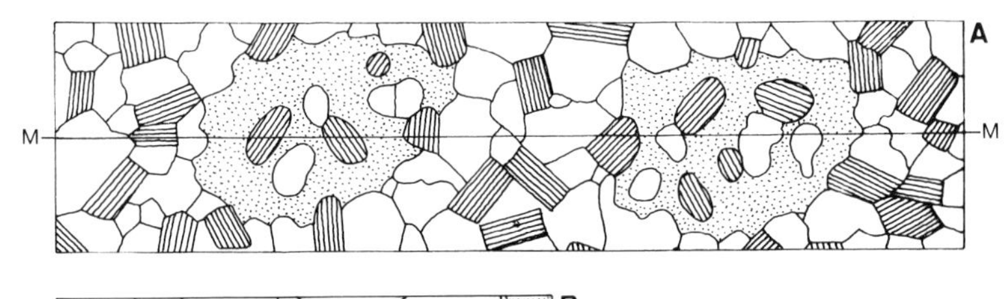

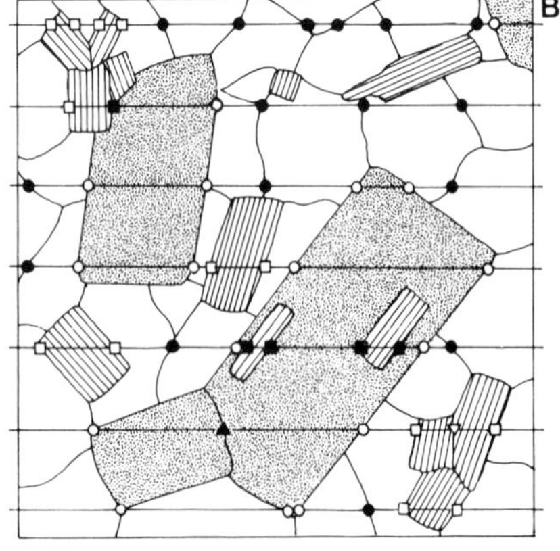

Abb. 9

A) Ermittelung der Konkavität verschiedener Kornarten. Das linke Korn einer punktiert bezeichneten Kornart wird von der Meßlinie M dreimal, das rechte viermal geschnitten, die Körner der beiden anderen Kornarten nur je einmal.

B) Ermittelung der Nachbarschaftsverhältnisse in einem aus drei Kornarten bestehenden Gestein. Es gibt sechs verschiedene Arten von Korngrenzen, die an ihren Schnittpunkten mit den Meßlinien durch unterschiedliche Symbole bezeichnet sind.

zahl der getroffenen Einkristalle. Bei der Messung muß darauf geachtet werden, daß nicht ein Korn von mehr als einer der parallelen Meßlinien geschnitten wird (Abb. 9A).

- Der Grad der **Krümmung der Korngrenzen.** In der Schnittebene des Dünn- oder Anschliffes ist die mittlere Kurvenkrümmung der Korngrenzen $\overline{k} = 4\ N_A : P_L$, wobei N_A die Anzahl der geschnittenen Körner pro Einheit der Meßfläche und P_L die Anzahl der Schnittpunkte der Meßlinie mit den Grenzen der Körner pro Meßlinieneinheit ist. Durch den Bezug auf die Meßlinieneinheit und die Meßflächeneinheit ergibt sich ein Zusammenhang des Ergebnisses mit der Korngröße und der Konkavität.
- Der **Formfaktor** $F = \frac{2}{3\pi} \cdot \frac{P_L^2}{V_V \cdot N_A}$ (nach FISCHMEISTER) setzt sich aus P_L, der Anzahl der Schnittpunkte der Meßlinie mit den Grenzen einer Kornart pro Meßlinieneinheit, V_V, dem Volumenanteil einer Kornart und N_A, der Anzahl der geschnittenen Teilchen pro Einheit der Meßfläche zusammen.
- Die **Nachbarschaftsverhältnisse** interessieren bei magmatischen Gesteinen im Hinblick auf die Kristallisationsabfolge aus der Schmelze, bei metamorphen und metasomatischen Gesteinen auf die Entwicklung von Gleichgewichts- oder Ungleichgewichtsparagenesen im festen Zustand.
- Die **Reihenfolge** der Körner verschiedener Kornarten entlang einer Meßlinie kann eine ideal zufällige sein oder bestimmte Regelmäßigkeiten aufweisen. Im ersteren Fall liegt eine statistisch homogene Verteilung der Kornarten vor; es treten keine besonderen Nachbarschaftsverhältnisse auf. Die davon abweichenden Reihenfolgen mit speziellen, nicht zufälligen Nachbarschaftsverhältnissen werden mathematisch durch ihre Markovschen Eigenschaften beschrieben. Sie sind Ausdruck der jeweils besonderen Keimbildungs- und Wachstumsvorgänge der verschiedenen Mineralarten und ihrer Beziehungen zueinander.
- Weiter kann durch Auszählen im Dünn- oder Anschliff ermittelt werden, von wievielen Nachbarkörnern ein Korn einer Kornart im Mittel umgeben ist.
- Durch Zählen der Grenzubergänge zwischen Körnern der gleichen oder verschiedener Art entlang einer Meßlinie werden die **Verwachsungsindices** erhalten, die, in Prozente umgerechnet, den Anteil der Grenzflächen je zweier Kornarten an der Gesamtheit der Korngrenzflächen im Gestein darstellen (Abb. 9 B). Das Ergebnis ist als Matrix darstellbar; für einen Granit aus Norditalien fanden AMSTUTZ & GIGER die in Tabelle 4 angegebenen Werte.

Tabelle 4 Verwachsungsindices für die Minerale eines Granits aus Norditalien (nach AMSTUTZ & GIGER, 1971)

Grenzflächenanteil von		Quarz	Kalifeldspat	Plagioklas	Biotit
gegen	Biotit	8,4	12,9	3,6	3,0
	Plagioklas	3,0	17,4	3,6	–
	Kalifeldspat	16,5	24,4	–	–
	Quarz	7,2	–	–	–

Der größte Anteil an der gesamten Korngrenzfläche im Gestein wird von den Verwachsungen der Kalifeldspäte unter sich und mit Plagioklas und Quarz eingenommen. Nur ein geringer Teil der Korngrenzflächen besteht aus Verwachsungen von Plagioklas mit Quarz und Biotit und aus Grenzen von Plagioklas- und Biotitkörnern untereinander. Die beiden letzteren Kornarten neigen also wenig zur Bildung von Aggregaten. Im einfachsten Fall sollte der Prozentanteil der Grenzflächen eines Minerals A gegen das Mineral B dem Verhältnis der Volumanteile dieser beiden Minerale entsprechen. Durch besondere Gestalt-, Größen- und Verteilungsverhältnisse gibt es in der Natur viele Abweichungen von dieser Regel, die dann für das Gefüge der Gesteine charakteristisch sind.

Weitere, mit der Korngestalt zusammenhängende geometrische Kriterien des Gesteinsgefüges sind die **Form der Korngrenzflächen** (zwischen je zwei Körnern) und der Linien, entlang derer drei (selten auch mehr) Körner zusammenstoßen.

Im Dünn- und Anschliff erscheinen die Korngrenzflächen als Grenzlinien, die Grenzlinien dreier oder mehrerer Körner als Tripel- oder Quadrupel**punkte.** Die Grenzflächen zwischen zwei Körnern sind entweder solche zwischen Körnern derselben Mineralart oder solche zwischen verschiedenen Mineralarten. Die Lage einer Korngrenze kann **rational** oder **irrational** in bezug auf das Gitter des betrachteten Korns sein; sie kann auch rational in bezug auf beide aneinanderstoßende Körner sein. Dies ist bei vielen orientiert verwachsenen Gesteinsmineralen der Fall; die vollkommenste Art einer solchen Gitterbeziehung heißt Epitaxie. Rationale Verwachsungen zweier Körner derselben Mineralart sind z. B. die Zwillinge. Von diesen Spezialfällen abgesehen gibt es Verwachsungen ohne spezifische Lagebeziehungen der Gitter und unter verschiedensten Winkeln. Die Form der Tripelpunkte gibt wichtige Hinweise auf die Kristallisationsabfolge und auf die Art der metamorphen Umkristallisation. Ungestörte thermometamorphe Kristallisation monomineralischer oder polymineralischer Gesteine führt im Idealfall zur Ausbildung etwa gleichgroßer, nicht idiomorpher, einfach gestalteter Körner, deren Grenzen an den Tripelpunkten unter Winkeln von etwa 120° zusammenstoßen (Abb. 90F). Treten solche Verhältnisse zwischen mehreren Mineralarten in einem Gestein mit Regelmäßigkeit auf, dann kann auf Kristallisation unter Gleichgewichtsbedingungen geschlossen werden. Die an einem solchen Gefüge beteiligten Mineralarten bilden eine **Kontaktparagenese** mit Korngrenzen jeder Mineralart gegen alle anderen. Die **Bindungszahl** gibt an, von wievielen berührenden Nachbarkörnern im Mittel ein Korn in der Schnittebene umgeben wird. Der **Offenheitsgrad** des Gefüges einer Kornart ist das Verhältnis der Anzahl aller Körner zu der Anzahl der sich berührenden Körner. Je mehr Körner einer Kornart an andere der gleichen Art angrenzen, desto näher liegt der Offenheitsgrad dem Wert 1 (geschlossenes Gefüge).

Die Ausmessung bzw. Auszählung der Präparate zur Gewinnung quantitativer Daten der Korngestalt kann in relativ einfacher, aber zeitaufwendiger Weise mit Integrationsplatten geschehen, die die Möglichkeiten der Punkt-, Linear- und Flächenanalyse in sich vereinigen. Moderne elektronische Bildanalysegeräte erbringen bei viel geringerem Zeitaufwand eine Vielzahl von stereologischen Daten und besorgen deren statistische Auswertung. Geräte dieser Art sind unter den Namen MORPHOMAT (Zeiss), VIDEOMAT (Zeiss), IBAS (Zeiss), TAS (Leitz), CLASSIMAT (Leitz), QUANTIMET (Image Analysing Computers Ltd.) DIGISCAN (Kontron) und anderen im Handel. Die Funktionen und Leistungen der Apparate sind in den Veröffentlichungen der Herstellerfirmen dargestellt.

Weiterführende Literatur zu Abschn. 1.3.2

Amstutz, G. C. & Giger, H. (1971): Stereological methods applied to mineralogy, petrology, mineral deposits and ceramics. – J. Microsc., **95:** 145–164

Blaschke, R. (1970): Spezifische Oberflächen und Grenzflächen der Mineralphasen als Gefügeparameter. – Fortschr. Miner., **47:** 197–241

Gahm, J. (1975): Die mikroskopische Bildanalyse in der Mineralogie. – Fortschr. Miner., **53:** 79–128

Sander, B. (1948 und 1950): Einführung in die Gefügekunde geologischer Körper **1** und **2**. – Wien (Springer)

1.3.3 Die Umrechnung von Gesteinsanalysen in Normen und Sammelkomponenten

Chemische Analysen geben die Zusammensetzung eines Gesteins eindeutig wieder, wenn nur alle Hauptkomponenten dabei berücksichtigt sind. Im allgemeinen werden vierzehn bis achtzehn solcher Komponenten bestimmt und, mit Ausnahme von S, F und Cl, als Oxide angegeben: SiO_2, TiO_2, Al_2O_3, Fe_2O_3, FeO, MnO, MgO, CaO, Na_2O, K_2O, P_2O_5, CO_2, H_2O^+, H_2O^-. Nebenkomponenten wie Zr, Cr, Ni, Ba, Sr und Rb werden meist als Elemente in ppm (parts per million) angeführt. Wichtigste Aufgabe der **Normberechnung** ist die Umwandlung der chemischen Analyse in einen nach bestimmten Regeln **normierten Mineralbestand.** Dieser erlaubt die Klassifizierung des Gesteins nach potentiellen mineralischen Komponenten und den Vergleich mit anderen so berechneten Gesteinen. Die heute am weitesten verbreitete Norm dieser Art ist die CIPW-Norm (benannt nach den Autoren Cross, Iddings, Pirsson und Washington 1902). Sie ist besonders für die Umrechnung magmatischer Gesteine entworfen worden; die beste Übereinstimmung mit den tatsächlichen Mineralbeständen wird bei Basalten und ähnlichen Vulkaniten erreicht. Da die CIPW-Norm nur wasserfreie Minerale kennt, lassen sich mit ihr die Mineralbestände glimmer- oder hornblendeführender Plutonite und die metamorpher Gesteine nicht passend berechnen. Hierfür eignen sich weit besser bestimmte Varianten der Rittmann-Norm (für Magmatite) und die Äquivalentnormen nach Burri und Niggli (diese auch für metamorphe Gesteine).

Die Aussage der chemischen Analysen läßt sich auch in **Sammelkomponenten,** z. B. den Niggliwerten, vereinfacht darstellen. Andere Sammelwerte sind die Basisgruppenwerte Q, L und M nach Burri, A, F und C sowie A', F und K nach Eskola zur Darstellung metamorpher Gesteine in verschiedenen Fazies und viele andere.

Der Berechnung aller Normen und Sammelwerte liegt die in Gewichtsprozenten geschriebene chemische Analyse zugrunde. Die Prozentwerte der einzelnen Oxide werden zweckmäßig mit tausend multipliziert und dann durch das jeweilige Molekulargewicht dividiert, so z. B. für die CIPW- und RITTMANN-Normen und für die Niggliwerte. Man erhält so die **Molekularquotienten** oder **Molekularzahlen** für jedes Oxid. Andere Berechnungsmethoden, z. B. die der Äquivalentnorm nach BURRI & NIGGLI und der Barthschen Standardzelle, führen zu **Äquivalentzahlen,** die die Anteile der Kationen angeben. Hier werden die Gewichtsprozente der Oxide der ein-, drei- und fünfwertigen Elemente (z. B. Na_2O, Fe_2O_3, P_2O_5) jeweils durch das halbe Molekulargewicht geteilt.

Berechnung der CIPW-Norm

Man dividiert zunächst die Gewichtsprozente der Oxide durch deren Molekulargewichte und erhält so für jedes Oxid Molekularzahlen, die untereinander in der Weise äquivalent sind, daß man aus ihnen normative „Minerale" zusammensetzen kann. Das Verfahren ist aus dem Beispiel in Tabelle 5 ersichtlich; die chemische Analyse enthält zwölf Hauptkomponenten. Geringe Mengen von MnO und NiO werden zu FeO, von BaO und SrO zu CaO addiert. Alsdann ist der Verlauf der Berechnung folgender:

1. P_2O_5 wird mit einer 3,33 mal größeren Menge von CaO zu Apatit (ap) vereinigt.
2. Alles CO_2 wird mit der äquivalenten Menge von CaO zu Calcit (cc) vereinigt.
3. TiO_2 und eine äquivalente Menge von FeO ergeben Ilmenit (il). Ist nicht genügend FeO vorhanden, so kann nach Durchführung des Rechenschrittes 6 Titanit (tn) $CaO \cdot TiO_2 \cdot SiO_2$ gebildet werden. Falls dazu kein CaO mehr vorhanden ist, bleibt TiO_2 als Rutil (ru) übrig.
4. Alles vorhandene K_2O wird mit der äquivalenten Menge von Al_2O_3 und einer sechsfachen Menge von SiO_2 zu Orthoklas (or) verbunden ($K_2O \cdot Al_2O_3 \cdot 6SiO_2$).

5a. Ebenso wird mit Na_2O zur Bildung von Albit (ab) verfahren.

5b. Ist nicht genügend Al_2O_3 zur Bindung von Na_2O vorhanden, so wird aus dem Überschuß dieser Komponente Akmit (ac) $Na_2O \cdot Fe_2O_3 \cdot 4SiO_2$ berechnet. Der Rechenschritt 6 entfällt dann.

6. Noch vorhandenes CaO wird mit Al_2O_3 und $2SiO_2$ zu Anorthit (an) verbunden. Bleibt Al_2O_3 übrig, so erscheint dies als Korund (C);
7. Übriges CaO wird zur Bildung von Titanit (siehe unter 3) oder von Wollastonit (wo) $CaO \cdot SiO_2$ verwendet.
8. Noch vorhandenes FeO und Fe_2O_3 werden zu Magnetit (mt) $FeO \cdot Fe_2O_3$ verbunden. Übriges Fe_2O_3 wird Hämatit (hm); übriges FeO geht in die Pyroxene ein.

9a. Aus dem Rest von CaO wird Wollastonit (wo) $CaO \cdot SiO_2$ gebildet.

9b. MgO wird mit SiO_2 zu Enstatit (en) $MgO \cdot SiO_2$ verbunden.

9c. Noch übriges FeO ergibt mit SiO_2 Ferrosilit (fs) $FeO \cdot SiO_2$.

9d. Der so erhaltene Wollastonit wird mit einer äquivalenten Menge Enstatit und Ferrosilit zu Diopsid $CaO \cdot (Mg,Fe)O \cdot 2SiO_2$ vereinigt. Das Mengenverhältnis von MgO und FeO ist das vor Rechenschritt 9b gegebene. Noch übriger Wollastonit bleibt als solcher erhalten. Der Rest von en und fs wird als $(Mg,Fe)O \cdot SiO_2$ zu Hypersthen (hy).

10. Nunmehr wird geprüft, ob die anfangs gegebene Menge von SiO_2 überhaupt zur Bildung der Silikate ausreicht. Ist dies der Fall und bleibt ein Überschuß, so erscheint dieser als Quarz (Q). Ist zu wenig SiO_2 vorhanden, so müssen »kieselsäuresparende« Silikate gebildet werden.
11. Man beginnt dazu mit der Umwandlung von hy, d. h. seiner Komponenten en und fs in fo (Forsterit $2MgO \cdot SiO_2$) und fa (Fayalit $2FeO \cdot SiO_2$), die zusammen Olivin ol ergeben. In dem Rechenbeispiel der Tabelle 5 ist dies erforderlich. Die Berechnung der in den noch verbleibenden Hypersthen hy' eingehenden Einheiten von MgO und FeO erfolgt nach der Gleichung $x = 2\,S - M$, worin S die Menge des zur Verfügung stehenden SiO_2 und M die Summe der unterzubringenden Einheiten von MgO und FeO ist. Die Menge der in Olivin eingehenden Einheiten von MgO + FeO ist $y = M - x$.
12. Bleibt weiterhin ein SiO_2-Defizit, so wird zunächst Titanit (tn) in Perowskit $CaO \cdot TiO_2$ (pf) umgewandelt.
13. Bei weiterem SiO_2-Defizit wird Albit teilweise oder ganz in Nephelin umgewandelt nach $x = \frac{S-2N}{4}$ und $y = N - x$, wobei S die Menge des verfügbaren SiO_2 und N das verfügbare Na_2O ist.

14. Bei weiterem SiO_2-Defizit wird Orthoklas or in Leucit lc ($K_2O \cdot Al_2O_3 \cdot 4SiO_2$) umgewandelt nach $x = \frac{S-4K}{2}$ und $y = K - x$.
15. Bei weiterem SiO_2-Defizit wird Diopsid in Calciumorthosilikat cs ($2CaO \cdot SiO_2$) und Olivin umgewandelt nach
$$x = \frac{2S-M-C}{2},\ y = \frac{M-x}{2} \text{ und } z = \frac{C-x}{2},$$
wobei M die verfügbare Menge von MgO und FeO in Diopsid und C die verfügbare Menge von CaO in Diopsid (und eventuell in Wollastonit) ist; x ist die Zahl der für Diopsid verbleibenden SiO_2-Einheiten, y die der SiO_2-Einheiten in Olivin und z die der SiO_2-Einheiten in Calciumorthosilikat.
16. Sehr selten ist es erforderlich, auch noch den Leucit in den kieselsäureärmeren Kaliophilit (kp) $K_2O \cdot Al_2O_3 \cdot 2SiO_2$ umzuwandeln nach $x = \frac{S-2K}{2}$ und $y = \frac{4K-S}{2}$, wobei S wieder die verfügbare Menge von SiO_2 und K das unterzubringende K_2O ist.

Weitere mögliche normative Minerale sind Halit hl (NaCl), Thenardit th ($Na_2O \cdot SO_3$), Pyrit (FeS_2) berechnet als $FeO \cdot 2S$, Fluorit fr (CaF_2), berechnet als $CaO \cdot 2F$, Natrium- und Kaliummetasilikat ns und ks ($Na_2O \cdot SiO_2$ und $K_2O \cdot SiO_2$), Zirkon Z ($ZrO_2 \cdot SiO_2$) und Chromit cm ($FeO \cdot Cr_2O_3$). Eine detaillierte Rechenanleitung, die auch ungewöhnliche Fälle berücksichtigt, gibt Johannsen (1931, S. 88–92).

Zur Berechnung der *gewichtsprozentischen Anteile* der normativen Minerale multipliziert man deren Molekulargewicht mit der Molekularzahl einer ihrer Komponenten, die in der Formel in der Einzahl auftritt. In dem Beispiel der Tabelle 5 kann dies bei Orthoklas K_2O mit dem Wert 10,0 sein. Das Molekulargewicht des Orthoklases ($K_2O \cdot Al_2O_3 \cdot 6SiO_2$) ist 556. In dem gleichen Rechengang wird die zu Beginn der Normberechnung durchgeführte Multiplikation der Molekularzahlen mit 1000 wieder rückgängig gemacht. Man erhält so nach

$$\frac{10{,}0 \cdot 556}{1000} = 5{,}56 \text{ Gewichtsprozent Orthoklas.}$$

Analog wird mit den anderen normativen Mineralen verfahren. Nur bei der Berechnung der Komponenten fo und fa ist von der halben Molekularzahl von MgO bzw. FeO auszugehen. Die Summe der berechneten Gewichtsprozente wird im allgemeinen unter 100% liegen, weil der Wasseranteil der Gesteinsanalyse nicht in die normativen Minerale eingeht. Man rechnet die Norm dann gewöhnlich auf 100,0% um. – Die bei Johannsen (1931, S. 246–253) gegebenen Tabellen können die Berechnung erleichtern. Hat man häufig Normen zu berechnen, dann empfiehlt sich der Einsatz eines entsprechenden Computerprogrammes (siehe Müller & Braun 1977).

Die Berechnung der Niggliwerte

Die Niggliwerte sind Sammelkomponenten, die den chemischen Stoffbestand in zusammenfassender Weise überschaubar machen und auch graphische Darstellungen ermöglichen. Der Berechnung liegen die Gewichtsprozente der Oxide zugrunde, die durch Dividieren durch die jeweiligen Molekulargewichte in Molekularzahlen (bei Burri 1959 molekulare Äquivalentzahlen genannt) umgewandelt und mit 1000 multipliziert werden. Für die weitere Berechnung werden die Äquivalentzahlen von Cr_2O_3 und V_2O_3 zu Fe_2O_3, von MnO und NiO zu FeO, von SrO zu CaO und von $BaO \cdot 2$ zu K_2O geschlagen. Aus den so erhaltenen Äquivalentzahlen bildet man vier Gruppen: Al_2O_3, $FeO + Fe_2O_3 + MgO$, CaO und $Na_2O + K_2O$. Ihre Molekularzahlen werden auf 100% umgerechnet und dann als al, fm, c und alk bezeichnet. Auf diese Vergleichsbasis, d.h. $al + fm + c + alk = 100$ werden nun die weiteren Elemente bezogen:

$$si = \frac{\text{Molekularzahl von } SiO_2 \cdot 100}{\text{Summe der Molekularzahlen der vier o.g. Gruppen}}$$

Entsprechend können besondere Werte für TiO_2 (ti), ZrO_2 (zr), P_2O_5 (p) und H_2O^+ (h) gewonnen werden. Das Verhältnis der Molekularzahlen $\frac{K_2O}{K_2O + Na_2O}$ ist k, das von $\frac{MgO}{MgO + FeO + Fe_2O_3}$ ist mg; w kennzeichnet mit $\frac{2Fe_2O_3}{2Fe_2O_3 + FeO}$ den Oxidationsgrad des Eisens.

Die Niggliwerte lassen vielerlei Interpretationen des Gesteinschemismus zu. So entspricht z.B. ein Überschuß von alk über al dem Auftreten von Akmit (ac) in der CIPW-Norm; die Gesteine enthalten dann i.a. Ägirin oder Riebeckit. Der Grad der SiO_2-Sättigung wird durch die Größe des si-Wertes, noch deutlicher durch die Quarzzahl Q = si–si' gekennzeichnet; si' ist in Analysen mit al > alk gleich 100 + 4 alk, in solchen mit al < alk gleich 100 + 3 al + alk. Die Niggliwerte eignen sich ferner sehr gut zur Darstellung von Differentiationsreihen, z.B. mit si als Abszisse, und von anderen Verwandtschaftsbeziehungen oder Unterschieden magmatischer (und anderer) Gesteine.

Tabelle 5 Berechnung der CIPW-Norm eines Olivinbasaltes vom Fuldaer Wäldchen, Vogelsberg. Analyse aus Ehrenberg: Erl. zu Bl. Schlüchtern 1 : 25 000, 1971

	SiO_2	TiO_2	Al_2O_3	Fe_2O_3	FeO	MnO	MgO	CaO	Na_2O	K_2O	P_2O_5	CO_2		
Gewichtsprozent	52,35	2,33	14,12	1,98	7,47	0,14	7,14	8,86	3,86	0,94	0,28	0,03	Mol.-	Gew.-%,
Molekulargewicht	60	80	102	160	72	71	40	56	62	94	142	44	Gew.	Summe
Molekularzahl × 1000	872,5	29,1	138,4	12,4	105,8		178,5	158,2	62,3	10,0	2,0	0,7		100,0
Apatit	–	–	–	–	–		–	6,6 (151,6)	–	–	2,0 (0)	–	336	0,7
Calcit	–	–	–	–	–		–	0,7 (150,9)	–	–	–	0,7 (0)	100	0,1
Ilmenit	–	29,1 (0)	–	–	29,1 (76,7)		–	–	–	–	–	–	152	4,4
Orthoklas	60,0 (812,5)	–	10,0 (128,4)	–	–		–	–	–	10,0 (0)	–	–	556	5,6
Albit	373,8 (438,7)	–	62,3 (66,1)	–	–		–	–	62,3 (0)	–	–	–	524	32,9
Anorthit	132,2 (306,5)	–	66,1 (0)	–	–		–	66,1 (84,8)	–	–	–	–	278	18,4
Magnetit	–	–	–	12,4 (0)	12,4 (64,3)		–	–	–	–	–	–	232	2,9
(Wollastonit)	84,8 (221,7)	–	–	–	–		–	84,8 (0)	–	–	–	–	116	–
(Enstatit)	178,5 (43,2)	–	–	–	–		178,5 (0)	–	–	–	–	–	100	–
(Ferrosilit)	64,3 (−21,1)	–	–	–	64,3 (0)		–	–	–	–	–	–	132	–
Diopsid	169,6	–	–	–	22,5		62,3	84,8	–	–	–	–	–	19,1
(Hypersthen)	158,0	–	–	–	41,8		116,2	–	–	–	–	–	–	–
Hypersthen	115,8	–	–	–	31,0		84,8	–	–	–	–	–	–	12,6
Olivin	21,1	–	–	–	10,8		31,4	–	–	–	–	–	204; 140	3,3

Zahlen hinter den Mineralnamen = Molekularzahlen × 1000.
Namen in Klammern: Normative Minerale, die bei der weiteren Berechnung zugunsten anderer ganz oder teilweise verschwinden.

Tabelle 6 Berechnung der Basisverbindungen nach BURRI & NIGGLI eines Olivinbasaltes vom Fuldaer Wäldchen (s. Tabelle 5)

	SiO_2	TiO_2	Al_2O_3	Fe_2O_3	FeO	MnO	MgO	CaO	Na_2O	K_2O	P_2O_5	CO_2	Ge-samt	Äquivalent-Prozent
Gewichts-%	52,35	2,33	14,12	1,98	7,47	0,14	7,14	8,86	3,86	0,94	0,37	0,03		
Formel-Gew.	60	80	51	80	72	71	40	56	31	47	71	44		
Äquiv.-Zahlen	872,5	29,1	276,8	24,8	105,8		178,5	158,2	124,5	20,0	5,2	0,7	1796,1	100,0
Cp	–	–	–	–	–		–	7,8 (150,4)	–	–	5,2 (0)	–	13,0	0,7
Cc	–	–	–	–	–		–	0,7 (149,7)	–	–	–	0,7 (0)	1,4	0,1
Kp	20,0 (852,5)	–	20,0 (256,8)	–	–		–	–	–	20,0 (0)	–	–	60,0	3,3
Ne	124,5 (728,0)	–	124,5 (132,3)	–	–		–	–	124,5 (0)	–	–	–	373,5	20,8
Cal	–	–	132,3 (0)	–	–		–	66,2 (83,5)	–	–	–	–	198,5	11,0
Cs	41,8 (686,2)	–	–	–	–		–	83,5 (0)	–	–	–	–	125,3	7,0
Fs	12,4 (673,8)	–	–	24,8 (0)	–		–	–	–	–	–	–	37,2	2,1
Fo	89,3 (584,5)	–	–	–	–		178,5 (0)	–	–	–	–	–	267,8	14,9
Fa	52,9 (531,6)	–	–	–	105,8 (0)		–	–	–	–	–	–	158,7	8,8
Ru	–	29,1 (0)	–	–	–		–	–	–	–	–	–	29,1	1,6
Qu	531,6	–	–	–	–		–	–	–	–	–	–	531,6	29,7

Die zugehörigen Basisgruppenwerte sind: Q = 29,7
L = Kp + Ne + Cal = 35,1
M = Fs + Fo + Fa + Ru + Cs + Cp + Cc = 35,2

Die Niggliwerte des Basaltes der Tabelle 6 sind: si 131,1; al 20,8; fm 44,5; c 23,8; alk 10,9; ti 4,4; k 0,14; mg 0,60; w 0,19; si' 143,6; Q −12,5.

Die Berechnung der Äquivalentnorm nach Burri-Niggli

Die chemische Analyse wird durch Umwandlung der Gewichtsprozente in Äquivalentzahlen, welche die relativen Anteile der Kationen angeben, umgerechnet (siehe S. 23). Aus diesen werden nach folgenden Regeln die sog. **Basisverbindungen** berechnet:

1. Aus den Äquivalentzahlen von P und Ca wird im Verhältnis 2:3 Calciumphosphat Cp gebildet.
2. Aus den Äquivalentzahlen C (aus CO_2) und Ca wird im Verhältnis 1:1 Calcit Cc gebildet.

Entsprechend werden dann die weiteren Verbindungen zusammengesetzt:

3. Kaliophilit Kp aus allem vorhandenem Kalium und äquivalenten Mengen von Al und Si: $xK + xAl + xSi$, entsprechend seiner Formel $KAlSiO_4$.
4. Nephelin aus $xNa + xAl + xSi$. Ist nicht genügend Al für Ne vorhanden, so bildet man aus dem Na-Rest Natriummetasilikat Ns = $yNa + \frac{y}{2}Si$.
5. Bleibt dagegen Al übrig, so bildet man nach $xAl + \frac{x}{2}Ca$ Calciumaluminat Cal.
6. Übrigbleibendes Ca wird nach $yCa + \frac{y}{2}Si$ zu Calciumorthosilikat Cs. Nach Rechengang 5 übrigbleibendes Al wird dagegen als $yAl + \frac{y}{2}Mg$ zu Spinell Sp, ein weiterer Al-Rest nach $zAl + \frac{z}{2}Fe$ zu Hercynit Hz. Ein dann noch verbleibender Al-Rest wird zu Korund C.
7. $Fe^{\cdot\cdot\cdot}$ wird als hypothetisches Ferrisilikat $xFe^{\cdot\cdot\cdot} + \frac{x}{2}Si$ in Rechnung gestellt.
8. $Fe^{\cdot\cdot}$ und Mg (sofern nicht als Sp oder Hz gebunden) werden als $xFe^{\cdot\cdot} + \frac{x}{2}Si$ zu Fayalit und $yMg + \frac{y}{2}Si$ zu Forsterit.
9. TiO_2 kommt als Rutil Ru in Rechnung.
10. Übrigbleibendes SiO_2 liefert die gleiche Menge Quarz Q.

Tabelle 6 erläutert an einem Beispiel diesen Rechengang. Die erhaltenen Komponenten werden zu Basisgruppenwerten

– Kp + Ne + Cal = L
– Cs + Fo + Fa + Fs + Ns = M
– Q = Q

vereinigt, welche zur graphischen Darstellung in einem Dreiecksdiagramm geeignet sind (s. Abschn. 1.3.4.2 und Abb. 57).

Die Berechnung der Äquivalentnorm aus den Basisverbindungen verläuft in dem in Tabelle 7 gezeigten Beispiel folgendermaßen:

1. Cp, Cc und Ru bleiben als solche erhalten.
2. $xFs + \frac{y}{2}Fa$ ergeben xMt (Magnetit) + $\frac{1}{2}xQ$, das der schon vorhandenen Q-Menge zugeschlagen wird.
3. Aus Cal und Q wird gemäß 3Cal + 2Q = 5An Anorthit gebildet.
4. Aus Kp und Q wird gemäß 6Kp + 4Q = 10 Or Orthoklas gebildet.
5. Analog wird mit Ne verfahren: 6Ne + 4Q = 10 Ab (Albit).
6. 3Cs + 1Q ergeben 4Wo.
7. 3Fa + 1Q ergeben 4Hy.
8. 3Fo + 1Q ergeben 4En. Mit diesem Rechenschritt ist in dem Beispiel der Tabelle 7 Q verbraucht. Es bleibt noch ein Rest von Fo übrig.

In anderen Fällen wird nach der Berechnung von En noch Q übrigbleiben. Ist Na + K > Al, dann bildet man nach dem Rechenschritt 1 aus Fs und Ns gemäß 3Fs + 3Ns = 6Fns (Natriumferrisilikat, dem Akmit der CIPW-Norm entsprechend). Der sehr seltene Fall, daß K > Al ist, kann hier außer Betracht bleiben. Besondere Regeln gelten weiterhin für die Silifizierung der bei Al-Überschuß auftretenden Verbindungen Sp, Hz und C. Die vollständigen Regeln der Normberechnung sind in Burri (1959) erläutert.

Die Barth'sche Standardzelle

In den meisten Gesteinen nehmen die Sauerstoffionen etwa 94% des Volumens ein; alle Kationen zusammen machen nur knapp 6 Vol.% aus. Das Zahlenverhältnis der Sauerstoffionen zu den Kationen ist meist etwa 160:100. Eine Gesteinseinheit mit 160 Sauerstoffionen wird nach Barth (1948) **Standardzelle** genannt. Die Anzahlen der in ihr enthaltenen Kationen entsprechen weitgehend den Äquivalentprozenten, wie sie z. B. aus den Äquivalentzahlen der Tabelle 6 errechnet werden können. Das Gestein enthält auf 160

Tabelle 7 Umrechnung der Basisverbindungen der Tabelle 6 in die Äquivalentnorm nach BURRI & NIGGLI

	Cp	Cc	Kp	Ne	Cal	Cs	Fs	Fo	Fa	Ru	Qu	Gesamt	Äquivalent-Prozente
	13,0	1,4	60,0	373,5	198,5	125,3	37,2	267,8	158,7	29,1	531,6	1796,1	100,0
Magnetit	–	–	–	–	–	–	37,2 (0)	–	18,6 (140,1)	–	+18,6 (550,2)	37,2	2,1 Mt
Anorthit	–	–	–	–	198,5 (0)	–	–	–	–	–	132,3 (417,9)	330,8	18,4 An
Orthoklas	–	–	60,0 (0)	–	–	–	–	–	–	–	40,0 (377,9)	100,0	5,6 Or
Albit	–	–	–	373,5 (0)	–	–	–	–	–	–	249,0 (128,9)	622,5	34,6 Ab
Wollastonit	–	–	–	–	–	125,3 (0)	–	–	–	–	41,8 (87,1)	167,1	9,3 Wo
Hypersthen	–		–	–	–	–	–	–	140,1 (0)	–	46,7 (40,4)	186,8	10,4 Hy
Enstatit	–	–	–	–	–	–	–	121,2 (146,6)	–	–	40,4 (0)	161,6	9,0 En
Forsterit	–	–	–	–	–	–	–	146,6 (0)	–	–	–	146,6	8,2 Fo
Rutil	–	–	–	–	–	–	–	–	–	29,1 (0)	–	29,1	1,6 Ru
Calciumphosphat	13,0	–	–	–	–	–	–	–	–	–	–	13,0	0,7 Cp
Calcit	–	1,4	–	–	–	–	–	–	–	–	–	1,4	0,1 Cc

Sauerstoffionen unter Berücksichtigung von 0,77 Gew.% H_2O^+ folgende Anzahlen von Kationen:

Si	Ti	Al	Fe···	Fe··	Mn
49,4	1,6	15,8	1,4	5,8	0,1
Mg	Ca	Na	K	P	H
10,1	8,9	7,0	1,1	0,3	4,8

Die Sauerstoffionen verteilen sich hierauf folgendermaßen:

Si	Ti	Al	Fe···	Fe··	Mn
98,8	3,2	23,8	2,1	5,8	0,1
Mg	Ca	Na	K	P	H
10,1	8,9	3,5	0,5	0,8	2,4

Aus diesen Zahlen lassen sich Mineralbestände, auch solche mit hydroxylhaltigen Mineralen, wie Glimmer, Hornblende und ähnlichen, berechnen. Eine weitere Anwendungsmöglichkeit ist die Berechnung metasomatischer Stoffverschiebungen bei konstantem Volumen (s. Abschn. 5.2).

Die RITTMANN-Norm

Diese nach ihrem Autor benannte Norm ist ein Versuch, chemische Analysen in normative Mineralbestände umzurechnen, die besser als z. B. die der CIPW Norm den tatsächlich vorhandenen Zusammensetzungen entsprechen.

Dabei werden vor allem die Mischkristallnatur der meisten gesteinsbildenden Minerale, die hydroxylhaltigen Minerale, wie z. B. die Glimmer und Amphibole und die Stabilitätsverhältnisse der Minerale berücksichtigt. Die Regeln der Berechnung sind in RITTMANN (1973) ausführlich dargestellt und durch viele Beispiele erläutert. Neben der für „trockene" Vulkanite geltenden Norm gibt es solche für eine „trockene" und eine „nasse" subvulkanische und plutonische Facies und weitere Varianten für Ultramafitite, Karbonatite, Eklogite und andere besondere Gesteins- bzw. Faziestypen. Die Rechenregeln basieren auf einem breiten Erfahrungsmaterial; der Rechengang ist meist sehr kompliziert und in rationeller Weise nur mittels Computerprogrammen zu bewältigen.

Die Rittmann-Norm des hier als Beispiel gewählten Olivinbasaltes vom Fuldaer Wäldchen im Vogelsberg ist in Vol.-%: Plagioklas (An-Gehalt etwa 30%) 59,6; Sanidin 1,7; Klinopyroxen (Titanaugit) 20,9; Hypersthen 12,0; Olivin 1,6; Magnetit 1,4; Ilmenit 1,9; Apatit 0,8; Calcit 0,1.

Weitere Beispiele für Rittmann-Normen vulkanischer Gesteine sind in Tab. 48 und 51 gegeben.

Weitere chemische Parameter und Indices

Zur Kennzeichnung der Sippenzugehörigkeit (Abschn. 2.5) von Vulkaniten hat RITTMANN die **Serienindices**

$$\tau = (Al_2O_3 - Na_2O)/TiO_2 \text{ (Gew.-\%) und}$$
$$\sigma = (K_2O + Na_2O)^2/SiO_2 - 43 \text{ (Gew.-\%)}$$

vorgeschlagen. Die graphische Darstellung erfolgt in einem logarithmischen Koordinatensystem.

Der **Differentiationsindex** nach THORNTON & TUTTLE ist Q + or + ab + ne + lc + kp (CIPW-Normen).

Der **Solidifikationsindex** nach KUNO ist 100 MgO : (MgO + FeO* + Na_2O + K_2O). FeO* bedeutet Gesamteisen als FeO.

Der **Kristallisationsindex** nach POLDERVAART & PARKER ist an + di' + fo' + sp (CIPW-Normen in Gew.-%), wobei di' der im Diopsid berechnete Anteil an $MgSiO_3$ multipliziert mit 2,157 und fo' = 0,701 · en_{hy} ist (en_{hy} ist der in Hypersthen berechnete Enstatitanteil).

Für geochemische Vergleiche sind auch die auf LARSEN zurückgehenden Parameter $\frac{1}{3}SiO_2 + K_2O - FeO - MgO - CaO$ oder $\frac{1}{3}Si + K - Mg - Ca$ (NOCKOLDS & ALLEN) gebräuchlich.

Der **Kalk-Alkali-Index** nach PEACOCK gibt die Verhältnisse von SiO_2, CaO und $Na_2O + K_2O$ in einem binären Variationsdiagramm von Gesteinsserien an. Er ist der SiO_2-Wert am Schnittpunkt der beiden Kurven für CaO bzw. $Na_2O + K_2O$. Die Bezeichnungen von Gesteinsserien nach der Lage ihres Kalk-Alkali-Index sind: < 51 = alkalisch, 51 – 56 = alkali-kalkig, 56 – 61 kalk-alkalisch, > 61 = kalkig.

Die Berechnung der Sammelkomponenten A, C, F und A', F, K metamorpher Gesteine

Die seit ESKOLAs Arbeiten über die metamorphen Fazies übliche Darstellung der Zusammensetzung metamorpher Gesteine beruht auf den aus der chemischen Analyse berechneten Sammelkomponenten A, C, F, A' und K; sie sind so gewählt, daß durch sie die wichtigsten fazieskritischen Mineralassoziationen in einfacher Form veranschaulicht werden können.

A ist derjenige Anteil von Al_2O_3 im Gestein, welcher nicht mit Na und K in Feldspäten oder Glimmern kombiniert ist. Fe_2O_3 wird wegen der in Kristallgittern oft vorkommenden Substitution von Fe˙˙˙ für Al˙˙˙ und umgekehrt mit zur A-Komponente gerechnet. C ist das in den Silikaten außer Titanit gebundene CaO. F ist FeO + MnO + MgO in den Silikatmineralen.

Vor der Berechnung der Sammelkomponenten müssen die in Magnetit und Ilmenit enthaltenen Mengen von FeO und Fe_2O_3 ermittelt werden. Dies geschieht am besten durch Bestimmung der Volumanteile dieser Minerale im Dünnschliff (s. Abschn. 1.3.1) und Berechnung der in den Mineralen enthaltenen Fe-Oxide. Magnetit enthält 30 Gew.-% FeO und 70 Gew.-% Fe_2O_3, Ilmenit enthält 50 Gew.-% FeO. Die so berechneten Oxidmengen sind von Fe_2O_3 bzw. FeO der Analyse abzuziehen. Analog verfährt man mit dem CaO-Anteil in Titanit (30 Gew.-%). Danach werden die Gewichtsprozente der Analyse nach dem in Tabelle 5 gezeigten und auf S. 23 beschriebenen Verfahren in Molekularzahlen umgerechnet. Ist CO_2 vorhanden, dann subtrahiert man eine ihm äquivalente Menge von CaO („Calcit"). Die 3,3fache Menge von P_2O_5 wird ebenfalls von CaO abgezogen.

Danach werden

$Al_2O_3 + Fe_2O_3 - (K_2O + Na_2O)$ zu A,
CaO zu C,
$MgO + MnO + FeO$ zu F

addiert.

Die auf 100% umgerechneten Werte ergeben den darstellenden Punkt des Gesteins im A-C-F-Dreieck. Seine Lage zwischen den darstellenden Punkten der in einer bestimmten Fazies stabilen Minerale im gleichen Diagramm läßt Folgerungen auf die dort zu erwartenden Mineralparagenesen zu. K_2O, Na_2O und TiO_2 fallen bei dieser Berechnung fort; ihre Minerale sind also nicht darstellbar.

Sind Muskovit oder Paragonit wesentliche Gesteinsminerale, dann muß von $Al_2O_3 + Fe_2O_3$ zusätzlich die zweifache molekulare Menge des in den Glimmern enthaltenen K_2O bzw. Na_2O abgezogen werden. Hierfür ist auch die Kenntnis des gewichtsprozentischen Anteils der Glimmer im Gestein und des K_2O darin erforderlich.

Zur Darstellung von Mineralparagenesen mit kaliumhaltigen Mineralen dient das A'-K-F-Dreieck. Seine Parameter sind:

A' = $Al_2O_3 + Fe_2O_3 - (Na_2O + K_2O + CaO)$, wobei CaO nur das in bestimmten Mineralen mit Al bzw. Fe˙˙˙ kombinierte Calcium ist.
K = K_2O
F = $FeO + MnO + MgO$

Die Größe des in A' zu subtrahierenden CaO ist:
⅓ des in Grossular und Andradit enthaltenen CaO,
¾ des in Zoisit und Epidot enthaltenen CaO,
das gesamte in Anorthit enthaltene CaO und das Doppelte des in Margarit enthaltenen CaO.

Beide Dreiecke enthalten nur Minerale, die auch bei SiO_2-Übersättigung mit Quarz koexistieren können. Albit ist in keinem der beiden Dreiecke darstellbar. Das A-F-M- und das A'-F-K-Diagramm werden bevorzugt zur Charakterisierung der Paragenesen bestimmter Fazien oder Metamorphosegrade benutzt (Abb. 87).

Speziell für die Darstellung der Paragenesen pelitischer Metamorphite hat THOMPSON das **A-F-M-Diagramm** entworfen. Es handelt sich dabei um die Projektion von Punkten aus dem Vierkomponentensystem K_2O-Al_2O_3-FeO-MgO auf eine Fläche, welche das Dreieck Al_2O_3-FeO-MgO enthält und unterhalb der Linie FeO-MgO ins Unendliche verläuft. Auf der Fläche liegen die Al-Silikate (einschl. Pyrophyllit), Staurolith, Chloritoid, Cordierit, Almandin, die Chlorite, Stilpnomelan und Biotit. Muskovit wird als zusätzlich vorhanden vorausgesetzt. Quarz, die Ca- und Na-haltigen Minerale sind nicht darstellbar. Die Parameter A, F und M werden folgendermaßen berechnet:

$$A = \frac{[Al_2O_3]-[3\,K_2O]}{[Al_2O_3]-[3K_2O]+[MgO]+[FeO]},$$

$$M = \frac{[MgO]}{[MgO]+[FeO]}, \qquad F = 1 - M.$$

Für muskovitfreie, aber kalifeldspathaltige Gesteine wird

$$A = \frac{[Al_2O_3]-[K_2O]}{[Al_2O_3]-[K_2O]+[MgO]+[FeO]} \text{ berechnet.}$$

Weitere Varianten der AFM-Berechnung für Granulite haben REINHARDT und FROESE vorgeschlagen (s. WINKLER 1979: S. 48–53).

Weiterführende Literatur Abschn. 1.3.3

BURRI, C. (1959): Petrochemische Berechnungsmethoden auf äquivalenter Grundlage. – 343 S., Basel (Birkhäuser)

MÜLLER, G., & BRAUN, E. (1977): Methoden zur Berechnung von Gesteinsnormen. – 126 S., Clausthal (Pilger)

RITTMANN, A. (1973): Stable Mineral Assemblages of Igneous Rocks. – 262 S., Berlin (Springer).

WINKLER, H. G. F. (1979): Petrogenesis of Metamorphic Rocks. – 348 S., Berlin, Heidelberg, New York (Springer)

1.3.4 Die graphische Darstellung der mineralischen und chemischen Zusammensetzung von Gesteinen

Graphische Darstellungen der Zusammensetzung von Gesteinen sollen allgemein die Variationen ihrer mineralischen oder chemischen Komponenten und Gemeinsamkeiten oder Unterschiede zwischen Einzelgesteinen und Gruppen von Gesteinen veranschaulichen. Sie sind wichtige Hilfsmittel der Systematik und ermöglichen es auch, genetische Zusammenhänge und Entwicklungen in vereinfachender Weise aufzuzeigen. Die Problematik der graphischen Darstellung in der Petrographie und Petrologie liegt darin, daß einerseits meist eine Mehrzahl wesentlicher mineralischer oder chemischer Komponenten gegeben ist, andererseits die Zeichnung auf der Fläche nur jeweils drei Komponenten in einfacher und gleicher Weise berücksichtigen kann. Welche Komponenten hierzu gewählt werden oder als „Sammelkomponenten“ (s. Abschn. 1.3.3) erst zu errechnen sind, hängt von dem Zweck des zu erstellenden Diagrammes ab.

1.3.4.1 Die graphische Darstellung mineralischer Komponenten

Das bekannteste Beispiel einer solchen Darstellung ist das **Q–A–P–F-Doppeldreieck,** welches allein die hellen Gemengteile magmatischer Gesteine berücksichtigt (Abb. 25 und 26). Der Vorteil, daß hier **vier** Komponenten gezeigt werden können, beruht darauf, daß zwei von ihnen, nämlich Quarz und Foide, sich in der Natur gegenseitig ausschließen. Die Berechnung des darstellenden Punktes eines Gesteins in einem solchen Dreiecksdiagramm setzt die Kenntnis des quantitativen Mineralbestandes, wie sie durch Messen (oder durch Berechnung aus der chemischen Analyse) gewonnen werden kann, voraus (s. Abschn. 1.3.1 und 1.3.3). Bei einem Granit z. B. werden dann die volumprozentischen Anteile von Quarz, Alkalifeldspat und Plagioklas auf 100 umgerechnet. Das Verhältnis dieser drei Komponenten ist in dem Dreieck durch **einen** Punkt darstellbar (Beispiele in Abb. 71).

Weitere Regeln zur Benutzung des Q–A–P–F-Doppeldreieckes sind in Abschn. 2.4 gegeben. Für andere Zwecke können auch andere Komponenten in Dreiecksdiagrammen dargestellt werden, z. B. Q (Quarz), F (Feldspäte) und M (Mafite) oder Orthopyroxen – Klinopyroxen – Olivin (für ultramafitische Gesteine) und viele andere (Abb. 10). Spezielle Doppeldreiecke für die Klassifikation der metamorphen Gesteine sind von Fritsch, Meixner & Wieseneder (1967) entworfen worden (Abb. 86 A und B als Beispiele). Die Diagramme enthalten nur Gesteine mit jeweils drei Hauptmineralen. Die Benennung von Gesteinen mit mehreren Hauptmineralen erfolgt durch Nennung der Minerale in der Reihenfolge zunehmender Häufigkeit und des allgemeinen Gesteinstyps (-Fels, -Schiefer, -Gneis usw.), z. B. „Graphit-Granat-Staurolith-Glimmerschiefer“, „Amphibol-Pyroxen-Plagioklas-Fels“ u. ähnl. Soll die Variation nur zweier Komponenten

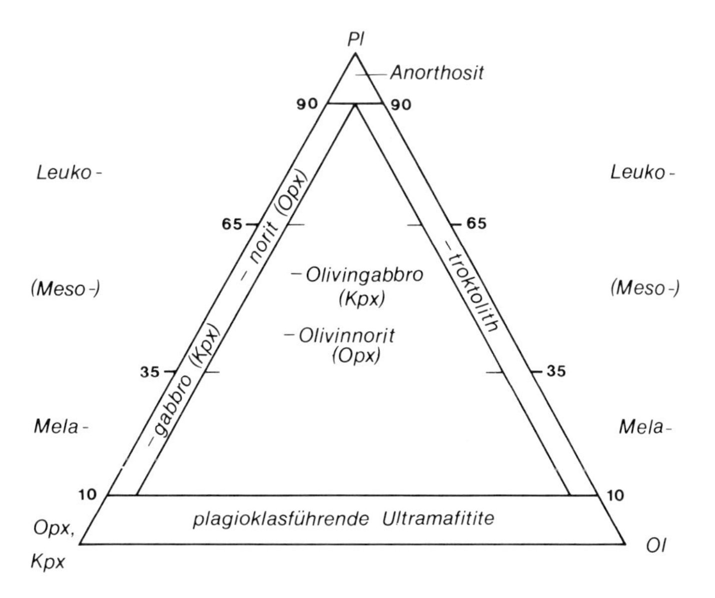

Abb. 10 Klassifikation und Nomenklatur gabbroischer Gesteine nach Streckeisen 1976.

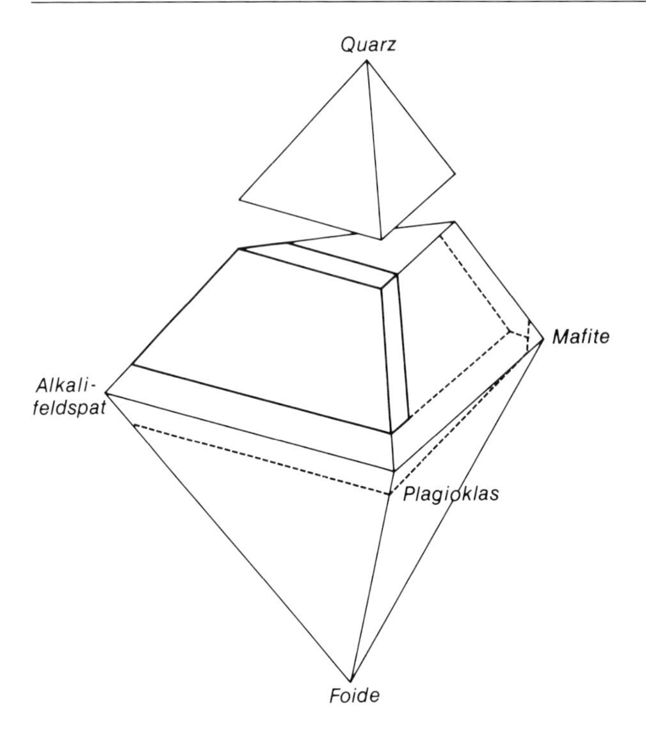

Abb. 11 RONNERS Doppeltetraeder zur Darstellung der Mineralbestände magmatischer Gesteine.

speziell hervorgehoben werden, dann kann man ein gleichschenklig-rechtwinkliges Dreieck verwenden, wobei die am wenigsten variierende Komponente an der Ecke des rechten Winkels liegen muß.

Die Mengenverhältnisse von **vier** Komponenten können in einem perspektivisch gezeichneten **Tetraeder** graphisch dargestellt werden; die Konstruktion und das Ablesen der Lage der einzelnen Punkte und erst recht von Punktgruppen ist aber weniger einfach, als bei den echt zweidimensionalen Dreiecksdiagrammen. Mehrere Autoren, zuletzt besonders RONNER, haben solche Tetraeder bzw. Doppeltetraeder zur Grundlage ihrer Gesteinsklassifikation gemacht. Das Ronnersche Doppeltetraeder hat die Ecken Quarz, Alkalifeldspat, Plagioklas, Mafite und Foide (Abb. 11). Die in diesem System unterschiedenen Gesteinskategorien nehmen jeweils bestimmte Räume innerhalb des Doppeltetraeders ein. Die Einzelheiten entnehme man RONNER (1963).

Eine weitere Methode der Darstellung der mineralischen Zusammensetzung von Gesteinen ist das **Säulendiagramm** (Beispiel Abb. 36). Mit ihm können eine beliebige Anzahl von Mineralarten, ihre Variation und einfache Entwicklungen veranschaulicht werden.

1.3.4.2 Die graphische Darstellung chemischer Komponenten

Als darzustellende Komponenten kommen einzelne analytisch bestimmte Oxide der Elemente oder aber die aus den Analysen berechneten Sammelkomponenten in Betracht (s. Abschn. 1.3.3). Wie bei den mineralischen Komponenten ist die Zahl der in **einem** Diagramm darstellbaren Komponenten begrenzt, es sei denn, man wählt Säulendiagramme, die allerdings nur in einfachen Zusammenhängen eine gute Übersicht ermöglichen. Hauptziel der anderen Darstellungsarten ist es, jedes Gestein durch nur **einen** Punkt (oder einen Vektor) im Diagramm zu repräsentieren.

Oft gebrauchte und leicht lesbare **binäre Diagramme** mit SiO_2 als Abzisse und anderen Oxiden als Ordinate werden Harker-Diagramme genannt. Auch der Differentiationsindex und andere Indices können als Abzissengröße verwendet werden. Ebenso sind beliebige Sammelkomponenten, etwa Niggliwerte und normative Komponenten, in binären Diagrammen darstellbar. Die den Analysen entnommenen bzw. aus ihnen errechneten Werte werden zunächst als Punkte in das Diagramm gezeichnet; häufig ergeben sich dabei mehr oder weniger deutliche Aufreihungen der Punkte. Diese können noch durch Verbindungsgeraden zwischen benachbarten Punkten verdeutlicht und schließlich durch angenäherte Kurven vereinfacht dargestellt werden. In anderen Fällen ergeben sich „Punktwolken" oder spezifische Häufungen der Punkte in bestimmten Bereichen des Diagramms, die als „Felder" zusammengefaßt bzw. einander gegenübergestellt werden können. Beispiele binärer chemischer Diagramme sind in Abb. 12 und 29 gegeben.

Unter diesen Diagrammen sind die von De la Roche hervorzuheben, weil sie eine Mehrzahl von Komponenten in der Weise zu zwei Parametern verrechnen, daß die darstellenden Punkte der häufigeren Magmatite sich besonders günstig auf einer Fläche verteilen. Dies gilt vor allem für die Gesteine mit Quarz, Feldspäten + Quarz bzw. Feldspäten + Foiden als Hauptkomponenten (Abb. 12).

Die hier verwendeten Parameter sind:
$R_1 = 4\,Si - 2\,(Fe + Ti) - 11\,(Na + K)$,
$R_2 = Al + 2\,Mg + 6\,Ca$.
Sie sind aus den Äquivalentzahlen zu berechnen, die in der in Abschn. 1.3.3 angegebenen Weise gewonnen werden. Andere Diagramme nach De la Roche haben die Parameter

$x = Fe + Mg + Ti, \quad y = K - (Na + Ca)$,

$x = K - \frac{Na}{2} - Ca, \quad y = \frac{Si}{3} - K - \frac{3}{2}Na - \frac{Ca}{3}$,

$x = K - (Na + Ca), \quad y = \frac{Si}{3} - (Na + K + \frac{2}{3}Ca)$,

$x = (Al - K) + (Fe - Mg) - 4Ca, \quad y = (Al - K) - (Fe - Mg) - 2Na$,

in Dreiecksdiagrammen auch MgO, K_2O und Na_2O sowie

$Q = \frac{Si}{3} - (K + Na + \frac{2}{3}Ca), \quad B = Fe + Mg + Ti$,

$F = 555 - Q - B$.

Oft verwendete chemische **Dreiecksdiagramme** haben die Parameter

K_2O, Na_2O, CaO oder

$(K_2O + Na_2O)$, $(FeO + Fe_2O_3)$, MgO oder auch

$(K_2O + Na_2O)$, FeO*, MgO, wobei FeO* die Gesamtmenge der Fe-Oxide, auf FeO umgerechnet, bedeutet. Die Umrechnung geschieht durch Multiplikation des Gewichtsanteils von Fe_2O_3 mit 0,9 und Addition zum schon vorhandenen FeO.

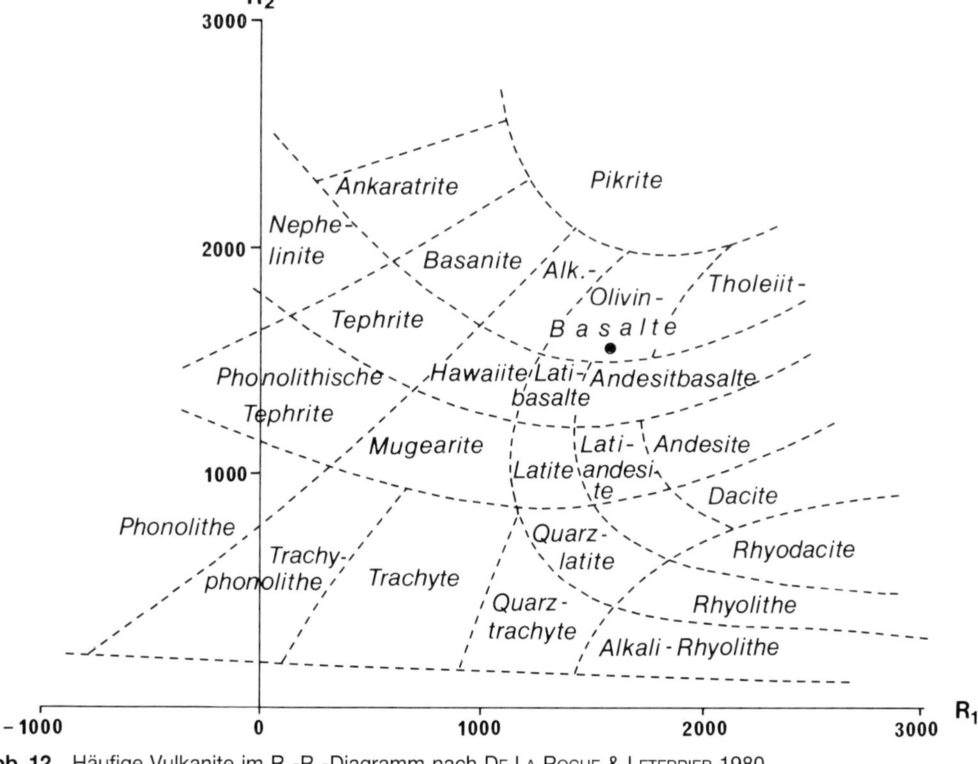

Abb. 12 Häufige Vulkanite im R_1-R_2-Diagramm nach De la Roche & Leterrier 1980.

Dreiecksdiagramme sind aus beliebigen Kombinationen anderer Oxide oder normativer Mineralkomponenten herzustellen, z. B. aus Or, Ab, An oder (Ol + Di + Hy), (Or + Ab + An), Q, (Ne + Lc + Kp), dieses als Doppeldreieck, und weiteren. Sammelkomponenten, z. B. die Niggliwerte oder Q, L und M nach BURRI (s. Abschn. 1.3.3) werden ebenfalls in Dreiecksdiagramme projiziert (Abb. 57).

Die vier **Niggliwerte** al, fm, c und alk sind zusammen nur durch einen Punkt in einem Tetraeder darstellbar. Die Lage dieses Punktes kann angenähert auch in Dreiecksdiagrammen dargestellt werden, indem man sie auf Schnittebenen im Tetraeder projiziert, welche die Kante c-fm regelmäßig unterteilen (s. BURRI 1959).

Eine noch kompliziertere, ebenfalls von einem Tetraeder bzw. der Lage eines das Gestein darin darstellenden Punktes ausgehende Projektionsform ist das Sawarizki-Diagramm. In ihm wird jedes Gestein durch zwei voneinander getrennt liegende **Vektoren** repräsentiert. Die Berechnung der Parameter und das Projektionsverfahren sind bei SAWARIZKI (1954) erläutert.

Alle diese Diagramme haben nur begrenzte Aussagemöglichkeiten; es hängt von den besonderen Gegebenheiten und Absichten ab, welche Diagramme jeweils gewählt werden. Das (Na_2O + K_2O) – (FeO + Fe_2O_3) – MgO-Diagramm wird sehr häufig zur Veranschaulichung von Differentiationsreihen benutzt. Tholeiitische, kalkalkalische und alkalische Gesteinsserien sind unterscheidbar (Abb. 77). Auch das Q–L–M-Diagramm läßt Differentiationsabläufe und überhaupt genetische Beziehungen von Gesteinsgruppen gut erkennen. Es hat allerdings den Nachteil, daß Alkalifeldspäte und Plagioklase in *einem* Punkt dargestellt werden. Im R_1-R_2-Diagramm nach DE LA ROCHE werden Olivin und Anorthit nahezu auf die gleiche Stelle projiziert, was die Unterscheidung von Ultramafititen und Anorthositen behindert; im übrigen ist es zur Klassifikation vulkanischer Gesteine aufgrund ihrer chemischen Analysen gut geeignet. Sehr leistungsfähig ist trotz seiner Einfachheit das Diagramm SiO_2/(Na_2O + K_2O). Die wichtigsten Kategorien der magmatischen Gesteine liegen in ihm in deutlich abgrenzbaren Feldern (Abb. 29). Das Diagramm SiO_2/K_2O wird häufig zur Beurteilung und Gliederung von basischen, intermediären und sauren Vulkaniten (Basalte, Andesite, Dacite) benutzt (Abb. 73).

1.3.4.3 Die graphische Darstellung stabiler Mineralassoziationen

Sie ist vor allem zur Veranschaulichung der Mineralbildung in metamorphen Gesteinen von großer Bedeutung. Sowohl die Faziesgliederung nach ESKOLA als auch andere Gliederungen nach Bildungsbedingungen werden damit illustriert. Fast durchweg werden Dreiecksdiagramme verwendet, deren Eckpunkte bestimmte charakteristische Minerale oder Sammelkomponenten, wie A, C, F oder A', F, K und andere sind. Die Berechnung dieser Komponenten ist in Abschn. 1.3.3 erläutert.

Weiterführende Literatur zu Abschn. 1.3.4

DE LA ROCHE, H. & LETERRIER, J. (1980): A classification of volcanic and plutonic rocks using R_1R_2 diagram and major element analyses – its relationships with current nomenclature. – Chem. Geol. **29,** 183–210

RONNER, F. (1963): Systematische Klassifikation der Massengesteine. – 380 S., Wien (Springer)

STRECKEISEN, A. (1976): To each plutonic rock its proper name. Earth Sci. Rev. **12,** 1–34

2 Magmatische Gesteine

2.1 Vorkommen und Formen magmatischer Gesteinskörper

In erster Näherung sind **autochthone, intrusive** und **extrusive** magmatische Gesteinskörper zu unterscheiden. Autochthone magmatische Gesteinskörper sind solche, die sich nicht wesentlich vom Ort der Bildung des Magmas selbst entfernt haben; sie werden auch als in-situ-Magmatite bezeichnet. Intrusive Körper sind durch Eindringen von Magma in ein Nebengestein entstanden; extrusive Magmatite haben in mehr oder weniger zusammenhängender Form als **Laven** oder in Partikel zerteilt als **Pyroklastite** die Erdoberfläche erreicht.

Nach dem **Niveau der Gesteinsbildung** – hier also der Erstarrung des Magmas – werden zunächst **plutonische** und **vulkanische** Magmatite unterschieden **(Plutonite** bzw. **Vulkanite).** Die plutonischen Magmatite sind in größerer, im allgemeinen in Kilometern anzugebender Tiefe erstarrt; die Erstarrung erfolgte vollständig durch Kristallisation. Gewöhnlich sind die Plutonite mesoskopisch klein-, mittel- bis grobkörnig ausgebildet. Die Vulkanite, welche als Laven an der Erdoberfläche ausgeflossen sind oder als Pyroklastite ausgeworfen wurden, sind häufig teilweise oder seltener auch ganz glasig erstarrt. Besonders charakteristisch sind hier **porphyrische Strukturen** mit relativ großen, kristallinen Einsprenglingen in einer feiner kristallinen oder glasigen Grundmasse. Zwischen diesen beiden Hauptformen der Magmatite, den Plutoniten und Vulkaniten, vermitteln nach geologischem Auftreten und petrographischen Erscheinungsformen die **hypabyssischen** und **subvulkanischen** Magmatite. Während die Bezeichnung *hypabyssisch* in einer allgemeinen Weise die Bildung in einem gegenüber den typischen Plutoniten weniger tiefen Niveau kennzeichnen soll, weist das Adjektiv *subvulkanisch* auf den beobachteten oder vermuteten Zusammenhang mit Oberflächenvulkanismus hin. Quantitative Angaben über die Bildungstiefen können wohl im Einzelfall gemacht, jedoch kaum verallgemeinert werden. Subvulkanische Gesteine mit typisch plutonitischem Gefüge sind manchmal nachweislich nur wenige hundert Meter unter der Erdoberfläche auskristallisiert, während in anderen Fällen Ganggesteine in derselben oder sogar größerer Bildungstiefe noch Kennzeichen vulkanischer Gesteine (porphyrische Struktur, bestimmte Mineralparagenesen, Glasanteile, Gasblasen u. a.) zeigen können.

Die **autochthonen Magmatitkörper** gehören fast ausnahmslos dem plutonischen Stockwerk an. Sie sind die Produkte einer Aufschmelzung am Ort, ihre Grenzen gegen die nicht aufgeschmolzene Umgebung sind diffus; vielfach enthalten sie Relikte unvollständig aufgeschmolzener Gesteine. Sie haben im übrigen keine spezifische äußere Form; ihre Dimensionen können die größerer Plutone sein (siehe auch Abschn. 4 Migmatite).

Die verbreiteten Formen der **intrusiven** magmatischen Gesteinskörper sind (Abb. 13 und 14):

- **Gänge:** plattenförmige, meist steilgestellte Körper, die diskordant zu den Strukturen ihres Nebengesteins (z. B. zur Schichtung oder Schieferung) liegen. Die Gangwände können planparallel oder in verschiedener Weise gekrümmt, geknickt oder sonst unregelmäßig verlaufen. Verzweigungen, bajonettartige Versetzungen und Änderungen der Richtung oder der Breite sind häufig. Die Ausmaße variieren von Millimetern bis zu über einem Kilometer in der Breite („Mächtigkeit") und von Zentimetern bis zu über hundert Kilometern in der Länge.
- **Ringgänge:** steil einfallende Gänge mit bogen- oder ringförmigem Oberflächenanschnitt.
- **Cone sheets:** Ringgänge, die wie die Flächen von auf die Spitze gestellten Kegeln nach der Tiefe hin konvergieren. Sie treten meist scharenweise auf, wobei die einzelnen Gänge im Oberflächenanschnitt jeweils nur einen bogenförmigen Teil des Kegelschnittes einnehmen. Manche Cone-sheet-Schwärme scheinen von einem bestimmten Punkt in der Tiefe auszugehen (siehe S. 165).
- **Sheets:** flachliegende Gänge, die diskordant zu den Strukturen ihres Nebengesteins verlaufen.
- **Sills** oder **Lagergänge:** meist flachliegende Gänge, die konkordant zu den Strukturen ihres Nebengesteins (z. B. Schichtung, Schieferung) liegen. Ihre Mächtigkeit kann mehrere

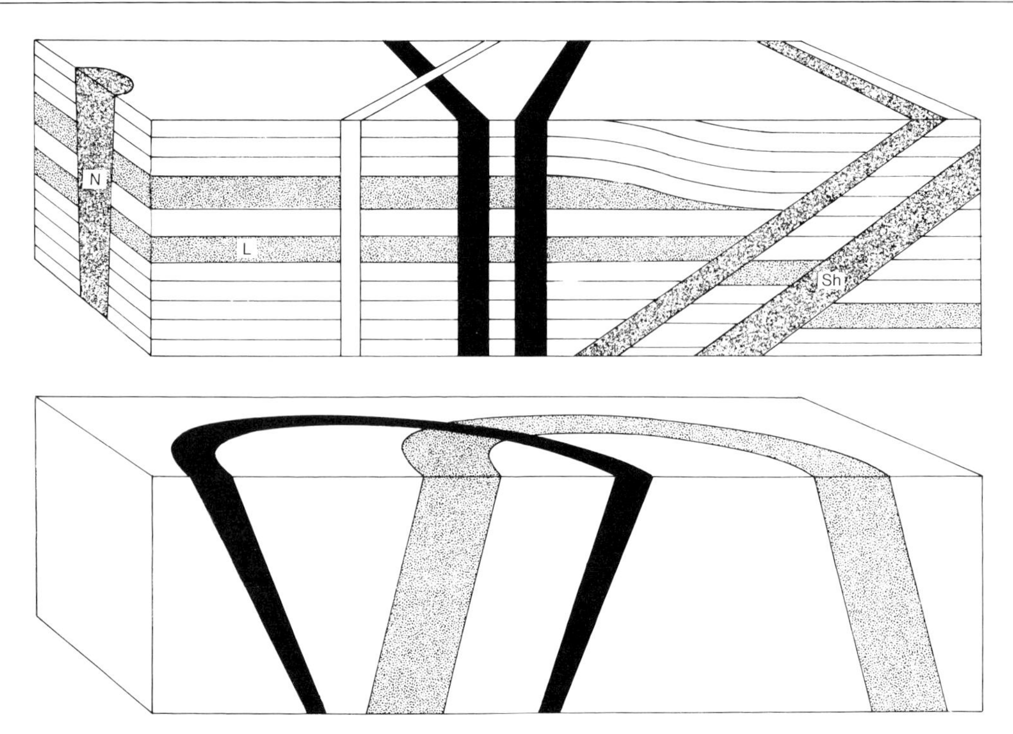

Abb. 13 Formen magmatischer Gänge und anderer Intrusivkörper. Oben: Schlotfüllung („Neck" N), Lagergänge (L), Sheets (Sh) und Steilgänge. – Unten links: Cone Sheet, rechts: Ringgang.

hundert Meter, die Länge des Ausstriches über 100 km erreichen.

- Zylindrische oder in verschiedener Weise davon abweichend gestaltete **Schlotfüllungen;** wenn sie durch Erosion ihres Nebengesteins morphologisch hervortreten, werden sie oft als *Necks* bezeichnet.
- **Stöcke:** unregelmäßig gestaltete Intrusivkörper von relativ geringer Ausdehnung (wenige hundert Meter bis einige Kilometer Länge und Breite).
- **Lakkolithe:** platten- bis linsenförmige Intrusivkörper mit annähernd ebener Unter- und nach oben gewölbter Dachfläche; sie sind meist entlang der Schichtflächen ihres Nebengesteins ausgebreitet. Die Magmazufuhr erfolgte durch einen zentrisch oder exzentrisch gelegenen, gangförmigen Förderkanal.
- **Phakolithe:** linsenförmige oder sonst krummflächig begrenzte, meist ebenfalls an Schichtfugen intrudierte Körper, oft in mäßig stark gefaltetem Nebengestein.
- **Lopolithe:** roh platten- bis schüsselförmige Körper, deren Unter- und Dachfläche nach unten eingebogen sind. Gelegentlich ist festzustellen, daß sie sich von der Tiefe her trichterartig aus einem Förderkanal entwickeln. Einer der größten Magmatitkörper der Erdkruste, der Bushveld-Pluton, gehört diesem Typ an.
- **Batholithe:** große, meist aus sauren Plutoniten bestehende Intrusivkörper mit steilen Grenzen; ihre untere Begrenzung („Boden" oder „Wurzel") ist nicht aufgeschlossen. Große Batholithe setzen sich aus mehreren bis vielen, in einem längeren Zeitraum aufgestiegenen Teilintrusionen zusammen. Ihre Verteilung kann eine regelmäßige (z. B. konzentrische) oder eine unregelmäßige sein.

Pluton ist eine allgemeine Bezeichnung für größere Intrusivkörper des plutonischen Typs ohne spezielle Aussage über deren Gestalt.

Der Name **Diapir** bezeichnet den aus den Beziehungen zum Nebengestein erschlossenen Aufstiegsmechanismus. Saure Magmen steigen infolge ihrer gegenüber der Umgebung geringeren Dichte *gravitativ* auf und installieren sich schließlich als pilz- oder kuppelförmige Körper in der oberen Kruste. Der Begriff Diapir wird auch auf feste Gesteinskörper angewendet, die in vergleichbarer Weise aufgedrungen sind, z. B. auf Salzstöcke.

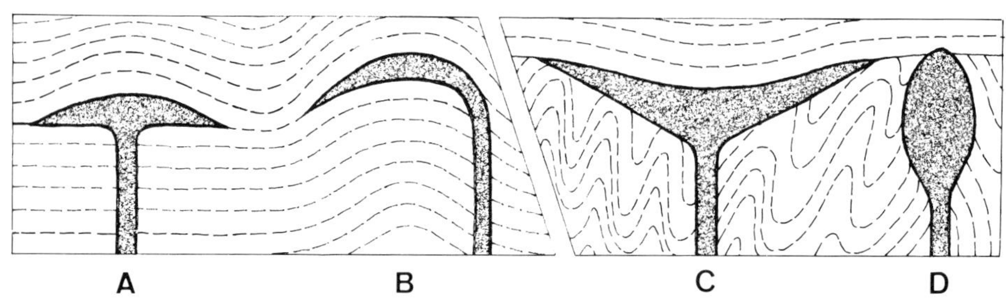

Abb. 14 Formen plutonischer und subvulkanischer Intrusionskörper. A) Lakkolith, B) Phakolith, C) Lopolith, D) Stock.

Als häufige Formen **vulkanischer (extrusiver)** magmatischer Gesteine sind zu nennen:

- **Lavaströme,** wenige Zehner von Metern bis über 100 km lange Lavakörper, die aus Kratern oder Spalten an die Erdoberfläche ausgetreten und sich von dort unter dem Einfluß der Schwerkraft ausgebreitet haben. Die Morphologie des Untergrundes und die Viskosität der Laven bestimmen weitgehend die endgültige Gestalt, die Länge, Breite und Dicke der Lavaströme. Basische, z. B. basaltische Laven sind leicht beweglich und können deshalb in relativ kurzer Zeit weit fließen. Lavaströme aus saurem, höher viskosem Material sind meist relativ kurz, aber dick. Lavaströme können auf dem Lande (*subaerisch,* d. h. unter der Luft) oder unter Wasser *(subaquatisch)* gebildet werden. Im flachen Gelände können anstelle der langgestreckten Lavaströme weit ausgebreitete **Lavadecken** entstehen.

Nach ihrer Gestaltung an der Stromoberfläche (und auch im Inneren) der Lavaströme werden folgende Hauptformen unterschieden:

- **Pahoehoe-Laven** (gesprochen „pahoëhoë“) haben eigenartige, in Stränge, Wülste und Fladen gegliederte Oberflächen, die deutlich die letzten Fließbewegungen unter einer zähen „Haut“ abbilden (deutsch: **Strick-** und **Fladenlava**) (Abb. 15 und 16A). Im Inneren ist die Pahoehoe-Lava meist blasenreich. Hält die Bewegung der Lava auch nach der Erstarrung größerer Teile der Oberfläche noch an, so bilden sich **Schollenlaven** aus roh plattigen Fragmenten. Größere Erhebungen aus solchem Material sind Schollenrücken und -dome.
- Für die **Aa-Laven** (die beiden A werden getrennt ausgesprochen, Betonung auf dem ersten A) ist ihre zerrissene, schlackige Oberfläche charakteristisch (Abb. 15B). Die im Detail überaus scharfkantige bis dornige Ausbildung frischer Aa-Laven macht das Gehen auf der Stromoberfläche und das Hantieren mit dem Material recht schwierig und unangenehm (G. A. MacDonald). Die einzelnen Lavabrokken einer Aa-Stromoberfläche sind sehr unregelmäßig geformt.
- **Blocklaven** bestehen aus relativ einfach gestalteten polyedrischen Blöcken; die Gesteine sind in verschiedenem Maße blasig.
- **Kissenlaven (pillow lavas)** sind charakteristisch für subaquatische Lavaergüsse. Sie bestehen aus vielen Einzelkörpern von dm- bis m-Größe, die mit Kissen, Polstern, Matratzen, Säkken, Bällen und Zehen verglichen werden (Abb. 15C).

Weitere Beschreibungen der Formen von Lavakörpern, besonders auch der Kissenlaven, sind in Abschn. 2.28.2 gegeben. Die Erscheinungen der Basaltsäulen sind ebenfalls dort, die der sauren Lavaströme in Abschn. 2.26.2 behandelt. Umfassende Übersichten der Erscheinungen an Laven und zugehörigen Bildungen geben z. B. Rittmann (1981), MacDonald in Hess & Poldervaart (1967, S. 1–62) und MacDonald (1972).

Hochviskose Laven können sich im Vulkan nahe der Oberfläche zu **Quellkuppen** aufstauen oder als **Staukuppen** oder bizarre Lava-Nadeln ins Freie austreten. Staukuppen und Lava-Nadeln sind häufig von einem Kranz herabstürzenden Schutts umgeben oder zerfallen noch in der Bewegung ganz zu **Extrusionsbreccien.**

Verbreitete Formen der **pyroklastischen** Gesteinskörper sind:

- **Schlacken-, Tuff- und Aschenkegel,** die bei nur geringer Transportweite um ein Förderzentrum aufgebaut wurden. Sie können im Inneren mehr oder weniger deutlich geschichtet sein.
- Pyroklastische **Ströme** (Aschenströme, Ignimbrite, Ablagerungen von Glutlawinen); solche

A

B

C

Abb. 15

A) Stricklava, Lavastrom von 1899, Vesuv.

B) Querschnitt eines Basalt-Lavastromes bei Milo am Ätna. Über dem kompakten, von krummflächigen Klüften durchzogenen inneren Teil der Lava liegt schlackiges und in Bruchstücke zerfallenes Material nach Art der Aa-Lava (Photo J. KELLER).

C) Kissenlava bei Marina Marciana (Elba).

A

B

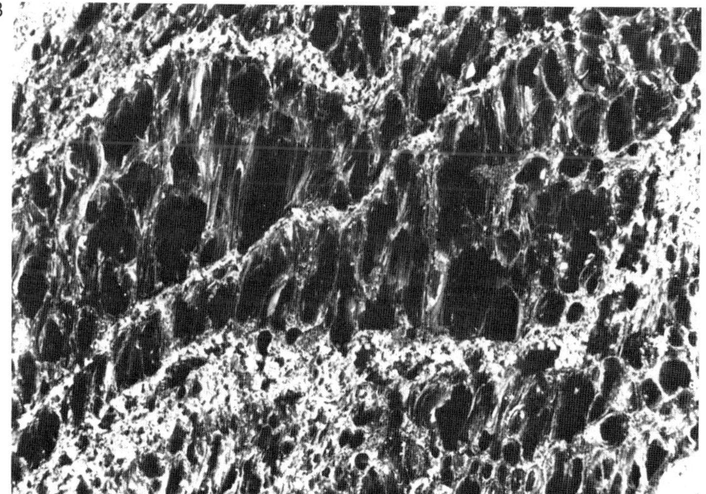

Abb. 16

A) Oberfläche einer typischen Pahoehoe-(Strick-)Lava von Hawaii. Breite etwa 15 cm.

B) Großblasiger Bimsstein von Lipari (Italien). Breite etwa 7 cm.

Ablagerungen sind teils stromartig, teils aber auch eher flächenhaft ausgebreitet.

- Pyroklastische **Decken** (Tuff- oder Aschendekken), oft geschichtet; häufig mit Laven oder mit Sedimenten wechsellagernd.
- Pyroklastische **Schlot- oder Spaltenfüllungen.**

Weitere Angaben über Ausmaße und Beschaffenheit der pyroklastischen Gesteinskörper werden in Abschn. 2.32 gemacht.

Hauptsächliche **Großformen der Vulkane** sind:

- **Kontinentale Basaltplateaus,** meist aus vielen übereinanderliegenden Einzelströmen und -decken aufgebaut. Sie bedecken Flächen von bis zu mehreren hunderttausend Quadratkilometern (s. Abschn. 2.28). Die Lava tritt im allgemeinen aus bis zu mehrere Kilometer langen Spalten aus.
- **Ozeanische Basaltdecken,** besonders an ozeanischen Rücken und in Geosynklinalen. Kissenlaven und Hyaloklastite sind charakteristische Erscheinungen dieses submarinen Vulkanismus.
- **Schildvulkane** aus überwiegend basaltischen Laven. Flache Kegel verschiedener Größe (bis zu mehrere hundert km Durchmesser und 10 km Höhe, z. B. Mauna Loa, Hawaii). Steilwandige Gipfelkrater und exzentrisch gelegene Ausbruchsspalten.
- **Stratovulkane,** aus abwechselnden Lavaströmen und Pyroklastiten aufgebaute Vulkane. Sie können lavareich (z. B. Ätna) oder pyroklastitreich (z. B. Vesuv) sein. Besonders die einzeln stehenden pyroklastitreichen Stratovulkane besitzen oft die ideale Kegelgestalt des

Vulkans mit Gipfelkrater. Vielfach treten mehrere Stratovulkane zu Gruppen zusammen. Nach voluminösen Pyroklastitausbrüchen bilden sich Einbruchskessel (**Calderen,** Einzahl Caldera).

- Kleinere Vulkan-Apparate sind einzelne Staukuppen (siehe oben), Schlackenkegel, Schlakken-Ringwälle, Tuffkegel und -ringe, Sprengtrichter (Maare) und komplexe Gebilde aus den genannten Elementen.

2.2 Die Erscheinungsformen magmatischer Gesteine im Aufschluß- und Handstücksbereich

Die Erscheinungsweise magmatischer Gesteine im Aufschluß- und Handstücksbereich ist von ihrer Zusammensetzung, ihrer Struktur und Textur, den Korngrößenverhältnissen, der Klüftung und den Wirkungen der Verwitterung bestimmt. Viele für die verschiedenen Gesteinstypen charakteristische Phänomene sind in den Abschnitten des speziellen Teils (Abschn. 2.6 bis 2.31) behandelt. Daher kann hier eine kurze Aufstellung der einschlägigen Begriffe genügen.

Hinsichtlich der **Zusammensetzung** sind magmatische Gesteine im Aufschlußbereich **homogen** oder in verschiedener Weise **inhomogen.** Inhomogenitäten der mineralischen Zusammensetzung erscheinen als:

- **Lagen** (layers) in verschiedensten Dimensionen, manchmal in vielfacher Wiederholung, besonders ausgeprägt in manchen basischen und ultrabasischen Plutoniten (siehe Abb. 46 und 47),
- **Schlieren,** ungleichförmige, im Anschnitt meist gestreckt, gekrümmt oder sonst „bewegt" erscheinende Inhomogenitäten (Abb. 17)

und in anderer, mehr oder weniger unregelmäßiger Form (fleckig, nesterartig, orbikular, siehe unten).

Häufige Formen der **Textur** (siehe Abschn. 1.2.2) sind:

- **Isotrope Textur:** die mineralischen Bestandteile zeigen keine sichtbare bevorzugte Orientierung. Diese Texturform wird auch als **massig** bezeichnet; sie ist für Magmatite so charakteristisch, daß die ganze Gesteinsfamilie früher auch oft als „Massengesteine" bezeichnet wurde.
- **Flächenhaft anisotrope Texturen** kommen durch Orientierung bestimmter Minerale parallel ebener oder unebener Flächen zustande; in magmatischen Gesteinen sind sie die Folge des Fließens im teilweise schon kristallisierten Zustand. Tafelige Feldspäte und plattige Glimmer sind häufig die Träger solcher **Fließtexturen** (Abb. 18A). Im einzelnen können die Fließtexturen als **laminar** oder **turbulent** charakterisiert werden.
- **Linear anisotrope** Texturen kommen durch Parallelorientierung von langprismatischen Mineralen, z. B. Amphibolen, zustande. Auch Schlieren und länglich oder plattig gestaltete Einschlüsse können Träger von gerichteten Texturen sein.

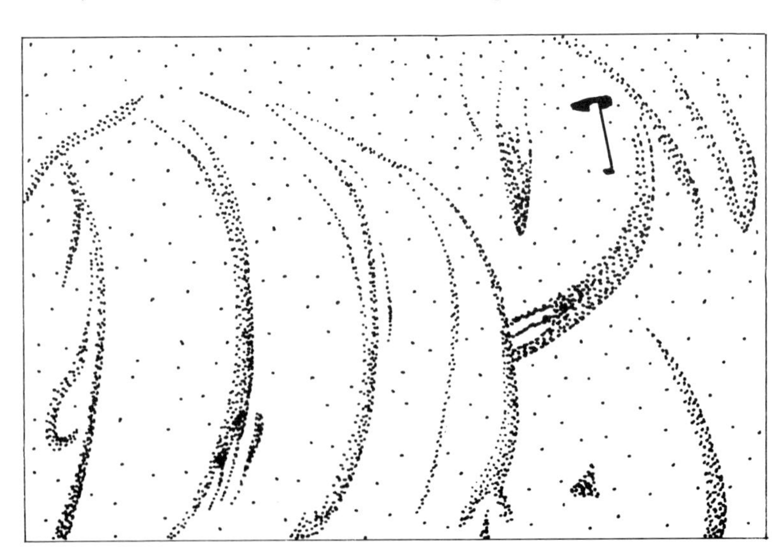

Abb. 17 Girlandenartige biotit- und hornblendereiche Schlieren im Granit von Ploumanach (Bretagne). Nach BARRIERE, umgezeichnet.

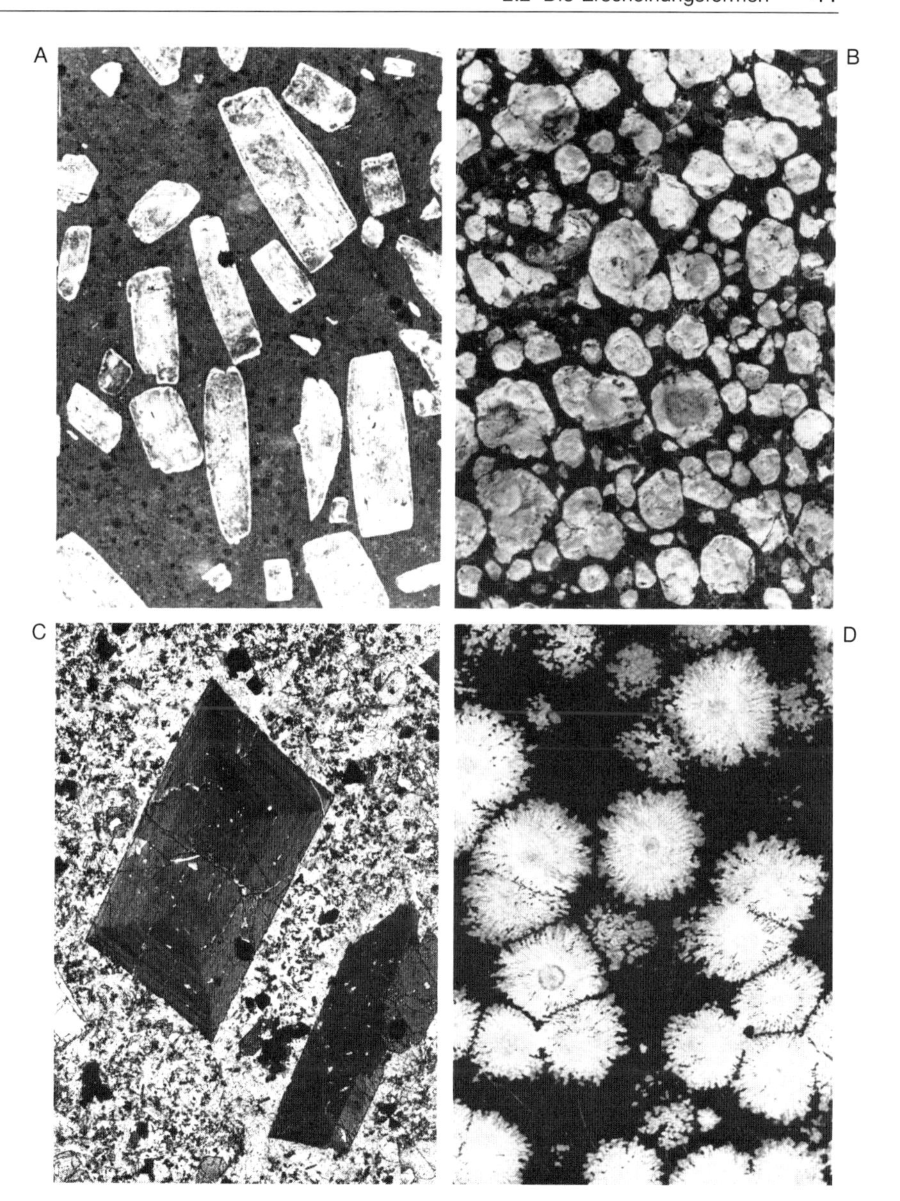

Abb. 18

A) Porphyrische Struktur eines Latits mit großen idiomorphen Feldspateinsprenglingen (sog. „Rektangelporphyr"), Oslograben (Norwegen). Breite 5 cm.

B) Leuciteinsprenglinge in einem Leucitit von Haydarli (Zentralanatolien), Breite 5 cm.

C) Idiomorphe Titanaugit-Einsprenglinge in kleinkristalliner Grundmasse, Camptonit vom Horberig (Kaiserstuhl). 15 mal vergr.

D) Sphärolithische Entglasung in Obsidian aus Mexico („Schneeflockenobsidian"). Breite 5 cm.

Sehr häufig werden auch die lagigen, schlierigen und andersartigen Inhomogenitäten der Zusammensetzung (s. oben) als Texturen (Lagen-, Schlieren-T.) angesprochen.

- **Kammtexturen:** Bestimmte Minerale sind auf einer Fläche kamm- oder rasenartig aufgewachsen; die einzelnen Mineralindividuen sind dünnplattig oder langprismatisch und oft skelettartig oder dendritisch-verzweigt gestaltet („Comb layering") (Abb. 22E und 60D). Lagen mit solcher Textur können sich mehrfach übereinander wiederholen.
- Weitere bildhafte Ausdrücke zur Kennzeichnung spezieller texturbestimmender Wachstumsformen sind **„Spinifex-"** (nach einem australischen Dornstrauch), **arboreszierend** („bäumchenartig"), **eisblumenartig** und andere.
- **Orbikulartexturen,** wie sie in sauren und basischen Plutoniten vorkommen, entstehen durch konzentrische Kristallisation von gewöhnlichen Gesteinsmineralen um Fremdeinschlüsse oder einzelne Mineralkörner oder Kornaggregate des Gesteins (Abb. 19B). Sie bestehen

aus einer oder mehreren, oft sehr regelmäßigen Lagen unterschiedlicher Zusammensetzung und Korngröße. Orbikulartexturen kommen in Graniten, Dioriten und Gabbros vor. Eine Übersicht der Erscheinungen und möglichen Deutungen gibt LEVESON (1966).

- **Sphärolithische Textur:** Kristalle einer oder mehrerer Mineralarten sind von einem Zentrum aus nach allen Seiten „zentrifugal" gewachsen; bei ungestörtem Wachstum entsteht daraus ein mehr oder weniger kugeliger Körper. Diese Texturform ist vor allem in sauren, entglasten Vulkaniten verbreitet (siehe Abb. 18D).
- **Lithophysen** sind sphärolithartige, konzentrisch-schalige Gebilde mit Hohlräumen zwischen den Schalen.
- Die **variolitische Textur** ist durch **Variolen,** rundliche, mehr oder weniger regelmäßige Inhomogenitäten mit sphärolithischem oder anderem Gefüge gekennzeichnet. Sie tritt vor allem in feinkörnigen, basischen Vulkaniten auf.

Hinsichtlich der **Raumerfüllung** werden folgende Gefügeformen unterschieden:

- **Kompakt,** d. h. ohne äußerlich erkennbare Zwischenräume zwischen den Mineralen;
- **Porös,** d. h. mit kleinen, unregelmäßigen Hohlräumen;
- **Blasig,** d. h. mit rundlichen oder anders gestalteten Hohlräumen; der Anteil der Hohlräume kann sehr hoch werden, so daß das Gestein eine schaumartige Beschaffenheit annimmt (z. B. Bimsstein, Abb. 16B). Langgestreckte Blasen zeigen oft eine bevorzugte Orientierung. Die blasige Textur ist fast ganz auf Vulkanite (Laven und Partikel der Pyroklastite) beschränkt.

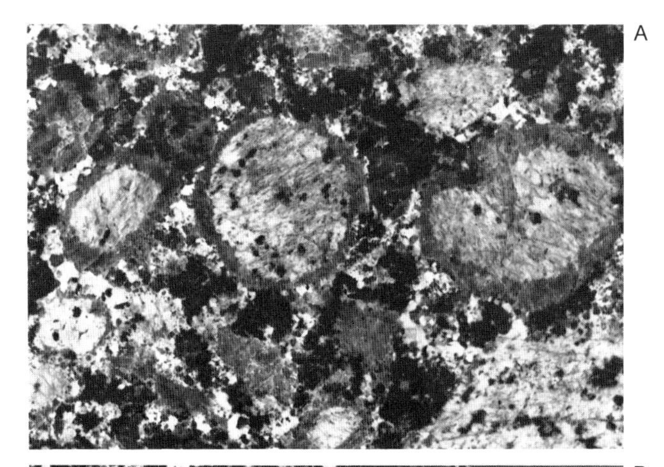
A

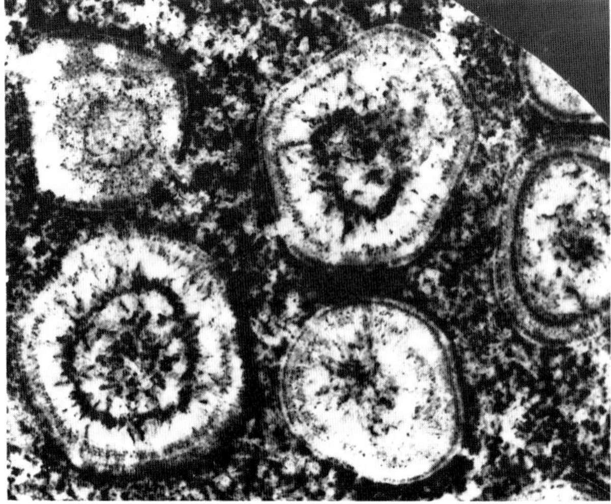
B

Abb. 19

A) Rapakiwi-Granit, Lappeeranta (Finnland). Gerundete Großkristalle von Kalifeldspat sind von Säumen aus Oligoklas umgeben. Breite 10 cm.

B) Orbiculartextur des Kugeldiorites von Sartène (Korsika). Breite 10 cm.

- **Amygdaloid (Mandelsteintextur);** die Blasenräume sind mit Mineralen (z. B. Zeolithen, Calcit, Quarz, Achat) gefüllt (Abb. 81 A). Von den „Mandeln“ werden die **Ocelli** unterschieden, die weniger scharf gegen das umgebende Gestein abgesetzt sind und auch „gewöhnliche“ magmatische Gesteinsminerale und manchmal Glasanteile enthalten.
- **Miarolitisch:** Das Gestein enthält **Miarolen,** d. h. kleine unregelmäßige Hohlräume, in die die angrenzenden Gesteinsminerale (und auch besondere Minerale) drusenartig hineinragen (z. B. in Graniten).

Neben den Eigenschaften der Homogenität oder Inhomogenität und den angeführten Texturen bestimmt die **Korngröße** sehr wesentlich die äußere Erscheinung der Gesteine, vor allem im Handstücksbereich. Die für magmatische Gesteine übliche Korngrößengliederung ist auf S. 5 angegeben. Bei mittel-, grob- und großkörnigen Gesteinen werden auch die **Strukturen** mesoskopisch erkennbar. Sie sind in dem Abschnitt „Strukturen magmatischer Gesteine“ (s. Abschn. 2.3) behandelt.

Klüfte, Spalten und andere **Brüche** bestimmen ganz entscheidend die Erscheinung magmatischer Gesteine in natürlichen und künstlichen Aufschlüssen (Abb. 20 A und B). Gesteinsmassen, in denen nicht Klüfte im Abstand von wenigstens einigen Metern oder wenigen Zehnern von Metern auftreten, sind nicht häufig. Indessen gibt es gelegentlich Granite und andere Plutonite, die streckenweise sehr kluftarm sind und dadurch auffallend glattwandige, „monolithische“ Erosionsformen zeigen, z. B. die berühmten Granitfelsen El Capitan und Half Dome im Yosemite Valley, Californien.

Sehr verbreitet ist eine regelmäßige Gliederung plutonischer Gesteinsmassen durch drei ungefähr senkrecht aufeinander stehende Kluftscharen, wodurch bei beginnender Verwitterung ein Zerfall in quaderartige Körper, später in kantengerundete Blöcke („Wollsäcke“) zustande kommt (Abschn. 2.6.2 und Abb. 35. A). Die Kluftsyste-

Abb. 20 A) Rechtwinklige Klüftung in Larvikit, Eftang bei Larvik (Norwegen). – B) Engständige Klüftung in Aplitgranit, Bürchau (Südschwarzwald). – C) Phyllit, Schieferungsfläche senkrecht zur Blickrichtung, zwei sich etwa rechtwinklig schneidende Kluftscharen. Bei Přerov (ČSSR). – D) Schiefrig-plattiger Metaquarzit, Averstal (Graubünden, Schweiz).

me dieser Art stehen in gesetzmäßigen Beziehungen zu der äußeren Gestalt und zu anderen, inneren Gefügemerkmalen des betreffenden Plutons. In grob- bis großkörnigen Plutoniten sind die Abstände zwischen den Klüften oft größer als in klein- bis feinkörnigen magmatischen Gesteinen, doch gibt es auch viele Ausnahmen von dieser Regel. Zu diesen „primären" Kluftsystemen treten sehr häufig noch jüngere, tektonisch oder durch Entlastung aufgeprägte Klüftungen und andere Brucherscheinungen, die das Aufschlußbild weiter modifizieren.

Durch eine besonders regelmäßige Zerklüftung sind viele basaltische Lavaströme und oberflächennahe Intrusionen in **Säulen** gegliedert (Näheres s. Abschn. 2.28.2). Auch andere als basaltische Vulkanite weisen gelegentlich eine ähnliche, meist aber weniger vollkommene Gliederung in Säulen oder Prismen auf. Diese Klüfte stehen sichtlich in einem regelmäßigen Zusammenhang mit den abkühlenden Ober- oder Kontaktflächen des Gesteinskörpers.

Generell werden solche charakteristischen, bei natürlicher oder künstlicher Zerlegung eines Gesteins auftretenden Formen als **Absonderung** bezeichnet. Außer den schon angeführten quaderartigen und regelmäßig-säuligen Absonderungen treten bei magmatischen Gesteinen noch weitere Absonderungsformen auf, z. B.

- parallelepipedisch bei Überschneidung dreier regelmäßiger Kluftscharen, recht- oder schiefwinklig; häufig bei mittel- bis feinkörnigen Gesteinen;
- plattig, durch Überschneidung einer Schar engständiger Klüfte mit weitständigen;
- krummflächig;
- konzentrisch-schalig (kugelig, ellipsoidisch u. a.).

Die chemische und die physikalische **Verwitterung** greift die Gesteine bevorzugt entlang der Kluft- und Absonderungsflächen an. Dadurch ist deren Häufigkeit und Lage entscheidend für die Ausbildung natürlicher Felsoberflächen. Daneben bestimmen **klimatische Faktoren** sehr stark die Art und Intensität der Verwitterung und die daraus resultierenden Oberflächenformen (vgl. Wilhelmy 1958).

Kluft- und Absonderungsflächen können nach ihrer Beschaffenheit noch weiter als glatt oder rauh in verschiedenem Grade, eben oder in unterschiedlicher Weise gekrümmt, gestriemt und anders qualifiziert werden. Oft sind Klüfte mit *Bestegen* aus bestimmten Mineralen (z. B. Chlorit, Glimmer, Calcit, Quarz, Goethit) belegt. Durch gewaltsamen Bruch (auch durch den Schlag mit dem Hammer oder durch Sprengen) erzeugte Bruchflächen können sehr unterschiedlich beschaffen sein: wiederum glatt oder rauh, eben oder uneben, in verschiedener Weise gekrümmt, splitterig oder „muschelig". Diese letztere Form kommt besonders bei kleinkristallinen („dichten") und glasigen Gesteinen vor. Sie erlaubt es z. B. aus Obsidian, Feuerstein und Hornstein Werkzeuge mit scharfen Schneiden herzustellen.

Weiterführende Literatur zu Abschn. 2.2

Wilhelmy, H. (1958): Klimamorphologie der Massengesteine. – Braunschweig.

2.3 Strukturen magmatischer Gesteine

Der petrographische Strukturbegriff ist in Abschn. 1.2.2 definiert und erläutert. Typisch magmatische Strukturen sind alle diejenigen, welche bei der Verfestigung des Magmas durch Kristallisation oder glasige Erstarrung entstehen. Sehr häufig überlagern sich ihnen später gebildete metasomatische oder metamorphe Strukturelemente (s. Abschn. 3.4.1). Häufige magmatische Strukturtypen sind:

- **Körnige** Strukturen, typisch für die Plutonite, auch in subvulkanischen und Ganggesteinen verbreitet. Der Begriff bezeichnet Gefüge aus etwa äquidimensionalen (isometrischen), mit dem bloßen Auge gut erkennbaren Körnern der Hauptmineralarten (Abb. 21 A bis D). Die Textur solcher Gesteine ist in den meisten Fällen richtungslos-massig; häufig kommen aber auch Regelungen nicht äquidimensionaler Minerale (z. B. Feldspattafeln, Glimmerblättchen u. a.) vor. Die körnigen Strukturen lassen sich weiter spezifizieren als:
- **Panallotriomorph-körnig:** alle Hauptminerale sind allotriomorph ausgebildet; sie stoßen mit einfachen oder buchtigen oder anders gestalteten Grenzen aneinander, z. B. bei vielen Gabbros. Kleinkörnige und zugleich gleichkörnige Gesteine werden wegen ihres Aussehens auch als zuckerkörnig charakterisiert, besonders, wenn sie viele helle Minerale mit glatten Spaltflächen enthalten.

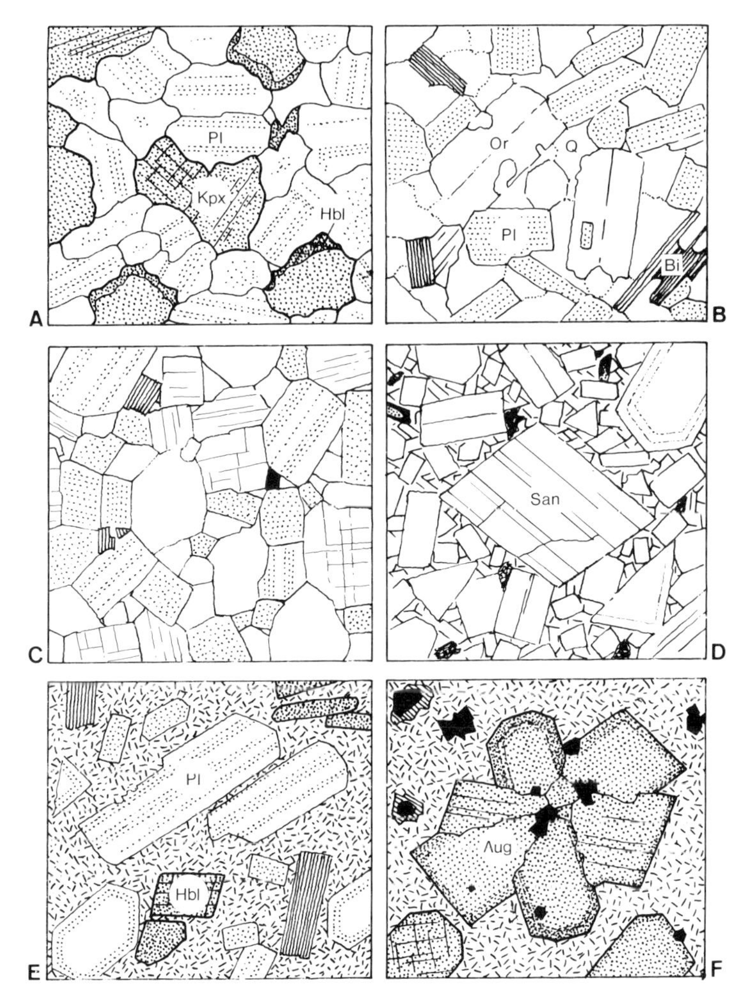

Abb. 21 Strukturen magmatischer Gesteine.

A) Panallotriomorphe Struktur in einem Gabbro mit Plagioklas (Pl), Klinopyroxen (Kpx) und Hornblende (Hbl).

B) Hypidiomorphkörnige Struktur in einem Granit mit Orthoklas (Or), Plagioklas (Pl), Quarz (Q) und Biotit (Bi).

C) Panidiomorph-gleichkörnige Struktur eines Granitaplits. Kennzeichnung der Minerale wie bei B).

D) Panidiomorph-ungleichkörnige Struktur eines Trachyts, überwiegend aus Sanidin (San) verschiedener Korngröße bestehend.

E) Porphyrische Struktur eines Andesits. Einsprenglinge von Plagioklas (Pl), Hornblende (Hbl) und Biotit in einer feinkörnigen Grundmasse.

F) Glomerophyrische Struktur in einem Camptonit. Einsprenglinge von Augit (Aug) und Magnetit (schwarz) in einer feinkristallinen Grundmasse.

Breite der Bildausschnitte: A) und B) etwa 3,5 mm; C), E) und F) etwa 2,5 mm, D) etwa 1,5 mm.

- **Hypidiomorph-körnig:** ein Teil der Hauptminerale hat idiomorphe Formen; sehr verbreitet in Graniten, Syeniten und Dioriten (s. Abschn. 2.6–2.11).
- **Panidiomorph-körnig:** die meisten Körner der Hauptminerale sind idiomorph; ein relativ kleiner Anteil xenomorpher Minerale füllt die verbleibenden Zwischenräume (Abb. 21C).
- **Felsitisch:** in feldspat- und quarzreichen Gesteinen verbreitetes, feinkörniges bis dichtes Gefüge aus Körnern ohne spezielle Gestaltmerkmale.
- **Kumulatstrukturen** sind besonders in manchen basischen und ultrabasischen Plutoniten (den „geschichteten Intrusionen") charakteristisch entwickelt (s. Abschn. 2.13.3 und Abb. 22).

  Kumuluskristalle sind aus der Schmelze gebildete, in besonderen Lagen oder Schichten (den Kumulaten) angereicherte Kristalle oder Bruchstücke von solchen. Zwischen ihnen liegt das aus dem Schmelzrest kristallisierte **Interkumulus**material. Die Kumuluskristalle können auch nach der Kumulation Substanz aus der Interkumulusschmelze ansetzen; dieser Teil der Kristalle wird als **Adkumulus** bezeichnet (z. B. Adkumulus-Plagioklas). Im übrigen kristallisieren aus der Interkumulus-Schmelze weitere Mineralarten. **Heteradkumulate** bestehen aus Kumulusmineralen und anderen Mineralen, welche jene poikilitisch umwachsen (siehe unten unter „poikilitisch").
- Die **porphyrische** Struktur ist durch relativ große, bevorzugt idiomorphe **Einsprenglingskristalle** in einer feinerkörnigen oder glasigen **Grundmasse** gekennzeichnet (Abb. 21E und F). Häufig sind die Einsprenglinge auch kantengerundet oder „korrodiert" mit gerundet-

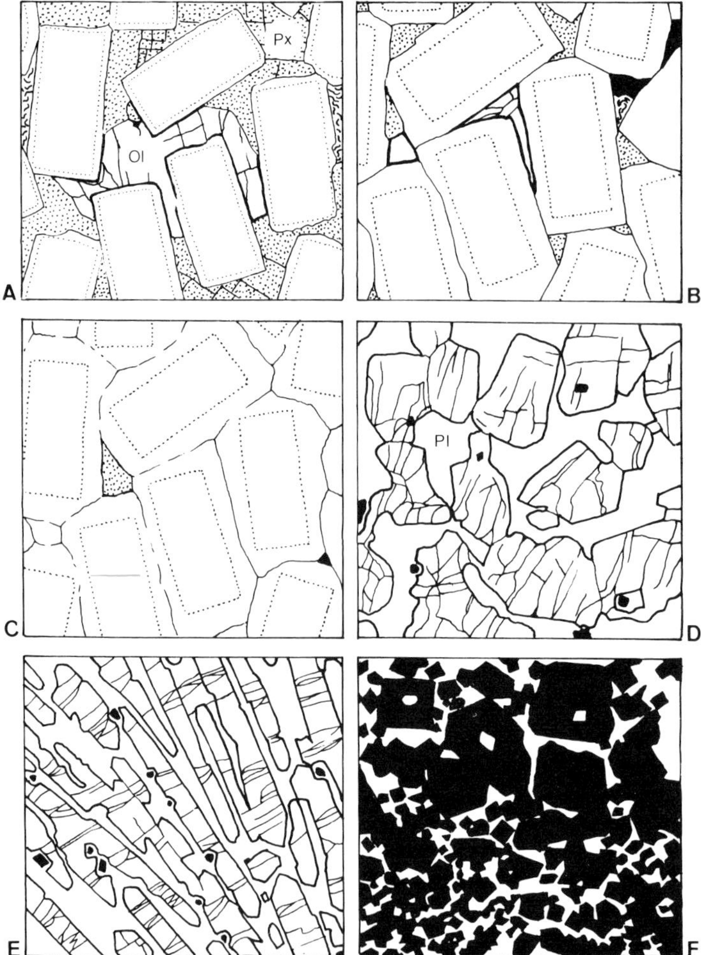

Abb. 22 Kumulatstrukturen in Plutoniten (schematisch).

A) Extremes Plagioklas-Orthokumulat mit Olivin (Ol) und Pyroxen (Px) als Interkumulusphasen. Die punktierten Linien sind die Grenzen zwischen dem Orthokumulus- und dem Adkumulus-Anteil der Plagioklase.

B) Plagioklas-Mesokumulat mit größerem Anteil an Adkumulus-Substanz.

C) Extremes Plagioklas-Adkumulat.

D) Kumuluskristalle von Olivin, von einem großen, poikilitischen Plagioklasindividuum (Pl) umwachsen (Heteradkumulat).

E) Plattige, etwas divergierend orientierte Olivin-Kumuluskristalle mit Interkumulus-Plagioklas.

F) Chromit-Kumulat mit Interkumulus-Plagioklas.

Alle Abb. aus WAGER & BROWN 1967, umgezeichnet.

buchtigen Korngrenzen. Einsprenglinge treten als Einzelkörper oder zu Aggregaten gruppiert auf; in letzterem Fall spricht man von einer **glomerophyrischen** Struktur. Es können eine oder mehrere Mineralarten als Einsprenglinge auftreten. Die porphyrische Struktur ist besonders für Vulkanite, viele Subvulkanite und Ganggesteine charakteristisch. Will man ihr Fehlen in einem solchen Gestein hervorheben, so nennt man es **aphyrisch.** Gesteine mit Einsprenglingen in einer vorwiegend glasigen Grundmasse heißen **vitrophyrisch.** Die feinere Struktur der Grundmasse vieler porphyrischer Gesteine ist oft **mikrolithisch;** sie besteht aus sehr vielen kleinen, regellos angeordneten oder geregelten Kriställchen in einer noch feineren kristallinen oder glasigen Matrix. Auch Plutonite können durch einsprenglingsartige Großkristalle einen porphyrischen Habitus annehmen.

– Die **ophitische** Struktur („Doleritstruktur") besteht aus nichtgeregelten, leisten- oder plattenförmigen Plagioklasen in einer Umgebung aus anderen Mineralen (meist vorherrschend Augit). Im typischen Fall sind die Augite relativ sehr groß entwickelt; einzelne Individuen schließen viele Plagioklase **poikilitisch** ein (Abb. 23A). Bei der **intergranularen** Struktur werden die Zwischenräume der Plagioklase von Einzelkörnern oder Kornaggregaten der anderen Minerale ausgefüllt. Wenn diese Zwischenmasse überwiegend glasig ist, wird die Struktur **hyaloophitisch** genannt. Von den ophitischen zu den porphyrischen Strukturen gibt es alle Übergänge. Ophitartige Strukturen kommen auch bei anderen Mineralbeständen vor; sie werden dann als **intersertal** bezeichnet. **Mesostasis** ist die Zwickelfüllung zwischen den größeren Körnern (Plagioklas, Augit u. a.) ophitischer Strukturen.

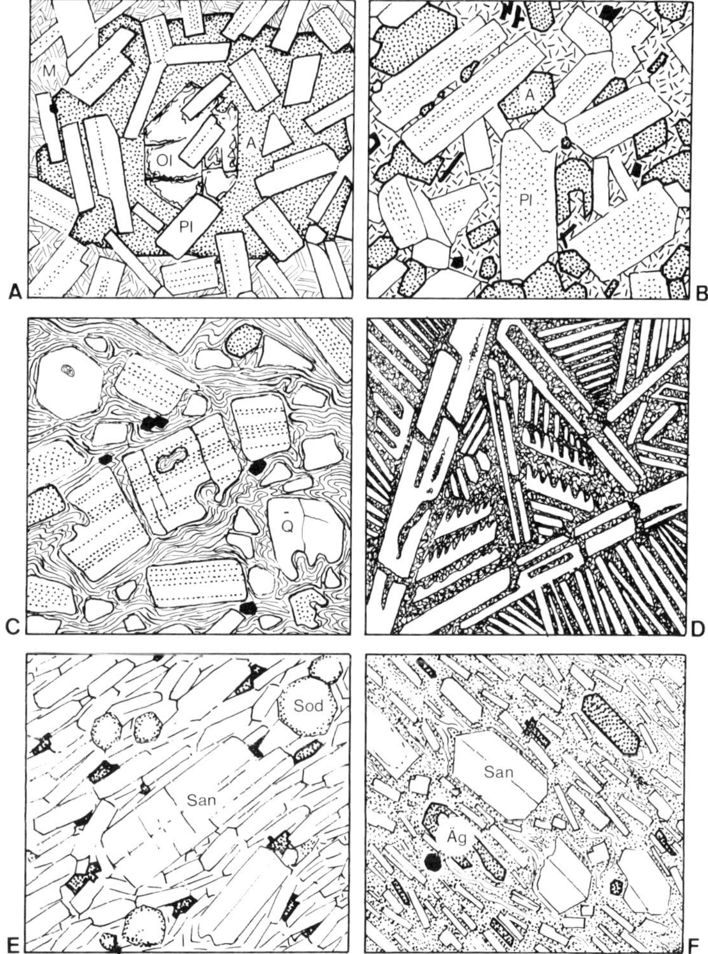

Abb. 23 Strukturen magmatischer Gesteine.

A) Ophitische Struktur eines Tholeiitbasalts mit einem großen, poikilitischen Augit (A), der viele Plagioklasleisten (Pl) umschließt. Ol = Olivin, M = Mesostasis.

B) Ophitisch-intergranulare Struktur mit Plagioklastafeln (Pl), Augit (A) und feinkörniger Matrix.

C) Vitrophyrische Struktur eines Rhyoliths. Einsprenglinge von Plagioklas (z. T. durch „Protoklase" zerbrochen), Quarz (Q, z. T. korrodiert) und Magnetit in einer Glasmatrix mit Fließtextur.

D) Spinifex-Struktur eines Komatiits. Skelettförmiger Olivin in Glasmatrix.

E) Pilotaxitische Struktur in einem Phonolith. Sanidin (San), Sodalith (Sod), Ägirin.

F) Hyalopilitische Struktur eines Alkalitrachyts. Sanidin (San) und Ägirinaugit (Äg) in glasiger bis feinkristalliner Matrix.

Breite der Bildausschnitte etwa 3 mm.

- Die **trachytische** Struktur ist vor allem in feldspatreichen Vulkaniten und Subvulkaniten entwickelt; die tafeligen oder leistenförmigen Körner sind mehr oder weniger gut parallel orientiert; andere Minerale nehmen nur einen relativ geringen Raum zwischen den Feldspäten ein. Die Parallelorientierung qualifiziert dieses Gefüge auch als Texturform. Ein allgemeiner Name für Gefüge mit dicht gedrängten, eingeregelten Kristallen ist **pilotaxitisch,** bei glasiger Matrix zwischen den Kristallen **hyalopilitisch.**
- Spezifische Strukturen glasreicher Magmatite sind solche mit Mikrolithen und Skelettkristallen. **Mikrolithe** sind kristalline Bildungen mit kugeligen, perlschnurartigen, haarartigen oder federartigen Formen (Abb. 24B). Von den vielen hierfür vorgeschlagenen Spezialnamen ist nur der der **Trichite** (d. h. der haarartigen M.) häufiger in Gebrauch. Die Mikrolithe sind so klein, daß ihre mineralische Identität mikroskopisch oft nicht sicher festzustellen ist. Nur größere Individuen sind als Pyroxen oder auch als Fe-Ti-Oxide identifizierbar. Als **Skelettkristalle** in glasiger Matrix treten vor allem Feldspäte und Fe-Ti-Oxide auf. Sie bilden mannigfaltige Formen, die im Anschnitt schwalbenschwanzartig, kassettiert, rahmenartig oder dendritisch (bäumchenförmig, verzweigt) erscheinen.
- Skelettartige und dendritische Kristalle sind auch die charakteristischen Bestandteile der **Kamm-** und **Spinifexgefüge** (s. Abb. 23D und 64B).
- Die **„Perlitstruktur"** ist streng genommen keine eigentliche Struktur im Sinne einer besonderen Form der Mineralverwachsung, sondern eine spezielle Form des Zerfalls magmatischer

A

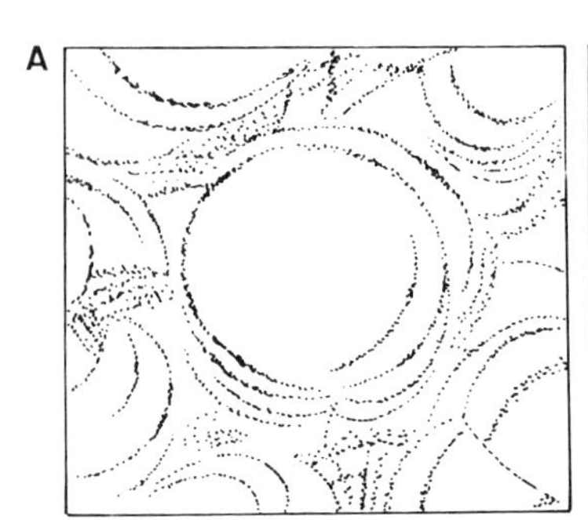

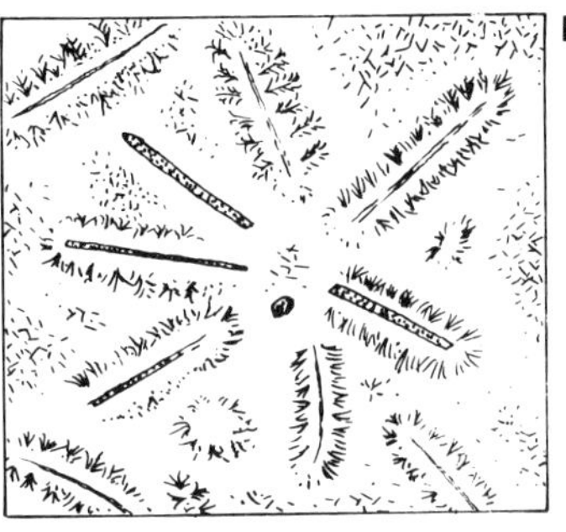

B

Abb. 24 Strukturen in glasigen Magmatiten.

A) Perlitstruktur in Obsidian. Breite des Bildausschnittes etwa 2 mm.

B) Mikrolithe (Trichite) in Obsidian von Arran (Schottland). Breite des Bildausschnittes etwa 1 mm.

Gläser. Durch stark gekrümmte Schrumpfungsrisse entstehen kugelige Zerfallskörperchen von wenigen Millimetern Radius (Abb. 24A).

- Die **graphische Struktur** besteht im einfachsten Fall aus der Verwachsung und intimen Durchdringung von je einem Kalifeldspat- und Quarzindividuum. Im Anschnitt bildet der Quarz ein mehr oder weniger vollkommen regelmäßiges Muster von Einschlüssen im Feldspat, die häufig hebräischen Schriftzeichen ähnlich sehen, aber auch einfacher gestaltet sein können (Abb. 65). Daher rühren die Namen „graphisch" und „Schriftgranit" für mesoskopisch erkennbare Strukturen dieser Art, wie sie besonders in Pegmatiten vorkommen (s. Abschn. 2.25). **Mikrographische** Strukturen treten in Graniten und granitischen Ganggesteinen, besonders im Granophyr (Abb. 69B) und in weniger vollkommener Form auch als Entglasungsbildungen in Rhyolithen auf (s. Abschn. 2.26). Die Namen „graphisch" und „mikrographisch" werden auch zur Kennzeichnung ähnlicher Verwachsungen anderer Minerale, z. B. von Plagioklas und Quarz, anderer Silikate untereinander und mit Erzmineralen, verwendet.
- **Myrmekit** ist eine Plagioklas-Quarz-Verwachsungsstruktur in Graniten und Gneisen. Der Plagioklas bildet „warzenartige", gegen umgebenden Kalifeldspat konvexe „Gewächse", die keulen- oder stäbchenförmige Quarzpartikel in divergenter oder anderer Anordnung enthalten (s. Abb. 4D). Ähnliche Verwachsungen zwischen anderen Mineralen können als „myrmekitartig" gekennzeichnet werden.

Weiterführende Literatur zu Abschn. 2.3

MACKENZIE, W. S., DONALDSON, C. H., & GUILFORD, C. (1982): Atlas of igneous rocks and their textures. – 148 S., Burnt Mill, Harlow (Longman).

2.4 Nomenklatur und Systematik der magmatischen Gesteine

Die Mehrzahl der magmatischen Gesteine der Erde besteht zu mehr als 90 Gewichtsprozent aus Silikatmineralen und Quarz oder Silikatmineralen allein. Mit wenigen Gewichtsprozenten beteiligen sich oft noch Eisen- und Titanoxide, mit noch geringeren Anteilen Calciumphosphat und weitere Komponenten. Manche magmatische Gesteine sind aber überwiegend aus Karbonatmineralen (Karbonatite), aus Fe-Ti-Oxiden oder Fe-Sulfiden zusammengesetzt (oxidische bzw. sulfidische Magmatite). Im allgemeinen ist der Stoffbestand aller dieser magmatischen Gesteine durch Angabe der Oxide SiO_2, TiO_2, Al_2O_3, Fe_2O_3, FeO, MnO, MgO, CaO, Na_2O, K_2O, P_2O_5, CO_2, SO_3 und H_2O vollständig oder nahezu vollständig wiedergegeben. Gewöhnlich ist SiO_2 die vorherrschende Komponente. Eine einfache Gliederung der Magmatite basiert auf ihrem SiO_2-Gehalt; man unterscheidet

- saure Magmatite mit über 65% SiO_2,
- intermediäre Magmatite mit 65 bis 52% SiO_2,
- basische Magmatite mit 52 bis 45% SiO_2 und
- ultrabasische Magmatite mit unter 45% SiO_2.

Mit den Gehalten an den angegebenen oxidischen Komponenten variieren die Mineralbestände im weitesten Rahmen (siehe S. 56). Die auf den beobachteten oder berechneten Mineralbeständen basierende Nomenklatur und Systematik der Magmatite wird im folgenden erläutert.

Die **Ursachen** der Mannigfaltigkeit der magmatischen Gesteine werden in dem vorliegenden Buch nicht behandelt; hier ist auf die einschlägige petrologische Literatur zu verweisen. Zu den als gegeben angenommenen und nicht weiter diskutierten Prozessen der magmatischen Gesteinsbildung gehören Vorgänge wie

- die Entstehung verschiedenartiger „primärer“ Magmen im oberen Erdmantel,
- die Entstehung von Magmen in tief versenkter ozeanischer Kruste (im Zusammenhang mit plattentektonischen Vorgängen),
- die Differentiation solcher Magmen durch fraktionierte Kristallisation und andere Prozesse,
- die Wechselwirkungen dieser Magmen tiefer Herkunft mit den Gesteinen der Erdkruste und
- die Bildung von Magmen durch Aufschmelzung von Gesteinen der Erdkruste und deren Weiterentwicklung durch Differentiation und andere Vorgänge.

Die im vorliegenden Buch verwendete **Nomenklatur** der magmatischen Gesteine folgt den von der International Union of Geological Sciences gutgeheißenen oder noch in Diskussion befindlichen Regeln, die vor allem (aber keineswegs nur) in dem als **Streckeisen-Doppeldreieck** bekannten Diagramm dargestellt werden (Abb. 25 und 26).

Die Gliederung und Benennung der Gesteine beruht zumindest bei den vollkristallinen Plutoniten und Ganggesteinen auf dem quantitativ ermittelten Mineralbestand. Schwierigkeiten ergeben sich bei den feinkristallinen oder glasigen Vulkaniten; um solche einer den Plutoniten entsprechenden Nomenklatur und Klassifikation zugänglich zu machen, können ihre potentiellen Mineralbestände aus den chemischen Analysen errechnet werden (z. B. als Rittmann-Norm). Auch andere Umrechnungen der chemischen Analysen nach verschiedenen Methoden führen zu normativen Mineralbeständen oder anderen

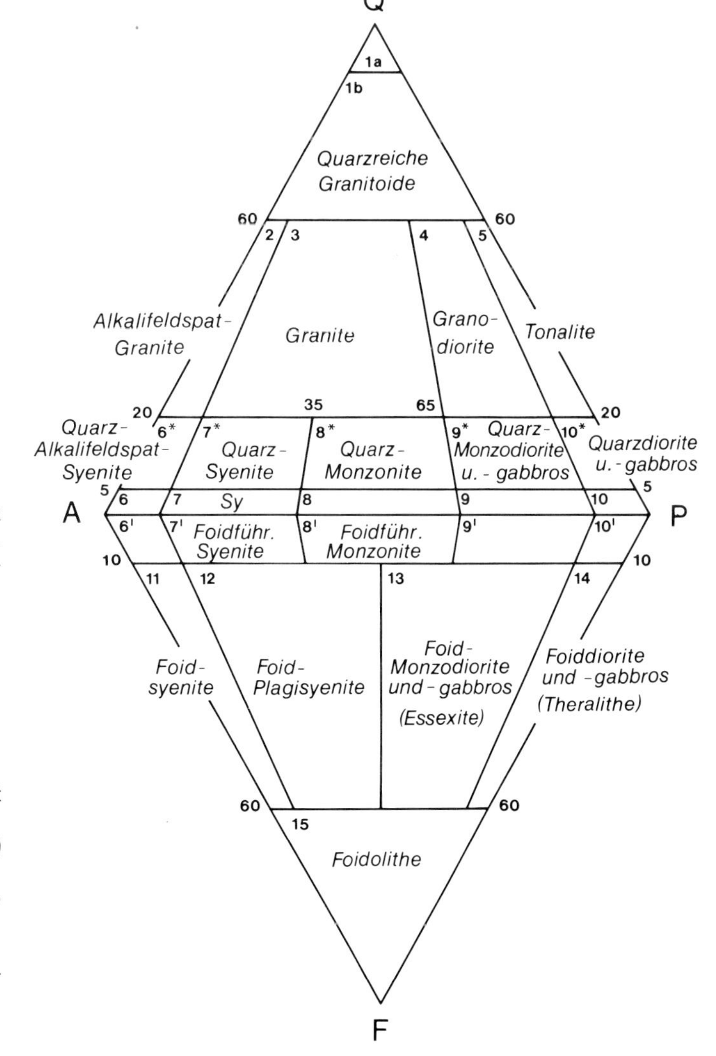

Abb. 25 Q–A–P–F-Doppeldreieck für Plutonite nach STRECKEISEN 1976. Namen der nicht beschrifteten Felder:
1a: Quarzgesteine
6: Alkalifeldspat-Syenite
7: Syenite
8: Monzonite
9: Monzodiorite und Monzogabbros
10: Diorite, Gabbros, Anorthosite,
6', 9' und 10' wie 6, 9, und 10 mit dem Zusatz „foidführend“.
Das Feld 15 (Foidolithe oder Foidite) kann weiter unterteilt werden in:
15a: Foyaitische Foidite (60–90% Foide, Alkalifeldspat > Plagioklas).
15b: Theralithische Foidite (60–90% Foide, Plagioklas > Alkalifeldspat).
15c: Foidite (über 90% Foide).

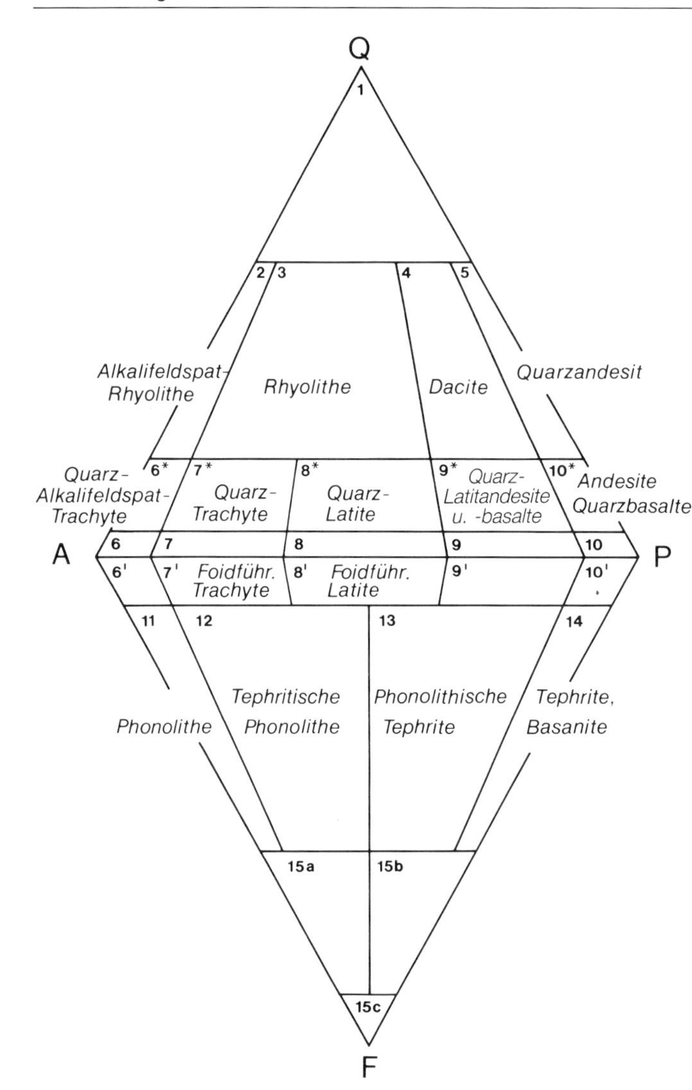

Abb. 26 Q–A–P–F-Doppeldreieck für Vulkanite nach Streckeisen 1967 und 1978. Namen der nicht beschrifteten Felder:
6: Alkalifeldspat-Trachyte
7: Trachyte
8: Latite
9: Latitandesite und Latitbasalte
10: Andesite und Basalte.
6', 9' und 10' wie 6, 9 und 10 mit dem Zusatz „foidführend".
15a: Phonolithische Foidite
15b: Tephritische Foidite
15c: Foidite.

Parametern, die den Vergleich mit Plutonitanalysen und die Benennung der Vulkanite nach festzulegenden Regeln ermöglichen (CIPW-Norm, Äquivalentnorm nach Niggli & Burri, Kationen-Norm nach Barth und andere). Hinsichtlich des Mineralbestandes sind die vulkanischen Gesteinsarten bestimmten Plutoniten äquivalent, wie es aus der Gegenüberstellung der Doppeldreiecke in Abb. 25 und 26 hervorgeht. Bei der Klassifizierung der Vulkanite nach ihrer chemischen Zusammensetzung ist in erster Nähe maßgebend, mit welchen Plutonitanalysen sie am besten übereinstimmen; ihre Benennung erfolgt dann nach den für die Vulkanite in Abb. 26 gegebenen Regeln. Allerdings hat sich seit längerer Zeit eine Terminologie der Vulkanite, besonders der Basalte und Andesite, entwickelt, die weit über die einfache Nomenklatur des Doppeldreiecks hinausgeht. Sie basiert hauptsächlich auf den Aussagen der CIPW-Norm, auf Gehalten an einzelnen Elementen oder auf bestimmten Elementverhältnissen. Einteilungen und Benennungen dieser Art sind in Abschn. 2.17.1 und 2.28.1 erläutert.

Für die Darstellung eines Magmatites im Doppeldreieck Q–A–P–F ist die Kenntnis des modalen Mineralbestandes, wie er z. B. durch Auszählen von Dünnschliffen (Abschn. 1.3.1) ermittelt wird, Voraussetzung. Die vier Parameter des Diagramms sind:

– Q = Quarz und andere SiO_2-Minerale (Tridymit, Cristobalit),
– A = Alkalifeldspat (Kalifeldspat einschl. Perthit, Albit mit weniger als 5% Anorthitkomponente, Sanidin),

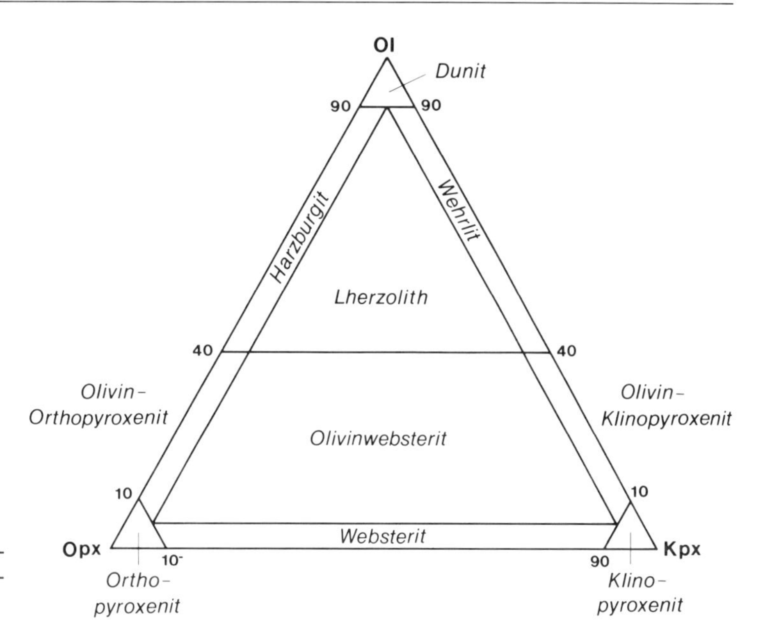

Abb. 27 Klassifikation und Nomenklatur ultramafitischer Gesteine nach STRECKEISEN 1976.

- P = Plagioklas (An 5 bis 100), Skapolith,
- F = Foide = Feldspatvertreter: Leucit, Kalsilit, Nephelin, Sodalith, Nosean, Hauyn, Cancrinit, Analcim; auch die Umwandlungsprodukte dieser Minerale, soweit ihre Herkunft gesichert ist.

Die durch Auszählen oder anders gefundenen Volumprozente der Komponente A, P, Q oder F werden auf 100 umgerechnet. Die Zusammensetzung des Gesteins (ohne die Mafitminerale!) ist dann im Diagramm durch **einen** Punkt darstellbar; seine Lage in einem der von 1 bis 15 numerierten Felder bestimmt vorerst die Zugehörigkeit zu einer der in Abb. 25 und 26 angeführten Gesteinskategorien.

Diorite und Gabbros werden nach dem mittleren Anorthitgehalt ihrer Plagioklase unterschieden (Diorite <50%, Gabbros >50% An).

Die mafischen Minerale oder **Mafite** (M) werden in diesem Diagramm **nicht** dargestellt. Als Mafite gelten hier die Fe- und Mg-Glimmer, alle Amphibole und Pyroxene, Olivin, Erzminerale, Zirkon, Apatit, Titanit, Epidot, Orthit, Granat, Melilith, Monticellit sowie die primären Karbonate. Der Muskovit gehört seiner Zusammensetzung nach nicht zu den Mafitmineralen, aber auch nicht zu den Komponenten des Q–A–P–F-Doppeldreiecks. – Gesteine mit einer Farbzahl von 90 bis 100 sind **Ultramafitite;** ihre Benennung erfolgt nach besonderen Regeln (Abb. 27). Im übrigen gilt für alle Gesteinskategorien des Q–A–P–F-Doppeldreiecks eine Untergliederung nach der Farbzahl in Leuko-, Meso- und Melaformen, die in Tabelle 8 und 9 angegeben ist. Sie richtet sich nach den in der Natur am häufigsten angetroffenen Verhältnissen; es ist daraus zu entnehmen, daß Gesteine in der linken Hälfte des Doppeldreiecks (also an A und Q oder A und F reiche Gesteine) im Durchschnitt mafitärmer sind, als solche im rechten und unteren Teil des Doppeldreiecks.

Unabhängig von dieser Gliederung besteht eine allgemeine Möglichkeit der Kennzeichnung von Gesteinen nach der Farbzahl gemäß den auf S. 3 angegebenen Regeln.

Die Mafitgehalte können mit den Feldspat- und Quarz- oder Foidgehalten in besonderen Dreiecksdiagrammen Quarz-Feldspäte-Mafite oder Foide-Feldspäte-Mafite dargestellt werden. Die Darstellung aller vier Komponenten zugleich ist nur in dreidimensionaler Form, einem Tetraeder, möglich. Solche Tetraeder sind z. B. von NIGGLI zur Veranschaulichung der Niggliwerte al, fm, c und alk und von RONNER als Grundlage einer Systematik der Magmatite benutzt worden. Besondere Dreiecksdiagramme mit speziellen Mineralen als Parameter gelten außer für die Ultramafitite auch für die Gruppe der gabbroischen Gesteine (Abb. 10). Ein Tetraeder, das alle Ultramafitite und gabbroisch-anorthositischen Gesteine umfaßt, hat STRECKEISEN (1976, Abb. 4) entworfen.

Innerhalb der Familie der Foidite werden bei den Plutoniten und Vulkaniten jeweils spezielle Na-

Tabelle 8 Benennung von Plutoniten nach ihrer Farbzahl

				Leuko-		(Meso-)		Mela-
Alkalifeldspat-Granit				kein Präfix		20		50
Granit				5		20		50
Granodiorit				5		25		50
Tonalit				10		40		50
Alkalifeldspat-Quarzsyenit				kein Präfix		25		50
Quarzsyenit				5		30		50
Quarzmonzonit				10		35		50
Quarzmonzodiorit				15		40		60
Quarzmonzogabbro				20		50		60
Quarzdiorit	Anorthosit	10		20		45		60
Quarzgabbro	Anorthosit	10		25		55		65
Alkalifeldspat-Syenit				kein Präfix		25	$>$ 45	Lusitanit
Syenit				10		35		50
Monzonit				15		45		60
Monzodiorit				20		50		70
Monzogabbro				25		60		80
Diorit	Anorthosit	10		25		50		70
Gabbro	Anorthosit	10		35		65		90
Foidsyenit			kein Präfix	30	Malignit	60	Shonkinit	90
Foidplagisyenit				15		45		80
Foidmonzodiorit und -gabbro				20		60		80
Foiddiorit und -gabbro				30		70		90
Foidit Na $>$ K			Urtit	30	Ijolith	70	Melteigit	90
Foidit K $\gg$ Na			Italit	30	Fergusit	60	Missourit	90

Das Präfix „Meso-“ wird gewöhnlich weggelassen. Die Präfixe „Leuko-“ und „Meso-“ entfallen bei den Alkalifeldspat-Graniten, -Quarzsyeniten und -Syeniten sowie bei den Foidsyeniten. Die rechte Zahlenkolonne gibt die jeweils höchsten, normalerweise vorkommenden Farbzahlen an.

Tabelle 9 Benennung von Vulkaniten nach ihrer Farbzahl

	Leuko- (Meso-)	Mela-
Alkalifeldspat-Rhyolith	kein Präfix	10
Rhyolith	kein Präfix	15
Rhyodacit	kein Präfix	20
Dacit	5	25
Quarzandesit	10	30
Alkalifeldspat-Trachyt	kein Präfix	20
Trachyt	5	25
Latit	5	35
Latitandesit, $SiO_2 > 52$ %	15	35
Latitbasalt, $SiO_2 < 52$ %	35	70
Andesit, $SiO_2 > 52$ %	20	35
Basalt, $SiO_2 < 52$ %	35	70
Phonolith	kein Präfix	25
Tephritischer Phonolith	10	40
Phonolithischer Tephrit	20	50
Tephrit	30	70
Phonolithischer Nephelinit	5	45
Tephritischer Nephelinit	30	60
Nephelinit	40	70
Leucitit	40	70

men für Gesteine mit Nephelin, Leucit, Mineralen der Sodalithgruppe und Analcim als vorherrschenden Foiden verwendet (siehe Abschn. 2.19.1, Systematik der Alkaligesteine).

Besondere Nomenklaturregeln gelten ferner für die Melilithgesteine und die Karbonatite. Sie sind in den betreffenden Abschnitten 2.21 und 2.24 erläutert.

Die Nomenklatur der **Ganggesteine** (und der ihnen in Korngröße und Gefüge ähnlichen subvulkanischen Gesteine mit anderen Intrusionsformen) wird bisher nicht einheitlich gehandhabt. Die Bestrebungen der Systematiker gehen heute dahin, die Ganggesteine, soweit es zwanglos möglich ist, nomenklatorisch an die Plutonite anzuschließen. Die Namenbildung soll zusätzlich spezifische Gefügeeigenschaften, z. B. die Feinkörnigkeit oder die porphyrische Struktur, zum Ausdruck bringen, z. B. *Mikrogranit* für ein feinkörniges Gang- oder subvulkanisches Gestein mit granitischer Zusammensetzung, porphyrischer Mikrogranit für ein Gestein mit Feldspat- und/oder Quarzeinsprenglingen in einer feinkörnigen

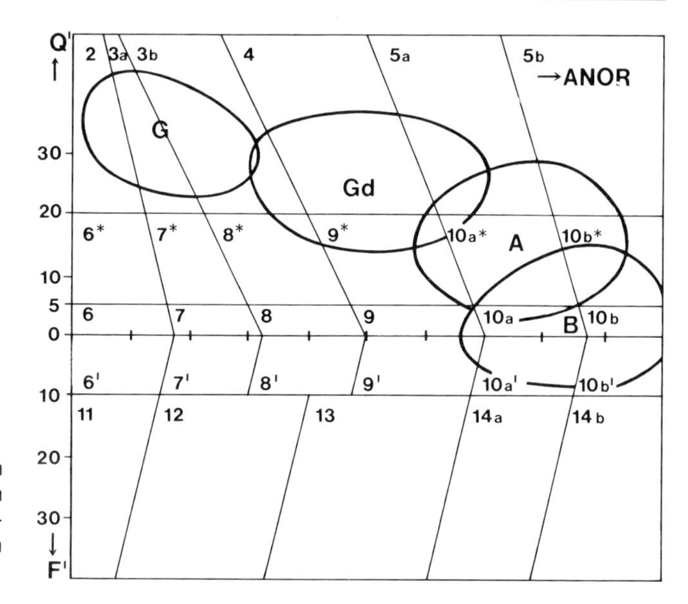

Abb. 28 Diagramm Q'–F'–ANOR nach STRECKEISEN & LE MAITRE 1979 mit den Feldern von Granit- (G), Granodiorit- (Gd), Andesit- (A) und Basaltanalysen (B) aus der Literatur.

bis dichten Grundmasse. Gröber körnige, nicht porphyrische Gesteine können z. B. *Ganggranit* genannt werden. Namen dieser Art werden im allgemeinen den Verhältnissen gerecht werden, jedoch ist seit langer Zeit eine Anzahl weiterer, den Gang- und subvulkanischen Gesteinen vorbehaltener Namen im Gebrauch, die sich nicht leicht durch andere werden verdrängen lassen. Solche sind z. B. Quarzporphyr und Granitporphyr (porphyrische granitische Ganggesteine mit Quarz bzw. Kalifeldspat- und Quarzeinsprenglingen), Diorit- und Gabbroporphyrit (mit Plagioklaseinsprenglingen), Diabas (s. Abschn. 2.14), Bostonit, Tinguait und andere. Die Beständigkeit dieser Namen beruht darauf, daß diese Ganggesteine sich durch ihre äußere Erscheinung und ihr Gefüge doch sehr stark von den ihnen sonst analogen Plutoniten und Vulkaniten abheben. Die besondere Verbreitung sekundärer Mineralbildungen, verursacht durch die Anreicherung fluider Bestandteile im Gangraum, bedingt auch in vielen Fällen reale Unterschiede im Mineralbestand und Chemismus der Ganggesteine gegenüber den Plutoniten. Insofern haben spezielle Namen als Kennzeichnung spezieller Verhältnisse nach wie vor ihre Berechtigung.

Besonders helle, klein- bis feinkörnige Ganggesteine, die durch ihre Stellung im Q–A–P–F-Doppeldreieck bestimmten Plutoniten zuzuordnen sind, werden als **Aplite** bezeichnet. Granit-, Granodiorit- und Syenitaplite sind im allgemeinen ausgesprochen hololeukokrat (Farbzahl < 5); bei Apliten, die zu den Familien der basischeren Plutonite (z. B. Diorite, Gabbros, Foiddiorite, Foidgabbros) gehören, können auch höhere Mafitgehalte (etwa bis 10%) toleriert werden. Die Beurteilung als Aplit hängt dabei bis zu einem gewissen Grade von dem Kontrast zum zugehörigen Plutonit ab.

Unter den Ganggesteinen zeichnen sich ferner die **Lamprophyre** dadurch aus, daß sie nicht einfach Gefügevarianten gewöhnlicher plutonischer oder vulkanischer Gesteine sind. Ihre besonderen Eigenschaften und eine angemessene Nomenklatur und Systematik sind in Abschn. 2.20 behandelt.

Bei den **Vulkaniten** ist außer den im Doppeldreieck vorgesehenen Gesteinsnamen eine Vielzahl von anderen Bezeichnungen im Gebrauch und wegen der Mannigfaltigkeit der Zusammensetzungen und anderer Eigenschaften auch erforderlich. Zur Kennzeichnung des **Glasanteils** sind folgende Adjektive eingeführt:

- glasführend: 0 bis 20 Vol.% Glasanteil,
- glasreich: 20 bis 50 Vol.% Glasanteil,
- glasig: 50 bis 100 Vol.% Glasanteil.

Glasige saure Vulkanite mit mehr als etwa 80% Glasanteil heißen Obsidian oder Pechstein (s. Abschn. 2.26.1).

Die Unterscheidung der **Basalte** und **Andesite** erfolgt, im Gegensatz zu dem bei Gabbros und Dioriten üblichen Verfahren, nach der Farbzahl (Basalte > 40, Andesite < 40 Vol.% Mafite). Wenn diese nicht direkt feststellbar ist, gilt die normative Farbzahl nach CIPW (s. Abschn. 1.3.3) als unterscheidendes Kriterium. Sie liegt bei den Analysenmitteln wichtiger Basalttypen über 35 (siehe Tabelle 54). Die SiO_2-Gehalte der so voneinander abgegrenzten Basalte und Andesite liegen häufig unter bzw. über 52%. Die weitere Klassifizierung der basaltischen und andesitischen Gesteine ist in Abschn. 2.27 und 2.28 behandelt. Die Gliederung dieser Gesteinsfamilien aufgrund chemischer Kriterien ist heute im Hinblick auf die petrologische Bedeutung geringer Unterschiede sehr detailliert, wird aber noch nicht einheitlich gehandhabt.

Eine besondere Gruppe mafitreicher Gesteine bilden die **Komatiite** (s. Abschn. 2.29). – Die Familie der **Spilite** und der oft mit ihnen vorkommenden **Keratophyre** ist durch das Auftreten von Chlorit, Aktinolith, Albit, Epidot und Calcit als Hauptminerale charakterisiert (s. Abschn. 2.30). Ihre speziellen petrographischen und z. T. auch chemischen Eigenschaften rechtfertigen eine eigene Namengebung.

Die **Umrechnung der chemischen Analysen von Vulkaniten in modale Mineralbestände,** die denen der Plutonite entsprechen und in das Q–A–P–F-Doppeldreieck eingetragen werden können, stößt auf besondere Schwierigkeiten dadurch, daß „Albit" $NaAlSi_3O_8$ in der Natur sowohl als Komponente der Alkalifeldspäte als der Plagioklase auftritt. Die Verteilungsverhältnisse sind erheblichen Schwankungen unterworfen. Die Schwierigkeit kann bis zu einem gewissen Grade dadurch umgangen werden, daß bei der Analysenumrechnung in Feldspäte der Albit nicht mit eingeht. Stattdessen nehmen nur Orthoklas und Anorthit die Positionen von Alkalifeldspat bzw. von Plagioklas ein, was dadurch gerechtfertigt ist, daß in der Regel die orthoklasreichen Gesteine einen anorthitarmen, die orthoklasarmen dagegen einen anorthitreichen Plagioklas enthalten. Aufgrund dieser Erfahrung haben Streckeisen & Le Maitre ein Diagramm mit den Parametern Q' = Q : (Q + Or + Ab + An), F' = (Ne + Lc + Kp) : (Ne + Lc + Kp + Or + Ab + An) und ANOR = 100 An : (Or + An) entworfen, welches empirisch in Felder unterteilt ist, die denen des Q–A–P–F-Doppeldreiecks entsprechen (Abb. 28). Die normativen Komponenten sind hier die Äquivalentnormen nach Burri & Niggli (Abschn. 1.3.3). Die Methode ist für eine orientierende Klassifizierung der meisten Vulkanite geeignet; sie ist nicht anwendbar auf

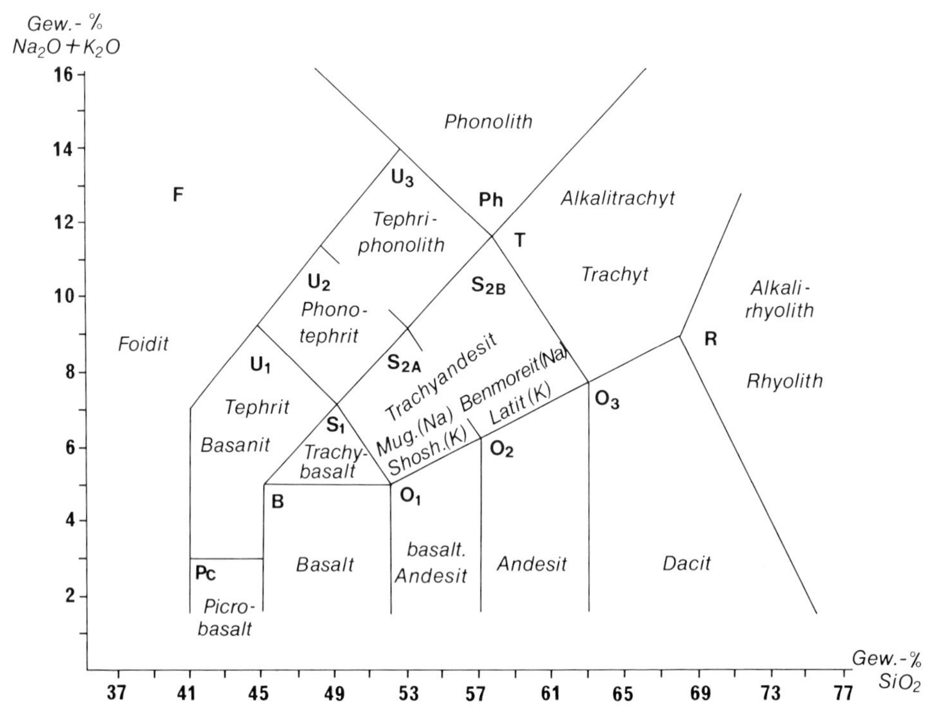

Abb. 29 Gliederung der Vulkanite im binären Diagramm (Na_2O + K_2O):SiO_2 nach Le Maitre 1984. Aufrechte Schrift: Symbole der einzelnen Felder; schräge Schrift: Wurzelnamen der in diese Felder fallenden Gesteine. Mug. = Mugearit, Shosh. = Shoshonit. – Das Feld S_1 enthält die Na-betonten Hawaiite und die K-betonten Trachybasalte.

ultramafitische, foiditische und analcimreiche Gesteine. Nähere Ausführungen sind in STRECKEISEN & LE MAITRE (1979) zu finden.

Der in Abschn. 1.3.3 als Rechenbeispiel verwendete Basalt enthält in seiner Äquivalentnorm weder Quarz noch Foide, so daß er bei ANOR = 1840 : (18,4 + 5,6) = 76,6 auf die Abszisse des Diagramms, also auf die Grenze zwischen Latitbasalten und Alkalibasalten zu liegen kommt. Viele als „Trachybasalte" bezeichnete Vulkanite liegen auch in diesem Bereich.

Andere Klassifikationen der magmatischen Gesteine gehen von den chemischen Analysen und den aus ihnen zu errechnenden Normen und Sammelkomponenten aus. Hier sind vor allem NIGGLIS System der Magmentypen und das CIPW-System zu nennen, die zeitweise bevorzugt in Gebrauch waren, das letztere besonders in Amerika.

Neuerdings hat die von der Internationalen Union für Geologische Wissenschaften eingesetzte Kommission für die Systematik der magmatischen Gesteine eine **Gliederung** der **Vulkanite** mit Hilfe des binären Diagrammes $Na_2O + K_2O$ (Ordinate) : SiO_2 (Abszisse) entwickelt (LE MAITRE 1984). Die Felder dieses Diagrammes sind in erster Näherung den Hauptkategorien der Vulkanite zugeordnet (Abb. 29). Innerhalb dieser Hauptkategorien sind weiterhin Natron- und Kaligesteine zu unterscheiden. Die Zuordnung zu den Natrongesteinen erfolgt, wenn $Na_2O - 1{,}5 > K_2O$ ist; wenn $Na_2O - 1{,}5 < K_2O$ ist, wird das Gestein als Kaligestein qualifiziert. Die definitive, von der IUGS empfohlene Klassifikation wurde von LE MAITRE (1990) veröffentlicht (s. Nachtrag S. 373).

Weiterführende Literatur zu Abschn. 2.4

IRVINE, T. N., & BARAGAR, W. R. A. (1971): A guide to the chemical classification of igneous rocks. – Canad. J. Earth Sci., **8:** 523–548

IUGS-Subcommission on the Systematics of Igneous Rocks (1973): Classification and nomenclature of plutonic rocks. – N. Jb. Miner., Mh., **1973:** 149–164

LE MAITRE, R. W. (1976): The chemical variability of some common igneous rocks. – J. Petrol., **17:** 589–637

LE MAITRE, R. W. (1984): A proposal by the IUGS subcommission on the systematics of igneous rocks for a chemical classification of volcanic rocks based on the total alkali silica (TAS) diagram. – Austral. J. Earth Sci., **31:** 243–255.

RONNER, F. (1983): Systematische Klassifikation der Massengesteine. – 380 S., Wien (Springer)

STRECKEISEN, A. (1967): Classification and nomenclature of igneous rocks. – N. Jb. Miner., Abh., **107:** 144–240

– (1976): To each plutonic rock its proper name. – Earth Sci. Rev., **12:** 1–33

– (1978): Classification and nomenclature of volcanic rocks, lamprophyres, carbonatites, and melilitic rocks. – N. Jb. Miner., Abh., **134:** 1–14

– & LE MAITRE, R. W. (1979): A chemical approximation to the modal QAPF classification of the igneous rocks. – N. Jb. Miner., Abh., **136:** 196–206

TRÖGER, W. E. (1969) [Nachdruck der Veröff. von 1935 und 1938]: Spezielle Petrographie der Eruptivgesteine. Ein Nomenklatur-Kompendium. – 360 + 90 S., Stuttgart (Schweizerbart)

2.5 Natürliche Assoziationen magmatischer Gesteine

Schon gegen Ende des vorigen Jahrhunderts war erkannt worden, daß magmatische Gesteinstypen sehr oft in ganz charakteristischen Abfolgen und Assoziationen erscheinen. Das Auftreten solcher Assoziationen in bestimmten Gebieten, die Verbandsverhältnisse der Magmatite untereinander und gemeinsame stoffliche Charakteristika führten zu dem Schluß, daß es sich um genetisch zusammengehörige Produkte gesetzmäßiger Entwicklungen handeln müsse. Für Gesteinsassoziationen dieser Art werden Begriffe wie *Magmatische Provinz, Comagmatische Region, Magmatische Serie, Reihe oder Sippe* vorgeschlagen. Die Tatsache der Verwandtschaft wurde als *Gauverwandtschaft, Consanguinität, Blutsverwandtschaft* gekennzeichnet. F. RONNER hat in seinem Buch „Systematische Klassifikation der Massengesteine" die Entwicklung der Anschauungen auf diesem Gebiet bis 1963 ausführlich geschildert.

Die Interpretation der Befunde an natürlichen Assoziationen magmatischer Gesteine und die Entwicklung von Modellen der Magmengenese ist eine der Hauptaufgaben der Petrologie. Die Tatsache der Existenz und des regelmäßigen Vorkommens mehrerer Typen von Assoziationen muß aber auch in einer rein petrographischen Darstellung berücksichtigt werden. Aus diesem Grunde werden in dem vorliegenden Buch die Magmatite in einer Gliederung behandelt, die einerseits den mineralogisch-petrographischen Einteilungen (z. B. nach STRECKEISEN), andererseits aber auch den gegebenen natürlichen Assoziationen Rechnung trägt. Die Gliederung lehnt sich dabei vor allem an die von CARMI-

CHAEL, TURNER & VERHOOGEN (1974) angegebene Klassifikation der Magmatite an, wobei die dort aufgeführten Familien noch in verschiedener Weise zusammengefaßt oder gesondert gestellt werden.

Die so zustandegekommene, zwischen einer rein mineralogisch-petrographischen Systematik und einer Gliederung nach natürlichen Assoziationen vermittelnde Darstellung unterscheidet folgende Magmatitfamilien:
- Granite und Granodiorite (einschl. Alkaligranite),
- Diorite, Tonalite und verwandte Gesteine,
- Gabbros, Norite und verwandte Gesteine,
- Anorthosite,
- Charnockite,
- Pyroxenite, Hornblendite und Glimmerite,
- Syenite und Monzonite,
- Alkaligesteine I (Natron- und Natron-Kali-Gesteine),
- Alkaligesteine II (Kaligesteine),
- Lamprophyre,
- Melilithgesteine, Meimechite und Kimberlite,
- Peridotite,
- Oxidische und sulfidische Magmatite,
- Karbonatite,
- Pegmatite.

Einigen Vulkanitfamilien sind besondere Kapitel gewidmet:
- Rhyolithe und Dacite,
- Latite und Trachyte,
- Andesite,
- Basalte (einschl. der Alkalibasalte),
- Komatiite,
- Spilite und Keratophyre,
- Pyroklastite.

Die in diesen Familien enthaltenen Gesteinstypen treten in der Natur in verschiedener Weise assoziiert auf. Häufige Gesteinsgesellschaften sind in diesem Sinne:
- Artenarme Tholeiitbasalt-Assoziation der Ozeanböden (Abschn. 2.28.3).
- Tholeiitbasalt-Andesit-Rhyolith-Assoziationen ozeanischer Rücken (s. Abschn. 2.28.3).
- Alkali-Olivinbasalt-Hawaiit-Mugearit-Trachyt- (oder Phonolith-) Assoziationen ozeanischer Rücken.
- Artenarme Tholeiitbasalt-Assoziationen der Kontinente (Flutbasalte und Diabas-Gangschwärme) (s. Abschn. 2.28.3).
- High-Alumina-Basalt-Andesit-Rhyolith-Assoziationen der Inselbogen und Kontinentalränder (sogenannte Kalk-Alkali-Assoziationen).
- Shoshonitische Basalt-Andesit-Latit-Trachyt-Assoziationen der Inselbogen und Kontinentalränder (s. Abschn. 2.31.3).
- Artenreiche Assoziationen von Alkalibasalten i. w. S. mit anderen Alkaligesteinen in kratonischen Bereichen und in Riftzonen der Kontinente (s. Abschn. 2.19.2 und 2.28.3).
- Nephelinit-Karbonatit-Assoziationen der Riftzonen (s. Abschn. 2.24.3).
- Spilit-Keratophyr-Assoziationen der Geosynklinalen (s. Abschn. 2.30.3).

Zu diesen hauptsächlich vulkanischen Assoziationen gehören jeweils auch die durch Erosion freigelegten Gesteine der subvulkanischen Tiefenfortsetzungen, z. B. die Sheeted Complexes der Ozeanböden.

Vulkanische, subvulkanische und plutonische Gesteine beteiligen sich an den
- Ophiolith-Assoziationen der Orogene (Peridotite, Gabbros, Diabase, basaltische Laven) (s. auch Abschn. 3.6.2).

Typisch plutonische Assoziationen sind:
- Geschichtete Gabbros und Norite mit ihren Differentiaten (s. Abschn. 2.13.3).
- Anorthosit-Assoziationen (s. Abschn. 2.10.3).
- Charnockitische Assoziationen (s. Abschn. 2.9.3).
- Migmatitische Assoziationen von Graniten, Granodioriten und Dioriten im tiefen kontinentalen Grundgebirge.
- Assoziationen intrusiver Granite, Granodiorite und Diorite in Orogenen.
- Alkaligesteins-Assoziationen der Kontinente mit Nephelinsyeniten und anderen Plutoniten und Ganggesteinen (s. Abschn. 2.19.2).
- Intrusive Peridotit-Pyroxenit-Gabbro-Assoziationen (s. Abschn. 2.22.3).

Im Einzelfall können solche Assoziationen typisch oder atypisch, vollständig oder unvollständig in bezug auf die Variationsbreite der Gesteinstypen entwickelt sein. Häufig sind in einer magmatischen Provinz Gesteine mehrerer der genannten Assoziationen vertreten.

Als zusammenfassende Kennzeichnungen des chemischen und petrographischen Charakters von Gesteinsserien sind vor allem die Begriffe alkalisch, alkali-kalkig, kalk-alkalisch und kalkig eingeführt; zur Charakterisierung in erster Näherung sind meist nur die Adjektive alkalisch und kalkalkalisch in Gebrauch. Die Unterscheidungen bezogen sich ursprünglich auf die Lage der Schnittpunkte der Kurven für CaO und Na_2O + K_2O (Ordinate) über der Abszisse SiO_2 im sogenannten Peacock-Diagramm. Gesteinsserien mit dem Schnittpunkt unter 51% SiO_2 werden als alkalisch, zwischen 51 und 56% SiO_2 als alkalikalkig, zwischen 56 und 61% SiO_2 als kalk-alkalisch und über 61% SiO_2 als kalkig bezeichnet. Auch einzelne Gesteine können entsprechend eingruppiert werden, wobei jeweils ihre Lage in dem genannten Diagramm, besonders aber auch ihre CIPW-Norm oder ihre Niggliwerte maßgeblich sind. **Kalk-alkalische** Gesteine haben regelmäßig normativen Plagioklas (ab + an) und keine Feldspatvertreter; alkalische Gesteine haben Feldspatvertreter oder Alkalimafite (Alkaliamphibol, Ägirin, in der CIPW-Norm „Akmit") oder beides zusammen (s. Abschn. 2.19.1). Innerhalb der großen Menge der Magmatite mit normativem Plagioklas, aber ohne Feldspatvertreter werden mehrere Reihen (oder Serien) unterschieden, von denen nur eine die kalk-alkalische im eigentlichen Sinne ist. Sie ist durch Kalk-Alkali-Basalte (großenteils High-Alumina-Basalte) als basische Glieder ausgezeichnet. Ihr stehen die **shoshonitische** und die **tholeiitische** Serie zur Seite, die jeweils durch ihre basischen Glieder (Shoshonit, bzw. Tholeiitbasalt) charakterisiert sind. Die mineralogischen und chemischen Eigenschaften dieser namengebenden Gesteine sind in Abschn. 2.28.1 bzw. 2.31.1 behandelt. Aus ihren Magmen entwickeln sich mit einer gewissen Regelmäßigkeit Differentiationsreihen mit intermediären bis sauren Gesteinen (Latite, Trachyte, bzw. „tholeiitische" Andesite, Dacite und Rhyolithe, s. Abschn. 2.26, 2.27 und 2.31). Für die Zuordnung solcher Gesteine ist im Einzelfall die Einbindung in die natürliche Assoziation ebenso maßgebend wie die individuellen petrographischen Eigenschaften.

Unter den **Alkaligesteinen** sind in erster Näherung solche mit Na-Vormacht von denen mit K-Vormacht zu unterscheiden. Die Abgrenzung richtet sich nach dem Anteil der entsprechenden Feldspäte und Feldspatvertreter am Mineralbestand, nach dem K_2O:Na_2O-Verhältnis und den in der CIPW-Norm auftretenden Komponenten. Eine ausgesprochene Kalivormacht liegt dann vor, wenn das gewichtsprozentische Verhältnis von K_2O zu Na_2O den Wert 1,5 überschreitet (molekulare Äquivalenz von K_2O und Na_2O); NIGGLI setzte die Grenze seiner *atlantischen* (Natron-)Reihe gegen die *mediterrane* (Kali-)Reihe bei K = 0,4 an; dies entspricht einem gewichtsprozentischen Verhaltnis von K_2O zu Na_2O von etwa 1,0.

Die Kennzeichnung von Magmatiten als kalkalkalisch, shoshonitisch, tholeiitisch und alkalisch ist vor allem bei solchen Gesteinen angebracht, die in comagmatischen Abfolgen mit den jeweils typischen basischen Gesteinen bzw. ihren plutonischen Äquivalenten auftreten. Häufig werden aber auch Magmatite, die unabhängig davon durch Aufschmelzung von Gesteinen der Erdkruste entstehen, z. B. viele Granite, Granodiorite, Trondhjemite und selbst Syenite als kalkalkalisch qualifiziert, wenn sie durch ihren Mineralbestand und die chemische Zusammensetzung dies ermöglichen.

Weiterführende Literatur zu Abschn. 2.5

BEST, M. G. (1982): Igneous and Metamorphic Petrology. – 630 S.; New York (Freeman)

CARMICHAEL, I. S., TURNER, F. J., & VERHOOGEN, J. (1974): Igneous Petrology. – 739 S.; New York (MacGraw-Hill)

COX, K. G., BELL, J. D., & PANKHURST, R. J. (1979): The Interpretation of Igneous Rocks. – 588 S.; London (Allen & Unwin)

SCHARBERT, H. G. (1984): Einführung in die Petrologie und Geochemie der Magmatite. I. – 312S.; Wien (Deuticke)

YODER, H. S., Hrsg. (1979): The Evolution of the Igneous Rocks. – 588 S.; Princeton (Princeton University Press)

2.6 Granite und Granodiorite

2.6.1 Allgemeine petrographische und chemische Kennzeichnung

Mineralbestand

Granite und Granodiorite sind klein- bis großkörnige, massige Gesteine mit Quarz, Alkalifeldspat ± Plagioklas und Mafiten als Hauptgemengteilen. Hinsichtlich des Volumanteils der hellen Komponenten werden folgende Abgrenzungen definiert, die im oberen Teil des QAPF-Doppeldreiecks (STRECKEISEN, Abb. 25) graphisch dargestellt sind:

- Quarz zwischen 20 und 60%,
- Alkalifeldspat zwischen 10 und 100% aller Feldspäte,
- Plagioklas zwischen 0 und 90% aller Feldspäte.

Nach dem Anteil der Alkalifeldspäte am Gesamtfeldspatgehalt werden unterschieden:

- Alkalifeldspatgranit (100–90% Alkalifeldspäte),
- Granit (90–35% Alkalifeldspäte),
- Granodiorit (35–10% Alkalifeldspäte).

Alkalifeldspäte in der hier gemeinten Bedeutung sind alle Kali- und Kali-Natronfeldspäte sowie Albit mit bis zu 5% Anorthitgehalt.

Gesteine mit weniger als 20% Quarz sind Quarzsyenite, Quarzmonzonite oder Quarzmonzodiorite, solche mit mehr als 60% Quarz (sehr selten!) quarzreiche Granitoide.

Nach dem Anteil der Mafite werden weiterhin Leuko- und Mela-Varietäten der drei Hauptkategorien der Granite von den „normalen" Typen abgegrenzt. Die hier vorgeschlagene Unterteilung erfolgt aufgrund der Volumanteile der Mafite am Gesamtmineralbestand:
- Alkalifeldspatgranit 0–20%, Mela-Alkalifeldspatgranit > 20%;
- Leukogranit 0–5%, Granit 5–20%, Melagranit > 20%,
- Leukogranodiorit 0–5%, Granodiorit 5–25%, Mela-Granodiorit > 25%.

Diese Nomenklaturregeln erlauben es, in erster Näherung fast alle vorkommenden granitischen Gesteine eindeutig zu benennen. Eine große Zahl anderer Gesteinsnamen wird dadurch entbehrlich; mehrere von ihnen sind aber seit langem in der Literatur benutzt worden und bedürfen noch einer kurzen Kennzeichnung, z. B.:
- Quarzmonzonit, in den USA übliche Bezeichnung für Granite mit 35 bis 65% Plagioklasanteil im Q–A–P-Dreieck, synonym auch Monzogranit;
- Adamellit, ein häufiger benutztes, nicht einstimmig definiertes Synonym für Granodiorit bis Granit;
- Alaskit, ein besonders mafitarmer Alkalifeldspatgranit.

Je nach den mineralogischen Besonderheiten ist weiterhin eine Mehrzahl von Zusatzbezeichnungen zulässig, die die Art der Feldspäte oder der Mafite oder besondere Nebenminerale hervorheben, z. B.:
- Mikroklingranit, Mikroklin-Oligoklas-Granit und analoge;
- Biotit-, Zweiglimmer-, Muskovit-, Hornblende-, Pyroxengranit und analoge;
- turmalin-, andalusit-, cordieritführender Granit und analoge.

Von besonderer petrologischer Bedeutung sind Befunde über die primären Feldspatphasen in Alkalifeldspatgraniten:
- **Zweifeldspat-Granite** enthalten K-Na-Feldspat (Orthoklas oder Mikroklin, z. T. perthitisch) und Na-Ca-Feldspat (Plagioklas) nebeneinander, während
- **Einfeldspat-Granite** bei gleicher Pauschalzusammensetzung ursprünglich nur einen Feldspat enthielten, der infolge langsamer Abkühlung jetzt perthitisch entmischt vorliegt (Abb. 31C).

Für die Entstehung dieser beiden Granittypen ist maßgebend, ob die Feldspatkristallisation im wesentlichen unterhalb der Mischungslücke der Alkalifeldspäte oder oberhalb derselben stattfand; die Kristallisationstemperaturen sind weitgehend von dem herrschenden Wasserdampfdruck abhängig. Hohe pH_2O-Werte bewirken erniedrigte Kristallisationstemperaturen und damit die Bildung der Zweifeldspat-Granite.

Die **Hauptminerale der Granite** sind:

Quarz

- als xenomorphe Zwickelfüllung zwischen den Feldspäten (und Mafiten);
- als Partner des hypidiomorphen Gefüges in unregelmäßig gerundeten bis subidiomorphen Körnern und Kornaggregaten;
- subidiomorph bis idiomorph gegenüber Kalifeldspat;
- in graphischer (mikrographischer) Verwachsung mit Kalifeldspat;
- in myrmekitischer Verwachsung mit Plagioklas;
- als Einschlüsse verschiedener Gestalt in den Feldspäten.

Kali-Natron-Feldspat

- xenomorph gegenüber den anderen Hauptmineralen als Bestandteil eines mehr oder weniger gleichkörnigen Gefüges;
- als Partner des hypidiomorphen Gefüges in subidiomorphen Körnern, oft nach dem Karlsbader Gesetz verzwillingt; als einsprenglingsartige Großkristalle, einschlußarm, mehr oder weniger idiomorph, meist nach dem Karlsbader Gesetz verzwillingt, oft zonar;
- als blastische Großkristalle, mit zahlreichen Einschlüssen, oft zonar, oft nach dem Karlsbader Gesetz verzwillingt, im großen ganzen idiomorph, im einzelnen xenomorph begrenzt (s. S. 62);
- in graphischer (mikrographischer) Verwachsung mit Quarz.

Der *Kali-Natron-Feldspat* ist entweder
- optisch homogen und unverzwillingt oder nur nach dem Karlsbader Gesetz verzwillingt: **Orthoklas,** oder

- zweiphasig, im allgemeinen mit lamellen-, spindel- oder aderförmigen Einlagerungen von Albit in unverzwillingtem oder nur nach dem Karlsbader Gesetz verzwillingtem Orthoklas: **Orthoklasperthit,** oder
- nach dem Albit- und Periklingesetz feinlamellar verzwillingt **(Mikroklin),** ohne perthitische Albiteinlagerungen oder
- zweiphasig als **Mikroklinperthit** (analog zum Orthoklasperthit).

Genauere Definitionen des kristallographischen Status der Kali-Natron-Feldspäte sind optisch (Achsenwinkel, Lage der Achsenebene), röntgendiffraktometrisch *(Triklinität)* und chemisch möglich. Innerhalb eines Granitkörpers können ihre kristallographischen und chemischen Eigenschaften stark variieren.

Die Kalifeldspäte der Granite sind häufig durch viele kleinste Gas- und Flüssigkeitseinschlüsse getrübt; Serizitisierung ist bei weitem nicht so verbreitet wie bei den Plagioklasen.

Albit

Relativ kleinkristalline Albitkörner und -aggregate treten häufig in den Zwischenräumen der anderen Feldspäte und des Quarzes auf; sie verdrängen zum Teil die Substanz der älteren Feldspäte (Albitisierung, siehe auch S. 62).

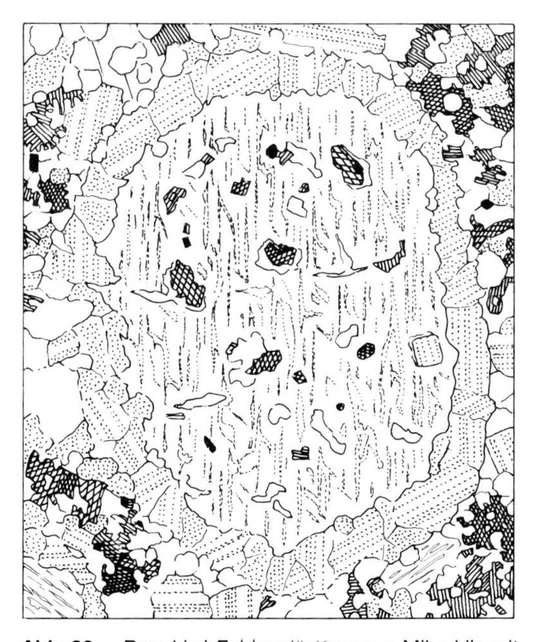

Abb. 30 „Rapakiwi-Feldspat"; Kern von Mikroklin mit Perthitlinsen und -lamellen, umgeben von Oligoklas (punktiert); Quarz (weiß), Biotit (schraffiert), Hornblende (kreuzschraffiert). Aus Rapakiwi-Granit von Wiborg (Finnland). Breite des Bildausschnittes etwa 16 mm.

Plagioklas

- als mehr oder weniger idiomorphe, gedrungenprismatische bis dicktafelige Körner im hypidiomorphen Gefüge; nach dem Albit-, Albit- und Karlsbader und anderen Gesetzen verzwillingt; homogen oder schwach bis mäßig zonar mit normaler Abfolge (innen An-reicher als außen) oder oszillierend, dann manchmal mit „kollomorphen" Formen in den zonierten Bereichen.
- einsprenglingsartig mit subidiomorpher bis idiomorpher Gestalt;
- als Einschluß in größeren Kali-Natron-Feldspäten, nicht orientiert oder orientiert (siehe Abb. 5A), oft in bestimmten Zonen der Wirtskristalle;
- als Umrandung von Kalifeldspat-Großkristallen (Rapakiwi-Feldspat, Abb. 30).
- in myrmekitischer Verwachsung mit Quarz.

Die Anorthitgehalte der Plagioklase bewegen sich zwischen etwa 5 und 35%; selten liegen sie höher. Relativ An-reiche Plagioklase treten bevorzugt in den Granodioriten auf, dann häufig in Begleitung von Hornblende.

Die Umwandlung der Plagioklase in feinschuppigen **Serizit** (zonar, vom Rande her oder entlang von Rissen, auch regelmäßig) ist überaus verbreitet; es ist keine Verwitterungserscheinung, sondern eine metasomatische Umbildung durch K- und H_2O-Zufuhr in der Tiefe (s. S. 345). Ca-reichere Plagioklase können auch saussuritisiert sein (s. Abschn. 3.6.2).

Biotit

Der Biotit bildet mehr oder weniger idiomorphe, tafelige Einzelkristalle oder Aggregate von solchen. In synkinematischen Graniten und in Graniten mit Fließtexturen sind die Biotite und ihre Aggregate oft deutlich eingeregelt. Der Biotit der Granite ist gewöhnlich mäßig eisenreich (Meroxen bis Lepidomelan). Orientierte Verwachsung mit oder Umwandlung in Muskovit kommen häufig vor. Umwandlung in Chlorit ist sehr verbreitet; als weitere Reaktionsprodukte treten dann Titanit und Rutil („Leukoxen") auf. Weitere Umwandlungsformen sind Bleichung oder ein Farbwechsel von braun nach grün. Epidot, Pumpellyit und Prehnit treten auf knopflochartig geweiteten Spaltrissen umgewandelter Biotite auf. Sehr häufig enthalten die Biotite Einschlüsse älterer Minerale wie Zirkon (oft mit dunklem, pleochroitischem Hof), Magnetit, Orthit, Xenotim, Quarz und andere.

Muskovit

Muskovit tritt verbreitet in mehr oder weniger idiomorphen Tafeln oder Aggregaten von solchen auf. Orientierte Verwachsungen mit Biotit sind häufig. Andere Formen des Muskovits zeigen eine relativ späte Kristallisation des Minerals unter Verdrängung älterer Minerale (Plagioklas, Kalifeldspat, Biotit) an:
- Xenoblasten mit unregelmäßigen Umrissen,
- fächer- oder rosettenartige Aggregate,
- feinschuppige Aggregate („Serizit" z. T.).

Amphibole

Glieder der Amphibolfamilie kommen in vielen Graniten neben Biotit oder als vorherrschende Mafite vor, besonders in Ca-reicheren Granitvarietäten und in Granodioriten. Nach der chemischen Zusammensetzung sind es meist „gewöhnliche Hornblenden" mit im Dünnschliff grünlichen Farbtönen. Die Hornblenden bilden meist kurzprismatische Kristalle ohne idiomorphe Endflächen. Na-reichere, meist zugleich Fe-reiche Amphibole sind für die Alkaligranite charakteristisch.

Pyroxene

Pyroxene sind in gewöhnlichen Graniten nicht allzu häufig; in Ca-reicheren Gesteinstypen kommt diopsidischer Augit frei oder von Hornblende ummantelt vor. Hedenbergit ist ein für granitische Differentiate bestimmter Gabbros (z. B. Skaergaard, Abschn. 2.13.3) charakteristischer Pyroxen. In Alkaligraniten tritt Aegirinaugit bis Ägirin auf. Hypersthen ist der Pyroxen der charnockitischen Granite (s. Abschn. 2.9).

Akzessorische Minerale der Granite

In den meisten Graniten und Granodioriten sind Apatit und Zirkon als akzessorische Gemengteile vorhanden; sie sind fast überall nur mikroskopisch erkennbar.

Der **Zirkon** ist großenteils in Biotit (oder Muskovit) eingeschlossen; es kommen aber auch freie Zirkone vor. Die Gestalt und innere Beschaffenheit der Zirkone geben oft wesentliche Informationen über die Geschichte des Gesteins und der einzelnen Mineralindividuen; in erster Näherung sind zu unterscheiden:
- idiomorphe homogene oder regelmäßig zonare Kristalle; sie sind am ehesten als Kristallisate des Granits selbst anzusehen;
- idiomorphe Kristalle mit gerundeten Kernen, die einer praegranitischen Zirkongeneration entstammen;
- gerundete Kristalle mit oder ohne Zonenbau oder Kerne.

Ferner sind die Art der auftretenden Kristallflächen, das Längen-Dicken-Verhältnis, die Farbe, Einschlüsse und Umwandlungserscheinungen als Unterscheidungsmerkmale verwendbar. In *einem* Granitkörper können mehrere so differenzierbare Zirkontypen nebeneinander auftreten.

In dem typologischen Schema der Zirkone nach Pupin (1980) werden die Kristalle nach ihrer Tracht klassifiziert. Das Auftreten und die Kombinationen dreier Pyramidenformen und zweier Prismenformen erlauben die Unterscheidung von 64 Klassen, wobei besonders die Prismenflächen sich als temperaturabhängig erweisen. Granite verschiedener Herkunft und Kristallisationsbedingungen nehmen in dem typologischen Diagramm auch verschiedene Felder ein.

Der **Apatit** der Granite ist gewöhnlich kurz- bis langprismatisch mit gerundeten Kanten ausgebildet. Er tritt in den Zwickeln der Hauptgemengteile und in Biotit oder Hornblende eingeschlossen auf.

Weitere sehr verbreitete akzessorische Gemengteile sind:

Titanit (idiomorph bis xenoblastisch).

Monazit $CePO_4$ (einfach gestaltete, oft gerundete Körner).

Xenotim YPO_4.

Topas $Al_2 [SiO_4F_2]$, kurzprismatische oder unregelmäßige Körner (s. auch S. 336).

Turmalin (s. S. 336).

Epidot, im allgemeinen sekundär aus Plagioklas oder bei beginnender Metamorphose.

Orthit (im Englischen Allanit), mehr oder weniger idiomorphe, oft zonare Körner.

Magnetit, Ilmenit, sekundär auch **Hämatit.**

Granat, Andalusit, Sillimanit, Cordierit.

Die vier letztgenannten Minerale können gelegentlich auch in größerer Menge (bis zu mehreren Vol.-%) auftreten. Sie zeigen, wie auch Muskovit, einen Aluminiumüberschuß, gemessen an der Aufnahmemöglichkeit der Feldspäte für dieses Element, an. Der Cordierit ist meist zu **Pinit,** einem dunkelgraugrünen, matten Aggregat von feinschuppigem Muskovit und Chlorit umgewandelt. Auch der Andalusit ist oft in Muskovit umgewandelt.

Durch ungewöhnlich hohe Beteiligung bestimmter, sonst untergeordneter Minerale, wie Muskovit, Turmalin oder Topas kommen besondere Gesteinstypen zustande, die z. T. eigene Namen tragen, wie Greisen, Luxullianit und Topasit. Sie sind hauptsächlich metasomatische Bildungen (s. Abschn. 5).

Gefüge

Das bei den mittel- bis großkörnigen Graniten und Granodioriten verbreitetste Gefüge ist die

- **hypidiomorph-körnige Struktur** (Abb. 31 A). Ihr Name soll ausdrücken, daß mehr oder weniger idiomorphe Mineralindividuen die Erscheinung des Gefüges prägen. Bei plagioklasreicheren Graniten und besonders Granodioriten ist dies tatsächlich auch oft der Fall; die Plagioklase sind hier weitgehend idiomorph ausgebildet und auch die Mafite sind wenigstens mit bestimmten Kristallflächen idiomorph (Basisflächen der Biotite, Prismenflächen der Amphibole). Die Quarze dagegen sind gewöhnlich xenomorph. Die Kalifeldspäte sind, wenn sie als Großkristalle auftreten, mesoskopisch meist idiomorph; im gleichkörnigen Gefüge aber meist xenomorph. In kalifeldspatreichen Graniten können sie aber auch dort subidiomorphe Formen erreichen.
- Eine weitere und leichter zu treffende Kennzeichnung der Granitgefüge unterscheidet **gleichkörnige** und **ungleichkörnige** Formen. Die häufigste Variante der ungleichkörnigen Gefüge der mittel- bis großkörnigen Granite ist durch **große** (1 bis 15 cm) **Kalifeldspat-** (genauer Kali-Natronfeldspat-) **-Kristalle** charakterisiert. Sie treten in gleichmäßiger oder ungleichmäßiger Verteilung, orientiert oder nicht orientiert auf.

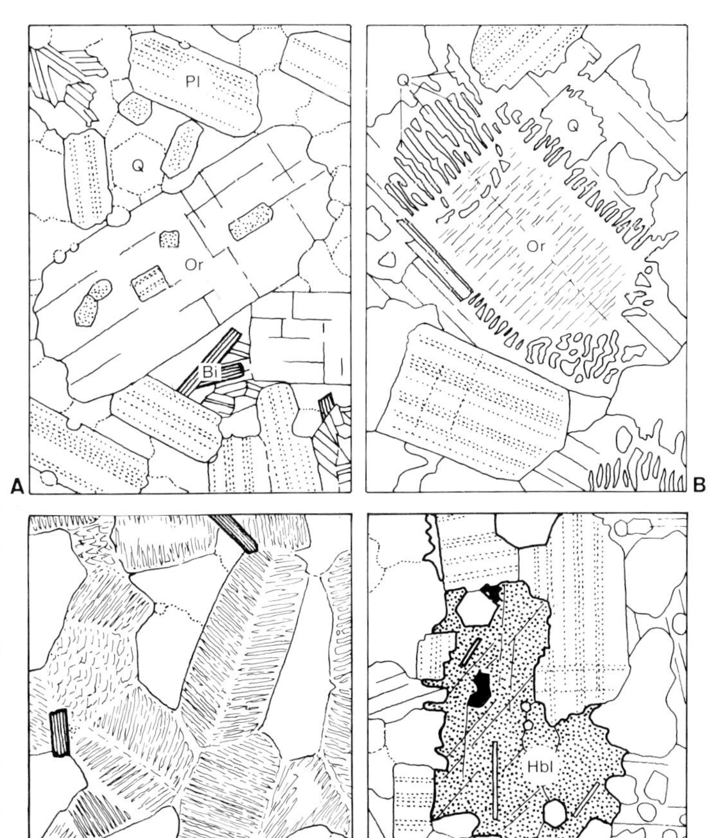

Abb. 31 Gefüge von Graniten (schematisch).

A) Hypidiomorph-körnige Struktur mit Orthoklas (Or), Plagioklas (Pl), Quarz (Q) und Biotit (Bi).

B) Mikrographische Verwachsung von Orthoklas (Or, perthitische Entmischungslamellen angedeutet) und Quarz (Q).

C) Einfeldspat-Granit mit perthitisch entmischtem Alkalifeldspat, Quarz und wenig Biotit. Nach Tuttle & Bowen 1958, umgezeichnet.

D) Matrix eines Rapakiwi-Granits mit Hornblende (Hbl), Plagioklas, Mikroklin und Quarz, der hier zu gerundeten bis subidiomorphen Formen neigt.

Breite der Bildausschnitte etwa 3,5 mm.

- Diese **Großkristalle** sind sehr häufig nach dem Karlsbader Gesetz, seltener nach anderen Gesetzen verzwillingt. Die Karlsbader Verzwilligung ist auch mesoskopisch meist deutlich zu erkennen. Die Umrisse der Großfeldspäte sind mesoskopisch mehr oder weniger deutlich idiomorph, im mikroskopischen Detail aber xenomorph. Zonenbau durch wechselndes K-Na-Verhältnis ist häufig; Perthit in verschiedener Ausbildung fehlt selten. Die Kalifeldspat-Großkristalle enthalten sehr oft **Einschlüsse** anderer Minerale, hauptsächlich Plagioklas, Quarz und Biotit, meist in zonarer Anordnung und oft orientiert in bezug auf die Kristallflächen des Kalifeldspat-Wirtes. Die tafeligen, orientiert eingelagerten Plagioklase werden von den Befürwortern der Kristallisation der Feldspäte aus der *Schmelze* als besonders gewichtige Kriterien angesehen; es fehlt aber auch nicht an Interpretationen desselben Phänomens als metasomatische Bildung im nahezu festen Zustand des Granits. In diesem Sinne werden die Kalifeldspat-Großkristalle dann auch „Megablasten" genannt. Auch der Plagioklas kann durch relative Größe „einsprenglingsartig" oder „metablastisch" hervortreten.
- Eine besondere Form der ungleichkörnigen Gefüge ist das der **Rapakiwi-Granite.** Hier sind bis zu mehrere Zentimeter große, ovoidale Kali-Natron-Feldspatkristalle von schmalen Säumen aus Oligoklas umhüllt (Abb. 30). Die beiden Feldspatkomponenten sind durch ihre verschiedene Färbung (z. B. rosa Kern und graue Hülle) mesoskopisch deutlich erkennbar (Abb. 19A).
  Die eigenartig rundlichen Umrisse der Kalifeldspatkerne kommen durch ihren Flächenreichtum mit den Formen ⟨010⟩, ⟨110⟩, ⟨001⟩, ⟨101⟩, ⟨201⟩ und ⟨111⟩ zustande. Die Entstehung dieser Gebilde ist ähnlich umstritten wie die der gewöhnlichen Kalifeldspat-Großkristalle.
- In quarzreichen, besonders mittel- bis kleinkörnigen Graniten, kommen auch subidiomorphe dihexaedrische Quarze vor. In anderen quarzreichen Graniten sind die Quarzaggregate angedeutet kugelig oder ovoidal geformt.
- Granitaplite haben häufig eine nahezu **panallotriomorphe** Struktur, bei der keiner der Hauptgemengteile gegenüber den anderen eine bevorzugte Formenentwicklung erreicht (sogen. aplitische Struktur).

Im **mikroskopischen Bereich** treten in den Graniten und Granodioriten ferner eine Vielzahl von Strukturen auf, von denen nur die häufigsten erwähnt werden können:

- Die **mikrographische** Struktur entspricht weitgehend der mesoskopischen graphischen Struktur der „Schriftgranite" und Pegmatite (s. Abschn. 2.3). Kalifeldspat (seltener auch Albit) und Quarz sind in besonderer Weise eng miteinander verwachsen, wobei die Quarzanteile in bestimmten Schnittlagen Formen zeigen, die an die Zeichen der hebräischen Schrift erinnern. Die kompliziert verwachsenen Feldspat- und Quarzanteile sind über größere Bereiche Einkristalle, wobei die Anordnung und die Umrisse der einzelnen Quarzpartikel meist in deutlicher Abhängigkeit von den kristallographischen Richtungen im umgebenden Feldspatkristall erscheinen (Abb. 31B). Granitische Gesteine, in denen diese mikrographischen Verwachsungen einen größeren Volumanteil einnehmen, heißen **Granophyre** (s. Abschn. 2.8.2).
- **Myrmekit** ist eine Verwachsung von Plagioklas mit Quarz, wobei der letztere tropfen-, keulen- oder wurmförmige, manchmal verzweigte Körperchen im Feldspat bildet (Abb. 4D). Gewöhnlich treten solche Myrmekit-„Gewächse" am Kontakt des Plagioklas mit Kalifeldspat auf, wobei der erstere mit konvexen Formen an seinen Nachbarn grenzt; die langen Achsen der kleinen Quarzeinlagerungen stehen dann bevorzugt senkrecht auf diesen Grenzen. Es gibt indessen noch viele weitere, von diesem einfachen Modell abweichende Erscheinungsformen der Myrmekite. In synkinematischen oder postkristallin deformierten Graniten und Granodioriten sind Myrmekite häufig zu beobachten. Zweifellos handelt es sich um metasomatische (Verdrängungs-)Strukturen und nicht um Bildungen aus der Schmelze.
- Neben dem oben (S. 59) beschriebenen, als eine der Hauptkomponenten des hypidiomorphen Gefüges auftretenden Plagioklas ist in Graniten oft eine jüngere Generation von **Albit** zu beobachten. Das Mineral tritt hier mit geringerer Korngröße in Einzelkörnern oder Kornaggregaten in Zwickeln und auf den Grenzen der älteren Feldspäte und des Quarzes auf: **Albitkornbildung, Albitsaumbildung.** Kalifeldspat wird dabei bevorzugt verdrängt; manche gröbere Perthitstrukturen, wie Ader- und Fleckenperthit, gehören mit zu diesem Erscheinungskomplex. Bei größerer Entwicklung solcher metasomatischer Albite zeigt sich

gelegentlich eine besondere Form der Verzwillingung, der **Schachbrettalbit** (Abb. 4C).

Gefügeregelung als Folge der Bewegungen bei der Platznahme der Granite und späterer tektonischer Überprägungen ist weit verbreitet. Als auffällige Erscheinungen seien hervorgehoben:

- Einregelung tafeliger oder prismatischer Großfeldspäte;
- Einregelung von Schlieren, Einschlüssen oder Einschlußschwärmen.
- Erscheinungen der Kataklase bis zur Mylonitisierung.

Nur mikroskopisch ist die **Gitterregelung** der Quarze zu ermitteln (im Gegensatz zu der Formregelung der oben genannten Minerale). Andere ähnliche Phänomene der Gefügeregelung können auch im Sinne der Granitisation in situ auf **ältere strukturelle Vorzeichnungen** des Ausgangsgesteins zurückgeführt werden: Lagentexturen, Schlieren, Einschlußzüge; orientierte Biotite und Hornblenden, orientiert gewachsene Feldspatblasten.

Postkristalline Deformationen der Minerale sind je nach der tektonischen Geschichte des betreffenden Granits entlang bestimmter Flächen oder allgemein verbreitet. Das gewöhnliche Verhalten der Hauptminerale kann zusammenfassend folgendermaßen charakterisiert werden:

- Der **Quarz** zeigt im Laufe zunehmender Beanspruchung undulöse Auslöschung, Kornzerfall, Bildung feingranulierter Strähnen, welche die noch erhaltenen Feldspäte gleichsam umfließen; eventuell mosaikartige Rekristallisation.
- Die **Feldspäte** erleiden ebenfalls innere Deformationen mit undulöser Auslöschung und Verbiegung von Zwillingslamellen bis zum Zerfall durch Bruch; gegenüber dem Quarz und den Glimmern erweisen sie sich jedoch meist als relativ beständig, so daß sie schließlich als Porphyroklasten verschiedener Größe und Gestalt in einer klein- bis feinkörnigen Matrix hervortreten (Abb. 111).
- Die **Glimmer** werden verbogen, zerschuppt und zu mehr oder weniger zusammenhängenden Strähnen ausgezogen, die sich zwischen den Feldspat-Porphyroklasten hindurchziehen. Dabei wird der Biotit meist chloritisiert.

Weitergehende Umwandlungen, wie quasiplastische Deformation der Minerale, Neukristallisation der deformierten Gefüge und Mineralneubildungen gehören schon in den Bereich der Metamorphose (s. Abschn. 3.4).

Chemische Zusammensetzung

Tabelle 11 gibt eine Übersicht der häufigsten oder sonst wichtiger Varianten der Granit-Granodioritfamilie. Innerhalb der durch die mineralische Zusammensetzung definierten Gesamtheit der Granite und Granodiorite sind auch aufgrund chemischer Kriterien Unterscheidungen üblich. Sie beziehen sich auf die Gehalte an bestimmten Elementen oder auf Elementverhältnisse, meist ausgedrückt in Oxiden oder Molekularquotienten der Oxide. Die SiO_2-Gehalte bewegen sich im allgemeinen zwischen 78 und 60%; höhere oder niedrigere Werte kommen nur bei besonders quarzreichen Leukograniten einerseits und bei sehr mafitenreichen Melagraniten andererseits vor. Eine Zweiteilung der Granite in Ca-arme und Ca-reiche ist von TUREKIAN & WEDEPOHL (1961) vorgeschlagen worden (Low-Ca- und High-Ca-Granite, siehe unten).

Wichtige chemisch definierbare Kriterien betreffen das **Verhältnis von Aluminium zu den Alkalien** und von Aluminium zu Alkalien + Calcium. Die meisten Granite enthalten mehr Al_2O_3, als für die Bildung der Feldspäte gebraucht wird. Es ist vor allem im Muskovit, zu einem kleineren Teil auch im Biotit, gegebenenfalls aber in speziellen Mineralen, wie Granat, Andalusit, Sillimanit und Cordierit enthalten. Bei der Berechnung der CIPW-Norm ergeben sich für solche Granite meist einige Prozente „Korund". Granodiorite ohne Muskovit, aber eventuell mit Hornblende ergeben keinen solchen Al-Überschuß. Nach BARRIERE (1972) ist das Verhältnis zweier aus der chemischen Analyse zu errechnender Größen A' und F als Maß für die *Aluminosität* eines Gesteins entscheidend; die eckigen Klammern bedeuten Molekularquotienten, d. h. Gewichtsprozente geteilt durch Molekulargewicht des betreffenden Oxids:

$$A' = [Al_2O_3] + [Fe_2O_3] - [Na_2O] - [K_2O] - [CaO],$$

$$F = [FeO] + [MnO] + [MgO].$$

Ist $A':F = 0$ bis 0,33, dann ist das Gestein normal aluminos, bei Werten >0,33 hyperaluminos, bei negativen Werten hypoaluminos. Im letzteren Fall handelt es sich oft um Alkaligranit oder eindeutiger um *peralkalischen* Granit. Solche enthalten neben den Feldspäten alkalihaltige Amphibole oder Pyroxene und in ihrer CIPW-Norm erscheint die Komponente „Akmit" (ac). $[Na_2O] + [K_2O]$ sind größer als $[Al_2O_3]$.

In Tabelle 11 ist als Beispiel eines hyperaluminosen Granits das Gestein vom Mont Pilat (Frankreich) angeführt (Nr. 6); sein A':F-Verhältnis ist 0,8; als Al-Überschuß-Phasen treten Andalusit und Muskovit auf. Nr. 7 ist ein peralkalischer Granit mit $[Na_2O] + [K_2O] > [Al_2O_3]$.

Turekian & Wedepohl unterscheiden Hoch-Calcium- und Niedrig-Calcium-Granite mit folgenden mittleren Zusammensetzungen:

	SiO_2	TiO_2	Al_2O_3	FeO	MnO
Hoch-Ca:	67,3	0,45	15,8	3,8	0,10
Niedrig-Ca:	74,3	0,15	13,9	1,8	0,05

MgO	CaO	Na_2O	K_2O	P_2O_5	
1,6	3,5	5,7	3,7	0,20	Gew.%
0,3	0,7	5,3	5,0	0,15	Gew.%

Chappel & White (1974) definieren Granite eines I-Typs und eines S-Typs, die aus der anatektischen Teilschmelzung von magmatischen bzw. sedimentären Ausgangsgesteinen hervorgegangen sein sollen. Unterscheidende Kriterien sind in Tabelle 10 aufgeführt.

A-Typ-Granite (benannt nach ihren Kriterien „alkaline, anhydrous, anorogenic") unterscheiden sich von I-Typ-Graniten durch geringere Gehalte an CaO und MgO sowie höhere an $Na_2O + K_2O$. Bestimmte Neben- und Spurenelemente (Nb, Ga, SE, Zr, Pb und Zn) sind angereichert. Petrographisch sind sie durch ein hohes Alkalifeldspat-Plagioklas-Verhältnis, Fe-reichen Biotit und mikrographische Verwachsungen von Alkalifeldspat und Quarz ausgezeichnet. Die Granite dieses Typs können hyper- bis hypoaluminos im Sinne der Ausführungen auf S. 63 sein.

Weitere Kriterien für die Klassifikation der Gesteine der Granit-Granodiorit-Familie, besonders auch im Hinblick auf die Herkunft ihrer Magmen, diskutieren Bowden et al. 1984 (siehe unter „Weiterführende Literatur zu Abschn. 2.7").

2.6.2 Auftreten und äußere Erscheinung der Granite und Granodiorite

Granite in dem hier geltenden weiteren Sinne sind die verbreitetsten plutonischen Gesteine der oberen Erdkruste. Wedepohl (1969) schätzt den Volumenanteil der Granite und Quarzmonzonite auf 44%, den der Granodiorite auf 34% aller plutonischen Gesteine der Kontinente. Bei den vulkanischen Gesteinen der Kontinente überwiegen dagegen Andesite und Basalte; die den Graniten und Granodioriten entsprechenden Rhyolithe und Dacite treten mengenmäßig jenen gegenüber zurück.

Granite treten regelmäßig in folgenden **geotektonischen Zusammenhängen** auf:

- im tiefen Grundgebirge der **Kratone** als Anteile **migmatischer Gesteinskomplexe** und als mehr oder weniger homogene Massive, die gegenüber ihrem metamorphen Nebengestein nur unscharf abgegrenzt sind (autochthone Granite z. T.);
- in kratonischen Bereichen als deutlich umgrenzte, **individualisierte Intrusionen,** die wesentlich jünger als die Metamorphose ihrer Nebengesteine sind;
- in kratonischen oder sonst konsolidierten Krustenbereichen als **Anteile lagig differenzierter Intrusionen** des Bushveld-Typs;
- in kratonischen oder bruchtektonischen Krustenbereichen als Glieder von **Ring- und ähn-**

Tabelle 10 Unterscheidungskriterien für Granite des I- und S-Typs nach Chappell & White (1974)

I-Typ	S-Typ
$Na_2O > 3{,}2$ % in hellen Gesteinen, in mafitreicheren bis unter 2,2 % abnehmend	Na_2O auch in hellen Gesteinen $< 3{,}2$ % (neben etwa 5 % K_2O), in mafitreicheren unter 2,2 % abnehmend (neben etwa 2 % K_2O)
$[Al_2O_3]$: $([Na_2O] + [K_2O] + [CaO]) < 1{,}1$	$[Al_2O_3]$: $([Na_2O] + [K_2O] + CaO]) > 1{,}1$
Mit normativem Diopsid oder < 1 % normativem Korund	Mit > 1 % normativem Korund
Variation von mafitreichen bis zu sehr hellen Gesteinen	Hauptsächlich SiO_2-reiche, helle Gesteine
Regelmäßige Variation der Elemente innerhalb eines Plutons; lineare Variationsbeziehungen	Unregelmäßige Variationsdiagramme
Oft hornblendeführend	Oft muskovitführend
Initiales $^{87}Sr/^{86}Sr$-Verhältnis 0,704 bis 0,706	Initiales $^{87}Sr/^{86}Sr$-Verhältnis > 0,708

Tabelle 11 Mineralische (Volum-%) und chemische (Gew.-%) Zusammensetzung von Graniten und Granodioriten

	(1)	(2)	(3)	(4)	(5)	(6)	(7)	(8)	(9)	(10)	(11)
Quarz	27,4	39,4	28,6	33,2	22,0	34,1	31,8	25,9	19,9	20	18,0
Kalifeldspat, Perthit	61,4	35,1	41,7	20,2	21,1	32,9	57,0	20,9	17,5	31	28,5
Plagioklas	3,8	21,6	22,7	27,1	40,1	23,7	4,4	47,5	44,7	23	15,9
Muskovit	–	4,5	1,8	0,7	–	1,7	–	–	–	–	–
Biotit	0,2	5,3	4,6	8,5	16,4	6,1	–	3,5	9,8	16	23,6
Hornblende	4,6	–	–	–	–	–	3,9	0,8	6,8	9	12,8
Klinopyroxen	0,9	–	–	–	–	–	2,6	–	–	–	–
Erzminerale	0,7	+	+			–	–	0,6	0,7		
Apatit	+	$<$0,1	0,1	0,3	0,4	+	–	0,3	0,1	1	1,6
Zirkon	–	$<$0,1	0,2			–	–	–	–		
Andere	1,0	1,0	0,3	1,0	–	1,5	0,3	0,5	0,5	–	–
SiO_2	71,03	75,40	71,30	68,90	63,20	72,00	74,05	69,60	63,47	62,10	60,10
TiO_2	0,42	0,07	0,23	0,49	0,95	0,10	0,35	0,38	0,72	0,60	0,77
Al_2O_3	12,86	13,60	14,30	15,60	16,65	14,75	11,20	15,34	15,81	13,21	16,67
Fe_2O_3	0,69	1,21*	2,58*	0,72	1,17	1,05	2,10	1,30	2,14	1,45	4,03*
FeO	3,61	–	–	2,30	4,26	0,70	1,70	0,95	3,03	3,13	–
MnO	0,06	0,03	0,05	0,04	0,06	0,10	0,10	0,06	0,09	0,08	0,05
MgO	0,50	0,17	0,72	1,36	1,73	0,10	0,45	0,70	2,28	4,00	3,60
CaO	1,54	0,31	1,05	1,31	3,07	0,70	0,45	2,68	4,72	2,77	1,37
Na_2O	4,31	3,38	3,28	3,02	3,35	3,55	4,60	4,31	3,32	2,91	2,66
K_2O	4,33	5,01	5,32	5,46	4,77	5,00	5,20	3,64	3,22	6,72	8,31
P_2O_5	0,11	0,19	0,12	0,16	0,27	0,40	0,06	0,14	0,17	0,65	0,85
H_2O^{+}	0,49	0,70	0,80	1,14	1,00	0,90	0,42	0,58	0,88	1,64	1,93
Summe	99,95	100,07	99,75	100,50	100,48	99,35	100,68	99,68	99,85	99,26	100,34

(1) Marsco-Granit, Skye (Schottland); Andere = Fayalit (nach Thompson 1969)
(2) Bärhalde-Granit, Südschwarzwald, Mittelwert; Andere = Topas u. a. (nach Emmermann 1977, Analyse ergänzt)
(3) Schluchsee-Granit, Südschwarzwald, Mittelwert (nach Emmermann 1977, Analyse ergänzt)
(4) Oberkircher Granit, heller Typ, Ulm (Schwarzwald); Andere = Cordierit (nach Otto 1972)
(5) Oberkircher Granit, dunkler Typ, Sasbachwalden (Schwarzwald) (nach Otto 1972)
(6) Andalusitführender Granit, Mont Pilat (Frankreich); Andere = Andalusit (nach Ravier & Chenevoy 1966)
(7) Ägirin-Arfvedsonit-Granit, Gouré (Niger); „Plagioklas" ist hier Albit, „Hornblende" riebeckitischer Arfvedsonit und „Klinopyroxen" Ägirin (nach Black 1963)
(8) Cathedral-Peak-Granodiorit, Teil des Sierra-Nevada-Batholiths, Yosemite National Park (USA) (nach Bateman & Chappell 1979)
(9) Half-Dome-Granodiorit (Teil des Sierra-Nevada-Granodiorites), Fundort und Quelle wie (8)
(10) Melagranit („Durbachit"), Vepice, Mittelböhmischer Pluton (ČSSR) (nach Palivčova et al. 1968)
(11) Melagranit („Durbachit"), Durbach (Schwarzwald) (nach Morche 1979)

lichen Komplexen plutonischer bis hypabyssischer Gesteine verschiedener Familienzugehörigkeit;

- in **Orogenen** als **synkinematische Intrusionen** oder als Anteile synkinematischer Migmatitbildungen;
- in **Orogenen** als deutlich umgrenzte, **subsequente** (d. h. nach der letzten Hauptbewegungsphase aufgestiegene) Intrusionen.

Für die erste und teilweise auch die zweite der aufgeführten Kategorien der Granite im kratonischen Milieu soll offen bleiben, wieweit die heute dort aufgeschlossenen Niveaus die Tiefenfortsetzung von alten Orogenen darstellen, deren höhere Stockwerke abgetragen sind.

Eine Gliederung der Granitkörper nach ihrer **Gestalt** unterscheidet in erster Näherung folgende Typen:

- Unregelmäßig gestaltete Anteile von Migmatitkomplexen, mit undeutlicher Umgrenzung, reich an Schlieren und Einschlüssen von Nebengesteinsmaterial.
- Mehr oder weniger regelmäßige, platten- oder lang linsenförmige Körper oder Gruppen von solchen, die ihrem metamorphen Nebengestein meist konkordant eingelagert sind, sind häufige Formen der synkinematischen Granite der Orogene (Abb. 33C).
- **Batholithe,** d. h. große intrusive Körper mit steil einfallenden Außenkontakten; eine Abgrenzung nach der Tiefe („Boden") ist nicht aufgeschlossen. Häufig bestehen die Batholithe aus mehreren petrographisch unterscheidbaren Teilintrusionen. Die größten bekannten so zusammengesetzten Granitbatholithe, z. B. der Coast-Range-Batholith in W-Kanada und USA, der Sierra-Nevada-Batholith (Kalifornien, USA) und die Batholithe der Anden (Peru, Bolivien, Chile) sind über 1000 km lang und 100 bis 200 km breit; sie nehmen Flächen in den Größenordnungen von 10000 bis 100000 km^2 ein. In Mitteleuropa erreichen die Granitbatholithe der südlichen Böhmischen Masse, z. B. der Weinsberger und der Eisgarner Granit, an der Oberfläche Längen und Breiten von etwa 100 bzw. 25–30 km. Granitkörper solcher und geringerer Dimensionen (einige km bis wenige Zehner km) werden häufig, unabhängig von ihrer Gestalt im einzelnen, als *Plutone,* bei unregelmäßiger Gestalt und Größen im Kilometerbereich auch als *Stöcke* bezeichnet (Abb. 32).
- Nach oben konvexe Körper, mehr oder weniger regelmäßige Dome, Kuppeln, gestreckte Gewölbe und ähnliche Formen; sie sind besonders deutlich erkennbar, wenn Teile des Daches noch erhalten sind oder die inneren Texturen der Granite solche Gestalten erschließen lassen. Vielfach kommen solche Körper als Ensembles mit konzentrischer oder anderer Anordnung vor. Die äußeren Glieder solcher Gruppierungen erscheinen im Kartenbild als mehr oder weniger vollständige Ringe.
- Schüsselförmige Körper als Teile von zusam-

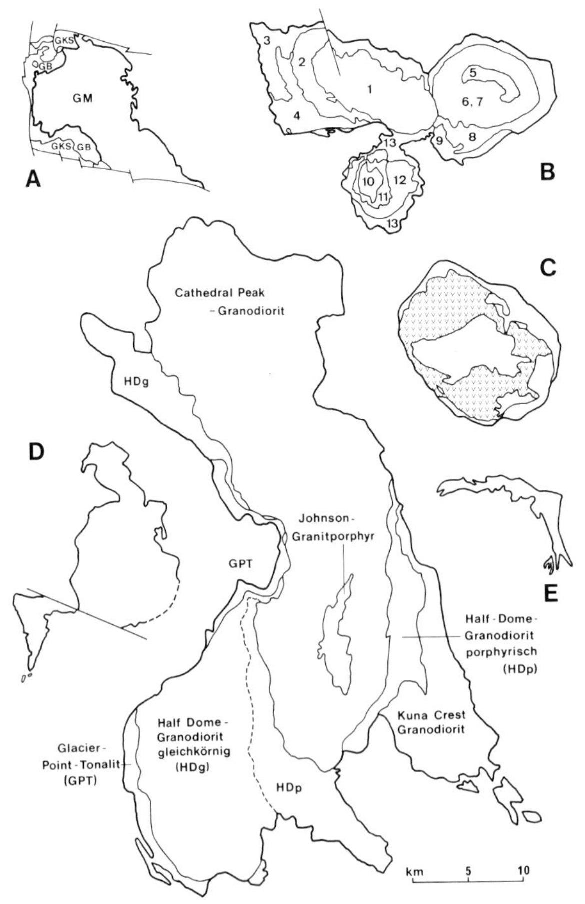

Abb. 32 Oberflächenanschnitte mittelgroßer, einfacher und zusammengesetzter Granitplutone. Mitte und unten: Tuolumne-Pluton, Sierra Nevada (USA); s. oben.

A) Malsburg-Granit, Schwarzwald (GM), mit Blauen-Granit (GB) und Granit von Klemmbach-Schlächtenhaus (GKS); s. S. 72 u. Abb. 37.

B) Plutone von Cauterets und Panticosa (Pyrenäen); die Zahlen beziehen sich auf die Beschreibung im Text S. 73.

C) Liruei-Komplex, Nigeria. v-Signatur = Vulkanite und Subvulkanite; s. auch S. 76f. u. Abb. 38.

D) Albtal-Granit, Schwarzwald; s. S. 74.

E) Kagenfels-Granit, Vogesen; s. S. 74.

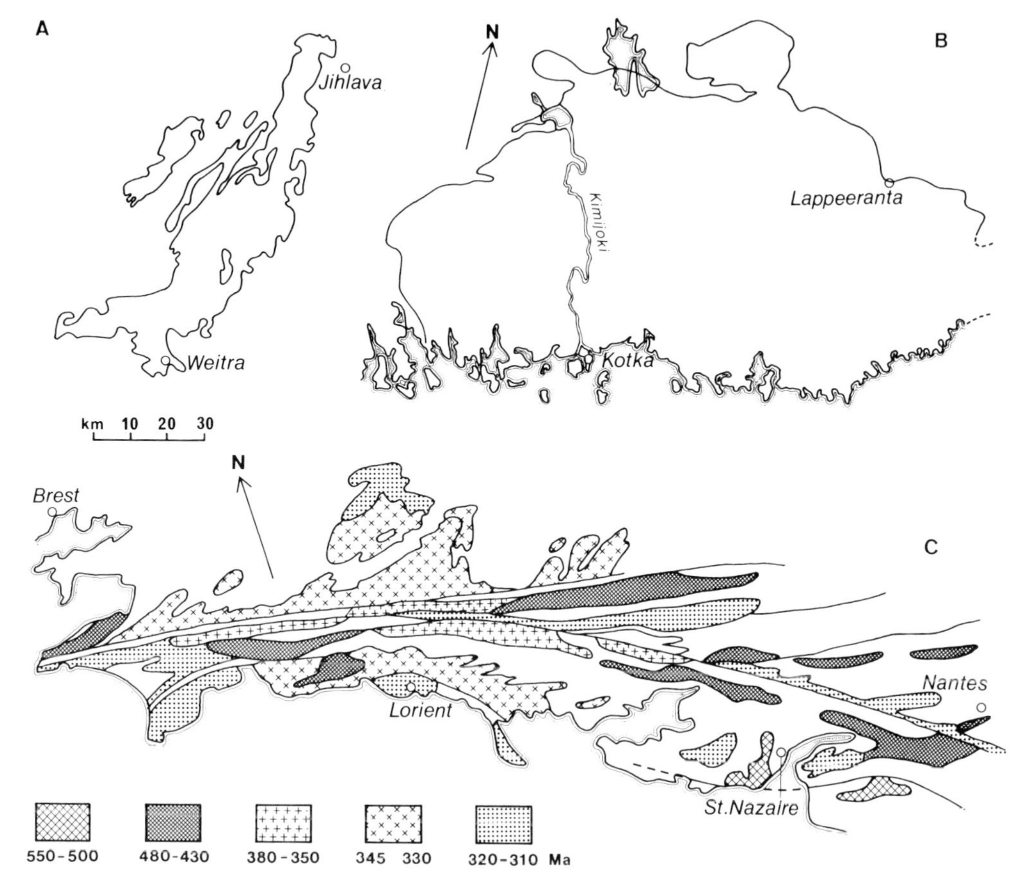

Abb. 33 Oberflächenanschnitte großer Granitplutone. A) Der Eisgarner Granit (Österreich und Südböhmen). – B) Der Rapakiwi-Pluton in Südostfinnland. – C) Synkinematische Granite bis Diorite in der Bretagne. Die Zahlen geben die Alter in Millionen Jahren an.

mengesetzten Lopolithen, z. B. Bushveld (s. Abschn. 2.13.3) und Sudbury (Kanada).

- Platten- oder zungenförmige Intrusionen, flach oder schräg dem Nebengestein eingelagert.
- Phakolithe, gekrümmte linsenartige Körper, die entlang von entsprechend gestalteten Strukturen des Nebengesteins eingedrungen sind.
- Lakkolithe, ungefähr horizontal liegende Körper mit flachem Boden und nach oben gewölbtem Dach, mit dem Zufuhrkanal pilzförmig oder asymmetrisch-pilzförmig.
- Ringgänge, meist zusammen mit basischen oder Alkaligesteinen als Glieder artenreicher Komplexe; oft im subvulkanischen Stockwerk.
- (Steil-)Gänge und Gangschwärme, plutonisch bis subvulkanisch.
- Lagergänge.
- Als unselbständige granitische Gesteinsbildungen sind schließlich die schlieren- oder aderförmigen oder anders gestalteten Differentiate in basischen Lagergängen oder größeren basischen Intrusionen zu nennen (siehe Abschn. 2.13.3 und 2.14.3).

Eine allgemeingültige Zuordnung der im vorausgehenden Abschnitt beschriebenen petrographischen Typen der Granite zu den verschiedenen Formen der Granitkörper ist nur sehr begrenzt möglich. Die zu Migmatitkomplexen gehörenden granitischen Gesteinsanteile sind meist inhomogen in bezug auf Zusammensetzung und Gefüge; sie enthalten Nebengesteinsschollen und Schlieren oder zeigen Gefügerelikte des Ausgangsgesteins (nebulitische Texturen, siehe S. 324). Schollen, Schlieren und andere Inhomogenitäten fehlen aber auch nicht in anderen Typen der Granitintrusionen. Die synkinematischen Granite besitzen mehr oder weniger deutlich ausgeprägte Paralleltexturen mit Orientierung der Ma-

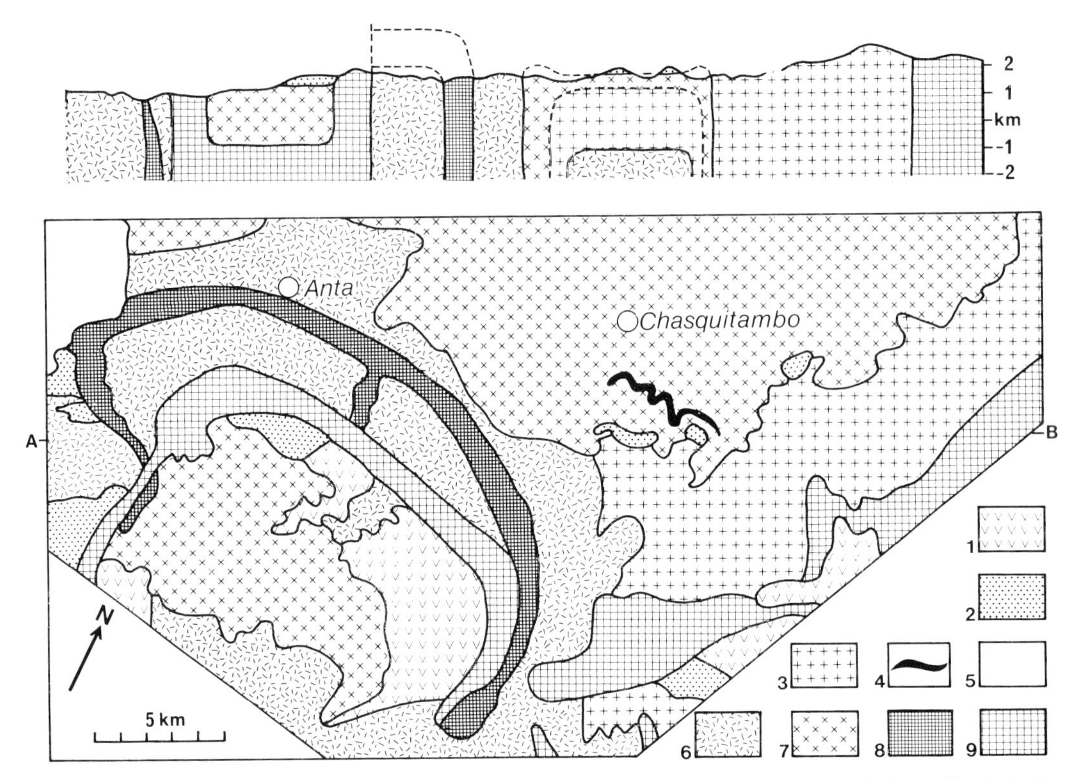

Abb. 34 Beispiel eines vielphasigen batholithischen Komplexes: der Coastal Batholith in Peru. Vereinfachte Karte und hypothetisches Profil (oben) (nach Myers 1975). 1) Ältere Vulkanite. – 2) Gabbros und Diorite des Patap-Komplexes. – 3) Diorite und Tonalite des Paccho-Komplexes. – 4) Huaricanga-Tonalit. – 5) Corarillo-Tonalit. – 6) Baranda-Granodiorit-Lagergang. – 7) Chasquitambo-Granodiorit. – 8) Anta-Granodiorit-Ringgang. – 9) Syenogranite (Corcovado-Ringgang und andere Plutone).

fite, tafeliger Feldspäte oder kompositioneller Inhomogenitäten (Schlieren, hellere und dunklere Lagen). Bei synkinematischer Kristallisation im strengen Sinne sollen Intrusionsbewegungen und Mineralbildung gleichzeitig erfolgen; in den meisten Fällen ist dies allerdings nicht vollkommen verwirklicht. Entweder setzt sich die Bewegung noch nach der Kristallisation fort; dann kommt es zu kataklastischen oder anderen, metamorphen Überprägungen (s. Abschn. 3.7), oder aber die Kristallisation überdauert die Bewegung, so daß die jüngsten Mineralbildungen keine Orientierung oder Beanspruchung zeigen. Auch die subsequenten Intrusionen der Orogene und gänzlich anorogene Granite können Paralleltexturen aufweisen, die als Fließ- oder »Einströmungs«-Gefüge des schon teilweise kristallisierten Magmas zu deuten sind.

Als häufig zutreffende Regel gilt weiter, daß die Granite der Intrusionen im tieferen Krustenbereich, also in schon erwärmtem Nebengestein, eher grobkörnig ausgebildet sind, während höher aufgestiegene Granite am Kontakt mit kühlerem Nebengestein oder im ganzen mittel- bis kleinkörnig kristallisieren. Granite der Gänge und Lagergänge sind oft kleinkörnig mit mikrographischen Quarz-Feldspat-Verwachsungen. Es kommen aber auch viele Ausnahmen von diesen Regeln vor, besonders weil die Kristallgrößen außer von der Abkühlungsgeschwindigkeit auch von dem Anteil der leichtflüchtigen Komponenten und anderen Faktoren abhängen.

Sehr viele Granitplutone sind durchsetzt und begleitet von besonderen, ihnen offenbar individuell zugeordneten **Ganggesteinen,** nämlich Apliten, Mikrograniten, Granitporphyren und Lamprophyren. Diese werden oft als *Ganggefolgschaft* eines bestimmten Granites bezeichnet. Auch **Pegmatite** können in gleicher Weise um oder in bestimmten Granitplutonen auftreten.

Die Zugehörigkeit aller dieser Begleitgesteine zu einzelnen Plutonen ist aus ihrer räumlichen Verteilung und tektonischen Einordnung, den daraus abzuleitenden zeitlichen Beziehungen und auch aus stofflichen Verwandtschaften zu folgern. Letzteres gilt aber nicht oder nur begrenzt für die Lamprophyre (s. Abschn. 2.20). Die anderen genannten Gesteine der granitischen Ganggefolgschaft werden in Abschn. 2.8 behandelt.

An allen Graniten mit Ausnahme der kleinstkörnigen Varianten lassen sich die **Hauptminerale** Quarz, Feldspäte, Glimmer usw. mit dem bloßen Auge identifizieren. Sehr oft ist auch die Unterscheidung von Kalifeldspat und Plagioklas leicht möglich; meist haben die beiden Feldspatarten unterschiedliche Pigmentierungen oder Trübungen oder sie sind nach Größe und Gestalt verschieden. Kalifeldspat-Großkristalle sind weitaus häufiger als einsprenglingsartige Plagioklase. Vielfach sind die Feldspäte auch im unverwitterten Gestein mehr oder weniger stark farbig; oft sind die Kalifeldspäte zart bis kräftig rosa, die Plagioklase weißlich-trübe bis blaß grünlich, manchmal aber auch rosa bis rot. Kräftige rote Farben können mit sekundären Veränderungen des Gesteins zusammenhängen, doch kann dies nicht verallgemeinert werden. Sehr klare farblose Feldspäte lassen das Gestein leicht bläulich-grau erscheinen. Weiße Trübungen kommen durch massenhafte Gas- und Flüssigkeitseinschlüsse, durch Serizitisierung und Kaolinisierung zustande. Auch der Quarz erscheint nicht immer farblos-klar, sondern in verschiedener Weise getrübt, rötlich pigmentiert oder dunkel (rauchquarzartig).

Ebenso sind die wichtigsten Merkmale des Gefüges der Granite, wie sie in Abschn. 2.6.1 beschrieben sind, zumindest bei den grobkörnigen Graniten mit dem bloßen Auge leicht zu erkennen. Korngröße, „porphyrische" oder gleichkörnige Struktur, Regelung der Feldspäte oder Mafite und die genannten Farberscheinungen der Minerale sind oft für die Gesteine bestimmter Plutone charakteristisch.

Weitere für das Aussehen der Granite im natürlichen und künstlichen Aufschluß maßgebende Eigenschaften sind die **Klüftung** und das Verhalten bei der Verwitterung. Die meisten Granite, sofern sie einigermaßen homogen entwickelt sind, zeigen mehr oder weniger regelmäßig angeordnete Klüfte in zwei, drei oder mehr vorherrschenden Flächenlagen (Kluftscharen); die Klüfte der verschiedenen Scharen können eng- oder weitständig sein; die Abstände zwischen Klüften einer Schar variieren zwischen wenigen Zentimetern und mehr als hundert Metern. Entsprechend verschieden sind die Gestaltungen der Granite im Aufschluß. Beispiele sehr kluftarmer Granite sind die bis 1000 m hohen glatten Felsen des Yosemite-Nationalparks in Kalifornien und der Zuckerhut bei Rio de Janeiro. Granite mit regelmäßigen Klüften in zwei ungefähr vertikalen und einer ungefähr horizontalen Flächenlage bilden in natürlichen Aufschlüssen mauer- oder turmartige Felsen, die aus vielen untereinander ähnlichen „Quadern" mit mehr oder weniger gerundeten Kanten aufgebaut sind.

Stark ausgeprägte steilstehende Klüfte bedingen plattige bis kirchturmartige Felsformen, so z. B. die der als Kletterberge berühmten Aiguilles (= Nadeln) des Mont-Blanc-Gebietes. Klein- bis mittelkörnige Granite sind oft dichter zerklüftet als grobkörnige, doch gibt es auch viele Ausnahmen von dieser Regel.

Bei der **Verwitterung** verhalten sich die Granite je nach Klima, Exposition gegenüber der Abtragung, Klüftung, Korngröße und petrographischer Zusammensetzung unterschiedlich. Für die Gebiete des gemäßigten Klimas gilt, daß der Quarz kaum angegriffen wird; die Feldspäte werden bei lang dauernder Zersetzung in Tonminerale (Kaolinit, Illit, seltener Montmorillonit) umgewandelt; aus Biotit bildet sich Vermiculit und Limonit. Der chemischen Verwitterung geht im allgemeinen eine Auflockerung des Gesteinsgefüges zu einem sandartigen, mehr oder weniger grobkörnigen **Grus** voraus. Häufig wird dieser Grus mit noch relativ frisch erhaltenen Feldspäten abgetragen. Die freiliegenden Oberflächen des noch festen Gesteins erleiden dann weiterhin hauptsächlich physikalische Verwitterung mit **Absanden** der aus dem Verband gelösten Mineralpartikel. Die entstehenden Felsformen werden zunächst von der Art der Klüftung bestimmt, durch das Absanden aber zunehmend modifiziert. So entstehen aus ursprünglich ebenflächigen und kantigen Teilkörpern des Gesteins gerundete Quader und ellipsoidische oder sonst rundliche Blöcke, die treffend auch als *Wollsäcke* bezeichnet werden (Abb. 35A). Sie treten je nach den örtlichen Bedingungen zerstreut, in Gruppen, flächenhaft *(Felsenmeere)* oder in noch erhaltenem Zusammenhang als *Felsburgen* auf.

Die durch Absanden gebildeten Gesteinsoberflächen sind je nach Korngröße rauh bis uneben im mm- bis cm-Maßstab. Manche Granittypen neigen besonders stark zum Gruszerfall, z. B. die Rapakiwigranite Finnlands (s. Abschn. 2.6.3), die daher ihren Namen („fauler Stein") tragen. Künstliche Aufschlüsse in Granitgebieten legen häufig noch frische „Wollsäcke" von Granit in

A

B

C

Abb. 35

A) Wollsackverwitterung eines grobkörnigen Granits; angewitterte Oberfläche mit herausragenden Feldspäten im Vordergrund. Signal de Randon (Margeride, Frankreich).

B) „Net-veined diorite", netzartige Durchaderung von Diorit durch Granit (hell). Le Peyron bei Burzet (Ardèche, Frankreich). Breite des Bildausschnittes etwa 2 m.

C) Dioriteinschlüsse in Granit. Fürstenstein (Bayer. Wald). Breite des Bildausschnittes etwa 4 m.

schon vergruster Umgebung frei. Der allmähliche Fortschritt der Verwitterung und seine Zwischenprodukte sind hier besonders gut zu beobachten.

In Klimabereichen mit sehr starkem Temperaturwechsel (z. B. Wüstengebieten) neigen Granitfelsen und -blöcke zu schalenartigem Abplatzen unabhängig von der ursprünglichen Klüftung. Im feucht-tropischen Klima entstehen zunächst Kaolin, weiter aber unter Weglösung der Kieselsäure Aluminiumhydroxide wie Hydrargillit $Al(OH)_3$ und Böhmit Al(OOH) (Bauxitbildung); der Quarz wird unter diesen Umständen auch langsam abgebaut.

2.6.3 Beispiele granitischer und granodioritischer Gesteinskomplexe und Einzelvorkommen

Die Rapakiwigranite Finnlands. Anorogene kalireiche Granite eines Alten Schildes.

Granite des Rapakiwi-Typs treten als anorogene Plutone in Mittelschweden, in Finnland, in Karelien und in der Ukraine auf. Sie bilden klar umgrenzte intrusive Körper von bis zu mehreren tausend Quadratkilometern Oberfläche. Das größte Massiv in der Umgebung von Wiborg besteht aus wenigstens vier Teilintrusionen, die zusammen 18000 km^2 einnehmen. Hauptgesteinstypen sind:

- Wiborgit, ein grob- bis großkörniger porphyrischer Granit mit zahlreichen ovoidal geformten Orthoklasen, die von Oligoklassäumen umgeben sind (Abb. 19A); die Matrix wird von Plagioklas, Quarz, Biotit und Hornblende gebildet.
- Pyterlit, ein mittel- bis großkörniger porphyrischer Granit mit zahlreichen ovoidalen Kalifeldspäten **ohne** Oligoklashülle.
- „Dunkle Varietäten", mit Biotit, Hornblende und Fayalit (meist zersetzt).

Tabelle 12 Mineralische (Volum-%) und chemische (Gew.-%) Zusammensetzung eines Rapakiwi-Granits von Juolasvesi, Finnland (nach SAVOLAHTI 1956)

	Vol.-%		Gew.-%
Kalifeldspat	44,0	SiO_2	68,32
		TiO_2	0,49
Quarz	27,6	Al_2O_3	13,81
Plagioklas	18,5	Fe_2O_3	1,18
		FeO	4,70
Hornblende	4,7	MnO	0,07
Biotit	4,6	MgO	0,58
		CaO	2,31
Erzminerale	0,3	Na_2O	2,72
Apatit	0,1	K_2O	5,62
		P_2O_5	0,13
Zirkon	0,1	F	0,12
Fluorit	0,1	H_2O^+	0,38
Summe	100,0	Summe	100,43

Alle Rapakiwigranite sind durch hohe Gehalte an Kalium charakterisiert. Ein weiteres häufiges Kennzeichen ist die bipyramidale Gestalt der großen Quarze der Matrix (ursprünglich Hochquarz); daneben tritt eine zweite xenomorphe Quarzgeneration auf.

Die Granitmassive von Cauterets und Panticosa (Pyrenäen). Beispiele zusammengesetzter Intrusionen mit Graniten und anderen Plutoniten (nach DEBON 1975).

Die spätvariskisch-subsequenten Plutonite der Massive von Cauterets und Panticosa intrudierten zwischen Westfal und Stefan (Oberkarbon) in das gefaltete Paläozoikum (Abb. 32B). Die Kontakte fallen im allgemeinen nach außen ein; sie sind im einzelnen scharf, vielfach sind aber bis zu mehrere hundert Meter mächtige Schollenkontakte mit intensiver Durchdringung des Nebengesteins mit granitischen Gängen und Adern entwickelt. Der kontaktmetamorphe Hof erscheint je nach Lage des Geländeanschnittes wenige hundert Meter bis mehrere Kilometer breit. Die Plutongruppe besteht aus dem westlichen und dem östlichen Massiv von Cauterets, dem südlich sich anschließenden Massiv von Panticosa und zwei etwas abseits liegenden kleineren Intrusionen, den Massiven vom Grand Arroubert und von Aynis. Die Hauptgesteine der Massive sind, jeweils von innen nach außen aufgeführt:

Westliches Massiv von Cauterets:

1. Zentraler porphyrischer Granit, grobkörnig-massig, mit K-Na-Feldspat-Großkristallen; der Plagioklas ist Oligoklas.
2. Biotit-Granodiorit, mittelkörnig-massig, nicht porphyrisch; mäßig einschlußreich; der Plagioklas ist Andesin.
3. Der äußere Granit, dem zentralen Granit ähnlich, aber mit weniger Großkristallen.
4. Die „heterogene Zone" im SW, ein Gemenge aus Einschlüssen der Sedimenthülle, basischen plutonischen Gesteinsschollen und -einschlüssen verschiedenster Größe und Struktur, dioritisch bis gabbroid, und einem sauren, granitischen bis quarzdioritischen Zwischenmittel.

Östliches Massiv von Cauterets:

5. Der zentrale Granodiorit, kleinkörnig-massig; der Plagioklas ist Andesin.
6. Der „banale" Granodiorit, mittelkörnig-massig, hornblendeführend; der Plagioklas ist Andesin.
7. Die „heterogene Zone" innerhalb des vorigen Granodiorits, mit sehr vielen Einschlüssen von Diorit bis Quarzgabbro.
8. Die ringförmige Masse der Biotit-Hornblende-Granodiorite bis Biotit-Hornblende-Gabbros, mit variablen Korngrößen und Texturen; die Plagioklase sind Andesin bzw. Labradorit.
9. Der südliche Granodiorit, klein- bis mittelkörnig mit orientierten Biotiten, stellenweise einschlußreich.

Massiv von Panticosa:

10. Der zentrale Granit, mittelkörnig mit Kalifeldspat-Großkristallen; örtlich Schlieren von turmalinführendem Aplit.
11. Der helle Granodiorit, klein- bis mittelkörnig, hornblendeführend, ziemlich einschlußreich.
12. Der „banale" Granodiorit, mittelkörnig, hornblendeführend, mit unscharfer Grenze gegen den vorigen, ähnlich einschlußreich; der Plagioklas ist Andesin.
13. Der Quarz-Gabbrodiorit, mit unscharfer Grenze gegen den vorigen, Hornblende mit reliktischen Kernen von Diallag; Plagioklas mit oszillierendem Zonenbau (Andesin bis Labradorit).

Die peripher gelegenen kleinen Massive vom Grand Arroubert und von Aynis bestehen aus dunklem bzw. hellem Granodiorit.

Die Anordnung von außen nach innen ist nicht überall identisch mit der tatsächlichen Reihenfolge der Platznahme und Kristallisation der aufgeführten Gesteinseinheiten. Es scheint vielmehr, daß in den beiden Massiven von Cauterets jeweils die basischeren und schwereren Magmen zuerst aufgestiegen sind; sie bildeten kuppelförmige Intrusionen, in deren Kern dann die jeweils saureren und leichteren Teilmagmen nachdrangen. Die zunächst höher gelegenen basischen Gesteinsmassen brachen im Zentrum der Kuppeln zusammen und sanken dort in die tieferen Teile des unterliegenden Magmas ab. Dadurch konnte dieses zentral hochsteigen; zugleich wurden aber auch Teile dieses Magmas nach außen abgepreßt, wo sie jetzt als „äußere" Granodiorite und Granite und als „periphere" Massive aufgeschlossen sind. So erklärt sich die petrographische Ähnlichkeit von bestimmen außen und innen liegenden Einheiten. Die eigenartige „heterogene Zone" des westlichen Cauterets-Massivs ist das Resultat besonders intensiver aufsteigender bzw. absinkender Massenverlagerung der sauren bzw. basischeren Magmen, in die auch Teile des Neben- und Dachgesteins einbezogen wurden.

Die mittleren Mineralbestände der beschriebenen Gesteinseinheiten sind in dem Diagramm Abb. 36 dargestellt.

Der Malsburggranit im Südschwarzwald als Beispiel eines einphasigen Plutons mit petrographischer und geochemischer Differenzierung
(nach REIN, 1961 und EMMERMANN, 1977)

Der etwa 90 km^2 große Malsburggranit im Südschwarzwald steht hier als Beispiel für einen subsequenten, mit seiner Hauptmasse einphasig intrudierten Pluton mit mäßig ausgeprägter Inhomogenität in Mineralbestand und Chemismus. Nebengesteine sind im NW, W und SW ältere, zum Teil noch von der variskischen Tektonik überprägte saurere Granite (Granit von Klemmbach-Schlächtenhaus, Blauen-Granit), im NE und E der Syntexit und der Granodiorit von Mambach (Abb. 32A und 37). Jünger als der Malsburggranit sind Granitporphyrgänge und -stöcke, die überwiegend auf Querklüften (etwa

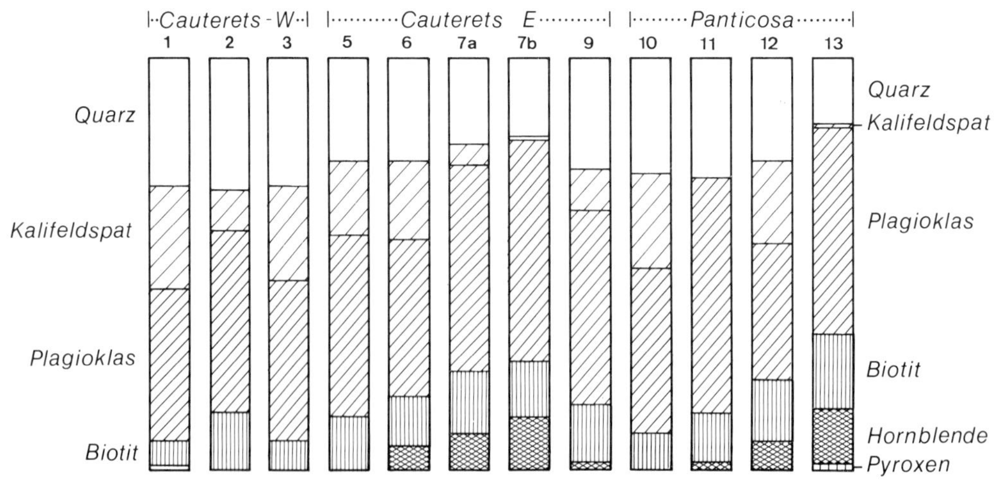

Abb. 36 Säulendiagramm der modalen volumprozentischen Zusammensetzung der Plutonite von Cauterets-Panticosa (Pyrenäen) (nach DEBON 1976).

SW-NE) aufgestiegen sind, sowie Lamprophyre und Semilamprophyre (siehe Abschn. 2.20).

Der Malsburggranit ist, von speziellen Varianten abgesehen, ein gleichmäßig klein- bis mittelkörniges Gestein ohne auffallende Gefügeregelung. Die als Maß für die Korngröße der beteiligten Minerale im Dünnschliff bestimmten **mittleren Kornanschnitte** sind in mm für Quarz 0,535, Kalifeldspat 0,740, Plagioklas 0,540, Biotit 0,290, Apatit 0,045 und Zirkon 0,052.

Diese Größen sind innerhalb des Plutons nicht gleichmäßig; vielmehr liegt im W ein Gebiet mit relativ kleinen Kornanschnitten für alle genannten Minerale, während zum östlichen Kontakt hin die Kornanschnitte größer werden.

Eine ähnliche Inhomogenität läßt sich für die **modale Zusammensetzung** feststellen. Die Gehalte an Plagioklas sind am höchsten entlang des südwestlichen und östlichen Kontaktes und am niedrigsten in den am tiefsten erodierten Bereichen im W und S. Die Verteilung des Kalifeldspats verhält sich hier komplementär, wobei im NW und SE ein besonderes blastisches Größenwachstum des Minerals zusätzlich auftritt. Die Verteilung des Orthoklases und des Plagioklases ist in Abb. 37 dargestellt. Biotit und Hornblende sind entlang des Ostkontaktes besonders angereichert, ähnlich auch Apatit und Zirkon. Aus der Verteilung aller dieser Minerale läßt sich ein Gewölbe mit SE-NW gerichteter Längsachse konstruieren, das in Zonen unterschiedlicher Modalbestände gegliedert ist. Ein hiermit sich weitgehend deckender Zonenbau wurde auch für die Verteilung von mehreren Haupt- und Nebenelementen gefunden. Dabei folgen Ti, Zr und P sehr auffällig dem Trend der Mafit- und Akzessorienkonzentration zum Ostkontakt hin. Das Rubidium ist in den kalifeldspatreichen Zonen angereichert.

Zonen mit hydrothermalen Umwandlungen sind entlang von Klüften verbreitet; sie fallen durch Rotfärbung des sonst hellgrauen Gesteins auf (sog. „Feuerwände"). In den am stärksten umgewandelten Partien ist der Quarz restlos verschwunden, der Biotit chloritisiert und anstelle des Plagioklases tritt Albit. Das Gestein hat somit einen quasi-„syenitischen" Mineralbestand (*Episyenit,* siehe S. 347 im Kapitel über metasomatische Gesteine). In anderen Bereichen des Granits treten Pegmatitnester und Drusen mit Quarz, Kalifeldspat, Albit, Muskovit, Calcit, Hämatit und Epidot auf.

Die petrographischen, geochemischen und tektonischen Befunde lassen übereinstimmend die Platznahme des Plutons als von SE nach NW flach ansteigendes Gewölbe annehmen. Als jüngere Nachschübe intrudierten kleine Stöcke und Gänge von Aplitgranit im Bereich der Gewölbe-

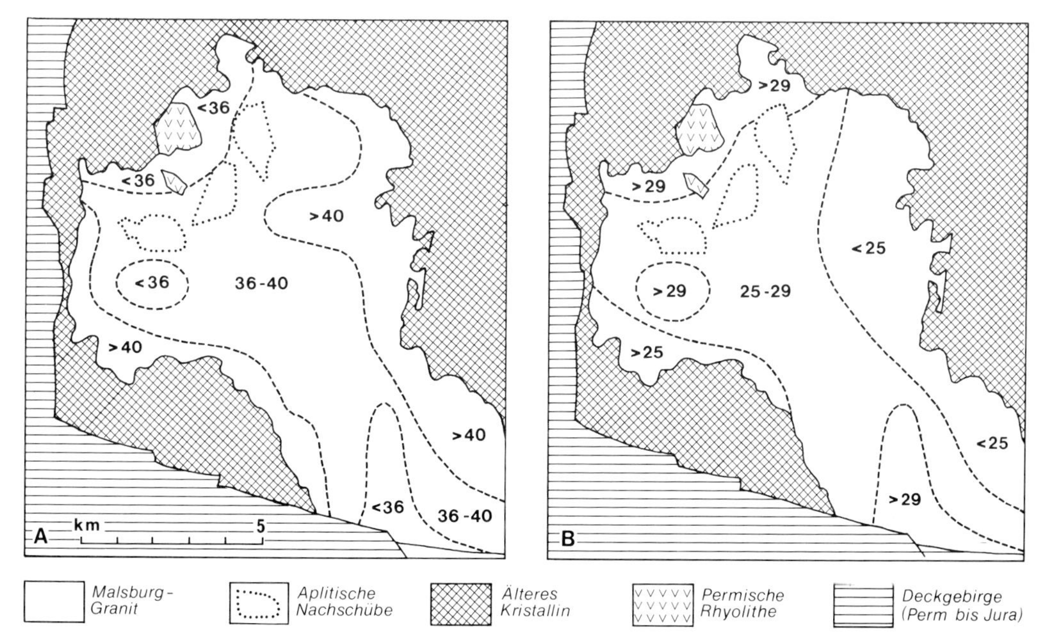

Abb. 37 Die Verteilung des Plagioklases (A) und des Orthoklases (B) im Malsburggranit (Südschwarzwald). Man beachte das komplementäre Verhalten der beiden Minerale (nach Rein 1961).

kulmination sowie die oben genannte übrige Ganggefolgschaft.

Der Albtalgranit im Südschwarzwald als Beispiel eines intrusiven Granits mit Kalifeldspat-Großkristallen

(nach EMMERMANN, 1968 und 1969)

Der unterkarbonische Albtalgranit nimmt eine etwa 125 km^2 große Fläche mit den in Abb. 32D gezeigten Umrissen ein. Nebengesteine sind hauptsächlich praevariskische Gneise und (nur im N) der wenig ältere St. Blasier Granit. In seiner Hauptmasse ist der Albtalgranit ein mittel- bis grobkörniges massiges Gestein mit groß- bis riesenkörnigen Kalifeldspat-Großkristallen (Orthoklasperthit), die mikroskopisch mehr oder weniger idiomorph ausgebildet sind. Gelegentlich sind sie von einem Oligoklas-Saum umgeben. Einschlüsse von Plagioklas, Quarz und Biotit, oft in zonarer Anordnung, sind häufig. Die Plagioklase sind häufig parallel der Flächen (010), (110) und (001) des Kalifeldspats orientiert.

Im mikroskopischen Detail sind die Kalifeldspäte xenomorph gegenüber den angrenzenden Plagioklasen und Quarzen der Matrix; Resorptionserscheinungen an den letzteren sind sehr häufig. Gelegentlich kommen Einschlüsse von mehreren Matrixmineralen im Zusammenhang in den Großkristallen vor. Aus allen diesen Erscheinungen wird ein relativ spätes, blastisches Wachstum dieser Feldspäte gefolgert. Eine ältere Generation von Orthoklasperthit kommt neben Plagioklas (zonar, An_{35} bis An_{15}), Quarz, Biotit und Akzessorien in der Grundmasse vor. Die beiden Kalifeldspat-Generationen unterscheiden sich auch geochemisch (Tabelle 13).

Tabelle 13 Elementgehalte von Kalifeldspäten zweier Generationen im Albtalgranit (Südschwarzwald) (nach EMMERMANN 1969)

	Matrix-Feldspäte	Großfeldspäte
K (%)	10,50	10,14
Ca (%)	0,14	0,14
Ba (%)	0,16	0,46
Rb (ppm)	454	372
Sr (ppm)	272	530

Neben diesen Unterschieden der Durchschnittswerte für bestimmte Elemente in den Kalifeldspäten bestehen auch räumliche Differenzierungen der Gehalte derselben und weiterer Elemente in Matrix und Großkristallen. Dabei zeigt sich eine asymmetrische Gliederung des Plutons in W-E-Richtung. In der Matrix nehmen die Gehalte an Fe, Ti, Zr und Ca von W nach E **zu**, die an Rb und SiO_2 **ab.** Die Großkristalle sind im W reicher an Rb, im E reicher an Ca und Sr.

Über die **Einschlüsse** des Albtalgranits s. Abschn. 2.7, über die Ganggefolgschaft Abschn. 2.8.

Der Kagenfelsgranit (Vogesen) als Beispiel eines Granits im hypabyssischen bis subvulkanischen Intrusionsniveau

(nach VON ELLER, HAHN-WEINHEIMER, PROPACH & RASCHKA, 1971)

Der Kagenfelsgranit in den nördlichen Vogesen durchbricht metamorphe Sedimente des Silurs und Devons und die Diorite, Granodiorite und Granite des Champ-du-Feu-Komplexes. Größe und Umriß des Granitkörpers sind in Abb. 32E dargestellt. In seinem W-E-verlaufenden Nordteil ist der Granit bis auf die Randzonen gleichmäßig mittelkörnig; in seinem südöstlichen Teil geht er nach S zunehmend in porphyrischen kleinkörnigen Granit und schließlich in feinkörnigen bis dichten Rhyolith über.

Der mittelkörnige Granit ist miarolitisch mit hypidiomorphkörniger Struktur (Plagioklas mit $<10\%$ An, Mikroklinperthit, Quarz, Biotit, Muskovit, Relikte von Ilmenit und Pyrit, Hämatit, Anatas, Rutil, Fluorit). Im einzelnen sind viele verschiedene Strukturen der spätmagmatischen bis pneumatolytischen Um- und Neukristallisation zu beobachten. Die Quarze sind gebietsweise idiomorph oder teilidiomorph. In den porphyrischen feinkörnigen Graniten und Granophyren bilden Plagioklas, Kalifeldspat und Quarz Einsprenglinge in einer mehr oder weniger vollkommen mikrographisch struierten Grundmasse. Die Rhyolithe der südlichen Ausläufer der Intrusion sind mesoskopisch dicht, gebändert, zum Teil sphärolithisch; mikroskopisch zeigt sich neben spärlichen Einsprenglingen eine mikrographische bis fast unauflösbar feinkristalline Grundmasse. Nach der Vorstellung der Bearbeiter ist die rhyolithische Ausbildung im Südostteil der Intrusion nicht die Folge einer dort besonders rasch wirkenden Abkühlung am Nebengestein, sondern die eines Abfalls des Dampfdruckes durch Aufbrechen von Spalten an die Oberfläche. Dadurch befand sich das Magma bei kaum veränderter Temperatur plötzlich im Solidusbereich und erstarrte in kurzer Zeit.

Synorogene Granite und Granodiorite des Odenwaldes
(nach ZURBRIGGEN, 1976)

Im Westteil des Odenwaldes (Bergsträsser Odenwald) bilden SW-NE gerichtete, steilstehende Züge von praevariskischen metamorphen Schiefern den Rahmen variskischer basischer bis saurer Plutone. Diese sind in ihrer Hauptmasse synorogen, d. h. in einem Zeitraum tektonischer Bewegungen intrudiert und kristallisiert. Die dabei entstandenen Texturen und Strukturen der Plutonite wurden in erster Näherung durch zwei verschiedene Prozesse erzeugt:
- Regelung von Feldspäten, Mafiten und Mafitaggregaten beim Einströmen des Magmas in den Intrusionsrahmen,
- Deformation und Regelung der Gesteinsminerale *nach* der magmatischen Kristallisation.

Während im ersteren Fall eine magmatische Fluidaltextur entstand, entwickelten sich im zweiten metamorphe Gefüge mit parakristalliner bis postkristalliner Überformung der einzelnen Minerale. Zwischen diesen beiden entgegengesetzten Typen der Gefüge bestehen indessen kontinuierliche Übergänge.

Die Platznahme der Plutonite unter Bewegung bewirkte weithin eine Aufblätterung und intime Durchdringung der Nebengesteine und starke stoffliche Wechselwirkungen mit diesen. Bei der überwiegend intermediären bis basischen Natur der alten Schiefer (Plagioklas-Hornblende-Biotit-Schiefer, Amphibolite) wurden granitische Magmen entsprechend zu Granodioriten bis Quarzdioriten modifiziert. Vielfach ist auch eine Umbildung des Schiefermaterials in plutonitartige Gesteine an Ort und Stelle ohne wesentliche magmatische Zufuhr zu beobachten (s. Abschn. 2.11.3). Andere Diorite sind aber wie die Granite aus der Tiefe aufgestiegene Intrusivgesteine.

Als Beispiel eines charakteristischen synorogenen „Flasergranits" sei hier der Hornblendegranit des Weschnitz-Plutons genannt. Die typische „flaserige" Paralleltextur mit mehr oder weniger parallel geordneten diskontinuierlichen Mafitaggregaten findet sich besonders in den Randzonen der Intrusion. Die mineralische Zusammensetzung variiert im Rahmen des Granodioritfeldes. Die mesoskopisch sonst durchaus „granitisch" aussehenden Gesteine zeigen mikroskopisch folgende Erscheinungen an Feldspäten und Quarz:
- Plagioklas (Andesin), kurzprismatisch, oft zonar serizitisiert, zum Teil mit etwas verbogenen Zwillingslamellen;
- Kalifeldspat (perthitisch), xenomorph bis xenoblastisch, mit Quarz-, Plagioklas- und Biotiteinschlüssen; etwas „geknittert";
- Quarz mehr oder weniger stark deformiert; Scheibenquarz-Aggregate, z. T. mit starkem Kornzerfall;

Die Wirkungen postkristalliner Beanspruchung sind also im einzelnen unverkennbar. Die Biotite sind in verschiedener Weise geregelt (siehe auch den Abschn. 3.4 über Gefügeregelung): ein Maximum in c, mit Umbildungen zu einem peripheren oder zu einem zentralen Gürtel. Insgesamt ist das Flasergefüge als Bildung beim Verlassen des mobilen Zustandes des Granits unter retrograden Bedingungen zu deuten. Es schließt sich zeitlich und mit seiner räumlichen Orientierung eng an das vorausgehende Fließstadium des intrudierenden Plutons an.

Syntektonisch intrudierte Granite und Granodiorite sind auch im Bereich der Neunkirchener Höhe verbreitet. Im südwestlichen Randbereich der Intrusion treten auch quarzdioritische Gesteine auf. Nebengesteine sind ältere Hornblendediorite und -gabbros, Plagioklas-Biotit-Schiefer und Amphibolite. Die eigentlichen synorogenen Granodiorite der Hauptmasse des Plutons haben ein serial-körniges bis augengneisartiges Gefüge mit langgestreckten Zügen oder Schwärmen von großen Kalifeldspäten und welligen Biotitlagen und -flasern. Zwischen dem noch erhaltenen „Grobkorn" des Gesteins ziehen sich fein kataklastische, dann aber rekristallisierte Partien von Feldspäten, Quarz und Mafiten hin. Das Gefüge ist also insgesamt als blastokataklastisch zu bezeichnen.

Die subvulkanischen Granite des Marsco-Gebietes, Skye (Schottland)
(nach THOMSON, 1968)

Die Vulkanite und Intrusivgesteine der Insel Skye bilden den nördlichsten Teil der tertiären magmatischen Provinz der inneren Hebriden. Die magmatische Tätigkeit begann hier, wie auch in den meisten anderen Teilprovinzen, mit der Förderung mächtiger, vorwiegend basaltischer, aber auch saurer Laven und Pyroklastite. Darauf folgten auf Skye die Intrusion der Gabbros und Ultramafitite der Cuillin Hills und danach der Aufstieg der granitischen Magmen. Die heutigen Aufschlüsse liegen etwa 1 km unter der damaligen Erdoberfläche. Der granitische Komplex besteht aus einer Mehrzahl von Teilintrusionen mit vorwiegend steilstehenden Kontakten. Die Zusammensetzung der Gesteine variiert sowohl zwischen den Einzelkörpern als auch innerhalb derselben beträchtlich. Einschlüsse von Gesteinen aus dem Untergrund und die allgemeine Inhomogenität der Granite lassen vermuten, daß sie Aufschmelzungsprodukte der Gneise des Lewisian und der Feldspatsandsteine des Torridonian sind. Die erforderliche Wärme wurde von einem basischen Magma geliefert. Abkömmling dieses Magmas, durch Vermengung mit granitischer Schmelze mehr oder weniger verändert, ist die den Graniten gangartig eingelagerte Marscoit-Suite, die aus Ferrodiorit, Felsit und Mischgesteinen zwischen diesen besteht.

Als Beispiel eines subvulkanischen Granits aus dieser Abfolge ist hier der Marsco-Granit gewählt (s. Tabelle 11). Das Gestein ist gleichmäßig mittelkörnig, massig, zum Teil miarolitisch. Der spärliche Plagioklas (An_{25}) bildet Kerne in den perthitischen Alkalifeldspäten, die ihrerseits zonar aufgebaut sind. In stark miarolitischen Partien treten graphische Verwachsungen von Quarz und Alkalifeldspat auf. In den kompakteren Partien ist die Struktur „aplitisch" (s. Abschn. 2.8.1). Mafitminerale sind Fayalit, Ferrohedenbergit und ein stark pleochroitischer Amphibol (etwa Ferrohastingsit); Biotit ist spärlich. Als jüngste hydrothermale Bildungen treten Epidot, Prehnit, Laumontit, Calcit und Fluorit auf. Die Mafitanteile des Granits variieren zwischen 5 und 30%; das in der Tabelle 11 aufgeführte Gestein entspricht dem verbreitetsten hellen Typ.

Der Granit-Rhyolith-Komplex von Liruei (Nigeria)

(nach Jacobson, Macleod & Black, 1958)

Die „Jüngeren Granite" von Nigeria bilden eine sich über etwa 250 km von SSW nach NNE

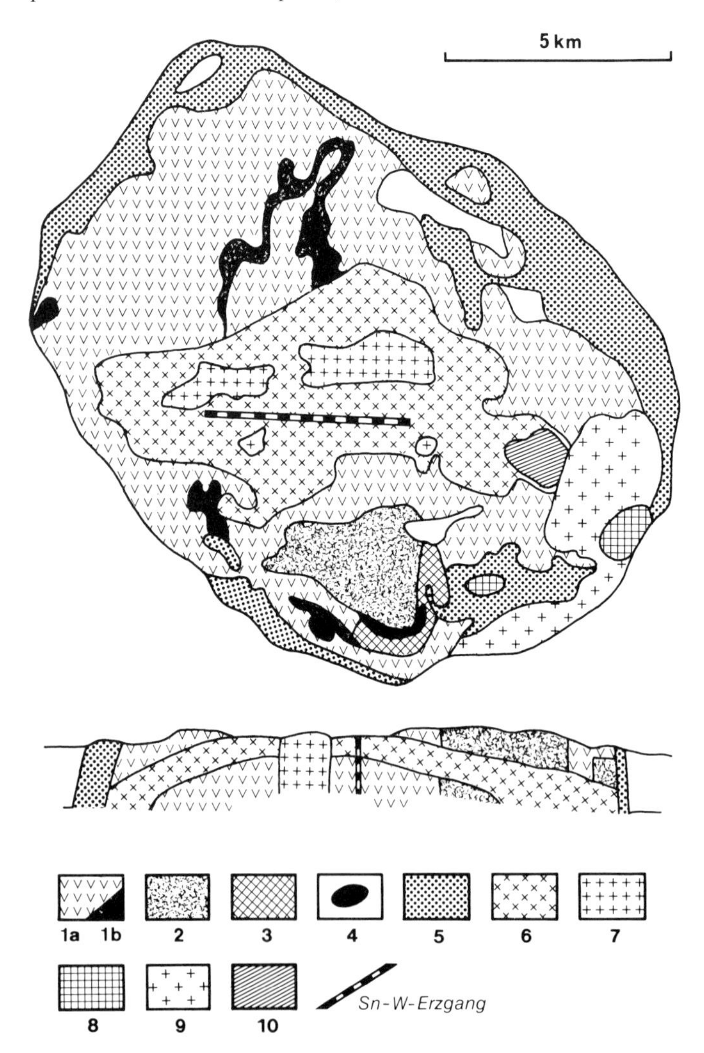

Abb. 38 Der Granit-Rhyolith-Komplex von Liruei (Nigeria). Die Zahlen der Legende beziehen sich auf die Numerierung der petrographischen Einheiten im Text (nach Jacobson, Macleod & Black 1958).
Unten: Nord-Süd-Profilschnitt.

erstreckende Gruppe oberflächennaher Intrusionen im älteren praekambrischen Grundgebirge. Sie stehen mit keiner Orogenese in erkennbarem Zusammenhang. Der hier beschriebene Komplex von Liruei ist mit einer Oberfläche von etwa 140 km^2 eines der kleineren Vorkommen. Er hat einen ovalen Umriß (~15 × 12 km) und erhebt sich etwa 500 m über dem sonst stark eingeebneten älteren Kristallin (Abb. 32C und 38). Die magmatische Tätigkeit begann mit der Einsenkung einer Caldera entlang von Ringbrüchen, gefolgt von der Eruption großer Mengen saurer Laven und Pyroklastite. Weitere Einbrüche im Bereich der Caldera leiteten den Aufstieg der Ringgänge und der zentralen Granitintrusionen ein. Insgesamt werden zehn Phasen des Magmatismus unterschieden:

1a) Rhyolithe, 1b) Rhyolithtuffe und -agglomerate. Zusammen etwa 65 km^2.
2) Intrusive Rhyolithe und Rhyolithbreccien
3) Quarz-Pyroxen-Fayalit-Porphyre
4) Basische Gänge, Sills und Lakkolithe (~2,5 km^2)
5) Arfvedsonit-Fayalit-Granitporphyr (Ringgang, ~28,5 km^2),
6) Biotit Granite (~34 km^2)
7) Riebeckit-Mikrogranite
8) Riebeckit-Ägirin-Granite
9) Albit-Riebeckit-Granit (~10 km^2)
10) Saure Ganggesteine (spärlich)

Die basischen Gesteine der Phase 4 sind meist feinkörnige Diabase mit starker Saussuritisierung der Plagioklase und Uralitisierung der Pyroxene (s. S. 9).

Der Granitporphyr des großen Ringganges enthält Einsprenglinge von Orthoklas, Quarz (gerundete Bipyramiden) und Arfvedsonit, seltener Ägirin und Fayalit, in einer aus den gleichen Mineralen bestehenden feinkörnigen Grundmasse. Das Gestein ist akmitnormativ, also peralkalisch, wie auch die Riebeckit- und Arfvedsonit-Granite.

Die Biotitgranite sind gewöhnlich gleichmäßig-mittelkörnige Gesteine mit Orthoklasperthit als weitaus vorherrschendem Feldspat. Der ursprünglich vorhandene Entmischungsperthit hat weitgehend einem unregelmäßig-fleckigen Verdrängungsperthit Platz gemacht. Eine jüngere Generation von Albit bildet schmale Säume um die Perthite oder gut verzwillingte Einzelkörner. Der dunkelbraune Biotit ist teilweise durch Fluorit verdrängt. Zirkon, Thorit $ThSiO_4$ und Columbit $(Fe,Mn)Nb_2O_6$ sind die wichtigsten Akzessorien. Ein 4 km langer Gang mit Zinnstein und Wolframit und viele kleinere Gänge und Greisenzonen setzen im Biotitgranit auf. Der Riebeckit-Ägirin-Granit der Tabelle 14 besteht aus Quarz, Orthoklasperthit, Albit, Riebeckit und Ägirin, letztere beide stets xenomorph gegenüber den Feldspäten. Riebeckit erscheint in den Verwachsungen mit Ägirin jünger als dieser. In pegmatitischen Nestern nahe dem Kontakt werden die Riebeckite bis zu 14 cm lang; Astrophyllit ist hier ebenfalls verbreitet.

Tabelle 14 Mineralische (Volum-%) und chemische (Gew.-%) Zusammensetzung von Gesteinen des Liruei-Komplexes (Nigeria) und anderen (nach JACOBSON, MACLEOD & BLACK 1958)

	Quarz	Orthoklas-perthit	Albit-Oligoklas	Biotit	Riebeckit + Ägirin	Andere
(1)	37,0	54,8	6,3	1,4	–	0,5
(2)	30,0	52,9	8,3	–	8,7	0,1
(3)	35,5	33,8	24,6	–	4,3	1,8
(4)	23,4	63,0	3,8	–	–	9,9

	SiO_2	TiO_2	Al_2O_3	Fe_2O_3	FeO	MnO	MgO	CaO	Na_2O	K_2O	P_2O_5	H_2O^+	F	Summe
(1)	76,15	0,06	12,48	0,50	0,73	0,01	0,19	0,51	4,06	4,43	Sp.	0,33	0,35	99,80
(2)	75,26	0,26	10,48	2,42	1,32	0,10	0,35	0,57	4,04	4,66	0,08	0,48	0,09	100,11
(3)	71,38	0,07	12,34	1,96	0,91	0,05	0,16	0,17	7,17	4,17	0,01	0,30	1,08	99,77
(4)	73,16	0,27	12,07	1,86	1,99	0,07	Sp.	0,50	4,57	4,79	0,02	0,20	0,06	99,56

(1) Riebeckitgranit, Liruei. Andere = Fe-Oxide und Fluorit
(2) Riebeckit-Ägirin-Granit, Liruei. Andere = Fluorit
(3) Albit-Riebeckit-Granit, Kaffo, Liruei. Andere = 1,4 % Kryolith und 0,4 % Pyrochlor
(4) Arfvedsonitgranit, Hotum. Andere = 8,6 % Arfvedsonit, 0,7 % Fayalit, 0,3 % Fe-Oxide und 0,2 % Fluorit

Der Albit-Riebeckit-Granit ist porphyrisch mit Einsprenglingen von Quarz, Orthoklas und Riebeckit in einer vorwiegend aus Albit bestehenden Grundmasse. Als Akzessorien treten hier Pyrochlor $(Na,Ca)_2[(Nb,Ti,Ta)_2O_6(OH,F)]$, Kryolith Na_3AlF_6 (bis 4 Vol.%) und Topas auf. Tabelle 14 gibt die mineralische und chemische Zusammensetzung einiger Gesteine von Liruei an.

2.7 Einschlüsse in Graniten und Granodioriten

Einschlüsse verschiedenster Art und Herkunft treten in Graniten und Granodioriten verbreitet, im Einzelfall aber in ganz unterschiedlichen Mengen auf. Manche Granitkörper sind fast einschlußfrei, während für andere Einschlüsse geradezu typisch sind und stellenweise einen großen Teil der Gesamtmasse ausmachen können. Die Dimensionen der Einschlüsse variieren von Millimetern (Einzelkristalle) bis zu Kilometern (z. B. Schollen des Daches eines Plutons). Die Einschlüsse können scharf gegenüber dem sie umhüllenden Gestein abgegrenzt sein oder ohne deutliche Grenze mit ihm „verschmelzen". Unscharf begrenzte und variabel zusammengesetzte Inhomogenitäten in Graniten (und anderen Magmatiten) werden auch *Schlieren* genannt; sie treten oft, aber nicht immer, im Zusammenhang mit Einschlüssen auf.

Eine Gliederung der Einschlüsse und ähnlicher Inhomogenitäten in Graniten wird zunächst die besonderen Verhältnisse der granitischen Partien von **Migmatitkomplexen** berücksichtigen müssen. Es gehört zu den entscheidenden Kriterien solcher Gesteine, daß sie ältere metamorphe und jüngere plutonische Anteile in gemischtem Verband nebeneinander enthalten (Palaeosom und Neosom im Sinne der Ausführungen in Abschn. 4.1). Auch bei weitgehender Entwicklung des plutonischen Gefügezustandes sind Schollen des Ausgangsgesteins und Schlieren noch sehr verbreitet. Basischere Anteile des Palaeosoms und biotitreiche Restite (s. Abschn. 4.1) treten besonders hervor; vielfach ist die *Auflösung* solcher *Relikte* zu Schlieren im Granit deutlich sichtbar. Im Sinne der Theorie der Granitbildung durch Anatexis in situ sind alle diese Inhomogenitäten nur bestimmte Komponenten des sonst schon *granitisierten* Ausgangsmaterials und insofern nicht eigentlich *Fremdgesteine*. Als **Xenolithe** (Fremdgesteinseinschlüsse) werden aber solche Einschlüsse zusammengefaßt, die im normalen granitischen Gesteinsverband als Fragmente anderer nichtgranitischer Gesteinseinheiten vorliegen. Sie können je nach Umständen aus dem Untergrund, dem aufgeschlossenen Nebengestein oder dem Dachgestein des Granits stammen. Prinzipiell sind fast alle Arten von magmatischen, metamorphen und Sedimentgesteinen als Xenolithe möglich und auch beobachtet worden. Sie haben je nach ihrer chemischen und mineralischen Zusammensetzung mehr oder weniger starke Veränderungen durch die thermische und chemische Wirkung im granitischen Milieu erlitten. Die Umwandlungen sind besonders an solchen Fremdgesteinseinschlüssen sehr stark, die entweder chemisch vom Granit sehr verschieden sind oder die in sedimentärer bis niedrigmetamorpher Mineralparagenese vorliegen (Ultrabasite, Basite, Kalksteine, Gesteine mit Tonmineralen oder Illit und andere). Die beobachteten Veränderungen entsprechen meist denen der hochgradigen Kontaktmetamorphose, zumindest im äußeren Grenzbereich der Xenolithe. Gegenseitiger Stoffaustausch zwischen Granit und Einschlüssen ist sehr oft nachzuweisen. Durch Aufnahme größerer Mengen von Einschlußmaterial kann die Zusammensetzung des umgebenden Granits beträchtlich verändert werden: **Kontamination durch Assimilation,** besonders durch basische, pelitische, kalkige oder dolomitische Einschlüsse. Umgekehrt werden solche Einschlüsse durch den Granit in verschiedenster Weise stofflich verändert, z. B. durch Einsprossen von Feldspäten oder Quarz und anderer Minerale. Als relativ wenig beeinflußt zeigen sich meist Einschlüsse von sauren bis intermediären Gneisen und von anderen Graniten. Alle diese Feststellungen dürfen jedoch nicht verallgemeinert werden, da abweichende Erscheinungen vielfach vorkommen.

Xenokristalle, d. h. einzelne Mineralindividuen nichtgranitischer Herkunft, können als Reste sonst völlig assimilierten Fremdgesteins im Granit auftreten, z. B. Cordierit, Andalusit und Granat. Wenn keine anderen Relikte dieses Gesteins mehr vorhanden sind, ist der Nachweis der Xenokristallnatur dieser Minerale schwierig. Gerundete oder unregelmäßig korrodierte Umrisse sind am ehesten positive Argumente für diese Deutung; idiomorphe Formen sprechen für eine Um- oder Neukristallisation im Granit.

Eine dritte Hauptkategorie der Einschlüsse in Graniten und anderen sauren bis intermediären Plutoniten bilden die **kleinkörnigen basischen Einschlüsse,** die weder in einfacher Weise mit dem Ausgangsmaterial anatektischer Granite noch mit dem Nebengestein intrusiver Granite in Zusammenhang zu bringen sind. Es fehlt bei ihnen also weithin der Nachweis einer reliktisch-restitischen oder einer echt xenolithischen Natur im Sinne der Ausführungen in den vorausgehenden Absätzen. Ihre sehr weite Verbreitung in vielen intrusiven Graniten, die große Ähnlichkeit des Auftretens und der petrographischen Beschaffenheit in den verschiedenen Vorkommen läßt sie als diesen Plutonen mit einer gewissen Regelmäßigkeit zugehörige Elemente erscheinen. Sie werden deshalb häufig als **Autolithe** oder **homöogene Einschlüsse** den Xenolithen oder **enallogenen** Einschlüssen gegenübergestellt.

Ihre wichtigsten petrographischen Eigenschaften sind nachstehend in der Weise zusammengefaßt, daß die häufigsten und typischen Phänomene zuerst, seltenere an zweiter und dritter Stelle genannt werden:

- Gestalt: ellipsoidisch, unregelmäßig-rundlich, gestreckt, verbogen, zerlappt; selten kantig;
- Größe: im Dezimeterbereich, seltener darunter oder darüber;
- Begrenzung gegenüber dem einschließenden Granit: scharf im mm-Bereich, mit einfachem Verlauf oder im Detail unregelmäßig bis gekräuselt; unscharf, Übergänge im cm-Bereich; Auflösung zu Schlieren.
- Korngröße: kleinkörnig, seltener fein- oder mittelkörnig, durch Feldspatsprossung auch ungleichkörnig bis grobkörnig; manchmal Abnahme der Korngröße am Kontakt zum Granit (sogenannte Abkühlungsränder, „chilled margins“);
- Textur: massig-homogen, seltener inhomogen durch Korngrößenunterschiede, lagig oder sonst inhomogen durch Unterschiede der Zusammensetzung;
- Struktur: intersertal mit ungeregelten Plagioklasleisten, hypidiomorph-körnig, porphyrisch durch größere Feldspäte, hornfelsartig, granoblastisch;
- Chemische Zusammensetzung: dioritisch, quarzdioritisch bis granodioritisch; seltener auch gabbrodioritisch bis gabbroid.
- Hauptminerale entsprechend: Plagioklas, Biotit, Quarz, Kalifeldspat, Hornblende, Klinopyroxen, ± Erzminerale, Apatit, Zirkon u. a.; sehr oft sind die Mafite der Einschlüsse in Biotitgraniten Biotit, in Hornblendegraniten, -granodioriten und -tonaliten Hornblende;
- Einschlüsse in den kleinkörnigen basischen Einschlüssen: Gneise, Restite, Hornfelse und andere Xenolithe, seltener ältere Granite oder Aplite; oft Xenokristalle von Quarz mit Pyroxen- oder Hornblende-Reaktionssaum gegen das Einschlußgestein.

Die Einschlüsse treten in den Plutonen unregelmäßig verteilt oder in irgendwie geregelter Verteilung auf; Schwärme von Einschlüssen sind häufig, sie können manchmal eine „konglomeratartige“ Dichte erreichen (Abb. 35C). Hier sind auch die Erscheinungen der Deformation an Einschlüssen (Auslängung, Ausschwänzung, Parallelorientierung, gegenseitige Deformation) nicht selten. In manchen Fällen bildet der Granit nur noch ein dem Volumen nach zurücktretendes Bindemittel zwischen den Einschlüssen. Damit ist der Erscheinung nach ein Übergang zu den sogenannten „netzartig durchaderten Dioriten (oder Gabbros)“ gegeben (Abb. 35B).

Viele Beobachtungen an den kleinkörnigen basischen Einschlüssen und an ihren Kontaktbeziehungen zu den umgebenden Graniten lassen vermuten, daß das Material der Einschlüsse wenigstens vorübergehend in einem relativ beweglichen, noch unvollständig kristallisierten Zustand in dem ebenso noch teilweise unverfestigten Granit verweilte. Damit würden die häufigsten Formen der Einschlüsse und der Einschluß-Schwärme, die gelegentlich vorkommenden Abkühlungsränder und weitere Erscheinungen erklärt werden können. Die in den Einschlüssen häufigen Xenolithe und Xenokristalle bekräftigen deren magmatische Herkunft. Wie Einschlüsse solcher Art in die Granite gelangen und wo ihre Substanz letztlich herstammt, ist noch in Diskussion.

Die kleinkörnigen basischen Einschlüsse des Oberkircher und Albtal-Granites im Schwarzwald

(nach Otto, 1974 und Stenger, 1979)

Die unterkarbonischen intrusiven Granite von Oberkirch und des Albtals im Schwarzwald sind grobkörnige massige Gesteine mit reichlichen Kalifeldspat-Großkristallen. Sie enthalten in örtlich wechselnder Menge kleinkörnige „basische“ Einschlüsse mit den typischen, oben (S. 78) beschriebenen Eigenschaften. Im Oberkircher Granit sind die Einschlüsse in einer medianen Zone entlang der Längsachse des Plutons besonders häufig, in der Nähe des Randes des Massivs selten; dort überwiegen Nebengesteinseinschlüsse (Gneise, biotitreiche Einschlüsse wie S. 80). Im Albtalgranit ist keine regelmäßige Verteilung der Einschlüsse zu erkennen.

Tabelle 15 Mineralische Zusammensetzung (Volum-%) von kleinkörnigen basischen Einschlüssen im Oberkircher und Albtalgranit (Schwarzwald) (nach OTTO 1974 und STENGER 1979)

	(1)	(2)	(3)	(4)	(5)	(6)
Quarz	5,2	17,3	26,9	26,6	22,1	21,0
Alkalifeldspat	0,6	6,6	0,2	15,1	1,5	12,8
Plagioklas (An-%)	52,4 (49)	40,4 (36)	45,7 (31)	38,4 (29)	49,0	44,6
Biotit	14,9	29,5	26,5	19,2	26,7	21,0
Hornblende	20,1	3,6	–	–	+	+
Pyroxen	5,2	1,5	–	–	–	–
Fe-Ti-Erze	1,1	0,4	–	–	–	–
Andere	0,5	0,7	0,7	0,7	0,7	0,6

(1) Dioriteinschlüsse (Mittelwert) aus dem Oberkircher Granit, (Schwarzwald); nach OTTO 1974
(2) etwas umgewandelte Dioriteinschlüsse (Mittelwert); Vorkommen und Quelle wie (1)
(3) Tonalitische Einschlüsse (Mittelwert); Vorkommen und Quelle wie (1)
(4) Granodioritische Einschlüsse (Mittelwert); Vorkommen und Quelle wie (1)
(5) Tonalitische Einschlüsse (Mittelwert) aus dem Albtalgranit (Schwarzwald); nach STENGER 1979
(6) Granodioritische Einschlüsse (Mittelwert); Vorkommen und Quelle wie (5)

Die Variationsbreite der Einschlüsse reicht
- im Oberkircher Granit von Gabbrodiorit über Diorit, Quarzdiorit und Tonalit zu Granodiorit,
- im Albtalgranit von Tonalit bis zu Granodiorit.

Die petrographischen Befunde zeigen, daß die granodioritischen und tonalitischen Zusammensetzungen Produkte einer Veränderung durch den umgebenden Granit sind. Blastische Kalifeldspäte und Quarze sind deutliche Kriterien hierfür. In den mehr reliktischen Einschlüssen ist ein intersertales Gefüge mit sperrig gestellten Plagioklasleisten oder -tafeln charakteristisch. Die am meisten reliktischen Diorite und Gabbrodiorite enthalten Hornblende und gelegentlich Diopsid neben Biotit, die übrigen Einschlüsse nur Biotit als vorherrschendes Mafitmineral.

Einschlüsse „zweiter Ordnung" sind Xenokristalle von Quarz (häufig mit Reaktionssäumen aus Diopsid oder Hornblende oder Biotit), Gneise, Hornfelse, biotitreiche Einschlüsse im Sinne von S. 80 und sehr selten Fragmente eines älteren Aplitgranits. Sie bekräftigen die Deutung der magmatischen Natur der basischen kleinkörnigen Einschlüsse. Die mittleren Mineralbestände von Einschlußtypen aus den beiden Granitmassiven sind in Tabelle 15 zusammengestellt.

Die Einschlüsse beider Massive enthalten gelegentlich Kalifeldspat-Großkristalle, die denen des umgebenden Granits gleichen. Sie scheinen nicht metasomatisch eingesproßt, sondern „fertig" (manchmal mit anhängenden Matrixmineralen des Granits) in den noch unvollständig kristallisierten Einschluß gelangt zu sein. Auch andere Anzeichen sprechen für eine zeitweise Koexistenz von noch nicht vollständig auskristallisierten basischem und granitischem Magma (s. S. 79).

Biotitreiche Einschlüsse („enclaves surmicacées") in migmatitischen und intrusiven Graniten und Granodioriten

Die Einschlüsse dieses Typs sind meist nur einige Zentimeter groß und von linsen- oder scherbenartiger Gestalt. Ihr auffälligstes Merkmal ist der Reichtum an Biotit mit mehr oder weniger betonter Paralleltextur, wodurch die meisten Einschlüsse ein „schiefriges" Aussehen erhalten. Weitere häufig vorkommende Minerale sind Cordierit und seine Umwandlungsprodukte, Korund, Andalusit, Sillimanit, Granat und Spinell; Muskovit, Quarz und Feldspäte können ebenfalls beteiligt sein. Zusammensetzung und Gefüge der Einschlüsse ähneln sehr denen von Restiten (Melanosomen) der Migmatite, zu welchen in migmatitischen Graniten auch alle Übergänge bestehen (s. Abschn. 4.1). Es dürfte sich demnach um stofflich stark modifizierte Reste des Ausgangsmaterials der Granite, speziell von pelitischen Gneisen, handeln; Al, K, Mg und Fe sind relativ angereichert, SiO_2 ist stark erniedrigt.

Beispiele von Einschlüssen karbonatischer Gesteine in Graniten und Granodioriten

Infolge des besonders starken chemischen Kontrastes zwischen dem eingeschlossenen Gestein und dem umgebenden Magma kommt es zu ausgeprägten Reaktionen, häufig mit regelmäßiger zonarer Abfolge der mineralischen Neubildungen. Einige charakteristische Abfolgen dieser Art sind, vom Einschlußkern zum umgebenden Granit:

a) Calcit + Diopsid + Forsterit ± Chondrodit;
Diopsid;
Plagioklas + Mikroklin + Diopsid;
Diopsidgranit.

b) Calcit + Diopsid ± Grossular;
Diopsid + Grossular + Quarz + Zoisit (hornfelsartig);
feinkörniger Hornblende-Biotit-Diorit;
Granit.

c) Calcit + Epidot + Aktinolith + Labradorit;
Epidot + Plagioklas + Diopsid + Aktinolith;
Diopsid + Plagioklas + Aktinolith;
Biotit + Plagioklas + Epidot;
migmatitischer Granit.

d) Diopsid + Grossular (keine Karbonatrelikte);
Diopsid + Titanit;
Diopsid + Labradorit;
Hornblende + Plagioklas + Quarz;
Plagioklas + Biotit + Quarz;
migmatitischer Granit.

Die Breite der Zonen variiert gewöhnlich zwischen einigen Millimetern und mehreren Zentimetern. Häufig sind in der Umgebung solcher Einschlüsse Veränderungen am Granit zu beobachten, z. B. das Auftreten von Hornblende, Diopsid und relativ basischem Plagioklas.

Weiterführende Literatur zu Abschn. 2.7

Atherton, M. P. & Tarney, J., Hrsg. (1979): Origin of Granite Batholiths. Geochemical Evidence. – 148 S.; Orpington (Shiva).

Augusthitis, S. (1973): Atlas of the textural patterns of granites, gneisses and associated rock types. – 378 S., Amsterdam (Elsevier).

Bowden, P., Batchelor, R. A., Chappell, B. W., Didier, J. & Lameyre, J. (1984): Petrological, geochemical and source criteria for the classification of granitic rocks: a discussion. – Phys. Earth planet. Interiors, **35:** 1–11.

Didier, J. (1973): Granites and their enclaves. – 393 S., Amsterdam (Elsevier).

Raguin, E. (1976): Géologie du Granite, 3. Aufl. – XII + 276 S., Paris (Masson).

2.8 Ganggesteine der Granit-Granodiorit-Familie

2.8.1 Allgemeine petrographische und chemische Kennzeichnung

Den Graniten und Granodioriten stofflich äquivalente Ganggesteine lassen sich in erster Näherung einteilen in:

- Nicht porphyrische, mehr oder weniger gleichkörnige, meist klein- bis feinkörnige Gesteine: **Mikrogranit, Mikrogranodiorit; Aplite; Granophyre.**
- Porphyrische Gesteine mit Einsprenglingen von Kalifeldspat, Plagioklas, Quarz, Biotit, Hornblende (fallweise eines oder mehrere der genannten Minerale) in einer kleinkörnigen bis dichten Grundmasse: **Granitporphyr, Granodioritporphyr** u. a.
- Seltene glasige **(Pechstein)** oder vitrophyrische Gesteine, manchmal als Salbandbildungen sonst vollkristalliner Gänge.

Unter den nichtporphyrischen Ganggesteinen sind die **Aplite** durch ihre Armut an Mafiten (< 5 Volum-%) ausgezeichnet. In sehr vielen Granit- und Granodioritplutonen treten sie massenhaft als hellste und sauerste Glieder der *Ganggefolgschaft* auf. Im übrigen gelten für die Kennzeichnung der petrographischen Zusammensetzung die für die entsprechenden Plutonite angegebenen Regeln (s. Abschn. 2.6.1). Für Gesteine mit Plagioklas als vorherrschendem Einsprenglingsmineral ist im Deutschen die Benennung *Porphyrit,* z. B. Granodioritporphyrit gebräuchlich.

Hauptminerale der Ganggesteine der granitisch-granodioritischen Familie sind:

- Quarz, als Einsprengling in „Porphyren" oft mit den hexagonalen Formen des Hochtemperaturquarzes, sehr oft aber auch korrodiert und im Dünnschliff mit zerlappten Umrissen (Abb. 69 A).
- Kalifeldspat (Orthoklas, Orthoklasperthit);
- Plagioklas, als Einsprengling manchmal zonar; häufig serizitisiert;
- Biotit, oft chloritisiert;
- Hornblende, besonders in granodioritischen Gesteinen, seltener Pyroxen;
- Apatit, Zirkon;
- Muskovit (magmatisch oder postmagmatisch).

Alkaligranitische Ganggesteine enthalten Ägirin oder Alkaliamphibol. Bei Anreicherung von Bor können Turmalin oder Dumortierit gebildet werden. Cordierit (meist pinitisiert), Andalusit oder Granat sind nicht selten Nebengemengteile, besonders in granitischen Ganggesteinen mit Al-Überschuß.

Häufige Gefügeformen sind:

- **Aplitisch,** d.h. mehr oder weniger gleichmäßig klein- bis feinkörnig, unvollkommen hypidiomorph-körnig wie bei den gröber kristallinen Graniten (s. Abschn. 2.6.1) mit Abwandlungen zu panallotriomorphen oder panidiomorphen Strukturen (Abb. 21C). Bei sehr feinkristalliner Ausbildung kann die Struktur **felsitisch** erscheinen (s. S. 45);
- **Hypidiomorph-körnig** wie bei den plutonischen Graniten (s. Abschn. 2.6.1);
- **Porphyrisch** mit idiomorphen oder anders gestalteten Einsprenglingen in einer Grundmasse, die ihrerseits aplitisch oder mikrogranitisch (hypidiomorph-körnig) oder mikrographisch oder anders ausgebildet sein kann.
- Die in vielen Granit- und Granodioritporphyren entwickelte **mikrographische** Struktur besteht aus einer in besonderer Weise regelmäßigen Verwachsung von Quarz mit Kalifeldspat, seltener mit Plagioklas. Häufig bilden kleine idiomorphe Kalifeldspäte den Kern eines solchen Aggregates (Abb. 69B). Gesteine, in denen die mikrographischen Quarz-Feldspat-Verwachsungen einen großen Anteil des Volumens ausmachen, werden **Granophyre** genannt. Sehr feinkristalline mikrographische und andere, sphärolithische oder büschelige Quarz-Feldspat-Verwachsungen sind meist als Entglasungsbildungen zu deuten.
- Sehr verbreitet sind Mineral- und Gefügebildungen durch postmagmatische, autometasomatische Vorgänge: Albitisierung, Serizitisierung, Chloritisierung der Mafite, Karbonatisierung und andere.

In der chemischen Zusammensetzung entsprechen die Ganggesteine ihren plutonischen Äquivalenten. Die Aplite sind gegenüber den Plutoniten, in oder mit denen sie auftreten, kieselsäurereicher und ärmer an Mg und Fe.

2.8.2 Auftreten und äußere Erscheinung

Aplite treten in Graniten und Granodioriten oft massenhaft als cm- bis mehrere m breite Gänge auf. Häufig folgen sie bestimmten, durch die innere Tektonik des Plutons vorgezeichneten Richtungen (Dehnungsspalten). Aplitische Ganggesteine sind aber auch außerhalb der Plutone und oft scheinbar unabhängig von solchen verbreitet. Viele Pegmatite haben aplitische Randzonen (s. S. 170). Bei manchen Aplitgängen und -gangsystemen, besonders im nichtgranitischen Nebengestein, stellt sich die Frage nach der intrusiven oder metasomatischen Platznahme der Aplite; weitere Ausführungen hierzu auf S. 172. Auch die nichtaplitischen Ganggesteine sind innerhalb der Plutone häufig auf Dehnungsspalten der internen Tektonik intrudiert; sie können ebenso auch auf Spalten davon unabhängiger tektonischer Systeme aufdringen. **Granit-** und **Granodioritporphyr-Gänge** können erhebliche Längen (mehrere Zehner von km) und Breiten erreichen; stockartige Erweiterungen von Gängen oder nicht gangförmige Intrusionen sind verbreitet. Granitische Ganggesteine treten auch als Ringgänge im hypabyssischen und subvulkanischen Niveau auf (z. B. Alkaligranite in Nigeria, Abschn. 2.6.3, und Granophyre in Assoziation mit tholeiitischen Basalten auf der Insel Mull, Schottland).

Die **äußere Erscheinung** der Aplite ist durch ihre Armut an Mafitmineralen und die gleichmäßig klein- bis feinkörnige, manchmal fast dichte Ausbildung bestimmt. Die Gesamtfarbe variiert von hellgrauen bis mittelgrauen Tönen; rötliche Farben kommen durch Hämatitpigment zustande. Gelegentlich sind fluidale Einregelungen, häufiger auch Deformationstexturen erkennbar. **„Alsbachit“** ist ein stark deformierter plattig-schiefriger Granodioritaplit im Odenwald. Die Erscheinungen der Kataklase und beginnenden Metamorphose entsprechen in solchen Fällen den auf S. 63 und 315 beschriebenen.

Die durch das Dominieren mikrographischer Quarz-Feldspat-Verwachsungen gekennzeichneten **Granophyre** sind massige, klein- bis feinkörnige Gesteine mit nur wenigen und kleinen Einsprenglingen von Quarz und Feldspäten (Abb. 69B).

Dichte (entglaste) Salbandbildungen mikrogranitischer Gänge können sehr dunkel erscheinen; die noch glasigen **Pechsteine** haben das durch ihren Namen bezeichnete schwärzlich-glasige Aussehen.

Granit- und **Granodioritporphyre** sind durch ihre oft beispielhaft deutliche porphyrische Struktur gekennzeichnet. Bis zu mehrere cm große Kalifeldspäte (oft Karlsbader Zwillinge), kleinere Plagioklase, Quarze und Biotite liegen als Einsprenglinge in einer meist kleinkörnigen bis dichten Grundmasse. Im Salbandbereich treten die Einsprenglinge oft zugunsten felsitischer, manchmal laminar-streifiger Gefüge ganz zurück. Die Verhältnisse sind dann oft durch mehrphasige Intrusion, zunächst ohne, dann mit Einsprenglingen, zu erklären (s. S. 85).

Regelmäßige, engständige Klüftung ist vor allem in den gleichkörnigen Apliten und Granophyren entwickelt, die dann auch in entsprechend kleinstückigen Schutt zerfallen. Die in größeren Abständen geklüfteten Granitporphyre des Südschwarzwaldes sind als bis zu mehrere m^3 große Blöcke charakteristische Leitgeschiebe der quartären Gletscher.

2.8.3 Beispiel eines granitischen Ganggesteinskomplexes

Granitporphyre des Schwarzwaldes
(nach Schleicher, 1978)

Im Schwarzwald treten etwa 25 varistische intrusive Granite und Granodiorite auf; weit über 1000 Granitporphyrgänge setzen in den Plutoniten und ihrem Nebengestein auf. Sie können nach petrographischen und geochemischen Kriterien in zehn Gruppen eingeteilt werden, die zum Teil in verschiedener Weise bestimmten Graniten zuzuordnen sind (siehe unten).

Als häufig beobachtete Kennzeichen der Einsprenglinge und der Grundmassen sind zu nennen:

- Kalifeldspat, idiomorphe, bis 6 cm lange Einsprenglinge; optisch meist Orthoklas; perthitische Entmischungen sind nur in wenigen Gruppen entwickelt;
- Plagioklas, gedrungen-idiomorphe, bis zu 1 cm große Einsprenglinge, primär wohl meist Oligoklas bis Andesin, vielfach in Albit, Serizit und Calcit umgewandelt;
- Quarz, mm- bis maximal 1 cm große Einsprenglinge, Hoch-Quarz-Dihexaeder, meist mehr oder weniger stark korrodiert (siehe Abb. 69A);
- Biotit, meist wenige mm große dicktafelige Einsprenglinge, sehr oft unter Ausscheidung von Leukoxen chloritisiert;
- Cordierit, bis zu 1 cm große, idiomorphe, in Muskovit und Chlorit umgewandelte Einsprenglinge;
- Verbreitete Akzessorien sind Zirkon und Apatit.

Die Grundmassen der Granitporphyre sind unterschiedlich ausgebildet:

- Mikrogranitisch mit Kalifeldspat, Quarz, Plagioklas und Muskovit, seltener auch etwas Biotit;
- Mikrofelsitisch mit Kalifeldspat, Quarz, Plagioklas, Muskovit, letzterer öfter in Rosetten oder Büscheln.
- Mikropoikilitisch durch größere Quarzindividuen, die sehr viele Feldspatpartikel einschließen; bei vollkommener Entwicklung ergibt sich eine Felderstruktur aus homogen auslöschenden Quarzbereichen.
- Mikrographisch im Sinne der Beschreibung in Abschn. 2.8.1; je nach Ausbildung und Schnittlage „keilschriftartig", als „Spindelgefüge" oder eher unregelmäßig „rhopalophyrisch".
- Sphärolithisch mit feinen, radialstrahligen Quarz-Kalifeldspat-Verwachsungen, manchmal von Feldspat-Mikrolithen ausgehend.

Übergangstypen und Kombinationen dieser Grundmassegefüge sind verbreitet.

Als häufige sekundäre, hydrothermale Umwandlungen kommen vor:

Tabelle 16 Mineralische (Volum-%) und chemische (Gew.-%) Zusammensetzung von Granitporphyren des Schwarzwaldes (nach Schleicher 1978)

	SiO_2	TiO_2	Al_2O_3	Fe_2O_3	FeO	MnO	MgO	CaO	Na_2O	K_2O	P_2O_5	Glv.	Summe
(1)	68,13	0,58	14,88	2,17	1,10	0,05	1,66	1,54	3,10	5,20	0,21	1,38	100,00
(2)	66,64	0,60	15,35	0,57	2,54	0,05	1,67	1,78	2,99	5,21	0,23	1,47	99,10
(3)	76,66	0,05	13,30	0,59	0,37	0,04	0,13	0,57	3,52	4,87	0,09	0,67	100,86
(4)	71,94	0,06	15,19	0,42	-	-	0,27	0,97	5,42	5,65	-	-	99,92

(1) Granitporphyr mit granophyrischer Grundmasse; Groppertal bei Villingen (Schwarzwald). Einsprenglinge: Kalifeldspat 12,3, Plagioklas 17,2, Biotit 8,1, Quarz 9,6; Grundmasse 51,9; Akzessorien 0,9
(2) Granitporphyr, Zone mit mikrogranitischer Grundmasse; Fundort wie (1). Einsprenglinge: Kalifeldspat 10,6, Plagioklas 18,2, Biotit 8,8, Quarz 7,9; Grundmasse 54,0; Akzessorien 0,5
(3) Salband desselben Ganges wie (1) und (2). Einsprenglinge: Kalifeldspat 2,1, Quarz 1,4, Biotit 0,1; Grundmasse 96,2
(4) Grundmasse der Probe (1)

- Chloritisierung des Biotits unter Ausscheidung von Titanit, seltener auch von Rutil, Anatas oder Brookit sowie Hämatit und Neubildung von Epidot, Klinozoisit und Calcit in knopflochartigen Erweiterungen entlang der Biotit-Spaltrisse;
- Muskovitisierung und Albitisierung des Plagioklases;
- Seltener Albitisierung und Serizitisierung des Kalifeldspats;
- Zu den Neubildungen der hydrothermalen Phase gehören wohl auch das in den Grundmassen verbreitete Hämatitpigment und Hämatitaggregate oder -pigment in manchen Kalifeldspäten.

Zu den Graniten des Gebietes bestehen unterschiedliche Zeit-, tektonische und stoffliche Beziehungen. Im Nordschwarzwald durchsetzen zahlreiche Gänge der petrographischen Gruppe 1 mehrere Granite, darunter auch den jüngsten des Gebietes (Granit von Seebach). Die geochemische Verwandtschaft der Granitporphyre zu diesem Granit ist eine so nahe, daß sie als praktisch unveränderte Nachläufer desselben Magmas angesehen werden können. Die sehr zahlreichen Granitporphyrgänge im Triberger Granit mit ihrer leukogranitischen Zusammensetzung lassen sich als Differentiate aus dem selbst sehr inhomogenen Granit ableiten. Eine andere, weit verbreitete Gruppe von Granitporphyren im Süd-

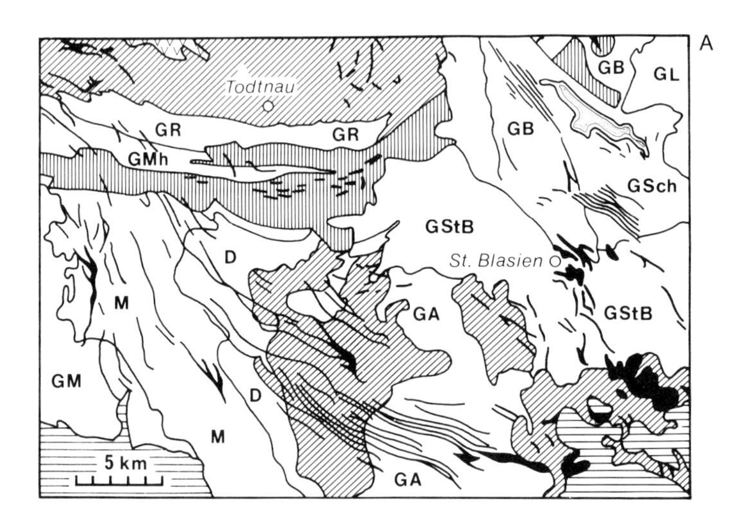

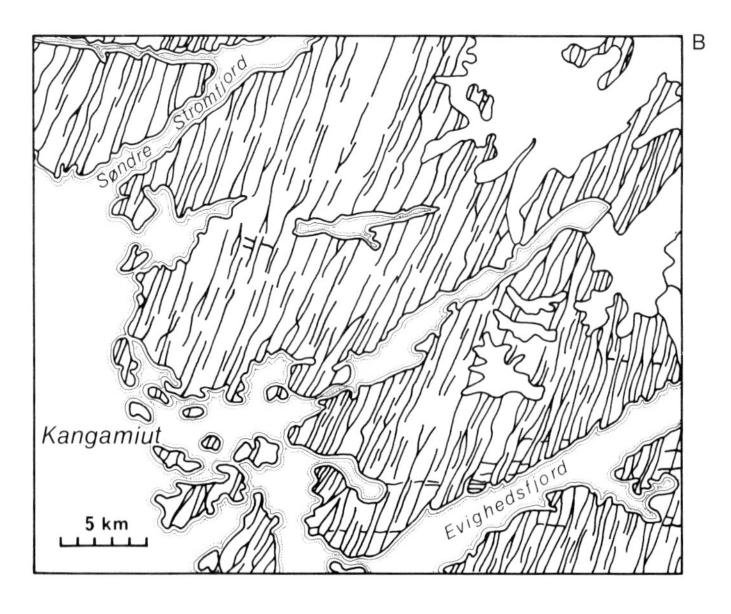

Abb. 39

A) Granitporphyr-Gangschwärme im Südschwarzwald (nach SCHLEICHER 1978). GA = Albtal-Granit, GB = Bärhalde-Granit. GL = Lenzkircher Granit, GM = Malsburg-Granit, GMh = Münsterhalden-Granit, GR = Randgranit, GSch = Schluchsee-Granit, GStB = St. Blasier Granit, D = Wehra-Wiesetal-Diatexit, M = Mambacher Granodiorit. Schräg und vertikal schraffiert: Gneise bzw. Paläozoikum.

B) Diabas-Gangschwarm von Kangamiut (Südwestgrönland) (nach ESCHER, SØRENSEN & ZECK 1976).

schwarzwald bildet bis zu 40 km lange Gangschwärme, die alle, auch die jüngsten Granite des Gebietes durchsetzen (Abb. 39 A). Sie stellen gegenüber diesen hoch differenzierten Leukograniten gleichsam einen Rückfall in die normalgranitische Zusammensetzung dar – erklärbar nur durch ein Wiederaufleben der Magmenproduktion im späten Oberkarbon.

Zwei unterschiedliche Arten der Salbandbildung sind zu beobachten:

- Gangmitte und Salband sind geochemisch identisch; das mikrofelsitische Salband enthält die gleichen Plagioklas-, Quarz- und Biotiteinsprenglinge wie die Hauptmasse des Ganges, während die Kalifeldspäte im Salbandbereich sehr klein (< 1 mm) sind und zur Gangmitte hin kontinuierlich größer werden (> 1 cm).
- Salbänder und Hauptmasse des Ganges sind geochemisch verschieden; das Salband enthält nur wenige Mikro-Einsprenglinge, während im Ganginneren große Einsprenglinge von Kalifeldspat, Plagioklas, Quarz und Biotit auftreten. Die Verhältnisse sind am besten durch zwei Intrusionsphasen zu erklären, wobei erst das zweite Magma schon in der Tiefe gebildete („intratellurische“) Kristalle mitbrachte.
- In einigen Fällen kommen „zusammengesetzte Gänge“ mit lamprophyrischen Randzonen und granitporphyrischer Hauptmasse vor. Sie sind Hinweise auf eine nahezu simultane Existenz der beiden sonst stark verschiedenen Magmen.

2.9 Charnockite und verwandte Gesteine

2.9.1 Allgemeine petrographische und chemische Kennzeichnung

Der Gesteinsname „Charnockit“ bezeichnete ursprünglich einen Hypersthengranit; seine Geltung wurde später auf andere plutonische Gesteine der Granitverwandtschaft ausgedehnt, sofern diese Hypersthen und andere nicht wasserhaltige Minerale als vorwiegende Mafite enthalten. Ein weiteres allgemeines Kennzeichen dieser charnockitischen Gesteinsfamilie ist die perthitische Struktur der Feldspäte. Dabei sind besonders die Mesoperthite bemerkenswert; es sind Feldspäte, die aus etwa gleichen Anteilen von Alkalifeldspat und meist ziemlich anorthitreichem Plagioklas in feiner Verwachsung bestehen. Sie sind als Entmischungsprodukte von ternären Feldspäten anzusehen. Entmischte Feldspäte mit überwiegendem Plagioklasanteil kommen ebenfalls vor.

Innerhalb des durch diese Kriterien gegebenen allgemeinen Rahmens existiert eine breite Skala von Gesteinen mit plutonitischem Habitus, die entsprechend ihren Quarz-Alkalifeldspat-Plagioklas-Verhältnissen eine weitere Untergliederung erfordern. Diese richtet sich in dem von STRECKEISEN entworfenen System nach den innerhalb des Dreiecks A–Q–P (Abb. 25) geltenden Abgrenzungen. Folgende Benennungen werden vorgeschlagen:

- Hypersthen-Alkalifeldspatgranit (Feld 2)
- Hypersthen-Granit (Feld 3)
  = Charnockit i.e.S.
- Hypersthen-Granodiorit (Feld 4)
  = Opdalit
- Hypersthen-Tonalit (Feld 5)
  = Enderbit
- Hypersthen-Alkalifeldspatsyenit (Feld 6)
- Hypersthen-Syenit (Feld 7)
- Hypersthen-Monzonit (Feld 8)
  = Mangerit
- Hypersthen-Monzonorit (Feld 9)
  = Jotunit
- Hypersthen-Diorit (Feld 10)

Die gleichfalls in das Feld 10 gehörigen, oft ebenfalls hypersthenführenden Norite und Anorthosite werden in besonderen Abschnitten behandelt (Abschn. 2.10 und 2.13).

Außer den schon genannten kritischen Mineralen, Perthitfeldspäten und Hypersthen, treten je nach Gesteinstyp noch zusätzlich Plagioklas, Quarz, Klinopyroxen, Granat, braune Hornblende, Biotit, Ilmenit, Magnetit, Apatit und Zirkon auf. Das Gefüge der plutonitischen Charnockite im weiteren Sinne ist granoblastisch und klein- bis mittel-, selten grobkörnig. Scheibenquarze (stark ausgeplättete, parallel orientierte Quarzaggregate oder Einzelquarze) bedingen einen deutlich metamorphen Habitus der Textur. Durch orientierte und streifige Anordnung der dunklen Minerale kann auch ein gneisartiges Gefüge entstehen. Erscheinungen der Deformation sind mikroskopisch auch an den Feldspäten erkennbar (Kataklase, oft wieder blastisch verheilt; „Streckungshöfe“ um Porphyroblasten). Bei mafitreichen Mangeriten und Jotuniten kann ein poikiloblastisches Wachstum der Mafite hervortreten. Auch Coronarstrukturen kommen vor. So sind verbreitet Übergänge zu typisch metamorphen Gefügen gegeben. Für eine nichtmagmatische Herkunft mancher Charnockite sprechen zusätzliche Minerale wie Sillimanit, Cordierit, Graphit und Korund.

Mineralneubildungen der retrograden Metamor-

Tabelle 17 Mineralische (Volum-%) und chemische (Gew.-%) Zusammensetzung von Charnockiten

	SiO_2	TiO_2	Al_2O_3	Fe_2O_3	FeO	MnO	MgO	CaO	Na_2O	K_2O	P_2O_5	H_2O^+	Summe
(1)	67,36	0,88	14,14	1,27	4,26	–	0,55	2,90	3,46	4,23	0,21	0,52	99,78
(2)	66,47	1,24	12,21	1,74	6,30	0,12	2,83	3,19	3,17	1,75	0,28	0,14	99,44
(3)	68,59	0,40	14,49	1,88	2,51	0,12	0,12	1,59	4,53	5,13	0,06	0,18	99,60

(1) Hypersthengranit („Farsundit") von Farsund, Norwegen (nach Middlemost 1968); Quarz 21,6; Perthit 50,0; Plagioklas 19,4; Hornblende 1,5; Hypersthen 3,3; Fe-Ti-Erze 2,2; Chlorit, Apatit 1,8
(2) Intermediärer Charnockit aus der Highland-Serie, Sri Lanka (nach Jayawardena & Carswell 1976); Quarz 28, Perthit 13, Plagioklas 26, Biotit 2, Hypersthen 28, Erzminerale 2, etwas Granat
(3) Saurer Charnockit, Vijayan-Serie, Sri Lanka (nach Jayawardena & Carswell 1976); Quarz 20, Perthit 59, Plagioklas 15, Hornblende 3, Hypersthen 2, Erzminerale 1

phose sind in allen Typen der Charnockite sehr häufig.

2.9.2 Auftreten und äußere Erscheinung

Charnockite des plutonitischen und metamorphen Habitus sind vor allem in tief erodierten Teilen der Erdkruste, meist in praekambrischen Formationen, aufgeschlossen. Nach den Verbandsverhältnissen sind die Gesteine teils echte Intrusiva, teils aber auch Glieder metamorpher Serien. Im letzteren Fall sind sie vor allem mit Granuliten assoziiert (s. Abschn. 3.1). Intrusivplutonische Gesteine der charnockitischen Familie kommen besonders zusammen mit Anorthositen vor, so z. B. in Südnorwegen (Mangerit, Hypersthen-Monzonorit), in den Adirondacks (Staat New York, USA, dort mangeritische und granitische Charnockite), in Indien und andernorts. Die äußeren Erscheinungsformen variieren von massig-plutonischer Ausbildung bis zu Gneis- oder Augengneistexturen. Der Anteil und die Anordnung der mafitischen Minerale bestimmen darüber hinaus das Aussehen. Häufig sind die Feldspäte durch Einlagerung von feinsten Fe-Erz- oder Silikatpartikelchen dunkel pigmentiert. Die in manchen Vorkommen sehr ausgeprägte Blaufärbung der Quarze ist durch Lichtstreuung an zahllosen sehr kleinen Rutilnädelchen bedingt.

2.9.3 Beispiele charnockitischer Gesteinsvorkommen

Charnockite und begleitende Gesteine von Farsund (Norwegen)

(nach Middlemost, 1968, und Falkum et al., 1979)

Die Charnockite und nicht charnockitischen Granite der Umgebung von Farsund (Südnorwegen) intrudierten in praekambrische Migmatite, die in mittel- bis hochgradiger metamorpher Fazies vorliegen (Amphibolit- und Granulitstufe).

Drei Plutonitkörper werden unterschieden:
- der Hypersthengranit (Charnockit) von Farsund („Farsundit"),
- der Hornblendegranit von Lyngdal und
- der Kleivan-Granit.

Der Charnockit von Farsund ist ein mehr oder weniger gleichmäßig grobkörniges, im frischen Anbruch dunkel grünliches Gestein; eine Bändertextur ist verbreitet; die mineralische Zusammensetzung ist in Tabelle 17 angegeben. Die Feldspäte sind Perthit und antiperthitischer Plagioklas; Myrmekit ist an den Feldspat-Feldspat-Korngrenzen sehr häufig. Der Quarz ist durch äußerst kleine opake Mineraleinschlüsse dunkel pigmentiert. Der Hypersthen bildet prismatische Körner, oft mit Klinopyroxen-Entmischungen. – Der Lyngdal-Granit ist ein Hornblendegranit; der Kleivan-Granit zeigt von N nach S einen kontinuierlichen Übergang von „Farsundit" über Hornblendegranit in Biotitgranit.

Syenitische und monzonitische Gesteine in Charnockitfazies als Begleiter von Anorthositen

In mehreren großen und mittleren Anorthositkomplexen kommen Plutonite syenitischer bis monzonitischer Zusammensetzung als begleitende, manchmal auch dominierende Gesteinskomponenten vor. So kennt man aus dem Adirondack-Massiv (New York, USA) massige bis „gneisige" Quarzsyenite und Quarzmonzonite in charnockitischer Fazies, d. h. mit Ortho- und Klinopyroxen sowie mesoperthitischem Alkalifeldspat (Tabelle 18). Der riesige Anorthositkomplex von Nain (Labrador) enthält mehrere Teilplutone, in denen als „Adamellite" zusammengefaßte Gesteine eine große Rolle spielen. Sie variieren

Tabelle 18 Mineralische (Volum-%) Zusammensetzung syenitischer und monzonitischer Plutonite in Charnockitfazies

	(1)	(2)	(3)	(4)	(5)
Quarz	0,6	–	–	5,8	2,9
Perthit	29,8	66,2	71,7	30,0	38,1
Plagioklas	42,7	22,5	6,0	38,1	43,3
Biotit	0,4	–	0,4	–	–
Hornblende	–	–	–	6,1	4,7
Klinopyroxen	7,6 (Klino- + Orthopyroxen)	–	–	6,1	7,6 (Klino- + Orthopyroxen)
Orthopyroxen		10,3	–	5,3	
Fe-Olivin	7,2	–	15,4	–	–
Fe-Ti-Erze	4,9	–	5,0	7,1	2,0
Apatit	1,4	0,3	0,2	1,5 (Apatit + Zirkon + Andere)	1,3 (Apatit + Zirkon + Andere)
Zirkon	0,1	0,2	–		
Andere	5,3	0,6	0,4		

(1) Olivinmonzonit, Tessersoakh, Labrador. „Andere“ = sekundäre Umwandlungsminerale (nach WHEELER 1968)
(2) Hypersthensyenit, Fundort und Quelle wie (1)
(3) Olivinsyenit, Khingukhutik-See, Labrador. Quelle wie (1)
(4) Quarzmonzonit („Farsundit“), Snowy Mountain, Adirondacks (USA) (nach DE WAARD & ROMEY 1969)
(5) Quarzführender Monzonit, Snowy Montain, Adirondacks (USA) (nach REYNOLDS et al. 1968)

von granitischen über quarzsyenitische und quarzmonzonitische bis zu monzonitischen Zusammensetzungen (Tabelle 18). Charakteristische Mineralkomponenten sind Perthit (meist Mesoperthit), Ortho- und Klinopyroxen sowie Fe-reicher Olivin, dieser auch zusammen mit Quarz.

Zwischen den syenitisch-monzonitischen Gesteinen und den mit ihnen assoziierten Monzodioriten, Monzogabbros, Gabbros und Anorthositen bestehen oft fließende Übergänge, die die comagmatischen Beziehungen erkennen lassen.

Weiterführende Literatur zu Abschn. 2.9

TOBI, A. C. (1971): The nomenclature of the charnockitic rock suite. – N. Jb. Miner., Mh., **1971:** 193–205.

2.10 Anorthosite

2.10.1 Allgemeine petrographische und chemische Kennzeichnung

Anorthosit im engeren Sinn ist ein plutonisches Gestein, das zu mehr als 90 Volum-% aus Plagioklas besteht. Der Plagioklas ist meist Andesin oder Labradorit; Gesteine aus Na-reichem Oligoklas oder Albit werden nicht zu den Anorthositen gerechnet. Weitere Hauptgemengteile sind meist Ortho- oder Klinopyroxen, seltener auch Olivin sowie Erzminerale.

Gesteine mit 10 bis 22,5% Mafiten und sonst weit überwiegendem Plagioklas werden Gabbro-Anorthosite (mit Klinopyroxen > Orthopyroxen), noritische Anorthosite (Orthopyroxen > Klinopyroxen) und troktolithische Anorthosite (Olivin > Pyroxen) genannt. Daneben sind für gleichartige Gesteine auch die Bezeichnungen Leukogabbro, Leukonorit etc. üblich.

Nach der Zusammensetzung der Plagioklase und den weiteren Mineralen werden unterschieden:

- **Andesin-Anorthosite** mit Plagioklasen zwischen An_{48} und An_{25} (gewöhnlich antiperthitisch), Hämato-Ilmenit und relativ hohem Enstatit/Anorthitverhältnis in der Norm.
- **Labradorit-Anorthosite** mit Plagioklasen zwischen An_{45} und An_{68}, Titanomagnetit oder Magnetit + Ilmenit und relativ niedrigerem Enstatit/Anorthit-Verhältnis in der Norm. Die Gesteine dieser Gruppe enthalten meist mehr als 10 Volum-% Mafite (Gabbro- und noritische Anorthosite).

Als seltenere Typen sind Zwei-Plagioklas-Anorthosite mit Bytownit und Andesin und quarzführende Anorthosite mit Übergängen in Tonalite zu nennen.

Außer diesen als mehr oder weniger selbständige Massive auftretenden Anorthositen kommen petrographisch ähnliche Gesteine als Lagen in ge-

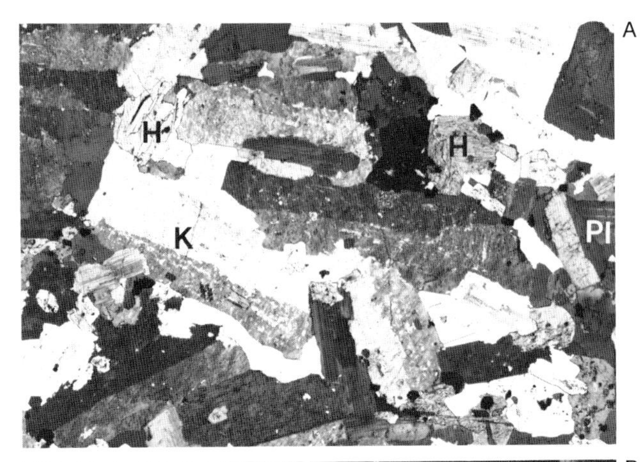

Abb. 40

A) Kalk-Alkali-Syenit, Biella (ital. Westalpen). Große Kalifeldspäte (K) mit Karlsbader Verzwillingung und Fleckenperthit, Plagioklas (Pl), Hornblende (H). Gekr. Nicols; 10 mal vergr.

B) Anorthosit von Tellnes bei Egersund (Norwegen). Überwiegend Plagioklas mit einfachen, aber nicht idiomorphen Kornformen, wenig Klinopyroxen (P). Gekr. Nicols; 15 mal vergr.

schichteten Intrusionen des Bushveld-Typs verbreitet vor (s. Abschn. 2.13.3). Sie sind im Durchschnitt weniger grobkristallin als die der selbständigen Massive; dort ist die Korngröße der Plagioklase häufig >1 cm, gelegentlich bis mehrere dm.

Die dunklen Gemengteile nehmen die Zwischenräume der Plagioklase ein; sie sind meist xenomorph gegenüber diesen, wobei fallweise auch subophitische oder poikilitische Strukturbeziehungen auftreten. Bemerkenswerte Eigenschaften der Hauptminerale der Anorthosite sind:

- **Plagioklas:** in den Andesin-Anorthositen meist antiperthitisch (Zusammensetzungen im allgemeinen variierend zwischen Ab_{49} $An_{45}Or_6$ und $An_{57}Ab_{35}Or_8$); die Plagioklase der Labradorit-Anorthosite enthalten meist keinen Antiperthit (Abb. 40B). Zonenbau ist in den Plagioklasen der Anorthosite selten. Innerhalb eines Massivs schwanken die Anorthitgehalte meist nur wenig.
- Der **Orthopyroxen** ist meist Bronzit En_{77} bis En_{65}; daneben können Augit und Hornblende auftreten.
- In troktolithischen Anorthositen ist **Olivin** (bis Fa_{40}) häufiger als Pyroxen.
- **Almandin** kommt in beiden Anorthosittypen gelegentlich vor.
- Die **Erzminerale** der beiden Anorthosittypen sind charakteristisch verschieden: Titanomagnetit in den Labradorit-Anorthositen, Hämato-Ilmenit in den Andesin-Anorthositen. Die molekularen Fe_2O_3-Gehalte des letzteren variieren zwischen 40 und 20%, in besonderen Differentiaten auch bis 5%. Die Erzminerale sind gelegentlich zu abbauwürdigen Lagerstätten angereichert.
- Weitere, meist nur akzessorische Minerale der Anorthosite sind Biotit, Korund, Spinell, Rutil, Fe- und Cu-Sulfide.

Manche Anorthositmassive zeigen lagige Texturen, wobei sowohl die Korngröße des Hauptminerals Plagioklas als auch die Mengenverhältnisse der Mafite wechseln können. Es fehlen aber die für die geschichteten Gabbros und Norite charakteristischen vielfach-rhythmischen Wechsellagerungen.

In sehr vielen Anorthositmassiven, besonders solchen des Andesin-Typs, sind metamorphe Überprägungen mehr oder weniger stark entwikkelt (Metaanorthosite). Die Umwandlungen reichen von parakristalliner Verformung und Ausbildung von Schieferungsflächen und Falten bis zu vorwiegend kataklastischen oder blastokataklastischen Strukturen. Bei beginnender Kataklase zeigen die Plagioklase und Pyroxene Verbiegungen, die Orthopyroxene zusätzlich auch Knickbänder. Auch Protoklase (siehe S. 314) kommt vor.

Die Neubildung von Granat, Klinopyroxen, Oligoklas und Quarz aus Andesin und Hypersthen zeigt eine granulitfazielle Überprägung an; im Kontext mit wasserreicherem Nebengestein entsteht Hornblende aus Pyroxen.

Chemisch sind die Anorthosite durch ihre vergleichsweise hohen Gehalte an Al_2O_3 und CaO und SiO_2-Gehalte zwischen 51 und 57% gekennzeichnet (siehe Tabelle 19). Hierin spiegelt sich die hohe Beteiligung von Plagioklas am Mineralbestand wider.

2.10.2 Auftreten und äußere Erscheinung

Fast alle größeren Anorthositmassive der Erde (ohne die Anorthositanteile der geschichteten

Tabelle 19 Mineralische (Volum-%) und chemische (Gew.-%) Zusammensetzung von Anorthositen und begleitenden Gesteinen

	(1)	(2)	(3)	(4)	(5)
Quarz	–	–	–	–	–
Plagioklas	90,4	97,0	77,6	89	89
Kalifeldspat, Perthit	1,2	–	2,9	–	–
Klinopyroxen	–	0,8	1,9	2	2
Orthopyroxen	4,7	–	17,0	5	7
Granat	–	2,0	+	–	–
Biotit	–	–	–		
Fe-Ti-Erze, Chromit	0,9	0,2	0,2	3 (Biotit, Fe-Ti-Erze, Andere)	2 (Biotit, Fe-Ti-Erze, Andere)
Andere	0,1	–	0,4		
SiO_2	56,31	55,0	52,45	47,33	48,28
TiO_2	0,78	0,86	0,35	0,17	0,25
Al_2O_3	21,95	23,8	19,74	32,01	30,71
Fe_2O_3	1,22	2,6*	1,48	0,10	0,33
FeO	3,44	–	7,15	0,69	0,93
MnO	0,06	Sp.	0,15	0,03	0,05
MgO	1,36	1,4	6,43	0,58	2,65
CaO	6,97	9,0	8,79	14,96	14,44
Na_2O	5,30	5,8	3,04	1,93	1,57
K_2O	1,35	1,0	0,41	0,74	0,76
P_2O_5	0,12	–	–	0,12	0,09
H_2O^+	0,36	–	0,29	0,70	0,12
Summe	99,22	99,46	100,28	99,36	100,18

(1) Anorthosit mit Gneistextur, Lake Tessersoakh, Nain Massiv, Labrador. Plagioklas An_{35} (nach Wheeler 1968)
(2) Grobkörniger Anorthosit, Thirteenth Lake Series, Adirondacks, New York. Plagioklas An_{48} (nach Letteney 1968)
(3) Noritischer Anorthosit, Puttualak Brook, Nain Massiv, Labrador. Plagioklas An_{58} (nach Wheeler 1968)
(4) Gefleckter Anorthosit etwa 30 m über dem Merensky-Reef, Swartklip, Bushveld, Südafrika. Plagioklas An_{78} (nach van Zyl 1969)
(5) Getüpfelter Anorthosit etwa 12 m unter dem Merensky-Reef. Vorkommen und Quelle wie (4)

* Gesamteisen als Fe_2O_3

Gabbros und Norite) haben präkambrische Alter zwischen 1,1 und $1{,}4 \cdot 10^9$ Jahren. Anorthositmassive varriieren in ihrer Flächenausdehnung von wenigen bis über 20000 km^2; viele nehmen Flächen von 100 bis 5000 km^2 ein. Die Massive des Andesin-Typs haben oft einen domartigen Aufbau, während die des Labradorit-Typs verschiedenste Formen zeigen. Die Mächtigkeiten größerer Anorthositmassen kann 3 bis 8 km erreichen. Es handelt sich demnach oft um plutonische Körper mit sehr großem Volumen.

Die **Andesin-Anorthosite** sind meist deutlich intrusiv gegenüber ihrem metamorphen Nebengestein; sie werden von Plutoniten der Mangerit-Charnockit-Gruppe begleitet. Als sauerste Glieder dieser Serie kommen Quarzsyenite und Granodiorite vor. Die Verbandsverhältnisse dieser Gesteine mit den Anorthositen sind verschieden:
- Wechsellagerungen von Anorthosit und charnockitischen Gesteinen;
- graduelle Übergänge;
- intrusives Verhalten der charnockitischen Gesteine gegenüber den Anorthositen.

Die **Labradorit-Anorthosite** treten ebenfalls intrusiv gegenüber ihrem immer hochmetamorphen Nebengestein auf. Die plutonischen Komplexe bestehen meist überwiegend aus Gesteinen, die nicht Anorthosite im engeren Sinn sind, sondern Gabbro-Anorthosite, noritische und troktolithische Anorthosite mit mehr als 10 Volum-% Mafiten. Weitere begleitende Plutonite sind Syenite und Granite sowie Ganggesteine verschiedener Zusammensetzung. Wo das Altersverhältnis der Labradorit-Anorthosite zu den Andesin-Anorthositen an Einschlüssen oder Gängen erkennbar wird, erweisen sich die letzteren als die jüngeren Bildungen.

Anorthosite sind ferner wesentliche Gesteinskomponenten **geschichteter Intrusionen** des Bushveld-Typs, wo sie vielfach rhythmisch mit Noriten, Gabbros oder Pyroxeniten wechsellagern.

Ein von den intrusiv-magmatischen Anorthositen verschiedener Anorthosittyp wird durch die Vorkommen von Boehls Butte (Idaho) repräsentiert. Bis zu 1500 m mächtige Lagen und Linsen von Anorthosit liegen konkordant zwischen Granatglimmerschiefern und Diopsid-Plagioklas-Quarziten. Der Anorthosit ist ein grobkörniges Gestein aus Bytownit, Andesin, Chlorit und Hornblende, teils massig, teils gneisartig. Es wird angenommen, daß das Gestein durch *anatektische Überprägung* aus Mergeln der alten Schichtfolge gebildet wurde.

Die massivbildenden Anorthosite sind in auffallender Weise auf einen bestimmten Zeitabschnitt des **Präkambriums** beschränkt. Ihre geographische Verbreitung ist dadurch mitbestimmt. Viele und zum Teil sehr große Plutone liegen im Grenville-Orogen in Ostkanada und Labrador. Das südlichste Vorkommen ist das der Adirondacks im Staat New York. Eine Zone von Anorthositen begleitet den SE-Rand der indischen Halbinsel über 1000 km Länge. Gruppen von Anorthositkörpern kommen weiter in folgenden Gebieten vor: Norwegen (siehe unten), Schweden, Halbinsel Kola (USSR), Ukraine, Ostsibirien, Tansania, Madagaskar; zerstreute Einzelvorkommen sind aus den USA und Kanada außerhalb der Grenville-Provinz, Südkorea, Australien und der Antarktis bekannt.

Die **Hochländer des Mondes** bestehen zum größten Teil aus anorthositischem Material. Infolge der immer wiederholten Zertrümmerung und Aufschmelzung durch Impakt (s. Abschn. 3.8) sind allerdings nur relativ wenige und kleine Partikel mit den ursprünglichen Gefügen erhalten. Trotzdem heben sich die Hochländer als helle Flächen gegenüber den basaltischen, an dunklen Mineralen reicheren „Meeres“-Gebieten des Mondes deutlich ab.

2.10.3 Beispiel eines Anorthosit-Vorkommens

Die Anorthosite und begleitenden Gesteine von Süd-Rogaland (Norwegen)
(nach MICHOT, 1969)

Ein Ensemble von Anorthositen und begleitenden anderen Plutoniten nimmt in Süd-Rogaland an der Südspitze von Norwegen eine Fläche von etwa 60 km Länge und bis zu 25 km Breite ein (Abb. 41). Im Kartenbild und in den Profilen zeigen sich mehrere dom- und linsenförmige Körper von Anorthositen, die mit mehr oder weniger konkordanten Kontakten unter der Gneisbedekkung auftauchen. Die Gneise sind Metasedimente mit basischen Einlagerungen, alle in hochmetamorpher Fazies; gebietsweise sind sie anatektisch überprägt.

Die anorthositischen, noritischen und begleitenden Plutonite gehören acht Struktureinheiten an:
- Der Anorthositkörper von Egersund-Ogna; massiger sehr grobkörniger Anorthosit mit paralleltexturierter, „gneisiger“ Randfazies (I der Karte Abb. 41).
- Die Norit-Granit-Bändergneise von Lakssvelefjeld-Koldal, welche den Anorthosit von

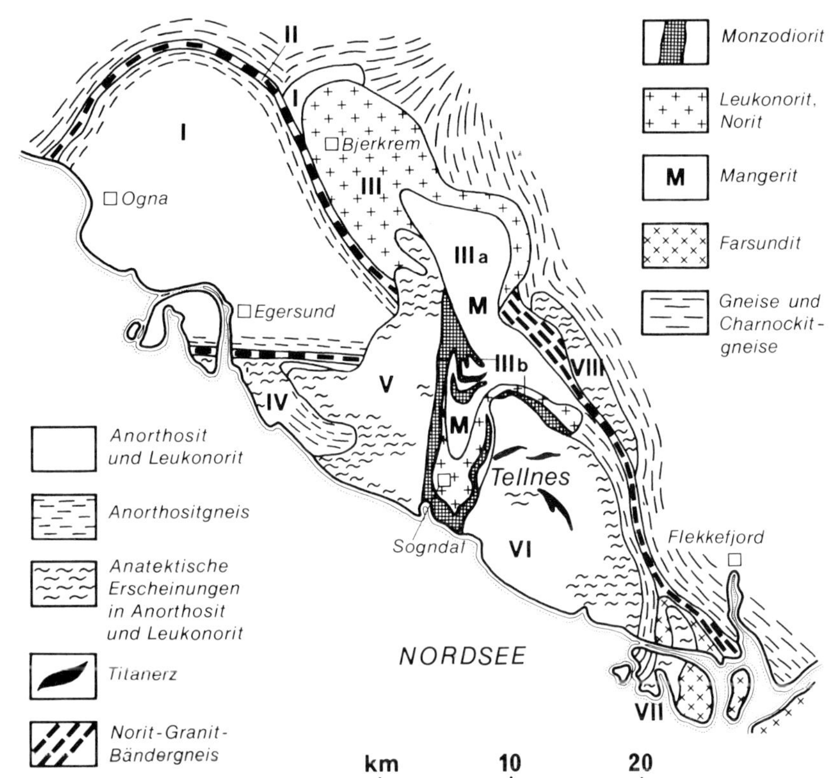

Abb. 41 Anorthosit- und Leukonoritmassive in Südnorwegen (nach J. MICHOT & P. MICHOT 1966). Die römischen Ziffern beziehen sich auf die Beschreibung im Text.

Egersund-Ogna als schmales Band allseitig umgeben (II).

- Der differenzierte Lopolith von Bjerkrem-Sogndal (III); er ist synkinematisch kristallisiert. Als Differentiate treten auf: Anorthosit, Leukonorit, Norit, Monzonorit, Mangerit und Quarzmangerit. Die Plagioklase aller dieser Gesteine sind Andesine.
- Der Anorthosit-Leukonorit-Körper von Helleren (V).
- Das Anorthosit-Leukonorit-Massiv von Haaland (IV).
- Die Anorthosit- und Leukonoritkörper von Aana-Sira (VI), Hidra (VII) und Garsaknatt (VIII).

Als petrologisch bemerkenswerte Erscheinungen sind die Linsen, Schlieren und Lagen von **Leukonorit** in den Anorthositen der Einheiten IV bis VIII hervorzuheben. Es handelt sich nach der Darstellung der Bearbeiter J. u. P. MICHOT um **anatektische Bildungen,** bei denen das Mobilisat mafitreicher ist, als das Ausgangsgestein. Seine Zusammensetzung strebt ungefähr die Zusammensetzung einer relativ niedrigtemperierten Teilschmelze in dem durch das Ausgangsgestein vorgegebenen System Plagioklas-Hypersthen an.

Nach ihren Strukturbeziehungen können reliktische (anorthositische) Plagioklase I und neugebildete Plagioklase II unterschieden werden (siehe Tabelle 20).

Ilmenitreiche Einlagerungen, die als **Titanerz** abgebaut werden, treten in dem Anorthositkörper von Aana-Sira bei Tellnes und Storgangen auf. Die Erzgesteine sind gebänderte Ilmenitnorite;

Tabelle 20 Mineralbestände von Anorthosit und Leukonorit des Massivs von Haaland-Helleren, Norwegen (nach MICHOT 1961)

	(1)	(2)	(3)	(4)
Plagioklas I	98,2	48,3	41,9	16,6
Plagioklas II	–	38,9	33,3	47,9
Hypersthen	0,5	8,9	14,2	19,6
Diopsid	0,4	0,6	1,8	4,8
Biotit	0,3	0,1	0,1	0,9
Erzminerale	0,5	3,1	6,1	10,1
Apatit	0,1	0,1	2,6	0,1

(1) Mittel von 7 reliktischen Anorthositen
(2)–(4) Zunehmend mafitreichere Leukonorite; Massive von Haaland und Aaseheia

sie zeigen stellenweise ein intrusives Verhalten gegenüber dem umgebenden Anorthosit.

Weiterführende Literatur zu Abschn. 2.10

ISACHSEN, Y. W. [Hrsg.] (1969): Origin of anorthosite and related rocks. – Mem. New York State Mus. & Sci. Serv., **18,** IX + 466 S., New York.

2.11 Diorite, Tonalite und verwandte Gesteine

2.11.1 Allgemeine petrographische und chemische Kennzeichnung

Dieser Abschnitt behandelt Plutonite, welche im Q–A–P-Dreieck nach STRECKEISEN (Abb. 25) in die Felder der Diorite i.e.S., der Quarzdiorite, der Monzodiorite und Quarzmonzodiorite sowie der Tonalite fallen. Für alle diese Gruppen gilt, daß Plagioklas der weitaus vorherrschende Feldspat ist. Gegen die Gabbros und Monzogabbros sind die Gesteine der Dioritfamilie i.w.S. durch die Anorthitgehalte ihrer Plagioklase (unter 50% An) abgegrenzt. Plutonische Gesteine, die *überwiegend* aus Plagioklas (Labradorit, Andesin, seltener Oligoklas) und nur geringen Anteilen an Mafiten (vor allem Pyroxenen) bestehen, werden als Anorthosite bezeichnet (s. Abschn. 2.10).

Im einzelnen sind folgende Hauptgesteinstypen zu unterscheiden:

- **Diorite** enthalten Plagioklas, Biotit oder Amphibol oder Pyroxen oder mehrere dieser Mafite als Hauptminerale; Erzminerale, Quarz (<5% der hellen Gemengteile), Titanit, Apatit, Zirkon und weitere als Neben- und akzessorische Minerale.
- **Quarzdiorit** enthält bei sonst analogem Mineralbestand zwischen 5 und 20% Quarz, berechnet als Anteil an der Summe der hellen Gemengteile,
- **Tonalit** über 20% Quarz, berechnet als Anteil an der Summe der hellen Gemengteile.
- **Trondhjemit** ist ein quarzreicher und heller Biotit- (oder Hornblende-)Tonalit. Der Plagioklas ist meist Oligoklas.
- **Plagiogranite** sind sehr helle, den Trondhjemiten in der Zusammensetzung nahestehende Gesteine, die als Begleiter von Gabbros, Diabasen und anderen Basiten in Ophiolithkomplexen auftreten. Die Namenbildung widerspricht den sonst allgemein angenommenen Nomenklaturregeln, die die Bezeichnung *Granit* nur für Gesteine mit höheren Gehalten an Alkalifeldspat gelten lassen; sie ist trotzdem weithin eingeführt.
- **Redwitzite** sind variabel zusammengesetzte Plagioklas-Hornblende-Gesteine, die im Original-Fundgebiet (Fichtelgebirge) als Intrusionen in Metasedimenten und als Einschlüsse und Schlieren in Graniten auftreten. Nicht alle Varietäten sind dioritisch. Die ebenfalls variablen **Appinite** sind Hornblende-Meladiorite bis Hornblendite.

Als besondere Eigenschaften der Primärminerale der Diorite und ihrer Verwandten sind noch hervorzuheben:

- **Plagioklas** ist oft zonar gebaut und fast immer polysynthetisch verzwillingt; gedrungen-prismatischer bis länglich-prismatischer Habitus sind am häufigsten. Die Anorthitgehalte bewegen sich je nach Gesteinstyp zwischen 10 und 50%.
- **Alkalifeldspat** ist in den Dioriten und ihren Verwandten per definitionem nur untergeordnet vorhanden; er tritt xenomorph bis xenoblastisch auf.
- **Klinopyroxen** (Diopsid bis diopsidischer Augit) tritt selten als einziges Mafitmineral, häufig aber als Relikt in Aggregaten von Amphibol auf. Hypersthen kommt nur selten vor.
- **Hornblende** ist der verbreitetste Mafit der Dioritfamilie; meist handelt es sich um grüne Hornblende, seltener um braune Varietäten. Aktinolith ist als Verdrängungsmineral von Pyroxen ebenfalls häufig.
- Viele Diorite und Tonalite enthalten **Biotit** neben Hornblende; in vielen Trondhjemiten ist Biotit das vorherrschende Mafitmineral.
- Der **Quarz** bildet die Zwickelfüllungen zwischen den Plagioklasen und Mafiten; in quarzreichen Trondhjemiten und Plagiograniten treten myrmekitische und mikrographische Plagioklas-Quarz-Verwachsungen auf.
- Als seltenere Minerale in Plutoniten der Dioritfamilie sind zu erwähnen: Epidot (bei beginnender Metamorphose), Olivin, Orthit, Pyrrhotin, Pyrit.

Das Phänomen der „kleinkörnigen basischen Einschlüsse“, das in den Graniten und Granodioriten so häufig auftritt, setzt sich auch in den Tonaliten und einigen Trondhjemiten fort, z. B. im Adamello-Pluton (ital. Alpen). Analog zu den

Tabelle 21 Mineralische (Volum-%) und chemische (Gew.-%) Zusammensetzung von Plutoniten der Diorit- und Tonalitfamilie

	(1)	(2)	(3)	(4)	(5)	(6)	(7)	(8)	(9)	(10)	(11)
Quarz	–	10,8	20,7	23,5	20,2	29,0	10	23	22	9	5,0
Kalifeldspat	–	3,9	1,6	9,5	3,0	3,1	–	+	–	–	19,5
Plagioklas	20,9	44,4	50,4	42,0	44,8	50,1	55	42	65	52	52,0
Biotit	20,5	18,3	21,6	19,5	13,8	14,9	11	6	–	–	6,0
Hornblende	44,8	20,4	3,0	2,0	14,6	0,7	23	–	10	–	10,0
Pyroxen	11,2	–	–	–	–	–	–	–	–	21	3,5
Erzminerale	1,1	0,2	0,2	0,4				+	3	5	
Titanit	–	0,9	1,4	1,4	1,2	0,7	1	+	–	–	4,0
Apatit	0,4	0,7	0,9	0,9				+	+	2	
Andere	+	0,6	0,2	0,8	2,4	1,5		28	–	–	
SiO_2	48,66	54,68	60,23	62,71	58,83	63,57	54,80	69,22	64,54	48,90	54,51
TiO_2	0,85	1,17	0,94	0,64	0,84	0,67	0,87	0,25	0,92	2,84	0,78
Al_2O_3	11,73	18,19	18,02	17,62	17,34	17,06	17,20	16,82	14,03	11,97	17,00
Fe_2O_3	2,17	1,69	1,77	1,50	1,95	1,20	1,73	0,69	4,12	4,12	3,75
FeO	6,98	5,25	4,04	3,59	4,62	3,66	6,80	0,90	3,38	17,18	5,49
MnO	0,14	0,13	0,09	0,08	0,10	0,06	0,17	0,03	0,10	0,34	0,15
MgO	16,23	5,34	2,43	1,63	3,34	2,21	4,80	0,99	1,16	1,46	2,78
CaO	6,59	6,45	5,24	4,48	6,58	6,08	8,52	3,47	3,52	8,24	6,79
Na_2O	1,71	2,97	3,26	3,73	2,62	2,59	2,50	5,42	5,40	3,18	3,66
K_2O	1,80	2,56	2,59	2,44	2,04	2,30	1,64	1,30	0,58	0,62	3,31
P_2O_5	0,33	0,47	0,33	0,37	0,22	0,40	0,16	0,09	0,22	0,81	0,43
H_2O^+	2,06	1,00	0,69	0,86	1,16	0,48	n.b.	0,64	0,52	0,67	1,19
Summe	99,74	99,90	99,63	99,65	99,64	100,28	99,19	99,82	99,85	100,33	99,84

(1) Basischer Redwitzit (Meladiorit), Lorenzreuth, Oberfranken (nach Troll 1968). Mit 0,49 % S. Der Pyroxen ist Hypersthen
(2) Redwitzit (Hornblende-Biotit-Diorit), Grafenstein, Oberfranken. Quelle wie (1). Mit 0,15 % S
(3) Tonalit, Unterpolling, Bayer. Wald (nach Troll 1964)
(4) Titanitfleckendiorit („Englburgit"), Steinbruch Nr. 36 bei Fürstenstein, Bayer. Wald. Quelle wie (3)
(5) Tonalit, Malga Adamè, Adamello, Italien (nach Bianchi et al. 1970). Andere = Umwandlungsprodukte von Plagioklas und Biotit
(6) Biotittonalit, Vedrette Fumo, Adamello. Quelle wie (5). Andere wie (5)
(7) Quarz-Gabbrodiorit, Steinbruch Steiniger Weg bei Gronau, Odenwald (nach Maggetti 1975). Mittlerer An-Gehalt der Plagioklase 54 %
(8) Trondhjemit, schwach metamorph überprägt, südl. Meldal bei Trondhjem, Norwegen (nach Barker & Millard 1979). Andere = 19 % Klinozoisit + Epidot und 9 % Muskovit
(9) „Plagiogranit" (Trondhjemit), Gourrie, Cypern (nach Bear 1960). Mit 1,29 % H_2O^-
(10) Ferrodiorit der Upper Border Group, Skaergaard-Intrusion, Grönland (nach Wager & Brown 1967). Der Pyroxen ist Fe-reicher Klinopyroxen
(11) Monzodiorit, Monzoni, Italien (nach del Monte et al. 1967). „Pyroxen" = 3 % Klinopyroxen + 0,5 % Orthopyroxen

Verhältnissen bei der Granitfamilie sind die Einschlüsse jeweils basischer und mafitischer als das sie umgebende Gestein.

2.11.2 Auftreten und äußere Erscheinung

Diorite, Tonalite und ihre hier behandelten Verwandten treten in verschiedenen geologischen Zusammenhängen und magmatischen Assoziationen auf:

- Als Mobilisate geeigneten Ausgangsmaterials im Bereich der Anatexis (siehe S. 328);
- Als Begleiter granitischer und granodioritischer plutonischer Komplexe, als deren Vorläufer oder als Produkte der Assimilation basischer Gesteine durch die Granite (s. S. 78);

- Als Einschlüsse in Graniten, Granodioriten und Tonaliten (s. Abschn. 2.7).
- Als Hauptgesteine großer und mittlerer Plutone oder Batholithe, so besonders in den riesigen jungmesozoischen Batholithen im Westen Nordamerikas von Alaska bis Kalifornien und ähnlich in Peru. Die Dimensionen dieser in sich allerdings vielphasigen Intrusionen übersteigen 1000 km Länge und 100 bis 200 km Breite. Außer Gesteinen der Quarzdiorit-Tonalitgruppe beteiligen sich auch Granodiorite und Granite, sowie Gabbros und Diorite i. e. S. an diesen Komplexen.
  Auch Plutone mittleren und kleineren Ausmaßes, wie z. B. der Adamello-Pluton in den italienischen Ostalpen, können überwiegend aus Tonaliten aufgebaut sein (s. Abschn. 2.11.3).
- Als hypabyssische bis subvulkanische Intrusionen; oft im Zusammenhang mit andesitischem Vulkanismus.
- Als Bestandteile lagig differenzierter Gabbro- und Noritintrusionen (s. Abschn. 2.13). Neben Plagioklas sind hier Fe-reiche Pyroxene und Olivine die Hauptminerale. Quarz tritt nur untergeordnet, meist in graphischen Verwachsungen auf.
- Als Differentiate von Ophiolithen („Plagiogranite").

Die **äußere Erscheinung** der Plutonite der Dioritfamilie im Handstück ist weithin durch das Verhältnis der hellen zu den dunklen Gemengteilen bestimmt (Mengenanteil der Mafite, Auftreten als Einzelkörner oder Aggregate, gleichkörnige oder porphyrische Struktur). Besonders häufig sind mittel- bis grobkörnige, gleichmäßig hell-dunkel gesprenkelte Gesteine und kleinkörnige mit „Pfeffer- und Salz-Struktur". Die Plagioklase sind klar oder weißlich getrübt, seltener pigmentiert. Großfeldspäte sind selten, Einsprenglinge oder Blasten von Hornblende nicht häufig. Die mafitreichen Redwitzite und Appinite sind z. T. grobkristallin und sehr variabel in ihren Gefügen.

Net-veined diorite ist die Bezeichnung für Diorite und verwandte Gesteine, die in besonderer Weise netzartig von granitischen oder aplitischen Adern durchsetzt sind. In den typischen Fällen dieser Art sind die Dioritkörper solcher Verbände etwas gerundet, haben „gekräuselte" (engl. crenulated) Ränder und oft auch kleinerkörnige Randzonen am Kontakt mit dem Granit. Die Dimensionen der einzelnen Dioritkörper bewegen sich meist im Dezimeterbereich, manchmal auch darunter oder auch noch weit darüber. Der Erscheinung nach stehen die net-veined diorites zwischen gewöhnlichen Durchkreuzungen von Diorit durch jüngere Granitadern einerseits und Schwärmen von mehr oder weniger gerundeten Dioriteinschlüssen in einer granitischen Matrix andrerseits. Eine mögliche Deutung ihrer besonderen Verhältnisse ist, daß dioritisches und granitisches Magma vorübergehend nebeneinander existierten, ohne sich zu vermischen (s. auch S. 79).

Bei der Verwitterung und im natürlichen Aufschluß verhalten sich die quarzreichen Tonalite und Trondhjemite ähnlich wie Granite (Klüftung, Felsformen, Blockbildung, Grusböden im gemäßigten Klima).

2.11.3 Beispiele dioritischer und tonalitischer Gesteinsvorkommen

Die Tonalite des Adamello-Plutons (italienische Ostalpen)

(nach Bianchi et al.,1970).

Der Adamello-Pluton ist die größte der „Periadriatischen Intrusionen" tertiären Alters in den Ostalpen. Er erstreckt sich mit ungefähr 60 km Länge und bis zu 25 km Breite in SW-NE-Richtung; Nebengesteine sind die Ablagerungen des Perms und der Trias sowie das südalpine Altkristallin. Im einzelnen werden vier unterschiedlich große Teilplutone unterschieden, von denen die des Adamello i. e. S. und der Presanella ganz überwiegend aus Tonaliten bestehen; daneben kommen auch Granodiorite und Granite vor. Die Zusammensetzung zweier typischer Tonalite ist in Tabelle 21 angegeben. Die Gesteine sind im allgemeinen massig und mittel- bis grobkörnig, doch gibt es auch Paralleltexturen, besonders bei biotitreicheren Varianten. Idiomorphe Einsprenglinge von Hornblende sind sehr verbreitet („gewöhnliche Hornblende" und Abwandlungen). Die Plagioklase sind meist stark zoniert, wobei korrodierte sehr Ca-reiche Kerne (bis Bytownit) von vielfach oszillierenden Hüllen (s. S. 6) von Labradorit bis Oligoklas umgeben sind. Die für Tonalite kritischen An-Gehalte $<50\%$ sind berechnete Durchschnittswerte. Insgesamt ist das Gefüge als hypidiomorph zu charakterisieren. Als Akzessorien treten auf: Erzminerale, Orthit, Zirkon, Apatit, Turmalin.

Kleinkörnige basischere Einschlüsse, die ihrerseits zur Gabbro- und Dioritfamilie i. w. S. gehören, sind in Teilen des Massivs häufig. An der Peripherie des Massivs erscheinen kleine Körper von Gabbros, Dioriten und Hornblenditen, die älter als die Hauptmasse der Tonalite sind.

Die Diorite von Fürstenstein (Bayerischer Wald)
(nach Troll, 1964).

Der südliche Bayerische Wald besteht aus hochmetamorphen, z. T. anatektischen moldanubischen Gneisen und variskischen Plutoniten, unter ihnen die hier behandelten Diorite und verwandte Gesteine der Umgebung von Fürstenstein. Die artenreichen dioritischen Gesteinskörper des Gebietes sind ganz in die Granite des Saldenburg-Tittlinger Massivs eingebettet. Dabei kam es zu mehr oder weniger starken stofflichen Wechselwirkungen zwischen Graniten und Dioriten und zu mannigfaltigen Mischgesteinsbildungen.

Die größten an der Oberfläche ausstreichenden zusammenhängenden Dioritkörper überschreiten kaum 2 km Länge und wenige hundert Meter Breite. Die Verbandsverhältnisse lassen erkennen, daß die Diorite zunächst in Gang- oder schmaler Stockform auf tektonischen Leitlinien in die Gneise eindrangen, bevor die Granite sie aus diesem Nebengestein gewissermaßen herausschälten und in Schollen zerlegten. In mehreren Steinbrüchen sind vielgestaltige Durchaderungen, Schollenkontakte und Schlierenbildungen aufgeschlossen (Abb. 35C). Die meisten „Diorite" des Gebietes sind quarzführend bis quarzreich (bis über 20% der hellen Gemengteile); einige enthalten auch so hohe Anteile an Kalifeldspat, daß sie als Quarzmonzodiorite bis Granodiorite zu bezeichnen sind (Tabelle 21, Nr. 3 und 4).

Der Tonalit von Unterpolling ist ein mittelkörniges, massiges Gestein mit vielen Gneiseinschlüssen, das seinerseits von Zweiglimmergranit-Gängen durchsetzt wird. An besonderen Eigenschaften der Minerale sind hervorzuheben: Plagioklas dicktafelig mit variablem Zonenbau, An_{42} bis An_{20}; Quarz in großen Pflasteraggregaten; Mikroklin in Zwickeln; grüne Hornblende; Titanit selbständig oder als Umrandung von Ilmenit; Akzessorien sind Pyrit, Apatit, Epidot, Orthit und Zirkon. Die Größe und Verteilung der Biotite und Hornblenden bedingen den ausgeprägt schwarzweiß-scheckigen äußeren Eindruck des Gesteins. Die *Titanitfleckendiorite* („Englburgite") von Fürstenstein und anderen Fundorten des Gebietes sind alle vom Tittlinger Granit umgeben und durchadert. Die kleinkörnigen Gesteine sind gekennzeichnet durch meist gestreckte Quarz-Feldspat-Augen von 3 bis 10 mm Längsausdehnung, in deren Kern jeweils ein mit seiner längsten Achse in der Streckungsrichtung orientierter Titanitkristall liegt. Troll hat bis zu 40000 solcher Titanitflecken pro Quadratmeter gezählt. Die Matrix des Gesteins besteht aus Plagioklas, Quarz, Biotit und wenig Hornblende sowie bis zu zentimetergroßen Mikroklinblasten. An besonderen Eigenschaften der Minerale sind hervorzuheben: Plagioklas mit sehr variablem Zonenbau An_{40} bis An_{15}; Hornblende größtenteils biotitisiert. Die bis zu wenige Millimeter großen Titanite sind xenoblastisch bis unvollkommen idioblastisch; sie enthalten Einschlüsse von Plagioklas und Quarz. Als Erzminerale und Akzessorien treten auf: Ilmenit (z. T. pseudomorph nach Titanit?), Epidot, Apatit, Orthit, Zirkon. Die Bildung der Titanitflecken, die Blastese des Mikroklins und die Biotitisierung der Hornblenden sind wohl als Umkristallisations- und metasomatische Erscheinungen im Kontaktbereich des Tittlinger Granits zu verstehen.

Gabbrodiorite und Diorite des Heppenheim-Lindenfelser Zuges im Odenwald
(nach Maggetti, 1971).

Der im mittleren Bergsträsser Odenwald gelegene Gesteinszug erstreckt sich mit etwa 15 km Länge und bis zu 4 km Breite in WSW-ENE-Richtung zwischen altpaläozoischen metamorphen Gesteinen und jüngeren variskischen Graniten. Im Inneren des Gesteinszuges wechseln Gabbros, Gabbrodiorite und Diorite als in der allgemeinen Streichrichtung verlaufende Lagen und Linsen miteinander ab; die Mächtigkeit dieser Elemente bewegt sich zwischen einigen Zentimetern und bis über hundert Metern. Das relative Altersverhältnis der Gesteine vom älteren zum jüngeren ist Gabbro – Gabbrodiorit – Diorit. Hauptgesteinstypen sind:

- Hornblendepoikilit-Gabbro (z. T. quarzführend),
- Gabbroporphyrit mit Plagioklas-Einsprenglingen,
- Mikrogabbro (ophitisch),
- Hornblende-Gabbrodiorit mit quarzreichen und Leukovarietäten,
- Hornblendepoikilit-Gabbrodiorit,
- Hornblendeflecken-Gabbrodiorit,
- Leukodiorit
- Nadeldiorit.

Besonders charakteristisch sind die poikilitischen Hornblenden mehrerer dieser Gesteinstypen (xenoblastisch und reich an Plagioklaseinschlüssen). In den Hornblende-Fleckengesteinen bilden mehrere, oft zonar gebaute Hornblendekörner kompakte Ansammlungen. Die ebenfalls oft zonaren Hornblenden der Nadeldiorite sind roh subidiomorph bis idiomorph, im Detail aber vielfach mit xenomorphen Rändern und einschlußreich. Die ältesten Kerne der zonaren Hornblenden bestehen aus einer olivfarbigen gewöhnlichen Hornblende, umrandet von einer grünen, Ti- und Fe-ärmeren und schließlich von einer blaugrünen Al- und Na-reicheren Hornblende. In anderen Fällen tritt als Außenzone eine cummingtonitische (Mg- und Fe-reiche) Hornblende auf.

Die besondere innere Struktur des Gabbro-Diorit-Zuges von Heppenheim-Lindenfels ist das Ergebnis der synorogenen Intrusion der Magmen in die steilgestellten, isoklinal verfalteten Metamorphite ihres Rahmens. Der vielphasige Aufbau aus zahllosen mehr oder weniger parallelen Lagen und Linsen entspricht der schrittweisen Öffnung der jeweiligen Intrusionsbahnen. Die Kristallisation selbst erfolgte im allgemeinen unbeeinflußt von tektonischer Bewegung; daher sind die Gesteine im allgemeinen richtungslos-massig texturiert.

Etwas anders liegen die Verhältnisse im Bereich der sich nach NW anschließenden Zone der Hornblende- und Biotitdiorite von Knoden-Gadernheim-Billings. Die Plutonite sind hier in Gestalt vieler Lagen und Linsen mehr oder weniger konkordant in die altpaläozoischen Schiefer eingeschaltet. Diese „Schiefer" sind in der Hauptmasse mittelmetamorphe Amphibolite und meist quarzarme Biotit-Plagioklas-Gneise; sie sind verbreitet durch Plagioklas-Metablastese überprägt. Die Diorite sind intrusiv in bezug auf diese Rahmengesteine; ihre Auskristallisation erfolgte indessen weithin unter Durchbewegung. Dadurch wurde eine mehr oder weniger deutliche Paralleltextur erzeugt. Im mikroskopischen Bild sind ein „Grobgewebe" und eine „Mörtelstruktur" unterscheidbar. Das Grobgewebe enthält die Hauptmenge der Plagioklase, die nicht, wie es für ein Intrusivgestein zu erwarten wäre, kantig, sondern rundlich entwickelt sind. Zwischen ihnen liegen viele kleinere Biotitscheite; Quarz füllt die Zwickel. In der Mörtelzone sind Plagioklas, Quarz, Biotit und Hornblende pflasterartig aggregiert; je gneisiger das Gestein makroskopisch aussieht, um so breiter sind diese blastokataklastischen Zonen (s. S. 75).

Der durchschnittliche Mineralbestand von 28 Biotitdioriten des Gebietes ist (in Volum-%): Quarz 17, Plagioklas (An_{60}-An_{35}-An_{25}) 61, Biotit 18, Hornblende 3, Akzessorien (Orthit, Ilmenit, Magnetit, Hämatit, Zirkon, Apatit) 1.

Ozeanische Plagiogranite

Der Name **Plagiogranit** ist für leukokrate bis hololeukokrate Plagioklas-Quarz-Gesteine eingeführt worden, die als Differentiate in den höheren Teilen von Gabbrokörpern und als Gänge in „Sheeted Complexes" (s. S. 112) auftreten. Ihr Vorkommen scheint auf die ozeanische Kruste und die aus solcher abzuleitenden Ophiolithkomplexe beschränkt zu sein. Trondhjemitische und tonalitische Gesteine stellen petrographisch die Verbindung zu den Basiten dieser Assoziationen her.

Die typischen Plagiogranite, etwa von Cypern und Oman, sind klein- bis mittelkörnige Gesteine aus Plagioklas (zonare idiomorphe Kristalle und granophyrische Verwachsungen mit Quarz) und meist nur geringen Anteilen von Mafiten (Pyroxen oder Hornblende, häufiger Chlorit, Aktinolith, Epidot, Magnetit, Ilmenit). Die Anorthitgehalte der zonaren Plagioklase variieren zwischen An_{60} und An_3. Die Quarzgehalte können bis auf über 50% ansteigen, auch in den granophyrischen Verwachsungen. Zirkon ist ein häufiger akzessorischer Gemengteil.

Weiterführende Literatur zu Abschn. 2.11

Baker, F. [Hrsg.] (1979): Trondhjemites, dacites and related rocks. – 659 S., Amsterdam (Elsevier).

2.12 Ganggesteine der Diorit-Tonalit-Familie

Im Ganggefolge plutonischer Diorite und Tonalite treten **Diorit-** und **Tonalitaplite** (mit <5% Mafiten) in ganz analoger Weise wie die Aplite der Granite auf (vgl. Abschn. 2.8). Es sind helle, gleichmäßig klein- bis feinkörnige Gesteine. Porphyrische Ganggesteine der dioritisch-tonalitischen Familie sind **Diorit-** bzw. **Tonalitporphyrite** mit Einsprenglingen von Plagioklas, Biotit, Hornblende, seltener auch von Pyroxen. **Nadeldiorit** ist ein Dioritporphyrit mit sehr langprismatischen Hornblende-Einsprenglingen (z. B. im Bayerischen Wald). Nichtporphyrische Ganggesteine mit Diorit- oder Tonalitzusammensetzung heißen **Mikrodiorit** und **Mikrotonalit. Malchit** ist ein klein- bis feinkörniger Hornblende-Mikrodiorit.

Die Bezeichnung der dioritisch-tonalitischen Ganggesteine im einzelnen und die Abgrenzung gegen die granodioritischen bzw. gabbroischen Ganggesteine richtet sich nach den für die Plutonite aufgestellten Regeln (Abschn. 2.11.1 und 2.13.1) und nach Besonderheiten des Mineralbestandes und Gefüges.

Bei der Abgrenzung gegen die Plagioklas-Lamprophyre Kersantit, Spessartit und eventuell Camptonit sind als besondere Kriterien zu berücksichtigen: keine Plagioklaseinsprenglinge in den Lamprophyren, normativer Orthoklas in den Lamprophyren >15%; dioritische Ganggesteine nicht ne-normativ und nur selten ol-normativ.

Ganggesteine der dioritisch-tonalitischen Familie treten im unmittelbaren Zusammenhang mit plutonischen Dioriten und Tonaliten, aber auch scheinbar unabhängig davon im Bereich des orogenen Kalk-Alkali-Plutonismus im Gefolge von Graniten und Granodioriten auf. Die porphyrisch ausgebildeten Gesteine sind makroskopisch durch Plagioklas- bzw. Mafiteinsprenglinge gekennzeichnet; die gleichmäßig klein- bis feinkörnigen Mikrodiorite und -tonalite sind meist mesokrate Gesteine, die je nach Korngröße einen schon „dunklen" Gesamteindruck darbieten.

2.13 Gabbros, Norite und verwandte Gesteine

2.13.1 Allgemeine petrographische und chemische Kennzeichnung

Gabbros (nach dem Dorf Gabbro in der Toskana benannt) sind plutonische Gesteine aus Plagioklas (An-Gehalt >50%), Klinopyroxen ± Olivin, Orthopyroxen, Erzmineralen und Akzessorien (Abb. 10, Abschn. 1.3.4.1). **Eukrit** ist ein Gabbro mit anorthitreichem Plagioklas (> An_{70}). **Hornblendegabbro** führt mehr Hornblende als Klinopyroxen. Die **Norite** unterscheiden sich von den Gabbros durch das Überwiegen des Orthopyroxens gegenüber dem Klinopyroxen. **Troktolith** ist ein Plagioklas-Olivin-Gestein ± Pyroxen.

Je nach Bedarf können zusammengesetzte Namen gebildet werden, z. B. Diallagnorit, Olivingabbro etc. Die Unterscheidung gegenüber den Plutoniten der Dioritfamilie wird aufgrund des Anorthitgehaltes der Plagioklase getroffen; Diorite haben Plagioklase mit unter 50% An. Nach dem Anteil der Mafite können Leukogabbros (10–35%), Gabbros (35–65%) und Melagabbros (65–90%) und analog die Noritvarietäten unterschieden werden.

Gabbros, Norite und ihre Varianten sind meist klein- bis grobkörnige, seltener auch großkörnige Gesteine mit markantem Kontrast der hellen und dunklen Minerale. Die Textur ist gewöhnlich massig, kann aber durch Einregelung tafeliger Plagioklase oder durch langgestreckte Mafitaggregate eine deutliche Orientierung aufweisen. In manchen Gabbro- und Noritmassiven ist eine aus abwechselnden helleren und dunkleren Anteilen gebildete lagige oder „schichtige" Textur charakteristisch (s. Abschn. 2.13.3 und Abb. 42 bis 47 und 49).

Drei Haupt-Gefügetypen der Gabbros und Norite sind:

- **Hypidiomorph** bis **panallotriomorph:** die Hauptminerale Plagioklas und Pyroxen sind unvollkommen idiomorph bis unregelmäßig rundlich-buchtig mit einfachen Konturen gestaltet; eine bestimmte Ausscheidungsfolge ist nicht erkennbar. Die panallotriomorphe Gefügeform wird oft auch direkt als „Gabbrostruktur" bezeichnet (Abb. 21A).
- **Ophitisch** mit sperrig gestellten tafeligen Plagioklasen und Pyroxen in den Zwischenräumen. Dieser Gefügetyp ist allerdings selten so vollkommen ausgebildet wie etwa bei bestimmten Diabasen.
- **Kumulus-Strukturen** sind für die Gabbros und Norite der „geschichteten" (lagigen) Massive charakteristisch. Sie sind in Abschn. 2.13.3 (Bushveld-Komplex) beschrieben. Sowohl die Mafitminerale, als auch Plagioklas können als Kumulusphasen auftreten.

Sehr häufig sind die ursprünglichen Mineralbestände und Strukturen der Gabbros und Norite durch **Corona**bildungen modifiziert. Diese sind spät- bis postmagmatische („subsolidus-") Reaktions- und Umwandlungssäume um Olivin, Pyroxen, seltener auch um die Fe-Ti-Oxidminerale, jeweils an deren Kontakt mit Plagioklas (Abb. 3D). Als Coronaminerale treten auf: Orthopyroxen (Mg-reich), Hornblende, Anthophyllit, Cummingtonit, Aktinolith, Granat, Spinell und weitere. Die neugebildeten Minerale können einfach gestaltete oder auch komplizierte, radialstengelige, ein- oder mehrphasige Umrandungen bilden. Einige öfter vorkommende Coronabildungen sind, jeweils von innen nach außen:

- Olivin – Orthopyroxen (faserig) – Aktinolith mit etwas Pleonast – Plagioklas;

- Klinopyroxen – braune Hornblende – Plagioklas;
- Ilmenit – braune Hornblende – Plagioklas;
- Magnetit/Ilmenit – Hornblende mit Orthopyroxen und Spinell – Anorthit mit Orthopyroxen – Plagioklas;
- Magnetit/Ilmenit – Hornblende – Olivin – Orthopyroxen – Klinopyroxen.

Eine scharfe Unterscheidung dieser Coronabildungen von ganz ähnlichen metamorphen Umwandlungsprodukten ist nicht möglich. Dasselbe gilt auch von drei weiteren überaus häufigen Umwandlungserscheinungen an den Plagioklasen und Pyroxenen der Gabbros und Norite:

- **Saussuritisierung** der Plagioklase: Umwandlung in Albit, Klinozoisit oder Zoisit, Hellglimmer ± Chlorit, Aktinolith, Calcit;
- **Uralitisierung** der Pyroxene: Umwandlung in faserigen oder einheitlichen, dann oft in bezug auf den Pyroxen coaxial orientierten Aktinolith;
- **Serpentinisierung** des Olivins.

Als besondere Eigenschaften der Primärminerale der Gabbros sind noch hervorzuheben:

- **Plagioklase** meist nach dem Albit- (und Periklin-) Gesetz verzwillingt; nur selten zonar; öfters mit sehr kleinen, meist orientiert eingelagerten Partikelchen von Magnetit, Ilmenit oder Hämatit, die dem Feldspat eine dunkle Färbung oder einen „Schiller" verleihen.
- **Klinopyroxen,** meist Diopsid bis Salit oder diopsidischer Augit, im Dünnschliff nur schwach bräunlich; vielfach nach (100) verzwillingt; häufig mit Entmischungslamellen von Orthopyroxen; orientierte Einlagerungen von Magnetit oder Ilmenit erzeugen einen bronzefarbigen Schillereffekt. Diallag hat außer der nur „guten" Spaltbarkeit nach (110) und ($1\bar{1}0$) eine sehr gute Teilbarkeit nach (100).
- **Orthopyroxen** (Bronzit bis Hypersthen), oft mit den gleichen Erzeinlagerungen wie Klinopyroxen; Entmischungslamellen von Klinopyroxen; wo solche reichlich auftreten, wird Umwandlung aus primärem Pigeonit angenommen (invertierter Pigeonit, s. Abb. 3A).
- **Primäre Hornblende,** meist braun bis grünlichbraun, als Fortwachsung von Pyroxen oder selbständig, oft xenomorph.
- Häufigste Erzminerale sind **Magnetit** und **Ilmenit,** gelegentlich stark zerlappt, skelettartig; als Akzessorien sind Pyrrhotin, Pentlandit, Kupferkies und Pyrit verbreitet. Chromit tritt besonders in olivinreichen Gabbros auf.
- **Orthoklas** und Orthoklas mit **Quarz** in graphischer Verwachsung sind Bestandteile alkali- und SiO_2-reicherer Gabbros;
- Apatit fast überall akzessorisch; fallweise Biotit, Korund; Rutil (selten stark angereichert, Nelson County, Virginia/USA).

Ocelli aus Quarz, Kalifeldspat ± Amphibol, Epidot, Plagioklas und Titanit mit Reaktionssäumen aus Klinopyroxen kommen in Dioriten und Gabbros verschiedener Gebiete vor. Sie haben teils rundliche, teils „kristallographische", eckige

Tabelle 22 Chemische Zusammensetzung und CIPW-Normen verschiedener Gabbros (Gew.-%)

	SiO_2	TiO_2	Al_2O_3	Fe_2O_3	FeO	MnO	MgO	CaO	Na_2O	K_2O	P_2O_5	H_2O^+	Summe
(1)	50,55	0,66	15,23	1,04	10,07	0,23	8,30	11,30	2,24	0,19	0,12	0,24	100,17
(2)	51,45	0,34	18,67	0,28	9,04	0,47	6,84	10,95	1,58	0,14	0,09	0,34	100,19
(3)	48,01	1,51	19,11	1,20	8,44	0,12	7,72	10,33	2,34	0,17	0,07	0,34	99,36
(4)	42,61	4,06	16,15	3,72	7,56	0,15	5,26	14,26	3,02	0,33	1,99	0,65	99,76

	Q	or	ab	an	ne	di	hy	ol	mt	il	ap
(1)	–	1,1	18,9	30,9	–	20,0	20,6	5,3	1,5	1,3	0,3
(2)	3,0	0,8	13,4	43,4	–	8,5	29,5	–	0,4	0,7	0,2
(3)	–	1,0	19,8	41,2	–	7,8	16,4	7,8	1,7	2,9	0,2
(4)	–	2,0	18,8	29,5	3,6	22,6	–	4,8	5,4	7,7	4,7

(1) Kleinkörniger Hypersthengabbro, Randzone des Bushveld-Plutons, zwischen Lydenburg und Roos Senekal (Transvaal) (nach Wager & Brown 1967)
(2) Kleinkörniger Hypersthengabbro, Randzone des Bushveld-Plutons, Sjambok Railway Station (Transvaal) (nach Wager & Brown 1967)
(3) Kleinkörniger Gabbro der Randzone, Udlöberen, Skaergaard (Grönland) (nach Wager & Brown 1967)
(4) Hornblendegabbro, Brome Mountain bei Montreal (Canada) (nach Valiquette & Archambault 1970)

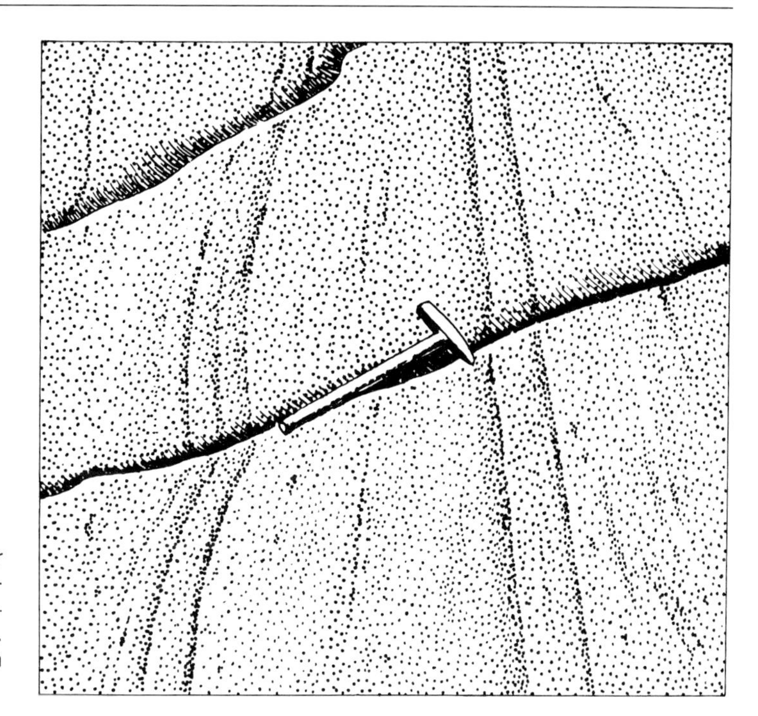

Abb. 42 Einfache Lagentextur im Norit des Stillwater-Komplexes (Montana, USA) (nach JACKSON aus WAGER & BROWN 1967). Die dunkleren Lagen sind an Bronzit angereichert.

Umrisse. Ihre Entstehung ist noch nicht eindeutig geklärt.

Die chemischen Zusammensetzungen der mesokraten Gabbros und Norite (35–65% Mafite) entsprechen denen der gewöhnlichsten Basalttypen. Die Gesteine der größten Gabbro- und Noritplutone haben im Mittel und besonders in den undifferenzierten Randzonen tholeiitischen Charakter. Hohe Gehalte an Plagioklas bedingen die für High-Alumina-Basalte kennzeichnenden Al_2O_3-Werte von über 17%. Gabbros mit viel Hornblende (besonders brauner Hornblende) sind manchmal relativ kieselsäurearm und entsprechen dann den Alkali-Olivinbasalten (siehe Tabelle 22 und Tabelle 24). Die Differentiation von Gabbros des Skaergaard-Typs (Abschn. 2.13.3) erzeugt Ferrogabbros und Ferrodiorite mit besonders hoher relativer Eisenanreicherung (Abb. 48); bei anderen differenzierten Gabbros und Noriten ist dies nur abgeschwächt oder gar nicht der Fall.

2.13.2 Auftreten und äußere Erscheinung

Gabbros und Norite und ihre sie häufig begleitenden Varianten treten in verschiedensten Intrusionsformen und Dimensionen auf:

- als **lagig differenzierte Intrusivkörper** mit schüssel-, trichter- oder rinnenartiger Gestalt (Beispiele hierfür: Bushveldkomplex in Südafrika (Abschn. 2.13.3), Skaergaard-Intrusion in Grönland (Abschn. 2.13.3), Great Dyke in Zimbabwe (Abschn. 2.15.3). Diese zum Teil riesigen Gebilde (der Bushveld-Komplex hat ein Volumen in der Größenordnung von 100000 km^3) bieten besonders instruktive Beispiele für die Differentiation basischer Magmen. Sie enthalten neben den Gabbros und Noriten auch einerseits mafitischere, andererseits feldspatreichere sowie saurere Differentiate (Ultramafitite bzw. Anorthosite, Diorite, Granite oder granitähnliche Gesteine);
- als Bestandteile konzentrisch aufgebauter **komplexer Intrusionen** mit Ultramafititen, Dioriten und anderen nicht alkalischen Plutoniten; als Ringintrusionen oder Ringgänge;
- als Bestandteile komplexer Intrusionen des Alkaligesteinstammes (s. S. 135);
- als schlierig-inhomogene Intrusionen mit basischeren und saureren Anteilen, z. B. Gabbro vom Frankenstein (Odenwald, s. Abschn. 2.13.3); selbständig oder
- als Glieder differenzierter kontinentaler Plutonit-Komplexe; Intrusionen mit verschiedenen Formen, Dimensionen und Verbandsverhältnissen;
- als Glieder der subvulkanischen bis plutonischen Anteile der **Ophiolithassoziationen** in Geosynklinalen, mit verschiedenen Intrusions-

formen, Dimensionen und Verbandsverhältnissen (s. 279f.).
- als Glieder der subvulkanischen bis plutonischen Anteile der **ozeanischen Kruste.**

Die äußere Erscheinung der Gabbros und Norite im Handstücksbereich ist durch das Nebeneinander heller Feldspäte und dunkler Mafite in etwa äquivalenten Mengen geprägt. Je nach Korngröße variiert das Aussehen von kleinkörnig-gesprenkelten über grobkörnige fleckige bis zu großkörnigen, manchmal pegmatoiden Arten. Trübung der Plagioklase durch Saussuritisierung oder beginnende Verwitterung steigert den Hell-Dunkel-Kontrast; die Gestalt der Plagioklaskörner oder -aggregate wird dann deutlicher erkennbar. Sehr frische Plagioklase können aber durch feine Erzeinlagerungen auch relativ dunkel erscheinen. Die Pyroxene sind oft nicht schwarz, sondern dunkelbräunlichgrau bis schwach bronzefarbig; durch Uralitisierung wird ein eher grünlicher Farbton bewirkt. Sehr olivinreiche, pyroxenarme Gabbros (Troktolithe) zeigen ein spezielles grünlich-weiß-fleckiges Aussehen („Forellenstein"). Die in den Abschnitten über den Bushveld-Komplex und den Skaergaard-Gabbro beschriebenen Lagentexturen können unter günstigen Bedingungen im Gelände sehr auffällig hervortreten. Unter gemäßigtem Klima sind Gabbros und Norite mäßig verwitterungsbeständig; in aufschlußarmen Gebieten, wie etwa im Frankensteinmassiv (Odenwald, s. Abschn. 2.13.3) sind ausgewitterte, frische Blöcke an der Oberfläche verbreitet. Im Bushveld-Komplex (Südafrika) bilden die basischen Gesteine wegen ihrer Verwitterungsempfindlichkeit weithin, aber nicht überall, die flachen und tiefliegenden Teile des Reliefs. Sehr frische Gesteine stehen dagegen in dem glazial erodierten Skaergaard-Gebiet (Grönland) in großer Ausdehnung an.

2.13.3 Beispiele gabbroischer und noritischer Gesteinskomplexe und Einzelvorkommen

Der Bushveld-Komplex in Südafrika

Der Bushveld-Komplex in Transvaal bildet eine unregelmäßig zerlappte Fläche mit den Hauptdurchmessern von 460 km (W–E) und 245 km (N–S) (Abb. 43). Große Teile dieser Fläche sind von jüngeren Gesteinen überlagert, so daß die Umrisse des magmatischen Körpers nicht überall genau bekannt sind. Im allgemeinen sind die einzelnen „Lappen" schüsselartig mit deutlicher, konzentrisch einfallender Lagentextur gestaltet. Die Unterlage des Bushveld-Komplexes tritt an seinem Außenrand zutage; es sind die praekambrischen Sedimentgesteine des Transvaal-Systems und im Norden noch ältere Formationen, die alle unter den magmatischen Gesteinskörper einfallen. Auch im Inneren des Komplexes treten mehrere Schollen des Liegenden zutage. So stellt sich das gesamte Gebilde als aus mehreren lopolithischen Teilkörpern zusammengesetzt dar. Das Alter des Magmatismus wurde zu etwa 1950 ± 50 Millionen Jahren bestimmt. Schon im Liegenden, der Pretoria-Serie, sind viele und zum Teil mächtige Diabas-Lagergänge als Vorläufer des basischen Bushveld-Magmatismus eingedrungen. Die im Hangenden des Bushveld-Komplexes weit verbreiteten Rooiberg-Felsite und Granophyre gehören wahrscheinlich ebenfalls zu einer dem Plutonismus vorausgehenden extrusiven Phase.

Die **plutonische Hauptphase** des Bushveld-Komplexes wird folgendermaßen gegliedert:
- Obere Zone, bis 2100 m mächtig, mit Granodiorit, Olivindiorit, Gabbro bis Anorthosit und Magnetitbändern,
- Hauptzone, bis 5500 m mächtig, mit Gabbros bis Anorthosit und untergeordnetem Norit,
- Merensky-Reef,
- Kritische Zone, bis 1100 m mächtig, mit Norit bis Anorthosit, Pyroxenit und Chromititbändern,
- Haupt-Chromitit-Band,
- Basalzone, bis 1900 m mächtig, mit Pyroxenit, Norit (untergeordnet), Peridotit und Chromititbändern,
- „Chill-zone" = relativ schnell abgekühlte, zum Teil feinkörnige Gesteine noritischer Zusammensetzung.

Lagentexturen, die aufgrund ihrer nachgewiesenen Entstehung durch gravitive Kristallisationsdifferentiation auch oft als **magmatische Schichtung** angesprochen werden, sind in allen Zonen außer der „chill zone" an der Basis sehr verbreitet. Die Differentiation führte zur Bildung von ultramafitischen Lagen (Chromitit, Magnetitit, Peridotit, Pyroxenit) einerseits und sehr leukokraten anorthositischen Lagen andererseits (Abb. 49B). Die mesokraten Norite und Gabbros repräsentieren etwa das undifferenzierte Ausgangsmagma.

Mafitreiche Gesteine dominieren in der unteren Zone; in der oberen Zone treten außer Gabbros (eisenreich) auch saurere Gesteine bis zu Granodioriten auf.

Den zahllosen übereinanderfolgenden Einzel-

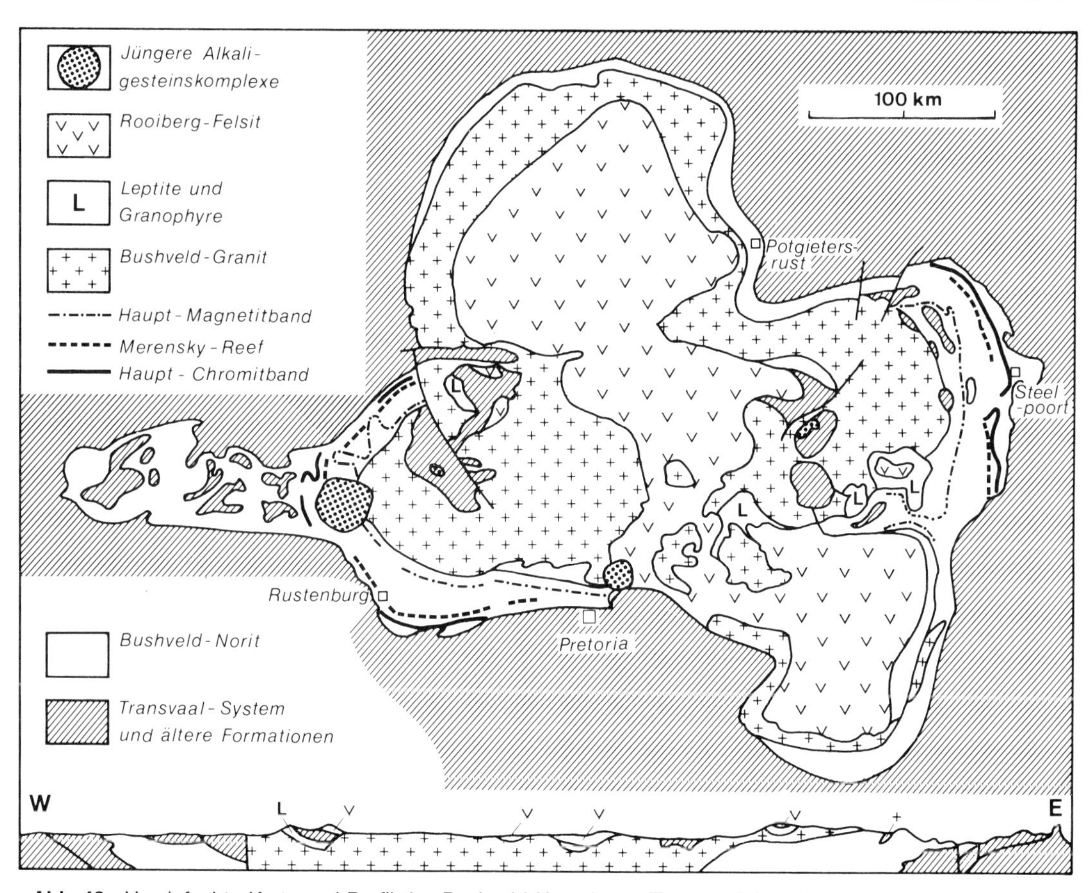

Abb. 43 Vereinfachte Karte und Profil des Bushveld-Komplexes (Transvaal) (nach WILLEMSE 1964).

rhythmen der Lagendifferentiation überlagert sich eine einfache Entwicklung der Zusammensetzung der Hauptminerale (Abb. 44A):

- der **Plagioklas** wird von unten nach oben anorthitärmer (An_{80} in der Basalzone bis An_{30} im höchsten Teil der Oberen Zone),
- **Olivin** tritt hauptsächlich in der Basalzone (Fa_{12} bis Fa_{14}) und in der Oberen Zone (Fa_{51} bis Fa_{100}) auf,
- der **Orthopyroxen** und der **Pigeonit** werden ebenfalls von unten nach oben Fe-reicher,
- der **Klinopyroxen** wird Ca-reicher und Mg-ärmer (von fast reinem Diopsid an der Basis bis zu Hedenbergit in den höchsten Teilen der Intrusion).
- Als Haupterzminerale treten **Chromit** in der Basal- und kritischen Zone und **Magnetit** in der Oberen Zone auf.

Das als Platinlagerstätte berühmte **Merensky-Reef** ist im weiteren Sinne eine 1 bis 3 m mächtige Lage von grobkörnigem Plagioklas-Pyroxenit mit Bronzit als Hauptmineral (Abb. 44B). Chromit, Olivin und Sulfide kommen hinzu; das Merensky-Reef im engeren Sinne hat eine als *pegmatoid* bezeichnete grob- bis großkörnige Textur, bei der die Sulfide Pyrrhotin, Pentlandit, Kupferkies und Pyrit die Interkumulus-Phase zwischen den Silikaten bilden. Minerale der Platinmetalle (Braggit (Pt,Pd,Ni)S, Sperrylith $PtAs_2$ und Cooperit PtS) treten mit Mengenanteilen von nur wenigen tausendstel Prozent auf.

Als Folge der langdauernden gravitativen Kristallisation sind **Kumulusstrukturen** in den Bushveld-Gesteinen überaus verbreitet. Hauptkumulusminerale sind:

- Bronzit und Olivin in der Basalen Zone,
- Bronzit, Plagioklas, Augit und Chromit in der kritischen Zone,
- Pigeonit, Plagioklas, Ferroaugit, Olivin, Magnetit und Apatit in der Hauptzone.

Adkumulate (s. S. 45) mit einem vorherrschenden Kumulusmineral sind besonders häufig (z. B. Dunit, Pyroxenit, Anorthosit, Chromitit, Magnetitit). Viele Norite, Feldspatpyroxenite und Pyro-

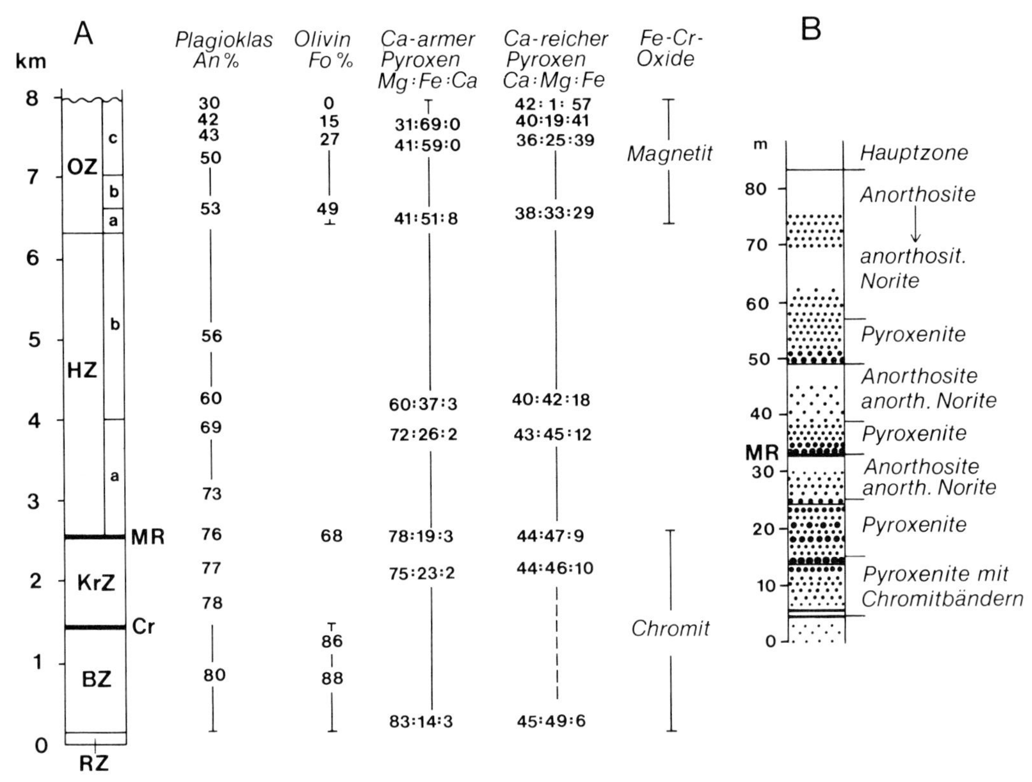

Abb. 44 A) Vertikalprofil durch den Ostteil der Bushveld-Intrusion, Transvaal. Nach Wager & Brown 1967. RZ = Randzone, BZ = Basale Zone, KrZ = Kritische Zone, HZ = Hauptzone, OZ = Obere Zone, Cr = Haupt-Chromithorizont, MR = Merensky Reef. – B) Profil der Kritischen Zone in der Union Mine. Quelle wie A.

xenanorthosite enthalten zwei oder drei Arten von Kumulusmineralen (z. B. Plagioklas, Augit und Hypersthen). Heteradkumulate mit großen poikilitischen Bronziten, welche Kumulus-Plagioklase einschließen, sind ebenfalls verbreitet (sogenannte mottled anorthosites). Auch An-reicher Plagioklas und Mg-Augit können poikilitisch in Pyroxeniten und Chromititen auftreten.

Bestimmte Lagen, z. B. das Merensky-Reef und die Chromitite der Kritischen Zone, sind über mehr als 100 km, mit Unterbrechungen bis zu 300 km Länge im Streichen zu verfolgen.

Neben den mehr oder weniger regelmäßigen, ebenflächigen Lagentexturen der Gesteine kommen verschiedene abweichende Texturen, wie Verbiegungen, Faltung durch Rutschung des noch unverfestigten Kristallkumulates, taschenartige Aushöhlungen und andere Störungen des Lagenbaues vor.

Die zentralen Partien des basischen Bushveld-Komplexes werden von dem bis zu mehrere km mächtigen **Bushveld-Granit** überlagert. Er ist jünger als die unterlagernden Gesteine der Oberen Zone und auch jünger als die hangenden Rooiberg-Felsite und Granophyre. Die Hauptmasse dieses Plutons besteht aus einem grobkörnigen, quarz-feldspatreichen Biotit-Hornblende-Granit mit überwiegendem, perthitischem Alkalifeldspat. Varianten dieses Granits enthalten zum Teil bedeutende Lagerstätten von Zinn und Flußspat.

Der Skaergaard-Gabbro (Ostgrönland)
(nach Wager & Brown, 1968).

Der geschichtete Gabbropluton von Skaergaard in Ostgrönland tritt auf einer etwas unregelmäßig elliptischen Fläche von 10 × 7,5 km Durchmesser zutage (Abb. 45). Spätere tektonische Kippung und starke glaziale Erosion haben etwa 3000 m des Vertikalprofils freigelegt. Die ausgezeichneten Aufschlußverhältnisse erlauben besonders detaillierte Beobachtungen und eine fast lückenlose Probenahme. Nebengesteine der eozänen Intrusion sind Gneise und darüber alttertiäre Basalte mit zwischengelagerten Pyroklastiten. Ein mächtiger Gabbro-Lagergang ist in den oberen Teil der Gabbrointrusion eingedrungen; er ist ebenfalls in sich differenziert.

Die eigentliche Skaergaard-Intrusion wird folgendermaßen gegliedert:
- Obere Grenzgruppe (Upper Border Group): Gabbros und Ferrodiorite mit Granophyr-Schlieren und Gneiseinschlüssen, etwa 1000 m mächtig;
- Obere Zone: Ferrogabbros mit fayalitreichem Olivin, 920 m mächtig;
- Mittlere Zone: olivinfreie Gabbros, 780 m mächtig;
- Untere Zone: Gabbros mit forsteritreichem Olivin, 800 m mächtig;
- Nicht aufgeschlossene „Hidden Zone", vermutlich mafitische und ultramafitische Gesteine, die zusammen etwa 70% des Gesamtvolumens des Plutons ausmachen.

Auf dem gesamten Umfang der Intrusion ist eine bis zu mehreren hundert Meter mächtige *Randzone* entwickelt, die nahe dem Kontakt aus feinkörnigen, weiter nach innen zu aus gröber kristallinen Gabbrovarietäten besteht. Als auffallende Texturform ist eine Zone mit dünntafeligen Plagioklasen zu nennen, welche bevorzugt senkrecht zum Kontakt orientiert sind. Noch weiter plutoneinwärts zeigt sich meist eine kontaktparallele Lagentextur der Randzone. Die Gesteine der äußeren Randzone repräsentieren am ehesten das undifferenzierte Magma des Skaergaard-Plutons.

In den lagigen Serien der Intrusion (Untere Zone bis Obere Zone) ist ein vielhundertfacher Wechsel von helleren und dunkleren Lagen im Aufschlußbereich überall zu beobachten. Die Lagen sind gewöhnlich zwischen 5 und 40 cm mächtig.

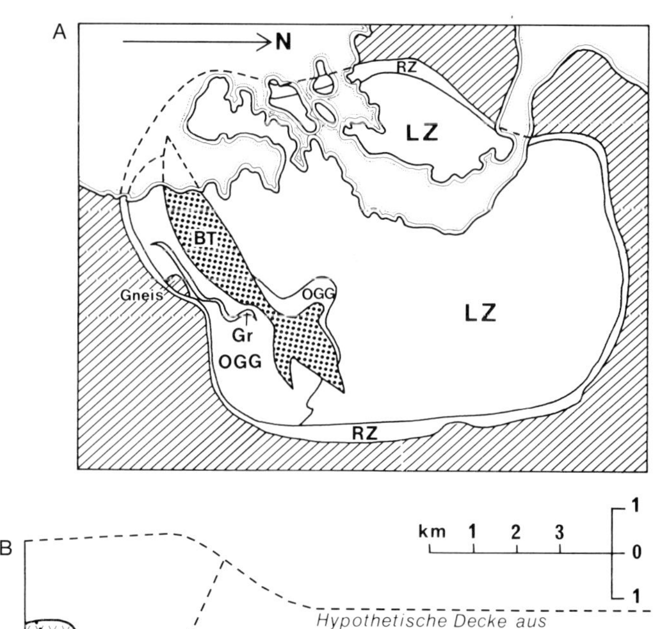

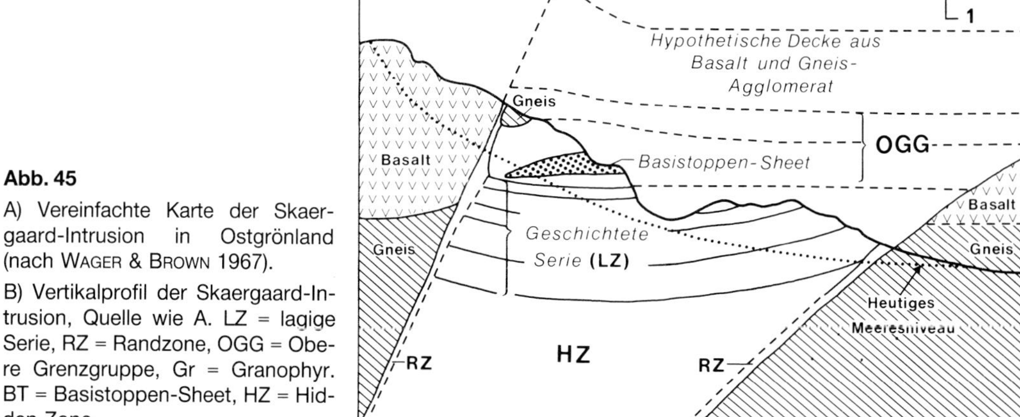

Abb. 45

A) Vereinfachte Karte der Skaergaard-Intrusion in Ostgrönland (nach WAGER & BROWN 1967).

B) Vertikalprofil der Skaergaard-Intrusion, Quelle wie A. LZ = lagige Serie, RZ = Randzone, OGG = Obere Grenzgruppe, Gr = Granophyr. BT = Basistoppen-Sheet, HZ = Hidden Zone.

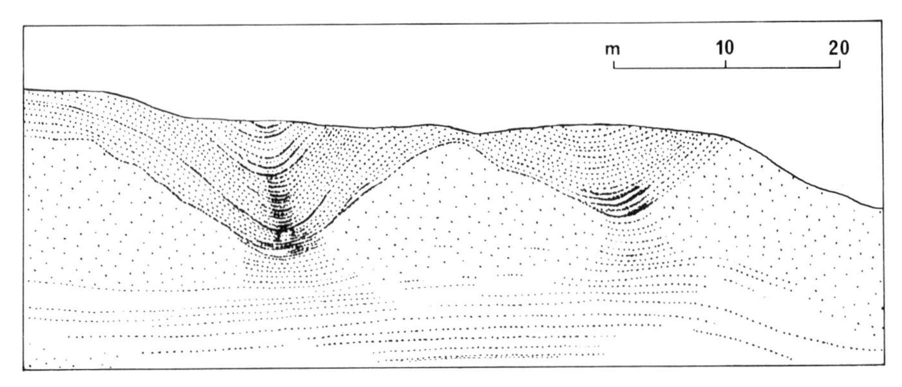

Abb. 46 Schnitt durch trogförmige Lagentexturen im Skaergaard-Gabbro (nach IRVINE & STUESER 1978).

Sehr verbreitet folgen viele Lagen von ähnlicher mineralogischer Zusammensetzung und auch ähnlicher Dicke aufeinander, so daß von einer **rhythmischen Lagentextur** gesprochen werden kann. Häufig zeigen die Einheiten der Lagentextur eine besondere Anreicherung der schweren und dunklen Minerale an ihrer Basis; nach oben hin nimmt der Anteil der hellen Minerale allmählich zu. Die für die gravitative Kristallisationsdifferentiation charakteristischen Strukturen sind in den Skaergaard-Gesteinen besonders gut zu beobachten. Neben regelmäßigen ungestörten Wechsellagerungen kommen bis zu 300 m lange und 50 m tiefe Tröge mit Anreicherungen der schweren Mafitminerale vor, an denen die Strömungsvorgänge im kristallisierenden Magma besonders anschaulich werden (Abb. 46). Als Kumulusminerale treten allgemein auf: Plagioklas, Ca-reicher Klinopyroxen, invertierter Pigeonit (jetzt Hypersthen mit Klinopyroxenlamellen), Olivin, Ilmenit, Magnetit und Apatit.

Dem vielfachen rhythmischen Lagenbau der Intrusion überlagert sich eine viel größer dimensionierte **„kryptische“** (= verborgene) **Zonierung,** die sich in regelmäßigen Veränderungen der Zusammensetzung der Plagioklase, der Pyroxene und der Olivine im Vertikalprofil äußert (Abb. 47). Sie ist die Folge einer allmählichen Änderung der Magmenzusammensetzung von unten nach oben.

Die Obere Grenzgruppe (Upper Border Group) besteht aus nur wenig deutlich lagigen Gabbros und Ferrodioriten, zum Teil mit parallel orientierten Plagioklastafeln (Fließtextur). Die Pyroxene und Olivine dieser Gruppe sind sehr eisenreich. Große Einschlüsse von Gneis kommen verschiedentlich vor; sie scheinen zum Teil aufgeschmolzen und im Gabbromagma assimiliert zu sein.

Als jüngste Differentiate des Skaergaard-Magmas treten Lagergänge und diskordante Gänge von **„Granophyr“** auf. Es sind granodioritische bis granitische, aber relativ mafitreiche Gesteine, für die mikrographische Quarz-Feldspat-Verwachsungen charakteristisch sind. Auch die Fer-

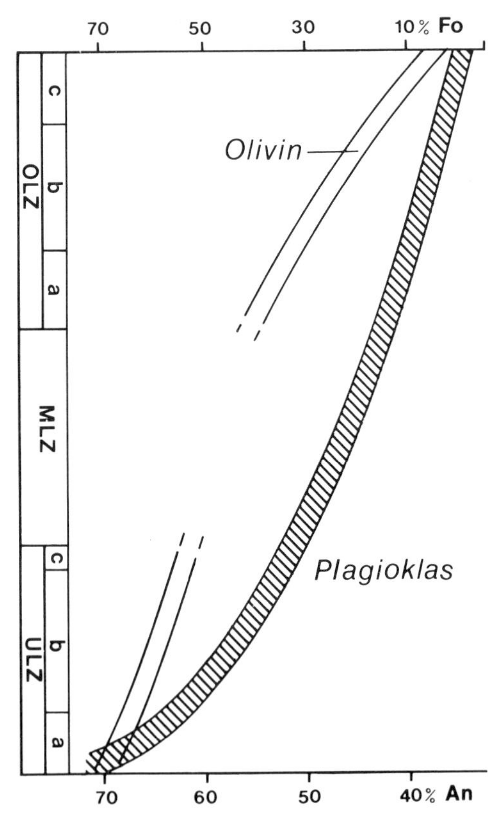

Abb. 47 Zusammensetzung der Olivine und Plagioklase im Vertikalprofil der unteren, mittleren und oberen lagigen Zone des Skaergaard-Gabbros (nach WAGER & BROWN 1967).

rodiorite der Upper Border Group enthalten solche Verwachsungen als jüngste Interkumulus-Bildungen.

Der Harzburger Gabbro (Harz)
(nach VINX, 1982).

Der Harzburger Gabbro intrudierte im Oberkarbon in die gefalteten, schwach bis mittelmetamorphen Sedimentgesteine des älteren Palaeozoikums. Das kleine Massiv erstreckt sich über etwa 6 km Länge in SW-NE-Richtung; die größte Breite ist knapp 4 km. Die Nebengesteine sind in unterschiedlichem Ausmaß bis zur Hornfelsbildung kontaktmetamorph verändert; an mehreren Stellen ist die Mobilisation des Nebengesteins und Kontamination des Gabbros durch Aufnahme solcher Mobilisate nachgewiesen. Das Gabbromassiv weist nach VINX eine schichtige Gliederung nach Art der „layered gabbros" auf, die allerdings nur selten in Kumulatlagen von cm- bis dm-Dimensionen sichtbar wird. Zudem ist der größte Teil des Gabbrokörpers tektonisch stark gestört.

Durch Untersuchung der Mineralbestände und -zusammensetzungen wird indessen eine Abfolge verschiedener Gesteine erkennbar, die im Liegenden mit Ultramafititen und mafitreichen Gabbros beginnt und über noritischen Gabbro bis zu Ferrogabbro und Ferro Olivingabbro führt. Dabei nimmt das Verhältnis von Fe zu Fe + Mg im Gestein von unten nach oben stark zu (0,2 bis 0,95); dasselbe gilt für die Orthopyroxene. In den Klinopyroxenen steigt der Anteil von Ferrosilit von 10 auf 41% an; die Anorthitgehalte der Plagioklase sinken von 89 bis auf 49% ab. Der Olivin der liegenden Kumulate hat Fayalitgehalte von 80 bis 90%, der in den hangenden Ferrogabbros solche von 74 bis 89%.

Der verbreitetste Gesteinstyp, der Harzburger Gabbro im engeren Sinne, ist wegen seiner etwa gleichen Mengenanteile von Ortho- und Klinopyroxen als Noritgabbro bis Gabbronorit zu bezeichnen. Er besteht aus hypidiomorphen bis idiomorphen Plagioklasen (An_{70} bis An_{50}), Diopsid, Bronzit bis Hypersthen, Olivin, Biotit in unregelmäßigen Lappen oder Nestern, Hornblende (primär oder sekundär) und gelegentlich etwas Quarz als Zwickelfüllung. Die Gefügeausbildung weist darauf hin, daß nach einer anfänglich ruhigen Kumulatbildung eine tektonisch verursachte „Kompaktierung" eintrat, wodurch eine deutliche Interkumuluskristallisation (Abschn. 2.3) unterdrückt wurde.

Der Gabbro vom Frankenstein (Odenwald)
(nach TROCHIM, 1960)

Das Gabbromassiv vom Frankenstein erstreckt sich in SW-NE-Richtung mit 9 km Länge und etwa 2 bis 3 km Breite zwischen Seeheim und Oberramstadt im nordwestlichen Odenwald. Nebengesteine sind Plagioklas-Hornblende-Schiefer (vermutlich metamorphe altpaläozoische basische Tuffe) und Biotit-Plagioklas-Schiefer; alle diese Gesteine sind durch den Gabbro kontaktmetamorph überprägt (Hornblende-Pyroxen-Hornfelse) und zum Teil auch assimiliert worden. Unter den Kontaktgesteinen sind Korund-Magnetit-Sillimanit-Felse (aus bauxitisch-lateritischem Ausgangsmaterial) und Plagioklas-Pyroxen-Magnetit-Hornfelse, die früher **„Beerbachite"** genannt wurden (aus basischem Ausgangsmaterial) zu erwähnen.

Zahlreiche Gesteinsvarietäten beteiligen sich am Aufbau des Frankenstein-Massivs; nach Art und Anteil der Mafitminerale und besonders nach dem mittleren Anorthitgehalt der Plagioklase sind die in Tabelle 24 aufgeführten Gesteinstypen zu unterscheiden. Eukrit und Eukritgabbro mit An-reichen Plagioklasen treten als größere Masse im südwestlichen Teil des Plutons und als kleinere Schlieren in der sich nach NE erstreckenden Axialzone auf. In der südwestlichen Eu-

Tabelle 23 Mineralische Zusammensetzung (Volum-%) von Gesteinen des Harzburger „Gabbro"-Massivs (nach SOHN 1957)

	Olivin	Orthopyroxen	Klinopyroxen	Hornbl. + Biotit	Plagioklas	Orthoklas + Quarz	Erz, Apatit
Bronzitit	–	91	3	1,5	4,5	–	+
Harzburgit	43	56,5	–	–	0,5	–	+
Olivinnorit	24	28	8	–	40	–	+
Troktolith	35	5	–	–	60	–	+
Gabbro	–	13	15	2	70	±	+
Gabbrodiorit	–	–	26,5	10,5	48	8	+

Tabelle 24 Mineralische Zusammensetzung (Volum-%) von Gesteinen des Gabbromassivs vom Frankenstein (Odenwald) (nach TROCHIM 1960)

	Peridotit	Olivineukrit	Eukrit	Norit	Gabbro	Diorit
Olivin	66	15	–	–	–	–
Orthopyroxen	–	–	–	24	–	–
Klinopyroxen	12	29	32	12	32	11
braune Hornblende	6	6	4	5	4	11
grüne und farblose Hornblende	–	–	8	4	2	13
Plagioklas	–	50	46	53	59	59
mittlerer An-Gehalt	(–)	(88)	(90)	(66)	(75)	(48)
Magnetit, Ilmenit	3	+	+	2	2	4
Sekundärminerale	13	+	10	+	+	+
Andere	–	–	–	<1	–	2

kritmasse liegen einige kleine Schollen von Peridotit. Die randlichen Zonen des Plutons und der im NW vorgelagerte Ausläufer bestehen aus Gabbro, Gabbrodiorit und Diorit in unregelmäßig-schlieriger Verteilung. Die Korngröße der Gesteine wechselt von klein- bis zu grobkörniger, in Schlieren auch zu pegmatoidartig-großkörniger Ausbildung.

Als typisch magmatisch anzusprechende hypidiomorphe Gefüge sind fast nur in den Eukriten anzutreffen. In den meisten anderen Gesteinsvarietäten sind die **Plagioklase** postmagmatisch blastisch weitergewachsen und schließen andere Minerale (Pyroxen, Erz, ältere Plagioklase) ein. Der **Klinopyroxen** ist ziemlich einheitlich ein diopsidischer Augit. Der **Orthopyroxen** neigt zur Idiomorphie. Die **braunen Hornblenden** zeigen unterschiedliche Ausbildungen:

- Säume um ältere Mafite;
- koaxiale Verwachsung mit Pyroxen;
- poikilitische Großkristalle von bis zu 10 cm Durchmesser, besonders in den Randzonen des Plutons;
- **grüne Hornblende** tritt in Gestalt größerer einschlußarmer Kristalle selbständig auf; wirrstrahliger **Aktinolith** ist als „Uralit" ein häufiges späteres Umwandlungsprodukt der Pyroxene.

Verbreitete **Akzessorien** sind Pyrrhotin, Kupferkies, Magnetit, Ilmenit, Rutil und Apatit. Als **Sekundärminerale** sind zu nennen: Titanit (als „Leukoxen" aus Ilmenit), Klinozoisit, Prehnit und Serizit (alle aus Plagioklas), Epidot, Chlorit und Aktinolith.

Südlich der Burg Frankenstein, am Magnetberg, ist der Gabbro durch Blitzschlag anomal magnetisiert, was mit dem Kompaß am Aufschluß leicht anschaulich gemacht werden kann.

Weiterführende Literatur zu Abschn. 2.13

IRVINE, T. R. (1982): Terminology for layered intrusions – J. Petrol. **23:** 127–162.

IRVING, A. J. & DUNGAN, M. A. [Hrsg.] (1980): The Jackson Volume. – Amer. J. Sci., **280a,** 868 S.

VISSER, D. J. L. & VON GRUENEWALDT, G. [Hrsg.] (1970): Symposium on the Bushveld igneous complex and other layered intrusions. – Geol. Soc. South Africa, Spec. Publ., **1,** 736 S.

WAGER, L. R. & BROWN, G. M. (1968): Layered Igneous Rocks. – 588 S., Edinburgh (Oliver & Boyd).

2.14 Ganggesteine der Gabbrofamilie. Diabase und Dolerite

2.14.1 Allgemeine petrographische und chemische Kennzeichnung

Die in diesem Abschnitt behandelten Gesteine sind die hypabyssischen und subvulkanischen Äquivalente der Gabbros und Norite; sie vermitteln hinsichtlich ihrer Mineralbestände und Strukturen zwischen diesen Plutoniten und den Basalten. Die weit entwickelte Gliederung der Basalte nach ihren chemischen Zusammensetzungen läßt sich auch auf die Ganggesteine anwenden.

Für die den tholeiitischen und Olivinbasalten entsprechenden subvulkanischen und hypabyssischen Ganggesteine werden oft die Namen **Diabas** und **Dolerit** verwendet. Ihre hier bevorzugten Bedeutungen sind wie folgt definiert:

- **Diabas:** hypabyssisches oder subvulkanisches Gestein der Gabbrofamilie, in Gängen, Lagergängen oder Sheets, fein- bis mittelkörnig; häufig mit primärem Amphibol oder Umwandlung von Pyroxen in Amphibol und mit weiteren hydroxylhaltigen Mineralen (Biotit, Chlorit, Serpentin, Serizit u. a.).

- **Dolerit** und das Adjektiv **doleritisch** kennzeichnen klein- bis mittelkörnige Gesteine der Gabbro-Basalt-Familie mit oft schon mesoskopisch erkennbarer ophitischer Struktur. Sie kommen als Gänge, Lagergänge, Sheets und als Laven vor.

Der Name Diabas kennzeichnet also mehr die Art des Auftretens, Dolerit dagegen mehr ein besonderes Gefüge.

Genauere Kennzeichnungen sind durch Adjektive oder vorgesetzte Mineralnamen möglich, z. B. tholeiitischer Diabas, Olivindiabas und analog je nach Erfordernis. Die Namen Diabas und Dolerit sollten aber nicht auf Gesteine mit höheren Gehalten an Foiden (>10 Vol.-%) angewendet werden. Hier werden die in Abschn. 2.19 genannten Namen für Alkaligesteine mit Plagioklas gültig (z. B. Theralith oder Mikrotheralith, Olivintheralith u. ähnl.). Für hypabyssische Gesteine mit Augit, Kaersutit, Plagioklas und Analcim als Hauptmineralen ist der Name **Teschenit** eingeführt.

Viele basaltische Lagergänge zeigen mehr oder weniger deutlich eine mineralische und chemische Gliederung als Folge der gravitativen Kristallisationsdifferentiation. Einige typische Beispiele sind unten beschrieben. Mit großer Regelmäßigkeit sind dabei die erstausgeschiedenen Minerale in den tieferen Lagen, die später kristallisierenden in höheren Lagen angereichert. Der Lagenbau kann in diesem Sinne ein einfacher, viel seltener aber auch ein mehrfacher sein. Die aus den an Wasser angereicherten Restschmelzen kristallisierenden jüngeren Differentiate sind oft grobkörnig, manchmal sogar pegmatitartig entwickelt. An der Basis und in den dachnahen Partien ist das Magma oft feinkörnig auskristallisiert und entspricht, da es an dem Differentiationsvorgang kaum teilgenommen hat, am meisten der ursprünglichen Zusammensetzung der Schmelze.

Die in den kontinentalen und ozeanischen Gangschwärmen besonders verbreiteten **tholeiitischen Diabase** bestehen aus Pyroxen, Plagioklas und Fe-Ti-Erzen als Hauptmineralen; Olivin kann vorhanden sein oder fehlen. Augit ist in den meisten Fällen der überwiegende Pyroxen; er ist vielfach von Pigeonit und Orthopyroxen begleitet. Zwischen den verschiedenen Pyroxenphasen bestehen mannigfache Reaktions-, Entmischungs- und Verwachsungsbeziehungen. Der Plagioklas hat im allgemeinen An-Gehalte zwischen 50 und 70%; Zonenbau und allgemein Na-reichere Plagioklase sind nicht selten. Als Erzminerale treten Ilmenit und Magnetit auf. Die Mesostasis zwischen den Hauptmineralen besteht bei vollständiger Auskristallisation aus Alkalifeldspat und Quarz in mikrographischer Verwachsung; sehr häufig ist sie feinkristallin mit Feldspat, Chlorit, Erzpigment und anderen Mineralen entwickelt. Hornblende ist in vielen Diabasen ein primäres Mineral; ein durch Umwandlung von primärem Pyroxen gebildeter, blaßgrünlicher Amphibol wird als Uralit bezeichnet.

In den grobkörnigen pegmatoiden Differentiaten sind Hornblende, Plagioklas (i. a. Na-reicher als im Hauptgestein), Ilmenit (skelettförmig) und ein Feldspat-Quarz-Restkristallisat die Hauptbestandteile. Die Diabase des **alkali-olivinbasaltischen** Typs haben nur einen Pyroxen (Ca-reicher Augit mit Tendenz zu Ti- und Na-Anreicherung), Plagioklas, braune Hornblende, Ti-Magnetit, Ilmenit, Olivin, ± Biotit, Analcim und eine Mehrzahl sekundärer Minerale.

Das **Gefüge** der Diabase ist ophitisch, subophitisch bis intergranular; auch porphyrische Strukturen mit Plagioklas-, Pyroxen- oder Olivineinsprenglingen kommen vor.

Präkambrische Gabbro- und Diabasgänge in Südwestgrönland enthalten massenhafte **Xenokristalle** von Andesin bis Labradorit (bis zu mehrere Dezimeter lang) sowie Xenolithe von Anorthosit. Die Plagioklaskristalle treten stellenweise so dicht gedrängt auf, daß „sekundäre" Anorthositmassen von bis zu mehreren Metern Durchmesser entstehen. Die Einschlüsse werden als Erzeugnisse einer frühen Plagioklaskristallisation in tieferem Niveau gedeutet; bei der endgültigen Intrusion des Magmas wurden sie wegen ihrer relativ geringen Dichte nach oben mitgetragen.

Ganggesteine der Gabbro-Basalt-Verwandtschaft, die nach ihrem Gefüge und von ihrer äußeren Erscheinung von den oben beschriebenen Diabasen und Doleriten abweichen, sind mit besonderen Namen belegt worden:

- **Gabbroaplit** ist ein leukokrates Gangäquivalent des Gabbros (Mafitgehalt etwa 15% oder darunter).
- **Mikrogabbro,** klein- bis feinkörnige Gesteine mit dem Mineralbestand eines Gabbros und der für diesen charakteristischen panallotriomorphen Struktur (s. Abschn. 2.3); entsprechend auch Mikronorit.
- **Porphyrischer Mikrogabbro** oder **Gabbroporphyrit:** Einsprenglingsphase ist meist Plagio-

klas mit einem mittleren An-Gehalt von über 50%, oft zonar. Daneben kann auch Pyroxen als Einsprengling auftreten. Porphyrische Gesteine mit Augit (± Olivin) als dominierendem Einsprengling sind häufig Äquivalente von Alkaligabbros.

- **Gangbasalt** ist eine mögliche Bezeichnung für Gesteine mit basaltischer Zusammensetzung und entsprechendem Gefüge, besonders mit Einsprenglingen von Olivin in einer feinkörnigen bis dichten Grundmasse.

Generell sind Plagioklas (>50% An), Klino- und/oder Orthopyroxen und Fe-Ti-Erzminerale stets vorhandene Hauptminerale dieser Ganggesteine. Olivin, Hornblende, Quarz und wenig Kalifeldspat können fallweise hinzukommen. Als postmagmatische Umwandlungsminerale sind Serizit, Albit, Klinozoisit, Epidot, Aktinolith, Chlorit, Serpentin und Calcit weit verbreitet.

Chemisch entsprechen diese Ganggesteine den verschiedenen für Gabbros und Basalte gegebenen Kriterien (s. Abschn. 2.13.1 und 2.28.1). Postmagmatische Umwandlungen können die Zusammensetzungen deutlich modifizieren.

2.14.2 Auftreten und äußere Erscheinung

Diabase und Dolerite der oben beschriebenen Art sind typische **Ganggesteine.** Steilstehende Diabasgänge kommen in weiter Verbreitung als Gangschwärme auf den Kontinenten vor (Abb. 39B und 48).

Ein oft zitiertes Beispiel ist der aus Tausenden von Einzelgängen bestehende tertiäre Gangschwarm, der mit vorwiegend nordwestlichem Streichen alle älteren Gesteine Nordirlands, SW-Schottlands und N-Englands durchsetzt. Die Gänge häufen sich in der Nähe der zentralen Intrusivkomplexe der Inneren Hebriden und Nordirlands. An der Südostküste Grönlands, parallel einer dort mit großer Regelmäßigkeit entwickelten „Küstenflexur" tritt ein etwa 520 km langer Gangschwarm auf, der bei relativ geringer Breite (wenige Zehner von Kilometern im Querschnitt) bis über 70 mehr oder weniger parallele Gänge pro Kilometer aufweist. Gangschwärme und Systeme sich kreuzender Gangscharen sind auch sonst, besonders in kratonischen Bereichen aller Kontinente, überaus verbreitet. Die Mächtigkeit der einzelnen Gänge ist sehr variabel; „wenige Zehner von Metern" können als normal angegeben werden, doch kommen auch Gänge von mehreren hundert m Mächtigkeit vor (z. B. „Riesengänge" im Präkambrium SW-Grönlands).

Lagergänge von Diabas oder Dolerit können enorme Dimensionen erreichen. Der an der Wende Oberkarbon-Perm intrudierte Whin-Sill in Nordengland streicht mit Unterbrechungen auf etwa 220 km Länge aus; die Mächtigkeit ist im allgemeinen wenige Zehner von Metern und maximal 80 m. Das Gestein ist ein SiO_2-übersättigter, olivinfreier tholeiitischer Diabas. Der in Abschn. 2.14.3 beschriebene Diabas-Lagergang der Palisaden bei New York ist mit bis zu 300 m Mächtigkeit auf 80 km Länge aufgeschlossen. In der Antarktis ist ein Lagergang von etwa 5000 km^3 Volumen bekannt. In manchen Gebieten, z. B. Tasmanien oder Colorado (Abb. 52) liegen viele Lagergänge, getrennt durch Sedimentgesteine, übereinander.

Während die Gesteine in lateraler Richtung meist weithin gleichmäßig ausgebildet sind, ist die vertikale Variation von mineralischer und chemischer Zusammensetzung oft sehr stark. Da in den meisten Fällen angenommen werden kann, daß diese Unterschiede sich erst nach der Intrusion „in situ" gebildet haben, stellen solche Lagergänge eindrucksvolle Beispiele für die Prozesse und Produkte der gravitativen Kristallisationsdifferentiation dar.

In der **ozeanischen Kruste** sind Gänge, Lagergänge und anders gestaltete Intrusionen von Diabasen eine allgemeine Erscheinung. Wo solche Bereiche in größerem Zusammenhang aufgeschlossen sind, (z. B. auf Cypern), treten zahllose mehr oder weniger parallel verlaufende Gänge von einigen dm bis einigen m Mächtigkeit auf. Das ältere Nebengestein (Laven und Kissenlaven) macht nur etwa 10% des Volumens des ganzen Komplexes aus! Die Gesteine sind niedrig metamorph überprägt (s. Abschn. 2.14.3).

Als äußere Kennzeichen der aufgeführten Ganggesteine sind hervorzuheben:

- Diabase: dunkelgraue bis dunkel grünlichgraue, fein- bis mittelkörnige Gesteine;
- Dolerite: ähnlich wie die Diabase; bei klein- bis mittelkörniger Entwicklung wird das ophitische Gefüge mesoskopisch erkennbar;
- Gabbroaplite: helle, fein- bis mittelkörnige Gesteine;
- Mikrogabbros, Mikronorite: gleichmäßig fein- bis kleinkörnige Gesteine mit deutlich unterscheidbaren hellen und dunklen Gemengteilen („Pfeffer- und Salz-Struktur");
- Gabbroporphyrite: helle, oft weißlich oder

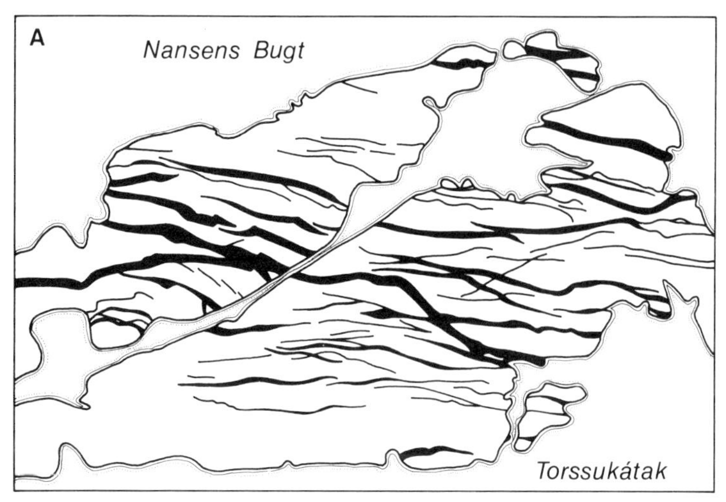

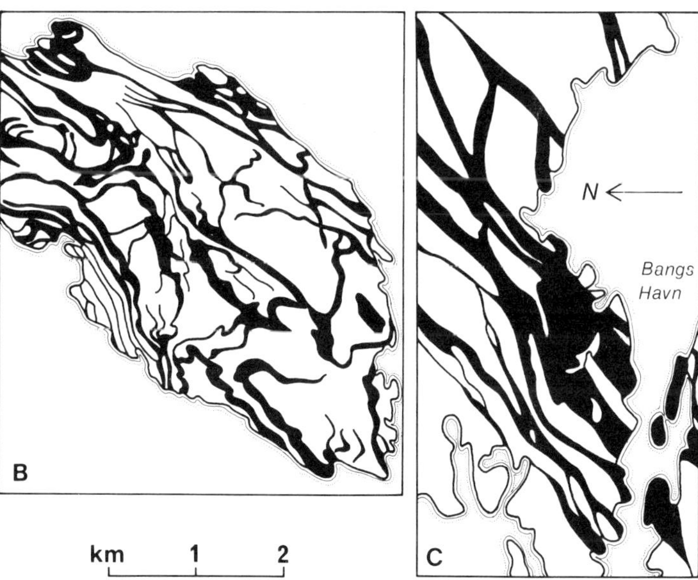

Abb. 48

A) Diabas-Gangschwarm des Zebra-Fjeld, West-Grönland (nach BRIDGWATER 1976).

B) Synkinematisch intrudierte verformte Diabasgänge im Ikertivaq-Gebiet, Ostgrönland (nach BRIDGWATER 1976).

C) „Riesengänge" bei Bangs Havn, Südgrönland (nach EMELEUS & UPTON 1976).

grünlich trübe Plagioklaseinsprenglinge in dunkler Grundmasse.

2.14.3 Beispiele von Ganggesteinen der Gabbrofamilie

Der differenzierte Diabas-Lagergang von Red Hill (Tasmanien)
(nach MACDOUGALL, 1962).

In permotriassische Sedimente Tasmaniens sind während des Jura tholeiitbasaltische Magmen als mächtige Gänge und Lagergänge eingedrungen. Der Red-Hill-Lagergang liegt größtenteils konkordant in den Sedimenten; in dem näher untersuchten Bereich hat er eine etwa 1,6 km breite und 350 m hohe Ausstülpung nach oben. Auch an anderen Stellen kommen solche Apophysen vor; sie sind bevorzugte Orte der nachstehend beschriebenen Differentiation. Entlang der Kontakte ist eine sehr feinkörnige, ehemals z. T. glasige Fazies des Diabases entwickelt. Das Gestein enthält hier nur kleine Einsprenglinge von Bronzit und Bytownit. Im Inneren der Gangmasse ist das Gestein mittelkörnig-doleritisch; das Gefüge ist mesoskopisch ausgesprochen fleckig mit mehrere mm großen Pyroxenaggregaten, Plagioklasleisten (zonar An_{85}-An_{40}) und einer aus Kalifeldspat und Quarz bestehenden, mikrographischen Mesostasis. Grobkörnige Schlieren und Adern von „pegmatitischem Dolerit" treten bis zu hundert Meter entfernt von den Kontakten auf.

Die **granophyrischen Differentiate** entwickeln sich graduell aus dem normalen Diabas. Sie sind, wie dieser, auffallend fleckig mit dunklen Pyroxen- und hellen Quarz-Feldspat-Anteilen. Der Pyroxen ist Ferrohedenbergit (längliche, fiederartige Kristalle einer violett-braunen und einer grünlichen Varietät); der Plagioklas (An_{15}-An_{18}) bildet sehr langgestreckte, von graphischem Kalifeldspat und Quarz umwachsene Leisten. Wie auch in anderen sauren Differentiaten basaltischer Magmen, tritt in dem Gestein Fayalit (Fa_{90}) in einigen Volum-% auf. Die mikrographische Matrix macht bis zur Hälfte des Gesteinsvolumens aus. Fe-Ti-Erze sind reichlich vorhanden; weitere Akzessorien sind Zeolithe, Barkevikit, Apatit, Titanit, Chlorit, Fluorit und Prehnit.

Der Palisaden-Lagergang (New York / New Jersey, USA) und seine Differentiationserscheinungen
(nach Walker, 1969).

Der Lagergang der Palisaden, eines hohen Felsufers am Hudson gegenüber der Stadt New York, ist seit langem ein gut bekanntes Beispiel einer in sich differenzierten basischen Intrusion (Abb. 49 A). Von Westen her zunächst diskordant aufsteigend, breitete sich das Magma zuletzt mehr oder weniger konkordant als 300 bis 350 m dicke und auf 85 km Länge zutagetretende Platte zwischen den Sedimentschichten der Trias aus. Wie die genauere petrographische Analyse ergab, intrudierte das Magma in zwei Schüben, von denen der jüngere erheblich mehr Volumen brachte als der ältere. Die Kristallisation des heute unten liegenden älteren Magmaanteils wurde beim Ein-

Tabelle 25 Mineralische (Volum-%) und chemische (Gew.-%) Zusammensetzung von Diabasen und Granophyr der Red-Hill-Intrusion, Tasmanien (nach McDougall 1962)

	(1)	(2)	(3)	(4)
Quarz	2,6 (Quarz + Alkalifeldspat)	16,0 (Quarz + Alkalifeldspat)	22,2	29,5
Alkalifeldspat			29,8	41,3
Plagioklas	47,7	45,9	31,5	16,1
Orthopyroxen	1,2	0,6	–	–
Klinopyroxen	48,5	36,9	7,7	8,1
Fayalit + Umwandlungs-Produkte	–	–	3,0	–
Magnetit, Ilmenit	+	0,6	1,2	1,4
Amphibol	–	–	–	–
Zeolithe	–	–	–	–
Andere	–	–	4,6	3,6
SiO_2	54,13	53,50	63,80	68,94
TiO_2	0,70	0,65	1,21	0,79
Al_2O_3	15,31	14,85	11,92	11,27
Fe_2O_3	0,73	1,48	3,86	3,80
FeO	8,23	8,83	7,03	4,03
MnO	0,16	0,19	0,10	0,14
MgO	6,66	6,23	0,59	0,35
CaO	10,72	10,81	4,24	3,20
Na_2O	1,76	1,23	2,74	2,50
K_2O	0,95	1,14	3,12	3,20
P_2O_5	0,09	0,14	0,27	0,18
H_2O^+	0,50	0,68	0,94	0,89
Summe	99,94	99,73	99,82	99,29

(1) Feinkörnige Randfazies
(2) Mittelkörniger Diabas
(3) Fayalit-Granophyr, „Andere“ = Iddingsit und andere Umwandlungsminerale
(4) Granophyr, „Andere“ = Umwandlungsminerale

dringen des jüngeren Magmas unterbrochen, wodurch sich im mineralischen und chemischen Profil des Lagerganges eine merkliche Diskontinuität ergab. Der Ablauf der Kristallisation ist insgesamt ziemlich kompliziert. Mg-reicher Olivin sammelte sich an der Basis des jüngeren Magmaschubes in einer kontinuierlichen, etwa 1 bis 10 m mächtigen Lage an. Orthopyroxen ist auf das untere Viertel der Intrusion beschränkt; ein Mg-reicherer Typ kristallisierte unmittelbar aus der Schmelze, während ein Mg-ärmerer (En_{60} bis En_{50}) durch Inversion aus Pigeonit entstand. In den ersten und mittleren Phasen der Differentiation kristallisierten zugleich Augit und Pigeonit, später zwei farblich und chemisch verschiedene Ferroaugit-Phasen. Ein sehr eisenreicher Olivin entstand in späteren Stadien als Reaktionsprodukt der Restschmelze mit Orthopyroxen.

Der Plagioklas entwickelte sich im Laufe der Differentiation von etwa An_{64} zu An_{37}; zugleich nahm der Anteil von mikrographischem Alkalifeldspat und Quarz zu. Das Gefüge des Diabases ist in der Hauptsache subophitisch, das der Mg-Olivin-Lage die eines Orthokumulates (vgl. Abschn. 2.3).

Die am weitesten differenzierten Lagen, Fayalit-Granophyr und Granophyr, enthalten reichlich Biotit, Hornblende, Apatit und Umwandlungsminerale der älteren Mafite.

Feinkörniger Diabas ist entlang des liegenden und hangenden Kontaktes entwickelt.

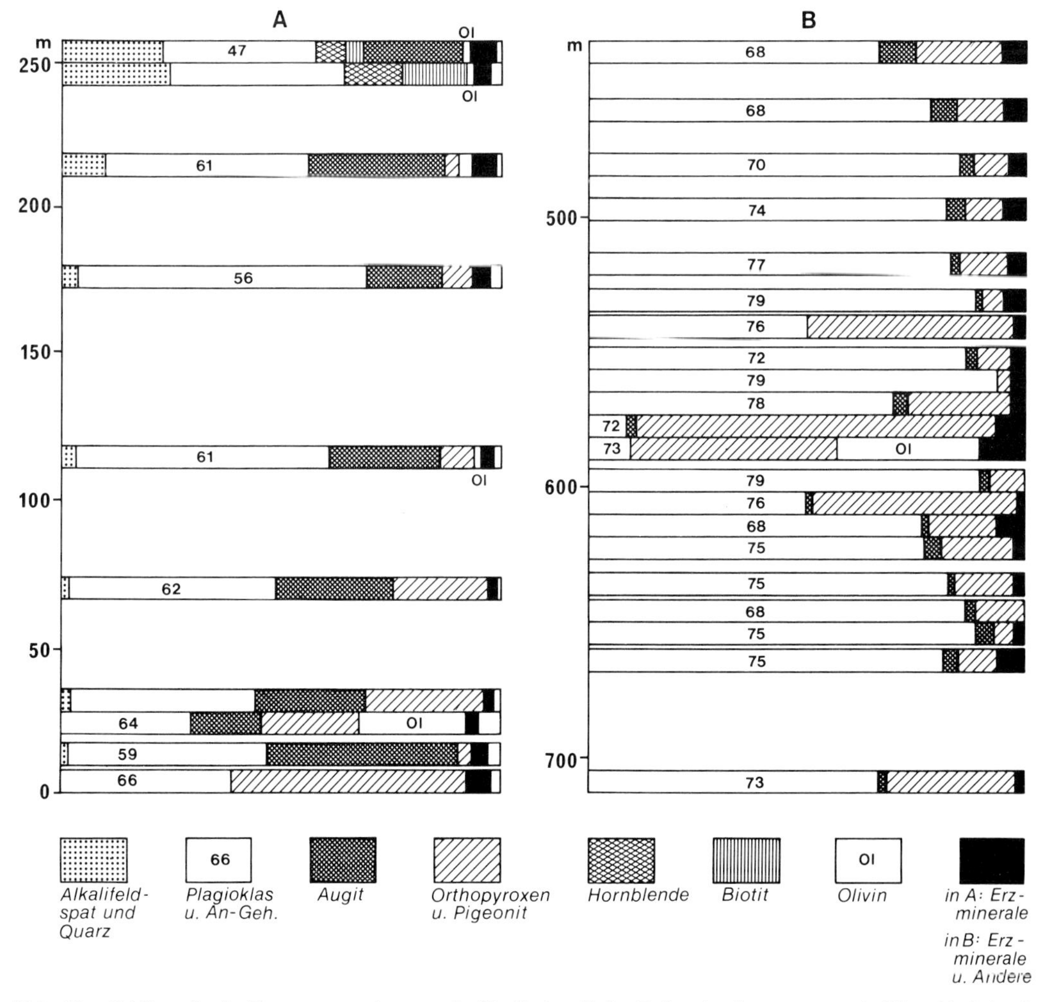

Abb. 49 A) Mineralische Zusammensetzungen im Vertikalprofil des Palisaden-Lagerganges bei New York (nach WALKER 1969). – B) Mineralische Zusammensetzungen im Vertikalprofil des Bushveld-Norits in Swartklip 988 bei Rustenburg, Transvaal (nach VAN ZYL 1970).

Die mineralische und chemische Zusammensetzung einiger charakteristischer Proben zeigt Tabelle 26. Alle Gesteine mit Ausnahme von Nr. 2 und Nr. 5 sind quarznormative Tholeiitdiabase. WALKER nimmt an, daß gravitative Kristallisationsdifferentiation mit Absinken frühgebildeter Minerale nur zu Beginn der Kristallisation wirksam war. Die später entstandenen Differenzierungen bis zu den Granophyren werden als Folge von Diffusionsvorgängen gedeutet. Gegen ein Absinken von Pyroxenen spricht in diesem Zusammenhang besonders die subophitische Struktur des Hauptteiles des Diabases, bei der Plagioklas schwerpunktmäßig **vor** Pyroxen kristallisierte und so das Absinken des letzteren verhinderte.

Beispiel einer differenzierten Gangserie basaltischer Herkunft: die tertiären Gangschwärme von Kangerdlugssuaq, Ostgrönland
(nach NIELSEN, 1978).

Die Küste Ostgrönlands ist auf eine Länge von fast 800 km von einem basaltischen Gangschwarm begleitet, welcher beim Aufbrechen der Kruste entlang des Kontinentalrandes im Tertiär entstanden ist. Ein Zentrum etwa gleichaltriger intrusiver und vulkanischer Tätigkeit liegt in der Umgebung des Kangerdlugssuaq-Fjordes; hier treten intrusive Gabbros (Skaergaard, s. Abschn. 2.13.3), Alkaligesteine (s. Abschn. 2.19.2) und tholeiitische Plateaubasalte auf.

Die Ganggesteine lassen sich in vier zeitlich, tektonisch und stofflich verschiedene Gruppen gliedern:

a) **Tholeiitdiabase,** zonenweise dicht gescharte Gänge von 5 bis 100 m Dicke; wahrscheinlich sind es die Zufuhrspalten der in der Nähe aufgeschlossenen Plateaubasalte. Die Gesteine sind relativ eisen- und titanreich. Trotz ihres tholeiitischen Chemismus führen sie nur einen Pyroxen (Augit).

b) Eine zweite Generation **tholeiitischer Diabase** ist chemisch den undifferenzierten Randzonen des Gabbros von Skaergaard und den Tholeiitbasalten der ozeanischen Rücken vergleichbar. Die Gänge der Einheiten a) und b) sind durch die Bewegungen an der „Küstenflexur" gegenüber ihrer ursprünglichen Lage mehr oder weniger stark gekippt. Zu dieser Gruppe gehören auch „Makrogänge" von mehreren hundert bis über 1000 m Mächtigkeit. Ihre Gesteine sind Gabbros, oft mit Lagendifferentiation und muldenartiger Lagerung der dadurch gebildeten Bändertextur.

c) Die Ganggesteine der „älteren alkalischen Generation" variieren von **Alkalipikriten** über **Alkaliolivindiabase** bis zu **Hawaiiten** (s. Abschn. 2.28.1). Viele der Gesteine enthalten braune Hornblende als Umwandlungsprodukt von erstausgeschiedenem Augit. Sauerstoff-Isotopenbestimmungen an diesen Hornblenden lassen darauf schließen, daß das Magma bei seinem Aufstieg auf Spalten meteorisches Wasser aufgenommen hat.

d) Die „jüngere alkalische Generation" der Gänge ist in sich stark differenziert. Wie auch bei Gruppe c) handelt es sich um sehr zahlreiche, schmale und mehr oder weniger steil stehende Gänge von **Alkali-Olivinbasalt, Hawaiit, Benmoreit, Trachybasalt, Trachyandesit** und **Trachyt** (s. Abschn. 2.28.1 und 2.31.1). Im einzelnen läßt sich die Mannigfaltigkeit der Gesteine in mehrere Entwicklungslinien gliedern.

e) Die jüngste Generation wird als „Übergangsgruppe" bezeichnet; ihre Gesteine variieren von **alkali-olivin-basaltischen** über **hawaiitische, mugearitische** und **trachytische** Zusammensetzungen bis zu **Rhyolithen.** Auch bei diesen Gesteinen zeigen Sauerstoffisotopenbestimmungen die Aufnahme von meteorischem Wasser an.

Die Gesamtdauer des basaltischen und verwandten Magmatismus erstreckte sich über etwa 20 Millionen Jahre.

Diabasgänge der ozeanischen Kruste: Der „Sheeted Complex" in Cypern
(nach WILSON, 1959).

Das Troodos-Massiv auf der Insel Cypern besteht aus einer hangenden Pillow-Lava-Serie, dem hier besonders behandelten „Sheeted Complex" und dem Plutonischen Komplex mit Peridotiten, Gabbros und Granophyren. Es wird als Scholle von Gesteinen des Oberen Mantels mit überlagernder ozeanischer Kruste angesehen, welche durch die Unterschiebung einer kontinentalen Platte von Süden her außergewöhnlich hoch herausgehoben wurde. Der „Sheeted Complex" ist eine ausgedehnte Folge von steilstehenden basischen Gängen, zwischen denen das ältere Nebengestein (basaltische Laven und Pillow-Laven) nur noch etwa 10% des Gesamtvolumens ausmacht. Ein Teil der Gänge bildet die Zufuhrkanäle der hangendsten Pillow-Lava-Serie. Die Mächtigkeit der Gänge variiert zwischen etwa 0,3 und 5 m. Der Komplex tritt auf eine Länge von 150 km und mit bis zu 27 km Breite zutage. Die dichtge-

Tabelle 26 Mineralische (Volum-%) und chemische (Gew.-%) Zusammensetzung charakteristischer Gesteine des Palisaden-Lagerganges (New York/New Jersey, USA) (nach WALKER 1969)

	(1)	(2)	(3)	(4)	(5)
Quarz und Alkalifeldspat	–	–	1,4	3,8	24,5
Plagioklas	39	30	49,0	66,0	40,0
Klinopyroxen	54	16	25,5	24,5	+
Orthopyroxen		22	21,5	–	–
Olivin	1	22	–	–	1,5
Hornblende	–	–	–	1,0	12,5
Biotit, Chlorit	–	3	0,9	1,5	15,0
Magnetit, Ilmenit	5	2	1,3	3,0	3,0
Apatit	–	+	+	0,2	1,5
Andere	1	5	0,4	–	2,0
SiO_2	51,98	47,41	52,50	52,05	58,59
TiO_2	1,21	0,89	1,02	1,24	1,56
Al_2O_3	14,48	8,66	14,23	16,59	11,26
Fe_2O_3	1,37	2,81	1,68	2,41	3,00
FeO	8,92	11,15	7,95	7,70	10,80
MnO	0,16	0,20	0,16	0,15	0,19
MgO	7,59	19,29	8,50	5,08	1,35
CaO	10,33	6,76	11,44	9,80	3,66
Na_2O	2,04	1,35	2,07	2,96	3,68
K_2O	0,84	0,43	0,46	0,81	2,52
P_2O_5	0,14	0,10	0,11	0,20	0,85
H_2O^+	0,88	1,45	0,68	1,25	1,52
Summe	99,94	100,50	100,80	100,24	98,98

(1) Feinkörnige Randfazies des Diabases, 0,3 m über der Basis des Lagerganges
(2) Olivinreiche Lage, 22 m über der Basis
(3) Hypersthen-Diabas, 65 m über der Basis
(4) Pigeonit-Diabas, 170 m über der Basis
(5) Granophyrischer fayalitführender Diabas, 240 m über der Basis

Tabelle 27 Mineralische (Volum-%) und chemische (Gew.-%) Zusammensetzung eines Quarzdiabases des Sheeted Complex in Cypern 1,6 km SE Kato Vlaso (nach WILSON 1960)

SiO_2	TiO_2	Al_2O_3	Fe_2O_3	FeO	MnO	MgO	CaO	Na_2O	K_2O	P_2O_5	CO_2	H_2O^+	H_2O^-	Summe
54,98	1,11	14,17	7,14	4,95	0,18	4,69	4,51	1,83	1,73	0,10	n. b.	2,93	0,90	99,22

Mineralbestand: Plagioklas, Albit und Serizit 55, Quarz 10, Aktinolith und Chlorit 25, Erzminerale 10, Calcit vorhanden. Das Gestein ist hypersthen- und quarznormativ

drängten Diabasgänge sind von auffallenden parallelen Klüften durchzogen, auf die sich die Bezeichnung „sheeted“ (= plattig) bezieht. Hauptminerale der meist kleinkörnigen bis dichten Gesteine sind:

- Plagioklas, meist saussuritisiert;
- blaßgrüner Amphibol in filzigen Aggregaten, z. T. chloritisiert;
- Chlorit in unregelmäßigen Flecken und strahligen Aggregaten (Pennin);
- Quarz in den Zwischenräumen der anderen Hauptminerale, durch Erzminerale und Chlorit getrübt;
- Magnetit; Ilmenit, z. T. skelettförmig und in Leukoxen umgewandelt;
- Titanit;
- Epidot (nicht überall).

Der Mineralbestand und die Einzelheiten des Gefüges zeigen eine schwache metamorphe Überprägung an. Eine Durchsetzung der Gesteine mit Limonit ist weit verbreitet. Als Varianten des beschriebenen häufigsten Gesteinstyps sind zu erwähnen: Quarzdiabas mit erhaltenem Pyroxen, blasiger Diabas, Quarz-Epidot-Diabas (stärker metamorph), Mikrogabbro (Labradorit bis Andesin, Aktinolith pseudomorph nach Pyroxen, Chlorit, Quarz), Analcim-Diabas (Andesin, Augit, Analcim, Chlorit, Erzminerale).

Die Mehrzahl der Laven und Ganggesteine des Komplexes gehört der tholeiitischen Familie an, soweit die bei der Metamorphose eingetretenen Umwandlungen dies noch erkennen lassen (Tabelle 27).

Weiterführende Literatur zu Abschn. 2.14

HESS, H. H. & POLDERVAART, A. (1967, 1968): Basalts, Bde. **1** und **2.** – 864 S., New York (Wiley).

2.15 Pyroxenite

2.15.1 Allgemeine petrographische und chemische Kennzeichnung

Pyroxenite sind magmatische Gesteine, die aus mehr als 90% Mafitmineralen, davon wiederum mehr als 50% Pyroxenen bestehen. Ist als weiteres Mafitmineral Olivin vorhanden, so wird die Grenze zwischen Pyroxeniten und Peridotiten bei 60% Pyroxen und 40% Olivin gelegt. Die Beschränkung des Namens auf Gesteine mit einer Farbzahl von über 90 wird in der Praxis oft nicht streng eingehalten.

Je nach Art der beteiligten Pyroxene sind unterscheidbar:

- **Klinopyroxenit** mit überwiegendem Klinopyroxen, z. B. Diopsid, Augit, Titanaugit, Ägirinaugit; Gesteine mit überwiegendem Titanaugit bis Ägirinaugit heißen **Jacupirangit** (siehe S. 131). **Yamaskit** ist ein Hornblende-Jacupirangit.
- **Websterit** mit Klinopyroxen und Orthopyroxen im Verhältnis 9:1 bis 1:9.
- **Orthopyroxenit,** z. B. Bronzitit.

Viele Varianten ergeben sich aus der Mitbeteiligung anderer Hauptminerale, wie Olivin, Hornblende, Biotit, Phlogopit, Melanit, Magnetit, Chromit, Ilmenit, Titanit, Apatit, Sulfiden und Karbonaten. Die gelegentlich vorhandenen hellen Gemengteile sind Plagioklas, Nephelin oder Zersetzungsprodukte von Feldspatvertretern.

Ariégit ist ein Klinopyroxenit mit Spinell und/oder pyropreichem Granat. Das Gestein kommt gangförmig im Lherzolith vom Lac de Lherz in den Pyrenäen vor (s. S. 364).

Granat-Klinopyroxenite („Manteleklogite", „Griquaite") sind charakteristische Auswürflinge vieler Kimberlite; sie treten auch selten als Einschlüsse in ultrabasisch-alkalischen Basalten auf (Beschreibung in Abschn. 6).

Über besondere Eigenschaften der Hauptminerale kann wegen deren großer Mannigfaltigkeit kaum etwas verallgemeinerndes ausgesagt werden. Nahezu alle Varietäten der Orthopyroxen- und Klinopyroxenfamilien außer den typisch metamorphen Bildungen wie Omphacit und Jadeit und Hochtemperaturformen wie Pigeonit können Hauptgemengteile von Pyroxeniten sein. Die **Gefüge** der Pyroxenite sind nach Bildungsbedingungen und Mineralbestand sehr verschiedenartig. Kumulatstrukturen sind bei den Pyroxenitanteilen geschichteter basischer Intrusionen die Regel. Andere magmatische Pyroxenite entwickeln wegen ihrer monomineralischen Zusammensetzung meist panallotriomorphe Strukturen mit im einzelnen unterschiedlich gestalteten Verwachsungen der Körner untereinander. Wo Olivin mit größerem Anteil auftritt, wird er von Pyroxen umwachsen und eingeschlossen. Hornblende füllt bei geringen Anteilen die Zwickel zwischen den Pyroxenen aus; bei höheren Anteilen kann sie in großen poikilitischen Individuen die Pyroxene umwachsen. Ähnlich verhalten sich die Glimmer. Zonenbau der Pyroxene ist vor allem bei den Klinopyroxeniten der Alkaligesteinskomplexe, z. B. den Jacupirangiten, verbreitet. Als sekundäre Mineralneubildungen sind Aktinolith, Chlorit und Serpentinminerale (diese aus Orthopyroxen und Olivin) zu nennen.

Chemisch sind die Klinopyroxenite durch hohe Gehalte an CaO und MgO (jeweils über 10%) und meist auch hohe Eisengehalte gekennzeichnet. Jacupirangite und Yamaskite sind nephelinnormativ. Die Orthopyroxenite haben hohe MgO-, mittlere Eisen- und niedrige CaO-Gehalte, immer verglichen mit denen der gewöhnlichen Gabbros und Norite. Einige Pyroxenitvorkommen sind reich an Erzmineralen, wie Chromit, Fe-Ni-Sulfiden und Platinmineralen, z. B. das „Merensky-Reef" in der geschichteten Bushveld-Intrusion, Südafrika (s. Abschn. 2.13.3).

2.15.2 Auftreten und äußere Erscheinung

Pyroxenite treten mit einer gewissen Regelmäßigkeit als Kumulate in **geschichteten Gabbro-**

Tabelle 28 Mineralische (Volum-%) und chemische (Gew.-%) Zusammensetzung von Pyroxeniten verschiedener Vorkommen

	SiO_2	TiO_2	Al_2O_3	Fe_2O_3	FeO	MnO	MgO	CaO	Na_2O	K_2O	P_2O_5	CO_2	H_2O	Summe
(1)	52,54	0,00	1,41	2,03	6,90	0,14	34,16	1,34	0,05	0,07	-	0,00	0,08	99,60
(2)	55,16	0,00	2,04	0,25	7,60	0,17	32,05	1,54	0,20	0,12	0,00	0,08	0,22	99,92
(3)	51,31	0,20	1,88	1,08	8,48	0,12	19,58	15,80	1,30	0,03	0,11	0,34	0,11	100,34
(4)	40,62	2,08	9,26	9,95	4,64	0,30	8,02	17,82	3,08	1,24	0,79	0,07	2,06	99,93
(5)	35,07	6,94	8,40	9,60	8,57	0,22	9,92	15,40	1,58	0,62	1,90	-	$<1,0$	99,22

(1) Olivinpyroxenit, Great Dyke, Hartley Area, Simbabwe (nach Worst 1958): Orthopyroxen 77, Olivin 18, Plagioklas 2, Chromit 2, Klinopyroxen 1. Mit 0,88 % Cr_2O_3

(2) Orthopyroxenit, Great Dyke, Hartley Area, Simbabwe (nach Worst 1958): Orthopyroxen 96,5, Olivin 2, Klinopyroxen 1,5. Mit 0,49 % Cr_2O_3

(3) Klinopyroxenit, Great Dyke, Wedza Area, Simbabwe (nach Worst 1958): Klinopyroxen 64, Orthopyroxen 20, Plagioklas 8, Olivin 6. Mit 0,12 % Cr_2O_3

(4) Alkalipyroxenit, Usaki Ijolith-Fenit-Komplex, Kenya (nach le Bas 1977): Diopsidischer Augit 72, Melanit 9, Nephelin 5, Fe-Ti-Erze 12, Perovskit 1, Biotit 1

(5) Yamaskit (Hornblende-Pyroxenit), Mount Yamaska bei Montreal, Canada (nach Gandhi 1970): Titanaugit 51,9, Kaersutit 31,1, Fe-Ti-Erzminerale 12,7, Apatit 4, Titanit 0,3

oder Noritintrusionen auf. Sie bilden dort Lagen verschiedener Dicke und lateraler Erstreckung, die mit feldspatreicheren und gelegentlich auch chromit- oder olivinreicheren Lagen abwechseln. Hervorragende Beispiele dieser Art bietet der Great Dyke in Südafrika (s. Abschn. 2.15.3) und die Stillwater-Intrusion in Montana (USA). Sowohl Ortho- als auch Klinopyroxene können an solchen Kumulaten beteiligt sein.

Pyroxenite sind weiter auch Glieder **zonierter ultrabasisch-basischer Komplexe,** dort in Begleitung von Peridotiten, Hornblenditen, Gabbros und verwandten Plutoniten. Beispiele solcher Assoziationen sind die durch ihre platinführenden Dunite bekannten Vorkommen im Ural und mehrere in SE-Alaska gelegene, im Prinzip ähnliche Intrusionen. Ein relativ homogener selbständiger Pyroxenitkörper dieser Art ist der von Klukwan (Alaska), welcher auf etwa 5,5 km Länge, 2 km Breite und 1,8 km Höhe aufgeschlossen ist. Hauptgestein ist ein Hornblende-Klinopyroxenit mit 5 bis 10% Hornblende und 15 bis 20%, örtlich sogar 80% Magnetit. Die anderen Komplexe (unter ihnen auch Duke Island, s. S. 156) bestehen aus einer Mehrzahl von plutonischen Gesteinstypen; neben Hornblendepyroxeniten kommen auch Magnetit-Hornblende-Pyroxenite und Olivinpyroxenite vor.

In plutonischen bis subvulkanischen **Alkaligesteinskomplexen** sind Pyroxenite als mafitenreichste Gesteine nicht selten. Auf solche Fälle wird unter anderem im Abschn. 2.19 „Alkaligesteine" hingewiesen. Als Pyroxene treten Augit, Titanaugit, Ägirinaugit, selten auch fast reiner Ägirin auf. Jacupirangit ist ein häufiger Gesteinstyp; bei höheren Hornblendegehalten (Barkevikit, Kaersutit) gilt der Name Yamaskit.

Glimmerpyroxenite sind relativ seltene Gesteine. Sie kommen als Glieder von **Alkaligesteins- und Alkaligesteins-Karbonatit-Komplexen** und als Auswürflinge in Pyroklastiten von Kali-Magmatiten, z. B. am Vesuv, vor. In jedem Fall bedingt der Glimmer einen für Gesteine solcher Basizität ungewöhnlichen Kaligehalt. Als Beispiel einer Pyroxenitintrusion im Zusammenhang mit Karbonatit ist der Komplex von Palabora (Südafrika) zu nennen. Der 6,5 × 3 km große Pyroxenitkörper besteht in der Hauptmasse aus Diopsid; er ist randlich von einem Saum aus feldspatführendem Pyroxenit umgeben. Von besonderem Interesse sind die Varietäten mit Glimmer, die streckenweise in „Glimmerit" oder Pyroxen-Olivin-Vermiculit-Pegmatoid übergehen.

2.15.3 Beispiel eines Pyroxenit-Vorkommens

Pyroxenite und verwandte Gesteine des Great Dyke (Simbabwe)
(nach Worst, 1958).

Der Great Dyke („Großer Gang") in Simbabwe ist nach Ausmaßen und Aufbau eine einmalige Erscheinung im Rahmen der geschichteten basischen Intrusionen (s. auch Abschn. 2.13.3).

Er erstreckt sich mit Breiten von 5 bis 12 km über 520 km in nordnordöstlicher Richtung; Nebengesteine sind vor allem Granite und Gneise des Archaikums. Die gangartige Erscheinung im Oberflächenanschnitt ist die Folge der grabenartigen Einsenkung einer ursprünglich breiter entwickelten Intrusion. In Längsrichtung lassen sich vier Teilintrusionen unterscheiden, die jeweils aus einer Vielzahl petrographisch verschiedener Schichten aufgebaut sind. Generell ist eine recht ebenmäßig muldenartige Lagerung vorhanden, bei der vom Hangenden zum Liegenden folgende Gesteine auftreten (Abb. 50):

- Norite und Gabbros mit anorthositischen Lagen;
- Feldspatpyroxenite, Pyroxenite und Olivinpyroxenite in vielfacher Wechsellagerung mit Peridotiten;
- Harzburgite und Dunite, weitgehend serpentinisiert.

Die **Norite** und **Gabbros** sind über weite Strecken bereits abgetragen; die ehemaligen Dachgesteine der Intrusion sind überhaupt nicht mehr nachweisbar. Petrographisch handelt es sich um olivinführende Gabbros und Norite, in den höchsten Niveaus auch um Quarzgabbros. Nach den chemischen Analysen sind die Gesteine als olivintholeiitisch zu klassifizieren. Die Dunite und Harzburgite enthalten wiederholt Chromitlagen, die zum Teil weit aushalten und abbauwürdig

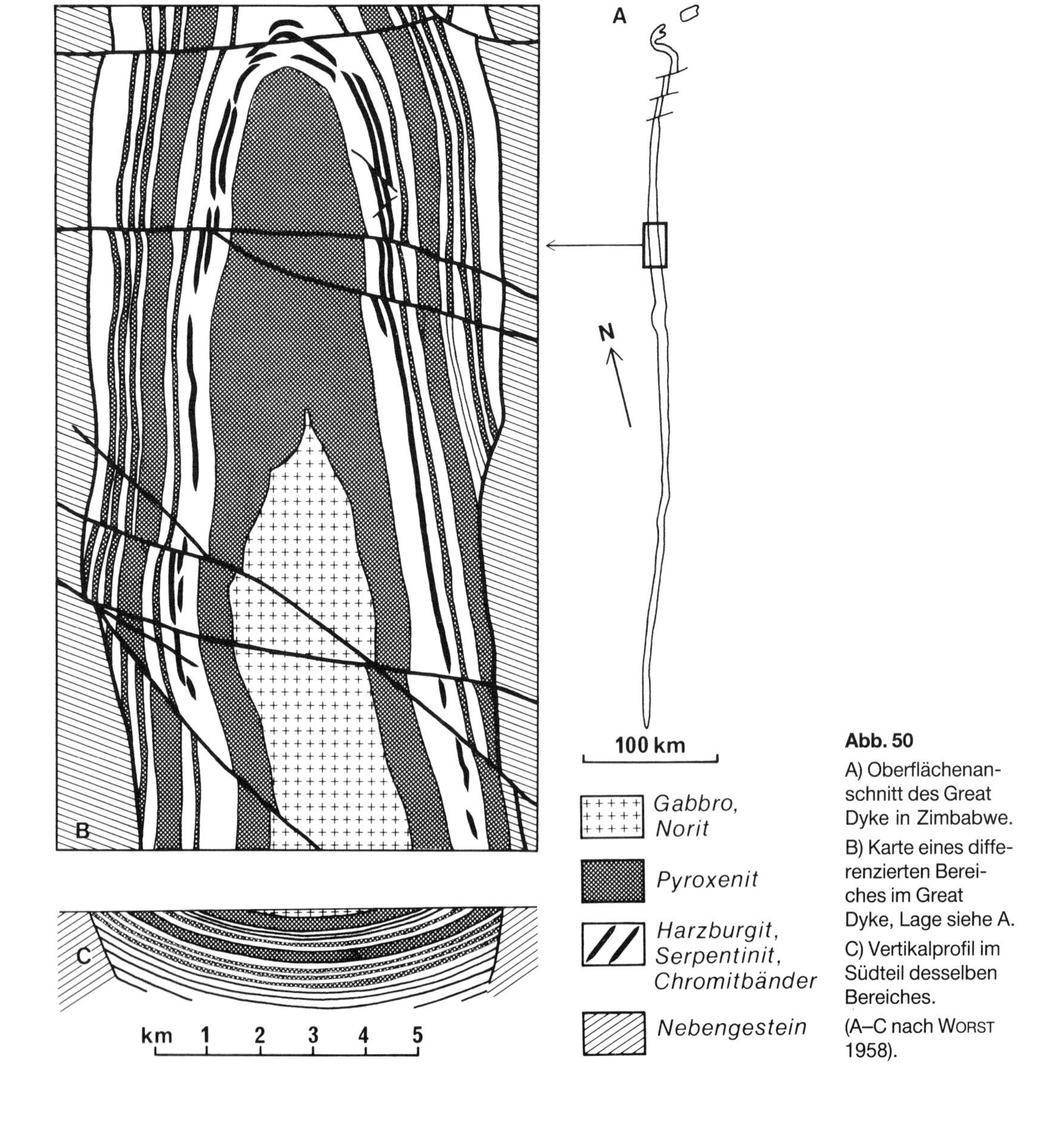

Abb. 50
A) Oberflächenanschnitt des Great Dyke in Zimbabwe.
B) Karte eines differenzierten Bereiches im Great Dyke, Lage siehe A.
C) Vertikalprofil im Südteil desselben Bereiches.
(A–C nach WORST 1958).

sind. An jüngeren Störungszonen wurde örtlich Asbest gebildet.

Die **Pyroxenite** treten als 10 bis 250 m dicke, bis auf mehr als 100 km Länge zu verfolgende Schichten auf; ihnen sind Peridotite zwischengelagert. Es sind im allgemeinen mittel- bis grobkörnige, grünlichgraue Gesteine. Auf etwas angewitterten Oberflächen erscheinen die Pyroxenkörner wie regellos aufeinandergepackte Holzklötze. Hauptmineral ist Bronzit bis Enstatit mit sehr feinen Klinopyroxen-Entmischungslamellen. Die Körner grenzen mit einfach gestalteten Konturen aneinander. In ihren Zwischenräumen treten je nach Gesteinsvarietät Olivin oder Plagioklas (Labradorit bis Bytownit) auf. Klinopyroxen ist nur in den obersten Pyroxenitlagen reichlicher vorhanden. Chromit ist ein verbreitetes akzessorisches Mineral. Tabelle 28 gibt die Zusammensetzung dreier Pyroxenite vom Great Dyke an.

Der Aufstieg der Magmen des Great Dyke erfolgte in vier Zufuhrkanälen, denen die oben genannten vier lopolithischen Teilintrusionen entsprechen. Innerhalb jedes einzelnen dieser Lopolithe drang die Schmelze in mehreren, bereits in der Tiefe vordifferenzierten Schüben ein; die vielfach-schichtige Struktur entstand durch gravitative Kristallisationsdifferentiation an Ort und Stelle. Die grabenartige Einsenkung der axialen Teile der Intrusion ist die Folge des relativ hohen Gewichtes der basischen bis ultrabasischen Magmatite und des Nachgebens der Kruste in diesem Bereich.

2.16 Hornblendite und Glimmerite

Ultramafitische Gesteine, die ganz überwiegend aus Amphibolen oder Glimmern bestehen, kommen als echt magmatische Bildungen nur selten vor; sie werden deshalb nur kurz behandelt. Als Beispiele des Auftretens von Hornblenditen seien genannt:

- als Gänge und Adern in Peridotiten, z. B. im Lherzolith vom Lac de Lherz, Pyrenäen (s. S. 364);
- als Schlieren oder Lagen in Hornblendegabbros oder -dioriten;
- als Sonderentwicklung der Redwitzite und Appinite (s. S. 92);
- als Glieder plutonischer bis subvulkanischer Alkaligesteinskomplexe, durch Übergänge mit Pyroxeniten oder Peridotiten verbunden (Mt. Yamaska bei Montreal, Kanada, s. S. 131);
- als Einschlüsse in ultrabasisch-alkalischen Basalten und anderen Alkaligesteinen (s. S. 152);
- als Auswürflinge des alkalischen bis ultrabasisch-alkalischen Vulkanismus. Ihre chemische Zusammensetzung kann der eines in diesen Zusammenhängen häufigen Ergußgesteins, des Olivinnephelinites, sehr nahe kommen. Hornblendite solcher Art können als nahezu monomineralische plutonische Äquivalente eines aus drei bis vier Hauptmineralen (Augit, Nephelin, Olivin ± Titanomagnetit) bestehenden Ergußgesteins interpretiert werden.

In den aus Hornblendegabbros und Redwitziten abzuleitenden „Hornblenditen" ist der Amphibol meist eine grüne oder olivgrüne Hornblende; die Alkali-Hornblendite bestehen aus braunem Barkevikit bis Kaersutit. Vielfach sind die Hornblendite mittel- bis grobkörnige, manchmal auch groß- bis riesenkörnige pegmatoide Gesteine.

Magmatische Gesteine aus vorwiegendem **Glimmer** neben anderen Mafitmineralen sind ungewöhnliche Einzelerscheinungen. Wo sie auftreten, sind sie als Sonderentwicklungen von Glimmerperidotiten oder Glimmerpyroxeniten im Rahmen von Alkaligesteins- und Karbonatitkomplexen anzusehen (s. Abschn. 2.19 und 2.24). – Sehr glimmerreiche Gesteine (Biotitit, Pyroxen-Biotitit) kommen auch als Auswürflinge des Kaligesteins-Vulkanismus vor. Andere Glimmergesteine des subvulkanischen und plutonischen Bereiches sind wohl eher als metasomatische Bildungen anzusehen.

Weiterführende Literatur zu Abschn. 2.15–2.16

WYLLIE, P. J. [Hrsg.] (1967): Ultramafic and related rocks. – 464 S., New York (Wiley).

2.17 Syenite und Monzonite

2.17.1 Allgemeine petrographische und chemische Kennzeichnung

In diesem Kapitel werden plutonische Gesteine behandelt, deren Mineralbestand folgende Kriterien aufweist:

- leukokrate oder mesokrate, selten melanokrate Zusammensetzung;
- Alkalifeldspat/Plagioklas-Verhältnis größer als 35:65;
- weniger als 20% Quarzanteil im Teilsystem Quarz-Plagioklas-Alkalifeldspat;

- weniger als 5% Foide im Teilsystem Foide-Plagioklas-Alkalifeldspat.

Die Gesteine liegen damit in den Feldern 6, 7 und 8, 6*, 7* und 8* und 6′, 7′ und 8′ des Streckeisen-Doppeldreiecks. Die dort vorgesehene Unterteilung trennt

- Alkalifeldspat-Syenite mit einem Alkalifeldspat/Plagioklas-Verhältnis größer als 90:10 von
- Syeniten (90:10 bis 65:35) und
- Monzoniten (65:35 bis 35:65),

sowie

- Quarzsyenite mit 5 bis 20% Quarz von
- quarzführenden Syeniten (<5% Quarz),
- Syeniten (kein Quarz, keine Foide), und
- foidführenden Syeniten (<5% Foide).

Die Alkalifeldspatsyenitgruppe und die Monzonitgruppe werden analog gegliedert.

Hinsichtlich der Gliederung in Leuko-, Meso- und Mela-Typen dieser Plutonite gelten die in Tabelle 20 angegebenen Zahlen. Alkalifeldspatsyenite mit mehr als 45% Mafiten heißen **Lusitanite.** Zu den Dioriten und Gabbros vermitteln die **Monzodiorite** und **Monzogabbros** mit Alkalifeldspat/Plagioklas-Verhältnissen zwischen 35:65 und 10:90. Sie können quarzhaltig, quarzfrei oder foidführend sein und fallen dementsprechend in die Felder 9, 9* und 9′ des Streckeisen-Doppeldreiecks.

Die hier definierten Alkalifeldspatsyenite der Felder 6 und 6* sind dann **Alkalisyenite,** wenn sie Alkalipyroxen oder Alkaliamphibol als namhafte Mafitminerale enthalten. Sie erfüllen dann auch chemisch das Kriterium $[Na_2O] + [K_2O] > [Al_2O_3]$ der Alkaligesteine. Die Syenite des Feldes 6′ sind vermöge ihres Gehaltes an Foiden ebenfalls Alkaligesteine. Analoges gilt auch für foidführende Syenite und Monzonite.

Nordmarkit ist ein quarzführender Alkalifeldspatsyenit mit mehr oder weniger ausgeprägtem alkalischem Charakter im obigen Sinne. **Pulaskit** und **Umptekit** sind quarzfreie, zum Teil nephelinführende Alkalifeldspat-Syenite mit Alkaliamphibol und Alkalipyroxen. In allen drei Gesteinen ist Mikroperthit der weitaus überwiegende Feldspat; sie werden deshalb als Hypersolvus-Gesteine relativ hoher Kristallisationstemperatur interpretiert.

Diesen mehr oder weniger ausgeprägten Alkaligesteinen stehen die **„Kalk-Alkali-Syenite“** und **Monzonite** gegenüber, welche durch die Beteiligung von Plagioklas (Oligoklas, Andesin, seltener auch Labradorit), Biotit, Hornblende oder diopsidischem Augit am Mineralbestand ausgezeichnet sind. Häufig sind sie quarzführend und somit SiO_2-übersättigt.

Eine weitere Gruppe syenitisch-monzonitischer Gesteine ist durch ihre „trockene“ Mineralfazies gekennzeichnet; Orthopyroxen (meist Hypersthen) und entmischte Alkalifeldspäte und Plagioklase sind charakteristische Gemengteile. Für alkalifeldspatreiche, meist quarzführende Gesteine sind hier die Namen **Adamellit,** für plagioklasreichere auch **Farsundit,** für solche mit überwiegendem Plagioklas auch **Mangerit** in Gebrauch. Sie treten typisch in Gesellschaft von Charnockiten und Anorthositen auf (s. Abschn. 2.9 und 2.10).

Weitere Besonderheiten der Minerale dieser drei Gesteinsgruppen sind in Tabelle 29 angegeben. Außer den dort genannten Hauptmineralen, wel-

Tabelle 29 Hauptminerale syenitischer und monzonitischer Plutonite

Alkalisyenite	Kalk-Alkali-Syenite und Monzonite	Syenitische und monzonitische Gesteine der Charnockit- und Anorthosit-Assoziationen
Orthoklas, meist perthitisch; Anorthoklas; Schillerfeldspat	Orthoklas, meist perthitisch; seltener Mikroklin	Orthoklas, oft mesoperthitisch
Albit bis Na-Oligoklas	Plagioklas (Oligoklas, Andesin, seltener Labradorit)	Plagioklas (Oligoklas bis Labradorit), z. T. antiperthitisch
± Fe-reicher Biotit	± Biotit	± Biotit
± Hastingsit, Barkevikit, Arfvedsonit	± grüne Hornblende	± Hornblende
± Titanaugit, Ägirinaugit bis Ägirin	± Diopsid, diopsidischer Augit	Hypersthen, diopsidischer Augit
± Quarz oder < 5 % Foide	± Quarz ± Olivin (selten)	± Quarz ± Olivin (selten)

che jeweils mit den durch die oben genannten Regeln begrenzten Volumanteilen auftreten können, sind folgende häufiger vorkommende Neben- und akzessorische Gemengteile zu nennen: Titanit, Magnetit, Titanomagnetit, Ilmenit, Korund, Orthit, Granat, Zirkon, Apatit, Fluorit. In den foidführenden Alkalisyeniten treten Nephelin oder Sodalith oder deren Umwandlungsprodukte (Zeolithe, Analcim, Calcit) auf. Durch sekundäre Prozesse werden die Plagioklase serizitisiert, die Mafite chloritisiert oder epidotisiert.

Alkalisyenite sind nicht selten von Pegmatiten begleitet, in denen außer vorherrschenden Feldspäten auch Minerale seltenerer Elemente (Zr, SE u. a.) auftreten.

Die **Gefüge** der leukokraten syenitisch-monzonitischen Gesteine sind überwiegend durch die Feldspatkomponenten bestimmt. In sehr orthoklasreichen Syeniten kann bei tafeliger Entwicklung dieser Feldspäte eine fluidal orientierte Textur sehr deutlich sein (Abb. 40A). Im übrigen herrschen hier hypidiomorphkörnige Strukturen vor.

Die „Orthoklase" sind der Zusammensetzung nach sehr variabel (Na- oder K-betont). Perthitische Entmischungen fehlen selten. Submikroskopische Entmischungslamellen in den Anorthoklasen des Larvikits erzeugen den für dieses Gestein charakteristischen blauen Schiller. Verzwillingung nach dem Karlsbader Gesetz ist weit verbreitet. Seltener als die Na-K-Orthoklas-Mischkristalle ist trikliner Albit mit Zwillingslamellierung der vorherrschende Alkalifeldspat. Viel häufiger ist Albit als relativ junge Bildung auf den Korngrenzen der anderen Feldspäte, als Saum um Plagioklas oder in verschiedenartigen anderen Verdrängungs- und Reaktionsbeziehungen im Gefüge vorhanden. In den plagioklasreicheren Monzoniten bildet der Orthoklas xenomorphe bis xenoblastische, einschlußreiche Kristalle, während die oft zonaren Plagioklase idiomorph bis hypidiomorph sind („monzonitisches Gefüge"). Quarz, sofern er auftritt, ist auf die Gefügezwickel beschränkt.

In stark leukokraten Alkalisyeniten kristallisieren die Mafite (Alkalipyroxene, Alkaliamphibole) spät und sind infolgedessen xenomorph ausgebildet. Auch kleinkörnige Zwickelfüllungen mit divergentstrahligen oder unregelmäßig aggregierten Mafiten kommen vor. Umgekehrt sind die Mafite der mehr mesokraten Kalk-Alkali-Syenite und Monzonite idiomorph bis hypidiomorph. Häufig sind Reaktionsbeziehungen, wie Augit → Hornblende, Augit → Biotit, Hornblende → Biotit und selbst Hornblende + Kalifeldspat + Quarz → Biotit + Plagioklas zu beobachten.

Chemisch sind die Syenite durch SiO_2-Gehalte zwischen etwa 50 und 63% gekennzeichnet. Dabei sind die Gehalte an Alkalien relativ hoch; bei den Monzoniten steigt auch CaO bis zu Werten um 7% an. Wichtig für die weitere chemische Klassifizierung ist die CIPW-Norm, in der die Komponenten Q, an, ne und ac in verschiedenen Kombinationen auftreten können (Tabelle 30). Die Kalk-Alkali-Syenite sind entweder in geringem Maße quarz- oder olivin-normativ; Feldspäte und Pyroxene machen aber in jedem Fall die Hauptmenge des normativen Mineralbestandes aus. Gehalte an normativem Korund zeigen entweder eine Serizitisierung der Feldspäte oder auch das gelegentlich vorkommende Erscheinen dieses Minerals selbst an.

2.17.2 Auftreten und äußere Erscheinung

Syenite und Monzonite entsprechen weder primären, aus dem Erdmantel stammenden Magmen, noch solchen, die durch partielle Anatexis in der Kruste in *größerer Menge* entstehen können. Sie sind auch nicht in einfacher Weise als Produkte der fraktionierten Kristallisationsdifferentiation zu erklären. Gleichwohl müssen die

Tabelle 30 Gliederung der Syenite und Monzonite nach der SiO_2-Sättigung und dem Verhältnis der Alkalien zum Aluminium

$\frac{[Na_2O] + [K_2O]}{[Al_2O_3]}$	SiO_2-Sättigung in bezug auf die Alkalien		
	übersättigt (Q-normativ)	gesättigt	untersättigt (ne-normativ)
< 1 (an-normativ)	Quarzsyenite, Quarzmonzonite	Syenite, Monzonite	miaskitische Foidsyenite, Foidmonzonite
~ 1	Quarzsyenite	Syenite	Foidsyenite
> 1 (ac-normativ)	Alkali-Quarzsyenite	Alkalisyenite	agpaitische Foidsyenite

Tabelle 31 Mineralische (Volum-%) und chemische (Gew.-%) Zusammensetzung von Syeniten und Monzoniten

	(1)	(2)	(3)	(4)	(5)
Quarz	11,0	2,6	5,5	1,9	–
Kalifeldspat und Perthit	62,8	36,9	34,1	90,3	85,5
Plagioklas	15,6	45,3	39,6	2,4	5,6
Biotit	0,7	–	5,9	0,2	3,0
Amphibol	5,8	–	2,2	3,7	1,5
Klinopyroxen	–	11,9	7,4	0,6	2,6
Erzminerale Andere	4,1	3,3	5,3	0,9	1,8
SiO_2	62,66	55,34	61,96	65,40	62,18
TiO_2	0,77	0,60	0,58	0,70	0,66
Al_2O_3	18,25	18,43	16,81	17,04	19,56
Fe_2O_3	1,81	2,98	3,34	1,46	1,71
FeO	1,28	2,72	3,77	1,67	1,30
MnO	0,16	0,13	0,12	0,10	0,09
MgO	1,10	2,71	1,24	0,58	0,53
CaO	2,86	7,38	3,49	1,02	1,40
Na_2O	3,58	3,02	3,32	6,43	7,60
K_2O	6,22	4,61	4,59	5,17	4,83
P_2O_5	0,08	n. b.	n. b.	0,16	0,32
CO_2	–	0,50	–	–	–
H_2O^+	1,04	1,07	0,82	0,15	0,15
Summe	99,81	99,49	100,04	99,88	100,33

(1) Quarzsyenit, Doss Capello bei Predazzo, Italien (nach Paganelli 1967a). Plagioklas An_{39} bis An_{47}
(2) Leukomonzonit, Fundort und Quelle wie (1). Plagioklas An_{40} bis An_{58}
(3) Monzonit, Monte Mulat bei Predazzo, Italien (nach Paganelli 1967b). Plagioklas An_{47} bis An_{68}
(4) Alkalisyenit (Nordmarkit), Kangerdlugssuaq, Grönland (nach Deer 1976). Der Amphibol ist Katophorit, der Pyroxen Ägirin
(5) Alkalisyenit (Pulaskit), Fundort und Quelle wie (4). Der Amphibol ist Magnesioriebeckit, der Pyroxen Ägirin

Bedingungen zur Bildung von Schmelzen, aus denen ganz überwiegend Feldspäte mit nur geringen Mengen von Quarz oder Foiden kristallisieren, öfter gegeben gewesen sein. Syenite und Monzonite finden sich in verschiedenen, nachstehend aufgeführten Assoziationen mit anderen Magmatiten sowie im Bereich der Anatexis, jedoch insgesamt in relativ bescheidener Menge. Als Schwerpunkte des Vorkommens sind zu nennen:

- Alkalisyenite in Gesellschaft anderer Alkaligesteine (Alkaligranite, Foidsyenite, Alkali-Mafitite u. a.), plutonisch bis subvulkanisch; im kratonischen Milieu, in Riftzonen, auf ozeanischen Inseln. Oft vorkommende Intrusionsformen sind Plutone geringer bis mittlerer Größe (wenige Zehner km Durchmesser), Stöcke, Lakkolithe, Ringgänge, Gänge. In manchen Fällen sind die Syenite nur örtlich entwickelte Fazies anderer, quarz- oder foidführender Gesteinskörper.
- Kalkalkalisyenite und Monzonite in Gesellschaft anderer „Kalkalkali-Plutonite“ (Granite, Granodiorite, Diorite, Gabbros) in Orogenen (synorogen bis subsequent). Intrusionsformen sind kleine bis mittlere Plutone, Stöcke oder Gänge. Oft sind solche Syenite nur örtliche Fazies von oder Schlieren in anderen Plutoniten. Die Verbandsverhältnisse mancher Monzonite lassen erkennen, daß sie metasomatisch *in situ* aus geeigneten Ausgangsgesteinen (Gneisen) entstanden sind. Andere metasomatisch gebildete Syenite sind im Abschn. 5 „Metasomatische Gesteine“ behandelt. Für Syenite im alten Grundgebirge Schwedens wird die Entstehung durch Anatexis entsprechend zusammengesetzter Metavulkanite (Leptite) angenommen.

- Syenite und Monzonite als Hauptkomponenten plutonischer und subvulkanischer Massive verschiedener tektonischer Stellung; mit ihnen sind mannigfaltige andere Plutonite und Ganggesteine assoziiert.
- Syenite und Monzonite in charnockitischer Fazies als Begleiter anderer Charnockite und von Anorthositen (s. auch Abschn. 2.9 und 2.10). Hier sind zum Teil besondere Namen, wie Adamellit, Farsundit und Mangerit in Gebrauch.

Den vielen Varianten der plutonischen Syenite und Monzonite entspricht eine große Zahl von Ganggesteins-Äquivalenten, die vielfach auch mit besonderen Namen belegt worden sind (s. Abschn. 2.18).

Die **äußere Erscheinung** der Syenite und Monzonite ist stark durch die Korngröße, das Gefüge und die Farbe der Hauptminerale, also der Alkalifeldspäte, bestimmt. In den leukokraten Syeniten bilden diese oft große, subidiomorphe bis idiomorphe, nach (010) tafelige Kristalle, welche nicht orientiert oder mehr oder weniger deutlich parallel orientiert sein können. Die anderen Minerale (Quarz oder Nephelin, Mafite, andere Feldspäte) nehmen mit geringerer Korngröße die Zwischenräume der Alkalifeldspäte ein. Die meist mafitreicheren bis mesokraten Monzonite haben eher gleichkörnige oder porphyrische, an Granite und Granodiorite erinnernde Gefüge. Lagentexturen nach Art der „geschichteten Intrusionen“ kommen gelegentlich bei Alkalisyeniten vor; Schlieren und andere Inhomogenitäten sind verbreitet.

Nicht selten sind die Feldspäte der Syenite durch Hämatit rot pigmentiert. Angewitterte syenitische Gesteine erscheinen infolge des Vorherrschens der Feldspäte oft weißlich-matt mit unterschiedlichen Farbnuancen. Für die Gestaltung natürlicher Felsoberflächen und -formen sind, wie bei Graniten und Granodioriten, Korngröße, Textur und Klüftung maßgeblich. Weitere allgemeingültige Aussagen über die äußere Erscheinung der Gesteine sind wegen deren Mannigfaltigkeit kaum möglich.

2.17.3 Beispiel eines Vorkommens monzonitischer und syenitischer Gesteine

Monzonite und Syenite des Massivs von Predazzo, italienische Ostalpen (nach GALLITELLI & SIMBOLI, 1970).

Das durch die Mannigfaltigkeit seiner Magmatite und durch kontaktmetamorphe Mineralbildungen seit langem bekannte Gebiet liegt in der Trias der südöstlichen Dolomiten. Es ist unterlagert von der ausgedehnten Platte des permischen Bozener Quarzporphyrs (über 1000 m mächtig). Nach Ablagerung untertriassischer Sedimente setzte im Ladin erneut der Magmatismus ein, welcher zunächst mehrere hundert Meter Laven, Lavabreccien und Tuffe förderte. Die Gesteine sind nach ihren Mineralbeständen Latitbasalte, Latitandesite und seltener auch Latite. Chemisch gehören sie wegen ihrer erhöhten Kaligehalte zu den Gruppen der High-K-low-Si-Andesite, der Shoshonite und Absarokite nach PECCERILLO & TAYLOR (s. auch Abschn. 2.27 und 2.31). Zu den Vulkaniten gehört eine Vielzahl von Gängen und Lagergängen teils ähnlicher, teils noch basischerer oder noch stärker alkalischer Zusammensetzung („Melaphyre“ und „Porphyrite“). In diesen älteren vulkanischen Komplex intrudierten, ebenfalls noch in der Trias, mehrere Monzonit- und Syenitkörper, welche einen unterbrochenen Ring von etwa 5 bis 4 km Außendurchmesser bilden. Im Inneren dieses Ringes stehen die genannten Melaphyre und Porphyrite und der Granit von Predazzo an. Die einzelnen Monzonitstöcke sind in sich recht inhomogen; die modalen Zusammensetzungen variieren zwischen denen von Monzoniten, Quarzmonzoniten i. e. S., Quarzmonzodioriten, Monzodioriten und Monzogabbros. Die „Syenite“ früherer Autoren sind großenteils Leukomonzonite (siehe Tabelle 31).

Makroskopisch sind die Monzonite meist mittel- bis grobkörnige Gesteine von mäßig heller Gesamtfarbe. Die Kalifeldspäte sind xenoblastisch und umschließen viele kleinere, mehr oder weniger idiomorphe Plagioklase und Mafite. Die Anorthitgehalte der Plagioklase bewegen sich zwischen 40 und 75% (Mittel etwa 50 bis 55%). Die Klinopyroxene sind in verschiedenem Grade in Hornblende umgewandelt; diese wiederum wird von Biotit umgeben. In einigen orthopyroxenführenden Monzoniten ist die Reaktionsreihe: Orthopyroxen → Klinopyroxen → Amphibol → Biotit klar erkennbar. Der Biotit ist manchmal, ähnlich wie der Kalifeldspat, xenoblastisch ausgebildet. Als akzessorische Minerale treten Apatit, Orthit, Titanit, seltener Zirkon auf. Vorherrschendes Erzmineral ist Magnetit. Als Sekundärminerale kommen Chlorit (Pennin), Epidot und Calcit vor.

Stärkeres Vorherrschen des Plagioklases über Kalifeldspat bedingt den Übergang zu Monzodiorit, Monzogabbro, Diorit und Gabbro. Zugleich erhöht sich der Anteil der Mafite.

In den relativ seltenen Syeniten bildet der vorherrschende perthitische Kalifeldspat idiomorphe oder subidiomorphe Tafeln sowie kleinere xenomorphe Körner einer zweiten Generation. Die Gesteine sind zum Teil kleinkörnig und angedeutet porphyrisch.

Die etwa 10 km nordöstlich von Predazzo gelegene Intrusion von Monzoni besteht aus Monzodiorit, Monzogabbro, Diorit, Gabbro und Pyroxenit. Monzonite i. e. S. treten hier kaum auf. Auf die Platznahme der Plutonite folgten in Predazzo und in geringerem Maße auch in Monzoni viele und artenreiche Gänge, wie Foyaitporphyr, Granit-, Syenit- und Monzonitaplite, Tinguait, Bostonit, Gauteit, Essexit- und Theralithporphyrite, Lamprophyre, Camptonit und Monchiquit. Die Monzonit- und Granitintrusionen haben in ihren vulkanischen und sedimentären Nebengesteinen Kontakthöfe von bis zu einigen hundert Metern Ausstrichbreite erzeugt. Die Porphyrite und Melaphyre wurden uralitisiert (s. S. 98), propylitisiert (s. S. 345) und stellenweise mit Pyrit mineralisiert.

Kalksteine sind in vielfältig gefärbte und unterschiedlich kristalline Marmore umgewandelt. Aus Dolomiten wurden Marmore mit bis zu 35% Brucit gebildet. In kieseligen oder mergeligen Kalksteinen entstanden typische „Kontaktminerale", wie Grossular, Vesuvian, Monticellit, Gehlenit, Wollastonit, Epidot, Fassait (dem Augit nahestehender, Al_2O_3-reicher Klinopyroxen), Anorthit und andere. Sandsteine und Feldspatsandsteine ergaben Quarzite und Biotit-Plagioklas-Quarzite.

2.18 Ganggesteine der Syenit-Monzonit-Familie

2.18.1 Petrographische Kennzeichnung, Auftreten und äußere Erscheinung

Als Gangäquivalente der Syenite und Monzonite treten verbreitet gleichmäßig klein- bis feinkörnige Gesteine auf, die je nach ihrem Mineralbestand als **Mikrosyenit** oder **Mikromonzonit** zu bezeichnen sind. Bei porphyrischer Ausbildung mit Feldspat- und Mafiteinsprenglingen sind die Namen **Monzonitporphyr** und **Syenitporphyr** üblich. Die Benennung im einzelnen richtet sich ferner nach Besonderheiten des Mineralbestandes und Gefüges. Für die Abgrenzung gegenüber Ganggesteinen benachbarter Familien gelten die in Abschn. 2.17.1 „Syenite und Monzonite" aufgestellten Regeln. Mit dem Auftreten von Feldspatvertretern und/oder eines Alkalipyroxens oder eines Alkaliamphibols sind Kriterien für die Zugehörigkeit zu den Alkaligesteinen bzw. zu peralkalischen Gesteinen erfüllt; Ganggesteine dieser Familie sind auch in dem einschlägigen Abschn. 2.19 berücksichtigt. Auch aplitische Gangäquivalente der Syenite und Monzonite mit <5 bzw. <10 Volum-% Mafiten kommen vor.

Die Kalifeldspat-Lamprophyre Minette und Vogesit unterscheiden sich von den syenitisch-monzonitischen Ganggesteinen durch ihre meist höhere Farbzahl (>35), die porphyrische Struktur mit Glimmer- und Hornblende-Einsprenglingen, Olivinpseudomorphosen, das Fehlen von Feldspateinsprenglingen und geochemische Kriterien (s. Abschn. 2.20).

Hauptminerale der syenitischen Ganggesteine sind in jedem Fall Alkalifeldspäte, die je nach dem K-Na-Verhältnis und ihrer Temperaturgeschichte Sanidin, Orthoklas, Mikroklin, Kryptoperthit, Perthit oder Albit sein können. Auch Anorthoklas kommt gelegentlich vor. In den monzonitischen Ganggesteinen kommt Plagioklas, z. T. als Einsprengling, hinzu. Quarz in geringer Menge ist verbreitet. Als Mafite treten Biotit, Hornblende, Augit, in Gesteinen mit alkalischer oder peralkalischer Tendenz Ägirinaugit, Ägirin, Riebeckit, Arfvedsonit auf.

Als besondere Varianten syenitischer Ganggesteine seien genannt:

- **Bostonit,** leukokrates Ganggestein mit trachytoider Struktur; überwiegendes Hauptmineral ist Alkalifeldspat in verschiedenen der oben genannten Formen; zusätzlich Pyroxen oder dessen Umwandlungsprodukte, z. B. Calcit, Hämatit, Leukoxen u. a.
- **Albitit,** hololeukokrates Ganggestein mit Albit als weit überwiegendem Hauptmineral, zusätzlich verschiedene Mafite, Kalifeldspat, Quarz u. a. Gangäquivalent von Leukosyeniten in entsprechenden Gesteinsassoziationen; häufig aber auch metasomatische Bildung in ganz anderen Zusammenhängen (s. Abschn. 5.5 und 5.14).

Die **äußere Erscheinung** der syenitisch-monzonitischen Ganggesteine ist durch ihren Feldspatreichtum bestimmt; sie sind im allgemeinen helle Gesteine. Bei der gegebenen Mannigfaltigkeit sind darüber hinaus kaum weitere gemeinsame Kennzeichen anzugeben.

Die Gesteine dieser Gruppe treten in verschiedenen magmatischen Assoziationen auf. Monzonitische Ganggesteine sind besonders in spätorogenen Kalk-Alkali-Assoziationen und kalkalkalisch-alkalischen Übergangsassoziationen, z. B. Predazzo (Abschn. 2.17.3), Oslogebiet und Spanish Peaks (s. unten) beheimatet. Syenitische Ganggesteine mit Alkali- und Peralkali-Charakter gehören den entsprechenden plutonischen Assoziationen an, können aber auch als besondere Entwicklungen in anderen Assoziationen auftreten (z. B. in der Ganggefolgschaft der variskischen Plutonite in Südmähren und Niederösterreich).

2.18.2 Beispiel eines Vorkommens syenitisch-monzonitischer Ganggesteine

Subvulkanite und Ganggesteine der Spanish Peaks, Colorado
(nach Johnson, 1968 und Jahn, 1969).

Die oligozänen, subvulkanischen Intrusionen der Spanish Peaks und des Dike Mountain in Colorado bestehen aus verschiedenen, teils granitischen, teils syenitisch-monzonitischen Gesteinen:
- Westlicher Spanish Peak: Monzonitporphyr;
- Östlicher Spanish Peak: Granit- und Granodioritporphyr;
- Dike Mountain: Monzonitporphyr.

Die Dimensionen der Vorkommen sind in der Kartenskizze Abb. 51 ersichtlich. Alle drei Stöcke sind von zahlreichen **Radialgängen** umgeben. Zugehörige **Lagergänge** treten auch in größerer Entfernung auf (Abb. 52). Die Ganggesteine variieren nach ihrer mineralischen Zusammensetzung von Quarzmonzonit über Monzonit und Syenodiorit bis zu Dioriten und Gabbros. Auch lamprophyrische Gesteine (Minetten u. a.) sind vertreten. Postmagmatische Mineralbildungen sind weit verbreitet und prägen z. T. sehr stark die petrographische Erscheinung und die chemischen Analysen: Chlorit, Epidot, Zeolithe, Analcim, Tonminerale, Calcit und Limonit. Dem radialen Gangsystem überlagert sich ein System W–E streichender Gänge, die der gleichen Gesteinsfamilie angehören.

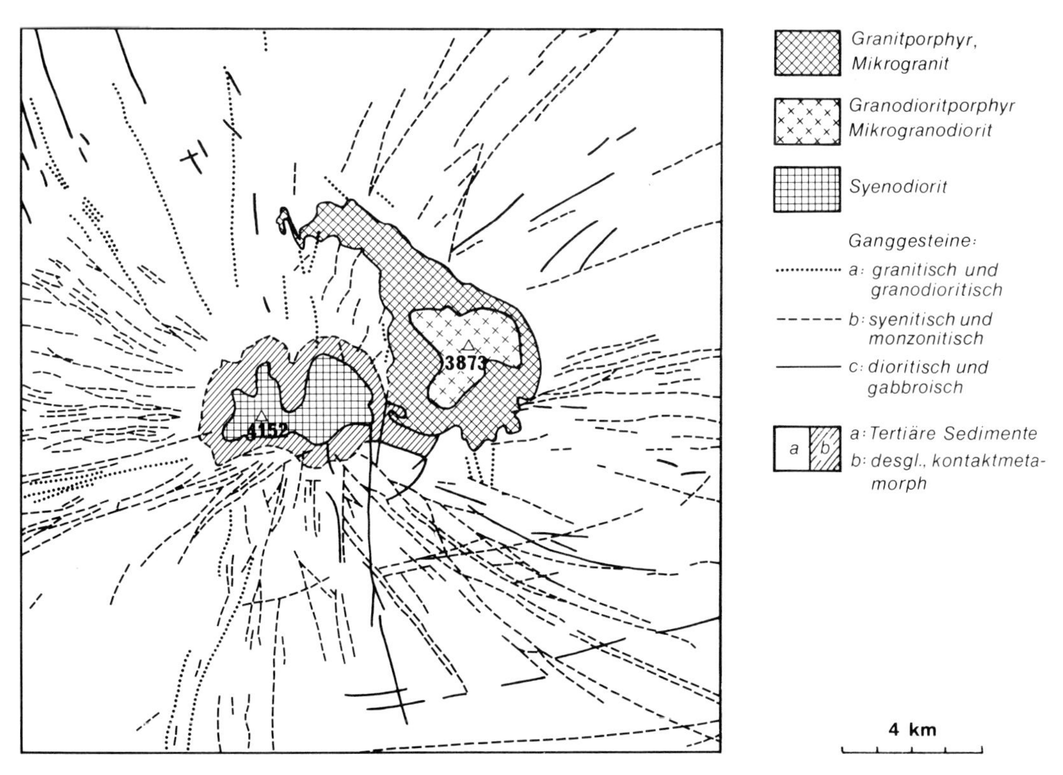

Abb. 51 Die Intrusivkörper der Spanish Peaks (Colorado, USA) und ihre Ganggefolgschaft (nach Johnson 1968).

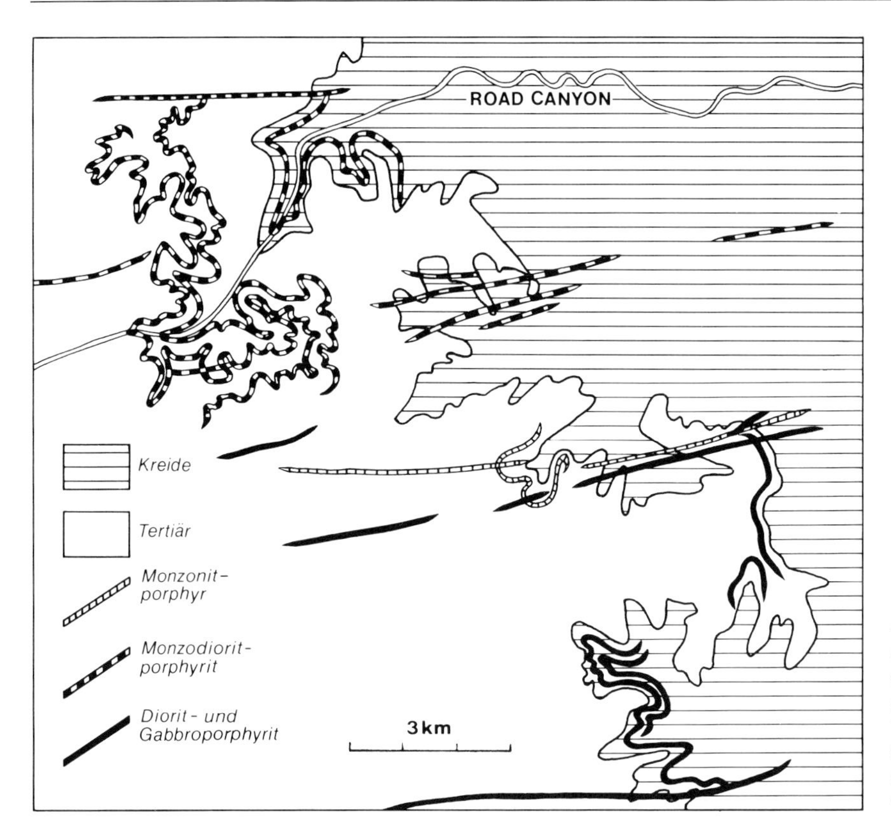

Abb. 52 Steilgänge und Lagergänge in flachlagernden Schichten östlich der Spanish Peaks, Colorado (Quelle wie Abb. 51).

2.19 Alkaligesteine

2.19.1 Allgemeines

Allgemeine petrographische und chemische Kennzeichnung

Die Alkaligesteine sind **mineralogisch** durch das Auftreten von Feldspatvertretern und/oder Alkalipyroxenen oder Alkaliamphibolen gekennzeichnet. Das Erscheinen der Feldspatvertreter zeigt an, daß der SiO_2-Gehalt des Gesteins nicht ausreicht, um alle vorhandenen Alkalien in Form von Feldspäten oder Glimmern zu binden; die Gesteine sind insofern an **Kieselsäure untersättigt.** Neben den Feldspatvertretern im engeren Sinne (Nephelin, Leucit) sind auch die Minerale der Sodalithgruppe, Cancrinit und Analcim kieselsäuresparend gegenüber den Feldspäten und insofern charakteristisch für Alkaligesteine. Alkalipyroxen (Ägirin, Ägirinaugit) und Alkaliamphibole bilden sich dann, wenn das Gestein nicht genügend Aluminium enthält, um alle Alkalien in Form von Feldspäten, Feldspatvertretern oder Glimmern zu binden; es besteht dann insofern ein Aluminiumdefizit. Die genannten chemisch-mineralogischen Kennzeichen der Alkaligesteine sind meist deutlich aus den in Normen umgerechneten Gesteinsanalysen abzulesen. In der häufig angewandten CIPW-Norm erscheinen dann je nach Gesteinszusammensetzung die Komponenten ne (Nephelin), lc (Leucit), ks (Kalsilit) und ac (Akmit = Ägirin). Alkalipyroxen oder Alkaliamphibole können auch bei Kieselsäureübersättigung, aber Aluminiumdefizit auftreten; in der Norm erscheinen dann sowohl Q (Quarz), als auch ac. Gesteine dieser Art werden auch **peralkalische** Gesteine genannt.

An Kieselsäure untersättigte Gesteine, die zugleich ein Aluminiumdefizit aufweisen, werden als **agpaitische** Gruppe, solche mit Aluminiumüberschuß als **miaskitische** Gruppe zusammengefaßt (Tabelle 33). In Gesteinen der miaskitischen Gruppe ist das molekulare Verhältnis von (K_2O + Na_2O) zu Al_2O_3 kleiner als 1, in der agpaitischen Gruppe größer als 1.

Systematik der Alkaligesteine

Im Q–A–P–F-Doppeldreieck nach Streckeisen sind alle in das untere Dreieck (A–P–F) fallenden Gesteine Alkaligesteine, weil sie Feldspatvertreter enthalten. Peralkalische, an Kieselsäure über-

Tabelle 32 Charakteristische Minerale der Alkaligesteine (vereinfachte Formeln)

a) Salische Minerale		b) Femische Minerale (Mafite)	
Nephelin	$Na\,[AlSiO_4]$	Ägirin	$NaFe^{\cdots}\,[Si_2O_6]$
Kalsilit	$K\,[AlSiO_4]$	Ägirinaugit:	Mischkristall von Ägirin mit Augit
Leucit	$K\,[AlSi_2O_6]$	Riebeckit	$Na_2Fe_4^{\cdots}\,[Si_4O_{11}(OH)]_2$
Analcim	$Na\,[AlSi_2O_6]\cdot H_2O$	Arfvedsonit	$Na_3Fe_4Al\,[Si_4O_{11}(OH)]_2$
Sodalith	$Na_8\,[Al_6Si_6O_{24}Cl_2]$	Magnophorit	$NaKCaMg_5\,[Si_4O_{11}(OH)]_2$
Nosean	$Na_8\,[Al_6Si_6O_{24}SO_4]$		
Hauyn	$Na_6Ca\,[Al_6Si_6O_{24}SO_4]$		
Cancrinit	$(Na_3Ca)_2\,[AlSiO_4]_6\,(CO_3)_2$		

Tabelle 33 Beispiele miaskitischer, agpaitischer und peralkalischer Gesteinszusammensetzungen

	(1)		(2)		(3)	
	Gew.-%	Mol.-Zahl	Gew.-%	Mol.-Zahl	Gew.-%	Mol.-Zahl
SiO_2	54,30	962,6	56,34	975,5	71,38	1189,7
TiO_2	0,28		0,06		0,07	
Al_2O_3	21,91	214,7	17,76	170,0	12,34	120,9
Fe_2O_3	2,64		3,56		1,96	
FeO	0,97		0,06		0,91	
MnO	0,19		0,18		0,05	
MgO	0,47		0,40		0,16	
CaO	3,46		2,39		0,17	
Na_2O	8,13	116,4	9,88	137,6	7,17	115,6
K_2O	5,65	56,9	4,97	59,8	4,17	44,3
P_2O_5	0,20		0,04		0,01	
SO_3	0,69		0,99		–	
Cl (I$^{\mp}$)	0,39		0,24		(1,08)	
H_2O^+	0,09		3,19		0,30	

(1) Miaskitischer Phonolith, Vinsac, Auvergne. Das Gestein ist kieselsäureuntersättigt in bezug auf die Alkalien; die Molekularzahl von Al_2O_3 ist größer als die Summe der Molekularzahlen von Na_2O und K_2O
(2) Agpaitischer Phonolith, Repastils, Auvergne. Das Gestein ist im gleichen Sinne kieselsäureuntersättigt wie (1); außerdem ist die Molekularzahl von Al_2O_3 kleiner als die Summe der Molekularzahlen von Na_2O und K_2O
(3) Peralkalischer Riebeckit-Arfvedsonit-Granit, Liruei, Nigeria. Das Gestein ist kieselsäureübersättigt; die Summe der Molekularzahlen von Na_2O und K_2O ist größer als die Molekularzahl von Al_2O_3

sättigte Gesteine fallen zumeist in die Felder 6, 6* und 2 des oberen Dreiecks. Zur weiteren Kennzeichnung nach dem Gehalt an Mafiten müssen Zusatzbestimmungen (siehe Tabelle 8, 9, 34 und 35) herangezogen werden. Ferner sind bei der Namengebung die Arten des oder der Feldspatvertreter (Nephelin, Leucit, Sodalith usw.), der Mafite (Pyroxen, Amphibol und andere), charakteristische weitere Minerale und Besonderheiten des Gefüges zu berücksichtigen. Diese bei den Alkaligesteinen besonders zahlreichen Variablen haben in der Vergangenheit dazu geführt, daß mehrere hundert Spezialnamen, meist in Anlehnung an die Originalfundorte, definiert wurden, die großenteils in der Streckeisenschen Systematik nicht erscheinen. Namen dieser Art, die in der Literatur oft vorkommen, werden im folgenden Text in ihrer üblichen Bedeutung weiter benutzt; in der folgenden Aufstellung ist ihre Lage im Streckeisen-Doppeldreieck mit vermerkt.

Systematik häufiger Typen der Alkaligesteine (in Klammern die Nummern der entsprechenden Felder im QAPF-Doppeldreieck, Abb. 25):

A. Foidfreie und foidarme Gesteine

- Leukokrate Gesteine. Alkalifeldspäte, Quarz und Alkalipyroxen oder -amphibol als wesentliche Gemengteile (2)

Tabelle 34 Haupttypen der Alkali-Plutonite, nach der Art der hellen Gemengteile und nach der Farbzahl (von oben nach unten zunehmend) geordnet

Alkalifeldspat ± Quarz Alkalipyroxen Alkaliamphibol	Alkalifeldspat + Foide	Alkalifeldspat > Plagioklas + Foide	Plagioklas > Alkalifeldspat + Foide	Plagioklas + Foide	Foide
mit Quarz: Alkaligranit ohne Quarz: Alkalisyenit	Foidsyenit (Nephelinsyenit, Foyait und andere)	Leuko-Foid-Plagisyenit Miaskit			Urtit, mit Leucit: Italit
	30	15	20	30	30
	Malignit Lujavrit	Foid-Plagisyenit	Foid-Monzodiorit, Foid-Monzogabbro = Essexit	Foiddiorit Foidgabbro = Theralith	Ijolith, mit Leucit: Fergusit
	60	45	60	70	70
	Shonkinit	Mela-Foid-Plagisyenit	Mela-Foid-Monzodiorit, Mela-Foid-gabbro Melaessexit	Mela-Foid-diorit, Mela-Foidgabbro, Melatheralith	Melteigit, mit Leucit: Missourit

Alkali-Ganggesteine können bei etwa gleichkörniger Ausbildung mit dem Namen der entsprechenden Plutonite und dem Präfix „Mikro-", bei porphyrischer Ausbildung mit dem Zusatz „-porphyr" bezeichnet werden. Für Gangäquivalente der Foidsyenite ist der Name **Tinguait** in Gebrauch. **Gauteit** ist das Gangäquivalent der Foid-Plagisyenite. **Teschenit** ist ein als Gang oder Sill auftretender Theralith mit Plagioklas, Analcim, Titanaugit, Barkevikit und Fe-Ti-Erzmineralen als Hauptgemengteilen

plutonisch: Alkaligranit
vulkanisch: Alkalirhyolith, Pantellerit, Comendit

- Leukokrate Gesteine. Alkalifeldspäte, 0–20% Quarz oder 0–5% Foide (6*, 6, 6')
plutonisch: Alkalisyenit, Nordmarkit (quarzführend), Umptekit (mit Arfvedsonit, quarzfrei, nephelinarm), Larvikit (mit ternärem Schillerfeldspat) (7)
vulkanisch: Alkalitrachyt, Trachyt

B. Gesteine mit überwiegenden Na-Foiden

- Mesokrate, seltener leukokrate Gesteine mit Plagioklas, Alkalifeldspäten und Foiden; Augit ist das verbreitetste mafitische Mineral (13).
plutonisch: Foidmonzodiorit und Foidmonzogabbro (An-Gehalte der Plagioklase < 50% bzw. > 50%), Essexit
vulkanisch: phonolithischer Tephrit
- Mesokrate, seltener melanokrate Gesteine mit Plagioklas und Foiden; Augit ist das verbreitetste mafitische Mineral; Olivin oft vorhanden (14, 10')
plutonisch: Foiddiorit, Foidgabbro (An-Gehalte der Plagioklase < 50% bzw. > 50%), Theralith, Teschenit (mit Hornblende und Analcim)
Ganggesteine: Alkalidiabas; Camptonit, Monchiquit (s. S. 149)
vulkanisch: Alkalibasalt (< 5% Olivin), Alkali-Olivinbasalt (> 5% Olivin), Basanit (> 5% Nephelin, > 5% Olivin), siehe auch Abschn. 2.28; Tephrit; Limburgit (Hyalobasanit)
- Leukokrate bis mesokrate Gesteine mit Alkalifeldspäten und Foiden als wesentlichen Gemengteilen (11).
plutonisch: Nephelin- (Sodalith-, Nosean- ...) Syenit, Foyait; zahlreiche mineralogische und Gefügevarianten, z. B. Juvit (Orthoklas-Nephelin-Syenit), Khibinit (mit Eudialyt), Lujavrit (mesokrat), Litchfieldit (miaskitisch, zwei Feldspäte, Biotit, Cancrinit u. a.), Ditroit (Sodalith-Nephelin-Syenit)
Ganggestein: Tinguait
vulkanisch: Phonolith
- Mesokrate bis melanokrate Gesteine mit Alkalifeldspäten, Foiden und Augit als wesentlichen Gemengteilen (11, 15a z. T.)

Tabelle 35 Haupttypen der Alkali-Vulkanite, nach der Art der hellen Gemengteile und nach der Farbzahl (von oben nach unten zunehmend) geordnet. Die Angabe „< 10 % Foide" bezieht sich auf deren Anteil an den hellen Gemengteilen

Alkalifeldspat ± Quarz Alkalipyroxen Alkaliamphibol	Alkalifeldspat Foide	Alkalifeldspat > Plagioklas Foide	Plagioklas > Alkalifeldspat Foide	Plagioklas Foide	Foide
mit Quarz: Alkalirhyolith ohne Quarz: Alkalitrachyt	Phonolith	tephritischer Leukophonolith	phonolithischer Leukotephrit	Leukotephrit	Leucitit
	25	10	20	35	40
	Melaphonolith	tephritischer Phonolith	phonolithischer Tephrit	Foidbasalt (< 10 % Foide), Tephrit Basanit (> 10 % Olivin),	Nephelinit Leucitit
	50	40	50	70	70
	Sanidinnephelinit	tephritischer Melaphonolith	phonolithischer Melatephrit	Mela-Foidbasalt (< 10 % Foide), = Ankaramit Melatephrit Melabasanit	Melanephelinit Melaleucitit Olivinnephelinit Mela-Olivinleucitit

plutonisch: Malignit (mesokrat), Shonkinit (melanokrat).
vulkanisch: Sanidinnephelinit

- Feldspatfreie, leukokrate bis melanokrate Gesteine; Pyroxene sind die vorherrschenden mafitischen Gemengteile (15c).
  plutonisch: Urtit (> 70% Foide), Ijolith (70–30% Foide), Tawit (Foide der Sodalithgruppe), Melteigit (< 30% Foide)
  vulkanisch: Nephelinit, Olivinnephelinit, > 65% Mafite: Melanephelinit
- Holomelanokrate (ultramafitische) Gesteine; plutonisch: Alkalipyroxenit, Jacupirangit (mit Titanaugit), Alkalihornblendit

C. Gesteine mit überwiegenden K-Foiden
(s. auch S. 141 bis 146)

- Leukokrate Gesteine mit Alkalifeldspäten und Leucit als wesentlichen Gemengteilen (11).
  Ganggestein: Leucitophyr
  vulkanisch: Leucitphonolith, Vicoit (Sanidin: Plagioklas ~1:1)
- Mesokrate Gesteine mit Alkalifeldspat und Leucit als wesentlichen Gemengteilen (11, 15a z. T.)
  vulkanisch: Wyomingit (mit Phlogopit und Glasbasis), Jumillit (mit Olivin und Phlogopit)
- Mesokrate bis leukokrate Gesteine mit Plagioklas, Leucit ± Alkalifeldspat als wesentlichen Gemengteilen; Augit ist das verbreitetste mafitische Mineral (12, 13, 15b z. T.).
  vulkanisch: Leucittephrit, Leucitbasanit, Vesuvit
- Feldspatfreie Gesteine mit Leucit, seltener auch Kalsilit, mesokrat bis melanokrat; Augit ist der verbreitetste mafitische Gemengteil (15c)
  plutonisch: Fergusit (mesokrat), Missourit (melanokrat)
  vulkanisch: Leucitit, Olivinleucitit, Ugandit (Olivin-Melaleucitit, mit Glasbasis), Katungit (Olivinmelilithit mit Kalsilit), Mafurit (Olivin, Augit, Kalsilit).

Nicht alle in der obenstehenden Systematik aufgeführten Gesteinstypen werden in diesem Abschnitt behandelt; besondere Abschnitte sind den Alkalibasalten (Abschn. 2.28), den Alkalilamprophyren (Abschn. 2.20) und den Alkaligraniten (Abschn. 2.6.1) gewidmet. Die verbleibenden „Alkaligesteine im engeren Sinne" werden im folgenden als „Alkaligesteine I" mit Natronvormacht und „Alkaligesteine II" mit Kalivormacht (Kaligesteine) in besonderen Abschnitten beschrieben.

Vorkommen und Häufigkeit der Alkaligesteine

In der petrographischen Literatur nehmen die Alkaligesteine wegen ihrer Mannigfaltigkeit und der an ihnen gewonnenen Informationen über petrogenetische Prozesse einen sehr großen Raum ein. Etwa 40% aller Namen für magmatische Gesteine bezeichnen Alkaligesteine. Demgegenüber ist die **quantitative** Bedeutung dieser Gesteinsgruppe, sofern man von den Alkalibasalten absieht, nur sehr gering. Der Anteil alkalischer Intrusivgesteine an der Fläche aller Intrusivgesteine ist in Europa 1,27%, im Durchschnitt aller Kontinente aber nur 0,17%. Die Gesamtfläche der alkalischen Intrusivgesteine der Erde beträgt etwa 22000 km^2, davon allein in Europa 9300 km^2, woran vor allem die großen Vorkommen auf der Halbinsel Kola und in Südnorwegen beteiligt sind (Lazarenkov & Abakumova 1977). Die alkalischen Extrusivgesteine sind in diese Berechnung nicht mit einbezogen. In bestimmten Gebieten und Epochen kann ihr Anteil sehr hoch werden. So wurden im Kenia Rift Valley (Ostafrika) im Jungtertiär mehr als 50000 km^3 Phonolith und Trachyt gefördert – mehr als auf der gesamten übrigen Erde. Der tertiäre und quartäre Vulkanismus Mitteleuropas und Frankreichs produzierte weit mehr Alkali-

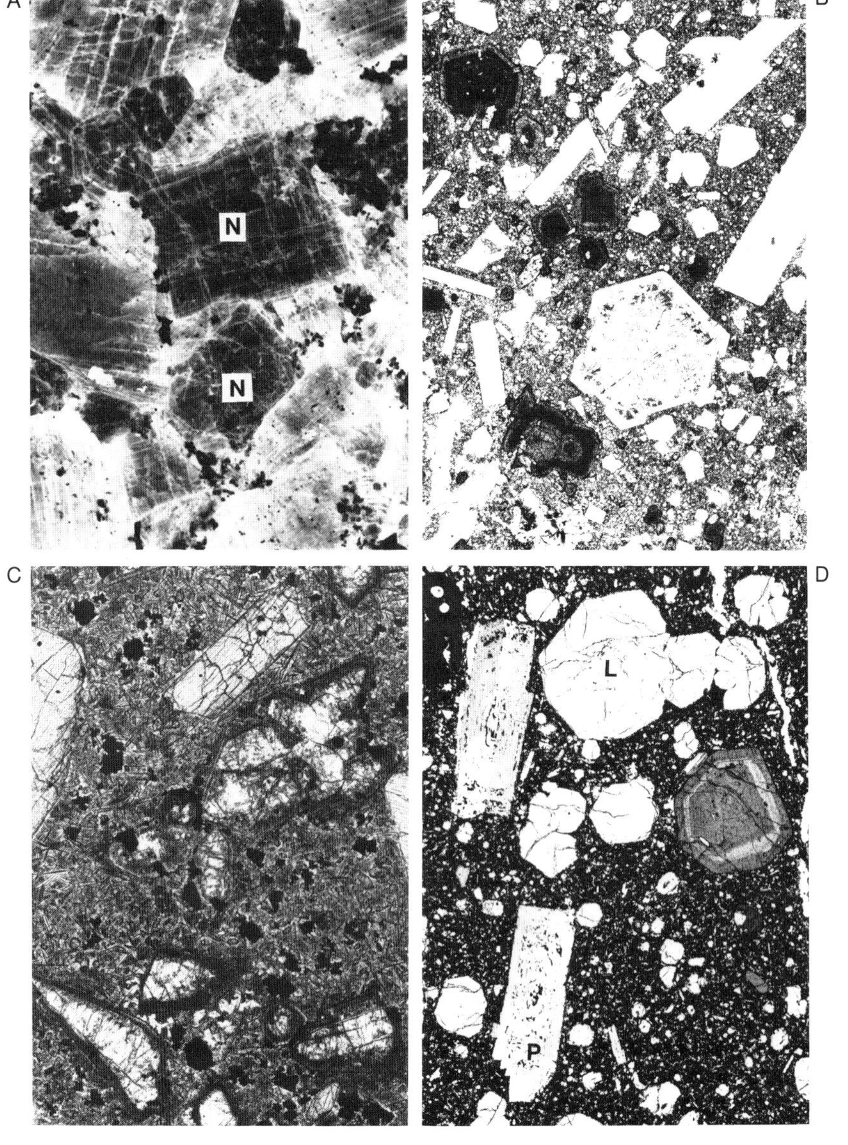

Abb. 53
A) Großkörniger Nephelinsyenit von Ono bei Larvik (Norwegen). Nahezu idiomorphe Nepheline (N), Alkalifeldspat (heller grau); schwarze Aggregate: Pyroxen, Hornblende, Biotit, Erzminerale. Anschliff. Breite 5 cm.
B) Tinguait von Oberbergen (Kaiserstuhl). Einsprenglinge von Hauyn (sechseckige Querschnitte), Sanidin (weiß, längliche Querschnitte) und Melanit (dunkelgrau, zonar) in feinkörniger Grundmasse. 15 mal vergr.
C) Limburgit vom Limberg (Kaiserstuhl) mit Einsprenglingen von Olivin (randlich durch Umwandlung in „Iddingsit" getrübt), Augit und Magnetit in einer mikrolithenreichen Glasmatrix. 25 mal vergr.
D) Leucittephrit (Vesuvit) vom Vesuv. Einsprenglinge von Leucit (L), Plagioklas (P) und zonarem Augit in glasreicher Grundmasse. Halbgekreuzte Nicols; 15 mal vergr.

basalte und andere Alkaligesteine als Gesteine anderer, nicht alkalischer Zugehörigkeit.

Die Alkaligesteine I (Natrongesteine) kommen sowohl im kontinentalen als auch im ozeanischen Milieu vor. Sie sind besonders charakteristisch für Grabenzonen und generell für den Magmatismus in kratonischen und Plattform-Gebieten außerhalb der Faltengebirge. Ausgeprägte Alkaligesteins-Assoziationen mit dominierenden basaltischen Vulkaniten sind auch auf ozeanischen Inseln verbreitet. Allgemein sind die Alkaligesteine II (Kaligesteine) viel seltener als die Natrongesteine und auf die Kontinente beschränkt.

Beispiele plutonischer bis hypabyssischer Alkaligesteinsvorkommen sind auf S. 131 bis 140 beschrieben. Es sind teils einfache, teils sehr komplex zusammengesetzte Intrusivkörper, oft mit konzentrischem Aufbau (Abb. 55). Im hypabyssischen und subvulkanischen Niveau sind Lakkolithe, Gänge, Ringgänge und Cone sheets verbreitete Intrusionsformen.

2.19.2 Alkaligesteine I (Natrongesteine)

Petrographische Erscheinung der Hauptgesteinstypen

Nur die wichtigsten Gesteinstypen können hier kurz behandelt werden. Die als Produkte spezieller magmatischer Prozesse in verschiedenste Richtungen entwickelten Gesteine entziehen sich weitgehend einer allgemeingültigen, auf viele Einzelvorkommen zutreffenden Beschreibung. Außer dem durch Definition festgelegten Hauptmineralbestand sind oft nur wenige überall vorhandene weitere Merkmale anzugeben. Daher rührt auch die besonders große Zahl von Gesteinsnamen, welche über die in dem Gliederungsschema in Abschn. 2.19.1 hinaus noch zur Kennzeichnung bestimmter, manchmal auf ein einziges Fundgebiet beschränkter Gesteinstypen vorgeschlagen wurden.

Die **Alkalisyenite** und **Foyaite** sind im allgemeinen mittel- bis grobkörnige, in kleineren Massiven und Gängen auch kleinkörnige Gesteine, bei denen der Alkalifeldspat durch seine relative Größe und tafelige Ausbildung die Erscheinung des Gefüges bestimmt. Paralleltextur der Feldspäte ist verbreitet. Die Foide (soweit vorhanden) und Mafite nehmen die Zwischenräume der Feldspäte ein. Körnige Gefüge kommen bei Nordmarkiten und manchen Foidsyeniten vor. Der Alkalifeldspat ist gewöhnlich ein perthitischer Na-K-Feldspat; Mikroklin mit sichtbarer Gitterung ist seltener. Albit ist oft zusätzlich vorhanden, bei den Litchfielditen dominierend. Der blau schillernde Feldspat des Larvikits ist ein antiperthitischer Oligoklas (ursprünglich ein ternärer Feldspat). Der Nephelin der Foyaite kann idiomorph (Abb. 53A) oder xenomorph und einschlußreich sein. Die Pyroxene sind Augit, Ägirinaugit oder Ägirin; die Amphibole sind Kaersutit, Barkevikit, Arfvedsonit oder Verwandte. Ägirin und Na-reiche Amphibole sind für die agpaitischen Gesteine besonders charakteristisch. Andere verbreitete Minerale der Foidsyenite sind Sodalith, Analcim, Zeolithe (bes. in den agpaitischen Gesteinen) sowie Cancrinit, Muskovit und Natrolith (in miaskitischen Gesteinen). Die Neben- und akzessorischen Minerale der Foidsyenite sind besonders artenreich. Zirkonsilikate wie Eudialyt $(Na, Ca, Fe)_6Zr\,[(Si_3O_9)_2(OH, Cl)]$ können in Khibinit und Lujavrit bis zu mehreren Volumprozent angereichert sein. Pegmatitische Ausbildung von Foidsyeniten mit weiteren, gut kristallisierten seltenen Mineralen (Zirkonsilikate, Lamprophyllit $Na_3Sr_2Ti_3\,[Si_2O_7(O, OH, F)]_2$, Ramsayit $Na_2Ti_2\,[Si_2O_6O_3]$, sowie weitere Ti-, Zr- und Nb-Minerale) kommen verbreitet vor (Kola, Südnorwegen, Grönland u. a.).

Rhythmische Lagentextur mit unterschiedlich zusammengesetzten Lagen ist besonders bei intermediären Gliedern der Foidsyenitfamilie nicht selten (z. B. Grönland, Kola [USSR]).

Die den Alkalisyeniten entsprechenden Vulkanite, die **Alkalitrachyte,** sind durch das Dominieren der Alkalifeldspäte im Mineralbestand gekennzeichnet. Besonders charakteristisch ist das aus nahezu idiomorphen, mehr oder weniger parallel angeordneten Sanidinleisten oder -tafeln bestehende **„trachytische Gefüge“**, ein typisches Beispiel der Fluidaltextur. Eine feinkristalline oder glasige Mesostasis nimmt hier nur ein geringes Volumen ein; es kommen aber auch glasreiche Trachyte mit Sanidineinsprenglingen vor.

Ein bekanntes Vorkommen eines porphyrischen Trachyts ist der Drachenfels bei Bonn (Bausteine eines Teiles des Kölner Doms).

Sehr kalireiche trachytartige Gesteine treten u. a. in der Nachbarschaft von Karbonatiten auf (z. B. Ostafrika). Sie werden von einigen Autoren als metasomatische Bildungen gedeutet (s. Abschn. 5.9).

Die **Phonolithe** sind die den Foidsyeniten homologen vulkanischen und subvulkanischen Gesteine. Sie enthalten Foidminerale oder deren Umwandlungsprodukte als wesentliche Bestandteile

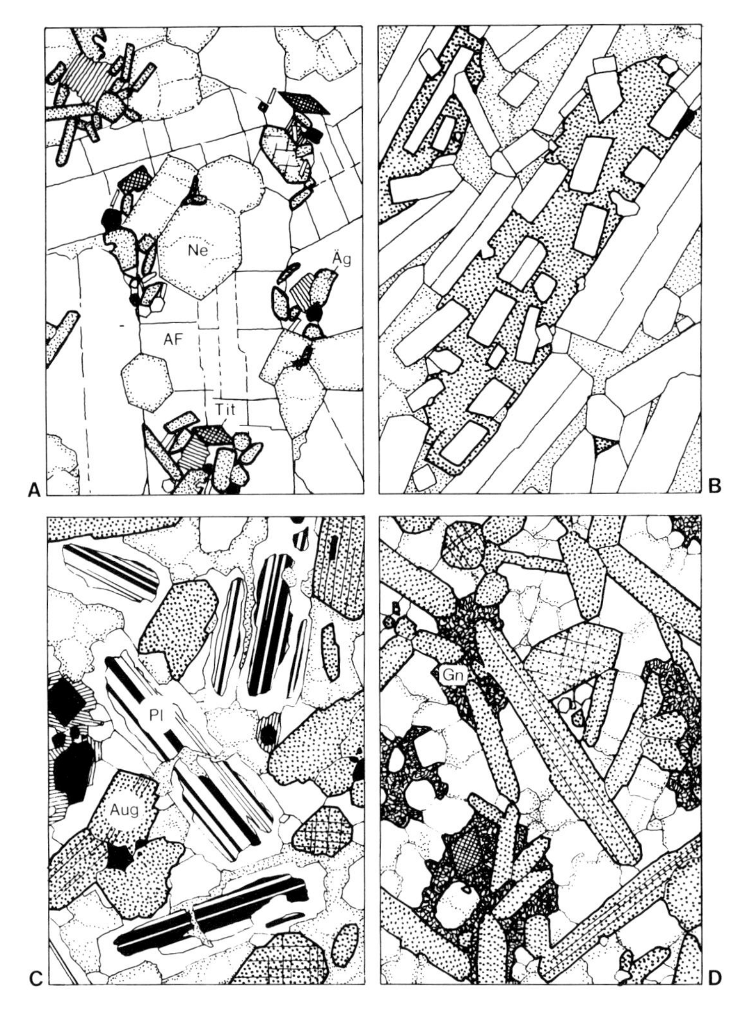

Abb. 54 Gefüge plutonischer Alkaligesteine.

A) Nephelinsyenit (Foyait), Serra de Monchique (Portugal). Nephelin (Ne), Alkalifeldspat (AF), Ägirinaugit (Äg), Titanit (Tit).

B) Nephelinsyenit (Chibinit), Poços de Caldas (Brasilien), Signaturen wie in A)

C) Essexit, Kaiserstuhl, mit Plagioklas (Pl), Augit (Aug), Kalifeldspat (weiß), Analcim (leicht punktiert), Magnetit (schwarz) und Biotit (schraffiert).

D) Ijolith von Iivaara (Finnland), mit Titanaugit, Nephelin, Iwaarit (Ca–Fe–Ti-Granat, Gn) und Titanit.

Breite der Bildausschnitte in A), B) und D) etwa 3,5 mm, in C) 2,5 mm.

(> 5 Volumprozent). Sie haben sehr häufig auch ein trachytisches Gefüge mit Einsprenglingen von Foiden, Mafiten und mehr oder weniger deutlich fluidal orientierten Sanidinen als Einsprenglinge und in der Grundmasse. Gasblasen und Glas sind nicht häufig. Die typischen Mafite sind Ägirin bis Ägirinaugit, Na-haltige Amphibole (Kaersutit, Barkevikit, Arfvedsonit), ferner Biotit. Je nach dem Vorherrschen bestimmter Foide werden Nephelinphonolith (Phonolith s. str.), Leucitphonolith, Sodalithphonolith etc. unterschieden. Die akzessorischen Minerale sind generell die gleichen wie die der Foidsyenite. Der Phonolith von Oberschaffhausen im Kaiserstuhl enthält mehrere Volumprozent Wollastonit. Zeolithe und Calcit als Umwandlungsprodukte der Foide und in der Grundmasse sind sehr häufig.

Aufgrund chemischer und mineralogischer Kriterien können, analog zu den Foidsyeniten, miaskitische und agpaitische Phonolithe unterschieden werden.

„Froth flows“ (froth = Schaum) sind eigentümliche, aus blasenreichen kristallinen und blasenärmeren glasreichen Anteilen bestehende phonolithische Lavaströme (z. B. Kenya). Phonolithe und Trachyte können auch als Ignimbrite auftreten (z. B. Gran Canaria).

Die Alkaligesteine mit **Plagioklas** als vorherrschendem Feldspat neigen, soweit sie plutonisch bis subvulkanisch gebildet sind, zu gleichkörnigen Gefügen, die denen von Gabbros oder Dioriten ähnlich sind **(Alkaligabbros, Essexit, Theralith).** Gelegentlich kommen auch Lagentexturen vor (s. S. 135). Die ihnen entsprechenden Ganggesteine und noch mehr die Laven (**Essexit-** und **Theralithporphyrite** bzw. **Tephrite**) sind meist porphyrisch mit Augit-, seltener auch Olivin-,

Plagioklas- oder Foideinsprenglingen. Die Tephrite des Vesuvs und anderer Vulkane Mittelitaliens mit ihren großen Leuciteinsprenglingen werden bei den Kaligesteinen behandelt (s. Abschn. 2.19.3). Der **Limburgit** ist als „Hyalo-Nephelinbasanit" definiert. In einer meist glasigen, mikrolithenreichen Grundmasse liegen Einsprenglinge von Titanaugit, Olivin und Titanomagnetit (Abb. 53C). Blasige oder schlackige Ausbildung ist bei den Ergußgesteinen häufig.

Teschenite sind plutonische und subvulkanische Gesteine mit ophitischem oder pegmatoidem Gefüge aus Plagioklas, Augit, Hornblende, Biotit und Analcim.

Die **feldspatfreien Alkaligesteine** der plutonischen und subvulkanischen Stockwerke (Urtit, Ijolith, Tawit) zeigen eine große Vielfalt in der Ausbildung der beteiligten Minerale, ihrer gegenseitigen Gefügebeziehungen und der Korngröße (Abb. 54D). In den leuko- und mesokraten Gesteinen ist der Nephelin oft idiomorph. Pegmatoide Ausbildung ist häufig. Vulkanische Äquivalente der Urtite und Ijolithe sind nicht bekannt. Die zu der Gruppe gehörigen Laven **(Nephelinite, Olivinnephelinite, Melilithnephelinite)** sind vielmehr immer reicher an Mafiten (i. a. >50 Volum-%); ihre äußere Erscheinung ähnelt der von Basalten und Basaltlaven. Der Anteil der Pyroklastite ist bei den Nephelinit-Ijolith-Vulkanen meist sehr hoch, was auf gasreiches Magma und explosive Tätigkeit hinweist. – Über das Auftreten feldspatfreier Alkaligesteine siehe auch S. 137f.

Alkalipyroxenite und verwandte melanokrate Gesteine sind in Alkali- und Karbonatitkomplexen verbreitet. Sie können, wie z. B. in Jacupiranga (S. 139), den überwiegenden Anteil der Intrusivmasse ausmachen. Es sind klein- bis grobkörnige, massige Gesteine mit Klinopyroxen (Augit, Titanaugit, seltener Ägirinaugit) als Hauptgemengteil. Zusätzlich können Olivin, Amphibol, Biotit, Magnetit, Nephelin, Apatit, Titanit und andere Minerale auftreten. **Jacupirangit** ist ein Titanaugit-Titanomagnetitgestein; **Yamaskit** ist ein plagioklasführender Pyroxenit mit etwa 30% Amphibol (Kaersutit). Pyroxenite aus Ägirinaugit sind seltener (Cromaltit mit Ägirinaugit, Melanit, Biotit, Magnetit und Apatit). Pyroxenite und ihre Varianten, Hornblendite und Biotitperidotite sind als Einschlüsse basischer bis ultrabasischer Laven (Nephelinite, Kaligesteine) und als Auswürflinge in deren Tuffen verbreitet. Auch in Phonolithen kommen solche Einschlüsse vor (z. B. im Kaiserstuhl).

Alkalisyenite und begleitende Plutonite der Kangerdlugssuaq-Intrusion, Ostgrönland (nach DEER, 1976).

Kangerdlugssuaq ist eine zusammengesetzte Intrusion mit etwa vertikalen Kontakten zum Nebengestein und einem konzentrischen, aus schüsselförmigen Teilkörpern bestehenden Innenbau (Abb. 55D). Sie gehört der alttertiären magmatischen Provinz Ostgrönlands mit Plateaubasalten, vielen Gängen (darunter einigen „Makrogängen", Abschn. 2.14.3) und mehreren hypabyssischen Intrusionen (z. B. Skaergaard, Abschn. 2.13.3) an. Die Hauptgesteinstypen von Kangerdlugssuag sind: Nordmarkit (quarzführender Alkalisyenit), Pulaskit (nephelinfreier bis nephelinführender Alkalisyenit) und Foyait (Tabelle 37). Die Kontakte dieser Gesteinseinheiten untereinander sind fließend. Der zentrale Sodalith-Nephelin-Syenit (Foyait) ist durch zahlreiche pegmatitartige Schlieren inhomogen. Die äußeren Zonen des Nordmarkitkörpers enthalten viele Xenolithe der heute abgetragenen Basaltüberdeckung. Die tafeligen Alkalifeldspäte des Pulaskits zeigen eine dem allgemeinen schüsselartigen Aufbau des Massivs konforme Parallelorientierung. Im Nordmarkit und im nephelinfreien Pulaskit treten zwei Arten von Alkalifeldspäten auf:

- einsprenglingsartige Orthoklas-Mikroperthite $Or_{24}Ab_{76}$ bis $Or_{32}Ab_{68}$ mit feinen Entmischungskörpern, und
- Mikroklin-Mikroperthite der „Grundmasse" $Or_{33}Ab_{67}$ bis $Or_{59}Ab_{41}$ mit gröberen Entmischungskörpern.

Diese Feldspäte enthalten auch kleine Anteile an Anorthit.

Der dritte Feldspat, der vor allem in den nephelinführenden Pulaskiten vorkommt, ist ein Albit bis Albit-Oligoklas (An_4 bis An_{13}). Mafitminerale sind Katophorit bis Magnesioriebeckit, Ägirin bis Ägirinaugit, Biotit und – im Foyait – auch etwas Melanit. Die Gesteinsabfolge wird als Ergebnis einer im wesentlichen von außen und unten fortschreitenden Kristallisation in situ gedeutet, wobei das Magma sich von einer kieselsäureübersättigten zu einer untersättigten Zusammensetzung entwickelte.

Der Foyait der Serra de Monchique, Portugal (nach CZYGAN, 1969).

Der Foyaitkörper der **Serra de Monchique** (S-Portugal) ist das Beispiel einer *einfachen,* weitgehend homogenen Intrusion (Abb. 55C). Das Magma ist in der oberen Kreide in gefaltete

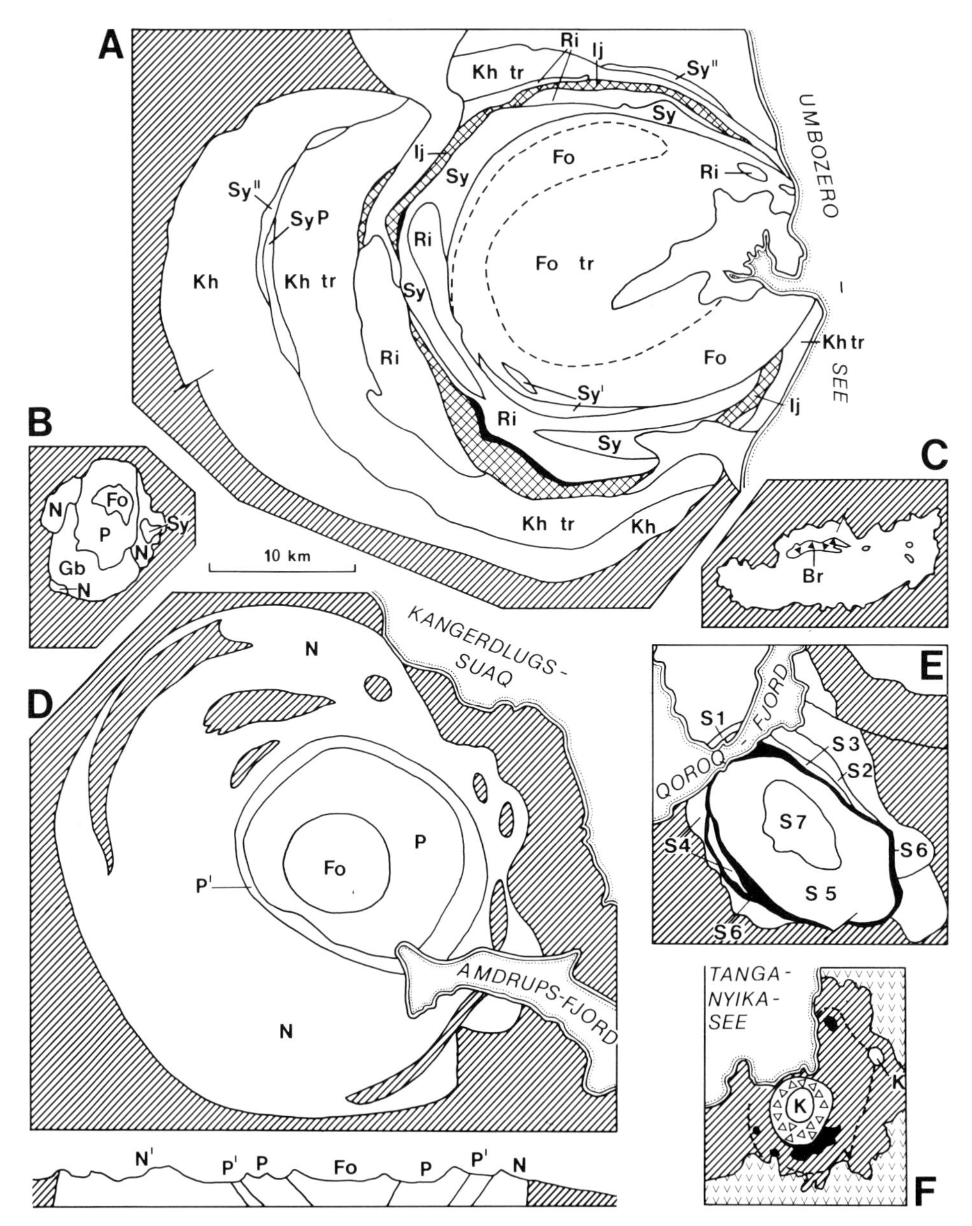

Abb. 55 Oberflächenanschnitte von Alkaligesteinskomplexen. A) Khibina-Komplex, Kola (USSR). Fo = Foyait; Fo tr = Foyait mit trachytoider Fließtextur; Ij = Ijolithe, Urtite und Malignite; Kh = Khibinit; Kh tr = Khibinit mit trachytoider Fließtextur; Ri = Rischorrit; Sy = mittelkörniger Ägirin-Nephelin-Syenit; Sy' = feinkörniger Nephelinsyenit; Sy'' = andere Alkali- und Nephelinsyenite; SyP = Alkalisyenitporphyr; schwarz = Apatit-Nephelin-Gesteine. – B) Mount Brome, Kanada. Fo = Foyait und Nephelin-Monzodiorit; Gb = Alkaligabbro; N = Nordmarkit; P = Pulaskit; Sy = porphyrischer Mikrosyenit. – C) Monchique, Portugal. Br = Magmatische Breccie. – D) Kangerdlugssuaq-Komplex, Ostgrönland. Fo = Foyait, P' = foidführender Pulaskit; P = Pulaskit, N = Nordmarkit. Schraffur innerhalb des Nordmarkitkörpers bezeichnet Zonen mit vielen Basalteinschlüssen. – Darunter: W-E-Profilschnitt. – E) Alkaligesteinskomplex von Igdlerfigssalik (= Igaliko), Südwestgrönland. S 1 bis S 7 = Nephelinsyenite in der Reihenfolge ihrer Platznahme. Weiße Flächen ohne Symbole = Alkaligesteine benachbarter Komplexe. – F) Ijolith-Nephelinit-Karbonatit-Komplex von Kisingiri, Kenya. K = Karbonatit; schwarz: Pyroxenit, Ijolith, Uncompahgrit und Turjait; Dreiecke: Pyroklastite der Rangwa-Caldera; v-Signatur: nephelinitische Laven und Agglomerate; gestrichelte Linie = Grenze der Fenitaureole des Rangwa- und Sagurume-Zentrums. Schräg schraffierte Flächen: Nebengesteine.

paläozoische Schiefer aufgestiegen; die E-W-verlaufenden Kontakte in Längsrichtung des Massivs folgen ungefähr dem Streichen des Nebengesteins. Kontaktwirkungen sind nur am West- und Ostende des Intrusionskörpers stärker entwikkelt. Das Gestein ist im allgemeinen grobkörnig mit bis zu mehreren cm großen Alkalifeldspäten (K-Na-Perthit), Nephelin, Ägirinaugit, Arfvedsonit, Sodalith, Analcim, Cancrinit, Albit und artenreichen Akzessorien, darunter mehrere Zirkoniumsilikate. Abgesehen von dem dachnahen Bereich am Foyagipfel ist die quantitative mineralogische und chemische Zusammensetzung im gesamten Massiv sehr gleichmäßig. Dasselbe gilt auch für die Verteilung der Alkalien und des Calciums in den Feldspäten und für das Na/K-Verhältnis der Nepheline. Dunklere, etwa essexitische Schollen, Aplite und Pegmatite spielen quantitativ nur eine geringe Rolle. Chemisch gehört der Foyait der Serra de Monchique dem Übergangsbereich zwischen agpaitischen und miaskitischen Gesteinen an; das K/Na-Verhältnis ist relativ hoch. Das Massiv wird von jüngeren Gängen von Monchiquit und anderen meist basischen Alkaligesteinen durchsetzt.

Der Alkaligesteinskomplex von Khibina, Kola, USSR
(nach Sørensen, 1974).

Das etwa 40 × 32 km große Alkaligesteinsmassiv von **Khibina** auf der Halbinsel Kola ist eine **zusammengesetzte Ringintrusion** mit steilen Kontakten zum Nebengestein (präkambrische Gneise und Grünsteine) (Abb. 55A). Die angrenzenden Gneise sind fenitisiert, die Grünsteine in basische Hornfelse umgewandelt. Das Massiv ist in etwas asymmetrisch angeordnete, im wesentlichen aber konzentrische Teilintrusionen gegliedert, die einer von außen nach innen ablaufenden Altersfolge entsprechen. Die Kontakte der Teilintrusionen untereinander fallen mehr oder weniger steil zum Zentrum des Massivs hin ein. Die wichtigsten Gesteinstypen dieser Abfolge sind:

Khibinit, leukokrater Nephelinsyenit mit Eudialyt $Na_4(Ca,Fe)_2ZrSi_6O_{17}(OH,Cl)_2$;

gebänderter Khibinit mit trachytoidem Parallelgefüge der Alkalifeldspäte.

Rischorrit, poikilitischer Nephelinsyenit mit vielen kleinen, in großen Feldspäten eingeschlossenen Nephelinkristallen;

Ijolith bis **Urtit** mit eingelagertem **Apatit-Nephelingestein** (insgesamt etwa 35 km lang, bis 200 m mächtig, wichtige Phosphatlagerstätte mit 20–45% P_2O_5);

Nephelinsyenit (mittelkörnig-massig);

Foyait (grobkörnig, z. T. gebändert).

Die mittlere Zusammensetzung der Apatit-„Erze“ von Khibina ist (in Volum-%): Apatit 44,5; Nephelin 41,0; Pyroxen 7,8; Alkalifeldspat 1,5; Titanit 2,5; Titanomagnetit 1,2; andere 0,9.

Nephelinsyenite von Igaliko, Südwestgrönland
(nach Emeleus & Harry, 1970).

Der **Nephelinsyenit-Pluton** von Igaliko in Südwestgrönland ist ein Beispiel für eine mehrphasige, konzentrisch aufgebaute Intrusion mit im wesentlichen steilstehenden Kontakten (Abb. 55E). Der Komplex ist Glied einer Gruppe präkambrischer Alkaligesteine. Er hat einen elliptischen Umriß mit etwa 16 bzw. 10 km Durchmesser. Sieben Teilintrusionen sind unterscheidbar, wobei die drei ältesten (zusammen 25 km²) auf den Nord- und Nordostrand beschränkt sind. Nach einer Gangphase folgten vier weitere Teilintrusionen mit etwa 140 km² Oberfläche.

Die Gesteine der verschiedenen Phasen sind (vom ältesten zum jüngsten):

S 1: Mittelkörniger Nephelinsyenit mit Plagioklas-Xenokristallen, Augit, Olivin (Fo_{15}), Biotit, brauner Hornblende und Apatit.

S 2: Mittel- bis grobkörniges Gestein mit perthitischem Alkalifeldspat, Nephelin, Ägirinaugit und Alkalihornblende; örtlich mit Feldspat-Paralleltextur.

S 3: Laminierter Nephelinsyenit mit idiomorphem Nephelin (z. T. in Cancrinit umgewandelt), Fe-Olivin, Ägirinaugit und Alkalihornblende.

S 4: Nephelinsyenite (N.) in verschiedenen Fazies: Biotitreicher N. mit schwarzen Plagioklas-Xenokristallen; hellerer, sonst ähnlicher gebänderter N.; gebänderter, dunkler N.; gebänderter N. mit fluidal orientierten Alkalifeldspäten; N. mit mesokopisch sichtbarem Nephelin; leukokrater analcimführender Alkalisyenit, z. T. pegmatitisch.

S 5: Grobkörniger massiger Nephelinsyenit mit perthitischem Alkalifeldspat, Nephelin (z. T. idiomorph), Ägirinaugit, Fe-Olivin, Alkaliamphibol und Erzmineralen; örtlich gebändert.

S 6: Mittelkörniger Nephelinsyenit mit vielen grober kristallinen Nestern von Alkalifeldspat, Nephelin, Ägirinaugit, Alkalihornblende und Änigmatit. Die Mafite sind jünger als Feldspat und Nephelin; diese auch sonst in Nephelinsyeniten charakteristische Abfolge ist hier besonders deutlich entwikkelt.

S 7: Mittelkörniger, meist leukokrater Nephelinsyenit mit xenomorphen bis poikilitischen Mafiten (Ägirinaugit, Alkaliamphibol, Biotit). Die Bänderung zeigt einen Aufbau nach Art übereinander gestapelter Schüsseln an; die Kontakte zum umgebenden S 5 sind nahezu vertikal.

Im Nordosten grenzt der Igdlerfigssalik-Komplex an die älteren Syenite des Komplexes von Süd-Qoroq, im SE an den Nephelinsyenit von Østfjordsdal. Im übrigen bilden Gneise, Granite sowie überlagernde Basalte und Sandsteine der Gardar-Formation den Nebengesteinsrahmen.

Cancrinitsyenit von Lueshe, Zaire
(nach VON MARAVIC & MORTEANI, 1980).

Der Cancrinitsyenit von Lueshe im nordöstlichen Zaire ist Teil eines Alkaligesteins- und Karbonatitkomplexes von etwa 2 × 3 km Durchmesser. Mehrere Varianten von Cancrinitsyenit können unterschieden werden; das cancrinitreichste Gestein ist unter dem Namen „Busorit" bekanntgeworden. Hauptminerale sind Mikroklin, Albit (der den ersteren verdrängt), Cancrinit, Calcit und Biotit (Tabelle 37, Nr. 7). Der Cancrinit wird gelegentlich als gelbe Flecken makroskopisch sichtbar. Die Ausbildung des Minerals als xenomorphe, nach der c-Achse etwas gestreckte Körner und die Strukturbeziehungen zu den Nachbarmineralen lassen auf primärmagmatische Kristallisation schließen.

Beispiel einer artenreichen Basalt-Alkaligesteins-Assoziation: Das Böhmische Mittelgebirge
(nach KOPECKY, 1966).

Das Böhmische Mittelgebirge ist ein vielfältiger Komplex von Lavaergüssen, Pyroklastiten, Staukuppen, Gängen und kleinen subvulkanischen Intrusionen hauptsächlich miozänen Alters. Die Variationsbreite der Magmatite reicht von ultrabasischen, stark untersättigten Melilithgesteinen über Alkalibasalte und Tephrite bis zu leukokraten Trachyten und Phonolithen; daneben treten seltenere Gesteinsarten, wie Leucitit, Hauynit, Analcimit, Pikrit und andere auf. Essexit und Sodalithsyenit bilden kleine subvulkanische Intrusionen von einigen hundert Metern Durchmesser. Zahlreiche Gänge von Monchiquit, Gauteit (leukokrater, hauynführender Monzonitporphyr), Tinguait und Bostonit (Mikro-Alkalisyenit) sind diesen Intrusionen zugeordnet. Ultrabasisch-alkalische Ganggesteine (Polzenite) kommen besonders im Nordosten des Gebietes vor (s. S. 150). Eine Besonderheit vieler Alkaligesteine des Böhmischen Mittelgebirges ist die Häufigkeit von Mineralen der Sodalith-Hauyngruppe, die neben oder anstelle des Nephelins auftreten. Am Südostrand des Gebietes liegen mehrere Schlotbreccien, deren magmatische Komponenten etwa alkalipikritischen Charakter haben. Einige dieser Breccien enthalten reichlich Bruchstücke von Granatperidotit. Aus pleistozänen Flußsedimenten, die die Abtragungsprodukte der Breccien enthalten, werden seit Jahrhunderten die bekannten böhmischen Schmuckgranate gewonnen.

Die magmatische Tätigkeit in Nordböhmen kann in drei Hauptphasen gegliedert werden. Die erste Phase (etwa Oberoligozän bis Untermiozän) lieferte bei weitem die größte Masse vulkanischer Produkte; durch nachfolgende Erosion wurden ein erheblicher Teil abgetragen und an einigen Orten subvulkanische Intrusionen freigelegt. Im einzelnen sind ein älteres Basalt-Phonolith-Stadium und ein jüngeres Stadium mit nephelin- und melilithführenden Basalten zu unterscheiden. In der zweiten Hauptphase (etwa Obermiozän bis Unterpliozän) wurden erneut Alkaliolivinbasalte, Tephrite, Olivinnephelinite und extrem untersättigte Polzenite gefördert. Die dritte, pleistozäne Phase (in Westböhmen und Nordmähren) erbrachte Alkali-Olivinbasalte, Olivinnephelinite und Olivinmelilithite.

Demnach wurden mehrmals nacheinander basaltische primäre Magmen und verschiedenartige differenzierte Magmen (Tephrite, Phonolithe, Trachyte) erzeugt. Die Zusammenhänge zwischen Stammagma und Differentiaten sind am besten anhand der Gesteine eines begrenzten Teilgebietes im Zentrum des Böhmischen Mittelgebirges zu erläutern. Tabelle 36 zeigt die mittleren chemischen Zusammensetzungen der wichtigsten Gesteinstypen.

Das Mengenverhältnis der wichtigsten Gesteinstypen ist etwa: 56% Alkali-Olivinbasalte, 20% Alkalibasalte, 2,5% Trachybasalte, 18,5% Trachyte und 3% Phonolithe. Die melilithführenden Gesteine sind nur in geringer Menge vertreten. Pyroklastite und vulkanosedimentäre Gesteine machen ein starkes Drittel des Gesamtvolumens der vulkanischen Produkte aus; sie sind überwiegend basaltisch.

Tabelle 36 Chemische Analysen (Gew.-%) wichtiger Gesteinstypen des zentralen Böhmischen Mittelgebirges, wasser- und CO_2-frei auf 100 % umgerechnet (nach SHRBENY 1969)

	(1)	(2)	(3)	(4)	(5)
SiO_2	43,41	44,90	53,19	58,21	56,15
TiO_2	3,31	3,40	1,63	0,70	0,31
Al_2O_3	13,40	15,48	18,09	20,17	23,39
Fe_2O_3	5,59	6,27	4,12	2,84	2,77
FeO	7,11	6,00	3,39	1,38	0,28
MnO	0,24	0,47	0,27	0,24	0,28
MgO	9,61	5,32	2,38	0,86	0,52
CaO	12,23	11,73	7,23	3,90	0,18
Na_2O	3,12	3,47	5,10	6,01	9,87
K_2O	1,34	2,13	4,07	5,42	6,18
P_2O_5	0,59	0,75	0,47	0,19	0,07
S	0,04	0,06	0,06	0,07	–
Summe	100,00	100,00	100,00	100,00	100,00

(1) Mittel von 59 Alkali-Olivinbasalten
(2) Mittel von 18 olivinfreien Alkalibasalten
(3) Mittel von 25 Trachybasalten
(4) Mittel von 29 Trachyten und foidführenden Trachyten
(5) Phonolith von Zelenice (agpaitisch)

Die geochemische Analyse zeigt für die Haupt- und mehrere Nebenelemente stetige Entwicklungen von den Alkali-Olivinbasalten bis zu den Trachyten, wie es bei einer normalen fraktionierten Kristallisationsdifferentiation zu erwarten ist. Die Phonolithe einerseits und die Melilithgesteine andererseits weichen von dieser stetigen Entwicklungslinie ab. Für sie werden daher besondere Bildungsbedingungen anzunehmen sein. Bei den Phonolithen, die zum Teil stark agpaitisch sind (vgl. S. 124), ist eine über die fraktionierte Kristallisationsdifferentiation hinaus wirkende zusätzliche Anreicherung der Alkalien durch Gasdifferentiation wahrscheinlich.

Plagioklasreiche Alkaligesteine des Brome Mountain, Kanada
(nach VALIQUETTE & ARCHAMBAULT, 1970).

Brome Mountain (Kanada) ist der größte der Alkaligesteinskomplexe der Montreal-Provinz. Er liegt im gefalteten Paläozoikum der Appalachen nahe deren Nordwestrand, etwa 80 km östlich von Montreal. Die zusammengesetzte, hypabyssische bis subvulkanische Intrusion mißt 10 km von N nach S und 8,5 km von E nach W (Karte Abb. 55B). Die ältesten Gesteine sind lagige Gabbros, deren Paralleltextur mit 30 bis 40° zum Zentrum der Intrusion einfällt. Die Gesteine bestehen aus Plagioklas (An_{80} bis An_{55}), Titanaugit, Hornblende (Säume um Augit), reichlich Biotit, Ilmenit und Olivin. Die chemische Analyse weist normativen Nephelin auf. Das nächstjüngere Gestein ist ein feinkörniger Syenitporphyr, der örtlich sehr viele Einschlüsse von Gabbro, Syenit und Hornfels enthält. Ihm folgen am West- und Ostrand des Komplexes zwei Intrusionen von Nordmarkit (mit etwas Quarz). Die jüngsten Intrusionen sind wieder kieselsäureuntersättigt: ein großer Körper von Pulaskit und, von diesem fast ganz umgeben, ein Nephelinsyenit.

Die Alkaligesteine des Kaiserstuhls (Baden-Württemberg)

Der **Kaiserstuhl** im Oberrheingraben ist ein Beispiel für das Vorkommen subvulkanischer und vulkanischer plagioklasreicher Alkaligesteine (Abb. 56 und 57). Leucittephrite und Varianten solcher Gesteine (leucitarme T., olivinführende T.) bauen als Laven und Pyroklastite den größten Teil des Vulkans auf. Die typischen Leucittephrite bestehen aus etwa 30 bis 40 Volum-% Augit (z. T. Einsprenglinge), 6% Titanomagnetit und etwa 64–54% Plagioklas, Alkalifeldspat und Leucit, wobei meist der Plagioklas gegenüber den anderen hellen Mineralen überwiegt. Sekundäre Umwandlungen der Plagioklase und Leucite sind sehr verbreitet (Zeolithe u. a.). Den Tephriten chemisch etwa entsprechende subvulkanische

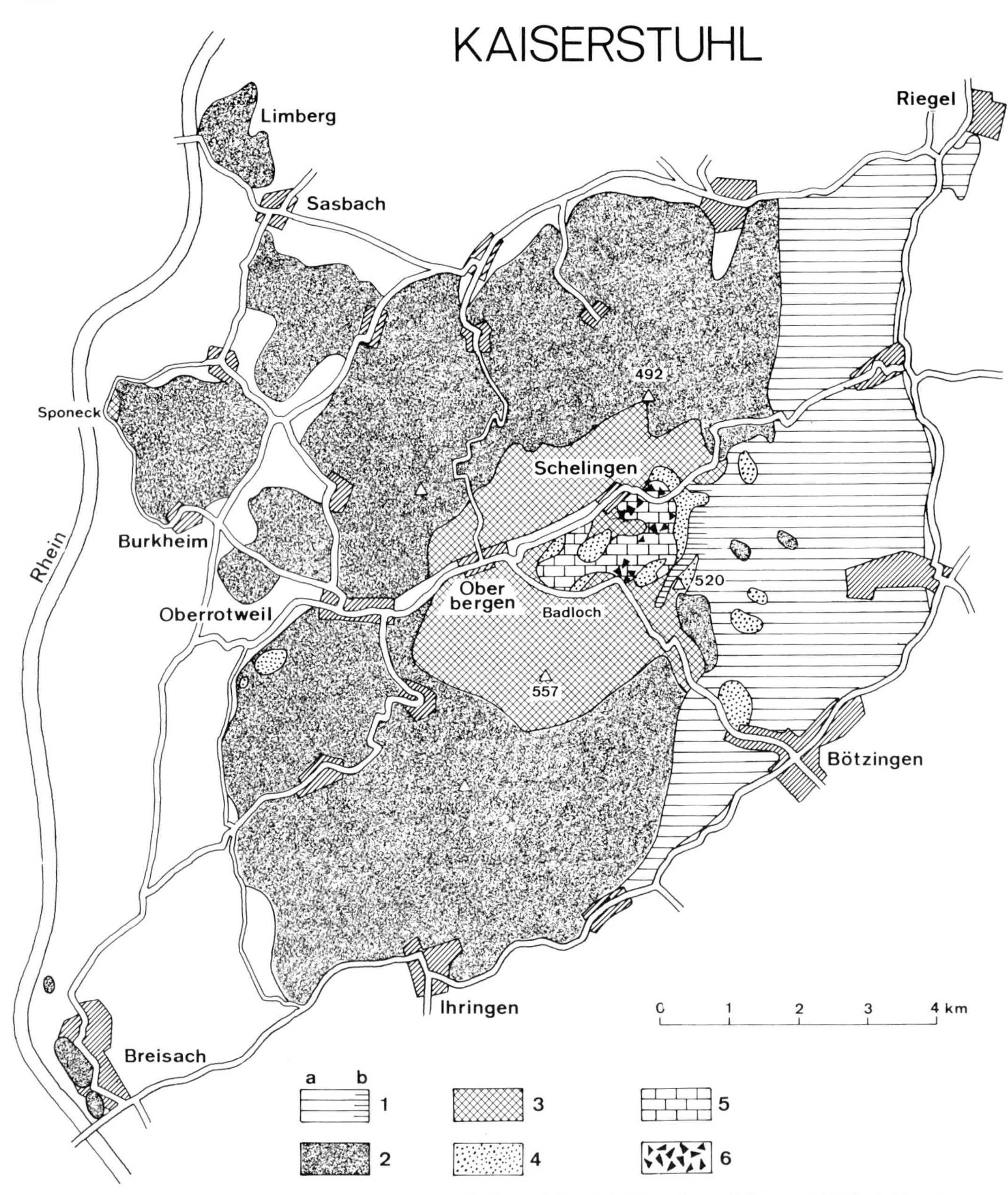

Abb. 56 Vereinfachte Karte des Kaiserstuhls bei Freiburg i. Br. 1 a) Oligozän und Jura. – 1 b) Kontaktmetamorphes Oligozän. – 2) Laven und Pyroklastite. – 3) Intrusive Alkaligesteine des Zentrums. – 4) Phonolithe. – 5) Karbonatite. – 6) Subvulkanische Breccien. – Weiß: Quartär der Oberrheinebene. – Die Lößüberdeckung des Kaiserstuhls ist nicht dargestellt.

Intrusivgesteine, Essexite und Theralithe, bilden im Zentrum des Kaiserstuhls kleine, von sehr zahlreichen Gängen durchsetzte Körper.

Diese subvulkanischen Gesteine sind stark durch spätmagmatische bis autohydrothermale Mineralumwandlungen geprägt (Augit → Barkevikit; Plagioklas → Alkalifeldspat, Analcim, Zeolithe, Calcit; Nephelin → Analcim, Zeolithe). Unter den Ganggesteinen sind ähnlich zusammengesetzte Essexit- und Theralithporphyrite die häufigsten; Gauteite und Mondhaldeite weichen von

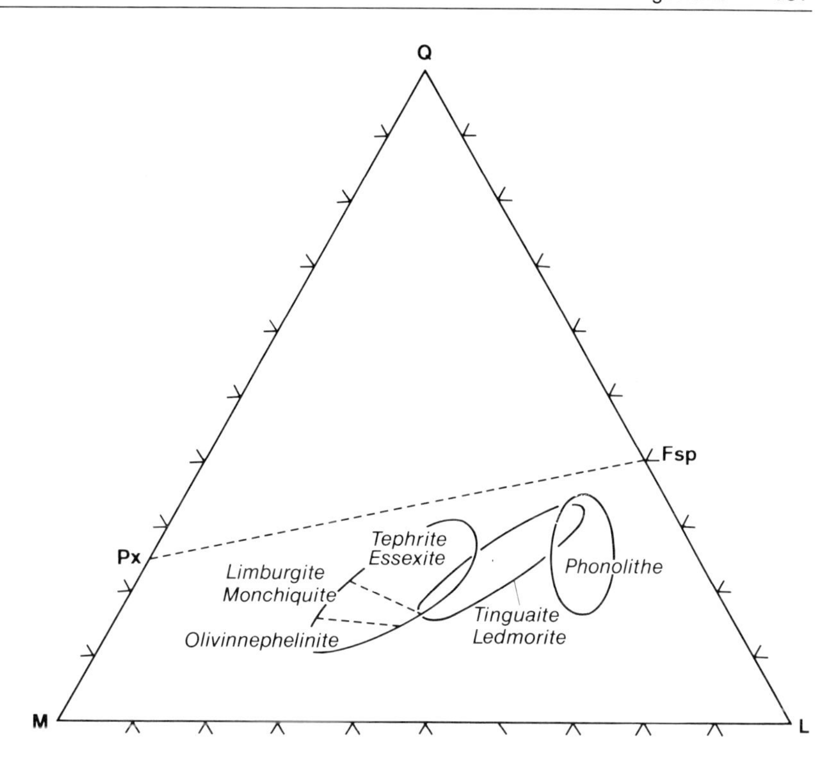

Abb. 57 Felder der wichtigsten Gesteine des Kaiserstuhls im Q-L-M-Diagramm (s. S. 27).

ihnen nach der feldspatreicheren, Camptonite und Monchiquite nach der mafitischeren Seite ab (Gauteit = leukokrater hauynführender Monzonitporphyr; Mondhaldeit = leukokrater Monzonitporphyr).

Phonolithe treten als Stöcke und Gänge in verschiedener Altersstellung auf. Der Phonolith von Niederrotweil enthält etwa 2% Oligoklaseinsprenglinge, die von Alkalifeldspat umsäumt sind. Der Phonolith von Oberschaffhausen ist durch seinen Gehalt an Wollastonit ausgezeichnet. Alle Phonolithe des Kaiserstuhls enthalten einige Prozent Melanit (Ca–Fe–Ti-Granat). Weitere seltenere Ganggesteine sind die Tinguaite (Abb. 53B), die Hauynophyre und die Bergalithe (Bergalith = Ganggestein aus Melilith, Augit, Nephelin, Biotit, Calcit u. a.).

Eine Karbonatitintrusion von etwa 1 km^2 Oberfläche und viele Karbonatitgänge gehören zu den jüngsten Bildungen des Kaiserstuhl-Zentrums (vgl. Abschn. 2.24.3).

Die Ijolith-(Nephelinit-)Karbonatit-Assoziation des Kisingiri-Komplexes, Kenya
(nach Le Bas, 1977).

In dieser Assoziation treten feldspatfreie, alkalische Plutonite oder Vulkanite (z. B. Ijolithe bzw. Nephelinite) mit Karbonatiten auf; Gesteine der Foidsyenit- und Alkalisyenit-Familie und ihnen entsprechende Vulkanite können hinzukommen. Charakteristisch ist das Fehlen von Alkalibasalten und anderen plagioklasreichen Gesteinen.

Der Kisingiri-Komplex in Westkenya ist Teil der aus mehreren Intrusionszentren und ausgedehnten vulkanischen Bildungen bestehenden Nephelinit-Karbonatitprovinz am NE-Ufer des Victoriasees (Karte Abb. 55F). Die drei Haupteinheiten des gezeigten Gebietes sind (von außen nach innen): a) die Nephelinitlaven und -agglomerate der Gembe- und Gwasi Hills; b) das Grundgebirge (Nyanzian-Formation, Granite) mit kleinen Intrusionen von ultrabasisch-alkalischen Magmatiten und Karbonatiten; c) die zentrale Rangwa-Caldera mit Agglomeraten, Tuffen und Karbonatiten.

Die magmatische Tätigkeit setzte im Alttertiär mit der Intrusion von Uncompahgrit, Ijolith und Nephelinsyenit ein. Etwas später folgten die Karbonatite der älteren Generation. Im Umkreis aller dieser Intrusionen wurde das Grundgebirge stark zerklüftet und zertrümmert; metasomatische Umwandlungen (Fenitisierung, s. Abschn. 5.8) sind weit verbreitet. Durch anhaltende Hebung und Abtragung wurden die älteren Intrusionen freigelegt. Im Miozän setzte der nepheliniti-

Tabelle 37 Mineralische (Volum-%) und chemische (Gew.-%) Zusammensetzung von Alkali-Plutoniten mit Alkalifeldspäten als wesentlichen Gemengteilen

	(1)	(2)	(3)	(4)	(5)	(6)	(7)	(8)	(9)	(10)	(11)
Quarz	7,6	1,9	–	–	–	–	–	–	–	–	–
Alkalifeldspat	84,3	90,3	85,5	75,1	66,4	40,4	29,7	18	40	36,3	11,3
Plagioklas,							1,2				
Albit (A)	2,4	2,4	5,6	6,0	0,8	–	36,9 A	54 A	–	–	–
Nephelin,											
Cancrinit (C)	–	–	–	4,3	14,6	44,3	23,8 C	23	26	5,4	17,4
Sodalith,											
Hauyn	–	–	–	2,0	13,4	–	–	+	+	–	–
Klinopyroxen	0,4	0,6	2,6	3,0	1,7	11,1	–	–	32	36,5	61,4
Amphibol	4,1	3,7	1,5	3,2	–	–	–	–	–	–	–
Biotit	0,2	0,2	3,0	1,5	–	1,0	1,7	0,8	–	11,0	5,0
Erzminerale / Andere	1,0	0,9	1,8	4,7	3,1	3,0	7,0	2,5 / –	2	– / 10,5	+ / 4,9
SiO_2	66,36	65,40	62,18	60,66	54,30	50,32	54,24	58,60	53,30	50,49	47,19
TiO_2	0,70	0,70	0,66	0,89	0,40	0,32	0,05	0,10	0,86	0,92	0,82
Al_2O_3	16,37	17,04	19,56	19,46	23,97	21,82	19,56	22,10	16,44	15,83	7,87
Fe_2O_3	1,29	1,46	1,71	1,50	1,66	5,61	0,28	1,90	8,72	6,11	4,81
FeO	2,08	1,67	1,30	1,44	0,81	1,96	0,41	0,80	1,48	3,04	3,94
MnO	0,14	0,10	0,09	0,19	0,09	0,28	0,06	0,14	0,34	0,11	0,17
MgO	0,50	0,58	0,53	0,60	0,26	0,83	0,21	0,30	1,05	3,38	7,85
CaO	0,59	1,02	1,40	1,28	1,73	3,58	4,96	1,00	1,50	7,99	18,26
Na_2O	6,33	6,43	7,15	7,15	9,92	7,97	8,89	10,38	9,98	3,12	3,47
K_2O	5,16	5,17	4,83	5,98	6,30	6,36	4,83	4,58	4,85	6,86	2,04
P_2O_5	0,18	0,16	0,32	0,15	0,18	0,17	0,29	0,10	n. b.	0,42	2,27
CO_2	n. b.	n. b.	n. b.	n. b.	n. b.	0,19	3,97	0,18	–	0,07	0,11
H_2O^+	0,28	0,15	0,15	0,51	0,58	0,37	0,76	0,65	1,76	1,49	1,17
Summe	99,98	99,88	99,88	99,81	100,20	99,78	98,51	100,83	100,28	99,83	99,97

(1) Quarznordmarkit, Kangerdlugssuaq, Grönland (nach Kempe, Deer & Wager 1970)
(2) Nordmarkit, Fundort und Quelle wie (1)
(3) Pulaskit, Fundort und Quelle wie (1)
(4) Foidführender Pulaskit, Fundort und Quelle wie (1)
(5) Foyait, Serra de Monchique, Portugal (nach Czygan 1969)
(6) Foyait, Lackner Lake, Kanada (nach Currie 1976). Akzessorien sind Titanit, Apatit, Calcit und Pyrochlor
(7) Cancrinitsyenit, Lueshe, Zaire (nach von Maravic & Morteani 1980). Andere = 5,4 % Calcit, 0,8 % Pyrochlor, 0,7 % Apatit und 0,1 % Zirkon. Das Gestein enthält 0,19 % ZrO_2 und 0,16 % Nb_2O_5
(8) Litchfieldit, Serra do Mar bei Rio de Janeiro, Brasilien (nach Helmbold 1975)
(9) Lujavrit, Lujavr Urt, Kola, UdSSR (nach Tröger 1935). Andere = Eudialyt und Eukolit
(10) Malignit, Kruger Mountain, Kanada (nach Currie 1976). Andere = Melanit 9,5 % und etwa 1 % Apatit
(11) Shonkinit, Pooh Bah Lake, Ontario, Kanada (nach Mitchell & Platt 1979). Andere = 4,0 % Apatit und 0,9 % Titanit, Granat und Erzminerale

sche Oberflächenvulkanismus ein; er lieferte die mächtigen Laven und Agglomerate der Gwasi- und Gembe-Hills. Sie sind im zentralen Bereich wieder abgetragen, so daß das Kristallin dort erneut freiliegt. In der letzten, pliozänen Phase des Magmatismus wurden zunächst die Agglomerate und Tuffe von Rangwa gefördert; sie sind durch ringförmige Brüche calderaartig bis in das Niveau des Grundgebirges eingesenkt. Die jüngsten Intrusionen sind die Karbonatite des Rangwa-Zentrums. Sie bilden unvollständige Ringgänge und sind von Breccien und feldspatisierten Breccien begleitet, die aus Fragmenten der jeweils älteren Gesteine bestehen.

Im einzelnen sind die Gesteine sehr vielfältig. Als ungewöhnliche Gesteinstypen und -assoziationen seien hervorgehoben:

Tabelle 38 Mineralische (Volum-%) und chemische (Gew.-%) Zusammensetzung von Alkali-Subvulkaniten und -Vulkaniten mit Alkalifeldspäten als wesentlichen Gemengteilen

	(1)	(2)	(3)	(4)	(5)	(6)
Quarz	–	2,2	–	–	–	–
Alkalifeldspat	45,0	92,6	73,6	73,1	27,9	61,0
Plagioklas	–	–	–	–	–	2,5
Nephelin	–	–	–	14,3	21,6	–
Sodalith, Hauyn	40,0	–	3,9		14,7	28,0
Leucit	–	–	–	–	26,0	–
Klinopyroxen	7,5	–	10,8	3,7	8,4	3,5
Amphibol	–	4,0	9,9	2,6	–	–
Magnetit	0,5	0,4	0,6	5,0	+	2,0
Andere	7,0	0,8	1,1	1,3	1,4	4,5
SiO_2	47,26	66,26	61,09	54,30	50,41	55,80
TiO_2	0,50	0,19	0,91	0,28	0,40	0,49
Al_2O_3	18,08	17,17	16,64	21,91	22,15	20,34
Fe_2O_3	5,02	1,55	3,37	2,64	2,27	2,77
FeO	1,20	0,22	2,40	0,97	1,12	0,81
MnO	0,25	0,31	0,18	0,19	0,23	0,10
MgO	1,76	0,44	0,59	0,47	0,16	1,20
CaO	7,85	1,03	1,52	3,46	1,75	4,61
Na_2O	5,98	7,52	6,49	8,13	8,83	5,34
K_2O	3,97	5,19	5,89	5,65	9,10	4,52
P_2O_5	3,39	Sp.	0,13	0,20	n. b.	0,03
CO_2	0,12	Sp.	–	–	0,31	0,75
H_2O^+	3,33	0,05	0,68	0,09	2,65	2,97
Summe	98,71	99,93	99,89	98,29	99,38	99,73

(1) Tinguait (Gangphonolith), Totenkopf, Kaiserstuhl (nach Wimmenauer 1962).Mit 0,64 % SO_3. Andere = 4,5 % Melanit, 2,0 % Wollastonit, 0,5 % Calcit. H_2O hoch durch teilweise Zeolithisierung des Hauyns
(2) Alkalitrachyt, Hohenburg, Siebengebirge (nach Frechen & Vieten 1970). Mit 0,16 % SO_3 und 0,49 % F, fluoritführend
(3) Alkalitrachyt („Fluttrachyt"), Mount Suswa, Kenya (nach Nash et al. 1969). Andere = Änigmatit und Olivin
(4) Miaskitischer Phonolith, Vinsac, Cantal, Frankreich (nach Varet 1969). Mit 0,69 % SO_3
(5) Leucitphonolith, Schellkopf, Eifel (nach Frechen 1971). Mit 0,38 % Cl und 0,61 % SO_3
(6) Phonolith, Kirchberg bei Niederrotweil, Kaiserstuhl (nach Wimmenauer 1962). H_2O hoch durch teilweise Umwandlung des Sodalithminerals in Zeolithe

- Die lagige Uncompahgrit-Turjait-Abfolge südlich der Rangwa-Caldera (Uncompahgrit = mittel- bis grobkörniges Gestein aus Melilith (60 bis 80 Volum-%), Perovskit, Magnetit, Diopsid, Biotit, Olivin und Apatit; Turjait = sehr grobkörniges Gestein aus Nephelin, Na-Melilith, Biotit (bis 20 Volum-%), Diopsid, Apatit, Perovskit, Melanit und Magnetit);
- Die Mikromelteigit-Ijolith-Assoziationen (s. Tabelle 34) z. T. in Foyait übergehend.
- Die vulkanischen Gesteine der Gwasi- und Gembe Hills: Nephelinite (gleichkörnig oder porphyrisch mit Nephelin- und Augit-Einsprenglingen), Melanit-Nephelinite, Melilith-Nephelinite, Melanephelinite (mit Augit- und Magnetiteinsprenglingen). Als seltenere Varianten kommen phonolithische Nephelinite, Mugearite (plagioklashaltig) und Melilithite vor.
- Die Karbonatite (s. Abschn. 2.24).
- Die Fenite (s. Abschn. 5.8).

Die Peridotit-Pyroxenit-Ijolith-Karbonatit-Assoziation von Jacupiranga, Brasilien
(nach Melcher, 1974).

Der Komplex von Jacupiranga (Oberjura oder Unterkreide) erstreckt sich 10 km in NS- und 6,5 km in EW-Richtung. Nebengesteine sind praekambrische Glimmerschiefer und ein syntek-

Tabelle 39 Mineralische (Volum-%) und chemische (Gew.-%) Zusammensetzung von Alkaligesteinen mit Plagioklas als wesentlichem Gemengteil

	(1)	(2)	(3)	(4)	(5)	(6)	(7)	(8)
Alkalifeldspat	36,0	15,5	–	12	7,5	–		–
Plagioklas	42,5	31,5	60,1	24	37,1	32,5		14,6
Nephelin, Analcim (A)	4,5	7,5	–	12 A	4,4 A	13,5	40,5 Glas	6,1
Sodalith, Hauyn	–	–	–	–	8,4	4,8		–
Leucit	–	–	–	–	–	21,7		–
Biotit	5,0	1,0	0,4	–	2,1	–	–	–
Klinopyroxen	7,0	4,0	3,6	44	33,5	19,1	39,5	52,1
Amphibol	0,5	26,0	26,3	–	1,0	–	–	–
Olivin	1,5	–	–	1,5	–	3,0	14,5	16,7
Fe-Ti-Erze	2,0	4,0	6,9	6,0	2,8	4,2	5,5	10,3
Titanit	–	6,5	–	0,5	0,3	–	–	–
Apatit	0,8	1,5	2,7		2,0	0,9	+	+
Andere	0,2	2,0	–	–	–	0,3	–	0,2
SiO_2	52,9	43,91	42,61	44,46	47,40	47,90	41,14	43,70
TiO_2	0,8	3,80	4,06	2,40	1,80	1,70	3,46	1,28
Al_2O_3	20,3	19,61	16,15	13,57	18,50	16,75	12,67	13,19
Fe_2O_3	1,1	4,16	3,72	6,25	6,40	4,52	4,72	3,19
FeO	2,7	5,55	7,56	6,38	1,90	3,65	7,25	7,61
MnO	0,1	0,07	0,15	0,23	0,13	0,17	n. b.	0,17
MgO	2,0	5,20	5,26	6,63	3,40	4,56	11,30	11,05
CaO	3,6	9,49	14,26	11,90	9,00	8,45	12,02	10,49
Na_2O	11,5	4,49	3,02	3,79	4,10	6,15	2,80	3,98
K_2O	4,6	1,51	0,33	1,56	2,00	4,21	1,27	1,52
P_2O_5	0,3	0,32	1,99	0,68	0,90	0,43	0,08	0,68
CO_2	0,1	0,51	–	0,24	–	0,14	0,08	–
H_2O^+	n. b.	0,53	0,65	1,19	2,70	0,80	2,60	2,75
Summe	100,0	99,15	99,76	99,28	98,23	99,43	99,39	99,61

(1) Larvikit, Larvik-Bucht gegenüber der Insel Haö, Norwegen (nach Barth 1945). Andere = Calcit
(2) Essexit, Mount Yamaska bei Montreal, Kanada (nach Gandhi 1970). Andere = vorwiegend Calcit
(3) Alkaligabbro mit poikilitischer Hornblende, Mount Brome bei Montreal, Kanada (nach Valiquette & Archambault 1970). Das Gestein enthält 3,6 % normativen Nephelin
(4) Essexit, Scheibenbuck bei Oberbergen, Kaiserstuhl (nach Wimmenauer 1959)
(5) Hauyntephrit („Ordanchit"), Puy de l'Oueire, Mont Dore, Frankreich (nach Brousse 1960 und 1961). Mit 2,0 % H_2O^-
(6) Nephelin-Leucit-Tephrit, Niedermendig, Eifel (nach Frechen 1962). Mit 0,58 % SO_3 und 0,04 % Cl
(7) Limburgit, Lavastrom 2, Limberg, Kaiserstuhl (nach Wimmenauer 1959)
(8) Nephelinbasanit, Weymiller Butte, Balcones-Provinz, Texas (nach Spencer 1969)

tonischer Granodiorit. In der nördlichen Hälfte des Komplexes tritt als älteste Intrusion ein Peridotit (Dunit) auf, der nach außen allmählich in Pyroxenit („Jacupirangit") und Ijolith übergeht. Die südliche Hälfte des Komplexes besteht aus einem nahezu kreisrunden Jacupirangit-Ijolithkörper (Jacupirangit = Pyroxenit mit Titanaugit und Magnetit als Hauptmineralen). Im Zentrum des Jacupirangitkörpers steckt ein etwa 1 km langer, nach unten sich erweiternder Karbonatitstock mit einem komplizierten inneren Bau. Gänge von Essexit, Ijolith, Monchiquit und Tinguait durchsetzen alle älteren Gesteine.

Fast der gesamte Kontakt der Intrusivkörper von Jacupiranga ist von einer syenitischen bis nephelinsyenitischen Fenitzone begleitet, die etwa in der Mitte des Komplexes von W und E her tief in diesen eingreift und so die relative Selbständigkeit der nördlichen und südlichen Teilintrusionen betont.

Tabelle 40 Mineralische (Volum-%) und chemische (Gew.-%) Zusammensetzung von feldspatfreien Alkali-Ultrabasiten und Alkali-Ultramafititen

	(1)	(2)	(3)	(4)	(5)	(6)	(7)
Nephelin und Umwandlungsminerale	5	72	66	–	30	26	30
Klinopyroxen	71	28	14	51,9	54	39	45
Amphibol	–	–	–	31,1	–	–	–
Biotit	1	+	–	+	–	–	0,5
Olivin	–	–	–	–	4	–	21
Melilith	–	–	–	–	–	20	–
Fe-Ti-Erze	12	–	–	12,7	12	14	3,5
Titanit (T), Perovskit (P),	9 M						
Melanit (M)	1 P	16 M	2 M	0,3 T	–	1 P	–
Apatit	1	1	+	4,0	+	+	+
Andere	–	2	18	–	–	–	+
SiO_2	40,62	39,80	42,80	35,07	42,23	39,61	40,80
TiO_2	2,08	2,54	0,52	6,94	2,50	3,37	2,63
Al_2O_3	9,26	15,39	19,47	8,40	11,26	8,19	11,75
Fe_2O_3	9,95	6,08	3,24	9,60	5,43	7,42	4,28
FeO	4,64	2,73	2,18	8,57	7,30	7,91	8,17
MnO	0,30	0,19	0,15	0,22	0,24	0,27	0,12
MgO	8,02	4,02	2,61	9,92	12,06	8,94	10,45
CaO	17,82	14,72	13,30	15,40	7,59	16,04	13,38
Na_2O	3,08	7,15	9,35	1,58	3,90	2,95	3,62
K_2O	1,24	3,60	4,01	0,62	1,90	1,60	0,47
P_2O_5	0,79	0,61	0,36	1,90	0,58	0,75	0,41
CO_2	0,07	0,98	1,00	–	–	–	3,84
H_2O^+	2,06	0,88	0,77	1,00	3,68	1,86	
Summe	99,93	98,69	99,76	99,22	98,67	98,91	99,92

(1) Alkalipyroxenit, Usaki, Kenya (nach LE BAS 1977)
(2) Melanit-Ijolith, Homa Mountain, Kenia, Quelle wie (1). Andere = Calcit
(3) Wollastonit-Urtit, Usaki, Kenya, Quelle wie (1). Andere = 14 % Wollastonit, 3 % Pektolith und 1 % Calcit
(4) Hornblende-Pyroxenit (Yamaskit), Mount Yamaska, Kanada (nach GANDHI 1970)
(5) Melanephelinit, Wasaki, Kenya, Quelle wie (1). Neben Nephelin ist auch Analcim vorhanden (hoher H_2O-Gehalt!)
(6) Melilith-Melanephelinit, Kisingiri, Kenya, Quelle wie (1)
(7) Olivinnephelinit, Lützelberg, Kaiserstuhl (nach WIMMENAUER 1959 und GEHNES 1972)

2.19.3 Alkaligesteine II (Kaligesteine)

Allgemeine petrographische und chemische Kennzeichnung

Kaligesteine sind Alkaligesteine, in welchen das Kalium das Natrium in einem bestimmten Maß überwiegt. Das K:Na-Verhältnis kann in Gewichtsprozenten der Oxide, als molekulares Verhältnis der Oxide oder als atomares Verhältnis der Elemente ausgedrückt werden. Meist wird das molekulare Verhältnis der Oxide in der Form $\frac{[K_2O]}{[K_2O + Na_2O]}$ (NIGGLIS k-Wert) zur Kennzeichnung des Gesteinscharakters gewählt. Es beträgt 0,5, wenn das Gewichtsverhältnis der Oxide $K_2O:Na_2O$ 1,52 ist. In NIGGLIS System sind kalibetonte („mediterrane") Gesteine schon solche mit $k \geq 0{,}40$.

Mineralogisch drückt sich die Kalivormacht im Erscheinen von Leucit, Phlogopit, K-Amphibol (Magnophorit), in besonderen Fällen auch von Kalsilit $KAlSiO_4$, Priderit $(K,Ba)_{1,33}(Ti,Fe)_8O_{16}$ und Wadeit $K_4Zr_2Si_6O_{18}$ aus. Auch eine Glasphase kann K-reich sein. Nicht alle leucithaltigen Gesteine haben eine Kalivormacht im Sinne der obigen Angabe. Bei starker SiO_2-Untersättigung tritt Leucit auch bei Na-Vormacht auf. Da Leucit im plutonischen Niveau nicht stabil ist, muß das

Kalium dort in andere Phasen (Feldspäte, Glimmer) eingebaut werden. Sehr kalireiche Plutonite sind indessen selten.

Nachstehend sind *vulkanische* Kaligesteine mit ihren kennzeichnenden Mineralbeständen nach ihrer Zugehörigkeit im Dreieck Alkalifeldspat – Plagioklas – Foide (Abb. 26) aufgeführt:

Feld 6′, Alkalitrachyte
- **Kalitrachyt, Leucittrachyt,** leukokrat: Sanidin (K-reich), ± Leucit, Augit, Biotit, Erzminerale, Apatit ..
- **Verit,** leukokrat: Phlogopit-, Diopsid- und Olivin-Einsprenglinge in Glasbasis, Erzminerale, Apatit ..
- **Fortunit,** mesokrat: Phlogopit-, Diopsid- und Bronzit-Einsprenglinge in Glasbasis, Erzminerale, Apatit ..

Feld 11, Phonolithe
- **Leucitphonolith,** leukokrat: Sanidin, Leucit ± andere Foide, Ägirinaugit, Erzminerale, Apatit ..
- **Orendit,** leukokrat: Phlogopit-Einsprenglinge, Leucit, Sanidin, Diopsid, Magnophorit, Akzessorien ..
- **Wyomingit,** mesokrat: Phlogopit-Einsprenglinge, Leucit, Sanidin, Diopsid, Magnophorit, Akzessorien ..

Feld 12, tephritische Phonolithe
- **Tephritischer Leucitphonolith,** leukokrat: Sanidin > Plagioklas, Leucit ± andere Foide, Ägirinaugit, ± Biotit, Erzminerale, Apatit ..
- **Viterbit,** leukokrater olivinführender tephritischer Phonolith.
- **Vicoit,** leukokrat, leucitreich, Sanidin : Plagioklas ~1:1.

Feld 13, phonolithische Tephrite
- **Phonolithischer Leucittephrit,** mesokrat: Plagioklas > Sanidin, Leucit ± andere Foide, Augit, Erzminerale, Apatit ..; leucitreich: **Vicoit** (siehe auch Feld 12).
- **Orvietit,** leukokrater olivinführender phonolithischer Leucittephrit.
- **Ottajanit,** mesokrater olivinführender phonolithischer Leucittephrit.

Feld 14, Leucittephrite
- **Leucittephrit,** mesokrat: Plagioklas, Leucit ± andere Foide, ± Analcim, Augit, Erzminerale, Apatit .. (Abb. 53D)
- **Leucitbasanit,** meso- bis melanokrat: Plagioklas, Leucit ± andere Foide, ± Analcim, Augit, Olivin, Erzminerale, Apatit ..

Feld 15a, phonolithische Leucitite
- **Leucitophyr,** leuko- bis mesokrat: Leucit >> Sanidin, ± andere Foide, Ägirinaugit, ± Melanit, Erzminerale, Apatit ..
- **Jumillit,** mesokrat: Leucit >> Sanidin, Diopsid, Olivin, Phlogopit, Erzminerale, Apatit ..

Feld 15b, tephritische Leucitite
- **Vesuvit,** mesokrat: Leucit >> Plagioklas, Augit, Olivin, ± andere Foide, Erzminerale, Apatit ..

Feld 15c, Leucitite und andere Kalifoidite
- **Leucitit,** mesokrat: Leucit, Augit, ± Olivin, ± andere Foide, ± Melilith, Erzminerale, Apatit .. (Abb. 18B)
- **Madupit,** meso- bis melanokrat: Phlogopit, Diopsid, Glasbasis, Akzessorien ..
- **Cecilit,** mesokrater Olivin-Melilith-Leucitit.
- **Ugandit,** melanokrater Olivinleucitit mit Glasbasis.
- **Mafurit,** melanokrat: Augit, Kalsilit, Olivin, Erzminerale, Biotit, Perovskit, Apatit ..
- **Katungit,** melanokrat: Melilith, Olivin, Kalsilit, ± Leucit, ± Nephelin, Glas, Erzminerale, Perovskit, Apatit ..

Subvulkanische, mehr oder weniger gleichkörnige Kaligesteine des Feldes 15c sind:
- **Italit,** ein hololeukokrates bis leukokrates Gestein aus Leucit, Ägirinaugit und untergeordneten weiteren Silikat- und Erzmineralen;
- **Fergusit,** ein mesokrates Gestein mit den Hauptmineralen Leucit, Augit bis Ägirinaugit, Erzmineralen, Biotit und Olivin;
- **Missourit,** ein melanokrates Gestein mit den Hauptmineralen Augit, Leucit, Olivin, Biotit, Erzmineralen und Akzessorien.

Kalireiche *subvulkanische* bis *plutonische* Gesteine der Felder 11, 12 und 15a des A–P–F-Dreiecks enthalten anstelle des Leucits Kalifeldspat und Biotit als Kaliminerale neben Nephelin und anderen Na-Feldspatvertretern. Auch sie erfüllen die mineralogischen und chemischen Kriterien von Alkaligesteinen.
- **Itsindrit** ist ein leukokrater Kalifoyait mit Mikroklin, Nephelin, Ägirin und Biotit als Hauptmineralen.
- **Malignit** ist ein mesokrater Kalifoyait mit den Hauptmineralen Ägirinaugit, Kalifeldspat, Nephelin, Biotit, Erzmineralen und Apatit.
- **Shonkinit** ist ein melanokrater Kalifoyait mit Augit, Kalifeldspat, Nephelin, Olivin, Biotit, Erzmineralen und Apatit als Hauptmineralen.

Andere kalibetonte Magmatite, die nicht Alkaligesteine sind, z. B. manche Syenite und Trachyte sowie viele Lamprophyre sind in den einschlägigen Abschnitten (2.17, 2.20 und 2.31) behandelt.

SAHAMA (1974) teilt die Kaligesteine nach den untenstehenden Kriterien in eine kamafugitische und eine orenditische Familie ein; das Adjektiv „kamafugitisch“ ist aus den Gesteinsnamen Katungit, Mafurit und Ugandit kontrahiert.

	kamafugitisch	orenditisch
SiO_2	$< 44\%$	$> 44\%$
Gesamteisen als FeO	$> 8\%$	$< 8\%$
SiO_2:CaO	$< 3{,}7$	$> 3{,}7$

Während die Gesteine der kamafugitischen Familie stets stark SiO_2-untersättigt sind, kommen in der orenditischen Familie auch Gesteine mit SiO_2-Sättigung und -Übersättigung vor (z. B. Fortunit und Verit).

Viele kalireiche Vulkanite und Subvulkanite enthalten **Leucit** als eines der Hauptminerale; er tritt oft als Einsprengling neben Augit, Feldspäten und anderen Feldspatvertretern auf (Abb. 53D). Der Mineralname Leucit ist dann als Präfix vor den sonst nach den üblichen Regeln zu bildenden Gesteinsnamen zu nennen, z. B. Leucitphonolith, Leucittephrit und analog in anderen Fällen, sofern nicht andere spezielle Namen für solche Gesteine eingeführt sind. Die Leuciteinsprenglinge können bis über 1 cm groß werden, z. B. im Vicoit, einem tephritischen Leucitphonolith aus Mittelitalien. In den mafitenreicheren basalt- oder basanitartigen Leucitgesteinen ist der Einsprenglingscharakter des Leucites meist weniger deutlich. Die ultrabasischen, stark kieselsäureuntersättigten Kaligesteine, z. B. aus der Toro-Ankole-Provinz in Uganda, enthalten die Feldspatvertreter Leucit, Kalsilit und Nephelin nur in der Grundmasse (z. B. Ugandit und Mafurit, siehe Tabelle 42, Nr. 6). Eine nephelinitische Lava des Vulkans Nyiragongo (Zaire) führt glomerophyrische Einsprenglinge, die aus Nephelin-Kalsilit-Verwachsungen bestehen.

Für viele Leucite in Laven sind regelmäßig kranzartig angeordnete Einschlüsse von Glas oder feinkristalliner Grundmassensubstanz charakteristisch. Da der Stabilitätsbereich des Leucits sich mit zunehmendem Wasserdampfdruck verkleinert, kommt das Mineral in Magmatiten größerer Bildungstiefen nur selten vor (so aber in Auswürflingen des Somma-Vesuv-Vulkans wie Sommait und Italit). In einigen Fällen ist der primäre Leucit solcher Gesteine in Kalifeldspat und K-haltigen Nephelin umgewandelt, wobei die äußere Form des Leucits gut erhalten bleibt („*Pseudoleucit*“). Der Nephelin ist häufig noch weiter in Hydronephelit oder Zeolithe umgewandelt. In den Leuciteinsprenglingen vieler Laven sind Paramorphosen von β- nach α-Leucit mit parkettartiger Struktur verbreitet. Der Leucit verfällt auch sehr leicht der hydrothermalen Umwandlung in Analcim oder Zeolithe.

Eine besondere petrographische Note haben die als **Lamproite** zusammengefaßten Kaligesteine mit Einsprenglingen von *Fe-Phlogopit* (Verit, Fortunit, Orendit, Wyomingit, Jumillit und Madupit). Sie sind zugleich kali- und magnesiumreich und erfüllen zusätzlich die Kriterien der Alkaligesteine. Andere kalireiche Magmatite ohne normative Foide oder normativen Akmit, aber mit ähnlich hohen k- und mg-Werten (NIGGLI) sind z. B. **Selagit** (ein mesokrater Biotit-Trachyt), viele Glimmerlamprophyre (Minette, Kersantit, s. Abschn. 2.20) und **Vaugnerit**, ein biotit- und hornblendereicher Mela-Granodiorit.

Auftreten und äußere Erscheinung

Kalireiche Gesteine kommen nur im Bereich der kontinentalen Kruste vor. Alkaligesteine mit Kalivormacht im Sinne der Kennzeichnung auf S. 141 finden sich als Glieder von artenreichen Alkalimagmatit-Provinzen (z. B. Eifel, Böhmisches Mittelgebirge) oder selbständig in Grabenzonen und anderen Gebieten der Bruchtektonik. Im Zusammenhang mit dem orogenen Vulkanismus der Kontinentalränder und Inselbögen können Kaligesteine als fortgeschrittene Entwicklungen der shoshonitischen Magmen erscheinen (s. Abschn. 2.31). Kalireiche Magmatite, die nicht Alkaligesteine sind, treten auch in anderen magmatischen Assoziationen, z. B. als Begleiter des granitisch-granodioritischen Plutonismus der Orogene, auf (Glimmerlamprophyre, K-reiche Syenite und Monzonite).

Die äußere Erscheinung der leukokraten bis mesokraten Vulkanite und Subvulkanite ist, bei sonst sehr variablen anderen Eigenschaften, durch millimeter- bis zentimetergroße Leuciteinsprenglinge geprägt. In den lamproitischen Kaligesteinen (s. oben) tritt der Phlogopit als idiomorphes oder poikilitisches Einsprenglingsmineral deutlich hervor. Der Kalsilit der ultrabasischen Kaligesteine ist mesoskopisch nicht sichtbar. Hypabyssische und plutonische Kaligesteine haben anstelle des Leucits Biotit und Kalifeldspat als auffallende Hauptminerale.

Beispiel einer mäßig kalireichen Gesteinsassoziation: der Somma-Vesuv-Vulkan, Italien (nach PICHLER, 1970).

Die vulkanologische und petrographische Entwicklung des Somma-Vesuv-Vulkans verlief in

Tabelle 41 Mineralische (Volum-%) und chemische (Gew.-%) Zusammensetzung von Kaligesteinen

	(1)	(2)	(3)	(4)	(5)	(6)	(7)
Sanidin	27,2	13,8	–	–	31	22,7	–
Plagioklas	–	35,4	25,1	3,6	–	–	–
Nephelin	13,8	0,9	2,5	7,3	–	–	–
Sodalith, Nosean	15,7	–	3,3	–	–	–	–
Leucit, Kalsilit (K)	21,8	25,0	40,5	41,9	40	34,0	23,7 K
Phlogopit, Biotit	+	–	–	–	11	9,8	2,3
Klinopyroxen	11,4	16,2	21,1	23,6	15 *	14,2	32,3
Olivin	+	5,4	3,9	6,8	–	17,0	20,6
Erzminerale	0,5	2,1	2,2	3,0	–	0,3	5,7
Apatit	0,7	1,2	1,4	1,2	2	2,0	+
Andere	8,9	–	–	12,6	1	–	10,3
SiO_2	47,75	50,10	47,5	45,99	54,08	47,02	39,06
TiO_2	0,91	0,92	0,88	0,37	2,08	1,31	4,36
Al_2O_3	19,33	18,50	18,4	16,56	9,49	7,55	8,18
Fe_2O_3	3,16	2,80	2,3	4,17	3,19	3,32	4,61
FeO	2,11	4,30	5,4	5,38	1,03	2,93	4,98
MnO	0,18	0,11	0,10	n. b.	0,05	0,11	0,26
MgO	1,43	4,10	3,7	5,30	6,74	16,43	17,66
CaO	6,43	8,80	9,1	10,47	3,55	7,37	10,40
Na_2O	5,17	2,40	2,8	2,18	1,39	1,02	0,18
K_2O	7,60	6,20	7,2	8,97	11,76	5,10	6,98
P_2O_5	0,32	0,60	0,68	0,56	1,35	1,90	0,61
CO_2	2,82	–	–	–	–	0,49	Sp.
H_2O^+	0,16	0,74	0,36	0,45	2,71	2,69	1,42
Summe	97,37	99,57	98,42	100,40	99,11	99,66	98,70

(1) Leucitphonolith, Hardt bei Rieden, Eifel (nach FRECHEN 1962). Andere = 1,4 % Melanit, 1,1 % Titanit und 6,4 % Calcit. Mit 0,29 % Cl und 0,93 % SO_3
(2) Olivinführender phonolithischer Leucittephrit (Ottajanit), Lava des Jung-Somma (Vesuv) (nach PICHLER 1970). Mit 0,06 % F und 0,28 % SrO + BaO
(3) Olivinführender tephritischer Leucitit (Vesuvit), Vesuv, Lava von 1858 (nach PICHLER 1970). Mit 0,62 % Cl, 0,17 % F und 0,38 % BaO + SrO
(4) Melilith-Leucitit, Lavastrom des Capo di Bove, Albaner Berge (Italien) (nach PICHLER 1970). Andere = Melilith. Mit 0,25 % BaO
(5) Orendit, Fifteen-Mile Spring, Wyoming (USA) (nach JOHANNSEN 1938). Mit 0,04 % Cl, 0,29 % SO_3, 0,49 % F, 0,67 % BaO und 0,20 % SrO
(6) Jumillit, Jumilla, Provinz Murcia (Spanien) (nach CARMICHAEL 1967). Mit 0,39 % BaO, 0,29 % SrO, 0,13 % ZrO_2 und 0,09 % Cr_2O_3 sowie 1,52 % H_2O^-
(7) Mafurit, Toro-Ankole-Gebiet, Uganda (nach HOLMES 1950). Andere = 6,2 % Perovskit und 4,1 % Glas

* = Klinopyroxen + K-Amphibol

vier, durch Ruhezeiten getrennten Hauptphasen (Abb. 58). In der ersten, Ur-Somma genannten Phase wurde ein trachytisches Magma gefördert, das nach RITTMANN das Ausgangsmagma der späteren, modifizierten Magmen war. Nach einer Ruhezeit folgten die Alt-Somma-Phasen mit Orvietiten (= hellen phonolithischen Leucittephriten), nach einer weiteren, kürzeren Ruhephase die Somma-Phase, in der hauptsächlich Ottajanite (= leuko- bis mesokrate Leucittephrite) gefördert wurden. Die nächste Ruhezeit wurde durch den berühmten Ausbruch des Jahres 79 v. Chr. beendet, dessen Aschen die Städte Pompeji und Herculaneum verschütteten. Die seither vom Vesuv im engeren Sinne produzierten Laven und Pyroklastite sind tephritische Leucitite (= **Vesuvite**). In den Ruhezeiten vor dem Einsetzen der zweiten bis vierten Phase fanden im Herd zusätz-

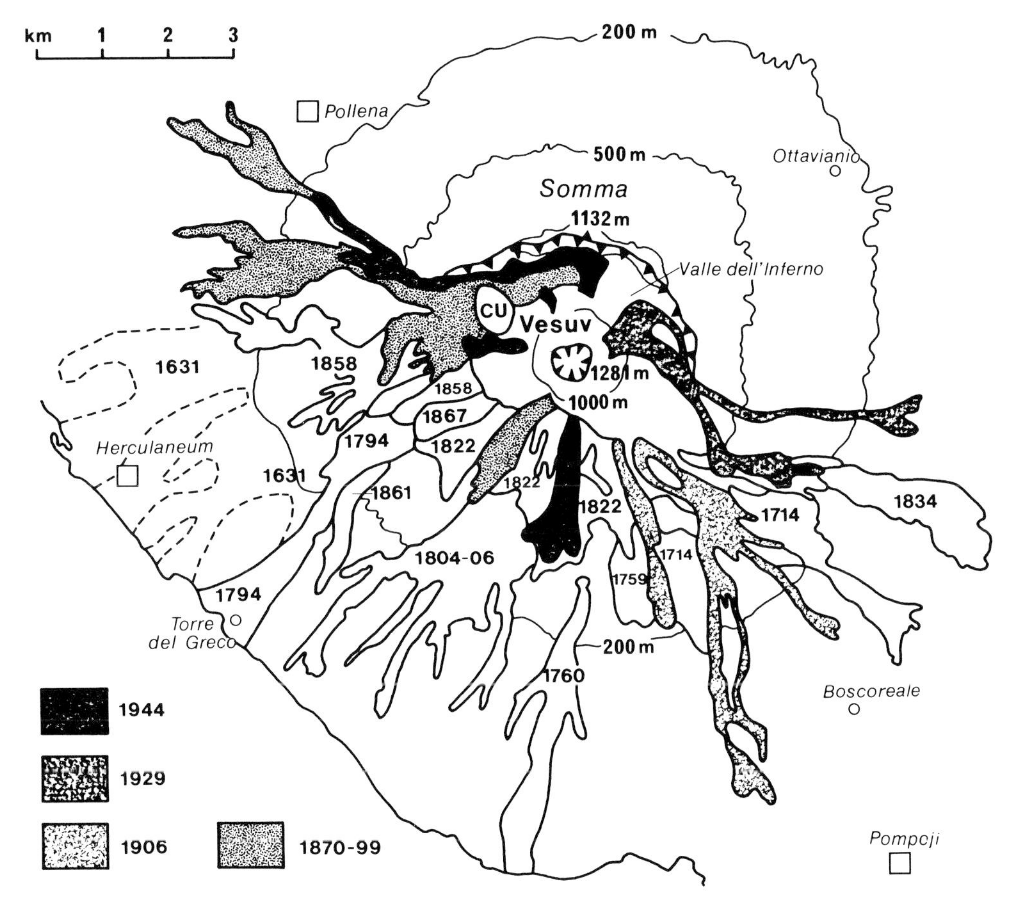

Abb. 58 Vereinfachte Karte des Vesuvs. Die Zahlen geben die Alter der Lavaströme an (nach PICHLER 1970).

liche Differentiationsprozesse statt. Sie sind jeweils durch Auswürflinge von helleren, zu den Phonolithen tendierenden Gesteinen und von Kumulaten aus Mafiten (Pyroxenite, Biotitpyroxenite) in den Auswurfsmassen der großen Tufferuptionen belegt. Weiter kommt eine Anzahl subvulkanischer, zum Teil kumulatartiger Äquivalente der leucitreichen Laven als Auswürflinge vor, z. B. **Sommait,** ein Leucitmonzonit, der etwa dem Orvietit (siehe oben) entspricht. Daneben treten auch noch leucitreichere Subvulkanite auf.

Die Entwicklung der Hauptmagmen des Somma-Vesuv-Vulkans ist durch allmähliche Abnahme des SiO_2-Gehaltes, Zunahme der Mafitminerale und Zunahme des Verhältnisses von $K_2O:Na_2O$ gekennzeichnet. Die besondere Anreicherung des Kaliums ist nach RITTMANN das Ergebnis einer Gasdifferentiation, die sich neben der gravitativen Differentiation und der fortschreitenden Assimilation des triassischen Hauptdolomites im Herdbereich vollzog. Der letztere Prozeß wurde von RITTMANN als die Ursache der zunehmenden Basizität und SiO_2-Untersättigung der Magmen im Laufe der Somma-Vesuv-Entwicklung angesehen, doch ist diese Deutung heute nicht mehr unbestritten, besonders weil eine ganze Anzahl von Haupt- und Nebenelementen, z. B. Fe, Ti, P, Ba, Sr, Zr und andere sich nicht diesem Modell entsprechend verhalten.

Die extrem kalireichen Gesteine der Leucite Hills, Wyoming
(nach CARMICHAEL, 1967b).

Auf einer Fläche von etwa 40 × 50 km Ausdehnung kommen Vulkankegel mit Lavaströmen, Schlotfüllungen, Gängen und Lagergängen vor. Der Vulkanismus hat miozänes bis pliozänes Alter. Die beiden Hauptgesteinstypen, Wyomingit und Orendit, zeigen Einsprenglinge von Phlogopit und meist umgewandeltem Olivin. Magnophorit (ein kalireicher Amphibol) und Diopsid sind in den Grundmassen beider Gesteine vorhanden; der **Wyomingit** enthält reichlich Leucit, der **Orendit** Leucit und Fe-haltigen Sanidin. Der als Lava ausgeflossene **Madupit** besteht aus Einsprenglingen von Diopsid und poikilitischem Phlogopit in einer weitgehend glasigen Grundmasse. Akzessorisch treten im Wyomingit und Orendit **Priderit** $(K,Ba)_{1,33}(Ti,Fe)_8O_{16}$, **Wadeit** $K_4Zr_2Si_6O_{18}$ und Chromspinell auf, im Madupit Titanomagnetit, Perovskit und Wadeit. Die Gesteine enthalten zwischen 7,2 und 12,6% K_2O; das Verhältnis von $[K_2O]$ zu $[K_2O + Na_2O]$ kann im Wyomingit bis auf 0,9 ansteigen. Die Gesteine sind, ähnlich wie Kaligesteine und Glimmerlamprophyre anderer Gebiete, reich an Mg, Cr, Ni sowie Rb, Sr, Ba, Zr, F und P.

Die ultrabasischen Kaligesteine der Toro-Ankole-Provinz, Uganda
(nach Holmes, 1950).

Die Toro-Ankole-Provinz liegt am Ostrand des westlichen Astes des ostafrikanischen Grabensystems. Die vulkanische Tätigkeit dauerte bis in historische Zeiten an. Aus zahlreichen Explosionskratern wurden große Mengen von Pyroklastiten gefördert; Lavaströme sind selten, aber petrographisch durch ihren Kalireichtum bei gleichzeitig starker SiO_2-Untersättigung bemerkenswert.

Die charakteristischen Gesteine sind:
- **Ugandit,** ein melanokrater Olivinleucitit,
- **Mafurit,** ein Olivin-Kalsilitit und
- **Katungit,** ein Olivinmelilithit mit Kalsilit (meist glasführend)
  sowie
- **Karbonatitlaven** in der Gegend von Fort Portal, feinkörnige blasige Gesteine aus Calcit, Pyroxen, Olivin, Magnetit und Apatit.

Die Pyroklastite bestehen vorwiegend aus Katungit und dessen Varianten. Sie sind reich an Auswürflingen von Biotitpyroxenit, Pyroxenit, Glimmerit und Peridotit. Die Katungitlaven enthalten häufig Minerale dieser Gesteine als Xenokristalle, die Lapilli als ihre Kerne.

Der **Kalsilit,** das dem Nephelin entsprechende K-Al-Silikat, wurde zuerst im Mafurit entdeckt (Mineralbestand und chemische Analyse in Tabelle 41, Nr. 7). Sehr deutlich ausgebildete Nephelin-Kalsilit-Verwachsungen kommen auch anderenorts, z. B. in den glomerophyrischen Melilithnephelinit-Laven des Vulkans Nyiragongo (Zaire) vor (perthitartige Entmischungen von Kalsilit in Nephelin und zonare Nephelinkristalle mit Kalsilitkernen).

Weiterführende Literatur zu Abschn. 2.19

Gupta, A. K. & Yagi, K. (1980): Petrology and Genesis of Leucite-Bearing Rocks. – 252 S., Berlin (Springer).
Sørensen, H. [Hrsg.] (1974): Alkaline Rocks. – 622 S., London (Wiley).

2.20 Lamprophyre

2.20.1 Allgemeine petrographische und chemische Kennzeichnung

Lamprophyre sind Ganggesteine, die nach chemischer und mineralischer Zusammensetzung und nach ihrem Gefüge nicht einfach Äquivalente bestimmter häufiger Plutonite oder Vulkanite darstellen. Diese Erkenntnis hat schon frühzeitig dazu geführt, daß ihnen eigene Namen und eine besondere Klassifikation gegeben wurden. Als gemeinsame Kennzeichen sind hervorzuheben:
- mesokrate bis melanokrate Zusammensetzung;
- Feldspäte, soweit vorhanden, nur in der Grundmasse;
- Biotit und/oder Amphibol als Einsprenglinge oder reichlich in der Grundmasse; andere Mafitminerale sind Klinopyroxen, Olivin, in besonderen Fällen auch Melilith;
- relativ zum SiO_2-Gehalt hohe Gehalte an K_2O (oder $K_2O + Na_2O$);
- hohe Gehalte an hydroxylhaltigen primären Mineralen (Biotit, Fe-Phlogopit, Amphibol) und hydrothermalen Umwandlungsprodukten (Chlorit, Aktinolith, Talk, Serizit, Zeolithe u. a.); häufig ist auch Calcit;
- hohe Gehalte an selteneren Elementen wie Cr, Ni, Ba, Sr, Rb, P und weiteren.

Petrographisch, chemisch und nach der Assoziation mit anderen Magmatiten sind wenigstens drei Familien von Lamprophyren zu unterscheiden (Tabelle 42):
- Die **Lamprophyre im engeren Sinne** oder **shoshonitische Lamprophyre** oder **Kalk-Alkali-Lamprophyre,** speziell die Minetten, Kersantite, Vogesite und Spessartite;
- **anchibasaltische Ganggesteine** oder **Alkali-Lamprophyre,** z. B. Camptonit und Monchiquit;
- **alkalisch-ultrabasische Ganggesteine,** z. B. Ouachitit und lamprophyrisch-karbonatitische Ganggesteine. Melilithreiche Arten dieser

Gruppe, z. B. Alnöit und die Polzenite, sind in Abschnitt 2.21 behandelt.

Lamprophyre im engeren Sinne (Kalk-Alkali-Lamprophyre)

Minetten (Abb. 59) sind mesokrate, seltener melanokrate Ganggesteine mit Einsprenglingen von Biotit bis Fe-Phlogopit in einer überwiegend aus Kalifeldspat > Plagioklas bestehenden Grundmasse. Als kleinere Einsprenglinge sind Diopsid und Olivinpseudomorphosen fast regelmäßig vorhanden. Die Grundmasse enthält ferner Biotit, oft Quarz (bis etwa 20 Volum-%), Apatit, Erzminerale (häufig ein hämatitisches Pigment), Calcit, Serizit, Chlorit und andere Sekundärminerale. Die Glimmereinsprenglinge sind oft deutlich zonar (heller Kern, dunkler Rand); sie können fluidal eingeregelt sein. Gelegentlich ist der Glimmer ganz oder teilweise chloritisiert. Als Umwandlungsminerale des Olivins (der fast nirgends erhalten ist) treten Aktinolith, Talk, Chlorit, Karbonate und Quarz verbreitet auf. Der Diopsid ist häufig in Chlorit und/oder Calcit umgewandelt. Die Struktur der Grundmasse ist variabel; das Feldspat-Teilgefüge ist panallotriomorph bis undeutlich panidiomorph, manchmal angedeutet eisblumenartig entwickelt. Globulitische und sphärolithische Texturen sind nicht selten.

Abb. 59 Minette, Albtal (Südschwarzwald). Einsprenglinge von Biotit (B), Diopsid (Di) und Olivinpseudomorphosen (Ol) in einer aus kleineren Biotiten und Alkalifeldspat bestehenden Grundmasse. Breite des Bildausschnittes etwa 4 mm.

Bei den **Kersantiten** überwiegt der Plagioklas gegenüber dem Kalifeldspat; die übrigen Mineralkomponenten und das Gefüge sind denen der Minetten ähnlich. Häufig sind die Grundmassen etwas gröber kristallin als die der Minetten. Nicht selten ist der Biotit ganz oder teilweise chloritisiert.

Die **Vogesite** unterscheiden sich von den Minetten durch das Überwiegen einer bräunlichen Hornblende als Einsprengling und als Mafitmineral der Grundmasse. Kalifeldspat überwiegt gegenüber dem Plagioklas. Quarz und Olivinpseudomorphosen können vorhanden sein oder fehlen.

Spessartit ist ein lamprophyrisches Ganggestein mit Plagioklas > Kalifeldspat in der Grundmasse und Hornblende als dominierendem Mafitmineral. Quarz und Olivinpseudomorphosen können vorhanden sein oder fehlen.

Semilamprophyre sind Ganggesteine mit Farbzahlen unter 35, aber sonst typisch lamprophyrischen Mineralbeständen und Gefügen.

Als **Einschlüsse** treten in den Lamprophyren im engeren Sinne folgende Gesteine und Minerale verbreitet auf:
- Granite, z. T. mit Resorptionserscheinungen;
- Gneise und Gneisrestite (s. S. 321), z. T. mit Sillimanit, Cordierit, Korund und Spinell;
- Xenokristalle von Orthoklas;
- gerundete Xenokristalle und größere Aggregate von Quarz, von Reaktionssäumen umgeben.

Die **chemische Zusammensetzung** der Lamprophyre i. e. S. ist nach Rock (1984) durch folgende Werte zu kennzeichnen:

SiO_2 46 bis 57%, Al_2O_3 11 bis 18%, Fe-Oxide 5 bis 10%, MgO 3,5 bis 9,5%; K : (K + Na) 0,4 bis 0,9 bei den Minetten und 0,2 bis 0,7 bei den anderen Lamprophyren; Mg : (Mg + Fe) 0,4 bis 0,8. Der am meisten ausgeprägte lamprophyrische Charakter kommt bei den Minetten mit ihrem K-Reichtum bei intermediärer bis basischer Zusammensetzung zum Ausdruck (s. Tabelle 42). Auch die Werte für P_2O_5 und CO_2 sind im Mittel bei den Minetten am höchsten.

Anchibasaltische Ganggesteine (Alkali-Lamprophyre)

Die Gesteine dieser Gruppe sind chemisch und teilweise auch in ihrem Mineralbestand den Alkalibasalten bzw. deren Gangäquivalenten ähnlich. Als Abweichungen im Mineralbestand sind die Beteiligung von brauner Hornblende, seltener auch von Biotit sowie das Auftreten von Analcim und Calcit in der Grundmasse hervorzuheben. Die chemischen Zusammensetzungen sind ebenfalls denen von Alkalibasalten und Basaniten ähnlich. Die Gesteine sind meist nephe-

Tabelle 42 Mineralische (Volum-%) und chemische (Gew.-%) Zusammensetzung von Lamprophyren, anchibasaltischen und ultrabasisch-alkalischen Ganggesteinen

	(1)	(2)	(3)	(4)	(5)	(6)	(7)	(8)
Quarz	7	2	4	–	–	–	–	–
Kalifeldspat	~ 50	31	10	–	–	–	–	–
Plagioklas	~ 20	20	30	17,5	–	–	–	–
Nephelin *	–	–	–	8	20,2	–	16	–
Biotit, Phlogopit, Chlorit	8	30	32	–	32,0	26,1	22	34,1
Amphibol	–	–	–	25	–	–	–	–
Klinopyroxen *	8	13	21	21	21,2	13,8	–	15,7
Olivin *	–			13	–	15,0	22	–
Melilith	–	–	–	–	–	18,3	34	–
Fe-Ti-Erze	5	1,5	0,5	6	3,3	9,0	2	1,2
Calcit	+	–	1	3	16,6	7,6	+	35,2
Apatit	3	1	1,5	0,5	2,9	5,5	2	1,2
Andere	–	2	–	6	3,6	4,7	2	9,6
SiO_2	56,60	59,70	55,88	43,9	32,83	28,54	35,65	25,44
TiO_2	0,97	1,40	0,99	2,6	2,58	2,96	1,74	1,81
Al_2O_3	15,65	13,65	13,50	12,5	11,06	7,24	13,24	7,32
Fe_2O_3	4,09	1,06	1,25	4,0	5,83	6,26	6,68	3,77
FeO	3,83	4,97	4,54	7,1	5,98	6,71	7,64	5,16
MnO	0,14	0,06	0,10	0,26	0,20	0,19	0,29	0,17
MgO	4,55	6,59	9,15	10,0	6,27	15,45	14,38	6,56
CaO	2,20	1,59	3,55	10,1	16,97	19,53	13,17	24,54
Na_2O	2,59	1,86	1,63	3,2	2,75	0,65	3,64	1,67
K_2O	5,80	5,19	4,87	1,60	3,04	2,24	1,77	3,62
P_2O_5	1,14	0,91	0,77	0,31	1,31	2,33	0,86	1,88
CO_2	0,11	0,08	0,36	1,9	7,30	3,36	0,47	15,46
H_2O^+	3,07	3,28	2,42	2,2	3,24	3,44	1,02	2,09
Summe	100,74	100,34	99,01	99,67	99,36	98,90	100,55	99,49

(1) Semilamprophyr, Schauinsland, Schwarzwald (nach MÜLLER 1981)
(2) Minette, zwischen Tiefenstein und Albbruck, Schwarzwald, Quelle wie (1)
(3) Kersantit, Murgtal, südl. Schwarzwald, Quelle wie (1)
(4) Camptonit, Corrantee Mine, Schottland (nach GALLAGHER 1963). Mit 1,2 % H_2O^- und 0,13 % S
(5) Ouachitit, Alnö-Komplex, Schweden (nach VON ECKERMANN 1948, dort „Tinguait"). Mit 0,09 % BaO, 0,07 % SrO, 0,11 % F, 0,21 % S und 0,52 % H_2O^-. Andere = Melanit
(6) Alnöit, Alnö-Komplex, Schweden, Quelle wie (5). Mit 0,10 % Cr_2O_3, 0,25 % BaO, 0,12 % F und 0,52 % H_2O^-. Andere = Perovskit
(7) Modlibovit, Modlibov, ČSSR (nach SCHEUMANN 1922). Als Foide treten auf: Lasurit, Nephelin und Hauyn. Andere = Perovskit. Mit 0,23 % SO_3
(8) Karbonatitischer Ouachitit, Alnö-Komplex, Schweden, Quelle wie (5). Mit 0,16 % BaO, 0,09 % F, 0,21 % S und 0,41 % H_2O^-. Andere = Melanit

* = einschließlich der Umwandlungsminerale

linnormativ, die SiO_2-Gehalte liegen zwischen etwa 40 und 46%; im allgemeinen ist Na > K, die normativen or-Werte liegen unter 15%, während sie bei den meisten Lamprophyren i. e. S. darüber liegen. Infolge der Beteiligung von hydroxylhaltigen und karbonatischen Mineralen sind die H_2O- und CO_2-Gehalte höher als bei den „trockenen" Alkalibasalten; bei Anwendung des „Basaltsiebes" (Abschn. 2.28.1) werden die meisten Gesteine dieser Gruppe deswegen als nicht basaltisch qualifiziert, während die übrigen Kriterien die nahe Basaltverwandtschaft bestätigen.

Camptonit ist ein Ganggestein mit Titanaugit, Amphibol (selten auch Biotit) und Plagioklas als Hauptgemengteilen; Olivin (mit Resorptionserscheinungen) ist meist vorhanden. Weitere häufig auftretende Minerale sind Titanomagnetit, Nephelin, Analcim, Kalifeldspat, Apatit, Calcit und andere. Der Amphibol ist Barkevikit bis Kaersutit. Als Einsprenglinge treten Titanaugit oder Amphibol oder beide Minerale auf; auch der Olivin ist Einsprengling oder Xenokristall.

Im **Sannait** überwiegt der Alkalifeldspat gegenüber dem Plagioklas.

Die **Monchiquite** sind durch eine überwiegend **glasige** Grundmasse charakterisiert; im übrigen ist die Zusammensetzung der der Camptonite ähnlich. Anstelle des Glases können auch Analcim oder Nephelin in der Matrix auftreten. **Fourchit** ist ein olivinfreier Monchiquit.

Ocelli sind eine charakteristische Erscheinung der anchibasaltischen Ganggesteine. Es handelt sich dabei um ovoidale oder unregelmäßig-rundliche Ausscheidungen von mm- bis cm-Größe mit Feldspäten, Nephelin, Analcim und Karbonaten sowie verschiedenen Kombinationen dieser Minerale; auch Amphibol, Zeolithe und selbst Glas können vorkommen. Die Bildung durch Entmischung im Schmelzzustand wird von mehreren Autoren für wahrscheinlich gehalten.

Als petrogenetisch interessante **Einschlüsse** anchibasaltischer Ganggesteine sind zu nennen:
- Xenokristalle von Anorthoklas, seltener auch Orthoklas oder Sanidin;
- Lherzolithfragmente, die denen der Alkalibasalte entsprechen (selten).

Alkalisch-ultrabasische Ganggesteine

In diese Gruppe gehören melanokrate ultrabasische und stark SiO_2-untersättigte Ganggesteine mit unterschiedlicher mineralischer Zusammensetzung. Soweit sie Melilith als einen Hauptgemengteil enthalten, sind sie im folgenden Abschnitt 2.21 behandelt.

Nicht melilithführende Ganggesteine, die dieser Gruppe angehören, sind:

Ouachitit: Biotit (Einsprenglinge), Titanaugit ± Hornblende, Calcit, Erzminerale, Apatit, Titanit, Glas- oder Analcimbasis (Tabelle 42, Nr. 8);

„lamprophyrisch-karbonatitische“ Ganggesteine mit Calcit, Phlogopit, Augit, Olivin und dessen Umwandlungsprodukten als Hauptmineralen.

2.20.2 Auftreten und äußere Erscheinung

Lamprophyre i. e. S.

Weitaus die meisten Lamprophyre i. e. S. gehören zu der Ganggefolgschaft von spät- bis postorogenen Kalk-Alkaligraniten. Die einzelnen Gänge sind i. a. einige dm bis wenige m mächtig; häufig treten sie schwarmweise auf. Sie sind meist jünger als die zu dem betreffenden Granitpluton gehörigen Aplite und Granitporphyre, doch kommen gelegentlich auch zusammengesetzte Gänge mit Lamprophyr als äußeren Gangteilen und Granitporphyr oder Porphyrit in der Gangmitte vor. Semilamprophyre sind in Assoziation mit Graniten verbreitet. Häufig reichen die Lamprophyre auch weit in das Nebengestein der Granite und können dadurch scheinbar isoliert auch in nichtgranitischer Umgebung auftreten.

Seltener sind Assoziationen von Lamprophyren mit shoshonitischen Vulkaniten und mit Kimberliten. In die letztere Gruppe gehören Minetten der Navajo-Provinz (Arizona, USA) mit Einschlüssen von Mantelperidotiten. Kersantite und Spessartite kommen gelegentlich auch als Glieder von Ganggesteinsassoziationen mit Diabasen vor; zwischen diesen und den Lamprophyren gibt es verschiedene Übergangstypen.

Mesoskopisch sind die Lamprophyre durch ihre Einsprenglinge von Biotit (oder Fe-Phlogopit oder Amphibol) in einer meist feinkörnigen bis dichten Grundmasse gekennzeichnet. Die Gesamtfarbe der Gesteine ist mittel- bis dunkelgrau, sehr oft, besonders bei den Minetten, durch Hämatitpigment auch rötlichgrau bis braun; durch Chlorit anstelle von Glimmer kommen auch grünlichgraue Farben zustande. Fluidale Einregelung der Einsprenglinge ist nicht selten. Gelegentlich kommen mesoskopisch deutlich sichtbare globulitische Texturen vor.

Anchibasaltische und alkalisch-ultrabasische Ganggesteine

Monchiquite und Camptonite sind typische Ganggesteine der Alkaligesteinskomplexe, wo sie, zusammen mit anderen Ganggesteinen, oft in großer Zahl auftreten (Beispiele S. 133 und 134f.). In den nephelinitisch-karbonatitischen Assoziationen sind vor allem Monchiquite neben Alnöiten, Polzeniten und anderen ultrabasisch-alkalischen Ganggesteinen verbreitet. Camptonite treten auch als Begleiter und Modifikationen von Diabasen in deren Gangschwärmen auf.

Mesoskopisch sind Monchiquite und Camptonite dunkelgraue bis fast schwarze Gesteine, in denen Einsprenglinge von Olivin (und dessen Umwandlungsprodukten) oder Titanaugit oder Amphibol oder mehrerer dieser Minerale zu erkennen sind. Die Grundmassen sind im allgemeinen feinkörnig bis dicht, im Falle der typischen Monchiquite glasig. Ocelli von mm- bis cm-Größe sind verbreitet (s. oben). – Ouachitite sind dunkle Gesteine mit Einsprenglingen von Biotit (gelegentlich auch Augit) in einer feinkörnigen bis dichten Grundmasse.

Weiterführende Literatur zu Abschn. 2.20

ROCK, N. M. S. (1977): The nature and origin of lamprophyres: some definitions, distinctions, and derivations. – Earth Sci. Rev., **13:** 123–169.

ROCK, N. M. S. (1984): Nature and origin of calc-alkaline lamprophyres: minettes, vogesites, kersantites and spessartites. – Trans. Royal Soc. Edinburgh, Earth Sci., **74:** 193–227.

WIMMENAUER, W. (1973): Lamprophyre, Semilamprophyre und anchibasaltische Ganggesteine. – Fortschr. Miner., **51:** 3–67.

2.21 Melilithgesteine, Kimberlite, Meimechite und verwandte Gesteine

2.21.1 Allgemeine petrographische und chemische Kennzeichnung

Die Gesteine dieser Gruppe sind durch ihre extrem hohen Gehalte an Mafiten ausgezeichnet; als mafitische Minerale gelten hier auch Melilith und die Karbonate. Obwohl die Gesteine meist nephelin- und leucit-normativ sind und insofern zu den Alkaligesteinen gerechnet werden können, werden sie hier wegen ihrer sonst abweichenden mineralogischen und geochemischen Entwicklung von jenen abgetrennt behandelt. Bei niedrigen SiO_2-Gehalten sind sie besonders reich an Magnesium und Calcium; die absoluten Alkaligehalte sind im allgemeinen niedrig; in mehreren Gesteinen dieser Gruppe überwiegt das Kalium gegenüber dem Natrium. Zu den Karbonatiten bestehen enge Beziehungen und Übergänge. Charakteristisch ist auch die Förderung durch stark explosiven Vulkanismus.

Systematik

A. Melilithgesteine

- **Afrikandit** ist ein aus Melilith, Fe–Ti-Erzmineralen, Perovskit, Apatit und untergeordneten anderen Silikaten bestehendes subvulkanisches bis plutonisches Gestein.
- Melanokrate bis holomelanokrate Gesteine mit Melilith und Pyroxen ± Olivin und Nephelin als Hauptmineralen:
  - hypabyssisch und subvulkanisch: **Uncompahgrit** (holomelanokrat), **Turjait** (melanokrat, mit Nephelin und Biotit);
  - vulkanisch und als Komponenten von Schlotbreccien: **Melilithit, Olivinmelilithit, Katungit** (Olivinmelilithit mit Kalsilit).
- Melanokrate bis holomelanokrate Gesteine mit Melilith, Mg-Fe-Glimmer, Olivin ± Pyroxen und Nephelin als Hauptmineralen (s. auch Abschn. 2.20):
  - subvulkanisch: **Alnöit** (Melilith, Augit, Mg-Fe-Glimmer, Olivin, Karbonate);

    Polzenite (Modlibovit, Vesecit, Luhit): Melilith, Olivin, Mg-Fe-Glimmer, Lasurit oder Hauyn oder Nephelin ± Pyroxen, Karbonate;

    Bergalith: Melilith, Augit, Biotit, Nephelin oder Hauyn, Karbonate.

    Okait, Ganggestein mit mehr als 50% Melilith, dazu Hauyn, einsprenglingsartiger Biotit, Erzminerale, Perovskit, Apatit und Karbonate. Durch unterschiedliche Mengenverhältnisse dieser Minerale entstehen mehrere Varianten des Gesteinstyps.

B. Holomelanokrate Gesteine

mit **Olivin, Phlogopit, Serpentin** und **Karbonaten** als Hauptmineralen; Pyroxen, Amphibol, Melilith, Granat, Mg-Ilmenit und andere können in wesentlichen Mengen hinzukommen:
- subvulkanisch (Gänge, Lagergänge, Komponenten von Schlotbreccien): **Kimberlit; Glimmerperidotit** (Gänge).
- vulkanisch (Laven und Pyroklastite): **Meimechit** (Olivin, Serpentin, Phlogopit, Perovskit).

C. Karbonatreiche Gesteine

mit Olivin, Phlogopit, Serpentin und anderen Mafiten; subvulkanisch, als Komponenten von Schlot- und Gangbreccien und von extrusiven Tuffen: **karbonatitischer Kimberlit, Damkjernit.**

Petrographische Eigenschaften

Die Gesteine der ersten Untergruppe ähneln, sofern sie als Vulkanite auftreten, am ehesten basaltischen Laven und Pyroklastiten. Olivin und Melilith können als Einsprenglinge auftreten. Die **Uncompahgrite** und **Turjaite** sind fein- bis grobkörnige Gesteine mit sehr variablen Gefügen (vgl. S. 154).

Alnöit ist ein Ganggestein mit Einsprenglingen von Olivin und Biotit in einer aus Melilith, Titanaugit, Erzmineralen und Karbonaten bestehenden Grundmasse (Tabelle 42, Nr. 6). Als zusätzliche Minerale treten auf: Melanit, Perovskit, Apatit, Nephelin und dessen Umwandlungsprodukte. Auch olivinfreie, biotit- und melilithreiche Ganggesteine werden gelegentlich Alnöit genannt. Ähnlich wie bei den Kimberliten ist auch bei den Alnöiten die brecciöse Ausbildung in Schlot- und Gangfüllungen verbreitet.

Bergalith besteht aus Melilith, Hauyn, Biotit, Titanaugit, Nephelin und Calcit; Apatit und Perovskit sind auch hier charakteristische Nebenminerale. Im Original-Bergalith aus dem Kaiserstuhl sind besonders Melilith und Hauyn einsprenglingsartig ausgebildet.

Polzenit ist ein Sammelname für Melilith-Olivin-Nephelin-Biotit-Ganggesteine in Nordböhmen. Im **Vesecit** tritt neben Olivin der sonst seltene Monticellit $CaMgSiO_4$ auf. **Modlibovit** ist ein biotitreicher Polzenit (Tabelle 42, Nr. 7). Durch Zunahme von Olivin und Mg–Fe-Glimmer gehen solche Gesteine in kimberlitverwandte Ganggesteine über.

Die **Meimechite** sind Effusivgesteine, die in ihrer mineralogischen und chemischen Zusammensetzung gewisse Beziehungen zu den Kimberliten haben. Hauptminerale sind Olivin, Serpentin, Phlogopit, Perovskit und Glasmatrix; Karbonate sind selten.

Kimberlite treten als Gänge, Lagergänge und in Füllungen von vulkanischen Schloten („Diatremen“) auf. Nach der Gesteinsausbildung können massive Kimberlite (meist in Gängen und Lagergängen), intrusive Kimberlit-Breccien und Kimberlit-Tuffe unterschieden werden. Für die Kimberlitbreccien der Diatremen sind hohe Gehalte an Fremdgesteins-Bruchstücken charakteristisch. Sie sind oft gut gerundet. Viele dieser Bruchstükke stammen aus der unteren Erdkruste und besonders aus dem oberen Erdmantel (Peridotite, Granatperidotite, Granatpyroxenite, Eklogite u. a., vgl. Abschn. 6).

Kimberlite sind serpentinisierte und karbonatisierte Glimmerperidotite, meist mit porphyrischer Struktur (Olivin- bzw. Phlogopit-Einsprenglinge). Obligatorische Hauptminerale sind **Olivin** (Mg-reich, meist serpentinisiert oder karbonatisiert), **Phlogopit** bis **Fe-Phlogopit** (oft in Vermiculit umgewandelt) und **Mg-Ilmenit** (Abb. 60B). Die Einsprenglingsminerale sind meist gerundet oder korrodiert. In der Grundmasse kann eine Vielzahl von Mineralen auftreten. Serpentin und Karbonate sind fast immer vertreten; ferner kommen Pyroxen, Tremolit-Aktinolith, Hydroglimmer, Magnetit, Cr-Spinell, Ca-Zeolithe, Apatit und Perovskit verbreitet vor. Pyropreicher Granat, Enstatit und Chromdiopsid sind ebenfalls verbreitet, meist als größere Körner; sie sind wohl weniger Ausscheidungen des Kimberlitmagmas selbst, sondern eher Xenokristalle aus dessen Herkunftsmilieu.

Je nach dem Überwiegen von Glimmer oder Olivin bei den Einsprenglingen werden Glimmer- und „basaltische“ Kimberlite unterschieden. Die Glimmerkimberlite sind im Mittel reicher an CaO, K_2O und CO_2 als die „basaltischen“ Kimberlite. Die Kimberlitbreccien der Diatremen in Südafrika und Sibirien sind die wichtigsten Vorkommen des **Diamanten.**

In den **südafrikanischen Kimberliten** treten außer dem immer vorhandenen Olivin fünf weitere Primärminerale in verschiedenen Kombinationen auf: Phlogopit, Serpentin, Diopsid, Monticellit und Calcit. Je nach der Beteiligung dieser Minerale werden die Kimberlitvarianten mit Namen wie Phlogopit-K; Serpentin-Phlogopit-K., Serpentin-Phlogopit-Calcit-K. und analogen benannt. Tabelle 43 gibt die mineralischen Zusammensetzungen einiger solcher Kimberlite wieder.

Nach dem Grad der Erhaltung bzw. Verwitterung werden nach dem Beispiel der Diamantgruben Südafrikas drei Typen der Kimberlitbreccien unterschieden: der oberflächennächste Yellow Ground, ein lockeres oder lehmiges, rostgelbes Material, der Blue Ground in größerer Tiefe, der vor allem reichlich Serpentinminerale enthält (graue Gesamtfarbe), und die Hardebank als tiefstgelegenes frisches Gestein.

Die Kimberlite gehören, von den Karbonatiten abgesehen, zu den SiO_2-ärmsten magmatischen Gesteinen. Sie sind weiter ausgezeichnet durch ihre sehr hohen Gehalte an MgO, CaO, Cr, Ni und CO_2; verglichen mit der Peridotiten des oberen Erdmantels und anderer Vorkommen sind sie relativ reich an K_2O, Al_2O_3, TiO_2, P_2O_5, SO_3, Li, Rb, Cs, Sr, Ba, B, Y, La, Ga, Zr, Nb, Ta, V und Cu.

Der **Damkjernit** ist ein dem Kimberlit verwandtes, aber olivinärmeres Gestein mit Einsprenglingen von Biotit, Barkevikit, Pyroxen und Olivin in einer Grundmasse aus Pyroxen, Amphibol, Biotit, Magnetit und Nephelin-Pseudomorphosen in

Tabelle 43 Mineralische Zusammensetzung von Kimberliten aus Südafrika (Volum-%) (nach SKINNER & KLEMENT 1979)

	(1)	(2)	(3)	(4)
Olivin (serpentinisiert)	34	28	45	42
Monticellit	–	–	6	–
Phlogopit	44	28	13	1
Serpentin außerhalb der Olivinpseudomorphosen	4	25	14	11
Calcit	8	< 1	12	29
Erzminerale	6	< 1	7	11
Perovskit	3	–	2	1
Diopsid	–	18	–	–
Apatit	1	–	1	5

(1) Phlogopit-Kimberlit, Sidney-on-Val
(2) Serpentin-Phlogopit-Diopsid-Kimberlit, Finch Pipe
(3) Serpentin-Phlogopit-Calcit-Kimberlit, Wesselton Pipe
(4) Calcit-Kimberlit, De Beers Mine

einer Calcit-Feldspat-Matrix. Als Akzessorien treten Apatit, Ilmenit, Chromit, Pyrit, Titanit und Melanit auf. Einschlüsse von Peridotit, Pyroxenit, Hornblendit und Nebengesteinen sind oft sehr häufig.

In den **karbonatitischen Kimberliten** ist der Anteil an Karbonaten höher als 40 Gew.-%; zu den eigentlichen Karbonatiten bestehen alle Übergänge. Das vorherrschende Karbonatmineral ist nach (0001) tafeliger Calcit mit hohen Sr- und Ba-Gehalten.

2.21.2 Auftreten und äußere Erscheinung

Melilithgesteine sind charakteristische Komponenten des kontinentalen Magmatismus in Rift- und Plattformgebieten. Sie treten in Gesellschaft von Alkaligesteinen und Karbonatiten, gelegentlich auch dominierend in solchen Assoziationen auf. Olivinmelilithite fehlen aber auch nicht im ozeanischen Milieu (Oahu, Hawaii). Während die als Laven auftretenden Olivinmelilithite in ihrem äußeren Erscheinungsbild am ehesten Basalten mit Olivineinsprenglingen vergleichbar sind, entziehen sich die subvulkanischen bis hypabyssischen Melilithgesteine wegen der außerordentlichen Mannigfaltigkeit ihrer Zusammensetzungen und Gefüge einer verallgemeinernden Beschreibung. Häufig sind die einsprenglingsartig auftretenden Biotite oder Phlogopite auffallende Gesteinsmerkmale (z. B. beim Alnöit und Damkjernit). – Kimberlite treten als Gänge, Lagergänge, Breccien und Tuffe im kontinentalen, kratonischen oder Riftgebieten auf. Auch für sie gilt, daß ihre äußere Erscheinung je nach Mineralbestand, Gefüge und Erhaltungszustand sehr variabel ist (siehe oben).

2.21.3 Beispiele für Vorkommen von Melilithgesteinen, Kimberliten und Meimechiten

Ultrabasisch-alkalische Gesteine, Melilithgesteine und Meimechite der Meimecha-Kotui-Provinz, Nordsibirien
(nach EGOROV, 1970).

Die Meimecha-Kotui-Provinz ist eines der größten Gebiete des ultrabasischen Magmatismus (300 × 120 km). Sie liegt im Bereich der nordsibirischen Plattform (3–4 km paläozoische Sedimente); der Magmatismus hat triassisches Alter. Als Ergußgesteine treten auf: Laven und Pyroklastite von Pikrit, Olivinnephelinit, Olivinmelilithit und Meimechit. Diese Ergußgesteinsserie ist über 2 km mächtig. Als Gänge, Lagergänge, Schlotfüllungen und Komponenten von Schlotbreccien kommen wiederum vor allem ultrabasische Magmatite wie Olivin-Melanephelinite, Melanephelinite, Limburgite, Augitite, Alnöite und Pikrite vor. Seltenere Gesteinstypen sind Nephelinit, Tinguait, Phonolith, Polzenit, Bergalith und Monchiquit. Die Gänge sind oft radial zu den Zentralintrusionen angeordnet. Diese letzteren – etwa 20 – sind meist sehr komplex aus Peridotit, Melilithgesteinen, Pyroxenit, Ijolith, Nephelin- und Alkalisyenit, Karbonatiten und Apatit-Magnetitgesteinen aufgebaut. Der größte Komplex dieser Art, Gulinskaya (etwa 470 km^2 aufgeschlossen) enthält alle genannten Gesteinsvarietäten. In seinem Zentrum treten als relativ junge Intrusionen Sövit (fein- und grobkörnig) und Beforsit auf. Sie sind von Melilithgesteinen und Pyroxeniten umgeben.

Als jüngste Intrusivbildung treten eigenartige Apatit-Magnetitgesteine als Explosionsbreccien auf. Der nahezu kreisrunde, 4,5 km breite Kugda-Komplex besteht aus einem Kern von Peridotit (olivinreich), jüngeren Pyroxeniten und Melilithgesteinen sowie einem kleinen Stock von Alkalisyenit. Die Pyroxenite und Melilithgesteine enthalten örtlich Einlagerungen von Ijolith und Ijolith-Pegmatit. Dem aus Olivin und Melilith bestehenden Intrusivgestein wurde der Name **Kugdit** gegeben.

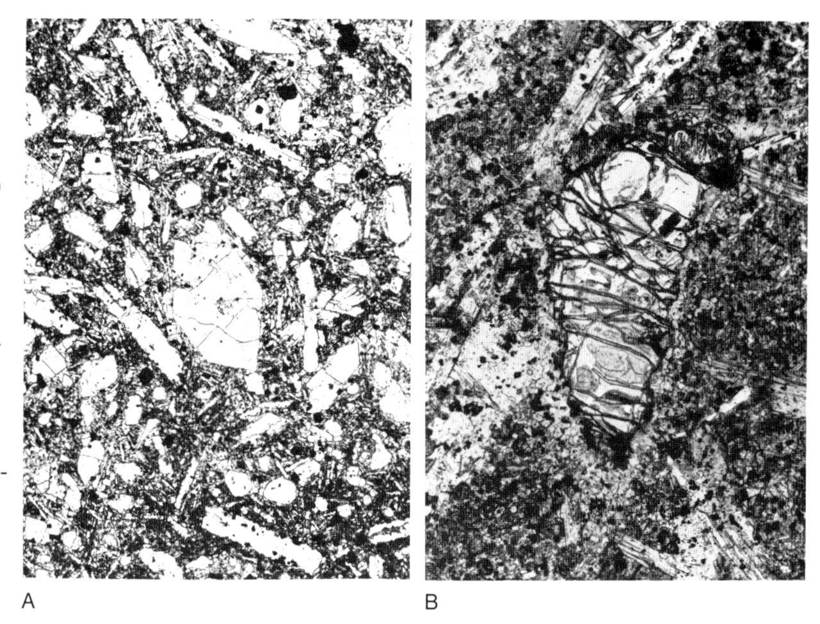

Abb. 60
A) Olivinmelilithit vom Hochbohl bei Owen (Württemberg). Einsprenglinge von Olivin (z. B. Mitte), Melilith (längliche Querschnitte) und Perowskit (größere dunkle Körner) in einer feinkörnigen Grundmasse aus Nephelin, Augit, Magnetit und Phlogopit. 20 mal vergr.
B) Kimberlit, Ile Bizard bei Montreal (Kanada). Serpentinisierter Olivineinsprengling, Phlogopittafeln, Grundmasse aus Karbonat, Serpentin und Perowskit (dunkle Körnchen). 35 mal vergr.

Kimberlitgänge und -diatremen sind die jüngsten magmatischen Bildungen der gesamten Provinz.

Kimberlite und verwandte Gesteine in den USA
(nach Watson, 1967).

Kimberlite und verwandte Gesteine mittelpaläozoischen bis mitteltertiären Alters treten in einem sehr großen Gebiet der USA in verschiedenen tektonischen Milieus in Gruppen und als Einzelvorkommen auf (Appalachen, Plattform der zentralen USA, Rocky Mountains) (Tab. 44). Sie bilden Schlotfüllungen, Gänge und selten Lagergänge. Auf einer nur 18 × 11 km messenden Fläche in Missouri sind 79 Gänge und Diatremen bekannt. Eines der größten Vorkommen ist das Buell-Park-Diatrema (Arizona) mit 5 km Durchmesser. Die Füllung besteht hauptsächlich aus „Kimberlittuffen“ mit angedeuteter Schichtung, was auf ein oberflächennahes Niveau des heutigen Aufschlusses schließen läßt. Ein unvollständiger Ringgang von Minette und ein kleiner Stock von Trachybasalt setzen in der Schlotfüllung auf. Der „Kimberlittuff“ besteht aus Bruchstücken von Olivin (z. T. serpentinisiert), Enstatit, Chromdiopsid, Pyrop, Magnetit, Titanklinohumit, Ilmenit, Apatit und sehr viel Serpentin; Phlogopit fehlt. Einschlüsse von Fremdgesteinen und deren Mineralen sind sehr häufig.

Auch in anderen Vorkommen der USA weichen die petrographischen Eigenschaften der Gesteine von denen typischer Kimberlite ab. Mehrere Vorkommen sind Glimmerperidotite, denen die typischen Kimberlitminerale Pyrop und Mg-Ilmenit fehlen, andere sind Alnöite (mit Melilith, vgl. Abschn. 2.21.1).

Tabelle 44 Mineralische (Volum-%) und chemische (Gew.-%) Zusammensetzung von Kimberliten aus den USA (nach Smith et al. 1979)

	(1)	(2)
SiO_2	33,6	24,8
TiO_2	3,0	1,4
Al_2O_3	2,8	3,1
Fe_2O_3	7,7	7,0
Cr_2O_3	0,14	0,10
FeO	3,8	1,3
MnO	0,18	0,15
MgO	28,4	22,2
CaO	5,1	16,2
Na_2O	0,05	0,07
K_2O	1,40	0,16
P_2O_5	0,35	1,40
CO_2	1,70	10,50
H_2O^+	11,20	10,00
Summe	99,42	98,38

(1) Kimberlit, Iron Mountain, Wyoming: Olivin 24, Phlogopit 22, Serpentin 40, Erzminerale und Perovskit 9, Karbonate 3, Apatit 1
(2) Kimberlit, Nix Pipe, Colorado: Olivin 25, Phlogopit 3, Serpentin 40, Erzminerale und Perovskit 10, Karbonate 20, Apatit 2

Das Uracher Vulkangebiet („Schwäbischer Vulkan“)

Am Nordrand der Schwäbischen Alb (Württemberg) sind auf einer etwa 30 × 35 km messenden Fläche über 300 Tuffschlote und einige wenige Gänge bekannt, deren magmatische Komponenten der Olivinmelilithit- und Olivinnephelinitgruppe angehören. Je nach der Lage des heutigen Aufschlusses im Bereich der Malmkalke der Albhochfläche oder in den weicheren Sedimenten des Nordabfalles der Alb treten die Schlote als muldenförmige Vertiefungen oder als abtragungsresistentere Kuppen in Erscheinung. Die Schlote haben meist einfache rundliche, manchmal etwas buchtige oder längliche Querschnitte; die Durchmesser variieren zwischen einigen Metern und fast 2 km (Randecker Maar, flache, oberflächennahe Ausweitung des Schlotes). Das Alter des Vulkanismus ist miozän. Alle Magmatite des Uracher Vulkangebietes sind sehr basisch und an Kieselsäure untersättigt.

Soweit die magmatischen Komponenten der Schlotbreccien und Gänge frisch erhalten sind, handelt es sich meist um Melilith-Melanephelinite (= Melilith-Ankaratrite früherer Autoren) oder Olivinmelilithite (Abb. 60A). Hauptminerale sind Olivin (Chrysolith), Titanaugit bis Ferroaugit, Melilith (Na-arm), Nephelin und Titanomagnetit, stets vorhandene Akzessorien Apatit, Perovskit, Spinell und Chromspinell. In mehreren Vorkommen treten Biotit und Reste einer Glasbasis auf. Einzelne Vorkommen enthalten Monticellit CaMg $[SiO_4]$, Wollastonit und Rhönit. In den Schlotbreccien und -tuffen sind die magmatischen Komponenten meist stark zersetzt. Sie enthalten außer den oben genannten Hauptmineralen und deren Zersetzungsprodukten reichlicher braune Ti-Hornblende und Biotit, die eine den Eruptionen vorausgehende Anreicherung von H_2O im Magma anzeigen.

Melilithgesteine des Gardiner-Komplexes, Ostgrönland
(nach Nielsen, 1980).

Der tertiäre Gardiner-Komplex in Ostgrönland besteht aus mehreren Generationen von Pyroxeniten und Peridotiten sowie kleineren Intrusionen von Gesteinen der Ijolith-Urtit-Gruppe. Melilithgesteine bilden darin einen bis zu 400 m breiten Ringgang von etwa 2 km Durchmesser. Das Hauptgestein des Ganges ist **Afrikandit;** er besteht aus idiomorphem Perovskit, Magnetit und Apatit, welche von großen Melilithkörnern poikilitisch umwachsen sind. Als Nebenminerale treten Phlogopit, Diopsid und Pargasit auf. In den tieferen Teilen des Ganges bildet **Uncompahgrit** mit Melilith, Diopsid, Perovskit und Magnetit als Hauptmineralen die Randfacies. Nach oben hin geht der Afrikandit in Phlogopit-Afrikandit, **Turjait** und schließlich in **Melteigit** (Pyroxen-Nephelin-Gestein) über. Noch höher im Dachbereich spaltete sich das Magma in karbonatitische, alkalisyenitische und phosphatreiche Fraktionen. Aus diesen kristallisierten Sövite, Sodalithsyenit und Apatit-Phlogopit-Gesteine. Als Ausgangsmagma des Ringganges wird eine CO_2-reiche, stark untersättigte Melanephelinit-Schmelze angenommen.

Weiterführende Literatur zu Abschn. 2.21

Ahrens, L. H., Dawson, J. B., Duncan, A. R. & Erlank, A. J. (1975): Phys. and Chem. of the Earth, **9** (Kimberlite volume): 1–936; Oxford (Pergamon).

Boyd, F. R. & Meyer, H. O. A. [Hrsg.] (1979): Kimberlites, Diatremes and Diamonds: Their Geology, Petrology, and Geochemistry. – Proc. Second Internat. Kimberlite Conf., **1,** 400 S., Washington (Amer. Geophys. Union).

Dawson, J. B. (1980): Kimberlites and Their Xenoliths. – 252 S., Berlin (Springer).

Kornprobst, J. [Hrsg.] (1984): Kimberlites. Proceedings of the Third Internat. Kimberlite Conf., Clermont-Ferrand, France. – I: Kimberlites and Related Rocks, XIV + 466 S., II: The Mantle and Crust-Mantle Relationships, XIV + 394 S. – Amsterdam (Elsevier).

2.22 Peridotite

2.22.1 Allgemeine petrographische und chemische Kennzeichnung

Peridotite sind ultramafitische magmatische Gesteine mit **mehr als 40 Volum-% Olivin;** derselbe Name wird auch auf Gesteine des oberen Erdmantels angewendet, die nicht vorbehaltlos unmittelbar magmatischer Herkunft sind; viele tragen vielmehr deutlich metamorphe Züge. Innerhalb der Peridotitfamilie sind weiter zu unterscheiden (Abb. 27):

- **Dunit** mit mehr als 90% Olivin;
- **Harzburgit** mit etwa 10 bis 60% Orthopyroxen und weniger als 5% Klinopyroxen;
- **Wehrlit** mit etwa 10 bis 60% Klinopyroxen und weniger als 5% Orthopyroxen;
- **Lherzolith** mit mehr als 5% Orthopyroxen und mehr als 5% Klinopyroxen.

Alle Prozentzahlen beziehen sich auf das Dreimineralsystem Olivin-Orthopyroxen-Klinopyroxen und berücksichtigen nicht weitere etwa hinzukommende Minerale, wie Granat, Spinell, Chromit und andere. Nennenswerte Gehalte an solchen Mineralen werden durch Namengebungen wie Granat-Lherzolith, Chromit-Dunit und analoge gekennzeichnet. Eine nicht zu weit fortgeschrittene Serpentinisierung der Olivine und Orthopyroxene begründet keine andere Namengebung; eine quantitative Abgrenzung gegenüber den Serpentiniten ist nicht festgelegt.

Tabelle 45 Mineralische (Volum-%) und chemische (Gew.-%) Zusammensetzung magmatischer Peridotite

	(1)	(2)
SiO_2	41,27	39,12
TiO_2	0,07	Sp.
Al_2O_3	8,71	1,77
Cr_2O_3	-	0,16
Fe_2O_3	2,69	0,22
FeO	10,52	10,21
MnO	0,16	0,16
MgO	27,09	45,88
CaO	6,59	0,96
Na_2O	0,69	0,09
K_2O	0,13	0,16
P_2O_5	1,54	-
H_2O^+	0,87	0,12
Summe	100,33	98,85

(1) Olivinreiche Lage in geschichtetem Gabbro, Skaergaard-Intrusion, Grönland (nach WAGER & BROWN 1967). Olivin 65,0; Orthopyroxen 4,7; Klinopyroxen 13,8; Fe-Ti-Erze 0,7; Plagioklas 15,8

(2) Dunit, Great Dyke, Simbabwe (nach WORST 1958). Olivin 93; Orthopyroxen 3; Chromit + Cr-Spinell 3; Fe-Ti-Erze 1

Weitere peridotitische Gesteinstypen sind Amphibol-Peridotit, Phlogopit-Peridotit und Augit-Peridotit – im wesentlichen bimineralische Gesteine aus Olivin und den im Namen angesprochenen Mineralen. Alle vorgenannten Gesteinstypen sind Plutonite; einige können auch in flacheren Intrusionen vorkommen. Unter den Vulkaniten gibt es nur wenige Vertreter der Peridotitfamilie, nämlich:

- **Meimechit** mit überwiegendem Olivin (z. T. serpentinisiert), Phlogopit, Perovskit und Glas- oder Serpentinmatrix (s. Abschn. 2.21.1);
- **Pikrit** mit mehr als 50% Olivinanteil am Gesamt-Mafitgehalt und weniger als 10% hellen Gemengteilen;
- olivinreicher **Komatiit** (s. Abschn. 2.29).

Hauptmineral aller peridotitischen Gesteine ist der **Olivin,** im allgemeinen die Varietät Chrysolith mit 10 bis 30% Fayalitanteil oder ein noch Mg-reicherer Forsterit. Als Frühausscheidung kann der Olivin oft idiomorph oder gerundet-idiomorph gegenüber anderen Silikaten entwikkelt sein; bei sehr hohem Olivinanteil der Gesteine bilden sich mosaikartige Olivingefüge. In Peridotiten, die aus dem oberen Erdmantel stammen (Peridotiteinschlüsse der Basalte und tektonisch aufgestiegene Peridotitmassen) ist der Olivin oft form- und gittergeregelt; auch Erscheinungen der Kataklase kommen vor. Es handelt sich hier also eigentlich um metamorph überprägte Gesteine. Dasselbe gilt strenggenommen auch von allen Peridotiten, deren Olivine eine nennenswerte Serpentinisierung erfahren haben. Die Umwandlung beginnt gewöhnlich an den Grenzen und auf Rissen der Körner, wodurch eine sehr charakteristische Maschenstruktur angelegt wird, die oft auch noch bei vollständiger Serpentinisierung erkennbar ist. Bei nicht zu niedrigem Fe-Gehalt des Olivins scheidet sich dabei Magnetit in Form vieler sehr kleiner Körnchen aus.

Der **Orthopyroxen** der Peridotite ist meist Mg-reich (Bronzit bis Enstatit) mit wenigen Prozenten Al_2O_3. Ein spezifisches Umwandlungsprodukt bei retrograder Metamorphose ist der **Bastit** (meist feinkristalliner Lizardit).

Als **Klinopyroxene** treten auf: Diopsid und Chromdiopsid mit bis zu mehreren % Cr_2O_3; selten und nur in Peridotiten flacher Intrusionen sowie in Pikriten auch Augit.

Verschiedene Glieder der **Amphibol**familie kommen in Peridotiten vor: grüne und braune Hornblende, Edenit, in „Alkaliperidotiten" auch Barkevikit; retrograd-metamorph Aktinolith, Cummingtonit, Anthophyllit. Die primären Amphibole magmatischer Peridotite neigen zu poikilitisch-xenomorpher Ausbildung.

Phlogopit ist in manchen Peridotiten der Alkaligesteinskomplexe ein Hauptmineral; in den Peridotiten tiefer Herkunft (Mantelperidotite) und in Kumulatperidotiten ist er selten.

Chromit, Chromspinelle und andere Glieder der **Spinellfamilie** sind häufige Nebengemengteile der Peridotite. Der Chromit kann sehr stark angereichert sein; solche **Chromitite** sind wichtige Chromerze. Magnetit ist vor allem als Nebenprodukt der Serpentinisierung verbreitet. Platin und andere Minerale der Platinmetalle sind in bestimmten Duniten bis zur Bauwürdigkeit angereichert.

Der in Peridotiten besonders tiefer Herkunft (Fragmente des oberen Erdmantels) häufige **Granat** ist pyropreich und enthält oft auch bis zu mehreren Prozent Cr_2O_3. Bei in bezug auf den Druck retrograder Metamorphose wird der Granat in Spinell, Orthopyroxen, Klinopyroxen oder auch Amphibol umgewandelt. Die Umwandlungsminerale gruppieren sich zunächst als feinkörnige, mehr oder weniger deutlich radialstrahlige **Kelyphit**rinde um den Granat. Auch wenn keine Granatrelikte mehr vorhanden sind, bleiben solche Kelyphite noch erhalten, bis sie durch weitere Reaktionen oder Sammelkristallisation verschwinden. **Chlorit, Talk** und **Karbonate** sind, wie der Serpentin, Minerale der retrograden Metamorphose von Olivin und Orthopyroxen. Weitere nur gelegentlich oder akzessorisch auftretende Minerale der Peridotite werden in den Einzelbeschreibungen erwähnt.

Chemisch sind alle Peridotite durch hohe MgO-Gehalte (etwa zwischen 30 und 50%) und SiO_2-Gehalte zwischen 40 und 45% gekennzeichnet. Die Gehalte an Cr und Ni sind die höchsten im Rahmen der gewöhnlichen magmatischen Gesteine (durchschnittlich 0,16 bzw. 0,20%). Für die Anteile an weiteren Elementen ist die Beteiligung bestimmter Minerale maßgebend: Fe in der Fayalitkomponente des Olivins und im Chromit, Al in Granat, Spinell und Pyroxenen, Ca in Klinopyroxen und Granat, Na in Klinopyroxen, K in Phlogopit.

2.22.2 Auftreten und äußere Erscheinung

Peridotite treten in verschiedensten geologisch-tektonischen und petrographischen Zusammenhängen auf:

- Als Anteile von **Ophiolithkomplexen** oder selbständig in Orogenzonen: **Alpinotype Peridotite.** Als „Ophiolithe" werden die in solchen Situationen verbreiteten Pillowlaven und andere submarine Basaltlaven, Diabasgänge, Gabbros und Peridotite zusammenfassend bezeichnet. Die Peridotite dieser Assoziationen sind nach gängiger Auffassung nicht als magmatische Intrusionen im Rahmen solcher Komplexe, sondern als tektonisch transportierte Fragmente des oberen Erdmantels zu deuten. Sie sind häufig entsprechend deformiert und retrograd metamorph umgewandelt. Im Sinne der plattentektonischen Vorstellungen sind solche Ophiolithkomplexe Teile der ozeanischen Lithosphäre. Diese Deutung wird durch Funde von Peridotiten an ozeanischen Rücken bestätigt. Es sind aber auch viele Vorkommen von Peridotiten und Serpentiniten im metamorphen Gebirge bekannt, die nicht mit den anderen Gesteinen der Ophiolithsuite assoziiert sind. Einheitliche Peridotitkörper können bis zu mehreren Zehnern Kilometer Länge und wenige Kilometer Breite erreichen. Auf tektonischen Bewegungsflächen können sie andererseits bis zu Fragmenten von nur wenigen Metern Ausdehnung zerschert werden.
- Als Anteile **zonierter ultrabasisch-basischer magmatischer Komplexe** in Begleitung von Pyroxeniten, Hornblenditen, Gabbros und Verwandten. Diese Komplexe sind plutonische Intrusionen in Orogenen (z. B. Ural, Alaska). Die uralischen Vorkommen sind als Primärlagerstätten der Platinmetalle berühmt geworden.
- Als Differentiate in **geschichteten Intrusionen** von Gabbros oder Noriten und von Diabasen oder Doleriten in Lagergängen.
- Als Glieder von **Alkaligesteinskomplexen** in Begleitung von Pyroxeniten, Ijolithen und Melilithgesteinen.
- Selten als **Laven:** Meimechite, peridotitische Komatiite (s. Abschn. 2.21.1 und 2.29.1) und olivinreiche Pikrite.
- Als **Einschlüsse** in **Alkali-Olivinbasalten** und ultrabasisch-alkalischen Basalten, sehr selten auch in Phonolithen (s. Abschn. 2.28.6 und 6.2).
- Als **Einschlüsse** in **Kimberliten** und Auswürflinge in Kimberlitbreccien.

Die alpinotypen Peridotite, die Peridotiteinschlüsse der Basalte und die Peridotitfragmente in den Kimberliten werden in Abschn. 6 und 6.3 „Gesteine des oberen Erdmantels" behandelt.

2.22.3 Beispiele für peridotitische Gesteinsvorkommen

Peridotite der zonierten Intrusivkomplexe von Duke Island, Alaska
(nach Taylor, 1967).

Auf den Inseln Duke Island und dem nahegelegenen Percy Island treten drei Intrusionen des zonierten Typs mit Peridotiten und anderen Ultramafititen auf (Abb. 61). Nebengesteine sind Gabbros, Diorite und Tonalite, die zu den Ultra-

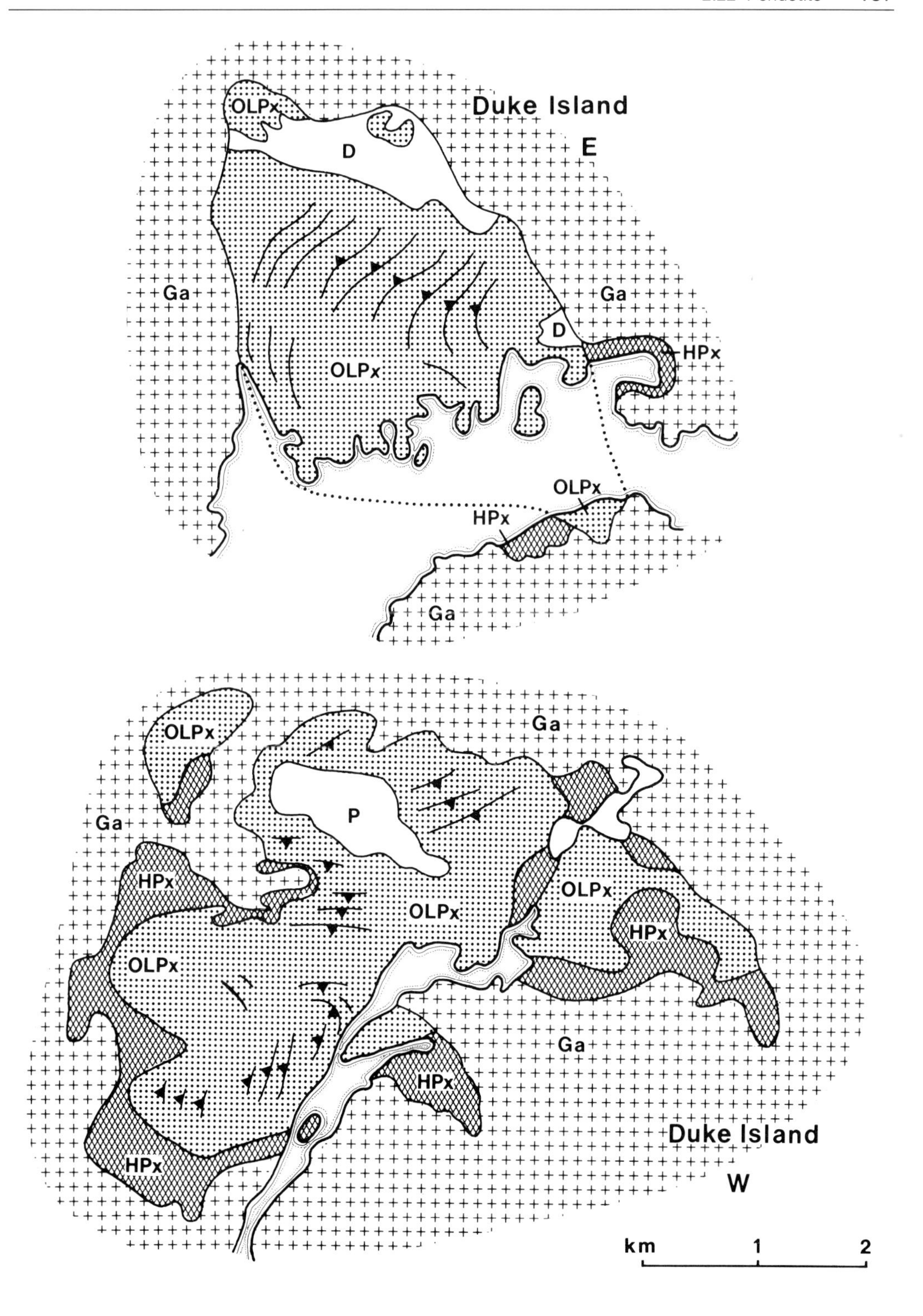

Abb. 61 Die Pyroxenit-Peridotit-Komplexe von Duke Island E und W (Alaska) (nach TAYLOR 1967). Ga = Gabbro und Norit, HPx = Hornblendepyroxenit, OlPx = Olivinpyroxenit, P = Peridotit, D = Dunit.

mafititen keine unmittelbaren magmagenetischen Beziehungen haben. Die Ultramafitite von Duke Island bilden zwei Körper von 11,6 bzw. 7,7 km^2 Oberfläche.

Hornblendite und Hornblende-Pyroxenite nehmen periphere Lagen ein, während Dunite und Olivin-Pyroxenite mehr zentral gelegen sind. Die Zonierung ist indessen nur wenig regelmäßig; bei dem östlichen Intrusivkörper reichen die Peridotite streckenweise bis zum Kontakt. Die auffallendsten Erscheinungen der Gesteine von Duke Island sind Schichtung und Sortierung nach Korngrößen, wobei viele Details entsprechenden Sedimentgefügen, wie gradierte Schichtung, Schrägschichtung und Deformation durch subaquatische Rutschungen vollkommen analog sind. Manche Einzelschichten können über mehr als 100 m verfolgt werden; die Schichtdicke bewegt sich zwischen etwa 5 und 120 cm. An der Basis der gradierten Einzelschichten können die Gesteine grob- bis großkörnig werden. Stellenweise kommen sogar „Konglomerate" mit „Geröllen" von Olivinpyroxenit in Peridotit vor. Alle diese Erscheinungen werden als Produkte der Kristallabsaigerung aus einem strömenden Magma gedeutet. Dabei wirkte sich die Sortierung nach der Kristallgröße stärker aus als die sonst verbreitete Differenzierung nach Mineralarten. Die Strukturen der Gesteine lassen auch im Mikroskop ihre Kumulatnatur deutlich erkennen. Die Dunite bestehen zum größten Teil aus Kumulus-Olivin, wenig Chromit und spärlichem Interkumulus-Klinopyroxen. Die Klinopyroxen-Peridotite (Wehrlite) und Olivin-Klinopyroxenite bestehen aus Kumulus-Olivin und -Klinopyroxen, welche durch Weiterwachsen nach ihrer Ablagerung den im Gefüge verbleibenden Zwickelraum ausfüllten. Es wird angenommen, daß alle diese Kumulate sich aus einem sehr dünnflüssigen alkalibasaltischen Magma absaigerten, dessen weitere Kristallisate in dem heute aufgeschlossenen Niveau nicht mehr erhalten sind. Als auffallende und ungewöhnliche Gesteinsbildungen sind noch groß- bis riesenkörnige Hornblende-Anorthit-„Pegmatite" zu erwähnen. Sie setzen als verzweigte Gänge und Adern in den Pyroxeniten und Peridotiten sowie in deren Nebengestein auf.

Peridotite als Differentiate geschichteter basischer Intrusionen: Insel Rhum, Schottland (nach Wager & Brown, 1968).

Die Magmatite der Insel Rhum (Innere Hebriden, Schottland) gehören der tertiären Eruptivprovinz der nordöstlichen britischen Inseln an. Plutonite und Subvulkanite nehmen etwa 50 km^2 Fläche ein; neben den Basiten und Ultrabasiten treten Granite, Granophyre und verschiedene Ganggesteine auf. Die geschichtete Intrusion tritt auf einer Fläche von 8 × 11 km zutage; ihre aufgeschlossene Mächtigkeit beträgt unter Berücksichtigung der Schrägstellung und jüngerer Störungen über 2000 m. Die Beschaffenheit der Schichtung erlaubt eine Gliederung in vier Haupteinheiten im Westteil und fünfzehn solchen im Ostteil der Intrusion. Die Mächtigkeit dieser Einheiten variiert zwischen 130 und 550 m im W und 10 bis 180 m im E. Jede der Einheiten ist wiederum in Schichten zweiter Ordnung untergliedert, wobei im Liegenden olivinreiche, nach oben zunehmend plagioklasreichere Lagen auftreten. Rhythmische Schichtung im cm- bis dm-Maßstab sind häufig, wobei sowohl wechselnde Korngröße einer Mineralart (z. B. Olivin), als auch Variationen im Mineralbestand festzustellen sind. Hauptminerale sind Olivin (vorwiegend Chrysolith), Plagioklas (Bytownit, seltener auch Labradorit), Mg-Augit (chromreich) und Chromspinell, seltener auch Bronzit. Je nach den Proportionen dieser Minerale variieren die Gesteinstypen von Dunit über Plagioklas-Peridotit zu Troktolith (s. S. 97) mit sehr verschiedenen Plagioklas-Olivin-Verhältnissen. Auch in den plagioklasreicheren Typen überwiegt oft der Olivin gegenüber dem Pyroxen. Häufig schließen große poikilitische Pyroxene oder Plagioklase zahlreiche kleinere Olivinkörner ein. Als besondere Texturvarianten sind Lagen zu erwähnen, in denen mehrere cm lange, plattige Olivinkristalle mehr oder weniger senkrecht zu der allgemeinen Schichtung aufgewachsen sind („harrisitische Textur", ein „Crescumulat" im Sinne der Terminologie nach Wager & Wadsworth, S. 45 und Abb. 22E).

Weiterführende Literatur zu Abschn. 2.22

Wyllie, P. J. [Hrsg.] (1967): Ultramafic and Related Rocks. – 464 S., New York (Wiley).

2.23 Oxidische und sulfidische Magmatite

Durch besondere Differentiationsprozesse in basischen und ultrabasischen Magmen kommt es gelegentlich zur Bildung von Gesteinen, die überwiegend aus oxidischen oder sulfidischen Mineralen bestehen. Sie können fallweise in sehr großen Mengen auftreten und sind dann wertvolle Lagerstätten von Fe, Ti, Cr, V, Ni, Cu, Pt und anderen Metallen sowie des Schwefels. Oxidische Gesteine kommen besonders als Lagen in ultramafitischen, gabbroischen oder noritischen Plutoniten vor, seltener treten sie als selbständige Intrusivkörper oder als Laven auf. Sulfidische Gesteine sind ebenfalls als besondere Ausscheidungen in basischen Plutoniten, viel seltener auch als Apophysen von solchen ins Nebengestein („offset deposits“ des Sudbury-Typs) bekannt. Wieweit massive Sulfidgesteine, die im Zusammenhang mit Vulkaniten (Cypern, Japan) vorkommen, Ausscheidungen aus einem Sulfidmagma oder aus heißen Lösungen sind, ist strittig; auf jeden Fall sind sie Produkte einer extrem entwickelten, zur magmatischen Abfolge gehörigen sulfidischen Differentiation.

Petrographisch können nach den Hauptmineralen folgende Gesteinsarten unterschieden werden:

- **Magnetitit,** Lagen in differenzierten basischen Plutoniten, z. B. im Norit des Bushveldes (Südafrika), massiges Gestein unterschiedlicher Korngröße mit Magnetit als Haupt- und Plagioklas, Pyroxen, Apatit und Sulfiden als Nebenmineralen. Ilmenit kommt als Entmischungsphase in Magnetit und selbständig vor. Die Magnetitlagen werden bis über 2,5 m mächtig; die Vanadiumgehalte erreichen bis zu 1,5%.
- **Apatitführender Magnetitit,** das Erzgestein der Fe-Lagerstätten von Kiruna in Nordschweden. In typischer Ausbildung ein massiges bis plattiges, kleinkörniges Gestein aus Ti-armem Magnetit und einigen Volum-% Apatit. Nach der magmatischen Interpretation bildet das Gestein kilometerlange und bis über 100 m mächtige Lagergänge zwischen Syenitporphyr und Rhyolith; kontaktmetasomatische Erscheinungen im Nebengestein (Skarne, s. Abschn. 5.7, Verkieselung, Serizitisierung) werden als Wirkungen der fluiden Bestandteile des Erzmagmas gedeutet. Die magmatische Deutung ist indessen nicht unbestritten.
- **Extrusive Magnetitgesteine** (Magnetit-Laven und -Pyroklastite) sind aus dem Iran und Chile bekannt. Am Pico Laco (N-Chile) treten im Zusammenhang mit andesitisch-rhyolithischen Vulkaniten mehrere bis zu 1 km lange Lavaströme, kleine Intrusionen und Gänge von Magnetitit auf. Nebenminerale sind Mg-Diopsid, Apatit und Skapolith; große Gasblasen und Stricklavaformen kennzeichnen die extrusiven Gesteine. In Hohlräumen kommen bis über 10 cm große Magnetitoktaeder vor. Die extrusiven Magnetite von Bafq im Iran bestehen aus Titanomagnetit mit Ilmenitentmischungen, Apatit und Silikaten als untergeordneten Nebenmineralen. Martitisierung ist verbreitet. In Wechsellagerung mit Rhyolithtuffen kommen auch Magnetit-„Aschen“, Lapilli und selbst Bomben vor.
- **Ilmenitite** und **Silikat-Ilmenitgesteine** kommen als schichtige Differentiate und Schlieren, seltener auch gangförmig in Gabbros, Anorthositen und Noriten vor. Eine bekannte Lagerstätte ist Tellnes in Südnorwegen (s. Abschn. 2.10.3). **Nelsonit** ist ein rutilführender Ilmenitit mit Apatit, Magnetit, Hornblende, Plagioklas und weiteren Mineralen in wechselnder Menge.
- **Chromitit** kommt verbreitet in Form von Lagen, Linsen oder Schlieren in Duniten und Peridotiten sowie in deren metamorphen Äquivalenten (Serpentiniten) vor (s. S. 116). Über viele Zehner von km ausgedehnte Chromitlagen treten im Bushveld-Pluton (Südafrika) auf (s. Abschn. 2.13.3). Bei größerer Mächtigkeit (mehrere m) sind die Chromitite als Cr-Erze von hohem Wert. Die Strukturen der meisten Chromitite deuten auf Akkumulation der früh ausgeschiedenen Chromite hin (Abb. 22F). So entstehen schichtartige, kompakte oder mit Silikaten durchsetzte, manchmal glomerophyrische Gesteinsgefüge. Andere, z. B. schlauch- oder gangförmige Erzkörper müssen anders gedeutet werden.

Die Gefüge derjenigen oxidischen Magmatite, welche als Frühausscheidungen aus Silikatmagmen differenziert wurden, sind primär die von Kumulaten (s. Abschn. 2.3), jedoch häufig durch spätere Umkristallisation modifiziert. Verbreitete Strukturen der Chromitite sind:

- Idiomorphe Einzelkörner oder Gruppen von solchen in silikatischer Matrix, manchmal auch poikilitisch von Silikaten umwachsen;
- In nahezu monomineralischen Chromitgesteinen hypidiomorphe bis panallotriomorphe Strukturen mit einfachen Korngrenzen.

Verbreitete Texturtypen der silikatischen Chromitgesteine sind:

- Sprenkelerz, Streifenerz, Schlierenerz, „Leopardenerz“. Bei dem letzteren Texturtyp liegen bis zu mehrere cm große etwa ellipsoidische Chromitaggregate (oft mit Olivineinschlüssen) in silikatischer Matrix.

Mit einsetzender Metamorphose, auch bei der Serpentinierung, treten Kataklase und Umkristallisationen ein.

Zwischen den genannten mehr oder weniger „reinen" Oxidgesteinen und den mit ihnen assoziierten Silikatgesteinen gibt es vielfältige Übergänge. Dasselbe gilt für die **magmatischen Sulfidgesteine,** die sich durch Entmischung einer Sulfid- aus einer Silikatschmelze bilden. Sie sind charakteristisch in „geschichteten" basischen Plutoniten beheimatet. Prominentestes Beispiel für das Vorkommen massiver Sulfid- und Sulfid-Silikatgesteine ist der Norit von **Sudbury** in Kanada; er enthält die größten bekannten Nickellagerstätten der Erde. Die sulfidischen Erze treten nur untergeordnet in dem Hauptnorit, angereichert aber in jungen Nachschüben eines relativ mafitreichen Norits auf, welche an der Basis des Lopolithen eingedrungen sind. Haupterzminerale sind Pyrrhotin, Pentlandit, Kupferkies, Pyrit und Magnetit. In der Regel sind die Sulfide nach der Hauptmasse der Silikate (Plagioklas, Pyroxen) kristallisiert, so daß diese mehr oder weniger deutlich idiomorph gegenüber den Erzmineralen sind. Die heute vorliegenden Gefügebeziehungen der Erzminerale untereinander sind durch Entmischung von Pyrit, Pentlandit und Kupferkies aus einer ursprünglich einheitlichen Hochtemperatur-Pyrrhotin-Mischkristallphase entstanden (z. B. Pentlandit-„Flammen" in und Pentlanditränder um Pyrrhotin). Spätere tektonische Bewegungen und die Wirkung fluider Phasen haben die Gefüge der Erzgesteine weiter verändert. Erzreiche Abläufer („offset deposits") reichen vom Lopolithen aus noch bis zu mehrere km in das liegende Nebengestein.

2.24 Karbonatite

2.24.1 Allgemeine petrographische und chemische Kennzeichnung

Karbonatite sind Gesteine magmatischer Herkunft, die zu mehr als 50 Volum-% aus Karbonatmineralen bestehen. Im allgemeinen ist der Karbonatgehalt noch wesentlich höher; er liegt gewöhnlich zwischen 70 und 90 Volum-%. Als Karbonatminerale treten Calcit, Dolomit, Ankerit und Siderit verbreitet auf; in seltenen Fällen sind Alkalikarbonate die Hauptminerale (Karbonatitlava des Vulkans Oldoinyo Lengai, Tansania): Mischkristalle von K_2CO_3 mit Na_2CO_3 und etwas $CaCO_3$, Nyerereit $Na_2Ca(CO_3)_2$, Fairchildit $K_2Ca(CO_3)_2$ und Mischkristalle dieser beiden Komponenten. Bastnaesit $(Ce,La)[CO_3(F,OH)]$ ist in wenigen Vorkommen ein Hauptmineral.

Karbonatite enthalten fast immer zusätzliche nichtkarbonatische Minerale; an die zweihundert Arten sind bisher beschrieben worden. Als häufig auftretende Zusatzminerale seien folgende genannt:
Silikate: Forsterit, Melilith, Diopsid, Ägirinaugit bis Ägirin, Wollastonit, Alkali- und andere Amphibole, Phlogopit, Hydrophlogopit (Vermiculit), Titanit, Zirkon, Alkalifeldspäte, Nephelin;
Oxide: Magnetit, Ilmenit, Rutil, Perovskit, Pyrochlor $(Na,Ca)_2$ $[(Nb,Ta)_2O_6(OH,F)]$, Quarz;
Sulfide: Pyrrhotin, Pyrit; Cu-Sulfide lagerstättenbildend in Palabora (Südafrika);
Sulfate: Baryt;
Phosphate: Apatit;
Halide: Fluorit.

Die petrographische Klassifikation der Karbonatite beruht in erster Linie auf der Art der beteiligten Karbonatminerale.

Folgende Hauptgruppen werden unterschieden:
- Calcitkarbonatite: grob- bis mittelkörnige **Sövite;** klein- bis feinkörnige **Alvikite;**
- Dolomitkarbonatite, **Rauhaugite, Beforsite;**
- **Ferrokarbonatite** (Ankerit oder Siderit als Hauptminerale);
- **Natrokarbonatite,** mit vorherrschenden Na-K-Ca-Karbonaten; bisher nur extrusiv bekannt (Vulkan Oldoinyo Lengai in Tansania).
- Silikatische Magmatite mit primären Karbonatgehalten zwischen etwa 50 und 10 Volum-% werden als „karbonatitisch" bezeichnet oder das beteiligte Karbonatmineral wird der Gesteinsbezeichnung hinzugefügt (z. B. Calcitijolith u. ähnl.).
- Bei namhafter Beteiligung von nichtkarbonatischen Mineralen in Karbonatiten sind Benennungen wie Phlogopitsövit, Fluoritsövit und analoge möglich.

Manche Karbonatite sind wichtige Lagerstätten von:
- Apatit, z. B. Palabora (Südafrika), Kovdor (Kola, USSR), Jacupiranga und Araxa (Brasilien);
- Pyrochlor, z. B. Oka (Canada), Araxa (Brasilien);
- Bastnaesit, z. B. Mountain Pass (Cal., USA);
- Fluorit, z. B. Amba Dongar (Indien);
- Magnetit, z. B. Palabora (Südafrika), Kovdor (USSR);
- Kupfersulfiden, z. B. Palabora (Südafrika).

Tabelle 46 Mineralische (Volum-%) und chemische (Gew.-%) Zusammensetzung von Karbonatiten

	(1)	(2)	(3)	(4)	(5)
Calcit	91,8	50,5	93,3	–	19
Dolomit	–	–	–	80,0	–
Ankerit	–	–	–	–	32
Magnetit	–	1,4	1,1	2,8	–
Sulfide	2,5	–	1,0	1,9	1,5
Apatit	1,2	2,2	1,7	6,3	8
Glimmer	4,5	17,6	–	–	–
Andere	0,1	28,3	2,9	9,1	39,5
SiO_2	2,08	16,20	1,01	6,12	6,01
TiO_2	0,04	0,80	0,06	0,68	0,10
Al_2O_3	0,49	7,05	0,23	1,31	2,67
Fe_2O_3	3,60*	4,96	0,64	1,45	13,00*
FeO	–	6,03	3,19	5,49	–
MnO	0,30	0,50	1,12	0,75	3,06
MgO	1,21	3,38	0,88	12,75	5,76
CaO	49,51	35,68	49,02	29,03	25,53
BaO	–	–	0,60	0,11	0,44
SrO	1,16	–	0,01	0,10	5,95
Na_2O	0,40	0,56	0,14	0,14	0,40
K_2O	0,51	0,92	0,13	0,79	0,20
P_2O_5	1,62	0,95	0,69	2,66	3,25
CO_2	37,06	22,20	41,66	37,03	26,99
F	–	–	00,18	0,09	0,81
S	2,29	–	0,49	0,89	0,56
H_2O^+	0,21	0,86	0,26	1,08	1,09
Summe	100,48	100,09	100,31	100,47	99,70

(1) Phlogopit-Sövit, Forschungsbohrung Kaiserstuhl 1970, 259 m (nach Bakhashwin 1971)

(2) Silikatreicher Sövit, Smedsgården, Alnö-Komplex, Schweden (nach von Eckermann 1948). Andere = 26,7 % Pyroxen, 1,4 % Nephelin + Natrolith und 0,2 % Titanit

(3) Alvikit, Längorsholm, Alnö-Komplex, Quelle wie (2). Andere = 0,3 % Fluorit, 1,5 % „Mikrolithe“, 1,1 % CO_2-gefüllte Hohlräume

(4) Beforsit, Råsta bei Sundsvall, Quelle wie (2). Andere = 6,2 % Na-Orthoklas, 1 % Titanit, 0,9 % Quarz und 1,0 % CO_2-gefüllte Hohlräume

(5) Ankeritischer Bastnäsit-Karbonatit, Nathace, Malawi (nach Garson 1966). Mit 3,74 % SE-Oxiden und 0,20 % Nb_2O_5. Andere = 1 % Quarz, 2 % Ägirin, 8 % Alkalifeldspat + Kaolinit, 8 % Strontianit, 5,5 % Bastnäsit, 0,7 % Baryt, 0,3 % Pyrochlor, 1,5 % Fluorit und 12,5 % Fe-Mn-Oxide

* = Gesamteisen als Fe_2O_3

Der größte Teil der Weltproduktion von **Niobium** stammt aus dem Pyrochlorgehalt der Karbonatite.

Durch Zunahme einer oder mehrerer nicht karbonatischer Mineralkomponenten entstehen mannigfaltige Gesteinsarten, die nach ihren Hauptmineralen benannt werden. Allein aus dem Alnö-Komplex in Mittelschweden sind folgende Ganggesteine solcher Art beschrieben worden: Feldspat-Beforsit, Quarz-Beforsit, Biotit-Melilith-Beforsit, Pikrit-Beforsit (mit Olivinpseudomorphosen), Biotit-Beforsit, Riebeckit-Beforsit, Feldspat-Alvikit, Feldspat-Biotit-Alvikit, Biotit-Alvikit, Chlorit-Alvikit, Pikrit-Alvikit (mit Olivinpseudomorphosen), Pyroxen-Biotit-Alvikit, Biotit-Wollastonit-Alvikit, Apatit-Alvikit, Fluorit-Alvikit und Calcit-Fluorit-Gänge mit Phosphaten. Dazu kommen noch vielerlei karbonatführende Varianten der Alnöite, Ouachitite und Kimberlite. Im Fen-Gebiet (Norwegen) sind gemischte karbonatisch-silikatische Gesteine mit besonderen Namen belegt worden, z. B. **Hollait** (Pyroxensövit), **Kåsenit** (sövitischer Melteigit mit Calcit, Ägirinaugit, Nephelin und Apatit), **Ringit** (Calcit > Ägirin + Alkalifeldspat). Sie sind z. T. vielleicht auch metasomatischer Entstehung (Fenite, s. Abschn. 5.8). „Rödberg“ ist ein kleinkörniges, rotes Calcit-Hämatitgestein im Fen-Gebiet mit 20 bis 50% Fe_2O_3, das lange Zeit als Eisenerz abgebaut wurde. Hämatit und Magnetit sind auch in Ferrokarbonatiten anderer Vorkommen (z. B. W-Kenya) wesentliche Bestandteile.

Die **chemische Zusammensetzung** der Karbonatite und ihrer vielen Varianten ist selbstverständlich durch den hohen Anteil von CO_2 und der mit ihm in den Karbonaten kombinierten Komponenten CaO, MgO und FeO charakterisiert. Der höchste bei Calcitgesteinen mögliche CO_2-Gehalt ist 44 Gew.-%; Gesteine mit weniger als 50 Volum-% Karbonaten haben unter 20 Gew.-% CO_2. Im übrigen bestimmen die Art der Karbonate und der nichtkarbonatischen Minerale den im weitesten Rahmen variierenden Chemismus. Der Calcit der Karbonatite ist meist reich an Sr, oft auch an Ba und Seltenen Erden. Allein dadurch sind Karbonatite von sedimentären Calcitgesteinen deutlich verschieden. Darüber hinaus bedingen nichtkarbonatische Minerale der Karbonatite wie Apatit, Pyrochlor, Bastnaesit und viele weitere die oft hohen Gehalte dieser Gesteine an P, Nb, Seltenen Erden und weiteren seltenen Elementen, die sie von anderen Magmatiten und von den Karbonatsedimenten abheben.

Die **Gefüge** der Karbonatite sind, der großen

Mannigfaltigkeit der Zusammensetzung und des geologischen Auftretens entsprechend, überaus variabel. Als verbreitet vorkommende **Textur**formen seien genannt:
- richtungslos-massig;
- lagig oder schlierig durch Korngrößenunterschiede;
- lagig oder schlierig durch unterschiedliche Verteilung der Mineralkomponenten, besonders der nichtkarbonatischen Minerale;
- mit Paralleltextur durch Formregelung linsen- oder plattenförmiger Karbonatminerale oder durch Einregelung anderer Minerale, z. B. von Glimmern („gneisartige" und „Fließtexturen");
- „Comb-layering" (Kammtexturen) durch bevorzugtes Wachstum langprismatischer oder dünntafeliger Karbonate in bestimmten Richtungen (Abb. 64B);
- blasig (vesikular) mit leeren oder mineralgefüllten „Blasen" (selten);
- globulitisch (selten)
- brecciös (mit oder ohne Fremdbestandteile).

Besondere Texturformen, z. B. klastische mit unregelmäßig gestalteten Fragmenten, Lapilli oder selten auch Kügelchen- oder Tropfentexturen kommen bei Karbonatittuffen vor. Die nur von dem Vulkan Oldoinyo Lengai (Tansania) bekannten Natrokarbonatitlaven zeigen im frischen Zustand die Formen von silikatischen Aa- und Pahoehoe-Laven. Wegen der Wasserlöslichkeit ihrer meisten Minerale sind diese Laven wenig beständig.

Die **Strukturen** der Karbonatite sind ebenso vielfältig wie die der silikatischen Magmatite. Als am deutlichsten „magmatische" Gefüge sind **porphyrische Strukturen** mit einsprenglingsartigen größeren Calciten (oder auch Dolomiten) in einer feinerkörnigen Matrix anzusehen. Die Einsprenglinge sind flach rhomboedrisch oder sehr oft auch mehr oder weniger stark abgerundet. Seltener sind die idiomorphen Calcite auch kleiner als die nicht idiomorphen Grundmassekörner („antiporphyrische Struktur"). Die zahlreichen Alvikitgänge von Homa (Kenya) werden nach ihrer Struktur unterteilt in:
- nicht porphyrische, körnige Alvikite,
- porphyrische Alvikite und
- Rhomben-Alvikite, in denen die rhomboedrischen Calcite die Grundmasse stark überwiegen.

Viele Karbonatite in Sibirien lassen erkennen, daß die zuerst kristallisierten Calcite tafelig sind. Sie können sperrige oder trachytoide (fluidale) Gefüge bilden. Eine fast überall eingetretene Umkristallisation läßt die ursprünglichen Strukturen mehr oder weniger vollständig zugunsten einer granoblastischen Struktur verschwinden. Die oben erwähnten Kammtexturen („comb-layering") mancher Alvikite (z. B. Kaiserstuhl) werden als Kristallisate aus einer unterkühlten Schmelze interpretiert.

Solche „orthomagmatischen" Karbonatgefüge (porphyrisch, fluidal, kammförmig) finden sich häufiger in schmalen Karbonatitgängen als in den Gesteinen der größeren Intrusionen. Die hier vorherrschenden Strukturen der Karbonatminerale sind *granoblastische* mit einfachen Korngrenzen (mosaik- oder pflasterartig) oder häufiger mit buchtigen bis zerlappten Umrissen der Einzelkörner. Wo Dolomit neben Calcit auftritt, ist ersterer eher idiomorph ausgebildet. Auch Entmischungsstrukturen von Dolomit in Calcit und umgekehrt werden beschrieben. Sehr verbreitet ist die Zwillingslamellierung des Calcits nach $\langle 01\bar{1}2 \rangle$, nicht selten in Verbindung mit Deformationserscheinungen. Die Gitterorientierung der Calcite typisch intrusiver Karbonatite zeigt an, daß häufig nach der magmatischen Kristallisation noch Deformation und Rekristallisationen stattfanden. Die mannigfaltigen Strukturbeziehungen der nichtkarbonatischen Minerale zu den Karbonaten lassen sich nicht in kurzer Form umfassend beschreiben. Im großen Ganzen gilt, daß Silikate wie Forsterit, Melilith, Amphibol und Pyroxen sowie Magnetit und Pyrochlor meist idiomorph gegenüber den Karbonaten ausgebildet sind. In abgeschwächtem Maße gilt dies auch für die Glimmer, während die Feldspäte eher xenomorph gegenüber den Karbonaten sind. Der Apatit kommt sowohl in gerundet-kurzprismatischer als auch langprismatisch-idiomorpher Gestalt vor. Forsterit und Melilith sind häufig karbonatisiert.

Die Struktur der **Natrokarbonatitlava** des Vulkans Oldoinyo Lengai (Gesteinsname **Lengaiit**) ist porphyrisch. Kleine (i. a. <1 mm) Einsprenglinge von **Gregoryit,** einem Ca-haltigen Na–K-Karbonat, und **Nyerereit** $(Na,K)_2Ca(CO_3)_2$ liegen in einer feinkristallinen Grundmasse, die aus den gleichen Komponenten und etwas Fluorit, **Nahcolit** $NaHCO_3$ und Pyrrhotin besteht. Der Gregoryit ist gedrungen-prismatisch, der Nyerereit tafelig ausgebildet. Die Grundmasse scheint zunächst als Karbonatglas erstarrt gewesen zu sein.

Die von Karbonatiten ausgehende **Alkalimetasomatose (Fenitisierung,** s. Abschn. 5.8) und Beobachtungen an Flüssigkeits- und Gaseinschlüssen der Karbonatitminerale deuten darauf hin, daß die meisten Karbonatitmagmen zunächst alkalireich waren. Ihre heutigen Mineralbestände und Gefüge sind daher nicht ohne weiteres als unmittelbare Bildungen aus diesem Magma zu deuten. Sie entsprechen vielmehr dem nicht-alkalischen Anteil des Magmas und zeigen häufig die Merkmale einer späteren Umkristallisation.

2.24.2 Auftreten und äußere Erscheinung

Karbonatite treten am häufigsten in Alkaligesteinskomplexen, besonders in solchen mit Ringstrukturen auf. Häufige begleitende (oder dominierende) Silikatmagmatite sind dort die Ijolithe und Nephelinsyenite mit ihren vielen Varianten und Nephelinite bzw. Phonolithe als deren vulkanische Äquivalente. Die Alkaligesteinsassoziationen gehören meist dem miaskitischen Typ an (s. Abschn. 2.19.1). Selten kommen auch Karbonatite ohne sichtbaren Zusammenhang mit Alkaligesteinen vor, z. B. das voluminöseste bisher bekanntgewordene Vorkommen von Kaluwe (Zambia). In den Ringkomplexen bilden die Karbonatite oft einen zentral gelegenen größeren Intrusivkörper (zylindrisch oder anders gestaltet); gewöhnlich treten zusätzlich viele Karbonatitgänge (cone-sheets, Ringgänge oder radiale Gänge) in einer oder mehreren Generationen auf. Auch der zentrale Karbonatitkörper kann mehrphasig intrudiert sein. Häufig sind **Karbonatitbreccien** oder gemischte karbonatitisch-silikatische Breccien, die einen explosiven Aufstieg oder auch spätere Bewegungen des Karbonatits anzeigen. Beispiele von Karbonatiten in Ringkomplexen sind auf S. 164f. angeführt. In vielen Fällen kommen Karbonatite auch in nicht konzentrisch gestalteten Alkaligesteinskomplexen vor (z. B. Kaiserstuhl, Abschn. 2.24.3). Weiter hängen die Erscheinungsformen der Karbonatite von dem jeweils gegebenen Anschnittsniveau (plutonisch, subvulkanisch, vulkanisch) ab. In wenigen Fällen sind extrusive **Karbonatitlaven,** häufiger auch **Karbonatittuffe** (s. Abschn. 2.24.3) bekanntgeworden. Schließlich sind gemischte melilithitisch-karbonatitische Schlottuffe und effusive Tuffe zu erwähnen.

Innerhalb der Karbonatitserien vieler Vorkommen ist häufig die Abfolge Sövit-Alvikit-Ferrokarbonatit oder Sövit-Beforsit-Ferrokarbonatit beobachtet worden. Daraus kann auf eine mehr oder weniger regelmäßig ablaufende Differentiation des karbonatitischen Magmas geschlossen werden.

Eine besondere, ebenfalls in mehreren Fällen beobachtete Assoziation der Karbonatite ist die mit *Kimberliten.* Karbonatite treten gangförmig in Kimberlitschloten oder in Begleitung von Klimberlitgängen auf. Kimberlit-Lagergänge bei Benfontein (Südafrika) zeigen diese Verhältnisse in sehr instruktiver Form. Die Gangfüllung intrudierte in mehreren Schüben, zwischen denen jeweils gravitative Differentiationsprozesse stattfanden. Dadurch bildeten sich schichtartige Texturen mit schwereren Olivin-Spinell-Perovskit-Kumulaten und leichteren Karbonatitlagen. In letzteren sind dendritische oder skelettartige Calcite, ähnlich wie in manchen Alvikiten verbreitet (s. S. 162). Gradierte Schichtung, Kreuzschichtung und andere Texturen zeigen die geringe Viskosität des „Magmas“ und die Art der Differentiationsvorgänge an.

Die **äußere Erscheinung** der Karbonatite ist, der großen Mannigfaltigkeit der Zusammensetzung und der Gefüge entsprechend, überaus wechselnd. Die verschiedenen vorkommenden Texturen wurden schon erwähnt (Abschn. 2.24.1); die Korngrößen variieren von gleichmäßig-feinkörnig („Marzipanstruktur“) bis zu pegmatitartig-riesenkörnig. Karbonatreiche Karbonatite sind im Prinzip helle Gesteine; ein dunklerer Gesamteindruck entsteht durch die Beteiligung mafitischer Minerale wie Magnetit, Ägirin, dunkler Glimmer und anderer. Sehr oft sind Karbonatite durch beginnende Zersetzung eisenhaltiger Karbonate beige, rotbraun bis dunkelbraun verfärbt. Im subtropischen und tropischen Klima kommen oft meter- bis dekameterdicke Verwitterungszonen vor, in denen nichtkarbonatische Minerale, wie Pyrochlor oder auch Apatit, zu abbauwürdigen Konzentrationen angereichert sind. In anderen, selteneren Fällen erweisen sich Karbonatite als verwitterungsbeständiger, als die sie umgebenden Silikatgesteine. So erhebt sich z. B. der Karbonatitstock von Tororo (Uganda) als steiler Hügel fast 300 m über seine Umgebung. Unter geeigneten Klimabedingungen entwickeln sich in Karbonatiten auch typische Karsterscheinungen.

Die Erkennung der Einzelminerale ist bei mittel- bis grobkörniger Ausbildung und frischem Zustand nicht schwierig. Der Pyrochlor ist in größeren Kristallen (Oktaeder, Würfel, unregelmäßige Körner) schwarz bis braun, kleinere Partikel (<1 mm) sind rotbraun, braun in verschiedenen Tönen bis gelb. Die niobhaltigen Minerale der Perovskitgruppe (Lueshit $NaNbO_3$, Latrappit $Na(Nb,Ti)O_3$ und Dysanalyt (Ca,Na,Ce) (Ti,Nb, Fe)O_3 bilden braune bis schwarze würfelige Kristalle.

2.24.3 Beispiele karbonatitischer Gesteinsvorkommen

Der Karbonatitkomplex von Oka, Kanada (nach GOLD, 1972).

Der Oka-Komplex liegt etwa 32 km nordwestlich von Montreal in Gneisen und anderen Metamorphiten der Grenville-Formation. Im heutigen Anschnitt hat der Intrusivkörper eine länglich-ovale Form mit 7,2 km Durchmesser in NW-SE- und 2,4 km in SW-NE-Richtung. Die Fenitisierung des Nebengesteins ist an ein Netzwerk von Calcit-Biotit- und Calcit-Chlorit-Adern gebunden. Die am stärksten umgewandelten Gesteine haben foyaitische, juvitische oder ijolithische Zusammensetzungen.

Der Intrusivkörper besteht aus zwei verschieden großen Zentren (siehe Abb. 62) mit ausgeprägt lagigem Aufbau aus silikatischen und karbonatischen Gesteinen. Im südöstlichen Teilkörper herrscht Einfallen der Lagen nach außen vor, während die Lagen des nordwestlichen Körpers an seiner Peripherie nach außen, im Inneren aber nach innen einfallen. Die silikatischen Alkaligesteine treten als Gänge und als plattige oder sichelförmige Körper auf. Nach der mineralischen Zusammensetzung sind es Ijolithe, Urtite, Melteigite, Juvite und Nephelinsyenite. Gneisartige Reliktgefüge in letzteren deuten an, daß sie rheomorphe Fenite sind (s. Abschn. 5.8). In dem nordwestlichen Teilkörper liegen konkordante Zonen aus variablen Melilithgesteinen (Okaite) und Jacupirangiten.

Karbonatite bilden die Kerne der beiden Teilintrusionen sowie zahlreiche, dem konzentrischen Muster folgende konkordante Gänge in den Silikatgesteinen. Sehr verbreitet sind allerdings diese Gänge durch nachträgliche Bewegungen zerrissen und boudiniert. Die Hauptmasse der Karbonatite ist sövitisch mit Na-Pyroxen, Biotit, Apatit, Nephelin, Monticellit, Melilith, Pyrochlor, Perovskit, Niocalit $(Ca,Nb)_{16}[Si_8(O,OH)_{36}]$, Richterit, Pyrrhotin und Pyrit als Nebenmineralen. Kompositionelle Bänderung im cm- bis dm-Maßstab ist sehr verbreitet. Die reichen Nioberze (durchschnittlich 0,45% Nb_2O_5) sind Na-Pyroxen-Biotit-Magnetit-Sövite.

Glimmerite (Biotit, Calcit, Zeolithe, SE-Karbonate) treten als späte K-metasomatische Umbildungen der Silikatgesteine auf. An mehreren Stellen durchbrechen polymikte oder alnöitische Breccien den Intrusivkörper und auch sein Nebengestein. Massive Alnöitstöcke und -gänge sind ebenfalls häufig.

Alkaligesteine, Karbonatite und Fenite des Alnö-Komplexes, Mittelschweden (nach VON ECKERMANN, 1966).

Der durch die Untersuchungen von VON ECKERMANN klassisch gewordene Alnö-Komplex liegt

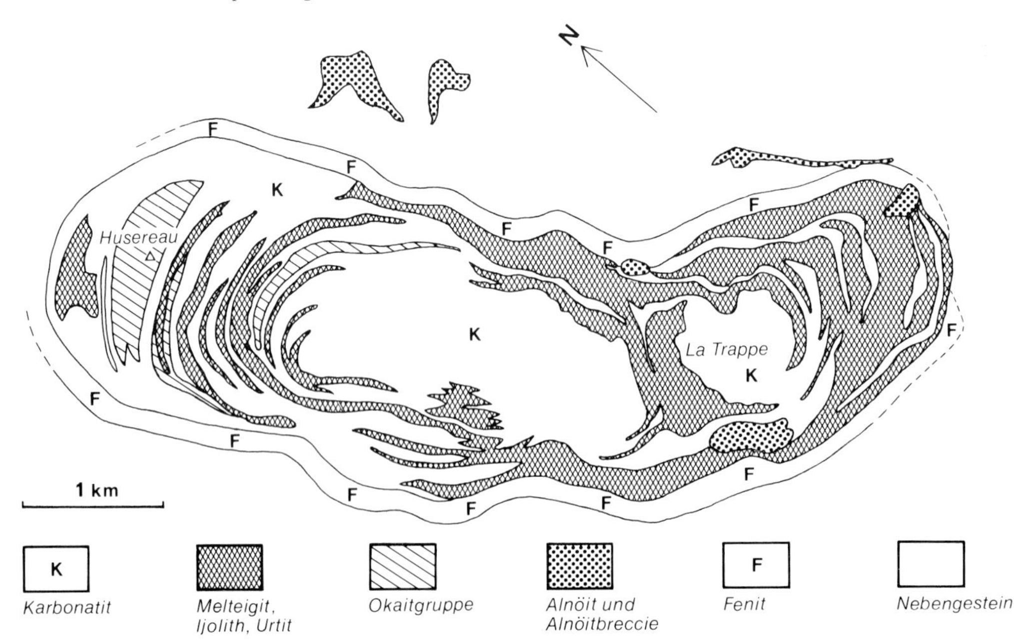

Abb. 62 Der Ijolith-Karbonatit-Komplex von Oka bei Montreal, Kanada (nach GOLD 1972).

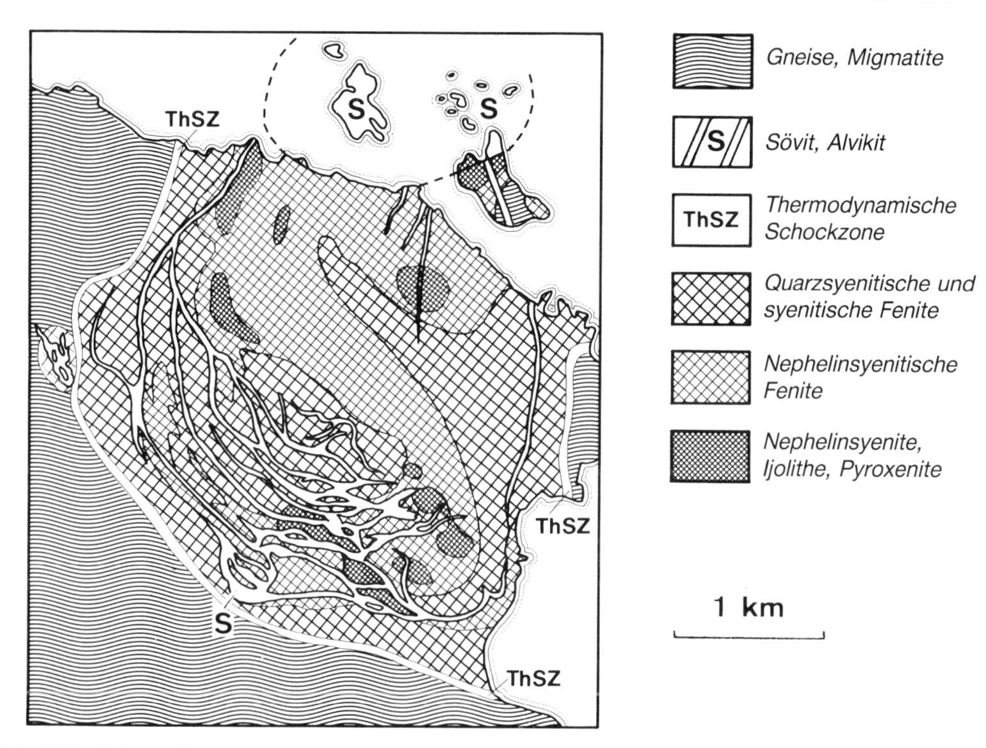

Abb. 63A Schematische Karte des Karbonatitgebietes von Alnö, Schweden (nach VON ECKERMANN 1948).

an der Ostküste Schwedens nahe der Stadt Sundsvall. Nur ein relativ kleiner Teil der zentralen Karbonatitintrusion tritt auf den Hörningsholm-Inseln zutage. Ein kompliziertes System von verzweigten karbonatitischen Ringgängen und Cone-sheets ist auf der Insel Alnö aufgeschlossen (siehe Abb. 63A). Hier sind auch die Fenite in großer Mannigfaltigkeit und mit einer deutlichen Zonierung entwickelt (s. Abschn. 5.8). Silikatische, gemischte silikatisch-karbonatitische und karbonatitische Cone-sheets durchsetzen zu Hunderten die Fenite und das Kristallin der Umgebung bis in etwa 12 km, Radialgänge (meist Alnöite) bis zu 25 km Entfernung. Das Streichen und Einfallen der Cone-sheets weisen auf mehrere entlang der Aufstiegsachse der zentralen Intrusion aufgereihte Ursprungsbereiche dieser Gänge hin. Daneben gibt es aber auch steiler und flacher nach außen einfallende Ringgänge. Außer den karbonatitischen Gesteinsarten beschreibt VON ECKERMANN Alnöite, Ouachitite, Kimberlite, Melilithite und Tinguaite, jeweils mit mehreren Varianten, sowie eine Vielzahl von karbonatitisch-silikatischen Ganggesteinen. Die Sövite des Intrusionszentrums und auf Alnö sind in erster Näherung einzuteilen in:

- Reine Sövite (< 4% Apatit, < 4% Biotit),
- Biotit-Sövite mit 4–15% Biotit und 0–10% Apatit,
- Apatit-Sövite mit 4–15% Apatit und 0–10% Biotit und
- Pyroxen-Sövite mit 4–20% Pyroxen und 0–12% Apatit.

In Tabelle 46 sind Mineralbestände und chemische Analysen einiger Karbonatite von Alnö angeführt.

Karbonatite und begleitende Gesteine von Ruri-Nord und Ruri-Süd, Kenya
(nach LE BAS, 1977).

Ruri-Nord und Ruri-Süd sind benachbarte Karbonatit-Alkaligesteinskomplexe jungtertiären Alters, die heute im oberen subvulkanischen bis intravulkanischen Niveau angeschnitten sind (siehe Abb. 63B). Die ältesten magmatischen Gesteine der Gegend sind Melanephelinit-Laven und -Agglomerate, welche wahrscheinlich dem benachbarten Kisingiri-Komplex angehören. Als älteste Gesteine der beiden Ruri-Komplexe sind die Stöcke von Nephelinsyenit anzusehen. Sie bestehen aus Sanidin bis Orthoklas, Nephelin, Ägirinaugit sowie fallweise wechselnd Calcit, Cancrinit, Analcim, Natrolith, Eudialyt und Göt-

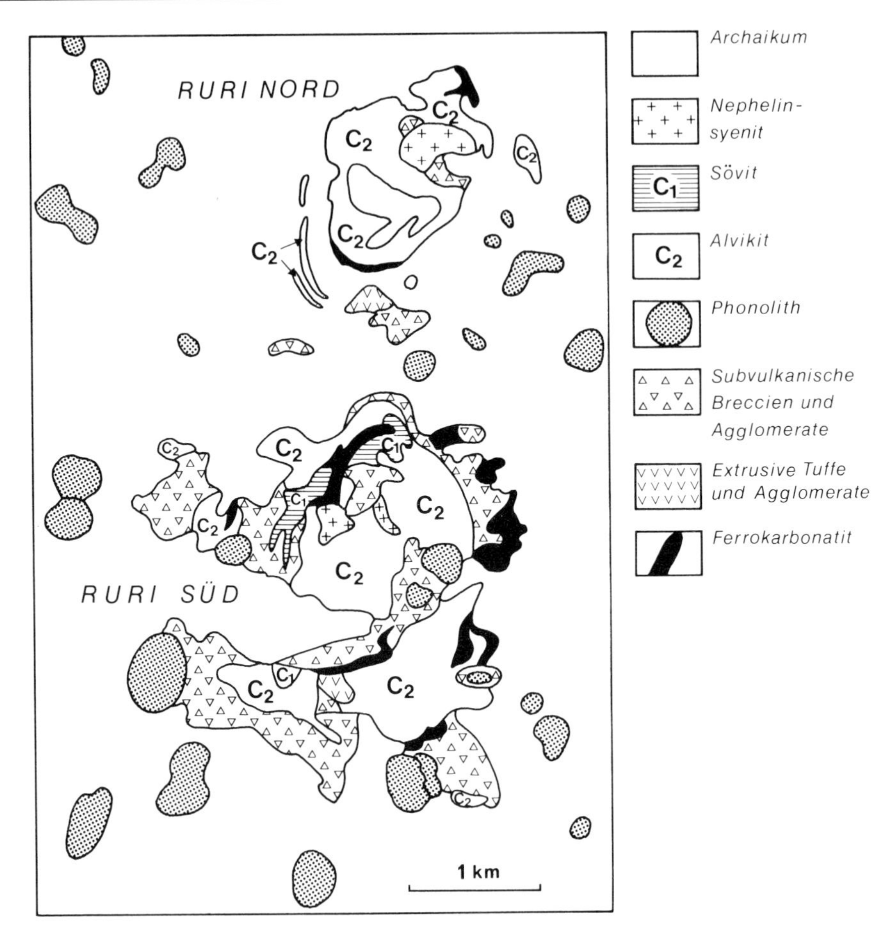

Abb. 63 B Die Karbonatit- und Alkaligesteinskomplexe von Ruri-Nord und Ruri-Süd, Kenya (nach LE BAS 1977).

zenit $(Ca,Na)_3$ (Ti,Ce) $[Si_2O_7F_2]$. Nach der Tiefe zu geht der Nephelinsyenit in Ijolith über. Die Fenitisierungsaureole um den größten Nephelinsyenitkörper ist nur wenige Meter breit; das Nebengestein ist hier ein archäischer Metabasalt. Auf die Nephelinsyenite folgte die Intrusion der ersten Sövitgeneration. Die Gesteine sind teils porphyrisch mit tafeligen Einsprenglingen von Fe-haltigem Calcit in einer Matrix von eisenarmem Calcit, teils sind sie mehr oder weniger gleichmäßig mittel- bis grobkörnig ausgebildet.

In dem letzteren Gesteinstyp sind oft Anzeichen von Kataklase und eine Paralleltextur zu beobachten (Intrusion in schon weitgehend kristallisiertem Zustand). Magnetit, Biotit, Apatit und Ägirin sind die häufigsten akzessorischen Minerale. Die nächstjüngeren Karbonatite sind klein- bis feinkörnige Alvikite mit Magnetit, Biotit und Apatit als häufigsten Nebenmineralen, die oft eine streifige oder Bändertextur des Gesteins bedingen. Die Verbandsverhältnisse zwischen den Alvikiten dieser Generation und dem älteren Nebengestein sind sehr kompliziert; brecciöse Texturen und einschlußreiche Partien sind verbreitet. Offenbar war das Aufdringen der Alvikite durch explosive Vorgänge vorbereitet und von solchen begleitet.

Größere Bereiche im heutigen Aufschlußniveau werden von „subvulkanischen Breccien“ eingenommen, die hauptsächlich aus Bruchstücken des archäischen Metabasaltes und einem „Bindemittel“ aus Alvikit bestehen. Der Metabasalt ist mehr oder weniger in der in Abschn. 5 (Metasomatische Gesteine) beschriebenen Form feldspatisiert. Ein karbonatitisches Schlotagglomerat in Ruri-Nord leitet zu den extrusiven, zum Teil deutlich geschichteten karbonatitischen Agglomeraten über. Die Agglomerate enthalten Bruchstücke aller im Gebiet vorkommenden Alkaligesteins- und Karbonatitvarianten und verschiedener Gesteine des Untergrundes. Auch feinkörnige karbonatitische Tuffgänge und geschichtete Tuffe kommen vor. Als jüngste karbonatitische Generation treten Cone-sheets von Ferrokarbonatit in verschiedener Ausbildung auf: a) mit Monazit und Baryt, b) mit Magnetit und Hämatit, c) mit vielen Feldspat-Xenokristallen, d) mit Xenolithen verschiedener Art und e) mit fluidal geregelten Pseudomorphosen von Calcit nach einem tafeligen Mineral, vielleicht Melilith.

Zahlreiche Phonolithstöcke von <0,1 bis 1 km Durchmesser setzen, etwa gleichaltrig mit den Alvikiten, sowohl in den Ruri-Komplexen selbst, als auch außerhalb im Nebengestein auf.

Die Karbonatite des Kaiserstuhls, Baden-Württemberg
(nach WIMMENAUER, 1966 und KELLER, 1981).

Die Silikatgesteine des Kaiserstuhls sind bereits in Abschn. 2.19.2 kurz beschrieben worden. Als eine der jüngsten magmatischen Bildungen tritt im subvulkanischen Zentrum (siehe Kartenskizze Abb. 56) eine etwa 1 km² große Intrusion von Sövit auf. Unmittelbare Nebengesteine sind Essexit und zugehörige Ganggesteine, Ledmorit, kalireiche „Phonolithe" sowie subvulkanische Breccien. Am Kontakt mit dem Karbonatit zeigen der Essexit und die Breccien eine Biotitisierung ihrer Pyroxene; die „Phonolithe" sind zum Teil den metasomatischen Kalifeldspatgesteinen anderer Karbonatitgebiete sehr ähnlich. Der Sövit der Hauptmasse der Intrusion am Badberg ist ein mittel- bis grobkörniges Gestein aus etwa 90% Calcit mit Fe-Phlogopit, Apatit, Magnetit, Diopsid und Pyrrhotin als Nebenmineralen (Tabelle 46). Der Phlogopit ist weithin in Vermiculit umgewandelt. Als Niobminerale treten Dysanalyt (Nb-Perovskit) und Pyrochlor („Koppit") auf. In den Steinbrüchen bei Schelingen sind Magnetit, Apatit, Forsterit, Pyrochlor und stellenweise auch Ba-Phlogopit die charakteristischen Minerale neben Calcit (Abb. 64A). Der Apatit ist reich an Flüssigkeits- und Gaseinschlüssen mit H_2O, CO_2 sowie Kristallen von NaCl, KCl und $NaHCO_3$. Die Sövite sind hier zum Teil groß- bis riesenkörnig, „pegmatitartig"; durch ungleichmäßige Verteilung der nichtkarbonatischen Minerale kommen lagige bis schlierige Texturen zustande. Einschlüsse der silikatischen Nebengesteine im Sövit sind in „Kalksilikatfelse" aus Diopsid, Andradit, Wollastonit, Hauyn, Calcit und Kalifeldspat umgewandelt und von Biotitsäumen umgeben (z. B. Steinbruch am Badloch). Schmale Gänge (cm bis dm) von Alvikit treten im Karbonatit selbst und besonders in seiner Umgebung zahlreich auf. Sie sind häufig rhythmisch oder symmetrisch-lagig aufgebaut. Der Calcit bildet Lagen aus dünnblätterigen, skelett- bis dendritartigen Kristallen nach Art des „Comb-Layering" silikatischer Magmatite (Abb. 64B). In der Gangmitte sind oft körnige oder mikroporphyrische Texturen entwickelt. Leere oder calcitgefüllte längliche Blasenräume sind in den Randzonen einiger Gänge mit ihren langen Achsen senkrecht zur Gangwand, also mehr oder weniger horizontal im Raume, angeordnet. Neben dem weitaus vorherrschenden Calcit enthalten die Gesteine noch kleine Mengen von Magnetit, Apatit

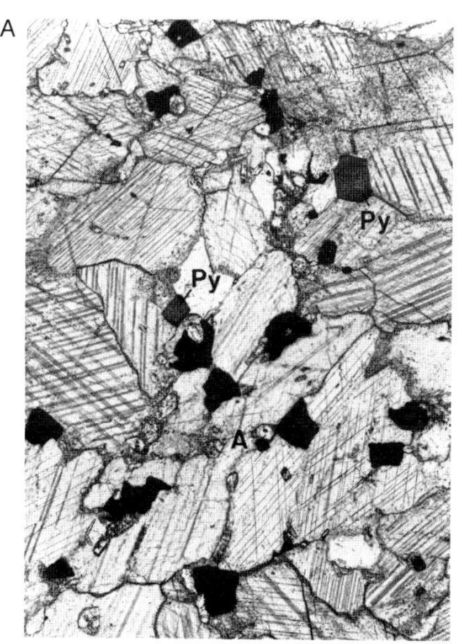

Abb. 64
A) Karbonatit (Sövit) von Schelingen (Kaiserstuhl). Calcit mit Zwillingslamellierung, Apatit (A), Magnetit (schwarz) und Pyrochlor (Py), 20 mal vergr.
B) Kammtextur in Gangkarbonatit, Oberbergen (Kaiserstuhl). Dünntafelige Calcitkristalle, senkrecht zum Salband des Ganges gewachsen, in feinkörniger, hauptsächlich aus Cacit bestehender Matrix, 15 mal vergr.

und Phlogopit. Feinkörnige dolomitisch-ankeritische Beforsite kommen als einfache oder unregelmäßig verzweigte Gängchen in der Umgebung von Schelingen vor.

Am Westrand des Kaiserstuhls sind den tephritischen Vulkaniten an zwei Stellen geringmächtige (1 bis 1,5 m) karbonatitische Lapillituffe eingelagert. Sie bestehen aus bis zu 1 cm großen, kugeligen oder tropfenförmigen Karbonatitlapilli mit mikroporphyrischer bis trachytischer Textur. Weitaus vorherrschendes Hauptmineral ist Calcit mit tafeligem Habitus als Einsprengling und in feinstkörniger Ausbildung in der Grundmasse. Magnetit, Apatit, Pyrochlor und Nb-Perovskit sind in geringen Mengen vorhanden. Auch geochemisch schließen sich die Lapilli an die subvulkanischen Karbonatite des Zentrums an.

Weiterführende Literatur zu Abschn. 2.24

Heinrich, E. W. (1966): The Geology of Carbonatites. – 555 S., Chicago (Rand MacNally).

Le Bas, M. (1977): Carbonatite-Nephelinite Volcanism. – 347 S., London etc. (Wiley).

Tuttle, O. F. & Gittins, J. [Hrsg.] (1966): Carbonatites. – 591 S., New York etc. (Wiley).

2.25 Pegmatite

2.25.1 Allgemeine petrographische und chemische Kennzeichnung

Pegmatite sind grob- bis riesenkörnige Gesteine mit (1) Feldspäten, Quarz ± Glimmer oder (2) Feldspäten, Feldspatvertretern und anderen Alkali-Silikaten als Hauptmineralen. Die erstgenannte Pegmatitfamilie mit Quarz als einem Hauptmineral schließt sich in ihrer Zusammensetzung und in ihrem Vorkommen eng an Granite an, während die zweite Gruppe den Nephelinsyeniten zugeordnet ist. Die granitischen Pegmatite entsprechen in ihrer Zusammensetzung häufig einer Restschmelze im System Kalifeldspat-Plagioklas-Quarz, während die nephelinsyenitischen Pegmatite häufig dem „phonolithischen Minimum" im System Kalifeldspat-Albit-Carnegieit-Kalsilit nahestehen. Diese Befunde sind im Einklang mit der Interpretation der Pegmatite als Kristallisate wasserreicher silikatischer Restschmelzen. Solche Schmelzen scheinen bis herab zu etwa 550°C zu existieren; durch Anreicherung der leichtflüchtigen Bestandteile während der Kristallisation kommt es zur Abscheidung einer überkritischen fluiden Phase, die in Gas- und Flüssigkeitseinschlüssen vieler Pegmatitminerale, z. B. Topas, Beryll und Quarz, noch nachzuweisen ist. Auch von anderen Plutoniten, z. B. Dioriten, Gabbros, Ijolithen und Urtiten gibt es gelegentlich pegmatitartige Ausbildungen, bei denen sowohl die hellen Minerale, als auch die Mafite ein ungewöhnliches Größenwachstum zeigen. Weitere Kennzeichen der Pegmatite sind oft in erheblicher Menge auftretende Minerale seltenerer Elemente, wie Li, Be, B, Nb, Ta, der Seltenen Erden, Sn, U, Th, Zr, P, F und anderer. Viele Pegmatite sind dadurch wertvolle Lagerstätten solcher Elemente; gewöhnlich werden sie allerdings auf Feldspat (für die keramische Industrie) oder auf Glimmer (für die Elektroindustrie) abgebaut. Pegmatite sind auch die Muttergesteine vieler Edelsteine, z. B. Turmalin, Beryll, Topas, Spodumen (als „Kunzit") und anderer.

Als besondere Varianten der Pegmatite sind die quarzfreien, korundführenden **Plumasite** zu nennen. Sie entstehen durch Abwanderung von SiO_2 und Alkalien in SiO_2-untersättigte silikatische Nebengesteine.

Als **Hauptminerale** der granitischen Pegmatite sind zu nennen:

- **Quarz,** derb oder mit Kristallflächen, klar oder durch Flüssigkeits- und Gaseinschlüsse getrübt; gelegentlich Rauchquarz, Rosenquarz oder Amethyst. Viele derbe Pegmatitquarze waren ursprünglich bei Temperaturen von mindestens 573°C gebildeter Hochquarz. Die frei aufgewachsenen Quarzkristalle sind dagegen fast überall Tiefquarz. Mehrfach wird von Quarz-Einzelkristallen von über 1 m Länge und mehreren hundert Kilogramm Gewicht berichtet. Auch in den derben Quarzmassen kommen bis metergroße „Körner" vor. Eine für Pegmatite sehr charakteristische Form der Quarz-Feldspat-Verwachsung ist der **Schriftgranit** (graphischer Pegmatit). Er besteht aus Mikroklin, seltener auch anderen Feldspäten, die als Wirtkristalle viele regelmäßig eingelagerte Quarzpartikel von <1 mm bis zu einigen cm Größe enthalten. Diese Quarzpartikel sind so gestaltet und orientiert, daß sie auf den Spaltflächen des Feldspates (und auch auf anderen Schnittflächen) als Körner, Stengel, Haken und anders gestaltete Gebilde in regelmäßiger Verteilung und Ausrichtung erscheinen (Abb. 65). Der Name Schriftgranit bezieht sich auf die Ähnlichkeit vieler solcher Quarz-Schnittfiguren mit hebräischen Schriftzeichen. Die Orientierung des Quarzes im Feldspat läßt

Abb. 65 Schriftgranit, Mikroklin mit Quarzeinschlüssen (dunkel). Evje (Südnorwegen). Breite 7 cm.

sich in vielen Fällen als Zusammenfallen einer Trapezoederzone des Quarzes mit der Prismenzone des Feldspates beschreiben. Sehr häufig ist das Mengenverhältnis Feldspat: Quarz nahe bei 3:1. Die schriftgranitische Verwachsung wird oft als Ergebnis gleichzeitigen Wachstums von Feldspat und Quarz, von manchen Autoren aber als Verdrängung von Feldspat durch Quarz gedeutet.

- **Kalifeldspat,** meist **Mikroklin;** nur bei besonders hohen Bildungstemperaturen kristallisiert zunächst Orthoklas, der mikroskopisch oder submikroskopisch in Mikroklin umgewandelt ist. Häufig sind die Orthoklase durch feindispers eingelagerten Hämatit rot gefärbt. Amazonit ist ein Pb-haltiger grüner Mikroklin. **Perthitische Entmischungen** von Albit sind in den Kalifeldspäten der Pegmatite fast überall vorhanden. Nach der Gestalt der Albitkörperchen werden Spindel-, Strang-, Film-, Ader- und Fleckenperthit unterschieden. Die beiden letzteren Formen können auch durch Verdrängung des Kalifeldspates durch Albit entstehen; überhaupt sind metasomatische Verdrängungserscheinungen an den Kalifeldspäten verbreitet. Die Mikrokline der nephelinsyenitischen Pegmatite werden z. B. von Albit, Sodalith, Natrolith, Hydromuskovit und weiteren Mineralen verdrängt. Der durch Verdrängung von Kalifeldspat gebildete Albit ist häufig „Schachbrettalbit“ (s. S. 9). Pegmatitische Mikroklinkristalle können bis metergroß werden; ein Kristall von 49 × 36 × 14 m Größe wurde in Devils Hole, Colorado, abgebaut. Aufgewachsene Mikrokline zeigen große, gut entwickelte, oft auch angeätzte Kristallflächen (Abb. 66B und C). Derbe, mehr oder weniger monomineralische Kalifeldspatmassen haben die für Pegmatite typische „Blockstruktur“.
- **Oligoklas** kommt vor allem in den äußeren Zonen granitischer Pegmatite vor; er ist indessen viel seltener als der Albit. Plumasit ist ein Oligoklas-Korund-Pegmatit in basischem bis ultrabasischem Nebengestein.
- **Albit** ist in granitischen und nephelinsyenitischen Pegmatiten ein sehr häufiges Mineral (ganz abgesehen von seinem Auftreten als perthitische Entmischung im Kalifeldspat). Neben gedrungen-prismatischen Kristallformen ist besonders die Ausbildung als **Cleavelandit** [dünntafelig nach (010)] charakteristisch. Nicht selten enthalten die Albite und Oligoklas-Albite der Pegmatite antiperthitische Entmischungen von Kalifeldspat.
- **Muskovit** ist ein überaus verbreitetes Hauptmineral, besonders in den granitischen Pegmatiten. Er bildet bis zu metergroße plattige bis prismatische Kristalle und paketartige Aggregate.
- **Biotit,** meist nur in kontaktnahen Zonen der Pegmatite.
- **Lepidolith** $KLi_2Al[Si_4O_{10}(OH,F)_2]$, wichtiger Li-Träger; seltener auch Zinnwaldit $K(Li,Fe,Al)_3[Si_3AlO_{10}(OH,F)_2]$.
- **Spodumen** $LiAl[Si_2O_6]$, in Li-Pegmatiten, Kristalle bis zu 14 m lang; in Edelsteinqualität als Kunzit (rosa) und Hiddenit (gelb).
- **Topas** $Al_2[SiO_4F_2]$, in manchen Pegmatiten oder in besonderen Zonen derselben ein Hauptmineral; z. T. bis dm-große, gut ausgebildete Kristalle. In Edelsteinqualität farblos, blau, gelb, rosa u. a.
- **Turmalin,** in granitischen Pegmatiten sehr verbreitet und oft ein Hauptmineral; am häufigsten als schwarzer Schörl, seltener andersfarbig oder in Edelsteinqualität (grün, blaugrün, rosa, rot, mehrfarbig). Strahlige Aggregate, Einzelkristalle prismatisch bis langsäulig; bis m-lang und dm-dick.
- **Beryll,** ebenfalls nicht selten große Kristalle, bis zu mehreren Metern lang und über 1 m dick, in Edelsteinqualität als Aquamarin.

Als weitere, in manchen Pegmatiten in beträchtlicher Menge und z. T. abbauwürdig auftretende Minerale sind zu nennen: Korund (in den Plumasit-Pegmatiten), Zinnstein, Pyrochlor $(Na,Ca)_2(Nb,Ta,Ti)_2O_6(OH,F,O)$, Columbit $(Fe,Mn)(Nb,Ta)_2O_6$, Uraninit, Triphylin $Li(Fe,Mn)PO_4$ und weitere Li-, Fe- und Mn-Phosphate, Apatit, Amblygonit $LiAl[PO_4|F]$, Monazit $CePO_4$, Granat (Spessartin ± Almandin), Zirkon, Gadolinit $(Y,SE)_2FeBe_2[O|SiO_4]_2$, Orthit, Kryolith, Fluorit (die beiden letzteren auch hydrothermal).

In den agpaitischen Pegmatiten (s. Abschn. 2.19.1) treten als charakteristische Minerale auf: Albit, Mikroklin, Sodalith, Hackmanit (S-haltiger Sodalith), Natrolith, Ussingit $Na_2[Si_3AlO_8(OH)]$, Cancrinit, Ägirin, Eudialyt $(Na,Ca,Fe)_6Zr[(OH,Cl)(Si_3O_9)_2]$ und weitere Zr-Silikate, Ramsayit $Na_2Ti_2[Si_2O_6|O_3]$, Murmanit $Na_2MnTi_3[SiO_4]_4 \cdot 8\,H_2O$, Lamprophyllit $Na_3Sr_2Ti_3[Si_2O_7(O,OH,F)_2]_2$, Minerale der Seltenen Erden wie Monazit, Steenstrupin $Na_2Ce(Mn,Ta,Fe)[(Si,P)O_4]_3$, ferner verschiedene Minerale des Berylliums, z. B. Chkalovit, $Na_2[BeSi_2O_6]$ und des Niobiums, z. B. Pyrochlor.

Hinsichtlich der Strukturbeziehungen der Pegmatitminerale untereinander sind nur wenige allgemeingültige Angaben möglich. Der Quarz ist gewöhnlich xenomorph gegenüber den meisten anderen Mineralen. Im Schriftgranit ist er in der auf S. 168 beschriebenen Form mit Feldspat verwachsen. Mehr oder weniger monomineralische Feldspataggregate haben eine „Blockstruktur“ mit relativ einfachen Grenzen zwischen den Einzelkörnern. Der dünntafelig ausgebildete Albit (Cleavelandit) bildet seiner Form entsprechend blätterige bis divergentblätterige Aggregate. Häufig ist Mikroklin idiomorph gegenüber Albit, soweit dieser nicht als Verdränger auftritt.

Größere Pegmatitkörper sind meist **zoniert. Granitische** Pegmatite haben sehr oft eine klein- bis grobkörnige, „aplitische“ Randzone aus Plagioklas, Quarz und Muskovit. Weiterhin ist der Zonenbau vom Anschnittniveau und der Lage des Pegmatitkörpers (Kontakte ± vertikal oder ± horizontal) abhängig. Eine oft vorkommende Gliederung kann folgendermaßen beschrieben werden:

- Höhere Anschnitte: „einfacher“ Pegmatit aus nicht orientierten Kalifeldspäten und Quarz als Hauptmineralen; Kristallgröße zum Zentrum hin zunehmend.
- Mittlere Anschnitte: außen aplitische Randzone, weiter einwärts zunehmend größere Kalifeldspäte, z. T. schriftgranitisch. Hier entwickelt sich durch Selektion günstig orientierter Kristalle eine Textur, bei der die Feldspäte wie riesige Zähne zum Inneren des Pegmatitkörpers zeigen. Als Zwischenmittel und Überwachsung tritt hier Albit, oft als blätteriger Cleavelandit auf. Der Anteil des Albits nimmt nach der Tiefe hin zu. Dort stellt sich auch die Hauptmasse der zusätzlichen Minerale, wie Glimmer, Beryll, Topas, Lithiumminerale und Phosphate ein. Der Kernbereich des Pegmatits besteht hier aus nach unten hin immer größeren, nicht orientierten Kalifeldspäten, Quarz und Albit.
- Im tieferen Teil des Pegmatits treten die Kalifeldspäte weitgehend zurück. Die Außenschale besteht überwiegend aus Albit und Zusatzmineralen, der Kern aus mehr oder weniger reinem Quarz.

Demnach können granitische Pegmatite je nach dem Anschnittsniveau sehr unterschiedliche Zusammensetzungen und Texturen zeigen. Besondere Verhältnisse sind in flachliegenden Pegmatitgängen anzutreffen. Auch hier kommt die Gliederung in Schalen und Kernzonen vor; dabei ist die untere („liegende“) Schale meist plagioklasreicher, während in der „hangenden“ Schale auch Mikroklin, oft als Schriftgranit mit Quarz verwachsen, auftritt. Der Kern besteht aus Quarz und Mikroklin; Glimmer und andere Zusatzminerale sind in den Übergangsbereichen der Schalen zum Kern konzentriert. Kompliziertere Muster des inneren Aufbaus eines Pegmatits kommen durch wiederholtes Aufreißen des Intrusionsraumes und Eindringen neuer „Schmelze“ zustande. Andererseits gibt es auch viele kleine Pegmatite, die kaum eine Zonierung oder andere Gliederungen zeigen.

Die **nephelinsyenitischen** Pegmatite sind ebenfalls häufig zoniert. Mineralbestand und -abfolge sind überaus abwechslungsreich. Für die Pegmatite des Lovozero-Komplexes (Kola, USSR) haben Vlasov, Kuzmenko & Eskova (1966) folgendes Generalschema aufgestellt:

- Fluidmagmatisches Stadium: Ägirin, Nephelin, Arfvedsonit, K-Na-Feldspat;
- Pneumatolytisches Stadium: K-Na-Feldspat (Hauptmasse), Eudialyt, Ramsayit, Lamprophyllit, Murmanit, Ägirin;
- Pneumatolytisch-hydrothermales Stadium: Ägirin, Mn-Steenstrupin, Hackmanit, Natrolith;
- Hydrothermales Stadium: Analcim, Hauptmasse des Natroliths, Apatit, Albit, Täniolith

A

B

C

Abb. 66

A) Pegmatitgänge in Phyllit, Loch Lochy (Schottland). Breite des Bildausschnittes im Vordergrund etwa 5 m.

B) Großer Mikroklinkristall in Granitpegmatit. Evje (Südnorwegen).

C) Mikroklinkristalle in Granitpegmatit. Oberried (Südschwarzwald). Breite etwa 30 cm.

(Li-Mg-Glimmer), Polylithionit (Li-Al-Glimmer), Epididymit $Na[BeSi_3O_7(OH)]$, Tonminerale.

Die miaskitischen Nephelinsyenite sind ebenfalls von Pegmatiten begleitet, die neben Albit, Cancrinit, Muskovit, Ägirin und Karbonaten zusätzlich Zirkon, Pyrochlor und weitere seltenere Minerale enthalten können.

Pegmatitartige Gesteine kommen in **Migmatitgebieten** in großer Verbreitung vor („pegmatoide Metatekte“, s. Abschn. 4.1). Hauptminerale sind Plagioklas, Kalifeldspat, Quarz, Biotit, auch Cordierit; Apatit, Muskovit und Granat können hinzukommen. Typisch ist das Fehlen der für die eigentlichen Pegmatite charakteristischen Minerale des Li, Be und B (Li-Glimmer, Beryll, Tur-

Tabelle 47 Mineralische (Volum-%) und chemische (Gew.-%) Zusammensetzung von Pegmatit-Großproben

	(1)	(2)	(3)	(4)
Quarz	23,6	38,8	44,3	21,3
Mikroklin + Albit	74,0	25,9	10,4	
Mikroklin				35,8
Albit				32,7
Muskovit	2,3	2,2	–	
Li-Glimmer	–	–	45,3	
Muskovit + Li-Glimmer				6,0
Turmalin	–	–	–	4,0
Spodumen	–	33,1	–	+
Apatit	+	+	+	+
Erzminerale	0,1	–	+	+
SiO_2	72,40	72,10	69,10	71,38
TiO_2	0,02	0,02	0,02	n. b.
B_2O_3	–	–	–	0,38
Al_2O_3	17,00	18,20	18,20	15,40
Fe_2O_3	1,16	1,83	0,07	0,81
MnO	0,02	0,10	0,19	n. b.
MgO	0,02	0,02	0,02	0,28
CaO	0,02	0,02	0,01	0,52
Li_2O	0,02	2,35	1,32	0,23
Na_2O	6,84	3,20	1,40	4,60
K_2O	2,62	2,02	4,97	5,40
Rb_2O	0,04	0,03	0,45	0,33
P_2O_5	0,08	0,07	0,03	0,06
H_2O^+	n. b.	0,68	1,75	n. b.
Summe	100,24	100,64	97,53	99,39

(1) Quarz-Feldspat-Pegmatit, Moylisha, Irland (nach LUECKE 1981)
(2) Spodumen-Pegmatit, Moylisha, Irland (nach LUECKE 1981)
(3) Li-Glimmer-Pegmatit, Stranakelly, Irland (nach LUECKE 1981)
(4) Mikroklin-Albit-Turmalin-Pegmatit, Kaatiala, Finnland (nach NIEMINEN 1978). Mit 0,1 % F. „Erzminerale“ sind Löllingit, Columbit und Zinnstein

malin) und überhaupt das Ausbleiben der Anreicherung seltenerer Elemente.

Das **Gefüge** der Pegmatite ist gekennzeichnet durch die auffällige grobkristalline Beschaffenheit der Hauptminerale, besonders der Feldspäte, des Quarzes, der Glimmer und anderer. **Drusen** mit idiomorphen Kristallen (Feldspäte und andere) sind weit verbreitet; kleinere, mit einer gewissen Regelmäßigkeit und in Vielzahl auftretende Hohlräume werden **Miarolen** genannt. Ein zuckerkörniges Gefüge entsteht, wenn in einem mehr oder weniger panidiomorphen Kristallhaufwerk die Einzelindividuen nur entlang ihrer Kanten und an den Ecken miteinander verwachsen sind.

Nach Ansicht mancher Autoren ist das extrem grobkristalline Gefüge vieler Pegmatite das Erzeugnis einer Umkristallisation der primären Minerale. Besondere Anreicherungen von Glimmern, Spodumen, Amblygonit sowie von Th-, Nb- und SE-Mineralen werden als metasomatische Bildungen angesehen (sogenannte „replacement units“).

2.25.2 Auftreten und äußere Erscheinung

Die **Formen** der Pegmatitkörper sind sehr mannigfaltig. Sie treten als Gänge, Lagergänge, Linsen, Schläuche, Stöcke, Kuppeln oder als mehr oder weniger unregelmäßig gestaltete dreidimensionale Gebilde auf (Abb. 67 und 68). Häufig kommen in Plutoniten auch unscharf begrenzte pegmatitische Nester oder Schlieren vor. Im allgemeinen und besonders im nichtplutonitischen Nebengestein sind die Grenzen der Pegmatite aber relativ scharf. Die Gestalt der Pegmatitkörper ist vor allem im nichtplutonitischen Nebengestein durch die tektonischen Vorgänge bestimmt, die bei der Öffnung von Dehnungsräumen dem pegmatitischen Medium die Intrusionsmöglichkeiten schafften. Die Bildung größerer Pegmatitmassen durch metasomatische Verdrängung scheint, zumindest im nichtkarbonatischen Nebengestein, nicht wesentlich zu sein.

Sehr häufig zeigen Pegmatite, wenn sie zahlreich auftreten, regelmäßige **Lagebeziehungen** zu bestimmten plutonischen Intrusionen. Kuppelförmige Granitintrusionen können von fächerartig angeordneten Pegmatitlinsen durchsetzt und umgeben sein, die von innen nach außen eine zonare Verteilung ihrer Hauptminerale und weiterer Komponenten (z. B. Li-, B-, W-, Sn-Minerale) zeigen. Große Pegmatitkörper treten manchmal noch kilometerweit vom Granitkontakt entfernt auf.

Die größeren Pegmatitkörper erreichen Längen von über 1 km (Manono-Pegmatit, Zaire, 14 km lang und bis zu 700 m breit). Pegmatite mit Dimensionen im Bereich einiger Zehner bis weniger hundert Meter sind nicht selten; die meisten Pegmatite bleiben mit ihren Größen noch weit darunter und reichen bis herab zu wenigen Metern Länge und einigen Zentimetern Dicke.

Die **äußere Erscheinung** der Pegmatite ist durch ihre großkristalline Beschaffenheit bestimmt. Die einzelnen Minerale zeigen ihre Gestalt, Farbe, Spaltbarkeit und spezifische Verwitterungser-

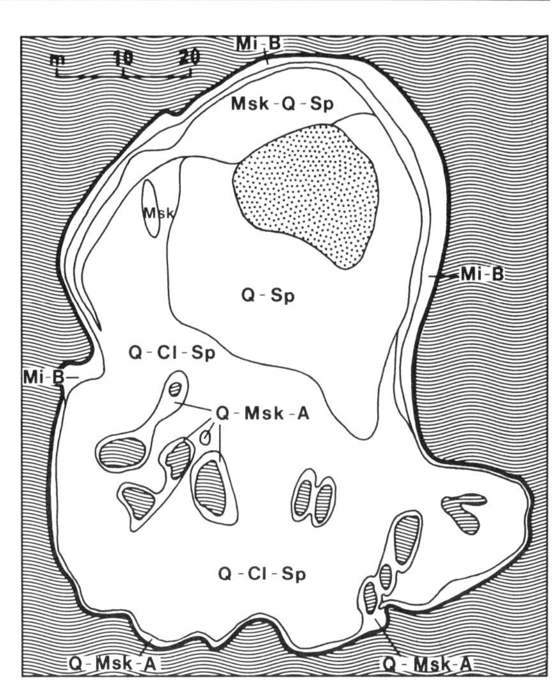

Abb. 67 Oberflächenanschnitt des Etta-Pegmatits in Süd-Dakota, USA (nach NORTON et al. 1957). A = Albit, Cl = Clevelandit, B = Biotit, Mi = Mikroklin, Msk = Muskovit, Q = Quarz, Sp = Spodumen.

scheinungen in mesoskopischen Dimensionen. Einzelne Kristalle von Feldspat, Quarz, Glimmer, Beryll, Turmalin und anderen erreichen oft Dezimeter-, manchmal Metergröße (s. Abschn. 2.25.1). Durch ihre Verwitterungsbeständigkeit heben sich Quarzkerne häufig auch morphologisch gegenüber ihrer Umgebung heraus.

2.25.3 Beispiele einiger Pegmatite

Der Pegmatit von Hagendorf-Süd, Oberpfalz (nach STRUNZ, 1974 und FORSTER & KUMMER, 1974)

Der Pegmatit von Hagendorf-Süd (Oberpfalz) ist das größte Vorkommen seiner Art in Mitteleuropa. Er bildet eine kapuzenförmige Masse von etwa 160 m Höhe über einer Grundfläche von etwa 120 × 220 m (Abb. 68). Nebengestein ist teils Gneis, teils Granit; unter dem Pegmatit steht überall der Zweiglimmergranit von Flossenbürg an. Der Pegmatit ist von außen nach innen in folgende Zonen gegliedert:

- Aplitische Randzone, 0,5 bis 8 m breit; Albit, Quarz, Muskovit.
- Kalifeldspat-Quarz-Zone, teils schriftgranitisch, teils mit idiomorphen Kappenquarzen und Feldspäten.
- Mikroklinperthitzone (z. T. auch Orthoklasperthit), lokal beryllführend. Die größten Feldspatkristalle sind 20 m lang. Gegen das Zentrum hin sind bis zu 10 m große Quarzkörper eingelagert.
- Cleavelanditzone, z. T. quarz- und phosphatführend.
- Phosphatzone mit Triphylin $LiFe[PO_4]$, Zwieselit $(Fe,Mn)_2[F|PO_4]$, Wolfeit $(Fe,Mn)_2[OH|PO_4]$ und Hagendorfit $(Na,Ca)_2(Fe,Mn)_3[PO_4]_3$ als primären Phosphaten. Phosphate sind auch außerhalb der Hauptkonzentration, die über der Kulmination des unteren Quarzkerns liegt, verbreitet.
- Ein kleinerer oberer und ein größerer unterer Quarzkern nehmen zusammen ungefähr die Hälfte des Gesamtvolumens des Pegmatitkörpers ein. Der Quarz ist hier Milch- oder Rauchquarz, während der Quarzkern des benachbarten Pegmatits von Pleystein auch Rosenquarz enthält.

Außer den eigentlichen pegmatitischen Bildungen sind pneumatolytische und hydrothermale Mineralisationen mit Columbit, Zinkblende, Pyrit, Hämatit und weiteren Mineralen verbreitet.

Durch Umlagerung der Substanz der primären Phosphate entstanden artenreiche sekundäre

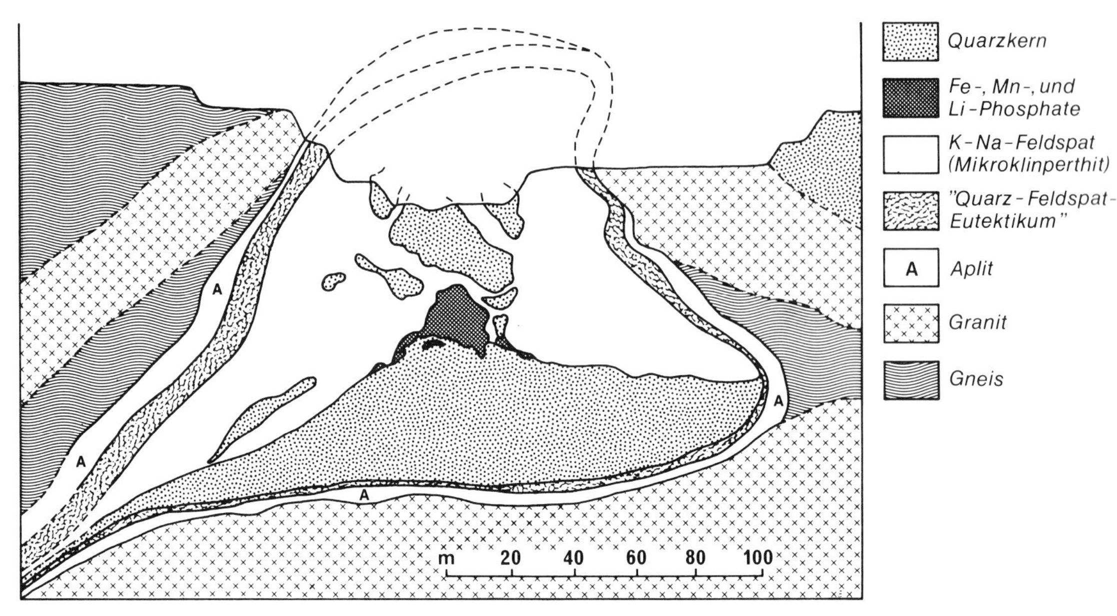

Abb. 68 Vertikalprofil des Pegmatits von Hagendorf-Süd, Oberpfalz (Bayern) (nach STRUNZ 1974).

Phosphatminerale. Die Gesamtmenge des nutzbaren Feldspats von Hagendorf-Süd wird auf 1,8 Millionen Tonnen geschätzt.

Pegmatite des Alkalikomplexes von Lovozero, Kola, USSR
(nach VLASOV, KUZMENKO & ESKOVA, 1966).

Der Komplex von Lovozero besteht aus einer artenreichen Abfolge von Alkaliplutoniten (Foyait, Lujavrit, Eudialyt-Lujavrit, Malignit, Urtit und weiteren). Pegmatite treten in mehreren dieser Gesteinstypen als örtliche, unscharf begrenzte Fazies ihres Muttergesteins oder als wohldefinierte gang- oder stockförmige Intrusionen in diesen auf. Sie sind im allgemeinen nur einige Meter bis wenige Zehner von Metern lang. Lagen- oder Zonenbau ist oft sehr ausgeprägt entwickelt.

Der Pegmatitgang von Kuftnyun ist etwa 200 m lang und bis zu 4 m breit. Nebengestein ist Foyait. In seinem mächtigsten Abschnitt ist der Pegmatit folgendermaßen lagig gegliedert:

- Äußere melanokrate Zone (nur am NW-Kontakt): kleinkörniges Gestein aus Ägirin, Arfvedsonit, Nephelin und Mikroklin mit kleinen Mengen von Eudialyt und Ramsayit. Diese Zusammensetzung gilt auch für die nicht lagigen, schmaleren Gangabschnitte.
- Intermediäre, grobkristalline Zone aus Mikroklin, Arfvedsonit, Ägirin, Eudialyt (bis 20%) sowie etwas Nephelin und Ramsayit.
- Drusige Albitzone mit Analcim, Montmorillonit, Elpidit $Na_2Zr[Si_6O_{15}] \cdot 3\,H_2O$ und Epididymit $Na[OH|BeSi_3O_7]$.

Der Orthoklas-Ägirin-Pegmatit von Lepkhe-Nel'm bildet einen schlierenartigen Körper in Sodalith- und Nephelinsyenit. Von außen nach innen sind folgende Zonen entwickelt:

- Orthoklas-Nephelin-Ägirin-Zone;
- Intermediäre Ägirin-Orthoklas-Zone mit Ramsayit, Lamprophyllit und Eudialyt;
- Orthoklas-Natrolith-Kern.

Nur 100 m von diesem Vorkommen entfernt liegt ein weiterer Pegmatit mit Zonenbau:

- Äußere gleichkörnige Ägirin-Orthoklas-Nephelin-Zone;
- Orthoklas-Ägirin-Zone mit Eudialyt und Lamprophyllit;
- Orthoklaszone mit zentripetal aufgewachsenen großen Orthoklasen;
- Natrolithkern.

Der nahegelegene Pegmatitstock am Nordhang des Lepkhe-Nel'm ist bei seiner Platznahme einer schon bestehenden schlauchartigen Intrusion von poikilitischem Nephelinsyenit in Lujavrit gefolgt. Der ursprüngliche Verband dieser beiden Plutonite ist im Nordteil des Stockes noch erhalten. Der Pegmatit selbst hat von außen nach innen folgende Zonen:

- Mikroklinzone mit Eudialyt und Titanit; nur im NE und SE entwickelt;
- Orthoklas-Ägirin-Zone: große Orthoklase und

radialstrahlige Ägirinaggregate in deren Zwischenräumen; zusätzlich Nephelin, Arfvedsonit, Eudialyt und Lamprophyllit.
- Orthoklaszone mit wenig Ägirin, Eudialyt etc;
- Natrolithkern mit verschiedenen zusätzlichen Mineralen, besonders Apatit.

Weiterführende Literatur zu Abschn. 2.25

SCHNEIDERHÖHN, H. (1961): Die Erzlagerstätten der Erde II, Die Pegmatite. – 720 S., Stuttgart (Fischer).

ÜBEL, P. J. (1977): Internal structure of pegmatites, its origin and nomenclature. – N. Jb. Miner., Abh. **131;** 83–113.

VLASOV, K. A. [Hrsg.] (1966–68): Geochemistry and Mineralogy of Rare Elements and Genetic Types of Their Deposits. – 3 Bde., Jerusalem. [Über Pegmatite bes. Bd. **3,** S. 40–79 und 278–292].

2.26 Rhyolithe und Dacite

2.26.1 Allgemeine petrographische und chemische Kennzeichnung

Rhyolithe und Dacite sind die vulkanischen Äquivalente der Granite und Granodiorite. Für ihre Definition und Benennung gelten, sofern die Mineralbestände bekannt sind, die für diese Plutonite eingeführten Abgrenzungen. Demnach sind zu unterscheiden:
- **Alkalifeldspat-Rhyolithe** mit mehr als 90% Alkalifeldspat-Anteil am Gesamt-Feldspatgehalt,
- **Rhyolithe** im engeren Sinne mit Alkalifeldspat:Plagioklas-Verhältnissen zwischen 90:10 und 65:35,
- **Rhyodacite** entsprechend zwischen 65:35 und 35:65,
- **Dacite** entsprechend zwischen 35:65 und 10:90.

Die Quarzanteile im Rahmen des Q–A–P-Dreiecks sind höher als 20%. Quarzanteile von mehr als 50% sind wohl meist nicht primär-magmatisch. Gesteine mit relativ hohen Mafitanteilen werden, analog wie bei den Plutoniten, als Mela-Formen von den gewöhnlichen unterschieden. Die hierfür bestimmten Grenzen der Mafitgehalte liegen bei den Rhyolithen bei 15%, bei den Rhyodaciten bei 20% und bei den Daciten bei 25%.

Alkalirhyolithe sind vulkanische Gesteine mit mehr als 20% Quarzanteil und weitaus überwiegendem Alkalifeldspat sowie Alkalipyroxen oder Alkaliamphibol als Mafitmineralen. Spezialnamen sind **Pantellerit** und **Comendit,** wobei das erstere Gestein mafit- und eisenreicher sein soll als das zweite.

Obsidian ist der Name für weitgehend glasig erstarrte und so erhaltene Gesteine der Rhyolith-Dacit-Familie.

Pechstein ist ein durch Wasseraufnahme (meist >4 Gew.-% H_2O^+) veränderter, aber immer noch glasiger Rhyolith bzw. Dacit. **Liparit** ist ein Synonym für glashaltigen Rhyolith mit Einsprenglingen und Entglasungserscheinungen.

In der deutschsprachigen Literatur ist lange Zeit eine besondere Terminologie für permische und ältere „paläovulkanische" Gesteine üblich gewesen, sofern sich diese durch völlige Entglasung und noch weitere Mineralumwandlungen von den jungvulkanischen, noch unveränderten deutlich unterscheiden (s. auch S. 46f.). Für Gesteine der rhyolitischen Zusammensetzung galt nach diesen Regeln der Name **„Quarzporphyr"**, für Dacite, besonders wenn sie Plagioklaseinsprenglinge führen, der Name **„Porphyrit"**. Die erwähnten Umwandlungserscheinungen sind außer der Kristallisation des ehemaligen Glasanteils zu Quarz + Feldspäten ± Muskovit die Serizit- oder Calcitbildung aus Plagioklas und die Chloritisierung oder Bleichung der primären Biotite; häufig ist auch ein Hämatitpigment entwickelt. Diesen durch Alterung während langer Zeiträume entstandenen Veränderungen sind solche durch postvulkanische hydrothermale Tätigkeit erzeugte Umwandlungen zum Teil sehr ähnlich (s. Abschn. 5.13).

Die **Gefüge** der Rhyolithe und Dacite variieren von völlig kristallinen über gemischte Formen bis zu den rein glasigen der Obsidiane. Als Strukturtypen sind zu nennen:

- **Hyaline** Strukturen mit weit überwiegendem Glasanteil, in dem die kristallisierten Minerale einsprenglingsartig eingelagert sind. Häufig zeigen solche Gesteine eine Fließtextur, die sich in der Einregelung der Kristalle und im Glasanteil durch lagig-schlierige Pigmentierung ausdrückt (*eutaxitische* Textur).
- Hyaline Strukturen mit mehr oder weniger reichlichen Gasbläschen, bei hohem Blasenanteil **bimssteinartig,** so z. B. die bekannten Liparitbimse von Lipari (Aeolische Inseln, Italien).
- **Perlitstruktur,** bei der durch mit engen Radien gekrümmte Schrumpfungsrisse der Zerfall des Gesteins in mm- bis cm-große Kügelchen und Scherben bedingt wird (Abb. 24A).
- Hyaline Strukturen mit mikrolithischen **Ent-**

glasungserscheinungen. In vielen Fällen führt die Kristallisation nur zur Bildung mikroskopisch kleiner „Mikrolithe" mit sehr spezifischen, von denen der in der heißen Schmelze gebildeten Kristalle ganz verschiedenen Gestaltungen (haarförmig, gekrümmt, besen- oder andersartig verzweigt, skelettartig und andere; siehe Abb. 24B). Solche Mikrolithe liegen einzeln oder in lockeren Gruppen, oft auch eingeregelt, in der Glasmatrix. Soweit sie identifiziert werden können, handelt es sich meist um Pyroxene, seltener um Feldspäte.

- Hyaline Strukturen mit sphärolithischen Entglasungserscheinungen. Die **Sphärolithe** bestehen aus radialfaserig angeordneten Alkalifeldspäten oder feinen Quarz-Feldspat- oder Cristobalit-Feldspat-Verwachsungen. Sie treten einzeln, in lockeren Gruppen oder lagenweise angeordnet auf. Die regelmäßige radialstrahlige Anordnung ihrer Minerale bedingt – bei günstiger Schnittlage im Dünnschliff bei gekreuzten Polarisatoren das Erscheinen eines „Interferenzkreuzes" aus zwei dunklen, sich unter 90° schneidenden Balken (Abb. 69C). Langgestreckte, den Sphärolithen sonst gleichende Entglasungskörper heißen **Axiolithe.** Während die Einzelkristalle bei beginnender Sphärolithbildung meist submikroskopisch schmal sind, entwickeln sich bei weiterem Wachstum, vor allem an der Peripherie, größere Kristalle, die dann im Dünnschliff identifizierbar sind. Nicht selten besteht ein großer Teil des Volumens von Rhyolithen aus Sphärolithen, die bis zur gegenseitigen Berührung gewachsen sind. Das Glas kann dann ganz verschwinden.
- Andere Strukturformen der Entglasung, die allein oder in Kombination mit den schon genannten vorkommen, sind die **mikrographischen** und unspezifische, feinkristalline Quarz-Feldspat-Verwachsungen.
- **Lithophysen** sind den Sphärolithen verwandte, insgesamt kugelige oder linsenförmige Gebilde, die durch ungefähr konzentrisch gelagerte Hohlräume gekammert sind. Die Hohlräume enthalten frei aufgewachsene Kristalle von Quarz, Hämatit und anderen Mineralen.
- Alle genannten Gesteine mit hyalinen und Entglasungsstrukturen können **Einsprenglinge** von Quarz, Feldspäten und Mafiten enthalten. Sie sind dadurch mit der zusätzlichen Gefügequalität „porphyrisch" ausgestattet.

Vollkristalline Rhyolithe und Dacite weisen wiederum eine Anzahl weiterer Gefügeformen auf, wobei vor allem die Ausbildung der Grundmasse variabel ist. In der Mehrzahl der Fälle sind Einsprenglinge vorhanden, doch kommen auch „aphyrische" Gesteine ohne solche vor. Als wichtige Strukturen sind zu nennen:

- **Sphärolithische** Struktur (siehe oben), vorherrschend oder in Verbindung mit einer der folgenden;
- **Mikrographische** Struktur, vorherrschend oder in Verbindung mit einer der anderen;
- **Felsitische** und mikrofelsitische Struktur: Feldspäte, Quarz, auch Serizit und untergeordnet andere Minerale bilden eine gleichmäßig klein- bis feinkristalline Masse ohne spezielle Ordnungs- und Verwachsungserscheinungen.
- **Trachytische** Struktur mit fluidaler Parallelorientierung vieler Feldspattäfelchen.
- **Mikrogranitische** Struktur.

Über die Eigenschaften der Hauptminerale sind folgende allgemeine Angaben möglich:

- **Quarz:** als Einsprengling oft idiomorph in der Form des „Dihexaeders" mit hexagonaler Bipyramide und schmalem Prisma; oft aber durch Korrosion oder unvollständiges Wachstum abgerundet und buchtig (Abb. 69A); nicht selten mit Einschlüssen der glasigen oder entglasten Gesteinsmatrix. In der Grundmasse als Anteil der felsitischen, mikrographischen, mikrogranitischen und anderen Strukturen. Bei postvulkanischer oder sekundärer Verkieselung kann der Quarz als verdrängendes Mineral, vor allem gegenüber Feldspat, stark überhandnehmen.
- **Tridymit** oder seltener **Cristobalit** treten in manchen Rhyolithen in der Matrix oder in porösen Partien konzentriert auf. Der Tridymit bildet Aggregate von kleinen, oft dachziegelartig aggregierten hexagonalen Plättchen.
- **Alkalifeldspat** ist als Einsprengling in jungen Rhyolithen meist **Sanidin,** in älteren Vulkaniten auch trikliner Alkalifeldspat; die Orthoklas-Anteile der Mischkristalle bewegen sich zwischen 35 und 65%; der Mittelwert liegt nahe bei 60%. Verzwillingung nach dem Karlsbader Gesetz ist verbreitet. Die Alkalifeldspat-Einsprenglinge enthalten oft Einschlüsse von Glas, Quarz und anderen Mineralen des Gesteins. Fluidale Einregelung kommt vor. Korrosionserscheinungen ähnlich denen an den Quarzen sind auch an Feldspat-Einsprenglingen zu beobachten.
- **Plagioklas** ist in den Daciten und Rhyodaciten als Einsprengling fast immer vorhanden. Die Zusammensetzungen variieren von Oligoklas

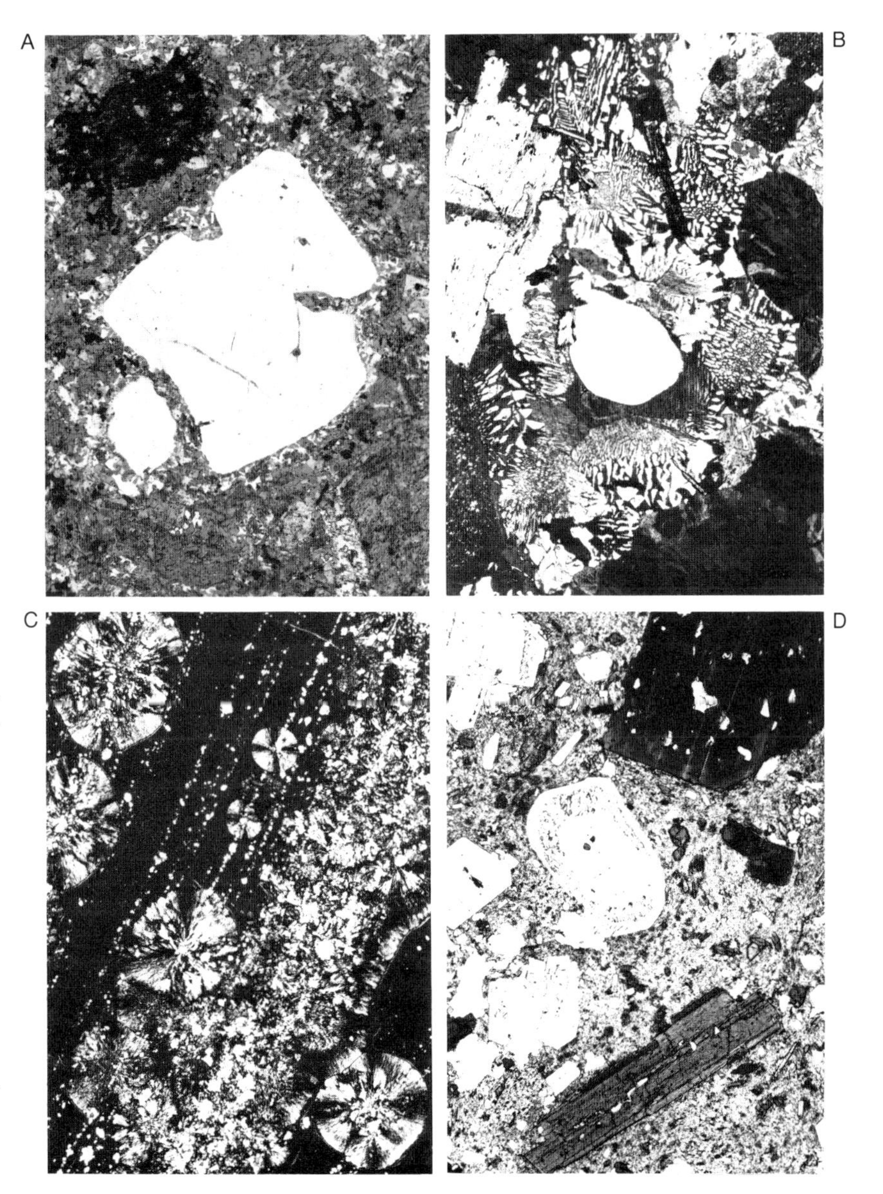

Abb. 69

A) Korrodierter Quarzeinsprengling in Rhyolith von der Ebernburger Mühle, Odenwald. Halbgekreuzte Nicols. 25 mal vergr.

B) Mikrographische Struktur in Granitporphyr. Schenkenzell (Schwarzwald). Regelmäßige Verwachsung von Quarz (in Hellstellung) und Kalifeldspat (in Dunkelstellung) um einen zentralen Quarzeinsprengling (Mitte). Gekr. Nicols; 25 mal vergr.

C) Sphärolithische Entglasung in Obsidian von Lipari (Italien). Quarz-Feldspat-Sphärolithe und unregelmäßige Entglasungskörper in Glasmatrix (schwarz). Gekr. Nicols; 15 mal vergr.

D) Dacit vom Cabo de Gata (Spanien). Einsprenglinge von Plagioklas (hell, z. T. mit zonar eingelagerten Glaseinschlüssen), Biotit (oben, dunkel) und Hornblende (unten) in feinkristalliner, glasführender Grundmasse. 15 mal vergr.

über Andesin bis zu allerdings nicht häufigem Bytownit (in „Low-K-Daciten“). Die mehr oder weniger idiomorphen Kristalle sind meist nach einem oder mehreren Gesetzen verzwillingt und oft auch zonar gebaut. Sie treten einzeln oder in Aggregaten aus wenigen Individuen (= glomerophyrisch) auf. In paläovulkanischen Daciten („Porphyriten“) sind die Plagioklase oft serizitisiert oder calcitisiert; der noch verbleibende Feldspatrest nähert sich dann der Albitzusammensetzung.

- **Biotit** ist ein sehr häufiges Mafitmineral junger und alter Rhyolithe bis Dacite. Er ist meist Fe-reich und kräftig braun, seltener grün. Die randliche Umwandlung in Magnetit oder Hämatit wird „Opacitsaum“ genannt; Pyroxen kann daran mitbeteiligt sein.
- **Amphibol** ist ebenfalls als Einsprengling häufig; in Alkalirhyolithen treten **Riebeckit, Arfvedsonit** oder auch Hastingsit auf. Die Amphibole der nichtalkalischen Rhyolithe und Dacite sind **Hornblenden** mit edenitischer oder hastingsitischer Betonung.
- In den Alkalirhyolithen sind **Ägirinaugit** bis **Ägirin** charakteristische Mafite. Die nichtalkalischen Rhyolithe und Dacite sind häufig pyro-

xenführend: **Augit,** selten Pigeonit, verbreitet auch **Hypersthen,** bilden Einsprenglinge, die allerdings selten mehr als wenige Volum-% ausmachen.
- Oft erscheinen mehrere Arten von Mafiten, z. B. Biotit und Hypersthen oder Biotit und Amphibol nebeneinander, besonders in den Daciten.

Weitere primäre Neben- und akzessorische Minerale der Rhyolithe und Dacite sind:
- **Granat** (Almandin) und **Cordierit,** beide als Indikatoren eines beträchtlichen Al-Überschusses des Magmas (s. auch S. 191),
- Fe-reicher **Olivin** in einigen Rhyolithen der tholeiitischen Differentiationsserie,
- **Magnetit, Hämatit** (sehr verbreitet als feines Pigment), Zirkon, Titanit, Apatit, Fluorit.

Als Neubildungen in paläovulkanischen Quarzporphyren und Porphyriten seien nochmals erwähnt: Serizit (aus Plagioklas und in der Grundmasse), Chlorit (aus Biotit oder Pyroxen), Epidot, Calcit, Hämatit. Mehrere weitere Minerale können als Produkte metasomatischer Prozesse hinzukommen (s. Abschn. 5 Metasomatische Gesteine).

Chemisch sind in erster Linie die alkalischen Rhyolithe mit normativem Ägirin von den nicht alkalischen Gesteinen zu unterscheiden. Im übrigen entsprechen die Rhyolithe im allgemeinen den Graniten, die Rhoydacite speziell den Mon-

Tabelle 48 RITTMANN-Normen und chemische Zusammensetzung (Gew.-%) von Rhyolithen, Rhyodaciten und Daciten

	(1)	(2)	(3)	(4)	(5)	(6)	(7)
Quarz	33,8	32,9	29,8	24,0	18,8	17,9	29,1
Alkalifeldspat	44,1	60,4	47,9	31,1	22,7	26,9	63,8
Plagioklas	12,6	4,9	18,9	38,0	46,1	41,9	2,6
Biotit	1,7	–	–	–	–	–	1,7
Orthopyroxen	–	–	–	–	–	11,2	1,1
Klinopyroxen	–	1,4	1,9	5,0	10,4	–	1,1
Cordierit	7,1	–	1,1	1,1	–	0,9	–
Erzminerale	0,7	0,3	0,2	0,5	1,6	0,9	0,5
Apatit	0,1	0,1	0,2	0,3	0,4	0,4	0,0
SiO_2	73,70	74,9	72,9	66,7	62,5	61,45	74,61
TiO_2	0,24	0,17	0,26	0,55	0,82	0,61	$<0,01$
Al_2O_3	13,96	12,6	13,8	15,6	16,3	17,10	13,21
Fe_2O_3	0,90	0,9	1,4	2,9	4,7	4,45	1,14
FeO	0,54	0,1	0,3	0,6	0,8	2,59	0,82
MnO	0,05	0,05	0,06	0,07	0,11	0,10	$<0,01$
MgO	1,20	0,3	0,5	1,2	2,5	2,28	0,31
CaO	1,00	0,9	1,5	3,4	4,9	5,49	0,93
Na_2O	2,90	3,6	3,8	3,4	3,0	2,07	4,13
K_2O	4,60	4,8	4,3	3,5	2,9	3,63	4,85
P_2O_5	0,02	0,03	0,08	0,13	0,18	0,21	$<0,01$
H_2O^+	0,94	1,40	0,90	1,40	1,00	–	–
Summe	100,05	99,75	99,80	99,45	99,71	100,00	100,00

(1) Paläo-Rhyolith, Leisberg bei Schloßböckelheim, Rheinland-Pfalz (nach NEGENDANK 1971). Der hohe „Cordierit"-Gehalt zeigt sekundäre Zersetzungen an
(2) 14 Alkalifeldspat-Rhyolithe (Mittelwerte), Rhyolithformation der nördlichen chilenischen Anden (nach PICHLER & ZEIL 1972)
(3) 15 Rhyolithe (Mittelwerte). Vorkommen und Quelle wie (2)
(4) 20 Rhyodacite (Mittelwerte). Vorkommen und Quelle wie (2)
(5) 5 Dacite (Mittelwerte). Vorkommen und Quelle wie (2)
(6) 8 Rhyodacite, Lipari (Mittelwerte) (nach PICHLER 1980). Analyse wasserfrei auf 100 % umgerechnet.
(7) 17 Alkalifeldspat-Rhyolithe (Obsidiane), Vorkommen und Quelle wie (6). Analyse wasserfrei auf 100 % umgerechnet

zograniten, die Dacite den Granodioriten. Eine von diesen Zuordnungen absehende Unterteilung der intermediären bis sauren Vulkanite nach PECCERILLO & TAYLOR (1976) gliedert die Dacite und Rhyolithe in Low-K-, Kalk-Alkali- und High-K-Typen (Abb. 73). Viele Low-K-Rhyolithe dieser Gliederung würden wegen ihrer hohen normativen und auch modalen Plagioklasgehalte nach der sonst hier bevorzugten Nomenklatur aber Dacite sein. – Beispiele für die chemische Zusammensetzung von Rhyolithen und Daciten und die daraus errechneten RITTMANN-Normen sind in Tabelle 48 gegeben.

2.26.2 Auftreten und äußere Erscheinung

Rhyolithe und Dacite treten in verschiedenen tektonischen und magmatischen Zusammenhängen auf:
- Als Glieder ozeanischer Vulkanitserien (z. B. Island).
- Als Glieder kalk-alkalischer und tholeiitischer Serien der Inselbogen und Kontinentalränder (z. B. Japan, W-Ränder von N- und S-Amerika),
- als Glieder kontinentaler Vulkanitserien, oft mit Tholeiitbasalten und intermediären Gesteinen.

Alkalirhyolithe (Pantellerite, Comendite) kommen sowohl im ozeanischen als auch im kontinentalen Bereich sowie an Plattengrenzen unter verschiedenen Bedingungen vor.

Als **Extrusionsformen** sind zu nennen:
- Lavaströme, wegen der Zähflüssigkeit der sauren Magmen meist nur kurz, aber oft sehr dick und mit steilen Außenrändern;
- Stau- und Quellkuppen von bis zu mehreren Kilometern Durchmesser, sowie Gruppen von solchen, zusammen mit Laven und Pyroklastiten;
- Extrusionsbreccien, die durch Zerfall von Staukuppen entstehen;
- Ignimbrite (s. S. 182, 223f.);
- Andere Pyroklastite (Tuffbreccien, Tuffe, Aschenströme u. a.).

Die **äußere Erscheinung** der Rhyolithe und Dacite ist in hohem Maße von dem Anteil des Glases abhängig. Die ganz oder fast ganz aus Glas bestehenden Obsidiane sind dunkle, fast schwarze Gesteine mit splittrig-muscheligem Bruchverhalten und starkem Glasglanz auf frischen Oberflächen. Splitter von einigen Millimetern Dicke sind rauchgrau bis bräunlich durchscheinend. **Pechsteine** haben einen etwas matteren Glanz und sind weniger transparent. Von solchen noch rein glasigen Formen ausgehend erstreckt sich eine breite Skala von Übergangstypen zu den entglasten oder von vornherein kristallinen Gesteinen. Auf die Erscheinungen der Entglasung, die sich mesoskopisch in einer starken, meist weißlichen bis rötlichen Trübung bemerkbar macht, ist bereits in Abschn. 2.26.1 eingegangen worden. Die Entglasung kann sich sphärolithisch oder entlang bestimmter Lagen oder nach anderen Mustern vollziehen. Völlig entglaste Gesteine sind, von Einsprenglingen abgesehen, dicht bis feinkörnig, oft mit Relikten der genannten Texturen. **Fließtexturen** sind oft sehr deutlich entwickelt. Sie treten durch Lagen unterschiedlicher Kristallinität und Färbung von mm- bis cm-Dicke („Laminae"), ebenflächig oder gekrümmt und gefaltet, in Erscheinung (Abb. 70).

Der Anteil der Einsprenglinge bewegt sich in weiten Grenzen zwischen 0 und 45 Volum-%. Im großen Ganzen sind die Rhyolithe einsprenglingsärmer als die Dacite, welche fast immer Pla-

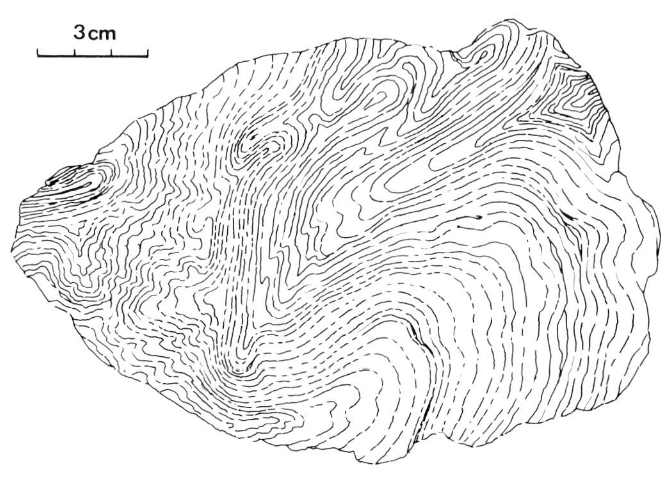

Abb. 70 Turbulente Fließtextur in einem Rhyolith, Lebombo, Moçambique (nach WACHENDORF 1971, umgezeichnet).

gioklas- und Mafiteinsprenglinge enthalten. Die Grundmassen sind dicht bis feinkörnig. Poröse und blasige Texturen sind nicht selten; die Hohlräume können gut kristallisierte Minerale verschiedener Art oder dichte, manchmal achatartige SiO_2-Füllungen enthalten.

Die Farben der Rhyolithe und Dacite sind in höchstem Maße variabel. Obsidian und Pechstein sind schwarz bis dunkelgrau und glänzend; die entglasten oder primär kristallinen Gesteine können weißlich mit verschiedenen Farbtönen, rötlich, violett, grünlich, braun oder grau sein. Die Farben sind durch feinverteilte Pigmentminerale, wie Hämatit, Goethit, Chlorit und Kombinationen derselben bedingt. Hydrothermal zersetzte oder durch Verwitterung kaolinisierte Rhyolithe und Dacite können auch fast weiß sein.

Mächtige Rhyolith- und Dacit-Lavaströme sind zuweilen durch mehr oder weniger senkrecht zur Unterlage und Oberfläche stehende Klüfte in grobe Säulen gegliedert; bei ausgeprägter Fluidaltextur treten auch zu dieser parallele Klüfte auf, die einen plattigen Zerfall der Gesteine bewirken können. Staukuppen verfügen über gekrümmte Klüfte, die auf deren äußere Form bezogen sind.

2.26.3 Beispiele für rhyolithische und dacitische Gesteinsvorkommen

Rhyolithe mit Relikten anatektischer Aufschmelzung von Kos, Ägäische Inseln, Griechenland
(nach Keller, 1969).

Jungpleistozäne rhyolithische Bimstuffe bedekken große Teile der Westhälfte der Insel Kos; es sind Erosionsrelikte einer ehemals etwa 2500 km^2 einnehmenden Tuffdecke. Die Bimse enthalten fast 40 Volum-% „Einsprenglinge" von Quarz, Sanidin, Plagioklas und Biotit. Alle hellen Einsprenglingsminerale sind stark korrodiert mit unregelmäßig-buchtigen Umrissen. Zahlreiche Granit-Xenolithe zeigen Aufschmelzungserscheinungen verschiedenen Grades, die an den Korngrenzen beginnen und sich bis zum vollständigen Zerfall des ursprünglichen Gesteins steigern können. Die Korrosionserscheinungen an den Feldspäten und Quarzen solcher Einschlüsse gleichen denen der freien „Einsprenglinge" im Bimsglas. Es wird deshalb auch diesen die Herkunft aus teilgeschmolzenem Granit zugesprochen; eigentliche Einsprenglinge im Sinne von Neukristallisationen aus der Schmelze sind nicht zu beobachten. Es wird angenommen, daß die unter etwa 2 Kilobar Druck durch entsprechende Aufheizung des Granits gebildete rhyolithische Teilschmelze beim Aufreißen tektonischer Spalten sehr rasch an die Erdoberfläche durchgebrochen ist. Die bimsartige Beschaffenheit des Tuffes zeigt den zur Aufschmelzung erforderlichen Wassergehalt des Systems an.

Rhyolithe und Rhyolith-Pyroklastite von Lipari, Aeolische Inseln, Italien
(nach Pichler, 1981).

Die vulkanische Tätigkeit der Insel Lipari reichte vom Tyrrhenium I (Oberpleistozän) bis in das 6. Jahrhundert n. Chr. Sie begann mit der Förderung teils submariner, teils subaerischer Laven und Pyroklastite von quarzandesitischer bis quarzlatitandesitischer Zusammensetzung. In der zweiten Phase veränderte sich der Magmencharakter zu Quarzlatit und Rhyodacit, in der dritten und vierten Phase dann ausgesprochen diskontinuierlich zu Rhyolith und Alkalifeldspatrhyolith (Abb. 71). Während für die ältesten Andesite die Herkunft aus dem oberen Erdmantel anzunehmen ist, wird für die sauren Laven der Phasen III und IV die Entstehung durch Anatexis in der Kruste für wahrscheinlich gehalten. Schon in der zweiten Phase kommen **Rhyodacite** vor, die durch ihren Al-Überschuß und zahlreiche Xenokristalle von **Cordierit,** Kalifeldspat, Spinell, Granat, Andalusit, Sillimanit, Biotit, Zirkon, Apatit, Korund, Rutil und Quarz sowie Hornfels-Xenolithe die Aufnahme von metamorphen Krustengesteinen manifestieren. Die Vulkanite der dritten und vierten Phase sind fast völlig glasig ausgebildet; eine Kristallisation hatte vor der Extrusion noch kaum begonnen (Augit, selten Fe-Olivin). Die bekanntesten Gesteinsbildungen der letzten Phase sind die bis zu 300 m mächtigen **Bimstuffe,** die am Osthang der Insel in großem Stil abgebaut werden, und die **Obsidianströme** der Forgia Vecchia und der Roche Rosse. Die Laven sind in überhitztem Zustand (etwa 900 bis 1000°C) aufgestiegen; im unmittelbaren Kraterbereich sind die Obsidianlaven von Schloträumungsbreccien, die ihrerseits auch überwiegend aus Obsidian bestehen, umgeben. Die äußere Erscheinung der Obsidianströme hat Bergeat 1899 sehr anschaulich dargestellt:

„Das größte Interesse nimmt der mächtige Obsidianstrom der Roche Rosse in Anspruch. Er gehört zu denjenigen Naturerscheinungen, vor denen alle Schilderungskunst zu versagen droht. Der Strom entsprang in einer Höhe von 320 m und durchbrach den Bimssteinwall im Norden,

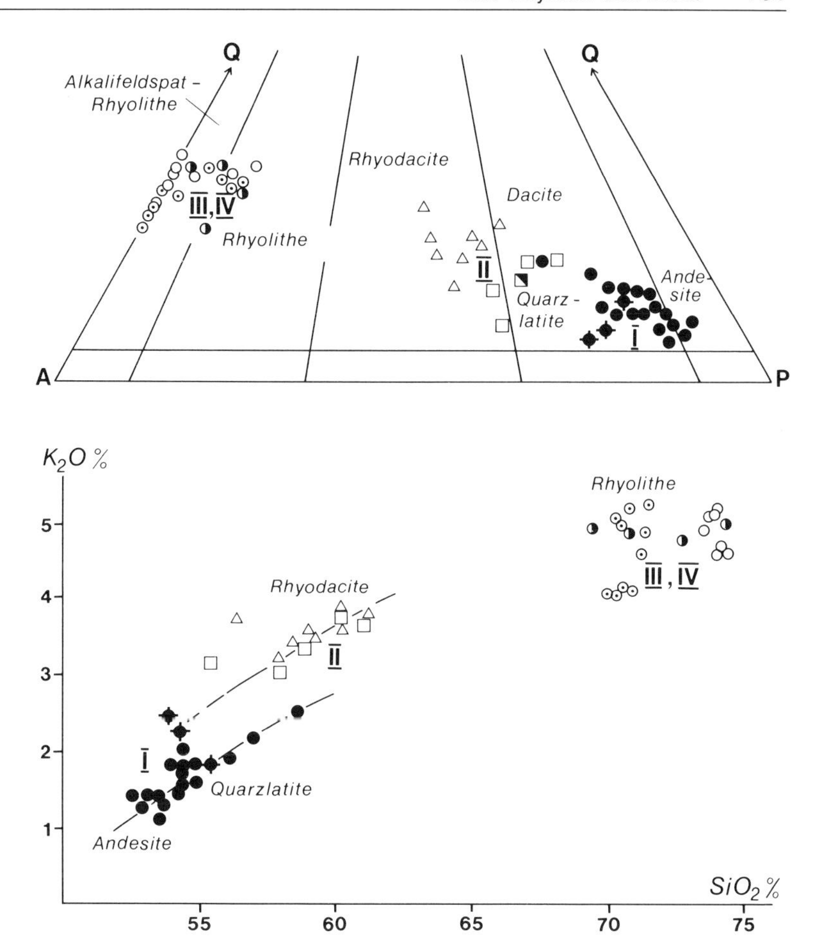

Abb. 71 Magmatite von Lipari (Italien) im Q-A-P-Dreieck und im K_2O-SiO_2-Diagramm (nach PICHLER 1981).

um dann in beträchtlicher Steilheit, die wohl durch die Neigung der unter ihm begrabenen lockeren Massen bedingt ist, sich gegen das Meer zu drängen, in dessen Nähe er sich auszubreiten und zu verflachen begann. Genau so wie die Forgia Vecchia ist er beiderseits durch tiefe, vom Regenwasser gegrabene Schluchten gegen die benachbarten Bimssteinmassen vollkommen isoliert und selbst frei von jeder jüngeren Bedekkung. Überall bricht er ab in sehr steile Wände von starrender Rauhheit und auch gegen das Meer zu bildet er fast senkrechte Blockmauern, die stellenweise 90 m hoch sind. In furchtbarer Rauhheit, so wild und zerrissen, als ob er gestern erst zu fließen aufgehört hätte, bedeckt von eckigen Blöcken, starrend von mehrere Meter hohen Klippen, erinnert der dunkelrotbraune Strom ganz an die Forgia Vecchia; die Gewalt des Eindrucks aber wird hier noch erhöht durch die Kontraste der beiden Hauptfarben, durch die fast ganz vegetationslose, stille Wildnis, in der man zwischen den düsteren Laven auf schlechtem Pfade dahin wandert. Es dürfte wohl nirgends ein schöneres Bild für die langsame Fortbewegung zähflüssiger, fast erstarrter Glasmassen geben; man möchte sich eines Eisgangs erinnern, wenn man dies Wirrsal ineinander geschobener und aufgerichteter Blöcke betrachtet. Die letzteren sind gebändert, indem alle möglichen Abarten glasig erstarrter Lava, der reine schwarze Obsidian, Sphärolithfels, die thonsteinartige Ausbildung oder graue emailartige Massen, oder endlich reine Lagen geflossenen Bimssteins, übereinander folgen, und die einzelnen Schichten, welche sich in dünne, gewöhnlich nur wenige Centimeter starke Platten absondern, sind häufig bei der Fortbewegung ineinander gestaucht und gebogen, ganze Pakete solcher Lagen sind losgebrochen und über den übrigen zähen Glasfluß gehoben und aufgerichtet worden, so daß sie jetzt als zackige, abenteuerlich geformte Klippen emporstarren. Alles malt mit solcher Lebhaftigkeit den merkwürdigen Ausbruch, der vor Jahrtausenden einen großen Teil der Insel verwüstete, daß man glauben könnte, es sei das Treiben in diesem Vulkan nur für Momente in Stillstand geraten und man müsse alsbald wieder die Massen sich vorwärts schieben, die zähe Lava bersten und qualmen sehen, die springenden Obsidianplatten klirren hören."

Permische Rhyolithe des Saar-Nahe-Gebietes
(nach THEUERJAHR, 1973).

Der permische Magmatismus des Saar-Nahe-Gebietes förderte basaltische, andesitische, dacitische und rhyolithische Magmatite, wobei die letzteren als flache Intrusionen und seltener als Lavadecken und Tuffe auftreten. Die größten Rhyolithvorkommen sind die von Nohfelden (etwa 14 × 6 km Ausstrich an der Oberfläche), von Bad Kreuznach (großenteils überdeckt), vom Donnersberg (7 × 4,5 km) und vom Königsberg (3 × 2 km). Die Rhyolithe von Nohfelden und vom Donnersberg sind einsprenglingsarm (etwa 4 bis 10 Vol.-%), während der von Bad Kreuznach und erst recht das kleine Vorkommen von Schmelz-Außen einsprenglingsreicher sind (18 bzw. 32 Vol.-%). Als Einsprenglinge treten jeweils Quarz, Plagioklas, Alkalifeldspat und Biotit auf. Die Grundmassen sind überall klein- bis feinkörnig; Teile des Nohfeldener Vorkommens zeigen deutlich noch pyroklastische und ignimbritische Gefüge.

Im übrigen sind mehr oder weniger deutlich ausgeprägte mikrographische („granophyrische") Verwachsungen von Quarz und Alkalifeldspat verbreitet. Die Plagioklase der Grundmassen (überwiegend Albit) sind teils fluidal eingeregelte Einzelkristalle, teils büschelige bis divergentstrahlige Aggregate. Biotit und untergeordnete Erzminerale sind die einzigen Mafite; als Akzessorien treten Apatit und Zirkon auf. Tabelle 49 gibt die mineralische und chemische Zusammensetzung einiger Rhyolithe des Saar-Nahe-Gebietes an.

Viele Analysen der Rhyolithe ergeben bei der Berechnung der CIPW-Norm „Korund"-Gehalte von bis zu 5 Gew.-%. Dies ist die Folge einer sekundären Umwandlung eines Teils der Feldspäte in Kaolinit oder Illit, die mikroskopisch nur sehr unscheinbar, röntgenographisch aber deutlich nachweisbar sind. Mit der Neubildung dieser Minerale ist gewöhnlich ein Verlust des Gesteins an Na_2O und auch CaO verbunden, die in Lösung weggeführt wurden.

Der Bozener Quarzporphyr, Ostalpen
(nach LEONARDI & SACERDOTI, 1967).

Das größte an der Oberfläche aufgeschlossene Rhyolithvorkommen Mitteleuropas ist der Bozener Quarzporphyr in Südtirol (Abb. 72). Die etwa 4000 km^2 einnehmende, maximal 1500 m dicke Platte besteht überwiegend aus rhyolithischen bis rhyodacitischen Ignimbriten, deren ursprünglich pyroklastische Struktur allerdings weitgehend unkenntlich geworden ist. Der Vulkanismus begann im obersten Karbon und war im mittleren Perm vorerst beendet (s. Abschn. 2.17.3, triassischer Magmatismus im benachbarten Gebiet von Predazzo-Monzoni). Die Abfolge der Vulkanite von unten nach oben ist:
- Andesitische und dacitische Laven und Tuffe,
- Rhyodacitische Ignimbrite,
- Andesitische und dacitische Laven und Tuffe,
- Rhyodacitische Ignimbrite mit Dacitlava und Tuffeinlagerungen im oberen Abschnitt,

Tabelle 49 Mineralische (Volum-%) und chemische (Gew.-%) Zusammensetzung von Rhyolithen des Saar-Nahe-Gebietes (nach THEUERJAHR 1973)

		Quarz	Alkalifeldspat	Plagioklas	Biotit	Erz
(1)	Einsprenglinge	4,3	1,9	1,6	0,3	–
	Grundmasse	25,1	65,1	1,1	–	1,8
(2)	Einsprenglinge	1,2	0,6	8,0	0,5	–
	Grundmasse	23,7	61,0	1,6	3,4	+

	SiO_2	TiO_2	Al_2O_3	FeO	MnO	MgO	CaO	Na_2O	K_2O	P_2O_5	H_2O^+	H_2O^-	Summe
(1)	72,23	0,28	12,92	1,46	0,06	0,64	0,40	3,76	5,91	0,02	0,40	1,46	99,54
(2)	70,62	0,30	14,58	1,64	0,06	0,89	0,42	1,18	6,63	0,04	1,02	2,48	99,86

(1) Rhyolith, Donnersberg Probe RhD2; ohne normativen Korund
(2) Rhyolith, Nohfelden, Probe Rh N 21; mit 5,0 % normativem Korund

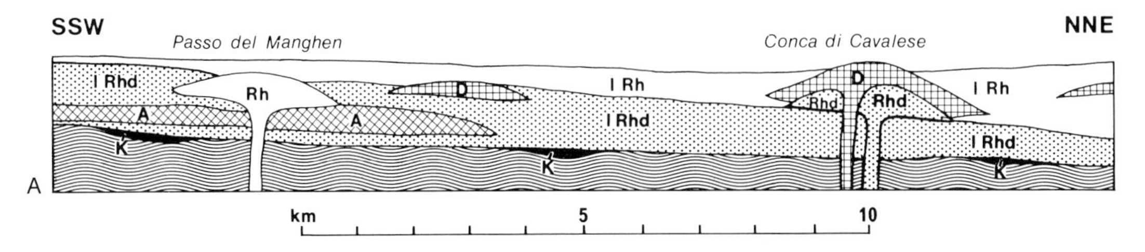

A

B

Abb. 72

A) Schematisches Profil durch die Vulkanitserie des Bozener Quarzporphyrs (nach LEONARDI 1967). A = Andesit, D = Dacit, RhD = Rhyodacit, I Rhd = rhyodacitischer Ignimbrit. Rh = Rhyolith, I Rh = rhyolitischer Ignimbrit, K = Basiskonglomerat. Unterlage der Vulkanitserie sind altpaläozoische Phyllite.

B) Klüftung im Bozener Quarzporphyr, Eggental (Südtirol).

- Rhyolithische Ignimbrite mit Sandstein- und Konglomerateinlagerungen im unteren Abschnitt.

Die rhyolithischen Ignimbrite der obersten Einheit sind kompakte rötliche Gesteine mit „Einsprenglingen" von Quarz, Plagioklas, Sanidin und Biotit in einer mikro- bis kryptokristallinen Grundmasse. Im mikroskopischen Bild sind auch die charakteristischen Glasfetzen erkennbar; in einigen „vitrophyrischen" Niveaus ist das Glas noch als solches erhalten. Die Gesteine haben verbreitet eine mehr oder weniger vertikale Klüftung, welche eine Absonderung in regelmäßige Platten oder Säulen bewirkt. Abb. 72 ist ein Profil der „Porphyrplatte" im Bereich ihrer größten Mächtigkeit. Neben den ausgedehnten Ignimbriten treten hier auch Staukuppen, Laven und Tuffe von Rhyodaciten, Daciten und Andesiten auf.

Heterogene Rhyolith-Andesit-Laven von Kamschatka
(nach VOLYNETS, 1979).

Laven mit kompositioneller Bänderung unter Beteiligung von Rhyolith sind verschiedentlich beschrieben worden. Am Kupol-Vulkan in Kamschatka kommen aus Andesit- und Rhyolithanteilen bestehende Laven mit bis 30 mm dicken Bändern und langen Linsen dieser beiden Komponenten vor. Die Gesteine sind vitrophyrisch ausgebildet; die Lichtbrechung des Andesitglases liegt zwischen 1,519 und 1,534, die des Rhyolithglases zwischen 1,485 und 1,490. Chemische Analysen und Mineralbestände sind in Tabelle 50 aufgeführt.

2.27 Andesite und verwandte Gesteine

2.27.1 Allgemeine petrographische und chemische Kennzeichnung

Andesite sind leukokrate bis mesokrate, chemisch intermediäre Vulkanite und Subvulkanite mit Plagioklas als weitaus überwiegendem Feldspat und Mafitgehalten von unter 40 Volum-%. Die Plagioklase haben im Mittel Anorthitgehalte von weniger als 50% (die Einsprenglinge können höhere Gehalte haben); die Mafite sind meist Pyroxen, Pyroxen und Amphibol oder Amphibol; Magnetit ist fast immer vorhanden. Weitere öfter vorkommende Hauptminerale sind Alkalifeldspat, Quarz und Biotit, seltener Olivin, Granat und Cordierit. Die SiO_2-Gehalte variieren

Tabelle 50 Komponenten einer heterogenen Rhyolith-Andesit-Lava von Kamschatka (Gew.-% und Volum-%) (nach Volynets 1979)

	SiO_2	TiO_2	Al_2O_3	Fe_2O_3	FeO	MnO	MgO	CaO	Na_2O	K_2O	P_2O_5	Summe
(1)	63,89	0,48	18,58	0,78	2,01	0,12	1,75	6,37	4,17	2,01	0,18	100,34
(2)	72,48	0,48	13,94	0,41	1,43	0,10	0,36	1,85	4,12	4,73	0,27	100,17

	Plagioklas	Pyroxen	Amphibol	Biotit	Grundmasse	An-Gehalt der Plagioklase
(1)	25,4	6,7	1,3	0,7	65,9	52,5 ± 13,9 %
(2)	9,0	–	0,3	1,0	89,7	38,0 ± 10,3 %

(1) Andesit-Dacit aus gebänderter Lava, Kupol-Vulkan, Kamschatka
(2) Rhyolith aus gebänderter Lava. Fundort wie (1)

zwischen etwa 52 und 63%, das Mittel liegt bei etwa 59%. Eine weitere Untergliederung der Andesite mit Abgrenzung gegen benachbarte Gesteinstypen ist durch das Schema von Peccerillo & Taylor (Abb. 73) gegeben. Zu den Basalten vermitteln die „Low-Si"-Andesite oder „basaltischen Andesite".

Die Hauptminerale der Andesite sind:

– **Plagioklas,** als Einsprengling oft mit An-Gehalten von über 50 bis etwa 75%, häufig stark zonar, An-Gehalte dann mehr oder weniger regelmäßig nach außen hin abnehmend (etwa bis zur Zusammensetzung des Oligoklases). Vielfach wechselnder *oszillierender* Zonenbau ist verbreitet (Abb. 74); er zeigt Schwankungen des chemischen Verhältnisses zwischen Schmelze und Kristall während dessen Wachstums an. Die Plagioklaseinsprenglinge enthalten oft zahlreiche Einschlüsse von Glas oder

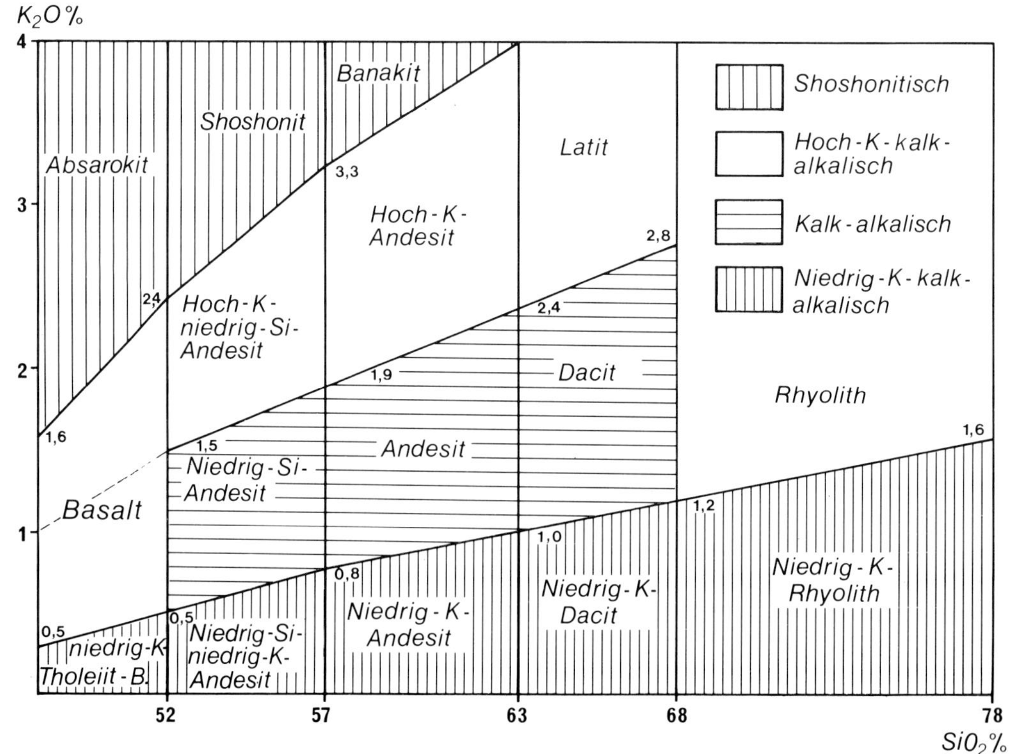

Abb. 73 Gliederung häufiger Vulkanite im Diagramm K_2O – SiO_2; tholeiitische (= niedrig-K-kalk-alkalische), kalk-alkalische, hoch-K-kalk-alkalische und shoshonitische Reihe. Nach Peccerillo & Taylor (1976, Contrib. Miner. Petrol. **58,** 63–91).

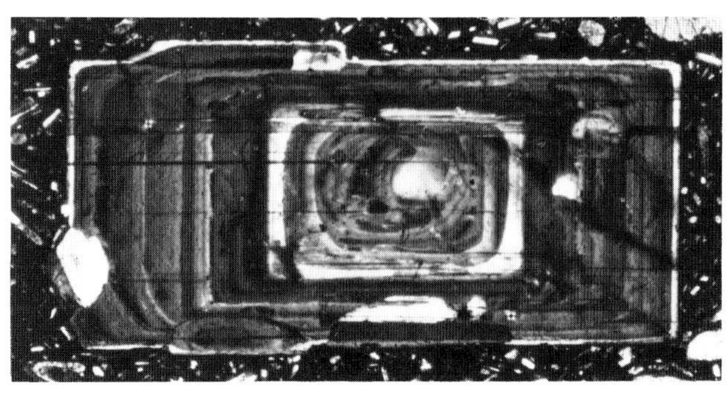

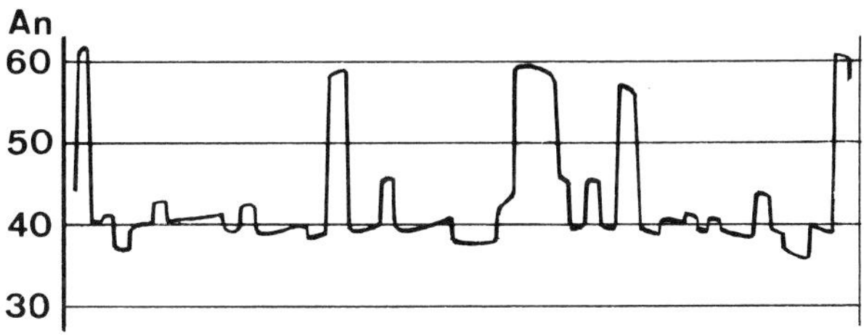

Abb. 74 Plagioklaseinsprengling mit oszillierendem Zonenbau in Andesit vom Karadağ (Zentralanatolien) und zugehöriges Profildiagramm der Anorthitgehalte (Photo und Diagramm: H. SCHLEICHER); 25 mal vergr.

feinkristalliner Grundmassensubstanz; diese können durch unvollkommenes Wachstum der Feldspatflächen oder durch teilweises Wiederaufschmelzen entstanden sein. Für den letzteren Prozeß sprechen die manchmal beobachtete zonare Anordnung der Glaseinschlüsse und die abgerundeten bis buchtigen Umrisse der betroffenen Feldspäte. Die Grundmassefeldspäte sind gewöhnlich saure Andesine bis Oligoklase.

- Als **Pyroxene** treten **Augit** und **Bronzit** bis **Hypersthen** sowohl als Einsprenglinge als auch in der Grundmasse auf.
- **Hornblende** (grünlich bis bräunlich, oxydiert braun bis rotbraun) ist in vielen Andesiten das vorherrschende Mafitmineral. Im oberflächennahen Bereich wird Hornblende häufig von außen her in Titanomagnetit, Pyroxen und Feldspat umgewandelt **(„Opacitsaum“)**.
- **Biotit** (i. a. Fe-reich) kann in ähnlicher Weise opacitisiert werden.
- **Alkalifeldspat** tritt nur in kalireicheren Andesiten deutlicher in Erscheinung, sofern die Gesteine vollkristallin entwickelt sind.
- **Quarz** tritt in saureren Andesiten als jüngstes Mineral in der Grundmasse auf. Größere Quarze, die auch in basischeren Andesiten gelegentlich vorkommen, sind an ihren gerundeten Umrissen und Reaktionssäumen als Xenokristalle erkennbar (vgl. S. 79).
- **Olivin** ist nur in basaltischen Andesiten eine stabile Phase; gleichwohl kommt er als reliktischer Einsprengling auch in quarznormativen Andesiten mit SiO_2-Gehalten von über 56% vor. Er ist meist in Iddingsit umgewandelt.
- Vorherrschendes Erzmineral ist Titanomagnetit bis Magnetit, in oxydierten Laven auch Hämatit.

Das **Gefüge** der Andesite ist porphyrisch, mikroporphyrisch oder aphyrisch; Plagioklas, Pyroxen, Amphibol und Biotit können als Einsprenglinge auftreten. Die Struktur der Grundmasse ist durch die Ausbildung der Feldspäte und ihre Beziehungen zu den anderen Gemengteilen und einer oft vorhandenen Glasmatrix geprägt. Mikrolithische Strukturen, auch mit fluidaler Einregelung, sind häufig; auch gleichkörnig-panxenomorphe Gefüge kommen vor. Durch Entglasung der Matrix entstehen sehr feinfilzige, auch im Dünnschliffbild kaum auflösbare Kristallisate.

Boninit ist ein Hyalo-Andesit mit Einsprenglingen von Olivin, Orthopyroxen (Enstatit bis Bronzit), Klinopyroxen (etwa $Wo_{35}En_{45}Fs_{20}$) und wenig Chromspinell in einer glasigen Grundmasse.

Andesite älterer Formationen (etwa im Karbon und Perm Mitteleuropas) zeigen charakteristische Veränderungen: Plagioklas wird in Serizit, Klinozoisit oder Calcit, Pyroxen und Biotit in Chlorit umgewandelt. Für derart umgewandelte Andesite sind oder waren verschiedene Namen gebräuchlich: **Porphyrit, Labradorporphyrit, Navit** (Olivin-Pyroxen-Andesit, porphyrisch), **Palatinit** (Pyroxen-Andesit, ophitisch). Klassische Beispiele solcher „Palaeo-Andesite“ sind der

„Porfido verde antico" aus Griechenland und der „Porfido rosso antico" aus Ägypten, die schon im Altertum als Bau- und Dekorationssteine verwendet wurden. Farbgebende Minerale sind hier, außer Chlorit und Hämatit, zwei Arten aus der Epidotfamilie: grüner Pistazit (Fe-Epidot) und roter Piemontit (Mn-Epidot).

Als **Propylite** werden Andesite und verwandte Gesteine bezeichnet, die durch postmagmatische hydrothermale Lösungen intensive Umwandlungen erfahren haben. Charakteristische Mineralneubildungen sind Chlorit, Albit, Epidot, Quarz und Pyrit. Diese Gesteine und weitere hydrothermale Umbildungen an Vulkaniten und Subvulkaniten sind in Abschn. 5.13 über metasomatische Gesteine behandelt.

2.27.2 Auftreten und äußere Erscheinung

Andesite treten als Staukuppen, Lavaströme, Extrusionsbreccien und als Komponenten von Pyroklastiten auf; sie werden gelegentlich als Glutwolken gefördert und bilden entsprechende Ablagerungen (s. S. 222f.). Im intravulkanischen Niveau erscheinen neben mehr oder weniger regelmäßig-rundlichen Kuppeln und Förderkanälen auch unregelmäßig gestaltete Stöcke sowie Gänge und Lagergänge. Die Ausbildung der Laven im einzelnen ist durch die mit zunehmendem SiO_2-Gehalt steigende Zähigkeit bestimmt; blasig-schlackige Ausbildung kommt verbreitet vor, doch fehlen im allgemeinen die Anzeichen besonderer Dünnflüssigkeit, wie sie bei vielen Basalten zu beobachten sind.

Tabelle 51 Mineralische (Volum-%) und chemische (Gew.-%) Zusammensetzung von Andesiten und begleitenden Gesteinen

	(1)	(2)	(3)	(4)	(5)	(6)	(7)
Quarz	–	–	–	–	7,4	2,3	12,7
Sanidin	–	–	–	–	1,8	15,4	–
Plagioklas	56,4 (28,4)	49,9 (31,0)	62,8 (6,9)	73,4	68,8	59,7	50,9
Pyroxen	18,4 (7,6)	23,9	21,9 (0,8)	22,0	19,2	19,9	34,8
Olivin	3,8	2,7	0,3	1,8	–	–	–
Fe-Ti-Erze	9,2 (1,1)	6,9 (0,3)	3,8 (0,4)	2,3	2,0	2,1	1,6
Apatit	+	+	+	0,5	0,8	0,6	0,1
Glas	12,3	16,6	11,3	±	±	±	+
SiO_2	51,80	53,10	58,60	52,7	56,7	55,6	58,0
TiO_2O	0,95	0,98	1,19	1,06	0,93	1,12	0,27
Al_2O_3	16,70	18,10	15,50	18,2	17,3	17,2	13,9
Fe_2O_3	4,57	2,85	2,12	3,6	2,9	3,2	1,1
FeO	5,75	6,02	7,47	5,3	4,7	3,8	6,75
MnO	0,19	0,16	0,20	0,14	0,16	0,11	0,19
MgO	4,41	2,75	2,49	5,2	4,5	4,1	9,64
CaO	9,47	8,94	6,21	8,1	6,7	6,9	7,50
Na_2O	2,98	3,53	4,02	4,1	3,9	4,2	1,99
K_2O	1,23	1,41	2,08	0,8	1,1	2,2	0,60
P_2O_5	0,20	0,21	0,19	0,26	0,37	0,30	0,05
H_2O^+	1,54	0,99	0,20	0,7	0,5	1,1	–
Summe	99,79	99,04	100,27	100,16	99,76	99,83	100,00

Die Zahlen in Klammern bezeichnen den Anteil der Einsprenglinge

(1) Kalk-Alkali-Basalt, Boqueron-Vulkan, San Salvador (nach FAIRBROTHERS et al. 1978)
(2) Basaltischer Andesit, Vorkommen und Quelle wie (1)
(3) Andesit, Vorkommen und Quelle wie (1)
(4) Mittel von 20 Andesiten, Mittelchile (nach PICHLER & ZEIL 1972). Mineralbestand in RITTMANN-Norm
(5) Mittel von 8 Quarzandesiten, Vorkommen und Quelle wie (4). Mineralbestand in RITTMANN-Norm
(6) Mittel von 8 Latitandesiten, Vorkommen und Quelle wie (4). Mineralbestand in RITTMANN-Norm
(7) Boninit von Chichi-Jima, Japan, Mittelwert wasserfrei auf 100 % berechnet. Die Wassergehalte der glasreichen Gesteine betragen 3–4 %. Mineralbestand in RITTMANN-Norm. „Pyroxen" = 26,6 % Orthopyroxen + 8,2 % Augit (nach KURODA et al. 1978)

Andesite sind besonders häufig porphyrisch mit Plagioklas und/oder Pyroxen, Hornblende, Olivin und Biotit als Einsprenglingen. Frische Gesteine sind je nach dem Anteil der Mafite und der Korngröße hell- bis mittelgrau, bei feinem Korn und höherem Glasanteil auch dunkler bis fast schwarz. Zersetzungs- und Oxydationserscheinungen bewirken Farbänderungen nach braun, violett oder rötlich, durch Chlorit oder „Viridit" auch nach grünlichgrau.

Andesite und die sie begleitenden Kalkalkalibasalte, Dacite und Rhyolithe der „Kalkalkali-Assoziation" sind die charakteristischen Vulkanite der Orogene und Inselbogen. Die Mehrzahl der tätigen Vulkane der Erde gehört dieser Assoziation an. Ihr Erscheinen, speziell das der Andesite i. e. S., wird mit magmabildenden Vorgängen in Subduktionszonen begründet, wobei ozeanische Kruste mit generell basaltischer Zusammensetzung teilweise aufschmilzt. In die Aufschmelzung können auch Anteile des oberhalb der Subduktionszone liegenden Mantels und – wenn vorhanden – der sialischen Kruste einbezogen werden. Unter Berücksichtigung des gesamten Bestandes an Gesteinen, ihrer Volumanteile, tektonischen Plazierung und geochemischen Eigenschaften können eine Kalkalkali-Assoziation der Inselbögen und eine der Kontinentalränder unterschieden werden. Die letztere Assoziation ist i. a. durch höhere Volumanteile der sauren Glieder (Dacite, Rhyolithe) und bestimmte geochemische Charakteristiken von der der Inselbogen verschieden, welche auch die jeweils auftretenden Andesite betreffen. Petrographisch sind die Andesite der Kontinentalränder oft hornblende- und biotitführend (Einsprenglinge); Einsprenglinge oder Xenokristalle von Quarz, Granat und Cordierit kommen, wenn überhaupt, hier vor. Andesite treten weiter auch in Assoziation mit Tholeiitbasalten und Daciten bis Rhyolithen im Vulkanismus der ozeanischen Rücken auf, z. B. Island (s. Abschn. 2.27.3). Im Gegensatz zu den Andesiten der vorgenannten Assoziationen sind sie mikroporphyrische Pyroxenandesite von meist dunklem Aussehen.

2.27.3 Beispiele andesitischer Gesteinsvorkommen

Beispiel einer Tholeiitbasalt-Andesit-Rhyolith-Assoziation: Der Thingmuli-Vulkan in Island (nach Carmichael, 1964 und 1967b).

Der Zentralvulkan Thingmuli gehört zu der tertiären Eruptivprovinz Islands. Er besteht aus einer stark differenzierten Abfolge von Laven,

Tabelle 52 Chemische Analysen (Volum-%) von Gesteinen des Thingmuli-Vulkans (Island) und von andesitischen Gesteinen aus Zentralanatolien (Türkei)

	(1)	(2)	(3)	(4)	(5)	(6)	(7)	(8)	(9)
SiO_2	47,07	49,74	55,87	60,59	69,40	74,32	56,19	59,83	63,87
TiO_2	1,66	3,33	2,40	1,25	0,20	0,24	0,95	0,68	0,50
Al_2O_3	14,86	12,37	13,56	15,07	11,20	12,66	17,13	16,58	15,41
Fe_2O_3	4,08	3,81	3,91	2,31	1,00	1,71	4,17	4,06	2,52
FeO	7,20	11,44	7,56	5,73	1,50	0,50	2,75	1,43	1,21
MnO	0,17	0,30	0,25	0,19	0,08	0,05	0,11	0,09	0,07
MgO	8,52	4,37	2,91	1,73	0,24	0,02	4,53	3,09	2,26
CaO	11,47	8,57	6,47	4,94	1,20	0,94	7,95	5,90	4,33
Na_2O	2,24	3,07	3,69	4,29	4,40	5,08	2,80	3,73	3,78
K_2O	0,20	0,80	1,29	1,59	2,70	3,55	2,53	3,13	3,45
P_2O_5	0,18	0,98	0,80	0,43	0,05	0,05	0,37	0,28	0,19
H_2O^+	1,32	0,77	0,80	0,43	5,90	0,43	0,66	0,51	1,29
Summe	98,97	99,55	99,51	98,55	97,87	99,55	100,14	99,31	98,88

(1) bis (6) Gesteine vom Thingmuli-Vulkan (nach Carmichael 1964).
(7) bis (9) Gesteine aus Zentralanatolien (nach Keller et al. 1977).
(1) Olivintholeiitbasalt, ol-normativ. – (2) Tholeiitbasalt, Q-normativ. – (3) Basaltischer Andesit. – (4) Andesit (Islandit). – (5) Pechstein („cone sheet"). – (6) Rhyolith (Quellkuppe). – (7) Pyroxenandesit, olivinführend; Cimen Gölü. – (8) Hornblendeandesit, biotitführend, Alkaysi Tepe. – (9) Biotit-Hornblende-Dacit, pyroxenführend, Fasiakr. Mit 0,04 % CO_2.

Tuffen und Intrusionen, die von Olivintholeiitbasalten über Tholeiitbasalte und Andesite bis zu Rhyolithen reicht (Tabelle 52). Die Anteile der verschiedenen Gesteinstypen am Gesamtvolumen sind: Basalte 58%, Andesite 18%, Rhyolithe 21% und Pyroklastite 3%. Die Andesite bilden Lavaströme von durchschnittlich 20 m Dikke, welche mit basaltischen Lavaströmen wechsellagern. Die rhyolithischen Gesteine treten als bis zu 100 m dicke Lavaströme sowie als intrusive Stöcke und Lagergänge auf. Durch Erosion sind schon beträchtliche Teile des Vulkangebäudes entfernt worden; dabei wurde eine zentrale Zone hydrothermaler Zersetzung aufgeschlossen, in der Calcit, Epidot, Laumontit und teilweise auch Pyrit als Neubildungen auftreten. Die Andesite des Thingmuli-Vulkans sind von denen der anderen hier gegebenen Beispiele durch ihre vorwiegend feinkörnige und nur mikroporphyrische Beschaffenheit unterschieden. Hauptminerale sind Plagioklas (An_{40} bis An_{45} bei den Einsprenglingen, Oligoklas in der Grundmasse), eisenreicher Augit (Einsprenglinge) und ein nicht näher definierter Klinopyroxen in der Grundmasse, etwas Fe-reicher Olivin, sowie Titanomagnetit und Ilmenit. Die Grundmasse ist sehr feinkörnig-mikrolithisch mit Glasmatrix. In einigen der basaltischen Andesite und Andesite tritt Chlorophaeit als Umwandlungsprodukt von Glas und als Mandelfüllung auf. Das Mineral ändert durch Oxydation an der Luft seine Farbe in einigen Sekunden von Grün in Schwarz (s. S. 205). Verglichen mit den Andesiten der Kalk-Alkali-Assoziationen der Orogene, z. B. des Cascadengebirges (USA), sind die intermediären Andesite des Thingmuli-Vulkans reicher an Eisen, aber ärmer an Aluminium und Calcium und zeigen nicht die dort meist gut entwickelten Einsprenglinge von Plagioklas und Mafiten. Deshalb wurde für solche Andesite der Name **„Icelandite“** (Islandit) eingeführt (Tabelle 52, Nr. 4).

Beispiele von Andesiten in Kalk-Alkali-Assoziationen: Der neogene Vulkanismus in Zentralanatolien
(nach KELLER et al., 1977).

Die hier betrachteten Vulkangebiete, Erenler Dağ/Alaca Dağ und Kara Dağ, liegen auf der anatolischen Platte, teils am Innenrand des alpidisch gefalteten Taurus, teils auf dem nördlich daran anschließenden Zwischenmassiv. Die vulkanischen Massive erheben sich 1000 bis 1500 m über der anatolischen Hochebene (Abb. 75). Der Vulkanismus erstreckte sich über den Zeitraum von 12 bis 1,1 Millionen Jahren vor heute. Die petrographische Variationsbreite der geförderten Vulkanite reicht von intermediären über saure Andesite und Dacite bis zu Rhyodaciten (Tabelle 52). In dem benachbarten Acigöl-Göllüdağ-Gebiet treten auch Rhyolithe, Rhyolithtuffe und quartäre Basalte auf. Vulkanologisch sind die Andesitvorkommen als Staukuppen (einzeln und in gedrängten Gruppen, siehe Abb. 75b), kurze Lavadecken und -ströme, als Extrusionsbreccien und Glutwolkenablagerungen entwickelt. Die sauersten Gesteinstypen (Rhyodacite und Rhyolithe) kommen auch in Form ausgedehnter Ignimbritdecken vor.

Petrographisch entsprechen die **Andesite** weitgehend der in Abschn. 2.27.1 gegebenen allgemeinen Beschreibung. Sie sind durchweg porphyrisch oder glomerophyrisch mit Einsprenglingen von Olivin (untergeordnet), Orthopyroxen (z. T. von Klinopyroxen ummantelt), Hornblende (hastingsitisch), z. T. oxydiert und opacitisiert, Biotit (oft opacitisiert) und Plagioklas. Die Plagioklase haben oft oszillierenden Zonenbau und sind häufig zonenweise wieder aufgeschmolzen. Die größeren Quarze sind wohl als Xenokristalle anzusehen. Als Erzminerale treten Magnetit und Titanomagnetit, als Akzessorien Apatit und Zirkon auf. Die Strukturen der Grundmassen sind je nach der Ausbildung und Anordnung der Feldspäte und dem Glasanteil als mikrolithisch, pilotaxitisch oder vitrophyrisch zu bezeichnen. Die Gesteine sind kompakt oder feinporig; größere Blasen kommen nur wenig vor.

Chemisch gehören diese zentralanatolischen Andesitassoziationen dem „Kontinentalrand-Typ“ an, der sich von dem „Inselbogen-Typ“ durch im Mittel höhere Gehalte an SiO_2, K_2O, Rb, Ba, Sr, Zr und höhere $^{87}Sr/^{86}Sr$-Ausgangsverhältnisse unterscheidet. Die K/Rb- und Rb/Sr-Verhältnisse der anatolischen Andesite sind mit 242 bzw. 0,145 von denen des pazifischen Inselbogen-Typs (430 bzw. 0,08) stark verschieden.

Beispiel einer paläovulkanischen Basalt-Andesit-Rhyolith-Assoziation: Die permischen Vulkanite der Umgebung von Idar-Oberstein, Rheinland-Pfalz
(nach BAMBAUER, 1960).

Der spätorogene Magmatismus des Saar-Nahe-Gebietes hat im Perm bedeutende Mengen basischer, intermediärer und saurer Vulkanite und Subvulkanite geliefert, die heute meist in paläovulkanischer Fazies vorliegen. Die auch in den noch am wenigsten veränderten Gesteinen beob-

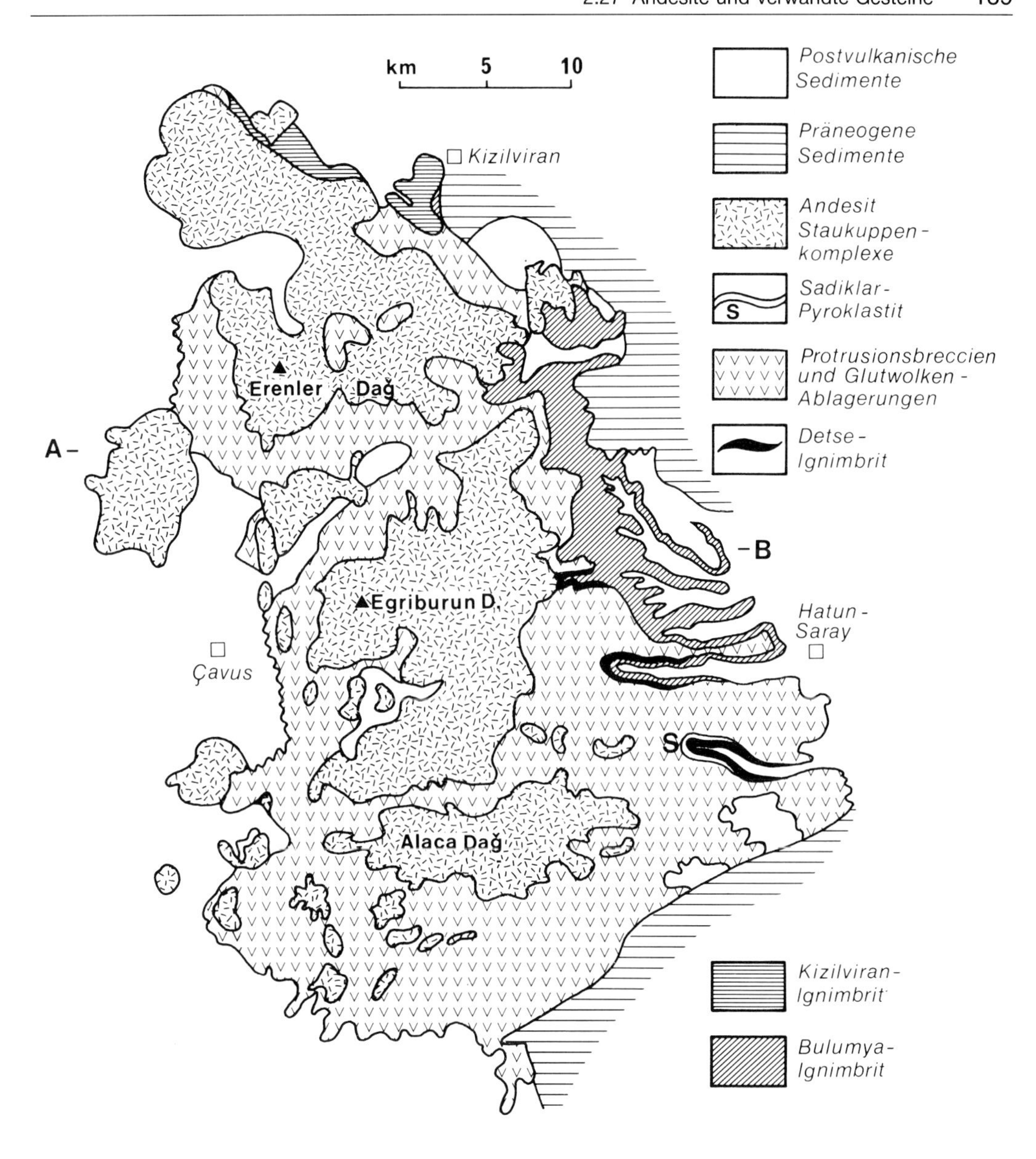

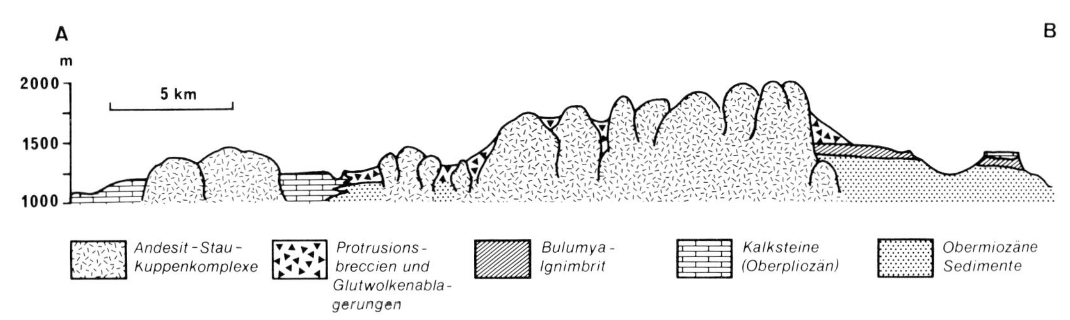

Abb. 75 a) Das vulkanische Erenler Dağ-Alaca Dağ – Massiv in Zentralanatolien (nach KELLER et al. 1977). A–B: Lage des Profils. – b) W-E-Profil, überhöht.

achteten Umwandlungen betreffen vor allem die Mafite; Olivin wird in Hämatit, Iddingsit, Viridit und Karbonate, Klinopyroxen in Viridit ± Karbonat, Orthopyroxen in Talk umgewandelt. „Viridit" ist die Sammelbezeichnung für grüne Schichtgittersilikate, die z. T. auch in der Mesostasis der Gesteine auftreten. Die zur Andesitfamilie gehörenden Gesteine bilden Lavadecken von bis zu 50 m Mächtigkeit. Die Strukturen sind porphyrisch bis glomerophyrisch mit mehrere mm großen, meist zonaren Plagioklasen (An_{80-40}) und kleineren Pyroxenen und Olivinen. Die Grundmassen sind mikrolithisch, z. T. sehr feinkörnig. Die Mesostasis besteht hauptsächlich aus Feldspäten, teilweise auch aus Viridit und Karbonaten. Die chemischen Analysen unterscheiden sich von denen unveränderter Andesite durch ihre H_2O-Gehalte (Tabelle 53). Die bekannten *Achatmandeln* des Gebietes treten vor allem in den intermediären Andesiten und Rhyo-

Tabelle 53 Mineralische (Volum-%) und chemische (Gew.-%) Zusammensetzung permischer Vulkanite des Saar-Nahe-Troges (Rheinland-Pfalz)

	(1)	(2)	(3)	(4)	(5)	(6)	(7)
Quarz	–	–	(1)	10,5	2,5	–	2,5
Alkalifeldspat	–	–	–	–	–	–	7,0
Plagioklas	56	55 (25)	(25)	25,5	10	44,7	59,0
felsitische Mesostasis		13	–	38	60,5	31,5	+
Klinopyroxen	26	19 (1)	(4,5)	13	14	15,2	12,5
Orthopyroxen	–	–	(4,5)	–		4,2	3,5
Amphibol	–	–	–	1,5	–	–	+
Biotit	–	–	–	4,5	–	–	0,5
Olivin	12	(5)	2	–	–	–	4,0
Fe-Ti-Erze	1	2	–	4	5,5	–	3,0
Viridit der Mesostasis	4	1	–	3	5	4,0	7,5
Karbonate	–	1	–	0,5	2,5	0,4	–
Apatit	+	+	+	+	+	+	0,5
Grundmasse	–	–	63	–	–	–	–
SiO_2	52,40	51,50	52,80	58,30	63,10	55,25	53,69
TiO_2	0,91	0,94	1,16	1,75	0,88	1,18	0,09
Al_2O_3	15,90	18,00	17,10	15,80	13,90	15,13	21,71
Fe_2O_3	3,97	5,52	4,98	5,81	0,89	3,92	1,81
FeO	3,00	2,23	1,66	2,09	4,80	5,03	3,39
MnO	0,11	0,09	0,08	0,09	0,11	0,23	0,09
MgO	9,81	5,83	6,10	3,09	1,14	3,96	3,27
CaO	8,27	9,54	8,02	6,01	3,78	8,01	7,60
Na_2O	2,60	2,70	4,30	3,20	3,60	3,52	4,98
K_2O	0,10	1,00	1,10	1,70	2,50	1,78	1,66
P_2O_5	0,37	0,22	0,35	0,34	0,68	0,26	0,14
CO_2	0,09	0,56	0,18	0,03	0,31	0,48	0,09
H_2O^+	2,52	2,07	1,19	2,07	2,99	1,25	1,73
Summe	100,05	100,20	100,30	100,28	99,25	100,00	100,25

Die Zahlen in Klammern beziehen sich auf Einsprenglinge

(1) Basalt, Algenrodter Friedhof bei Idar-Oberstein (nach Bambauer 1960)
(2) Basaltischer Andesit („Navit"), Idar, Quelle wie (1). SiO_2 niedrig durch H_2O^+ und CO_2
(3) Olivinführender Pyroxenandesit, Hasenklopp, Quelle wie (1). Mit 1,28 % H_2O^-
(4) Pyroxen-Biotit-Quarz-Andesit, Steinkaulenberg, Quelle wie (1)
(5) Pigeonit-Quarzdacit, Finkenberg, Quelle wie (1). Mit 0,57 % H_2O^-. Die Mesostasis ist plagioklasreich
(6) Tholeyit, Schaumberg bei Tholey (nach Jung 1958). Der Orthopyroxen ist in Hornblende und Iddingsit umgewandelt
(7) Pyroxenandesit bis Latitandesit („Palatinit"), Rauschermühle bei Niederkirchen (nach Jung 1967)

daciten auf. Der **Original-Tholeyit,** welcher am Schaumberg bei Tholey drei übereinanderliegende Lagergänge bildet, gehört der gleichen magmatischen Provinz an. Nach seiner durch das Beispiel in Tabelle 53, Nr. 6 gegebenen mittleren Zusammensetzung ist das Gestein ein basaltischer Andesit mit mäßig hohem Kaligehalt. Das Gefüge ist ophitisch bis intersertal mit einer aus K-Na-Feldspat, Oligoklas und Quarz bestehenden Mesostasis (Feldspat-Quarz-Verhältnis etwa 4:1).

Granat- und cordieritführende Andesite

Granat ist gelegentlich ein regelmäßiger Hauptbestandteil von Andesiten, Daciten und Rhyolithen (z. B. in Japan, Neuseeland, auf Lipari, in Spanien und anderenorts). Als Beispiel seien hier die Granate in Andesiten der Slovakei genannt, die mit mehr oder weniger idiomorphen Formen als Einsprenglinge von bis zu 1,5 cm Größe auftreten. Chemisch handelt es sich um almandinreiche Granate mit verbreiteter Zonierung; die Kerne sind in der Regel pyropreicher als die Außenzonen. Allgemein sind die Granate der Rhyolithe almandinreicher als die der Andesite. Die Granate der slovakischen Vorkommen werden als Kristallisate des Andesitmagmas unter hohen Drukken (> 9 kb) gedeutet. Ein schon seit langem bekanntes Beispiel eines **cordierit-** und **granatführenden Andesits** ist das Gestein vom Hoyazo bei Nijar, Provinz Almeria, Spanien. Es bildet einen zwischen triassischen und tertiären Sedimenten eingelagerten Lavakörper von etwa 50 bis 100 m Dicke. Das frische Gestein enthält in einer fast schwarzen glasreichen Grundmasse „Einsprenglinge" von Biotit (bis 3 mm), Granat (rubinrot, bis 1 cm), Cordierit (blau, < 1 cm) und Quarz, ferner sehr viele bis 50 cm große Einschlüsse von Almandin-Biotit-Sillimanit-Gneis, Quarz-Cordieritfels, Spinell-Cordierit-Hornfels sowie basalt- und gabbroartigen Gesteinen, welche wiederum Xenolithe der vorgenannten metamorphen Gesteine umschließen. Ein ungefährer, die Einschlüsse nicht berücksichtigender Modalbestand des Andesits ist (in Volum-%): Glas 51, Plagioklas 16, Biotit 8, Cordierit 10, Granat 1, Sillimanit 3, Quarz 6, Erzminerale 5, andere 0,3. Eine weitere Besonderheit des Gesteins ist der überall in feinsten Flittern auftretende **Graphit;** er bedingt einen C-Gehalt des Gesteins von etwa 0,5%. Der **Cordierit** bildet idiomorphe Drillinge (aus der Umwandlung einer ursprünglich hexagonalen Hochtemperaturform) und xenomorphe, nicht verzwillingte Körner mit Biotit-, Sillimanit- und Graphiteinschlüssen. Der **Granat** ($Alm_{78}Py_{11}$ $Spes_5Andr_6$) ist idiomorph bis hypidiomorph; er führt ebenfalls Biotit-, Quarz- und Sillimaniteinschlüsse. Nach ZECK (1970) ist das Gestein vom Hoyazo mit seinen Einschlüssen ein „erumpierter", d. h. sehr schnell zur Oberfläche aufgestiegener Migmatit.

Weiterführende Literatur zu Abschn. 2.27

GILL, J. B. (1981): Orogenic Andesites and Plate Tectonics. – 390 S., Berlin (Springer).

THORPE, R. S. [Hrsg.] (1982): Andesites, Orogenic Andesites and Related Rocks. – 724 S., Chichester (Wiley).

2.28 Basalte

2.28.1 Allgemeine petrographische und chemische Kennzeichnung

Als Basalte werden hier, in Übereinstimmung mit STRECKEISEN (1967), vulkanische Gesteine mit 40 bis 70 Volum-% Mafiten und **Plagioklas** als weitaus vorherrschendem hellem Gemengteil verstanden. Dominierende Mafitminerale sind immer **Pyroxene; Olivin** ist meist vorhanden, kann aber auch fehlen. Der **Anorthitgehalt der Plagioklase** beträgt **über 50%** (Labradorit, Bytownit). Um die so definierte Kategorie der **„Basalte im engeren Sinne"** gruppieren sich weitere Arten basaltischer Gesteine, die durch bestimmte **mineralogische Kriterien** von den ersteren abweichen:

Foidbasalt: Basalt mit bis zu 10% Foiden;
Melabasalt und **Ankaramit** (nephelinführend) mit 70 bis 90% Mafiten;
Pikrit = Melabasalt mit viel Olivin (Olivin:Pyroxen etwa 1:1 oder größer);
Basaltischer Komatiit: Melabasalt mit Spinifex- und verwandten Strukturen (s. Abschn. 2.3);
Basanit: Foidbasalt (und Tephrit) mit über 10% Olivin;
Hawaiit: basaltartiges Gestein mit Andesin, Augit und Olivin als Hauptgemengteilen; foidfrei oder foidführend;
Mugearit: basaltartiges Gestein mit Oligoklas, Augit ± Olivin als Hauptgemengteilen; foidfrei oder foidführend;
Trachybasalt: basaltartiges Gestein mit Alkalifeldspat (meist Sanidin) neben vorherrschendem Plagioklas.

Die beobachteten oder aus den chemischen Analysen errechneten Mineralbestände vieler Mugearite und der meisten Trachybasalte verweisen die Gesteine in die Felder 9 oder 9' des Streckeisen-Doppeldreiecks; sie sind demnach Latitbasalte oder Latitandesite.

Andesitischer Basalt, Leukobasalt: weniger als 40 Vol.-% Mafite, Plagioklas mit über 50% An.

Labradorporphyrit ist ein basaltisches Gestein mit großen Plagioklaseinsprenglingen.

Andere Varianten entstehen durch das Auftreten zusätzlicher Minerale, wie Amphibol, Quarz und besonders durch die Beteiligung von **Glas** und seiner Umwandlungsprodukte.

Tholeyit ist ein leukokrates, subvulkanisches Gestein aus der Gruppe der Monzodiorite; es gehört nach seinen mineralogischen Kriterien (Farbzahl < 30, An-Gehalt der Plagioklase etwa 49%, 14 Volum-% Orthoklas) nicht zu den Basalten. Trotzdem ist der Name in Verbindung mit -basalt, meist in der Schreibweise „Tholeiitbasalt", weltweit zur Bezeichnung des häufigsten Basalttyps angenommen worden.

Dolerit ist eine häufig benutzte Bezeichnung für klein- bis mittelkörnige basaltische Gesteine unterschiedlicher Zusammensetzung, oft mit ophitischer Struktur; als Lava oder Ganggestein. Die Gesteinsnamen „Dolerit" und **„Diabas"** werden in der Literatur unterschiedlich gebraucht (STRECKEISEN 1967): In England bezeichnet „Dolerite" klein- bis mittelkörnige hypabyssische und subvulkanische, gewöhnlich unveränderte basaltische Gesteine. In Amerika und den fennoskandischen Ländern werden solche Gesteine, unabhängig von ihrem Erhaltungszustand, als „Diabase" bezeichnet. In England und Mitteleuropa steht „Diabas" für schwach metamorphe oder sonst sekundär veränderte Basalte und Dolerite, besonders in Gängen, Lagergängen oder Kissenlaven. In dem vorliegenden Buch ist der Name „Diabas" auf intrusive, hypabyssische oder subvulkanische Ganggesteine der Gabbrofamilie beschränkt (s. Abschn. 2.14).

Melaphyre sind veränderte, oft oxydierte und blasenreiche Basalte und Dolerite, speziell des Oberkarbons und Perms Mitteleuropas.

Die meisten Basalte sind wegen der feinkörnigen oder gar glasigen Beschaffenheit ihrer Grundmassen für die quantitative mikroskopische Bestimmung ihres Mineralbestandes nicht geeignet. Die heute gültigen Klassifikationen gründen sich deshalb, wie auch bei anderen Vulkaniten, auf die **chemische Zusammensetzung** und auf die aus ihr zu errechnenden normativen Mineralbestände (CIPW-Norm). Den so definierten Gesteinsgruppen und -arten entsprechen auch weitgehend bestimmte, qualitativ gut erkennbare mineralogische Kriterien (Abb. 76).

Ein allgemeiner, Basalte im engeren Sinne und basaltische Gesteine in der oben angegebenen Bedeutung umfassender Rahmen chemischer Kriterien ist das von MANSON (in HESS & POLDERVAART 1967) verwendete **„Basaltsieb";** danach müssen basaltische Gesteine im weiteren

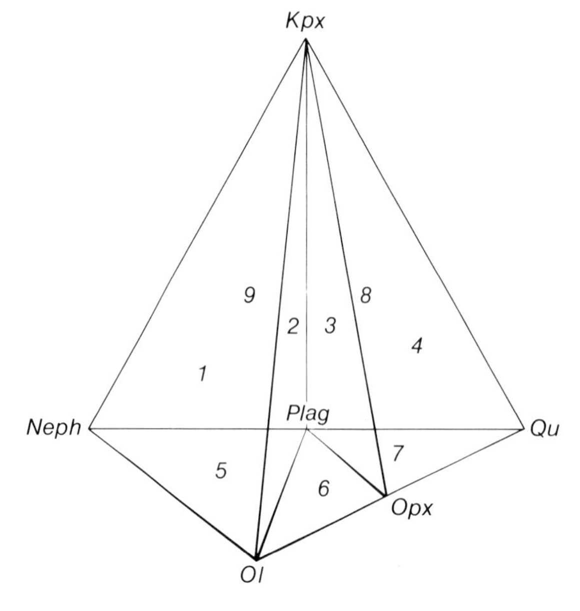

Abb. 76 Das System Klinopyroxen-Nephelin-Plagioklas-Quarz-Orthopyroxen-Olivin als „Basalttetraeder". Die Zahlen bezeichnen die Flächen, auf deren Mitte sie stehen. Wichtige Typen basaltischer und verwandter Gesteine lassen sich in dem Tetraeder folgendermaßen plazieren: Auf **Kanten** zwischen Neph und Kpx die **Nephelinite,** zwischen Ol und Kpx **Pikrite,** zwischen Plag und Kpx **„Basalte";** auf den **Flächen** 1 **Olivinnephelinite,** 2 **Olivinbasalte,** 3 **Tholeiitbasalte,** 9 (Hinterseite des Tetraeders) **Tephrite;** in den **Räumen** zwischen Kpx, Plag, Ol und Neph nephelinführende **Alkali-Olivinbasalte** und **Basanite,** zwischen Kpx, Opx, Ol und Plag **Olivin-Tholeiitbasalte,** zwischen Kpx, Opx, Plag und Qu **Quarz-Tholeiitbasalte.**

Sinne folgende Bedingungen erfüllen (Gewichtsprozente):

	mehr als (%)	weniger als (%)
SiO_2	–	56,00
TiO_2	–	5,50
Al_2O_3	10,50	22,50
Fe_2O_3	–	6,00
FeO	2,50	15,00
MgO bei FeO < 10%	3,00	–
MgO bei FeO > 10%	2,00	–
MnO	–	1,00
CaO	5,00	15,00
Na_2O	–	5,50
Ges.-H_2O	–	4,00
H_2O^+	–	3,00
H_2O^-	–	1,00
CO_2	–	0,50
Summe	99,00	101,00

Bei den CIPW-Normen gelten als Grenzwerte (Zahlen in %):

ol bei ne = 0: 15,00 — Q: 0 bis 12,50
ol bei ne < 10: 20,00 — or bei ne = 0: 15,00
ol bei ne > 10: 25,00 — or bei ne < 10: 20,00
ol bei lc > 0: 25,00 — or bei ne > 10: 25,00

kein C, kein wo, kein hm

$$An = \frac{an}{an + ab} \cdot 100 \text{ bei FeO} < 10, \text{ or} < 10, \text{ lc} = 0: \quad 35{,}00 \text{ bis } 80{,}00$$

$$An = \frac{an}{an + ab} \cdot 100 \text{ bei FeO} > 10, \text{ or} < 10, \text{ lc} = 0: \quad 25{,}00 \text{ bis } 80{,}00$$

$$An = \frac{an}{an + ab} \cdot 100 \text{ bei FeO} < 10, \text{ or} > 10, \text{ lc} = 0: \quad 35{,}00 \text{ bis } 90{,}00$$

$$An = \frac{an}{an + ab} \cdot 100 \text{ bei lc} > 0: \quad 0 \text{ bis } 100{,}00$$

Kristallisationsindex nach Poldervaart & Parker (s. Abschn. 1.3.3): bei FeO < 10: 35,00 bis 70,00, bei FeO > 10: 25,00 bis 70,00.

Dieses Basaltsieb umfaßt eine beträchtliche Variationsbreite basischer Gesteine, auch solche mit höheren Gehalten an normativen Foiden, welche in der in diesem Buch gewählten Gesteinsklassifikation bei den Alkali- bzw. Kaligesteinen erscheinen. Auf der anderen Seite führen schon wenig übernormale Gehalte an H_2O^+, CO_2, Fe_2O_3 und CaO zum Ausschluß aus der Basaltfamilie. Das Basaltsieb ist u. a. ein geeignetes Instrument zur Unterscheidung der „Alkali-Lamprophyre" oder „anchibasaltischen Ganggesteine" von den Basalten (s. Abschn. 2.2.1).

Innerhalb des so gefaßten Rahmens der basaltischen Gesteine sind als Hauptgruppen zu unterscheiden:

1 **Tholeiitbasalte** mit normativem Hypersthen und Quarz oder Olivin, $SiO_2 < 56\%$, $Al_2O_3 < 17\%$.

1.1 **Quarztholeiitbasalt** mit normativem Quarz.

1.2 **Tholeiitbasalt i.e.S.,** weder normativer Quarz noch normativer Olivin (sehr selten).

1.3 **Olivintholeiitbasalt** und Olivinbasalt mit normativem Olivin und Hypersthen (olivinreich: **Ozeanit, Pikrit**).
Für die ozeanischen Tholeiitbasalte ist eine weitere Unterteilung in Ol-Tholeiitbasalt und Pl-Tholeiitbasalt eingeführt worden, die auf die beobachtete Ausscheidung von Olivin oder Plagioklas als erstes Kristallisat Bezug nimmt.

2 **High-Alumina-Basalte** mit $Al_2O_3 > 17\%$ und $SiO_2 < 56\%$ (Kalk-Alkali-Basalt).

2.1 High-Alumina-Basalt mit normativem Hypersthen und Quarz.

2.2 High-Alumina-Basalt mit normativem Hypersthen und Olivin.

3 **Shoshonitische Basalte** mit normativem Olivin, Hypersthen und hohem Kali : Natron-Verhältnis (K_2O:$Na_2O > 0{,}8$).

4 **Olivinbasalt** im engeren Sinne, mit normativem Olivin und Diopsid, aber ohne Nephelin, Quarz und Hypersthen (sehr selten).

5 **Alkalibasalte** mit normativem Olivin und Nephelin.

5.1 **Alkalibasalt i.e.S.,** mit bis zu 5% normativem Nephelin und < 5% normativem Olivin.

5.2 **Alkali-Olivinbasalt,** mit bis zu 5% normativem Nephelin und > 5% normativem Olivin.

5.3 **Basanit** mit > 5% normativem Nephelin und > 10% normativem Olivin.

5.4 **Alkali-Ankaramit** und **Alkalipikrit,** mit normativem Nephelin und > 60% normativen Mafiten.

Diesen chemisch bzw. durch ihre normativen Mineralbestände definierten Gesteinsgruppen können mit gewissen Einschränkungen auch charakteristische Mineralbestände und teilweise auch bestimmte Gefüge zugeordnet werden. In den **Tholeiitbasalten** entwickelt sich bei vollständiger Auskristallisation häufig ein ophitisches Gefüge (s. Abschn. 2.3), das durch die Ausscheidung des Plagioklases *vor* den Pyroxenen zustandekommt. Der Olivin bildet, wo er überhaupt auftritt, Einsprenglinge in der ophitischen Grundmasse; sie sind oft von einem Reaktionssaum aus Pyroxen

Tabelle 54 Mittelwerte chemischer Analysen von wichtigen Basalttypen (Gew.-%)

	(1)	(2)	(3)	(4)	(5)	(6)	(7)	(8)	(9)
SiO_2	49,92	53,8	50,56	49,15	50,19	51,31	50,81	46,0	50,64
TiO_2	1,46	2,0	2,78	1,52	0,75	0,88	0,63	2,6	1,01
Al_2O_3	16,08	13,9	12,79	17,73	17,58	18,60	9,58	15,6	16,28
Fe_2O_3	1,49	2,6	3,23	2,76	2,84	2,91	1,22	3,5	3,92
FeO	8,04	9,2	11,24	7,20	7,19	5,80	9,86	7,9	4,57
MnO	0,17	0,2	0,22	0,14	0,25	0,15	0,19	0,16	0,14
MgO	7,75	4,1	5,40	6,91	7,39	5,95	12,73	7,4	5,85
CaO	11,21	7,9	10,29	9,91	10,50	10,30	9,05	10,1	10,55
Na_2O	2,79	3,0	2,55	2,88	2,75	2,93	1,29	3,4	2,84
K_2O	0,17	1,5	0,59	0,72	0,40	0,74	0,06	1,7	2,74
P_2O_5	0,15	0,4	0,31	0,26	0,14	0,12	0,06	0,53	0,68
CO_2	–	–	–	–	–	–	4,50	–	–
H_2O^+	0,77	1,2	n. b.	0,40	–	0,30		1,1	n. b.
Summe	100,00	99,8	99,96	99,58	99,98	99,99	99,98	99,99	99,22
Q	–	7,0	3,9	–	–	0,8	2,8	–	–
or	1,0	9,0	3,5	4,3	2,4	4,4	0,4	10,2	16,3
ab	23,8	25,7	21,6	24,6	23,3	24,9	11,4	17,9	24,2
an	31,1	20,3	21,7	33,6	34,5	35,5	21,1	22,5	23,8
ne	–	–	–	–	–	–	–	6,1	–
di	19,5	14,0	22,6	11,6	13,6	12,1	20,7	19,8	19,5
hy	13,4	15,4	16,0	13,0	16,7	16,1	40,3	–	1,3
ol	5,8	–	–	5,5	3,8	–	–	12,1	5,6
mt	2,2	3,8	4,7	4,0	4,1	4,2	1,9	5,1	5,7
il	2,8	3,8	5,3	2,9	1,4	1,7	1,3	5,0	1,9
ap	0,4	1,0	0,7	0,6	0,3	0,3	0,1	1,3	1,6

(1) Basalte der ozeanischen Rücken (nach Hart 1976)
(2) Yakima-Plateaubasalte, Washington, USA (nach Waters 1961)
(3) Dekkan-Plateaubasalte, Indien (nach Bose 1972)
(4) High-Alumina-Basalte, Oregon und Cascade Range, USA (nach Waters 1962)
(5) High-Alumina-Basalte, Japan (nach Kuno 1960)
(6) Kalk-Alkali-Basalte (nach Nockolds & le Bas 1977)
(7) Basaltische Komatiite, Belingwe, Rhodesien (nach Nisbet et al. 1977)
(8) Alkali-Olivinbasalte (nach Manson 1967)
(9) Shoshonitische Basalte der Äolischen Inseln (nach Barberi et al. 1974)

umgeben. Ferner enthalten viele Tholeiitbasalte zwei oder sogar drei Pyroxene; neben Augit (Ca-arm) treten Pigeonit und/oder Orthopyroxen auf. Die Pyroxenphasen sind oft miteinander verwachsen und mikroskopisch nur schwierig unterscheidbar. Bei Quarztholeiitbasalten mit größerem SiO_2-Überschuß ist manchmal eine „Mesostasis" aus Alkalifeldspäten und Quarz entwikkelt. Häufig ist aber ein mehr oder weniger großer Schmelzrest glasig erstarrt (meist ein bräunliches Glas).

In den **High-Alumina-Basalten** tritt, dem hohen Anteil an ab und an in der Norm entsprechend, der Plagioklas häufig, aber nicht immer, als Einsprengling *und* in der Grundmasse auf. In jedem Falle ist der modale Anteil des Plagioklases in diesen Basalten sehr hoch. Es treten sowohl monokline, als auch rhombische Pyroxene auf.

Die **shoshonitischen Basalte** sind basische Glieder der shoshonitischen Gesteinsserie; sie sind durch vergleichsweise hohe Verhältnisse von K_2O:Na_2O charakterisiert, ohne aber die für Alkalibasalte erforderliche Untersättigung mit ne oder lc in der Norm zu erreichen. Die Gesteine enthalten Sanidin oder Anorthoklas in der Grundmasse, häufig als Umrandung der Plagioklase.

Die **Alkalibasalte** sind durch das alleinige Auftreten des monoklinen Pyroxens, meist eines Ca-reichen, oft auch Ti-reichen Augits, gekennzeichnet. Einsprenglinge dieses Minerals mit Zonenbau sind nicht selten. Olivin kommt als Einsprengling, in basischen Gesteinen auch in der Grundmasse vor. In der Grundmasse können auch – neben vorwiegendem Plagioklas und Augit – Alkalifeldspat, in den Basaniten auch Nephelin auftreten.

Die Erzminerale werden im allgemeinen nicht zur Charakterisierung der Basalte herangezogen. Zusätzliche Silikatminerale, wie Hornblende oder Biotit, werden bei der Benennung entweder adjektivisch (bei geringen Anteilen) oder als Praefix (bei Anteilen > 5 Volum-%) genannt, z. B. hornblendeführender Basalt bzw. Hornblendebasalt. Manche Basalte enthalten in der Grundmasse feinkristalline bis amorphe grüne „Mineraloide", wie Chlorophaeit, verschiedene Tonminerale der Montmorillonit-Nontronit-Verwandtschaft, Analcim oder Zeolithe (diese oft als Umwandlungsprodukte des Nephelins). Für die Systematik spielen diese Minerale dann eine Rolle, wenn sie bei reichlicherem Auftreten die chemische Zusammensetzung des Gesteins stärker beeinflussen und gegenüber den auf den silikatischen Hauptmineralen basierenden Modellzusammensetzungen deutlich verschieben. Gesteine mit höheren Anteilen solcher Minerale sind dann unter Umständen nicht eindeutig klassifizierbar. Andere Umwandlungserscheinungen an Basalten sind in Abschn. 2.30 „Spilite" behandelt.

In der neueren Literatur tritt bei der Zuordnung und Benennung der Basalte auch die **Art der Gesteinsassoziation**, in der die Gesteine auftreten, zunehmend in den Vordergrund. Für die Beurteilung des Charakters solcher Assoziationen ist u. a. die chemische Entwicklung bei der Differentation maßgebend. Eine häufig verwendete Darstellung solcher Verhältnisse benutzt das Dreiecksdiagramm ($K_2O + Na_2O$) | FeO* | MgO. FeO* ist Gesamteisen als FeO. Hier ergeben sich für die verschiedenen Entwicklungsreihen deutlich voneinander abweichende Trendlinien (Abb. 77).

2.28.2 Auftreten und äußere Erscheinung

Basalte sind das überwiegende Gesteinsmaterial der **ozeanischen Rücken** und, meist von einer relativ geringmächtigen Sedimentdecke überlagert, auch das der **Tiefseeböden.** Ebenso sind die vulkanischen Gesteine der **ozeanischen Inseln**

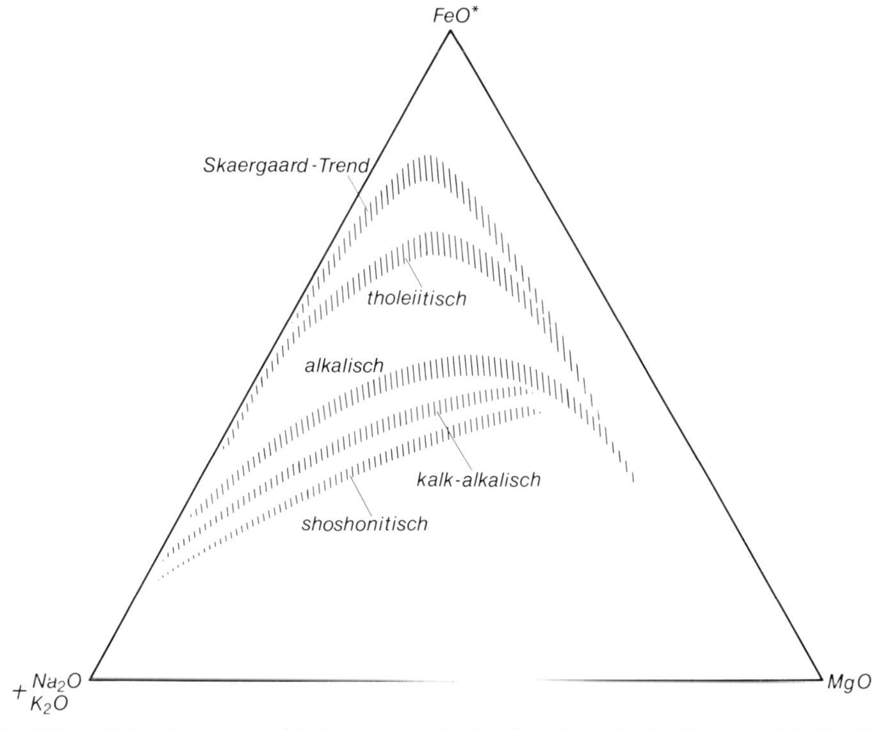

Abb. 77 Differentiationstrends verschiedener magmatischer Gesteinsserien im Diagramm ($Na_2O + K_2O$) – FeO* – MgO. Die basaltischen Stammagmen liegen rechts in der Nähe der FeO*-MgO-Linie.

Tabelle 55 Mineralische (Volum-%) und chemische (Gew.-%) Zusammensetzung von Basalten und verwandten Gesteinen

	(1)	(2)	(3)	(4)	(5)	(6)	(7)	(8)	(9)	(10)	(11)
Quarz	1,0	–	–	–	–	–	–	–	–	–	–
Alkalifeldspat	–	–	–	–	–	–	–	–	–	–	–
Plagioklas	53,0	61,6	32,4	42,0	28,0	47,3	17,7	39,2	30,4	42,2	56,3
Nephelin (N), Analcim (A)	–	–	–	–	–	–	–	–	–	–	–
Klinopyroxen	15,0	24,3	60,0	49,0	50,0	23,6	0,2	37,5	25,9	42,0	18,4
Olivin	7,5	–	–	1,0	2,0	4,8	3,1	4,7	–	3,7	3,8
Amphibol (A), Biotit (B)	–	–	–	–	–	–	–	–	–	–	–
Magnetit, Ilmenit	4,0	3,4	5,8	5,0	7,0	14,9	–	6,3	6,5	10,0	9,2
Mesostasis (M), Glasmatrix	19,5 M	2,5	–	–	13,0	8,7	77,3	6,3	35,5	2,1	12,3
Andere	0,5	7,8	1,8	3,0	+	0,7	1,7	5,9	1,8	–	–
SiO_2	52,60	54,2	49,94	49,13	49,61	52,80	50,96	49,94	53,72	53,00	51,80
TiO_2	1,46	2,1	2,27	1,23	3,03	2,96	3,66	1,69	1,44	1,22	0,95
Al_2O_3	16,74	14,5	14,85	14,97	12,91	13,06	12,42	15,29	13,64	17,20	16,70
Fe_2O_3	4,45	2,2	2,17	3,28	1,60	5,53	2,06	4,23	2,46	4,12	4,57
FeO	4,15	8,6	8,07	5,72	9,68	7,75	12,48	7,82	9,96	6,10	5,75
MnO	0,14	0,2	0,22	0,16	0,17	0,18	0,19	0,20	0,21	0,20	0,19
MgO	5,67	3,9	6,42	7,68	8,84	2,95	4,08	5,73	4,63	4,00	4,41
CaO	9,02	6,7	11,92	12,68	10,96	6,38	8,52	9,91	8,27	9,09	9,47
Na_2O	3,03	3,6	2,70	2,37	2,24	3,34	2,42	3,04	2,94	3,29	2,98
K_2O	1,23	0,3	0,26	0,16	0,55	2,55	1,26	0,64	1,24	1,34	1,23
P_2O_5	0,21	0,2	0,18	0,15	0,27	0,89	0,71	0,26	0,31	0,20	0,20
CO_2	0,05	2,1	–	–	0,01	–	–	–	–	–	–
H_2O^+	1,50	0,7	0,63	1,06	0,02	0,85	0,52	0,36	1,05	0,41	1,54
Summe	100,25	99,3	99,63	98,59	99,89	99,24	99,28	99,11	99,87	100,17	99,79

(1) Tholeyit, Tholey, Saarland (nach Jung 1958). Mesostasis = Orthoklas + Quarz > Chlorit
(2) Tholeiitbasalt, Gottsbüren, Nordhessen (nach Mengel & Pourmaofi 1980). Andere = Orthopyroxen
(3) Ozeanischer Tholeiitbasalt, Mendocino-Rücken, Ostpazifik (nach Engel & Engel 1964). Andere = Verwitterungsprodukte
(4) Ozeanischer Tholeiitbasalt, Pazifik westlich Niederkalifornien (nach Engel & Engel 1964). Andere = Verwitterungsprodukte
(5) Tholeiitbasalt, Lavasee Kilauea Iki 1960 (nach Richter & Moore 1966). Andere = Apatit
(6) Quarznormativer Tholeiitbasalt, MacNavy-Damm, Washington, USA (nach Schmincke 1967)
(7) Glasiger Tholeiitbasalt, Toppenish Ridge, Washington, USA, Quelle wie (6)
(8) Tholeiitbasalt, Mittel von 14 Analysen, Picture Gorge, Washington, USA (nach Waters 1961). Andere = Chlorophaeit und Zeolithe
(9) Tholeiitbasalt, Lavastrom Nr. 8, Crescent Bar, Washington, USA (nach Waters 1961). Andere = Chlorophaeit und Zeolithe
(10) Kalk-Alkali-Basalt, Boqueron-Vulkan, San Salvador (nach Fairbrothers et al. 1978)
(11) Kalk-Alkali-Basalt, Fundort und Quelle wie (10)

Tabelle 55 (Fortsetzung) Mineralische (Volum-%) und chemische (Gew.-%) Zusammensetzung von Basalten und verwandten Gesteinen

	(12)	(13)	(14)	(15)	(16)	(17)	(18)	(19)	(20)	(21)	(22)
Quarz	–	–	–	–	–	–	–	–	1,5	3	–
Alkalifeldspat	–	16,7	30	14	14	+	34 (Alkalifeldspat + Plagioklas)	–	–	–	–
Plagioklas	44,0	36,3	36	45	32	24		24,1	24	28	27
Nephelin (N), Analcim (A)	–	–	+ A	–	–	5 N+A	5 A	–	–	–	–
Klinopyroxen	37,5	43,2	13,5	21	32	46	35	38,8	61	66	50
Olivin	10,1	7,0	6,5	8	11	19	13	33,0	8	–	3
Amphibol (A), Biotit (B)	1,0 B	–	3,0	4 B>A	+	–	0,5 B	–	–	–	–
Magnetit, Ilmenit	6,6	3,6	3,0	3	5	5	4	3,1	5,5	3	20
Mesostasis (M), Glasmatrix	–	–	5,0	2	4	–	4	–	–	–	–
Andere	0,8	0,9	< 2,5	3	2	1	4,5	1,0	–	–	–
SiO_2	43,6	48,29	50,1	47,0	45,2	43,6	43,2	43,96	44,20	48,80	37,60
TiO_2	2,7	1,90	2,0	2,5	2,8	2,1	2,8	2,07	2,26	1,46	12,10
Al_2O_3	13,9	14,82	17,8	15,0	14,0	13,2	14,2	9,84	8,48	9,30	8,74
Fe_2O_3	5,1	2,93	4,9	4,2	3,4	4,4	4,4	3,04	–	–	–
FeO	8,6	7,61	4,5	5,7	7,6	6,0	5,6	10,40	22,50	18,60	21,50
MnO	0,18	0,15	0,21	0,18	0,18	0,17	0,18	n. b.	0,29	0,27	0,22
MgO	8,4	9,05	3,5	6,4	9,9	14,3	10,9	20,70	11,20	9,46	8,21
CaO	11,6	9,76	7,3	10,3	10,4	10,9	12,0	7,93	9,45	10,80	10,30
Na_2O	3,7	2,56	5,5	3,8	3,2	3,4	3,5	1,48	0,24	0,26	0,39
K_2O	1,8	1,51	2,3	1,5	1,6	1,0	1,1	0,62	0,03	0,03	0,08
P_2O_5	0,90	0,35	0,66	0,62	0,42	0,50	0,46	0,25	0,06	0,03	0,08
CO_2	–	0,03	0,3	0,5	0,3	n. b.	0,2	–	–	–	–
H_2O^+	0,25	1,19	0,9	2,0	1,1	1,0	1,9	0,01	–	–	–
Summe	100,73	100,15	99,97	99,70	100,10	100,57	100,44	100,30	98,71	99,01	99,22

(12) Olivinbasalt, Cascade du Lac Guéry, Mont Dore, Frankreich (nach Brousse 1961)

(13) Latitbasalt, Broderkonsberg, Siebengebirge bei Bonn (nach Frechen & Vieten 1970). Andere = 0,8 % Apatit und 0,1 % Calcit

(14) Mugearit, Gewader Köpfchen, Hocheifel (nach Huckenholz 1965). Mit 0,06 % ne

(15) Hawaiit, Rappoldsley, Hocheifel, Quelle wie (14). Mit 3,1 % ne

(16) Alkali-Olivinbasalt, Burgkopf bei Hoffeld, Hocheifel, Quelle wie (14). Mit 6,3 % ne

(17) Ankaramit, Holzberg, Hocheifel (nach Huckenholz 1966). Mit 11,5 % ne

(18) Basanit, Hochbermel, Hocheifel, Quelle wie (14). Mit 11,1 % ne

(19) Ozeanit, Piton de la Fournaise, Réunion (nach Tröger 1935)

(20) „Olivinbasalt", Apollo 15 Landing Site (Mond) (nach Taylor 1975). Mit 0,70 % Cr_2O_3

(21) „Quarzbasalt", Fundort und Quelle wie (20). Mit 0,66 % Cr_2O_3

(22) Titanreicher „Basalt", Apollo 11 Landing Site (Mond), Quelle wie (20). Mit 0,42 % Cr_2O_3 und 0,15 % S

hauptsächlich Basalte. Der auf den ozeanischen Rücken und den Tiefseeböden häufigste Basalttyp ist als **olivintholeiitbasaltisch** und kaliarm zu charakterisieren; die Zusammensetzungen sind, von sekundären Umwandlungen abgesehen, recht monoton.

Auch die Basalte der ozeanischen Inseln sind vorwiegend tholeiitisch, jedoch kommen daneben und in vielen Fällen auch allein Alkalibasalte und deren Differentiate (Phonolithe, Trachyte) und andere vor. Beispiele solcher Gesteinsassoziationen werden weiter unten (Abschn. 2.28.3) gegeben.

Auch auf den **Kontinenten** sind Basalte die der Masse nach bedeutendsten vulkanischen Gesteinsbildungen. **Plateau-** oder **Flutbasalte** bedecken in Indien, im Paraná-Becken (Südamerika) und im Nordwesten der USA (Staaten Washington und Oregon) jeweils Flächen von mehreren hunderttausend Quadratkilometern. Wieder handelt es sich ganz überwiegend um **tholeiitische** Basalte; sie sind indessen von kleineren Mengen anderer Basalte und differenzierter Gesteine begleitet.

Viele **kontinentale Vulkane** des **Zentraltyps** sind entweder ganz oder überwiegend basaltisch. **Alkalibasalte** sind besonders für **Riftzonen** und **Plattformgebiete** charakteristisch; **High-Alumina-Basalte und Kalk-Alkalibasalte** treten bevorzugt in Assoziationen mit Andesiten des **Inselbogen-** und **Kontinentalrand-Vulkanismus** auf. Die **shoshonitische** Gesteinsreihe und die zu ihr gehörigen shoshonitischen Basalte kommen als Glieder des **spät- bis postorogenen Vulkanismus** an Kontinentalrändern und in Inselbögen vor. Basaltischer Natur ist meist auch der submarine Vulkanismus der **Geosynklinalen.**

Dank der meist relativ geringen Viskosität der basaltischen Magmen können **Lavaströme** bei geeigneten Geländegestaltungen Längen von mehreren Zehnern von Kilometern erreichen. Einzelne aus großen Eruptionsspalten ausgetretene Laven der Plateaubasalte haben sich über mehrere hundert Quadratkilometer Fläche ausgebreitet. Die Mächtigkeit solcher Lavaströme und -decken bewegt sich meist in der Größenordnung von einigen Zehnern von Metern; die Gesamtmächtigkeiten können auf über 2 km anwachsen. Als außerirdische Beispiele sehr ausgedehnter Lavaergüsse sind auch die **Mare-Basalte des Mondes** zu nennen, z. B. das basalterfüllte Mare Imbrium, das mit 200 000 km^2 Fläche der großer irdischer Basaltplateaus gleichkommt.

Die Lavaströme der Schild- und kontinentalen Zentralvulkane sind infolge des im allgemeinen stärker geneigten Terrains zwar oft lang, aber schmal und geringmächtig. Beim Erreichen flacheren Geländes können aber auch hier noch größere Lavadecken entstehen. Gänge, Lagergänge und Schlotfüllungen aus basaltischen Gesteinen werden in Abschn. 2.14, S. 106f. behandelt.

Die Ausbildung der **basaltischen Laven** an der Oberfläche und im Inneren der Ströme und Decken ist außerordentlich mannigfaltig. Die meisten der in Abschn. 2.1 beschriebenen Lavaformen kommen in typischer Ausbildung an Basalten vor: Pahoehoe-Lava, Aa-Lava, Blocklava, bei subaquatischem Erguß Kissenlava. Die zur **Säulenbildung** führende sehr regelmäßige Zerklüftung im Inneren der Lavaströme ist ganz besonders bei Basalten oft in hoher Vollkommenheit entwickelt (Abb. 78). Eine Mindestmächtigkeit der Lava (etwa 8 m) scheint zur Säulenbildung erforderlich zu sein. Im Idealfall sind die Säulen sechsseitig, so daß sie sich seitlich lückenlos aneinander anschließen; die Dicke variiert zwischen etwa 10 und 100 cm; dickere Säulen sind meist weniger regelmäßig. Sehr häufig

Abb. 78 Dünnsäulige Absonderung eines Basalts. Böhmisches Mittelgebirge. Breite des Bildausschnittes im Vordergrund etwa 8 m.

kommen auch vier-, fünf- und siebenseitige Säulen mit unsymmetrischem Querschnitt vor. Die Säulen sind durch Querklüfte in mehr oder weniger regelmäßigen Abständen gegliedert. Innerhalb eines Lavastromes können die allgemeine Gestalt der Säulen, ihr Durchmesser und ihre Lage mehrmals wechseln. Dickere und weniger regelmäßige Säulen treten in den oberflächennahen und basalen Zonen der Lavaströme, schlankere und regelmäßige Säulen in einer inneren Zone auf. Die Grenzen dieser Zonen sind oft recht scharf.

Die Säulen beziehungsweise die sie begrenzenden Klüfte entstehen durch Kontraktion des Gesteins bei der Abkühlung; ihre Längsachsen stehen gewöhnlich senkrecht zu den abkühlenden Grenzflächen des Lavastromes. Größere Unebenheiten der Unterlage, Einschlüsse und andere störende Faktoren bewirken mannigfaltige Unregelmäßigkeiten in der Ausbildung und Stellung der Säulen. Auch Basaltgänge, Lagergänge und Schlotfüllungen können Säulenbildung zeigen.

Öfters ist zu beobachten, daß Basaltlaven sich über größere Strecken unter einer geringmächtigen Decke älterer Tuffe oder Lavaströme fortbewegen. Solche „Subfusionen" enthalten gelegentlich mehrere Meter große Einschlüsse von zersetztem Nebengestein, um welche sich fächer- oder rosettenartige Säulenanordnungen entwikkeln.

Kissenlava ist eine für subaquatisch ausgetretene und erstarrte basaltische Laven charakteristische Ausbildung (Abb. 15C). Eine typische Kissenlava besteht aus verschiedenartig rundlichen, mit den Formen von Kissen, Säcken, Zehen und ähnlichen mehr oder weniger geschlossenen, im großen Ganzen rundlich konturierten Gestaltungen zu vergleichenden Einzelkörpern. Diese sind im Querschnitt meist ungefähr elliptisch mit Deformationen, welche sich den Nachbarkörpern anpassen; dadurch entstehen auch teilweise etwas kantige Begrenzungen. Die Größe der Kissen variiert gewöhnlich zwischen wenigen Dezimetern und einem bis zwei Metern in Richtung der längsten Achse. Frische Kissen haben eine glasige, oft etwas rissige Kruste. Nach innen nimmt die Kristallinität deutlich zu; variolitische Gefüge und Gasblasen können in konzentrischer Anordnung um einen „normal" kristallisierten Kern auftreten. Radial verlaufende, oft mit sekundären Mineralen gefüllte Schrumpfungsrisse sind für Kissenlaven charakteristisch, aber nicht überall vorhanden. Die Zwischenräume der Kissen sind entweder mit Sedimentmaterial aus dem Liegenden oder Hangenden des Lavastromes, sehr häufig aber mit einer aus Fragmenten der glasigen Krusten bestehenden **„Hyaloklastit"**-Masse ausgefüllt. Der Anteil dieser breccienartigen scherbig-körnigen Masse am gesamten Volumen des Lavastromes kann gelegentlich sehr hoch werden. Das Glas ist meist in Palagonit umgewandelt (s. Abschn. 2.28.4).

Die schon lange angenommene Entstehung der Kissenlaven durch Zerfall der noch in Bewegung befindlichen Lava unter Wasser in länglich-rundliche, durch eine in wenigen Sekunden gebildete zähe „Haut" sich isolierende Lavakörper konnte neuerdings durch unmittelbare Beobachtung bestätigt und gefilmt werden. Die hyaloklastische Zwischenmasse bildet sich durch Zerspringen der glasigen Krusten in den letzten Phasen der Bewegung des Lavastromes.

Die **äußere Erscheinung der Basalte** ist im allgemeinen durch ihre Feinkörnigkeit und ihren Reichtum an dunklen Silikaten und Erzmineralen bestimmt. Typische Basalte sind im frischen Anbruch dunkelgraue bis nahezu schwarze Gesteine; nur die Einsprenglingsminerale, sofern vorhanden, sind mit dem bloßen Auge erkennbar (Olivin, Augit, Plagioklas). Glasreiche Basalte sind im Anbruch mattglänzend und im allgemeinen dunkler (schwärzlich oder braun) als vollkristalline Gesteine. Bei gröberer Ausbildung (Dolerite, fein- bis kleinkörnig) ist der Gesamteindruck etwas heller; Feldspäte und Pyroxene der Grundmasse werden auch mit dem bloßen Auge erkannt. Farbtöne mit grünlichem Stich zeigen Umwandlungserscheinungen mit Mineralen wie Chlorophaeit, Chlorit und anderen Phyllosilikaten (allgemein „Viridit"), Epidot sowie weiteren an; braune, violett-braune und ins Rote gehende Farben kommen durch Oxydation der Fe-haltigen Minerale (bei hoher Temperatur oder durch Verwitterung) zustande.

Gasblasen (leere **Vakuolen,** gefüllte **Mandeln**) sind in basaltischen Laven überaus häufig. Sie konzentrieren sich meist in der Nähe der Stromoberflächen, treten aber auch in mehr oder weniger regelmäßig verlaufenden Blasenzügen parallel oder mehr oder weniger senkrecht zur Stromoberfläche im Inneren der Lavakörper auf. Die Größe der Gasblasen variiert von mikroskopischen Maßen bis zu mehreren Dezimetern (z. B. achat- oder amethystgefüllte „Mandeln" südamerikanischer Basalte). Der Anteil der Gasblasen am Gesamtvolumen basaltischer Gesteine kann örtlich sehr hoch werden (weit über die Hälfte);

andererseits sind die inneren Partien vieler Basaltströme arm oder frei von Blasen. Die Gestalten der Gasblasen sind sehr mannigfaltig: kugelig, ellipsoidisch, in verschiedenem Maße gestreckt oder unregelmäßig.

Die Streckung vieler Blasen in bestimmten Richtungen kann durch die Fließbewegung der umgebenden Lava verursacht sein; eine vertikale Orientierung der Streckungsrichtung bildet die aufsteigende Bewegung der Blasen in der noch dünnflüssigen Schmelze ab. In manchen Laven bilden ganz unregelmäßig geformte Gasblasen ein System von Zwischenräumen zwischen millimeter- bis zentimetergroßen blasenärmeren Lavapartikeln.

Je nach dem Verhältnis zwischen Häufigkeit, Größe, Gestalt und Verteilung der Gasblasen in den Gesteinen entstehen die verschiedensten Typen poröser, blasiger bis schlackiger Basalte, letztere meist mit höheren Glasanteilen in der Grundmasse.

Nachträgliche **Mineralfüllungen** der Gasblasen sind überaus verbreitet. Als häufigste Minerale solcher „Mandelfüllungen" in Basalten (aber keineswegs auf diese beschränkt) sind zu nennen: Zeolithe, Phyllosilikate, besonders solche der Montmorillonit-Verwandtschaft, Analcim, Karbonate, Quarz, Chalcedon, Opal (die drei letzteren als Bestandteile der Achate), Fe-Hydroxide und viele andere.

Von den Mandeln und ihren Füllungen sind deskriptiv und genetisch die **Ocelli** und größere Nester und **Schlieren** mit vom normalen Gestein abweichenden Mineralbeständen zu unterscheiden (s. Abschn. 2.2), die nicht durch Füllung von Gasblasen entstanden sind.

2.28.3 Beispiele basaltischer Gesteinsassoziationen

Beispiel einer Abfolge ozeanischer Tholeiitbasalte: die Laven der Bohrung 319 in der Nazca-Platte, östlicher Pazifik
(Deep Sea Drilling Project Leg 34)
(nach THOMPSON et al., 1976).

In der Bohrung wurde unter einer Sedimentüberdeckung von 111,5 m etwa 60 m Basalt, allerdings lückenhaft, geborgen. Die Gesteine gehören zu den frischesten in dem Projekt bis dahin erhaltenen Vulkaniten. Die Kernstrecke läßt sich aufgrund der petrographischen Beobachtungen in acht Abkühlungseinheiten unterteilen, die als Lavaströme (und nicht als Lagergänge) zu deuten sind (Abb. 79,5). Die Gesteine sind mineralogisch Tholeiitbasalte; bei relativ hohen Fe_2O_3 : FeO-Verhältnissen ergibt die Berechnung der Norm meist wenige Prozente Q. Olivin ist nur in geringer Menge vorhanden (Fo_{84} bis Fo_{81}). Die Plagioklas-Einsprenglinge haben Kerne mit 88 bis 80% An und äußere Zonen mit 50 bis 20% An. Die Grundmassefeldspäte sind z. T. noch Na-reicher; etwa in der Hälfte der Proben tritt auch etwas Kalifeldspat auf. Die Augiteinsprenglinge haben Kerne mit der Zusammensetzung $Wo_{40}En_{50}Fs_{10}$; sie werden randlich, wie auch die Grundmassepyroxene, Fe-reicher. Als Erzminerale treten Magnetit, Ilmenit und vereinzelt Sulfide auf. Die Strukturen sind mannigfaltig: je nach den Abkühlungsbedingungen entwickelten sich glasreiche, variolitische, hyaloophitische, subophitische bis ophitische Grundmassegefüge. Die Zusammensetzung des Glases der wenig kristallisierten Gesteine von Stromoberflächen ist der des Gesamtgesteins sehr ähnlich: SiO_2 51,00%, Al_2O_3 14,54%, Gesamt-Fe als FeO 9,50%, MgO 8,12%, CaO 12,48%, Na_2O 2,56%, K_2O 0,04%, TiO_2 1,24%.

Die tholeiitischen Plateaubasalte des Columbia-River-Gebietes, USA
(nach WATERS, 1961).

Tholeiitische und verwandte Basalte jungtertiären Alters bedecken eine Fläche von etwa 500000 km^2; ihr Volumen wird auf 180000 km^3 geschätzt. Die einzelnen Ströme sind gewöhnlich 10 bis 30 m mächtig. In bestimmten Profilen, z. B. in der Grande-Ronde-Schlucht (Washington) erreichen 32 Ströme eine Gesamtdicke von 490 m (mittlere Mächtigkeit etwa 15 m), in der Imnahaschlucht (Oregon) sind 31 Ströme zusammen 822 m dick (mittlere Mächtigkeit 26 m). Gangschwärme repräsentieren die Zufuhrbahnen der Spalteneruptionen; der unmittelbare Zusammenhang zwischen Gang und zugehörigem Lavastrom ist gelegentlich deutlich sichtbar. Die Basalte lassen sich in drei Gruppen einteilen:

a) Die mittelmiozänen Picture-Gorge-Basalte (etwa 40000 km^3), leicht untersättigte bis gesättigte Tholeiitbasalte mit nur einem Pyroxen (Augit); Beispiel siehe Tabelle 55, Nr. 8;

b) Die obermiozänen bis unterpliozänen Yakima-Basalte (etwa 120000 km^3), quarznormative Tholeiitbasalte mit Augit und Pigeonit; Beispiel siehe Tabelle 55, Nr. 9;

c) Die unterpliozänen jüngeren Yakima- und Ellensburg-Basalte (20000 km^3); eisenreiche quarznormative Tholeiitbasalte mit Augit und Pigeonit.

Die Dauer der vulkanischen Tätigkeit im Jungtertiär wird auf etwa 5 Millionen Jahre veranschlagt.

Beispiel einer Basaltassoziation ozeanischer Inseln: Hawaii und die hawaiischen Inseln (nach RICHTER & MOORE, 1966 und RICHTER & MURATA, 1966).

Die hawaiische Inselkette ist der östliche, über das Meeresniveau aufragende Teil einer fast 3000 km langen Erhebung des pazifischen Ozeanbodens mit zahlreichen aufgesetzten Vulkanen. Die größte und am weitesten östlich gelegene Hauptinsel Hawaii i.e.S. besteht aus fünf sich teilweise überlappenden Schildvulkanen, unter denen Mauna Loa mit etwa 4170 m Höhe über dem Meer, nahezu 9000 m Gesamthöhe und 40000 km^3 Volumen der bedeutendste ist. Die mittlere Hangneigung dieser aus dünnflüssigen Laven und nur wenig Pyroklastiten aufgebauten Vulkane ist gering (etwa 5°). Die Laven der Schildvulkane sind zum allergrößten Teil tholeiitisch im weiteren Sinne; nur in den letzten Phasen treten Alkalibasalte, Hawaiite und Mugearite auf. Als jüngste vulkanische Produkte erscheinen bei einigen Vulkanen, aber nicht auf Hawaii selbst, auch stark untersättigte, ultrabasische Basalte, Basanite, Olivinnephelinite und melilithführende Olivinnephelinite. Die Lebensdauer einzelner derartiger Vulkane ließ sich geochronologisch auf 0,5 bis 1,5 Millionen Jahre bestimmen. Das Zentrum der vulkanischen Tätigkeit verlagerte sich im Laufe von etwa 4 Millionen Jahren über eine Strecke von etwa 480 km von der am weitesten nordwestlich gelegenen Insel Kauai bis zu den heute noch tätigen Vulkanen der südöstlichsten Inseln Hawaii, Mauna Loa und Kilauea.

Die Hauptmasse der Laven auf Hawaii, besonders des Mauna Loa und des Kilauea, ist tholeiitbasaltisch (teils quarznormativ mit modalem Augit, Pigeonit oder Hypersthen, teils olivinnormativ); benachbarte Schildvulkane zeigen auch alkalibasaltische Tendenzen. Jeder der Schildvulkane hat individuelle Züge in der Zusammensetzung seiner Basalte; Differentiationsvorgänge können an fossilen und rezenten Laven mit großer Genauigkeit beobachtet werden. Während der Eruptionsphase des Kilauea in den Jahren 1959 bis 1960 wurden nacheinander folgende verschiedene Lavatypen geliefert:

Erste Gipfeleruptionen (im Nov. 1959, Temperatur von 1070 auf 1200°C ansteigend): Lava zunächst mit Klinopyroxen- und Plagioklaseinsprenglingen und 50% SiO_2, später Abnahme der obigen und starke Zunahme der Olivineinsprenglinge. SiO_2 vorübergehend auf unter 47% absinkend.

Spätere Gipfeleruptionen im Dez. 1959 (1100 bis 1200°C): fast nur Olivineinsprenglinge, SiO_2 stark streuend zwischen 46,6 und 49,5%.

Flankeneruptionen vom 13. 1. bis 18. 2. 1960: Temperatur von 1020 auf 1130°C ansteigend, zunächst mit reichlichen Klinopyroxen- und Plagioklaseinsprenglingen, etwa ab 29. 1. mit stark überwiegenden Olivineinsprenglingen; SiO_2 allmählich von >50% auf 48,5% absinkend, zuletzt etwa 49%. Einige Hyperstheneinsprenglinge während der gesamten Flankeneruptionsphase.

Die Veränderungen während der Gipfeleruptionsphase sind Folgen der Abkühlung und Bildung von Pyroxen- und Plagioklaskristallen in dem obersten Teil der Magmakammer; früher gebildeter Olivin war in tiefere Bereiche abgesunken und wurde erst nach wenigen Tagen mitgefördert. Die Diskontinuität während der Flankeneruptionen wird als Folge der Mischung einer kühleren, plagioklas- und pyroxenführenden Magmaportion mit einem etwas jüngeren Nachschub eines heißeren, olivinführenden Magmas gedeutet. Die Einsprenglinge des kühleren Magmas wurden dabei stark korrodiert, was die Erwartungen aus der experimentellen Petrologie bestätigt.

Kernbohrungen durch die Kruste des Lavasees Kilauea Iki in den Jahren 1959 bis 1962 erbrachten Informationen über den Verlauf der Abkühlung und Kristallisation eines unter „halbgeschlossenen" Bedingungen erstarrenden Lavakörpers. Das Dickenwachstum der Kruste begann mit etwa 1,2 m pro Monat und verlangsamte sich nach drei Jahren auf etwa 12 cm pro Monat; die Gesamtdicke der Kruste hatte dann 14 m erreicht. An der Basis der Kruste befand sich eine Übergangszone mit zunehmendem Verhältnis von Schmelze zu Kristallen; die Dicke dieser Zone betrug zuletzt etwa 2 m; die Temperaturen an ihrer Ober- bzw. Untergrenze lagen bei etwa 970 bzw. 1065°C.

Das verfestigte Gestein ist, bei ziemlich starker Variation der chemischen und mineralischen Zusammensetzung, als olivintholeiitbasaltisch zu bezeichnen (Beispiel: Tabelle 56, Nr. 5; die ausgewählte Analyse ist der Schmelze aus der Tiefe des Lavasees am meisten ähnlich).

Die verfestigte Lava ist überall, besonders in der Nähe der Oberfläche, blasenreich; die Dichte ist dort unter 2,0; sie steigt bis zur Untergrenze der Kruste auf 2,7 an. Der Grad der Auskristallisation ist mit Ausnahme der obersten 0,5 bis 1,5 m ein sehr hoher. Die Struktur der Basalte ist verallgemeinernd als subophitisch mit korrodierten Olivineinsprenglingen zu beschreiben. Mehrfach wurden gröber körnige, diabasartige Ausscheidungen mit ophitischer Struktur angetroffen.

Unmittelbar unter der verfestigten Kruste sind die Alkaligehalte und das K_2O:Na_2O-Verhältnis der Schmelze gegenüber dem kristallisierten Gestein bis zum Zweifachen erhöht. Dieser Alkali-„Überschuß" wird nicht in die Minerale eingebaut, sondern entweicht zusammen mit Wasserdampf und SO_2 durch Spalten und Risse nach oben. Exhalationsminerale wie Thenardit Na_2SO_4 und Glaserit $K_3Na[SO_4]_2$ sind dort häufig.

Die Basaltassoziation des Vogelsberges
(nach Ehrenberg, 1978 und Ehrenberg et al., 1981).

Der Vogelsberg, neben dem Cantal (Frankreich) der größte tertiäre Vulkankomplex Europas nördlich der Alpen, besteht ganz überwiegend aus Laven und oberflächennahen Intrusionen von Basalten. Die vulkanische Tätigkeit dauerte vom Aquitan bis in das Sarmat. Die größte bekannte Mächtigkeit der vulkanischen Gesteinsbildungen ist 490 m. Im Südwesten schließt sich an den eigentlichen Vogelsberg der obermiozäne Deckenerguß „Maintrapp" mit einer Fläche von etwa 30 × 35 km an.

Die Basalte des Vogelsberges sind in erster Näherung in eine tholeiitbasaltische und eine alkalibasaltische Familie zu unterteilen; zu der alkalibasaltischen Gruppe zählen hier auch Olivinbasalte mit hy:(hy + di) <0,45. Im Mittel enthalten die Tholeiitbasalte des Vogelberges über 48,5% SiO_2 (Mittel etwa 52,5%), während die Alkali-Olivinbasalte mit 42 bis 48% SiO_2 erheblich basischer sind. Als Differentiate der alkaliolivinbasaltischen Reihe sind Hawaiite, Mugearite, nephelinnormative Latite und Leukolatite zu nennen, deren Existenz lange Zeit übersehen wurde. Als Sonderentwicklungen sind die seltenen Phonolithe sowie leucitführende Basanite, Limburgite, Hornblendebasalte und Nephelinite zu erwähnen.

Die Basalte der beiden oben genannten Hauptfamilien sind in mehrmaligem zeitlichem Wechsel ohne bisher erkennbare Regel gefördert worden (Abfolgen in Tabelle 56 und Abb. 79).

Tabelle 56 Basaltabfolgen aus dem Vogelsberg

1) Abfolge der Vulkanite auf Blatt Schlüchtern (5623) (aus Ehrenberg et al. 1971); maximale Mächtigkeiten.

Mächtigkeit	Gestein
15 m	quartäre Überdeckung
45 m	Alkali-Olivinbasalt
0 bis 15 m	Olivinbasalt
0 bis 23 m	Bronzit-Tholeiitbasalt
0 bis 30 m	Alkali-Olivinbasalt
48 m	Olivinbasalt
30 m	Alkali-Olivinbasalt (nur lokal)
15 m	Pigeonit-Tholeiitbasalt
100 m	miozäne Tone mit Tuffitlagen (z. T. phonolithisch und Braunkohle)
15 m	Alkali-Olivinbasalt bis Olivinbasalt
30 m	Analcimbasanit mit Überdeckung von Lapilli- und Aschentuff

2) Abfolge der Vulkanite auf Blatt Ortenberg

Mächtigkeit	Gestein
bis 70 m	quartäre Überdeckung
30 m	Tholeiitbasalt
30 m	Alkali-Olivinbasalt bis Basanit
25 m	Olivinbasalt
70 m	Alkali-Olivinbasalt bis Basanit; gebietsweise von Tufflagen unterbrochen
17 m	Olivinbasalt
38 m	Alkali-Olivinbasalt, von Tufflagen unterbrochen
14 m	Hawaiit
35 m	Olivinbasalt
18 m	Basalttuff
60 m	Alkali-Olivinbasalt bis Basanit
30 m	Basalttuff
8 m	Olivinbasalt

Petrographisch sind die Hauptbasalttypen des Vogelsberges durch folgende Merkmale unterschieden:

Die **Tholeiitbasalte** haben ein ophitisches bis intersertales Gefüge mit leistenförmigen Plagioklasen (Andesin bis Labradorit) und zwei bis drei Pyroxenphasen (Ca-armer Augit, Pigeonit und Bronzit in orientierten Verwachsungen). Olivin fehlt oder ist nur mit geringem Volumanteil vertreten. Das Erzmineral ist Ilmenit. Als jüngste Zwickelfüllung tritt meist ein bräunliches, SiO_2-reiches Glas mit Mikrolithen und Umwandlungsprodukten auf; gelegentlich werden Cristobalit und Tridymit beobachtet. Die Gesteine sind im frischen Zustand mittelgrau bis dunkelgrau, oft feinporig und mit Blasenzügen. Die oberflächennahen Partien sind schlackig-blasig bis kavernös; Pahoehoe-artige Ausbildungen kommen vor.

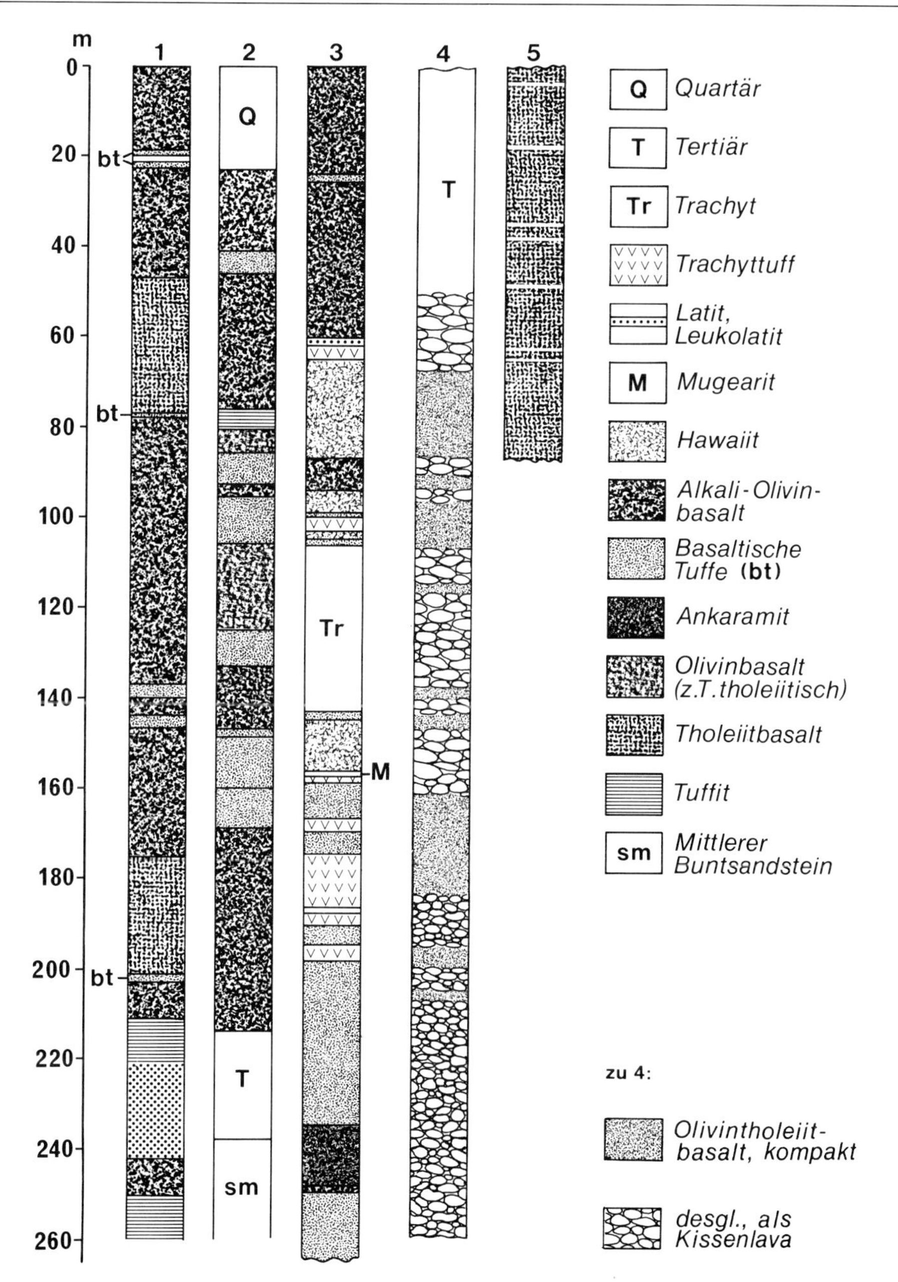

Abb. 79 1–3) Profile mit Basalten und anderen Vulkaniten aus dem Vogelsberg (nach EHRENBERG et al. 1981). 1) Bohrung Rainrod (Teilprofil). – 2) Bohrung Merkenfritz. – 3) Bohrung Hasselborn (Teilprofil). – 4) Abfolge ozeanischer Laven und Kissenlaven, Bohrung 504B, Costa-Rica-Riff im östlichen Pazifik (nach DSDP Init. Repts, LXIX, 1983). – 5) Gliederung des ozeanischen Basaltprofils 319 in Abkühlungseinheiten. Aus dem Bereich der Nazca-Platte, östl. Pazifik (nach RHODES et al. 1976).

Die **Olivinbasalte** haben intergranulare bis schwach intersertale Gefüge; Olivin bildet meist nur kleine Einsprenglinge (oft umgewandelt). Der Plagioklas ist mehr oder weniger leistenförmig gestaltet. Der Pyroxen ist ein Ca-reicher, etwas zonarer Augit. Das Erzmineral ist Ilmenit. In den Zwickelfüllungen treten eine grüne aus Tonmineralen bestehende „Basis“, ein bräunliches Glas und Zeolithe auf. Die Gesteine sind überwiegend kompakt, dunkel- bis schwarzgrau, nur in den Dach- und Sohlpartien blasig bis schlackig.

Tabelle 57 RITTMANN-Normen von Vulkaniten des Vogelsberges (nach EHRENBERG et al. 1981 und 1982)

	(1)	(2)	(3)	(4)	(5)	(6)	(7)	(8)	(9)
Quarz	4,6	–	–	–	–	–	–	–	–
Sanidin	–	–	1,5	0,3	0,6	3,9	25,5	27,0	45,7
Plagioklas	60,8	59,9	30,6	54,1	59,6	65,8	51,0	57,5	46,1
Nephelin	–	–	5,3	6,6	2,7	1,4	3,6	2,8	–
Klinopyroxen	11,7	18,7	37,9	18,3	21,1	13,2	8,1	7,8	4,2
Orthopyroxen	15,7	13,8	–	–	–	–	–	–	1,2
Olivin	–	3,2	21,2	13,8	9,0	9,6	6,8	2,3	0,5
Magnetit	1,3	1,5	1,4	1,5	1,2	1,5	1,5	1,3	0,9
Ilmenit	1,7	2,1	1,2	4,1	4,4	2,4	1,9	1,0	0,9
Apatit	0,3	0,7	0,9	1,4	1,4	2,0	1,6	0,8	0,5

(1) Quarz-Tholeiitbasalt, Schmidtmühle, Bl. Steinau
(2) Olivin-Tholeiitbasalt, Stöckhof, Bl. Steinau
(3) Mafitreicher Alkali-Olivinbasalt („Ankaramit"), Bohrung Hasselborn 392,0 m
(4) Basanit, Bohrung Hasselborn 484,5 m
(5) Alkali-Olivinbasalt, Bohrung Hasselborn 392,0 m
(6) Hawaiit, Bohrung Hasselborn 300,4 m
(7) Foidführender Latit („Mugearit"), Bohrung Hasselborn 303,85 m
(8) Foidführender Latit („Leukolatit"), Bohrung Hasselborn 205,7 m
(9) Latit („Aphyrischer Trachyt"), Bohrung Hasselborn 268,6 m

In Klammern die nach dem mikroskopisch erkennbaren Mineralbestand gewählten Gesteinsbezeichnungen nach EHRENBERG et al.

Die **Alkali-Olivinbasalte** enthalten Olivin- und oft auch Augiteinsprenglinge. Die Grundmassen sind als intergranular bis intersertal zu bezeichnen. Die Mannigfaltigkeit der Gefüge ist größer als bei den beiden anderen Basalttypen. Es kommen auch glasreiche Gesteine („Limburgite") vor. Der Pyroxen ist ein Ca-reicher, zonarer Augit, oft mit Sanduhrbau. Die Außenzonen der Einsprenglinge und die Augite der Grundmassen sind Titanaugite. Die Plagioklase sind leistenförmig bis xenomorph (An_{50}-An_{70}).

Weitere, z. T. reichlich vorhandene helle Minerale sind Nephelin, Sodalith, Leucit, Kalifeldspat, Analcim, Chabasit und Phillipsit. Die Gesteine sind im frischen Zustand gleichmäßig dunkelgrau; spezielle Oberflächenausbildungen sind nicht häufig. Die Hawaiite und Mugearite sind teils basaltartig dunkle, teils auch hellere Gesteine mit Einsprenglingen von Augit, Hornblende und teilweise auch Plagioklas. Die Leukolatite und Trachyte sind helle, teils aphyrische, teils porphyrische Gesteine mit Einsprenglingen von Augit, Hornblende und Alkalifeldspat.

Manche Alkalibasalte und Basanite des Vogelsberges neigen zu **„Sonnenbrand"**, einem sich innerhalb weniger Jahre vollziehenden bröckeligen Zerfall, dem eine auffallende fleckige Aufhellung der frisch dunkelgrauen Gesteine vorausgeht (vgl. auch Abschn. 2.28.4).

Unter den Sonderentwicklungen der Vogelsbergbasalte sind die **Nephelindolerite** bemerkenswert (Beispiel von Meiches). Diese sind cm-körnige Gesteine aus Nephelin, Titanaugit, Leucit, Magnetit, etwas Sanidin, Apatit und Biotit.

Mehrere Alkalibasaltvorkommen des Vogelsberges (z. B. Gonterskirchen) sind reich an **Einschlüssen** von **Peridotit** („Olivinknollen", s. Abschn. 6.2).

Die Alkali-Olivinbasalt-Assoziation der Hocheifel

(nach HUCKENHOLZ, 1965–1966, s. Tab. 55).

Der miozäne Vulkanismus der Hocheifel förderte eine Serie alkalibasaltischer sowie verwandter, basischerer und saurerer Laven (Ankaramite und Basanite bzw. Hawaiite, Mugearite und Trachyte), an denen neben anderen Erscheinungen der Differentiation besonders die Entwicklung der Pyroxene aufgezeigt werden kann. Die basischeren Glieder der Serie bis zu den Hawaiiten enthalten Relikte von Hochdruck-Hochtemperatur-Pyroxenen, welche teils korrodiert, teils von jüngeren Pyroxenphasen ummantelt sind. Die reliktischen Pyroxene sind Cr-haltige Salite bis Cr-haltige Augite (0,2 bis 0,5% Cr_2O_3), die Einsprenglinge Ti-Salite bis Ti-Augite (zonar mit niedrigeren Cr- und höheren Ti-Gehalten in den Randzonen), die Grundmassenpyroxene Ti-Salite (nur bei den Ankaramiten) bis Na-Ti-Augite (mit bis zu 14% Akmitmolekül) in den Trachyten. In der Entwicklungsreihe von den Basaniten bis zu den Mugeariten nehmen die Fayalitgehalte der Olivine von 12 bis 40% zu, die Anorthitgehalte der Plagioklase von 60% in den Basalten auf etwa 30% in den Trachyten ab. In den Grundmassen der Hawaiite und Mugearite tritt zunehmend auch Alkalifeldspat auf.

2.28.4 Spezifische Verwitterungs- und Umwandlungserscheinungen an Basalten und Basaltgläsern

Als **Sonnenbrand** wird eine bei basaltischen Gesteinen verbreitete Art der Verwitterung bezeichnet, bei der sich nach relativ kurzer Zeit (i. a. einige Monate) mm- bis höchstens cm-große hellgraue Flecken zeigen. Diese treten zunehmend deutlicher hervor und das Gestein zerfällt in einen eckig-körnigen Grus. Der Vorgang wird durch Analcim verursacht, der als sehr feinkristalline Füllung von Intergranularräumen in flekkiger Verteilung im Gestein auftritt. Das Mineral ist von feinsten Kapillarrissen durchzogen, welche das Eindringen von Wasser und damit die Verwitterung sehr begünstigen.

Chlorophaeit ist eine besonders in Tholeiitbasalten als Zwickel- und Hohlraumfüllung vorkommende, sehr instabile amorphe Substanz. Im frischen Anbruch dunkelgrün, ändert sich die Farbe an der Luft rasch über braun in schwarz. Längerdauernde Umwandlung erzeugt verschiedenartige Phyllosilikate (Nontronit, Saponit, Montmorillonit und Seladonit) und Eisenhydroxide. Die chlorophaeitreichen Tholeiitbasalte des Columbia-River-Plateaus verwittern mit tief orangebrauner Gesamtfarbe.

Palagonitisierung ist die Umwandlung basaltischer und anderer basischer Gläser durch Wasseraufnahme nach der subaquatischen Extrusion oder beim Eindringen in Eis oder wasserreiche Sedimente. Auch im abgekühlten Zustand können Gläser palagonitisiert werden. Der Palagonit i.e.S. ist eine glasähnliche, isotrope Substanz; von dem frischen Basaltglas unterscheidet er sich durch höhere Wassergehalte, höheren Oxydationsgrad des Eisens und andere, fallweise unterschiedliche Veränderungen weiterer Elementgehalte. Als Mineralneubildungen treten bei fortschreitender Umwandlung Zeolithe (besonders Phillipsit), Smektite und Fe-Mn-Oxide auf. Die Hyaloklastitanteile der Kissenlaven und basaltische, glasreiche Pyroklastite sind der Palagonitisierung besonders stark ausgesetzt.

Tabelle 58 Chemische Analysen (Gew.-%) von basaltischem Glas, Palagonit und Chlorophaeit

	(1)	(2)	(3)
SiO_2	51,62	41,75	38,67
TiO_2	1,57	1,40	0,24
Al_2O_3	15,92	12,64	1,54
Fe_2O_3	1,80	5,92	26,14
FeO	7,90	3,04	2,06
MnO	0,13	0,10	0,31
MgO	7,10	6,80	6,77
CaO	8,61	6,23	1,72
Na_2O	3,29	2,95	0,00
K_2O	0,28	0,88	0,10
P_2O_5	0,22	0,32	–
H_2O^+	0,97	8,22	9,56
H_2O^-	0,16	10,44	12,54
Summe	99,57	100,69	99,65

(1) Frisches Basaltglas, Acqua Amara, Sizilien (nach HONNOREZ 1972)
(2) Palagonit, Umwandlungsprodukt von (1) Acqua Amara, Sizilien (nach HONNOREZ 1972)
(3) Chlorophaeit aus Tholeiitbasalt, Grande-Ronde-Schlucht, Washington, USA (nach PEACOCK & FULLER 1928)

Spezifische Umwandlungen spielen sich an submarinen Basalten bei der Zirkulation von eindringendem *Meerwasser* und aufsteigenden *hydrothermalen Wässern* ab. ALT & HONNOREZ (1984) stellten in einer stark veränderten Basaltserie vom Boden des Atlantik zwischen Puerto Rico und den Bermudas die Neubildung von Schichtgittersilikaten (Seladonit, Nontronit, Mg-Saponit, Al-Saponit, Beidellit), Zeolithen (Chabasit, Phillipsit), Analcim, Kalifeldspat, Quarz, Pyrit, Fe-Hydroxiden und Calcit fest. Mit den Mineralum- und -neubildungen sind starke chemische Veränderungen der Basalte verbunden. Die genannten Autoren unterscheiden mehrere Typen der Umwandlung:
- Hydrothermale Umwandlung (Nontronit, Fe-Hydroxide),
- Umwandlung durch sauerstoffreiches Meerwasser (Fe-Hydroxide, Seladonit-Nontronit, Beidellit, Al-Saponit, Kalifeldspat),

- Umwandlung durch sauerstoffarmes Meerwasser (Fe-Saponit, Pyrit),
- Zeolith- und Karbonatbildung,
- Späte Umwandlungen unter reduzierenden Bedingungen (Pyrit, Mn-Calcit).

Eine Vielzahl weiterer Minerale entsteht, eher lokal begrenzt, an den Austritten heißer hydrothermaler Wässer am Meeresboden, vor allem Sulfide (Pyrit, Markasit, Pyrrhotin, Zinkblende und Cu-Sulfide), Sulfate (Anhydrit u. a.), Schichtgittersilikate der oben genannten Arten, Fe- und Mn-Hydroxide und -karbonate (RONA 1984).

2.28.5 Oxidation basaltischer Magmen und Gesteine

Primitive basaltische Magmen bringen aus ihrem Herkunftsbereich, dem oberen Erdmantel, im allgemeinen ein niedriges Verhältnis von Fe_2O_3 : FeO mit. Bei der Extrusion tritt durch Reaktion mit dem Luftsauerstoff eine mehr oder weniger starke Oxidation ein, die sich augenfällig durch Bildung eines Hämatitpigmentes und Rötung des Gesteins bemerkbar machen kann. Alle Fe-haltigen Minerale, besonders die Erzminerale, aber auch Silikate wie Olivin, Pyroxen und Biotit sind dieser Oxidation ausgesetzt. So kann sich Titanomagnetit in „Hitzemartit", bestehend aus Hämatit, Pseudobrookit (Fe_2TiO_5) und Spinell umwandeln. Grundmasse und entglaste Glasmatrix sind von feinen Hämatitschüppchen durchstäubt. Auch noch nicht rot verfärbte Laven zeigen oft, auch im Inneren der Ströme, Oxidationsumwandlungen an Erzmineralen und Silikaten. Bei den Pyroxenen kann sich ein hohes Fe_2O_3:FeO-Verhältnis einstellen. Ein im Dünnschliff gelber Augit aus dem oxidierten Shonkinit vom Katzenbuckel hat etwa 10,3% Fe_2O_3 gegenüber nur 0,8% FeO (1:0,13), während sonst das Verhältnis von 1:0,5 bei Augiten selten überschritten wird. Subaquatische Laven und noch nicht extrudierte Magmen können ein gegenüber dem ursprünglichen schon stark erhöhtes Fe_2O_3 : FeO-Verhältnis erwerben. Dabei ist die durch thermische Dissoziation des Wassers und selektive Abwanderung des Wasserstoffes eintretende erhöhte Sauerstoff-Fugazität maßgebend. Im modalen und normativen Mineralbestand wirkt sich eine solche, an der äußeren Gesteinsbeschaffenheit zunächst nicht erkennbare Oxidation durch erhöhte Gehalte an Magnetit ± Pseudobrookit aus. Bei der Klassifizierung der Gesteine nach ihrer normativen Zusammensetzung ist zu beachten, daß damit eine Verschiebung in Richtung der SiO_2-Sättigung eintritt. Zur Erschließung des ursprünglichen Magmentyps wird häufig vor der Normberechnung der Fe_2O_3-Gehalt auf einen bestimmten Wert (z. B. 1,5 Gewichts-%) reduziert.

Die beschriebenen Oxidationserscheinungen sind auch bei anderen als basaltischen Ergußgesteinen vorhanden. Von den durch Verwitterung bewirkten Oxidationen und Rotfärbungen, besonders unter wärmeren Klimaten, müssen die hier behandelten Erscheinungen wohl unterschieden werden.

2.28.6 Einschlüsse in basaltischen Gesteinen

Die Einschlüsse in basaltischen Gesteinen können, wie allgemein auch Einschlüsse in anderen Magmatiten, gegliedert werden in:

a) **Xenokristalle:** Einzelkörner von Mineralen, die in dem umgebenden Gestein nicht oder mit anderer Zusammensetzung vorkommen. Sie sind als Fremdeinschlüsse an korrodierten Umrissen, Reaktionssäumen, Aufschmelz- oder anderen Umwandlungserscheinungen erkennbar. – Als Xenokristalle, die in basaltischen Gesteinen häufiger auftreten, sind zu nennen:
   - Quarz, aus Nebengestein oder als instabil gewordene Frühausscheidung unter höheren Drucken und Temperaturen (nur in Kalk-Alkali-Basalten).
   - Orthopyroxen, Chromdiopsid, Olivin, Chromspinell, aus zerfallenen Peridotiteinschlüssen oder als instabil gewordene Frühausscheidungen unter höheren P-T-Bedingungen; Orthopyroxen oft mit feinkörnigem Olivin-Reaktionssaum, Chromdiopsid mit Umhüllung aus Augit bis Ti-Augit.
   - Basaltische Hornblende, Frühausscheidung unter höherem H_2O-Partialdruck; mit Reaktionssaum aus Magnetit (± Hämatit), Pyroxen ± Rhönit u. a., besonders in Alkalibasalten.
   - Anorthoklas (in Alkalibasalten) und andere.

b) **Kumulate:** Ansammlungen früh auskristallisierter Minerale des basaltischen Magmas selbst, d. h. meist solcher, die in ähnlicher Form und mit ähnlicher Zusammensetzung auch als Einsprenglinge auftreten. In den gewöhnlichen Basalten sind größere Einschlüsse dieses Typs nicht sehr häufig. Über die charakteristischen Gefüge von Kumulaten siehe Abschn. 2.3.

c) **Xenolithe:** Einschlüsse von Gesteinen verschiedener Herkunft. Sie können aus dem Nebengestein, das beim Aufstieg des Magmas durchbrochen wurde oder auf andere Weise in das Magma gelangte, stammen; das mitgeführte Gestein kann selbst auch vulkanisch sein; andere Einschlüsse sind subvulkanische oder plutonische Äquivalente des Basaltes selbst (Gabbro, Alkaligabbro u. a.).

Für die Kenntnis der Herkunft des Basaltmagmas ist eine spezielle, artenreiche Gruppe von Einschlüssen aus dem oberen Erdmantel besonders bedeutsam, die als Peridotiteinschlüsse oder kurz als **„Olivinknollen"** bezeichnet werden. Diese meist cm- bis dm-großen, abgerundeten Xenolithe werden fast ausschließlich in den Alkali-Olivinbasalten und deren Verwandtschaft (Basanite, Olivinnephelinite) gefunden; in tholeiitischen Basalten sind sie überaus selten. Ihre Zusammensetzung und Gefüge sind in Abschn. 6.2 behandelt. In manchen Basaltvorkommen treten Peridotit-Xenolithe sehr reichlich, örtlich „konglomeratartig" gehäuft auf.

Weiterführende Literatur zu Abschn. 2.28

HESS, H. H. & POLDERVAART, A. [Hrsg.] (1967, 1968): Basalts. – 2 Bde., New York (Wiley).

MERRILL, R. B. [Hrsg.] (1982): Basaltic Volcanism on the Terrestrial Planets. – New York (Pergamon).

HAWKESWORTH, C. J. & NORRY, M. J. (1983): Continental Basalts and Mantle Xenoliths. – Nantwich (Shiva).

2.29 Komatiite

2.29.1 Allgemeine petrographische und chemische Kennzeichnung

Als „Komatiite" wird eine Gruppe von Erguß- und subvulkanischen Gesteinen zusammengefaßt, welche sich von den Basalten durch besonders hohe Mg-Gehalte (>10%), meist hohe Verhältnisse von CaO zu Al_2O_3 (>0,8) und niedrige TiO_2- und K_2O-Gehalte (<0,9%) unterscheiden (Tabelle 59). Die Zusammensetzungen reichen von denen mafitenreicher Tholeiitbasalte bis zu solchen von Pyroxeniten und Peridotiten.

Von den Meimechiten unterscheiden sich die Komatiite durch höhere SiO_2-Gehalte, ihre spezifischen Gefügemerkmale und andere Assoziierung (Meimechite mit Alkalipikriten, Olivinnepheliniten und Melilithgesteinen, Komatiite mit Tholeiitbasalten, „Andesiten" und Rhyolithen). Über die chemische Variationsbreite orientiert Tabelle 59. Als für die Komatiite charakteristische Gefüge sind die Spinifexstruktur und andere Strukturen mit skelettförmigen Kristallen hervorzuheben.

Tabelle 59 Chemische Analysen (Gew.-%) von Komatiiten und Begleitgesteinen von Munro Township, Ontario, Kanada (s. auch Tabelle 54, Nr. 7)

	(1)	(2)	(3)	(4)
SiO_2	40,80	39,30	41,00	47,20
TiO_2	0,25	0,17	0,21	0,43
Al_2O_3	10,00	5,91	5,54	11,90
Cr_2O_3	0,45	0,29	0,38	n. b.
Fe_2O_3	2,94	3,68	3,46	1,79
FeO	6,49	3,31	6,16	9,50
MnO	0,16	0,10	0,13	0,20
MgO	23,30	33,90	32,00	12,60
CaO	6,86	2,58	4,21	9,90
Na_2O	0,23	0,20	0,28	1,91
K_2O	0,07	0,12	0,07	0,01
P_2O_5	0,02	0,03	0,01	n. b.
CO_2	0,28	0,31	0,42	0,02
H_2O^+	5,91	9,23	5,47	3,30
Summe	97,76	99,13	99,34	98,76

(1) Komatiit mit Spinifexstruktur, Munro Township, Kanada (aus PYKE et al. 1973)
(2) Komatiit, mittelkörnig, peridotitisch. Fundort und Quelle wie (1)
(3) Komatiit mit Tremolit, Serpentin und Chlorit. Fundort und Quelle wie (1)
(4) Pyroxenitischer Komatiit, Munro Township, Kanada (aus ARNDT et al. 1977)

Die **Spinifexstruktur** besteht aus bis über cm-großen Platten, Leisten, Nadeln oder komplizierteren skelettartigen Kristallen von Olivin oder Klinopyroxen in einer glasigen oder entglasten Matrix (Abb. 23D). Die größeren Kristalle können mehr oder weniger parallel oder regellos orientiert sein. In der Glasmatrix tritt häufig eine zweite Generation skelettförmiger Pyroxene auf. Auch der Plagioklas kann gelegentlich an der Spinifexstruktur teilnehmen. In vielen Vorkommen ist dieses besondere Gefüge auf die oberen Zonen der Lavaströme beschränkt; nach unten hin treten andere, porphyrische oder akkumulative Strukturen auf. Die unterschiedlich struierten Lagen haben meist auch verschiedene chemische und mineralische Zusammensetzungen. Die Spinifexstruktur entsteht durch schnelle Kristallisation aus einer stark unterkühlten Schmelze. Die sehr geringe Viskosität der basischen Lava ermöglicht die starke Differentiation. Die Komatiite kommen ganz überwiegend im Präkambrium, besonders als Glieder von Grünsteingürteln des Archaikums vor. Häufig sind sie niedrig metamorph überprägt; Serpentin, Tremolit, Talk und Chlorit sind die verbreitetsten Umwandlungsminerale.

Mehrere Vorkommen von typischem Komatiit jungmesozoischen Alters liegen auf der Insel Gorgona vor der Westküste Columbiens. Sie zeigen Spinifexstrukturen mit Olivinplatten von bis zu 10 cm Länge. Die Frische aller Minerale erlaubt die Schätzung der Extrusionstemperatur auf etwa 1500° C!

2.29.2 Beispiel einer Abfolge von Komatiiten und verwandten Ergußgesteinen

Munro Township, Ontario, Kanada
(nach ARNDT, et al., 1977).

Das Vorkommen gehört zu dem Abitibi-Grünsteingürtel (Alter etwa 2700 Millionen Jahre). Mafitische und ultramafitische Komatiite und tholeiitische Basalte treten als 2 bis 20 m dicke massive Laven und Kissenlaven auf (Abb. 80). Einige weit mächtigere (bis zu 300 m) Lavaströme sind in sich stark differenziert. Zwischen den Strömen sind dünne Schichten von Tuffen und Chert eingelagert. Als junge Intrusionen erscheinen Lagergänge von Peridotit, peridotitischem Gabbro und Gabbro. Alle Gesteine außer den Gabbros sind leicht metamorph überprägt, jedoch sind die Spinifexstrukturen noch ausge-

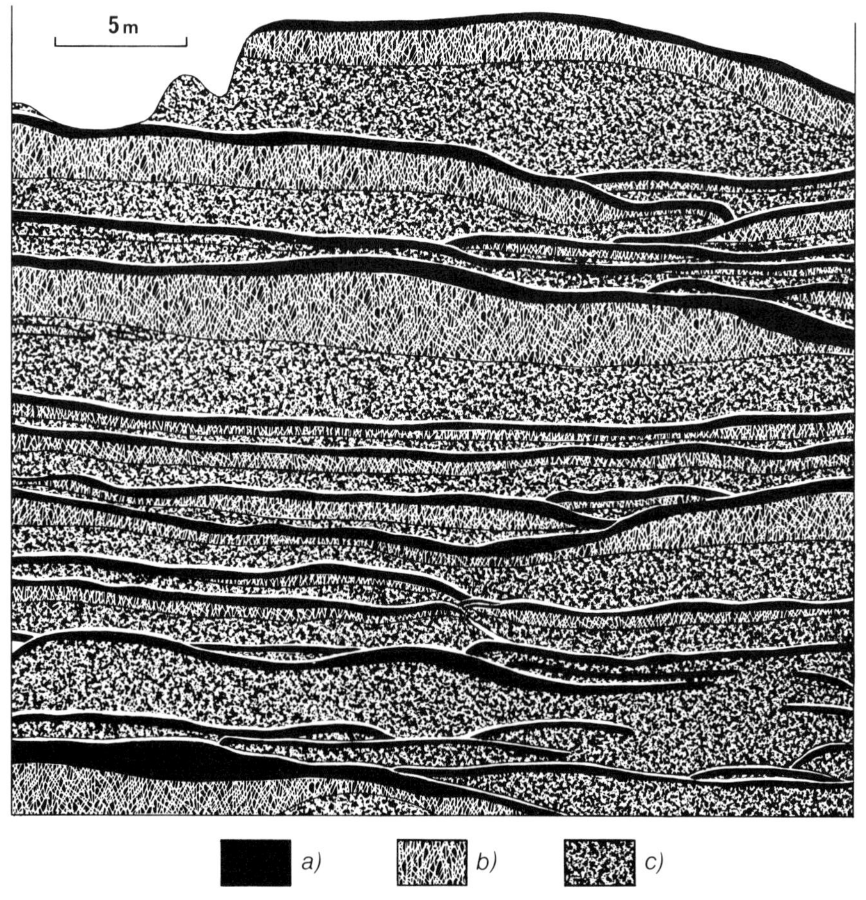

Abb. 80 Komatiit-Lavaströme in Munro Township, Ontario, Kanada (nach PYKE et al. 1973). a = schnell abgekühlte, rissige Oberflächenfazies; b = Zonen mit Spinifexgefüge; c = massiger peridotitischer Komatiit.

zeichnet erhalten. Die *peridotitischen* Komatiite sind massige graue bis fast schwarze, braun verwitternde Gesteine; nahe der Oberfläche der Lavaströme ist eine polygonale Zerklüftung entwikkelt. Die Spinifexstruktur tritt bevorzugt unterhalb der glasreichen oberflächennächsten Zone der Ströme auf. In den Kumulaten der Intrusionen und differenzierten Lavaströme sind die Olivine kurzprismatisch ausgebildet; in anderen Teilen der Lavaströme kurzprismatisch oder skelettförmig. Zwischen den Olivinen liegt eine entglaste Matrix mit feinkörnigen Pyroxenen. Die *pyroxenitischen* Komatiite sind polyedrisch zerklüftet und neigen stark zum Zerfall in kleine unregelmäßige Brocken. Neben Olivin tritt Klinopyroxen (Ca-armer Augit) reichlich in Spinifex-, skelettförmiger oder prismatischer Ausbildung auf. Die Matrix ist wieder entglastes Glas. In den *basaltischen* Komatiiten kann auch Plagioklas neben Klinopyroxen an der Spinifexausbildung teilnehmen; andere Gefüge sind „graphische“ Pyroxen-Plagioklas-Verwachsungen und subophitische Strukturen. Vorherrschendes Erzmineral ist Mg-Al-Chromit.

Der 120 m mächtige Lavastrom Fred's Flow ist durch Differentiation nach der Extrusion in mehrere stark verschiedene Lagen gegliedert. Unter einer etwa 6 m dicken Oberflächenbreccie von olivinpyroxenitischer Zusammensetzung folgt eine 6–8 m dicke, nach unten abklingende Spinifexlage mit großen Olivinen (oben) und Pyroxenen (unten) in einer Plagioklas-Pyroxen-Matrix. Die ganze mittlere Partie des Stromes besteht aus einem grobkörnigen, z. T. quarzführenden Gabbro. Dieser ist unterlagert von einem 8 m dicken Pyroxenkumulat. Unter diesem folgen 60 m Olivinkumulat mit idiomorphen, kurzprismatischen Olivinen, etwas Ortho- und Klinopyroxen sowie Chromit. Die unterste Lage des Stromes hat wieder olivinpyroxenitische Zusammensetzung (idiomorphe, gedrungene Körner).

Weiterführende Literatur zu Abschn. 2.29

Arndt, N. T. & Nisbet, E. G. [Hrsg.] (1982): Komatiites. – 526 S., London (Allen & Unwin).

2.30 Spilite und Keratophyre

2.30.1 Allgemeine petrographische und chemische Kennzeichnung

Spilite sind Erguß- und Ganggesteine, die bei basaltischem oder basaltähnlichem Chemismus ganz oder teilweise aus Mineralassoziationen bestehen, die in gewöhnlichen Magmatiten nicht oder nur als autohydrothermale oder metamorphe Bildungen auftreten: Albit bis Oligoklas, Chlorit, Calcit, Epidot, Titanit, Serpentin, Aktinolith, Hämatit.

Die als am meisten typisch angesehenen Spilite enthalten **Albit** und **Chlorit** als Hauptminerale; sie sind infolgedessen ärmer an CaO und reicher an Na_2O als normale Basalte mit sonst vergleichbarer Zusammensetzung. Zwischen solchen Spiliten und Basalten mit Pyroxen und Ca-reichem Plagioklas als Hauptmineralen bestehen alle Übergänge. Sehr oft läßt sich zeigen, daß der spilitische Mineralbestand durch Umwandlung aus einem basaltischen hervorgegangen ist (Mineral- und Gefügerelikte von Ca-Plagioklas, Augit und anderen). Wenn diese Erscheinungen zusammen mit Deformationen und im Rahmen anderer schwach metamorpher Gesteinsbildungen auftreten, liegt es nahe, sie als Produkte metamorpher Prozesse zu deuten. Solche Spilite dagegen, bei denen diese Kennzeichen fehlen, sind hinsichtlich ihrer Genese schwieriger zu deuten. Sehr häufig zeigen sie bis in mikroskopische Details die Gefüge magmatischer Gesteine (siehe unten), aber mit dem nicht typisch magmatischen Mineralbestand. Es ist daher von vielen Autoren angenommen worden, daß die spilitische Mineralassoziation *primär,* d. h. aus einem besonders wasserreichen (eventuell auch CO_2-reichen) Magma („Hydromagma“) kristallisiert sei. Spilite mit Relikten basaltischer Mineralbestände, aber ohne Anzeichen metamorpher Überprägung würden im Sinne dieser Deutung aus Magmen stammen, bei denen der hydromagmatische Zustand erst im Laufe der Kristallisation erreicht wurde.

Spilite sind häufig, aber keineswegs überall, **subaquatische** Ergußgesteine. Viele Kissenlaven haben ganz oder teilweise spilitische Mineralbestände; solche fehlen aber auch nicht in anderen Laven und Ganggesteinen („Spilitdiabase“). Auch **Pyroklastite** mit **spilitischem** Mineralbestand kommen vor; sie scheinen überwiegend subaquatisch abgelagert worden zu sein; z. B. die „Schalsteine“ des Rheinischen Schiefergebirges.

Die folgenden Angaben über Mineralbestand und Gefüge orientieren sich, unabhängig von einer oder mehreren möglichen genetischen Deutungen, an solchen Spiliten, welche bei typisch magmatischen Strukturen und Texturen den kritischen Mineralbestand Albit-Chlorit und zusätzlich weitere bestimmte Minerale aufweisen.

Hauptminerale der typischen Spilite und Spilitpyroklastite sind in diesem Sinne:
- „Albit" (Albit bis Oligoklas),
- Chlorit (Pennin, Pyknochlorit, Rhipidolith, d. h. mäßig eisenreiche Mg-Al-Chlorite),
- Calcit, seltener Dolomit,
- Epidot, seltener Prehnit oder Pumpellyit (metamorph?),
- Aktinolith (metamorph?),
- Hämatit, Magnetit, Titanit, Leukoxen, Quarz.

Als häufig vorkommende Gefüge der Spilite sind zu nennen:
- **porphyrisch** mit Einsprenglingen von Albit bis Oligoklas, seltener von Pyroxen, in verschiedenartig struierten Grundmassen, diese oft sehr feinkristallin und durch Erzminerale und/oder Leukoxen stark pigmentiert (Abb. 81A und B);
- **nicht porphyrisch,** mikrolithisch bis intersertal mit meist dünnen Feldspatleisten (z. T. an den Enden aufgespalten, gekrümmt, mit Chloriteinlagerungen); auch Fluidaltexturen kommen vor;
- **variolitisch** (radialstrahlige Aggregate der Feldspäte);
- **arboreszierend** (eisblumenartig divergierende Feldspataggregate, besonders in spilitischen Kissenlaven).

Die Ausbildung der Feldspäte ist demnach die wesentliche gefügekennzeichnende Erscheinung. Die übrigen Haupt- und Nebengemengteile nehmen die Räume zwischen den Feldspäten mit überaus verschiedenen Größen- und Formeigenschaften ein.

Calcit erscheint in unregelmäßig-fleckigen Aggregaten, bisweilen mit mehreren Zehnern von Volumprozenten Anteil zwischen den Silikaten. Häufig sind die Feldspäte von Chlorit, Serizit oder Calcit durchsetzt oder gefüllt. Viele Gefüge von Spiliten, besonders auch der spilitischen Pyroklastite, erinnern stark an die Formen vitrophyrischer Gesteine. Ein großer Teil der Spilit-Lava- und -Tuffkomponenten enthält Hohlräume verschiedenster Gestalt und Größe, welche ursprünglich Gasblasen waren. Sie sind mit verschiedenen Mineralen, wie Chlorit, Calcit, Calcedon, Quarz, Epidot und anderen gefüllt: **„Spilit-Mandelsteine".** Die gleichen Minerale sowie Albit treten ferner als Füllungen von Rissen und Zwischenräumen in zerbrochenen bis brecciösen Spiliten auf.

Keratophyre sind leukokrate und hololeukokrate Erguß- und Ganggesteine, die aus Alkalifeldspat, Chlorit sowie geringen Anteilen von Calcit, Erzmineralen, Leukoxen, Quarz und Akzessorien bestehen. Der Alkalifeldspat – ursprünglich wohl meist Sanidin – ist je nach dem K-Na-Verhältnis ein mikro- bis kryptoperthitischer Orthoklas, Anorthoklas, „Schachbrett-Albit" oder Albit (s. Abschn. 1.2.3). Die Gesteine sind porphyrisch oder aphyrisch; die Struktur der Grundmasse ist mikrolithisch mit oft deutlich fluidaler Regelung der Feldspatleisten, wie bei den Trachyten. Varianten des Keratophyrs sind Natron- und Kalikeratophyr; Quarzgehalte über 5 Vol.-% bedingen den Namen Quarzkeratophyr. Alkalifeldspatreiche Vulkanite mit Klinopyroxen oder Amphibol und ohne wesentliche Beteiligung von Chlorit und Calcit sollen nicht als Keratophyr, sondern als Trachyt bezeichnet werden.

Der für spilitähnliche Magmatite des Lahn-Dill-Gebietes und auch sonst verwendete Name **„Weilburgit"** bezeichnet basische, an Alkalifeldspat reiche Gesteine mit Chlorit, gelegentlich Augit, akzessorisch Titanit, Magnetit und sehr wechselnden Mengen von Calcit. Sie sind zum Teil sehr intim mit Fragmenten ihres Nebengesteins vermengt; die dadurch und durch spätere Deformationen geprägten Gesteine werden unterschiedlich interpretiert: als Injektionen eines leichtbeweglichen Hydromagmas in ein pyroklastisches Nebengestein mit Sedimentanteilen nach LEHMANN, als metamorph überprägte Tuffe und Tuffite nach HENTSCHEL. Neben diesen ganz heterogen aufgebauten Gesteinen gibt es aber auch kompakte Weilburgite mit zwischen basischen Spiliten und Keratophyren stehenden Zusammensetzungen.

2.30.2 Auftreten und äußere Erscheinung

Spilite und teilweise spilitische Basalte sind am verbreitetsten in Geosynklinalen; sie sind dort (zusammen mit nicht spilitischen Vulkaniten und Keratophyren) Produkte des „initialen basischen Vulkanismus", wobei „initial" sich auf die sich später in diesem Bereich abspielende Orogenese bezieht (Beispiel des Rheinischen Schiefergebirges). Spilite treten aber auch im spätorogenen Vulkanismus auf, so etwa im Rotliegenden Mitteleuropas. Auf ozeanischen Rücken und in anderen Zusammenhängen der ozeanischen Kruste sind ebenfalls verschiedentlich spilitische Kissenlaven angetroffen worden. Rezente Spilitbildung wurde noch nicht beobachtet.

Die **äußere Erscheinung** spilitischer Gesteine ist sehr häufig die der gewöhnlichen basaltischen

Vulkanite und Ganggesteine. Kissenlaven und andere Lavaformen, Pyroklastite verschiedenster Art und Genese sowie subvulkanische Intrusivgesteine können mit spilitischem Mineralbestand vorkommen. Die wesentliche Beteiligung von Chlorit oder auch Epidot und Aktinolith bedingt meist eine grünliche Komponente des mittel- bis dunkelgrauen Gesamtkolorits. Bei größerer Beteiligung von Karbonaten sind die Farben heller; Hämatit, besonders als feinverteiltes Pigment, bedingt violettbraune bis rotbraune Farbtöne. Die Gesteine sind oft feinkörnig-aphanitisch, in vielen anderen Fällen aber auch makroskopisch erkennbar porphyrisch, doleritisch oder variolitisch ausgebildet. Sehr auffallend sind die mit Chlorit, Karbonaten und anderen Mineralen gefüllten Gasblasen: **Spilit-Mandelsteine** (Abb. 82 A und B). Die Mineralfüllungen von Rissen und Zwischenräumen brecciöser Spilite und spilitischer Kissenlaven fügen den genannten Erscheinungen noch mannigfaltige weitere Aspekte hinzu.

Überaus vielgestaltig ist die Erscheinung **spilitischer Pyroklastite.** Korngröße, Kornform, Sortierungsgrad, Beteiligung nicht vulkanischer Komponenten, Schichtung und Absonderung variieren in weiten Grenzen. Die **„Schalsteine"** des Rheinischen Schiefergebirges sind zum Teil spilitische Pyroklastite, die im typischen Fall eine klein- bis feinkörnige Beschaffenheit und eine etwas krummschalig-plattige Absonderung zeigen. Sie bestehen aus meist mandelreichen, mehr oder weniger deformierten Spilitfragmenten in karbonatischer Matrix. Für die mineralische Beschaffenheit der Aschenteilchen, Lapilli und größerer Brocken und Bomben gilt sinngemäß das über die massiven Spilite Ausgeführte. Die Ähnlichkeit der Gefüge dieser Partikel mit glasigen oder vitrophyrischen Vulkaniten ist besonders ausgeprägt.

Tabelle 60 Mineralbestände (Volum-%) von Basalt und spilitischen Lagen, South Range Quarry und Delaware, Michigan, USA (nach Cornwall 1951)

	(1)	(2)	(3)	(4)
Plagioklas	57,5	59,0	50,0	61,2
An-Gehalt	(56,0)	(12,0)	(60,0)	(7,0)
Chlorit mit etwas Pumpellyit und Prehnit	4,8	23,2	16,2	20,1
Pyroxen	24,1	7,3	14,0	8,4
Olivin	10,8	–	7,6	–
Magnetit, Ilmenit	2,8	4,4	12,2	8,7
Prehnit	–	4,8	–	1,6
Apatit	–	0,7	–	–
Quarz	–	0,6	–	–

(1) und (3) wenig veränderte Basalte
(2) und (4) spilitisierte Basalte

Keratophyre treten bevorzugt in Assoziation mit Spiliten auf, z. B. im Rheinischen Schiefergebirge und im Harz. Sie bilden Gänge, Lagergänge, Lavaströme und Tuffe. Das i. a. helle Aussehen der Gesteine ist durch den hohen Feldspatanteil geprägt; grünlichgraue oder rötlichgraue bis -braune Farben sind durch die pigmentierenden Minerale Chlorit und Hämatit verursacht. Alkalifeldspateinsprenglinge und Mandelfüllungen heben sich, soweit vorhanden, von der Grundmasse deutlich ab.

2.30.3 Beispiele für Gesteinsassoziationen mit Spiliten und Keratophyren

Beispiel einer teilweise spilitischen Basaltlava: der Greenstone Flow am Lake Superior, Michigan, USA
(nach Cornwall, 1951).

Der über 88 km Länge mit bis zu 450 m Mächtigkeit aufgeschlossene präkambrische „Greenstone-Flow" am Lake Superior ist lagig aufgebaut, wobei die obersten Lagen als Mandelsteine örtlich mit einer Hämatit-Kupferglanz-Mineralisation ausgebildet sind. Darunter folgt ein feinkörniger, säulig abgesonderter Basalt und dann, als Hauptmasse des Stromes, ein ophitischer, gebänderter Basalt tholeiitischer Zusammensetzung. Die obere Hälfte dieser Einheit enthält zahlreiche, einige cm bis etwa 6 m dicke mittel- bis grobkörnige Lagen (sogenannte pegmatitische Fazies), in der ein spilitischer Mineralbestand mit Albit bis Oligoklas (tafelig, mehr oder weniger planare Orientierung), Chlorit, Augit (z. T. chloritisiert), Ilmenit, Magnetit und Apatit entwikkelt ist. Als Umwandlungsprodukte des Plagioklases treten Prehnit, Chlorit, Pumpellyit, Epidot, Serizit und Kaolinit auf; aus Augit entstehen außer Chlorit auch Amphibol und Epidot. Die Mandelräume sind mit Epidot, Quarz, Prehnit, Calcit, Pumpellyit und gediegen Kupfer gefüllt. In benachbarten, weniger mächtigen Lavaströmen sind ähnliche Verhältnisse zu beobachten. In Tabelle 60 sind Mineralbestände von Basalten und dazugehörigen grobkörnigen Lagen mit spilitischem Mineralbestand angegeben.

Beispiel einer Spilit-Diabas-Assoziation des initialen Vulkanismus in der Geosynklinale: Umgebung von Dillenburg, Hessen
(nach HENTSCHEL in LIPPERT et al., 1970).

Der basische Magmatismus des betrachteten Gebietes (Abb. 82) gliedert sich zeitlich in eine ältere, mittel- bis frühoberdevonische, eine mittlere jungoberdevonische und eine jüngere frühoberkarbonische Phase. Zu der älteren Phase gehören die als **„Schalsteine“** bekannten submarinen Pyroklastite mit spilitischem Mineralbestand. Sie bestehen in der Hauptsache aus Lapilli, örtlich auch aus feineren oder gröberen Fragmenten ursprünglich basaltischer Lava in einem überwiegend calcitischen, chlorit- und quarzführenden Bindemittel. Trotz der später erlittenen Deformationen sind die magmatischen Gefügemerkmale, besonders der Reichtum an (jetzt gefüllten) Gasblasen noch gut zu erkennen. Chloritpseudomorphosen nach Pyroxen und Serpentinpseudomorphosen nach Olivin kommen häufiger vor; Feldspäte sind nur in den gröberen Lapilli und Lavafetzen verbreitet. Die Matrix der Lavafragmente besteht aus Chlorit mit Anatasdurchstäubung (“Leukoxen“). Die Blasen sind mit Calcit, Chlorit und SiO_2 gefüllt.

Der Schalstein wird von einem schichtigen **Hämatiterz** submariner Entstehung überlagert; die Metallzufuhr erfolgte durch postvulkanische hydrothermale Lösungen. Die Mächtigkeit des Lagers schwankt zwischen wenigen cm und 4 bis 5 m. Hauptminerale sind Hämatit, Quarz, Chlorit und Calcit; die mittleren Fe-Gehalte des früher abgebauten Erzes lagen bei 35%.

Die ältere Phase des Vulkanismus lieferte ferner intrusive Diabase und Spilite, Pikrite (untergeordnet), Keratophyre und Quarzkeratophyre. Bei den **Spiliten** sind porphyrische und aphyrische Varietäten zu unterscheiden. Die Feldspäte

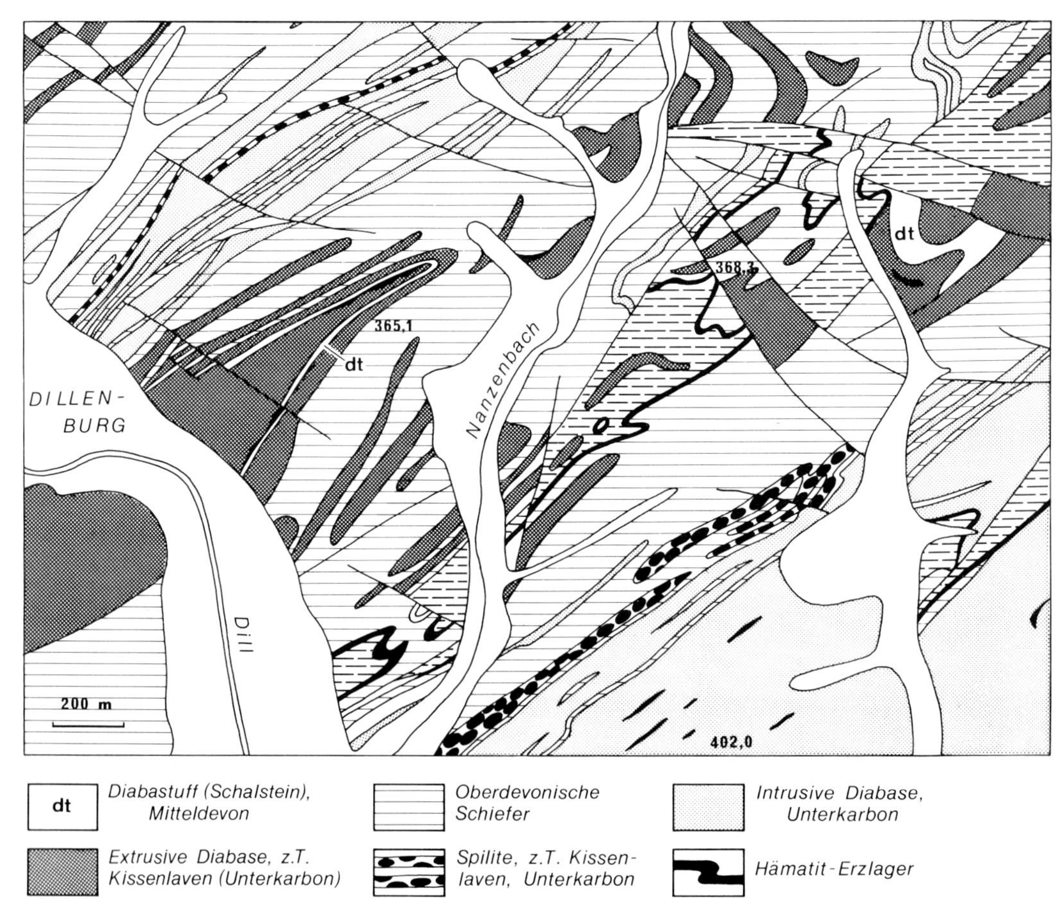

Abb. 81 Diabase und Spilite im gefalteten Gebirge; Ausschnitt aus Blatt Dillenburg (Rhein. Schiefergebirge) 1:25000; vereinfacht nach LIPPERT 1970, Geol. Karte von Hessen Nr. 5215.

sind überwiegend Albit bis Na-Oligoklas (z. T. serizitisiert oder chloritisiert) in mikrolithischen bis intersertalen Gefügen; die Zwischenräume sind von Chlorit ± Calcit erfüllt. Als Erzminerale treten Magnetit und Ilmenit auf; Titanit und Anatas (Leukoxen) sind überall verbreitet. Pyroxen und Olivin sind nur als Pseudomorphosen erhalten.

Die mittlere Phase des Vulkanismus förderte ebenfalls spilitische Kissenlaven, Hyaloklastite und Lagergänge. Sie sind petrographisch den Gesteinen der älteren Phase ähnlich. In der jüngeren, hier ergiebigsten Phase sind die Gesteine zusammenfassend als **Diabase** zu bezeichnen, wenn auch Mineralbildungen der Spilitisierung nicht fehlen. Das gleiche gilt von den Pikriten dieser Phase.

Die Keratophyre des Lahn-Dill-Gebietes (Rheinisches Schiefergebirge)
(nach FLICK, 1979).

Die Keratophyre der Lahn- und Dill-Mulde haben überwiegend mitteldevonisches Alter. Ihr Volumen beträgt nur etwa 0,5% der Gesamtmasse der initialen Magmatite dieses Gebietes. Es handelt sich hauptsächlich um Oberflächenergüsse und Tuffe, seltener um Lagergänge. Magmatische Breccien mit Keratophyrfragmenten in einem Keratophyr-Bindemittel sind weit verbreitet. Die massiven Keratophyre zeigen im Aufschluß plattige, seltener eine unvollkommen säulige Absonderung. Sie sind porphyrisch mit meist dichter Grundmasse und rotbraun bis grünlich gefärbt. Als Einsprenglinge treten Alkalifeldspäte und teilweise auch Quarz auf, in einigen Vorkommen auch ein Karbonat.

Die Feldspateinsprenglinge sind meist Albit (Schachbrettalbit, s. Abschn. 1.2.3) oder zonare Albit-Orthoklas-Verwachsungen. Quarz kommt auch als Spät- und Restkristallisat in der Grundmasse vor. Als Mafite sind Riebeckit oder Ägirin nicht häufig und nur in den Grundmassen vorhanden; ehemalige Pyroxen- oder Amphiboleinsprenglinge sind durch Stilpnomelan und Chlorit pseudomorphosiert. Weitere Fe-Minerale sind Magnetit, Hämatit, Pyrit und Chlorit. Die Grundmassen sind kryptokristallin bis holokristallin entwickelt; im letzteren Fall bilden die Feldspatleisten trachytische Fließgefüge.

Tabelle 61 Chemische Analysen (Gew.-%) von Spiliten und begleitenden Gesteinen der Umgebung von Dillenburg, Hessen (nach HENTSCHEL in LIPPERT, HENTSCHEL & RABIEN 1970)

	(1)	(2)	(3)	(4)
SiO_2	41,97	52,0	45,98	57,4
TiO_2	3,12	0,75	2,46	0,36
Al_2O_3	15,55	18,2	15,60	17,4
Fe_2O_3	3,56	1,1	4,76	3,1
FeO	10,31	6,0	8,23	1,7
MnO	0,07	0,18	0,17	0,14
MgO	8,00	2,7	4,84	0,6
CaO	3,20	2,6	4,20	3,0
Na_2O	3,20	6,4	4,55	4,8
K_2O	1,15	3,3	1,15	8,1
P_2O_5	0,58	0,23	0,91	0,07
CO_2	1,72	3,1	3,28	2,3
H_2O^+	6,13	2,9	4,20	1,2
H_2O^-	0,65	0,2	0,02	0,1
Summe	100,21	99,66	100,35	100,27

(1) Spilit-Kissenlava, porphyrisch, Autobahn zwischen Dillenburg und Sechshelden
(2) Keratophyrischer Spilit, Haiger, Hessen
(3) Aphyrischer Spilit, Eibach, Hessen
(4) Aphyrischer Keratophyr, Lindenberg bei Langenbach, Hessen

Weiterführende Literatur zu Abschn. 2.30

AMSTUTZ, G. C. [Hrsg.] (1974): Spilites and Spilitic Rocks. 482 S., Berlin (Springer).

2.31 Trachyte, Latite, Latitandesite und Latitbasalte (Shoshonitische Vulkanitassoziation)

2.31.1 Allgemeine petrographische und chemische Kennzeichnung

In diesem Abschnitt sind Vulkanite behandelt, welche in den Feldern 7, 7*, 8, 8*, 9 und 9* des Doppeldreiecks nach STRECKEISEN liegen (s. Abb. 26). Sie sind die effusiven Äquivalente der Syenite, Monzonite, Monzodiorite und Monzogabbros, wobei quarzführende Gesteine (bis zu 20% Quarzanteil im QAP-Dreieck) mit eingeschlossen sind. Alkaligesteine sonst ähnlicher Zusammensetzung (Alkalitrachyte, foidführende Latite, Mugearite, Hawaiite) werden hier nicht berücksichtigt. Die Nomenklatur der Gesteine wird uneinheitlich gehandhabt. Soweit die Mineralbestände in Betracht kommen, sind Latitande-

Tabelle 61 a Mineralische (Volum-%) und chemische (Gew.-%) Zusammensetzung von Spiliten, Weilburgit und Keratophyr

	(1)	(2)	(3)	(4)	(5)	(6)	(7)
Quarz	8	1	5	3	5	–	8
Alkalifeldspat	–	–	–	–	–	55,5	81
Albit-Oligoklas	42	20	50	45	38	–	–
Klinopyroxen	–	20	+	10	–	–	–
Epidot, Titanit	2	–	2	4	1	–	–
Chlorit	39	50	35	25	38	40,5	9
Prehnit	–	–	–	10	–	–	–
Muskovit	+	1	–	–	+	–	–
Leukoxen	+	+	+	+	+	1,5	+
Fe-Ti-Erze	3	4	1	1	2	0,5	1
Calcit	8	1	3	1	12	–	1
Apatit	+	+	+	+	+	2,0	+
SiO_2	45,32	40,39	47,60	46,57	43,46	48,05	63,29
TiO_2	1,86	1,20	1,40	1,72	2,51	2,28	0,49
Al_2O_3	14,90	11,38	16,03	16,30	14,53	16,44	18,97
Fe_2O_3	2,00	3,79	2,74	2,23	2,78	2,79	2,06
FeO	8,84	9,52	6,97	9,26	8,24	8,95	1,33
MnO	0,07	0,17	0,12	0,16	0,09	0,13	0,12
MgO	9,41	16,40	8,45	6,52	4,12	4,97	0,17
CaO	4,17	4,78	2,78	6,95	8,04	4,18	1,12
Na_2O	3,47	0,85	4,78	4,17	2,67	4,22	5,49
K_2O	0,08	0,71	0,44	0,46	3,42	2,50	5,55
P_2O_5	0,72	0,34	0,19	0,26	0,50	0,97	0,10
CO_2	3,70	0,28	1,11	0,26	4,11	–	0,56
H_2O^+	4,73	8,78	6,53	4,65	4,75	4,50	0,85
H_2O^-	0,91	1,92	1,51	0,67	0,49	0,27	0,11
Summe	100,18	100,51	100,65	100,18	99,71	100,25	100,21

(1) Spilit, Wallenstein, Sauerland (nach Herrmann & Wedepohl 1970)
(2) Pikritischer Spilit, Odershausen, Kellerwald, Quelle wie (1). „Chlorit" hier Chlorit + Serpentin
(3) Spilit, Fundort wie (2), Quelle wie (1)
(4) Spilit, Fundort wie (2), Quelle wie (1)
(5) Kalispilit, Fischbach, Kellerwald, Quelle wie (1). Mit Kalifeldspat neben Albit-Oligoklas
(6) Alkalireicher Spilit (Weilburgit), Weyer-Oberbrechen, Rheinisches Schiefergebirge (nach Lehmann 1941)
(7) Keratophyr, Büchenberg, Harz (nach Knauer 1958)

sit und Trachyandesit bzw. Latitbasalt und Trachybasalt etwa synonym. Die Namen Shoshonit, Absarokit und Banakit werden neuerdings bevorzugt durch das K_2O-SiO_2-Verhältnis definiert (Abb. 73); es sind Gesteine von basaltischem bis andesitischem Habitus, welche aber durch erhöhte Gehalte an Kalifeldspat (gelegentlich auch an Biotit) von diesen unterschieden sind. Das gleiche gilt entsprechend für die „High-K-Andesite" und „High-K-Tholeiite" mancher Autoren. Die für bestimmte tektonische und petrogenetische Situationen charakteristische *Shoshonit-Assoziation* umfaßt aber außer den hier genannten Gesteinen auch verwandte mit leichter SiO_2-Untersättigung und Feldspatvertretern, besonders Leucit (s. Abschn. 2.19.3 Kaligesteine).

Die **Trachyte** sind im allgemeinen leukokrate Gesteine mit einem Alkalifeldspat-Plagioklas-Verhältnis von über 65:35, in Alkalifeldspat-Trachyten von über 90:10. Die Gesteine sind meist porphyrisch und holokristallin, jedoch kommen auch glasführende, ja selbst glasreiche Varianten vor. Als **Einsprenglinge** treten auf:

- **Alkalifeldspat:** in jungen Vulkaniten meist Sanidin; oft zonar, manchmal mit Plagioklaskern; in den Trachyten der shoshonitischen Assoziationen – aber auch sonst oft – K-betont. In

Trachyten älterer Formationen ist der Sanidin in kryptoperthitischen Na-Orthoklas oder sehr fein nach (010) und [010] verzwillingten Anorthoklas umgewandelt. Tafelige Gestalt nach (010) begünstigt die fluidale Einregelung.
- **Plagioklas:** als Kern von Alkalifeldspat-Einsprenglingen oder von Alkalifeldspat umrandet; in den „Rhombenporphyren" Norwegens in bis zu 3 cm langen Kristallen mit besonderer Tracht („Rhombenfeldspäte" = Oligoklas bis Andesin, antiperthitisch).
- **Augit:** eine Umrandung von Ägirinaugit zeigt den Übergang zu Alkalitrachyt an.
- **Hornblende,** z. T. mit Opacitrand (s. S. 185);
- **Biotit,** z. T. mit Opacitrand;
- **Fe-Olivin** (nicht häufig).

Die **Grundmasse** besteht, soweit sie nicht glasig ist, ganz überwiegend aus Alkalifeldspatleisten, die bei der typisch „trachytischen" Struktur eine ausgezeichnete fluidale Einregelung zeigen. Dabei werden größere Einsprenglinge von den kleinen Grundmassekristallen „umflossen". Auch Plagioklas kann an der Grundmasse beteiligt sein. Quarz erscheint, wenn überhaupt, als Zwikkelfüllung. Im *Domit* des Puy de Dôme treten die Hochtemperatur-Modifikationen von SiO_2, Cristobalit und Tridymit, auf. Weitere Minerale der Trachyt-Grundmassen sind Biotit, Amphibol, Pyroxen, Titanit, Zirkon, Ilmenit und Magnetit. Als Sekundärminerale, besonders in Trachyten älterer Formationen, treten Chlorit, Epidot und Calcit auf. *Keratophyre* sind trachytische bis quarztrachytische Paläovulkanite, meist mit Na-Vormacht. Ihre Alkalifeldspat-Einsprenglinge sind oft in „Schachbrettalbit" (s. Abschn. 1.2.3) umgewandelt, die primären Mafite sind chloritisiert. Durch diese Umwandlungen sind auch ihre chemischen Zusammensetzungen gegenüber den ursprünglichen mehr oder weniger modifiziert (s. Abschn. 2.30 Spilite und Keratophyre).

Die **Rhombenporphyre,** welche als mehrere Zehner von Kilometern lange Lavaströme im Oslogebiet auftreten, sind nur mäßig alkalische trachytverwandte Gesteine. Sie enthalten reichlich bis zu mehrere cm große Einsprenglinge von ternären Feldspäten (Plagioklaskerne und alkalireichere Randzonen, antiperthitisch bzw. perthitisch entmischt). Die im Bruch häufigen rhombenförmigen Umrisse sind durch die starke Entwicklung der Flächenformen ⟨110⟩, ⟨20$\bar{1}$⟩ und ⟨10$\bar{1}$⟩ bedingt. Die meist feinkörnige Grundmasse besteht aus vorwiegendem Alkalifeldspat, Augit, Biotit und Erzmineralen.

Domit ist ein Oligoklas-Trachyt mit Cristobalit und Tridymit vom Puy de Dôme in der Auvergne (Frankreich).

Latit ist das dem Monzonit entsprechende vulkanische Gestein. Bei leuko- bis mesokrater Zusammensetzung treten Alkalifeldspäte und Plagioklase in Verhältnissen zwischen 65:35 und 35:65 auf. Quarz kann vorhanden sein oder fehlen. Als Einsprenglinge treten auf:

- **Plagioklas,** meist Andesin, auch Oligoklas oder Labradorit, z. T. mit vielen Glaseinschlüssen,
- **Alkalifeldspat** (selten, meist korrodiert);
- **Biotit,** manchmal mit Opacitrand; ebenso **Hornblende;**
- **Augit ± Hypersthen.**

Die **Grundmasse** besteht, soweit sie nicht glasig ist, aus Alkalifeldspat, Plagioklas, den schon genannten Mafiten, Titanomagnetit und Quarz in der durch das Latitfeld im QAP-Dreieck begrenzten Menge. Die Strukturen der Grundmassen sind trachytisch bis regellos-gleichkörnig (felsitisch); sehr feinkristalline Grundmassen und selbst glasige Ausbildung sind verbreitet. Latite älterer Formationen sind entglast und enthalten Chlorit, Leukoxen, Epidot, Serizit, Calcit und Hämatit als Umwandlungsminerale. Akzessorische Minerale sind Apatit, Titanit, Zirkon und andere.

Für die **Latitandesite** und **Latitbasalte** gelten im allgemeinen die für Andesite und Kalk-Alkali-Basalte gegebenen Beschreibungen (s. Abschn. 2.27 und 2.28). Unterscheidende Merkmale sind lediglich die höheren Anteile an Kalifeldspat (in der Grundmasse oder auch als Umrandung der Plagioklas-Einsprenglinge) und an Biotit. Bei feinkristalliner oder glasiger Beschaffenheit sind die Gesteine nur mit Hilfe der chemischen Analyse zu identifizieren (siehe Abb. 75 und Tabelle 62). **Absarokit** ist ein Olivin-Latitbasalt, **Shoshonit i. e. S.** ein olivinführender Augitlatit. **Banakit** ein olivinführender Biotit-Augit-Trachyt.

Die **chemischen Zusammensetzungen** der Gesteine der Trachyt-Latit-Gruppe variieren in weiten Grenzen. Die Analysen der Latitandesite und Latitbasalte sind solchen von Andesiten und Kalkalkali-Basalten mit Ausnahme ihrer deutlich höheren Kaligehalte ähnlich. Die Gesteine sind oft olivin-, aber nur ausnahmsweise nephelinnormativ. Die Latite können entsprechend ihrem Mineralbestand normativen Quarz enthalten oder quarzfrei sein. Die Trachyte haben als meist leukokrate alkalifeldspatreiche Gesteine niedrige Gehalte an Fe, Mg, Ti und Ca; bei SiO_2-Gehal-

Tabelle 62 RITTMANN-Normen und chemische Zusammensetzung (Gew.-%) von Vulkaniten der Shoshonit-Assoziation

	(1)	(2)	(3)	(4)	(5)	(6)	(7)	(8)
Quarz	2,3	–	–	–	–	3,7	14,9	29,1
Alkalifeldspat (Sanidin)	15,4	24,3	24,4	10,8	25,8	52,9	32,4	58,1
Plagioklas	59,7	29,2	39,2	40,9	51,6	21,4	38,2	7,8
Nephelin (N), Leucit (L)	–	7,5 N	5,2 N	18,3 L	–	–	–	–
Klinopyroxen	19,9	31,4	27,8	20,7	17,9[1]	19,4[2]	12,8[3]	4,2[4]
Olivin	–	3,7	0,3	6,0	1,3	–	–	–
Magnetit	1,0	2,0	1,9	2,3	1,9	1,8	0,9	0,7
Ilmenit	1,1	1,1	0,6		0,8	0,3	0,2	0,0
Apatit	0,6	0,8	0,7	1,0	0,7	0,6	0,6	0,1
SiO_2	55,6	50,50	53,9	52,5	53,1	58,6	65,9	72,0
TiO_2	1,12	0,95	0,8	0,7	0,8	0,6	0,32	0,15
Al_2O_3	17,2	16,60	17,8	15,5	18,0	16,3	13,9	13,20
Fe_2O_3	3,2	4,05	4,3	4,1	4,7	3,75	2,3	1,10
FeO	3,8	4,80	3,55	4,9	3,4	2,45	1,6	1,45
MnO	0,11	0,16	0,19	0,16	0,14	0,12	0,05	0,07
MgO	4,1	5,70	4,0	4,6	4,2	2,60	2,4	1,2
CaO	6,9	8,40	7,3	8,3	7,7	4,90	3,9	1,3
Na_2O	4,2	2,90	3,5	3,6	3,3	4,10	3,4	4,0
K_2O	2,2	3,30	3,3	4,6	3,2	5,60	4,6	4,7
P_2O_5	0,30	0,38	0,37	0,47	0,36	0,34	0,36	0,07
H_2O^+	1,1	2,10	0,7	0,5	0,5	0,4	1,0	0,7
Summe	99,83	99,84	99,71	99,93	99,40	99,76	99,73	99,94

(1) Mittel von 8 Latitandesiten der Andesitformation Mittelchiles (nach Pichler & Zeil 1972)
(2) „Trachybasalt", nach der RITTMANN-Norm phonolithischer Tephrit, Feld 13 im Q-A-P-F-Doppeldreieck; Vulcano, Italien (nach Keller 1980)
(3) „Trachyandesit" (nephelinführender Latit, Feld 8'). Vorkommen und Quelle wie (2)
(4) „Leucittephrit" (phonolithischer Tephrit, Feld 13). Vorkommen und Quelle wie (2)
(5) Latitandesit (Feld 9). Vorkommen und Quelle wie (2)
(6) Trachyt (Feld 9). Vorkommen und Quelle wie (2)
(7) „Rhyolith" (Quarzlatit, Feld 8). Vorkommen und Quelle wie (2)
(8) Alkalifeldspat-Rhyolith (Feld 2). Vorkommen und Quelle wie (2)

[1] 9,4 % Augit und 8,5 % Orthopyroxen
[2] 9,8 % Augit, 3,7 % Orthopyroxen und 5,9 % Biotit
[3] 11,4 % Augit und 1,4 % Biotit
[4] 1,7 % Klinopyroxen und 2,5 % Biotit

ten von etwa 63% aufwärts liegt meist freier Quarz vor. Natronbetonte Trachyte, die nicht zugleich Alkaligesteine sind, kommen relativ selten vor.

2.31.2 Auftreten und äußere Erscheinung

Die Gesteine der shoshonitischen Assoziation treten charakteristisch an Kontinentalrändern und auf Inselbögen auf. Sie nehmen in der Regel die am weitesten von den zugehörigen Tiefseegräben entfernten Positionen ein. Ihr Erscheinen wird mit besonderen Aufschmelzprozessen in tieferen Abschnitten einer Subduktionszone erklärt. Trachyte, Latite, Latitandesite und Latitbasalte kommen aber auch als Sonderentwicklungen im Rahmen alkalischer oder anderer kontinentaler magmatischer Assoziationen vor (s. S. 121).

Hinsichtlich ihrer **vulkanologischen Erscheinungen** sind die Latitbasalte und Latitandesite sowie teilweise auch noch die Latite den Basalten und besonders den Andesiten vergleichbar. Mit zunehmenden Feldspatgehalten und abnehmender Basizität macht sich aber die höhere Viskosität der Schmelzen bemerkbar. Die Trachyte bilden deshalb meist nur kurze Lavaströme, aber, wie auch schon manche Latitandesite und Latite, häufig Quell- oder Staukuppen. Blasige Texturen sind bei den basischen Gesteinen der Reihe verbreitet, bei den intermediären bis fast sauren selten. Jedoch haben viele Trachyte eine feinporöse Textur, die eine „rauhe" Oberfläche und somit die Namengebung bedingt („trachys" = griech. „rauh"). Porphyrische Strukturen sind häufig, wobei in den basischeren Gesteinen Augit, Olivin und Plagioklas, bei den Latiten gelegentlich auch Alkalifeldspat, bei den Trachyten ganz besonders dieser als Einsprenglinge hervortreten. Hier ist auch die Fluidaltextur oft stark ausgeprägt. Die Erscheinungsformen der Pyroklastite sind sehr mannigfaltig, wobei wiederum die Viskosität der Schmelzen, der Gehalt an Gasblasen und der Grad der Kristallisation die Einzelheiten der Gesteine und ihrer Partikel bestimmen (s. Abschn. 2.32 Pyroklastische Gesteine). Insgesamt umfaßt die hier behandelte Gesteinsreihe eine besonders große Variationsbreite in der Zusammensetzung und folglich auch in allen ihren äußeren Merkmalen.

2.31.3 Beispiel einer shoshonitischen Gesteinsassoziation

Vulkanite der Shoshonit-Assoziation von Vulcano, Aeolische Inseln, Italien (nach KELLER, 1980).

Der quartäre Inselbogen-Vulkanismus der Aeolischen Inseln förderte zwei verschiedene Magmenassoziationen:

- eine typische Kalk-Alkali-Basalt-Andesit-Dacit-Assoziation, z. B. auf Salina und Filicudi, und
- eine K-reiche, shoshonitische Assoziation mit Trachybasalt, Tephrit und Trachyt, z. B. auf Vulcano und Stromboli.

Der Vulkanismus von Vulcano begann im Jungquartär mit der Bildung des großen Stratovulkans im Süden der Insel. Die Laven waren zunächst Trachybasalte; nach dem Einbruch der Caldera del Piano im Zentrum des Vulkans folgten weitere Laven sowie Pyroklastite, darunter neben Trachybasalten auch Leucittephrite. Während der jüngeren Würmzeit stiegen die Rhyolithe des Lentia-Vulkans auf. Die wiederum jüngere nördliche Fossa-Caldera ist der Sitz des heute noch tätigen Vulkans mit Tephriten und Kalitrachyten. Ähnliche Gesteine bauen auch den nördlich vorgelagerten Vulcanello auf.

Die aufgrund ihrer chemischen Zusammensetzung als Shoshonite und Absarokite im Sinne von PECCERILLO & TAYLOR anzusprechenden Laven und Ganggesteine des älteren Stratovulkans enthalten Einsprenglinge von Plagioklas, Augit, Olivin und Magnetit. Der Anorthitgehalt der Plagioklase bewegt sich zwischen 55 und 65%. Soweit die Minerale der Grundmassen erkannt werden können, tritt hier Kalifeldspat neben Plagioklas, Pyroxen und Erz auf. Nach ihren Rittmann-Normen fallen die Gesteine in die Felder der Latitandesite bzw. Latitbasalte und Latite. Die SiO_2-Gehalte liegen zwischen 50 und 55%, die K_2O-Gehalte zwischen 2,6 und 3,6%. Die weitere Entwicklung der Magmen in der Caldera del Piano führte zunächst zu Latitandesiten und Latitbasalten, welche ärmer an Plagioklaseinsprenglingen sind, dann zu Leucittephriten. Der Fossa-Vulkan förderte sowohl Leucittephrite als auch Trachyte und sogar stark SiO_2-übersättigte Rhyolithe. Alle diese Gesteine sind deutlich kalibetont und setzen damit die schon in den frühen „shoshonitischen" Laven angelegte Tendenz fort.

Die Trachyte der Fossa und des Vulcanello enthalten Einsprenglinge von Augit, Olivin, Plagioklas und Kalifeldspat in einer fluidal texturierten („trachytischen") Grundmasse aus beiden Feldspäten. Im Gegensatz zu den Tephriten sind sie weder nach ihrem Mineralbestand, noch nach dem Chemismus Alkaligesteine. Kalireiche Rhyolithe bauen den größten Teil des Lentia-Vulkans auf. Vulkanologische Besonderheiten Vulcanos sind die bekannten Brotkrustenbomben (hier wiedererhitzte Blöcke älterer Vulkanite; s. Abschn. 2.32 und Abb. 83A) und der auch auf den benachbarten Inseln vorkommende „Tufflöß", ein äolisch umgelagertes Aschenmaterial.

2.32 Pyroklastische Gesteine (Pyroklastite)

2.32.1 Auftreten und äußere Erscheinung, Petrographie

Pyroklastische Gesteine entstehen durch Zerbrechen von Gestein oder Zerreißen von Lava durch vulkanische Vorgänge und nachfolgende Ablagerung der Partikel. Entstehungsort der Partikel und Ablagerungsraum sind mehr oder weniger weit voneinander entfernt. Von der Zerbrechung können sowohl vulkanische Gesteine als auch andere Gesteine jeder Art betroffen sein; manche Pyroklastite enthalten mehr Fremdgesteinsmaterial als vulkanische Anteile. Die Ablagerung kann in verschiedener Weise erfolgen:

- durch Fall aus der Luft auf eine Landoberfläche,
- durch Fall aus der Luft ins Wasser,
- aus einem pyroklastischen Strom (s. S. 222) auf eine Landoberfläche oder ins Wasser,
- bei subaquatischen Ausbrüchen direkt im Wasser.

Außer diesen pyroklastischen Ablagerungen an der Erdoberfläche gibt es auch **intrusive Pyroklastite,** die intravulkanisch oder subvulkanisch entstanden sind und Füllungen von Schloten oder Spalten in vulkanischem oder nicht vulkanischem Nebengestein bilden (Schlot- oder Gangtuffe bzw. -breccien). Als Sonderfälle sind schließlich noch die **Peperite** zu nennen, die durch Injektion von Lava in unverfestigte, wassergesättigte Sedimente und intensive Vermischung mit diesen entstehen (s. S. 225).

Pyroklastite, die nach ihrer ersten Ablagerung durch fließendes Wasser oder durch Wind **umgelagert** wurden, erfüllen streng genommen die Kriterien für Sedimente; eine scharfe Abgrenzung der beiden Gesteinskategorien ist oft nicht möglich. Für nachweislich umgelagertes pyroklastisches Material ist der Name **Tuffit** gebräuchlich. Bei stärkerer Zumischung von nichtpyroklastischem Material ist die Benennung **tuffitisches Sediment** (z. B. tuffitische Grauwacke) möglich.

Lahare sind die Ablagerungen von Schlammströmen, die im Anschluß an vulkanische Tätigkeit unter geeigneten Bedingungen auftreten. Durch besonders ergiebige Regenfälle, durch Schmelzen großer Schnee- und Eismassen oder durch Entleerung eines Kratersees wird lockeres pyroklastisches Material gleichsam aufgeschwemmt; die leicht bewegliche Masse folgt als „Strom" der Schwerkraft und kommt manchmal erst mehrere Zehner von Kilometern von ihrem Ursprungsort entfernt zum Stillstand.

Die Laharablagerungen sind durch einen hohen Anteil grober Komponenten (Blöcke) und besonders schlechte Sortierung gekennzeichnet. In größerer Entfernung von ihrem Ursprungsort können Lahare auch eine Gradierung entwikkeln. Auf eine nur wenige Dezimeter dicke, sandige Basislage folgt die unsortierte, mehrere Meter mächtige eigentliche Laharschicht, meist mit größeren angerundeten Blöcken. Sie geht nach oben in geschichtete und kreuzgeschichtete, geröllführende Tuffite über.

Die **Pyroklastite sensu stricto** können nach mehreren Gesichtspunkten klassifiziert werden:

- nach ihren Gefügeeigenschaften (Größe und Gestalt der Partikel, Verband der Partikel untereinander, Schichtung und andere);
- nach ihrer petrographischen Zusammensetzung (Anteile von Glas, Kristallen, Gesteinsbruchstücken; Art der vulkanischen und nichtvulkanischen Komponenten);
- nach ihrer Entstehung (z. B. Fall aus der Luft, aus Aschenströmen, durch Zerspringen von Lava bei schneller Abkühlung im Wasser u. a.).

Während die Einstufung der Gesteine nach Zusammensetzung und Gefüge bei nicht zu starker späterer Umwandlung gut möglich ist, bereitet die genetische Interpretation mancher Pyroklastite, besonders von solchen höheren geologischen Alters, noch beträchtliche Schwierigkeiten.

Für die Einteilung der Pyroklastite nach der **Korngröße** sind folgende Bezeichnungen der Einzelkomponenten (Pyroklasten) eingeführt:

- Aschepartikel — unter 0,06 mm
- Aschekorn — 0,06 bis 2 mm
- Lapillus (Mehrzahl Lapilli) — 2 bis 64 mm
- Bombe, Block — über 64 mm

Bomben sind Pyroklasten von über 64 mm mittlerem Durchmesser, deren Form und Oberflächenbeschaffenheit einen geschmolzenen oder teilweise geschmolzenen Zustand beim Auswurf anzeigen. Blöcke sind mehr oder weniger eckige Gesteinsfragmente, die im festen Zustand ausgeworfen wurden.

Ablagerungen mit guter Größensortierung der Pyroklasten werden nach einem Vorschlag der IUGS-Subkommission für die Systematik der Magmatite entsprechend der Tabelle 63 benannt.

Pyroklastite mit geringerer oder fehlender Größensortierung ihrer Komponenten müssen mit zusammengesetzten Namen gekennzeichnet werden, die aus den Begriffen der obenstehenden Tabelle zu bilden sind, z. B. Lapilli-Tuffbreccie (Lapilli und Blöcke in etwa äquivalenter Menge) oder Aschen-Tuffbreccie (Asche und Blöcke in etwa äquivalenter Menge) oder Tuffbreccie (Ascheteilchen, Lapilli und Blöcke in etwa äquivalenter Menge).

Agglomerate sind Pyroklastite aus überwiegenden Bomben;

Agglutinate sind durch Verschmelzung oder Verschweißung von Pyroklasten (Bomben oder Lapilli) gekennzeichnet.

Tabelle 63 Bezeichnungen der Pyroklastite nach einem Vorschlag der IUGS-Subkommission für die Systematik der Magmatite

im unverfestigten Zustand:	im verfestigten Zustand:
Bomben- oder Blockablagerung oder -schicht	Agglomerat, pyroklastische Breccie
Lapilliablagerung, Lapilli-Tephra	Lapillituff
grobe Asche	grober Aschentuff
feine Asche (Staub)	feiner Aschentuff (Staubtuff)

Der Name **Tephra** umfaßt alle unverfestigten Pyroklastite. Der Begriff **Tuff** wird häufig ebenfalls in einem viel weiteren als oben angegebenen Sinne, manchmal sogar als generelle Bezeichnung für pyroklastische Gesteine überhaupt, verwendet.

Schichtung nach der Komponentengröße ist bei Pyroklastiten, besonders bei den durch Fall aus der Luft und im Wasser abgelagerten, überaus verbreitet (Abb. 83C). Auch Base-Surge-Pyroklastite zeigen mannigfaltige Schichtungsphänomene (Abb. 83B), während die Ablagerungen der pyroklastischen Ströme weniger gut sortiert und infolgedessen auch weniger deutlich oder gar nicht geschichtet sind (siehe S. 223).

Die Dicke der Schichten richtet sich bis zu einem gewissen Grade nach der Partikelgröße: die Mächtigkeit einzelner Aschenschichten kann bis auf wenige mm zurückgehen, während Lapilli- und noch gröbere Tuffe auch entsprechend größere Schichtdicken aufweisen.

Die Dicke schichtiger Pyroklastitablagerungen steht in den meisten Fällen in einer direkten Beziehung zu ihrer Entfernung vom Eruptionsort. Man kennt sehr viele Beispiele der regelmäßigen Verteilung der Aschemächtigkeiten einzelner Ausbrüche. Die Linien gleicher Mächtigkeit (Isopachen) sind entweder etwa radialsymmetrisch um den Vulkan oder, bei überwiegendem Windtransport, als *Fahne* in einer bestimmten Richtung gestreckt angeordnet. Aschendicken von einem Zentimeter sind bei rezenten Ausbrüchen noch bis in Entfernungen von 1000 km festgestellt worden. In Torfmooren Deutschlands und der Schweiz finden sich millimeterdünne Einlagerungen von Ascheteilchen des 11000 Jahre zurückliegenden Ausbruches des Laacher Vulkans (Eifel) in Entfernungen von bis zu 600 km.

Auch die **Größe der Pyroklasten** nimmt mit zunehmender Entfernung vom Eruptionsort ab, wobei in Kraternähe in erster Linie die gewichtsabhängige Wurfweite der Bomben und Lapilli, in größerer Entfernung die unterschiedliche Fallgeschwindigkeit der Ascheteilchen in der Luft die sortierenden Faktoren sind.

Die **äußeren Formen und inneren Gefüge** der Pyroklasten sind außerordentlich mannigfaltig:

- Die **Blöcke** sind meist eckige, mehr oder weniger isometrische, manchmal auch plattige Gesteinsbruchstücke. Bei längerem Transport können Blöcke durch Reibung gerundet werden, z. B. in Schlotbreccien und in Laharen.
- **Bomben** zeigen die Merkmale ihres plastischen Zustandes während des Auswurfes. Sie sind entweder kugelig bis ellipsoidisch (selten) oder spindel- bis mandelförmig mit Oberflächenformen, die Rotations- und Torsionsbewegungen während des Fluges in der Luft und das Abreißen von Teilen erkennen lassen. Bei geringer Zähigkeit können sich diese Formen zu Bändern und gekrümmten Strängen weiterentwikkeln. Bomben, die beim Auftreffen auf einer harten Unterlage noch plastisch sind, werden zu flachen Fladen deformiert. Bei massenhaftem Anfall solcher Bomben und kleinerer Lavapartikel aus Lavafontänen und Auswurfskegeln („spatter cones") entstehen Agglutinate mit Verschmelzung der Komponenten. **Brotkrustenbomben** sind von klaffenden, sich nach innen schließenden Rissen durchzogen. Sie entstehen durch Expansion der Gase im noch relativ heißen und plastischen Kern; dadurch zerreißt die schon starre äußere Glaskruste (Abb. 83A). – Bomben mit Kernen von älterem vulkanischem oder anderem Gestein sind sehr häufig.
  Die Lavasubstanz der Bomben ist größtenteils glasig oder vitrophyrisch; Einsprenglinge und Blasen sind nahe der Oberfläche oft fluidal eingeregelt bzw. in die Länge gezogen. Die Größe der Gasblasen nimmt im allgemeinen von außen nach innen zu.
- **Lapilli** sind Pyroklasten mit 2 bis 64 mm mittlerem Durchmesser. Ihre äußeren Formen und inneren Gefüge sind mannigfaltig. Im festen Zustand ausgeworfene vulkanische Lapilli sind unregelmäßig-eckig oder schlackig ausgebildet, durch starke gegenseitige Reibung beim

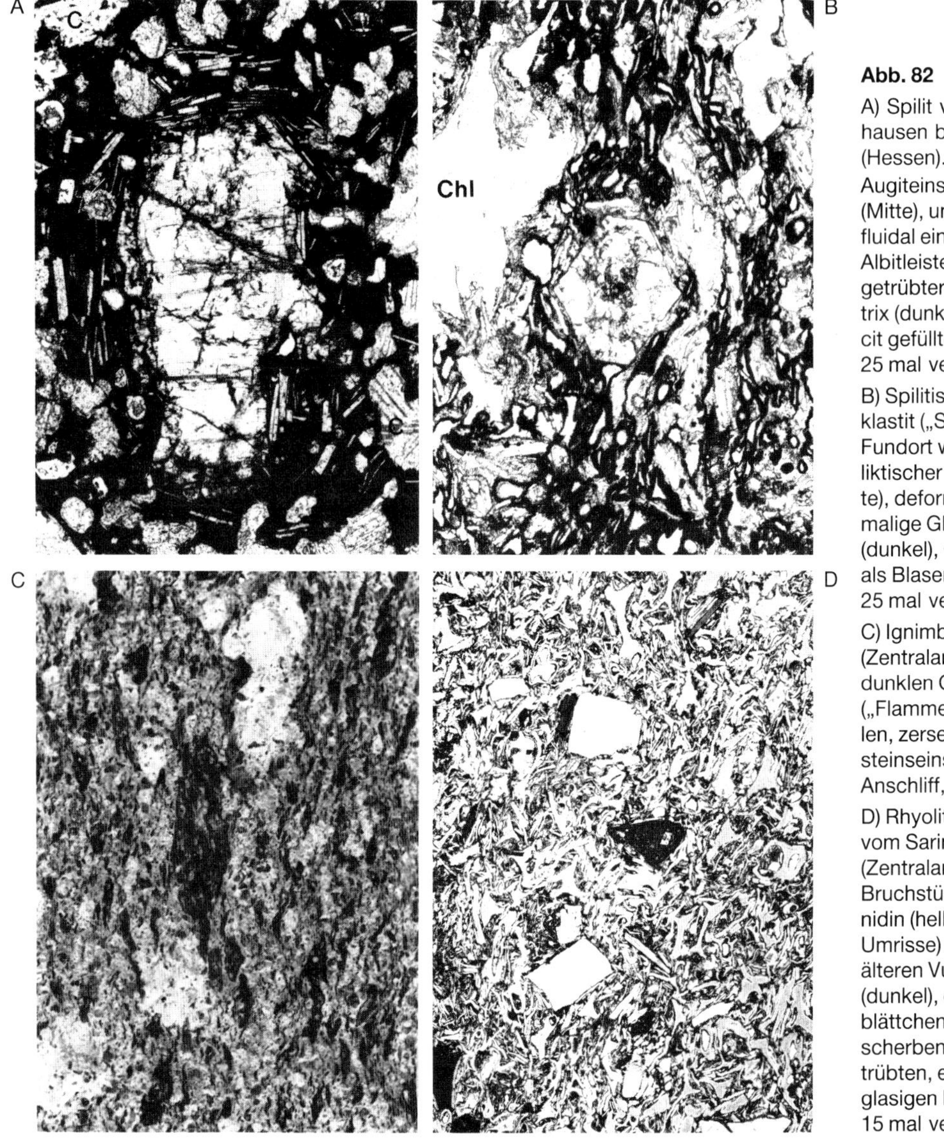

Abb. 82

A) Spilit von Waldhausen bei Weilburg (Hessen). Reliktischer Augiteinsprengling (Mitte), umgeben von fluidal eingeregelten Albitleisten in stark getrübter Chloritmatrix (dunkel). Mit Calcit gefüllte Blasen (C). 25 mal vergr.

B) Spilitischer Pyroklastit („Schalstein"). Fundort wie (A). Reliktischer Augit (Mitte), deformierte ehemalige Glaspartikel (dunkel), Chlorit (Chl) als Blasenfüllung. 25 mal vergr.

C) Ignimbrit von Kirka (Zentralanatolien) mit dunklen Glasfladen („Flammen") und hellen, zersetzten Gesteinseinschlüssen. Anschliff, Breite 5 cm.

D) Rhyolith-Ignimbrit vom Sarimaden-Berg (Zentralanatolien). Bruchstücke von Sanidin (hell, eckige Umrisse) und von älteren Vulkaniten (dunkel), einige Biotitblättchen; klare Glasscherben in einer getrübten, ebenfalls glasigen Matrix. 15 mal vergr.

Transport auch gerundet. Blasige Texturen sind sehr häufig; Bimslapilli haben bis zu 90% Hohlräume. – Die Glasfragmente der *Hyaloklastite* (s. S. 199) sind zunächst ausgesprochen kantig, scherbenartig bis splitterig. – Im schmelzflüssigen Zustand ausgeworfene Lapilli zeigen im Prinzip ähnliche Erscheinungen wie vulkanische Bomben. Aus sehr dünnflüssigen Laven können ellipsoidische, strangförmige oder tropfenförmige Körper entstehen. Wenige mm große Tropfen von Basaltglas von Hawaii sind als „Peles Tränen" bekannt. Die in gewaltigen Fontänen ausgeworfene Lava wird dort gelegentlich zu haarfeinen, bis meterlangen Fäden ausgezogen, die als solche erstarren („Peles Haar").

Sehr häufig enthalten vulkanische Lapilli einzelne Kristalle oder Aggregate von wenigen Kristallen als Kern; die Hülle besteht aus glasig erstarrter Lava. In manchen Pyroklastiten machen solche kristalline Anteile, z. T. auch ohne Lavahülle, die Hauptmenge der juvenilen Komponenten aus (z. B. Augit-, Leucit- oder Plagioklas-**Kristalltuffe**). Auch Gesteinsbruchstücke können die Kerne von Lapilli bilden; in vielen Pyroklastiten treten Fremdgesteinsbruchstücke nichtvulkanischer Herkunft mit hohen Anteilen, manchmal sogar überwiegend, auf. **Flammen** oder fiamme (ital.) sind flachgedrückte Glasfladen mit langen Durchmessern von einigen mm bis über 10 cm. Sie sind für Ignimbrite charakteristisch, denen sie durch ihre Einregelung eine deutliche Paralleltextur verleihen.

- **Akkretionäre Lapilli** (= vulkanische **Pisolithe**) bestehen aus vielen aneinanderhaftenden Aschepartikeln unterschiedlicher Herkunft (Glasasche, vulkanische und nichtvulkanische Mineral- und Gesteinsfragmente). Sie sind meist kugelig, selten über 1 cm groß und mehr oder weniger deutlich konzentrisch-lagig aufgebaut. Sie entstehen besonders häufig in den aschebeladenen Dampfwolken phreatischer Eruptionen (s. Abschn. 2.32.2).
- Für die Partikel der **Aschen** gilt ebenso wie für die gröberen Pyroklasten, daß sie aus juvenilmagmatischem Material, aus zertrümmerten älteren vulkanischen Gesteinen und Fremdgesteinen bestehen können. Während die nichtjuvenilen Aschepartikel im allgemeinen unregelmäßige Fragmente sind, zeigen die aus der Zerreißung von Lava und Glas hervorgehenden Partikel oft sehr charakteristische Formen: Krummflächige Scherben, Splitter und Fetzen, darunter häufig solche, die im Querschnitt Y-förmig erscheinen; sie entstehen durch Aufbrechen von blasenreichem Glas. In vielen Ignimbriten sind die Aschepartikel dicht aneinandergepreßt und untereinander in verschiedenem Grade, bis zum Verschwinden der einzelnen Teilchen, verschweißt (sog. **Schmelztuffe**). Auch Kristalle mit oder ohne anhaftende Glasmasse können Bestandteile vulkanischer Aschen sein.

  Vom Wind (äolisch) umgelagerte feine Aschen werden als „Tufflöß“ bezeichnet (Vorkommen z. B. auf Lipari, Aeolische Inseln, Italien).

Als besondere Formen von Pyroklasten verschiedener Größenklassen sind schließlich noch die **blasenreichen Schlacken** (engl. und lat. scoriae) und die **Bimse** zu nennen. Als blasenreich sind Schlacken mit mehr als 30% Hohlraumvolumen anzusehen. Schlackentephra und Schlackentuffe bestehen aus meist unverschweißten Pyroklasten, mit charakteristisch unregelmäßigen blasig-schlackigen Formen. Bims ist ein äußerst blasenreiches intermediäres bis saures vulkanisches Glas. Die Größe der einzelnen Blasen schwankt zwischen Bruchteilen eines Millimeters und wenigen Zentimetern. Sie können rund oder parallel gestreckt sein. Bimstuffe und Bimsaschen wurden von den Vulkanen des Laacher See-Gebietes in der Eifel in großen Mengen gefördert (s. Abschn. 2.32.3).

Bei **verfestigten Pyroklastiten** ist, soweit der Zusammenhalt der Partikel nicht durch Verschweißen oder Verschmelzen bewirkt wird, ein besonderes **Bindemittel** entwickelt. Es erfüllt teilweise oder ganz die Zwischenräume der Pyroklasten und oft auch Hohlräume innerhalb derselben. Die Substanzen des Bindemittels können aus der Zersetzung der primären Minerale des Pyroklastits stammen oder durch zirkulierende Wässer zugeführt sein. Häufig vorkommende Minerale der Bindemittel sind Zeolithe, Tonminerale und Karbonate.

Sehr häufig ist das Glas der frisch abgelagerten Pyroklastite nicht mehr als solches erhalten. Durch **Entglasung** entstehen je nach der Zusammensetzung und den herrschenden Bedingungen verschiedene feinkristalline Mineralaggregate, die zunächst noch die Gestalt der ursprünglichen Glasanteile erkennen lassen; mit zunehmender Umwandlung werden die Primärgefüge mehr und mehr verwischt.

Für die Einteilung der Pyroklastite nach ihrer **Zusammensetzung** ist in erster Linie die petrographische Zugehörigkeit der **juvenilen** Komponenten maßgebend. Als juvenil werden solche Komponenten bezeichnet, die während des pyroklastischen Ereignisses oder wenigstens zu dessen Beginn im schmelzflüssigen Zustand waren. Soweit diese Komponenten den überwiegenden Anteil des Gesamtgesteins ausmachen, wird der Pyroklastit durch adjektivische oder substantivische Nennung des entsprechenden Gesteinsnamens und entsprechend seiner Komponentengröße und Gefügeeigenschaften charakterisiert, z. B. als Basalt-Tuffbreccie, Tephrit-Agglomerat, rhyolithische Bimsasche oder analog in anderen Fällen. Solche petrographischen Bezeichnungen sind auch anzuwenden, wenn der größte Teil der Pyroklasten nicht juveniler Natur ist, sondern aus Fragmenten älterer vulkanischer Gesteine einer bestimmten Art besteht. Beteiligen sich **mehrere** Gesteinsarten in wesentlicher Menge an der Zusammensetzung, dann ist die Bezeichnung *polygener Pyroklastit (Tuff, Breccie)* möglich.

Die Anteile an Glas, freien Kristallen oder Kristallbruchstücken und an Gesteinsbruchstücken sind weitere Kriterien zur Charakterisierung der Zusammensetzung von Pyroklastiten. Je nach dem Überwiegen der einen oder der anderen dieser Komponenten unterscheidet man **Glas-, Kristall-** und **lithische Pyroklastite.**

Die mineralische und chemische Zusammensetzung frischer, hauptsächlich aus juvenilen Komponenten bestehender Pyroklastite gleicht im Prinzip der einer Lava der betreffenden Gesteinsart. Durch Umwandlungen, denen die Pyroklastite wegen ihrer Porosität und des oft hohen Anteils an Glas besonders ausgesetzt sind, weicht die Zusammensetzung in verschiedenem Grade von der des Ausgangsgesteins ab. Einige charakteristische mineralische Umwandlungen, die auch chemische Veränderungen mit sich bringen, sind:
- Basische Gläser (etwa Sideromelan) → Tonminerale der Montmorillonitgruppe ± Zeolithe, Limonit u. a.;
- Saure Gläser → Tonminerale, Zeolithe u. a.;
- Pyroxen und Olivin → Tonminerale der Montmorillonitgruppe, Limonit, Karbonate u. a.;
- Plagioklas → Tonminerale, Zeolithe, Calcit u. a.

Mit solchen Umwandlungen an den Pyroklasten ist oft auch die Entwicklung eines Bindemittels verbunden.

Beispiele von bei niedrigen Temperaturen umgewandelten Pyroklastiten sind:
- **Palagonit-Hyaloklastite;** sie entstehen durch Wassereinwirkung aus basischen Glasfragmenten von Kissenlaven und aus anderen subaquatisch gebildeten Glaspyroklastiten.
- **Bentonite** entstehen aus feldspatreichen, sauren bis intermediären Glasaschen. Hauptkomponenten sind Tonminerale der Montmorillonitgruppe. Bentonite sind wichtige Rohstoffe für verschiedenste technische Zwecke, bei denen die Adsorptions- und Austauschfähigkeit der Montmorillonite genutzt wird.
- **Zeolithisierte Pyroklastite** aus sauren bis intermediären, an Feldspäten und Feldspatvertretern reichen Glastuffen oder -aschen.

Der **Traß** der Eifel ist eine Ablagerung pyroklastischer Ströme; das ursprüngliche Phonolithglas ist in Chabasit und andere Zeolithe sowie Analcim umgewandelt. Traß, **Pozzolan** und andere zeolithreiche Pyroklastite haben **hydraulische Eigenschaften,** d. h. sie bilden mit Calciumhydroxid („gelöschtem Kalk") und Wasser schwer lösliche Silikate und sind dadurch als Zusatzstoffe zu Mörtel und Zement geeignet. Zeolithisierte Pyroklastite sind auch wegen der Verwendbarkeit ihrer Minerale als Molekularsiebe und als Ionenaustauscher gesucht.

Die genetische Gliederung der Pyroklastite nach der Bildungsweise beruht vorzugsweise auf den Beobachtungen an tätigen Vulkanen. Die Übertragung der Erkenntnisse auf fossile, besonders schon etwas veränderte Pyroklastite ist oft nicht eindeutig möglich.

Die genetischen Hauptkategorien der Pyroklastite sind schon oben (S. 218) kurz gekennzeichnet. Ihre wichtigsten Erscheinungen werden im folgenden kurz charakterisiert.

Pyroklastische Air-fall-Ablagerungen

Ablagerungen durch **Fall aus der Luft** (pyroclastic air fall deposits): sie entstehen aus dem explosiv in die Atmosphäre geschleuderten und früher oder später zurückfallenden Material. Die Pyroklasten werden im vertikal oder schräg aufsteigenden Gasstrom ausgeworfen; Blöcke, Bomben und größere Lapilli folgen dann den Gesetzen der Ballistik und werden, mehr oder weniger deutlich nach ihrem Gewicht sortiert, in der Nähe des Eruptionsortes abgelagert. Kleinere Lapilli und Ascheteilchen können mit der Eruptionswolke sehr hoch aufsteigen und durch den Wind weit verfrachtet werden (s. S. 229). Die Ablagerungen dieses Typs sind gewöhnlich gut sortiert und geschichtet. Normale Gradierung (d. h. unten gröbere, oben feinere Partikel) ist innerhalb der einzelnen Schichteinheiten häufig. Es fehlen aber auch nicht mannigfaltige Unregelmäßigkeiten, besonders wenn grobe Pyroklasten auf noch unverfestigte feine Ablagerungen fallen. Größere Blöcke können dabei tiefe Löcher in ihre Unterlage schlagen. Pyroklastitablagerungen durch Fall aus der Luft bilden im Gelände mit nicht zu steilen Hängen zunächst gleichmäßig dicke Decken. Sie sind im unverfestigten Zustand der Erosion und selbst Rutschungen stark ausgesetzt.

Sehr oft gelangt pyroklastisches Material, vor allem Asche, aus der Luft ins Meer oder in andere Gewässer und wird dort mit anderen Sedimenten vermischt abgelagert, z. B. im Roten Tiefseeton.

Als besondere Formen des Air-fall-Typs der Pyroklastite sind die **Agglomerate** und **Agglutinate** hervorzuheben, deren Pyroklasten während des Auswurfes oder sogar noch bei der Ablagerung zähflüssig waren. Sie bilden sich in nächster Nähe der Ausbruchskrater, an Lavafontänen, auf Lavaseen und Lavastrom-Oberflächen.

Ablagerungen pyroklastischer Ströme

Typische pyroklastische Ströme bestehen aus einer Dispersion von Gesteins- oder Lavafragmenten in heißen Gasen, die sich als geschlossene Masse, der Schwerkraft folgend, vom Ausbruchsort wegbewegt (**Glutwolke,** frz. **nuée ardente,** auch Glutlawine = avalanche frz. und engl.). Der relativ dichte und schwere basale Teil des Stromes wird von einer viel lockereren und leichteren Aschenwolke „überhöht“ und begleitet. Das abgelagerte Material der Glutwolke erfüllt die Depressionen des Geländes. Es ist kaum oder gar nicht sortiert und geschichtet. Wird die Korngröße einer pyroklastischen Ablagerung als Medianwert in Phi-Einheiten (einem in der Sedimentpetrographie üblichen Maß für Korngrößen) angegeben, so zeigen Air-fall-Ablagerungen im allgemeinen Standardabweichungen vom Medianwert von weniger als zwei Einheiten, die pyroklastischen Ströme dagegen solche von mehr als zwei Einheiten. Die einzelnen Partikel können in verschiedenem Grade miteinander verschweißt sein; es gibt indessen auch viele unverfestigte oder nur sekundär durch ein Bindemittel verfestigte Ablagerungen. Im allgemeinen ist ein hoher Anteil an Schlacken, Bims und anderen glasigen Komponenten charakteristisch; zusätzlich sind Bruchstücke nichtjuveniler vulkanischer und anderer Gesteine häufig. Aus Beobachtungen an vielen pyroklastischen Strömen läßt sich eine **Standardabfolge** ableiten, die im Einzelfall mehr oder weniger vollständig entwickelt ist. Die Unterlage der eigentlichen Stromablagerung besteht häufig aus Air-fall-Pyroklastiten mit lithischen und Bimspyroklasten; oft nimmt die Klastengröße nach oben hin zu. Darüber folgt eine meist geringmächtige Schicht von Surge-Ablagerungen (s. u.) mit deutlicher Schichtung, Kreuzschichtung, Dünen und anderen hierfür charakteristischen Texturen. Über der Surge-Schicht setzen die eigentlichen pyroklastischen Stromablagerungen ein.

Innerhalb dieser Schicht sind die schweren lithischen Komponenten in den unteren, die leichten Bimskomponenten in den oberen Horizonten angereichert; die lithischen Komponenten können zusätzlich nach der Größe normal gradiert sein, während die Bimskomponenten invers gradiert sind. Mit zunehmender Entfernung vom Eruptionsort kann auch eine laterale Differenzierung zugunsten leichterer Komponenten (Bims, leichte Minerale) eintreten. Im übrigen gilt für die pyroklastischen Stromablagerungen die mangelnde oder fehlende Sortierung als typisch. Auf die Stromablagerung folgt dann im Standardprofil eine manchmal sehr mächtige Ablagerung von Feinmaterial, das aus der den Strom begleitenden turbulenten Aschenwolke stammt. Damit endet die Standardabfolge. Sie kann sich wiederholen oder in der Endphase der Eruptionsperiode von Lava überlagert werden. Die Ausmaße der Ablagerungen variieren in weiten Grenzen von wenigen hundert Metern Länge und einigen Metern Dicke bis zu Decken von über 1000 km^2 Fläche und vielen Zehnern Meter Dicke. Für solche sehr ausgedehnte Ablagerungen pyroklastischer Ströme ist die Bezeichnung **Ignimbrit** üblich.

Die meisten Ignimbrite haben rhyolithische Zusammensetzung; auch dacitische, trachytische und phonolithische Ignimbrite kommen vor. Allgemeine Kennzeichen der Ignimbrite sind weiter: geringer oder mäßiger Grad der Sortierung, keine oder nur angedeutete Schichtung, hoher Anteil an glasigen Partikeln, Paralleltextur durch eingeregelte flache Glasfetzen (*Flammen,* Abb. 82C), Verschmelzung der Glaspartikel, vor allem der Aschengröße, in verschiedenem Grade bis zur völligen Kompaktierung und Homogenisierung des Gesteins. Nach dem Grad der Verschmelzung werden unterschieden:

- lockere Ignimbrite (Gluttuffe) ohne Verschmelzung oder Kristallisation der Komponenten;
- durch randliches Verschmelzen der Komponenten verhärtete Ignimbrite (Schmelztuffe, welded tuffs, Abb. 82D);
- durch weitgehendes Verschmelzen homogenisierte, vitrophyrische Ignimbrite (mit lavaartigem Fließverhalten: Rheoignimbrite).

Der Grad der Verschmelzung ist im mittleren Bereich eines Ignimbritprofils meist höher als in der basalen und der oberflächennahen Zone. Die Verschmelzung geschieht bei Temperaturen von etwa 500°C aufwärts; für manche Ignimbrite sind Temperaturen zwischen 700 und 800°C am Ablagerungsort nachgewiesen.

Neben den Bims- und Glasanteilen enthalten die Ignimbrite Einsprenglinge von Quarz (meist korrodiert), Sanidin, Plagioklas, Biotit, Amphibol und anderen Mineralen. Sie sind vielfach zerbrochen, was teils bei der Eruption und beim Transport, teils auch erst bei der Kompaktion nach der Ablagerung geschehen ist.

Ältere Ignimbrite zeigen alle Erscheinungen der Entglasung (s. S. 229 und 231); Umwandlungen durch Fumarolentätigkeit sind in noch porösen Gesteinen stärker entwickelt als in stark verschmolzenen. Auch diese Prozesse können zu einer Verfestigung durch Kristallisation führen. Häufig sind in Ignimbriten nach oben führende Fumarolenkanäle zu beobachten.

Die **äußere Erscheinung der Ignimbrite** ist durch den Mangel einer Schichtung und den geringen Grad der Sortierung geprägt, soweit die Ablagerung eines einzigen Stromes in Betracht kommt. Wenn mehrere Ströme übereinander abgelagert wurden, zeigen sich oft deutliche Diskontinuitäten. Der von **einem** Ablagerungsereignis abzuleitenden, einheitlichen **Fließeinheit** (flow unit) steht die durch den Verlauf der Abkühlung gekennzeichnete **Abkühlungseinheit** (cooling unit) gegenüber. Mehrere rasch aufeinanderfolgende Fließeinheiten können zu einer Abkühlungseinheit zusammengefaßt werden; dies kann aus der Verteilung der Verschmelzungserscheinungen abgeleitet werden.

Verfestigte Ignimbrite sind häufig senkrecht zu ihren Abkühlungsflächen geklüftet; dadurch entsteht eine grobsäulige Gliederung der Aufschlußwände. Lockere Ignimbrite zeigen an steilen Erosionshängen manchmal bizarre, kegel- oder mitraförmige Gestalten, besonders im vegetationsarmen Gelände.

Infolge ihrer petrographischen Zusammensetzung (Rhyolithe bis Dacite, Trachyte) sind lockere und wenig verschmolzene Ignimbrite gewöhnlich helle Gesteine. In der oft noch porösen Matrix aus feinen Ascheteilchen liegen mesoskopisch erkennbare Einsprenglinge, größere, im frischen Zustand dunkle Glasfetzen (Flammen, z. T.) und Gesteinsbruchstücke verschiedener Art. Bei starker Verschmelzung nehmen die Gesteine mehr das Aussehen glasiger Laven an. Der charakteristische Glasglanz verschwindet mit der Entglasung der Gesteine; ältere Ignimbrite sind matt grau, rötlich oder grünlich gefärbt. Die Einsprenglinge sind hier meist noch deutlich zu sehen, während die primären Glasgefüge mehr oder weniger verwischt werden.

Base-Surge-Ablagerungen

Das englische Wort *surge* bedeutet starke Welle oder Woge; es wird als vulkanologischer Begriff nicht ins Deutsche übersetzt. Die hier gemeinten Vorgänge sind zum Teil Folgen des Zusammen-

A

C

B

Abb. 83

A) Brotkrustenbombe von Vulcano (Italien). Breite 25 cm.

B) Geschichtete Bimstuffe des Laacher-See-Vulkans (Eifel) mit Surge-Erscheinungen.

C) Wechsellagerung von Aschen- und Lapilli-Tuff. La Sauvetat, Devès (Mittelfrankreich). Höhe etwa 1,4 m.

brechens vertikal aufgestiegener Eruptionswolken, deren mit Asche beladenen Gasmassen auf den Kraterrand zurückstürzen und sich dann mit hoher Geschwindigkeit ungefähr horizontal oder der Geländeneigung folgend weiterbewegen. Horizontal sich ausbreitende Gas-Asche-Ströme treten aber auch unabhängig von einer vertikalen Eruptionswolke auf, vorzugsweise bei phreatomagmatischen Ausbrüchen des Maar-Typs (z. B. Laacher See in der Eifel) und des Surtsey-Typs (s. Abschn. 2.32.2). *Ground surge* und *Ash-cloud surge* sind besondere Formen von aschebeladenen Gaswolken, die pyroklastische Ströme anderer Typen begleiten.

Die Surge-Vorgänge wirken zunächst durch ihre hohe Geschwindigkeit erodierend; erst in der Phase der Verlangsamung bis zum Stillstand kommt es zu pyroklastischen Ablagerungen. Als charakteristisch werden gerichtete Schichtungsphänomene, wie Kreuzschichtung, ebenflächige Schichtung, Dünen und Antidünen, wechselnde Mächtigkeit auf kurze Strecke, Rinnen und die Kombination aller dieser Erscheinungen hervorgehoben. Die Ablagerungen können sich bis zu mehreren Kilometern vom Eruptionsort ausbreiten.

Als Komponenten treten alle Formen von Pyroklasten (glasige Lavafetzen, Bims, Gesteinsbruchstücke usw.) auf. Die juvenilen Anteile liegen meist in Lapilli- oder Aschengröße vor; mit der Schichtung ist auch eine deutliche Sortierung verbunden.

Subaquatisch abgelagerte Pyroklastite

Die pyroklastischen Produkte subaquatischer Eruptionen bilden genetisch und zum Teil auch petrographisch eine Kategorie eigener Art. Als charakteristisch für die besonderen Bildungsbedingungen sind an erster Stelle die mit Pillow-Laven verbundenen **Hyaloklastite** zu nennen. Der Name kennzeichnet pyroklastisches Material, das überwiegend oder ganz aus Scherben, Splittern und anders geformten Bruchstücken von glasig erstarrter Lava besteht. Ursache der Fragmentierung ist, im Gegensatz zu anderen Pyroklastiten, das Abschrecken der heißen Lava beim Eintritt ins Wasser. Hyaloklastite finden sich in den Zwischenräumen der einzelnen Pillows, mit größeren Mengenanteilen in sogenannten Pillow-Breccien und als rein pyroklastische Bildungen entfernt von den Lavaaustritten. Bei hinreichender Neigung des Meeresbodens wird das pyroklastische Material in „Trübeströmen" transportiert und mehr oder weniger deutlich geschichtet abgelagert. Dabei kann auch eine Sortierung eintreten; gradierte Schichtung wird nicht selten beobachtet. Basaltische Gläser älterer Hyaloklastite sind meist palagonitisiert (s. o.). Phreatische Eruptionen (s. Abschn. 2.32.2), die sich unter Wasser entladen, führen ebenfalls zur Bildung von Hyaloklastiten mit hohen Anteilen an Fragmenten der Aschengröße.

Als besondere Form hyaloklastitischer Tuffe sind die **Peperite** zu nennen, die durch Eindringen von Lava in wasserreiche unverfestigte Sedimente und Vermischung mit diesen entstehen. Bekannte Vorkommen solcher Gesteine, die dunkle, mehr oder weniger gerundete Lavapartikel („Pfefferkörner") in einer helleren, kalkigmergeligen Matrix enthalten, liegen in der Auvergne (Frankreich).

Intrusive Pyroklastite

Gesteinsbildungen, die die oben für Pyroklastite angegebenen Kriterien erfüllen, treten auch im intravulkanischen und subvulkanischen Stockwerk auf; sie werden erst nach der Freilegung durch die Erosion sichtbar. Am bekanntesten sind Schlotbreccien, die den zum Krater führenden Kanal ausfüllen. Eine genauere Analyse solcher und anderer zugehöriger Bildungen führt zu weiteren Unterscheidungen und Definitionen:

- **Intrusive Pyroklastite** sind Ausfüllungen von Schloten oder Spalten in beliebigem Gestein, die durch vulkanische Prozesse entstanden sind und das Kriterium des intrusiven Verhaltens (d. h. des Eindringens) erfüllen. Sie können ganz oder teilweise aus Komponenten magmatischer Herkunft oder auch weitgehend aus anderen Gesteinsbruchstücken bestehen. Wesentlich für die Einordnung dieser Bildungen ist lediglich der Nachweis der Entstehung durch vulkanische Prozesse und des stattgehabten Materialtransportes relativ zur Umgebung. „Vulkanisch" kennzeichnet in diesem Zusammenhang nicht ein bestimmtes Bildungsniveau, sondern eine ursächliche Zugehörigkeit.
- Intrusive Pyroklastite werden nach der Art ihres Auftretens als **Schlot**füllung oder **Spalten**füllung und nach ihrer **Komponentengröße** benannt; z. B. Schlotbreccie, Schlotkonglomerat (bei überwiegend gerundeten Komponenten), Schlottuff, Gangtuff usw. Falls erforderlich, können die Adjektive *vulkanisch* oder *subvulkanisch* und auch *intrusiv* hinzugefügt werden. Eine weitere Kennzeichnung beruht auf der Natur der juvenilen oder sonst zu dem

betreffenden Vulkanismus gehörenden Komponenten (z. B. basaltisch, kimberlitisch, polygen). Tiefreichende, von pyroklastischen Breccien oder Tuffen erfüllte Durchschlagsröhren heißen **Diatremen** (s. auch Abschn. 2.21 über Kimberlite). Für viele Pyroklastitvorkommen dieser Art wird eine spezielle Form des Transportes in schnell strömendem Gas, die **Fluidisierung,** angenommen.

- Eine besondere Kennzeichnung als *explosiv* kann gelegentlich angebracht sein, wenn ein Unterschied zu Bildungen anderer Entstehung hervorgehoben werden soll, z. B. **Explosionsbreccie** gegenüber Intrusionsbreccie oder in-situ-Breccie.
- **Intrusionsbreccien** entstehen durch Zerbrechen von beliebigem Gestein und Intrusion von magmatischem Material in die Zwischenräume. Das intrudierte Material kann auch pyroklastisch, z. B. ein Tuff sein.

Intrusive Pyroklastite sind im allgemeinen ungeschichtet und nur mangelhaft oder gar nicht sortiert. Die Größe der Komponenten variiert in weitesten Grenzen. In den Diatremen des Uracher Vulkangebietes (Schwäbischer Vulkan) kommen Nebengesteinsblöcke von mehreren Zehnern Meter Größe vor. Häufig sind in intrusiven Pyroklastiten die juvenil-magmatischen Pyroklasten kleiner als die anderen Gesteinsbruchstücke. Sie können durch Lapilli in verschiedenen Gestalten (rundlich, unregelmäßig), durch Partikel der Aschegröße oder durch einzelne Minerale repräsentiert sein. Manchmal treten juvenile oder überhaupt vulkanische Komponenten ganz zurück, so daß der Nachweis der vulkanischen Natur des ganzen Vorkommens schwierig werden kann. Eine mehr oder weniger deutliche Rundung, namentlich der größeren Gesteinsfragmente, ist verbreitet; sie entsteht durch die gegenseitige Reibung beim Transport. Durch die oben erwähnte Fluidisierung kann sich eine spezifische Korngrößenverteilung entwickeln, die der von technischen Mahlprodukten ähnlicher ist als der von klastischen Sedimenten.

Die intrusiven Schlot- und Gangbreccien enthalten häufig Gesteins- und Mineralfragmente aus dem tieferen Untergrund; sie geben dadurch für viele Probleme der Geologie, Petrologie und Mineralogie interessante Informationen. Namentlich die Kimberlit-Diatremen sind reich an Gesteins- und Mineralbruchstücken aus dem oberen Erdmantel. Umgekehrt gibt es in Schlotbreccien nicht selten auch Gesteinsbruchstücke, die aus höheren, heute abgetragenen Niveaus in die Schlote gelangt sind. Aus ihnen läßt sich u. a. der Erosionszustand des Gebietes zur Zeit der vulkanischen Tätigkeit ableiten. Eine Schlotbreccie am oberkretazischen Katzenbuckel-Vulkan enthält Bruchstücke von Lias- und Doggerschichten, deren Erosionsrand heute 95 km entfernt liegt. – Das unmittelbare Nebeneinander hoch aufgestiegener Gesteinsfragmente aus der tieferen Kruste oder selbst aus dem oberen Mantel und solcher, die aus über dem Aufschlußniveau gelegenen Horizonten stammen, weist auf teils aufwärts gerichteten Transport im Gasstrom und teils abwärts gerichtete, der Schwere folgende Bewegungen der Gesteinsbruchstücke hin. Die Erscheinungen werden durch die Annahme oft wiederholter, gewissermaßen „rüttelnd" wirkender Gasausbrüche erklärt (Beispiel der Diatremen des Schwäbischen Vulkans). Im obersten Stockwerk solcher Vulkane gehen die intrusiven Breccien und Tuffe in geschichtete Ablagerungen über, wie sie für Maare und die sie umgebenden Pyroklastitringe charakteristisch sind. Das juvenile Material dieser Art des Vulkanismus ist meist ultrabasisch-alkalisch, kimberlitisch oder auch karbonatitisch.

2.32.2 Typen vulkanischer Eruptionen und ihrer pyroklastischen Produkte

Hawaiische Eruptionen produzieren überwiegend Lava und nur relativ geringe Mengen von Pyroklastiten. Die Laven haben meist basaltische Zusammensetzung und sind dünnflüssig. Weitere charakteristische Phänomene sind: Lavaseen, Lavafontänen, Schlackenkegel und Agglutinate, Pahoehoe- und Aa-Lava.

Strombolianische Eruptionen fördern meist basaltische oder andesitische Laven von mäßiger Viskosität. Die explosive Tätigkeit ist von unterschiedlicher Stärke; die Eruptionswolken erreichen meist nur wenige hundert Meter Höhe. Charakteristische Produkte sind: Bomben- und Schlackenagglomerate, Glastuffe und -aschen.

Vulkanianische Eruptionen beginnen mit heftigen Explosionen, durch die der Schlot geräumt wird. In der Hauptphase werden glasreiche Pyroklastika aller Komponentengrößen gefördert: Geschichtete Air-fall-Tuffe und Tuffbreccien, Base-Surge- und pyroklastische Ströme, meist nur kurze Lavaströme. Brotkrustenbomben treten häufig auf. Der vulkanianische Eruptionstyp ist an keine spezielle Gesteinsart gebunden.

Peléeanische Eruptionen treten an rhyolithischen bis andesitischen Vulkanen auf. Sie sind charakterisiert durch das Auftreten von Glutwolken, die von aufsteigenden Lavadomen und -säulen ausgehen (z. B. an der Montagne Pelée, Martinique, 1902). Lavaströme dieses Typs sind meist nur kurz und dick; sie neigen zum Auseinanderbrechen in heiße Block- und Ascheströme. Mit diesem Eruptionstyp sind auch die großen Ignimbritausbrüche der geologischen Vergangenheit am ehesten verwandt.

Plinianische Eruptionen sind starke, mehr oder weniger lang dauernde Gaseruptionen, die hoch aufsteigende Aschewolken und weit ausgebreitete Ablagerungen erzeugen. Die Menge des ausgeworfenen pyroklastischen Materials kann sehr groß sein; in Kraternähe sind die grobstückigen, mächtigen Ablagerungen meist ungeschichtet; die feineren Ablagerungen in größerer Entfernung zeigen Sortierung, inverse Gradierung und Schichtung. Der plinianischen Tätigkeit i.e.S. können Lavaströme folgen.

Berühmte Beispiele dieses Typs sind die Ausbrüche des Vesuvs im Jahre 79 n. Chr., der Pompeji zerstörte und des Krakatau (Indonesien) 1883. Feinzerstäubtes Aschenmaterial des letzteren Ausbruches schwebte noch jahrelang in der Atmosphäre und war die Ursache besonders farbiger Dämmerungserscheinungen auf der ganzen Erde.

Katmaiische Eruptionen (auch als Eruptionen des Tal-der-zehntausend-Dämpfe-Typs bezeichnet) erzeugen voluminöse Ascheströme, die aus dem Kollaps großer Eruptionswolken herrühren. Die Namengebung bezieht sich auf den Vulkan Katmai in Alaska, der 1912 einen Aschestrom von 100 km^2 Fläche und bis zu 100 m Dicke erzeugte. Über mehrere Jahrzehnte traten an der Oberfläche des Stromes zahlreiche Fumarolen mit Temperaturen bis zu 650° C aus.

Surtseyische (phreatomagmatische) Eruptionen entstehen beim Zusammentreffen von Magma mit Meerwasser oder mit großen Mengen von Grundwasser. Das meist basaltische Magma wird dabei fein zerstäubt; die Eruptionswolken sind teils schwarz, teils weiß durch überwiegenden Wasserdampf. Die Ascheablagerungen sind feingeschichtet; akkretionäre Lapilli sind häufig. Auf die explosive Tätigkeit folgen Lavaströme, die beim Eintritt ins Meerwasser zu hyaloklastitischen Aschen und Schlacken zerspringen. Das namengebende Beispiel für diesen Eruptionstyp ist die Tätigkeitsepoche des Vulkans Surtsey südlich von Island von 1963 bis 1965.

Phreatische oder Dampfsprengungseruptionen (engl. steam blast eruptions). Bei diesem Eruptionstyp wird zunächst kein juveniles magmatisches Material, sondern nur zerbrochenes festes Gestein gefördert. Ursache ist die Entladung von überhitztem Wasserdampf (Grundwasser).

Die Eruptionen der letzten beiden Arten gehören zu den heftigsten je beobachteten vulkanischen Ereignissen. Innerhalb weniger Stunden können Kubikkilometer von Material ausgeworfen werden; die Eruptionswolken steigen mehrere Zehner Kilometer auf (Vulkane Bezymianny und Shivelutch, Kamtschatka, 1955 bzw. 1964). Nach den rein phreatischen Explosionen kann auch die Förderung juvenil-magmatischen Materials einsetzen. Kleinere phreatische Eruptionen ereignen sich nicht selten in Solfatarenfeldern (sog. hydrothermale Eruptionen).

Sehr oft sind Eruptionen mehrerer Typen nacheinander an *einem* Vulkan zu beobachten. Am häufigsten ist die Abfolge von Lavaergüssen *nach* explosiven Ereignissen verschiedener Ursachen. Zwischen dem Eruptionstyp, der Korngrößenverteilung und der Ausbreitung der Air-fall-Pyroklastika bestehen regelmäßige Zusammenhänge (WALKER, 1973).

2.32.3 Beispiele von Pyroklastitvorkommen

Saure bis intermediäre Pyroklastite in Mittelanatolien, Türkei
(nach SCHISCHWANI, 1974 und BATUM, 1975).

Weite Flächen Mittelanatoliens (Raum Aksaray-Kayseri) werden von sauren bis intermediären Pyroklastiten pliozänen Alters eingenommen. Gebietsweise werden diese von neogenen andesitischen Staukuppen und Strömen unterlagert; in anderen Gebieten treten auch quartäre Andesite und Basalte, letztere als morphologisch prominente Schlackenkegel auf. Rhyolithische Staukuppen und kurze Lavaströme gehören der pliozänen Phase des Vulkanismus an. Eine besonders reich gegliederte Abfolge läßt sich zwischen Nevşehir und Kayseri aus mehreren Teilprofilen ermitteln. Von unten nach oben folgen dort übereinander:

Akköy-Ignimbrit, Ürgüp-Göreme-Tuffe, Sarimaden-Ignimbrit, Cemilköy-Bimstuffe, Tahar-Tuffe, Gördeles-Ignimbrit, Karadağ-Tuffe, Kizilkaya-Ignimbrit, Sofular-Ignimbrit, Inçesu-Ignimbrit, Hamurçu-Ignimbrit.

Ein charakteristisches Teilprofil ist in Abb. 84 dargestellt. Die Mächtigkeiten der einzelnen Einheiten wechseln von Ort zu Ort; die obersten

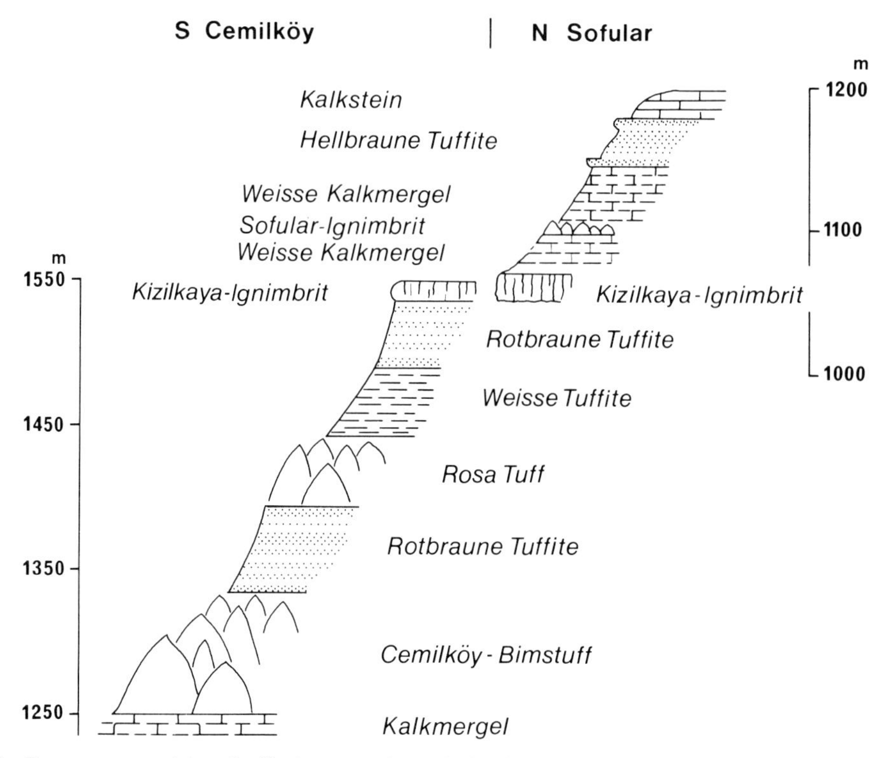

Abb. 84 Zusammengesetztes Profil einer vorwiegend rhyolithischen Pyroklastitabfolge in Zentralanatolien (nach SCHISCHWANI 1974).

Ignimbrite sind nur im NE des Gebietes vorhanden. Die größte Ausdehnung hat der Kizilkaya-Ignimbrit mit mehr als 5000 km² Fläche. Die verschweißten Ignimbrite bilden im Gelände felsige Stufen mit ausgeprägter vertikaler Absonderung, während die Tuffe und Bimstuffe zu merkwürdigen kegel- und kuppenartigen Erosionsformen neigen. Ein bekanntes Beispiel einer solchen Oberflächengestaltung sind die *Erdpyramiden* von Ürgüp-Göreme mit ihren byzantinischen Höhlenkirchen und Höhlenwohnungen.

Nach ihrer chemischen Zusammensetzung sind die älteren Ignimbrite und Tuffe rhyolithisch, die jüngsten (Inçesu- und Hamurçu-Ignimbrite) dacitisch. Zusammen mit den neogenen Andesiten und den pleistozänen Andesiten und Basalten bilden sie eine typische kalk-alkalische Vulkanitserie.

Als wichtige Kriterien zur Identifizierung der verschiedenen Ignimbrite und Tuffe bewähren sich deren Schwermineralspektren (Tabelle 64). So ist der Kizilkaya-Ignimbrit durch das Vorherrschen von Hornblende und Biotit gekennzeichnet; dabei herrscht in den tieferen Teilen Hornblende, in den höheren Biotit vor. In anderen, vor allem den dacitischen Ignimbriten, sind Ortho- und Klinopyroxen die dominierenden Schwerminerale. Apatit und Zirkon nehmen in den kleineren Korngrößenfraktionen stark zu.

Der am weitesten verbreitete Kizilkaya-Ignimbrit ist ein leicht rosa gefärbtes, grobsäulig absonderndes Gestein mit dunkleren Glasfladen in einer helleren Matrix aus zerriebenem Bimsmaterial. Als Einsprenglinge treten Plagioklas, Quarz und Alkalifeldspat auf. Biotit, Hornblende, Pyroxen, Apatit und Zirkon sind nur in geringer Menge (bis 3,5 Gew.-%), Magnetit mit 2,5 bis 4 Gew.-% vorhanden. Xenolithe von Bims und anderen Vulkaniten sind häufig. Die Verschweißung ist in den mittleren und höheren Teilen der Profile deutlich. Entglasungserscheinungen sind verbreitet.

Laterale Differentiation in Ignimbriten Irans (nach MARCKS, 1981).

Das Vulkangebiet von Ferdows-Birjand-Nayband besteht zu einem großen Teil aus Ignimbriten rhyolithischer bis dacitischer Zusammensetzung. Eine laterale Differentiation ist besonders

Tabelle 64 Schwermineralbestand eines Vertikalprofiles im Kizilkaya-Ignimbrit, Akköy, Mittelanatolien. Angaben in Kornprozenten (nach SCHISCHWANI 1974)

	Korngröße (μm)	Hbl	Bio	Px	Zr	Ap	Andere
oben							
6–8 m deutlich verschweißter Ignimbrit	200–350	6,0	92,2	0,0	0,0	0,0	1,8
	112–200	4,2	13,5	0,0	15,5	63,4	3,4
	60–112	1,2	45,5	1,2	10,2	40,5	1,4
6–8 m feldspatreicher Ignimbrit	200–350	4,9	94,2	0,0	0,0	0,0	0,9
	112–200	10,2	76,9	4,3	3,5	3,8	1,3
	60–112	7,2	5,5	2,8	43,2	40,5	3,8
3–4 m kaum verschweißter Ignimbrit	200–350	91,0	2,0	4,0	0,0	2,0	1,0
	112–200	84,2	0,1	4,7	0,9	6,5	3,6
	60–112	60,0	0,0	9,5	18,0	12,0	0,5
1 m sandiger Tuff	200–350	85,2	2,5	2,8	0,0	2,5	7,0
	112–200	75,0	1,1	1,4	1,5	15,2	5,8
	60–112	32,5	0,0	1,8	20,2	40,3	5,2
unten							

Hbl = Hornblende; Bio = Biotit; Px = Ortho- und Klinopyroxen; Zr = Zirkon; Ap = Apatit.

deutlich an einem über 40 km langen Profil des Doshak-Ignimbrits zu beobachten. Das rötliche Gestein ist stark verschweißt; es enthält zentimetergroße abgeflachte *Bimsflammen.* An der Basis der Ignimbritdecke liegt eine 1 bis 4 m mächtige vitrophyrische Schicht, in der die Verschmelzung den ursprünglich pyroklastischen Charakter des Gesteins ganz unkenntlich gemacht hat. Die Differentiation besteht in einer regelmäßigen Abnahme der Einsprenglingskristalle von der Ursprungsregion im S (42–44 Volum-%) nach auswärts (16–26 Volum-% im N). Dabei bleibt das Mengenverhältnis der Einsprenglinge Plagioklas, Biotit, Klinopyroxen, Sanidin und Erz weitgehend erhalten, lediglich der Biotit erfährt eine relative Anreicherung. Mit der Abnahme der Einsprenglinge ändert sich auch die chemische Zusammensetzung beträchtlich. Der SiO_2-Gehalt steigt von 57 auf 69% an, Fe_2O_3+FeO fallen von 5,6 auf 2,8%, das Verhältnis K_2O:Na_2O ändert sich von 0,35 auf 0,9, das von Rb:Sr von 0,2 auf über 1. Als Ursache der mineralogischen und chemischen Differentiation wird ein allmähliches Ausfallen der Einsprenglingskristalle aus der Suspension des bewegten Ignimbritstromes angenommen. Dünne Lagen von Kristallkumulaten, die stellenweise nahe der Basis des Stroms vorkommen, stützen diese Annahme.

Die Ignimbrite des gesamten Gebietes sind in örtlich wechselndem Ausmaß entglast. Häufig nimmt mit der Entglasung das Verhältnis K_2O zu Na_2O weiter zu. Es handelt sich dabei wohl um sekundäre, hydrothermal-metasomatische Umwandlungen, bei der auch Zeolithe und Montmorillonit entstehen (s. auch Abschn. 5 Metasomatische Gesteine).

Die Pyroklastite des Laacher Vulkans, Eifel (nach SCHMINCKE, 1978).

Der Vulkanismus des Laacher-See-Gebietes ist mit einem Alter von nur 11000 Jahren der jüngste in Mitteleuropa. Seine pyroklastischen Ablagerungen bedeckten ursprünglich ein Gebiet von etwa 120 km W-E-Erstreckung und etwa 40 km Breite. Dünne Lagen von Bimsasche mit charakteristischen Mineralen sind in Torfmooren Nord- und Süddeutschlands und der Schweiz in Entfernungen von bis zu 500 km gefunden worden. Aufgrund der petrographischen Eigenschaften, der Korngrößenverteilung und der Mächtigkeiten der Pyroklastite hat FRECHEN (1962) auf mehrere Ausbruchsorte, darunter den Laacher Kessel selbst, geschlossen. Neuere Autoren sehen diesen als wahrscheinlich einziges, mehrmals tätiges Zentrum des jüngsten Vulkanismus in diesem Bereich an. Danach unterteilt SCHMINCKE (1978) die Pyroklastitabfolge in untere, mittlere und obere Laacher Pyroklastite, welche außer ihrer vertikalen Gliederung auch eine Differenzierung in einzelne, in verschiedenen Richtungen divergierende Auswurfsfächer zulassen. Weiter sind

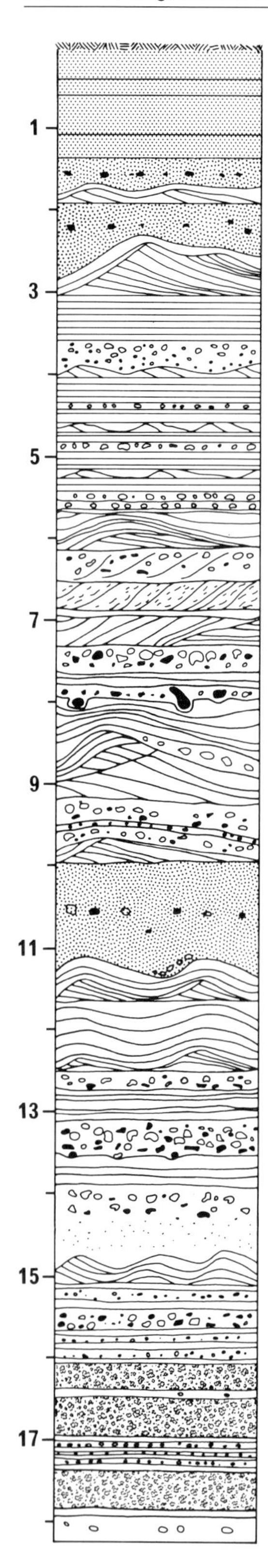

Abb. 85 Profil der Oberen Laacher Pyroklastite, Umgebung von Maria Laach, Eifel (nach SCHMINCKE 1977).

die Ausbildungen der Pyroklastite in Schlotnähe und Schlotferne verschieden und auch innerhalb eines Fächers können eine zentrale Rinnenfazies und mehr periphere Fazies unterschieden werden. Dadurch sind die Pyroklastitprofile, die in großen Bimssteingruben aufgeschlossen sind, sehr variabel; sie verändern sich auch ständig mit dem Fortgang der Abbauarbeiten (Abb. 85). Als wichtige petrographische Gesteinstypen sind zu nennen:

- Gut sortierte, geschichtete bis massige Bimslapilliablagerungen mit Fremdgesteinsbruchstücken (örtlich bis über 50%). Relativ langsame, konstante Mächtigkeitsabnahme mit wachsender Entfernung vom Eruptionszentrum;
- Schlecht sortierte, massige Tuffe mit stark reliefabhängiger Mächtigkeit, im wesentlichen auf Paläotäler beschränkt: **Traß** (s. Abschn. 2.32.1);
- Schlecht sortierte, massige, feinkörnige Aschenlagen, z. T. reich an akkretionären Lapilli (s. Abschn. 2.32.1): **„Britzbänke“.** Sie wittern in älteren Aufschlußwänden positiv heraus und erscheinen im feuchten Zustand dunkel.
- Blockreiche Tuff- und Lapillilagen mit besonders schlechter Sortierung; nur in unmittelbarer Nähe des Laacher-See-Kessels.
- Mäßig schlecht sortierte Aschen- und Lapillilagen mit relativ blasenarmem magmatischem Material und Fremdgesteinsauswürflingen. Die oft vorhandene Schrägschichtung, Dünen und andere Phänomene deuten auf **Base-Surge-Ablagerungen** (s. Abschn. 2.32.1).
- Sehr feinkörnige, massige, deckenförmige Airfall-Ablagerungen als letzte primäre pyroklastische Bildungen in der Nähe des Laacher-See-Kessels.

Die weit verbreiteten, wegen ihres hohen Gehaltes an Bimslapilli wirtschaftlich wichtigen Bimslapillituffe sind Air-fall-Ablagerungen aus sehr starken plinianischen Eruptionsphasen (s. Abschn. 2.32.2). Die Britzbänke sind vermutlich Absätze aus Aschenwolken niedriger Dichte, die sich in geringer Höhe über dem Boden bewegten. Aschestromablagerungen sind die **Trasse** mit eingelagerten Schuttströmen, angereicherten Xenolithen an der Basis und Bimslapilli. Mineralogisch sind sie durch die **Zeolithisierung** der Glasanteile (Chabasit, Phillipsit, Analcim) ausgezeichnet. Diese Interpretation der einzelnen Ablagerungen der Laacher Pyroklastite ergibt das Bild eines abwechslungsreichen vulkanischen

Tabelle 65 Chemische (Gew.-%) und potentielle mineralische Zusammensetzung eines Phonolith-Bimstuffes vom Laacher See (nach FRECHEN 1962)

SiO_2	TiO_2	Al_2O_3	Fe_2O_3	FeO	MnO	MgO	CaO	Na_2O	K_2O	P_2O_5	H_2O^+	H_2O^-	Summe
55,49	0,25	21,63	1,40	0,61	0,28	0,39	1,82	8,65	5,37	Sp.	3,36	0,50	99,92

Mit 0,06 % CO_2 und 0,11 % SO_3.
Errechneter Mineralbestand in Volum-%: Plagioklas (An_{30}) 15,3; Sanidin (Ab_{42}) 57,7; Nephelin 21,7; Hauyn 1,8; Ägirinaugit und Hornblende 2,2; Magnetit 1,3

Geschehens mit hohen plinianischen Eruptionswolken und anschließenden Air-fall-Tuffbildungen, unterbrochen von peléeanischen Ascheströmen und heftigen Base-Surge-Ausbrüchen in der Nähe des Laacher Kessels.

Der chemischen Zusammensetzung nach sind die Pyroklastite der unteren und teilweise der mittleren Serie natronreiche Phonolithe; sie gehen nach oben hin in mafitreichere K-Na-Phonolithe und schließlich in phonolithische Tephrite über. Einsprenglingsminerale sind Sanidin, Plagioklas, Hauyn, Phlogopit, Hornblende, Klinopyroxen, Apatit, Titanomagnetit und Titanit. Der Volumanteil der Einsprenglinge nimmt von unten (etwa 5%) nach oben (bis fast 50%) zu. Ein Bimssteintuff aus dem mittleren Teil der Ablagerung hat nach FRECHEN (1962) die in Tabelle 65 angegebene chemische und potentielle mineralische Zusammensetzung.

Paläoignimbrite des Schwarzwaldes
(nach MAUS, 1967).

Der permische Vulkanismus hat im Gebiet des heutigen Schwarzwaldes fast nur rhyolithische Laven, Tuffe und Ignimbrite gefördert. Die noch erhaltenen Ignimbritvorkommen sind Erosionsreste einstmals viel ausgedehnterer Decken. Der **Münstertäler Porphyr** im Südschwarzwald liegt unmittelbar auf den Gneisen; er erreicht eine Mächtigkeit von bis zu 250 m. Eine säulige Absonderung des Gesteins, die vom Liegendkontakt ausgeht, ist gebietsweise deutlich. Das grünlichgraue bis violettgraue Gestein macht mesoskopisch einen massigen Eindruck. Der Anteil der „Einsprenglinge“ ist im Durchschnitt etwa 40 Volum-% (Feldspäte > Quarz und Biotit). Der Quarz zeigt überwiegend deutliche Korrosionserscheinungen; regelmäßige bipyramidale Formen sind selten. In den weniger korrodierten Quarzen ist häufig auch undulöse Auslöschung erkennbar. Die Feldspäte (Orthoklas, Plagioklas An_{20}-An_{45}) zeigen oft angenähert idiomorphe Umrisse, die als Folge des Zerfalls entlang von Spaltflächen gedeutet werden. Serizitisierung und Calcitisierung sind beim Plagioklas verbreitet. Die meist chloritisierten Biotite sind oft zwischen den anderen Komponenten des Gesteins verbogen. Die Grundmasse läßt im Dünnschliff feinkristalline, unorientierte oder kammartige Entglasungserscheinungen erkennen. Für die ehemalige Ignimbritnatur des Gesteins sind Relikte von Flammen (s. Abschn. 2.32.1) von bis zu 15 cm Länge charakteristisch. Wo sie in größerer Menge auftreten, verleihen sie dem Gestein eine deutliche Paralleltextur. Sie enthalten die gleichen „Einsprenglingsminerale“ wie das sie umgebende Gestein. Einschlüsse von Fremdgesteinen sind häufig; sie entsprechen zum Teil den das Liegende des Ignimbrits bildenden Gesteinen des Grundgebirges und des Paläozoikums.

Während der Münstertäler Porphyr mesoskopisch kaum als Ignimbrit erkennbar ist, sind die entsprechenden Gefüge an den **Ignimbriten von Baden-Baden** viel besser erhalten. In den am Südwest- und Südrand des Porphyrareals gelegenen Steinbrüchen waren zeitweise drei durch Verwitterungshorizonte getrennte Ignimbritlagen von jeweils mehreren Zehnern Meter Dicke aufgeschlossen. Ihre Gesteine haben durch die deutlich sichtbaren Flammen (0,5 bis 2 cm, manchmal bis 20 cm lang) eine auffallende Paralleltextur. Als „Einsprenglinge“ treten Sanidin, Albit und deren Zersetzungsprodukte, Quarz (meist Bruchstücke), seltener auch Biotit und Cordieritpseudomorphosen auf. Der Volumanteil der „Einsprenglinge“ beträgt etwa 28%. Die Grundmasse ist auch im Dünnschliff kaum auflösbar. Die Matrix der Flammen ist stark serizitisiert und, wie auch Teile der Grundmasse, durch Hämatit pigmentiert. Für beide Ignimbritvorkommen, besonders aber für den Münstertäler Porphyr gilt, daß ein beträchtlicher Teil der „Einsprenglinge“ aus mitgerissenem und zertrümmertem Gestein des Untergrundes stammt.

Weiterführende Literatur zu Abschn. 2.32

CHAPIN, C. E. & ELSTON, W. E. [Hrsg.] (1979): Ash-Flow Tuffs. – Geol. Soc. Amer., Spec. Pap., **180,** 211 S.

FISHER, R. V. & SCHMINCKE, H.-U. (1984): Pyroclastic Rocks. – 472 S.; Berlin (Springer).

RITTMANN, A. (1981): Vulkane und ihre Tätigkeit. – 3. Aufl., 399 S., Stuttgart (Enke).

SELF, S. & SPARKS, R. S. J. [Hrsg.] (1981): Tephra Studies. – 481 S., Dordrecht (Reidel).

WALKER, G. P. L. (1973): Explosive volcanic eruptions – a new classification scheme. – Geol. Rundsch., **62;** 431–446.

WILLIAMS, H. & MAC BIRNEY, A. (1979): Volcanology. – 397 S., San Francisco (Freeman & Cooper).

WRIGHT, J. V., SMITH, A. L. & SELF, S. (1980): A working terminology of pyroclastic deposits. – J. Volcanol. geotherm. Res., **8;** 315–336.

3 Metamorphe Gesteine

3.1 Definition und Gliederung

Metamorphe Gesteine entstehen durch Umwandlung von Gesteinen aller Kategorien unter Bedingungen, die von denen ihrer ursprünglichen Bildung verschieden sind. Ursachen der Umwandlungen sind veränderte Temperatur oder veränderter Druck oder tektonische Bewegungen und sehr häufig alle drei Faktoren gemeinsam. Der chemische Bestand der Ausgangsgesteine bleibt dabei meist weitgehend unverändert **(isochemische Metamorphose).** Zusätzlich haben Art und Menge der *fluiden Phasen,* besonders H_2O und CO_2, einen sehr wesentlichen Einfluß auf die metamorphe Mineralbildung. Sie sind Transportmittel für Stoffverschiebungen im Nahbereich und auf größere Distanzen. Erhebliche Veränderungen des Stoffbestandes werden als **allochemische Metamorphose** und als *Metasomatose* besonders gekennzeichnet; die dadurch geprägten Gesteine werden in einem eigenen Abschnitt (5) behandelt. Bei hohen Temperaturen kann es zur teilweisen oder vollständigen Aufschmelzung kommen; die so gebildeten Gesteine sind **Anatexite** und nach ihrer petrographischen Beschaffenheit meist **Migmatite** (s. Abschn. 4). Die Gesteinsumwandlungen durch Verwitterung und Diagenese werden **nicht** zur Metamorphose gerechnet, ebenso die Umwandlungen an Salzgesteinen (Evaporiten), welche sich bei viel niedrigeren Temperaturen abspielen, als die Metamorphose der Silikat- und Karbonatgesteine.

Die verbreitetste Form der so eingegrenzten Gesteinsmetamorphose, bei der Bewegung, Druck und Temperatur als umbildende Faktoren über größere Bereiche wirksam sind, heißt

- **Regionale dynamothermische Metamorphose,** oft auch kurz **Regionalmetamorphose.** Von ihr werden die
- **thermische Metamorphose,** bei der überwiegend die erhöhte Temperatur, die
- **Dynamometamorphose,** bei der bevorzugt die Durchbewegung, und die
- **Versenkungsmetamorphose,** bei der bevorzugt der erhöhte Druck die Ursachen sind, unterschieden.

In jedem Fall bewirken die veränderten Bedingungen **Veränderungen** am **Mineralbestand** und am **Gefüge** der betroffenen Gesteine. Da die Veränderungen sich oft aus unscheinbaren Anfängen entwickeln und erst allmählich die Erscheinung des Gesteins neu gestalten, erhebt sich immer wieder die Frage nach der Abgrenzung der schwach metamorphen von den noch nicht metamorphen Gesteinen. Die Untergrenze der Regionalmetamorphose ist vor allem bei Sedimentgesteinen nicht scharf zu definieren. Um- und Neubildung von Mineralen und nicht unwesentliche Veränderungen des Gefüges setzen hier häufig schon bei der Diagenese ein.

Sehr verbreitet zeigen schwach metamorphe Gesteine noch eindeutige Mineral- und Gefügerelikte des vormetamorphen Zustandes, so daß eine eindeutige Zuordnung in bezug auf die gefragte Grenze nicht möglich und eigentlich auch nicht sinnvoll ist. Im allgemeinen können aber folgende Erscheinungen, wenn sie zusammen auftreten, als Kriterien für beginnende Regionalmetamorphose gelten:

- Verschwinden des sedimentären Korngefüges durch Umkristallisation;
- Neubildung von Mineralen und Mineralparagenesen, die nicht unter sedimentären oder diagenetischen Bedingungen entstehen.

Bei magmatischen Ausgangsgesteinen stellen sich – mutatis mutandis – analoge Fragen. Häufig ist nicht leicht zu unterscheiden, ob z. B. die Paralleltextur eines Plutonits durch magmatisches Fließen oder metamorphe Überprägung zustande gekommen ist. Ein für basische Vulkanite spezifisches Problem ist die Unterscheidung autohydrothermaler von niedrig metamorphen Überprägungen (s. Abschn. 2.30, Spilite und Keratophyre).

Entsprechend den für die dynamothermische Regionalmetamorphose maßgebenden drei Hauptfaktoren Temperatur, Bewegung und Druck sollen die dadurch geprägten Gesteine durch die Erscheinungen der Umkristallisation und der Verformung gleichermaßen gekennzeichnet sein. In den meisten Gesteinen dieses Bereiches sind tatsächlich eine auch dem bloßen Auge sichtbare

Kristallinität und eine Schieferung (oder andere orientierte Gefüge) entwickelt. Die in regionalmetamorphen Gebieten vorherrschenden Gesteine mit diesen Merkmalen werden deshalb oft auch als **„Kristalline Schiefer"** zusammengefaßt. Da aber im gleichen Milieu auch nicht schiefrige, aber gleichwohl metamorphe Gesteine verbreitet sind, eignet sich dieser Name nur begrenzt zu einer allgemeinen Kennzeichnung.

Für die spezielle **Benennung** metamorpher Gesteine sind verschiedene Namen seit langem eingeführt, die sich in erster Linie auf **Gefügeeigenschaften** beziehen; zusätzliche Definitionen hinsichtlich des **Mineralbestandes** sind teils damit verbunden, teils nicht verbunden:

- **Gneise** sind metamorphe Gesteine mit wesentlichen Anteilen an Feldspat, meist auch an Quarz, die in wenige cm bis einige dm dicke Platten oder kantige Blöcke zerbrechen, wobei die bevorzugten regelmäßigen Bruchflächen meist durch Lagen parallel orientierter Glimmer oder Amphibole vorgezeichnet sind *(s-Flächen)*. Bei Vorherrschen einer linearen Paralleltextur entstehen zylindrische oder prismatische Bruchkörper längs der tektonischen b-Achse. Während ein namhafter Feldspatgehalt (mehr als 20–30 Vol.-%) Voraussetzung für die Verwendung des Namens Gneis ist, herrscht hinsichtlich der anderen Mineralkomponenten eine gewisse Toleranz. Zwar sind die meisten Gneise Gesteine mit Quarz und Glimmern, jedoch kann der Quarz auch fehlen oder statt der Glimmer treten Amphibol, Pyroxen und weitere Hauptminerale auf. Für die den Gneisen nahestehenden Granulite gilt die unten gegebene eigene Definition. **Leptinite** (oder Leptite) sind fein- bis kleinkörnige Gneise mit betonter lagiger oder streifiger Paralleltextur und eher dünnplattigem Bruch. Der Name Leptinit wird bevorzugt zur Bezeichnung saurer, quarz- und feldspatreicher Gesteine verwendet, gelegentlich aber auch auf mafitreichere Gesteine ausgedehnt. Der vor allem in Skandinavien gebräuchliche Name **Leptit** bezieht sich besonders auf helle, SiO_2-reiche Metamorphite aus vulkanischem Ausgangsmaterial. – **Orthogneise** sind aus sauren bis intermediären Magmatiten (und deren Tuffen) entstandene Gneise, **Paragneise** sind metamorphe Sedimentgesteine geeigneter Zusammensetzung aus dem Bereich der Arkosen, Grauwakken und Pelite.
- Die Definition der **Granulite** bedarf wegen deren Besonderheiten einer Mehrzahl von speziellen Kriterien. Granulite sind regionalmetamorphe Gesteine der hochgradigen Umwandlungsstufe im Sinne von Winkler (1979). Ihre stoffliche Variationsbreite umfaßt saure bis basische Magmatitzusammensetzungen sowie die von feldspatreichen Sedimentgesteinen (etwa Arkosen und Grauwacken). Auch Metapelite in Granulitfazies kommen vor. – Feldspäte sind mit wenigstens 20 Vol.-% am Mineralbestand beteiligt. Wasserfreie Mafite (Hypersthen, Granat) sind typisch, doch kommen in vielen Granuliten auch Hornblende oder Biotit vor, jedoch nicht Muskovit. Der Kalifeldspat ist meist ein Perthit mit hohem Anteil der Albitphase. Quarz ist in sauren Granuliten ein Hauptmineral und z. T. in besonderer Weise zu flachen Linsen oder Scheiben *(Disken)* verformt. Die mesoskopische Erscheinung der Granulite ist in erster Näherung der von Gneisen vergleichbar; eine lagige bis straff schiefrige Paralleltextur ist verbreitet. Viele Granulite sind klein- bis mittelkörnig, doch kommen auch grobkörnige und massige Varianten vor (Granofels). Für basische, mafitreiche Granulite sind als besondere Namen vorgeschlagen:
  Pyriklasit: granulitischer Metamorphit mit Plagioklas und Pyroxen als Hauptmineralen;
  Pyribolit: mit Amphibol als zusätzlichem wesentlichen Gemengteil;
  Pyrigarnit (Granatpyriklasit): mit Granat als zusätzlichem wesentlichen Gemengteil.
- **Schiefer** sind durch sehr deutliche flächenhafte und/oder lineare Paralleltexturen ausgezeichnete Gesteine, die beim Anschlagen in mm- bis cm-dicke Platten, Schuppen oder stengelige Bruchstücke zerfallen. Gesteine aus Mineralen der verschiedensten Klassen, nicht allein Silikate, sondern auch Karbonate und Oxide (z. B. Hämatit), treten als Hauptkomponenten von Schiefern auf. Weitaus am häufigsten sind indessen Schiefer mit Glimmern oder Chloriten als Trägern der Paralleltextur (Glimmerschiefer, Chloritschiefer). Im Detail sind die Bruchflächen oft uneben (bucklig-wellig), besonders bei gröber kristallinen Gesteinen. Glimmerschiefer haben auf frischen Bruchflächen einen auch im Gelände oft auffälligen Glanz.
- **Semi-schists** (engl., deutsch „Halbschiefer") sind verbreitete Formen schwacher Metamorphose von Grauwacken. Das klastische Sedimentgefüge ist weitgehend einer feinkörnigen Rekristallisation gewichen. Die Schieferung erscheint mit einzelnen, unregelmäßigen Scherflächen.

- **Phyllite** sind feinkörnige, meist ausgezeichnet schiefrige Gesteine mit seidigem Glanz und häufig mit an Rippelmarken erinnernden Unebenheiten auf den enggescharten Bruchflächen. Glimmer und Chlorite sind wesentliche Minerale aller Phyllite; Quarz, Karbonate und andere Minerale können hinzutreten. Durch farbige Haupt- oder Nebenminerale können Phyllite außer in verschiedenen Grautönen auch schwärzlich (durch Graphit), rötlich (durch Hämatit) oder grünlich (durch Chlorit) erscheinen.
- **Felse** sind massige metamorphe Gesteine; ihnen fehlt die Schiefrigkeit, doch können sie durch Wechsel ihrer Mineralkomponenten eine lagige Paralleltextur haben. Minerale der verschiedensten Klassen können beteiligt sein. Sehr verbreitet sind Kalksilikatfelse (mit Diopsid, Grossular, An-reichem Plagioklas, Wollastonit u. a.); weiter kommen Felse mit fast monomineralischer Zusammensetzung (z. B. Granatfels, Chloritfels) und mannigfaltige polymineralische Gesteine aus Silikaten, Oxiden, Karbonaten und anderen vor. Sie sind oft Glieder regionalmetamorpher Verbände; viele Arten von Felsen, besonders die Gruppe der Hornfelse, sind aber charakteristisch für kontaktmetamorphe Zonen.

Für eine Anzahl metamorpher Gesteine mit **bestimmten Mineralbeständen** sind eigene Namen in Gebrauch; ihre Gefügeeigenschaften sind dabei weniger maßgebend:

- **Quarzite** sind (metamorphe) Gesteine mit Quarz als weitaus überwiegendem Mineral.
- **Lydit** („Kieselschiefer“ z. T.) ist ein schwach metamorphes, dichtes (Sediment-)Gestein aus Quarz mit oder ohne pigmentierende Nebenminerale.
- **Marmor** ist ein überwiegend aus Calcit oder Dolomit bestehendes metamorphes Gestein. Die zunächst einfach erscheinende Definition umfaßt eine außerordentliche Fülle von kompositionellen und texturellen Varianten (s. Abschn. 3.6.10).
- **Amphibolit** ist ein hauptsächlich aus Amphibol (meist Hornblende) und Plagioklas und fallweise noch weiteren Mineralen bestehendes regionalmetamorphes Gestein. Bei Feldspatgehalten von über 50% ist der Name Amphibolgneis, bei Amphibolgehalten von über 80% der Name Amphibolschiefer angebracht.
- **Eklogit** ist ein aus Granat (pyropreich) und Klinopyroxen (Omphacit) bestehendes metamorphes Gestein; weitere Minerale können hinzukommen (s. Abschn. 3.6.2 und 6).
- **Serpentinit** ist ein vorwiegend aus Serpentinmineralen bestehendes metamorphes, seltener metasomatisches Gestein (s. Abschn. 3.6.4).
- **Ophicalcit** ist ein aus Karbonaten und Serpentinmineralen oder anderen Mg-Silikaten zusammengesetztes metamorphes oder metasomatisches Gestein.

Die **Formen metamorpher Gesteinskörper** im makroskopischen Bereich sind meist weniger bestimmt anzugeben als die der Magmatite. Kontaktmetamorphe Gesteine treten als *Höfe* oder *Aureolen* um den verursachenden Intrusivkörper auf. Die regionalmetamorphen Gesteine sind zwar nach ihren Mineralparagenesen in Zonen verschiedener Metamorphosebedingungen gliederbar, jedoch sind die Grenzen dieser Einheiten ihrer Natur nach unscharf. Viel deutlicher zeichnen sich meist die Grenzen zwischen Metamorphiten unterschiedlichen Ausgangsmaterials ab. Gesteine der überwiegend kataklastischen Metamorphose treten entlang tektonischer Bewegungsflächen als relativ schmale, aber lang hinziehende Zonen, manchmal mit mehreren hundert Kilometern Erstreckung, auf.

3.2 Die quantitative Klassifizierung und Benennung metamorpher Gesteine

Die Klassifizierung und Benennung der metamorphen Gesteine nach ihren quantitativen Mineralbeständen ist weniger entwickelt als die der magmatischen Gesteine. Für die Beurteilung der **Metamorphosebedingungen** sind die **Art** der vorkommenden Minerale und ihre Gefügebeziehungen die entscheidenden Kriterien, während die **quantitativen Verhältnisse** dieser Minerale bei den gewöhnlichen, nicht metasomatisch veränderten Metamorphiten auf die vorgegebene ursprüngliche Zusammensetzung der Ausgangsgesteine zurückgehen. Sie sind von dessen chemischer Konstitution bestimmt. Weil diese bei der „normalen“ Metamorphose weitgehend erhalten bleibt, ist eine Klassifizierung der metamorphen Gesteine nach ihrem Ausgangsmaterial im allgemeinen möglich; dies ist das in diesem Buch gewählte Prinzip der Gliederung. In je einem Abschnitt werden die metamorphen Gesteine aus einem bestimmten Ausgangsmaterial in den verschiedenen Metamorphosegraden behandelt.

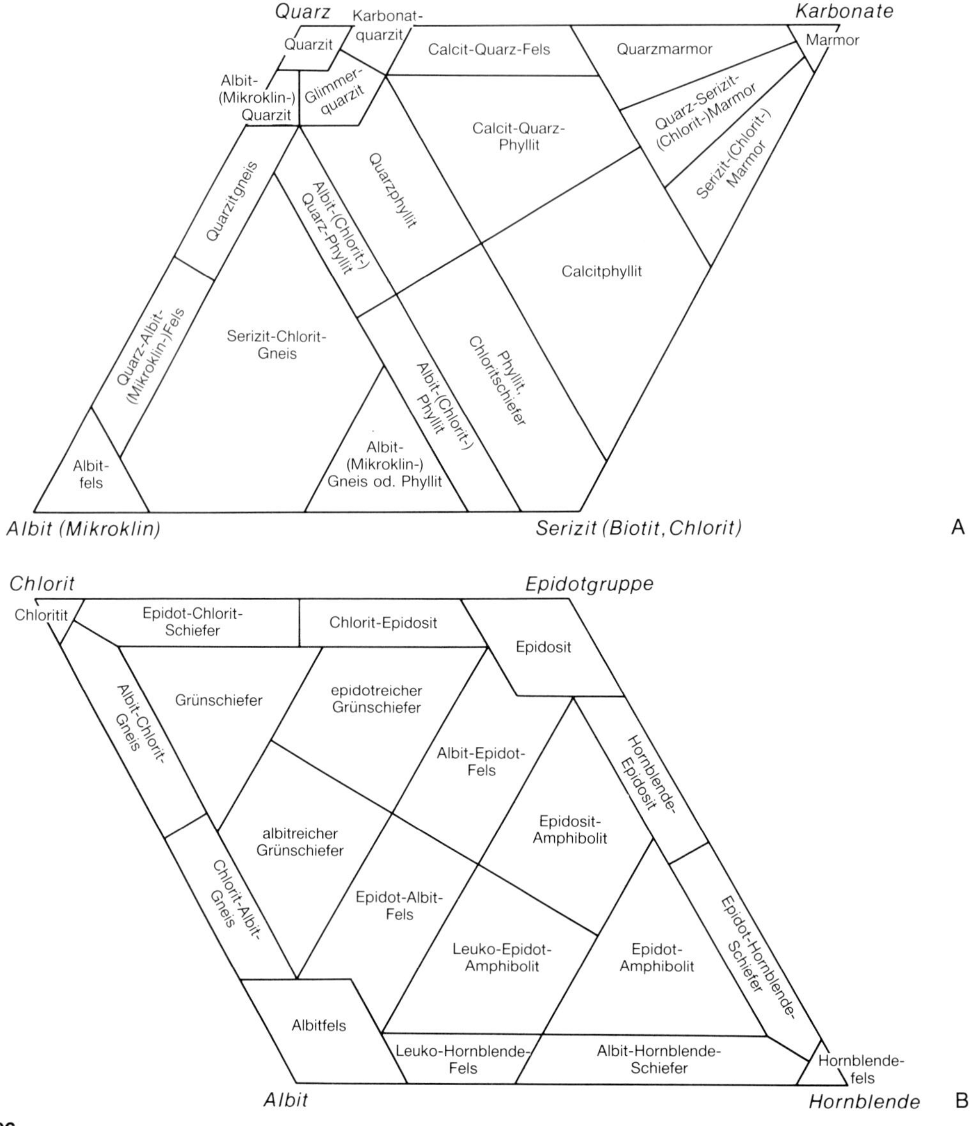

Abb. 86

A) Klassifikation der niedrig metamorphen Metamorphite mit Quarz, Alkalifeldspäten, Serizit und Karbonaten als Hauptgemengteilen. Nach Fritsch, Meixner & Wieseneder 1967.

B) Klassifikation der niedrig metamorphen Metabasite und Albitgesteine (Quelle wie A).

Wenk (1963) und Fritsch, Meixner & Wieseneder (1967) haben die Probleme der Klassifizierung metamorpher Gesteine nach den quantitativen Mineralbeständen ausführlich diskutiert. Die letztgenannten Autoren haben dazu Dreiecks- und Doppeldreiecks-Diagramme entworfen, die viele regional- und kontaktmetamorphe Gesteine zu klassifizieren erlauben (Abb. 86). Allerdings sind im allgemeinen nur Gesteine mit drei Hauptmineralen darstellbar; Muskovit und Biotit bzw. Serizit, Biotit und Chlorit sind in einigen der Diagramme zu einer Komponente zusammengefaßt. Weitere beteiligte Hauptminerale werden bei der Namenbildung in der Reihenfolge steigender Häufigkeit vorangesetzt; so können Namen wie Staurolith-Granat-Glimmerschiefer gebildet werden, womit ein schiefriges Gestein mit den Hauptmineralen Glimmer > Quarz > Granat > Staurolith bezeichnet wird.

3.3 Metamorphe Fazies und Metamorphosegrade

1877 hat H. ROSENBUSCH die zonare Gliederung der Kontakthöfe um die Granitintrusionen von Hohwald und Andlau in den Vogesen klassisch beschrieben. Um die Jahrhundertwende war von Forschern, wie G. BARROW, F. BECKE und U. GRUBENMANN die Abhängigkeit des Mineralbestandes regionalmetamorpher Gesteine von ihrer Zusammensetzung und von der Tiefe, in der die Umwandlung hauptsächlich stattfand, erkannt worden. Die besonders von GRUBENMANN durchgeführte Zuordnung der regionalmetamorphen Gesteine zur Epizone, Mesozone oder Katazone benutzte sogenannte „typomorphe" Minerale als Kriterien. Es sind für die

- **Epizone** z. B. Serizit, Chlorit, Antigorit, Talk, Aktinolith, Glaukophan, Epidot, Albit u. a., für die
- **Mesozone** Muskovit, Biotit, Hornblende, Anthophyllit, Almandin, Disthen, Staurolith, albitreicher Plagioklas u. a., und für die
- **Katazone** Biotit, Hornblende, monokliner und rhombischer Pyroxen, Omphacit, Pyrop, Cordierit, Ca-reicher Plagioklas, Sillimanit, Spinell, Wollastonit u. a.

Noch heute sind die Begriffe epi-, meso- und katazonal als vorläufige Feldbezeichnungen metamorpher Gesteine und in der „Umgangssprache" der Petrographen in Gebrauch, wenn auch die Interpretation der Gesteinsminerale nicht mehr in der damals angenommenen einfachen Weise zulässig ist.

Einen nächsten bedeutenden Fortschritt in der Gliederung der metamorphen Gesteine nach den Umwandlungsbedingungen brachte das **Faziesprinzip** von P. ESKOLA („The mineral facies of rocks", 1921). Schon zuvor (1911) hatte V. M. GOLDSCHMIDT an kontaktmetamorphen Gesteinen des Oslogebietes nachgewiesen, daß dort unter bestimmten Bedingungen bestimmte Minerale untereinander im chemischen Gleichgewicht existieren und daß sich diese Mineralgesellschaften bei veränderter Pauschalzusammensetzung des Gesteins nach bestimmten Regeln ändern. ESKOLA gründete darauf sein Faziesprinzip, welches in kurzer Form folgendes besagt:

Zu einer Fazies gehören alle Gesteine, die unter gleichen physikalisch-chemischen Bedingungen kristallisiert sind. Zu jeder Fazies gehört eine begrenzte Anzahl von Mineralen, die in Abhängigkeit von der Pauschalzusammensetzung des Gesteins in verschiedenen Kombinationen auftreten. Sie sind untereinander im chemischen Gleichgewicht. Durch Änderung der physikalisch-chemischen Bedingungen werden diese Minerale und ihre Kombinationen instabil und durch andere, nunmehr stabile ersetzt. Für jede Fazies lassen sich Dreiecksdiagramme aufstellen, aus denen für bestimmte Variationsbereiche der Pauschalzusammensetzung die stabilen Mineralkombinationen ablesbar sind. Die Berechnung der darstellenden Punkte der Gesteine in solchen Diagrammen ist auf S. 29 erläutert.

Besonders basische metamorphe Gesteine (Metabasite) und Metapelite sind wegen ihrer Faziesempfindlichkeit für diese Darstellung geeignet. Deshalb hat ESKOLA seine Faziesgliederung zuerst anhand der Metabasite entwickelt und die verschiedenen Fazies entsprechend benannt (s. auch S. 275). Abb. 87 zeigt ACF-Diagramme der hauptsächlichen Fazies der Regionalmetamorphose für basische Gesteine. Es ist zu beachten, daß solche Diagramme speziell über die „fazieskritischen" Minerale und deren Kombinationen Auskunft geben; neben diesen treten meist weitere, nicht dargestellte Hauptminerale auf, z. B. Albit, Quarz und andere. Für die Darstellung der fazieskritischen Minerale metapelitischer Gesteine eignen sich außer den ACF-Diagrammen solche mit den Komponenten A', F und K (Rechenvorschriften s. S. 30). Die Beurteilung eines Gesteins nach seiner faziellen Stellung beruht somit auf der Kenntnis seiner Mineralkomponenten und der zwischen diesen herrschenden Gleichgewichts- oder Ungleichgewichtsverhältnisse. Kriterien für das Gleichgewicht innerhalb einer Mineralparagenese sind, daß alle dazugehörigen Mineralarten untereinander in Berührung stehen, ohne daß irgendwelche Reaktions-, Verdrängungs- oder andere Umwandlungserscheinungen an den Korngrenzen auftreten. Solche *Berührungsparagenesen* können einfache Korngrenzen nach Art der Pflaster- oder Mosaikstrukturen aufweisen; es kommen aber ebenso auch kompliziertere Verwachsungen wie Hornfelsstrukturen, Symplektite und diablastische Strukturen vor. Umgekehrt deuten Verdrängungen, Umwandlungen und Reaktionssäume Veränderungen der physikalisch-chemischen Bedingungen und damit auch der metamorphen Fazies an. Veränderungen der Pauschalzusammensetzung (Metasomatose) und die Wirkungen der Durchbewegung können die Verhältnisse noch zusätzlich komplizieren.

Die Weiterentwicklung des Faziesprinzips nach ESKOLA hat zur Aufstellung vieler Subfazies ge-

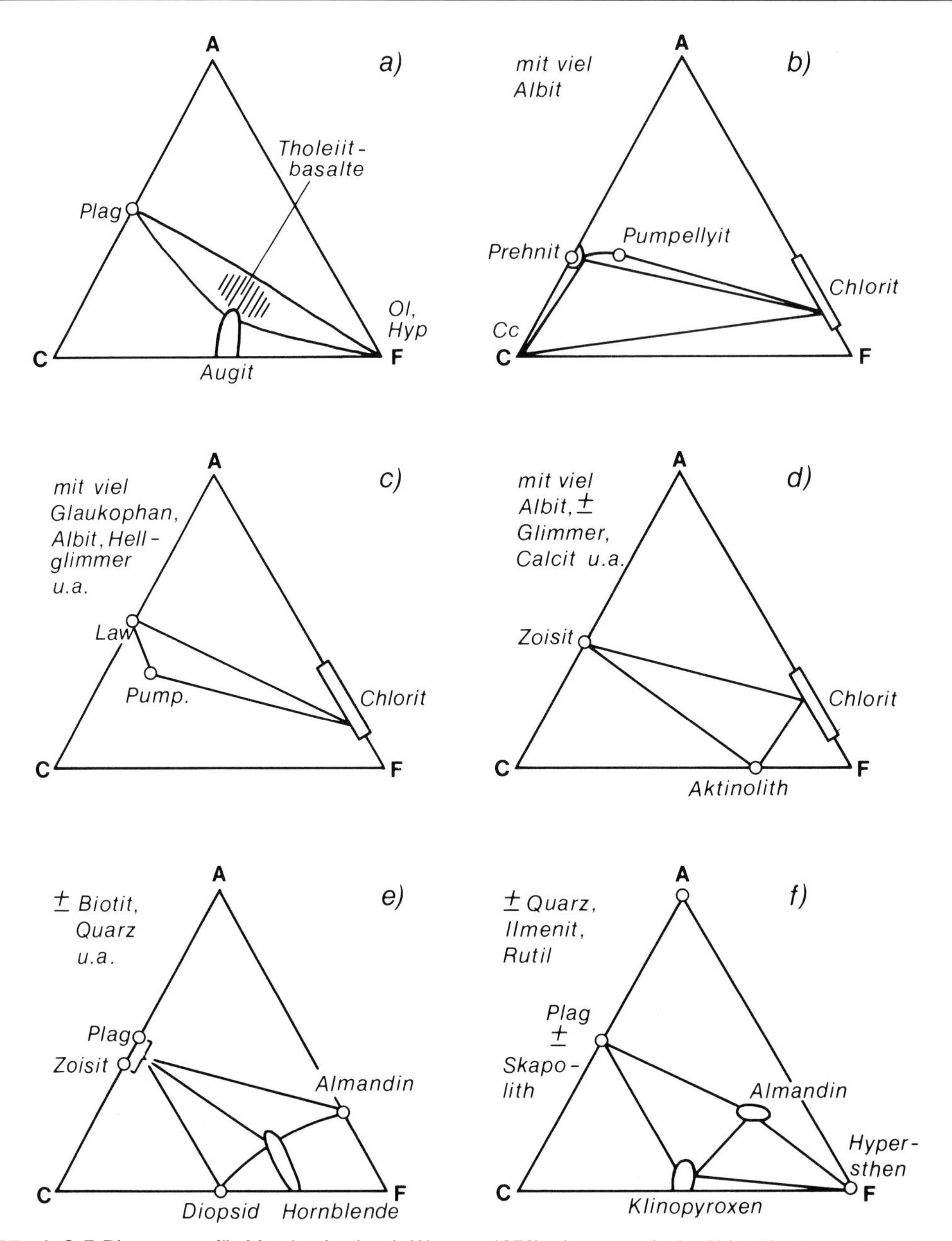

Abb. 87 A-C-F-Diagramme für Metabasite (nach WINKLER 1979). a) magmatische Kristallisation und hochgradige Metamorphose unter „trockenen" Bedingungen bei niedrigem Druck; b) Prehnit-Pumpellyit-Chlorit-Zone; c) Lawsonit-Pumpellyit-Chlorit-Zone (Glaukophanschiefer-Zone, T niedrig, P hoch); d) Albit-Aktinolith-Chlorit-Zone; e) mittel- bis hochgradige Amphibolit-Zone; f) Granulitzone.

führt; die experimentelle Petrologie hat die Einordnung der verschiedenen Fazies in das Druck-Temperatur-Feld ermöglicht.

Die Gliederung der metamorphen Gesteine nach ihrem **Metamorphosegrad** im Sinne von WINKLER (zuletzt 1979) und vielen anderen Autoren beruht auf der Beobachtung von Mineralreaktionen im Gestein und der experimentell gewonnenen Kenntnis der Bedingungen, unter denen sie stattfinden (Abb. 88). Das Druck-Temperatur-Feld kann danach durch Isograden, welche das Erscheinen bzw. Verschwinden eines kennzeichnenden Minerals oder das Eintreten einer bestimmten Mineralreaktion angeben, gegliedert

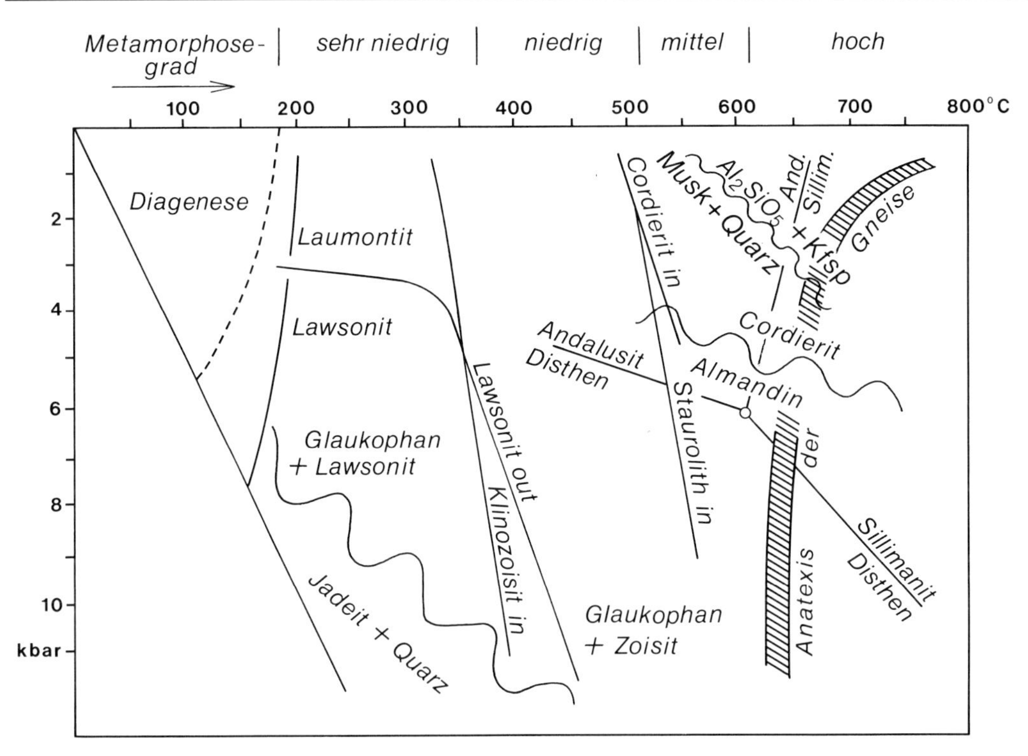

Abb. 88 Metamorphosegrade im P-T-Feld unter besonderer Berücksichtigung druckanzeigender Minerale und Mineralreaktionen (nach WINKLER 1979).

werden. Isograden und Reaktionsisograden grenzen in diesem Sinne in der Natur die Bereiche bestimmter Metamorphosebedingungen gegeneinander ab. In erster Näherung unterscheidet WINKLER den sehr niedrigen, niedrigen, mittleren und hohen Metamorphosegrad. Dabei hängt die Art der Reaktionen und der verschwindenden bzw. neugebildeten Minerale immer auch von der Zusammensetzung des betroffenen Gesteins ab.

Nicht alle Gesteine sind in gleicher Weise empfindlich gegenüber Änderungen der Metamorphosebedingungen. Für die Charakterisierung der Grenzen zwischen den Metamorphosegraden werden besonders die Reaktionen in den sehr häufigen Metapeliten und Metagrauwacken herangezogen:

a) Der Übergang vom **nicht metamorphen** in den **sehr niedrig** metamorphen Zustand:
- Heulandit → Laumontit + Quarz + H_2O (P niedrig),
- Heulandit → Lawsonit + Quarz + H_2O (P hoch),
- Analcim + Quarz → Albit + H_2O.

b) Übergang vom **sehr niedrigen** in den **niedrigen** Metamorphosegrad:
- Pumpellyit + Chlorit + Quarz → Klinozoisit + Aktinolith + H_2O,
- Lawsonit verschwindet (P hoch).

c) Übergang vom **niedrigen** zum **mittleren** Metamorphosegrad:
- Muskovit + Chlorit + Quarz → Cordierit + Biotit + Al_2SiO_5 + H_2O.

d) Übergang vom **mittleren** zum **hohen** Metamorphosegrad:
- Muskovit + Quarz → Kalifeldspat + Al_2SiO_5 + H_2O.
- Bei geeignetem Ausgangsmaterial und H_2O-Sättigung: Bildung einer Teilschmelze (Anatexis).
- Bei H_2O-Defizit und mittleren bis hohen Drucken: Biotit + Sillimanit + Quarz → Almandin + Kalifeldspat + H_2O sowie
- Biotit + Quarz → Hypersthen + Almandin + Kalifeldspat + H_2O (**Granulit**stadium).

Bei anderen Ausgangszusammensetzungen spielen sich entsprechende Reaktionen mit anderen Mineralphasen ab. Durch die Isograden der oben aufgeführten Reaktionen wird das Druck-Temperatur-Feld in mehrere Teilbereiche gegliedert (Abb. 88). Die Grenzen zwischen diesen verlaufen großenteils nicht geradlinig, sondern mit verschiedener Krümmung schräg in Bezug auf die Koordinaten des Diagrammes. Entsprechend sind die Bereiche der vier Metamorphosegrade auch nicht durch bestimmte Temperaturen begrenzt, weil eben die Temperaturen der kritischen Reaktionen mit dem Druck variieren. Innerhalb dieser Bereiche ermöglichen weitere Reaktionsisograden eine noch genauere Abschätzung der Temperatur und zum Teil auch des Druckes. Die Verteilung von Elementpaaren auf Paare koexistierender Minerale, ausgedrückt durch Verteilungskoeffizienten und die Zusammensetzung von Mischkristallen gesteinsbildender Minerale sind zusätzliche Kriterien für die Metamorphosebedingungen. Ferner beeinflussen Art und Mengenverhältnisse der fluiden Phasen (vor allem H_2O und CO_2), sowie die Sauerstoff-Fugazität f_{O_2} ganz wesentlich die Art und die Gleichgewichtsverhältnisse der metamorphen Mineralparagenesen.

Die in dem vorliegenden Buch angewandte Kennzeichnung metamorpher Gesteine als niedrig-, mittel- oder hochgradig usw. bezieht sich soweit als möglich auf die WINKLERschen Metamorphosegrade. Ebenso wird aber auch oft auf die weithin benutzte Faziesgliederung Bezug genommen.

3.4 Das Gefüge der metamorphen Gesteine

3.4.1 Vormetamorphe Gefügerelikte

Im deutschen Sprachgebrauch werden bei der Beschreibung der Gefügeeigenschaften der Gesteine Struktur und Textur unterschieden (s. auch Abschn. 1.2.2).

- **Struktur** ist die Art des Verbandes der gesteinsbildenden Minerale untereinander, wobei sowohl die Gestalt-, als auch die Größenverhältnisse in Betracht kommen.
- **Textur** ist die Anordnung (gleichwertiger) Gefügeelemente im Raum; Gefügeelemente in diesem Sinne sind bestimmte Minerale oder auch bestimmte Mineralaggregate.

Eine ganz scharfe Trennung von Struktur und Textur ist allerdings nicht möglich. Die Anwendung der Begriffe geht aus der folgenden Einzelbeschreibung hervor.

Das Gefüge der metamorphen Gesteine kann neben den durch die Metamorphoseprozesse erzeugten Strukturen und Texturen **Relikte vormetamorpher Gefüge** enthalten. Solche sind z. B.

- **Relikte grobklastischer Sedimentgefüge,** wie Gerölle und Gesteinsfragmente sedimentärer Breccien. Auch bei hohem Metamorphosegrad und starker Deformation können solche Komponenten noch ihre Individualität behalten. Das Beispiel eines metamorphen Konglomerates ist in Abschn. 3.6.7 beschrieben.
- **Relikte feinerklastischer Sedimentgefüge,** z. B. von Sandsteinen; sie sind im niedrigmetamorphen Bereich oft noch zu erkennen (Beispiel einer niedrigmetamorphen Grauwacke in Abschn. 3.6.6).
- **Relikte der Schichtung;** sie bleiben besonders gut erhalten, wenn zwischen den Schichtgliedern Unterschiede in der Zusammensetzung bestehen, z. B. bei Wechsellagerung von Tonen und Mergeln oder von sauren und basischen Tuffen. Aus solchen Verbänden entstehen Metamorphite mit Lagentextur. Jedoch können lagige Differenzierungen ähnlicher äußerer Erscheinung auch durch metamorphe Prozesse neu gebildet werden, so daß in jedem Fall bei der Interpretation Vorsicht geboten ist.
- **Relikte plutonitischer Texturen und Strukturen;** die Grobkörnigkeit von Plutoniten kann in der Weise in den metamorphen Zustand übernommen werden, daß einzelne Minerale, z. B. große Feldspäte, als solche erhalten bleiben (etwa bei **Augengneisen**) oder daß helle und dunkle Gemengteile in grobflaseriger Textur noch an das ehemalige Gefüge erinnern (s. Abschn. 3.6.1).
- **Porphyrische Strukturen** von Vulkaniten bleiben oft bis in den mittleren Metamorphosebereich erkennbar; Feldspäte oder gelegentlich auch Quarz treten dann noch einsprenglingsartig in feinerkörniger Umgebung hervor (Abb. 103C). Sehr ähnliche Gefüge können aber auch durch blastisches Wachstum von Feldspäten metamorph neu entstehen. Mandelsteingefüge sind manchmal ebenfalls reliktisch erhalten, meist allerdings mit Umwandlung der ursprünglichen Minerale in metamorphe Paragenesen. Beispiele der Umwandlung von Vulkaniten sind in Abschn. 3.6.1 und 3.6.2 gegeben.
- **Kissenlaven** und **heterogene grobe Pyroklastite** sind häufig, auch nach starker Deformation,

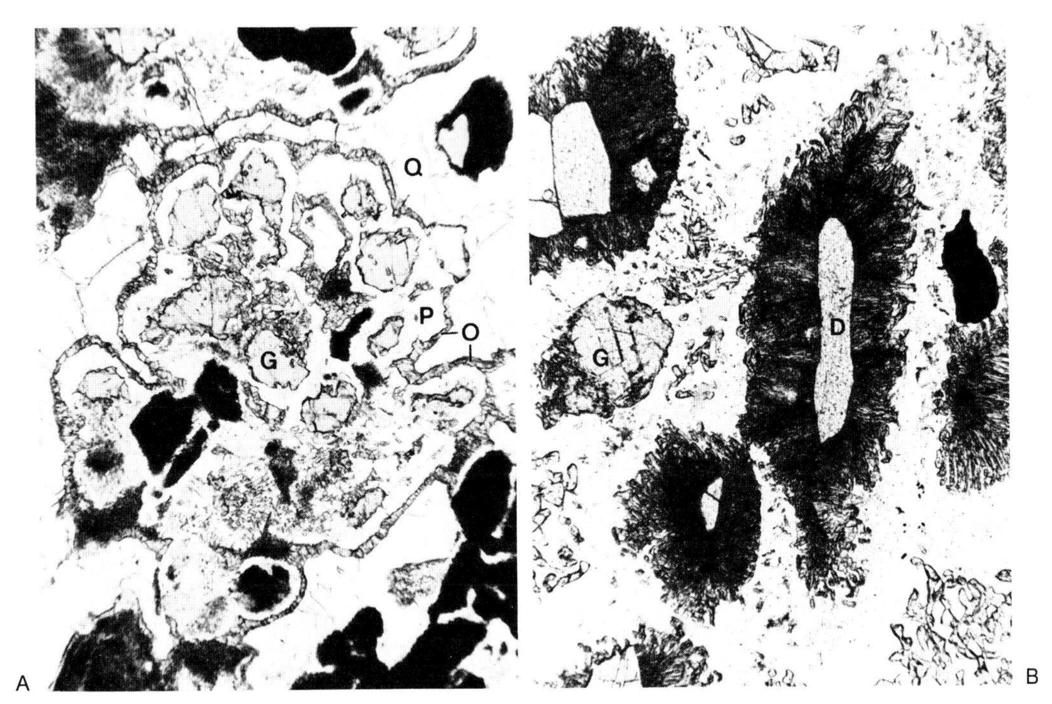

Abb. 89 A) Coronastruktur in umgewandeltem Eklogit, Buchenbach (Südschwarzwald). Granat (G) reagiert mit Quarz (Q) unter Bildung einer aus Plagioklas (P) und Orthopyroxen (O) bestehenden Corona. Dunkle Flecken sind Korund-Spinell-Plagioklas-Pseudomorphosen nach Disthen. 35 mal vergr. – B) Umwandlung von Disthen (D) in „pelzartige" Aggregate von Korund, Quarz und Plagioklas. Die Umgebung besteht aus Plagioklas (hell), Hornblende und Granat (G). 35 mal vergr.

noch als solche identifizierbar (s. Abschn. 3.6.2, S. 279).

Während alle bisher genannten Gefügemerkmale auf die nicht metamorphen Ausgangsgesteine zurückgeführt werden können, sind bestimmte andere **Reliktstrukturen und -texturen** selbst schon **metamorpher Entstehung.** An ihnen läßt sich der Gang der metamorphen Entwicklung bis zu dem zuletzt erreichten Zustand ablesen. Wichtige Erscheinungen dieser Art sind:

- **Einschlüsse** von metamorphen Mineralen bestimmter Bildungsbedingungen in solchen anderer (höherer oder niedrigerer) metamorpher Bedingungen;
- **Umwandlungs-** oder **Reaktionsgefüge** zwischen metamorphen Mineralen, z. B. die Kelyphitsäume um Granat (Abb. 3C) und Coronabildungen (Abb. 89A).
- **Helizitische** und ähnliche **Einschlüsse** mit älteren Deformationsgefügen in jüngeren blastischen Kristallen. Beispiele hierfür sind in Abb. 90A und B gegeben.
- Relikte gröber körniger Gefüge oder einzelner größerer Mineralindividuen in kataklastischer bis mylonitischer Umgebung (s. Abschn. 3.7).

3.4.2 Strukturen metamorpher Gesteine

Von den Relikten vorausgehender Gefügezustände abgesehen gilt, daß die **kristalloblastische Struktur** die für die gewöhnlichen metamorphen Gesteine charakteristische Gefügeform ist. Von dieser Regel weichen nur pyrometamorphe Gesteine mit Aufschmelzungserscheinungen und die Gesteine der Kataklase ab (s. Abschn. 3.7). Der Begriff der kristalloblastischen Struktur enthält die Vorstellung des Wachstums der beteiligten Minerale im ganz überwiegend **festen** Gesteinsverband. Darin liegt der Hauptunterschied gegenüber den typisch magmatischen Strukturen. Im Idealfall sind die Minerale eines kristalloblastischen Gefüges im Gleichgewicht miteinander und gleichzeitig gewachsen. Sie grenzen mit einfachen oder komplizierten, nicht idiomorphen Umrissen aneinander. Diesem Idealfall entsprechen manche Hornfelsgefüge (s. Abschn. 3.5.1), bei denen einfach gestaltete, pflaster- oder mosaikartige Muster mit mehreren Mineralarten vorliegen. Bei komplizierteren Formen der Einzelkörner kommt es zu unregelmäßig-buchtigen Verwachsungen und Einschlußbildungen, wobei im Prinzip jedes beteiligte Mineral Einschlüsse

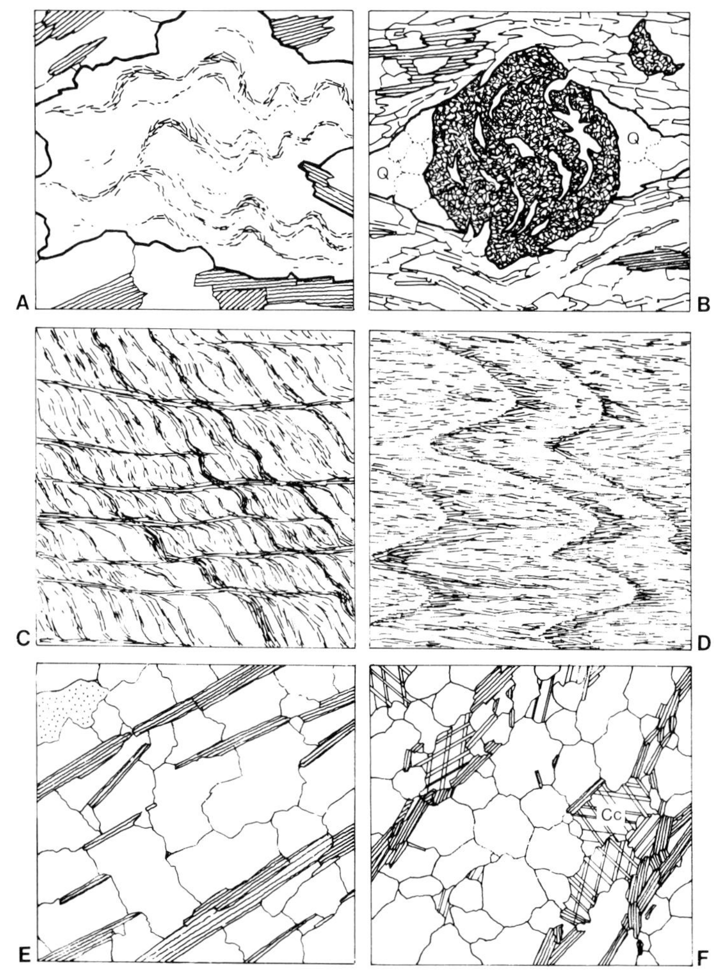

Abb. 90 Gefüge metamorpher Gesteine.

A) Feingefältelte Züge von Rutilnädelchen als Relikte eines älteren Gefüges in einem nicht deformierten Hornblendeblast (stark umrandet). Aus Amphibolit, Mte. Emilius, ital. Westalpen. Etwa 15 mal vergr.

B) Während des Wachstums gedrehter Granat mit helizitischen Quarzeinschlüssen. Undeformierter Quarz (Q) im Druckschatten des Granatkornes. Aus Granatglimmerschiefer, Piora (Tessin). Etwa 15 mal vergr.

C) Überlagerung einer älteren Schieferungstextur (diagonal) durch eine jüngere (horizontal), verbreitet in Phylliten und Glimmerschiefern.

D) Feinfältelung eines älteren Lagengefüges mit dünnen glimmerreichen Bändern durch eine jüngere Schieferung, verbreitet in Phylliten.

E) Gefüge eines Glimmerquarzits; Quarz-Quarz-Korngrenzen stoßen häufig unter mehr oder weniger rechtem Winkel auf die Glimmerblättchen.

F) Gefüge eines calcitführenden Glimmerquarzits. Die Korngrenzen von drei Quarzkörnern stoßen häufig mit Winkeln von etwa 120° aneinander. Calcit = Cc.

aller anderen Mineralarten enthalten kann. Dies ist ein Hauptargument für die Annahme des gleichzeitigen Wachstums. Von diesen Idealfällen gibt es indessen viele Abweichungen dadurch, daß die beteiligten Mineralarten hinsichtlich ihrer Größe, Gestalt und Anordnung im Gefüge verschieden sind.

Nach dem vorherrschenden Habitus der Körner werden folgende Arten der kristalloblastischen Struktur unterschieden (Abb. 91);

- **granoblastisch:** die beteiligten Minerale sind überwiegend isometrisch (häufig bei Quarz und Feldspäten);
- **lepidoblastisch:** die beteiligten Minerale sind vorwiegend blätterig oder schuppig (Glimmer, Chlorit);
- **nematoblastisch:** die beteiligten Minerale sind vorwiegend langprismatisch bis langsäulig (z. B. Amphibole und Disthen);
- **fibroblastisch:** die beteiligten Minerale sind vorwiegend nadelig bis faserig (z. B. Sillimanit als „Fibrolith", Aktinolith als „Nephrit").

Innerhalb eines Gesteins können mehrere dieser Strukturen ausgebildet sein, z. B. in glimmerreichem Gneis, dessen Quarz-Feldspat-Anteile granoblastisch, die Glimmeranteile aber lepidoblastisch sind.

Nach den Größenverhältnissen können **gleichkörnige** und **ungleichkörnige** kristalloblastische Gefüge unterschieden werden. Bei der **porphyroblastischen Struktur** treten einzelne Mineralindividuen durch ihre relative Größe als *Porphyroblasten* einsprenglingsartig hervor. **Metablastisch** heißt ein Gefüge, bei dem bestimmte Minerale, z. B. die Plagioklase, bevorzugt und größer kristallisiert sind als die anderen Gemengteile.

Die Gestalt der Körner und ihre Beziehungen zu

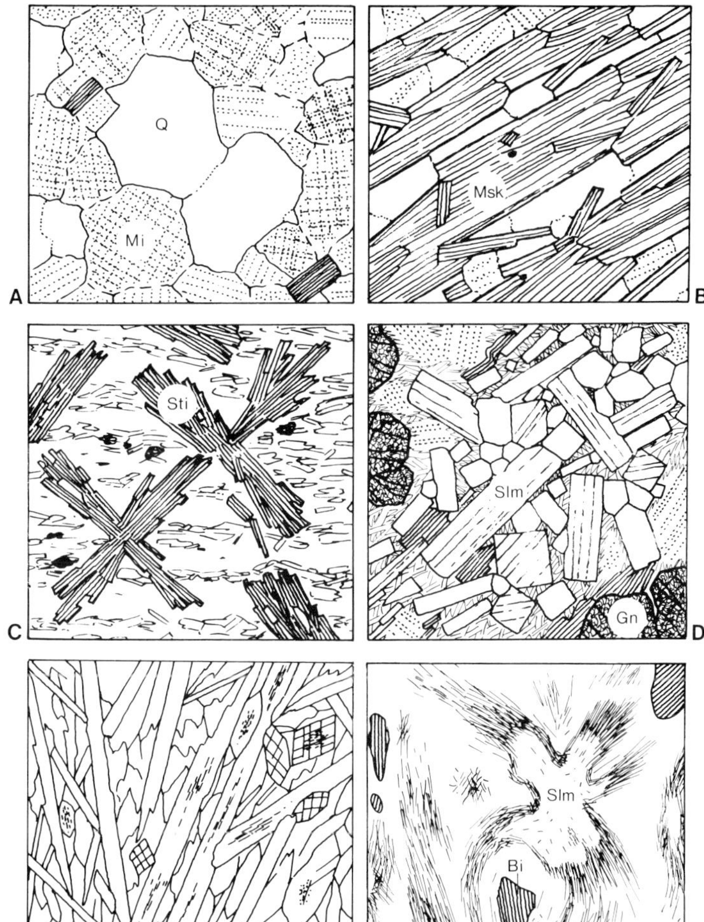

Abb. 91 Metamorphe Strukturen.

A) Granoblastische Struktur aus Mikroklin (Mi), Quarz (Q) und Biotit in einem Orthogneis.

B) Lepidoblastische Struktur aus Muskovit (Msk), Quarz und Feldspäten in einem Glimmerschiefer.

C) Lepidoblastische Aggregate von Stilpnomelan (Sti) in einem Quarz-Glimmerschiefer.

D) Granoblastische bis nematoblastische Struktur in einem Granat (Gn) – Sillimanit (Slm) – Gneis.

E) Nematoblastische Struktur eines nahezu monomineralischen Aktinolithschiefers.

F) Fibroblastische Aggregate von Sillimanit (Slm) in Cordierit in einem Cordierit-Sillimanit-Gneis. Bi = Biotit.

Breite der Bildausschnitte A–E etwa 2,5 mm, F etwa 1 mm.

den Nachbarkörnern werden durch folgende Begriffe näher bezeichnet (Abb. 92):

- **idioblastisch:** die Körner haben mehr oder weniger vollkommen idiomorphe Gestalt; sie können einschlußfrei sein oder Einschlüsse anderer Minerale enthalten.
- **xenoblastisch:** die Körner entwickeln keine eigenen Kristallflächen, sondern passen sich mit ihren Umrissen den Nachbarkörnern an. Sie können klein und einfach gestaltet, aber auch buchtig, zerlappt, amöbenartig verzweigt und einschlußreich sein,
- **poikiloblastisch** sind relativ große Körner mit zahlreichen Einschlüssen anderer Minerale; für sich gesehen erscheinen sie im Schnitt siebartig durchlöchert (Siebstruktur). Sonderfälle sind solche **Poikiloblasten,** die Einschlüsse mit bestimmter Orientierung enthalten (*helizitische* Textur, s. S. 241).
- Bei der **diablastischen** Struktur liegt eine gegenseitige Durchdringung etwa ähnlich großer Körner mehrerer Mineralarten vor; dabei sind idioblastische und xenoblastische Teilformen möglich.
- **Symplektite** sind feinkörnige Verwachsungen zweier, seltener dreier Mineralarten in etwa gleichbleibenden Mengenverhältnissen. Sie entstehen durch metamorphe Umwandlung einer Phase, von der noch Relikte vorhanden sein können, oder durch Reaktion zwischen benachbarten Phasen (s. auch S. 7, Abb. 3).
- **Kelyphit** ist eine symplektitische Umwandlungsbildung aus Granat; er besteht meist aus einer feinkörnigen Verwachsung von Hornblende und Plagioklas, die kranzartig Relikte des ursprünglichen Minerals umgibt (Abb. 3C). Der Name wird auch auf andere ähnlich gestaltete Mineralaggregate metamorpher Entstehung angewendet.

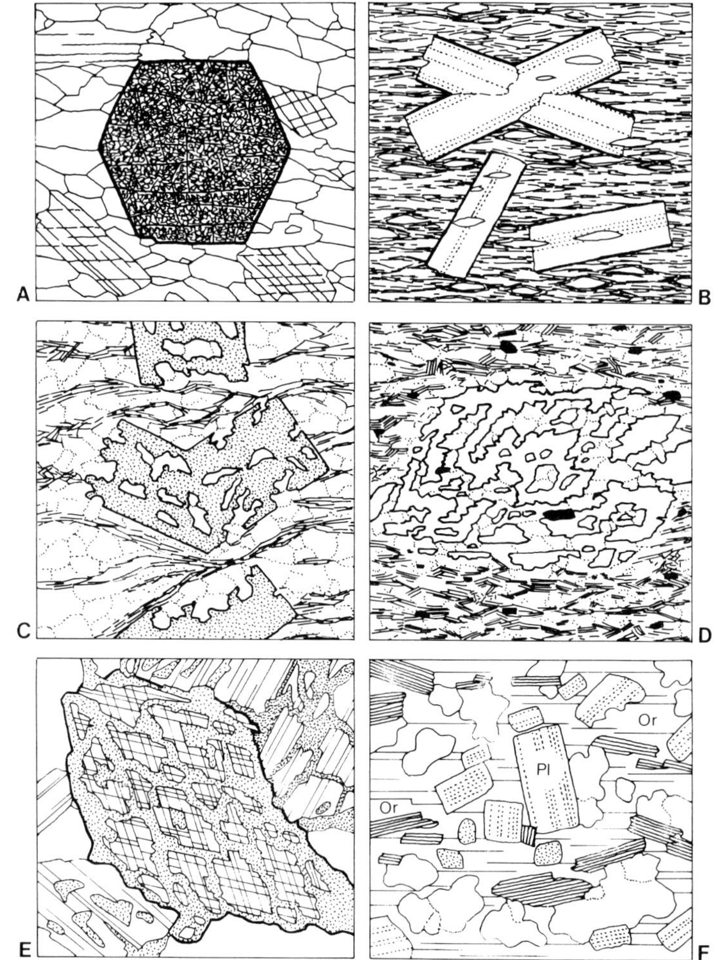

Abb. 92 Blastische Kornformen und Strukturen in metamorphen Gesteinen.

A) Idioblastischer Granat in Amphibolit.

B) Idioblastische Chloritoide in Phyllit; sie enthalten nicht verdrängte Quarzlinsen aus der Gesteinsmatrix mit übernommener Orientierung.

C) Überwiegend idioblastische Staurolithe mit Quarzeinschlüssen in Glimmerschiefer.

D) Xenoblastischer Andalusit in Knotenschiefer.

E) Diablastische Verwachsung **eines** Aktinolithkristalls (mit schrägwinklig sich kreuzenden Spaltrissen) und **eines** Calcitkristalls (punktiert), in Grünschiefer.

F) Poikiloblastische Struktur: ein großer Orthoklaskristall (Or, mit angedeuteten Spaltrissen) umschließt viele Plagioklase (Pl), Quarze und Biotite, in Gneis.

Breite der Bildausschnitte etwa 3,5 mm.

- **Myrmekit** ist eine spezielle Plagioklas-Quarz-Verwachsung; sie ist im Kapitel über magmatische Gesteine (Abschn. 2.3) behandelt.

Die Ausbildung der **Korngrenzen** kann ebenfalls näher charakterisiert werden (Abb. 1); dabei ist zwischen den Grenzen zweier Körner der gleichen Art und solchen verschiedener Art zu unterscheiden. Die Korngrenzen werden nach ihrer Erscheinung im Schnitt (also meist im Dünnschliff) beschrieben als:
- gerade;
- gekrümmt in verschiedenem Grade;
- buchtig, zerlappt;
- verzahnt, suturartig, ausgefranst;
- überwiegend konvex oder konkav gegenüber dem Nachbarn; diese beiden Formen sind zwangsläufig immer miteinander verbunden, z. B. bei vielen Myrmekit-„Gewächsen“, wo Plagioklas vorwiegend konvex gegen Kalifeldspat „vorstößt“ (siehe Abb. 4D).

Einfache, gerade oder wenig gekrümmte Korngrenzen geben dem Gesamtgefüge eine mosaik- oder pflasterartige Erscheinung. Wo die Grenzen dreier Körner zusammenstoßen, bilden sie oft Winkel um etwa 120° (Abb. 90F). Solche Verhältnisse werden bevorzugt als Kriterien für eine *Gleichgewichtskristallisation* der beteiligten Minerale interpretiert. Die äußeren Grenzen xenoblastischer Körner sind häufig buchtig bis zerlappt. Suturartige oder verzahnte Formen kommen oft bei Quarz-Quarz-Grenzen vor.

3.4.3 Texturen metamorpher Gesteine

Die meisten **regionalmetamorphen** Gesteine haben mehr oder weniger deutlich ausgeprägte orientierte Texturen, die das Ergebnis der bei der Umwandlung wirkenden Durchbewegung sind. Träger dieser Gefügeregelung sind bevorzugt die Phyllosilikate (Glimmer, Chlorite) oder Amphibole; die so beschaffenen Gesteine zeigen ein schiefriges Verhalten. Wegen dieser Eigenschaft und der schon makroskopisch erkennbaren Kristallinität sind solche **„kristallinen Schiefer"** zum Prototyp der regionalmetamorphen Gesteine überhaupt geworden. Indessen kommen auch viele regionalmetamorphe Gesteine vor, die nicht schiefrig entwickelt sind.

Richtungslose Gefüge sind besonders für **kontaktmetamorphe Gesteine** charakteristisch, doch gilt auch diese Regel nicht in jedem Falle. Sehr unterschiedliche Texturen haben auch die **kataklastischen Gesteine** (s. Abschn. 3.7).

Während die oben beschriebenen Strukturen dem Handstücks- bis mikroskopischen Größenbereich der Gesteine angehören, sind Erscheinungen der Textur vom mikroskopischen bis in den Bereich großer Aufschlüsse zu beobachten. Nicht alle Texturerscheinungen an metamorphen Gesteinen sind durch die metamorphen Prozesse verursacht. Es gibt hier, wie auf dem Gebiet der Strukturen, Relikte vormetamorpher Bildungen. So können Schichtung und Deformationen der Schichtung durch Rutschungen im unverfestigten Sediment auch nach metamorpher Überprägung als Lagen- bzw. Faltentexturen noch erkennbar sein. Vielfach waren bestimmte Orientierungen von Mineralen, etwa von Glimmern und Tonmineralen parallel zu den Schichtflächen, schon in den Sedimenten angelegt worden. Die Übernahme ihrer Parallelorientierung in die metamorphen Gesteine ist eine **„Abbildungskristallisation"**. Auch Texturen magmatischer Gesteine, z. B. Lagen oder Schlieren in differenzierten Plutoniten, werden in den metamorphen Zustand übernommen. Andererseits entstehen Deformationstexturen und Gefügeregelungen in vielen Fällen, z. B. an Tonschiefern, schon unterhalb des eigentlichen Metamorphosebereiches, d. h. ohne daß neue, nicht sedimentäre Mineralarten auftreten. Die nachfolgenden Definitionen und Beschreibungen betreffen in erster Linie aber die eigentlichen metamorphen Gesteine.

Richtungslose (massige) Texturen

Richtungslose Texturen sind bei regionalmetamorphen Gesteinen viel weniger häufig als gerichtete. Trotzdem gibt es manche Gesteine, die im regionalmetamorphen Rahmen zumindest für das bloße Auge bis in den Meterbereich oder sogar noch darüber durchaus „massig" erscheinen, z. B. reine Marmore, Quarzite, Serpentinite und andere. Richtungslose Textur ist aber besonders charakteristisch für thermisch metamorphe Gesteine, z. B. Hornfelse; die Tendenz zur Bildung massiger Gefüge ist auch bei Diatexiten sehr deutlich (s. Abschn. 4.1).

Flächenhafte (planare) Texturen

- **Foliation** ist jede durchgängige und wiederholt auftretende, flächenhafte Textur in einem Gestein. Der Begriff F. umfaßt sowohl Texturen, die auf der Orientierung von Mineralen und Mineralaggregaten beruhen, als auch kompositionelle Lagentexturen mit wechselnden Mineralbeständen oder Korngrößen.
- **Schieferung** ist eine durch orientierte Anordnung der Korngrenzen wesentlicher Mineralkomponenten auf vielen engständigen und parallelen Flächen bedingte Textur. Die hier gemeinte Engständigkeit der Schieferungsflächen liegt im Bereich einiger Zehntel Millimeter bis weniger Zentimeter. Phyllosilikate (Glimmer, Chlorite) sind bevorzugte, aber keineswegs einzige Träger der Schieferungstextur. Schieferungs- und Foliationsflächen sind oft auch Elemente des Kluftsystems des betreffenden Gesteins, aber keineswegs immer die prominentesten. Anders verlaufende Klüfte können durch ihre Ausdehnung und ebenflächige Ausbildung im Aufschlußbild weit stärker hervortreten (s. auch S. 249).
- Häufig verlaufen die Schieferungsflächen bei metamorphen Sedimenten nicht parallel zu den Schichtflächen, sondern schneiden sie unter verschiedenen Winkeln: **Transversalschieferung**. Diese Erscheinung ist besonders in gefalteten niedrigmetamorphen Metasedimenten sehr verbreitet.
- Mit **Lamination** wird oft auch die Gliederung eines Gesteins in parallele, dünne Lagen unterschiedlicher Zusammensetzung bezeichnet. Mineralorientierung im Sinne der Schieferung kann damit verbunden sein. Gröbere Paralleltexturen mit wechselnder Zusammensetzung der Gesteinsanteile werden je nach Umständen auch als
- **Bänderung** oder **Streifigkeit** bezeichnet.

Andere Formen von Paralleltexturen mit unterschiedlich zusammengesetzten Gesteinsanteilen sind z. B. Ader- und lentikulare (Linsen-)Texturen. Quarzlinsen und -adern *(Exsudationsquarze)* sind besonders in Glimmerschiefern sehr verbreitet. Auch Augentexturen, z. B. mit großen mehr oder weniger parallel orientierten Feldspäten, gehören hierher.

Lineare Texturen

Sind wesentliche Gefügeelemente eines Gesteins entlang **einer** Raumesrichtung orientiert, so

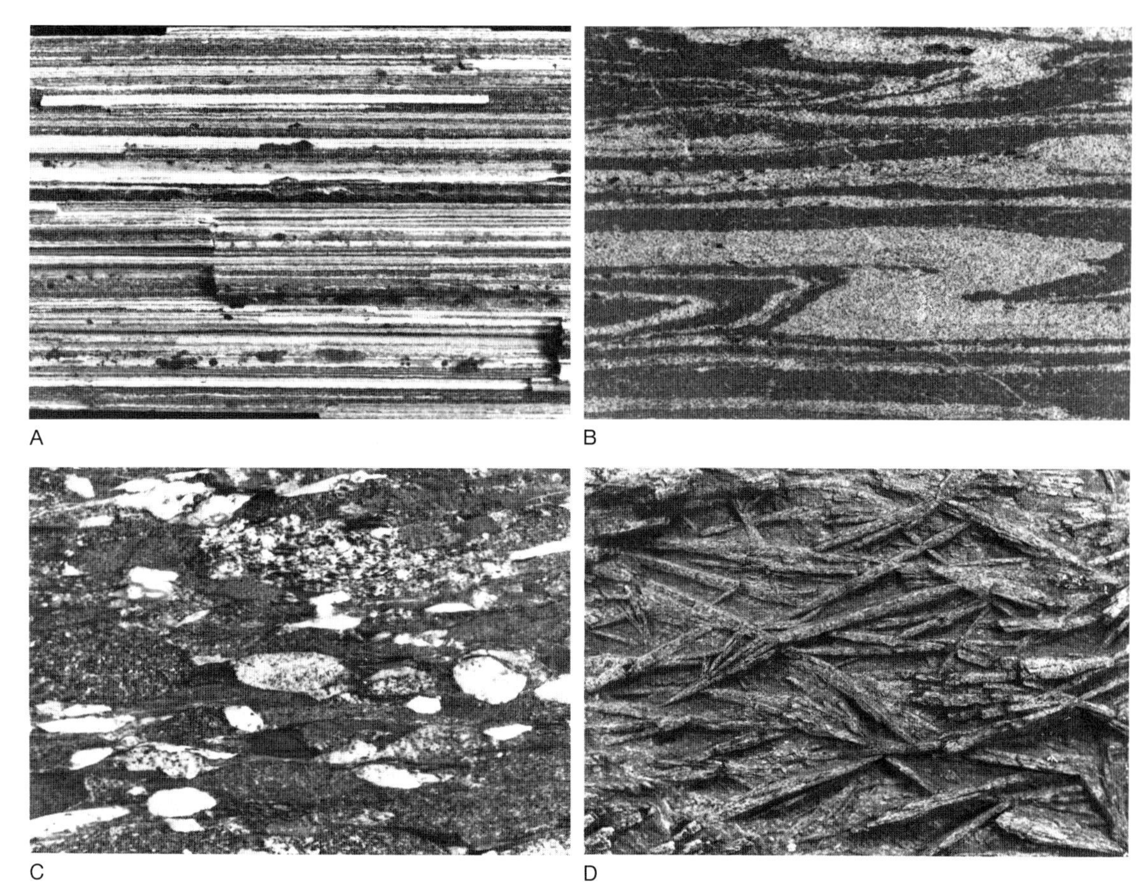

Abb. 93 A) Extrem stark nach b gestreckter Orthogneis (Stengelgneis), Doubravčany (Böhmen). Breite 9 cm. – B) Gebänderter Quarz-Hämatitschiefer, Gouveia (Minas Gerais, Brasilien). Breite 7 cm. – C) Metakonglomerat von Obermittweida (Sachsen). Mäßig stark deformierte Gerölle von Quarzit (hell), Gneis und anderen Gesteinen in einer feinkörnigen „gneisigen" Matrix. Breite 7 cm. D) Angewitterte Oberfläche eines Disthen-Glimmerschiefers, Barao de Guaicui (Minas Gerais, Brasilien). Die bis zu 6 cm langen Idioblasten von Disthen treten deutlich hervor.

Abb. 94 Stengelig zerfallender Phyllit. Bergün (Graubünden). Breite des Bildausschnittes im Vordergrund etwa 1 m.

spricht man von einer linearen Textur. Solche kommen zustande durch

- bevorzugte Orientierung der Grenzen prismatischer oder plattiger Körner (z. B. Amphibole oder Glimmer) in **einer** Richtung;
- bevorzugte Längserstreckung von Mineralaggregaten, Schlieren, deformierten Geröllen und anderen Inhomogenitäten des Gesteins entlang **einer** Richtung;
- Feinfältelung auf Flächen der Foliation; die Achsen der Fältelung bestimmen die Richtung der Lineation des Gesteins;
- Durchkreuzung zweier Scharen engständiger Foliations- (Schieferung-) oder Kluftflächen (Abb. 90C); die Richtung der Schnittlinien der beiden Flächenscharen ist die Lineationsrichtung des Gesteins.

Die vier genannten Erscheinungen können in verschiedener Weise miteinander kombiniert sein. Gesteine, die sowohl flächenhafte als auch lineare Paralleltexturen tragen, können leicht dem in der Tektonik und Gefügekunde üblichen Koordinatensystem einbeschrieben werden. Im einfachsten Fall wird die Richtung der Lineation als b-Achse bezeichnet; die Fläche der Foliation (= Schieferungsfläche) enthält diese und die a-Achse, während die c-Achse senkrecht auf der Schieferungsfläche und zur Lineation steht. Flächenlagen im Gestein können durch entsprechende Angaben definiert werden, z. B. als ab-, ac- und bc-Flächen. Gesteinsstücke, die entlang dieser Flächenlage gebrochen (oder zersägt) sind, zeigen auf ihnen unterschiedliche Erscheinungen (Abb. 95):

- im **Hauptbruch** (ab) treten sowohl die flächenhaften als auch die linearen Mineralanordnungen hervor;
- im **Längsbruch** (bc) ist die Parallelorientierung der Gefügeelemente der Foliation im Schnitt deutlich sichtbar;
- im **Querbruch** (ac) erscheinen die linear angeordneten Minerale oder Mineralaggregate mit ihren kleinsten Dimensionen und mehr oder weniger unorientiert; die Foliation und die Fältelung treten je nach dem Grad ihrer Entwicklung mehr oder weniger ausgeprägt in Erscheinung.

Die Gestalt der durch natürlichen Zerfall oder durch Zerbrechen und Zerschlagen erzeugten Gesteinsfragmente ist mehr oder weniger stark von der vorhandenen Foliation (= Schieferung) und der Lineation abhängig. Straff und ebenflächig geschieferte Gesteine ergeben Platten von Millimeter- bis Zentimeterdicke (Phyllite, Schiefer im weiteren Sinne, schiefrige Gneise und andere); ausgeprägte Lineation, besonders die durch Durchkreuzung zweier Scharen von Schieferungs- oder Bruchklüftungsflächen bedingte, bewirkt den Zerfall in langprismatische, säulen- bis griffelförmige Körper (Griffelschiefer, Stengelgneise und ähnliche). Darüber hinaus sind aber auch die weiteren im Gestein entwickelten Klüftungen für die Form der Bruchstücke maßgebend. Im Felsaufschluß können schiefrige, besonders lagig-inhomogene Metamorphite bei entsprechend wirkender Erosion auffallende plattige Skulpturen erhalten; lineare Texturen, besonders im Achsenbereich enger Falten, wittern mit säulenartigen *Mullion*-Formen heraus.

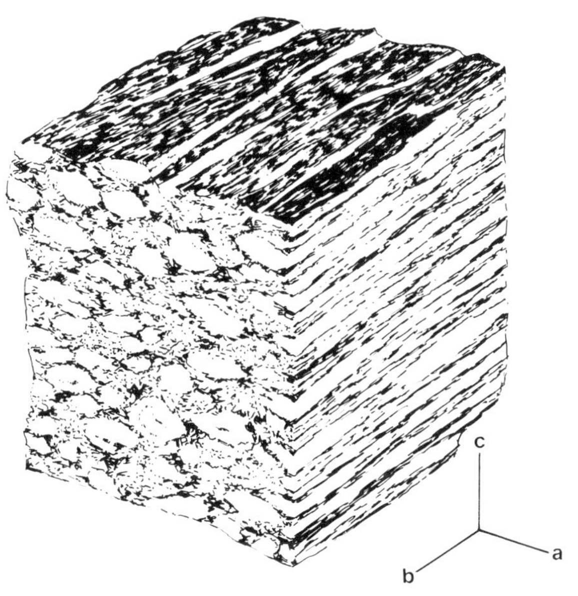

Abb. 95 Orthogneis mit flächenhafter und linearer Paralleltextur, Ansicht des Hauptbruches (oben), des Längsbruches (rechts) und des Querbruches (vorne) und Angabe der Lage der tektonischen Achsen a, b und c.

Kleindimensionierte **Falten,** die im Handstücks- oder Dünnschliffbereich eines Gesteins auftreten, gehören zu den in der Petrographie zu beschreibenden Gefügeelementen (Abb. 96A und B). Falten größerer Dimensionen bestimmen nicht mehr das hier zu behandelnde Erscheinungsbild der Gesteine; näheres über sie ist den Lehrbüchern der Allgemeinen Geologie und der Tektonik zu entnehmen. Die dort definierten beschreibenden Ausdrücke sind auch auf die kleindimensionierten Falten anwendbar. In stark vereinfachender Weise sind folgende Falten- und Fältelungstypen als in metamorphen Gesteinen häufig hervorzuheben:

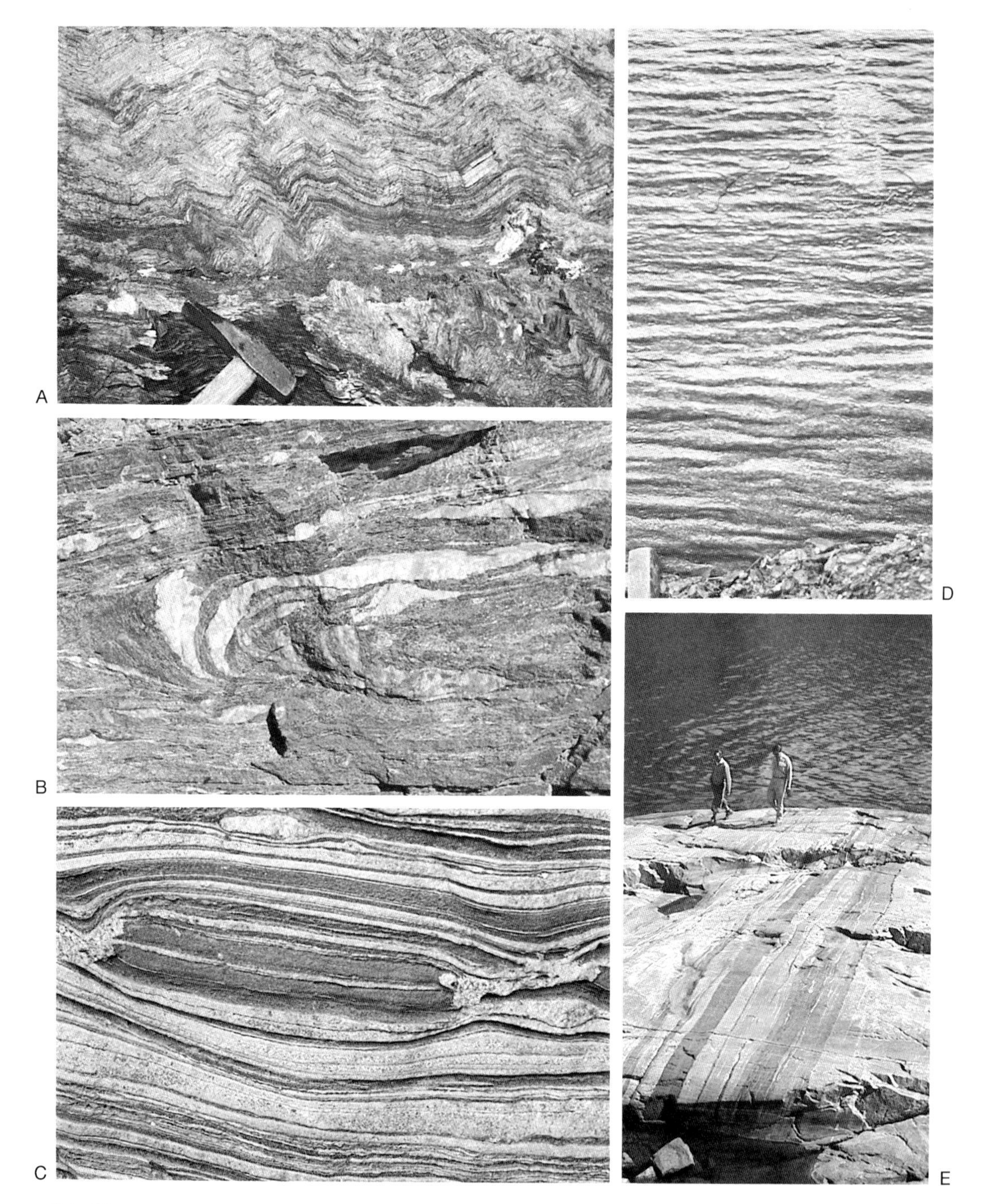

Abb. 96

A) Knickfaltung in Glimmerschiefer, Kyle of Lochalsh (Schottland).

B) Linsen von Exsudationsquarz in Glimmerschiefer, Binntal (Schweiz). Breite 0,8 m.

C) Boudinage in Gneis-Amphibolit-Bänderkomplex, Krems an der Donau (Niederösterreich). Breite 0,6 m.

D) Wellige Paralleltextur eines Glimmerschiefers, Fischbacher Kopf (Taunus). Höhe etwa 1 m.

E) Bändergneis mit wechselnden leukokraten und mesokraten Gesteinslagen, Rognstrand bei Bamle (Südnorwegen).

- Offene Faltungen bis Fältelungen mit nur mäßig gegeneinander geneigten Faltenschenkeln; oft asymmetrisch: sie gehen kontinuierlich über in
- isoklinale Falten oder Fältelungen mit nahezu oder vollkommen parallelen Schenkeln.
- Knickfalten mit ebenflächigen Schenkeln und nahezu kantigen Scheiteln; oft asymmetrisch.
- Ptygmatische Falten oder Fältelungen (s. Abschn. 4.1 Migmatite): in besonderer Weise verfaltete Quarz- oder Quarz-Feldspat-Adern liegen in einer weniger stark oder nicht verfaltet erscheinenden Umgebung.
- Knäuelfalten und ähnliche (s. S. 322).

Besondere Komplikationen entstehen durch Überlagerung zweier oder noch mehrerer Faltensysteme. Sigmoidale Verfaltungen bilden sich oft auch beim Überschneiden zweier Scharen von Schieferungsflächen (Abb. 90D).

In den meisten kleingefalteten Metamorphiten sind Glimmer und Chlorite die auffallendsten Träger dieser Texturen. Einzelkörner oder Aggregate anderer Mineralarten bringen, wenn sie ebenso groß oder großer als die Einzelheiten der Faltentexturen entwickelt sind, noch zusätzliche, nicht gefaltete Gefügeelemente hinzu. Beispiele für solche Fälle sind

- Porphyroblasten in gefältelter Umgebung; einschlußfrei, orientiert oder nicht orientiert;
- Porphyroblasten mit Einschlüssen von älteren Mineralen des Gesteins, die noch entsprechend der Faltungstextur des früheren Gefügezustandes orientiert sind (Abb. 90A). – Durch Rotation des Porphyroblasten während des Wachstums werden solche *Interngefüge* gegenüber ihrer ursprünglichen Lage verstellt: *Helizitische Einschlüsse* (Abb. 90B).

3.4.4 Klüfte

Klüfte sind wesentliche Elemente des Erscheinungsbildes metamorpher Gesteine. Auf ihre Rolle im Zusammenhang mit der Schieferung wurde schon auf S. 234 und 245 hingewiesen. Für die petrographische Beschreibung und für die petrologische und tektonische Deutung der Gesteinsentwicklung sind Klüfte mit Bewegungsspuren und Klüfte, mit denen besondere Mineralbildungen verbunden sind, wichtig, namentlich wenn sie zahlreich und *engständig* auftreten.

- **Harnischklüfte** sind glatte, manchmal wie poliert aussehende Flächen mit mehr oder weniger deutlichen, nach einer Richtung orientierten, langgestreckten Unebenheiten (Striemen). Diese zeigen die Richtung der letzten Bewegung auf der Kluftfläche an. Sie sind häufig mit dünnen Häuten aus bestimmten Mineralen, in Silikatgesteinen meist Chlorit oder Muskovit, belegt, die von der Bewegung mitbetroffen sind. Das an größere Harnischflächen unmittelbar angrenzende Gestein ist häufig kataklastisch bis mylonitisch überprägt (s. Abschn. 3.7).
- In stark zerklüfteten **Scherzonen** können Flächen mit Bewegungsspuren massenhaft und mit verschiedener Orientierung auftreten. Sie sind häufig nicht eben, sondern bis in den Handstücksbereich hinein gekrümmt; sie umgrenzen unregelmäßig linsen- bis scherbenförmige, im Inneren meist kataklastische Gesteinskörper. Mit solch starker Zerklüftung sind meist auch starke Umwandlungen des Mineralbestandes der betroffenen Gesteine verbunden.
- Besondere **Mineralbildungen auf Klüften** und in ihrer nahen Umgebung sind in metamorphen, wie auch in anderen Gesteinen, außerordentlich verbreitet. Sie können bei entsprechend dichtgeschartem Auftreten der Klüfte einen beträchtlichen Anteil an dem gesamten Stoffbestand des Gesteins ausmachen. Von den nur millimeterschmalen oder noch dünneren Mineralfüllungen der Klüfte zu breiteren Mineralgängen und von schmalen, kluftbegleitenden Zonen mit Mineralneubildungen zu breiteren Zonen retrograder oder metasomatischer Gesteinsumwandlungen gibt es alle Übergänge. Hier sind nur die kleindimensionierten Erscheinungen dieser Art gemeint.
- Häufigste Minerale der Kluftbeläge und -füllungen sind Quarz, Chlorit, Muskovit, Epidot, Prehnit, Karbonate, Pyrit, Hämatit, im Verwitterungsbereich auch Tonminerale, Limonit und Mn-Oxid-Minerale. Berücksichtigt man zusätzlich die seltener vorkommenden Minerale der Klüfte, so läßt sich verallgemeinernd sagen, daß die Mehrzahl der Minerale der niedrigen Metamorphosegrade und Minerale der hydrothermalen Bildungsbedingungen vorkommen können, z. B. Aktinolith, Pumpellyit, Laumontit, Adular und viele andere. Die Art der auftretenden Minerale hängt weitgehend von der Zusammensetzung des umgebenden Gesteins ab, jedoch können durch Lösungszufuhr von außerhalb auch ganz fremde Komponenten hinzukommen.
- Mit der Zirkulation von Lösungen auf den Klüften hängen auch die sehr verbreiteten Mi-

neralum- und -neubildungen im angrenzenden Gestein zusammen. Sie sind oft schon makroskopisch an Verfärbungen erkennbar, die die Klüfte mit Millimeter- bis Dezimeterbreite begleiten. Von den Verwitterungsbildungen abgesehen gilt für diese Minerale, daß auch sie überwiegend dem hydrothermalen und niedrigmetamorphen Bereich angehören; es sind die im vorausgehenden Abschnitt schon aufgeführten Arten. Mittel- und hochmetamorphe Gesteine und ihre Minerale sind solchen Umbildungen besonders ausgesetzt. Plagioklas wird häufig serizitisiert oder calcitisiert, Biotit in Chlorit oder Hellglimmer, Pyroxene und Hornblenden in Chlorit und/oder Karbonate umgewandelt.

3.4.5 Erscheinungen der Gesteins- und Mineralverformung am Einzelkorn und am Korngefüge

In Abschn. 3.4.2 (Strukturen metamorpher Gesteine) wurde auf die Gestalt der einzelnen Mineralindividuen und ihre gegenseitigen Beziehungen vor allem unter dem Gesichtspunkt der **Kristallisation** eingegangen. Unter dem Gesichtspunkt der **Deformation,** die der zweite wesentliche Prozeß der regionalen dynamothermischen Metamorphose und der Hauptprozeß der Kataklase (Abschn. 3.7) ist, sind weitere Erscheinungen zu behandeln, die zum Teil erst bei der mikroskopischen Untersuchung der Gesteine sichtbar werden. Die in metamorphen Gesteinen so charakteristische **bevorzugte Orientierung** bestimmter Minerale **(Gefügeregelung)** ist in den meisten Fällen die Folge der auf die Gesteine wirkenden verformenden Kräfte. In manchen Fällen kann auch eine ältere, praemetamorphe Vorzeichnung die Ursache solcher Regelungen sein (s. S. 245). Eine bevorzugte Orientierung der Minerale ist bei nicht isometrischer, sondern plattiger, blätteriger, linsenförmiger, prismatischer bis nadeliger Gestalt der Einzelkörner ohne weiteres sichtbar; sie wird als **Formregelung** von einer **Gitterregelung** unterschieden, die bei mehr oder weniger isometrischer oder sonst indifferenter Korngestalt nur mit besonderen Hilfsmitteln (meist Polarisationsmikroskop mit Universaldrehtisch) festgestellt werden kann. Gitterregelung ist mit Formregelung immer so weit kombiniert, als die im vorigen Satz genannten Formen der Einzelkörner bestimmten kristallographisch definierten Flächen oder Richtungen der Minerale entsprechen. So sind die Schichtsilikate in metamorphen Gesteinen meist mit ihren (001)-Flächen parallel orientiert; bei Amphibolen besteht häufig eine Parallelorientierung in Richtung der c-Achsen.

Das **zeitliche Verhältnis** der **Kristallisation** zur **Deformation** von Einzelkörnern und Korngefügen wird mit den Adjektiven **postkinematisch, synkinematisch** und **praekinematisch** gekennzeichnet. Postkinematisch kristallisierte Körner zeigen keine Deformationserscheinungen (z. B. keine undulöse Auslöschung und keine Kataklase); sie können prae- und synkinematisch gebildete Körner und Korngefüge umwachsen oder quer durchsetzen (z. B. Abb. 90 A, 91 C, 92 B). Synkinematisch kristallisierte Körner zeigen oft Form- und Gitterregelung ohne kataklastische Erscheinungen; diese sind dagegen für die praekinematisch kristallisierten Körner charakteristisch.

Die gleichen Verhältnisse können vom Gesichtspunkt der **Deformation** aus als **praekristallin, synkristallin** und **postkristallin** beschrieben werden.

3.4.6 Verfahren der Gefügeanalyse mit dem Universaldrehtisch

Die nachstehende Darstellung des gefügeanalytischen Verfahrens mit dem Universaldrehtisch folgt der von Hoenes (1955) gegebenen, dort noch ausführlicheren Darstellung.

Die Entnahme orientierter Handstücke im Gelände

Orientiert entnommene Handstücke sind die Voraussetzung für die geologisch-tektonische Interpretation der Befunde an ihrem Gefüge. Zur eindeutigen Kennzeichnung ihrer Orientierung sind wasserfeste Markierungen so anzubringen, daß die Lage der horizontalen Ebene, die Nordrichtung und oben und unten eindeutig erkennbar sind. Ist eine deutliche Schieferungsebene vorhanden, so können auf ihr die Streichrichtung (mit Gradangabe), die Fallrichtung (mit Gradangabe) markiert werden. Bei saiger stehenden Flächen ist deren Blickrichtung anzugeben; nach unten blickende geneigte Flächen müssen auch als solche gekennzeichnet werden. Alle Markierungen geschehen am besten vor dem endgültigen Abschlagen des Probestückes.

Die Herstellung orientierter Dünnschliffe

Das orientierte Handstück wird dann zur Herstellung der Dünnschliffe so angesägt, daß die

Sägeschnitte jeweils zwei der tektonischen Achsen enthalten (ab-, ac-, bc-Schnitt). Es ist darauf zu achten, daß die Lage dieser Achsen auch auf dem Dünnschliff-Rohling eindeutig erkennbar bleibt; er ist mit seiner dem Handstück zugekehrten Seite auf den Objektträger aufzukleben. Die Richtung der jeweils in der Schliffebene liegenden tektonischen Achsen ist mit einem Diamantstift auf dem Objektträger anzugeben.

Die Einmessung der Lage der Gefügekörner und die Eintragung der Meßdaten in das Projektionsnetz

Die Einmessung der optischen oder morphologischen Daten der Gefügekörner erfolgt mit Hilfe eines 4- oder 5achsigen Universaldrehtisches („U-Tisch"). Die für die Lage der Körner kennzeichnenden Parameter können die optische Achse (bei optisch einachsigen Mineralen, z. B. Quarz), die Hauptschwingungsrichtungen (bei optisch zweiachsigen Mineralen, z. B. Olivin), Spaltrisse, Zwillings-Verwachsungsflächen und seltener auch andere definierte Kristallflächen sein. Ein besonderes Zusatzgerät zum U-Tisch, der Schmidtsche Parallelführer, verhindert eine Drehung des Dünnschliffes während der Messung und erlaubt es, die Messung „Korn nach Korn" entlang paralleler Traversen im Dünnschliff auszuführen. Das Verfahren der Einmessung und die Eintragung der Meßdaten in das Projektionsnetz ist bei Hoenes (1955, S. 449f.), ausführlicher noch bei Reinhard (1930) und Sander (1950) beschrieben. Im Prinzip gleichen die Methoden denjenigen, welche in der Mineraloptik z. B. bei der Einmessung der Indikatrix und der Morphologie der Plagioklase gebräuchlich sind. Im Gegensatz dazu werden aber die Meßdaten in der Gefügekunde nicht in die Projektion der oberen Halbkugel eines winkeltreuen Wulffschen Netzes, sondern in die der **unteren** Halbkugel einer **flächentreuen** Azimutalprojektion, das Schmidtsche Netz, eingetragen.

Die Einmessung des am häufigsten untersuchten Gefügeparameters, der optischen Achse (und morphologischen c-Achse) des Quarzes, gestaltet sich sehr einfach, wenn sie nur flach gegen die Dünnschliffebene geneigt ist. Durch abwechselndes Betätigen der U-Tisch-Achsen A_1 und A_2 und Pendeln um A_4 wird die Achse in eine horizontale Lage in E-W-Richtung gebracht; dies ist erreicht, wenn beim Pendeln um A_4 vollkommene Auslöschung bestehen bleibt; dann kann entsprechend den Ablesungen auf A_1 und A_2 die Eintragung in das Projektionsnetz erfolgen. Liegt dagegen die Quarz-c-Achse unter einem steilen Winkel im Dünnschliff, dann ist es erforderlich, sie zunächst durch Drehen um A_1 und Kippen um A_2 in eine N-S-gerichtete vertikale Ebene zu bringen (Dunkelheit beim Pendeln um A_4). Danach bringt man den U-Tisch in die 45°-Stellung und die optische Achse des Quarzes durch Kippen um A_4 in die mit der Mikroskopachse identische Lage (Dunkelheit beim Drehen um die Mikroskopachse).

Bei optisch zweiachsigen Mineralen werden meist zwei der Hauptschwingungsrichtungen direkt durch Drehen um A_1 und Kippen um A_2 und Pendeln um A_4 einstellbar sein; die Richtung Y ist daran erkennbar, daß in der 45°-Stellung beim Pendeln um A_4 ein- oder zweimal Dunkelheit eintritt (Durchgang der optischen Achsen). Die dritte, nicht direkt einstellbare Hauptschwingungsrichtung ist in der Projektion konstruierbar. Damit ist es möglich, die Orientierung eines Kornes vollständig festzulegen, was bei einem optisch einachsigen Mineral ohne besondere morphologische Kennzeichnung nicht möglich ist (z. B. nicht beim Quarz). Die vollständige Orientierung solcher Minerale ist aber mit dem Röntgen-U-Tisch zu erreichen (siehe unten). Die Einstellung von Spaltrissen, Zwillingsflächen und anderen Kristallflächen ist im allgemeinen unproblematisch; man bringt die Fläche in die vertikale NS-Lage, wobei auf optimale Schärfe und Dünne ihres Bildes zu achten ist. Projiziert wird der Pol der Fläche, dessen Koordinaten auf A_1 und A_2 abgelesen werden.

Man erhält durch Einmessen jeweils vieler gleicher Gefügeelemente (>150 bis 300) in einem Dünnschliff ein mit Punkten besetztes Projektionsnetz (Punktdiagramm), das meist schon in diesem Zustand eine Aussage über bevorzugte Orientierungen erlaubt; es ist aber zur Verdeutlichung empfehlenswert, die Punktverteilung in einem Dichteplan mit Linien gleicher Besetzungsdichte vereinfacht darzustellen.

Als neuere instrumentelle Entwicklungen, welche das beschriebene, visuelle und manuelle Vorgehen weitgehend ersetzen und im Ergebnis übertreffen, seien genannt:

- Der Röntgen-Universaldrehtisch (P. Paulitsch), mit dem u. a. auch die Gefüge optisch isotroper und opaker Minerale untersucht werden können, und
- ein von E. de Graaff (Bilthoven, NL) entwickeltes Gerät, welches die optischen Parameter digitalisiert und mittels eines Computerprogrammes auswertet.

Das Auszählen der Punktdiagramme und die Herstellung des Dichteplanes

Das Schmidtsche Projektionsnetz, auf dem das Punktdiagramm eingetragen ist, hat einen Durchmesser von 20,0 cm. Zum Auszählen bedient man sich eines in Plexiglas eingeritzten Auszählkreises, der bei einem Durchmesser von 2,0 cm 1% der Fläche des Projektionsnetzes einnimmt. Man unterlegt die transparente Folie, die das Punktdiagramm trägt, mit Millimeterpapier, das deutliche Zentimeterlinien haben soll. Über das Punktdiagramm wird eine weitere Folie gelegt, auf welche der Begrenzungskreis des Punktdiagramms eingezeichnet ist. Man bringt nun das Zentrum des Auszählkreises auf jeden Schnittpunkt der Zentimeterlinien des Millimeterpapieres und notiert auf der obersten Folie die Zahl der innerhalb des Zählkreises liegenden Projektionspunkte. Liegt der Auszählkreis am Rand des Diagrammes teils außerhalb und teils innerhalb desselben, so zählt man die dort liegenden Punkte und diejenigen, welche in dem im Diagramm in 20,0 cm Entfernung diametral gegenüberliegenden Zählkreis liegen, zusammen. Hierzu wird das in Abb. 97 gezeigte Auszähllineal verwendet, das die beiden dann zusammengehörigen Zählkreise enthält.

Anschließend bestimmt man die Anzahl der Punkte, die 1, 2, 3, 4 ...% der Gesamtzahl entsprechen und umgrenzt die Felder mit gleichen Prozentintervallen. Dadurch werden die Orientierungsmuster im allgemeinen deutlicher sichtbar, besonders, wenn man Maxima der Besetzung noch mit einer dichten Schraffur oder schwarz hervorhebt (Abb. 98 und 99). Man beginnt das Zeichnen der Kurven bei den Maxima der Besetzungsdichte. Linien gleicher Prozentintervalle, die den Rand des Diagrammes schneiden, setzen sich an den diametral gegenüberliegenden Punkten fort.

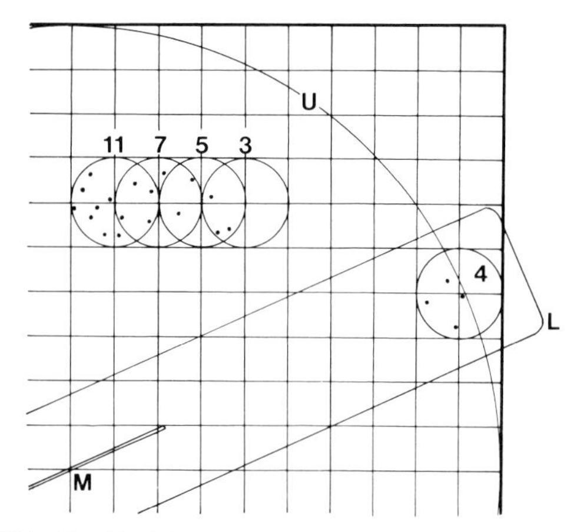

Abb. 97 Verfahren bei der Auszählung der Projektionspunkte mit dem Auszähllineal. U ist der Außenrand des Schmidtschen Netzes, M dessen Mittelpunkt, L das Auszähllineal aus Plexiglas mit dem Auszählkreis am Rand des Diagrammes. Zu den vier hier gezählten Punkten kommen noch diejenigen hinzu, welche in dem zweiten Zählkreis des Lineals am gegenüberliegenden Rand des Schmidtschen Netzes eventuell noch vorhanden sind (hier nicht gezeigt). Die Zahlen 11, 7, 5 und 3 geben an, wie viele Punkte zu den vier aufeinanderfolgenden Zählkreisen im Feld des Schmidtschen Netzes gehören.

Nach ihren **Symmetrieeigenschaften** können die Gefügediagramme folgendermaßen charakterisiert werden:

- Statistisch **isotrope** Gefüge. Sie zeigen keine Regelung, sondern nur zufällige Häufungen von Polen.
- **Wirtelige** Gefüge. Sie haben die Symmetrie eines Rotationsellipsoids (Beispiel Abb. 98 C).
- **Rhombische** Gefüge. Die Maxima sind symmetrisch zu den Ebenen (ab), (bc) und (ac) des Gefüges verteilt (z. B. Abb. 98 F).
- **Monokline** Gefüge. Sie haben (ac) als Symmetrieebene und eine dazu senkrechte zweizähli-

Abb. 98 A) Quarzgefüge im Weinsberger Granit, Österreich (nach Behr 1967). Aus dem wenig geregelten Gefüge heben sich mehrere, auf einem Kleinkreis angeordnete Maxima ab. Maxima und Minima mit + bzw. − gekennzeichnet. – B) Biotitgefüge (Pole der Flächen (001)) in einem Granit (nach Turner & Weiss 1963). Unregelmäßig verteilte Maxima und Minima (–). Linien gleicher Besetzungsdichte 0,25–1–2–3–4%. – C) Biotitgefüge (Pole der Flächen (001)) in Glimmerschiefer (nach Sander aus Barth, Correns & Eskola 1939). Straffe Einregelung der Biotitblättchen parallel der Schieferungsfläche s. Linien gleicher Besetzungsdichte 1–3–5–7%. – D) Muskovit in Phyllonit, Otago, Neuseeland (nach Turner & Weiss 1963). Gürtel um b mit Maxima der (001)-Flächen parallel und schräg zur Schieferungsfläche s. Linien gleicher Besetzungsdichte 0,3–2–4–6%. – E) Muskovit in Phyllonit, Otago, Neuseeland (nach Turner & Weiss 1963). Gürtel um b mit mehreren Maxima. Linien gleicher Besetzungsdichte 1,4–3–6%. – F) Hornblendegefüge (c-Achsen) in Adamellit aus der Bohrung Staakow S. Berlin (nach Möbus 1967). Die Linien gleicher Besetzungsdichte (> 0–1–2–3%) deuten drei sich durchkreuzende Gürtel mit mehreren in den Achsen des Hauptspannungsellipsoids und auf Scherflächen liegenden Maxima an. – G bis I) Olivingefüge im Lherzolith vom Lac de Lherz, Pyrenäen (nach Avé-Lallemant 1967). Die drei Diagramme stellen die Orientierung der morphologischen Achsen b, c und a dar. Die gestrichelte

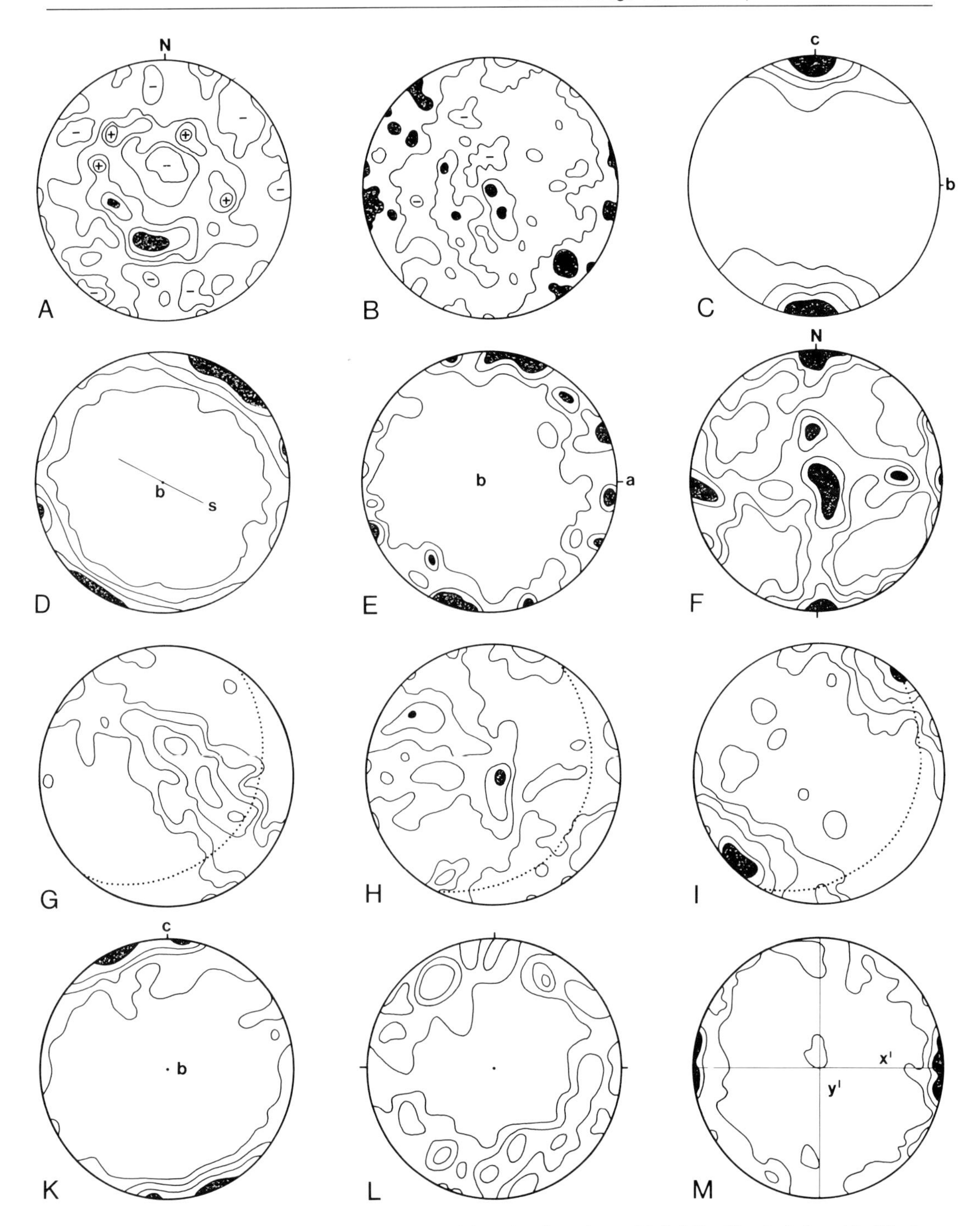

Linie bezeichnet die Achsenebene der isoklinalen Falten des Gesteins. – K) Calcitgefüge (c-Achsen) in Bändermarmor von Reissach, Kärnten (nach PAULITSCH 1951). Linien gleicher Besetzungsdichte 1–3–5–7%. – L) Calcitgefüge (c-Achsen) in Kalkphyllit, Brenner, Tirol (nach SANDER aus TURNER & WEISS 1963). Linien gleicher Besetzungsdichte 1–2–3%. – M) Anhydritgefüge, Benther Salzstock, Niedersachsen (nach SCHWERDTNER 1970). Unvollkommener Gürtel parallel zur Schieferungsebene mit ausgeprägtem Maximum. x' und y' sind die Streich- bzw. Fallinie des Gesteins. Eingemessen wurde die morphologische b-Achse = [010] des Anhydrits. Linien gleicher Besetzungsdichte 2–4–5%.

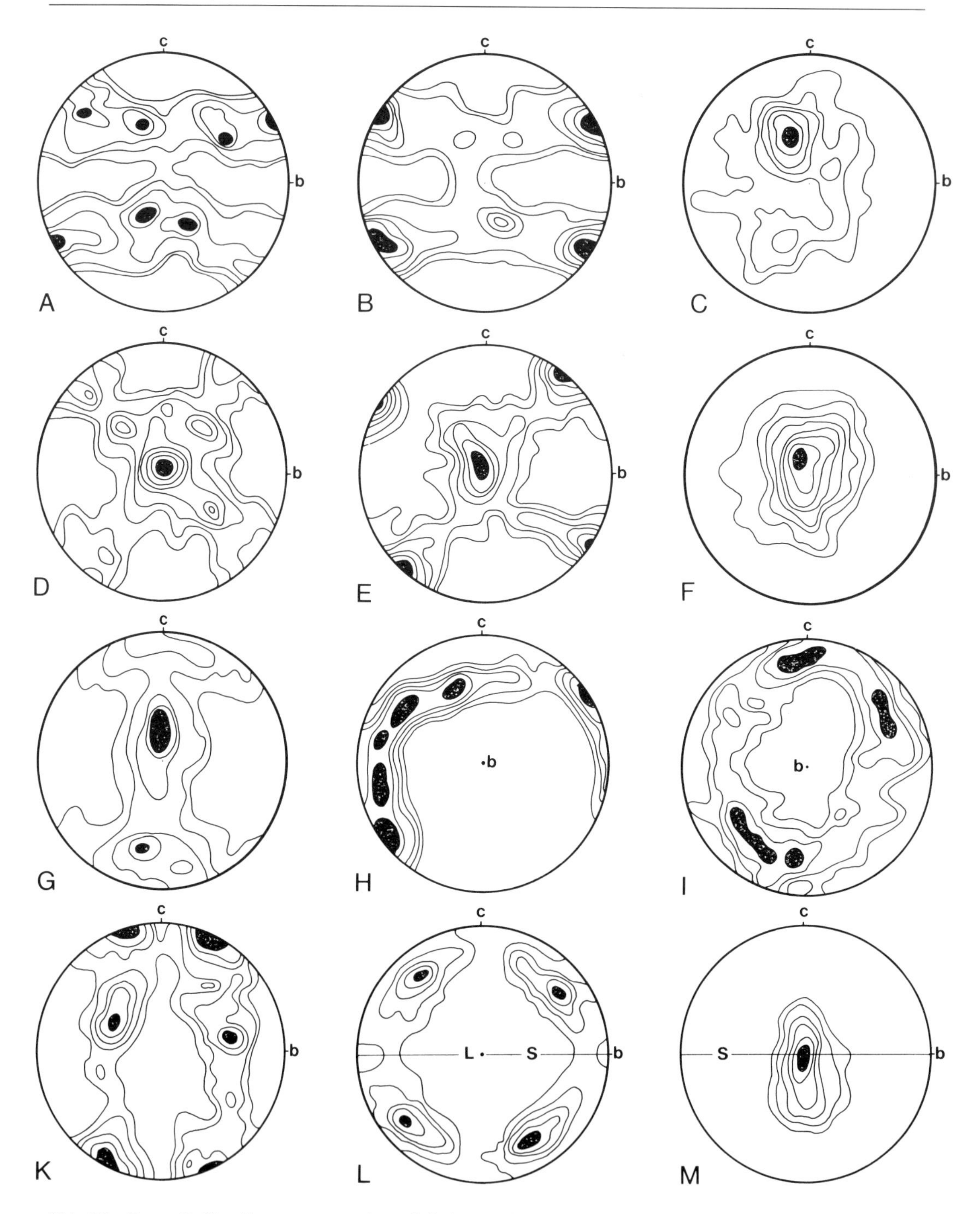

Abb. 99 Quarz-Gefügediagramme aus dem sächsischen Granulitgebirge (nach Behr 1961). Die Prozentzahlen beziehen sich auf die Linien gleicher Besetzungsdichte; die Maxima sind schwarz gekennzeichnet. A) Pseudozweigürtel-Gefüge mit mehreren Maxima aus dem Südwestteil des Granulitkörpers. > 0–1–2–3–4–6%. – B) Pseudozweigürtel mit einem kräftigen Paar von Maxima in einem Granulit mit deutlicher Lineation. > 0–1–2–3–4–6%. – C) Durch Scherung verformter, ehemaliger Pseudozweigürtel-Granulit mit zwei ungleich stark ausgebildeten Maxima nahe ac. Troischenfelsen. > 0–1–2–3–4–8%. – D) Kreuzgürtelgefüge mit stärkstem Maximum in a, aus dem Südwestteil des Granulitkörpers. > 0–1–2–3–4–5–6–10%. – E) Kreuzgürtelgefüge mit

ge Symmetrieachse. Monokline Gefüge sind in Metamorphiten und Magmatiten weit verbreitet. Sie ergeben sich besonders bei Scherbewegungen entlang einer einzigen Scherflächenschar oder bei laminarem Strömen eines kristallisierenden Magmatites (z. B. Abb. 99 K).

- **Trikline** Gefüge haben weder eine Symmetrieebene noch eine Symmetrieachse. Sie entstehen durch asymmetrische Verformung in mechanisch stark inhomogenen Gesteinsverbänden oder durch Überlagerung einer monoklinen Verformung durch einen jüngeren Verformungsakt, ohne daß es dabei zu einer vollkommenen Umregelung kommt.

Beispiele der Regelung häufiger Minerale in metamorphen Gesteinen

Prinzipiell können Gitterregelungen mit optischen Methoden an allen anisotropen Mineralen bestimmt werden. Bei optisch einachsigen Mineralen, wie Quarz und Calcit, wird die Lage der optischen Achse, die mit der der morphologischen c-Achse zusammenfällt, gemessen und dargestellt. Eine weitere Bestimmung der Lage des Gitters ist bei Quarz nicht möglich, wohl aber bei Calcit, der mit seinen Spaltrissen nach $(10\bar{1}1)$ und Zwillingslamellen nach $(01\bar{1}2)$ zusätzliche morphologische Kriterien der Orientierung aufweist. Optisch zweiachsige Minerale lassen eine vollständige Bestimmung ihrer Lage zu, da sie über drei einmeßbare bzw. konstruierbare Hauptschwingungsrichtungen X, Y, Z verfügen, so z. B. Olivin. Bei den Glimmern wird gewöhnlich die Lage der Fläche (001) eingemessen und der Pol dieser Fläche dargestellt.

Die Gefügediagramme der Abb. 98 und 99 zeigen, daß die Regelungen der Gitter bei einer Mineralart je nach den Umständen sehr verschiedenartig sein können.

Weiterführende Literatur zu Abschn. 3.1–3.4

Borrodaile, G. J., Bayly, M. B. & Powell, C. McA. (1982): Atlas of Deformational and Metamorphic Rock Fabrics. – 551 S., Berlin (Springer).

Ernst, W. G. (1976): Petrologic Phase Equilibria. – 333 S., San Francisco (Freeman).

Fritsch, W., Meixner, H. & Wieseneder, H. (1967): N. Jb. Miner., Mh., **1967:** 364–376.

Hoenes, D. (1955): Mikroskopische Grundlagen der Technischen Gesteinskunde. – in: Handbuch der Mikroskopie in der Technik, **4:** 323–695, Frankfurt (Umschau-Verlag).

Sander, B. (1948 und 1950): Einführung in die Gefügekunde der geologischen Körper, Bd. **1**, 215 S., Bd. **2**, 399 S.

Spry, A. (1969): Metamorphic Textures. – 350 S., Oxford (Pergamon).

Turner, F. J. & Weiss, L. E. (1963): Structural Analysis of Metamorphic Tectonites. – 545 S., New York (McGraw-Hill).

Vernon, R. H. (1976): Metamorphic Processes. Reactions and Microstructure Development. 247 S., London (Allen & Unwin).

Weiss, L. E. (1972): The Minor Structures of Deformed Rocks. – 431 S., Berlin (Springer).

Wenk, E. (1963): Zur Definition von Schiefer und Gneis. – N. Jb. Miner., Mh., **1963:** 97–107.

Winkler, H. G. F. (1979): Petrogenesis of Metamorphic Rocks. – 5. Aufl., 348 S., New York (Springer).

3.5 Kontaktmetamorphe Gesteine

3.5.1 Allgemeines

Kontaktmetamorphose ist die Umwandlung von Gesteinen am Kontakt mit Magma, viel seltener auch mit heißem, aber schon festem, intrudierendem Gestein (s. Abschn. 6.4). Dabei stellen sich Mineralbestand und Gefüge des betroffenen Gesteins auf die veränderten Bedingungen ein. Im allgemeinen ist die Kontaktwirkung eine über die bis dahin erlebten Temperaturen hinausgehende

drei Maxima aus dem Nordteil des Granulitkörpers bei Geringswalde. $>$ 0–1–2–3–4–6%. – F) Quarzgefüge mit Maximum in a aus der inneren Schieferhülle bei Penig. $>$ 0–1–2–3–4–6–8–10%. – G) Quarzgefüge in Gneis der Muglserie, Steiermark (nach Schmidt aus Barth, Correns & Eskola 1939). ac-Gürtel mit zwei Maxima. Linien gleicher Besetzungsdichte 0,5–1–2–3–4%. – H) Quarzgefüge im Bittescher Gneis von Mikulovice, Südmähren (nach Nemeč 1970). Asymmetrisch liegender, scharf ausgebildeter Gürtel. Linien gleicher Besetzungsdichte 0,5–1–2–3–4%. – I) Quarzgefüge (ac-Schnitt) im Stengelgneis von Doubravčany, Böhmen (nach Nemeč 1970). Die Quarz-c-Achsen liegen auf einem Doppelkegel mit etwa 120° Öffnung um b. Linien gleicher Besetzungsdichte 0,5–1–2–3%. – K) Quarzgefüge (bc-Schnitt) im Stengelgneis von Doubravčany, Böhmen (nach Nemeč 1970). Das Gefüge ist ähnlich wie in I), aber in anderer Schnittlage dargestellt. – L) Quarzgefüge in gefaltetem Chert (nach Nureki aus Turner & Weiss 1963). S = Spur der Schieferungsebene, L = Lineation. Die Quarz-c-Achsen liegen auf einem unterbrochenen Doppelkegel mit großer Öffnung um a; vier Maxima sind deutlich ausgebildet. Linien gleicher Besetzungsdichte 1–2–3–4–5%. – M) Quarzgefüge eines Mylonits, Melibocus, Odenwald (nach Sander aus Barth, Correns & Eskola 1939). Nach ac gelängtes Maximum in a. Linien gleicher Besetzungsdichte 0,4–1–6–10–14–18%.

Erwärmung. In manchen Fällen aber, z. B. bei der Umwandlung von Peridotit oder Basalt am Granitkontakt, werden die Mineralparagenesen auf Temperaturen eingestellt, die *niedriger* als die ursprünglichen Kristallisationstemperaturen dieser Gesteine liegen (Beispiele S. 261).

Die Reichweite kontaktmetamorpher Umwandlungen ist von verschiedenen Faktoren abhängig; diese sind:

- die Temperatur und das Volumen des Magmakörpers; diese beiden Größen bestimmen die abgegebene Wärmemenge;
- die Temperatur des Nebengesteins unmittelbar vor der Intrusion des Magmas;
- die petrographischen Eigenschaften des Nebengesteins,
- die vom Magma abgegebenen oder im Nebengestein mobilisierten fluiden Phasen.

Die **Kontakthöfe** größerer Granitplutone (d. h. solcher von einigen Kilometern Durchmesser) können bis zu mehreren Kilometern breit werden, vor allem in größeren Tiefen und schon warmem Nebengestein. In flacheren Niveaus (wenige km unter der Erdoberfläche) sind Breiten von mehreren Zehnern bis zu einigen hundert Metern häufig (Abb. 100). Subvulkanische Intrusionen und Gänge haben schmalere Kontakthöfe (Dezimeter bis Zehner von Metern). Manchmal sind kontaktmetamorphe Wirkungen kaum festzustellen, z. B. an wenig voluminösen Gängen und allgemein an Nebengestein, das unter den gegebenen Bedingungen nicht reaktionsbereit ist.

Die neugebildeten **kontaktmetamorphen Paragenesen** sind durch die Zusammensetzung des betroffenen Gesteins, die Temperatur, den Druck und die Zusammensetzung der fluiden Phase bestimmt. Die typische Kontaktmetamorphose verläuft **isochemisch,** d. h. die chemische Zusammensetzung des umgewandelten Gesteins ist der des Ausgangsgesteins sehr ähnlich. In sehr vielen Fällen, besonders bei Karbonatgesteinen und allgemein unter Mitwirkung fluider Phasen finden aber wesentliche Stoffverschiebungen statt: die Kontaktmetamorphose wird zur **Kontaktmetasomatose** (s. Abschn. 5).

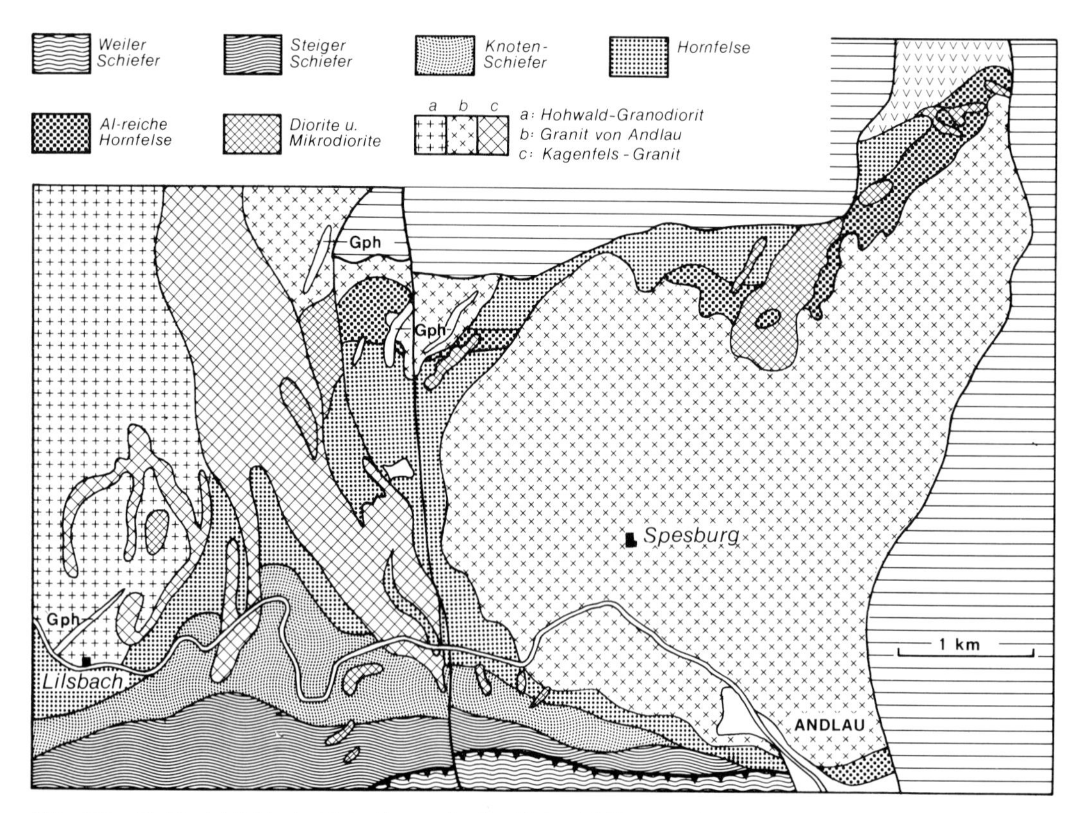

Abb. 100 Die Kontakthöfe der Plutonite von Andlau-Hohwald, Vogesen (nach VON ELLER, LAPANIA, LADURON & DE BETHUNE 1971). Gph = Granophyr (Mikrogranit mit mikrographischer Grundmasse).

Ferner ist die typische Kontaktmetamorphose *statisch* im Gegensatz zu der unter Bewegung verlaufenden Dynamometamorphose.

Pyrometamorphose ist die Umwandlung bei besonders hoher Temperatur; sie findet vor allem an Einschlüssen in Laven und in Ganggesteinen heißer Magmen, z. B. in Basalten, und unmittelbar am Kontakt mit diesen statt.

Das vorherrschende und charakteristische **Gefüge** der kontaktmetamorphen Gesteine ist das **blastische.** Es entsteht durch die Kristallisation der unter den gegebenen PT-Bedingungen und durch die Zusammensetzung des betroffenen Gesteins bestimmten Paragenese im **festen** Zustand (die allenfalls vorhandenen geringen Volumina fluider Phasen hinterlassen keine eigenen Gefügeelemente). Mit der Zunahme der kontaktmetamorphen Umwandlung verschwinden die älteren Minerale, ihre Strukturen und Texturen. Schiefrige Gesteine werden entregelt; feinkörnige Gesteine können ein gröberes Korn annehmen, jedoch gibt es auch eine Korngrößenabnahme durch kontaktmetamorphe Umkristallisation.

Wichtige Gefügeformen kontaktmetamorpher Gesteine sind:

- **Granoblastische** Gefüge mit überwiegend isometrischen Einzelkörnern (z. B. Quarz, Feldspäte, Pyroxene); die Korngrenzen können überwiegend einfach, fast geradlinig verlaufen oder in verschiedenem Grade buchtig-verzahnt sein: **Pflasterstruktur** bzw. **Hornfelsstruktur** (Abb. 101C). Für die typische Hornfelsstruktur gilt, daß jedes der Hauptminerale Körner jeder anderen Art einschließen kann.
- Beteiligen sich Glimmer oder Amphibole oder andere zu nichtisometrischem Wachstum neigende Minerale an der Zusammensetzung, so können auch **lepidoblastische** oder **nematoblastische** Strukturen vorkommen, z. B. sperrige Glimmeraggregate oder strahlige Aggregate von Amphibol, Wollastonit u. a.
- Treten einzelne Minerale durch besonderes Größenwachstum hervor, so wird das Gefüge **porphyroblastisch;** im einzelnen können die Porphyroblasten idioblastisch, xenoblastisch oder poikiloblastisch sein.
- Auf noch erkennbare **Gefügerelikte** vormetamorpher Gesteine kann mit Adjektiven wie blastoophitisch, blastoporphyrisch, blastopsammitisch und analogen hingewiesen werden.
- Besonders charakteristische Erscheinungen beginnender bis mäßig starker Kontaktmetamorphose von Tonschiefer sind die **Knoten,** millimetergroße elliptische oder rundliche dunkle Flecken, die auf Bruchflächen und angewitterten Oberflächen deutlich hervortreten (Abb. 101A). Die dunkle Farbe rührt von Ansammlungen feinster Graphitschüppchen her, die sich auf bestimmte Porphyroblasten (Cordierit, Andalusit und deren retrograde Umwandlungsprodukte) konzentrieren.
- Die häufigsten Produkte der Kontaktmetamorphose silikatischer Gesteine, die **Hornfelse,** sind meist feinkörnig und massig; sie haben oft einen matten, „hornartigen" Glanz auf frischen Bruchflächen. Andere kontaktmetamorphe Bildungen, z. B. Marmore und manche Kalksilikatgesteine, neigen zu mittel- bis grobkörniger Ausbildung. Kontaktmetasomatische Gesteine, besonders Skarne, sind oft großkristallin (s. Abschn. 5).

Die Abfolge der kontaktmetamorphen Mineralbildungen mit zunehmender Temperatur ist besonders bei Tongesteinen, Mergeln und kieseligen Karbonatgesteinen sehr instruktiv. Diese Gesteinsarten reagieren auf die verschiedenen Metamorphosebedingungen mit der Bildung spezifischer Paragenesen, deren Lage im Druck-Temperaturfeld heute auch durch Experimente gut bekannt ist.

3.5.2 Kontaktmetamorphe Gesteine aus tonigem (pelitischem) Ausgangsmaterial

Die pelitischen Ausgangsgesteine bestehen im allgemeinen aus verschiedenen Tonmineralen, Quarz, detritischem Feldspat, Karbonaten und weiteren, untergeordneten Komponenten. Gewöhnlich sind solche Gesteine, die im subvulkanischen oder plutonischen Niveau in den Wirkungsbereich der Kontaktmetamorphose kommen, schon stärker diagenetisch oder sogar niedrig metamorph verändert. Illit bis Muskovit, Al-Chlorit und Pyrophyllit sind dann die hauptsächlichen Aluminiumminerale. Als erste **kontaktmetamorphe Neubildungen** erscheinen Biotit und **Andalusit;** Chlorit und Pyrophyllit verschwinden. Muskovit ist weiterhin stabil. **Cordierit** bildet sich ab etwa 500°C; bei noch höheren Temperaturen verschwindet Muskovit zugunsten von Kalifeldspat und Andalusit oder Sillimanit. Auch Plagioklas ist, wenn das Ausgangsgestein hinreichende Mengen von Na und Ca enthält, ein häufiges Mineral der Kontaktmetamorphose. Cordierit und Andalusit erscheinen oft zunächst als *Knoten,* d. h. mm-große einzelne Blasten im Gefüge, die durch ihre dunkle Pigmentierung mit Graphit

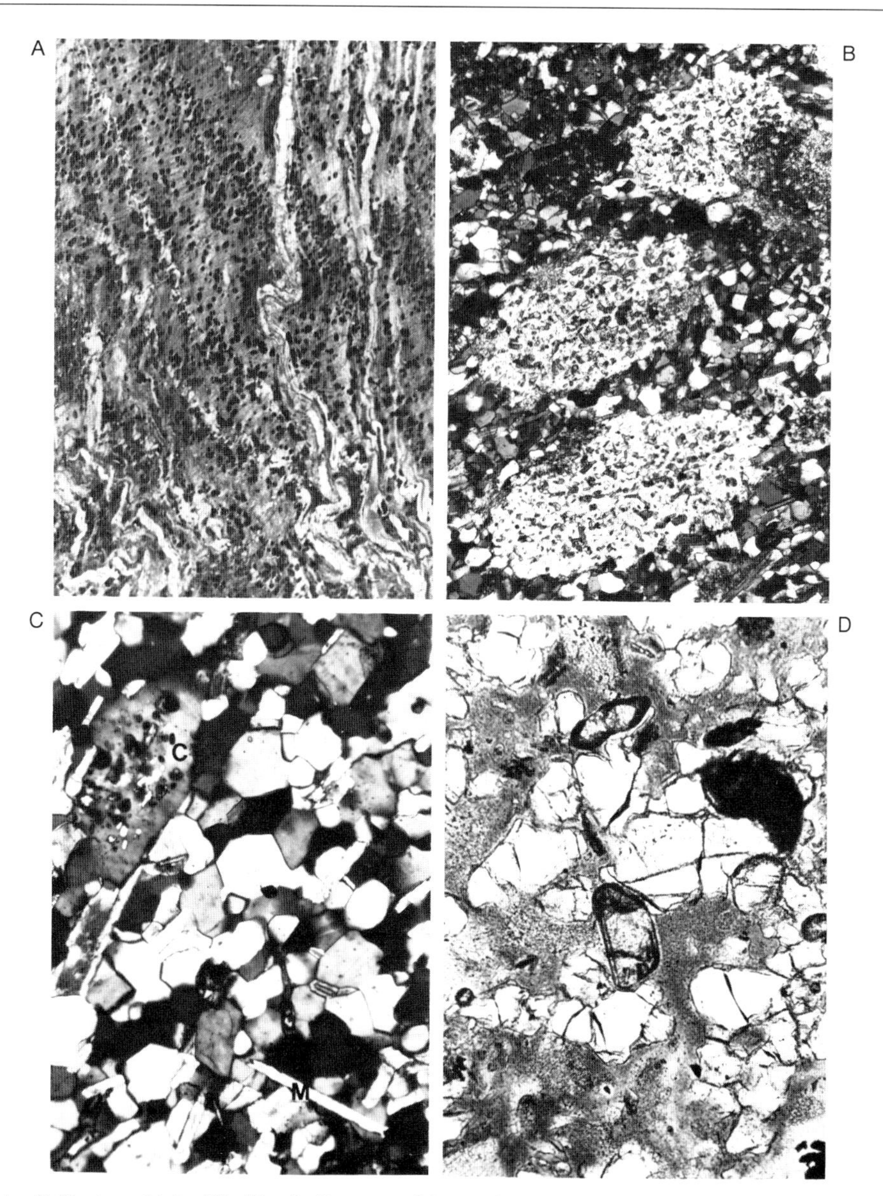

Abb. 101 A) Knotenschiefer (Phyllit mit dünnen, gefalteten Quarzitlagen) aus dem Kontakthof des Hohwald-Granits (Vogesen). Die dunklen Flecken sind mit Graphit pigmentierte Cordieritblasten. Breite 5 cm. – B) Cordierit-Hornfels von Gödlau (Sachsen). Einschlußreiche, poikiloblastische Cordierite in granoblastischer Quarz-Biotit-Orthoklas-Matrix. Gekr. Nicols; 25 mal vergr. – C) Quarz-Biotit-Orthoklas-Pflasterstruktur in Cordierit-Hornfels von Gödlau (Sachsen). (C) = Cordierit, (M) = Muskovit. Gekr. Nicols; 40 mal vergr. – D) Buchit = pyrometamorphes Aufschmelzungsprodukt von Buntsandstein am Basaltkontakt, Hoher Hagen bei Göttingen. Relikte von Quarz (hell) und zwei Zirkone (hohes Relief) in Glasmatrix. 100 mal vergr.

mesoskopisch deutlich hervortreten **(Knotenschiefer).** Beide Minerale können sich zu größeren, oft einschlußreichen Blasten weiterentwickeln (Abb. 101B).

Biotit, Feldspäte und Quarz neigen eher zur Bildung von mehr oder weniger gleichkörnigen Pflaster- oder Hornfelsstrukturen (siehe oben, Abschn. 3.5.1), wobei eine etwa vorausgegangene Einregelung der Phyllosilikate des Ausgangsgesteins (Tonschiefer, Phyllit) allmählich, aber oft nicht vollständig, verschwindet. Gröbere Sedimentgefüge, z. B. kompositionelle Schichtung, können lange erkennbar bleiben.

Im allgemeinen geht die Kontaktmetamorphose an Graniten nicht über das Stadium mit Andalusit und Cordierit hinaus. Am Kontakt mit höher temperierten Magmatiten, z. B. Gabbros oder Diabasen treten Pelithornfelse mit Sillimanit, Hypersthen (aus Biotit), Korund, Spinell, Cordierit und Feldspäten auf. **Mullit** $Al_9Si_3O_{19} \cdot \frac{1}{2}(O,F)$ kommt in pyrometamorphen Al-reichen Tonen vor. In schnell abgekühlten pyrometamorphen Tonen kann auch **Glas** erhalten sein.

3.5.3 Kontaktmetamorph umgewandelte Sandsteine, Arkosen und Grauwacken

Bei quarzreichen Sandsteinen, Arkosen und Grauwacken vollziehen sich kontaktmetamorphe Mineralneubildungen zunächst an den tonigen und, falls vorhanden, karbonatischen Komponenten. Die Feldspäte der Arkosen und Grauwacken bleiben in der Hauptsache als solche erhalten; der Quarz nimmt nur wenig an Mineralreaktionen teil. Aus den tonigen Anteilen der Sandsteine entstehen Glimmer, Cordierit, Andalusit, bei hinreichendem Eisengehalt auch Almandin und Magnetit, aus kalkigtonigen Komponenten Epidot oder Diopsid. Bei sehr hohen Temperaturen neigen Feldspatsandsteine zur teilweisen Aufschmelzung, es treten dann **Glas** oder dessen Rekristallisationsprodukte (Feldspäte mit Tridymit oder Quarz in feinstkörniger Verwachsung) auf.

Buchit ist ein am Basaltkontakt verglaster Sandstein vom Hohen Hagen bei Göttingen. Neben Relikten von Quarz, Zirkon und anderen Mineralen kommen Cordierit und Magnetit als Neubildungen im Glas vor (Abb. 101 D).

Die Umwandlungen des Gefüges quarzreicher kontaktmetamorpher Sandsteine sind in ihren Anfangsstadien nur wenig auffallend. Die klastischen Strukturen mit vorherrschendem Quarz und Feldspäten verschwinden nur langsam zugunsten eines blastischen Gefüges; feinkörnige Gesteine dieser Art können einen hornfelsartigen Habitus aufweisen.

3.5.4 Kontaktmetamorphe Gesteine aus karbonatischem, kieselig-karbonatischem und mergeligem Ausgangsmaterial

Calcit und Dolomit, die Hauptminerale der karbonatischen Sedimentgesteine, können bis zu hohen Metamorphosegraden als solche erhalten bleiben, solange sie nicht durch Reaktion mit Quarz oder Silikaten, z. B. Tonmineralen, in andere Phasen umgewandelt werden. Reine Karbonatgesteine ergeben deshalb auch in den inneren Teilen der Kontakthöfe calcitische oder dolomitische **Kontaktmarmore.** Calcitmarmore sind klein- bis grobkörnige Gesteine mit unregelmäßig gestalteten, oft etwas verzahnten Einzelkörnern. Dolomitmarmore sind meist kleinkörnig mit polygonal-granoblastischer Struktur. In gemischten calcitisch-dolomitischen Marmoren bildet sich der Dolomit idiomorph gegenüber dem Calcit aus. Bei höhergradiger Kontaktmetamorphose kann es zum Zerfall des Dolomits in **Periklas** + Calcit kommen; die dafür erforderliche Temperatur hängt von dem herrschenden CO_2-Partialdruck ab; sie liegt in jedem Fall über 600°C. Primärer Periklas ist meist in **Brucit** $Mg(OH)_2$ umgewandelt; für Calcit-Brucit-Gesteine kontaktmetamorpher Entstehung sind die Namen **Pencatit** und **Predazzit** eingeführt.

Im unmittelbaren Kontaktbereich des Magmas mit Karbonatgesteinen findet meist ein Stoffaustausch statt; es bilden sich metasomatische Reaktionszonen **(Kontaktskarne),** die in Abschn. 5.7 beschrieben sind.

Kontaktmetamorphe **Silikatmarmore** und **Kalksilikatgesteine** entstehen in großer Mannigfaltigkeit aus karbonatisch-kieseligen Sedimenten und aus Mergeln. In vereinfachter Form können Ausgangsmaterial und metamorphe Gesteine folgendermaßen korreliert werden:

- Kieselige Kalksteine (Kalksandsteine mit detritischem Quarz, Kalksteine mit nichtdetritischen SiO_2-Mineralen, z. B. Chert, diagenetisch verkieselte Kalksteine) → Wollastonitmarmore.
- Kieselige Dolomite im obigen Sinne → Marmore mit Calcit, Talk, Tremolit, Forsterit und Diopsid.
- Mergelige Kalksteine → Marmore mit Zoisit, Grossular, Anorthit, aus dolomithaltigem Ausgangsmaterial auch Vesuvian, Phlogopit u. a.

Aus den sehr verbreiteten noch komplexeren Ausgangsgesteinen, wie sandig-tonigen Kalksteinen, dolomitisch-kalkigen Mergeln und aus karbonatärmeren Gesteinen, wie kalkigen Mergeln und dolomitischen Mergeln, entstehen weitere Paragenesen, in denen die oben genannten Silikate der Ausgangszusammensetzung entsprechend kombiniert sind. Bei höheren Anteilen von nichtkarbonatischen Mineralen in den Ausgangsgesteinen können die Karbonate ganz zugunsten von Silikaten abgebaut werden.

So entstehen **Kalksilikatfelse** aus Wollastonit, Diopsid, Anorthit, Grossular in verschiedenen

Mengenverhältnissen, ferner, je nach dem Ausgangsmaterial, „Felse“ mit Tremolit, Hornblende, Forsterit, Al- und Fe-haltigem Klinopyroxen (z. B. Fassait), Glimmer, Vesuvian, Spinell und noch weiteren Mineralen in Kombination mit den zuvor genannten. Auch Na-Plagioklas, Kalifeldspat und Quarz können beteiligt sein.

Bei sehr hohen Temperaturen bilden sich aus geeignetem Ausgangsmaterial auch Monticellit $CaMg[SiO_4]$ und Minerale der Melilithreihe, im Bereich der **Pyrometamorphose** auch Larnit $Ca_2[SiO_4]$, Rankinit $Ca_3[Si_2O_7]$, Merwinit $Ca_3Mg[SiO_4]_2$ und bei ausreichendem CO_2-Partialdruck auch Spurrit $Ca_5[CO_3\ (SiO_4)_2]$ und Tilleyit $Ca_5[(CO_3)_2\ Si_2O_7]$. Ein bekannter Fundort der Spurrit-Larnit-Merwinit-Paragenese ist **Scawt Hill** in Irland (Kontakt von Kreidekalk mit Dolerit). Spurrit ist ein kennzeichnendes Mineral der **Mottled Zone** (Gefleckte Zone) im Eozän Israels. Hier ist ein bitumenreicher Mergel durch langdauernde *intratellurische,* d. h. unter der Erdoberfläche sich vollziehende Oxydation über viele Kilometer Erstreckung auf Temperaturen von mehr als 1000° erhitzt worden.

Larnit, Rankinit, Merwinit und Melilith sind auch als Kristallisate in Zementklinker und Hochofenschlacken verbreitet – ein weiterer Hinweis auf ihre hohen Bildungstemperaturen in der Natur.

Die **Gefüge** der Silikatmarmore sind, was ihren Karbonatanteil betrifft, denen reiner Marmore ähnlich. Die nichtkarbonatischen Minerale sind in besonderen Zeilen, Lagen oder Aggregaten oder auch gleichmäßig im Gestein verteilt. Die Lagen und Zeilen bilden oft die stoffliche Inhomogenität des Ausgangssedimentes ab.

Die Ausbildung der Silikatminerale ist unterschiedlich:

- Isometrische, z. T. idiomorphe Einzelkörner und Aggregate von solchen: Granat, Vesuvian;
- Rundliche bis prismatische Einzelkörner und Aggregate: Diopsid, Forsterit;
- Kurz- bis langprismatische Kristalle oder wirr strahlige, büschelige bis radialstrahlige Aggregate: Wollastonit, Tremolit, Zoisit.

Der Calcit ist xenomorph gegenüber diesen Silikaten.

Die Kalksilikat- und verwandten Felse sind teils hornfelsartig feinkörnig und massig, teils auch gröber kristallin ausgebildet. Der äußere Gesamteindruck, namentlich die Farbe, hängt von der Zusammensetzung ab; bei Vorherrschen von hellen Mineralen, wie Wollastonit, Feldspat, Tremolit, Diopsid und Grossular, sind die Gesteine hellgrau mit blassen grünlichen oder bräunlichen Tönen; Fe-haltige Minerale, wie Hedenbergit, Hornblende, Andradit und Vesuvian bedingen dunklere, grünliche oder bräunliche Farben. Besonders Granat, Vesuvian, Wollastonit und die Amphibole können bis zu mehrere cm große Kristalle bilden.

Bei der Beurteilung des Mineralbestandes kontaktmetamorpher Ca-Fe-Mg-Silikatgesteine ist stets auch die Möglichkeit der Beteiligung metasomatischer Komponenten in Betracht zu ziehen (s. Abschn. 5.7 Skarne).

Kontakt- und regionalmetamorphe Gesteine aus kieselig-karbonatischem und mergeligem Ausgangsmaterial sind wegen der Faziesempfindlichkeit ihrer Minerale seit langem bevorzugte Objekte der experimentellen Petrologie (z. B. Winkler 1979, S. 111–153).

3.5.5 Kontaktmetamorphe Gesteine aus saurem magmatischem Ausgangsmaterial

Nennenswerte kontaktmetamorphe Reaktionen an saurem magmatischem Ausgangsmaterial treten normalerweise nur dann auf, wenn das verursachende Magma heißer ist, als das betroffene Gestein während seiner letzten wesentlichen Mineralbildungsphase war. Granite, Granodiorite und andere saure Plutonite und entsprechend zusammengesetzte Gneise werden deshalb im allgemeinen nur durch basische Magmen, die höhere Temperaturen haben, kontaktmetamorph verändert. Diabase, Dolerite und, in größerem Ausmaß, Gabbros und Norite können an ihrem sauren magmatischen Nebengestein beträchtliche Umwandlungen bewirken. Während sich die Veränderungen an den Ganggesteinen meist nur auf einige cm bis wenige m breite Zonen im Nebengestein beschränken, kommen an basischen Plutonen breitere Kontakthöfe vor. Einschlüsse saurer Magmatite in basischen Magmatiten zeigen höchstgradige, pyrometamorphe Veränderungen.

Als charakteristische Wirkungen der Kontaktmetamorphose auf Mineralbestand und Gefüge saurer Plutonite, Vulkanite und Gneise seien genannt:

- Kornvergröberung bei feinkörnigen Gesteinen (Vulkaniten und Ganggesteinen); Bildung granoblastischer Quarz-Feldspatgefüge;
- Allgemeine *Umkristallisation* plutonitischer in *granoblastische* Gefüge, zunächst unter Erhaltung der gröberen Texturmerkmale (z. B.

Großfeldspäte in kleiner körniger Matrix); manchmal Bildung mikrographischer und anderer Quarz-Feldspat-Verwachsungen. Etwa vorhandene kataklastische Strukturen werden verheilt. Die Feldspäte werden in ihre Hochtemperaturformen übergeführt.

- Umwandlung des **Biotits** der Granite in sehr feinkörnige Aggregate von Pyroxen (Augit, Hypersthen), Magnetit, Spinell, Korund, Sillimanit und Kalifeldspat. Nicht alle genannten Minerale treten überall zugleich auf.
- Umwandlung von **Hornblende** in feinkörnigen Pyroxen, in größerer Entfernung vom Kontakt auch in Biotit.
- **Glas** und feinkristalline Entglasungsprodukte sind in Einschlüssen saurer Gesteine in basischen Laven und Ganggesteinen verbreitet. Gelegentlich kann mit großer Deutlichkeit erkannt werden, daß solche Aufschmelzungen an den Korngrenzen von Quarz und Feldspäten beginnen; manchmal kommt es zu fast völliger Verglasung der Einschlüsse. Das Glas bleibt nur bei schneller Abkühlung des ganzen Systems erhalten. Andernfalls kristallisieren Feldspäte (z. T. in Hochtemperaturform), Quarz, auch Tridymit.
- In tieferen Niveaus, besonders im plutonischen Bereich, können Aufschmelzungen an schon erwärmtem Nebengestein basischer Intrusionen in größerem Ausmaß stattfinden **(Kontaktanatexis).** Die dabei gebildeten Gesteine sind nach Mineralbestand und Gefüge dem plutonischen Milieu angepaßt; sie entsprechen damit weitgehend den anatektischen Bildungen, wie sie in Abschn. 4 (Migmatite) beschrieben sind.

3.5.6 Kontaktmetamorphe Gesteine aus basischem magmatischem und metamorphem Ausgangsmaterial

Basische magmatische Gesteine werden infolge ihrer Reaktionsbereitschaft im Kontaktbereich von jüngeren Intrusionen verhältnismäßig leicht verändert, auch wenn die Temperatur des intrudierenden Magmas niedriger ist als die des betroffenen Gesteins bei seiner primären Kristallisation, z. B. Basalt am Granitkontakt. Basische Intrusivgesteine dagegen bringen Temperaturen mit sich, welche die angrenzender älterer Basite zumindest erreichen, wenn nicht übersteigen. Erst recht sind basische Metamorphite, z. B. solche in der Grünschiefer- und Epidot-Amphibolit-Fazies, der Kontaktmetamorphose – auch durch Granite – zugänglich. Die Endprodukte aller solcher Umwandlungen werden als **basische Hornfelse** bezeichnet. Aus der großen Vielfalt der Erscheinungen seien die folgenden als charakteristisch hervorgehoben:

- Nicht metamorphe Basite, z. B. **Basalte** mit Augit und Ca-reichem Plagioklas als Hauptgemengteilen werden im Kontaktbereich von Graniten im allgemeinen in Hornfelse aus Hornblende + Plagioklas oder Hornblende + Diopsid + Plagioklas umgewandelt. In kontaktferneren Bereichen können auch Paragenesen aus Aktinolith, Epidot, Chlorit und Albit auftreten. Mandelfüllungen und andere Mineralbildungen niedriger Bildungstemperatur in den Ausgangsgesteinen mit Chlorit, Zeolithen, Calcit und Chalcedon ergeben spezielle Umwandlungsparagenesen mit Prehnit, Epidot, Grossular und Na-Feldspat. Neubildung von reichlichem Biotit zeigt K-Zufuhr vom Granit her an. Die Veränderungen des Gefüges beginnen meist mit der Umwandlung des Klinopyroxens in Hornblende, während das Gefüge der Plagioklase (z. B. ophitisch oder porphyrisch) zunächst noch erhalten bleibt. Bei fortgeschrittener Umwandlung entstehen mehr oder weniger gleichkörnige, granoblastische Strukturen. Mesoskopisch sind solche basischen Hornfelse dunkle, fein- bis mittelkörnige, massige Gesteine. Grobkörnige Gefüge der Ausgangsgesteine, etwa von Gabbro, können noch reliktisch erkennbar sein.
- Bei hochtemperierter Kontaktmetamorphose, z. B. an Gabbrointrusionen, werden aus basischem Ausgangsmaterial granoblastische Hornfelse mit den Paragenesen Plagioklas + Diopsid oder Plagioklas + Diopsid + Hypersthen oder Plagioklas + Hypersthen erzeugt. Ein bekanntes Beispiel ist der **Beerbachit** des Odenwaldes, ein aus Amphibolit entstandener basischer Hornfels im Gabbro vom Frankenstein im Odenwald (s. auch Abschn. 2.13.3). Das fein- bis kleinkörnige Gestein besteht aus Plagioklas (Andesin bis Labradorit), Klinopyroxen (etwa Salit), Hypersthen, Ilmenit und Magnetit, die ein granoblastisches Gefüge mit einfachen Kornformen bilden. Als Varianten dieses Normaltyps sind Gesteine mit xenoblastischen, einschlußreichen Hornblenden und solche mit porphyroblastischem Plagioklas zu nennen.
- Niedrig- bis mittelmetamorphe **basische Schiefer,** z. B. Epidotamphibolite (Prasinite) erfahren im Kontakt mit Granit eine *prograde* Umwandlung in Amphibol-Plagioklas-Hornfelse,

Ca-reichere Lagen auch in diopsid- und vesuvianführende Hornfelse. Als Beispiele solcher Bildungen sind die Gesteine am Kontakt des Erbendorfer Metabasitzuges mit dem Steinwald-Granit im Fichtelgebirge zu nennen (MATTHES 1951). Der hier am weitesten verbreitete Hornfelstyp enthält büschelige und garbenförmige Aggregate stengeliger Hornblende, dazwischen ein feinkörniges Plagioklasgranulat. Weitere Gemengteile sind Klinochlor, Titanit, Rutil, Pyrrhotin und Magnetit. In Granitnähe kann Biotit mit bis zu 70 Volum-% beteiligt sein (metasomatische K-Zufuhr vom Granit her).

3.5.7 Kontaktmetamorphe Gesteine aus ultramafitischem Ausgangsmaterial

Serpentinite, Talk- und Chloritschiefer sind kontaktmetamorphen Umwandlungen leicht zugänglich. Aus gewöhnlichen Serpentiniten mit weit überwiegenden Serpentinmineralen entwickeln sich mit zunehmender Temperatur die folgenden kontaktmetamorphen Gesteine:

- Serpentinit (Lizardit, Chrysotil) mit metablastischen Talkflecken,
- Hornfelse mit Olivin, Talk und Cummingtonit (Mg-reicher Amphibol),
- Hornfelse mit Olivin, Cummingtonit und Enstatit.

In manchen Kontakthöfen kommen auch davon abweichende Paragenesen, z. B. mit Anthophyllit statt Cummingtonit, mit Chlorit und mit Spinell vor. Bei sehr hohen Temperaturen verschwinden alle hydroxylhaltigen Minerale (Forsterit-Enstatit-Spinell-Paragenese, z. B. am Kontakt mit Quarzdiorit des Mount-Stuart-Plutons, Washington, USA). Aluminiumreicheres Ausgangsmaterial, z. B. die sog. Blackwall-Zone am Rand von Serpentinitkörpern, ergibt zunächst chloritreiche, bei höheren Temperaturen spinellreiche Hornfelse.

Die Gefüge ultramafitischer Hornfelse sind je nach deren Mineralbestand sehr verschieden. Die Amphibole und der Enstatit neigen zur Ausbildung strahliger oder sperriger Aggregate; der Olivin tritt z. B. bei Erbendorf in fingerförmig gestreckten, sperrig angeordneten Blasten auf.

Infolge des sehr starken chemischen Kontrastes zwischen den Ultramafititen und dem sauren Magma kommt es in Kontaktnähe oft zu metasomatischen Stoffwanderungen; so liegt zwischen dem Serpentinit von Erbendorf und dem Steinwaldgranit eine schmale Zone von Plagioklas-Hornblende-Hornfels, dessen Zusammensetzung durch Stoffaustausch zwischen Granit und Ultramafitit zu erklären ist. Der nach außen hin anschließende Olivin-Enstatit-Hornfels ist von Hornblendeblasten durchsetzt.

3.5.8 Beispiele kontaktmetamorpher Gesteinsbildungen

Der Kontakthof des jungtertiären Monzonits von Kos, Griechenland
(nach ALTHERR, KELLER & KOTT, 1976).

Der jungtertiäre Monzonit der Insel Kos (Ägäis, Griechenland) intrudierte in eine Wechselfolge paläozoischer Phyllite, Mergelkalke und Marmore (Abb. 102). Durch das flache Einfallen des Kontaktes nach Osten erscheinen die verschiedenen Zonen des Kontakthofes weit auseinandergezogen. Das pelitische Ausgangsgestein liegt als Quarz-Muskovit-Chlorit-Phyllit vor. Mit der Annäherung an den Monzonitkörper erscheinen nacheinander die folgenden kontaktmetamorphen Paragenesen fazieskritischer Minerale:

- Biotit + Muskovit ± Albit;
  Biotit + Muskovit + Chlorit;
  Chloritoid + Chlorit + Muskovit ± Andalusit;
  Andalusit + Chlorit ± Muskovit ± Granat;
- Andalusit + Biotit ± Muskovit ± Granat;
  Andalusit neben Sillimanit + Cordierit + Biotit;
  Andalusit neben Sillimanit + Cordierit + Staurolith + Biotit;
  Almandin + Cordierit + Biotit + Sillimanit neben Andalusit;
  Almandin + Cordierit + Biotit;
  Almandin + Cordierit + Biotit + Sillimanit.

Die erste Paragenesengruppe gehört dem *niedrigen,* die zweite dem *mittleren* Bereich der thermischen Metamorphose nach WINKLER an. Die Mineralkombinationen variieren darüber hinaus in Abhängigkeit von der Zusammensetzung der Ausgangsgesteine. Eigenartig ist das Auftreten von Staurolith und Chloritoid, Minerale, die gewöhnlich in Kontakthöfen nicht vorkommen.

Die Mergelkalke und kieseligen Kalksteine führen Calcit, Quarz, Muskovit und Epidot als fazieskritische Minerale im nicht kontaktmetamorphen Zustand. Als kontaktmetamorphe Paragenesen treten von außen nach innen auf:

- Ca-reicher Plagioklas + Quarz + Diopsid;
  Ca-reicher Plagioklas + Epidot + Grossular + Diopsid ± Calcit;
  Grossular + Diopsid ± Calcit;
  Diopsid + Skapolith;

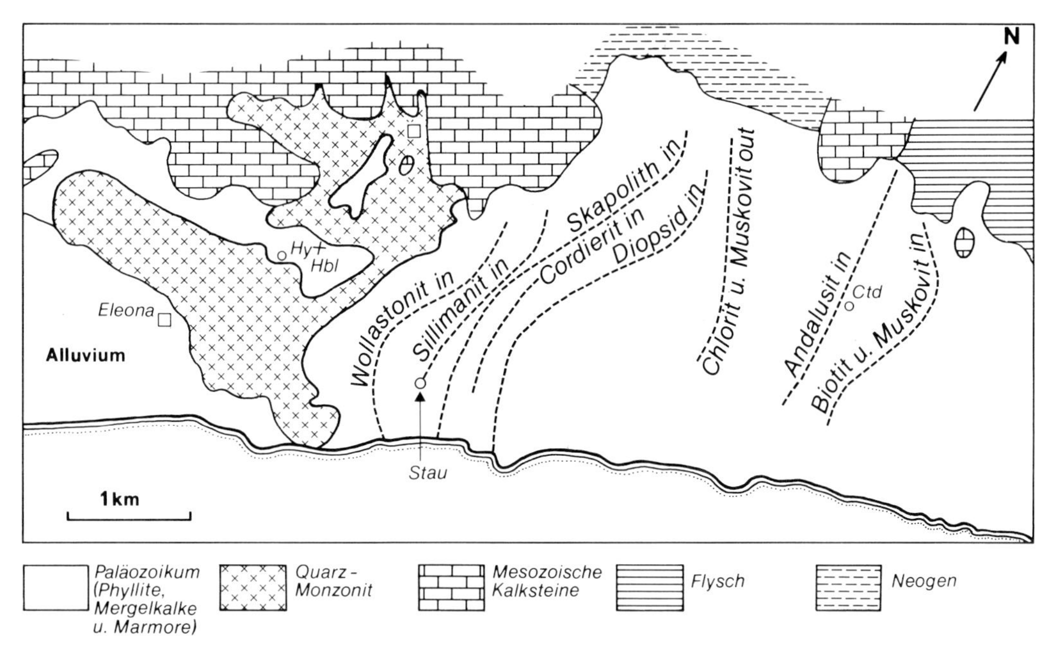

Abb. 102 Der Kontakthof des Quarzmonzonits von Kos (Griechischer Archipel) (nach ALTHERR, KELLER & KOTT 1976). Die gestrichelten Linien bezeichnen das Erscheinen bzw. Verschwinden charakteristischer Minerale mit Annäherung an den Pluton. Hy + Hbl = Hypersthen und Hornblende; Stau = Staurolith; Ctd = Chloritoid.

Diopsid + Skapolith + Grossular ± Calcit ± Quarz;
Diopsid + Grossular + Vesuvian + Calcit ± Skapolith.

- Diopsid + Skapolith + Grossular + Wollastonit + Vesuvian + Calcit;
Grossular + Wollastonit + Ca-reicher Plagioklas + Quarz ± Diopsid;
Diopsid + Wollastonit + Ca-reicher Plagioklas ± Calcit.

Die wechselnden Zusammensetzungen der Ausgangsgesteine bestimmen hier unter anderem, ob neben den kontaktmetamorph neugebildeten Kalksilikaten noch Calcit oder Quarz erhalten sind. Die erste Paragenesengruppe gehört dem mittleren, die zweite eher schon dem höheren Bereich der thermischen Metamorphose an.

Die den Metasedimenten gelegentlich eingelagerten Diabase ergeben im unmittelbaren Kontaktbereich basische Hornfelse mit Ca-reichem Plagioklas, Hypersthen und Hornblende.

Die kontaktmetamorphen Phyllite erscheinen mesoskopisch als Knotenschiefer und Hornfelse. Die im äußeren Kontakthof verbreiteten Andalusit-Knotenschiefer enthalten in einer noch phyllitartigen Matrix idiomorphe Blasten oder unregelmäßig gestaltete Aggregate von Andalusit; die idiomorphen Kristalle des Minerals sind oft als *Chiastolith* mit gesetzmäßig eingelagerten Graphiteinschlüssen ausgebildet. Im inneren Kontakthof verschwindet die schiefrige Textur der Phyllite zugunsten massiger, feinkörniger bis dichter Hornfelsgefüge. Mesoskopisch sind meist nur Granat, Andalusit und Biotit zu erkennen. Im Dünnschliffbild zeigt sich eine granoblastische Matrix aus Quarz, Biotit und Feldspäten, in die Andalusit und Cordierit meist xenoblastisch oder poikiloblastisch eingesproßt sind. Auch der Granat (Almandin) ist überwiegend poikiloblastisch, z. T. mit subidiomorphen Umrissen. Der Sillimanit bildet Büschel und Strähnen aus schlanken Nadeln (Fibrolith).

Die mergeligen und kalkigen Metasedimente der paläozoischen Serie sind den Phylliten als Schichten von cm- bis dm-Dicke in vielfachem Wechsel eingelagert. Die kontaktmetamorphen Kalksilikatfelse und Silikatmarmore sind im allgemeinen klein- bis feinkörnig und oft lagig oder schlierig inhomogen.

Granat (Grossular mit bis zu 40% Andraditkomponente) und Vesuvian bilden gelegentlich bis cm-große Blasten; der Wollastonit tritt in den charakteristischen büscheligen Aggregaten auf. Der Skapolith ist meist xenoblastisch und mesoskopisch unscheinbar.

Tabelle 66 Mineralische (Volum-%) und chemische (Gew.-%) Zusammensetzung kontaktmetamorpher Gesteine

	(1)	(2)	(3)	(4)	(5)
Quarz	32	38	35	14	4
Plagioklas	11	21	12	2	11
Kalifeldspat	–	–	–	2	–
Muskovit	14	0,6	34	0,5	30
Andalusit	–	–	0,2	0,3	11
Sillimanit	2,5	0,1	5,5	24	+
Biotit	40	22	11	34	26
Cordierit	–	17	–	19	17
Granat	+	0,6	0,1	3,5	+
Erzminerale	0,2	0,5	2	1	0,7
Andere	0,4	+	0,2	0,1	+
SiO_2	61,50	64,50	53,60	51,80	47,10
TiO_2	0,81	1,01	0,97	1,33	1,12
Al_2O_3	18,60	16,50	24,80	27,20	28,30
Fe_2O_3	1,94	1,24	6,31	1,30	2,40
FeO	4,20	6,35	3,20	10,00	4,85
MnO	0,09	0,13	0,16	0,39	0,19
MgO	2,54	2,50	1,23	2,91	2,65
CaO	0,42	1,30	0,23	0,42	0,84
Na_2O	1,26	2,81	1,43	0,65	2,23
K_2O	4,38	2,16	5,32	2,59	5,35
P_2O_5	0,15	0,06	0,09	0,06	0,10
CO_2 + H_2O^+	3,55	1,50	3,25	1,44	4,50
Summe	99,44	100,06	100,59	100,09	99,63

(1) Biotit-Muskovit-Quarz-Schiefer, nicht kontaktmetamorph. Steinbach, Oberpfalz (nach Okrusch 1968).
(2) Cordierit-Hornfels. Fundort und Quelle wie (1).
(3) Muskovit-Biotit-Schiefer, kaum kontaktmetamorph. Fundort und Quelle wie (1).
(4) Sillimanit-Cordierit-Hornfels. Fundort und Quelle wie (1).
(5) Andalusit-Cordierit-Hornfels. Fundort und Quelle wie (1).

Kontaktmetamorphe Metapelite und Metagrauwacken bei Steinach, Oberpfalz (nach Okrusch, 1969).

Auch regionalmetamorphe Gesteine im Status von Glimmerschiefern und Gneisen können durch kontaktmetamorphe Überprägung zu Hornfelsen mit neuen Mineralparagenesen umgebildet werden. Ein Beispiel hierfür bieten die Glimmerschiefer und Lagengneise des Saxothuringikums am Kontakt mit dem Granit von Leuchtenberg in der Oberpfalz. Die Mineralbestände der Ausgangsgesteine sind: Quarz + Muskovit + Biotit + Plagioklas (Glimmerschiefer) bzw. Quarz + Plagioklas + Biotit + Muskovit ± Kalifeldspat (Lagengneis). Mit Annäherung an den Granitkontakt bildet sich zunächst die Paragenese Muskovit + Andalusit + Cordierit + Biotit + Quarz + Plagioklas, im inneren Kontakthof dann Sillimanit + Cordierit + Biotit + Quarz + Plagioklas ± Almandin. Andalusit und Granat neigen zur Bildung idiomorpher Blasten; Cordierit bleibt xenoblastisch. Der Sillimanit ist im mittleren Kontaktbereich feinfaserig (Fibrolith), im innersten Kontaktbereich langprismatisch und idiomorph. Der dort erreichte Mineralbestand und die Elementverteilung zwischen koexistierendem Granat, Biotit und Cordierit lassen auf eine Temperatur von über 640°C und einen Druck von wenigstens 3 kb schließen. Mineralbestände und chemische Analysen einiger Gesteine des Gebietes sind in Tabelle 66 angegeben.

3.6 Regionalmetamorphe Gesteine

3.6.1 Regionalmetamorphe Gesteine aus saurem magmatischem Ausgangsmaterial (Metaacidite)

Als **saures magmatisches** Ausgangsmaterial werden hier Plutonite von Aplitgraniten über Granite und Granodiorite bis zu Tonaliten sowie die zugehörigen Ganggesteine und Vulkanite (Rhyolithe, Dacite, Quarzandesite) angesehen. Obwohl diese Gesteinsgruppen recht verschiedene Ausgangszusammensetzungen mitbringen, sind ihre metamorphen Äquivalente untereinander doch soweit ähnlich, daß eine zusammenfassende Beschreibung möglich ist. Für die metamorphen **intermediären** Magmatite gilt verallgemeinernd, daß ihre Mineralbestände und Gefüge eine vermittelnde Stellung zwischen denen der Metaacidite und Metabasite einnehmen; sie werden nicht in einem besonderen Abschnitt behandelt.

Die regionalmetamorphe Umwandlung **saurer Plutonite** muß zunächst eine retrograde sein, wenn zwischen ihrer magmatischen Kristallisation und dem Einsetzen der Metamorphose eine Phase der Abkühlung gelegen hat. Sie kann von da aus prograd bis zu mittleren und hohen Metamorphosestufen fortschreiten. Andererseits gibt es häufig Fälle, in denen Plutone noch während ihrer Endkristallisation oder im Anschluß daran einer Durchbewegung bei noch hohen Temperaturen unterworfen wurden, die zwar metamorphe Gefüge, aber keine wesentliche Veränderung am Mineralbestand bewirkte. Der magmatische Zustand geht hier lückenlos in den metamorphen über. Die verursachende Bewegung kann nicht selten mit der Platznahme des Plutons selbst identifiziert werden. Plutonite dieser Art werden als **Gneisgranite** (gneissic granites) bezeichnet; sie sind z. B. im skandinavischen und finnischen Kristallin verbreitet. Sie bilden oft kuppel- oder zungenförmige Massive mit rundlichen oder elliptischem Umriß im Kartenbild. Zu den Migmatitdomen des tieferen Grundgebirges mit massigen plutonitischen Kerngesteinen und migmatitischen, konzentrisch orientierten Randzonen bestehen alle Übergänge (s. Abschn. 4). Im seichteren Intrusionsniveau dagegen kann die randliche metamorphe Überprägung zu einer Kataklase entarten (*Randmylonite* von Granitintrusionen in kühlerem Nebengestein). Anders als bei Myloniten an rein tektonischen Störungen kommt es in solchen *protoklastischen* Plutoniten meist wieder zu einer Verheilung der kataklastischen Phänomene durch blastische Rekristallisation (s. S. 314).

Die regionalmetamorphe Umwandlung von Graniten, Granodioriten und Tonaliten im Bereich der **niedrigen Metamorphose** (z. B. Grünschieferfazies) wirkt häufig zunächst kataklastisch; Mineralumwandlungen betreffen bevorzugt Biotit, Hornblende und Ca-reichere Plagioklase. Na-reicher Plagioklas, Kalifeldspat, Muskovit und Quarz bleiben erhalten, erleiden aber mehr oder weniger starke Veränderungen ihrer Gefüge.

Verbreitete metamorphe Mineralreaktionen in diesem Bereich sind:

- Biotit → Chlorit + Leukoxenminerale,
- Hornblende → Aktinolith, Chlorit, Calcit,
- Pyroxen → Chlorit, Aktinolith, Epidot,
- Ca-reicherer Plagioklas → Albit + Klinozoisit oder Albit + Serizit ± Calcit u. a.
- Kalifeldspat → Serizit, Muskovit.

Das Gefüge solcher niedrigmetamorpher Metaplutonite läßt häufig noch die grobkörnige Beschaffenheit des Ausgangsgesteins erkennen (Abb. 103 A). Besonders die Kalifeldspat-Großkristalle erweisen sich als recht beständig; sie werden mehr oder weniger parallel eingeregelt und auch in verschiedenem Grade linsenförmig deformiert *(Augengneis)*. Die umgebende kleinerkörnige Matrix besteht aus den weiteren Gesteinsmineralen, besonders Plagioklas, Quarz und Mafiten, deren Aggregate bei typisch ausgebildeter Augentextur die großen Feldspäte gleichsam umfließen. Die Glimmer und der Chlorit bilden Strähnen oder Flasern aus zahlreichen kleinen Schuppen oder Fetzen; der Quarz ist meist zu einem feinkörnigen Granulat zerfallen; größere noch erhaltene Quarze haben undulöse Auslöschung. Auch die großen Kalifeldspäte (Orthoklas oder Mikroklin) zeigen interne Deformationen und klaffende Risse, die mit anderen Mineralen (Albit, Quarz, Chlorit, Muskovit) gefüllt sind.

Saure Plutonite ohne Großfeldspäte werden zu Gneisen und Schiefern umgewandelt, die im allgemeinen wesentlich geringere Korngrößen haben als ihre Ausgangsgesteine. Ihre Herkunft ist dann nur noch aus dem chemischen Bestand und eventuell vorhandenen weniger deformierten Relikten zu erschließen. Bei starker Durchbewegung und hinreichendem Zutritt von H_2O können aus Graniten Schiefer entstehen, in denen auch der Kalifeldspat weitgehend oder ganz in Muskovit umgewandelt ist (Muskovit-Albit-Quarz-Schiefer mit Chlorit ± Epidot); dabei muß ein Teil des ursprünglichen Kaliums aus

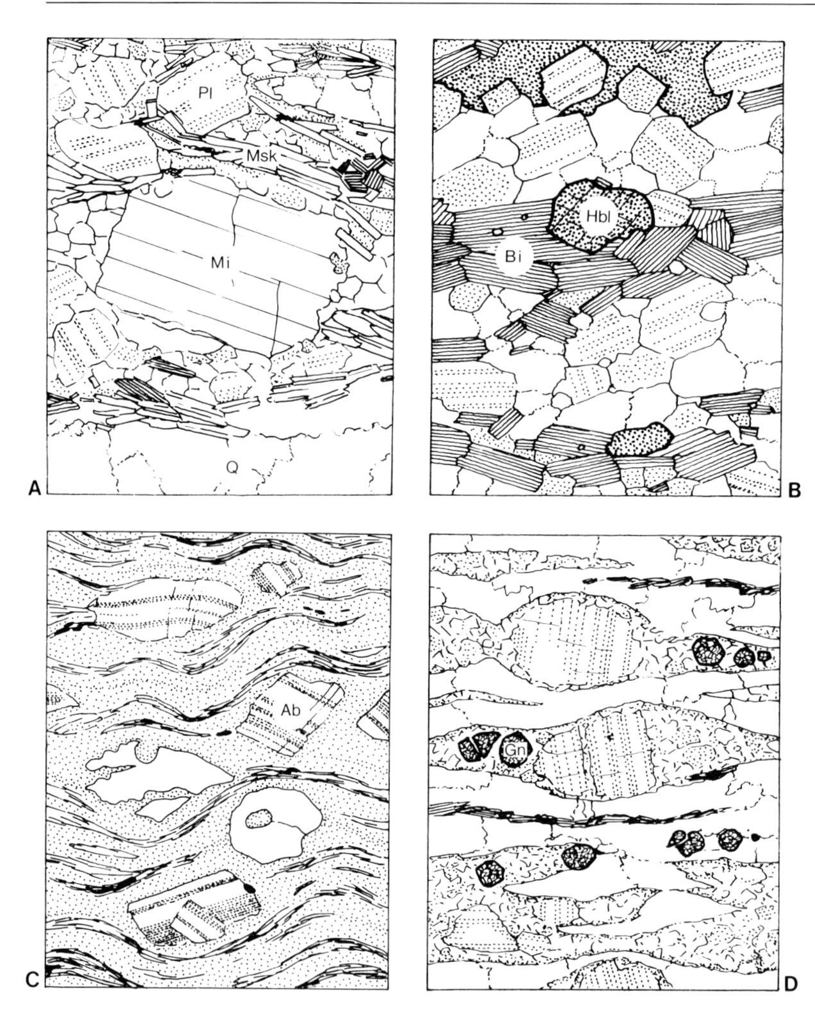

Abb. 103 Gefüge metamorpher Gesteine aus saurem Ausgangsmaterial.

A) Granitischer Orthogneis, Secca Selva (Schweiz), Mikroklin (Mi), Plagioklas (Pl), Quarz (Q), Muskovit (Msk), Biotit.

B) Tonalitischer Orthogneis, Prechtaler Schanzen (Schwarzwald). Signaturen wie in (A), Hbl = Hornblende, Bi = Biotit.

C) Niedrig metamorpher Rhyolith („Porphyroid"), Eulenbaum (Taunus). Die porphyrische Struktur ist an Einsprenglingen von Albit (Ab) und Quarz noch erkennbar; die Matrix besteht aus einem feinkörnigen Quarz-Mikroklin-Granulat und Glimmerzügen.

D) Metaaplitischer Leptinit, Ste. Marie-aux-Mines (Vogesen). Signaturen wie in (A)–(C); Gn = Granat.

dem Gestein weggeführt werden. Aus plagioklasreicherem und mafitischerem Ausgangsmaterial entstehen Gneise und Schiefer mit Albit, Klinozoisit bis Epidot, Muskovit, Chlorit und Quarz als Hauptmineralen. Zusätzlich auftretende Neben- und akzessorische Minerale der sauren Metaplutonite im niedrigmetamorphen Bereich sind Stilpnomelan, Zirkon, Titanit, Rutil, Apatit, Magnetit und Pyrit. Aus Alkaligraniten und ihnen analogen Vulkaniten entstehen entsprechend zusammengesetzte Gneise mit Ägirin und/oder Alkaliamphibol. Ein bekanntes Beispiel ist der Riebeckitgneis von Gloggnitz (Niederösterreich) mit den Hauptmineralen Quarz, Kalifeldspat, Albit, Riebeckit und Ägirin (s. Tabelle 78). Das Gestein ist feinkörnig-schiefrig mit fleckig verteilten Mafiten.

Im Bereich des **mittleren Metamorphosegrades** stellen sich Mineralbestände mit Quarz, Orthoklas oder Mikroklin, Plagioklas (meist Oligoklas bis Andesin), Biotit und Hornblende ein. Die Textur solcher **Orthogneise** im engeren Sinne ist massig bis schiefrig; charakteristisch ist für viele granitische bis granodioritische Orthogneise eine **flaserige** Anordnung des Biotits in diskontinuierlichen, einige mm bis wenige cm langen Strähnen. Größere Kalifeldspäte in mehr oder weniger deutlicher Einregelung bedingen lentikulare (= linsige) oder Augentexturen. Im übrigen herrschen granoblastische Strukturen vor, wobei der Quarz in besonderen, rundlichen bis langlinsenförmigen Aggregaten hervortritt oder mehr gleichmäßig zwischen den Feldspäten und anderen Mineralen verteilt ist. Bei starker tektonischer Durchbewegung können saure Plutonite auch so stark deformiert werden, daß alle Gefügerelikte ihres ursprünglichen Zustandes verschwinden. Beispiele hierfür sind die ebenschiefrigen Orthogneise des Tessins (Schweiz), die sich in über metergroße, aber nur wenige Zentimeter dicke Platten spalten lassen. Auch mehrere Meter hohe, nur dezimeterbreite Rebpfähle lassen sich daraus herstellen. Eine noch weiter gehende Deformation zeigen *Stengelgneise* mit extremer Streckung aller Gefügeelemente nach der b-Achse und meist fein- bis kleinkörniger Ausbildung (Beispiel Abb. 93A, Stengelgneis von Doubravčany bei Kutna Hora, Böhmen).

Die in synkinematisch kristallisierenden Plutoniten vorkommende **Protoklase** (s. S. 314) wird im mittelmetamorphen Bereich durch blastische Kristallisation überprägt. Es entstehen dadurch z. B. Augengneise mit einer streifigen, kleinkörnig-granoblastischen Matrix aus Feldspäten, Quarz und Biotit (s. auch Abschn. 3.7 über kataklastische Gesteine).

Auch aus dem mittelmetamorphen Bereich ist eine Anzahl von Orthogneisen mit Alkaliamphibol und/oder Alkalipyroxen bekannt, die von entsprechend zusammengesetzten Magmatiten abstammen.

Im **hochmetamorphen Bereich,** speziell in der Granulitfazies (= regionalmetamorphe Hypersthenzone nach WINKLER) werden saure Plutonite zu **Granuliten** und **charnockitischen** Metamorphiten umgewandelt. WINKLER hat für solche Gesteine eine Gliederung und Nomenklatur entworfen, der das obere Teildreieck Q–A–P des Streckeisen-Doppeldreiecks zugrundeliegt. Für saure und intermediäre Plutonite und ihre hochmetamorphen Äquivalente gelten die in Tabelle 67 aufgeführten terminologischen Bestimmungen.

Als *Granulite* sind hier sowohl mittel- bis grobkörnige gneisige Gesteine mit entsprechendem Mineralbestand, als auch die Granulite im engeren Sinne mit ihrer charakteristischen Struktur und Textur (siehe folgenden Absatz) zusammengefaßt. WINKLER hat als Oberbegriff, der alle Gefügevarianten umfaßt, den Namen *Granolit* vorgeschlagen.

Der charakteristische Mineralbestand eines aus granitischem Ausgangsmaterial hervorgegangenen **Granulits** ist: Quarz, perthitischer K-Na-Feldspat, Plagioklas, Almandin ± Disthen ± Sillimanit ± Biotit; als Akzessorien Zirkon, Rutil, Apatit und Erzminerale. Manche saure Granulite enthalten auch Cordierit oder Hercynit. Pyroxene oder auch Hornblende treten bei geeignetem Ausgangsmaterial mit entsprechenden Fe-, Mg- und Ca-Gehalten auf. Eine oft vorkommende Struktur- und Texturform ist das *Granulitgefüge* im engeren Sinne, wie es z. B. die Granulite des sächsischen Granulitgebirges aufweisen. Die Gesteine sind straff schiefrig, häufig etwas streifig durch lagenweisen Wechsel des Mineralbestandes. Wegen des hellen Gesamteindruckes war früher die Bezeichnung *Weißstein* üblich. Der Quarz bildet mm- bis cm-lange, flache Linsen oder Scheiben (Disken), die **„Granulitquarze“,** welche in paralleler Anordnung die Hauptträger der Schieferung sind. Sie liegen in einer meist feinkörnigen Matrix aus granoblastischen Feldspäten, die ihrerseits auch etwas Quarz enthalten kann (Abb. 105A).

Gelegentlich kommen auch einzelne größere, in der Schieferungsrichtung gestreckte Feldspäte vor. Granat und Disthen liegen als Einzelkörner oder als eingeregelte Aggregate mehrerer Körner in der Matrix. Die Quarzscheiben können Einkristalle oder Aggregate aus mehreren Kristallen sein, deren Orientierungen nur wenig voneinander abweichen (weitere Angaben über das Quarzgefüge solcher Granulite s. u.). Der Alkalifeldspat ist feinperthitisch mit einem meist hohen Anteil der Albitkomponente (Mesoperthit). Der Granat der metagranitischen Granulite ist almandinreich; in den Granaten intermediärer bis basi-

Tabelle 67 Terminologische Beziehungen zwischen sauren und intermediären Plutoniten und ihren hochmetamorphen Äquivalenten (nach WINKLER 1979)

Nicht metamorph:	Hochmetamorph:
Alkalifeldspatgranit	Alkalifeldspat-charnockitischer Granulit
Granit (Felder 3a und 3b)	Charnockitischer Granulit
Granodiorit	Charno-enderbitischer Granulit
Tonalit	Enderbitischer Granulit
Quarzsyenit (und Syenit)	Hypersthen-Perthit-Granulit
Quarzmonzonit (und Monzonit)	Hypersthen-Perthiklas-Granulit
Quarzmonzodiorit, Monzodiorit, Quarzdiorit	Hypersthen-Pyroklas-Granulit, Pyroxengranulit oder Pyriklasit anderer Autoren

scher Granulite nehmen die Pyrop- und Grossularkomponenten zu. Er bildet subidiomorphe oder unregelmäßig-buchtige oder atollartige Körner. Unter den akzessorischen Mineralen ist Rutil zu erwähnen. Er tritt in mehreren Generationen auf: gedrungene, in der Schieferungsebene orientierte Körner, äußerst feine, nicht orientierte Nädelchen in den Scheibenquarzen und Ausscheidungen beim Zerfall von Biotit oder Hornblende. Der Disthen bildet bis zu einige mm große Täfelchen, die nicht selten Erscheinungen der Kataklase (Zerbrechung, Knickung) zeigen; gelegentlich ist die Umwandlung in Sillimanit-Nadelaggregate zu beobachten. Der Hypersthen fällt im Dünnschliff durch seinen Pleochroismus mit grünlichen, gelblichen und rosa Farbtönen auf. Der Klinopyroxen ist ein grünlicher Fe-Diopsid, z. T. Al-reich. Die Hornblende der Granulite ist meist olivgrün bis braun und Ti-reich. Biotit ist in sehr vielen sonst typischen Granuliten in untergeordneter Menge vorhanden; die vereinfachende Kennzeichnung der Granulite als Metamorphite ohne jegliche hydroxylhaltige Minerale trifft keineswegs überall zu.

Zur Gruppe der Granulite gehören ferner auch Metamorphite mit dem oben beschriebenen Mineralbestand, aber anderen, nach verschiedenen Richtungen davon abweichenden Gefügen. Der bereits durch straffe Schieferung und Kornregelung charakterisierte Typ der Granulite im engeren Sinne kann sich zu noch feinerkörnigen, mylonitartigen Formen weiterentwickeln. Solche Gesteine haben eine flaserige bis streifige Textur mit sehr langgestreckten Quarzsträhnen und gelegentlich auch linsenförmig deformierten Feldspäten. Das Gefüge ist das Ergebnis einer starken Durchbewegung und Kornzerkleinerung; die Rekristallisation erfolgte unter hochmetamorphen Bedingungen, wobei das Kornwachstum nicht über den als „feinkörnig" definierten Größenbereich hinaus gelangte („Hälleflintartige Granulite", s. S. 274).

Eine ganz entgegengesetzte Tendenz der Gefügeentwicklung zeigen schwach schiefrige oder fast massige, oft auch klein- bis mittelkörnige Granulite, für die der Name *Granofels* vorgeschlagen worden ist.

Die Granulite des sächsischen Granulitgebirges (nach BEHR, 1961).

Das Granulitgebirge erstreckt sich mit etwa 45 km Länge und bis zu 18 km Breite als ein fast regelmäßiges Oval mit der langen Achse von SW nach NE (Abb. 104). Der den größten Flächenanteil einnehmende Kernbereich besteht überwiegend aus Granuliten; er hat die Form eines länglichen Gewölbes, dessen Flanken allseits unter die Hüllgesteine abtauchen. Darüber folgt, durch eine Abscherungsfläche deutlich abgesetzt,

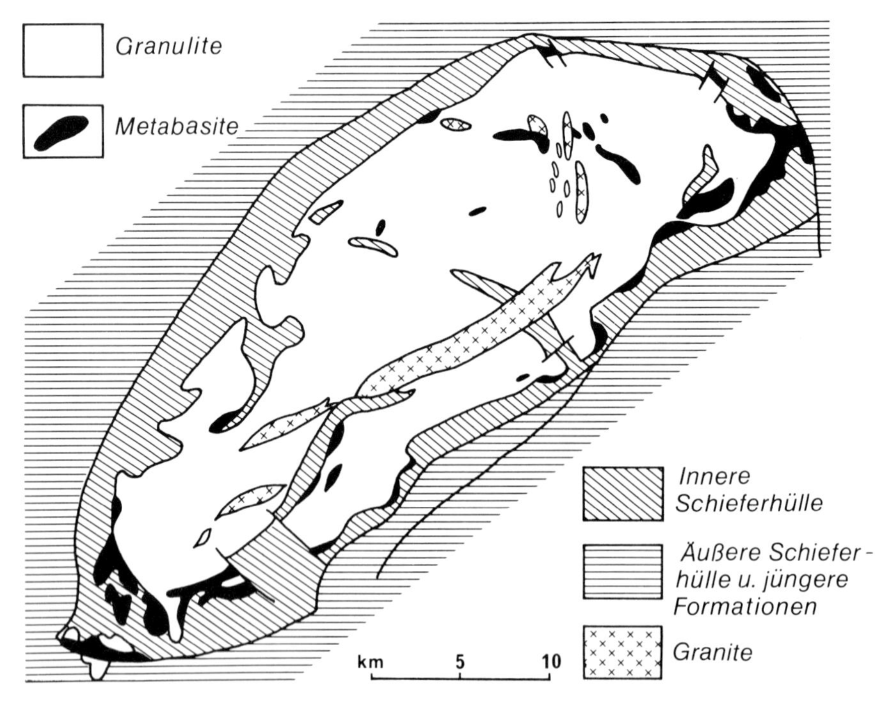

Abb. 104 Das sächsische Granulitgebirge (nach BEHR 1961).

der *innere Schiefermantel,* eine etwa 2 km mächtige konzentrische Hülle aus verschiedenartigen Gneisen und Glimmerschiefern. Die liegendsten Teile dieser Einheit sind gebietsweise auch lappenartig in den eigentlichen Granulitkörper eingefaltet. Der *äußere Schiefermantel* besteht aus niedrig metamorphen Phylliten und Tonschiefern, die z. T. sicher dem Altpaläozoikum zuzuordnen sind.

Die Granulite des Kernbereiches entsprechen großenteils der oben gegebenen allgemeinen Beschreibung, soweit saure Metamorphite in Betracht kommen (Tabelle 68). Sie sind im allgemeinen feinkörnig, sehr ebenflächig laminiert („bandstreifig"), wobei Lagen mit höheren und geringeren Gehalten an Mafiten und Al-Silikaten miteinander abwechseln. Die Dicke solcher Lagen kann bis auf ein Millimeter und darunter zurückgehen, besonders in den äußerst feinkörnigen Granuliten des Randbereiches. Im Zentrum des Kernbereiches, d. h. im tiefsten Anschnittsniveau, sind dagegen dickschiefrige Granulite mit mittelmäßiger Spaltbarkeit, mikroskopisch mit gedrungenen unregelmäßig begrenzten Quarzscheiben am weitesten verbreitet. Der i. a. als typisch angesehene, sehr helle „Weißstein" tritt bevorzugt in Form von Linsen, seltener als Bestandteil der laminierten Granulite auf. Dunkle, metabasitische Granulite (Pyroxengranulite, Trappgranulite älterer Autoren) treten besonders im Randbereich des Kerns in vielfacher Wechsellagerung mit den sauren Granuliten auf. Die Mächtigkeit dieser Pyroxengranulite schwankt zwischen wenigen cm und mehreren Zehnern von Metern. Es sind feinkörnige, dunkle bis fast schwarze Gesteine mit unvollkommen schiefriger Textur (s. S. 284). Der heutige Zustand der Wechsellagerung basischer und saurer Granulite ist zweifellos die Folge einer sehr starken tektonischen Durchbewegung („Phyrasis" nach SCHEUMANN). Stellenweise ist aber auch erkennbar, daß schon vor diesem Ereignis eine vielleicht schichtige Wechsellagerung (etwa von sauren und basischen Tuffen) vorhanden war. Wo Relikte dieses ältesten Flächengefüges noch erhalten sind, können sie als s_1 von dem sonst im Gefügebild vorherrschenden s_2 abgehoben werden. Nach s_2 richten sich die strenge Plattigkeit der Quarze, die scheibenartig deformierten größeren Perthite, die Disthentäfelchen und der Biotit, sofern solcher vorhanden ist. Sehr häufig liegen s_1 und s_2 zueinander parallel. Meist ist eine mehr oder weniger deutliche Lineation auf s_2, die als b identifiziert wird, vorhanden. Als mesoskopisch unscheinbare Gefügeelemente treten im nördlichen Randbereich s_3 und s_4 auf. Sie sind an dem Verlauf der Undulationsstreifung im Quarz und an der Orientierung einer feinstkörnigen Biotitgeneration erkennbar; sie sind einem zu s_2 symmetrischen, etwa rechtwinkligen Scherflächenpaar zuzuordnen, das etwas jünger als die Plättung nach s_2 ist. Zu s_5 gehören solche Flächen, die im Bereich der in den Granulit eingefalteten Hüllgesteine auftreten. Sie werden durch Biotit, der hauptsächlich aus Granat hervorgeht, markiert.

Tabelle 68 Mineralische Zusammensetzung (Volum-%) von Granuliten des sächsischen Granulitgebirges (nach BEHR 1961)

	(1)	(2)	(3)	(4)
Quarz	39,9	41,2	19,5	27,6
Perthit	57,1	52,0	65,7	39,1
Plagioklas	0,3	–	10,7	18,6
Granat	1,8	1,3	0,9	2,1
Disthen	0,2 (Disthen + Sillimanit)	1,7	–	–
Sillimanit		3,5	0,9	–
Hypersthen	–	–	–	7,2
Biotit	–	–	1,9	3,6
Andere	0,7	0,3	0,4	1,8

(1) Kerngranulit, Dreiwerden.
(2) Kerngranulit, Theesdorf.
(3) Grobkörniger Granulit, mit Granitisierungserscheinungen, Brauseloch.
(4) Hypersthengranulit, Oberthalheim.

Die gefügeanalytische Untersuchung der Granulite, besonders am Quarz, hat mehrere Regelungstypen in verschiedenen tektonischen Zusammenhängen ergeben:

- Pseudozweigürtel (die Quarzachsen liegen auf der Mantelfläche eines Doppelkegels, Abb. 99A). Die hohe Symmetrie dieser Regelung läßt sich nicht mit größeren Transportbewegungen im Gestein vereinbaren; vielmehr muß das Gefüge als Folge einer **Plättung** gesehen werden, bei der die Quarze durch korninterne Zerscherung in ihre jetzt vorliegende Form gebracht wurden.
- Im Gegensatz zu diesem Regelungstyp zeigt ein zweiter, sich mit Übergängen daraus entwickelnder Typ eine kräftige **scherende** Verformung des Gesteins an (Abb. 99C). Er entsteht dadurch, daß die Quarze sich mit einer Rhomboederfläche in die Hauptscherfläche einstellen; die c-Achsen stellen sich mehr oder

weniger vollkommen in die tektonische ac-Ebene ein.

- Ein weiterer häufig vorkommender Regelungstyp weist zwei sich rechtwinklig schneidende Gürtel (Kreuzgürtel) mit einem Maximum in a (Abb. 99D) oder drei Maxima in der in Abb. 99E gezeigten Position auf. Dieses Gefüge hängt mit den oben erwähnten Scherflächen s_3 und s_4 zusammen; es entsteht durch interne Umorientierung der Quarzscheiben, ohne daß deren äußere Gestalt dadurch wesentlich verändert wird.
- Entregelte Quarzgefüge finden sich bevorzugt dort, wo die typischen Granulitgefüge durch nachträgliche Umkristallisation oder Mobilisation überprägt sind.
- Nochmals andere Quarzgefüge sind in der Schieferhülle, auch nahe deren Grenze zum Granulit, ausgebildet. Als Beispiel ist in Abb. 99F ein einfaches Quarzgefüge mit dem Maximum in der tektonischen a-Achse gezeigt. Daneben kommen aber auch andere, hier nicht genannte Regelungstypen vor.

Weitere Bauelemente des Granulitgebirges sind bis zu mehrere Kilometer lange Linsen und Lager von Metabasiten und Serpentiniten, die nicht der hochmetamorphen Granulitfazies angehören, sowie Granite verschiedenen Alters. Die ältesten Granite bilden mit den Granuliten migmatitartige Verbände, wobei die Granulite in mittelmetamorphe Zustände mit Neubildung von Biotit, Sillimanit und Korund übergeführt werden. Auch die oben erwähnte Entregelung des Quarzgefüges ist eine Folge dieser Umwandlungen.

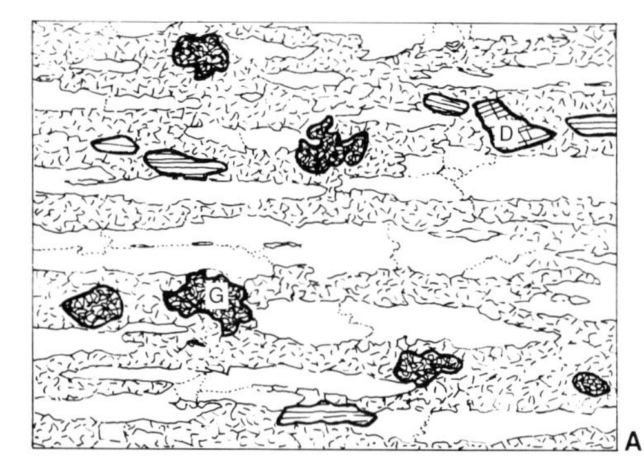

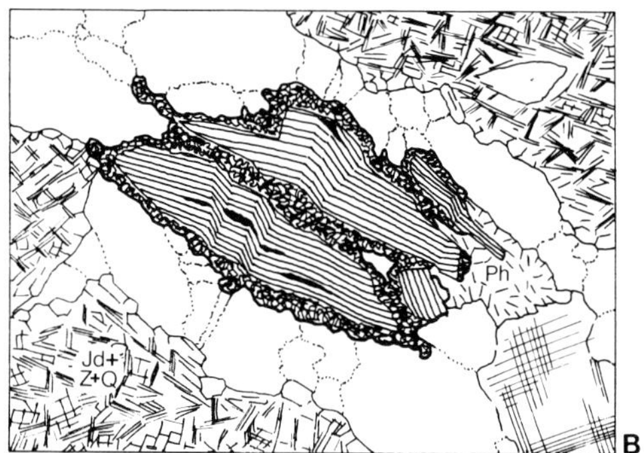

Abb. 105

A) Gefüge eines sauren Granulits aus dem sächsischen Granulitgebirge mit Scheibenquarz, einem Feldspat-Quarz-Granulat, Granat (G) und Disthen (D). Breite des Bildausschnittes etwa 3,0 mm.

B) In Eklogitfazies metamorphosierter Granit vom Monte Mucrone bei Biella, italienische Westalpen. Der Plagioklas ist ganz in ein Gemenge von Jadeit + Zoisit + Quarz umgewandelt (Jd + Z + Q). Der Biotit (Mitte) wird randlich in Granat umgewandelt; Ph = Phengit. Rechts unten Mikroklin, Quarz ist weiß. Breite des Bildausschnittes etwa 2,5 mm.

Jadeitführender Metagranit der Zone von Sesia-Lanzo, Italien

(nach Compagnoni & Maffeo, 1973).

Ein Beispiel der Metamorphose von Granodiorit bei hohem Druck (>10 kb), aber nur mäßiger Temperatur bietet das Gestein vom Monte Mucrone in der Zone von Sesia-Lanzo (ital. Westalpen). Die umgebenden Gesteine werden als *eklogitische Glimmerschiefer* mit Phengit, Glaukophan und Omphacit als faziescharakteristischen Mineralen bezeichnet. Der ihnen eingelagerte Granodiorit ist teils massig mit hypidiomorph-körniger Struktur, teils geschiefert. Die Hochdruckmetamorphose beginnt mit der Umwandlung von Plagioklas in Jadeit + Zoisit + Quarz (feinkristalline pseudomorphe Aggregate) und von Biotit in Granat + Phengit (Abb. 105B). Im weiteren Verlauf der Metamorphose erscheinen Omphacit, Chloromelanit, Ägirinaugit und Glaukophan; der Kalifeldspat bleibt zunächst erhalten, verschwindet aber schließlich zugunsten von Phengit. Albit, Hornblende und Biotit II zeigen als jüngste Bildungen eine retrograde Überprägung des Gesteins an. In anderen Vorkommen der Westalpen tritt Jadeit im Kalifeldspat anstelle der sonst verbreiteten Albitentmischungen (Perthit) oder zusammen mit solchen auf.

Charnockitisierung von Leptiniten und Migmatiten in Südindien

(nach Raith et al. 1983 und Srikantappa et al. 1985).

Intermediäre bis saure Leptinite und Migmatite sind im Archaikum Südindiens weit verbreitet. Im Übergangsbereich von der Amphibolit- zur Granulitfazies werden diese Gesteine in **Charnockite** umgewandelt. Die Umwandlung beginnt mit der Bildung von zentimeter- bis dezimetergroßen, dunkelgrauen Flecken und Strähnen, die mehr oder weniger deutlich ein System tektonisch angelegter Risse nachzeichnen. In diesen charnockitisierten Gesteinspartien entwickelt sich ein zunehmend massiges, granoblastisches Gefüge; Biotit und Amphibol verschwinden zugunsten von Orthopyroxen, Klinopyroxen und Kalifeldspat. Auf dem Höhepunkt der Umwandlung bei 7–9 kbar und 730–800° C ist die Paragenese Plagioklas + Kalifeldspat + Quarz + Orthopyroxen + Klinopyroxen + Granat stabil. CO_2-reiche Fluide spielten eine entscheidende Rolle beim Abbau der hydroxylhaltigen Minerale Biotit und Amphibol und der Einstellung des „trockenen" Mineralbestandes.

Orthogneise des mittleren Schwarzwaldes

Im Grundgebirge des mittleren Schwarzwaldes sind Orthogneise in mittelmetamorpher (amphibolitfazieller) Überprägung weit verbreitet. Sie bilden Linsen und langgestreckte Züge von bis zu 15 km Länge und mehreren Kilometern Breite, die mit den wahrscheinlich präkambrischen Paragneisen wechsellagern. Die Verbandsverhältnisse deuten teils ein intrusives Verhalten der Orthogneise gegenüber ihrem Paragneisrahmen, teils aber auch ehemals migmatitartige Durchdringungen der beiden Gesteinskomponenten an. Die regionalmetamorphe Überprägung hat die Einzelheiten dieser Verhältnisse verwischt. Die mit größter Wahrscheinlichkeit als metamorphe saure Plutonite anzusprechenden Orthogneise („Schapbachgneise" der älteren Autoren) sind mittelkörnige Gesteine mit Plagioklas, Quarz, Biotit und etwas Kalifeldspat als Hauptmineralen. Abweichungen von diesem granodioritischen bis trondhjemitischen Haupttyp sind granitische und aplitische Varianten einerseits und biotitreichere oder auch hornblendeführende tonalitische Gneise andererseits (Abb. 103B). Diese dunkleren und meist auch kleinerkörnigen Gneise leiten lückenlos zu den verbreiteten Metagrauwacke-Paragneisen des Rahmens über. Eine eindeutige Zuordnung zu den Ortho- oder Paragneismetamorphiten ist hier oft nicht möglich; solche Gesteine sind nach einem Vorschlag von MEHNERT als **Amphogneise** zu bezeichnen. Sie führen sehr häufig Orthit als akzessorischen Gemengteil.

Die typischen granodioritischen Orthogneise des mittleren Schwarzwaldes sind homogene, mittelkörnige, im Gesamteindruck hellgraue Gesteine mit flaseriger, seltener auch schieferiger oder fast massiger Textur.

Alpine Metamorphose von Tonalit und Granodiorit in den Hohen Tauern, Österreich (nach KARL, 1959).

Im Gebiet des Großvenedigers und im Hochalm-Ankogel-Gebiet (Hohe Tauern) sind Tonalite und Granodiorite in altkristalline (variskische) Metamorphite intrudiert und alpin metamorphosiert worden. Die am wenigsten metamorphen Plutonite sind denen der sicher alpinen periadriatischen Massive des Adamello, des Rieserferner und von Lana sehr ähnlich. Sie grenzen mit Schollen- und migmatitischen Kontakten an die Gneise und Schiefer ihres Rahmens. Der primärmagmatische Mineralbestand ist:

- Quarz als allotriomorphe Zwickelfüllung zwischen Plagioklas und Mafiten;
- Plagioklas, meist Oligoklas mit An_{13} bis An_{28} und normalem Zonenbau; ein Ca-reicherer Kern ist nicht mehr erhalten (siehe unten);
- Kalifeldspat (nur in den Granodioriten), xenomorph zwischen den hypidiomorphen Plagioklasen;
- Biotit (nur wenige Relikte erhalten),
- Fe- und Ti-reiche Hornblende.

Die metamorphe Überprägung erzeugte folgende Neu- und Umbildungen:

- Undulöse Auslöschung und Kornzerfall der primären Quarze; Neubildung undeformierter „junger" Quarze, die z. T. Plagioklas, Biotit und Hornblende korrodieren.
- Neubildung von Klinozoisit und Muskovit in den Plagioklasen, vor allem anstelle der ehemals Ca-reicheren Kerne: „gefüllte Plagioklase". Die in kleinkristalline Klinozoisit ± Muskovit-Aggregate umgewandelten Bereiche zeigen oft unregelmäßig-lappige Umrisse, wie sie auch die Ca-reichen Kerne der nicht metamorphen Tonalite, etwa des Adamelloplutons, aufweisen. Am Rand der so umgewandelten Plagioklase bildet sich verbreitet auch ein „junger", klarer Oligoklas, der seinerseits noch von Quarz und Kalifeldspat der zweiten Generation korrodiert wird.
- Die „junge" Kalifeldspatgeneration ist als xenomorphe Intergranularbildung zwischen Plagioklas, Quarz, Biotit und „altem" Plagioklas zu finden.
- Olivfarbener Ti-armer Biotit bildet Kornaggregate, die aus der Umwandlung primärer Fe- und Ti-reicher Biotite oder auch aus Hornblenden hervorgehen. Titanit in Form sehr kleiner ovoidaler Kristalle oder auch Sagenit sind die kennzeichnenden zusätzlichen Neubildungen bei dieser Umwandlung.

Tabelle 69 Mineralische (Volum-%) und chemische (Gew.-%) Zusammensetzung von Metamorphiten aus saurem magmatischem Ausgangsmaterial

	(1)	(2)	(3)	(4)	(5)	(6)
Quarz	24,8	17,4	25	37,7	38,0	40,0
Kalifeldspat, Perthit	4,5	–	5	–	43,3	38,0
Plagioklas	52,0	49,0	51	57,1	16,7	17,0
Muskovit, Serizit	2,3	0,9	2	+	+	–
Biotit	11,7	20,2	17	4,0	1,0	–
Hornblende	–	1,7	–	0,2	–	–
Klinozoisit, Epidot	4,2	9,0	–	–	–	–
Granat	–	–	–	–	1,0	3,0
Disthen	–	–	–	–	–	2,0
Erzminerale	–	1,0	+	–	–	–
Zirkon	+	+	+	+	+	+
Titanit	–	0,2	+	+	+	–
Apatit	0,2	0,4	+	+	+	+
Andere	0,1	0,3	–	–	+	–
SiO_2	66,88	59,57	65,22	77,40	77,56	73,9
TiO_2	0,17	0,97	0,43	0,30	0,07	0,2
Al_2O_3	17,67	18,64	17,22	12,10	12,37	14,2
Fe_2O_3	0,67	1,26	0,70	0,50	0,25	0,1
FeO	1,99	4,29	2,95	0,82	0,48	1,8
MnO	0,08	0,14	0,15	0,04	0,02	0,02
MgO	1,64	2,98	2,34	0,55	0,13	0,4
CaO	4,00	5,22	3,25	1,34	0,53	1,3
Na_2O	4,77	4,54	3,99	5,69	2,79	2,7
K_2O	1,65	1,53	2,51	0,29	5,48	4,4
P_2O_5	0,11	0,22	0,07	0,04	0,07	+
H_2O^+	0,37	0,57	0,80	0,62	0,39	0,1
Summe	100,00	99,93	99,63	99,69	100,14	99,12

(1) Massiger Tonalitgneis, Windbachtal, Hohe Tauern, Österreich (nach KARL 1959).
(2) Massiger Tonalitgneis, hornblendeführend, Obersulzbachtal, Hohe Tauern, Österreich (nach KARL 1959).
(3) Trondhjemitgneis („Schapbachgneis"), Steinbruch Artenberg bei Steinach, Schwarzwald (nach WALDECK 1970). Mit 0,24% FeS.
(4) Na-reicher Leptinit, Zindelstein, Schwarzwald (nach LIM 1979).
(5) K-reicher Leptinit, Angenbachtal, Schwarzwald (nach LÄMMLIN 1981).
(6) Typus der Weißstein-Granulite des sächsischen Granulitgebirges (nach WATZNAUER, BEHR & MATHE 1971).

Weitere alpin-metamorphe Neubildungen sind:
- Epidot und Klinozoisit außerhalb der Plagioklase, oft zusammen mit „jungem" Biotit;
- Chlorit (Prochlorit) selbständig oder als Umwandlungsprodukt von Biotit;
- Hornblende (barroisitisch mit charakteristischem Pleochroismus: X hell gelbgrün, Y grün, Z blaugrün);
- Granat, Orthit.

Mesoskopisch und im Aufschlußbild sind die Gesteine teils massig, teils in verschiedenem Grade geschiefert. Dunkle „endogene" Einschlüsse sind häufig; sie werden auch von den alpin-metamorphen Umwandlungen betroffen; in den schiefrigen Tonalitgneisen sind sie in s ausgelängt.

Tabelle 69 führt unter Nr. 1 und 2 zwei Mineralbestände und chemische Analysen von Gneisen des Gebietes an.

Saure Metavulkanite

Die regionalmetamorphe Umwandlung **saurer Vulkanite** bietet vor allem in ihren anfänglichen Stufen besondere Erscheinungen dar, die durch die Gefügeeigenschaften des Ausgangsmaterials begründet sind. Die porphyrische Struktur vieler

Rhyolithe und das quasi-porphyrische Gefüge mancher Ignimbrite bleibt im Bereich der niedriggradigen Metamorphose oft deutlich erhalten. Die feinkörnigen oder glasigen Grundmassen werden in feinkörnige, schiefrige Aggregate von Quarz, Muskovit (Serizit), Albit und Chlorit umgebildet. Die Schieferungstextur legt sich um die größeren Porphyroklasten von Quarz und Feldspäten, die noch gut als die ursprünglichen Einsprenglinge erkennbar sind (Abb. 103C).

Häufig sind noch Details ihrer primären Eigenschaften, z. B. Korrosionsbuchten der Quarze, subidiomorphe Umrisse und Zwillingsbildungen erhalten. Die Beständigkeit der Einsprenglingsquarze ist bemerkenswert, weil in anderen quarzführenden Gesteinen der gleichen Metamorphosestufe gerade dieses Mineral meist als erstes der mechanischen Beanspruchung nachgibt. Metamorphe saure Vulkanite des geschilderten Typs werden als **Porphyroide** bezeichnet.

Mit fortschreitender Metamorphose nimmt die Korngröße der Matrix zu und das deformierte porphyrische Gefüge wird undeutlich. Größere Feldspat- und Quarzindividuen sind nicht mehr mit Sicherheit als Porphyroklasten zu deuten; eine porphyroblastische Entstehung ist ebensogut möglich. Im Bereich des mittleren Metamorphosegrades entstehen aus sauren Vulkaniten häufig fein- bis höchstens mittelkörnige, schiefrig-plattige bis massige, oft streifig inhomogene **Leptite** (oder Leptinite). Ihr Gefüge ist in der Hauptsache granoblastisch, die Glimmer sind mehr oder weniger vollkommen in die Schieferungsebene eingeregelt. Der Mineralbestand solcher aus sauren Vulkaniten herzuleitender Metamorphite ist: Quarz, Kalifeldspat, Plagioklas, Biotit; Hornblende, Granat, Sillimanit, Cordierit und Muskovit können ebenfalls vorhanden sein. Die Mengenverhältnisse dieser Haupt- und Nebenminerale variieren in Abhängigkeit vom Ausgangsmaterial. Als Akzessorien treten auf: Zirkon, Apatit, Erzminerale und andere. Der Quarz bildet gelegentlich lange linsenförmige Aggregate, die an die Quarzscheiben der Granulite erinnern (Abb. 103D). Der Kalifeldspat ist Mikroklin oder Orthoklas; Myrmekit (s. Abschn. 3.4.2) ist verbreitet.

Die Ermittlung des **Ausgangsmaterials** saurer Orthogneise dieser Art (und auch der sauren Granulite) ist dadurch erschwert, daß die chemische Zusammensetzung von Arkosen der von Rhyolithen und die von Grauwacken der von Tonaliten oder Granodioriten sehr ähnlich sein kann (Tabelle 69, Nr. 3–5). Wenn keine Gefügerelikte des Ausgangsgesteins mehr erkennbar sind, kann nur noch aus der Variation der Zusammensetzung und aus der Assoziation mit anderen metamorphen Gesteinen auf die Herkunft geschlossen werden.

Probleme dieser Art stellen sich z. B. bei den im tieferen Grundgebirge nicht seltenen lagig-inhomogenen Verbänden metamorpher Gesteine (sogenannte **Bändergneise**). Helle Gesteine mit aplitischer bis granodioritischer Zusammensetzung sind meist eine der Hauptkomponenten; sie wechsellagern mit Amphibolit, metapelitischen bis Metagrauwacke-Paragneisen und noch anders zusammengesetzten Lagen von Millimeter- bis Meterdicke. Als mögliche Deutungen solcher oft sehr regelmäßig und ebenflächig ausgebildeter Verbände kommen je nach den einzelnen Umständen in Betracht:

- Wechsellagerung von Sedimenten und/oder Tuffen entsprechender Zusammensetzung;
- ehemalige migmatitische Gesteinsverbände in starker tektonischer Überprägung;
- primär inhomogene Gesteinsverbände verschiedener Art, deren stoffliche Kontraste durch mechanische Differentiation verstärkt sind (s. Abschn. 3.7.3).
- Injektionen von saurem magmatischem Material in geschichtetes oder geschiefertes Nebengestein, sogenannte lit-par-lit- (= Lage für Lage) Injektionen und nachfolgende metamorphe Überprägung.

Leptite des Svecofenniums westlich von Stockholm, Schweden
(nach Gorbatschev, 1969).

Das betrachtete Gebiet liegt zwischen dem Mälarsee und dem Hjälmarsee etwa 100 bis 150 km westlich von Stockholm. Die svecofennische (altproterozoische) Abfolge *suprakrustaler* Gesteine ist die älteste aufgeschlossene Baueinheit. Von unten nach oben treten folgende Gesteinseinheiten auf:

- Saure metavulkanische Leptite mit zwischengelagerten Marmoren und Eisenerzen;
- Metadacitische und metaandesitische Leptite, besonders im östlichen Abschnitt;
- Metasedimente (Sandsteine, Schiefer, Grauwacken) mit gelegentlichen Einlagerungen basischer Metavulkanite.

Die hier interessierenden metavulkanischen sauren Leptite sind fein- bis kleinkörnige, etwas laminierte Gesteine mit granoblastischem Gefüge (mosaikartig mit einfach-polygonal begrenzten oder mit unregelmäßig-buchtigen Quarz- und

Tabelle 70 Mineralische Zusammensetzung (Volum-%) von metavulkanischen und metasedimentären Leptiten des Gebietes von Örebro, Schweden (nach GORBATSCHEV 1969)

	(1)	(2)	(3)	(4)	(5)
Quarz	26,5	31,6	44,2	51,8	46,6
Kalifeldspat	0,4	27,6	42,0	–	9,2
Plagioklas	50,0	30,6	0,8	41,5	23,6
Muskovit	6,9	5,8	6,5	1,3	16,4
Biotit, Chlorit	16,1	2,4	6,2	4,0	4,0
Titanit	–	+	0,1	–	
Zirkon	+	+	0,1	0,2	0,2
Apatit	0,1	+	–	0,2	–
Erzminerale	–	1,6	0,1	0,8	0,2
Andere	–	0,4	–	0,1	–

(1) Na-Leptit mit Plagioklasmegakristallen; sehr feinkörniges hellgraues Gestein.
(2) Roter Na-K-Leptit mit Quarz- und Feldspat-Megakristallen.
(3) Rötlichgrauer K-Leptit mit großen Quarz-Megakristallen.
(4) Plagioklas- und quarzreiches Gestein aus dem „laminierten“ Leptitverband.
(5) Quarz- und glimmerreiches Gestein aus dem „laminierten“ Leptitverband.

Feldspatkörnern). Dichte Varianten werden als **Hälleflinta,** mittelkörnige als Leptitgneise bezeichnet. Häufig sind größere Quarze und Feldspäte einsprenglingsartig eingestreut. Sie lassen sich teils als reliktisch erhaltene Einsprenglinge, teils als syn- bis postkinematisch gewachsene Porphyroblasten deuten. Nach der Zusammensetzung können Na-betonte, intermediäre und K-betonte Leptite unterschieden werden. Tabelle 70 gibt die Mineralbestände einiger Gesteine dieser Gruppen an.

Petrographisch einheitliche Lagen von Leptit sind zwischen etwa 10 cm und über 100 m dick. Sie sind häufig durch nur cm- bis dm-dicke Lagen von Glimmerschiefer getrennt.

Metaagglomerate mit Leptitfragmenten in Leptitmatrix sind häufige und charakteristische Glieder der Leptitabfolge.

In einigen Abschnitten der Serie treten auffallend laminierte Leptite auf, die im mm- bis dm-Maßstab nach Zusammensetzung und Korngröße lagig gegliedert sind. Nach der Zusammensetzung handelt es sich um eine geschichtete Abfolge von Umlagerungsprodukten vulkanischer Gesteine. Auch unter den „eigentlichen“, nicht eng laminierten Leptiten können solche Umlagerungsprodukte vorhanden sein.

Metamorphe saure Vulkanite im Taunus, Hessen (nach ANDERLE & MEISL, 1974).

Der Südrand des Rheinischen Schiefergebirges besteht zwischen Eltville und Bad Homburg aus einem bis zu 6 km breiten Streifen metamorpher Gesteine, die sich gegenüber den nördlich angrenzenden unterdevonischen Gedinne-Schiefern durch ihren höheren Metamorphosegrad auszeichnen. Ihr Alter ist nicht bekannt; möglicherweise sind es ebenfalls altpaläozoische Gesteine, da örtlich ungestörte Übergänge in die Gedinne-Schiefer zu beobachten sind. Als Ausgangsgesteine sind bei den Phylliten im Gebiet Wiesbaden-Kronberg Grauwacken und Tonsteine anzunehmen; die nördlich anschließenden Grünschiefer und Serizitschiefer stammen dagegen von intermediären und sauren Vulkaniten ab. Für eine solche Herkunft sprechen Relikte von porphyrischen Strukturen, divergentstrahligen oder trachytischen Feldspatgefügen und von calcitgefüllten Blasenräumen (Mandeln). Die chemischen Zusammensetzungen variieren zwischen denen von Andesiten, Trachyten (Keratophyren) und sauren Rhyolithen. Sie scheinen aber vielfach durch Stoffverschiebungen vor oder während der Metamorphose modifiziert zu sein; die Gehalte an Alkalien, Calcium und Magnesium sind selbst innerhalb eines sonst einheitlich erscheinenden Aufschlusses starken Schwankungen unterworfen. Trotzdem lassen sich bei den Grünschiefern andesitische und quarztrachytische, bei den Serizitschiefern rhyolithische Ausgangszusammensetzungen erschließen (Tabelle 71). Die Serizitgneise bestehen aus kataklastisch zerbrochenen Einsprenglingen von Quarz, Albit, seltener auch Mikroklin in einem Grundgewebe aus Feldspäten, Quarz, Serizit, Chlorit und Leukoxen, welches die größeren noch erhaltenen

Tabelle 71 Chemische Zusammensetzung (Gew.-%) von intermediären und sauren Metavulkaniten des Taunus (nach ANDERLE & MEISL 1974)

	SiO_2	TiO_2	Al_2O_3	Fe_2O_3	FeO	MnO	MgO	CaO	Na_2O	K_2O	P_2O_5	CO_2	H_2O^+	Summe
(1)	56,80	0,41	16,82	2,30	4,12	0,14	4,28	4,43	5,40	0,48	0,19	1,10	3,27	99,74
(2)	62,67	0,35	15,18	5,30	1,55	0,10	2,30	2,32	7,35	0,35	0,31	0,34	1,58	99,70
(3)	70,35	0,24	15,00	1,32	1,46	0,03	0,46	0,53	2,93	5,50	0,12	0,14	1,58	99,66

(1) Grünschiefer, meta-andesitisch; Ruppertshain.
(2) Grünschiefer, wahrscheinlich durch Na-Metasomatose modifizierter Meta-Andesit, jetzt quarztrachytische Zusammensetzung; Ruppertshain.
(3) Serizitgneis, metarhyolithisch; Fischbacher Kopf.

Körner umfließt. Von ehemaligen Biotiteinsprenglingen bzw. ihren Einschlüssen sind noch Anhäufungen von Leukoxen, Apatit und Zirkon erhalten. Postkinematische Neubildungen sind Büschel von Stilpnomelan und Aggregate von Epidot.

Die am meisten reliktischen meta-andesitischen Grünschiefer zeigen ein porphyrisches Gefüge mit zerbrochenen, albitisierten Plagioklas-Einsprenglingen in einer mehr oder minder deutlich divergentstrahligen Feldspat-Grundmasse. Die Einsprenglingsfragmente sind durch ein Quarz-Feldspat-Mosaik verheilt. Die primären Mafite sind restlos verschwunden; an ihre Stelle sind Chlorit, Epidot, Klinozoisit und feinverteilte Erzkörner getreten. Weitere metamorphe Neubildungen sind Aktinolith, Serizit, Stilpnomelan, Titanit und Calcit (aus Plagioklas).

3.6.2 Regionalmetamorphe Gesteine aus basischem magmatischem Ausgangsmaterial (Metabasite)

Basische Magmatite (Gabbros, Diabase, Basalte und Verwandte) reagieren empfindlich auf Veränderungen der metamorphosierenden Bedingungen; je nach Metamorphosegrad stellen sich deutlich unterschiedene Gleichgewichtsparagenesen ein, die als Modelle und namengebend für die **Faziesgliederung** der metamorphen Gesteine gedient haben (s. Abschn. 3.3).

An metamorphen Gesteinen basaltischer Ausgangszusammensetzung, die im unveränderten Zustand aus Plagioklas, Augit, Titanomagnetit und etwas Olivin bestehen würden, sind in den verschiedenen Faziesbereichen etwa folgende neugebildete Mineralassoziationen entwickelt (nach ESKOLA 1940):

- Albit + Chlorit + Epidot + Aktinolith ± Calcit ± Quarz: **Grünschieferfazies.**
- Oligoklas-Albit + Hornblende + Klinozoisit ± Chlorit ± Rutil: **Epidot-Amphibolitfazies.**
- Plagioklas (etwa Andesin) + Hornblende ± Ilmenit: **Amphibolitfazies.**
- Omphacit + Granat ± Ilmenit ± Rutil: **Eklogitfazies.**
- Plagioklas + Hypersthen ± Granat ± Diopsid ± Ilmenit: **Granulitfazies.**
- Glaukophan + Lawsonit ± Albit ± Muskovit ± Titanit: **Glaukophanschieferfazies.**

Die Mengenverhältnisse der Minerale hängen von Variationen der Zusammensetzung des Ausgangsmaterials ab; in jedem Falle sind die erstgenannten zwei bis vier Mineralarten (vor dem ersten ± Zeichen) bei basaltischem Ausgangsmaterial *fazieskritisch*. In neuerer Zeit wurde das Faziesprinzip an sehr vielen Beispielen geprüft und weiterentwickelt; es mußten eine Vielzahl von Subfazies definiert werden, um der Mannigfaltigkeit der beobachteten Mineralassoziationen gerecht zu werden. Mehrere Autoren, in Deutschland besonders H. G. F. WINKLER, ziehen deshalb eine Einstufung der metamorphen Gesteine nach kritischen Mineralreaktionen und das in Abschn. 3.3 (Abb. 88) erläuterte und in dem vorliegenden Buch auch angewandte Gliederungsschema vor.

Mit Beginn der Metamorphose werden alle Hauptminerale von Basalten, Diabasen und Gabbros, sofern sie noch unverwittert erhalten sind, instabil und mehr oder weniger vollständig in neue Minerale umgewandelt. Die Neubildungen setzen die Verfügbarkeit von Wasser voraus (OH- und H_2O-haltige Minerale); wo das nicht oder nicht ausreichend der Fall ist, bleiben reliktische Minerale bestehen. Gewöhnlich werden aber die Hauptminerale Plagioklas und Augit (oder Diopsid oder Orthopyroxen) schon bei

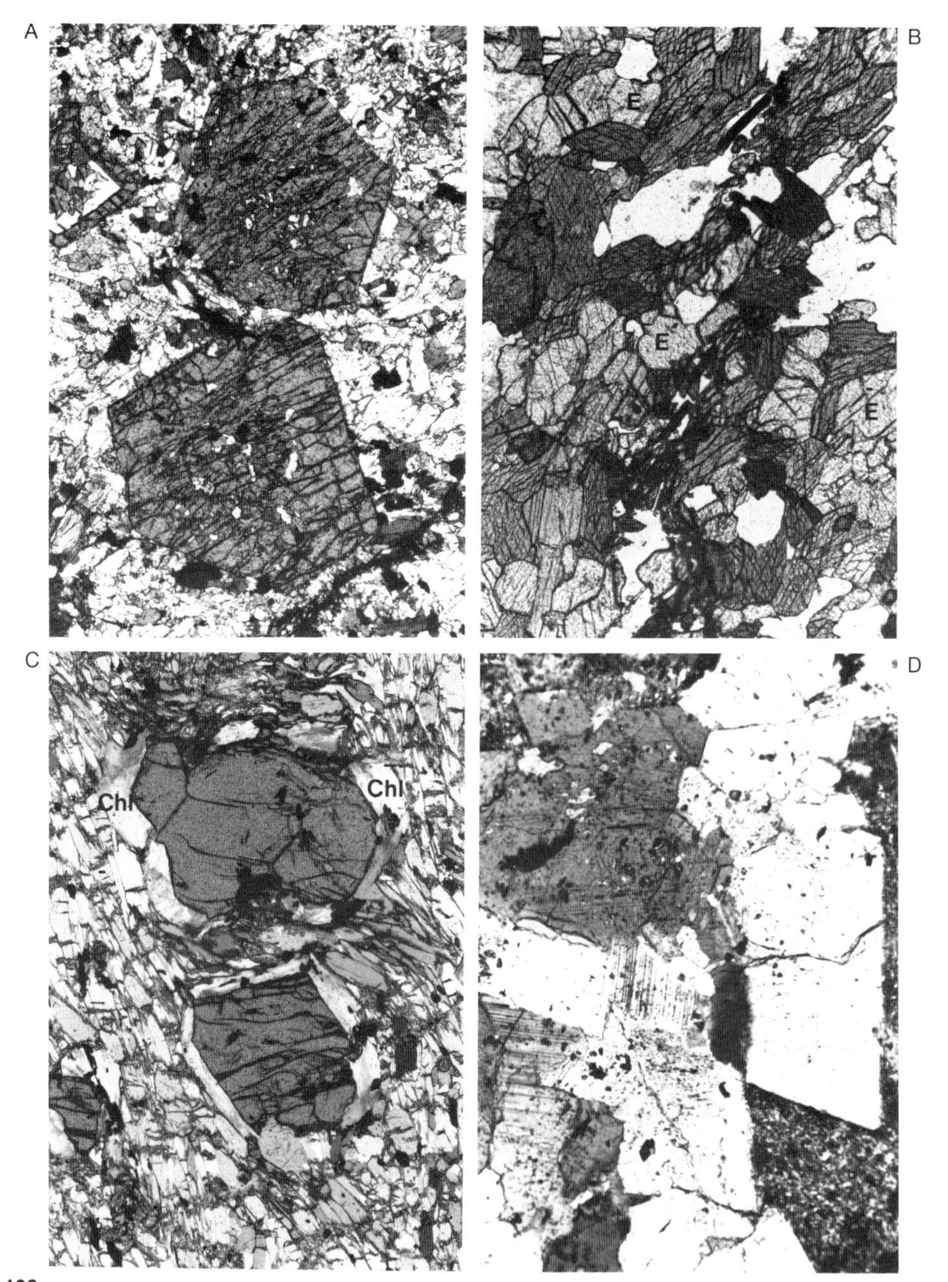

Abb. 106

A) Eklogit mit idiomorphem Granat, Omphacit (hell) und Glaukophan (hellgrau). Monte Camino NW Biella (ital. Westalpen). 15 mal vergr.

B) Epidotamphibolit, Rauental (Spessart). Hornblende, durch Pleochroismus in verschiedenen Grautönen, mit schiefwinklig sich kreuzenden Spaltrissen; Epidot (E) mit starkem Relief (hellgrau), Plagioklas (hell, etwas getrübt) und Quarz (hell). 25 mal vergr.

C) Granatführender Glaukophanschiefer, Zermatt (Schweiz). Granat (grau) mit Chlorithülle (Chl), Glaukophan (hellgrau bis fast weiß), von feinschuppigen Hellglimmeraggregaten umsäumt. Dunkle Minerale sind vorwiegend Rutil. 25 mal vergr.

D) Lawsonit in Glaukophanschiefer, mehrere Kristalle mit idiomorpher Begrenzung gegen ihre Umgebung (vorwiegend kleinkristalliner Pumpellyit). Kalabrien (Italien). Gekr. Nicols; 40 mal vergr.

sehr niedrigem Metamorphosegrad folgendermaßen umgewandelt:
- Plagioklas zerfällt unter Neubildung von **Albit** und einem oder mehreren der folgenden Minerale: **Laumontit** $Ca[Al_2Si_4O_{12}] \cdot 4\ H_2O$, Wairakit $Ca[Al_2Si_4O_{12}] \cdot 2\ H_2O$, Prehnit, Klinozoisit.
- Aus der Substanz der Pyroxene entstehen **Chlorit,** Aktinolith und **Pumpellyit.**

Unter höheren Drucken, aber noch niedrigen Temperaturen entstehen

- **Lawsonit** $CaAl_2[Si_2O_7(OH)_2] \cdot H_2O$, Albit, Pumpellyit, Chlorit, **Glaukophan** und, je nach Nuancen der Zusammensetzung, auch Hellglimmer, Stilpnomelan, Aktinolith und eisenreicher Epidot (Abb. 106C und D). Als Karbonat tritt hier manchmal **Aragonit,** die Hochdruckmodifikation von $CaCO_3$, auf. Calcit und Aragonit erfordern die Anwesenheit von CO_2 während der Umwandlung.

Im Bereich der **niedriggradigen** Metamorphose, die der Grünschieferfazies der obigen Aufstellung teilweise entspricht, sind folgende Mineralparagenesen charakteristisch:

- **Albit + Chlorit + Klinozoisit + Aktinolith** ± Hellglimmer ± Stilpnomelan ± Calcit ± Titanit ± Quarz (Grünschiefer)

und, bei höheren Temperaturen
- **Albit** oder **Oligoklas + Hornblende + Klinozoisit/Epidot + Chlorit** ± **Granat** (Almandin) ± Hellglimmer ± Biotit ± Calcit ± Titanit (Abb. 106B).

Im Bereich des **mittleren** Metamorphosegrades sind **Amphibolite** die typischen Umwandlungsprodukte von Basalten und Gabbros (Tabelle 72). Sie bestehen gewöhnlich aus
- **Plagioklas + Hornblende** ± Granat ± Diopsid ± Epidot ± Biotit ± Quarz ± Ilmenit ± Titanit sowie weiteren akzessorischen Mineralen. Die Anorthitgehalte der Plagioklase steigen mit zunehmendem Metamorphosegrad (s. S. 282); zugleich wird koexistierender Epidot Ca-ärmer und Fe-reicher.

Unter *trockenen* Metamorphosebedingungen und hohem Druck, aber verschieden hohen Temperaturen entstehen aus basischem Ausgangsmaterial die **Eklogite.** Diese sind, von seltenen Ausnahmen abgesehen, feldspatfreie Gesteine mit Omphacit (siehe unten) und Granat als wesentlichen Gemengteilen (Abb. 106A). Sie treten in sehr unterschiedlichen geologischen und petrographischen Zusammenhängen auf:
- als Bestandteile mittel- bis hochmetamorpher Gesteinskomplexe mit Para- und Orthogneisen, nicht-eklogitischen Metabasiten sowie Migmatiten (s. S. 282);
- als Bestandteile niedrig- bis mittelmetamorpher Gesteinskomplexe, besonders im Zusammenhang mit Glaukophanschiefern (s. S. 280);
- als Lagen in Ultramafititen (besonders der Ariégit, s. S. 364);
- als Auswürflinge in Kimberliten (s. S. 151);
- als Einschlüsse in Alkalibasalten und als Auswürflinge in deren Tuffen (selten).

Die Eklogite der drei letztgenannten Gruppen werden in Abschn. 6, Gesteine des oberen Erdmantels, behandelt.

Tabelle 72 Mineralische (Volum-%) und chemische (Gew.-%) Zusammensetzung von Amphiboliten des mittleren Metamorphosegrades aus dem Schwarzwald

	SiO_2	TiO_2	Al_2O_3	Fe_2O_3	FeO	MnO	MgO	CaO	Na_2O	K_2O	P_2O_5	H_2O^+	Summe
(1)	51,90	1,24	16,40	1,83	6,00	0,18	5,97	8,09	4,90	0,98	0,28	1,87	99,64
(2)	47,30	1,11	17,80	2,00	7,41	0,28	7,06	9,87	2,35	2,25	0,13	2,39	99,95
(3)	46,90	1,06	14,70	1,33	7,77	0,16	7,98	12,90	2,79	0,64	0,07	2,93	99,23
(4)	49,89	2,30	14,95	0,78	10,66	0,20	6,23	10,31	3,44	0,08	0,23	1,05	100,12

(1) Amphibolit aus Leptinit-Amphibolit-Wechsellagerung, Zindelstein bei Donaueschingen (nach Lim 1979). Das Gestein ist hypersthen- und olivinnormativ. Der Plagioklas ist etwas serizitisiert. Mineralbestand in Volum-%: Plagioklas 58,9; Hornblende 38,9; Titanit 1,7; Apatit 0,5; Erzminerale 0,1.
(2) Biotitamphibolit, Fundort und Quelle wie (1). Das Gestein ist olivin- und nephelinnormativ. Plagioklas 40,9; Hornblende 46,5; Biotit 11,9; Titanit 0,4; Apatit und andere 0,3.
(3) Feinlagiger Diopsidamphibolit, Bad Peterstal-Mauren. Mit 0,57 % CO_2. Mineralbestand (nach Marcks 1977): Plagioklas 42,8; Hornblende 46,1; Diopsid 9,5; Chlorit-Serizit-Filz 8,7; Titanit 0,5; Andere $< 0,1$.
(4) Eklogitogener Amphibolit, Maisachtal bei Oppenau (nach Klein 1982). Plagioklas 24,6; Hornblende 23,3, Diopsid + Orthopyroxen 10,0; Diopsid-Plagioklas-Symplektit nach Omphacit 25,2; Granat 7,1; Quarz 6,5; Erzminerale 3,3; Apatit vorhanden.

Vielfach werden Eklogite im metamorphen Gebirge als tektonische, aus tieferen Zonen stammende Fremdkörper angesehen.

Nach ihrem Mineralbestand können die Eklogite in mehrere Typen untergliedert werden:

- Typ A: Omphacit + Granat ± Disthen oder Hypersthen ± Quarz ± Rutil.
- Typ B: zusätzlich Karinthin ± Zoisit im Gleichgewicht mit Omphacit + Granat.
- Typ C: zusätzlich Glaukophan und Epidot.

Omphacit ist ein Klinopyroxen mit den Komponenten Diopsid $CaMgSi_2O_6$ (überwiegend), Hedenbergit $CaFeSi_2O_6$, Jadeit $NaAlSi_2O_6$ und Akmit $NaFe^{\cdots}Si_2O_6$. Der **Granat** der Eklogite des Typs A ist reich an Pyropkomponente $Mg_3Al_2[SiO_4]_3$ mit Beimengungen von Almandin $Fe_3Al_2[SiO_4]_3$ und Grossular $Ca_3Al_2[SiO_4]_3$, oft Cr-haltig. Die Granate der Typen B und C sind im Durchschnitt almandinreicher, z. T. sogar pyroparm.

Karinthin ist eine Hornblende mit relativ hohen Gehalten an Na und Al, dem Barroisit nahestehend.

In der **Granulitzone** entstehen aus basitischem Ausgangsmaterial **Pyroxengranulite** mit Plagioklas + Hypersthen ± Klinopyroxen ± Granat ± Rutil ± Magnetit. Der Plagioklas ist meist Andesin bis Labradorit; der Granat ist meist almandinreich. Beide Pyroxenspezies sind relativ reich an Al_2O_3.

Die große Mannigfaltigkeit der metamorphen **Gefüge** basischer Gesteine läßt nur wenige beschreibende Aussagen von allgemeiner Gültigkeit zu. Die feinkörnigen Gefügeanteile vulkanischer Ausgangsgesteine werden meist schon bei schwacher Metamorphose stark verändert; gelegentlich bleiben aber bestimmte Gefügeelemente, wie ophitische Struktur, Einsprenglinge und Mandeltextur noch erkennbar, auch wenn die primären Minerale schon durch Neubildungen ersetzt sind. Häufig beobachtete Umwandlungsformen sind:

- **Uralitisierung** der Augite: meist vom Rand ausgehende Umwandlung in aktinolithischen Amphibol; polykristalline Aggregate oder einfache orientierte Verdrängung;
- **Chloritisierung** der Augite, oft auch mit Neubildung von Calcit.
- **Saussuritisierung** der Plagioklase durch Neubildung von Klinozoisit oder Zoisit + Albit, feinkristalline Aggregate, die mesoskopisch mattweiß erscheinen.
- Umwandlung der Plagioklase in **Hellglimmer** (Serizit) + Albit ± Calcit.
- Umwandlung der Titanomagnetite und Ilmenite in sehr feinkristalline Aggregate von Titanit ± Ti-Oxiden, die im auffallenden Licht trüb-weißlich erscheinen: **Leukoxen.**
- Umwandlung des Olivins in Serpentin oder Talk ± Karbonate.

Jede Durchbewegung des Gesteins fördert selbstverständlich das Verschwinden der primären Strukturen und Texturen. Stattdessen entwickeln sich kristalloblastische Gefüge mit mehr oder weniger ausgeprägter Orientierung der dazu geeigneten Minerale (s. u.).

Gröbere Struktur- und Texturmerkmale der Ausgangsgesteine sind besser erhaltungsfähig. Kissenlaven sind oft noch bis weit in den niedrigen Metamorphosebereich hinein gut erkennbar, auch kristalline Gabbros bewahren bei verschiedensten Graden der Durchbewegung noch die in den Feldspäten und Mafiten angelegte primäre Heterogenität. In vielen anderen Fällen aber verschwinden die Gefügeeigenschaften der Ausgangsgesteine zusammen mit ihren Mineralen vollständig. Im Bereich der mittleren und hohen Metamorphosegrade ist dies die Regel, besonders bei stärkerer Durchbewegung.

Schiefrige Gefüge entstehen bevorzugt in niedrig- bis mittelmetamorphen Metabasiten, die blättrige oder stengelige Minerale (Chlorit, Glimmer, Talk, Amphibole, Epidot) reichlich enthalten. Mehr massige Gefüge treten besonders bei den aus Feldspäten, Pyroxenen ± Granat bestehenden hochmetamorphen Metabasiten auf (Pyroxengranulite, Eklogite); auch massig-granoblastische Amphibolite sind verbreitet. Vielfach kommt in Metabasiten auch eine kompositionelle Bänderung mit mäßig starken Variationen der Mengenanteile der Minerale vor; sie kann reliktisch oder metamorpher Entstehung sein (s. Abschn. 3.7.3).

In Bezug auf die **Korngröße** der Metabasite sind folgende, verallgemeinernde Aussagen möglich:

- Größere Einzelkörner der Ausgangsgesteine zerfallen bei niedrigmetamorpher Umwandlung häufig in viel feinkörnigere Umwandlungsprodukte (Uralitisierung, Saussuritisierung und ähnliche Prozesse, s. o.).
- Bei niedrigmetamorpher Umwandlung entstehen oft gleichmäßig feinkörnige oder aber ungleichkörnige Metamorphite. Die Amphibole zeigen häufig ein bevorzugtes Größenwachstum (z. B. bei Aktinolith-Garbenschiefern).

- Mit steigendem Metamorphosegrad nehmen die Korngrößen der meisten beteiligten Minerale zu; es entstehen eher gleichkörnige, schiefrige bis massige Gesteine.
- Zugleich werden die Korngrenzen und Kornverwachsungen einfacher; die bei niedrigmetamorphen Gesteinen verbreiteten feinfilzigen oder feinschuppigen Strukturen verschwinden zugunsten klein- bis mittelkörniger, seltener grobkörniger Gefüge.

Bei der Beschreibung der **Korngefüge** der Metabasite ist zu berücksichtigen, daß diese Gesteine fast durchweg polymineralisch sind, wobei die Feldspäte stets zur Ausbildung von granoblastischen, die Schichtgitterminerale zu lepidoblastischen Gefügen neigen. Besonders vielseitig sind die Kornformen der Amphibole; bei ihrer Häufigkeit in Metabasiten von sehr niedrigen bis zu hohen Metamorphosegraden bestimmen sie und ihre Verhältnisse zu den anderen Mineralen weithin den Charakter der Strukturen der Gesteine. Stark verallgemeinernd können für die **Amphibole** verschiedener Metamorphosegrade folgende Ausbildungen als typisch angesehen werden:

- niedrig metamorph: feinfilzige Aggregate mit mehr oder weniger ausgeprägter Paralleltextur; auch größere (bis mehrere cm), z. T. divergentstrahlige Blasten (im *Garbenschiefer*);
- mittelmetamorph: subidiomorph-langprismatisch, auch diablastisch mit Plagioklas, mit mehr oder weniger ausgeprägter Paralleltextur;
- hochmetamorph: eher kurzprismatisch, subidiomorph, auch poikiloblastisch, meist zusammen mit granoblastischem Plagioklas;
- im mittel- bis hochmetamorphen Bereich als Bestandteil von Symplektitgefügen, z. B. mit Na-reichem Plagioklas als Umwandlungsprodukt von Omphacit oder als „Kelyphit" mit Plagioklas als Umwandlungsprodukt von Granat (siehe Abb. 3C).

Schwach metamorphe Diabase und Kissenlaven des Oberhalbsteins, Schweiz
(nach Dietrich, 1969).

Die oberpenninische Plattadecke im Oberhalbstein (Graubünden) ist im wesentlichen aus **Ophiolithen** aufgebaut. Begleitende Sedimentgesteine sind Phyllite, Kalkphyllite, Kalkarenite, Kieselschiefer und Radiolarite (alle Oberjura bis Oberkreide). Die Ophiolithe gliedern sich in:

- Basische Vulkanite: massive Diabase, Kissenlaven und Hyaloklastite,
- Basische Intrusivgesteine: feinkörnige Gabbros, Diallag-Gabbros, Diabase und Mikrogabbros, Ganggesteine in den Serpentiniten und
- Ultrabasische Gesteine: Lizardit-Chrysotil-Serpentinite, Antigorit-Serpentinite.

Die ursprünglichen Verbandsverhältnisse der Gesteine dieser drei Gruppen sind durch die alpine Decken- und Schuppentektonik zerrissen. Eine von N nach S sich steigernde Metamorphose niedrigen Grades überprägte die Ophiolithe und weniger auffällig auch die Sedimentgesteine. Eine Pumpellyitzone und eine „Grünschieferzone" können unterschieden werden.

Die **basischen Vulkanite** zeigen z. T. noch deutlich Relikte ihrer primären Mineralbestände und Gefüge, namentlich in den obersten Teilen der Plattadecke. Der Verlauf der metamorphen Umwandlungen ist schematisch etwa der folgende:

- Die **massiven Diabase** (Lavaströme und Lagergänge von einigen dm bis maximal 50 m Mächtigkeit) besitzen je nach der Ausbildung der Feldspäte gabbroide, doleritische, intersertale, arboreszierende oder porphyrische Strukturen. Die Plagioklase sind Albit bis Oligoklas, die Einsprenglinge auch Andesin. Weitere häufige Hauptminerale sind Augit, Chlorit (Rhipidolith und Pennin), Pumpellyit, verschiedene Hornblenden, Aktinolith und Epidot in wechselnden Mengenverhältnissen. Als Neben- und akzessorische Gemengteile treten auf: Muskovit, Calcit, Apatit, Ilmenit, Titanit, Hämatit, opake Erze, selten Quarz. Die fortschreitende Metamorphose bringt zunächst keine neuen Mineralarten, stattdessen nehmen Kristallinität und Menge von Epidot, Aktinolith und Albit auffällig zu. Die ehemaligen Plagioklas-Einsprenglinge werden unregelmäßig-linsenförmig deformiert und eingeregelt. Sie bestehen dann aus einem mosaikartigen Albitpflaster, durchsetzt von Chlorit, Epidot, Aktinolith und Calcit.
- Der häufigste Typ der **Kissenlaven** ist durch eine relativ enge Packung der Kissen und variolitische oder porphyrische Strukturen gekennzeichnet. Hauptminerale sind Albit bis Oligoklas, zwei Chloritvarietäten, Pumpellyit, relativ wenig Augit, Calcit, Aktinolith $\pm$ Muskovit, Epidot und opake Erzminerale. Hämatit als Pigment oder Füllung von Rissen ist verbreitet. Die Variolen bestehen aus radialstrahligem Albit mit Chlorit und Aktinolith; sie treten auf angewitterten Oberflächen als helle runde, mehr oder weniger dicht aggregierte

Flecken hervor. Durch die alpine Tektonik wurden die Kissen verschiefert oder zu b-Tektoniten ausgewalzt; während in ac-Schnitten (tektonische Achsen!) die Kissenlaven noch bei starker Deformation erkennbar sind, zeigen die Gesteine auf bc- und ab-Schnitten nur noch undeutlich linsenartige bis parallelstreifige Texturen. Variolitische und hyaloklastische Strukturen bleiben noch relativ lange erhalten; sonst entwickelt sich ein feinkörniges, granoblastisches Gefüge aus Albit, Chlorit, Aktinolith, Pumpellyit, Epidot, Calcit und Titanit.

- Die zwischen den Kissen der Kissenlaven und selbständig auftretenden **Hyaloklastite** im weiteren Sinne werden in Kissenbreccien (= Pillowbreccien) und Hyaloklastit-Breccien im engeren Sinne gegliedert. In diesen Gesteinen fallen noch ausgezeichnet erhaltene Fragmente von vulkanischem Glas auf. Sie sind zum Teil noch optisch isotrop oder nur äußerst feinkristallin; eine Zonierung mit helleren und dunkleren Anteilen ist verbreitet. Mit Hilfe der Röntgenbeugungsanalyse werden allerdings überall schon kristalline Phasen, vor allem Pumpellyit, Chlorit und in den hellen Partien auch Albit festgestellt. Das Zwischenmittel der Kissen- bzw. Hyaloklastit-Fragmente rekristallisiert ebenfalls zu den schon oben angegebenen Grünschiefer-Mineralassoziationen. Hämatit ist in stark wechselnder Menge beteiligt. Während bei schwächerer Umwandlung die heterogene Textur der Hyaloklastite noch deutlich bleibt, entstehen bei stärkerer Durchbewegung mehr oder weniger stark gebänderte Metamorphite, denen ihre Herkunft nicht mehr direkt anzusehen ist.

Die vollständige quantitative Bestimmung der Mineralbestände ist bei Gesteinen dieser Art wegen ihrer Feinkörnigkeit nicht möglich. Die **chemischen Analysen** sind teils „basaltisch", teils „spilitisch" mit stark erhöhtem Verhältnis von Na_2O zu CaO (Tabelle 73). Den Gesteinen mit Na-Zunahme (spilitisierte Laven) stehen andere, ebenfalls von Laven herzuleitende Gesteinsvarietäten gegenüber, die auffällig an Na_2O und SiO_2 verarmt sind (Analyse 3 in Tabelle 73).

Metamorphe basische Plutonite und Vulkanite der Ophiolitzone von Zermatt – Saas Fee, Schweiz
(nach Bearth, 1967).

Die Ophiolithzone von Zermatt-Saas Fee überlagert das Kristallin der Monte Rosa-Decke und wird ihrerseits von höheren tektonischen Einheiten des Penninikums (Theodul-Rothorn-Zone, Obere Zermatter Schuppenzone, Dent-Blanche-Decke) teilweise überlagert. Die begleitenden Sedimentgesteine gehören der Trias und dem unteren Jura (Bündnerschiefer) an. Die Magmatite sind wahrscheinlich sehr viel jünger (kretazisch); die begleitenden Serpentinite dürften im festen Zustand hochgepreßte Mantelschuppen sein (s. Abschn. 6). Die heutige Gestaltung des Ophiolithzugs ist ganz durch die alpine Tektonik geprägt; nur andeutungsweise ist eine ursprüngliche vertikale Gliederung mit Serpentiniten an der Basis, darüber vorwiegend Gabbros und zuoberst Kissenlaven, ableitbar. In der gebietsweise im Hangenden der Serpentinite eingelagerten Riffelbergzone sind Ophiolithfragmente verschiedenster Größe und Form intensiv mit Bündnerschiefern vermengt und verknetet.

Die metamorphen Kissenlaven sind zum Teil noch deutlich als solche erkennbar, auch wenn die einzelnen Kissen schon stark deformiert sind. Ihre Größe (längster Durchmesser) variiert zwischen 0,6 und 7 m, liegt aber in der Regel zwischen 1 und 2 m. Kerne und Randzonen der einzelnen Kissen sowie die zwischen ihnen liegende Matrix sind auch im metamorphen Zustand vielfach noch klar unterschieden:

Tabelle 73 Chemische Zusammensetzung (Gew.-%) schwach metamorpher Diabase und Kissenlaven des Oberhalbsteins (nach Dietrich 1969)

	SiO_2	TiO_2	Al_2O_3	Fe_2O_3	FeO	MnO	MgO	CaO	Na_2O	K_2O	P_2O_5	H_2O	Summe
(1)	49,4	1,2	17,3	3,9	4,1	0,15	5,9	10,4	3,0	1,3	0,12	3,0	99,8
(2)	53,3	1,1	16,2	0,7	4,9	0,13	6,1	6,8	5,8	0,1	0,24	4,4	99,8
(3)	35,9	1,8	19,4	1,3	9,8	0,20	9,7	14,0	0,2	0,05	0,22	7,3	99,9

(1) Porphyrisches Kissen (metamorpher Aktinolith-Epidot-Chlorit-Albit-Diabas), „basaltisch"; Piz Platta.
(2) Diabas mit Intersertalstruktur, „spilitisch"; Marmorera-See.
(3) Albitfreier Augit-Chlorit-Pumpellyit-Schiefer, aus massivem Diabas entstanden; Marmorera-See.

- Die Kernbereiche bestehen aus Glaukophan, Epidot und Hellglimmer führendem Eklogit oder Granat-Epidot-(Zoisit-)Amphibolit oder Epidot-Aktinolith-Prasinit bis -Ovardit. Sie sind meist feinkörnig.
- Die Randzonen erscheinen durch höhere Anteile von Klinozoisit-Epidot oft heller.
- Die ehemalige Matrix ist eher grobkörnig und heterogen-schlierig umkristallisiert. Sie besteht aus Glaukophan, Hornblende, Hellglimmer und Epidot; weiter kommen Chlorit, Ankerit, Quarz und Rutil vor.

Mit zunehmender Deformation verschwinden diese vulkanischen Texturrelikte mehr oder weniger vollständig. Es entstehen metamorphe Schiefer mit den oben angegebenen und noch weiteren Mineralbeständen (s. Tabelle 74).

Reliktische Gefüge sind auch in dem prominentesten ehemaligen Plutonit der Zone, dem *Allalin-*

Tabelle 74 Mineralische (Volum-%) und chemische (Gew.-%) Zusammensetzung von Metabasiten der Ophiolithzone von Zermatt – Saas Fee, Schweiz (nach Bearth 1967)

	(1)	(2)	(3)	(4)	(5)	(6)
Albit	–	–	–	–	45	35
Glaukophan	–	–	10	20	–	–
Andere Amphibole	17	19	–	10	30	7
Omphacit	25	5	65	35	–	–
Granat	–	10	10	15	–	–
Zoisit	35	50	–	–	–	–
Klinozoisit-Epidot	–	–	5	15	15	9
Chlorit	2	–	–	–	< 10	44
Hellglimmer	15	5	5	–	–	–
Talk		10	–	–	–	–
Karbonate	–	–	< 5	< 5	–	–
Erzminerale	–	–	–	–	–	5
Andere	6	+	+	+	+	
SiO_2	45,75	46,94	47,9	51,8	51,0	49,2
TiO_2	0,18	0,20	1,5	2,1	1,3	1,5
Al_2O_3	21,60	25,43	15,1	15,9	15,5	17,0
Fe_2O_3	3,39	1,56	2,6	3,4	4,0	1,1
FeO	3,47	1,14	5,3	6,1	5,4	7,0
MnO	0,10	0,04	0,1	0,2	0,1	0,2
MgO	8,67	5,76	6,0	5,1	6,2	9,3
CaO	10,58	14,41	12,6	8,2	8,1	4,9
Na_2O	2,81	2,86	4,9	5,5	5,3	4,9
K_2O	0,58	0,34	0,3	0,3	0,5	0,1
P_2O_5	0,08	0,04	0,3	0,5	0,3	0,1
CO_2	–	–	0,2	n. b.	–	–
H_2O^+	2,91	1,20	2,9	1,1	2,1	4,5
Summe	100,12	99,92	99,7	100,6	100,1	99,8

(1) Saussurit-Smaragdit-Gabbro, Moräne des Allalin-Gletschers. Mit Relikten von Augit im Omphacit; „Andere" hier z. T. Wollastonit.
(2) Saussuritgabbro, Fundort wie (1).
(3) Eklogit, Moräne im Täschtal. Mit etwas Albit, Rutil, Titanit, Erzmineralen und Apatit.
(4) Eklogit, Pfulwe beim Findelengletscher. Mit etwas Quarz, Hellglimmer, Chlorit, Erzmineralen, Rutil, Titanit und Apatit. „Andere Amphibole" hier Hornblende-Albit-Diablastik.
(5) Epidot-Hornblende-Prasinit, E Egginerjoch. Mit etwas Biotit, Hellglimmer, Titanit, Rutil, Erzmineralen und Apatit.
(6) Ovardit, Schweifinen NW Zermatt. „Andere Amphibole" hier blaugrüne Hornblende. „Andere" hier Titanit, Erzminerale und Apatit.

Mineralbestände von (1)–(4) geschätzt.

gabbro, noch weithin erhalten. Das ehemals grob- bis großkörnige Gestein bestand aus Al-armem Augit und Plagioklas. Der letztere ist überall in

- Saussurit, ein makroskopisch trüb-weißliches bis blaßgrünliches, spezifisches Umwandlungsprodukt umgewandelt (s. auch Abschn. 1.2.2). Zoisit ist die Hauptkomponente; daneben treten, z. T. nur röntgenographisch nachweisbar, Epidot, Hornblende, Omphacit, Jadeit, Quarz und Hellglimmer auf.
- Der Augit ist lokal noch reliktisch erhalten; er wird im übrigen in
- Smaragdit oder Uralit umgewandelt. Der Smaragdit besteht aus einem feinkristallinen Gemenge von Diopsid bis Omphacit (chromhaltig, daher die grüne Farbe), Aktinolith, Talk und Rutil.

Sowohl Saussurit wie auch Smaragdit sind nicht isochemische Umwandlungen der Ausgangsminerale; ihre Bildung erfordert vielmehr beträchtliche Stoffwanderungen im Rahmen der gegebenen Pauschalzusammensetzung des Gabbros. Das gleiche gilt für die Reaktionssäume zwischen Olivin und Saussurit, die (vom Olivin her) aus Antigorit, Chlorit und Granat oder Talk, Hornblende, Klinopyroxen und Granat bestehen. Die metamorphe Fortentwicklung des ehemaligen Gabbros endet schließlich in Glaukophan-Zoisit- oder Hornblende-Epidot-Schiefern, **Prasiniten** und **Ovarditen** (s. Tabelle 74). Die letztgenannten Gesteinstypen zeigen gegenüber den omphacit- und granatführenden Paragenesen ein retrogrades Abklingen der Metamorphosebedingungen an.

Die Anorthitgehalte der Plagioklase in Metabasiten der schweizerischen Zentralalpen als Indikatoren des Metamorphosegrades

(nach Wenk & Keller, 1969).

In dem auch durch andere systematische Studien gut bekannten Bereich alpiner Metamorphose zwischen dem Tal der Toce, der Urserenzone und dem Bergell treten Amphibolite in verschiedenen tektonischen und stratigraphischen Zusammenhängen auf. Für die hier referierte Untersuchung wurden Gesteine mit möglichst einfachem Hauptmineralbestand (Plagioklas + Hornblende) und ähnlicher, basitischer Pauschalzusammensetzung ausgewählt, um vergleichbare Ausgangsbedingungen zu erreichen. Die Anorthitgehalte der Plagioklase zeigen eine metamorphe Zonierung des Gebietes mit den höchsten Umwandlungsstufen im Süden (Lepontin) und Südosten (Umgebung des Bergeller Granits) und allgemeinem Abklingen nach W, N und NE an. Diese Verteilung entspricht völlig den an anderen Mineralzonierungen und Paragenesen im selben Raum festgestellten Verhältnissen (s. S. 303 und Abb. 107). Die Amphibolite werden demnach in mehrere petrographisch und im Metamorphosegrad verschiedene Gruppen eingeteilt:

- **Albit**-Amphibolite mit **Albit** und **grüner Hornblende** als Hauptmineralen; Nebengemengteile sind Chlorit, Karbonat, Biotit, Granat, Hellglimmer;
- **Oligoklas**-Amphibolite mit **Plagioklas + Hornblende** ± Biotit, Epidot, Chlorit, Granat;
- **Andesin**-Amphibolite mit **Plagioklas + Hornblende** ± Biotit, Epidot, Granat;
- **Labradorit**-Amphibolite mit **Plagioklas + Hornblende** ± Biotit, Pyroxen, Epidot.

Quarz und Erzminerale können in jeder der Gruppen zusätzlich auftreten. Die Amphibolitgruppen mit hohen Anorthitgehalten sind ärmer an Nebengemengteilen als die mit niedrigen; in der Labradorit-Amphibolitgruppe enthält etwa die Hälfte der Proben keine der genannten Nebengemengteile.

Die Anorthitgehalte sind **unstetig** verteilt; Diskontinuitäten der Häufigkeit liegen bei An_5, An_{17}, An_{27-32} und $\sim An_{50}$. Die Peristerit-Mischungslücke zwischen An_5 und An_{17} zeichnet sich deutlich ab. Im einzelnen streuen die An-Gehalte innerhalb einer Gesteinsprobe und durch Zonenbau, auch innerhalb einzelner Körner. Die Grenzen „An_{17}" und „An_{50}" sind besonders scharf entwickelt.

Amphibolite mit höheren Gehalten an Nebengemengteilen zeigen größere Abweichungen der An-Gehalte und meist auch von der Norm der Amphibolite stärker abweichende Pauschalzusammensetzungen. Sie wurden deshalb nicht mit in die Betrachtung einbezogen.

Eklogite und begleitende Metamorphite des Weißensteins in der Münchberger Gneismasse, Bayern

(nach Matthes, Richter & Schmidt, 1974).

Die Münchberger Gneismasse besteht aus einer Liegendserie (Gneise aus sandig-tonigem Ausgangsmaterial) und der aus Amphiboliten und Bändergneisen aufgebauten Hangendserie. Zu dieser Hangendserie gehören auch zahlreiche Eklogitlagen und -linsen, unter anderem auch die in der Forschungsbohrung am Weißenstein angetroffenen Vorkommen. Das Profil zeigt eine vielfache Wechsellagerung von Paragneisen, Amphiboliten und Eklogiten. Der mächtigste Eklogitkörper ist fast 80 m dick; nur cm- bis dm-dicke, aus Eklogit abzuleitende amphibolitische Streifen treten in wahrscheinlich sedimentär angelegter Wechsellagerung mit Paragneis auf. Unveränderter Eklogit kommt in bis zu mehrere Meter mächtigen Lagen zwischen überwiegenden, „hysterogen“ veränderten Gesteinspartien vor. Die Mineralbestände und Gefüge dieser Eklogite und ihrer Umwandlungsgesteine sind folgende:

- Eklogit: Omphacit + Granat + Quarz + Rutil ± Hellglimmer ± Zoisit. Es können ein hellerer und ein dunklerer Typ unterschieden werden (Tabelle 75).
- Mit beginnender Umwandlung zerfällt zuerst der Omphacit in einen feinkristallinen Symplektit (s. Abschn. 3.4.2) aus Diopsid + albitreichem Plagioklas. Mit fortschreitender Umwandlung vergröbert sich dieser Symplektit und eine blaßgrüne Hornblende tritt anstelle des Diopsids. Eine bläulichgrüne Hornblende erscheint auch anderenorts im Gefüge und als Umsäumung des Granats, der nunmehr korrodiert wird. Der Hellglimmer wird in Biotit oder eine Biotit-Plagioklas-Diablastik umgewandelt.
- Im nächsten Stadium breitet sich die Hornblende-Plagioklas-Diablastik weiter aus; Omphacit ist verschwunden. Der Granat wird

Tabelle 75 Mineralische (Volum-%) und chemische (Gew.-%) Zusammensetzung von Eklogiten und abgeleiteten Gesteinen

	(1)	(2)	(3)	(4)	(5)
Omphacit	52	46	49	–	–
Granat	35	40	22	19,6[1]	14,8[3]
Disthen	+	–	11,5	11,7[2]	0,8[4]
Zoisit I	< 0,5	< 0,5	4,5	–	–
Hornblende I	–	–	5	–	–
Quarz	4,5	5,5	7	5,3	–
Rutil	< 1	1,5	< 0,5	0,2	–
Hellglimmer I	1,5	< 1	< 1	–	–
Hornblende II	1	3	–	–	18,7
Diopsid-Plagioklas-Symplektit	5	3	–	62,5	61,5
Klinozoisit	–	–	–	–	–
Andere	+	< 0,5	+	0,7	3,2
SiO_2	50,4	49,9	51,7	48,53	45,93
TiO_2	1,06	1,67	0,31	0,84	1,58
Al_2O_3	16,0	14,7	18,3	17,27	15,72
Fe_2O_3	0,4	0,8	0,1	2,51	1,47
FeO	8,8	10,5	3,7	6,63	9,84
MnO	0,17	0,19	0,09	0,19	0,16
MgO	8,2	7,7	9,2	9,53	7,79
CaO	11,2	11,6	13,7	10,58	11,74
Na_2O	3,59	2,73	1,46	3,11	2,74
K_2O	0,23	0,09	0,07	0,34	0,73
P_2O_5	0,08	0,16	0,01	0,58	Sp.
H_2O^+	0,2	0,1	0,4	0,40	1,85
Summe	100,33	100,14	99,04	100,51	99,55

(1) Eklogit, heller Typ, Weissenstein, Münchberger Gneismasse (Bayern).
(2) Eklogit, dunkler Typ, Fundort wie (1).
(3) Eklogit mit Disthen, Silberbach, Münchberger Gneismasse.
(4) Umgewandelter Eklogit, Ramselegut am Feldberg, Schwarzwald.
[1]darin 6,8% Kelyphit; [2]Korund + Spinell + Quarz.
(5) Umgewandelter Eklogit, Fuchsloch bei Waldkirch, Schwarzwald.
[3]darin 7,9% Kelyphit; [4]Korund.

[(1)–(3) nach MATTHES & SCHMIDT 1974; (4) und (5) nach EIGENFELD-MENDE 1948]

Tabelle 76 Mineralische (Volum-%) und chemische (Gew.-%) Zusammensetzung von Glaukophan-Lawsonit-Schiefern aus Kalifornien (nach COLEMAN & LEE 1963) und Kalabrien (HOFFMANN 1970)

	SiO_2	TiO_2	Al_2O_3	Fe_2O_3	FeO	MnO	MgO	CaO	Na_2O	K_2O	P_2O_5	CO_2	H_2O^+	Summe
(1)	49,2	1,2	15,0	1,5	8,0	0,17	7,5	8,8	3,0	1,20	0,14	0,12	3,8	99,63
(2)	45,7	1,2	13,0	2,1	7,5	0,38	7,9	11,4	3,0	0,65	0,15	3,70	3,2	99,88
(3)	47,28	1,52	16,56	0,79	7,93	0,16	8,21	10,04	2,59	0,07	0,14	–	3,8	99,09

(1) Glaukophanschiefer („Metabasalt"), Ward Creek, Cazadero Area, Kalifornien; Glaukophan 54,5%, Lawsonit 14,4%, Pumpellyit 10,2%, Muskovit 12,7%, Titanit 7,5%, Chlorit 0,7%.
(2) Glaukophanschiefer („Metabasalt"), Fundort wie (1); Glaukophan 61,0%, Lawsonit 9,7%, Klinozoisit 11,6%, Muskovit 8,4%, Titanit 5,6%, Chlorit 0,2%, Quarz 3,0%, Pyrit 0,5% entsprechend 0,11 Gew.-% FeS_2.
(3) Lawsonit-Pumpellyit-Glaukophangestein, Diamante, Kalabrien; 18,5% reliktischer Titanaugit (Na-reich), 38% Glaukophan, 13% Pumpellyit, 24% Lawsonit, 0,3% Albit, 1% Chlorit, 2,5% Titanit.

durch Hornblende ± Klinozoisit ± Chlorit unvollständig abgebaut. Stoffzufuhr von außerhalb bewirkt die Bildung von Biotit aus Hornblende und eines verzweigten Quarz-Hellglimmer-Pflasters. Aus Rutil entstehen Ilmenit und Titanit.

- Die dünnen, den Paragneisen zwischengelagerten amphibolitischen Streifen bestehen überwiegend aus einer Plagioklas-Hornblende-Diablastik, wie sie sonst aus dem Omphacit hervorgeht.

Andere Eklogite der Münchberger Gneismasse enthalten noch Disthen und primäre Hornblende als wesentliche Gemengteile. Bei der Umwandlung zerfällt der Disthen in sehr feinkristalline Aggregate von Korund + Quarz ± Spinell.

Sehr verbreitet ist auch die Umwandlung des Granats in *Kelyphit,* eine kranzartige Umwachsung aus Hornblende (mehr oder weniger radial gestellte, keulenförmige oder unregelmäßig-längliche Partikel) in einer Plagioklasmatrix.

Glaukophan- und Glaukophan-Lawsonit-Schiefer aus basaltischen und verwandten Ausgangsgesteinen in Kalifornien

Basaltische Gesteine der mesozoischen Franciscan-Formation in Kalifornien erlitten metamorphe Überprägungen unter hohen Drucken, aber niedrigen Temperaturen. Die am wenigsten umgewandelten Gesteine zeigen bis in den mikroskopischen Bereich herein noch Gefügemerkmale nicht metamorpher Basalte (Pillows, variolitische Gefüge, gefüllte Gasblasen, Mikrolithe in Glasmatrix und andere). Die ersten metamorphen Mineralbildungen zeichnen diese Gefüge mit großer Deutlichkeit nach. Die vorherrschenden Paragenesen enthalten jadeitischen Pyroxen, Lawsonit, Glaukophan, Titanit, Chlorit, in Adern und Mandelräumen auch Aragonit, Quarz und Pumpellyit. Die nächsthöhere Umwandlungsstufe bringt schiefrige Gefüge mit nematoblastischer Struktur durch vorwiegenden Glaukophan; Lawsonit ist idioblastisch (Abb. 106D). Weitere Minerale sind Pumpellyit, Aragonit (Linsen und „Schichten" im Metabasalt), Klinozoisit, Omphacit, Granat, Pyrit, Apatit, Stilpnomelan und Chlorit. Begleitende Metasedimente (ursprünglich sandige Tonsteine und Chert) bestehen aus Quarz, Muskovit, Crossit-Riebeckit bzw. Quarz (überwiegend), Amphibol, Stilpnomelan, Granat und Chlorit. Tabelle 76 zeigt die mineralische und chemische Zusammensetzung einiger Gesteine dieses Bereiches.

Metabasite der hochgradigen Metamorphose (Granulite)

Unter den Bedingungen hochgradiger „trockener" Metamorphose, wie sie z. B. in den mitteleuropäischen Granulitgebieten (Sachsen, Böhmen, Niederösterreich) vorkommen, werden Gesteine basaltischer Ausgangszusammensetzung in Pyriklasite oder Granatpyriklasite umgewandelt. **Pyriklasite** sind hochgradig metamorphe Gesteine mit Ortho- und Klinopyroxen oder Orthopyroxen allein, Plagioklas ± Granat und Fe-Ti-Erzmineralen als Hauptgemengteilen (= Trappgranulite oder Pyroxengranulite der älteren Nomenklaturen). Es sind massige grauschwarze bis hellgraue Gesteine, klein- bis mittelkörnig, seltener grobkörnig. Lagiger Wechsel von plagioklas- und pyroxenreicheren Partien kommt vor. Schieferung und das Erscheinen von Hornblende zeigen eine retrograde metamorphe Überprägung an. Eine granoblastische Struktur mit relativ einfacher Gestalt der beteiligten Hauptminerale

Tabelle 77 Mineralische (Volum-%) und chemische (Gew.-%) Zusammensetzung von Pyriklasit und Granatpyriklasit [nach MATHE 1969 (1), (2) und BERTOLANI 1968 (3)]

	Plagioklas	Orthopyroxen	Klinopyroxen	Granat	Fe-Ti-Erze	Andere
(1)	40,0	35,0	20	–	5,0	+
(2)	20,0	10,0	15	35	10	10 Hornblende
(3)	67,7	28,4	–	+	0,5	3,4

	SiO_2	TiO_2	Al_2O_3	Fe_2O_3	FeO	MnO	MgO	CaO	Na_2O	K_2O	P_2O_5	H_2O^+	Summe
(1)	47,5	3,2	14,5	0,2	13,1	0,14	8,2	10,1	1,9	0,2	0,08	0,5	99,63
(2)	48,5	2,1	15,7	0,5	11,4	0,13	7,60	9,8	2,8	0,3	0,33	0,5	99,66
(3)	48,24	1,92	21,81	1,03	6,08	0,09	7,61	10,2	1,45	0,1	0,27	0,23	99,03

(1) Pyriklasit, Hartmannsdorf, Sächsisches Granulitgebirge.
(2) Granatpyriklasit, Diethensdorf, Sächsisches Granulitgebirge.
(3) Pyriklasit, Preia, Val Strona, ital. Westalpen (Ivreazone); Andere = Quarz, Orthoklas, Biotit, Apatit, Zirkon u. a.

herrscht vor; eine sichtbare Gefügeregelung ist nur selten vorhanden. Coronabildungen von Plagioklas + Orthopyroxen ± Fe-Ti-Erz um Granat und der Zerfall von Klinopyroxen in Orthopyroxen + Plagioklas sind in den Granatpyriklasiten des sächsischen Granulitgebirges verbreitet. Weitere akzessorische Gemengteile sind braune Hornblende (wohl retrograd), Spinell, Apatit und Quarz. Tabelle 77 zeigt die mineralische und chemische Zusammensetzung dreier Metabasite des hochgradigen Metamorphosebereiches.

Häufig treten neben den Pyriklasiten mit Plagioklas auch Eklogite ohne Plagioklas, Granatpyroxenite und Serpentinite als wesentliche Glieder der metamorphen Gesteinsgesellschaften in Granulitgebieten auf.

3.6.3 Alkaligneise und verwandte metamorphe Gesteine

Allgemeine petrographische und chemische Kennzeichnung

Alkaligneise sind metamorphe Gesteine, die durch ihren Mineralbestand anzeigen, daß die Alkalien K_2O und Na_2O im Überschuß in Bezug auf Al_2O_3 oder SiO_2 oder beide vorhanden sind. Dies führt, wie auch bei den magmatischen Alkaligesteinen, zur Bildung von Alkaliamphibol, Alkalipyroxen, Nephelin und Cancrinit; in vielen Fällen waren diese Minerale auch schon in den Ausgangsgesteinen vorhanden und wurden während der Metamorphose nur umkristallisiert und mehr oder weniger deutlich eingeregelt. Als Ausgangsgesteine kommen Alkaligranite, Alkalisyenite und Foidsyenite sowie die vulkanischen Äquivalente dieser Gesteine in Betracht (s. Abschn. 2.19). Einige Vorkommen von Alkaligneisen werden jedoch durch Alkalimetasomatose an Para-Metamorphiten gedeutet.

Charakteristische Mineralparagenesen von Alkaligneisen sind:

Albit + Mikroklin + Quarz + Riebeckit oder Ägirin ± Biotit (Alkaligranitgneis);
Albit + Mikroklin + Riebeckit oder Hastingsit oder Ägirin ± Biotit (Alkalisyenitgneis);
Albit (± Mikroklin) + Nephelin + Alkaliamphibol oder Ägirin ± Biotit (Nephelinsyenitgneis).

Weitere mehrfach beobachtete Minerale sind Oligoklas (nur in Nephelingneis), Cancrinit, Astrophyllit, Katapleit und eine Vielzahl von Akzessorien wie Zirkon, Titanit, Fluorit, Calcit und weitere. Das häufige Auftreten von zwei Alkalifeldspäten (Albit und Mikroklin) anstelle der in den Ausgangsgesteinen vorherrschenden Perthite ist besonders bemerkenswert. Das Gefüge ist granoblastisch; oft ist eine vorausgehende kataklastische Überprägung noch erkennbar.

Auftreten und äußere Erscheinung

Alkali-Orthogneise treten als Linsen oder Lagen von bis zu mehreren Zehnern Kilometern Länge und bis über 1 km Mächtigkeit im Verband mit metamorphen Gesteinen sedimentärer oder magmatischer Herkunft auf. Gelegentlich ist ihre Herkunft aus Alkali-Magmatiten und die Entwicklung der metamorphen Mineralbestände und Gefüge im Gelände zu verfolgen, z. B. in Portugal. Die Gesteine sind im typischen Fall klein- bis mittelkörnig und durch die Einregelung der

Tabelle 78 Mineralische (Volum-%) und chemische (Gew.-%) Zusammensetzung zweier Alkaligneise

	SiO_2	TiO_2	Al_2O_3	Fe_2O_3	FeO	MnO	MgO	CaO	Na_2O	K_2O	H_2O^+	Summe
(1)	76,60	0,09	10,75	2,42	1,10	0,03	0,08	0,19	4,68	4,06	0,27	100,27
(2)	58,20	0,41	20,75	1,75	1,74	0,12	0,22	1,13	9,13	4,90	1,01	99,43

(1) Riebeckitgneis, Gloggnitz, Steiermark. Quarz 34,1; Albit 32,8; Mikroklin 25,2; Riebeckit 4,7; Ägirin 3,0; Titanit 0,2 Volum-% (nach ZEMANN 1951).

(2) Foidsyenitgneis, Arronches, Portugal. Kalifeldspat 26,0; Albit 44,7; Nephelin 15,6; Cancrinit + Analcim 4,2; Alkalipyroxen 1,6; Alkaliamphibol 1,0; Biotit 4,9; Calcit 0,5; Akzessorien 1,5 Volum-%. Die Summe enthält 0,07% P_2O_5 (nach CZYGAN, unveröff.).

dunklen Gemengteile ausgesprochen „gneisig“. Lagentexturen durch variierende Mineralbestände sind sehr verbreitet. Tabelle 78 zeigt die mineralische und chemische Zusammensetzung eines SiO_2-übersättigten peralkalischen und eines untersättigten Alkaligneises.

Weiterführende Literatur zu Abschn. 3.6.3

FLOOR, P. (1974): Alkaline Gneisses. – In: SØRENSEN, H. (Hrsg.), Alkaline Rocks: 124–142, London (Wiley).

3.6.4 Metamorphite aus ultramafitischem Ausgangsmaterial

Ultramafitische Ausgangsgesteine der hier behandelten Metamorphite sind in erster Linie die **Peridotite** und **Pyroxenite,** teils also Gesteine aus dem oberen Erdmantel, die durch tektonische Vorgänge in die obere Kruste gebracht wurden, teils auch magmatische Gesteine meist intrusiver Natur. Nach dem Mineralbestand der metamorphen Umwandlungsprodukte sind in erster Näherung zu unterscheiden:

- **Metamorphe Pyroxenite** mit Orthopyroxen (meist Bronzit) oder Klinopyroxen (Diopsid, Diallag) oder beiden als Hauptmineralen. Sie können zusätzlich Olivin, Amphibol, Phlogopit, Granat, Plagioklas und Spinell enthalten.
- **Metamorphe Amphibolgesteine** (Amphibolfelse oder -schiefer) mit Mg-reichen Amphibolen (Aktinolith, Anthophyllit, Gedrit, Mg-Hornblende) als Haupt- und Pyroxenen, Granat, Plagioklas und anderen als Nebenmineralen. Sehr reine Aktinolithfelse mit feinfilziger Verwachsung nadelig-faseriger Kristalle sind die **Nephrite.** Wegen ihrer außerordentlichen Zähigkeit sind diese Gesteine in der Steinzeit zu Werkzeugen verarbeitet worden.
- In hochmetamorphen Pyroxeniten und Amphibolgesteinen, welche einige Prozente Al_2O_3 enthalten, findet sich gelegentlich **Sapphirin** $Mg_2Al_4[O_6 \mid SiO_4]$, z. B. in Spinellbronzitit, in spinellführenden Anthophyllit- und Gedritgesteinen und ähnlichen. Ein plagioklasführender Pyroxen-Hornblendefels von Finero in der Ivreazone (ital. Westalpen, s. S. 365) enthält Sapphirin neben Hornblende, Bronzit, Diopsid, Bytownit bis Anorthit, pyropreichem Granat und Hercynit.
- **Metamorphe Peridotite** mit noch reichlich erhaltenem **Olivin** neben Pyroxen, Granat, Spinell, Talk, Serpentin, Amphibol und weiteren Mineralen; in verschiedenen Graden kataklastisch oder geschiefert; Benennung je nach Mineralbestand und Gefüge, z. B. Granat-Olivinfels, Pyroxen-Olivinfels, Olivinschiefer und sinngemäß andere. Häufig werden auch die für nicht metamorphe Peridotite üblichen Namen für solche Metamorphite verwendet, soweit die Mineralbestände dies erlauben (s. Abschn. 2.22).
- **Serpentinite** mit einem oder mehreren Mineralen der Serpentingruppe (Antigorit, Chrysotil, Lizardit) als Hauptkomponenten. Relikte von Olivin, Ortho- und Klinopyroxen können noch erhalten sein oder fehlen; sehr häufig läßt aber das Serpentingefüge und die Art seiner Minerale den ehemaligen Mineralbestand und sein Gefüge noch erkennen. Weitere häufige Minerale der Serpentinite sind Granat, Kelyphit (s. Abschn. 3.4.2), Spinell, Amphibole (besonders Aktinolith, Cummingtonit, Anthophyllit), Talk, Chlorite, Phlogopit, Magnetit und Karbonate. Die Karbonatmetasomatose der Serpentinite mit Magnesit, Dolomit, seltener auch Calcit als Neubildungen ist eine recht verbreitete Erscheinung (s. Abschn. 5.12). Auch der Vorgang der Serpentinisierung selbst ist streng genommen eine H_2O-Metasomatose (s. Abschn. 5.12). Weitere Details über Mineralbestand und Gefüge der Serpentinite s. u.

- **Talkfelse und Talkschiefer** finden sich in Begleitung von Serpentiniten und anderen Ultramafititen oder unabhängig von solchen. In letzteren Fällen ist die Möglichkeit der metasomatischen Entstehung aus Karbonatgesteinen in Betracht zu ziehen. Minerale der Talkgesteine aus ultramafitischem Ausgangsmaterial sind neben dem überwiegenden Talk Amphibole, besonders Tremolit, Serpentin, Glimmer, Chlorit, Brucit, Karbonate (Magnesit, Dolomit, Calcit), auch Quarz, Erzminerale und andere.

Sehr reine feinkörnige Talkgesteine heißen **Speckstein (Steatit).** Sie sind wichtige Rohstoffe für feuerfeste und keramische Produkte (z. B. Isolatoren) und viele andere Zwecke.

Bei der Bildung von Talkgesteinen aus Serpentinit bzw. letztendlich aus Peridotit (s. Abschn. 5.12) erhöht sich das Verhältnis von SiO_2 zu MgO nach

$$\underset{\text{Antigorit}}{Mg_6[Si_4O_{10}(OH)_8]} + 4\,SiO_2 \rightarrow$$

$$2\,\underset{\text{Talk}}{Mg_3[Si_4O_{10}(OH)_2]} + 2\,H_2O$$

Zugleich wird Wasser abgegeben. Die Bildung von talkreichen Gesteinen aus ultrabasischem Ausgangsmaterial wird also meist als metasomatischer Prozeß anzusehen sein. Durch CO_2-Metasomatose entwickeln sich mannigfaltige Talk-Karbonatgesteine, z. T. mit noch anderen Silikaten.

- **Chloritfelse** und **Chloritschiefer** treten, oft als „Blackwall" bezeichnet, in Begleitung von Serpentiniten oder Talkgesteinen auf. Sie bestehen überwiegend aus Mg-reichem Chlorit neben weiteren Mineralen, wie Tremolit, Aktinolith, Talk, Epidot, Magnetit, Karbonaten und anderen.

Zwischen den Peridotiten, den Serpentiniten, den Talk-, Chlorit- und Amphibolgesteinen gibt es eine Vielzahl von Übergangstypen. Eine weitere Mannigfaltigkeit entsteht durch die Kombination von Silikat- und Karbonatmineralen; Gesteine mit etwa gleichen Anteilen von Calcit und Serpentinmineralen oder auch mit Calcit als Hauptmineral und nur untergeordneten Mg-Silikaten werden **Ophicalcite** genannt. Soweit sie nicht durch tektonische Vermengung ihrer Komponenten entstanden sind, handelt es sich um metasomatische Bildungen (s. Abschn. 5).

Andere Modifikationen der Zusammensetzung ultramafitischer Metamorphite sind Folgen eines metasomatischen Stoffaustausches mit silikatischen Nebengesteinen (z. B. amphibol- oder chloritreiche Gesteine, Scotford & Williams 1983).

Mineralbestand und Gefüge der Serpentinite

Die Serpentinisierung von Peridotiten ist die Überführung eines bei hohen Temperaturen und Drucken gebildeten Mineralbestandes in Paragenesen mittlerer bis niedriger Metamorphosegrade (500 bis 300°C, je nach Druckbedingungen). Durch Wiedererwärmung können aus Serpentiniten stufenweise die peridotitischen Mineralbestände wiederhergestellt werden. Auch dieser Prozeß führt zu einer Mehrzahl von Silikatparagenesen mit oder ohne Karbonate.

Die Umwandlung von Peridotit in Serpentinit beginnt mit der Bildung von dünnen Serpentinadern entlang von Rissen und Korngrenzen des **Olivins.** Die Adern sind meist bilateral-symmetrisch aus zwei Lagen von **Chrysotil**fasern aufgebaut, zwischen denen eine schmale, scheinbar isotrope Zone liegt. Die Chrysotilfasern stehen mehr oder weniger senkrecht zu den Grenzen der Adern. Schon in diesem Stadium scheidet sich feinkörniger Magnetit in den Serpentinadern aus. Die zwischen diesen noch verbleibenden Olivinreste werden in verschiedener Weise weiter umgewandelt:
- durch konzentrisch nach innen weiterwachsende Chrysotilstränge,
- durch sektorenweise nach innen wachsende Chrysotilbündel oder
- durch äußerst feinkristalline, wirre Chrysotilfasern, die als Ganzes fast isotrop erscheinen.

Sehr häufig bleibt das Netz der zuerst gebildeten Chrysotiladern bis zum Endzustand deutlich erhalten; dazwischen liegen die jüngeren Serpentinaggregate als Maschenfüllung (Abb. 120A). Neben Chrysotil tritt auch, allerdings optisch oft nicht sicher identifizierbar, **Lizardit** als Mineral der Maschenfüllung auf. **Antigorit** ist zunächst nicht beteiligt; er bildet sich erst bei etwas höheren Temperaturen und sehr häufig unter Streßbedingungen. Die typische Maschenstruktur der statischen Umwandlung verschwindet dann zugunsten lepidoblastischer, mehr oder weniger orientierter Gefüge. Die „Antigorit-Gitterstruktur" besteht aus einem Gewebe aus zwei ungefähr senkrecht zueinander stehenden Scharen von Antigoritblättchen, in deren Zwischenräumen entweder Relikte des Ausgangsmaterials oder feinfilzige Antigoritaggregate liegen.

Nächst dem Olivin wird der **Orthopyroxen** von der Serpentinisierung erfaßt. Dabei bilden sich zunächst ebenfalls Durchaderungen, weiterhin dann orientierte, den ganzen Kristall pseudomorphosierende Aggregate von Lizardit mit (001) dieses Minerals parallel (100) des Orthopyroxens. Diese **Bastit**pseudomorphosen sind bei hinreichender Größe durch ihren seidigen Schimmer auch für das bloße Auge erkennbar. Der **Klinopyroxen** der Ausgangsgesteine sowie **Anthophyllit** und **Cummingtonit** werden im allgemeinen weniger und später serpentinisiert als Olivin und Orthopyroxen. Die Umwandlung in Chrysotil oder Lizardit beginnt auch hier an den Kornrändern und entlang von Spaltrissen. **Tremolit** tritt im Gleichgewicht mit den Serpentinmineralen in Gestalt von divergentstrahligen oder ungeregelten Aggregaten auf. **Karbonate** (Magnesit, Dolomit, Calcit) sind in Serpentiniten, welche aus Ultramafititen entstanden sind, Produkte einer zusätzlichen CO_2-Metasomatose (s. S. 346). Nicht selten kommt es zu einer fast vollständigen Karbonatisierung des Serpentinits. **Brucit** $Mg(OH)_2$ ist eine röntgenographisch oft nachweisbare, mikroskopisch aber nur unscheinbare oder überhaupt nicht sichtbare Komponente von Peridotitserpentiniten. Seine Bildung in feinster Verwachsung mit den Serpentinmineralen resultiert aus dem höheren Mg:Si-Verhältnis des Olivins gegenüber dem der Serpentinminerale (2:1 gegenüber 1,5:1). Der braun durchscheinende **Spinell** der Peridotite wird mit der Serpentinisierung in opaken „Magnetit" umgewandelt. Die Kelyphitisierung etwa vorhandenen Granats (s. Abschn. 3.4.2) ist häufig auch in Serpentiniten zu beobachten.

Als **Kluftminerale** in Serpentiniten treten auf:

- Edelserpentin, d. h. kleinkörnige bis dichte Beläge, manchmal auch größere Massen von reinen, in mm-dünner Schicht durchscheinenden Serpentinmineralen; zu kunstgewerblichen Gegenständen verarbeitet (z. B. Bernstein im Burgenland, Österreich).
- Chrysotilasbest, faserige, senkrecht oder seltener parallel zu den Kluftflächen angeordnete Aggregate (*cross fiber* und *slip fiber*); auch wirre filzartige Massen.
- Talk, Mg-Chlorit (Pennin), Aktinolith (z. T. als Nephrit, s. S. 286), Amianth (die feinfaserige, asbestartige Form des Aktinoliths), Andradit, Karbonate.

Mit **Chrysotilasbest** gefüllte Klüfte treten gelegentlich massenhaft auf. In der größten Lagerstätte dieser Art, Thetford Mine (Quebec, Kanada) wird Asbest in einem teilweise serpentinisierten Harzburgit abgebaut. Die Chrysotiladern erreichen Dicken bis zu 15 cm; sowohl senkrecht, als auch parallel zu den Kluftwänden gestellte Faseraggregate kommen vor.

Geologisches Auftreten und äußere Erscheinung der Serpentinite und ihrer Begleitgesteine

Serpentinite sind gewöhnlich feinkörnig bis dicht, massig oder schiefrig in verschiedenem Grade. Die Farbe des frischen Gesteins ist grünlichschwarz mit einem matten, etwas wachsartigen Glanz; Serpentinpseudomorphosen nach Orthopyroxen (Bastit) heben sich, wenn vorhanden, durch den seidigen Schimmer ihrer Spaltflächen deutlich ab. Charakteristisch ist auch eine fleckige oder streifige Textur mit unterschiedlichen, z. T. helleren Farbtönen, Durchaderungen mit verschiedenen Mineralen (Silikate, Karbonate, s. oben) sind weit verbreitet. Bei der Verwitterung treten solche Adern und auch andere Inhomogenitäten durch Reliefunterschiede deutlich hervor. Häufig sind regelmäßig sich kreuzende Kluftsysteme, durch die die Oberfläche der Gesteine netzartig gegliedert wird. Das angewitterte Gestein ist dunkelbraun bis gelb verfärbt.

Talkgesteine erscheinen je nach Korngröße und Beimengungen sehr unterschiedlich. Reiner feinkörniger Speckstein ist fast weiß und nur matt wachsartig glänzend. Mittel- bis grobschuppige Talkschiefer sind meist hellgrün bis nahezu farblos. Sehr charakteristisch ist für alle Talkgesteine ihre ganz geringe Härte und das „fettige" Gefühl beim Anfassen. Durch Beimengungen kann das Aussehen in mannigfaltiger Weise variieren.

Chloritfelse und Chloritschiefer sind gewöhnlich dunkelgrüngraue Gesteine. Bei nicht zu feinem Korn ist die schuppige oder blätterige Beschaffenheit der Chlorite deutlich wahrnehmbar.

Die aus Ultramafititen hervorgegangenen **Amphibolgesteine,** z. B. Aktinolithfelse- und -schiefer sowie talk- oder chloritführende Aktinolithschiefer lassen meist die langprismatischen bis faserigen dunkelgrün-schwarzen Amphibole deutlich erkennen. Die sehr feinkristallinen **Nephrite** sind makroskopisch dichte, in verschiedenen Tönen grünliche Gesteine von außerordentlicher Zähigkeit.

Für das **geologische Auftreten** der Serpentinite und ihrer Begleitgesteine gelten in erster Linie die für die Peridotite in Abschn. 2.22 gemachten Angaben. Demnach kommen Serpentinite in folgenden geologisch-tektonischen Konstellationen vor:

- Als Anteile von Ophiolithkomplexen oder als selbständige Massen in Orogenzonen (alpinotype Serpentinite). Hier sind auch die „Begleitgesteine“ am häufigsten.
- Als metamorphe, z. T. autometasomatische Umwandlungsprodukte magmatischer Peridotite (zonierte ultrabasisch-basische Komplexe, geschichtete Intrusionen).
- Als Anteile der ozeanischen Lithosphäre an mittelozeanischen Rücken und Plattenrändern.

Die passive Platznahme der meisten Serpentinitkörper in den Orogenzonen bedingt ihre äußeren Formen: Linsen, Platten oder unregelmäßige Scherkörper, gelegentlich aber auch plutonartige Massive mit scheinbar magmatisch-intrusiven Kontakten (z. B. der Peridotit-Serpentinit-Diapir der Serrania de Ronda, Spanien; s. S. 364). Besonders an kleineren Serpentinitkörpern ist ihre gegenüber den meisten anderen sie umgebenden Gesteinen bevorzugte „Gleitfähigkeit“ zu erkennen. In den Bereichen starker Durchbewegung treten häufig Talk-, Talk-Aktinolith- und Chloritschiefer auf und es finden intensive Verknetungen und Vermischungen mit dem Nebengestein statt. Die Zerkleinerung der Serpentinitanteile in solchen Mischgesteinen kann im äußersten Fall bis zu Aggregaten aus wenigen Einzelkörnern herunterreichen. Serpentinit-Karbonat-Mischgesteine dieser Art werden oft auch als Ophicalcite bezeichnet. Dieser Name sollte aber streng genommen den metasomatischen Serpentin-Karbonatgesteinen vorbehalten bleiben (s. Abschn. 5).

Weiterführende Literatur zu Abschn. 3.6.4

WYLLIE, P. J. [Hrsg.] (1967): Ultramafic and Related Rocks. 464 S., New York (Wiley).

3.6.5 Regionalmetamorphe Gesteine aus quarzreichen Sandsteinen und Kieselsedimenten

Dank der „Durchläufer“-Eigenschaften des Quarzes unter fast allen metamorphosierenden Bedingungen bleibt dieses Mineral qualitativ und quantitativ weitestgehend erhalten. Mineralum- und Neubildungen vollziehen sich an der Substanz der zusätzlich vorhandenen Sedimentminerale, wie Tonminerale, Glimmer, detritischer Feldspat, Karbonate und andere.

Je nach Art und Menge dieser Minerale entstehen in den niedrigen Metamorphosestufen Serizit, Chlorit, Mikroklin, Albit, Epidot, Hämatit, in höheren Metamorphosestufen Muskovit, Biotit, Plagioklas, Sillimanit, Disthen, Granat und Pyroxen. Dabei zeigen die Al-Silikate und Muskovit, wenn sie in größerer Menge auftreten, einen ursprünglich tonigen Sandstein, Feldspäte einen Quarz-Feldspat-Sandstein und Ca-Minerale wie Diopsid oder Epidot ehemalige Kalkgehalte des Ausgangsgesteins an. Entsprechend sind zahlreiche Gesteinsnamen erforderlich, z. B. Muskovitquarzit, Feldspatquarzit, granatführender Feldspatquarzit und analoge. Vielfach sind die in den Sandsteinen vorhandenen Schwerminerale auch nach der metamorphen Überprägung noch vorhanden: Zirkon, Rutil, Turmalin, Magnetit, Ilmenit, Apatit und weitere.

Quarz reagiert gegenüber Streß sehr empfindlich und ist auch bei schwachen Metamorphosegraden zur Umkristallisation geneigt. Je nach den bei der Gefügeentwicklung am nachhaltigsten wirkenden Faktoren überwiegen

- kataklastische Gefüge bei überwiegender Streßwirkung und geringer Rekristallisation,
- granoblastische Gefüge mit mehr oder weniger parallel ausgelängten Körnern; die Grenzen zwischen den Einzelkörnern sind unregelmäßig-verzahnt (suturartig, siehe Abb. 1E), unregelmäßig-buchtig oder einfach *(Mosaikstruktur)*. Überwiegend postkinematische Kristallisation erzeugt bevorzugt polygonal-granoblastische Gefüge der letzteren Art.

Itacolumit ist ein niedrig- bis mittelmetamorpher Quarzit, der in cm-dünnen Platten etwas biegsam ist (mangelnde Kornbindung mäßig verzahnter Quarzkörner).

Außer der an Auslängung und Parallelorientierung der Quarzkörner morphologisch erkennbaren Gefügeregelung zeigen die Quarze vieler Quarzite (und anderer quarzführender metamorpher Gesteine) **Gitterregelungen** verschiedener Typen. Sie sind zusammen mit den Regelungen anderer Minerale in Abschn. 3.4.5 beschrieben.

Glimmer und **Chlorite** sind besonders häufige zusätzliche Minerale der Quarzite. Sie zeigen meist eine ausgeprägte Einregelung (flächenhaft oder linear) und bedingen dadurch maßgeblich die schiefrigen oder stengeligen Texturen der Gesteine. Durch Zunahme der Glimmer gehen Quarzite in Glimmerschiefer, durch Zunahme von Feldspäten in Gneise über.

Nicht detritische kieselige Sedimente, wie Kieselschiefer, Lydit, Radiolarit, Chert werden bei der Regionalmetamorphose ebenfalls in Quarzite umgewandelt. Da es sich z. T. um sehr SiO_2-

reiche Ausgangsgesteine handelt, sind die entstehenden Metamorphite auch sehr quarzreich. Typische nichtdetritische Nebenminerale, wie Apatit oder Graphit, bleiben erhalten (Apatitquarzit, Graphitquarzit); detritische Nebenminerale verhalten sich wie oben beschrieben.

Äußere Erscheinung und Auftreten der Quarzite

Quarzite sind gewöhnlich helle, manchmal fast weiße Gesteine; bestimmte Nebenminerale bedingen unterschiedliche Färbungen (Chlorit grünlich, Graphit dunkelgrau, Hämatit rötlich, Limonit als Verwitterungsprodukt braun oder gelb). Die Texturausbildung variiert von massigen über plattige zu schiefrigen Formen. Gegenüber der Verwitterung sind Quarzite, besonders reine, meist sehr beständig, selbst unter den Bedingungen des feucht-tropischen Klimas. Mächtigere Quarzitvorkommen treten deshalb im Gelände morphologisch als prominente Erhebungen mit Felsrippen hervor.

3.6.6 Regionalmetamorphe Gesteine aus Grauwacken und Arkosen

Infolge der gegenüber quarzreichen Sandsteinen komplexeren Ausgangszusammensetzung der Grauwacken und Arkosen entstehen aus ihnen metamorphe Gesteine, die die verschiedenen Grade der Umwandlung deutlicher, aber noch nicht so ausgeprägt, wie die Metapelite, erkennen lassen. Die in den niedrigsten Metamorphosegraden zu erwartende Umbildung der detritischen Feldspäte (Kalifeldspat zu Serizit, Plagioklas zu Albit und verschiedenen Ca-Phasen) findet häufig nicht statt. Quarz und Feldspäte bleiben so sehr oft reliktisch erhalten, bis sie bei mittleren Metamorphosegraden durch allgemeine Umkristallisation den dann stabilen Mineralgefügen eingegliedert werden. Die massige Ausbildung vieler Grauwacken bleibt auch häufig bis weit in den Bereich der Regionalmetamorphose hinein erhalten und die Schieferung entwickelt sich zunächst nur undeutlich und unregelmäßig (*semischist,* s. Abs. 3.1).

Daneben gibt es aber auch genug Beispiele einer „normal" verlaufenden Regionalmetamorphose niedrigen Grades an Grauwacken und Arkosen. Grauwacken mit hohen Anteilen an vulkanogenem Material (Ca-reiche Plagioklase, vulkanische Mafite, Chlorit, Glas) sowie solche mit tonigen oder mergeligen Komponenten sind besonders reaktionsbereit und entwickeln kritische Mineralparagenesen je nach dem herrschenden Metamorphosegrad.

Bei *sehr niedrigem* Metamorphosegrad entstehen hier Minerale wie Pumpellyit $Ca_2Mg(Al,Fe)_2$

Tabelle 79 Mineralische (Volum-%) und chemische (Gew.-%) Zusammensetzung metamorpher Sandsteine und Grauwacken

	SiO_2	TiO_2	Al_2O_3	Fe_2O_3	FeO	MnO	MgO	CaO	Na_2O	K_2O	P_2O_5	H_2O^+	CO_2	Summe
(1)	90,14	0,10	6,03	0,11	0,70	0,02	0,31	0,04	0,11	1,37	0,01	0,83	–	99,77
(2)	83,05	0,32	8,87	0,82	1,11	0,02	1,04	0,06	0,66	2,19	0,02	1,33	–	99,97
(3)	91,50	0,29	4,00	0,31	0,54	0,05	0,37	0,10	0,79	1,19	0,06	0,42	0,06	99,68
(4)	77,18	0,56	11,68	0,24	2,26	0,05	1,01	1,61	3,42	1,18	0,18	0,71	–	100,08
(5)	64,99	0,74	15,11	1,51	4,27	0,09	1,91	1,70	3,45	2,18	0,12	2,34	–	98,41
(6)	62,42	0,89	14,56	2,30	3,84	0,12	3,71	5,18	3,30	1,00	0,13	1,66	–	99,11

(1) Niedrig metamorpher Glimmerquarzit, Withok, Südafrika (nach FULLER 1958). Quarz 83, Muskovit 14, Chlorit 2, Andere 1.
(2) Niedrig metamorpher Glimmerquarzit, albitführend, Klerksdorp, Südafrika (nach FULLER 1958). Quarz 70, Muskovit 16, Albit 5, Biotit 3, Chlorit 2, Pyrit 1, Andere 3. Mit 0,48% S.
(3) Quarzitgneis, Oberharmersbach, Schwarzwald. Quarz 81,8; Plagioklas (z. T. serizitisiert) 11,1; Biotit 3,4; Sillimanit 1,5; Muskovit 1,5; Apatit 0,3; Erzminerale 0,2; Kalifeldspat 0,1.
(4) Paragneis (Metagrauwacke), Murgtal im Südschwarzwald (nach KRÜTZFELD 1981). Plagioklas 50,7; Quarz 39,1; Biotit 10,0; Apatit und andere Akzessorien 0,2.
(5) Paragneis (Metagrauwacke), Ibach, Südschwarzwald (nach LÄMMLIN 1981). Plagioklas 44,6; Quarz 27,9; Biotit 25,0; Granat 3,3; Apatit und andere 0,2.
(6) Plagioklas-Hornblende-Gneis (kalkreiche Metagrauwacke), Angenbachtal, Südschwarzwald (nach LÄMMLIN 1981). Plagioklas 54,9; Hornblende 21,2; Quarz 19,5; Biotit 6,5; Apatit und andere 0,1.

$[SiO_4 \mid Si_2O_7(OH)_2] \cdot H_2O$, Albit (aus Plagioklas), Laumontit $Ca[Al_2Si_4O_{12}] \cdot 4\ H_2O$, Prehnit $Ca_2Al\ [Si_3AlO_{10}(OH)_2]$ und Calcit als charakteristische Neubildungen. Bei hohem Druck, aber niedriger Temperatur (Versenkungsmetamorphose) treten auch jadeitischer Pyroxen, Lawsonit $CaAl_2\ [Si_2O_7(OH)_2] \cdot H_2O$, Glaukophan und Aragonit auf. Alle diese Minerale bilden sich meist nur in relativ geringer Menge und treten mesoskopisch wenig in Erscheinung.

Unter *niedrigen* Metamorphosebedingungen verschwinden allmählich die klastischen Gefügerelikte der Grauwacken und eine mehr oder weniger deutlich ausgebildete schiefrige Textur herrscht vor. Je nach der Zusammensetzung des Ausgangsmaterials beteiligen sich außer Quarz und Feldspäten Chlorit, Muskovit, Epidot, Aktinolith, Stilpnomelan, Titanit, bei höheren Bedingungen auch Biotit, Hornblende, Granat (almandinreich), Sillimanit und Cordierit. Mit zunehmendem Metamorphosegrad werden auch die Plagioklase (wieder) stabil (Oligoklas, Andesin). Der Anteil der Glimmer und deren Regelung bestimmen weitgehend die äußere Erscheinung der Gesteine als „Schiefer“ oder „Gneise“. Die im Mittel andersartige Zusammensetzung der Arkosen (Kalifeldspat > Plagioklas, weniger Ca- und Mg-Minerale) bewirkt bei der Metamorphose eine entsprechende Vormacht von Muskovit bzw. Kalifeldspat; Epidot und Amphibole treten kaum auf.

Unter den Bedingungen der Granulitstufe der hochgradigen Metamorphose entstehen aus Grauwacken und Arkosen Gesteine mit den Gefügemerkmalen dieses Bereiches und Hypersthen und Granat als kritischen Mineralkomponenten. Bei Al-Überschuß bilden sich Cordierit, Sillimanit oder Disthen, bei etwas erhöhten Ca-Gehalten Hornblende und Diopsid. Biotit ist meist ebenfalls vorhanden. Quarz und Feldspäte sind in jedem Fall die dominierenden Minerale.

Vorkommen und äußere Erscheinung regionalmetamorpher Grauwacken und Arkosen

Infolge des hohen Anteils der Grauwacken an den mächtigen Sedimentserien der Geosynklinalen, besonders im *Flysch,* sind ihre metamorphen Umwandlungsprodukte als Metagrauwackeschiefer und -paragneise im Metamorphikum der Faltengebirge und im tieferen Grundgebirge außerordentlich verbreitet. Häufig bilden sie die vorherrschenden Paläosomanteile migmatitischer Gesteinsverbände (s. Abschn. 4.1). Metamorphite aus pelitischem bis mergeligem Ausgangsmaterial sowie Metabasite sind häufig mit Metagrauwacken vergesellschaftet. Metaarkosen (speziell solche mit K-Feldspat > Plagioklas) zeigen eher terrestrische Ablagerungsmilieus an; sie sind dementsprechend häufig mit Metaquarziten und Metapeliten eng assoziiert.

Beispiel einer sehr niedrig metamorphen Grauwackenserie: Der Taveyanne-Sandstein in den Westalpen

(nach Martini, 1968).

Der eozäne Taveyanne-Sandstein ist ein Schichtglied des Flysches innerhalb der Helvetischen Decken der Westalpen von der Dauphiné bis in die Gegend von Chur. Das nicht metamorphe Ausgangsgestein ist eine Grauwacke mit hohen Anteilen vulkanischen Materials: Gesteins- und Mineralbruchstücke von Andesiten und Diabasen (11–81 Vol.-%), von Graniten, Gneisen und metamorphen Quarziten (17–77 Vol.-%) und Sedimentgesteinen (1,5–11,5 Vol.-%). Die Umwandlungen des *sehr niedrigen* Metamorphosegrades (Zeolith-, Pumpellyit- und Prehnit-Fazies) zeigen sich am deutlichsten in Gesteinen mit hohen Anteilen von andesitischem Material. Noch erhaltene Gesteinsbruchstücke sind überwiegend Hornblendeandesite, seltener auch Pyroxenandesite in verschiedenen Gefügeausbildungen (vitrophyrisch, hyalopilitisch). Die nicht metamorphen Plagioklaseinsprenglinge sind Labradorite.

Das erste neugebildete metamorphe Mineral ist **Laumontit,** ein Zeolith, der sich aus den Plagioklasen, in der ehemals glasigen Grundmasse und auch in den Zwischenräumen der vulkanischen Körner entwickelt. Weitere Neubildungen sind Albit (aus Plagioklas) und Chlorit (in der Grundmasse); die primären Vulkanitgefüge sind in diesem Stadium noch sehr gut erhalten.

Die nächsthöhere Metamorphosestufe wird durch **Pumpellyit** und **Prehnit** angezeigt. Der Prehnit bildet meist xenomorphe Kristalle und Aggregate, während der Pumpellyit sich in Gestalt sehr kleiner, mehr oder weniger idiomorpher Kriställchen in den Plagioklasen und in der Matrix ausbreitet.

Die typischen Laumontit-Metagrauwacken sind fein- bis kleinkörnige, grünlich-weißlich gefleckte, massige Gesteine. Auch die Pumpellyit-Prehnit-Metagrauwacken haben häufig ein geflecktes Aussehen. Ein weiterer Gesteinstyp »Grünwakke« ist chloritreich, arm an Pumpellyit und Prehnit und makroskopisch gleichmäßig grün.

Tabelle 80 Mineralische (Volum-%) und chemische (Gew.-%) Zusammensetzung sehr niedrig metamorpher Grauwacken (nach MARTINI 1968)

		(1)	(2)	(3)	(4)
Vulkanische Mineralrelikte:	Hornblende	3,6	2,4	1,6	–
	Augit	2,8	5,9	13,1	–
Andere detritische Reliktminerale		25,1	16,8	26,6	23,3
Metamorphe Neubildungen:	Albit	25,6	27,4	37,5	42,1
	Laumontit	24,8	30,0	–	–
	Prehnit	–	–	10,8	–
	Titanit	1,7	1,8	2,1	2,2
	Chlorit	12,9	13,4	6,7	28,6
Calcit		3,0	1,8	1,0	3,2
Apatit		0,5	0,5	0,6	0,6
Die Mineralbestände	SiO_2	55,85	55,59	54,90	55,60
sind wegen der Fein-	TiO_2	0,78	0,80	0,99	0,89
körnigkeit der Gesteine	Al_2O_3	16,70	15,75	16,51	16,58
nicht ganz erfaßbar.	Fe_2O_3	2,91	3,45	4,21	2,61
Die Menge der meta-	FeO	3,49	3,76	3,40	4,97
morphen Neubildungen	MnO	0,10	0,11	0,12	0,15
sind mit Hilfe der	MgO	3,03	3,40	3,19	4,73
chemischen Analysen	CaO	6,23	6,73	7,57	2,70
errechnet. „Andere	Na_2O	3,04	3,25	4,42	4,88
detritische Relikt-	K_2O	1,71	1,56	0,34	1,11
minerale“ sind Quarz,	P_2O_5	0,20	0,21	0,23	0,26
Glimmer, Feldspäte	CO_2	1,32	0,78	0,45	1,40
und andere	H_2O^+	2,85	4,38	3,32	4,02
	Summe	99,21	99,77	99,65	99,90

(1) Laumontit-Metagrauwacke, Ruisseau de Gron, Savoyen.
(2) Laumontit-Metagrauwacke, Fundort wie (1).
(3) Prehnit-Metagrauwacke, Cabane de Balacha, Savoyen.
(4) Chloritreiche Metagrauwacke, Straße von Balme nach Arâches, Savoyen.

Tabelle 80 zeigt Mineralbestände und chemische Analysen von metamorphen Taveyanne-Sandsteinen.

Wichtige metamorphe Reaktionen sind:
- Labradorit + Quarz + H_2O → Laumontit + Albit,
- Laumontit + K_2O → Prehnit + Muskovit + Quarz + H_2O,
- Laumontit + Calcit → Prehnit + Quarz + H_2O + CO_2.

Grauwacken im Bereich der Hochdruck-Niedrigtemperatur-Metamorphose
(nach ERNST, 1971).

Grauwacken der jungmesozoischen Franciscan-Formation in Kalifornien sind in verschiedenem Grade der Hochdruck-Niedrigtemperatur-Metamorphose unterworfen worden. Die am wenigsten umgewandelten Gesteine enthalten noch reliktischen Biotit; Chlorit, Hellglimmer und Pumpellyit sowie Albit (aus Plagioklas) sind erste metamorphe Neubildungen. In stärker umkristallisierten Grauwacken erscheinen Lawsonit und gelegentlich Aragonit. Die am stärksten umgewandelten Gesteine führen Jadeit ± Glaukophan. Der Lawsonit entsteht teilweise aus der Anorthitkomponente der Plagioklase; aus dem zurückbleibenden Albit geht weiterhin der Jadeit hervor. Die klastische Struktur der Ausgangsgesteine ist auch hier noch schwach erkennbar. In Tabelle 81 sind Beispiele der mineralischen und chemischen Zusammensetzung solcher Gesteine aufgeführt.

Hochgradig metamorphe Grauwacken (Beispiel der Stronalithe)
(nach MEHNERT, 1975).

In der Ivrea-Zone (italienische Westalpen) ist vermutlich ein Teil der tieferen Erdkruste und

Tabelle 81 Mineralische (Volum-%) und chemische (Gew.-%) Zusammensetzung von metamorphen Grauwacken der Franciscan-Formation, Kalifornien (nach ERNST 1971)

	SiO_2	TiO_2	Al_2O_3	Fe_2O_3*	MgO	CaO	Na_2O	K_2O	GV.	Summe
(1)	64,70	0,61	16,03	4,24	1,22	3,88	4,33	1,62	2,44	99,07
(2)	64,32	0,81	15,86	5,80	1,76	2,65	4,30	1,32	3,29	100,11

(1) Metagrauwacke, Fifield Ranch. Albit 41, Quarz 33, Pumpellyit 5, klastischer Biotit 3, Lawsonit 1, Andere (Chlorit, Hellglimmer, Epidot, Karbonate) 17 Volum-%.
(2) Metagrauwacke, Fundort wie (1). Quarz 38, jadeitischer Pyroxen 37, Lawsonit 5, Andere 20 Volum-%.
GV. = Glühverlust (H_2O, CO_2).
* = Gesamteisen als F_2O_3.

der Krusten-Mantel-Grenzregion tektonisch hoch herausgehoben und durch Erosion freigelegt.

An dem Gesteinsprofil beteiligen sich
- Lherzolithe und andere Ultramafitite (Schuppen von Mantelgesteinen)
- metabasitische Pyriklasite, wohl aus tholeiitischen Vulkaniten entstanden, und
- Stronalithe, d. h. saure bis intermediäre granulitische Gesteine, die in ihrer chemischen Zusammensetzung den Grauwacken nahestehen, sich von diesen aber durch im Mittel niedrigere Gehalte an Na_2O und K_2O unterscheiden.

Die **Stronalithe** sind klein- bis mittelkörnige, streifig-inhomogene bis massige Gesteine mit Plagioklas (An_{35} bis An_{65}), Kalifeldspat, Quarz und Granat (Almandin > Pyrop) als charakteristischen Hauptgemengteilen. In Al-reicheren Typen kann Sillimanit hinzukommen; Graphit ist ein quantitativ geringfügiges, aber sehr verbreitetes akzessorisches Mineral. Das Gefüge der nicht durch jüngere anatektische Prozesse betroffenen Gesteine ist ein granoblastisches mit gerundet-hypidiomorphem oder xenoblastischem Granat, unregelmäßig-xenomorphem Plagioklas und Kalifeldspat sowie gerundeten Quarzkörnern (z. T. „Tropfenquarz" im Plagioklas). Die Stronalithe treten weithin in vielfacher Wechsellagerung mit metabasitischen Pyriklasiten auf (Abb. 108A). Es kommen auch migmatitische Makrogefüge vor, wobei die oben beschriebene Mineralparagenese qualitativ erhalten bleibt.

MEHNERT deutet die sauren Stronalithe als ehemalige Grauwacken und nahe verwandte Sedimentgesteine, die durch Abwanderung leicht mobilisierbarer Anteile (SiO_2, Na_2O, K_2O, H_2O) in ihrer Zusammensetzung modifiziert wurden. Die stellenweise vorkommenden Migmatite sind Zeugen für solche anatektischen Vorgänge im Bereich der hochgradigen, wasserarmen Metamorphosebedingungen.

3.6.7 Regionalmetamorphe Gesteine aus grobklastischem Ausgangsmaterial – Metakonglomerate

Metamorphe Konglomerate gehören zu den instruktivsten Erscheinungen im Rahmen der me-

Tabelle 82 Mineralische (Volum-%) und chemische (Gew.-%) Zusammensetzung von Granuliten (Stronalithen) der Ivreazone, ital. Westalpen (nach BERTOLANI 1968)

	Quarz	Mesoperthit	Plagioklas	Granat	Sillimanit	Fe-Ti-Erze	Andere
(1)	14,5	4,5	42,5	20,0	4,0	3,0	11,5
(2)	22,2	24,5	+	37,6	14,2	1,2	0,3

	SiO_2	TiO_2	Al_2O_3	Fe_2O_3	FeO	MnO	MgO	CaO	Na_2O	K_2O	P_2O_5	H_2O^+	Summe
(1)	64,84	1,40	18,41	0,33	3,52	0,05	3,59	2,99	3,88	1,11	0,07	0,12	100,31
(2)	50,55	1,25	25,61	0,44	10,80	0,08	6,35	0,77	0,60	2,54	0,05	0,19	99,23

(1) Stronalith, Isola Valmala. Andere = Klinozoisit, Biotit u. a.
(2) Stronalith, Fobello. Die Zusammensetzung deutet auf pelitisches Ausgangsmaterial.

tamorphen Gesteinsbildungen; an ihnen lassen sich besonders deutlich Art und Ausmaß der Deformation erkennen. Die Gerölle sind gegenüber ihren ursprünglichen Proportionen in verschiedenem Grade gestreckt, ausgewalzt, manchmal an ihren Enden ausgeschwänzt oder sogar gefaltet. Diese Verformungen sind nicht in allen Teilen der Vorkommen gleich stark, so daß gelegentlich noch Bereiche mit weniger veränderten Geröllformen erhalten sind, die einen quantitativen Vergleich mit den stärker veränderten erlauben. Dabei ergeben sich Auslängungen um ein mehrfaches bis vielfaches gegenüber den nicht beanspruchten Geröllen.

Der Grad der Deformation ist auch von der Zusammensetzung der Gerölle abhängig. Eine empirische Skala reiht häufige Gesteinstypen von den am schwersten zu den am leichtesten deformierten: Feldspatreiche Gesteine (Granite und ähnliche Plutonite, Gneise) – Quarzite – Grauwacken – Kalksteine – Tonschiefer.

Je verschiedener die Gerölle von der Matrix der Konglomerate sind, desto eher behalten sie auch bei starker Deformation und hohen Metamorphosegraden ihre Individualität. Grauwacke- und Tonschiefergerölle werden leichter unkenntlich, wenn die Matrix des Konglomerates selbst grauwackeartig oder sandig-pelitisch zusammengesetzt war.

Metakonglomerate kommen von schwachen bis zu hohen Metamorphosegraden umgewandelt vor; selbst Metakonglomerat**gneise** sind nicht ungewöhnlich. Die im einzelnen beobachteten Umwandlungen an den verschiedenen Gesteinskomponenten und der Matrix entsprechen denen der gewöhnlichen dynamothermischen Metamorphose, wobei die oben genannten deformationsbeständigeren Gesteinsgerölle nicht nur in ihrem Gefüge, sondern zum Teil sogar in ihrem Mineralbestand gegenüber ihrer Umgebung reliktische Züge behalten.

Die Metakonglomerate des Wiesentaler Gneiszuges im sächsichen Erzgebirge
(nach MEHNERT, 1938).

In verschiedenen Einheiten des sächsichen Kristallins, besonders im Wiesentaler Gneiszug, kommen Metakonglomerate als Einlagerungen in mittelmetamorphen Gneisen und Glimmerschiefern vor. Die Gesteine sind aus Geröllhorizonten in oberpraekambrischen Peliten und Grauwacken hervorgegangen. In ihrem jetzigen, deformierten Zustand haben die Metakonglomerate Mächtigkeiten zwischen einigen Dezimetern und mehreren Metern. Deformation und metamorphe Umkristallisation haben die Konglomerate in verschiedenem Ausmaß überprägt; vielfach ist die Konglomeratnatur nur noch an einer unregelmäßigen Hell-Dunkel-Bänderung der dann gneisartig-schiefrigen Gesteine zu erkennen. In geschonten Partien dagegen sind die einzelnen Gerölle noch sehr gut erhalten und von der Matrix, d. h. dem ehemals sandig-tonigen Bindemittel deutlich abgesetzt (Abb. 93C). Folgende Gesteinstypen treten, nach der Häufigkeit geordnet, auf:

Grauwacken und Arkosen, Quarzporphyre und Felsitporphyre, Granite und Granitaplite, Quarzite und Graphitquarzite, Tonschiefer, Pegmatitquarze, Diabase, Lamprophyre und Kalksteine.

Durch die Metamorphose wurden die Gerölle sowohl in ihrer äußeren Gestalt, als auch in ihrer Struktur und selbst im Mineralbestand mehr oder weniger stark verändert. Kataklase oder Umwandlung zu gneisartigen Gefügen ist bei den Graniten häufig; bei den Porphyren ist die gute Erhaltung des Einsprenglings-Grundmasse-Gegensatzes und mancher Details der ursprünglichen Gefüge, wie mikrographische Quarz-Feldspat-Verwachsungen und Sphärolithe, bemerkenswert, auch wenn die Gerölle schon stark deformiert sind. Die ursprünglichen Gefügemerkmale der Grauwackegerölle sind ebenfalls oft noch erkennbar. Allgemein zeigt sich eine Einstellung des Mineralbestandes der Gerölle und des Bindemittels auf die Bedingungen des mittleren Metamorphosegrades mit Biotit als dominierendem Mafitmineral; Kalksteingerölle reagierten mit ihrer silikatischen Umgebung unter Neubildung von Epidot, Granat, Biotit, Titanit und Magnetit.

Die **Verformung** der Gerölle ist nach Gesteinstypus und der jeweils wirkenden tektonischen Beanspruchung verschieden. Im allgemeinen streben die Gerölle die Form dreiachsiger Ellipsoide an, wobei die längste Achse b und die mittlere Achse a etwa in der Schieferungsebene, die kürzeste Achse c senkrecht dazu liegen. Die Grauwacke- und Tonschiefergerölle erweisen sich im Durchschnitt mit b:c-Verhältnissen von 10:1 bis 18:1, gelegentlich sogar bis 40:1 als am stärksten deformiert. Viel niedriger liegen die b:c-Verhältnisse der Quarzitgerölle in den gleichen Schichten; noch weniger sind im allgemeinen die Granite deformiert. Sehr stark ausgeplättete Gerölle werden sogar noch in die vorkommende Verfaltung (cm- bis dm-Bereich) einbezogen.

3.6.8 Regionalmetamorphe Gesteine aus pelitischem Ausgangsmaterial

Der hohe Anteil der Pelite an der Gesamtheit der Sedimentgesteine bedingt auch die große Verbreitung ihrer metamorphen Umwandlungsprodukte. Metapelite zeigen (ähnlich wie die Metabasite) eine besondere Vielfalt der Mineralneu- und -umbildungen in Abhängigkeit vom Metamorphosegrad; auch die Texturen sind in der niedrigen, mittleren und hohen Umwandlungsstufe jeweils charakteristisch verschiedene (Phyllite, Glimmerschiefer, Gneise). Die nachfolgende Darstellung bezieht sich in erster Linie auf Pelite mit der Zusammensetzung des Mittels der Tonsedimente; davon stärker abweichende Gesteine mit höheren Al-Gehalten werden anhangsweise erwähnt.

Eine **schiefrige Textur** tritt bei pelitischen Sedimentgesteinen häufig schon vor dem Einsetzen der metamorphen Mineralumwandlungen als Folge tektonischer Beanspruchung, etwa in Faltengebirgen auf (z. B. Rheinisches Schiefergebirge). Hauptminerale sind hier solche, die entweder schon bei der Sedimentation vorhanden oder bei der Diagenese neugebildet wurden: Quarz, Tonminerale, Illit, Chlorit, detritischer Muskovit, Feldspäte, Calcit, Pyrit, kohlige Substanz und weitere.

Die oft ausgezeichnet ebenflächige Schieferung mit Teilbarkeit in dünne Platten (Dachschiefer, Tafelschiefer) ist Folge der straffen Regelung der Schichtgitterminerale. Texturelle Varianten mit stark ausgeprägter *linearer* Paralleltextur oder mit zwei sich schneidenden enggescharten Schieferungsebenen sind Griffelschiefer und ähnliche, stengelig brechende Gesteine. Die Gesamtheit der Gesteine dieser Art wird **Tonschiefer** genannt.

Mit der Entwicklung metamorpher Mineralkomponenten und einer auch mesoskopisch erkennbaren Kristallinität ist der Übergang zu den **Phylliten** gegeben (siehe die Definition Abschn. 3.1). Aus Peliten hervorgehende Phyllite sind in aller Regel reich an Muskovit oder Phengit, häufig auch, bei ausreichenden Mg- und Fe-Gehalten, an Chlorit. Phengit ist ein Hellglimmer mit unvollständigem Ersatz von Si durch Al (atomares Verhältnis >3:1) und mit Gehalten an Fe und Na. Die eigentlichen Tonminerale (Kaolinit, Montmorillonit) sind verschwunden. Alkaliarme Ausgangsgesteine ermöglichen die Neubildung von Pyrophyllit $Al_2[Si_4O_{10}(OH)_2]$. Weitere für die niedrigen Metamorphosegrade typische Minerale sind, sofern die notwendigen chemischen Komponenten zur Verfügung stehen,

Paragonit
$NaAl_2[Si_3AlO_{10}(OH)_2]$,
Stilpnomelan
$K_{<1}(Mg,Fe,Al)_{<3}[Si_4O_{10}(OH)_2] \cdot x\, H_2O$,
Chloritoid
$Fe^{\cdot\cdot}Al_2[Si_2Al_2O_{10}(OH)_2] \cdot Fe(OH)_2$.

Die für *sehr niedrige* Metamorphose im Sinne von Winkler charakteristischen Minerale Prehnit, Pumpellyit, Laumontit und Lawsonit treten in Phylliten gewöhnlich nicht auf. Das Calcium ist, wenn überhaupt vorhanden, meist an Calcit gebunden. Albit ist nicht selten. Eine Vielzahl weiterer möglicher Minerale, unter ihnen Graphit, Hämatit, Magnetit, Ilmenit, Rutil, Pyrit, Zirkon, Klinozoisit-Epidot, Turmalin, Granat, Biotit, kommen fallweise vor; sie sind teils Relikte detritischer Komponenten, teils Neubildungen.

Wesentliches Gefügemerkmal ist jeweils Grad und Art der Regelung der Phyllosilikate: ebenflächig, feinwellig, verfältelt, in mehreren sich schneidenden s-Flächen, um die tektonische b-Achse »gerollt« (im Gefügediagramm als Gürtel erscheinend). Allgemein ist das Phyllosilikatgefüge lepidoblastisch, wobei bestimmte Minerale mit besonderen Formen hervortreten können: porphyroblastisch (z. B. Albit, Chloritoid) oder ± idioblastisch als Einzelkristalle oder büschelartige Aggregate quer zur herrschenden Gefügeregelung: »Querglimmer« (Muskovit, Stilpnomelan). Größere Blasten werden häufig von der sie umgebenden, geregelten Matrix umflossen; dabei entstehen *Druckschattenbildungen* (Abb. 90B). Der als weiteres Hauptmineral meist vorhandene Quarz ist oft sichtlich deformiert oder granuliert, gelegentlich auch in Linsen, Knauern oder Adern angereichert.

Die Benennung der Phyllite im einzelnen richtet sich nach ihrem Mineralbestand:
Phyllosilikate > Quarz ± andere: Phyllit,
Quarz > Phyllosilikate ± andere: Quarzphyllit.
Zur näheren Bezeichnung der Phyllosilikate und weiterer Hauptminerale dienen Namen wie Muskovitphyllit, Muskovit-Quarzphyllit (> 50% Quarz, Muskovit als vorherrschendes Phyllosilikat), Chloritoid-Muskovitphyllit (mit > 50% Phyllosilikaten, Muskovit > Chloritoid) und andere analoge.

Die als **Glimmerschiefer** ausgebildeten Metapelite gehören teils dem niedrigen, teils dem mittleren Metamorphosegrad an. Dementsprechend sind verschiedene Kombinationen der Hauptminerale möglich. Als häufig vorkommende Paragenesen sind zu nennen:

- Quarz + Muskovit,
- Quarz + Muskovit + Chlorit,
- Quarz + Muskovit + Biotit,
- Quarz + Biotit + Chlorit.

Nächsthäufige, hiermit kombinierte Minerale sind Granat und Albit. Weitere Paragenesen ergeben sich durch das Hinzutreten von Chloritoid, Stilpnomelan, Staurolith, Andalusit, Disthen und Cordierit. Im mittleren Metamorphosebereich tritt nur noch Mg-reicher Chlorit auf. Der „Muskovit“ des niedrigen Metamorphosebereiches ist z. T. phengitisch. Der Granat ist almandinreich, im niedrigen Metamorphosebereich auch spessartinhaltig. Staurolith und Cordierit zeigen in jedem Fall schon den mittleren Metamorphosegrad an. Die genauere Interpretation setzt die Feststellung der Gleich- oder Ungleichgewichte zwischen den vorhandenen Mineralphasen und zum Teil auch die Kenntnis ihrer Zusammensetzung voraus. – Weitere in Glimmerschiefern vorkommende Minerale sind je nach der Ausgangszusammensetzung Calcit, Epidot-Klinozoisit, Aktinolith, Turmalin, Titanit, Zirkon, Hämatit, Magnetit, Pyrit, Apatit und andere. Plagioklas (Oligoklas $> An_{15}$) tritt erst an der Obergrenze des niedrigen Metamorphosegrades auf; Mikroklin ist nicht häufig, solange reichlich Muskovit vorhanden ist.

Das **Gefüge** typischer Glimmerschiefer ist durch eine ausgeprägte Foliation gekennzeichnet. Der Quarz bildet mehr oder weniger langgestreckte linsenförmige Aggregate, zwischen denen sich die Phyllosilikate in zusammenhängenden flächigen Aggregaten hindurchziehen. Die Schieferungsflächen sind im Detail meist uneben. Die Dicke der Quarzlinsen und Glimmerlagen bewegt sich im Bereich von Millimetern oder wenig darüber. Andersartige Gefüge treten dann auf, wenn die Phyllosilikate stark überwiegen oder wenn bestimmte Minerale (meist Granat) als Porphyroblasten hervortreten. Die Korngröße der Glimmerschiefer variiert von klein- über mittel- bis zu grobkörnigen Formen, wobei die beteiligten Mineralarten sehr ungleich entwickelt sein können. Granatporphyroblasten kommen mit Durchmessern bis zu mehreren Zentimetern vor. Ihre Gestalt und die Verwachsung mit den begleitenden Mineralen lassen oft deutlich praekinematisches, synkinematisches oder postkinematisches Wachstum unterscheiden (s. Abschn. 3.4.5). Auch Staurolith, Disthen, Chloritoid, Aktinolith, seltener Albit kommen als Porphyroblasten vor. Die Diagnose von prae-, para- oder postkristalliner Deformation ist auch an den Glimmern und Quarzen möglich. Diese Minerale bieten sich auch als Objekte der mikroskopischen Gefügeanalyse an (s. Abschn. 3.4.6).

Die **äußere Erscheinung** der metapelitischen Glimmerschiefer entspricht weitgehend der auf S. 234 gegebenen Beschreibung. Die Schieferung oder eine lineare Paralleltextur (Fältelung, Streckung, rollenartige Formen) sind deutlich ausgebildet. Die Hauptminerale sind mit bloßem Auge erkennbar, besonders wenn die Foliation (dünnlagige Trennung von Phyllosilikat- und Quarz-Feldspat-Anteilen) klar entwickelt ist. Der Farbeindruck hängt von den Hauptmineralen (Muskovit silbrig-grau, Biotit dunkelbraun bis schwärzlich, Chlorit grünlich) und von Pigmentmineralen (Hämatit, Graphit) ab. Frische Bruchflächen, besonders solche mit viel Muskovit, haben einen intensiven Glanz. Sehr verbreitet sind Quarzlinsen, -knauern und -adern, die parallel oder quer zu den Schieferungsflächen eingelagert sind (cm- bis dm-dick); sie werden oft als *Quarzausscheidungen* oder *Exsudationsquarz* gedeutet (Abb. 96B). Auch Karbonate und andere Minerale beteiligen sich gelegentlich an diesen Ausscheidungen. Bei der Verwitterung zerfallen die Glimmerschiefer in plattige oder stengelige Bruchstücke.

Gneise aus pelitischem Ausgangsmaterial gehören dem mittleren und hohen Metamorphosegrad an. Sie bestehen aus wenigstens 20 Volum-% Feldspäten, Quarz, relativ hohen Anteilen an Glimmern (Muskovit, Biotit) und enthalten häufig auch noch weitere Al-Minerale (Granat, Andalusit, Sillimanit, Disthen, Cordierit, Spinell, Korund). Im Bereich der hochgradigen Metamorphose ist Muskovit neben Quarz nicht stabil; er verschwindet zugunsten von Kalifeldspat + Sillimanit. In der **Granulit**zone (s. S. 239) verschwindet auch der Biotit weitgehend zugunsten von Granat, Hypersthen und Kalifeldspat. Die Al_2SiO_5-Phasen sind hier Disthen oder Sillimanit.

Als häufig und in großen Mengen auftretende Metapelitgneis-Paragenesen sind folgende zu nennen:

- Feldspäte + Quarz + reichlich Biotit ± Muskovit,
- Feldspäte + Quarz + Biotit + Staurolith ± Muskovit,
- Feldspäte + Quarz + Biotit + Granat,
- Feldspäte + Quarz + Biotit + Sillimanit ± Cordierit,

- Feldspäte + Quarz + Biotit + Cordierit ± Sillimanit,

sowie weitere Kombinationen mit Staurolith + Granat, Cordierit + Granat und andere. Die Feldspäte sind sowohl Kalifeldspat als auch Plagioklas (gewöhnlich Ca-arm).

Die **Gefüge** der Metapelitgneise entsprechen der auf S. 234 für Gneise gegebenen allgemeinen Beschreibung mit der Einschränkung, daß glimmerreiche Gesteine auch eine sehr starke Tendenz zu schieferartigem Aussehen und Bruchverhalten haben können, vor allem bei straffer Parallelorientierung dieser Minerale. Die Gesteine sind meist klein- bis mittelkörnig; bestimmte Minerale, besonders Granat, seltener auch Staurolith und Andalusit, bilden gelegentlich größere Porphyroblasten. Die Gesteine können homogen, aber durch Wechsel der mineralischen Zusammensetzung auch streifig oder lagig inhomogen sein.

Die Ausbildung der beteiligten Mineralarten im mikroskopischen Bereich ist sehr mannigfaltig. Die Glimmer sind meist zu strähnigen bis flaserigen, seltener auch sperrigen Aggregaten vieler Einzelschuppen vereinigt. Der Grad der Orientierung variiert von sehr straffen bis zu fast regellosen Formen. Quarz, seltener auch Plagioklas, können parakristallin deformiert sein; wenig oder nicht deformierte Quarz-Feldspatgefüge sind ebenfalls verbreitet. Die verschiedenen, in Abb. 90 und 92 abgebildeten Formen des Granats kommen auch in den Metapelitgneisen vor. Die Aluminiumsilikate (Andalusit, Sillimanit, Disthen) sind meist idioblastisch; der Sillimanit tritt in relativ großen Prismen mit quadratischem Querschnitt, in büschelartigen, meist langgestreckten Aggregaten aus dünnen Prismen bis Nadeln *(Fibrolith)* und als *Faserkiesel* in mm- bis cm-großen linsenförmigen Aggregaten mit Quarz auf. Der Cordierit neigt weniger zur Idiomorphie; er bildet verschieden gestaltete, meist xenomorphe, vielfach mit Biotit ± Sillimanit in Strähnen aggregierte Körner. Cordierit ist sehr anfällig gegenüber retrograden Bedingungen (Umwandlung in Pinit, s. S. 9).

Beispiel einer niedrigmetamorphen metapelitischen Gesteinsabfolge: Die Lias-Schwarzschiefer im Schweizer Jura und in den Helvetischen Decken
(nach Frey, 1978).

Der Lias des betrachteten Gebietes enthält mehrere Horizonte von mergeligen, bituminösen Tonsteinen mit von NW nach SE zunehmender Mächtigkeit. Die metamorphe Entwicklung ist anhand von Probenserien von Gesteinen etwa gleicher Pauschalzusammensetzung von nur diagenetisch verändertem Ausgangsmaterial bis in den Bereich des mittleren Metamorphosegrades zu verfolgen (Abb. 107).

- Die nicht metamorphen Tonsteine des außeralpinen Bereiches bestehen aus Quarz, Illit, Illit-Montmorillonit-Wechsellagerungen, Chlorit, Kaolinit sowie untergeordneten Mengen von Kalifeldspat, Albit und Chlorit-Montmorillo-

Tabelle 83 Mineralische (Volum-%) und chemische (Gew.-%) Zusammensetzung von metamorphen Tonsteinen des Lias der Schweiz (nach Frey 1969 und 1978)

	SiO_2	TiO_2	Al_2O_3	Fe_2O_3	FeO	MnO	MgO	CaO	Na_2O	K_2O	P_2O_5	CO_2	H_2O^+	Summe
(1)	62,5	0,99	18,3	–	4,0*	0,01	1,20	0,53	0,80	3,5	0,04	0,21	5,9	98,85
(2)	60,6	1,30	23,8	–	2,3*	0,02	1,00	1,50	0,25	1,5	0,04	1,90	4,4	98,80
(3)	62,3	1,70	22,6	–	3,6*	0,07	0,44	0,22	2,00	2,6	0,01	–	3,0	99,08
(4)	59,0	0,80	20,3	6,8*	–	0,02	5,90	1,80	1,60	1,8	0,16	–	1,9	100,08

(1) Bituminöser Tonstein des Lias im Alpenvorland, nicht metamorph, Bohrung Kreuzlingen. Mit 0,87% C. Mineralbestand in Volum-%: Illit-Montmorillonit-Wechsellagerungsminerale 40; Kaolinit 10; Chlorit 5; Quarz 41; Albit 3; Calcit 0,5; Andere 0,5.
(2) Sehr niedrig metamorpher Tonschiefer, Glarner Alpen. Mit 0,19% C. Pyrophyllit 53; Quarz 20; Illit 13; Paragonit 5; Chlorit 5; Dolomit 4.
(3) Niedrig metamorpher Schiefer, Urserenzone. Mit 0,54% C. Quarz 43; Muskovit 25; Paragonit 20; Chloritoid 7; Andere 5.
(4) Mittelmetamorpher pelitischer Schiefer, Lukmanier. Quarz 29; Biotit 18; Disthen 14; Plagioklas 12; Hornblende 8; Staurolith 8; Chlorit 6; Granat 1; Erzminerale 0,5; Turmalin, Apatit, Epidot 3,5.
* = Gesamteisen als FeO bzw. Fe_2O_3.

nit-Wechsellagerungen. Calcit tritt in sehr wechselnder Menge (von 0,5 bis 18 Gew.-%) auf. Der mittlere Gehalt an nichtkarbonatischem Kohlenstoff ist 0,6%.

- Im Bereich der beginnenden Metamorphose (Glarner Alpen) treten als Neubildungen Muskovit, Paragonit und in Al-reichen Gesteinen auch Pyrophyllit auf. Quarz, Chlorit (Rhipidolith), Calcit und Dolomit sind ebenfalls vorhanden.
- In der Urseren-Zone ist der Phyllit- bis Glimmerschiefer-Status der Gesteine erreicht. Quarz, Calcit, Muskovit, Chlorit und Paragonit sind weiterhin stabil, Pyrophyllit und Illit sind verschwunden. Als Neubildungen treten Chloritoid und der Ca-Glimmer Margarit auf.
- Im Lukmanier-Gebiet endlich gehört die Überprägung dem Grenzbereich des niedrigen zum mittleren Metamorphosegrad an. Stabil sind weiterhin Quarz, Muskovit, Paragonit, Chlorit (Rhipidolith), Margarit, Calcit und Dolomit; Plagioklas (Oligoklas bis Andesin), Klinozoisit, Biotit, Granat (almandinreich), Staurolith und Disthen kommen hinzu.

Die für den Fortschritt der Metamorphose kennzeichnenden Mineralreaktionen sind:

- Kaolinit + Quarz → Pyrophyllit + H_2O,
- Pyrophyllit + Chlorit
  → Chloritoid + Quarz + H_2O,
- Pyrophyllit + Calcit
  → Margarit + Quarz + H_2O + CO_2,
- Paragonit + Calcit + Quarz
  → Klinozoisit + Albit + H_2O + CO_2,
- Paragonit + Calcit + Quarz
  → Plagioklas + Margarit + H_2O + CO_2

Für den Bereich der Glarner Alpen werden 200 bis 300°C und 1–2 kb, für das Lukmanier-Gebiet 500 bis 550°C und 5 kb als Metamorphosebedingungen angenommen.

Illit-Kristallinität und Inkohlungsgrad als Kriterien für schwache Metamorphose
(nach Frey et al. 1980 und Frey 1986).

Mit der Diagenese und bei schwacher Metamorphose nimmt die Qualität der Gitterordnung des sedimentär gebildeten Illits allmählich zu. Der **Index der Kristallinität** wird mit Hilfe der Röntgendiffraktion als Breite des (001)-Reflexes auf dessen halber Höhe gemessen. Die apparativen Bedingungen hierzu sind: Papiervorschub 1600 mm/h, Goniometer-Geschwindigkeit 2°/min. Nach Kübler stehen dieser Index und der Metamorphosegrad in folgendem Zusammenhang: $>$ 8,5 mm Bereich der Diagenese, 8,5–6,5 mm erste Anzeichen der Metamorphose, 6,5–6,1 mm „sehr schwache" Metamorphose, 6,1–5,0 mm „sehr schwache" bis „schwache" Metamorphose, $<$ 5,0 mm „Epimetamorphose".

Die **Inkohlung** ist die fortschreitende Umwandlung von Pflanzensubstanz in Torf, Braunkohle, Steinkohle, Anthrazit und Graphit mit zunehmender Versenkungstiefe und entsprechender Zunahme von Druck und Temperatur. Verweilzeit und eventuell tektonische Durchbewegung sind zusätzliche Umwandlungsfaktoren. Mit steigendem Inkohlungsgrad wird der Anteil der **leichtflüchtigen Bestandteile** der Kohlen geringer; das **Reflexionsvermögen** wird höher. Es wird gewöhnlich am Vitrinit, einem häufigen, aus Holz- oder Korkzellgewebe entstandenen *Maceral* gemessen. (*Macerale* sind die kleinsten, mikroskopisch unterscheidbaren Bestandteile einer Kohle. Die Wortbildung ist analog zu *Mineral,* etymologisch von macerare = einweichen, mürbe machen, abgeleitet.) Der Zusammenhang von Inkohlungsgrad und Reflexionsvermögen der Steinkohlen ist in Tabelle 84 gezeigt.

Tabelle 84 Anteil leichtflüchtiger Bestandteile (L.B.) und Reflexionsvermögen (R) von Vitrinit bei steigendem Inkohlungsgrad

	L.B. (%)	R (%)
Flammkohle	45–40	– 0,65
Gasflammkohle	40–35	– 0,92
Gaskohle	35–28	– 1,17
Fettkohle	28–19	– 1,63
Eßkohle	19–14	– 1,95
Magerkohle	14–10	– 2,32
Anthrazit	10– 4	– 4
Meta-Anthrazit	$<$ 4	

Die leichtflüchtigen Bestandteile (L. B.) sind in Prozenten der wasser- und aschefreien Substanz angegeben. Das Reflexionsvermögen (R) ist der von einer polierten Fläche des Vitrinits reflektierte Anteil des vertikal einfallenden Lichtes in Prozenten.

An Steinkohlen verschiedenen Alters und tektonischer Stellung in den Schweizer Alpen wurden die in Tabelle 85 gezeigten Zusammenhänge zwischen Illit-Kristallinität, Inkohlungsgrad und Metamorphosegrad festgestellt.

Tabelle 85 Korrelation von Inkohlungsgrad, Illit-Kristallinität und Metamorphosegrad (nach Frey et al. 1980 und Frey 1986)

Inkohlungsgrad	Illit-Kristallinität	Metamorphosegrad
Flammkohle bis Magerkohle	$>$ 7,5	Diagenese (Zeolith-Zone)
Anthrazit	7,5–4,0	Anchizone (Prehnit-Pumpellyit-Zone)
Meta-Anthrazit		
	$\leqq$ 4,0	Epizone (Pumpellyit-Aktinolith-Zone)
Graphit		Grünschiefer-Zone

Beispiel sehr niedriger bis mittlerer Metamorphose tonig-mergeliger Sedimente: der Keuper des Schweizer Jura und der Helvetischen Decken
(nach Frey, 1969).

Der Keuper des betrachteten Gebietes besteht unter anderem aus mergeligen Sedimenten, die im außeralpinen Bereich als Bunte Mergel (rot, rotviolett, gelb, grünlich), in den Alpen als rote Quartenschiefer bekannt sind. Die nicht metamorphen Sedimente bestehen aus Illit, Illit-Montmorillonit-Wechsellagerungen, Dolomit, Quarz, Chlorit sowie Kalifeldspat, Albit, Calcit und Corrensit in geringeren Mengen und in unregelmäßiger Verbreitung. Die rote Farbe ist durch Hämatit bedingt.

- Mit Beginn der Metamorphose verschwindet das Wechsellagerungsmineral zugunsten von gut kristallinem Illit und Al-reichem Chlorit; etwas später erscheinen Paragonit und Phengit.
- Die nächste Metamorphosestufe bringt Muskovit und seltener auch Chloritoid hinzu; durch Reduktion des Hämatitpigmentes verfärben sich die Gesteine nach grünlich:
  Al-Chlorit + Ti-haltiger Hämatit → Chloritoid + Prochlorit + Rutil + H_2O + O_2.
  Als Reduktionsmittel sind organische Stoffe, möglicherweise Gase (etwa Methan) aus benachbarten Sedimentgesteinen anzunehmen.
- Im Bereich der niedrigen bis mittleren Metamorphose kommen als Neubildungen Ca- und Mg-Silikate, wie Epidot, Klinozoisit, Aktinolith, schließlich auch Hornblende und Plagioklas hinzu. Dabei wird der Dolomit der Sedimente weitgehend abgebaut, während der Calcit noch erhalten bleibt: Dolomit + Albit + Chlorit + Epidot → Hornblende + Plagioklas + CO_2 + H_2O.
  Staurolith und Granat treten ebenfalls auf. Hornblendegarbenschiefer sind charakteristische Gesteine dieser Zone. Sie enthalten idioblastische, zu garbenartigen Aggregaten verwachsene schlanke Hornblendeblasten (bis 10 cm lang) in glimmerreicher schiefriger Matrix.

Beispiel einer mittel- bis hochmetamorphen metapelitischen Gesteinsabfolge: Die Arber-Osser-Serie im nördlichen Bayerischen Wald
(nach Blümel, 1977).

Das metamorphe Grundgebirge des betrachteten Gebietes gehört der Monotonen Serie des Moldanubikums an. Ausgangsgesteine waren Pelite (Tonsteine) und Quarzsandsteine mit untergeordneten Einlagerungen von Mergeln. Der an den Metapelitschiefern und -gneisen abzulesende Grad der Metamorphose nimmt von N nach S zu. Entlang eines etwa 28 km langen Profils folgen die nachstehenden metamorphen Gesteinstypen aufeinander:

- Phyllitische Glimmerschiefer mit häufigen Einschaltungen von feldspatreichen Schiefern, Graphitquarziten, Muskovit-Chlorit-Epidot-Schiefern und Marmoren;
- Granatglimmerschiefer in häufigem Wechsel mit Quarziten;
- Andalusit-Granat-Glimmerschiefer mit einfachen Glimmerschiefern und Glimmerquarziten wechselnd;
- Sillimanitglimmerschiefer und Glimmerquarzite;
- Sillimanitführende Biotit-Plagioklas-Gneise;
- Sillimanitführende Biotit-Cordierit-Gneise bzw.
- Anatexite mit Biotit-Plagioklas-, Biotit-Granat- und Biotit-Hornblendegneisen wechselnd;
- Granat-Cordierit-Anatexite mit Einschaltungen von Biotit-Granat-Gneisen und Granat-Cordierit-Gneisen.

Von der Granatglimmerschiefer-Zone beginnend vollziehen sich mit steigendem Metamorphosegrad folgende Mineralreaktionen, die auch im Kartenbild als Grenzen *(Isograde)* darstellbar sind:

- Granatzone
  Muskovit + Chlorit + Quarz → Biotit + Cordierit + Andalusit + H_2O
  Muskovit + Staurolith + Quarz → Biotit + Andalusit + H_2O
  ↓

– Andalusitzone

Andalusit → Sillimanit
Muskovit + Cordierit → Biotit + Sillimanit + Quarz + H_2O ↓

– Muskovit-Sillimanit-Zone

Muskovit + Quarz → Kalifeldspat + Sillimanit + H_2O
Muskovit + Granat → Biotit + Sillimanit + Quarz ↓

– Kalifeldspat-Sillimanit-Zone

Biotit + Sillimanit + Quarz → Kalifeldspat + Cordierit + H_2O ↓

– Kalifeldspat-Cordierit-Zone

Biotit + Sillimanit + Quarz → Granat + Cordierit + Kalifeldspat + H_2O ↓

– Kalifeldspat-Granat-Cordierit-Zone

Nur die zur Beurteilung des Metamorphoseverlaufes entscheidenden Reaktionen sind angegeben; neben den dort genannten Mineralen sind immer noch weitere, vor allem Plagioklas, sowie Quarz im Überschuß. Zum Teil sind die Reaktionen auch aus mikroskopisch erkennbaren Mineralverwachsungen abzuleiten. Für die Kalifeldspat-Cordierit-Zone lassen sich die Bildungsbedingungen mit 2–3 Kilobar und 650–700°C abschätzen. Etwa um 700°C beginnt bei geeigneter Zusammensetzung der Gesteine und ausreichendem H_2O-Partialdruck die teilweise Aufschmelzung, wie sie im Südteil des Gebietes auch tatsächlich auftritt.

Der coesitführende, hochdruckmetamorphe Metapelit von Parigi, italienische Westalpen (nach Chopin, 1984).

In einem unter besonders hohem Druck (über 28 kbar) umgewandelten metapelitischen Gestein aus dem Dora Maira-Massiv (ital. Westalpen) fand Chopin (1984) Relikte von **Coesit,** einer Hochdruck-Modifikation von SiO_2. Der Mineralbestand des Gesteins ist Quarz, Phengit, Pyrop, Disthen, Talk und Rutil; die chemische Zusammensetzung deutet auf ein pelitisches Ausgangsmaterial aus evaporitischem Milieu hin. Die mit einer beträchtlichen Ausdehnung verbundene Umwandlung von Coesit in Quarz erzeugte in dem umgebenden Granat radiale Sprengrisse.

Metamorphe Gesteine aus Al-reichem Ausgangsmaterial

Aus aluminiumreichen Ausgangsgesteinen, wie Kaolinit-Tonsteinen und allitischen Verwitterungsprodukten (Bauxiten) entstehen bei der Metamorphose Gesteine, die reich an Mineralen wie Pyrophyllit, Muskovit, Paragonit, Disthen, Sillimanit, Andalusit, Diaspor und Korund sind.

Tabelle 86 Metamorphe Zonen auf Naxos (nach Jansen 1976)

	Metabauxite	Metapelite
Diasporzone 6 kb, ≦ 420 °C	Diaspor, Hämatit, Pyrophyllit, Chloritoid, Paragonit	Albit, Paragonit, Muskovit, Chlorit, Epidot, Zoisit, Glaukophan, Aktinolith, Chloritoid, Granat
Chlorit-Serizit-Zone 6,5 kb, ≦ 500 °C	Korund, Hämatit, Magnetit z.T., Disthen, Chloritoid, Muskovit z.T.	Albit, Paragonit z.T., Muskovit, Chlorit, Epidot, Zoisit, Aktinolith, Chloritoid, Granat
Biotit-Chloritoid-Zone 6,5 kb, ≦ 550 °C	Korund, Hämatit, Magnetit, Disthen, Chloritoid, Margarit z.T., Muskovit z.T.	Albit, Biotit, Muskovit, Epidot z.T., Chloritoid, Granat
Disthen-Zone 7 kb, ≦ 620 °C	Korund, Hämatit z.T., Magnetit, Disthen, Margarit, Muskovit z.T., Staurolith z.T., Turmalin z.T.	Oligoklas, Biotit, Muskovit, Disthen, Sillimanit; im W Andalusit und Staurolith; Granat
Sillimanit-Zone 7 kb, ≦ 700 °C	Korund, Magnetit, Margarit, Muskovit, Turmalin	Oligoklas, Biotit, Muskovit, Sillimanit, Granat, Kalifeldspat
Anatektische Zone 6–7 kb, 700 °C	nicht vorhanden	Oligoklas, Biotit, Sillimanit, Granat, Kalifeldspat

Tabelle 87 Chemische Analyse (Gew.-%) und berechneter Mineralbestand (Volum-%) eines Smirgelhaufwerkes von Naxos (nach PAPASTAMATIOU 1951)

SiO_2	TiO_2	Al_2O_3	B_2O_3	Fe_2O_3	FeO	MgO	CaO	Na_2O	K_2O	H_2O^+	Summe
12,0	2,66	56,32	0,33	16,0	4,6	1,0	2,24	0,38	0,32	3,65	99,50

Mineralbestand: Korund 39,5; Disthen 16,7; Magnetit 11,1; Margarit 11,1; Chlorit 4,9; Turmalin 4,7; Hämatit 4,2; Muskovit 3,9; Rutil 2,3; Calcit 1,6.

Viele andere Minerale des jeweils maßgebenden Metamorphosegrades können hinzukommen.

Aus dem Bereich der niedrigen Metamorphose seien als Beispiele die tonig-allitischen Verwitterungsgesteine des Doggers der Vanoise (französische Westalpen) genannt. Die Mineralbestände variieren mit zunehmendem Verhältnis von Al_2O_3 zu SiO_2 folgendermaßen (nach GOFFÉ & SALIOT 1977):

- Meta-Argillit mit 44% SiO_2, 30,4% Al_2O_3 und 11,1% Fe_2O_3+FeO: Muskovit, Paragonit, Magnesiokarpholith $MgAl_2[Si_2O_6(OH)_4]$, Chloritoid, Quarz und Hämatit.
  Meta-Argillit mit 35,7% SiO_2, 40,9% Al_2O_3 und 10,2% Fe-Oxiden: Chloritoid, Muskovit, Paragonit, Diaspor, Hämatit.
- Meta-Allit mit 14,4% SiO_2, 55,1% Al_2O_3 und 15,4% Fe-Oxiden: Diaspor, Chloritoid, Chlorit, Hämatit.

Die Smirgelvorkommen von Naxos, Griechenland
(nach PAPASTAMATIOU, 1951 und JANSEN, 1976).

Der größte Teil der Insel Naxos wird von metamorphen Gesteinen eingenommen. Im Zentrum dieses Komplexes liegt ein Migmatitdom von etwa 13 km Länge in SSW-NNE-Richtung und bis zu 5 km Breite. Er ist von einer Wechselfolge von Glimmerschiefern und Marmoren umgeben, innerhalb derer nach außen (besonders nach SE) eine regelmäßige Abnahme des Metamorphosegrades festzustellen ist. Die Metamorphose ist wahrscheinlich tertiären Alters; das Alter der betroffenen Sedimentgesteine ist nicht sicher bekannt. Die Smirgelvorkommen liegen in den Marmorzügen; ihre Verbandsverhältnisse und chemische Zusammensetzung deuten darauf hin, daß es sich um metamorphe Bauxite und verwandte Verwitterungsbildungen handelt. An diesen Metabauxiten sowie an den Metapeliten, Amphiboliten und einigen Ultramafititen läßt sich deutlich eine metamorphe Zonierung ablesen. Von SE zum zentralen Migmatitdom sind die in Tabelle 86 angegebenen Zonen in den Metapeliten und Metabauxiten entwickelt.

Die Smirgelgesteine liegen als Linsen und Lager meist konkordant in den Marmorbänken. Ihre Länge kann bei wechselnder Mächtigkeit (unter 10 m) bis zu mehrere hundert Meter erreichen. Die korundführenden Gesteine sind im allgemeinen kleinkörnig bis dicht, im Handstücksbereich meist massig, aber gelegentlich auch lagig-inhomogen oder plattig. Sehr verbreitet sind Adern und Rißfüllungen aus Margarit, Turmalin und anderen. Die Analyse eines nicht aufbereiteten Smirgelproduktes und der daraus berechnete Mineralbestand sind in Tabelle 87 angegeben. Reinere Smirgelgesteine erreichen bis zu 66 Gew.-% Al_2O_3 und Korundgehalte von über 50 Vol.-% (Abb. 108B). Die Smirgellagerstätten werden seit der Zeit der kykladischen Kultur (3. Jahrtausend v. Chr.) abgebaut.

Hochmetamorphe Metapelite mit Sapphirin

In SiO_2-armen, Mg- und Al-reichen Metapeliten kann bei hochgradiger Metamorphose **Sapphirin** $Mg_2Al_4[O_6 \mid SiO_4]$ vorkommen.

Charakteristische Begleitminerale sind Spinell, Cordierit, Phlogopit, Korund, Orthopyroxen und Al-reicher Plagioklas. Die chemischen Ausgangsbedingungen für die Bildung von Sapphirin können manchmal auch von Restiten der Anatexis (s. Abschn. 4.3) erfüllt sein.

3.6.9 Regionalmetamorphe Gesteine aus mergeligem und kieselig-karbonatischem Ausgangsmaterial

Mergel sind Sedimentgesteine mit Karbonaten, Tonmineralen und häufig auch Quarz als Hauptgemengteilen. Eine Gliederung der mergeligen Gesteine und die Abgrenzung gegenüber den benachbarten Sedimenttypen beruht auf den Mengenverhältnissen der genannten drei Komponenten und der Art der Karbonate (Calcit, Dolomit, Siderit); auf die Lehrbücher der Sedimentpetrographie wird hier verwiesen. Bei der

Metamorphose entstehen aus Mergeln mannigfaltige Gesteinstypen, die den Grad der Umwandlung durch ihre Mineralparagenese deutlich widerspiegeln; sie sind deshalb bevorzugte Objekte phasenpetrologischer und experimenteller Studien. Im Bereich der sehr niedrigen und niedrigen Metamorphose bleiben die Karbonate (Calcit, Dolomit) im wesentlichen erhalten; bei der Versenkungsmetamorphose unter hohem Druck, aber niedriger Temperatur wird der Calcit gelegentlich in Aragonit, die Hochdruckmodifikation des $CaCO_3$, umgewandelt. Die Tonminerale der Ausgangsgesteine werden zunächst in ähnlicher Art, wie im Abschnitt über die Metamorphose der Pelite beschrieben, in Illit, weiterhin in Muskovit und Chlorit übergeführt. Auf diese Weise entstehen regionalmetamorphe Gesteine, die je nach Zusammensetzung als Kalkphyllite, dolomitführende, quarzführende etc. Phyllite oder Glimmerschiefer zu bezeichnen sind. Bei höheren Karbonatanteilen tritt die typisch phyllitische bis schiefrige Beschaffenheit zurück; die Gesteine sind dann mehr oder weniger plattige, oft gebänderte Silikatmarmore. Mit weiter zunehmender Metamorphose reagieren die Karbonate mit den Silikaten und Quarz; dadurch entstehen neue Mineralphasen, die allein oder in ihren jeweiligen Kombinationen für den Grad der Umwandlung charakteristisch sind:

- Zoisit und Klinozoisit $Ca_2Al_3[Si_2O_7 | SiO_4 | O | OH]$,
- Margarit $CaAl_2[Si_2Al_2O_{10}(OH)_2]$,
- Grossular $Ca_3Al_2[SiO_4]_3$,
- Prehnit $Ca_2[Si_3Al_2O_{10} | (OH)_2]$,
- Skapolith (Mejonit) $Ca_3[Al_6Si_6O_{24}] \cdot CaCO_3$,
- Anorthit $Ca[Al_2Si_2O_8]$;

in dolomitischen und eisenreicheren Mergeln ferner

- Tremolit $Ca_2Mg_5[Si_4O_{11} | (OH)]_2$,
- Hornblenden mit variabler Zusammensetzung,
- Ca-Fe-Granat (Mischkristalle mit Grossular),
- Vesuvian (seltener) $Ca_{10}(Mg,Fe)_2Al_4[(Si_2O_7)_2 | (SiO_4)_5 | (OH)_4]$,

Aus Al-ärmerem kieselig-kalkigem Ausgangsgestein entstehen

- Wollastonit $CaSiO_3$,

aus kieselig-dolomitischen Sedimenten

- Talk $Mg_3[Si_4O_{10} | (OH)_2]$,
- Forsterit $Mg_2[SiO_4]$,
- Diopsid $CaMg[Si_2O_6]$.

Je nach Ausgangsmaterial und den Metamorphosebedingungen entwickeln sich überaus mannigfaltige, oft polymineralische Gesteine. Außer Temperatur und Druck ist der bei der Umwandlung herrschende CO_2-Partialdruck maßgebend für den Verlauf der Reaktionen zwischen den Karbonaten, den Silikaten und dem Quarz. Hohe Anteile von CO_2 in der Gasphase verschieben die Reaktionen zu höheren Temperaturen. In jedem Fall zeigen Paragenesen mit Forsterit oder Wollastonit einen fortgeschrittenen Grad der Metamorphose an. Calcit bleibt bis in hohe Metamorphosegrade erhalten, wenn er im Ausgangsmaterial im Überschuß enthalten war.

Weitere Minerale der mittleren bis höheren Metamorphosegrade sind Muskovit, Phlogopit, Biotit, Quarz, Titanit, Magnetit, Apatit, Graphit und andere.

In den geschieferten Varietäten der metamorphen Mergel zeigt sich der **Calcit,** soweit vorhanden, meist deutlich deformiert und zu mehr oder weniger parallel orientierten Linsen eingeregelt (Abb. 108C). Die Calcitkörner sind nach einer oder mehreren Ebenen der Flächenform $\langle 01\bar{1}2 \rangle$ lamellar verzwillingt; oft sind die Zwillingslamellen verbogen (Abb. 109D). Der Dolomit verhält sich ähnlich (Zwillingsebene $\langle 02\bar{2}1 \rangle$); er neigt eher zur Rekristallisation. In anderen Fällen sind die Karbonate fein granuliert. Die überwiegend aus Silikaten bestehenden **Kalksilikatgneise** und **-felse** haben meist mehr granoblastische, ungeregelte Gefüge, wobei die beteiligten Minerale teils idioblastisch, teils xenoblastisch entwickelt sind. Amphibol, Wollastonit und Granat neigen eher zur Idiomorphie als Plagioklas, Diopsid und Calcit.

Die äußere Erscheinung der Gesteine variiert stark mit den verschiedenen Mineralparagenesen und deren Texturen. Gesteine mit viel Amphibol oder Glimmer können eine deutliche Schieferung zeigen; die aus Plagioklas, Diopsid, Granat $\pm$ Calcit bestehenden *Kalksilikatfelse* sind meist eher massig ausgebildet, auch in regionalmetamorpher Umgebung. Die Paragenesen und der quantitative Mineralbestand wechseln oft auf kurze Distanz; kompositionelle Bänderung ist verbreitet.

Erlan ist ein regional- oder kontaktmetamorphes Gestein aus Plagioklas und Pyroxen mit oder ohne weitere Kalksilikatminerale und Akzessorien.

Paraamphibolite (Hornblende, Plagioklas, Quarz, Biotit $\pm$ Diopsid u. a.) können aus dolomitisch-sideritischen Mergeln oder karbonatisierten basaltischen Tuffen entstehen.

Kalksilikatgesteine können außer aus entspre-

Tabelle 88 Mineralische (Volum-%) und chemische (Gew.-%) Zusammensetzung eines Silikatmarmors von Ravinella di Sotto, Val Strona, italienische Westalpen (nach BERTOLANI 1968)

SiO_2	TiO_2	Al_2O_3	Fe_2O_3	FeO	MnO	MgO	CaO	Na_2O	K_2O	CO_2	H_2O^+	Summe
4,16	Sp.	0,89	0,63	0,42	0,32	0,66	52,58	0,07	0,05	39,47	0,28	99,53

Mineralbestand: Calcit 93,2; Diopsid 2,7; Feldspat 0,5; Skapolith 2,6; Sulfide und Graphit 1,0.

chend zusammengesetzten Sedimenten auch durch **Reaktionen** zwischen karbonatreichen Marmoren und ihrem silikatischen Nebengestein entstehen (metasomatische Bildungsweise, s. Abschn. 5). Fluide Phasen (besonders H_2O) fördern den Stoffaustausch.

Zwischen den Kalksilikatgneisen und -felsen und den Marmoren vermitteln karbonatreiche **Silikatmarmore.** Calcit-Silikat-Marmore kommen auch im Bereich sehr hoher Metamorphosegrade, z. B. in granulitischer Umgebung, vor. Tabelle 88 gibt ein Beispiel der Zusammensetzung eines solchen Gesteins.

Kalksilikatgesteine als Indikatoren des Metamorphosegrades in den Schweizer Zentralalpen (nach TROMMSDORFF, 1966).

In den südlichen Zentralalpen zwischen dem Saastal (Wallis) und dem Bergell wurde eine metamorphe Aureole alpinen Alters erkannt, deren Zentrum nördlich der Insubrischen Linie in den Tälern der Flüsse Toce, Maggia, Ticino und Mera liegt (Karte Abb. 107). In den Metamorphiten des Gebietes treten Kalksilikatgesteine und Silikatmarmore sehr häufig und in großer Mannigfaltigkeit auf. Ihre Mineralparagenesen zeigen deutlich die metamorphe Zonierung um einen Bereich höchster Temperaturen im Lepontin und Bergell an.

Gesteine mit kieselig-dolomitischer Ausgangszusammensetzung enthalten mit zunehmendem Metamorphosegrad die folgenden kritischen Paragenesen:

- **Tremolit** + Calcit + Dolomit, **Talk** + Calcit + Dolomit, Talk + Calcit + Tremolit, Tremolit + Quarz + Calcit (je nach Zusammensetzung);
- **Diopsid** + Quarz + Calcit, Diopsid + Tremolit + Calcit;
- **Forsterit** + Calcit + Dolomit, Forsterit + Diopsid + Tremolit, Forsterit + Diopsid + Calcit;
- Diopsid + **Wollastonit** + Calcit, Diopsid + Wollastonit + Quarz.

Die Gesteine bestehen teils aus den genannten Mineralen allein, teils aus weiteren zusätzlichen, wie Plagioklas, Skapolith (überwiegend Karbonat-Skapolith), Klinozoisit-Epidot, Hornblende, Klinohumit, Biotit, Muskovit, Phlogopit, Chlorit, Titanit und anderen. Linien des, von außen kommend, ersten Auftretens der Paragenesen Calcit-Tremolit und Calcit-Diopsid zeichnen sich im Kartenbild deutlich ab. In den begleitenden nichtkarbonatischen Metamorphiten fällt die Linie des ersten Auftretens von Disthen mit der Calcit-Tremolit-Linie nahezu zusammen. In den Zonen der höchsten Temperaturen tritt statt Disthen Sillimanit auf.

In metamorphen mergeligen Gesteinen ist ferner der **Anorthitgehalt** des mit **Calcit** koexistierenden **Plagioklases** ein Kriterium für den Metamorphosegrad. In den Lepontinischen Alpen nehmen die An-Gehalte solcher Plagioklase von außen nach innen (in Bezug auf die Metamorphoseaureole) mit bemerkenswerter Regelmäßigkeit zu; dabei wird die gesamte Breite der Mischkristallreihe Albit-Anorthit durchlaufen, allerdings mit einigen deutlichen, vermutlich auf Mischungslücken beruhenden Diskontinuitäten (Abb. 107).

Auf dieselbe Metamorphoseaureole wird in anderem Zusammenhang auf S. 282 verwiesen.

Silikatmarmore im Bereich der hohen und mittleren Metamorphose: die Bunte Serie des Moldanubikums im Passauer Wald (nach VON GUTTENBERG, 1974 und DAURER, 1976).

Am nördlichen Hang des Donautales zwischen Passau und Obernzell (Bayern) sowie zwischen Jochenstein und Schlögen (Österreich) tritt die Bunte Serie des Moldanubikums mit verschiedenartigen Paragneisen, Orthogneisen, Marmoren und Kalksilikatgesteinen zutage. Die Silikatmarmore zwischen Erlau und Obernzell lassen sich als einzelne, bis zu 10 m mächtige Bänder mehrere hundert Meter weit verfolgen. Konkordante, oft mylonitisierte aplitische Gesteine und

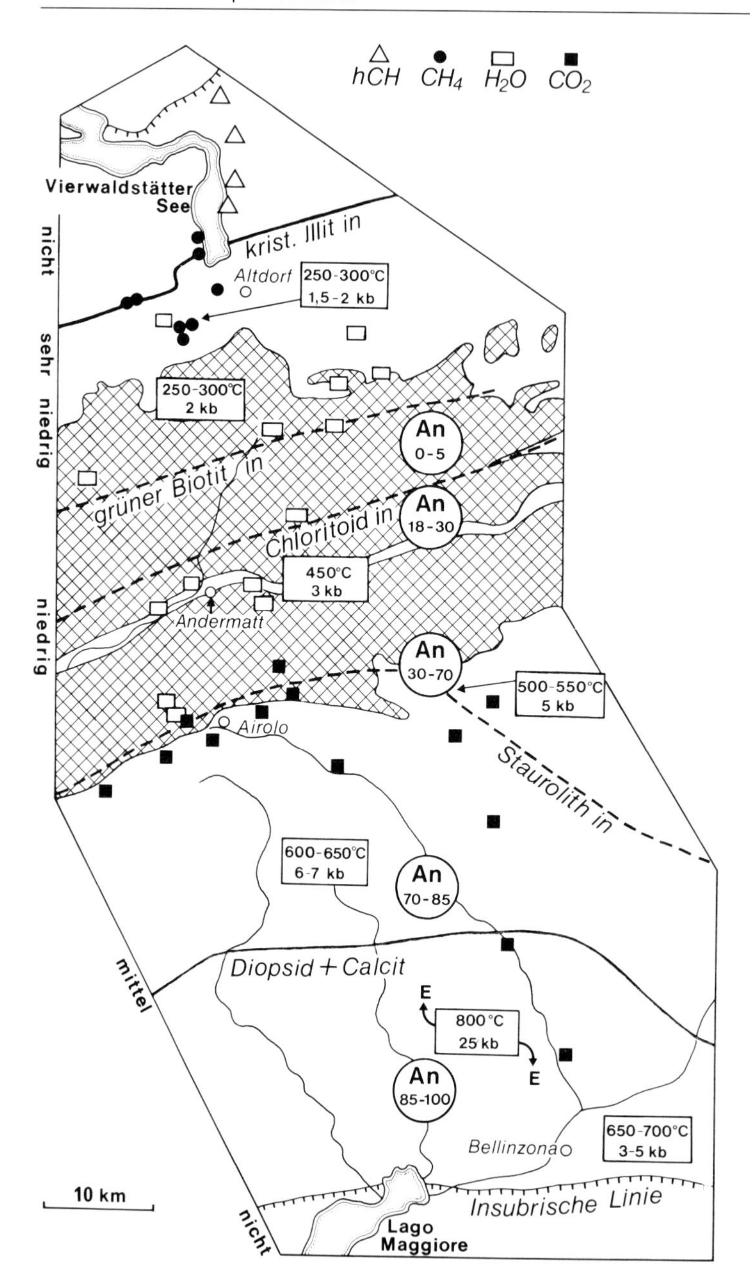

Abb. 107 Von N nach S zunehmende Metamorphose in den Schweizer Alpen (nach FREY et al. 1980, mit Zusätzen). Die Symbole hCH, CH_4, H_2O und CO_2 bezeichnen die Hauptkomponenten der fluiden Einschlüsse in Mineralen, hCH = höhere Kohlenwasserstoffe. Die Zahlen in den Kreisen geben den Anorthitgehalt des mit Calcit koexistierenden Plagioklases an. E = praealpin metamorphe Eklogite von Gagnone und Alpe Arami. Links am Kartenrand Angabe des Metamorphosegrades. Kreuzschraffur: Altkristallin der Zentralalpen.

quarzitische Gneise sind neben Kalksilikatfelsen die häufigsten unmittelbaren Begleiter der Marmore. Alle genannten Gesteine bilden einen vormigmatitischen Altbestand im Rahmen von metablastisch bis metatektisch überprägten Paragneisen; im österreichischen Abschnitt treten noch stärker granitisierte Rahmengesteine auf. Eine variskische Diaphthorese und Mylonitisierung brachte zonenweise starke retrograde Umbildungen mit sich.

Aragonit in Silikatmarmoren
(nach COLEMAN & LEE, 1962).

Unter den besonderen Bedingungen der Glaukophanschiefer-Zone (hoher Druck bei relativ niedrigen Temperaturen) kann Aragonit anstelle von Calcit als $CaCO_3$-Phase auftreten, z. B. in der mesozoischen Franciscan-Formation in Kalifornien. Typische Paragenesen von aragonitführenden Gesteinen sind:

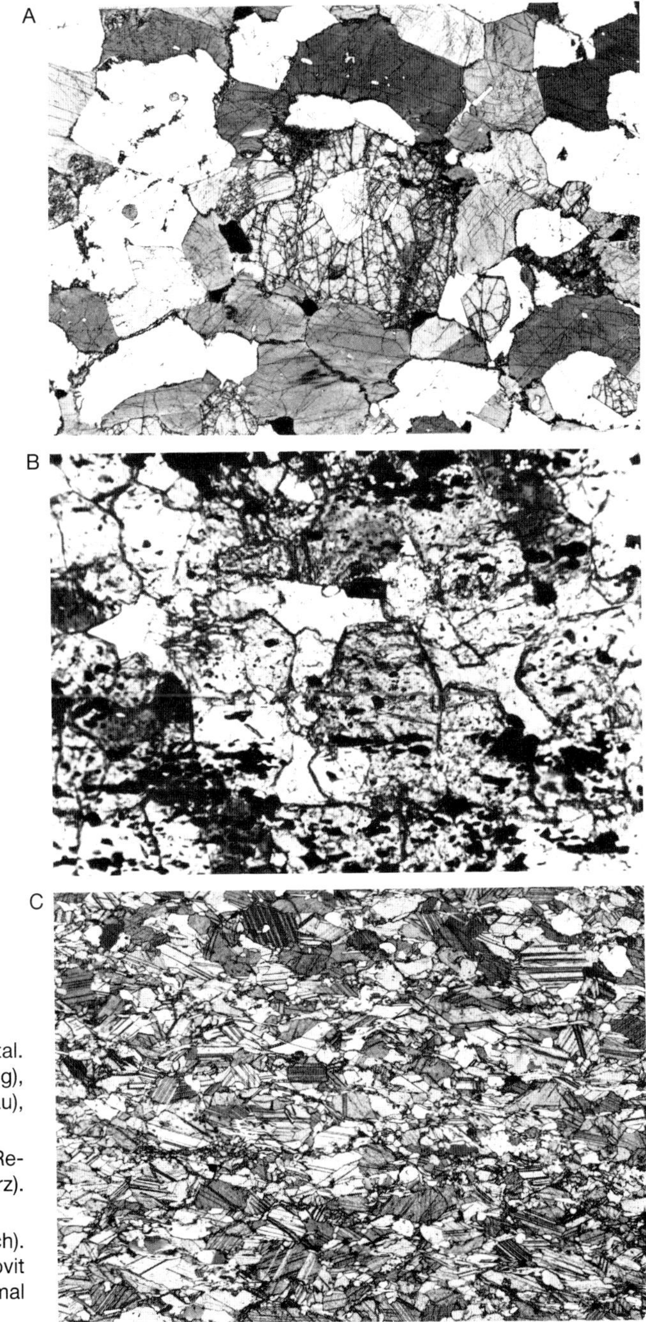

Abb. 108

A) Basischer Stronalith, Val Strona (ital. Westalpen). Granat (Mitte, stark rissig), Hornblende (mittelgrau), Pyroxen (hellgrau), Plagioklas (weiß). 10 mal vergr.

B) Smirgel von Naxos. Korund (hohes Relief), Muskovit (hell), Hämatit (schwarz). 60 mal vergr.

C) Calcitphyllit, Katschberg (Österreich). Calcit mit Druckverzwillingung, Muskovit und Quarz. Halbgekreuzte Nicols; 15 mal vergr.

- Aragonit + Stilpnomelan + grüne Hornblende + Granat,
- Aragonit (z. T. → Calcit) + Glaukophan + Granat + Quarz + Klinozoisit + Pyrit,
- Aragonit (z. T. → Calcit) + Glaukophan + Granat + Quarz + Muskovit + Turmalin.

In besonderen Adern treten Aragonit, Lawsonit, Pumpellyit und Amphibol auf. Der Aragonit der »Marmore« ist feinkörnig und deutlich eingeregelt (kristallographische c-Achsen etwa parallel der Lineation der Gesteine). Der Calcit der Gesteine ist deutlich eine spätere Bildung bei niedrigerem Druck.

3.6.10 Marmore

Im Sprachgebrauch der Petrographie sind Marmore metamorphe Gesteine mit mehr als 50 Volum-% Calcit oder Dolomit. In der Technik werden alle polierfähigen Kalk- oder Dolomitgesteine als Marmor bezeichnet, auch wenn sie nicht metamorph sind.

Die Marmore der Petrographie sind Umwandlungsprodukte von Kalksteinen und Dolomitsteinen durch Regionalmetamorphose aller Grade und durch Kontaktmetamorphose. Calcit ist bei Abwesenheit von Quarz oder von Silikaten bis zu hohen Temperaturen beständig; Dolomit kann bei hochgradiger Kontaktmetamorphose zu Periklas MgO und Calcit (s. Abschn. 3.5.4) zerfallen.

Hauptminerale der regionalmetamorphen Marmore sind Calcit und/oder Dolomit; gelegentlich kommen fast *monomineralische Calcitmarmore* vor, die für Bildhauerarbeiten besonders geeignet sind und seit dem Altertum Berühmtheit erlangt haben. Als Vorkommen in Griechenland sind die Inseln Paros und Naxos sowie auf dem Festland Laurion, der Hymettos und das Pentelikon zu nennen. In Italien liefern die Steinbrüche der Umgebung von Carrara Marmore verschiedener petrographischer Beschaffenheit, darunter auch den ganz rein weißen, feinkörnigen „statuario". Die hochqualifizierten Marmore haben eine richtungslos-körnige Textur und praktisch keine Verunreinigungen. Sie sind bis zu 2 bis 3 cm Dicke durchscheinend, so daß Licht auch von Korngrenzen und Spaltrissen aus dem Inneren des Gesteins reflektiert werden kann. Dadurch entsteht der Eindruck eines gewissen „Leuchtens" des bearbeiteten und polierten Gesteins. Die nur sehr geringe Porosität solcher Marmore (<0,2% beim carrarischen Marmor) ist die Ursache ihrer Frostbeständigkeit. Gegen SO_2-haltige Niederschläge sind Marmore besonders empfindlich. – Schon geringe lagenweise Beimengungen von Glimmer verursachen Abblättern von Marmorwerkstücken im Freien; geringe Fe-Gehalte der Karbonatminerale bedingen eine (z. T. erwünschte) gelbliche Patina auf der Oberfläche. Als pigmentierende Minerale wirken häufig feinverteilter Goethit und andere Fe-Hydroxide (gelb bis braun), Hämatit (rot), Chlorit und Serpentinminerale (grünlich in verschiedenen Tönen), Graphit und kohlige Substanzen oder Bitumen (grau in verschiedenen Tönen bis schwarz). Die durch solche Beimengungen gefärbten Marmore sind meist niedrig metamorphe Gesteine. Die Silikate der mittel- bis hochmetamorphen Gesteine bewirken im allgemeinen keine so intensiven Färbungen der Gesteinsmasse.

Die große Mannigfaltigkeit der *technischen Marmore* ist durch die sehr variable Verteilung der färbenden Minerale und durch andere Texturbesonderheiten der Gesteine bedingt. Neben den richtungslos-massigen Texturen und der gleichmäßigen Verteilung der Pigmente gibt es eine Fülle von ebenflächigen oder gefalteten Lagentexturen, Flecken verschiedenster Gestalt und Größe, Breccien und Aderntexturen in größter Vielfalt. Das in der Umgangssprache gebräuchliche Adjektiv *marmoriert* kennzeichnet eine durch unregelmäßige Flecken oder Adern gegliederte Fläche. Die relativ leichte Verformbarkeit von Calcit- und Dolomitgesteinen durch tektonische Bewegungen sowie das Auflösen und Wiederausfällen der Karbonate im größeren Gesteinsverband sind wesentliche Faktoren für die texturelle und strukturelle Ausbildung solcher „bunter" Marmore. – Für die Gefügeausbildung der reinen Marmore im Dünnschliffbereich gilt im Prinzip das schon in Abschn. 3.6.9 über die Silikatmarmore ausgeführte. Durch postkristalline Deformation bilden sich mehr oder weniger stark verzahnte Calcit-Korngefüge mit Formregelung und Gitterregelung (s. S. 250). Die einzelnen Calcitkörner sind in verschiedenem Grade ausgelängt; sie sind nach $\langle 01\bar{1}2 \rangle$ polysynthetisch verzwillingt (Deformationsverzwillingung). Zwillingslamellen und Spaltrisse sind häufig verbogen.

Durch postkinematische Kristallisation entwikkeln sich polygonal-granoblastische Gefüge mit unterschiedlichen Korngrößen; eine zuvor erworbene Gitterregelung kann noch erhalten sein. Zwillingslamellen nach $\langle 01\bar{1}2 \rangle$ sind meist auch in solchen rekristallisierten Marmoren vorhanden. Eine mehr oder weniger deutliche Schieferung kommt durch Beteiligung von Glimmer zustande. Auch die Gitterregelung des Calcits allein kann ein plattiges Bruchverhalten solcher Marmore verursachen.

3.6.11 Metamorphe Gesteine aus evaporitischem Ausgangsmaterial

Evaporite sind die durch Verdunstung von Meerwasser oder kontinentalen Wässern entstandenen Ablagerungen von leicht löslichen Salzmineralen, z. B. Gips, Anhydrit, Steinsalz sowie artenreichen K- und Mg-Sulfaten und -Chloriden, Alkalikarbonaten und Boraten. Vor allem Gips, Anhydrit und Steinsalz sind in den phanerozoischen Sedimentabfolgen oft in erheblichen Mengen gebildet worden. Salzgesteine im engeren Sinne, d. h. solche aus leicht löslichen Chloriden, Sulfaten und Alkalikarbonaten sind in metamorphen Gesteinsverbänden nicht anzutreffen. Dies liegt an der relativ leichten Beweglichkeit solcher Gesteine im festen Zustand, die z. B. zur Bildung mächtiger, nach oben aufsteigender Konzentrationen, der sogenannten Salzstöcke, führen kann. Die leichte Löslichkeit in Wasser ist ein weiterer Grund für das Fehlen solcher Gesteine im Bereich der Metamorphose, die ja selten ganz trocken verläuft. Von den typischen Evaporitmineralen wird nur der Anhydrit gelegentlich im metamorphen Milieu angetroffen.

Wenn gleichwohl häufig von der **Salzmetamorphose** und ihren Mineralum- und -neubildungen gesprochen wird, so bezeichnet dieser Begriff Vorgänge, die sich bei weit niedrigeren Temperaturen und Drucken abspielen, als die Metamorphose anderer Sedimentgesteine. Die Mineralogie und Petrologie dieser besser als *Salzdiagenese* bezeichneten Prozesse sind u. a. von O. Braitsch (1962) behandelt.

Metamorphe Anhydritgesteine sind in der Trias der penninischen Decken, besonders im Simplontunnel und anderenorts bekanntgeworden. Der Anhydrit tritt in verschiedener Menge in Paragenesen mit Dolomit + Muskovit + Quarz + Pyrit, mit Serizit + Dolomit, mit Dolomit + Phlogopit und mit Dolomit + Phlogopit + Tremolit + Serizit auf. Selbst in benachbarten Gneisen kommt Anhydrit neben Oligoklas, Quarz, Klinozoisit-Epidot, Muskovit und Biotit vor. Die Paragenesen sind als niedrig metamorph einzustufen. Anhydritführende Schiefer und Gneise des mittleren Metamorphosegrades sind aus Südwestafrika und Labrador beschrieben worden.

Die evaporitischen Salzablagerungen enthalten sehr häufig Einlagerungen von **Salztonen** mit Illit, Smektit, Corrensit, Mg-Chlorit, Talk, Anhydrit und Dolomit als Hauptkomponenten. Ihre kennzeichnenden chemischen Eigenschaften, besonders die Kombination hoher Gehalte an Mg und K sowie mäßig hoher an Al, sind auch im metamorphen Zustand noch erhalten. Je nach Metamorphosegrad entstehen aus ihnen Schiefer mit Mg-Chlorit + Kalifeldspat ± Muskovit, Phlogopit (oder Mg-Biotit) + Kalifeldspat ± Muskovit, Talk + Disthen **(Weißschiefer),** Cordierit + Anthophyllit + Mg-Biotit und andere. Aus dolomitischen und aus anhydritführenden evaporitischen Mergeln bilden sich zusätzlich Ca-Minerale wie Tremolit, Diopsid, Plagioklas, Skapolith; der Anhydrit kann bis in mittlere Metamorphosegrade beständig bleiben. Einige Vorkommen von Lasurit $Na_8[S,SO_4\ (AlSiO_4)_6]$ in Metasedimenten mit Diopsid, Calcit, Nephelin, Skapolith, Mg-Glimmer, Amphibol und Sodalith werden ebenfalls als Relikte ehemaliger evaporitischer Ablagerungen gedeutet. In solchen Gesteinen ist Na > K und Ca > Mg.

3.6.12 Metamorphite aus eisenreichen Sedimentgesteinen

Allgemeine petrographische und chemische Kennzeichnung

Eisenreiche Metamorphite sind solche, die mehr als 15 Gew.-% Eisen in oxidischer, sulfidischer, karbonatischer oder silikatischer Form enthalten. Häufig vorkommende sedimentäre Ausgangsgesteine sind:

- Gebänderte Hämatit-Quarz-Gesteine des Präkambriums, die **Itabirite,** ausgedehnte und bis zu mehrere hundert Meter mächtige Schichten; im typischen Fall sehr einfacher Mineralbestand; chemisch fast nur SiO_2 und Fe_2O_3. Charakteristisch ist die Wechsellagerung von Hämatit- und Quarzschichten in mm- bis cm-Maßstab (Abb. 93B).
- Gebänderte Magnetit-Quarz-Gesteine des Präkambriums; außer Quarz und Magnetit oft noch Greenalith, Minnesotait, Chlorit, Stilpnomelan u. a.
- Oolithische Eisensteine paläozoischen und mesozoischen Alters. Die Ooide bestehen aus Goethit, Hämatit, seltener auch aus Chamosit. Als Bindemittel kommen Calcit, Siderit, Tonminerale, Chamosit und andere Minerale vor. Häufig sind auch detritische Minerale, z. B. Quarz, beteiligt. Die chemische Zusammensetzung ist entsprechend variabel; P_2O_5 ist oft in einigen Gew.-% anwesend.
- Sulfidische eisenreiche Sedimentgesteine enthalten Pyrit oder seltener Markasit als Fe-Minerale. Nicht selten sind auch andere Sulfide, wie Zinkblende, Bleiglanz und Kupferkies vorhanden oder sogar vorherrschend. Die sulfidreichen Gesteine sind meist bituminöse Tonsteine, z. T. mit karbonatischen Komponenten.
- Gebänderte Siderit-Quarz-Gesteine des Präkambriums; Wechsellagerung von Siderit- und Quarz-(Chert-)Schichten in mm- bis cm-Maßstab.

- Oolithische und pelitische Sideritgesteine mit klastischen Anteilen (Quarz, Tonminerale).
- Gebänderte Fe-Silikat-Quarz-Gesteine des Präkambriums. Primäre Eisenminerale sind Greenalith $(Fe^{\cdot\cdot}Fe^{\cdot\cdot\cdot})_{<6}[Si_4O_{10}(OH)_8]$, zur Serpentingruppe gehörig, und Chamosit, ein Fe–reicher Chlorit. Minnesotait $(Fe>Mg)_3$ $[Si_4O_{10}(OH)_2]$ und Stilpnomelan, ein Fe-reicher Hydroglimmer, zeigen schon die Wirkung der niedriggradigen Metamorphose an.
- Fe-Silikat-Sedimente des Paläozoikums und Mesozoikums, oolithische oder andersartige Gesteine mit Chamosit oder/und Thuringit, Tonmineralen, Quarz und Karbonaten.
- Manche eisenreiche metamorphe Gesteine können auch aus submarin-exhalativen Hämatit-Quarz-Ablagerungen des Lahn-Dill-Typs entstanden sein.

Der Mannigfaltigkeit der Ausgangsgesteine entsprechend sind auch die metamorphen Umwandlungsprodukte sehr verschiedenartig. Die Reaktionsbereitschaft bei steigendem Metamorphosegrad ist recht unterschiedlich. Die reinen oxidisch-kieseligen gebänderten Eisensteine können bis in den Bereich der Amphibolitfazies ihre Mineralbestände und gröberen Gefüge erhalten. Zwar entwickeln sich im Kleinbereich typisch metamorphe, blastische Strukturen und auch Einregelungen, doch bleibt die Bändertextur meist noch deutlich erkennbar. In den silikatischen, karbonatisch-silikatischen und karbonatisch-kieseligen Eisensteinen dagegen werden schon bei niedriggradiger Metamorphose neue Minerale und Gefüge gebildet. Im niedrigmetamorphen Bereich können Reaktionen folgender Art eintreten:

- Greenalith + Quarz
  → Minnesotait + H_2O,
- Fe-Chlorit + Quarz
  → Stilpnomelan + H_2O,
- Greenalith + O_2
  → Magnetit + Minnesotait + H_2O,
- Stilpnomelan ± H_2O
  → Minnesotait + Fe-Chlorit + Quarz,
- Siderit + O_2
  → Magnetit + CO_2,
- Ca-Mg-Siderit + O_2
  → Magnetit + Ankerit + CO_2.

Durch Na-Metasomatose können gelegentlich Riebeckit und Krokydolith gebildet werden (s. Abschn. 5.8). Mehrere der Reaktionen sind von der Sauerstoff-Fugazität im betroffenen System abhängig (O_2 der Reaktionsgleichungen).

Bei weiterer Steigerung der Metamorphosebedingungen entstehen aus geeigneten Ausgangsgesteinen Amphibole wie Grünerit $Fe_7[(OH)Si_4O_{11}]_2$, Cummingtonit $(Fe, Mg)_7$ $[(OH)Si_4O_{11}]_2$

Tabelle 89 Minerale der metamorphen Eisensteine (nach KLEIN 1978)

Sedimentär, diagenetisch	Metamorph niedrig			hoch
Chert	Quarz			
„$Fe_3O_4 \cdot H_2O$"	Magnetit			
„$Fe(OH)_3$"	Hämatit			
Dolomit, Ankerit				
Calcit				
Siderit				
Greenalith				
	Minnesotait			
	Stilpnomelan			
	Fe-Chlorit			
		Grünerit, Cummingtonit		
		Aktinolith		Hornblende
			Almandin	
				Fe-Klinopyroxen
				Fe-Orthopyroxen
				Fayalit

Tabelle 90 Chemische Analysen (Gew.-%) und qualitative Mineralbestände metamorpher Eisensteine (nach JAMES & SIMS 1973)

	(1)	(2)	(3)	(4)	(5)	(6)	(7)	(8)
SiO_2	46,53	36,42	34,44	41,92	44,90	26,90	45,66	40,84
TiO_2	Sp.	Sp.	0,02	0,18	0,29	Sp.	0,27	0,00
Al_2O_3	0,07	0,20	0,85	0,17	2,62	0,21	3,32	0,14
Fe_2O_3	47,44	43,05	30,54	4,76	0,00	3,90	2,22	3,73
FeO	1,08	18,32	22,06	33,16	29,60	19,92	39,14	48,58
MnO	0,59	0,17	0,21	0,27	1,03	1,42	2,17	0,15
MgO	3,46	0,48	2,30	2,82	4,45	7,27	5,31	3,70
CaO	0,04	0,24	1,72	2,52	1,47	9,89	0,04	1,27
Na_2O	0,03	0,05	0,00	1,88	0,03	0,13	0,26	0,04
K_2O	0,01	0,05	0,13	0,46	0,20	0,05	0,53	0,02
P_2O_5	Sp.	0,00	0,07	0,23	0,05	0,01	Sp.	0,11
CO_2	0,05	0,42	7,36	8,32	13,40	29,79	0,05	–
H_2O^+	0,34	0,19	0,44	3,30	0,93	0,12	0,84	0,86
Summe	99,64	99,60	100,14	99,99	98,97	99,61	99,81	99,44

(1) Hämatit-Quarz-Eisenstein mit etwas Anthophyllit und Magnetit. Labrador City, Labrador.
(2) Magnetit-Quarz-Eisenstein mit Hämatit und wenig Dolomit. Labrador City.
(3) Magnetit-Quarz-Eisenstein mit Siderit, Minnesotait und Stilpnomelan. Ironwood, Michigan, USA.
(4) Minnesotait-Schiefer mit Krokydolith (Na_2O!) und Karbonaten. Koegas-Formation, Südafrika.
(5) Siderit-Grünerit-Quarz-Eisenstein mit Almandin, Stilpnomelan, Fe-Chlorit und Pyrit. Enthält 0,54% C. D'Aigle Bay, Labrador.
(6) Ankerit-Siderit-Quarz-Eisenstein. Labrador City.
(7) Eulit-Almandin-Magnetit-Eisenstein mit Biotit und etwas Siderit und Grünerit. Wabush Mine, Labrador.
(8) Fayalit-Grünerit-Quarz-Eisenstein mit Ferroaugit und Magnetit. Queen Victoria Rocks, Westaustralien.

und Aktinolith, ferner Almandin; Fe-Dolomit und Ankerit können neben den Silikaten und Oxiden auftreten. Die Schichtgittersilikate außer den Glimmern verschwinden (Tab. 89).

Im Bereich der hochgradigen Metamorphose erscheinen Fe-reiche Pyroxene, wie Eulit (Orthopyroxen Fs_{70-90}), Ferrosalit, in kontaktmetamorphen Paragenesen auch Fayalit und zu Orthopyroxen und Klinopyroxen entmischter Pigeonit. Typische Mineralbestände solcher hochgradig metamorpher Eisensteine sind z. B.:

- Magnetit + Eulit + Ferrosalit + Grünerit + Quarz,
- Magnetit + Fayalit + Eulit + Ferrosalit + Grünerit,
- Magnetit + Fayalit + Quarz + Ferrosalit.

Tabelle 90 zeigt die chemischen Analysen einiger mittel- bis hochmetamorpher Eisensteine.

Retrograde Umwandlungen, vor allem von Fayalit und den Pyroxenen, sind verbreitet, ebenso die Martitisierung des Magnetits. Für die Erzgewinnung sind sekundäre Anreicherungen im Bereich der lateritischen Verwitterung sehr wesentlich, vor allem bei den zunächst SiO_2-reichen Itabiriten. Auch endogene Anreicherungen durch metasomatische Wegfuhr von SiO_2 kommen vor.

Auftreten und äußere Erscheinung der eisenreichen Metamorphite

Die meisten Ausgangsgesteine waren Glieder sedimentärer Abfolgen, also primär schichtige Bildungen, häufig von großer lateraler Ausdehnung (mehrere hundert Kilometer) und erheblicher Mächtigkeit (bis zu mehreren hundert Metern). Für die überwiegend präkambrischen gebänderten Eisensteine ist die wiederholte Wechsellagerung mit andersartigen Sedimentgesteinen (Makrobänderung) und die sich im mm- bis cm-Maßstab bewegende Mesobänderung mit kieseligen und Fe-reichen oxidischen, karbonatischen oder silikatischen Bändern charakteristisch. Diese Merkmale bleiben meist auch bei der Metamorphose und Verfaltung deutlich erhalten. Sie bestimmen auch die im übrigen sehr variable äußere Erscheinung der Gesteine. Die quarz- und oxidreichen gebänderten Eisensteine sind im allgemeinen relativ verwitterungsresistent und treten auch unter tropischem Klima morphologisch hervor. Hier sind auch die Anreicherungen von Eisenoxiden durch SiO_2-Wegfuhr auf 60 bis 68% Fe und die Bildung mächtiger oxidischer Verwitterungskrusten (in Brasilien *Canga* genannt) verbreitet. Die silikatischen und karbonatischen eisenreichen Metamorphite verwittern leichter unter Bildung von Oxidationszonen mit Limonit. Im frischen Zustand ist ihr Aussehen durch die Mengen- und Gefügeverhältnisse der beteiligten Minerale geprägt (Minnesotait grün, Grünerit braun, Siderit hell- bis dunkelbraun, Magnetit schwarz).

Weiterführende Literatur zu Abschn. 3.6.12

JAMES, H. L. & SIMS, P. K., Hrsg. (1973): Precambrian iron formations of the world. – Econ. Geol., **68:** 913–1179.

KLEIN, C. (1978): Regional metamorphism of Proterozoic iron formation, Labrador Trough, Canada. – Amer. Miner., **63:** 898–912.

3.6.13 Manganreiche Metamorphite

Metamorphe Gesteine mit ungewöhnlich hohen Mn-Gehalten stammen größtenteils von entsprechend zusammengesetzten Sedimenten ab. Als Ausgangsgesteine kommen hauptsächlich in Betracht:

- Sedimente mit Mn-Oxiden und -Hydroxiden,
- Sedimente mit oxidischen und karbonatischen Mn-Mineralen,
- Karbonatische Mn-Sedimente.

Zu gewöhnlichen Ton- und Karbonatgesteinen bestehen im Schichtverband und nach der Zusammensetzung alle Übergänge. In den metamorphen Gesteinen bewirken schon mäßig erhöhte Mn-Gehalte das Erscheinen besonderer Mn-Minerale; z. B. von Karpholith und Spessartin in niedrig metamorphen Phylliten. Bei höheren Mn-Gehalten (etwa ab 5% MnO) werden Mn-Minerale Hauptkomponenten der Gesteine:

Alabandin (selten) MnS
Manganosit (selten) MnO
Hausmannit Mn_3O_4
Braunit 3 $Mn_2O_3 \cdot MnSiO_3$
Bixbyit $(Mn,Fe)_2O_3$
Vredenburgit
  $(Mn,Fe)_3O_4$ (meist in Jakobsit und Hausmannit zerfallen)
Jakobsit $MnFe_2O_4$
Pyrolusit
  MnO_2 (nur sehr niedrig metamorph)
Spessartin
  $Mn_3Al_2[SiO_4]_3$ und Mischkristalle
Calderit
  $Mn_3Fe_2[SiO_4]_3$ und Mischkristalle
Tephroit Mn_2SiO_4
Mn-Diopsid (Violan) $(Ca,Mg,Mn)_2[Si_2O_6]$
Johannsenit $CaMn[Si_2O_6]$
Verschiedene Mn-Amphibole
Rhodonit $CaMn_4[Si_5O_{15}]$
Pyroxmangit $(Mn,Fe)_7[Si_7O_{21}]$
Bustamit $(Mn,Ca)_3[Si_3O_9]$
Piemontit, Thulit = Mn-Epidot bzw. Mn-Zoisit
Karpholith $MnAl_2[Si_2O_6(OH)_4]$
Rhodochrosit $MnCO_3$ und Mischkristalle.

Die Zusammensetzungen der metamorphen Mn-Gesteine sind von denen ihrer Ausgangsgesteine, vom Metamorphosegrad und besonders auch von den bei der Umwandlung herrschenden CO_2- und O_2-Partialdrucken abhängig. Dadurch sind sehr viele Paragenesen möglich, in denen Mn-Oxide oder Mn-Silikate oder Mn-Karbonate oder Kombinationen derselben miteinander auftreten. **Gondite** sind regionalmetamorphe Mn-reiche Gesteine mit Mn-Silikaten und -Oxiden neben Quarz und nicht Mn-haltigen Silikaten. **Kodurit** ist ein entsprechend zusammengesetztes kontaktmetamorphes oder kontaktmetasomatisches Gestein. **Queluzit** ist ein manganreiches Silikat-Karbonatgestein mit oder ohne Mn-Oxide. Hier kommt auch das sonst seltene Mn-Sulfid Alabandin vor. Ein weiterer Gesteinstyp ist durch die Kombination von **Mn-Oxiden** und **-Karbonaten** und untergeordneten Silikaten charakterisiert. Schließlich gibt es im Zusammenhang mit allen genannten Gesteinen und auch selbständig Lagen und größere Einheiten von **Mn-Oxid-Gesteinen.** Letztere sind schon im unverwitterten Zustand wertvolle Mn-Lagerstätten, während die Mn-Silikat- und Karbonatgesteine erst nach Anreicherung durch tiefgründige Verwitterung abbauwürdig werden. Eines der größten Vorkommen oxidischer Mangangesteine ist *Postmasburg* in Südafrika. Es liegt in einer altpaläozoischen Abfolge von metamorphen Dolomiten, kieseligen Eisensteinen und Hornsteinen. Das Hauptlager erstreckt sich mit 6 bis 10, maximal 20 m Mächtigkeit über mehrere Zehner von Kilometern. Das feingeschichtete Gestein besteht hauptsächlich aus Braunit und Bixbyit, ferner Mn-Diaspor, Hämatit, Na-Margarit und Baryt. Die Mn-Gehalte des abgebauten Erzes bewegen sich zwischen 40 und 50%.

Mit zunehmendem Metamorphosegrad sind im (die natürlichen Verhältnisse vereinfachenden)

System Mn–Fe–Si–O folgende Mn-Mineralparagenesen stabil (eingestuft nach den Metamorphosekriterien im Nebengestein) (nach DASGUPTA & MANICKAVASAGAM 1981):

Chloritzone
f_{O_2} hoch: Pyrolusit, Hämatit, Quarz.
f_{O_2} niedrig: Bixbyit, Braunit, Jakobsit, Hämatit, Quarz.
Biotitzone
f_{O_2} hoch: Bixbyit, Braunit, Hämatit, Quarz.
f_{O_2} niedrig: Hausmannit, Braunit, Jakobsit, Hämatit, Quarz.
Granatzone
f_{O_2} hoch: Bixbyit, Braunit, Hämatit, Quarz.
f_{O_2} niedrig: Hausmannit, Braunit, Pyroxmangit, Jakobsit, Hämatit, Quarz.
Staurolith-Disthen-Zone
f_{O_2} hoch: Bixbyit, Braunit, Rhodonit, Hämatit, Quarz.
f_{O_2} niedrig: Hausmannit, Rhodonit, Jakobsit, Hämatit, Quarz.
Sillimanitzone
f_{O_2} hoch: Hausmannit, Rhodonit, Hämatit, Quarz.
f_{O_2} niedrig: Hausmannit, Rhodonit, Jakobsit, Hämatit, Quarz.

Tephroit kommt besonders in karbonatisch-silikatischen Mn-Metamorphiten vor. Weitere häufige Minerale metamorpher Mn-reicher Gesteine sind Bariumfeldspat (Ba-Gehalt aus ursprünglichem Hollandit $Ba_{\leq}Mn_8O_{16}$), andere Feldspäte, Glimmer, Baryt, Mn-Diaspor und andere.

In den karbonatischen und silikatischen Mangangesteinen der Schweizer Alpen treten mit zunehmender Metamorphose folgende Mn-Minerale auf (nach PETERS et al. 1980):

- Prehnit-Pumpellyit-Fazies: Braunit, Bementit („Mn-Chrysotil" $Mn_6[Si_4O_{10}(OH)_8]$), Parsettensit (Mn-Stilpnomelan);
- Pumpellyit-Aktinolith-Fazies: Braunit, Parsettensit, Sursassit $Mn_2H_3Al_2[O \mid OH \mid SiO_4 \mid Si_2O_7]$, Tinzenit $CaMn_2Al_2[BO_3(OH)Si_4O_{12}]$, Piemontit;
- Grünschiefer- und Glaukophanschiefer-Fazies: Braunit, Manganophyllit (Mn-Glimmer), Piemontit, Spessartin, Rhodonit, Mn-Ägirinaugit, Tephroit, Pyroxmangit;
- Amphibolitfazies: Spessartin, Rhodonit, Tephroit.

Hausmannit, Manganocalcit und Rhodochrosit sind als Durchläufer in allen Fazies vorhanden.

3.7 Kataklasite, Mylonite und verwandte Gesteinsbildungen

3.7.1 Allgemeine petrographische Kennzeichnung

Kataklase ist die Zerbrechung von Mineralen, Mineralaggregaten und Gesteinen durch tektonische Kräfte. Im Gegensatz zu der bruchlosen („plastischen") parakristallinen Deformation von Kristallen bei der gewöhnlichen dynamothermischen Metamorphose reagieren die Kristalle bei der typischen Kataklase spröde, mit inneren und äußeren Deformationen, Bruch und Kornzerfall. Zwischen einer solchen reinen Kataklase und der plastischen Verformung gibt es alle Übergänge. Regelmäßig bringt die Kataklase eine mehr oder weniger ausgeprägte Verringerung der Korngröße des betroffenen Gesteins mit sich.

Gesteine, deren Gefüge wesentlich durch Kataklase geprägt ist, werden als **kataklastische Gesteine** zusammengefaßt. Der Name *Kataklasit* ist im allgemeinen Gebrauch bestimmten Formen verfestigter kataklastischer Gesteine vorbehalten (siehe unten).

Kataklastische Gesteine können unverfestigt oder in verschiedenem Grade verfestigt sein. **Unverfestigte kataklastische Gesteine** werden meist in den oberen Niveaus der Erdkruste unter niedrigen Temperaturen und niedrigem allseitigem Druck gebildet. Sie sind verbreitete Begleiterscheinungen der Bruchtektonik an Auf- und Abschiebungen, Scherzonen und ähnlichen Bewegungsbahnen. Sie bestehen aus Bruchstücken des kataklastisch beanspruchten Gesteins in verschiedensten Größen und Gestalten, sowie einem wechselnden Anteil von Feinmaterial. Die Gesteinsbruchstücke sind meist unregelmäßig-eckig oder auch scherben- bis linsenförmig. Die Oberflächen der größeren Fragmente sind oft nach Art der Harnische (s. Abschn. 3.4.4) geglättet oder gestriemt. Das *Feinmaterial*, dessen Partikel nicht mehr mit dem bloßen Auge unterscheidbar sind, ist oft an Ton- und Glimmermineralen angereichert. Im feuchten Zustand hat es dann eine plastische Beschaffenheit: **Störungsletten, Kluftletten** (engl. *fault gouge*). Unverfestigte kataklastische Gesteinszonen sind oft Aufstiegswege hydrothermaler Lösungen; sie haben deshalb häufig sekundäre Mineralisationen durch Gangart- und Erzminerale erfahren. Silikatische Gesteine werden dabei mehr oder weniger stark umgewandelt (s. Abschn. 5, Metasomatische Gesteine).

Im oberflächennahen Bereich sind unverfestigte kataklastische Gesteinszonen bevorzugte Zirkulationsbahnen des Grundwassers. Ihre Minerale sind dadurch besonders stark der Verwitterung ausgesetzt. Auffälligste Wirkungen dieser Vorgänge sind die Braun- oder Rotfärbung durch Limonit bzw. Hämatit, oder auch eine Bleichung durch Wegfuhr des Eisens.

Nach der mengenmäßigen Beteiligung der größeren Gesteins- und Mineralfragmente und des Feinmaterials können unterschieden werden:

- **Unverfestigte** (oder wenig verfestigte) **tektonische Breccien:** größere Gesteinsfragmente im cm- bis dm-Bereich überwiegen;
- **Ruscheln:** hoher Anteil von Gesteins- und Mineralfragmenten im cm- bis mm-Bereich mit untergeordnetem Feinmaterial;
- **Lettenklüfte** und **-zonen** mit überwiegendem Feinmaterial.

Die **verfestigten kataklastischen Gesteine** werden nach dem Grad der kataklastischen Überprägung, der auch weitgehend die Partikelgröße bestimmt, und nach anderen texturellen Merkmalen gegliedert. Auch die bei diesen verfestigten Gesteinen immer vorhandene Um- und Neukristallisation ist ein Kriterium für die petrographische Kennzeichnung. Kataklastische Gesteine solcher Art entstehen in größeren Tiefen unter den P-T-Bedingungen der Metamorphose. Folgende Gesteinstypen sind zu unterscheiden:

- **Verfestigte tektonische Breccie:** mehr oder weniger unveränderte, eckige Gesteinsfragmente verschiedenster Größe und Feinmaterial in ungeregeltem, brecciösen Verband.
- (Verfestigtes) **tektonisches Konglomerat:** die größeren Gesteinsfragmente sind mehr oder weniger gerundet.
- **Tektonische Mikrobreccie:** die kataklastischen Erscheinungen betreffen das gesamte Gestein bis in den Einzelkornbereich; dabei sind aber noch Teile des ursprünglichen Gefüges neben stark zerkleinerten Anteilen erkennbar. Das Gesamtbild ist dadurch breccienartig (Abb. 109C).
- **Kataklasit:** ein überwiegend feinkörniges bis dichtes ungeregeltes Gestein mit nur wenigen größeren (d. h. >0,5 mm großen) Gesteins- oder Mineralfragmenten.
- **Protomylonit:** mesoskopisch sichtbare, meist roh linsenförmige Fragmente des Ausgangsgesteins oder einzelner seiner Minerale sind von Strähnen fein zerkleinerten Materials umgeben. Das Gestein hat meist eine lentikulare Paralleltextur, ähnlich der mancher Augengneise (s. Abschn. 3.6.1). Der Anteil der Gesteins- und Mineralfragmente >0,5 mm ist größer als 50% (Abb. 110A).
- **Mylonit:** ein festes, überwiegend feinkörniges bis dichtes kataklastisches Gestein mit Paral-

Tabelle 91 Systematik kataklastischer Gesteine (nach Higgins 1971)

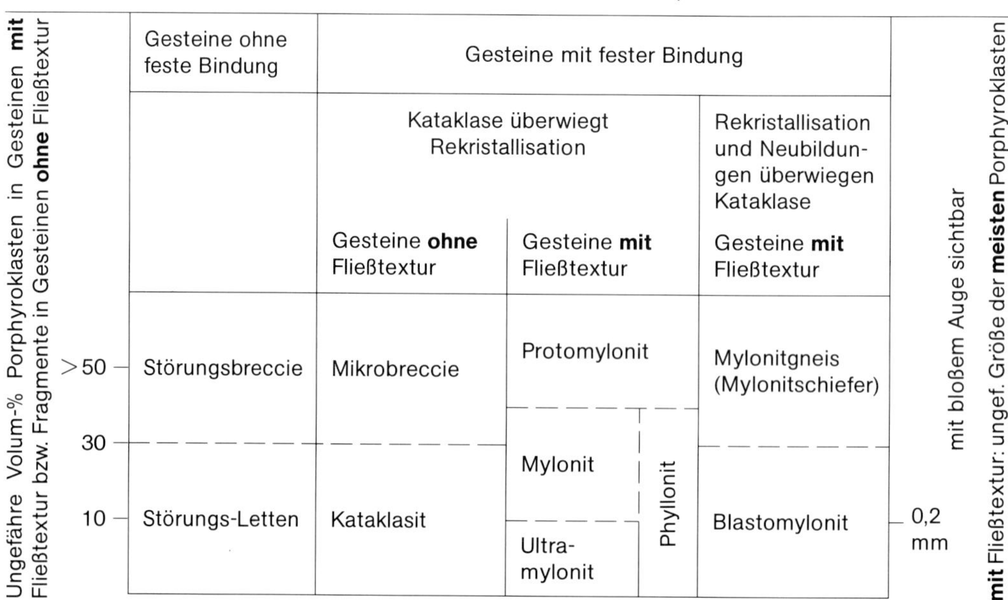

Ungefähre Volum-% Porphyroklasten in Gesteinen **mit** Fließtextur bzw. Fragmente in Gesteinen **ohne** Fließtextur	Gesteine ohne feste Bindung	Gesteine mit fester Bindung: Kataklase überwiegt Rekristallisation – Gesteine **ohne** Fließtextur	Kataklase überwiegt Rekristallisation – Gesteine **mit** Fließtextur		Rekristallisation und Neubildungen überwiegen Kataklase – Gesteine **mit** Fließtextur	**mit** Fließtextur: ungef. Größe der **meisten** Porphyroklasten / **ohne** Fließtextur: ungefähre Größe der **meisten** Fragmente
>50	Störungsbreccie	Mikrobreccie	Protomylonit		Mylonitgneis (Mylonitschiefer)	mit bloßem Auge sichtbar
30			Mylonit	Phyllonit		
10	Störungs-Letten	Kataklasit	Ultramylonit		Blastomylonit	0,2 mm

A B C D

Abb. 109

A) und B) Undulös auslöschender Quarz im Granit vom Melibocus (Odenwald); zwei um etwa 15° gegeneinander gedrehte Stellungen. Viele Fluideinschlüsse. Gekr. Nicols; 60 mal vergr.

C) Tektonische Mikrobreccie, Schauinsland (Schwarzwald). Die größeren Mineralbruchstücke sind Quarz (klar) und Plagioklas (meist etwas getrübt). Die Matrix besteht aus denselben Mineralen und Biotit. Gekr. Nicols; 25 mal vergr.

D) Calcit mit verbogenen Zwillingslamellen und kataklastischem Zerfall, in Marmor von Ballrechten (Südschwarzwald). Gekr. Nicols; 25 mal vergr.

leltextur. Mineral- und Gesteinsrelikte (Porphyroklasten) größer als etwa 0,5 mm können bis zu 50 Volum-% ausmachen. Die Paralleltextur ist mikroskopisch und oft auch mesoskopisch durch die Einregelung von Phyllosilikaten oder von langgestreckten Strähnen zerkleinerter Minerale erkennbar. Unterschiede der Korngröße oder der Zusammensetzung bedingen oft ein deutlich lagiges Gefüge. Porphyroklasten werden von dieser Paralleltextur „umflossen“. Im englischen Sprachgebrauch wird die Paralleltextur der Mylonite als „fluxion structure“ von der „flow structure“ der Magmatite unterschieden. Als deutsche Bezeichnung wird *Mylonitische Fließtextur* empfohlen.

- **Ultramylonit:** festes dichtes bis feinkörniges Gestein mit mehr oder weniger ausgeprägter Lagentextur (cm bis mm dick) und nur wenigen oder keinen Porphyroklasten (Abb. 110B). Der Habitus solcher Gesteine ist oft dem von Hornstein (Chert) oder feinkristallinen sauren Vulkaniten ähnlich. Der bezeichnende Name *Hartschiefer* gilt für dichte bis feinkörnige Ultramylonite mit auffallender ebenflächiger Lagentextur.

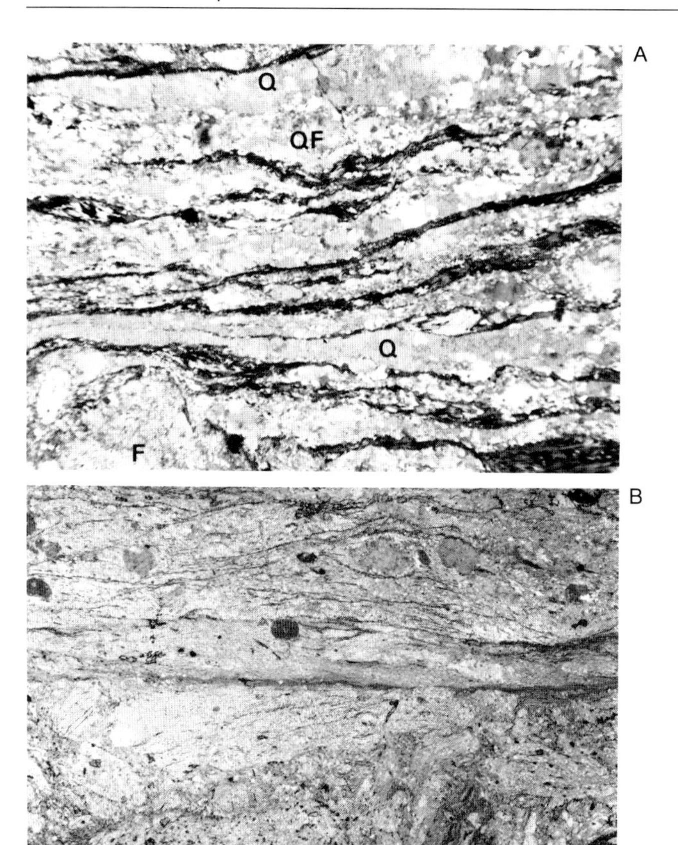

Abb. 110

A) Mylonitisierter Granit, Bärenfels bei Wehr (Südschwarzwald). Strähnen von zerbrochenem und etwas rekristallisiertem Quarz (Q), Quarz und Feldspäten (QF) und Biotit (dunkel); F ist ein größerer Feldspat-Porphyroklast. Halbgekreuzte Nicols; 10 mal vergr.

B) Granitmylonit von Bad Sulzburg (Schwarzwald). Strähnige bis schlierige mylonitische Fließtextur des fein zerriebenen Gesteinsmaterials; nur einige abgerundete Feldspatporphyroklasten sind erhalten. Halb gekr. Nicols; 10 mal vergr.

Die **Verfestigung** der Kataklasite und Mylonite und ihrer Varianten beruht auf einer **Um- und Neukristallisation** ihrer Mineralpartikel nach der kataklastischen Beanspruchung. Häufig wird dabei eine sehr starke Kornbindung erreicht, die der der kristallinen Ausgangsgesteine nicht nachsteht. In größeren Tiefen findet häufig auch schon eine synkinematische Kristallisation statt. Durch die über die Deformationsphase hinaus anhaltende Kristallisation kann sich unter Kornvergröberung ein blastisches Gefüge entwickeln, das zunächst noch die gröberen kataklastischen Strukturen erkennen läßt: **blastokataklastisches oder blastomylonitisches Gefüge.**

Hierher gehören z. B. die **Mylonitgneise** mit porphyroklastischen Einzelmineralen und Mineralaggregaten, welche von Zügen zerkleinerter Minerale umgeben sind. Im mikroskopischen Bild zeigen sich alle diese Komponenten als blastisch rekristallisiert; die kataklastischen Deformationen am Einzelmineral sind dadurch mehr oder weniger verheilt. **Blastomylonite** sind postkinematisch umkristallisierte Mylonite mit nur wenigen oder fehlenden Porphyroklasten. Mit zunehmender Umkristallisation und Kornwachstum können schließlich die kataklastischen Erscheinungen ganz verschwinden. Für manche Granulite und für die Perlgneise des Bayerischen Waldes wird eine blastokataklastische Vorgeschichte ihres Gefüges angenommen (sog. *Tiefenmylonite*).

Phyllonite sind retrograd metamorphe, *(diaphthoritische)*, glimmer- oder chloritreiche Silikatgesteine von phyllitähnlichem Habitus. Kataklastische Erscheinungen sind vor allem am Quarz sehr deutlich; die Feldspäte des Ausgangsgesteins sind meist serizitisiert. Die Textur ist gewöhnlich unregelmäßig lentikular (= linsig) bis schiefrig mit auffallender Parallelorientierung der Glimmer und/oder der Chlorite.

Ein Sonderfall des Nebeneinanderwirkens von Kristallisation und Kataklase ist die **Protoklase** intrusiver Magmatite. Sie tritt dann ein, wenn ein schon weitgehend kristallisiertes Magma in Bewegung gehalten wird. Die schon vorhandenen

Kristalle werden dabei zerbrochen; meist entstehen dabei größere Porphyroklasten, die von einer Matrix aus kleineren, umkristallisierten Mineralen umgeben sind **(Mörtelstruktur).** Die äußere Erscheinung und das mikroskopische Bild sind denen von rekristallisierten Mylonitgneisen (s. o.) oft ähnlich. Die auf S. 75 beschriebenen synorogenen Flasergranite und Granodiorite des Odenwaldes sind Beispiele protoklastisch geprägter Plutonite.

3.7.2 Kataklastische Erscheinungen am Einzelmineral

Quarz unterliegt im allgemeinen leicht der Kataklase. Schon geringe Beanspruchung erzeugt die im Dünnschliff bei gekreuzten Polarisatoren sichtbare *undulöse Auslöschung* (siehe Abb. 109 A und B).

In quarzreichen Gesteinen werden die Körner häufig linsenartig deformiert. Bei gesteigerter Beanspruchung entstehen Deformationsstreifen und Subindividuen, die zunächst nur um wenige Winkelgrade gegeneinander verstellt sind. Schließlich tritt ein völliger Zerfall in Fragmente mit ganz unterschiedlicher Orientierung ein. Strähnige Aggregate solcher zerkleinerter Quarze können sich, häufig von Phyllosilikaten begleitet, zwischen größeren Feldspat-Porphyroklasten hinziehen oder größere erhaltene Quarzkörner umgeben *(Mörtelstruktur)*. Die Rekristallisation solcher Aggregate erzeugt Pflaster- und Mosaikstrukturen.

Die *Quarzgefüge* kataklastischer Gesteine zeigen eine Vielfalt von Regelungstypen; wegen der Feinkörnigkeit ist die Ausmessung der Gefüge schwierig. Ein Beispiel eines Mylonit-Quarzgefüges zeigt Abb. 99 M.

Im Gegensatz zu dem Verhalten des Quarzes in kataklastischen Graniten, Gneisen und Quarziten bleiben die Quarzeinsprenglinge in Rhyolithen bei der Durchbewegung im niedrig metamorphen Bereich oft auffallend gut erhalten.

Die **Feldspäte** bieten der Kataklase gewöhnlich weit mehr Widerstand als der Quarz; sie treten deshalb häufig als Porphyroklasten auf (Abb. 111). Stärkere kataklastische Beanspruchung bewirkt die Abrundung solcher Feldspäte; im Inneren zeigen sich undulöse Auslöschung, Deformationszwillinge, Verbiegungen der Zwillingslamellen und schließlich Risse, die den weiteren Kornzerfall einleiten.

Glimmer werden bei beginnender Kataklase verbogen oder geknickt, danach sehr leicht zerschert, zerkleinert und in Strähnen zwischen den weniger kataklastischen Mineralkomponenten „ausgeschmiert“. Der Biotit wird dabei sehr häufig chloritisiert oder sonst in seiner Zusammensetzung verändert. In den Phylloniten sammeln sich die Glimmer (oder Chlorite) auf bestimmten Flächen, wodurch der phyllitartige Habitus dieser Gesteine entsteht.

Olivin, Pyroxene und viele Amphibole werden bei der Kataklase im Bereich der niedrigeren Metamorphose retrograd in andere Minerale umgewandelt, doch kennt man aus der tieferen Kruste und dem oberen Erdmantel auch kataklastische und sogar mylonitische Pyroxen- und Olivingesteine (s. S. 360). Der Granat ist gegenüber der Kataklase sehr resistent.

Calcit reagiert gegenüber kataklastischer Beanspruchung zunächst durch Bildung von Deformationszwillingen, weiter auch durch innere bruchlose Deformation (mit Verbiegung der Zwillingslamellen, Abb. 109 D) und schließlich durch

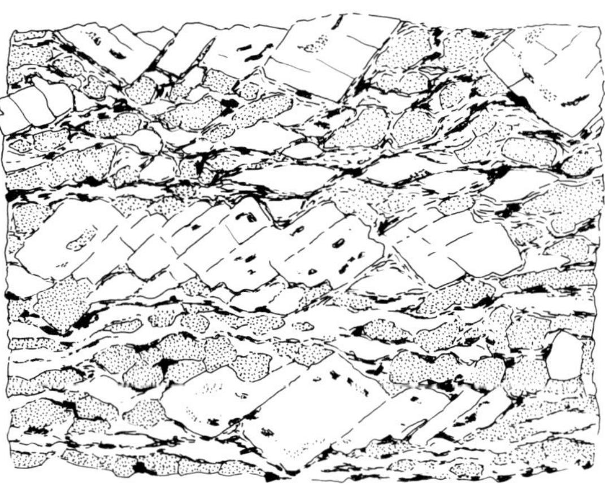

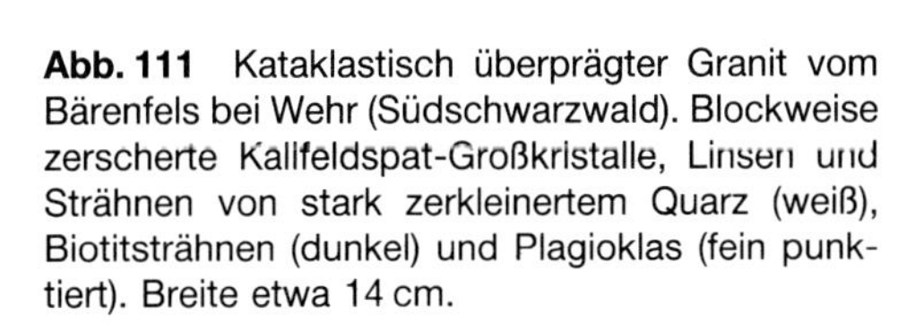

Abb. 111 Kataklastisch überprägter Granit vom Bärenfels bei Wehr (Südschwarzwald). Blockweise zerscherte Kalifeldspat-Großkristalle, Linsen und Strähnen von stark zerkleinertem Quarz (weiß), Biotitsträhnen (dunkel) und Plagioklas (fein punktiert). Breite etwa 14 cm.

Bruch und Kornzerfall. Er neigt stark zur Rekristallisation.

3.7.3 Metamorphe Differentiation

Das unterschiedliche mechanische Verhalten der Minerale bei der tektonischen Deformation eines Gesteins kann dazu führen, daß sich aus einem homogenen Ausgangsgestein Lagen verschiedener Zusammensetzung mit größerer oder geringerer Deutlichkeit entwickeln. Die aus abwechselnden dünnen Glimmerlagen und Quarz- oder Quarz-Feldspatlagen bestehende Foliation vieler Glimmerschiefer ist hierfür ein Beispiel. Auch die kompositionelle Bänderung mancher Mylonite und Ultramylonite mit glimmer- oder chloritreicheren und quarzfeldspatreicheren Lagen wird so gedeutet. Die Differentiation führt in diesen beiden Fällen zu Sonderungen im Millimeter- bis Zentimeterbereich. Auch für die Textur bestimmter *Bändergneise,* die aus bis zu dezimeterdicken parallellen, meist ebenflächigen Lagen bestehen, wird dieses Modell gelegentlich in Anspruch genommen. Die hellen Lagen solcher Gesteinskomplexe bestehen überwiegend aus Quarz und Tektosilikaten (Feldspäte), die dunklen aus Phyllosilikaten (meist Biotit) oder Inosilikaten (meist Hornblende) sowie weiteren Mineralen. Für die Deutung als Erzeugnisse metamorpher Differentiation sprechen blasto-mylonitische Gefüge, scharfe Grenzen zwischen den verschiedenen Lagen und die Tendenz zur Bildung monomineralischer Lagen. In jedem Falle müssen aber auch andere Bildungsmöglichkeiten geprüft werden, z. B. anatektische Differentiation mit nachfolgender Deformation, magmatische Differentiation nach Art der Layered intrusions, sedimentärer oder vulkano-sedimentärer Schichtenbau, z. B. aus sauren und basischen Tuffen.

Metamorphe Differentiation der Amphibolite von Loch Kerry, Schottland)
(nach Bowes & Park, 1966).

Amphibolite des Lewisian (Unterproterozoikum) von Gairloch, Ross-shire, Schottland, zeigen deutlich die Entwicklung einer heterogenlagigen Textur aus einem homogenen metamorphen Ausgangsmaterial. Die metamorphe Differentiation beginnt mit dem Erscheinen von millimeter- bis knapp zentimeterdicken Streifen, in denen jeweils Plagioklas oder Hornblende angereichert sind. Die weitere Entwicklung führt zur Bildung heller Bänder von *Plagioklasit,* die selten breiter als 5 cm werden, und von dunklem Hornblendit. Im Randbereich des differenzierten Amphibolitkörpers treten Hornblenditzüge von bis zu 2 km Länge und fast 100 m Mächtigkeit auf. Die Paralleltextur der typischen gebänderten Gesteinspartien ist teils ebenflächig, teils uneben durch Linsen und Ausbuchtungen der verschiedenen beteiligten Gesteinsarten. Die hellen Lagen enthalten oft Plagioklas-„Augen“ von bis zu 2 cm Größe. Einige Amphibolitlagen zeigen kataklastische Gefüge; im übrigen sind die Hornblendite mittel- bis grobkörnig, die Plagioklasite kleinkörnig rekristallisiert. Tabelle 92 zeigt die Mineralbestände und chemischen Analysen einiger Gesteine aus dem gebänderten Amphibolitkomplex. Eine Abschätzung der Volumina der metamorph differenzierten Gesteine und der Vergleich mit dem Ausgangsgestein läßt vermuten, daß ein beträchtlicher Anteil des hellen differenzierten Materials aus dem aufgeschlossenen Gesteinsverband abgewandert ist. Dadurch kam es zu einer relativen Anreicherung der Hornblendite. Neben der mechanischen Differentiation während der Durchbewegung werden deshalb auch chemische Transportvorgänge (ohne Schmelzung) angenommen. Die Bildung großer innerer Oberflächen durch die Kataklase begünstigte hier, wie auch in vielen anderen Fällen, die Wirkung des Porenwassers als lösendes und transportierendes Medium.

3.7.4 Pseudotachylyte, Hyalomylonite

Kurzzeitig wirkende, starke Kataklase kann in Silikatgesteinen gelegentlich zu einer so starken Erwärmung führen, daß eine Aufschmelzung eintritt. Bei hinreichend rascher Abkühlung kann die so gebildete Reibungsschmelze als **Hyalomylonit** glasig erstarren. Gesteinsbildungen dieser Entstehung sind wegen ihrer Ähnlichkeit mit Tachylyt, einem basaltischen Glas, **Pseudotachylyte** (oder Pseudotachylite) genannt worden. Sie finden sich als dunkle, mesoskopisch dicht erscheinende Gängchen und Adern in saurem bis basischem silikatischem Nebengestein (Granite, Gneise, Amphibolite). Sie treten bevorzugt in der Nähe bedeutender tektonischer Störungen auf, z. B. im Silvrettakristallin (Schweiz und Österreich) entlang dessen als Überschiebung ausgebildeten Südostrandes. Andere Vorkommen liegen im Granit des viel diskutierten Vredefort-Domes in Südafrika, wo *shatter cones* und andere Erscheinungen ein Impaktereignis als Ursache der Kataklase und Aufschmelzung möglich erscheinen lassen. Für einige Vorkommen von glasigen Myloniten, z. B. bei Köfels (Tirol) und

Tabelle 92 Mineralische (Volum-%) und chemische (Gew.-%) Zusammensetzung von Amphibolit und seinen metamorphen Differentiaten von Loch Kerry, Schottland (nach Bowes & Park 1966)

	(1)	(2)	(3)	(4)	(5)	(6)
Quarz	–	2,5	+	+	–	23,2
Plagioklas	40,4	48,5	+	1,2	83,8	74,3
Epidot	1,1	0,1	+	0,3	16,1	–
Hornblende	53,9	48,8	98,6	97,8	–	–
Biotit, Chlorit	2,9	–	–	0,3	–	2,5
Erzminerale	1,5	0,2	1,4	0,2	–	–
Titanit	0,3	–	–	+	+	–
Apatit	+	–	–	0,3	–	–
Andere	–	–	–	+	0,1	+
SiO_2	49,6	52,7	50,6	42,1	50,7	69,4
TiO_2	0,95	0,18	0,21	0,68	0,15	0,08
Al_2O_3	17,1	18,9	6,9	14,5	27,4	17,4
Fe_2O_3	4,4	2,2	2,7	4,6	1,2	0,65
FeO	5,4	4,2	6,9	8,9	0,22	0,34
MnO	0,08	0,07	0,2	0,17	Sp.	Sp.
MgO	6,6	8,0	18,4	12,9	0,64	0,62
CaO	7,9	7,6	10,4	10,8	9,4	3,1
Na_2O	4,5	3,9	0,73	2,3	4,5	5,8
K_2O	0,9	1,1	0,16	0,8	2,3	0,56
P_2O_5	0,39	0,01	Sp.	0,10	0,01	0,01
CO_2	0,87	0,46	0,09	0,58	0,48	0,25
H_2O^+	1,4	1,0	1,7	1,7	1,3	0,62
Summe	100,09	100,32	98,99	100,13	98,30	98,83

(1) Amphibolit vom SW-Rand des Metabasitkörpers, Loch Kerry.
(2) Gestreifter Amphibolit, Zentrum des Metabasitkörpers, Lochan Dubh Nam Cailleach.
(3) Hornblendit, Mg-reich, Fundort wie (2).
(4) Hornblendit, NE-Rand der ultramafischen Zone, Loch Kerry.
(5) Helles Plagioklas-Epidot-Gestein, Fundort nahe (2).
(6) Helles Plagioklas-Quarz-Gestein, Fundort wie (2).

bei Langtang (Nepal) ist die Bildung an oberflächennahen Abschiebungen nachzuweisen. Sie unterscheiden sich von den übrigen Pseudotachylyten durch blasige Texturen.

Die gewöhnlichen Pseudotachylyte des tieferen Kristallins bilden Gänge und Adern von <1 mm bis zu mehreren cm, selten auch wenigen dm Dicke. Sie durchsetzen einzeln oder schwarmweise ihr Nebengestein in verschiedenen Richtungen, wobei Verzweigungen und Durchkreuzungen häufig auftreten. Die überwiegend glasigen Pseudotachylytgänge sind meist nur schmal und scharf gegen ihr Nebengestein abgegrenzt. Rein glasige Pseudotachylyte sind selten; meist sind Mineral- und Gesteinsfragmente mit größeren oder geringeren Anteilen vorhanden. Das angrenzende Nebengestein zeigt oft nur eine geringe kataklastische Beanspruchung.

Die chemische Zusammensetzung der Pseudotachylyte ist meist ohne weiteres aus der des Nebengesteins abzuleiten, doch gibt es auch Fälle, wo abweichende Zusammensetzungen und ortsfremde Einschlüsse auf Transportvorgänge über geringe Entfernungen schließen lassen.

Der Nachweis des Glases ist oft schwierig, weil auch bis zu submikroskopischen Korngrößen zerkleinerter Mineraldetritus sich im Dünnschliff isotrop verhalten kann. Gute Beweise für eine durchlaufene Schmelzphase sind aber kristalline Neubildungen nach Art der Mikrolithe in glasigen Vulkaniten, Sphärolithe, Gasblasen und Fließtexturen. Die Pseudotachylyte der Silvretta z. B. enthalten Quarz-Feldspat-Sphärolithe, strahlige Hornblenden, leistenförmige Plagioklase und dendritischen Magnetit als Neukristallisate aus der Schmelze.

Weiterführende Literatur zu Abschn. 3.7

BELL, T. H. & ETHERIDGE, M. A. (1973): Microstructure of mylonites and their descriptive terminology. – Lithos, **6:** 337–348.

HIGGINS, W. M. (1971): Cataclastic Rocks. – U.S. geol. Surv. Prof. Pap., **687,** 97 S.

PHILPOTTS, A. R. (1964): Origin of pseudotachylytes. – Amer. J. Sci., **262:** 1008–1035.

3.8 Stoßwellen-Metamorphose

Beim Einschlag *(Impakt)* großer Meteorite und anderer kosmischer Körper pflanzt sich die kinetische Energie in Form von überschallschnellen Stoßwellen im Gestein fort. Dabei werden für sehr kurze Zeit außergewöhnlich hohe Drucke (10^2 bis 10^3 kb) wirksam; zugleich werden auch hohe Temperaturen (bis zu mehreren tausend °C) erreicht. Generell sind der Grad und die Reichweite dieser Erscheinungen von der Masse und Geschwindigkeit des einschlagenden Körpers abhängig. Sie sind an den Einschlagskratern auf der Erde und auf dem Mond in allen Einzelheiten zu verfolgen. Wieweit auch andere, endogene Prozesse gelegentlich zu mit Stoßwellen vergleichbarer Energie und Wirkung führen, ist noch fraglich. Als Effekte kurzzeitiger tektonischer Bewegungen sind hier die Pseudotachylyte zu nennen (s. Abschn. 3.7.4); auch *Shatter cones* (s. u.) kommen auf der Erde in Zusammenhängen vor, für die bisher kein von außen kommender Impakt nachzuweisen war.

Die Wirkungen der typischen Stoßwellenmetamorphose sind besonders gut und häufig an Quarz und Feldspäten zu beobachten (Tabelle 93). Gesteine und Minerale aus dem **Nördlinger Ries** können hier als klassische Beispiele gelten. Nach VON ENGELHARDT et al. 1969 und STÖFFLER 1972 ergibt sich die nachstehende Abfolge der Erscheinungen mit zunehmendem Stoßwellendruck (und zunehmender Temperatur):

– Druck der Stoßwellenfront (P) über 100 kb, Resttemperatur nach der Druckentlastung (T) etwa 100° C: Bruchdeformation mit unregelmäßigen Bruchflächen, besonders aber Bildung von enggescharten Deformationslamellen, den sog. „planaren Elementen“, welche im Dünnschliff im einfach polarisierten Licht durch ihre unterschiedliche Lichtbrechung, bei gekreuzten Polarisatoren durch ihre unterschiedliche Doppelbrechung auffallen. Im **Quarz** liegen

Tabelle 93 Stoßwelleneffekte an häufigen Gesteinsmineralen (nach STÖFFLER 1972)

	Stoßwellendruck in Kilobar							
	0	100	200	300	400	500	600	700
Quarz		planare Brüche						
		planare Elemente						
			Coesit		Stishovit			
					diaplekt. Glas			
						Schmelzglas		
Feldspäte		planare Elemente						
				diaplekt. Glas				
					Schmelzglas			
Glimmer		Knickbänder			planare Elemente			
						Zerfall		
Amphibol	mechanische Verzwillingung							
					planare Elemente			
						Zerfall		
Pyroxen	mechanische Verzwillingung							
				planare Elemente				
					Schmelzglas			
Olivin	planare Brüche und Elemente							
					Rekristallisation			

Verdampfung

die Lamellen bevorzugt parallel zu $\langle 10\bar{1}3 \rangle$ $\langle 10\bar{1}2 \rangle$ und $\langle 10\bar{1}1 \rangle$. Im **Plagioklas** sind (001), (010), (100) und (120) häufig vorkommende Lagen.

- Ab P ~ 350 kb und T ~ 250°C werden Quarz und Feldspäte zunehmend isotropisiert *(diaplektische Mineralgläser);* entlang der planaren Elemente treten gelegentlich Hochdruckmodifikationen von SiO_2, **Coesit** und **Stishovit,** auf. Dabei bleibt das Korngefüge der Gesteine meist noch erkennbar erhalten.
- Ab P ~ 500 kb und T > 1200°C kommt es zur echten Schmelzung der Feldspäte und schließlich auch des Quarzes. Die Schmelzgläser zeigen Fließtexturen; sie enthalten häufig Blasen und seltener auch Kornaggregate von Coesit. Die Glasbomben im Suevit des Nördlinger Ries zeigen diesen Zustand; sie enthalten vielfach noch Relikte der Ausgangsgesteine oder einzelner ihrer Minerale. In den Schmelzgläsern sind häufig Mineralbildungen durch Entglasung (Pyroxen, Feldspäte) zu erkennen.
- Bei noch höherem P und T tritt Verdampfung der Silikate und des Quarzes ein.

Der **Biotit** reagiert auf starke mechanische Beanspruchung durch Bildung von Knickbändern, die meist scharenweise die Kristalle in schiefem Winkel zu (001) durchsetzen (s. auch S. 315). Im Bereich der diaplektischen Feldspatglasbildung zerfällt er in Fe-Oxide und amorphe Phasen. Die **Hornblende** wird erst bei höheren Stoßwellendrucken zu kleinen Fragmenten zerschert und schließlich ähnlich wie der Biotit „oxidiert". Auch Druckzwillinge und planare Elemente kommen vor. Das Verhalten der **Pyroxene** bei der Stoßwellenmetamorphose konnte besonders an den vom Mond stammenden Proben sowie an Meteoriten untersucht werden. Mit zunehmender Beanspruchung bilden sich Zwillingslamellen, „planare Elemente" und schließlich Glasschmelzen. Planare Elemente sind auch in Olivin, Zwillingslamellen in Ilmenit beobachtet worden. **Schmelzgläser** der Stoßwellenmetamorphose sind auf dem Mond in verschiedenen Formen verbreitet:

- Regelmäßige, kugelige ellipsoidische, tropfen- oder glockenklöppelförmige Körperchen, < 1 bis wenige mm groß, als wesentliche Bestandteile des *Regoliths,* d. h. des die Mondoberfläche weithin bedeckenden Lockermaterials.
- Unregelmäßige Bruchstücke im Regolith.
- Als blasige Überzüge auf Gesteinsoberflächen und als Bindemittel in Breccien und in zerbrochenem Gestein.

Erscheinungen der Stoßwellenmetamorphose sind besonders auf den Hochländern (d. h. den hell erscheinenden Flächen) des Mondes verbreitet. Fast alle von dort stammenden Gesteinsproben sind Impaktbreccien; die Art und das Mengenverhältnis von Mineral- und Gesteinsbruchstücken und Glasanteilen variieren in weiten Grenzen, was zur Definition mehrerer Breccientypen geführt hat.

Als **Suevit** werden im Nördlinger Ries und in anderen Impaktkratern der Erde die Auswurfsmassen bezeichnet, welche neben einem geringen Anteil von sedimentärem Material hauptsächlich kristalline Gesteine aus dem Untergrund enthalten. Diese zeigen alle oben beschriebenen Erscheinungen der Stoßwellenmetamorphose. Besonders auffällig sind die bis zu mehrere dm großen Glasbomben mit ihren durch die Bewegung im Flug und den Aufprall auf dem Boden erzeugten charakteristischen Formen.

Shatter cones *(Strahlenkegel)* sind Gesteinspartien mit gekrümmten, divergent-strahlig gestriemten Kluftflächen, die zusammen einen oder mehrere ineinandergeschobene Kegel bilden. Sie kommen besonders gut ausgebildet in feinkörnigen, homogenen Gesteinen vor und gelten als charakteristische Anzeichen für Stoßwellenbeanspruchung.

Die Erscheinungen der Stoßwellenmetamorphose *in situ,* d. h. im noch erhaltenen Gesteinsverband, sind z. B. in der Forschungsbohrung Nördlingen und in tieferen, durch natürliche Erosion freigelegten Niveaus anderer Impaktkrater zu beobachten. Das Kristallin im Untergrund des Rieskraters ist überall mehr oder weniger stark kataklastisch beansprucht, zertrümmert und zersetzt. Gänge von „Riesbreccie", d. h. einem Gemenge von Kristallinfragmenten und „eingesogenen" Bestandteilen der überlagernden Formationen (Deckgebirge, Glas aus Suevit) durchsetzen einzeln oder schwarmweise das Kristallin bis zur Endteufe von 1200 m. In den Kristallingesteinen selbst fehlen die Schmelzerscheinungen; häufig sind aber bis zur Tiefe von 667 m (etwa 65 m unter der Oberkante des zusammenhängenden Grundgebirges) „planare Elemente" in Quarz und Hornblende, unter 667 m noch Knickbänder in Biotit. Vereinzelt kommen auch Shatter cones vor.

Innerhalb Europas bietet das Gebiet von *La Rochechouart* (Limousin, Frankreich), weitere instruktive Einblicke in die mittleren und tieferen Stockwerke eines Impaktkraters. In einem Bereich von etwa 80 km^2 Fläche finden sich verschiedene Arten von Breccien, die von suevitähnlichen Auswurfmassen mit hohen Anteilen von Glas bis zu in-situ-Breccien reichen. Shatter cones sind vor allem in feinkörnigen Gesteinen verbreitet. Mikroskopisch sind viele der im Ries und anderen Impaktkratern gefundenen Stoßwellenwirkungen zu beobachten: planare Elemente im Quarz, Knickbänder in Glimmern, diaplektische und Schmelzgläser. Die Breccien sind meist gut verfestigt; sie bilden Felsen und wurden jahrhundertelang als Bausteine verwendet.

Weiterführende Literatur zu Abschn. 3.8

von Engelhardt, W., Stöffler, D. & Schneider, W. (1969): Petrologische Untersuchungen im Ries. – Geol. Bavar., **61:** 229–295.

Kraut, F. (1969): Über ein neues Impaktitvorkommen im Gebiet von La Rochechouart-Chassenon (Frankreich). – Geol. Bavar., **61:** 428–450.

Stöffler, D. (1972): Deformation and natural transformation of rock-forming minerals by natural and experimental shock processes. – Fortschr. Miner., **49:** 50–113.

4 Migmatite

4.1 Allgemeine petrographische Kennzeichnung, Definitionen

Der Name *Migmatit* bezeichnet den *gemengten* Charakter bestimmter, aus deutlich unterscheidbaren, nach Zusammensetzung und Gefüge wesentlich verschiedenen petrographischen Anteilen bestehender Gesteine des kristallinen Grundgebirges. In den meisten Fällen ist der eine Anteil dieser Gemenge als metamorphes Gestein zu erkennen, während der andere die Erscheinungen plutonischer Gesteine (Granit i. w. S., Aplit, Pegmatit u. a.) mehr oder weniger deutlich darbietet. Meist ist eine von diesen beiden Anteilen gemeinsam getragene Paralleltextur vorhanden; Lagen- und Adertexturen sind am verbreitetsten. Die Dicke der Lagen und Adern bewegt sich meist im cm- bis dm-Bereich; schmalere, aber auch viel breitere Lagen und Adern kommen ebenfalls vor. Ebenso variabel ist das Mengenverhältnis zwischen den „metamorphen" und „plutonischen" Anteilen.

Im einzelnen sind die folgenden Gefügeelemente typischer Migmatite zu unterscheiden (MEHNERT 1968):

- Das **Paläosom,** welches das mehr oder weniger unveränderte, metamorphe Ausgangsgestein repräsentiert.
- Das **Neosom,** welches gegenüber dem Paläosom als jüngere Bildung im Gesteinsverband erscheint. Sehr häufig sind hier noch zu differenzieren:
- Das **Leukosom,** das im Vergleich zum Paläosom meist relativ hell (d. h. feldspat- und quarzreich) ist, und
- Das **Melanosom,** das an dunklen (mafischen) Mineralen (z. B. Biotit, Amphibol, Cordierit u. a.) angereichert ist.

Das Leukosom zeigt meist keine bevorzugte Orientierung seiner Mineralkomponenten, während das Melanosom und besonders auch das Paläosom orientierte Mineralgefüge besitzen können. Die Melanosome sind meist an der Grenze zwischen Paläosom und Leukosom oder zwischen zwei Leukosomen eingeschaltet; sie haben gewöhnlich ein geringeres Volumen als die beiden anderen Gesteinsanteile. Manchmal sind die Melanosome nur undeutlich oder gar nicht entwickelt. Abb. 112C und D zeigen Beispiele von Migmatiten, in denen die drei Hauptanteile deutlich erkennbar sind.

Kompliziertere Verhältnisse können dann eintreten, wenn am Paläosom mehr als eine Gesteinsart beteiligt ist oder wenn mehr als eine Generation von Leukosomen erscheint. Die Deutung aller dieser heterogenen Migmatitgefüge als Ergebnis von wenigstens zwei Bildungsprozessen (Bildung des Paläosoms, das fast überall schon metamorph vorlag, und danach die Bildung der Neosome) geht aus den gegenseitigen Lage- und Gefügebeziehungen der Gesteinsanteile klar hervor.

Im allgemeinen ist auch deutlich, daß die Leukosome bei der Ausbildung der Migmatittexturen gegenüber dem Paläosom zeitweise relativ mobil gewesen sind. Die Frage, wieweit diese Mobilität durch Schmelzung oder durch andere Bedingungen zustandekam, ist Gegenstand petrologischer Untersuchungen.

Die Überzeugung, daß teilweise Aufschmelzung der wesentliche Bildungsprozeß solcher Gesteine sei, führte zu der Prägung der Begriffe Anatexis, Metatexis, Diatexis und Syntexis:

- **Anatexis** ist die teilweise oder völlige Wiederaufschmelzung eines präexistierenden (meist schon metamorphen) Gesteins. Gesteine, für die ein solcher Bildungsprozeß angenommen wird, heißen **Anatexite.**
- **Metatexis** ist die teilweise Aufschmelzung eines Gesteins, wobei sich **Metatekte,** helle, quarz- oder feldspatreiche Adern oder Lagen (den Leukosomen der deskriptiven Terminologie entsprechend) zwischen noch erhaltenen Paläosom-Anteilen entwickeln.
- Der nicht mobilisierte Anteil des Gesteinsverbandes wird **Restit** genannt. Der Begriff umfaßt das Paläosom und das Melanosom, wird aber häufig auch speziell zur Bezeichnung des Melanosoms verwendet. Typische **Metatexite** bestehen aus den drei Anteilen Paläosom, Metatekt und Restit i. e. S. in vielfacher Wechsellagerung und Durchdringung.
- **Diatexis** ist die gesteigerte Anatexis, wobei auch mafische Minerale mobilisiert werden und neu kristallisieren. Der Unterschied zwi-

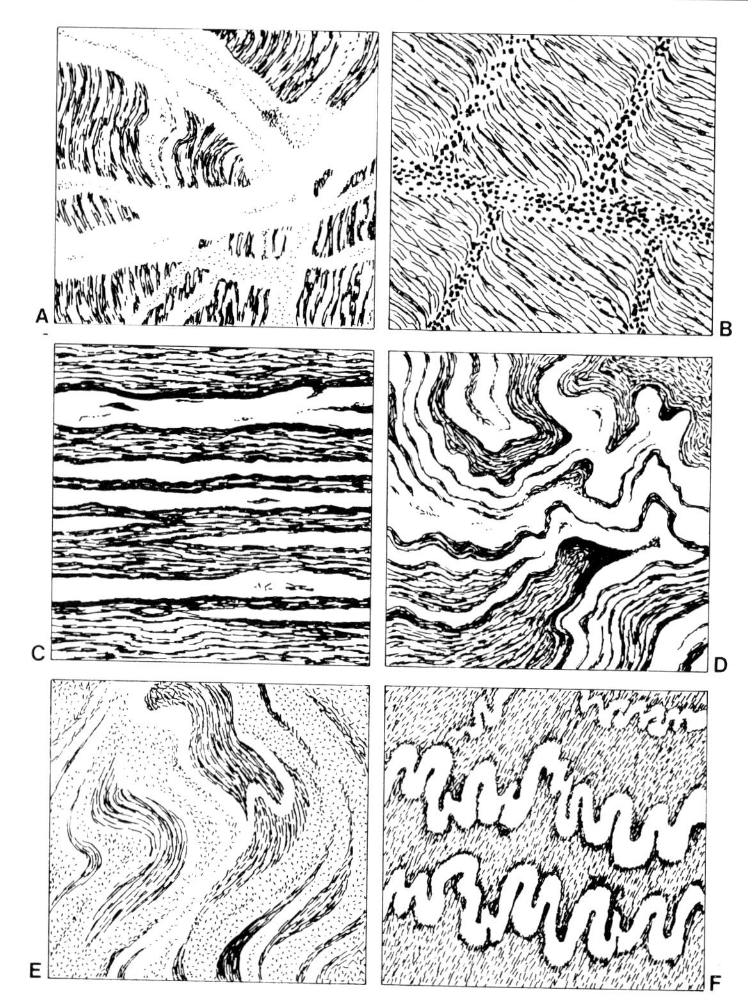

Abb. 112 Texturen von Migmatiten.

A) agmatitisch.

B) diktyonitisch (hornblendedioritische Metatekte in Hornblendegneis).

C) stromatitisch, deutliche Gliederung in helle Leukosome, dunkle Melanosome und Paläosome mit Gneistextur.

D) Adertextur mit Paläosom, Leukosom und Melanosom, verfaltet.

E) Schlierentextur.

F) ptygmatische Faltung von Leukosomen.

schen Paläosom, Metatekt und Restit wird zunehmend verwischt; es entstehen schlierige, *nebulitische* und andere, unten beschriebene Texturen.

- **Syntexis** ist die Anatexis mehrerer verschiedener Ausgangsgesteine und die Vermengung der so entstehenden Aufschmelzungsprodukte.

Eine weitere Gruppe von Begriffen, die auf Migmatite Bezug nehmen, bezeichnet im Sinne dieser genetischen Vorstellungen die angenommene Herkunft des Leukosom-Materials.

- **Arterite** sind Migmatite, deren Leukosome von außerhalb (als magmatische Injektion oder pneumatolytische Infiltration) zugeführt wurden.
- **Venite** sind Migmatite, deren Leukosome als in situ-Ausscheidungen aus dem Bestand des Nebengesteins entstehen. Dabei müssen notwendigerweise „restitische" Ansammlungen von zunächst nicht mobilisierten Mineralen entstehen, wie sie sich als Melanosome in Begleitung der Leukosome finden.
- **Entexis und Ektexis** sind die anatektischen Vorgänge, die zur Bildung von Arteriten bzw. Veniten führen.

Es fehlt jedoch bis in die neueste Zeit nicht an Versuchen, die Bildung von Migmatiten oder migmatitähnlichen Gesteinen des tieferen Kristallins durch andere als Schmelzprozesse zu erklären, z. B. durch metamorphe Differentiation im überwiegend festen Zustand (s. Abschn. 3.7.3) oder durch metasomatische Stoffverschiebungen (s. Abschn. 5).

Zur Kennzeichnung der mannigfaltigen Makrogefüge von Migmatiten ist eine Anzahl weiterer Begriffe eingeführt worden (Abb. 112 und 113):

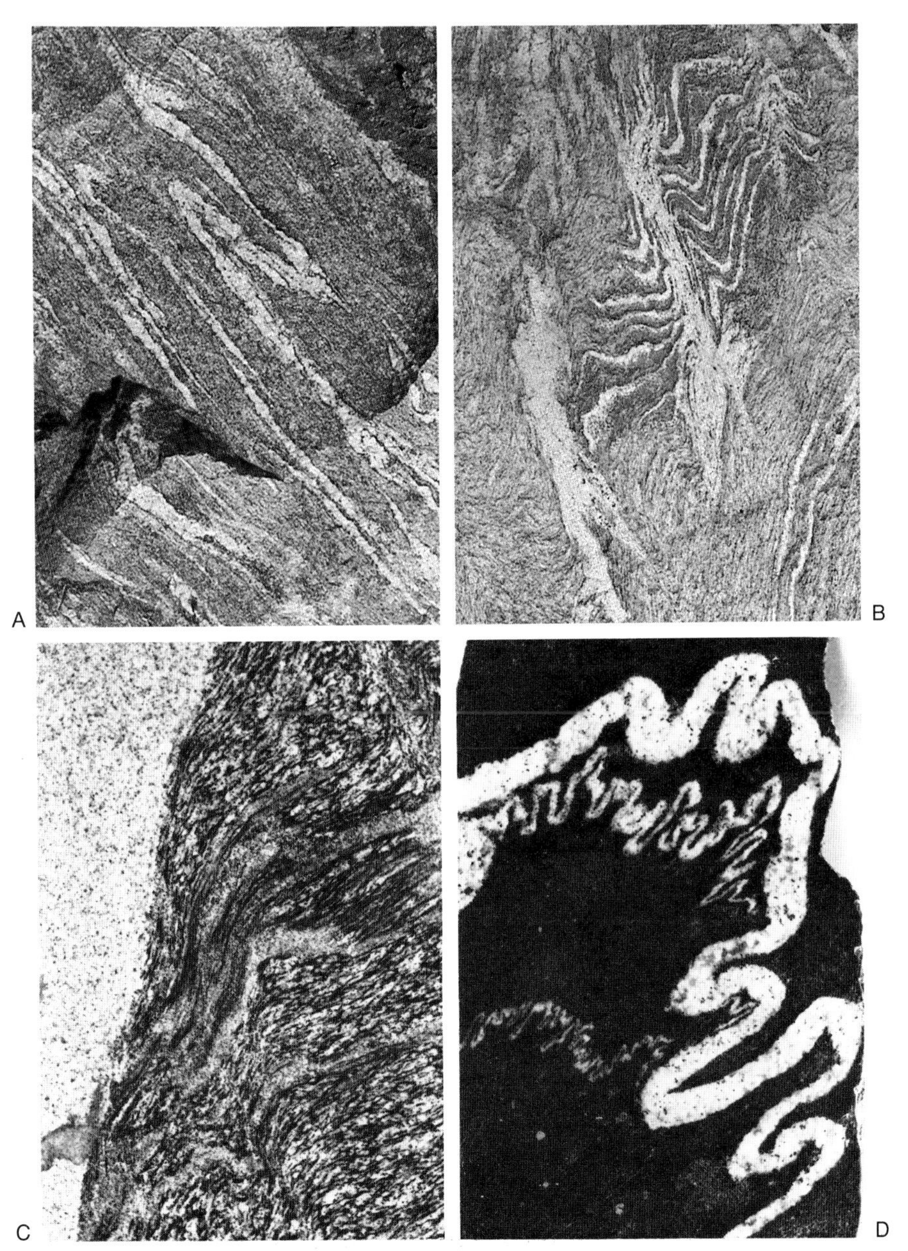

Abb. 113 A) Helle Metatekte in Paragneis, gefaltet. Steinwasen (Südschwarzwald). Höhe etwa 1,5 m. – B) Beginnende Metatexis in Paragneis, Hinterzarten (Schwarzwald). Höhe etwa 0,7 m. – C) Orthogneis mit Flasertextur, darin einige entregelte Mobilisationszonen; links ein Granitaplit-Gang. Muggenbrunn (Schwarzwald). Höhe etwa 1 m. – D) Ptygmatische Faltung von Aplitadern in dunklem massigem Gneis. Aardal (Südnorwegen). Höhe etwa 30 cm.

– **Agmatitisch:** Bruchstücke von Paläosom liegen in einer Matrix von (meist hellerem) Neosom. Die Dimensionen der Paläosomanteile variieren i. a. zwischen Dezimetern und Metern, sie können aber auch weit darüber hinausgehen, was besonders in glazial denudierten, vegetationslosen Gebirgen zu beobachten ist (z. B. Grönland). Es bestehen Übergänge zu Makro-„Breccien“ aus Fragmenten metamorphen Gesteins mit kreuz und quer durchsetzenden granitischen oder aplitischen Gängen oder zu Gesteinsverbänden mit überwiegendem Neosom und darin „schwimmenden“ Schollen von Paläosom.

- **Diktyonitisch:** Schmale Adern von Neosom durchsetzen in verschiedenen Richtungen das Paläosom. Die Paralleltextur des Paläosoms ist an diesen Adern häufig flexurartig abgelenkt.
- **Phlebitisch** (mit Adertextur): Das Gestein ist von mehr oder weniger unregelmäßig verlaufenden, oft gefalteten Adern oder gestreckten Linsen von Leukosom durchsetzt. Bei überwiegend ebenflächig-parallelem Verlauf der Adern wird die Textur als
- **stromatitisch** (mit Lagentextur) bezeichnet. Phlebitische und stromatitische Migmatite zeigen besonders deutlich die Gliederung in Paläosom, Leukosom und Melanosom.
- Wo durch diatektische Vorgänge die Unterschiede dieser Einheiten sich zu verwischen beginnen, können **Schlierentexturen** entstehen. Schollen von resistenten, nicht mobilisierten Gesteinsanteilen (meist basischere Gesteine wie Amphibolite oder Kalksilikatfelse) treten in Schlieren- und ähnlichen Texturen besonders deutlich hervor. Sie werden von der Paralleltextur ihrer Umgebung gleichsam umflossen und erweisen sich anhand ihres internen Gefüges häufig als in Bezug auf diese tordiert.
- Als spezielle Entwicklung der Adertexturen sind die **ptygmatischen** Texturen hervorzuheben. Eng gefaltete helle Adern (ein oder mehrere Systeme) mit oder ohne Melanosomsäume liegen in einer Matrix von Paläosom, die in verschiedenem Grade weitere Anzeichen von Mobilisation zeigen kann, in manchen Fällen aber durchaus reliktisch erscheint. Anders als bei Scherfalten ist die Dicke der Adern an den Faltenscheiteln und Faltenschenkeln nicht wesentlich verschieden. Die gefalteten Adern können parallel zu der präexistierenden Textur des umgebenden Gesteins verlaufen oder diese unter verschiedenen Winkeln durchkreuzen. Die Abgrenzung der Adern gegen das Nebengestein ist meist recht scharf. Die Entstehung der ptygmatischen Adern ist schwierig zu erschließen und noch umstritten; sie sind auch in sonst nicht migmatitischen Metamorphiten anzutreffen.
- **Augentexturen** kommen durch linsen- oder „augen“-förmige Ansammlungen von Leukosom-Mineralen, welche von der Textur des Gesteins umflossen erscheinen, zustande. Dieses Gefüge steht dem der Augengneise nahe, bei denen die „Augen“ aus einzelnen großen Feldspatkristallen bestehen.
- **Fleckentexturen** entstehen durch unregelmäßige Ansammlungen von Cordierit, seltener auch von Hornblende oder anderen Mafiten, die meist durch helle Quarz-Feldspat-Zonen vom Paläosom abgegrenzt sind.
- Die **nebulitische** Textur ist durch graduelle Angleichung der Zusammensetzung und des Gefüges von Paläosom und Neosom mit schlierig-wolkenartiger Inhomogenität im Handstücks- bis Aufschlußbereich gekennzeichnet. Sie leitet über zu nahezu homophanen Gefügen von fast plutonitischem Gesamteindruck.

Die Mehrzahl der oben definierten migmatitischen Makrogefüge zeigen neben den Wirkungen der Mobilisation auch die von mehr oder weniger gleichzeitig verlaufenden Bewegungsvorgängen (z. B. erkennbar an Lageänderungen der Paläosomanteile in Agmatiten und Schollenmigmatiten oder an Faltungen und Fließgefügen). Wenn die Bewegungsvorgänge auch nach der Kristallisation der Neosome noch andauern, kann es zur Bildung von Texturen kommen, die eine relative Starrheit der Leukosome gegenüber ihrer Umgebung anzeigen. Bei weiterer Durchbewegung und Umkristallisation unter geeigneten P-T-Bedingungen können Migmatite als Ganzes wieder gneisartig überprägt werden; es entstehen dadurch inhomogene *Migmatitgneise.*

Eine breite Skala von verschiedenen Gesteinstypen ist am Aufbau migmatitischer Verbände beteiligt; vor allem die Paläosomanteile umfassen eine Vielfalt von sauren, intermediären, basischen und ultrabasischen Silikatgesteinen und selbst Silikat-Karbonatgesteine oder Marmore. Es ist aber ebenso deutlich, daß die charakteristischen Migmatitprozesse, durch die das Ensemble von Paläosom, Leukosom und Melanosom entsteht, sich bevorzugt an intermediärem Ausgangsmaterial aus reichlich Feldspäten, Quarz und mäßigen Anteilen an Mafiten vollziehen. Häufig vorkommende Paragneise (Metagrauwacken, Metapelite, Metaarkosen), nicht zu mafitische Amphibolgneise und andererseits auch orthogene Ausgangsgesteine granitischer bis quarzdioritischer Zusammensetzung (Orthogneise, Metagranite, Leptite und ähnliche) unterliegen den oben beschriebenen Entwicklungen. Paläosomgesteine mit davon stark abweichenden Zusammensetzungen beteiligen sich nur wenig oder gar nicht an solchen Vorgängen; sie bleiben als reliktische Einlagerungen mehr oder weniger unverändert erhalten, z. B. Metabasite, Kalksilikatfelse, Quarzite. An ihnen vollziehen sich aber häufig, meist vom Rand der Reliktkörper ausgehend, stoffliche Umwandlungen auf metasomatischem Wege (s. Abschn. 5).

Die Beschreibung von Mineralbeständen und Gefügen migmatitischer Gesteine konzentriert sich deswegen auf Beispiele aus dem Bereich der hier gemeinten „intermediären“ Ausgangsgesteine. Hauptminerale der Paläosome sind dort Feldspäte (meist Plagioklas > Kalifeldspat), Quarz, Biotit und/oder Cordierit, Sillimanit, Granat sowie mengenmäßig meist untergeordnete Akzessorien (Apatit, Titanit, Zirkon, Erzminerale, Graphit und andere). Das Gefüge der reliktisch erhaltenen Paläosomanteile ist das von „kristallinen Schiefern“, meist gneisartigen Charakters. Leichte metablastische Überprägung mit Entregelung zuvor bestehender Paralleltexturen ist verbreitet. In den **Leukosomen** sind in aller Regel Feldspäte und Quarz die vorherrschenden Mineralphasen; wo das Paläosom arm an oder frei von Kalifeldspat ist, enthalten die Leukosome meist, aber nicht ohne Ausnahme, auch nur geringe Anteile dieses Minerals. Die Anorthitgehalte der Leukosom-Plagioklase sind im Durchschnitt kaum niedriger als die der Plagioklase im Paläosom. Zonenbau ist meist nur schwach oder gar nicht vorhanden. Die Gestalt der Plagioklase ist hypidiomorph bis xenomorph, die der Kalifeldspäte überwiegend xenomorph. Der Quarz bildet unregelmäßige Aggregate zwischen den Feldspäten oder rundliche bis dihexaedrische Einschlüsse in diesen. In den von Altbestand und Melanosom meist sehr deutlich abgesetzten Leukosomen der Metatexite können die Feldspäte sehr grob- bis riesenkörnig werden: **pegmatoide Metatekte.** Sie enthalten nicht selten noch Biotit (oft nach der a-Achse gestreckte „Riemenglimmer“), Cordierit, Hornblende, Granat und wei-

Tabelle 94 Mineralische (Volum-%) und chemische (Gew.-%) Zusammensetzung von Migmatiten und Gesteinen der Granitisation

	(1)	(2)	(3)	(4)	(5)	(6)	(7)	(8)
Quarz	29,1	33,5	10,9	26,2	31,2	27,9	43,1	39,5
Kalifeldspat	5,6	3,5	0,4	2,4	3,2	3,1	–	34,1
Plagioklas	48,4	59,7	16,8	51,8	47,1	52,3	38,9	10,3
Biotit	16,3	2,6	70,7	18,1	18,2	16,5	18,0	13,4
Andere	0,6	0,5	1,9	1,5	0,3	0,2	–	2,7
An-Gehalt der Plagioklase	29,0	30,0	29,0	31,0	29,0	26,0	30,0	26,0
SiO_2	63,31	72,92	38,06	62,50	65,96	65,90	75,75	73,43
TiO_2	0,65	0,05	2,50	0,65	0,70	0,62	0,28	0,34
Al_2O_3	18,20	16,83	18,75	18,58	16,66	16,75	11,77	11,98
Fe_2O_3	1,83	0,28	4,10	0,05	2,07	1,07	0,53	0,69
FeO	4,03	0,33	14,52	4,62	2,98	3,72	2,64	2,81
MnO	0,04	0,04	0,23	0,08	Sp.	Sp.	0,03	0,03
MgO	1,25	0,20	9,79	1,90	2,42	1,76	1,73	1,92
CaO	2,86	3,49	2,28	3,36	2,73	2,83	1,77	0,30
Na_2O	3,96	4,49	1,20	3,98	3,48	4,30	2,98	2,00
K_2O	1,90	1,10	5,51	2,48	2,03	2,25	1,81	5,39
P_2O_5	0,22	0,02	0,13	0,19	0,15	0,12	0,04	0,04
H_2O^+	1,89	0,75	3,02	1,92	0,82	0,68	0,54	0,64
Summe	100,14	100,50	100,09	100,31	100,00	100,00	99,87	99,57

(1)–(4) Paragneis, pegmatoides Leukosom (Metatekt), Melanosom (Restit) und granitoides Metatekt, Urenkopf bei Haslach i. K. (nach MEHNERT 1951).
(5) Paragneis, etwa dem Mittel der Paragneise des Gebietes entsprechend, St. Valentin bei Freiburg i. Br.
(6) Diatexit, aus Paragneisen hervorgegangen, Holzschlägermatte bei Freiburg i. Br. (nach MEHNERT 1963).
(7)–(8) Paragneis und arteritisches Neosom, Päivolä, Finnland. „Andere“ = Cordierit (nach HÄRME 1959).

tere Minerale in untergeordneter Menge. In anderen Fällen zeigen die Metatekte einen mehr kleinkörnig-aplitischen bis mittelkörnig-granitischen Habitus, letzteres besonders bei Beteiligung von Biotit. Bei geeignetem Ausgangsgestein, z. B. Hornblendegneisen, tritt auch Hornblende als wesentliche Komponente in die Metatekte ein (quarzdioritische Neosome), häufig mit ausgesprochen xenomorphen bis xenoblastischen Formen. Der Cordierit bildet in den Metatekten idiomorphe Einzelkörner oder xenoblastische Flecken.

Bei vielen Metatexiten besteht zwischen der Zusammensetzung von Paläosom, Leukosom und Melanosom und der mengenmäßigen Beteiligung dieser drei Anteile an einem Gesteinsverband ein regelmäßiges Verhältnis. Die Stoffbestände von Leukosom und Melanosom ergänzen sich bei Berücksichtigung ihrer Volumina zu dem des Paläosoms. Auch für fortgeschrittene Stadien der Migmatitbildung bis zur Diatexis hat sich diese Stoffkonstanz in einem *geschlossenen System* ohne wesentliche Zufuhr oder Wegfuhr von Substanz zeigen lassen (*venitische Migmatite, Ektexis* im Sinne einer teilweisen Aufschmelzung). In anderen Fällen bestehen solche Beziehungen nicht; vielmehr sind Zufuhren (z. B. von feldspatbildenden Komponenten) und selbst Wegfuhr bestimmter Elemente aus den petrographischen und chemischen Verhältnissen abzuleiten.

Die pegmatoiden und aplitartigen Metatekte stehen in ihrer Zusammensetzung den bei den gegebenen Paläosomen möglichen eutektischen Erstschmelzen nahe. Diese Zusammensetzung ist meist von der des gesamten Paläosoms deutlich verschieden. Bei weiter fortschreitender Mobilisation *(Diatexis)* nähert sich die Zusammensetzung der Mobilisate der des Ausgangsmaterials. – Gelegentlich läßt sich auch zeigen, daß sich in den Wechsellagerungen von Leukosomen, Melanosomen und Paläosomen eine voranatektisch gegebene lagige Gliederung des Ausgangsgesteins abbildet, wobei bestimmte Lagen wegen ihrer geeigneten Zusammensetzung eher als benachbarte, andersartige mobilisiert werden. JOHANNES & GUPTA (1982) haben solche Anatexite

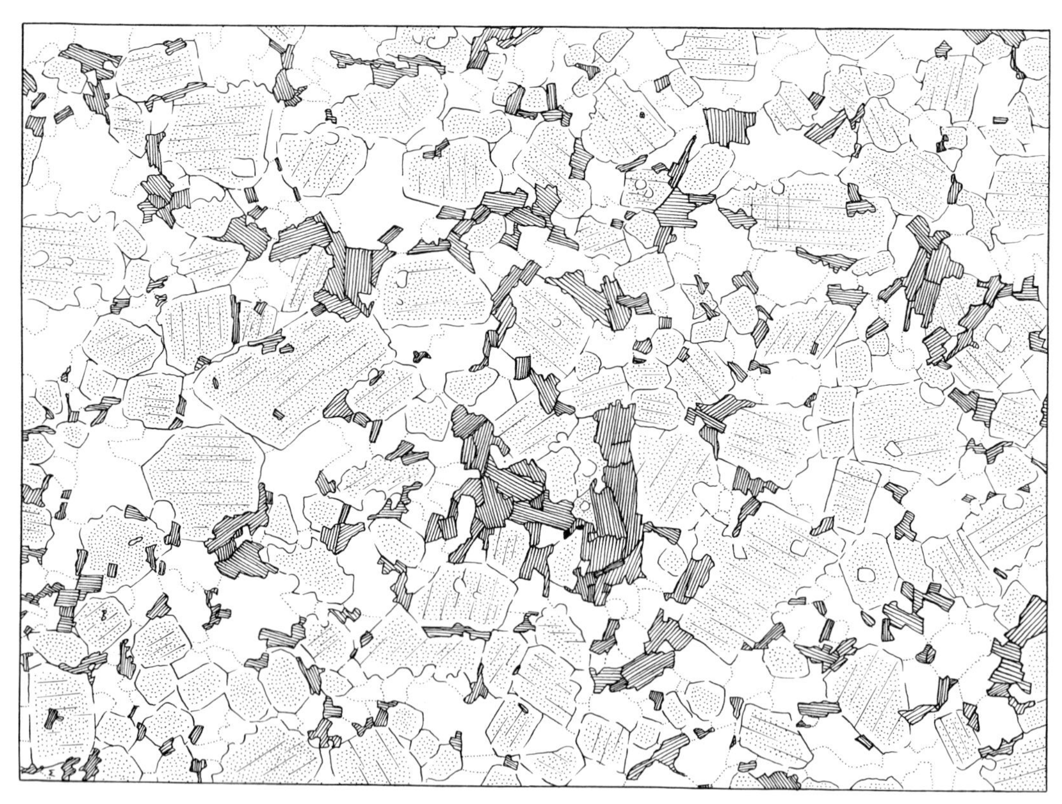

Abb. 114 Diatexit, Holzschlägermatte bei Freiburg i. Br. (Schwarzwald). Granoblastisches Gefüge mit Plagioklas (punktiert, zu idiomorphen Formen neigend), Quarz (weiß), Biotit (schraffiert) und wenig Kalifeldspat (Spaltrisse angedeutet). Breite 12 mm.

aus dem Gebiet der Bändergneise von Arvika (Schweden) beschrieben.

In den **Melanosomen** sind die mafitischen Minerale des Paläosoms angereichert (hauptsächlich Biotit, auch Hornblende, Cordierit, seltener Granat). Das Gefüge ist allgemein als kristalloblastisch, bei stark überwiegendem Biotit als lepidoblastisch zu charakterisieren. Deformationstexturen können stark ausgeprägt sein oder auch fehlen. Nicht selten sind biotitreiche Melanosome recht grobkristallin.

In dem Maße, wie bei den schlierigen, nebulitischen bis homophanen **Diatexiten** die Unterschiede zwischen Paläosom und Neosom verschwinden, bilden sich gleichkörnig-blastische Gefüge mit mehr oder weniger ungeregelter Anordnung der beteiligten Minerale aus (Abb. 114). Die Plagioklase tendieren stark zu hypidiomorphen Formen; auch Biotit und Hornblende nehmen weithin hypidiomorphe Gestalt an. Der Quarz bildet meist die Zwickelfüllung. Kalifeldspat liegt meist xenomorph zwischen den anderen Mineralen oder tritt in großen Porphyroblasten auffällig hervor. Die Gefüge nähern sich so, vor allem für die mesoskopische Betrachtung, denen von plutonischen Magmatiten, ohne allerdings die für diese kennzeichnenden Details zu erreichen (z. B. Zonenbau der Plagioklase, deutliche Ausscheidungsfolgen, etwa Biotit vor Feldspäten u. a.). Umgekehrt sind allerdings blastische Gefügeformen in echten, intrusiv-magmatischen Graniten auch sehr verbreitet (s. Abschn. 2.6.1).

Im Hinblick auf die geschilderte Bildung von plutonitartigen oder plutonitischen Endprodukten werden die letzten Stufen der mineralischen und Gefügeentwicklung der Migmatite oft auch als **Granitisation** (oder gegebenenfalls auch Dioritisation und ähnl.) bezeichnet. Auf andere Formen der Granitisation ist in dem Kapitel über metasomatische Gesteine hingewiesen.

4.2 Geologisches Auftreten der Migmatite und der Erscheinungen der Granitisation

Migmatite entwickeln sich in aller Regel aus bereits metamorphen, meist im Gneiszustand vorliegenden Ausgangsgesteinen. Auch andere Formen der Granitisation, die nicht alle typischen Erscheinungen der Migmatite aufweisen, lassen ihre Entstehung auf der Grundlage mittel- oder hochmetamorpher Substrate erkennen. Das Bildungsmilieu der größeren Migmatit- und Granitisationsbereiche ist demnach das tiefere Grundgebirge. Migmatite nehmen, zusammen mit andersartig „granitisierten" Gesteinen und Graniten i. w. S., große Teile im Grundgebirge der alten Schilde und in tieferen Zonen der jüngeren Faltengebirge ein. Beispiele für das erstere Milieu geben die Kristallingebiete Schwedens und Finnlands, für das zweite die in das variskische Orogen inkorporierten Kristallingebiete der Böhmischen Masse, des Schwarzwaldes und des französischen Zentralmassivs. Die von der Migmatisierung und Granitisation betroffenen Bereiche haben naturgemäß unscharfe Grenzen, sowohl gegen die nicht veränderten Ausgangsgesteine, als auch gegen die aus der gesteigerten Granitisation hervorgehenden Plutonite, sofern solche entwickelt sind. Trotz dieser diffusen Umgrenzungen gibt es individuelle Migmatit- oder Granitisationskörper (Migmatitdome, Migmatitdiapire, Migmatitaureolen), meist mit zonarem Aufbau, wobei im Zentrum verschiedene Grade der Granitisation erreicht sein können. Die Dimensionen solcher *Migmatit-* oder *Granitisationskörper* können mehrere Zehner von Kilometern erreichen. In anderen Fällen kommen Migmatitbildungen von geringerem Ausmaß entlang der Kontakte von intrusiven Plutonen (meist Graniten i. w. S.) vor. Für die Gefügeausbildung im Kleinbereich und die Lagerungsverhältnisse im Großen ist ferner maßgeblich, ob die zur Migmatitbildung und Granitisation führenden Vorgänge synkinematisch oder postkinematisch abliefen. Bei vorwiegend synkinematischer Bildung entstehen im Aufschlußbereich und weit darüber hinaus bevorzugte Ausrichtungen aller beteiligten Gesteinsanteile, z. B. im Bergsträßer Odenwald. Hier und auch in vielen anderen Fällen ist die sichere Unterscheidung von intrusiven und in-situ-Plutoniten besonders schwierig.

4.3 Beispiele migmatitischer Gesteinsvorkommen

Beispiel eines Migmatitgebietes im tieferen Grundgebirge: der südliche Mittelschwarzwald

Ausgangsmaterial der Migmatite im mittleren Schwarzwald sind vorwiegend Metagrauwacke- und Metapelitgneise praekambrischen Alters mit untergeordneten andersartigen Einlagerungen (Amphibolite, Leptinite, Quarzitgneise u. a.). Die vermutlich altpalaeozoischen sauren Plutonite (jetzt Orthogneise) sind von der Migmatitbildung ebenfalls betroffen, aber nicht in so auffälligen Formen wie die Paragneise. Das Alter der migmatitischen Überprägung wird mit etwa 480 Millionen Jahren angegeben.

Als verbreitetste Gesteinstypen des Ausgangsmaterials sind hervorzuheben:

- Kleinkörnige, massige bis mäßig schiefrige Paragneise mit einfachem Mineralbestand: Plagioklas >> Orthoklas, Quarz, Biotit (seltener auch Hornblende), Akzessorien (Apatit, Zirkon, Titanit, Erzminerale);
- meist kleinkörnige, schiefrige Paragneise aus Plagioklas >> Orthoklas, Quarz, Biotit ± Sillimanit und/oder Cordierit, Akzessorien (Apatit, Zirkon, Titanit, Pyrit, Pyrrhotin u. a.).

Die migmatitische (hier als anatektisch gedeutete) Überprägung äußert sich in verschiedenen Formen:

- Noch außerhalb der eigentlichen Migmatitbereiche tritt verbreitet eine allgemeine **blastische Umkristallisation** der Paragneise auf. Dadurch kommt es zur Entregelung der schiefrigen Gefüge und meist zu einer merklichen Kornvergröberung. Das bevorzugte Wachstum der Plagioklase bestimmt weitgehend den makroskopischen Eindruck, der mit Namen wie *Körnelgneis* oder früher auch *Kinzigitgneis* gekennzeichnet wird. Die Plagioklasblasten streben roh idiomorphe Formen an; sie enthalten meist Einschlüsse von Quarz und Biotit; auch xenoblastische, einschlußreiche Plagioklase kommen vor. Gleichartige metablastische Überprägungen kommen weiterhin auch in den Paläosomanteilen der Migmatite vor. Gegenüber dem Ausgangsgestein sind solche **Plagioklasmetablastite** chemisch kaum verändert. Die im Schwarzwald ebenfalls auftretenden Kalifeldspat-Metablastite scheinen dagegen durch Stoffzufuhr zu entstehen (s. Abschn. 5 Metasomatische Gesteine).
- **Metatexite** sind im mittleren Schwarzwald sehr weit verbreitet. Sie entsprechen der in Abschn. 4.1 gegebenen Beschreibung solcher Gesteine. Anzeichen für Durchbewegung während der Mobilisation (Verfaltung, Paralleltextur der Melanosome) sind häufig. Cordierit tritt als Neubildung (aus Biotit oder Biotit + Sillimanit) sehr verbreitet auf (Cordierit-Biotit- und Cordierit-Sillimanit-Biotitsträhnen im Melanosom und Paläosom, nahezu idiomorphe Cordierite in den pegmatoiden Metatekten). Aus hornblendeführenden Paragneisen entstehen hornblendeführende Metatekte quarzdioritischer bis dioritischer Zusammensetzung (Tabelle 95, Nr. 18 bis 20).
- Schlierig-inhomogene, nebulitische bis fast homogen-massige **Diatexite** bezeichnen die am weitesten fortgeschrittenen Stadien der anatektischen Gesteinsentwicklung. Ihre mineralogischen und Gefügeeigenschaften sind die der in Abschn. 4.1 gegebenen Beschreibung. Sie gehen entweder aus Metatexiten oder unmittelbar aus Paragneisen und Orthogneisen hervor. Die Strukturen sind auch bei den plutonitartigen klein- bis mittelkörnigen, fast homogenen Diatexiten noch blastisch (s. S. 327). Gesteine dieser Art bilden den Kernbereich der Migmatitaureole im südlichen Mittelschwarzwald (etwa 8–10 km Durchmesser) und kleinere Vorkommen in der weiteren Umgebung. Zur chemischen und mineralischen Zusammensetzung siehe Tabelle 94.

Die Grenzen zwischen den unbeeinflußten Gneisen, den Metablastiten, Metatexiten und Diatexiten sind fließende; vielfach durchdringen sich ihre Bereiche selbst innerhalb eines Aufschlusses. Die Orthogneise nehmen an den Umwandlungen in weniger auffälliger Weise teil; Metabasite (Amphibolite u. a.) bleiben als wenig oder nicht veränderte Reliktkörper, auch noch in diatektischer Umgebung, erhalten.

Beispiel eines venitischen Migmatits mit Paragneis-Paläosom: Urenkopf bei Haslach i. K., Schwarzwald
(nach MEHNERT, 1951, s. Tab. 94).

Aus einem Paragneis (etwa einer tonigen Grauwacke entsprechend) entwickeln sich ein Metatexit mit scharf voneinander abgesetzten Leukosom- und Melanosom-Anteilen sowie weiterhin ein breites biotitführendes granitoides Metatekt (ohne zugehöriges Melanosom). Von geringen Abweichungen abgesehen, entsprechen die Zusammensetzungen von Leukosom und Melanosom (unter Berücksichtigung ihres Volumenverhältnisses von 3:1) der mittleren Zusammensetzung des Paläosoms. Das granitoide Metatekt ist etwas feldspatreicher als das Paläosom. Ähnliche Erscheinungen und Gesteinszusammensetzungen aus anderen Fundgebieten sind in Tabelle 95 gezeigt.

Beispiel eines Migmatits mit hornblendeführendem Paläosom: Todtnauberg und Zastlertal, südl. Mittelschwarzwald
(nach BÜSCH, 1970).

Aus Biotit-Hornblende-Gneisen des Schwarzwaldes entwickeln sich quarzdioritische Neosome: Metatekte aus Plagioklas (An-Gehalt ähnlich

Tabelle 95 Mineralbestände (Volum-%) migmatischer Gesteine verschiedener Herkunft und Entstehung

	(1)	(2)	(3)	(4)	(5)	(6)	(7)	(8)	(9)	(10)
Quarz	24,4	35,8	3,0	50,9	47,8	41,3	69,6	43,3	50,3	77,1
Kalifeldspat	–	–	–	–	–	–	2,4	17,9	–	–
Plagioklas	39,6	58,4	44,0	19,9	47,1	9,2	12,0	29,9	42,2	14,3
Biotit	35,3	5,8	53,0	28,4	5,2	49,2	11,2	7,5	6,9	8,0
Muskovit	–	–	–	–	–	–	3,2	1,5	0,3	–
Andere	0,6	–	–	–	–	–	1,6	–	–	0,6

	(11)	(12)	(13)	(14)	(15)	(16)	(17)	(18)	(19)	(20)
Quarz	98,2	79,7	70,3	36,3	24,7	43,7	11,4	15,1	23,7	4,3
Kalifeldspat	–	–	5,1	52,4	–	–	–	0,2	2,1	–
Plagioklas	0,4	20,0	23,1	10,6	48,8	52,6	24,8	55,4	54,3	49,6
Biotit	–	–	–	–	24,1	3,3	63,4	13,5	5,3	26,9
Muskovit	1,4	0,3	1,5	0,7	–	–	–	–	–	–
Andere	–	–	–	–	2,4	0,4	0,4	15,8	15,5	19,1

(1) u. (4) Paläosom (Paragneis) in trondhjemitischem Migmatit, Huntly-Portsoy-Gebiet, NE-Schottland;
(2) u. (5) Zugehörige Leukosome,
(3) u. (6) Zugehörige Melanosome. –
(7) u. (9) Leukosome in muskovitgranitoidem Migmatit, Huntly-Portsoy-Gebiet;
(8) u. (10) Zugehörige quarzreiche Anteile des Paläosoms (Restite).
(1)–(10) nach ASHWORTH (1976).
(11)–(14) Vier Stufen der Granitisation (durch Zufuhr = entektisch) von Quarzit, Kuopio, Finnland;
(15) Paläosom (Paragneis), Sipoo, Finnland;
(16) Zugehöriges Leukosom;
(17) Zugehöriges Melanosom. –
(11)–(17) nach HÄRME (1959 und 1962).
(18) Paläosom (Biotit-Hornblende-Gneis), Zastlertal, Schwarzwald; „Andere" hier sowie in (19) und (20) = Hornblende;
(19) Zugehöriges quarzdioritisches Mobilisat;
(20) Zugehöriges Melanosom.
(18)–(20) nach BÜSCH (1970).

dem im Paläosom), Quarz, xenoblastischer bis hypidiomorpher Hornblende (z. T. aus Biotit hervorgehend), Biotit, Titanit und weitere Akzessorien. Die Melanosome sind je nach Fundort verschieden deutlich ausgebildet (s. Tabelle 95).

Beispiele von arteritischen Migmatiten mit kalifeldspatreichen Neosomen
(nach HÄRME, 1959 und 1962).

In Tabelle 94 und 95 sind unter den Nummern 7 und 8 bzw. 11 bis 14 zwei Beispiele von Migmatiten angeführt, deren Neosomen arteritische Entstehung (Zufuhr von granitischem Material von außerhalb) zugeschrieben wird. Als Paläosome liegen ein Metagrauwacke-Paragneis und ein Quarzit vor. Die Neosome enthalten reichlich Mikroklinperthit (xenoblastisch bis porphyroblastisch), der in dieser Menge nicht aus dem Stoffbestand der Paläosomgesteine abgeleitet werden kann. Im Paragneis-Migmatit sind die Neosome deutlich gegenüber dem Paläosom abgegrenzt, während im Quarzit eine sehr diffuse, schlierig-unregelmäßige „Durchtränkung" mit Kalifeldspat zu beobachten ist.

Weiterführende Literatur zu Abschn. 4

ATHERTON, M. P. & GRIBBLE, C. D., Hrsg. (1983): Migmatites, Melting and Metamorphism. – 326 S.; Nantwich (Shiva).
MEHNERT, K. R. (1968): Migmatites and the Origin of Granite. – 393 S.; Amsterdam (Elsevier).

5 Metasomatische Gesteine

5.1 Allgemeine petrographische Kennzeichnung

Metasomatose ist die Veränderung der chemischen Zusammensetzung eines Gesteins im festen Zustand; mit ihr sind immer auch Änderungen des Mineralbestandes verbunden. Die mit der *Verwitterung* zusammenhängenden Veränderungen werden *nicht* zur Metasomatose gerechnet. Bestimmte Vorgänge bei der *Diagenese* der Sedimente, z. B. die Dolomitisierung, werden dagegen als metasomatisch bezeichnet. Der Metasomatosebegriff wird auch auf die Umwandlung eines bestimmten **Minerals** in ein anderes angewandt, wenn damit eine wesentliche chemische Veränderung verbunden ist. Im Hinblick auf die Art der Platznahme des neugebildeten Minerals auf Kosten des alten wird auch oft von **metasomatischer Verdrängung** gesprochen. Viele Lagerstätten nutzbarer Minerale sind auf metasomatischem Wege, unter Verdrängung eines zuvor bestehenden Gesteins oder einzelner seiner Minerale, entstanden: *Verdrängungslagerstätten* oder *Metasomatische Lagerstätten;* sie werden je nach Bildungsbedingungen noch weiter als pneumatolytisch, kontakt-pneumatolytisch, hydrothermal u. a. charakterisiert. Gesteine, deren letzter wesentlicher Bildungsakt eine Metasomatose war, heißen **Metasomatische Gesteine** oder **Metasomatite.**

Die eingangs in der Definition der Metasomatose gegebene Bestimmung „im festen Zustand" bedarf noch einer Erläuterung. Es wird dabei von dem für den Stofftransport erforderlichen fluiden (flüssigen, gasförmigen, überkritischen) Medium abgesehen, das während der metasomatischen Vorgänge in jeweils nur geringer Menge im Gestein vorhanden ist. Nur bei reiner Ionendiffusion würde ein praktisch vollkommen fester Zustand bestehen.

Weitere übliche Einschränkungen bei der Anwendung des umfassenden allgemeinen Metasomatosebegriffes sind folgende:

- Der mit progressiver Metamorphose meist eintretende Verlust an mineralisch gebundenem Wasser (bei Tongesteinen z. B. von $> 5\%$ auf $< 1\%$) wird nicht als metasomatischer Prozeß gewertet, auch wenn dabei neue Mineralphasen entstehen, die im einzelnen die älteren Mineralphasen metasomatisch verdrängen.
- Auch der Abbau von Karbonaten unter CO_2-Verlust und Neubildung von Silikaten, etwa in der Art der Wollastonitreaktion (s. S. 302) wird oft, aber eigentlich unberechtigt, nicht als Metasomatose hervorgehoben.
- Die mit retrograder Metamorphose oft verbundene Aufnahme von Wasser, z. B. durch Bildung von Schichtgittersilikaten auf Kosten anderer „trockener" Silikate gilt meist nicht als Metasomatose in Bezug auf das Gestein; vielfach wird aber die Serpentinisierung von Olivingesteinen als Beispiel der *Wassermetasomatose* angeführt.
- Geochemische Untersuchungen an metamorphen Gesteinsserien gleichen Ausgangsmaterials legen die Vermutung nahe, daß mit steigendem Metamorphosegrad eine Anreicherung von leicht wandernden Elementen, besonders Na und K, stattfindet. Erst im Bereich der tieferen Erdkruste macht sich eine umgekehrte Tendenz bemerkbar. Es muß daher mit weiträumigen Stoffwanderungen und Metasomatosen gerechnet werden, die aber am Einzelgestein und seinem Gefüge kaum in Erscheinung treten. Die Gesteine gelten deshalb als „gewöhnliche" Metamorphite.

Metasomatische Prozesse sind im Gefügebereich der Einzelminerale oft sehr klar erkennbar, besonders wenn sich die neugebildeten Minerale durch Größe und Gestalt als **Idioblasten** oder **Xenoblasten** gegenüber denen der älteren Generation auszeichnen (Abb. 117B). Wenn dort in vielen Fällen eine Verdrängung der älteren Komponenten offensichtlich ist, bedeutet diese doch nicht immer zugleich, daß Stoffwanderung weit über den Einzelkornbereich hinaus stattgefunden haben. Auch bei einer pauschal gesehen isochemischen Sammelkristallisation können bestimmte Minerale als Blasten und sogar als Megablasten (= Großblasten) im Gefüge hervortreten. Der Nachweis der Metasomatose im Gesteinsbereich durch Zu- oder Wegfuhr von Substanz muß zusätzlich noch auf anderem Wege erbracht werden.

Gleichwohl gilt verallgemeinernd, daß **blastische Gefüge** mit Idioblasten, Xenoblasten und dazugehörigen Verdrängungsstrukturen für **metasomatische Gesteine charakteristisch** sind. Die metasomatischen Gesteine sind dadurch den metamorphen Gesteinen vergleichbar. Sehr oft sind die durch Größe und Gestalt auffallenden Blasten zugleich auch die Minerale, deren chemische Komponenten teilweise oder ganz dem Gestein zugeführt wurden. Vielfach tritt mehr als eine Art metasomatisch neugebildeter Minerale nebeneinander auf. Minerale, die durch ihren Habitus dazu geeignet sind, bilden häufig parallel- oder divergentstrahlige, rosetten- oder girlandenartige Aggregate, oft mit großen Einzelkristallen. Besonders instruktiv sind Anordnungen der neugebildeten Minerale, die eine **metasomatische Front** anzeigen. Das gehäufte Auftreten solcher Minerale bis zu einer bestimmten, manchmal zentimeterscharfen Grenze und ihr Fehlen jenseits von dieser bildet das Vorrücken des Prozesses mit großer Deutlichkeit ab. Gelegentlich sind mehrfache, rhythmisch gestaffelte Fronten dieser Art oder zonierte Texturen zu beobachten (Abb. 117C). In anderen Fällen ist die Umgrenzung der metasomatischen Bereiche diffus und unauffällig.

Metasomatisch neugebildete Minerale können auch als feinkörnige Aggregate die älteren, relativ gröber kristallinen Minerale ersetzen. Dies ist häufig bei den niedriger temperierten Metasomatosen, besonders im hydrothermalen Bereich, der Fall. Beispiele sind die Argillitisierung der Feldspäte, die Serizitisierung der Plagioklase und andere Prozesse, die jeweils ein gegenüber dem Ausgangsgestein viel feinkörnigeres Gefüge erzeugen. Es können aber auch zugleich einzelne größere Blasten bestimmter Minerale mitentstehen.

Metasomatische Mineralbildungen sind in vielen **Plutoniten** und Subvulkaniten überaus verbreitet, bei Graniten und Granodioriten beinahe die Regel. Hierher gehören nach Ansicht vieler Autoren die Kalifeldspat-Großkristalle, zumindest deren xenoblastische Randzonen, die Albitisierungserscheinungen und die blastisch gewachsenen Muskovite (s. Abschn. 2.6.1). Auch andere als granitische Plutonite und Subvulkanite verschiedenster Art weisen solche, in Bezug auf die eigentliche magmatische Kristallisation sekundäre oder **deuterische** Mineralbildungen auf, die die Kriterien der Verdrängung bestehender Kristalle im praktisch schon verfestigten Gestein erfüllen. Die immer wieder beobachtete Gleichartigkeit dieser Erscheinungen und ihre Häufigkeit, besonders in Graniten, führen zu der Annahme, daß die Metasomatosen durch leichtbewegliche (fluide oder hydrothermale) Medien bewirkt wurden, die dem Vorrat an flüchtigen Bestandteilen des betreffenden Magmas selbst angehören. Der gesamte Vorgang wird dann als **Autometasomatose** bezeichnet; solange die davon betroffenen Gesteine nicht wesentlich von der Zusammensetzung des idealen Magmatits abweichen, werden die Gesteine nicht zu den Metasomatiten gerechnet.

Im tieferen Grundgebirge gibt es aber nicht selten granitisch bis granodioritisch zusammengesetzte Gesteinsbereiche, die aus verschiedenem metamorphem Ausgangsmaterial (meist Gneisen) auf metasomatischem Wege, ohne Durchlaufen eines magmatischen Zustandes, entstanden sind. Die metasomatische Umwandlung beginnt meist mit einer metablastischen Überprägung des Ausgangsgesteins, wobei besonders die Feldspäte auffällig hervortreten. Zugleich werden die Schieferungstexturen, soweit sie vorhanden waren, abgeschwächt (Entregelung), doch können stoffliche Inhomogenitäten des Ausgangsgesteins noch lange reliktisch sichtbar bleiben **(Palimpsesttexturen).** Am Ende des Prozesses steht ein mehr oder weniger homogenes, massiges oder nur undeutlich texturiertes, grobkörniges Gestein von plutonitischem Aussehen. Die Grenzen eines solchen Metasomatits gegen sein Nebengestein sind im typischen Fall diffus mit allen aus dem Bildungsvorgang resultierenden Übergangserscheinungen. Sie können aber auch bis in den cm-Bereich herab scharf ausgebildet sein. Sogar für deutlich begrenzte Aplitgänge und ganze Systeme von solchen wird gelegentlich die metasomatische Entstehung angenommen, besonders, wenn aus ihren geometrischen Verhältnissen zu entnehmen ist, daß sie nicht in sich öffnende Spaltenräume eingedrungen sein können (Nichterfüllung des Puzzle-Kriteriums, s. Abschn. 5.4). Selbst die gänzlich metasomatische Entstehung großer, homogener Granit- und Granodioritplutone ist postuliert worden; diese Hypothese hat den Vorteil, das Problem der Raumschaffung großer plutonischer Massen zu entschärfen.

In manchen Fällen scheinen geeignete Ausgangsgesteine durch metasomatische Prozesse in *magmatische Zustände* übergeführt zu werden; dabei entstehen typisch magmatische Mineralbestände und Gefüge. Beispiele hierfür liefern manche **Ultrafenite,** die sich aus metamorphen Ausgangsgesteinen durch Alkalimetasomatose etwa zu Nephelinsyeniten entwickeln, welche sogar als Magmatite intrusionsfähig werden können (**Rheo-**

morphose, d. h. Umbildung in einen schmelzflüssigen Zustand). Auch für manche anatektisch gebildete granitartige Plutonite kann vermutet werden, daß die Bedingungen der Aufschmelzung durch metasomatische Prozesse (Zufuhr von Alkalien und H_2O) hergestellt wurden; ohne diese stoffliche Veränderung wäre das Ausgangsgestein bei den herrschenden PT-Bedingungen nicht mobilisiert worden (s. S. 321). Wieweit analoge metasomatische Prozesse auch zur Mobilisation von Magma im Erdmantel führen können, ist in Diskussion.

Metasomatische Prozesse spielen sich in einem weiten Temperaturbereich ab. Eine Obergrenze der Temperaturen ist durch das Einsetzen der Aufschmelzung (Anatexis) gegeben; sie kann in granitisch und ähnlich zusammengesetzten Gesteinen bei Wasserdampfsättigung des Systems schon bei etwa 650°C beginnen. Metasomatosen bei wesentlich höheren Temperaturen kommen bei der Umwandlung von karbonatischen, tonigen und anderen nicht leicht aufschmelzbaren Gesteinen am Kontakt mit heißeren Magmen vor **(Pyrometasomatose).** Es bilden sich hier Mineralparagenesen der hochgradigen Metamorphose bei niedrigem bis mäßigem Druck (Sanidinitfazies, Pyroxen-Hornfelsfazies). Viel verbreiteter sind allerdings metasomatische Gesteine, deren Mineralparagenesen denen der mittleren bis niedrigen Metamorphosegrade oder der Pegmatite vergleichbar sind (z. B. Skarne, Fenite, Apogranit, Greisen und andere). Wichtigstes Transportmittel in diesem Bereich ist Wasser im überkritischen Zustand, sehr oft mit zusätzlichen Komponenten wie CO_2, Cl, F, H_2S und anderen.

Dieses **pneumatolytische** Medium ist leicht beweglich und befähigt, die Komponenten der neugebildeten und der verdrängten Minerale in erheblichen Konzentrationen zu- beziehungsweise wegzuführen. Unterhalb des kritischen Punktes des Wassers (374 bis etwa 400°C je nach Beimengungen) beginnt der **hydrothermale** Zustand mit Mineralparagenesen, die denen hydrothermaler Mineralgänge und der niedrigen bis sehr niedrigen Metamorphosegrade entsprechen. Hierher gehören z. B. die Propylite mit ihren Varianten (s. Abschn. 5.13), die Zeolithmetasomatite, die meisten Karbonatmetasomatite und viele andere Bildungen. Metasomatische Veränderungen durch aszendente Wässer können sich sogar noch unterhalb von 100°C abspielen; dies gilt erst recht für die hier nicht behandelten diagenetischen Metasomatosen.

Häufig werden in ein und demselben Gestein metasomatische Paragenesen höherer Bildungstemperatur von solchen niedrigerer Temperatur abgelöst oder überlagert. Daraus können unter günstigen Umständen Schlüsse auf den Temperaturverlauf des metasomatischen Geschehens gezogen werden.

Nicht immer sind metasomatisch überprägte Gesteine leicht als solche zu erkennen. Wenn die neugebildeten Minerale nur in geringer Menge auftreten oder wenn sie sich qualitativ von den gewöhnlichen Mineralen des Ausgangsgesteins nicht wesentlich unterscheiden (z. B. Feldspäte in Gneisen oder metamorphen Schiefern), dann muß die Frage nach ihrer Entstehung oft offen bleiben.

5.2 Die Berechnung metasomatischer Stoffverschiebungen

Metasomatische Stoffverschiebungen können aus den chemischen Analysen des Ausgangsgesteins und eines aus ihm entstandenen, metasomatisch veränderten Gesteins berechnet werden. Dabei ist zu berücksichtigen, daß sich in vielen Fällen nicht nur die chemische Zusammensetzung, sondern auch das Volumen ändern, wobei allerdings die Größe der Volumenänderung meist nur halbquantitativ abschätzbar ist. Oft wird deshalb die Umwandlung bei gleichbleibendem Volumen unterstellt.

Für jede Analysenkomponente ist die Veränderung durch metasomatische Stoffverschiebung

$$\Delta_x = f_V \cdot \frac{D_B}{D_A} \cdot x_B - x_A,$$

wobei D_A und D_B die Dichten der beiden verglichenen Gesteine, x_A bzw. x_B die Gehalte der betreffenden Komponente in diesen Gesteinen und f_V der Volumfaktor sind. Dieser letztere ist gleich dem Volumen des Gesteins B (= Metasomatit) geteilt durch das des Gesteins A (= Ausgangsgestein); er kann größer oder kleiner als 1 oder gleich 1 sein. Ein Volumenfaktor <1 ist z. B. bei der Bildung der Episyenite und ähnlicher Metasomatite durch selektive Lösung und Wegfuhr des Quarzes wahrscheinlich (s. Abschn. 5.14). Gresens (1967) empfiehlt, die Zu- und Wegfuhren der Hauptelemente mit mehreren Volumfaktoren zu berechnen und denjenigen Faktor als wahrscheinlichsten anzunehmen, bei dem für eine Mehrzahl von Oxiden nur geringe Veränderungen auftreten. Im Rechenbeispiel b) (s. Tabelle 96) ist dies beim Volumfaktor 0,7 für Al_2O_3, TiO_2, MgO und H_2O der Fall. Ein ähnli-

Tabelle 96 Berechnung metasomatischer Zu- und Wegfuhren nach verschiedenen Methoden. (A) = Ausgangsgestein, (B) = metasomatisch verändertes Gestein (Analysen nach PATTON et al. 1973)

	SiO_2	TiO_2	Al_2O_3	FeO	FeS	MgO	CaO	Na_2O	K_2O	H_2O	D
(A)	63,5	0,8	15,7	4,6	0,2	3,1	5,3	2,9	1,8	1,0	2,75
(B)	50,4	1,2	22,4	6,0	0,1	4,5	6,6	3,3	2,9	1,4	2,79
a)	Analyse B multipliziert mit 1 · ($D_B : D_A$), Volumenkonstanz:										
	51,1	1,2	22,7	6,1	0,1	4,6	6,7	3,3	2,9	1,4	
	Differenz gegen Analyse A (Zu- und Wegfuhr):										
	−12,4	+0,4	+7,0	+1,5	−0,1	+1,5	+1,4	+0,4	+1,1	+0,4	
b)	Analyse B multipliziert mit 0,7 · ($D_B : D_A$), Volumenfaktor 0,7:										
	35,8	0,8	15,9	4,3	0,1	3,2	4,7	2,3	2,0	1,0	
	Differenz gegen Analyse A (Zu- und Wegfuhr):										
	−27,7	±0,0	+0,2	−0,3	−0,1	+0,1	−0,6	−0,6	+0,2	±0,0	
c)	Analyse B multipliziert mit $(Al_2O_3)_B : (Al_2O_3)_A$ = 0,692 (Al_2O_3 konstant):										
	34,9	0,8	15,7	4,2	0,1	3,1	4,6	2,3	2,0	1,0	
	Differenz gegen Analyse A (Zu- und Wegfuhr):										
	−28,6	±0,0	±0,0	−0,4	−0,1	±0,0	−0,7	−0,6	+0,2	±0,0	
d)	Sauerstoff-Äquivalentzahlen der Analyse A:										
	2116	20	462	64	–	77	94,5	47	19	55,5	
	auf Summe 160 umgerechnet:										
	114,5	1,1	25,0	3,5	–	4,2	5,1	2,5	1,0	3,0	
	darauf entfallende Kationen-Äquivalente:										
	57,3	0,5	16,6	3,5	–	4,2	5,1	5,0	2,0	6,0	
	Kationen-Äquivalente der Analyse B, ebenso berechnet:										
	47,2	0,8	24,7	4,7	–	6,3	6,6	6,0	3,4	8,8	
	Differenz gegen Analyse A (Zu- und Wegfuhr):										
	−10,1	+0,3	+8,1	+1,2	–	+2,1	+1,5	+1,0	+1,4	+2,8	

Die Mineralbestände der Gesteine sind (in Volum-%):

	(A)	(B)		(A)	(B)
Quarz	26,8	0,8	Chlorit	1,4	2,4
Plagioklas	45,1	58,3	Serizit	1,1	1,5
Kalifeldspat	6,2	2,0	Erzminerale	0,5	0,6
Biotit primär	7,5	9,6	Calcit	–	0,3
Biotit sekundär	1,2	24,3	Titanit, Apatit, Zirkon, Epidot	0,3	0,2
Hornblende	9,9	–			

(A) Granodiorit vom Middle Fork Copper Prospect, Washington, USA.
(B) daraus metasomatisch entstandenes Plagioklas-Biotit-Gestein.

ches Ergebnis wird bei dem gewählten Analysenbeispiel auch erhalten, wenn man voraussetzt, daß Al_2O_3 durch die metasomatischen Prozesse nicht bewegt wurde. Viele petrographische Beobachtungen an metasomatischen Silikatgesteinen sprechen für eine relative Immobilität dieser Komponente. Auch TiO_2 verhält sich oft ähnlich. Man teilt den Gehalt an Al_2O_3 in Analyse A durch den in Analyse B und multipliziert mit der erhaltenen Zahl die Gehalte aller Komponenten in Analyse B. Dann subtrahiert man Analyse A von Analyse B und erhält für alle Komponenten außer für Al_2O_3 positive oder negative Zahlen, welche die metasomatische Zufuhr oder Wegfuhr angeben.

Eine Berechnung der Stoffverschiebungen unter weitgehender Erhaltung des Volumens ist auch durch Vergleich der Barthschen Standardzellen möglich, welche jeweils 160 Sauerstoffionen enthalten (s. S. 27). Die Angabe der Elemente als Äquivalentzahlen hat u. a. den Vorteil, daß die Veränderungen leichter Elemente, wie z. B. Wasserstoff, deutlicher hervortreten. Man berechnet aus den chemischen Analysen zunächst die auf die einzelnen Oxide entfallenden Sauerstoff-Äquivalente und rechnet diese auf die Summe 160,0 um. Dann berechnet man die auf jede dieser Sauerstoff-Äquivalentzahlen entfallenden Kationen-Äquivalente. Man subtrahiert die so erhaltene Standardzelle der Analyse A von der der Analyse B und erhält positive oder negative Zahlen, welche die Stoffverschiebungen bei gleichbleibendem Sauerstoff und damit etwa gleichbleibendem Volumen ergeben.

In den Beispielen der Tabelle 96 sind die Ergebnisse der Berechnung der Zu- und Wegfuhren nach der Barthschen Methode d) und die nach der Methode a), welche ebenfalls Volumenkonstanz voraussetzt, sehr ähnlich. Die Ergebnisse der Methode b), welche einen Volumenschwund um 30% voraussetzt ($f_V = 0,7$), sind ähnlich denen des Verfahrens c), bei dem Konstanz von Al_2O_3 angenommen wird; sie sind nach den petrographischen Verhältnissen der untersuchten Gesteine die wahrscheinlicheren.

5.3 Pyrometasomatite

Pyrometasomatische Gesteine entstehen im unmittelbaren Kontakt mit heißem Magma, wobei ein Stoffaustausch ohne wesentliche Aufschmelzung stattfindet. Die Mineralneubildungen zeigen „sehr hohe" Bildungstemperaturen an, die bis nahe an die des Magmas selbst (bei Basalten z. B. bis über 1000°C) reichen können. Im allgemeinen sind Metasomatite dieser Art nur wenig voluminös. Sie entstehen gewöhnlich in geringer Tiefe am Kontakt mit basischen Magmen. Hierher gehören Umwandlungsgesteine aus kieseligen oder kieselig-dolomitischen Kalksteinen, in denen unter CO_2-Wegfuhr Minerale wie Larnit Ca_2SiO_4, Rankinit $Ca_3[Si_2O_7]$, Spurrit $Ca_5[CO_3(SiO_4)_2]$, Monticellit $CaMg[SiO_4]$ oder Åkermanit $Ca_2Mg[Si_2O_7]$ entstehen. Auch die **Sanidinitauswürflinge** der quartären Eifelvulkane sind metasomatisch umgebildete Gesteine. Aus Glimmerschiefern und Phylliten, welche in das aufsteigende Magma als Xenolithe aufgenommen wurden, sind durch mehrstufige Metasomatose zunächst Gesteine aus Quarz, Sanidin, Plagioklas, Diopsid und Aktinolith, weiterhin die eigentlichen Sanidinite mit Sanidin, Ägirin und Alkalihornblende entstanden. Im einzelnen sind die Sanidinite überaus variabel mit einer Vielzahl weiterer Mineralkomponenten. Andere Auswürflinge der gleichen Vorkommen zeigen nur geringe oder gar keine metasomatische, wohl aber thermische Umwandlungen.

Kalkstein-, Dolomit- und Mergeleinschlüsse in Subvulkaniten und Plutoniten sind meist auch mehr oder weniger stark metasomatisch umgewandelt. Ihre Mineralparagenesen entsprechen weitgehend denen der in Abschn. 5.7 behandelten Kontaktskarne, wobei es im Einzelfall von den jeweils herrschenden Bedingungen abhängt, ob „trockene" Paragenesen mit OH-freien Silikaten (z. B. Pyroxen, Granat, Wollastonit) oder solche mit OH- und halogenhaltigen Silikaten (z. B. Amphibol, Glimmer, Skapolith, Epidot u. a.) entstehen.

5.4 Metasomatische Aplite und Pegmatite

Aplite, speziell die sehr häufigen Granitaplite, sind im allgemeinen als magmatisch intrudierte Ganggesteine anzusehen, solange nicht bestimmte Beobachtungen zu anderen Deutungen zwingen. Die Interpretation als schmelzflüssige Füllung von sich öffnenden Spalten oder Spaltensystemen wird immer dann vermutet werden können, wenn die geometrischen Verhältnisse der Aplitkörper zu ihrem Nebengestein dies nahelegen. Ebenflächig-parallel begrenzte Gänge und vor allem die Erfüllung des **Puzzle-Kriteriums** sind starke Argumente für diese Deutung. Die Beurteilung von Gängen nach diesem Kriterium setzt einen guten Überblick im Aufschluß, möglichst nicht nur zwei-, sondern auch dreidimensional voraus. Es lassen sich dann die für die Gangintrusion notwendigen Verschiebungen des Nebengesteins theoretisch rückgängig machen (Abb. 115B).

Führt diese Operation zu einer lückenlosen Schließung der Gangspalten, so ist das Puzzle-Kriterium erfüllt. Die Prüfung ist besonders dann gut durchführbar, wenn im Nebengestein Vorzeichnungen (unterschiedliche Lagen, Schieferungsflächen, Falten, ältere Gänge) vorhanden sind, an denen das Zusammenpassen der durch die Gänge getrennten Teile abgelesen werden kann. Dabei muß beachtet werden, daß eine

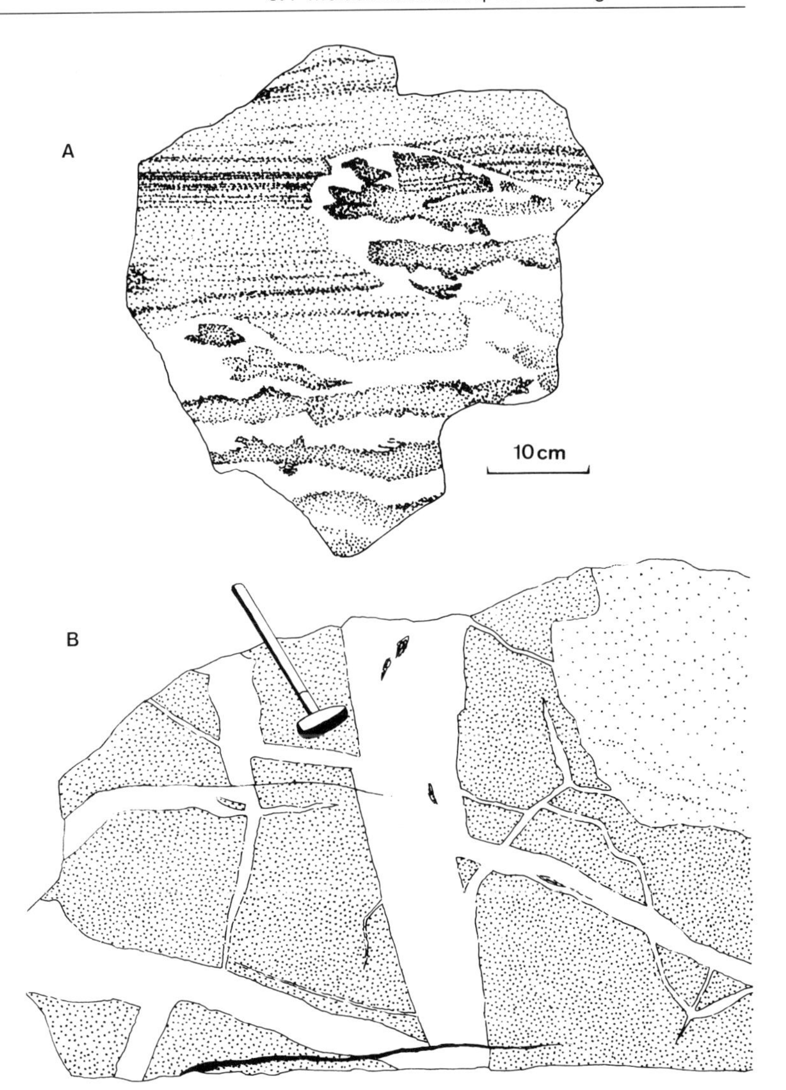

Abb. 115 Anwendung des Puzzle-Kriteriums zur Unterscheidung metasomatischer und intrusiver Gänge.

A) Metasomatische Aplitgängchen in Paragneis; Puzzle-Kriterium negativ (nach GAVELIN 1975, umgezeichnet).

B) Aplitgänge im Granodiorit von Sept Laux (franz. Alpen). Puzzle-Kriterium positiv mit Ausnahme des Aplitganges rechts oben, der etwa parallel zur Bruchfläche des Gesteinsblockes verläuft und eine Beurteilung deshalb nicht zuläßt (nach E. NIGGLI 1953).

Nichterfüllung des Kriteriums auf einer *Fläche* noch nicht die endgültige Entscheidung über die Art der Gangbildung bringt. Diese wird erst möglich, wenn auch Verschiebungen der Nebengesteinsteile in der dritten Dimension, also in stumpfem Winkel zu der zuerst betrachteten Aufschlußfläche, berücksichtigt werden. In der Natur ist dies allerdings oft schwierig oder sogar unmöglich, so daß in vielen Fällen hinsichtlich des Puzzle-Kriteriums keine Entscheidung zu erreichen ist. Es sind indessen zahlreiche Beispiele von Aplitgängen und Gangsystemen beschrieben worden, bei denen die Prüfung nach dem Puzzle-Kriterium negativ ausfällt (Abb. 115A). Anstelle der Gangbildung durch Spaltenöffnung und Injektion wird hier die **metasomatische Entstehung** angenommen.

Weitere Phänomene, die eine solche Deutung begünstigen, sind unscharfe Grenzen der Gänge gegen das Nebengestein, unregelmäßige Krümmungen und Ausbuchtungen sowie Inhomogenitäten der Zusammensetzung und des Gefüges. Am meisten überzeugend sind Gänge, welche orientierte Komponenten des Nebengesteins, z. B. Lagen mit speziellen Mineralen, *ohne räumliche Verstellung* als Relikte übernommen haben. Ähnliche Gesichtspunkte gelten für **Pegmatite,** deren Umrisse sich häufig auch nicht durch einfache Spaltenöffnung und Injektion erklären lassen. Eine Platznahme durch metasomatische Verdrängung des Nebengesteins ist auch hier aufgrund der geometrischen und strukturellen Befunde sehr wahrscheinlich. Kleine, modellartige Bildungen dieser Art sind Ansammlungen metablastischer Großfeldspäte in metamorphen Gesteinen und Migmatiten, die einen durchaus pegmatitartigen Habitus entwickeln können.

Ein Beispiel metasomatischer Aplitadern in metamorphem Nebengestein ist in Abschn. 5.15 gegeben.

5.5 Autometasomatische Granite (Apogranite), Greisen, Topas- und Turmalinmetasomatite

Autometasomatisch umgewandelte Granite mit bevorzugter Neubildung von Feldspäten neben Quarz oder ohne diesen werden auch als **Apogranite** bezeichnet; häufig sind sie von Anreicherungen oder sogar Lagerstätten seltener Elemente begleitet. Sie finden sich besonders in den obersten Teilen hoch aufgestiegener plutonischer oder subvulkanischer Intrusionen. Auch Alkaliplutonite und -subvulkanite weisen ähnliche Umwandlungen auf. Einige charakteristische Abfolgen zonierter metasomatischer Gesteinsbildungen dieser Art sind:

- Granit oder Granodiorit – Muskovit-Mikroklin-Albit-Apogranit – Muskovit-Quarz-Greisen mit Beryll oder Wolframit – Nebengestein.
- Granit – albitisierter Granit – Biotit-Mikroklin-Quarz-Apogranit – Mikroklinzone – Nebengestein; mit Columbit und Zirkon.
- Granit – Albit-Quarz-Apogranit – Riebeckit-Mikroklin-Albit-Apogranit – Mikroklinzone – Nebengestein; mit Pyrochlor, Zirkon und Gagarinit $NaCaYF_6$.

Die Metasomatose kann bis zu fast monomineralischen **Albititen** führen. Dieser dann sehr betonten Na-Metasomatose steht die K-Anreicherung in der Mikroklinzone mancher Vorkommen gegenüber.

Greisen sind autometasomatische, seltener kontaktmetasomatische Gesteine in Graniten bzw. deren Nebengestein, welche im Regelfall aus **Quarz** und **Hellglimmer** (Muskovit, Li-Glimmer) bestehen. Die Feldspäte des Ausgangsgesteins sind völlig verdrängt. Zusätzliche Minerale, die manchmal auch vorherrschen können, sind Topas und Turmalin, seltener auch Fluorit, Apatit, Wolframit, Zinnstein und Beryll. Greisen sind im allgemeinen mittel- bis großkörnig, massig oder lagig-gebändert oder in anderer Weise inhomogen. Sofern Topas und Turmalin langprismatisch bis langsäulig gestaltet sind, bilden sie parallel- oder radialstrahlige Aggregate; die Glimmer können ebenfalls flächenartig oder in anderer Weise in Gruppen und besonderen Lagen aggregiert sein. Durch Überhandnehmen bestimmter Minerale entstehen örtlich **Topas-Quarz-Metasomatite** und analoge. Rundliche, bis dm-große Turmalin-Quarz-Flecken metasomatischer Entstehung sind in manchen aplitischen Graniten häufig. Als Beispiel artenreicher Greisenvorkommen ist das sächsische Erzgebirge zu nennen.

Luxullianit ist ein von radialstrahligen Turmalinsonnen durchsetzter glimmerfreier Alkalifeldspatgranit. **Turmalinisierung** mit Zufuhr von Bor, Fluor und anderen Elementen ist auch ein kontaktmetasomatischer Prozeß, der unter Umständen weit in das Nebengestein von Granitintrusionen reichen kann. Aus Tonschiefern und deren kontaktmetamorphen Umwandlungsprodukten bilden sich quarz- und turmalinreiche, meist feinkörnige Metasomatite.

Anstelle von Turmalin kann sich in Ca-reicherem Ausgangsgestein, z. B. in Basiten, Metabasiten und Skarnen, das Borsilikat **Axinit** $Ca_2FeAl_2[BO_3|Si_4O_{12}(OH)]$ metasomatisch bilden. **Limurit** ist ein aus Kalkstein entstandener Axinitmetasomatit der Pyrenäen. Auch Datolith $CaB[SiO_4(OH)]$ kommt als Produkt der Bormetasomatose von Kalkstein, zusammen mit Granat, Vesuvian, Wollastonit und Fluorit vor.

5.6 Skapolithmetasomatite

Skapolithmetasomatite, besonders mit der chlorhaltigen Variante Marialith $Na_3[Al_3Si_9O_{24}] \cdot NaCl$ bilden sich aus Plagioklasgesteinen durch Cl- und Na-Metasomatose (Beispiel Abschn. 5.15), aus Kalksteinen und Marmoren im Kontaktbereich von Plutoniten und Subvulkaniten oder, entfernt von solchen, in Reaktionsskarnen des tieferen Grundgebirges. Hier sind auch die Sulfat- und Karbonatglieder der Skapolithreihe stärker vertreten. Die Skapolithisierung von Diabasen und Gabbros ist teils ein autometasomatischer, teils ein epigenetischer Prozeß (Beispiel Abschn. 5.15). In regionalmetamorphen Gesteinen tritt Skapolith in Adern und Gängchen oder diffus verteilt in der Gesteinsmasse auf. In Fällen der letzteren Art ist die Entscheidung für oder gegen metasomatische Entstehung oft schwierig; Skapolith kann auch durch Metamorphose von Sedimentgesteinen aus salinarem Milieu mit Sulfaten oder Chloriden entstehen (s. Abschn. 3.6.11). Pyrometasomatisch umgewandelte vulkanische Auswürflinge enthalten nicht selten Skapolith neben anderen Silikaten.

5.7 Skarne: Silikat- und Erzmetasomatite an Kalk- und Dolomitgesteinen

Als **Skarne** werden metasomatische Gesteine zusammengefaßt, die aus Kalk- oder Dolomitgesteinen am magmatischen Intrusivkontakt oder durch Stoffaustausch mit festem, silikatischem oder kieseligem Nebengestein entstehen. In diesem Sinne können

- **Kontaktskarne** und
- **Reaktionsskarne**

unterschieden werden. Bei den Kontaktskarnen ist weiter zwischen

- **Exoskarnen,** die im Nebengestein, und
- **Endoskarnen,** die im Intrusivgestein selbst gebildet werden,

zu differenzieren. Die Abgrenzung kann gelegentlich schwierig sein.

Skarnoide sind skarnähnliche, aber nicht durch Metasomatose entstandene metamorphe Gesteine aus kieselig-karbonatischem oder mergeligem Ausgangsmaterial.

Die meisten Skarne, vor allem solche mit Erzmineralen, sind Exoskarne; sie treten vom unmittelbaren Kontaktbereich bis in Entfernungen von mehreren hundert Metern vom Intrusivgestein auf. Hinsichtlich der Bildungsbedingungen liegen sie schwerpunktmäßig im pneumatolytischen Bereich. Auch für die Reaktionsskarne, die von magmatischen Einflüssen unabhängig sind, können pneumatolytische Medien als Transportmittel angenommen werden. Nach der Natur des von der Metasomatose betroffenen Gesteins sind Kalkskarne und Dolomitskarne zu unterscheiden; bei den Endoskarnen findet die metasomatische Mineralbildung in silikatischer Umgebung statt.

Charakteristische Minerale der **Kalkskarne** sind:

- Granat (Grossular-Andradit), Pyroxen (Diopsid-Hedenbergit), Wollastonit, Ca- und Ca-Fe-Amphibole, Vesuvian, Epidot, Ilvait, Magnetit, Dolomit, Calcit sowie eine Vielzahl anderer Silikate, Oxide, Sulfide, ferner Fluorit, Baryt, Scheelit und andere.

In den **Dolomit- oder Magnesiaskarnen** sind darüber hinaus verbreitet:

- Forsterit, Phlogopit, Humit, Serpentin, Spinell, Magnesit, Breunnerit sowie viele andere Silikate, Oxide, Sulfide, Borate und weitere Minerale.

Manche Skarne sind sehr reich an **Erzmineralen,** so daß sie als Lagerstätten abgebaut werden; die Lehrbücher der Erzlagerstättenkunde widmen diesen Vorkommen jeweils besondere Kapitel. Wichtig sind besonders Fe-Lagerstätten mit massiven Magnetitgesteinen, W-Skarne mit Scheelit, Wolframit, Pyroxen und Granat, Pb-Zn-Skarne mit Bleiglanz, Zinkblende, weiteren Sulfiden und Skarnsilikaten; hier treten oft auch Übergänge in hydrothermale Paragenesen auf. Sehr bekannt sind die Skarneisenerze im metamorphen Grundgebirge Schwedens, deren Bildungsweise noch in Diskussion ist.

Die **Formen** der Skarngesteinskörper und ihre Ausmaße sind sehr verschieden; es gibt Schichten und schichtartige Skarnkörper, Linsen, Stöcke, röhren- und schlauchförmige Körper, Gänge und gangähnliche Gebilde, Nester und verzweigte Skarnkörper. Gang- und schichtartige Skarnbildungen können sich bis zu 2 km weit ausbreiten, doch sind Dimensionen von Metern bis Dekametern die Regel.

Skarngesteine sind im allgemeinen grobkristallin, wobei die beteiligten Minerale je nach Art ganz unterschiedliche Größen und Kornformen zeigen können. Minerale, die zu langgestrecktem Wachstum neigen, z. B. Amphibol, Epidot, Wollastonit, auch Pyroxen, bilden parallel- oder divergentstrahlige Büschel oder sperrige Aggregate. Die **Texturen** sind oft inhomogen mit mehr oder weniger deutlich ausgebildeten Lagen oder in anderer Weise durch eine ungleichmäßige Verteilung der Komponenten fleckig oder streifig; Drusen sind weniger häufig. Gelegentlich kommen auch sehr feinkörnige, massige Gesteinspartien vor. Die **Strukturen** sind fallweise je nach dem betreffenden Mineralbestand sehr variabel: granoblastisch, porphyroblastisch, nematoblastisch (bei langgestreckten Kristallen), poikiloblastisch. Verdrängungspseudomorphosen sind nicht selten.

Die vorherrschenden Stoffwanderungen bei der Bildung der Kontaktskarne sind: Zufuhr von Si, Fe, Al, fallweise auch F, Cl, B, S und Schwermetallen in die Karbonatgesteine und Wegfuhr von CO_2 und oft auch eines Teiles des Calciums aus denselben. Dem magmatischen Gestein werden, meist allerdings in geringerem Maße, Ca, Mg und Fe zugeführt.

Kontaktskarnbildungen sind am häufigsten am Kontakt saurer bis intermediärer Magmatite (Granite, Granodiorite, Monzonite, Tonalite) und deren subvulkanischer Äquivalente. Beispiele von Kontakt- und Reaktionsskarnen sind auf S. 350 und S. 354 gegeben.

5.8 Fenite

Fenitisierung ist der Sammelname für eine große Mannigfaltigkeit metasomatischer Umwandlungen im Nebengestein von Alkaligesteins- und Karbonatitintrusionen. Fenite sind besonders in tiefen Erosionsanschnitten von Alkali- und Karbonatitkomplexen, d. h. in deren subvulkanischem bis plutonischem Niveau, am vollständigsten entwickelt. Gesteine des Grundgebirges (Granite und andere Plutonite, Gneise, Migmatite) sind der Fenitisierung besonders zugänglich, doch kommen auch entsprechende Umwandlungen an Sedimentgesteinen und Vulkaniten vor. Fenitisierungshöfe mit Breiten von einigen Metern bis zu mehreren Kilometern sind im Idealfall konzentrisch um den verursachenden Intrusivkörper zoniert. Karbonatite, basische bis ultrabasische Alkaligesteine (z. B. Ijolithe), seltener auch feldspatreiche Alkaligesteine (z. B. Nephelinsyenite) sind offensichtlich die Quellen der Medien, die die Metasomatose bewirken. Großenteils dürften pneumatolytische Phasen das Transportmittel sein, wobei nach außen und gegen Ende der Metasomatose auch hydrothermale Phasen auftreten können. Gegen die zentrale Intrusion hin zeigen sich aber nicht selten auch Mineralbestände und Gefüge, die auf den Übergang in magmatische Zustände schließen lassen (*rheomorphe Fenite,* z. B. von nephelinsyenitischer Zusammensetzung). Die Grenzen zwischen verursachendem, hier *primärem* Magmatit und sekundären Aufschmelzungsprodukten können dann nicht genau angegeben werden. Neben der durch die Zonierung bedingten Vielfalt der Fenite werden weitere petrographisch sehr markante Unterschiede durch die Natur der betroffenen Ausgangsgesteine verursacht. Zwischen den von silikatischen Alkaligesteinen, etwa von Ijolithen, ausgehenden Fenitisierung und der im Nebengestein von Karbonatiten auftretenden bestehen ebenfalls Unterschiede. Daraus ergibt sich eine fast unübersehbare Mannigfaltigkeit der Mineralparagenesen und Gefüge der Fenite. Die nachfolgende Zusammenstellung greift aus der Vielzahl der untersuchten Fälle einige typische Beispiele heraus.

a) Fenitabfolgen um **ijolithische** und andere Alkaligesteine.

Sagurume, Kenya (nach Le Bas 1977) (Abb. 116)

- Nebengestein (Granodiorit und Granit mit Quarz, Oligoklas, Mikroklin, Biotit, Hornblende, Magnetit);
- Fenitzone I: Ägirinaugit (aus Quarz und Magnetit), Albit, Orthoklas, Phlogopit (z. T. aus Biotit); Na-Amphibol (aus Hornblende); Relikte von Quarz, Mikroklin und Oligoklas; starke Zertrümmerung des Ausgangsgesteins und Mörtelstruktur;
- Fenitzone II: ähnlich wie Zone I, aber ohne Relikte von Quarz und älteren Feldspäten; Mörtelstruktur;
- Fenitzone III: Ägirinaugit; Albit und Orthoklas in perthitischer Verwachsung;
- Fenitzone IV: Ägirinaugit; Albit und Orthoklas in perthitischer Verwachsung; Nephelin, Biotit, Na-Amphibol; meist kleinkörnig, zum Ijolithkontakt hin gröber umkristallisiert;
- Ijolith.

Usaki, Kenya (nach Le Bas, 1977)

- Nebengestein: Granit (Quarz, Mikroklin, Plagioklas, Biotit, Hornblende);
- Fenitzone I: Neubildung von Ägirin und Na-Amphibol (etwa 5 Volum-%); Relikte der Granitminerale und des Gefüges noch gut erhalten;
- Fenitzone II: Kryptoperthitischer Orthoklas (etwa 36%), Ägirin (etwa 15%), Plagioklas, Quarz;
- Fenitzone III: etwa 56% K-Na-Orthoklas, 39% Ägirin, etwas Nephelin; Feldspat unregelmäßig-blastisch, von Pyroxen-Nadeln durchsetzt;
- Fenitzone IV: etwa 34% K-Na-Feldspat, 30% Nephelin, 35% Ägirin; hornfelsartige Struktur;
- Fenitzone V: etwa 29% Nephelin, 25% Ägirin, 11% K-Na-Feldspat, 10% Melanit, Apatit, Wollastonit, Titanit; hornfelsähnliche Struktur mit idioblastischem Nephelin;
- Mikroijolith.

Callander Bay, Ontario, Kanada (nach Currie, 1976);

- Nebengestein: Migmatit, Hornblendegranit;
- Fenitzone I: Quarz, Plagioklas z. T. serizitisiert, Orthoklas-Kryptoperthit, Chlorit (aus Hornblende und Biotit des Granits); Kataklase und Rotfärbung durch Hämatit;
- Fenitzone II: noch stärkere Kataklase bis zur Mylonitisierung, Quarz noch vorhanden, Feldspäte ähnlich wie in Zone I, Neubildung von Ägirin anstelle der Mafite des Granits; viele Adern mit Ägirin, Calcit, Hämatit und Karbonaten;
- Fenitzone III: brecciöse oder schiefrige Textur verbreitet; viele monomineralische

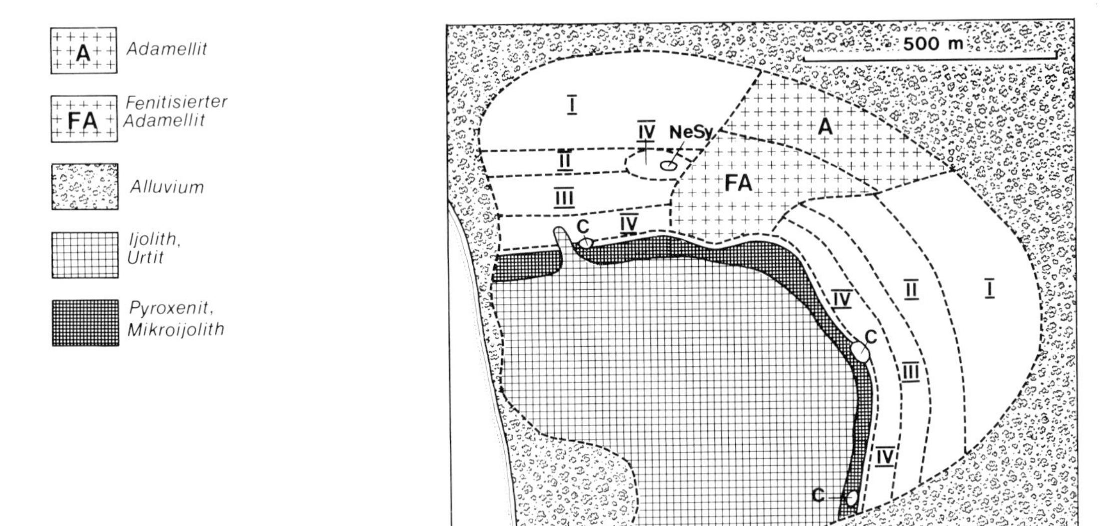

Abb. 116 Fenitaureole des Ijolithkörpers von Sagurume, Kenya (nach LE BAS 1977).

Adern mit Ägirin, Kalifeldspat, Calcit oder Hämatit; kaum noch Quarz; Feldspat vorwiegend Mikroklin-Mikroperthit; viel Ägirin (s. Tabelle 97).
- Foyait, in Bohrungen auch Karbonatit.

b) Fenitabfolgen um **karbonatitische** Intrusionen.

Sokli, Finnland (nach VARTIAINEN & WOOLLEY 1976)
- Nebengestein: granitischer Orthogneis mit Amphiboliteinlagerungen;
- Fenitzone I: Trübung der Feldspäte, Bildung von feinfilzigem Ägirin an den Quarz-Feldspat-Grenzen, Biotit teilweise durch Ägirin, Orthoklas und Erzminerale ersetzt; Ägirin und Alkaliamphibol in schmalen Adern;
- Fenitzone II: reichliche Durchaderung und Durchsetzung des Gesteins mit Ägirin oder Alkaliamphibol (Ferrieckermannit), Quarz und getrübter Feldspat noch vorhanden, daneben neugebildeter Na-K-Feldspat; blastokataklastische Erscheinungen im Gefüge;
- Fenitzone III: keine Relikte der Granitminerale, neugebildete Na-K-Feldspäte blastisch mit zunehmender Korngröße; einfach verzwillingter Albit oder Schachbrettalbit, Ägirin in filzigen Aggregaten oder netzartig zwischen den Feldspäten, Ferrieckermannit (z. T. vorherrschend), Phlogopit, Calcit;
- Fenit-Sövit-Breccie;
- Sövit (Calcit-Karbonatit).

Die Fenitaureole wird bis zu 3 km breit. Die den Gneisen eingelagerten Amphibolite sind in geringerem Ausmaß fenitisiert, als die Gneise. Auch hier sind Ägirinaugit, Ferrieckermannit, Phlogopit und Alkalifeldspat die wichtigsten Neubildungen. Neben der beschriebenen stark Na-betonten Fenitisierung kommt in Sokli auch eine ausgeprägte K-Metasomatose vor. Neubildungen sind hier ein stark getrübter, durch Goethit rotbraun gefärbter Kalifeldspat, Calcit, Phlogopit und seltener Na-Amphibol. Die Metasomatose breitet sich diffus im Gestein aus oder sie ist an die Nachbarschaft von schmalen Karbonatitadern gebunden. Auch Fenite des natronreichen Typs können so weiter verändert werden.

- Im Umkreis mehrerer afrikanischer Karbonatitvorkommen treten ähnliche **Kalifeldspatmetasomatite** in weit größerer Menge auf. Aus verschiedenen Nebengesteinen entwickeln sich „Orthoklasite“ mit bis zu 13% K_2O; weitere Minerale sind Eisenoxide, Karbonate, seltener Ägirin oder Fluorit. Als letzte Stufe dieser Metasomatose kommen Kalitrachyte mit magmatitartigem Gefüge (Fluidaltextur) vor.
- Die Fenite des **Fen-Gebietes** in Norwegen, nach dem der Gesteinstyp benannt ist, sind K-Na-Metasomatite mit Mikroklin-Mesoperthit, Na-Amphibol und Agirinaugit als Hauptmineralen. Ausgangsgesteine sind Gneise und Gneisgranite.

Tabelle 97 Mineralische (Volum-%) und chemische (Gew.-%) Zusammensetzung von Feniten

	(1)	(2)	(3)	(4)	(5)	(6)	(7)
Quarz	2,6	–	–	–	21,5	12,2	2,9
Kalifeldspat und Perthit	66,8	65,2 (Kalifeldspat und Perthit + Albit)	71,4	40,9	39,0	72,2	54,4
Albit	20,6		–	–	26,5	2,3	–
Nephelin	–	–	–	38,7	–	–	–
Ägirin und Ägirinaugit	2,1	18,1	7,5	10,2	–	4,6	39,0
Alkaliamphibol	–	8,9	–	–	–	3,9	–
Biotit	3,7	4,2	–	–	11,1 [2]	0,3	–
Erzminerale	1,5	1,2	2,0	–	1,7	3,7	+
Calcit	1,9	1,7	18,4	9,5 [1]	–	–	0,5
Apatit	0,8	0,7	0,7	0,7	0,2	0,3	2,4
SiO_2	62,24	57,30	48,89	49,08	70,69	69,60	59,37
TiO_2	0,54	0,67	1,43	0,44	0,46	0,37	0,36
Al_2O_3	17,17	12,86	13,65	21,58	13,91	14,90	12,27
Fe_2O_3	1,28	3,75	0,83	2,23	0,88	2,30	4,29
FeO	0,82	4,40	1,73	1,24	1,50	1,00	2,90
MnO	0,06	0,22	0,28	0,14	0,04	0,04	0,08
MgO	0,57	2,52	1,04	0,89	0,93	0,50	1,77
CaO	2,06	5,79	10,54	3,66	1,10	1,00	5,92
Na_2O	4,45	3,85	0,52	10,03	3,80	5,19	5,78
K_2O	8,48	6,19	11,23	6,98	5,30	5,26	4,59
P_2O_5	0,32	0,24	0,27	0,30	0,16	0,08	0,51
CO_2	0,84	0,75	8,07	1,69	0,10	0,10	0,90
H_2O^+	0,31	0,67	0,48	1,41	0,60	0,20	0,40
Summe	99,86	99,69	99,15	99,67	99,57	100,54	99,14

(1) Syenitischer Fenit, Alnö, Schweden (nach VON ECKERMANN 1948). Mit 0,46% BaO, 0,22% S und 0,04% F.
(2) Syenitischer Fenit. Fundort und Quelle wie (1). Mit 0,18% BaO und 0,30% S.
(3) Calcit-Orthoklas-Fenit. Fundort und Quelle wie (1). Mit 0,19% S. Erzminerale sind Ilmenit, Pyrit und Goethit.
(4) Foyaitischer Fenit (Juvit). Fundort und Quelle wie (1). [1] Cancrinit.
(5) Fenit der Zone I, Callander Bay, Ontario, Kanada. Kataklastisch, sonst dem Ausgangsgestein ähnlich. [2] 3,8% zersetzte Hornblende, 6,1% Biotit und 1,2% Titanit (nach CURRIE 1976).
(6) Fenit der Zone II. Fundort und Quelle wie (5).
(7) Fenit der Zone III. Fundort und Quelle wie (5).

– Die Fenitaureole von **Alnö** (Schweden, Abb. 63) umfaßt nach der klassischen Beschreibung durch v. ECKERMANN die auch sonst bekannte Abfolge: *Thermische Schockzone* mit Kataklase des Quarzes des Nebengesteins (Migmatit) – quarzsyenitischer Fenit – syenitischer Fenit – nephelinsyenitischer Fenit. Zusätzlich sind Nephelinsyenite, melanitführende Nephelinsyenite, Ijolithe und Alkalipyroxenite vorhanden, die als *rheomorphe Fenite* magmatitartigen Habitus zeigen. Die Zusammensetzung einiger Fenite aus diesem Gebiet ist in Tabelle 97 angegeben. Ausgangsgesteine sind Gneise, Migmatite und Granite.

Viele Fenite, vor allem solche der jeweils äußeren und mittleren Zonen, sind durch starke mechanische Beanspruchung (Breccierung, Kataklase bis zur Mylonitisierung) gekennzeichnet. Rotfärbung durch Hämatit ist weit verbreitet.

Fenitartige Metasomatosen mit Rotfärbung und Neubildung von Na-Amphibol (Krokydolith) und Ägirin kommen auch entfernt von Alkali-Karbonatitkomplexen an Störungen im Kristallin vor (z. B. Great Glen, Schottland). **Na-Metasomatose** im Zusammenhang mit der alpinen Metamorphose erzeugte in triassischen Phylliten des Tarntales (ital. Ostalpen) Garben und Büschel von **Na-Amphibol** und **Ägirin** neben Stilpnomelan und Apatit.

5.9 Feldspatmetasomatite

Feldspatisierung durch Kali- oder Natronzufuhr ist ein überaus verbreiteter metasomatischer Prozeß in verschiedenen geologischen Milieus. Die autometasomatischen Feldspatneubildungen in Graniten und verwandten Plutoniten sind bereits auf S. 62 und S. 336 behandelt, die hydrothermalen Feldspatisierungen auf S. 345f. Die hier gemeinten Feldspatmetasomatosen der höheren Bildungstemperaturen, vor allem im pneumatolytischen Bereich, treten in folgenden Formen und Zusammenhängen auf:

- Im Kontaktbereich granitischer Intrusionen, besonders im tieferen Grundgebirge und an schon metamorphem Nebengestein. Die Metasomatose ist vor allem dann auffällig, wenn große **Kalifeldspäte** idioblastisch oder xenoblastisch im Gefüge einsprossen. Sie können Größen bis zu mehreren Zentimetern erreichen; sie sind teils reich an Einschlüssen von Mineralen ihrer Umgebung, teils auch fast einschlußfrei.
- Unabhängig von bestimmten Intrusivkörpern im höher metamorphen Kristallin und im Bereich der Migmatite. Durch Feldspat-, meist Kalifeldspatmetasomatose können Gneise und andere silikatische Metamorphite und selbst Quarzite in massige, unvollkommen homogene plutonitartige Gesteine von granitischer bis granodioritischer Zusammensetzung umgewandelt werden. Auch die anderen Gesteinsminerale beteiligen sich an der allgemeinen blastischen Umkristallisation, so daß Altbestand und metasomatische Minerale im Gefüge nicht überall ohne weiteres unterscheidbar sind. Vielfach zeichnet sich aber auch hier der Kalifeldspat durch besondere Größe und als Verdränger anderer Minerale aus (Abb. 117B).
- Scher- und Aufschiebungszonen im metamorphen Kristallin sind gelegentlich von Feldspatisierungserscheinungen begleitet.
- **Kalifeldspatisierung** ist im Umkreis von **Karbonatiten** verbreitet; die metasomatischen Gesteine sind klein- bis mittelkörnig und häufig brecciös. Orthoklas ist der weitaus vorherrschende Feldspat; häufige weitere Minerale sind Calcit und Fe-Oxide. Die verschiedensten Silikatgesteine können eine solche Kalifeldspatmetasomatose erfahren (s. Abschn. 5.15).
- In niedriger metamorphen Bereichen, z. B. in Ophiolithen und den sie begleitenden Metasedimenten treten diffuse **Albitisierungen** auf, die örtlich stark konzentriert sein können (metasomatische Albititadern und -gänge; s. Abschn. 5.15). Typische Gesteine der diffusen Na-Metasomatose sind auch Albit-Porphyroblastenschiefer aus metapelitischem oder kalkig-metapelitischem Ausgangsgestein und die seltenen Schiefer mit Ägirin- oder Na-Amphibol-Blasten (s. oben, S. 340). Feldspatisierung mit Albit oder Oligoklas ist auch aus dem tieferen Grundgebirge und aus Migmatitgebieten bekannt. Die Unterscheidung gegenüber den hydrothermalen Albitisierungen (s. Abschn. 5.13) ist aufgrund der Mineralparagenesen möglich.
- Aus Tonschiefern und niedrig metamorphen Phylliten entstehen durch Na- und Si-Metasomatose am Kontakt mit Diabas- oder Doleritgängen die dunkel- bis hellgrauen, feinkörnigen bis dichten **Adinole.** Sie bestehen hauptsächlich aus Albit und Quarz mit wechselnden Mengen von Kalifeldspat, Chlorit, Muskovit, Ti-Oxiden, Leukoxen, Aktinolith, Epidot und kohligen Substanzen. Die Gesteine enthalten

Tabelle 98 Chemische (Gew.-%) und mineralische (Volum-%) Zusammensetzung von Adinol und Tonschiefer, Wiemringhausen, Sauerland (nach Grünhagen 1981)

	(1)	(2)
SiO_2	61,6	58,2
TiO_2	0,75	0,93
Al_2O_3	17,7	18,1
Fe_2O_3	0,75	1,80
FeO	4,4	4,8
MnO	0,1	0,1
MgO	2,5	2,8
CaO	0,4	1,95
Na_2O	7,15	0,95
K_2O	1,65	3,90
P_2O_5	0,13	0,09
CO_2	–	1,90
H_2O^+	2,35	3,75
Summe	99,48	99,27

(1) Adinol, etwa 15 m vom Diabaskontakt. Quarz 9,1; Albit 60,9; Kalifeldspat 8,8; Serizit 1,5; Chlorit 18,5; Anatas 0,8; Apatit 0,3; kohlige Substanz 0,1.
(2) Unveränderter Tonschiefer, etwa 64 m vom Diabaskontakt: Quarz 33,0; Albit 8,0; Serizit 33,4; Chlorit 20,2; Calcit 4,0; Anatas 0,9; Titanit 0,2; kohlige Substanz 0,3.

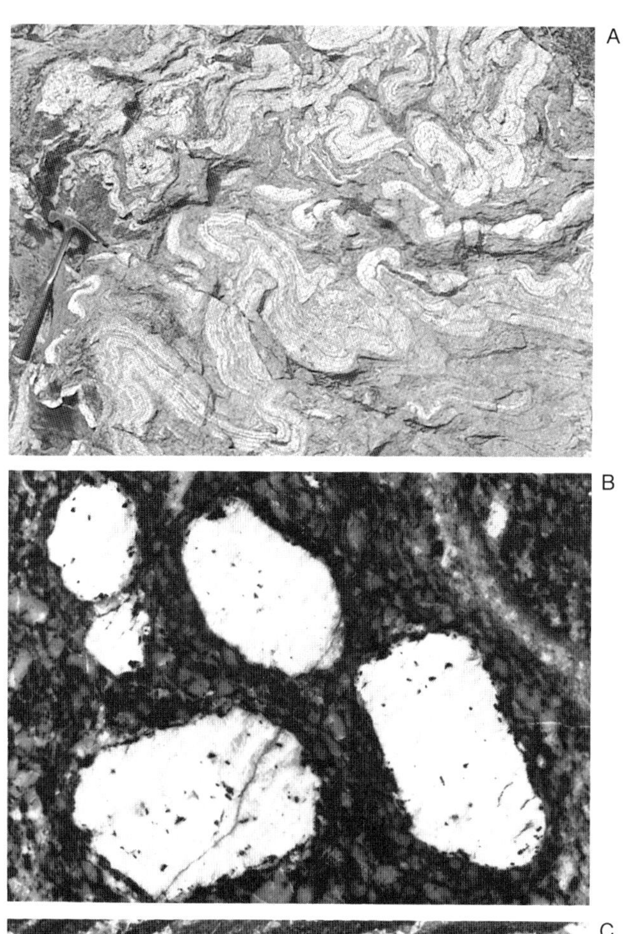

Abb. 117

A) Stark verfalteter Migmatit, Rhodope-Gebirge (Bulgarien); Hammer als Maßstab.

B) Gerundet-idioblastische Orthoklase in Kalifeldspat-Metablastit. Die durch Verdrängung der anderen Gesteinsminerale gewachsenen Kristalle enthalten nur wenige und kleine Biotiteinschlüsse. Bernau (Südschwarzwald). Breite 7 cm.

C) Rhythmisch-lagige Textur einer metasomatischen Reaktionszone zwischen Karbonatit und Pyroxenit, Jacupiranga (Brasilien). Hauptminerale sind Phlogopit (dunkel) und Calcit (hell). Breite 7 cm.

bis zu 8% Na_2O. In dem als Beispiel in Tabelle 98 gezeigten Fall stammt das Natrium vermutlich aus dem Porenwasser des bei der Diabasintrusion nur diagenetisch verfestigten, noch porenreichen Nebengesteins. Die Adinolbildung wäre hier also ein durch Wärmezufuhr angeregter autometasomatischer Prozeß im System Sediment-Porenwasser.

5.10 Mg-Metasomatite in Silikatgesteinen

Die metasomatische Bildung von Mg-Silikaten ist ein nicht seltener, hinsichtlich der Herkunft des Magnesiums, der Kieselsäure und anderer zugeführter Elemente allerdings oft noch nicht geklärter Prozeß. Eine durch Zufuhr von Mg und Fe charakterisierte *basische Front,* die im Umkreis einer metasomatischen Granitisation der eigentlichen Granitfront vorausgehen soll, hat in der Diskussion um die Entstehung der Granite lange Zeit eine bedeutende Rolle gespielt. Viele als Phänomene dieser Front angesehene Anreicherungen von Mg-Fe-Mineralen in Migmatiten, wie Biotit, Hornblende, Anthophyllit, Cordierit und anderen, sind aber wohl eher als **Restite** im Sinne der Ausführungen in Abschn. 4.1 zu deuten. Auch durch metamorphe Differentiation unter Bewegung (s. Abschn. 3.7.3) können Mg-Fe-Minerale, z. B. Chlorit oder Biotit, örtlich stark konzentriert werden. Die in gefaltete leukokrate Gneise (Leptite) Südfinnlands eingelagerten **Anthophyllit-Cordieritgesteine** von Orijärvi wurden früher als Beispiele der Mg-Metasomatose im Kontaktbereich eines Granits gedeutet. Das bevorzugte Auftreten dieser Gesteine in Faltenschenkeln macht indessen die *mechanische* Entstehungsweise wahrscheinlicher. Das synkinematisch dort konzentrierte Mineral war zunächst Chlorit, der in einer postkinematischen Phase weiterer Erwärmung in den jetzigen Mineralbestand umgewandelt wurde. In vielen anderen Fällen ist aber an einer Mg- oder Mg-Fe-Metasomatose nicht zu zweifeln. Beispiele hierfür liefern die Skarne und Skarnerzlagerstätten Mittelschwedens, wo Cordierit, Anthophyllit und Cummingtonit als Mg-reiche Neubildungen auftreten (s. Abschn. 5.7).

5.11 Mg-Silikatmetasomatite in Karbonatgesteinen, Ophicalcite

Sehr bedeutend sind **Mg-Silikat-Metasomatosen** an **Karbonatgesteinen.** Sie sind sowohl im tieferen Kristallin bei höheren Metamorphosegraden bis zur Migmatitbildung als auch in Zonen mittlerer bis niedriger Metamorphose verbreitet. Sowohl Dolomit-, als auch reine Calcitgesteine können metasomatisch in Mg-Silikatgesteine umgewandelt werden. Die dafür erforderlichen Zu- und Wegfuhren sind aus dem Vergleich von Ausgangsgestein und Metasomatit zu erschließen. Neugebildete Minerale sind Talk, Serpentin, Mg-Chlorit, Tremolit, seltener auch Olivin und Minerale der Humitgruppe. Beispiele für die Mg-Silikatmetasomatose an Karbonatgesteinen sind die Talklagerstätten von Luzenac (Pyrenäen) und Göpfersgrün, Oberfranken (s. Abschn. 5.15).

Ophicalcite sind Calcit-Olivin- oder Calcit-Serpentingesteine mit scheckigem oder rhythmischlagigem Gefüge im mm- bis cm-Bereich. Sie entstehen aus Dolomit- und Calcitmarmoren durch metasomatische Umsetzungen, wobei zunächst meist Olivin, sekundär dann aus diesem Serpentin gebildet wird (Beispiel Abschn. 5.15). Ganz anderer Herkunft sind Ophicalcite, die durch intensive tektonische Vermengung von Serpentinit mit Kalkstein oder Marmor zustande kommen. Sie sind in Ophiolithkomplexen des alpinen Typs verbreitet. Hierher gehören einige zu Dekorationszwecken verwendete grüne Marmore aus den Alpen.

5.12 Metasomatite aus peridotitischem Ausgangsgestein

Peridotite sind metasomatischen Umwandlungen besonders zugänglich. Der verbreitetste Prozeß ist die **Serpentinitisierung** im Bereich der mittleren bis niedrigen Metamorphose (s. Abschn. 3.6.4).

Talk- und Talk-Karbonatgesteine sind häufige metasomatische Weiterbildungen von Serpentiniten. Sie finden sich in randlichen Teilen der Serpentinitkörper oder als Linsen und Schlieren innerhalb derselben. **Listwänite** sind hydrothermal-metasomatische Gesteine aus serpentinitischem Ausgangsmaterial mit Talk, Karbonaten und Quarz als Hauptmineralen. Dunkle **Chloritschiefer** und **Chloritfelse** treten als **Blackwall** ebenfalls am Rand von Serpentinitmassen, meist im unmittelbaren Kontakt mit deren Nebengestein auf.

Sagvandit ist ein durch CO_2-Metasomatose aus Saxonit, einem Enstatit-Peridotit, gebildetes Enstatit-Magnesit-Gestein.

Rodingite sind metasomatische Reaktionsbildungen zwischen alpinotypen Serpentiniten und nichtkarbonatischen Metasedimenten oder verschiedenen magmatischen Gesteinen (von Granit bis Gabbro). Charakteristische Minerale sind Ca- und Ca-Al-Silikate, wie Grossular, Ca-Al-Hydrogranat, Diopsid, Vesuvian, Prehnit, Wollastonit, ferner Chlorit, Tremolit und Aktinolith, wenn das Ausgangsgestein ein basisches war. Aus saurem Ausgangsgestein bilden sich zusätzlich Alkalifeldspäte und Xonotlit $Ca_6[Si_6O_{17}(OH)_2]$.

Rodingite kommen als (tektonische) Einschlüsse, als Gänge und Adern in Serpentiniten oder am Kontakt mit dessen Nebengesteinen vor. Sie sind meist nur geringmächtig (cm bis dm). Die Rodingite sind gegenüber ihren Ausgangsgesteinen stark an CaO (bis über 35%) angereichert. Das Calcium wird von mehreren Autoren aus den in Serpentin umgewandelten Pyroxenen des Peridotits hergeleitet, doch ist diese Hypothese nicht unwidersprochen (vgl. COLEMAN 1977 und HALL & AHMED 1984).

5.13 Hydrothermale Metasomatite

Unter den mannigfaltigen hydrothermalen Mineral- und Lagerstättenbildungen sind in dem hier behandelten Zusammenhang zwei nach Form und Bildungsweise verschiedene Typen zu definieren:
- Hydrothermale Mineralbildungen in offenen Spalten und anderen Hohlräumen im Gestein (z. B. Gasblasen in Laven), und
- Hydrothermale Mineralbildungen unter **Umwandlung** und **Verdrängung** der Minerale eines vorgegebenen Gesteins; sie sind sehr oft Begleiterscheinungen von Mineralisationen des ersten Typs in deren Nebengestein.

Nur die Mineralbildungen des zweiten Typs gehören zu der Kategorie der Metasomatite. Der Rang bedingt selbständiger Gesteinsarten wird ihnen immer dann zuerkannt werden können, wenn sie über größere Bereiche mit annähernd gleichmäßiger Zusammensetzung entwickelt sind, wobei allerdings eine Mindestgröße solcher Bereiche kaum angegeben werden kann. Nicht selten sind Gesteinskörper auf Hunderte von Metern Erstreckung (entlang bestimmter Flächen, zonenartig oder dreidimensional-massig) hydrothermal-metasomatisch überprägt.

Häufig vorkommende geologische Milieus der hydrothermal-metasomatischen Gesteine sind:
- Der subvulkanische und intravulkanische Bereich mit postmagmatisch zirkulierenden heißen Wässern; postmagmatische Tektonik (z. B. calderaartige Einbrüche und andere Bruchvorgänge) begünstigen die Zerklüftung der Gesteine und damit die Ausbreitung der hydrothermalen Lösungen (s. Abschn. 5.15). Hierher gehören als Sonderfälle die Zonen postvulkanischer hydrothermaler Tätigkeit am Ozeanboden, wo Meerwasser in die Vulkanite eindringt und bei Temperaturen bis über 400°C intensive Umwandlungen am Gestein bewirkt.
- Der plutonische Bereich im Zustand fortgeschrittener Abkühlung und Zerklüftung;
- Störungszonen in verschiedenen Tiefenbereichen, die Zirkulationswege für hydrothermale Wässer bieten; ohne erkennbaren Zusammenhang mit Vulkanismus oder Plutonismus.
- Andere Bereiche der Erdkruste, besonders in Orogenen, ohne erkennbaren Zusammenhang mit Magmatismus.

Eine große Mannigfaltigkeit herrscht bei den hydrothermalen Metasomatiten hinsichtlich ihrer Gestalt (Raumerfüllung) und ihren Beziehungen zu hydrothermalen Gängen, zu Klüften und anderen Vorzeichnungen des Nebengesteins. Einige typische Beispiele seien angeführt:
- Mehr oder weniger regelmäßige Zonen metasomatischer Gesteine begleiten beiderseits symmetrisch Klüfte, Schichtfugen oder hydrothermale Gänge;
- Örtlich stark gehäufte hydrothermale Gänge oder Trümer sind von einer metasomatisch veränderten Aureole umgeben;
- Stark zerklüftete Gesteinsbereiche, Scher- und Breccienzonen sind mehr oder weniger vollständig metasomatisch umgewandelt;
- Mylonite können gegenüber ihrem Ausgangsgestein erhebliche Veränderungen der chemischen und mineralischen Zusammensetzung erleiden (s. Abschn. 3.7.3);
- Schlauch- oder stockförmige oder unregelmäßig gestaltete Massen metasomatischer Gesteine treten ohne deutliche Beziehungen zur Struktur des Nebengesteins auf (metasomatische Verdrängungskörper);
- Die metasomatischen Umwandlungen sind in diffuser Form im Gestein verbreitet.

Ein übliches Gliederungsprinzip für hydrothermal-metasomatische Gesteine beruht auf den jeweils vorherrschenden neugebildeten Mineralen. Dabei werden im allgemeinen nicht eigentliche Gesteinsnamen, sondern die Namen der mineralbildenden Prozesse beziehungsweise ihrer Ergebnisse, oft in Kombination mit dem Namen des Ausgangsgesteins verwendet, z. B. kaolinisierter Granit, chloritisierter und karbonatisierter Andesit und ähnliche. In wenigen komplexeren Fällen haben sich auch spezielle Namen, wie etwa Propylit, eingebürgert. Die nachfolgende Gliederung benutzt die Kennzeichnung nach den wichtigsten mineralbildenden Prozessen:

- **Verkieselung** (Silifizierung, Verquarzung). – Sehr häufig und oft ergiebig; Verkieselungszonen können sich über viele Zehner von Kilometern mit Breiten von bis zu einigen hundert Metern erstrecken. Hauptmineral ist Quarz in verschiedenster Form (fein- bis großkristallin, kompakt oder drusig, oft durch Hämatit pigmentiert). Fast alle gewöhnlichen Gesteinsarten sind der Verkieselung zugänglich, wobei neben Quarz noch je nach Ausgangsmaterial die verschiedensten anderen metasomatischen Neubildungen entstehen können. In jedem Falle findet bei der Verkieselung eine Zufuhr von SiO_2 und eine Wegfuhr von anderen Komponenten statt. Neben der Verdrängung der präexistierenden Minerale durch Quarz finden auch andere Umwandlungen, z. B. Kaolinisierung der Feldspäte, statt. Ausgedehnte Verkieselungszonen bilden einen wesentlichen Teil des Bayerischen Pfahls, einer 110 km langen und 1 bis 3 km breiten, hydrothermal mit Quarz mineralisierten Störung.
- **Argillitisierung, Kaolinisierung** und verwandte hydrothermale Metasomatosen. Für die Entwicklung dieses Typs der hydrothermalen Metasomatite eignen sich besonders alle feldspatreichen Gesteine, z. B. Granit, Granodiorit, Rhyolith, Andesit und ähnliche. Häufigste Tonminerale sind Kaolinit, Halloysit, Metahalloysit, Montmorillonit, Illit und verschiedene Mixed-Layer-Tonminerale. Bei höheren Temperaturen kommen Serizit, Chlorit und gelegentlich auch Pyrophyllit hinzu. Sulfathaltige Wässer können zusätzlich Alunit $KAl_3[(OH)_6(SO_4)_2]$ erzeugen. Ein Beispiel der Kaolinisierung von Granit ist in Abschn. 5.15 gegeben.
- Hydrothermal-metasomatische Gesteinsumwandlung mit bevorzugter Bildung von **Tonmineralen** scheint nach neuen Befunden in tektonisch aktiven Zonen der **ozeanischen Kruste** sehr verbreitet zu sein. Meerwasser dringt auf Spalten bis in Bereiche mit Temperaturen bis über 400°C in Basalte und zugehörige Pyroklastite ein und reagiert mit den Gesteinen unter Bildung mannigfaltiger Umwandlungsminerale. Zugleich gehen erhebliche Anteile des Gesteins in Lösung und gelangen mit dem wieder aufsteigenden Wasserstrom zur Krustenoberfläche zurück. An den Austritten solcher Thermen am Meeresboden, etwa bei den Galapagosinseln und am East Pacific Rise (westlich von Mexico) findet die Ablagerung von Pyrit, Pyrrhotin, Zinkblende und Cu-Fe-Sulfiden, Anhydrit, Baryt, Goethit, SiO_2 und anderen Mineralen statt. An solchen rezenten Beispielen können sich die Vorstellungen über die Entstehung mancher fossiler submarin-hydrothermaler Minerallagerstätten orientieren.

  Umwandlungsminerale der Basalte sind nach Beobachtungen an erbohrten Proben und nach Experimenten vor allem Smektite (Tonminerale der Montmorillonitfamilie), Smektit-Chlorit-Mixed-Layer-Minerale, Seladonit, Analcim, Anhydrit, Magnetit, Pyrit, bei Temperaturen über 400°C auch Oligoklas, Tremolit, amorphes SiO_2, Hämatit und andere.
- **Serizitisierung** ist wahrscheinlich der am weitesten verbreitete hydrothermal-metasomatische Prozeß. Vor allem der Plagioklas ist für diese Umwandlung sehr anfällig; beginnende und selbst fortgeschrittene Serizitisierung ist in vielen kristallinen Gesteinen auch weit entfernt von hydrothermalen Gängen oder von größeren Störungen zu beobachten. Sie ist dann als Kriterium für retrograde Metamorphose anzusehen. Für die Bildung größerer Mengen des feinschuppigen Muskovits (= Serizit) aus Plagioklas ist die Zufuhr von Kalium erforderlich. Wenn gleichzeitig auch Biotit chloritisiert wird (was häufig der Fall ist), dann kann aus diesem Vorgang Kalium bezogen werden, so daß nur eine interne Metasomatose angenommen werden braucht. Bei Plutoniten und Subvulkaniten kommt auch Autometasomatose in Betracht. In vielen anderen Fällen ist die Serizitisierung aller Feldspäte an Bereiche intensiver hydrothermaler Tätigkeit gebunden. Metasomatische Serizit-Quarz-Gesteine aus saurem magmatischem Ausgangsmaterial heißen **Beresite.** Paragenesen von Serizit mit Topas oder Turmalin zeigen höhere Bildungstemperaturen an.
- **Adularisierung.** Seltener kommt es vor, daß Adular, die Niedrigtemperaturform des Kalifeldspates, die vorherrschende hydrothermal-metasomatische Mineralbildung ist. Er ist aber oft neben Serizit-Muskovit, Calcit, Chlorit und Anhydrit ein verbreitetes Mineral der Nebengesteinsumwandlung hydrothermaler Gänge und Imprägnationssysteme, z. B. in manchen Porphyry-Copper-Lagerstätten und in der Nachbarschaft alpiner Bergkristallklüfte. Ein Beispiel der Adular-Metasomatose ist in Abschn. 5.15 beschrieben. Eine weitere Form der hydrothermalen Kalimetasomatose ist die Phlogopitisierung (s. Abschn. 5.15).
- **Propylitisierung** ist eine hydrothermale Meta-

somatose, welche eine Mehrzahl von Mineralarten zugleich erzeugt. Als charakteristische Paragenesen gelten:
Albit-Chlorit-Epidot-Pyrit oder
Albit-Chlorit-Calcit,
fallweise begleitet von Pyrit, Hämatit, Quarz, Kalifeldspat, Montmorillonit und weiteren Mineralen. Ausgangsgesteine mit Plagioklas und Mafiten als Hauptgemengteilen, z. B. Andesit, ergeben typische Propylite.

Bei Überwiegen der einen oder anderen der metasomatischen Mineralarten wird sinngemäß von

- **Chloritisierung** (besonders von mafitreichem Ausgangsgestein),
- **Albitisierung** (s. u.),
- **Calcitisierung** oder allgemeiner Karbonatisierung (s. u.) oder
- **Epidotisierung** gesprochen. **Helsinkit** ist ein aus Albit, Epidot und Chlorit bestehendes metasomatisches Gestein mit plutonitischem bis pegmatitischem Gefüge, **Unakit** ein kataklastischer, epidotisierter Granit mit Quarz, Orthoklas und Epidot als Hauptmineralen.
- **Albitisierung.** Das Mineral Albit ist im Rahmen verschiedener hydrothermaler Metasomatosen ein prominentes Umwandlungsprodukt des Plagioklases (siehe oben). In anderen Fällen, und zwar sowohl in der Nachbarschaft hydrothermaler Gänge, aber auch unabhängig davon, kann es die vorherrschende neugebildete Phase werden; dabei werden verschiedenste Minerale des Ausgangsgesteins verdrängt, z. B. Kalifeldspat, Zoisit, Calcit und andere. Begleitende Minerale sind oft Chlorit, Epidot, Calcit, seltener auch Na-Amphibol. Ein Beispiel der Albitisierung in regionalmetamorphen Ausgangsgesteinen ist in Abschn. 5.15 beschrieben. Sie kann gelegentlich bis zu fast monomineralischen gang- oder aderartig auftretenden **Albititen** führen. Nach dem Mineralbestand ähnliche Albitit-„Gänge" werden auch in Graniten durch SiO_2-Wegfuhr und Na-Metasomatose gebildet (s. Abschn. 5.14 Episyenite). Albitisierung ist auch der dominierende metasomatische Prozeß bei der Bildung der Adinole (s. Abschn. 5.9). Als autometasomatische, deuterische Bildung ist Albit in Graniten häufig (s. Abschn. 5.9).
- **Zeolithisierung** ist als *autometasomatischer* Prozeß in Alkaligesteinen des subvulkanischen und auch des plutonischen Niveaus sehr verbreitet. Am meisten sind die Feldspatvertreter, aber auch, wenn vorhanden, der Plagioklas, gegenüber dieser Umwandlung anfällig. Oft betrifft die Zeolithisierung auch Laven und Tuffe, besonders wenn sie durch weitere Überlagerung in den Wirkungsbereich postvulkanischer hydrothermaler Systeme gelangen. Intermediäre und basische Vulkanite (Andesite, Basalte) und ihre Pyroklastite unterliegen ebenfalls leicht solchen Umwandlungen, wobei meist die Glasanteile als erste betroffen sind. Häufigste Zeolitharten in allen diesen Zusammenhängen sind Natrolith, Chabasit, Heulandit, Phillipsit und Stilbit. In einigen Gebieten gegenwärtiger hydrothermaler Tätigkeit können die Vorgänge unmittelbar beobachtet werden, z. B. in Neuseeland und Island. Die Zeolithisierung vulkanischer Gläser vollzieht sich auch bei sehr niedrigen Temperaturen, z. B. im Traß der Eifel (s. S. 222), und als Teilprozeß der Palagonitisierung (s. Abschn. 2.28.4). In den Umwandlungszonen an hydrothermalen Erzgängen ist die Zeolithisierung seltener als die anderen genannten Metasomatosen. Von Magmatismus und hydrothermalen Mineralisationen anderer Art anscheinend unabhängige Zeolithisierungen kommen gelegentlich an Klüften und in Scherzonen des Gneis- oder Migmatit-Grundgebirges vor. Hier ist Laumontit das verbreitetste Mineral.
- **Karbonatisierung.** Karbonate, vor allem Calcit, sind überaus häufige zusätzliche Neubildungen bei der hydrothermalen Metasomatose verschiedener Typen (Propylitisierung, Serizitisierung u. a.). In vielen Fällen werden Karbonate die dominierenden metasomatischen Minerale. Basische und ultrabasische Silikatgesteine sind besonders anfällig gegenüber der Karbonatisierung. Serpentinite können teilweise oder fast völlig in Dolomit- oder Magnesitgesteine umgewandelt werden; dabei entstehen fallweise auch neue Silikatminerale, wie Talk oder Tremolit, z. B. durch eine Reaktion

$$\underset{\text{Serpentin}}{2\,Mg_3[Si_2O_5(OH)_4]} + 3\,CO_2 \rightarrow$$

$$\underset{\text{Magnesit}}{3\,MgCO_3} + \underset{\text{Talk}}{Mg_3[Si_4O_{10}(OH)_2]} + 3\,H_2O$$

Die Spilitisierung (s. Abschn. 2.30) kann gelegentlich durch Überhandnehmen des Calcits in eine Karbonatisierung entarten. Calcit ist auch ein häufiges autometasomatisches Mineral in Alkaligesteinen und Lamprophyren.

In allen diesen Fällen ist die Zufuhr von CO_2-haltigen Lösungen die Ursache der Umwandlungen. Werden dagegen Karbonatminerale, wie Dolomit, Magnesit oder Siderit, in einem selbst

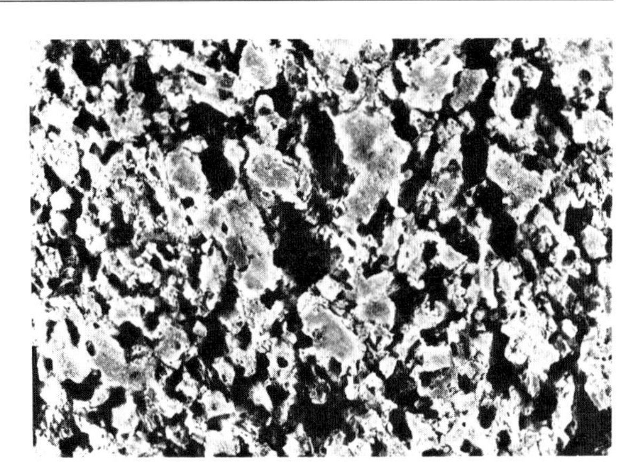

Abb. 118 Aus Granit durch Herauslösen des Quarzes entstandener Episyenit mit grob poröser Textur. La Hyverneresse bei Aubusson (Frankreich). Breite 5 cm.

schon karbonatischen Substrat (meist Kalkstein) neugebildet, dann ist die Zufuhr von Mg bzw. Fe als entscheidender Vorgang zu postulieren. Die so weit verbreitete **Dolomitisierung** von Kalksedimenten ist teils als diagenetischer Prozeß bei ganz niedrigen Temperaturen, teils als hydrothermal-metasomatische Überprägung zu deuten.

5.14 Episyenite

Episyenite sind hydrothermal-metasomatische Gesteine, die aus sauren Plutoniten und metamorphen Gesteinen durch bevorzugte Auslaugung des Quarzes entstehen. Dadurch werden die Feldspäte und die Mafitminerale bzw. deren Umwandlungsprodukte angereichert; der resultierende Mineralbestand ist dann dem von Syeniten vergleichbar. Der Name *Episyenit* ist nicht überall gebräuchlich; Gesteine, die seinem Typus entsprechen, werden häufig als *hydrothermale Auslaugungszonen,* gegebenenfalls auch als *Albitit* beschrieben.

Episyenite treten am häufigsten in Graniten und Granodioriten verschiedener Typen entlang von Klüften einzeln oder scharenweise auf. Ihre Mächtigkeit bewegt sich gewöhnlich zwischen einigen Zentimetern und einigen Metern; größere und auch unregelmäßigere Körper kommen ebenfalls vor. Auch in andersartigem Nebengestein, z. B. Granitaplitgängen oder Pegmatitadern in Gneisumgebung sowie in den Gneisen selbst ist die Umwandlung in Episyenit gelegentlich zu beobachten.

In jedem Fall ist das Verschwinden des Quarzes unter Erhaltung der Feldspäte oder Neubildung von solchen das am meisten charakteristische Phänomen. Die Auflösung der Quarze ist im Übergangsbereich Granit-Episyenit mikroskopisch gut zu verfolgen; mit dem Substanzverlust sind oft kataklastische Erscheinungen an den Feldspäten verbunden. Der Feldspatanteil der Episyenite setzt sich aus reliktisch erhaltenen oder umgewandelten Feldspäten des Ausgangsgesteins und neugebildeten Feldspäten zusammen. Ca-reichere Plagioklase sind am wenigsten erhaltungsfähig. Neugebildete Feldspäte sind Mikroklin, Adular, Albit bis Albit-Oligoklas in fallweise verschiedenen Mengenverhältnissen und Strukturen. Schachbrettalbit wird häufig beschrieben. Biotit und Hornblende der Ausgangsgesteine werden meist in Chlorit + Leukoxen bzw. Chlorit + Calcit umgewandelt. Weitere vorwiegend neugebildete Minerale sind Muskovit, Serizit, selbständiger Chlorit, Epidot, Calcit, Pyrit sowie Hämatit, der vielfach als rotes Pigment die Feldspäte durchsetzt. Durch Herauslösen des Calcits oder auch schon des Quarzes entsteht eine poröse Textur, die ihrerseits die Ursache der Anfälligkeit der Episyenite gegenüber weiterer Zersetzung ist (Abb. 118).

Mesoskopisch sind die Episyenite klein- bis mittelkörnige, seltener grobkörnige massige Gesteine, oft mit auffälliger Rotfärbung. Die chemischen Analysen der aus Granit hervorgehenden Episyenite (Tabelle 99) zeigen neben der deutlichen Erniedrigung des SiO_2-Gehaltes die relative Anreicherung von Na_2O gegenüber K_2O oder umgekehrt. Die allgemeinere Bedeutung der Episyenite liegt u. a. darin, daß die sie erzeugenden Lösungen sich mit SiO_2 angereichert haben müssen und so anderenorts eine Zufuhr und Ausfällung dieser Substanz mit sich bringen konnten. Aufgrund von Untersuchungen an Flüssigkeitseinschlüssen nimmt Leroy (1971) alkalireiche, wässerige Lösungen mit Temperaturen zwischen 350 und 400°C bei etwa 0,7 bis 1,0 kbar Druck an. Gelegentlich erfahren die Episyenite noch sekundäre Mineralisationen, z. B. mit Uranerzen.

Tabelle 99 Mineralische (Volum-%) und chemische (Gew.-%) Zusammensetzung zweier Episyenite aus dem Schwarzwald

	(1)	(2)
SiO_2	56,20	63,56
TiO_2	0,39	0,19
Al_2O_3	20,40	18,07
Fe_2O_3	0,96	1,45
FeO	0,55	0,90
MnO	0,06	0,04
MgO	0,97	0,49
CaO	3,45	2,37
Na_2O	4,66	9,96
K_2O	7,53	0,17
P_2O_5	0,19	0,14
CO_2	2,50	1,68
H_2O^+	1,57	0,64
Summe	99,43	99,66

(1) Episyenit, K-betont, aus Malsburger Granit, Lütschenbach, Südschwarzwald. Kalifeldspat 34,9; Na-Plagioklas 47,5; Muskovit und zersetzter Biotit 8,7; Chlorit 2,3; Calcit 5,0; Pyrit 0,8; Fluorit 0,8.
(2) Episyenit, stark Na-betont, aus Aplitgranit, Bad Griesbach. Albit 91,2; Chlorit 3,8; Calcit 2,2; Muskovit 2,0; Hämatit 0,7; Titanit, Zirkon, Apatit 0,1.

5.15 Beispiele metasomatischer Gesteins- und Mineralbildungen

Metasomatische Aplitadern in Gneisen SE-Schwedens

(nach Gavelin, 1975).

Präkambrische Paragneise bei Västervik (SE-Schweden) sind von zahlreichen, meist einige cm breiten Aplitadern unregelmäßig durchzogen (Abb. 115A). Die Geometrie dieser Adern verbietet die Annahme der Injektion des aplitischen Materials in sich öffnende Spalten; sie sind vielmehr auf chemischem Wege (metasomatisch) ohne mechanische Verschiebungen von Teilen des betroffenen Gesteins entstanden.

Das Ausgangsgestein ist ein granoblastischer Metaarkosegneis mit noch deutlich erkennbarer Schichtung. Hauptminerale sind Quarz, perthitischer Orthoklas und brauner Biotit, Nebenminerale Sillimanit, Zirkon, Apatit und Erzminerale. Die hellen Adern bestehen aus den gleichen Mineralen, aber mit viel geringerer Beteiligung des Biotits; Korngröße und blastisches Gefüge sind ähnlich denen des Ausgangsgesteins. Dünne Lagen mit Magnetit, Hämatit, Rutil und Zirkon durchziehen stellenweise die Aplitadern; sie liegen in unmittelbarer Verlängerung des Schichtgefüges des angrenzenden Nebengesteins.

In der nächsten Nachbarschaft der Aplitadern ist das Nebengestein an Orthoklas verarmt oder ganz frei davon. Diese Partien erscheinen äußerlich dunkler (Melanosom). Ihr Gefüge ist ebenfalls granoblastisch. Als charakteristische Neubildung erscheinen stellenweise Andalusit (aus Biotit) und Muskovit; Sillimanit (als Fibrolith) ist ebenfalls vorhanden.

Alle Beobachtungen sprechen für eine metasomatische Differentiation des Ausgangsgesteins in Aplitadern und Melanosome. Die Zusammensetzung dieser Gesteinsanteile und die Beobachtungen am Gefüge machen die Beteiligung einer

Tabelle 100 Mineralische (Volum-%) und chemische (Gew.-%) Zusammensetzung metasomatischer Aplitadern und ihrer Nebengesteine von Västervik, Schweden (nach Gavelin 1975)

	(1)	(2)	(3)
SiO_2	82,0	85,7	84,2
TiO_2	0,60	0,31	0,39
Al_2O_3	7,6	7,0	8,42
Fe_2O_3	0,80	0,50	0,98
FeO	2,82	0,87	2,81
MnO	0,03	0,01	0,01
MgO	0,7	0,1	1,0
CaO	0,1	0,1	0,1
Na_2O	0,41	0,66	0,06
K_2O	4,49	4,68	1,31
H_2O^+	1,03	0,63	1,07
Summe	100,58	100,56	100,35

(1) Palaeosom (Metaarkosegneis). Quarz 59,2; Orthoklas-Perthit 27,7; Biotit 12,8; Erzminerale 0,3; Sillimanit vorhanden.
(2) Leukosom (Aplit): Quarz 61,7; Orthoklas 37,2; Biotit 0,4; Sillimanit 0,2; Erzminerale 0,5.
(3) Melanosom: Quarz 74,8; Orthoklas 0,1; Biotit 8,2; Sillimanit 9,5; Andalusit 2,0; Chlorit und grüner Biotit 3,5; Muskovit 0,8; Ilmenit 1,0; Hämatit 0,1; Turmalin 0,1.

Schmelzphase unwahrscheinlich. Über den im cm- bis dm-Bereich wirksamen Stoffaustausch hinaus scheint auch eine geringe Wegfuhr von K_2O, H_2O, FeO und MgO und eine Zufuhr von SiO_2 über größere Distanzen stattgefunden zu haben.

Kalifeldspatmetasomatite in Gneisen des Schwarzwaldes und des Bayerischen Waldes

Eine schon mesoskopisch auffallende Kalifeldspatblastese tritt in bestimmten Zonen des Schwarzwälder Gneisgebirges auf, so z. B. am Süd- und Südostrand der zentralen Gneismasse im Bereich einer Aufschiebung variskischen Alters. Ausgangsgesteine der Metasomatose sind hier Paragneise und saure Metavulkanite (Leptinite) mit gewöhnlich niedrigen K_2O-Gehalten (0,6 bis 3,5%).

In einem über 40 km langen und bis zu etwa 1 km breiten Streifen sind diese Gesteine in unterschiedlichem Ausmaß von Kalifeldspat-Porphyroblasten durchsetzt. Die Blasten können bis zu 4 cm lang werden; sie sind teils ohne bevorzugte Orientierung, teils mit deutlicher Einregelung in das Gneisgefüge eingesproßt, dessen andere Minerale Quarz, Plagioklas, Biotit und Hornblende meist auch eine blastische Umkristallisation zeigen. Sehr verbreitet ist eine postkristalline Deformation der Gesteine, bei der die Kalifeldspatblasten von den Matrixmineralen „umflossen" und auch selbst deformiert wurden. Die Kalifeldspäte enthalten gewöhnlich Einschlüsse der Matrixminerale, gelegentlich sind sie aber auch fast frei von solchen; optisch sind es Orthoklase ohne erkennbare Entmischungserscheinungen; die röntgenographisch ermittelte Triklinität bewegt sich in weiten Grenzen zwischen 0 und 0,76.

Die Kalifeldspatblastese erzeugt vor allem aus basischeren, hornblendeführenden Paragneisen kontrastreiche Gesteine mit mehrere Zentimeter großen hellen Feldspatblasten in einer relativ dunklen, klein- bis mittelkörnigen Matrix. Die metasomatisch überprägten Paragneise unterscheiden sich von den reliktisch erhaltenen Ausgangsgesteinen durch höhere Gehalte an K, Rb, Ba, Zr und U. Die K_2O-Gehalte können stellenweise bis auf über 6% ansteigen. In den hellen Leptiniten ist die Kalifeldspatblastese zunächst weniger auffallend; mit der Zunahme an Orthoklas entwickeln sich aber auch zentimetergroße Blasten, die, zusammen mit der Kornvergröberung der übrigen Minerale, dem Gestein ein granitartig-plutonitisches Aussehen verleihen können. In diesen Orthoklasen sind die Plagioklaseinschlüsse oft zonar orientiert, was auf Kristallisation aus einem wenigstens teilweise schmelzflüssigen Medium schließen läßt. Dieser nach seiner tektonischen Situation benannte *Randgranit* tritt über die gesamte Länge der durch Kalifeldspatmetablastese ausgezeichneten Zone in Wechsellagerung mit reliktischen Paragneisen, Amphiboliten, Leptiniten und deren metasomatischen Umwandlungsprodukten auf. Stellenweise entsendet er schmale Aplitapophysen in sein Nebengestein.

Tabelle 101 Mineralische (Volum-%) und chemische (Gew.-%, Ba, Rb, Zr und U in ppm) Zusammensetzung eines Kalifeldspat-Metasomatits und seines Nebengesteins aus dem Schwarzwald (nach Lämmlin 1977)

	(1)	(2)
SiO_2	61,30	70,40
TiO_2	0,84	0,60
Al_2O_3	15,10	14,30
Fe_2O_3	4,80	3,95
MnO	0,08	0,06
MgO	3,75	2,38
CaO	3,00	1,75
Na_2O	2,29	3,25
K_2O	6,15	2,80
H_2O^+	2,10	1,40
Summe	99,41	100,89
Ba	2090	275
Rb	333	251
Zr	370	230
U	8,5	4,5

(1) Kalifeldspatmetablastit, Rosenfelsen am Belchen, Schwarzwald. Quarz 14,8; Plagioklas 28,7; Kalifeldspat 29,1; Biotit 18,9; Hornblende 6,1; Akzessorien 2,1.
(2) Paragneis, reliktische Lagen in (1). Quarz 29,5; Plagioklas 48,6; Kalifeldspat 2,8; Biotit 18,5; Akzessorien 0,6.

Ähnliche Kalifeldspatblastite des **Bayerischen Waldes** sind als **Palite** bekannt. Sie entwickeln sich an Zonen starker Durchbewegung unter den Bedingungen mittlerer Metamorphosegrade in einem etwa 45 km langen und bis zu 8 km breiten Gebiet südwestlich des Bayerischen Pfahles (s. S. 345). Ausgangsgesteine sind Biotit- und Biotithornblendegneise mit Einschaltungen von Gabbroamphiboliten und gebietsweise anatektischer Überprägung. Die Kalifeldspatblastite enthalten bis zu 38 Volum-% Orthoklas und 6 Gewichts-%

K_2O. Die Kalizufuhr scheint von gangartigen Intrusionen K-reicher Granite auszugehen.

Reaktionsskarn zwischen Marmor und Metapelit, Gile Mountain, Vermont, USA (nach THOMPSON, 1975).

Instruktive, kleindimensionierte Beispiele der Reaktionsskarnbildung treten am Kontakt von Marmoreinlagerungen in Metapelitschiefern des Lake Willoughby-Gebietes in Vermont auf. Eine wenige hundert Meter breite Scholle dieser Metamorphite ist allseitig von jüngerem Granit umgeben, dessen Intrusion mit dem Höhepunkt der Regionalmetamorphose ungefähr zusammenfällt.

Pegmatitausläufer des Granits durchsetzen die Metamorphite und die Reaktionsskarne. Die Abfolge der mineralogisch und chemisch verschiedenen Lagen ist:
- Marmor mit etwa 88 Volum-% Calcit, 10% Fe-Diopsid und 2% Quarz;
- Granatskarn mit etwa 84% Grossular-Almandin, 7% Fe-Diopsid, 6% Quarz und 3% Calcit;
- Grobkörniger Diopsid-Klinozoisit-Skarn mit etwa 50% Diopsid, 30% Klinozoisit und 20% Quarz;
- Feinkörniger Diopsid-Klinozoisit-Skarn mit etwa 50% Klinozoisit, 35% Fe-Diopsid und 15% Quarz;
- „Amphibolit“ mit 40% Quarz, 30% Plagioklas (Anorthit), 25% Hornblende, 5% Kalifeldspat, Klinozoisit und Titanit;
- Metapelit mit etwa 40% Quarz, 20% Kalifeldspat, 20% Biotit, 18% Plagioklas und 2% Magnetit und Titanit.

Die einzelnen Zonen sind jeweils nur einige Millimeter breit, aber deutlich gegeneinander abgegrenzt. Die Pegmatite haben gegen die Marmore und Kalksilikatgesteine einen schmalen Saum von Hornblendeskarn entwickelt; einer von ihnen hat einen schmalen Quarz-Skapolith-Endoskarn.

Skarne und Skarneisenerze in Mittelschweden (nach MAGNUSSON, 1966).

Skarne und Skarneisenerze sind im Präkambrium Mittelschwedens weit verbreitet. Nebengesteine sind saure, rhyolithische und Na-keratophyrische Metavulkanite, die je nach ihrem Metamorphosezustand und Gefüge als Hälleflinta, Leptite und Leptitgneise bezeichnet werden (s. Abschn. 3.6.1). Diesen Metavulkaniten sind metamorphe, primär sedimentäre Karbonat- und Eisenerzgesteine eingelagert. Als ursprüngliche Mineralkomponenten werden Calcit, Dolomit, Siderit, Goethit und Quarz angenommen. Gelegentlich sind schichtige Wechsellagerungen von Karbonaten und Eisenoxiden noch erhalten. Auch feinschichtige Quarz-Hämatit- oder Quarz-Magnetit-Hämatit-Metasedimente kommen vor. Während der svecofennidischen Orogenese wurden die Metasedimente und Metavulkanite gefaltet und regionalmetamorph überprägt. Zugleich intrudierten Granite und basischere Plutonite. Die Skarnbildungen sind Folge der regionalmetamorphen Erwärmung; sie liegen zum großen Teil weit entfernt von den Plutonitkontakten und sind somit als Reaktionsskarne zu klassifizieren. In Granitnähe kam es allerdings auch zu Kontaktskarnbildungen; in diesen Bereichen erlitten auch die Leptite und Leptitgneise erhebliche metasomatische Veränderungen. Vor allem macht sich eine der Granitisation vorausgehende Magnesium-Metasomatose durch Neubildung von Cordierit, Anthophyllit und Cummingtonit bemerkbar. Wo die Karbonat- und Eisenerzlager von dieser zusätzlichen Metasomatose betroffen sind, treten dann auch Sulfide (Pyrit, Magnetkies, Kupferkies, Zinkblende und Bleiglanz) auf. In den einfacheren Fällen der Reaktionsskarne sind die Gesteine mehr oder weniger grobkristallin und oft deutlich gebändert, aber auch massig. Als Skarnminerale treten Aktinolith, Tremolit, Hornblende, Diopsid, Hedenbergit, Granat, Biotit und Chlorit auf. Eisenerzminerale sind Magnetit und Hämatit. Gelegentlich auftretende Lagen von Karbonaten oder von Eisenkiesel (einer feinen Verwachsung von Quarz und Hämatit) sind Relikte des vormetasomatischen Mineralbestandes. Im gleichen Gebiet (Mittelschweden) kommen auch Magnetit- und Hämatiterze magmatischer Entstehung vor (s. Abschn. 2.23).

Die Skapolithmetasomatite von Oedegaarden, Norwegen (nach GLAVERIS, 1970).

In der präkambrischen metamorphen Kongsberg-Bamble-Formation in Südnorwegen ist eine Reihe von Gabbrokörpern intrudiert, die teilweise mehr oder weniger isochemisch in Amphibolit umgewandelt wurden. Einige Vorkommen, so das von Oedegaarden, erfuhren darüber hinaus eine **Chlormetasomatose** mit reichlicher Neubildung von Skapolith. Gabbro und Amphibolit bilden hier eine Linse von etwa 3,5 km Länge und bis zu 0,5 km Breite.

Die am wenigsten metamorphen und nicht metasomatischen Gabbros bestehen aus Olivin, Plagioklas, Augit, bis zu mehreren Volum-% Apatit, Titanomagnetit, Ilmenit und untergeordneten Sulfiden. Die Metamorphose beginnt mit der Bildung von verschiedenartigen **Coronen,** vor allem an den Korngrenzen von Olivin und Plagioklas sowie von Titanomagnetit-Ilmenit-Aggregaten und Plagioklas, z. B. mit den Abfolgen

- Olivin – Orthopyroxen – Hornblende + Spinell – Plagioklas,
- (Olivin-) Orthopyroxen + Magnetit – Hornblende – Granat – Plagioklas,
- Fe-Ti-Erz – Biotit – Hornblende – Plagioklas.

Bei weitergehender Metamorphose ohne wesentliche Metasomatose gehen diese Coronagesteine stufenweise in Amphibolite über. Im metasomatischen Bereich beginnt die Skapolithisierung mit der Bildung von Säumen aus diesem Mineral um die Coronen und setzt sich mit der mehr oder weniger vollständigen Verdrängung von Plagioklas durch Skapolith fort. Auch die aus Gabbro hervorgegangenen Amphibolite werden skapolithisiert. Endprodukte des Vorganges sind hell-dunkel-fleckige Skapolith-Hornblendegesteine mit massiger bis schiefriger Textur. Sie sind besonders im nördlichen Teil des Gabbrokörpers verbreitet; im einzelnen ist ihr Verband mit den nicht metasomatischen Gesteinen sehr unregelmäßig. Tabelle 102 zeigt die chemische Zusammensetzung eines reliktischen Gabbros und eines Skapolithmetasomatits mit etwa 50 Volum-% Skapolith. Mit der Skapolithisierung ist die auffallende Abnahme von Fe und K sowie die Zunahme von Na und Cl verbunden. Im selben Gabbrovorkommen treten pegmatitartige apatitreiche Adern auf, die früher abgebaut wurden. Die für die Skapolithisierung notwendige Zufuhr von Cl wird mit dem Wiederaufleben des Magmatismus nach einer Deformationsphase in Zusammenhang gebracht.

Tabelle 102 Chemische Analysen (Gew.-%) von Gabbro und Skapolithmetasomatit von Oedegaarden, Norwegen (nach GLAVERIS 1970)

	(1)	(2)
SiO_2	47,17	49,71
TiO_2	3,21	3,95
Al_2O_3	15,50	18,16
Fe_2O_3*	17,29	3,95
MgO	4,89	6,63
CaO	7,25	8,22
Na_2O	2,97	6,78
K_2O	0,86	0,31
P_2O_5	0,44	0,41
Cl	0,03	1,75
Summe	99,61	99,87

(1) Gabbro, Oedegaarden, Norwegen.
(2) Skapolithmetasomatit aus Gabbro, Fundort wie (1).
* = Gesamteisen als Fe_2O_3.

Sideritmetasomatite (Eisenspatlagerstätten) der Ostalpen

Etwa 250 metasomatische Sideritvorkommen treten in der nördlichen und südlichen Grauwackenzone und dem Metamorphikum der Ostalpen zwischen dem Inntal und dem Semmeringpaß auf. Die größten und bekanntesten unter ihnen sind der **Steirische Erzberg** und die Lagerstätte von **Hüttenberg-Knappenberg.** Der Erzberg liegt im Ostteil der nördlichen Grauwackenzone. Die Metasomatose betraf hier hauptsächlich die mächtigen gefalteten und bruchtektonisch gestörten Kalke des Devons. Im einzelnen breitet sich die metasomatische Umwandlung sehr unregelmäßig aus, im großen zeigen sich indessen doch etwa schichtparallele Sideritmassen neben weniger umgewandelten, nur teilweise von Ankerit oder Dolomit verdrängten Kalksteinpartien. Das Sideritgestein ist meist mittel- bis grobkörnig und massig. Weitere Mineralkomponenten, die die hydrothermalen Bildungsbedingungen unterstreichen, sind Ankerit, Dolomit, Pyrit, Bleiglanz, Kupferkies, Fahlerz und Quarz.

Andere, bis in die jüngste Zeit bedeutende metasomatische Sideritlagerstätten liegen bei **Hüttenberg** in Kärnten. Ausgangsgesteine sind Marmore des metamorphen Altkristallins mit Calcit, Quarz, Phlogopit, Muskovit, Tremolit, Graphit, Pyrit und Titanit. Bei der Sideritisierung sind diese Minerale (außer dem in erster Linie verdrängten Calcit) in den neugebildeten Metasomatit übernommen worden.

Mineralneubildungen, wie Löllingit ($FeAs_2$), Arsenkies, Co-Ni-Arsenide, Wismut, Wismutglanz und andere Sulfide und Komplexsulfide weisen auf z. T. ziemlich hochhydrothermale Bildungsbedingungen hin. Gelegentlich ist eine metasomatische Recalcitisierung des Sideriterzes durch örtlich verstärkte Einwirkung der bei der Fe-Metasomatose freiwerdenden Ca-Lösungen zu beobachten. Als niedriger hydrothermale Prozesse sind die stellenweise vorkommenden Baryt- und Gipsmetasomatosen anzusehen.

Die Herkunft der eisenbringenden hydrothermalen Lösungen ist noch problematisch.

Magnesitmetasomatite (Magnesitlagerstätten) der Ostalpen

Die geologische und tektonische Stellung dieser Metasomatite ist sehr ähnlich der der ostalpinen Sideritmetasomatite. Sie bilden mehr oder weniger unregelmäßige Verdrängungskörper in Kalksteinen und Dolomiten bzw. den aus diesen hervorgegangenen Marmoren mit Längen und Mächtigkeiten von bis zu mehreren hundert Metern. Die Magnesitgesteine sind meist grobkristallin, oft drusig-porös oder auch lagig-inhomogen. Besonders charakteristisch sind Gesteine aus flachen Magnesitrhomboedern, die im Querschnitt „piniensamenförmige" Umrisse zeigen: *Pinolit-Magnesit.* Weitere häufige Minerale der Magnesitmetasomatite sind Dolomit, Breunnerit und noch Fe-reichere Glieder der Reihe $MgCO_3$-$FeCO_3$, Ankerit, Talk, Quarz, in kleineren Mengen auch Pyrit, Kupferkies und Fahlerz. In einigen Fällen hat sich die Mg-Karbonatmetasomatose zu einer Mg-Silikatmetasomatose weiterentwickelt. Diese kann bis zur Bildung **metasomatischer Talklagerstätten** führen (s. u.).

Talkmetasomatite der östlichen Pyrenäen

(nach FORTUNÉ et al. 1982).

In den Metamorphiten des Kristallinmassivs von Saint-Barthélémy treten mehrere metasomatische Talklagerstätten auf, deren größte in dem Tagebau auf dem Col de Trimouns bei Luzenac abgebaut wird. Ausgangsgesteine sind Dolomite, welche zwischen Gneise und Glimmerschiefer wechselnder Zusammensetzung eingeschaltet sind. Das größte, auf über 2 km Länge aufgeschlossene Vorkommen wird bis zu 100 m mächtig. Die Lagerung ist durch Falten- und Bruchtektonik im einzelnen recht kompliziert. Die Dolomite sind metasomatisch in Talk umgewandelt, wobei im Aufschluß- und Handstücksbereich verschiedene Stadien zu beobachten sind. Im Dünnschliff ist die Verdrängung von Dolomit durch Talk deutlich erkennbar. Daraus läßt sich die metasomatische Reaktion

$$3\ CaMg[CO_3]_2 + 4\ SiO_2 + H_2O \rightarrow Mg_3[Si_4O_{10}(OH)_2] + 3\ CaCO_3 + 3\ CO_2$$

ableiten. Die freiwerdenden Calciumkarbonatmengen sind großenteils abgewandert; neugebildeter Calcit ist aber stellenweise in Adern und als Bindemittel tektonischer Breccien reichlich vorhanden.

Das Talkgestein ist meist fein- bis kleinkörnig und massig bis schiefrig; Leuchtenbergit, ein Mg-Chlorit, ist in wechselnden Mengen als zweiter Gemengteil vorhanden.

Die begleitenden metapelitischen Glimmerschiefer und Quarzite sind streckenweise ebenfalls metasomatisch verändert; in den ersteren bildet sich reichlich Sheridanit (Mg-Al-Chlorit), in den Quarziten Klinochlor (Si-reicherer Mg-Al-Chlorit).

Die metasomatische Talklagerstätte von Göpfersgrün, Fichtelgebirge

(nach STETTNER, 1959).

Die auf Talkgesteine für verschiedene keramische Zwecke abgebaute Lagerstätte liegt in Marmoren der oberalgonkischen bis unterkambrischen Arzberger Serie des Fichtelgebirges (Abb. 119). Talkgesteinszüge begleiten über mehrere km Länge den Kontakt der Marmore zu dem variskischen Granit von Weißenstadt-Marktleuthen, kommen aber auch entfernt vom Granit in den Metasedimenten vor. Der Granit bewirkte an den Marmoren nur eine geringe Kontaktmetamorphose; die Talkbildung ist jünger als der Granit und die ihn durchsetzenden granitischen Ganggesteine. Der unveränderte Marmor besteht aus Calcit und Dolomit in wechselnden Mengenverhältnissen. Mit beginnender Mg-Metasomatose wird der Calcit in Dolomit umgewandelt; der neugebildete Dolomit ist im Gegensatz zu dem primären unverzwillingt. Das metasomatische Dolomitgestein ist z. T. drusig mit Dolomit- und Quarzkristallen. Auf die Dolomitisierung folgt die Vertalkung; sie geht von Klüften im Marmor und den Kontaktflächen mit den magmatischen Gesteinen aus. Dabei wird der Dolomit von den Korngrenzen beginnend unregelmäßig oder entlang der Spaltrisse verdrängt. In den Drusen bildet sich auch eine zunächst gelartige Form des Talks, die auch Quarzkristalle pseudomorphosiert. Das metasomatische Talkgestein ist sehr feinkristallin, wobei aber das ehemalige Korngefüge des Dolomits noch erkennbar bleibt. Die reinsten *Specksteine* sind fast monomineralische Talkgesteine; als zusätzliches Mineral tritt Mg-Chlorit auf. In der Nähe des Kontaktes zum Marmor bzw. zum Talkmetasomatit ist auch der Granit von der Mg-Metasomatose betroffen. Der Biotit, die Feldspäte und zuletzt auch der Quarz werden von Chlorit (etwa Pennin) verdrängt.

Die Herkunft der Mg-haltigen Lösungen ist nicht sicher bekannt.

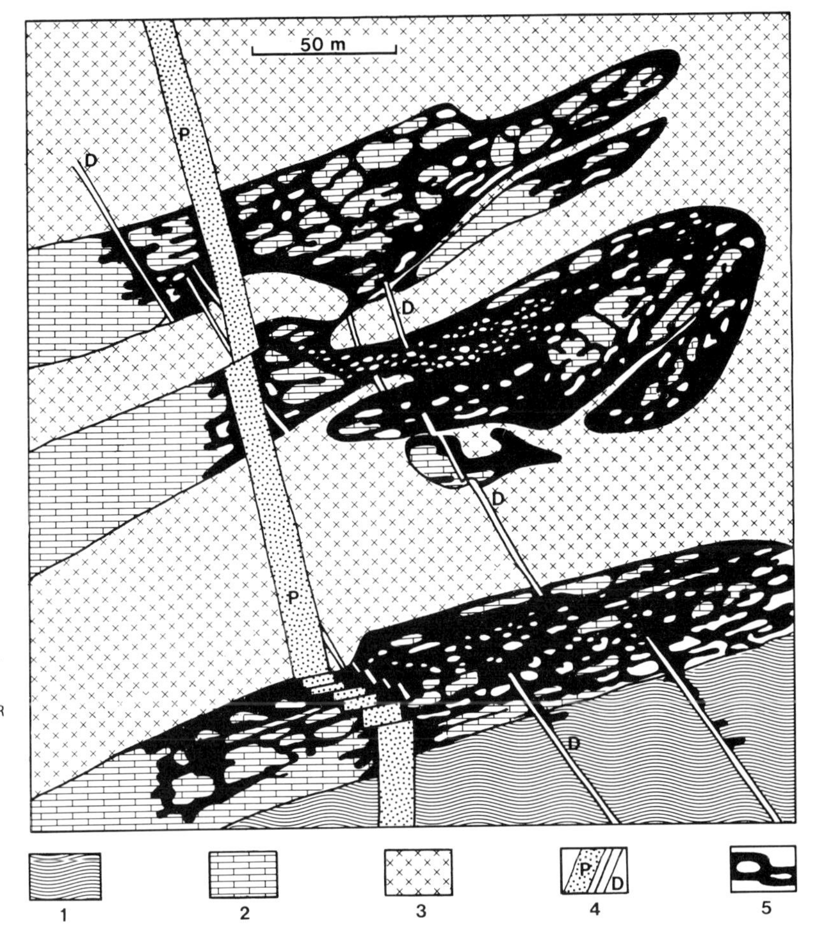

Abb. 119 Talkmetasomatose in der Johanneszeche bei Göpfersgrün, Oberpfalz (nach STETTNER 1959),
1 = Graphitschiefer;
2 = Dolomitmarmor,
3 = Granit;
4 = Quarzporphyr (P), Diabas (D);
5 = metasomatische Talkgesteine.

Ophicalcite des Passauer Waldes, Bayern
(nach ROST & HOCHSTETTER, 1964).

Den moldanubischen Gneisen am Rand der Böhmischen Masse sind Kalk- und Dolomitmarmorlinsen eingelagert, die zum Teil erhebliche metasomatische Umwandlungen erfahren haben. Der Mineralbestand der hier in Betracht kommenden unveränderten Gesteine ist Dolomit, Calcit und Graphit. Durch SiO_2-Zufuhr und CO_2-Wegfuhr wird der Dolomit in Forsterit und Calcit umgebildet, ferner treten Phlogopit, Magnetit, Spinell und Apatit in untergeordneten Mengen auf. Die metasomatischen Gesteinsanteile (Ophicalcite) liegen als Schlieren oder Linsen im Marmor; stellenweise sind sie symmetrisch um schmale Aplitgänge angeordnet. Das Gefüge ist am besten als *gesprenkelt* mit gerundeten Olivin-Einzelkörnern oder Gruppen von solchen in karbonatischer Umgebung zu bezeichnen. In anderen Fundgebieten sonst ähnlicher Ophicalcite kommen auch rhythmisch-schalige Texturen vor, die zeitweise als Reste organischer Gestaltungen *(„Eozoon")* angesehen wurden. Die metasomatischen Olivine unterliegen weithin einer Serpentinisierung, die in allen Einzelheiten ähnliche Strukturen wie die in Peridotiten aufweist (s. Abschn. 3.6.4). Zugleich wird der Phlogopit in Chlorit oder Vermiculit umgewandelt.

Die für die Metasomatose erforderliche Kieselsäure stammt vermutlich aus den die Marmore durchsetzenden Granitaplitgängchen, die aus Oligoklas, Calcit und Hornblende bestehen und keinen Quarz mehr enthalten. Unmittelbar am Aplit-Marmorkontakt ist eine Reaktionszone aus Diopsid, Hornblende, Phlogopit und Calcit entwickelt.

Metasomatische Gesteine der Porphyry-Copper-Lagerstätte Bingham (Utah), USA
(nach LANIER et al., 1978 und REID, 1978).

Bingham ist eine der größten Kupferlagerstätten der Erde und war lange Zeit der größte Produzent von Kupfer; daneben werden Gold, Silber, Molybdän, Wismut, Platin, Palladium, Selen und Rhenium gewonnen. Gefaltete karbonische Sedimentgesteine (Quarzite, Kalksandsteine, Kalksteine) bilden den Intrusionsrahmen für mehrere hypabyssische Stöcke und Gänge von Monzonit, Quarzmonzonit, Syenodiorit, „Latit" und „Quarzlatit" (etwa = Monzonitporphyr bzw. Quarzmonzonitporphyr). Die frischen Gesteine bestehen aus Plagioklas und Kalifeldspat in ungefähr gleicher Menge, Quarz zwischen 5 und 25 Volum-% sowie Augit, Hornblende und Biotit (s. Tabelle 103). Das Alter des Magmatismus ist 39 bis 40 · 10^6 Jahre. Zentrum der hydrothermalen Mineralisation und Metasomatose ist die Quarzmonzonitporphyr-Intrusion, speziell im Bereich ihrer größten Breite; die hydrothermalen Prozesse haben aber auch weit in die benachbarten Intrusivgesteine und in deren Nebengestein eingewirkt. Allein der Bereich mit mehr als 0,4% Cu nimmt eine unregelmäßige Fläche von 2 × 1,5 km Ausdehnung ein. Nach den charakteristischen Erzmineralen sind von innen nach außen folgende Zonen zu unterscheiden: Molybdänglanz-Z., Bornit-Kupferkies-Z., Kupferkies-Pyrit-Z., Pyrit-Z. und Bleiglanz-Zinkblende-Z. Die äußerste Zone hat einen Durchmesser von etwa 6 km. Die Ausbreitung der hydrothermalen Lösungen war durch eine sehr starke Zerklüftung nach mehreren Richtungen begünstigt; im zentralen Bereich sind die Gesteine dadurch in Fragmente von 1 bis 15 cm Kantenlänge zerfallen. Die Erzminerale treten als Kluftfüllung und als Imprägnation im Gestein auf. Die metasomatischen Umwandlungen sind in Bezug auf den Kontakt des Quarzmonzonitporphyrs zoniert. Die Abfolge der Zonen und Mineralbildungen im Monzonit ist von außen nach innen etwa folgende:

- Aktinolith-Chlorit-Epidot-Zone mit Umwandlung der primären Mafite in Aktinolith und Chlorit und des Plagioklases in Orthoklas;
- Serizit-Quarz-Zone;
- Quarz-Orthoklas-Phlogopit-Zone mit Sulfiden.

In den porphyrischen, von vornherein mafitenärmeren Ganggesteinen ist folgende Zonierung zu beobachten (von außen nach innen):

- Calcit-Chlorit-Quarz-Zone mit Abbau der primären Mafite und teilweise auch des Plagioklases; besonders in den Latiten entwickelt;
- Aktinolith-Chlorit-Zone, mit Epidot;
- Quarz-Orthoklas-Biotit-Zone mit neugebildeten K-Feldspäten und Biotit sowie Sulfiden.
- Gebietsweise überlagert sich in den beiden letzten Zonen eine starke Serizitisierung.

Tabelle 103 Mineralische (Volum-%) und chemische (Gew.-%) Zusammensetzung hydrothermalmetasomatischer Gesteine von Bingham, Utah (nach LANIER et al. 1978)

	(1)	(2)	(3)
SiO_2	57,0	57,6	59,2
Al_2O_3	15,4	15,4	14,9
Fe_2O_3	3,33	3,39	2,17
FeO	3,32	4,15	3,13
MgO	4,78	5,14	5,20
CaO	5,89	2,01	1,13
Na_2O	3,40	2,63	2,12
K_2O	4,66	4,40	7,64
CO_2	–	–	0,20
S	–	1,50	1,40
H_2O^+	0,66	2,19	1,19
Cu	0,01	0,10	0,39
Summe	98,45	98,51	98,67

(1) Kaum veränderter Monzonit, Last Chance Stock; etwa 2,3 km vom Zentrum entfernt. Orthoklas 33; Plagioklas (Andesin) 29; Augit 20; Aktinolith 7; Quarz 4; Biotit 4; Magnetit 3; Smektit, Apatit, Rutil <1.
(2) Monzonit, in der Aktinolith-Chlorit-Zone verändert, etwa 0,8 km vom Zentrum entfernt. Orthoklas 36; Oligoklas 33; Aktinolith 14; Chlorit 8; Biotit 4; Quarz 3; Magnetit 2; Apatit, Rutil <1.
(3) Umgewandelter Monzonit der Quarz-Orthoklas-Phlogopit-Zone, etwa 0,6 km vom Zentrum entfernt. Orthoklas 38; Oligoklas 19; Phlogopit 25; Quarz 12; Biotitrelikte 5; Pyrit 1; Kupferkies 1; Rutil, Apatit <1.

Auch die karbonischen Sedimentgesteine des Intrusionsrahmens sind von metasomatischen und kontaktmetamorphen Umwandlungen betroffen (siehe folgenden Abschnitt).

Tabelle 103 zeigt die mineralische und chemische Zusammensetzung einiger Gesteine von Bingham. Die Berechnung der Zu- und Wegfuhren ergibt mit steigender Umwandlung von außen zum Zentrum Gewinne an H_2O, K_2O, MgO, S und Cu und Verluste von CaO, Fe_2O_3 und Na_2O.

Skarnmetasomatose am Monzonitstock von Bingham (Utah, USA)
(nach REID, 1978).

Metasomatosen des Skarntyps, d. h. mit Mineralparagenesen auch höherer Bildungstemperaturen, treten am Nebengestein bis in Entfernungen von 1500 m vom Intrusivkontakt auf. Ein von Westen an den Monzonit heransetzendes

Schichtpaket von mergeligem, sandigem und kieseligem Kalkstein (der Commercial-Kalkstein) zeigt von außen zum Kontakt hin folgende metasomatische Zonen:

- **Unveränderter Kalkstein,** ein feinkörniges, durch organisches Material schwarz gefärbtes Gestein; sehr inhomogen mit wechselnden Mengen von sandigen, tonigen und Chert-Beimengungen; bis zu 4% Dolomit.
- **Marmorzone,** feinkörnige, teils noch schwarze, teils weiße Gesteine; Calcit rekristallisiert; weitere Gemengteile sind Quarz, Orthoklas (detritisch), Dolomit, in kleineren Mengen auch Granat, Epidot, Montmorillonit und Chalcedon.
- **Wollastonitzone,** feinkörnige Gesteine aus Calcit, Quarz, Wollastonit und Diopsid; Wollastonit z. T. in Linsen und rundlichen Aggregaten, welche anstelle der Chertkonkretionen des Kalksteins treten. Weitere untergeordnete Minerale sind Granat (Grossular > Andradit), Cristobalit, Chlorit, Montmorillonit und Talk.
- **Cristobalitzone,** mit konkretionsartigen Linsen und Knollen aus Cristobalit, Opal, weniger Quarz (10 bis 20%, maximal 50% SiO_2-Minerale im Gestein!); ferner Granat, Diopsid, Sulfide und Calcit. Der mittlere Cu-Gehalt ist hier und in den zum Monzonit hin folgenden Zonen etwa 0,5 bis 0,7%.
- **Granat-Tonmineral-Zone,** weißliche bis rotbraune mittelkörnige Gesteine aus Granat (Grossular-Andradit), Montmorillonit, Quarz, Diopsid, Epidot, Amphibol und Sulfiden; Adern aus denselben Mineralen sowie Calcit und Magnetit.
- **Granat-Quarz-Zone,** meist kleinkörnige, sehr harte Gesteine aus Granat, Quarz und, unregelmäßig angereichert, auch Diopsid; Tonminerale vorwiegend sekundär; in Adern Amphibol und Epidot.
- **Amphibol-Epidot-Zone,** Aggregate von Tremolit bis Aktinolith und Epidot in einer mittelkörnigen, gebänderten Matrix aus Granat, Quarz und „Tonmineralen". Adern aus Amphibol, Magnetit, Quarz, Tonmineralen, Sulfiden und Calcit.
- Im Monzonit selbst treten nahe dem Kontakt zum Commercial-Kalkstein 1 bis 15 m große Nester von **„Endoskarn"** aus Orthoklas, Aktinolith, Biotit und Epidot auf.

Die Mineralbestände der metasomatisch veränderten Zonen sind großenteils keine Gleichgewichtsparagenesen; sie lassen auch nicht ohne weiteres einen einfach verlaufenden Temperaturgradienten erkennen. Vielmehr überlagern sich Teilparagenesen höherer und niedrigerer Bildungstemperatur, wodurch ungewöhnliche Mineralkombinationen, wie Opal und Diopsid oder Granat und Montmorillonit zustandekommen. Insgesamt läßt sich die Zufuhr von SiO_2, Al_2O_3, MgO, MnO und Cu in den Kalkstein und die Wegfuhr von CaO und CO_2 feststellen.

Andesit-Propylite und metasomatische Kalitrachyte von Telkibanya, Ungarn
(nach SZEKY-FUX, 1964).

Hydrothermale Metasomatite sind im tertiären Vulkangebiet des Karpathen-Innenbogens weit verbreitet. Die Erscheinung der Propylitisierung, die oft mit hydrothermalen Erzlagerstätten eng

Tabelle 104 Mineralische (Volum-%) und chemische (Gew.-%) Zusammensetzung von Andesit, Propylit und Kalitrachyt von Telkibanya, Ungarn (nach SZEKY-FUX 1964)

	(1)	(2)	(3)
SiO_2	57,21	59,16	57,39
TiO_2	0,89	0,56	0,22
Al_2O_3	17,73	18,37	17,47
Fe_2O_3	1,25	1,43	3,45
FeO	5,20	3,49	1,32
MnO	0,08	0,06	0,12
MgO	5,11	3,91	1,80
CaO	8,08	4,99	1,66
Na_2O	2,31	2,13	0,36
K_2O	1,01	1,72	11,28
P_2O_5	0,11	0,10	0,10
CO_2	–	0,59	2,72
H_2O^+	0,69	2,88	1,62
H_2O^-	0,78	0,71	0,17
Summe	100,45	100,10	99,68

(1) Hypersthen-Augit-Andesit, László, Hollóháza, Ungarn. Plagioklas 54,0; Hypersthen 15,0; Augit 8,8; Hornblende 6,2; Chlorit 4,0; Quarz 2,8; Erzminerale und andere 2,8; Glas 6,4.
(2) Propylit („Pyroxen-Chloroandesit"), Csengö-Grube, Telkibanya. Na-Plagioklas 46,0; Augit- und Hornblenderelikte 6,1; Chlorit (Klinochlor) 27,5; Montmorillonit 8,7; Quarz 7,0; Erzminerale, Calcit und andere 4,7.
(3) Metasomatischer Kalitrachyt, Kanya-Hügel, Telkibanya. Adular 70,0; Augit- und Hornblenderelikte 6,5; Chlorit 2,7; Montmorillonit 1,5; Illit 3,3; Calcit 5,0; Erzminerale und andere 11,0.

verbunden ist, wurde hier frühzeitig erkannt und erhielt 1861 durch von Richthofen ihren Namen. Bei Telkibanya (Tokay) sind obersarmatische Andesite durch viele Grubenbaue des alten Gold-Silber-Bergbaus sehr gut erschlossen. Ausgangsgesteine der Metasomatose sind Pyroxenandesite mit Plagioklas, Hypersthen, Augit, Hornblende, wenig Quarz sowie einigen Volum-% Glas und pilotaxitischer bis hyalopilitischer Struktur. Die hydrothermale Überprägung erzeugt zunächst Propylit; die Plagioklase werden dabei Na-reicher (Oligoklas bis Albit), die Mafite großenteils in Chlorit umgewandelt; andere Neubildungen sind Montmorillonit und Quarz. Die weitere Entwicklung erzeugt teils noch chloritreichere Gesteine, teils die sehr kalireichen metasomatischen „Trachyte“. Der hier mit 70 bis 80 Volum-% vorherrschende Feldspat ist teils monokliner Adular, teils trikliner Kalifeldspat des Mikroklin-Sanidin-Übergangsbereiches. Kontinuierliche Übergänge von unverändertem Andesit über Propylit zu „Kalitrachyt“ und die Erhaltung gewisser Gefügemerkmale des Ausgangsgesteins in allen Umwandlungsstufen beweisen die metasomatische Natur der Bildungsprozesse. Tabelle 104 enthält einige Mineralbestände und chemische Analysen der beteiligten Gesteine.

Hydrothermale Zeolithisierung in Laven und Pyroklastiten Islands und Neuseelands
(nach Kristmannsdottir et al. 1978).

In Gebieten gegenwärtiger hydrothermaler Tätigkeit auf **Island** sind Basaltlaven, Hyaloklastite und Tuffe stark umgewandelt worden. Häufigste Neubildungen sind Montmorillonit, Chlorit, Mixed-Layer-Minerale, Quarz, Epidot, Prehnit und Calcit. Zeolithe treten in den Zonen relativ niedriger Temperatur, d. h. bis 230°C auf. Eine Abfolge mit steigenden Temperaturen ist etwa

- **Chabasit,** Levyn (bis 70°C);
- Thomsonit, Gismondin, Mesolith-Skolezit, Heulandit, **Stilbit, Mordenit,** Phillipsit, Analcim (bis 90°C);
- Thomsonit, **Heulandit,** Stilbit, Epistilbit, Mordenit, Analcim (bis 110°C);
- Mordenit, Laumontit, **Analcim** (bis 230°C);
- **Analcim, Wairakit** (bis 300°C).

Die Zeolithisierung beginnt in Gasblasen und Rissen der Gesteine und breitet sich dann vor allem in den ehemaligen Glasanteilen aus. In dem geothermischen Gebiet von Husavik ist stellenweise fast die gesamte Gesteinssubstanz zeolithisiert.

In **Wairakei** (Neuseeland) sind rhyolithische Pyroklastite und Tuffite durch eine rezente hydrothermale Tätigkeit metasomatisch verändert. Eine Zone mit bevorzugter Neubildung von Zeolithen liegt unter einer Argillitisierungszone und geht nach der Tiefe zu in eine Adularisierungszone über. Wichtigstes metasomatisches Mineral ist Ptilolith (= Mordenit), ein Na-K-Ca-Zeolith, in radialfaserigen Aggregaten. Als weitere charakteristische Minerale treten Laumontit und Wairakit $Ca[AlSi_2O_6]_2 \cdot 2\,H_2O$, ein dem Analcim verwandtes Mineral auf. Die Zeolithgesteine sind reich an H_2O^+ (etwa 6%) und H_2O^- (etwa 5%).

Albitmetasomatite der Hohen Tauern, Österreich
(nach Cornelius & Clar, 1939).

In der Schieferhülle des Tauernkristallins sind Phyllite, Quarz-Muskovitschiefer, Kalkglimmerschiefer, Grünschiefer und selbst Dolomite von einer zur alpinen Metamorphose gehörenden Na-Metasomatose betroffen worden. Der Albit bildet hypidiomorphe oder unregelmäßig-rundliche Porphyroblasten, die Muskovit, Chlorit, Quarz und Karbonate verdrängen. Wenn Orthoklas im Ausgangsgestein vorkommt, wird er in Schachbrettalbit umgewandelt. Bei reichlicher Albitbildung (oft über die Hälfte des Gesteinsvolumens) entsteht ein Feldspat-Pflastergefüge mit Relikten der älteren Minerale und Gefüge. Bei synkinematischem Wachstum der Albite bilden sich charakteristische Interngefüge mit sigmoidaler Anordnung kleiner, aus der Gesteinsmatrix orientiert aufgenommener Mineraleinschlüsse, daran läßt sich die Rotation der Feldspäte während ihrer Kristallisation ablesen.

Albitisierung in der Ophiolithzone von Zermatt
(nach Bearth, 1967).

Die allgemeine geologische und petrographische Situation des Gebietes ist auf S. 280 beschrieben. In der Riffelbergzone sind Ophiolithfragmente verschiedenster Größe und Form mit Bündnerschiefern vermengt und verknetet. Diese Schiefer sind niedrigmetamorphe Mergel und Tonsteine mit Hellglimmer, Chloritoid, Quarz, Calcit, Granat und Turmalin (sog. Kalkglimmerschiefer). Sie sind, ebenso wie auch die Ophiolithe, an vielen Stellen mit Albit förmlich durchtränkt. Vielfach wachsen die Kristalle zu Gruppen und größeren Flecken zusammen und sind von einem Epidot- oder Hornblendesaum umgeben. Bei stärkerer Albitisierung verschwindet die Schieferung des Ausgangsgesteins. In den Bündnerschiefern tritt als Vorläufer des Albits Zoisit auf. Er verdrängt bevorzugt den Calcit und wird seinerseits, zusammen mit dem noch vorhandenen Karbonat, von Albit poikiloblastisch resorbiert. Die gleichen Erscheinungen sind auch am Rand größerer Albitnester und -gänge zu beobachten, die in der Riffelbergzone, aber auch sonst in den Ophiolithen von Zermatt-Saas-Fee auftreten. Diese **Albitite** können bis zu mehrere Meter breit und mehrere Zehner von Metern lang werden. Sie sind teils mehr oder weniger vollkommen parallel begrenzt (manchmal mit einer durch Aktinolithaggregate erzeugten Bänderung), teils ganz unregelmäßig gestaltet; die Albite werden stellenweise bis zu 10 cm groß. Für alle diese Albitite wird die metasomatische Entstehung angenommen.

Hydrothermale Kaolinisierung des Granits von Ploemeur, Bretagne
(nach Charoy, 1975).

Der Granit von Ploemeur (südliche Bretagne) ist streckenweise von zahlreichen verzweigten Quarzgängen und -adern durchsetzt, in deren Umgebung das Gestein weitgehend kaolinisiert ist. Der Kaolinit wird zu keramischen Zwecken abgebaut. In Drusen der Gänge ist die Paragenese Quarz-Muskovit-Kaolinit entwickelt; an Flüssigkeitseinschlüssen der Quarze wurden Bildungstemperaturen von mindestens 160° C bei etwa 0,5 kb Druck bestimmt. Bei der Umwandlung blieb der Quarz des Granits großenteils erhalten; auch die Struktur des Ausgangsgesteins ist noch erkennbar, so daß eine Metasomatose unter Erhaltung des Volumens angenommen werden kann.

Weiterführende Literatur zu Abschn. 5

Drescher-Kaden, F. K. (1974): Aplitische Gänge in Graniten und Gneisen. – 215 S., Berlin (De Gruyter).

Meyer, C. & Hemley, J. J. (1967): Wall rock alteration. – In: Barnes, H. L. [Hrsg.]: Geochemistry of Hydrothermal Ore Deposits. – S. 167–235, New York (Holt, Rinhart & Winston).

Korshinskij, D. S. (1970): Die Ströme der transmagmatischen Lösungen und die Granitisationsprozesse. – Fortschr. Miner., **47:** 263–274.

Pouba, Z. & Stemprok, M. [Hrsg.] (1970): Problems of Hydrothermal Ore Deposition. – 396 S., Stuttgart (Schweizerbart).

6 Gesteine des oberen Erdmantels

6.1 Allgemeine petrographische und chemische Kennzeichnung

Die Darstellung der Gesteine des oberen Erdmantels als besondere, den magmatischen und metamorphen Gesteinen gleichrangige Kategorie ist durch die weithin bestehende Unsicherheit hinsichtlich ihrer Zuordnung zu der einen oder der anderen dieser genetischen Gesteinsklassen begründet. Zwar zeigen viele aus dem oberen Erdmantel stammende Gesteine eindeutig metamorphe Züge, andere dagegen scheinen nicht oder nur wenig veränderte magmatische Kristallisate zu sein; häufig läßt sich aber aus den petrographischen Kriterien keine sichere Folgerung auf reine metamorphe oder magmatische Bildungsweise ableiten. Dies gilt vor allem für mehr oder weniger gleichkörnige massige Gesteine mit panallotriomorpher Struktur, deren Minerale mit einfach gestalteten Korngrenzen aneinanderstoßen und so eine sehr vollkommene Einstellung eines Gleichgewichtszustandes, sei es durch magmatische oder metamorphe Kristallisation, anzeigen.

Als authentische Gesteine des oberen Erdmantels werden hier vornehmlich drei Gruppen behandelt, denen wegen ihrer mineralischen und chemischen Zusammensetzung und besonders wegen ihres Auftretens in spezifischen tektonischen und magmatischen Zusammenhängen nach herrschender Auffassung diese Herkunft zugebilligt wird:

- **Peridotite als Einschlüsse in Basalten** und anderen Magmatiten;
- **Peridotite, Pyroxenite und Granatpyroxenite** als Einschlüsse in **Kimberliten** und Auswürflinge in Kimberlitbreccien;
- **Peridotite** und begleitende ultramafitische und mafitische Gesteine in **Ophiolithkomplexen** („alpinotype Peridotite") und als selbständige diapirartige Körper.

Für manche Granatpyroxenite (Eklogite und ähnliche Gesteine), die im Metamorphikum der Kruste eingelagert sind, ist die Herkunft aus dem oberen Mantel oder der untersten Erdkruste zu vermuten, aber nicht gesichert. Diese Gesteine werden nicht hier, sondern in dem Abschnitt über Eklogite, S. 277 bis 278, behandelt. Die in Ophiolithkomplexen und auch sonst im metamorphen Gebirge so verbreiteten **Serpentinite** werden als umgewandelte Mantelgesteine in Abschn. 3.6.4 dargestellt.

Im Sinne der petrographischen Systematik gehören die Gesteine des oberen Erdmantels hauptsächlich zu den Familien der **Peridotite** und **Pyroxenite.** Gesteine mit höheren Feldspatanteilen scheinen zu fehlen; wieweit bestimmte hornblende- und glimmerreiche Einschlüsse in Kimberliten und als Auswürflinge des ultrabasisch-alkalischen Magmatismus aus dem oberen Erdmantel stammen, soll offen bleiben. Die nachfolgenden Beschreibungen beschränken sich auf die drei oben genannten Gesteinstypen. Hinsichtlich ihrer Mineralkomponenten und der mesoskopischen äußeren Erscheinung gelten die Ausführungen in Abschn. 2.15 und 2.22.

Chemisch sind die vorherrschenden Gesteine des oberen Erdmantels als ultrabasisch bis basisch zu kennzeichnen. Für die Peridotite gelten die Angaben in Abschn. 2.22; die Granatpyroxenite („Manteleklogite") haben in vielen Fällen ungefähr die Zusammensetzung olivinreicher Basalte. Viele Beobachtungen sprechen für die chemische und mineralogische Inhomogenität des oberen Erdmantels. Sie ist unmittelbar aus der Verschiedenheit der tektonisch oder vulkanisch an die Erdoberfläche gebrachten festen Gesteine oder mittelbar aus den Besonderheiten der aus dem Mantel stammenden Magmen abzuleiten. So wird z. B. für bestimmte Kaligesteins-Assoziationen die Herkunft aus phlogopitführendem Mantelgestein angenommen (s. S. 145).

6.2 Peridotiteinschlüsse in Basalten

Auftreten und äußere Erscheinung

Die Peridotiteinschlüsse der Basalte, oft auch *Olivinknollen* (engl. olivine nodules) genannt, treten mit verschiedener Häufigkeit in Alkali-Olivinbasalten, ultrabasisch-alkalischen Basalten, selten auch in ultrabasisch-alkalischen Ganggesteinen sowie in Phonolithen auf. Die Größe der einzelnen Einschlüsse kann mehrere Dezimeter erreichen; sehr kleine, aber zweifellos authentische Einschlüsse bestehen aus nur wenigen Individuen der konstituierenden Minerale. Am verbreitetsten sind Einschlüsse von 1 bis etwa 20 cm Durchmesser. Die äußere Form ist meist einfachrundlich bis unregelmäßig-rundlich; auch kantengerundete polyedrische Formen kommen vor. Nicht selten treten die Einschlüsse gruppen- oder schwarmweise auf. Bei klein- bis mittelkörniger Ausbildung sind die Hauptminerale Olivin (hell olivfarbig), Orthopyroxen (meist blaß bräunlich), Klinopyroxen (bei höherem Cr-Gehalt smaragdgrün) und Spinell (dunkelbraun bis schwarz) mit dem bloßen Auge gut erkennbar. Die Texturen können gleich- oder ungleichkörnig, geregelt oder ungeregelt sein. Mit beginnender Verwitterung entstehen zunächst gelblichbraune Umwandlungsprodukte des Olivins; das Gefüge wird dabei aufgelockert und neigt zum Zerbröckeln.

Mineralische und chemische Zusammensetzung

Die meisten Peridotiteinschlüsse der Basalte sind **Lherzolithe** (s. S. 154) mit den Hauptmineralen Olivin (Forsterit bis Chrysolith), Mg-reichem Orthopyroxen und Klinopyroxen (oft Chromdiopsid). Zusätzlich ist meist Spinell, viel seltener auch Granat (pyropreich) vorhanden. Nach der Zusammensetzung der Spinellminerale sind weiter unterscheidbar:

- Aluminiumspinell-Lherzolithe:
  $\frac{Al}{Al + Cr}$ im Spinell > 0,65,
- Chromspinell-Lherzolithe:
  $\frac{Al}{Al + Cr}$ im Spinell 0,25 bis 0,65,
- Chromit-Lherzolithe:
  $\frac{Al}{Al + Cr}$ im Spinell < 0,25, ferner
- Al-Spinell-Granat-Lherzolithe,
- Cr-Spinell-Granat-Lherzolithe und
- Granat-Lherzolithe ± Chromit.

Die Al-Spinell-Lherzolithe sind in den Alkalibasalten am häufigsten; Granat-Lherzolithe kommen besonders in Kimberliten, seltener auch in Basalten vor. Außer den genannten Mineralen kommen gelegentlich Hornblende und Phlogopit als zusätzliche Gemengteile vor.

Als mittlere modale Zusammensetzung der Lherzolith-Einschlüsse in Basalten wird angegeben: 66,7% Olivin, 23,7% Orthopyroxen, 7,8% Klinopyroxen und 1,8% Spinell. Die chemische Zusammensetzung ist relativ wenig variabel, solange nicht auch der Mineralbestand wesentlich vom Durchschnitt abweicht.

Die Peridotiteinschlüsse der Basalte werden überwiegend als Bruchstücke von Gesteinen des oberen Erdmantels gedeutet. Die Basalte selbst sind Produkte der teilweisen Aufschmelzung eben dieser Gesteine. Anhand der Gehalte eines Peridotits an Al_2O_3, CaO, Na_2O und weiteren Elementen wird beurteilt, ob er bereits eine solche Teilschmelzung durchgemacht und „Basalt" abgegeben hat oder nicht. Die Extremwerte der besonders kennzeichnenden Elemente sind: Al_2O_3 0,47 bis 4,00%, CaO 0,57 bis 3,50%, Na_2O 0,05 bis 0,38%. Je nach den im Einzelfall niedrigeren oder höheren Gehalten kann ein Peridotit als *verarmt* oder *nicht verarmt* in Bezug auf seinen potentiellen „Basalt"-Anteil klassifiziert werden (engl. *depleted* bzw. *fertile*).

Gefüge der Peridotiteinschlüsse in Basalten
(nach PIKE & SCHWARZMANN, 1977).

Für die am häufigsten vorkommenden Spinell-Lherzolithe haben PIKE & SCHWARZMANN (1977) Gefügekriterien und Gefügetypen magmatischer bzw. metamorpher Entstehung folgendermaßen definiert:

- **Magmatisch:** Zonierung und Entmischungserscheinungen in den Pyroxenen; Pyroxen-Wachstumszwillinge; idiomorphe bis polygonale Kornformen; Grobkörnigkeit; idiomorphe Spinelleinschlüsse in den Silikaten; poikilitische Gefüge sowie besonders die Kombination mehrerer dieser Kriterien.
- **Pyrometamorph** (durch Erhitzung im einschließenden Magma): Glas in Zwickeln; „schwammige" Randzonen der Pyroxene; Olivin-Plagioklas-Säume an Klinopyroxen-Spinell-Korngrenzen und Spinell-Plagioklas-Säume um Klinopyroxen.
- **Porphyroklastisch:** größere innerlich und äußerlich deformierte Körner mit unruhig-eckigen Grenzen in einer Matrix aus viel kleineren, weniger deformierten oder rekristallisierten Körnern; die Matrix kann Foliation zeigen.
- **Kataklastisch:** größere und kleinere Körner gleichermaßen deformiert, mit unruhig-eckigen Grenzen.
- **Foliiert:** mehr oder weniger gleichkörnig; Einzelkörner in der Foliationsfläche ausgelängt, aber ohne Anzeichen postkristalliner Deformation (Textur nach deutschem Sprachgebrauch auch als schiefrig mit Formregelung zu bezeichnen; mit der Formregelung ist oft auch eine Gitterregelung verbunden).

- **Gleichkörnig-mosaikartig:** mehr oder weniger isometrische, polygonale Körner mit einfachen Umrissen und geraden oder schwach gekrümmten Grenzen. Produkt der Rekristallisation nach metamorpher Beanspruchung.
- **Allotriomorph-körnig:** häufig grobkörnig; einfache oder unregelmäßig buchtige Umrisse der Einzelkörner. Hinsichtlich der genetischen Aussage ist dieser Gefügetyp indifferent.

Die Deformationsgefüge der Einschlüsse geben Hinweise auf tektonische und metamorphe Prozesse im oberen Erdmantel. Die angegebene Terminologie ist auch auf Peridotite anwendbar, die nicht Einschlüsse in Basalten sind.

Die Peridotitauswürflinge vom Dreiser Weiher, Westeifel
(nach Frechen, 1963 und Stosch & Seck, 1980).

Der Dreiser Weiher ist einer der quartären Maarvulkane der Westeifel. Das Becken hat in seinem heutigen Zustand 1,36 × 1,18 km Ausdehnung; die darum gelagerten Auswurfsmassen erheben sich bis zu 120 m relativer Höhe. Aus den Lagerungs- und Korngrößenverhältnissen der Tuffe lassen sich vier Ausbruchsphasen mit unterschiedlicher Wurfrichtung rekonstruieren. Die Tuffe bestehen zum größten Teil aus Bruchstükken der unterlagernden devonischen Sedimentgesteine; sie enthalten ferner Wurfschlacken und Lapilli von Olivinnephelinit und Leucitnephelinit, Einzelkristalle von Olivin, Bronzit, Diopsid, Augit, basaltischer Hornblende, Phlogopit, Picotit, Magnetit, Apatit und Titanit sowie die hier zu behandelnden ultramafitischen Auswürflinge. Diese sind in ihrer Zusammensetzung sehr variabel; als peridotitische Gesteinstypen sind zu nennen:

- Dunit und Picotitdunit,
- Harzburgit
- Wehrlit, Phlogopit-Wehrlit, Hornblende-Wehrlit,
- Lherzolith.

Ferner kommen nichtperidotitische Ultramafitite vor, z. B.

- Hornblendit mit wechselnden Anteilen von Phlogopit, Olivin, Chromdiopsid, Augit, Apatit und Magnetit,
- Augitit, phlogopit- und hornblendeführender Augitit,
- Olivinpyroxenit mit Augit, Olivin, Magnetit, Phlogopit und Hornblende.

Die peridotitischen Auswürflinge vom Dreiser Weiher sind gewöhnlich mittelkörnig, seltener klein- oder grobkörnig. Nicht selten sind an den Olivinen Kristallflächen deutlich ausgebildet. Die Fayalitgehalte des Olivins bewegen sich zwischen 7 und 13%. Die Orthopyroxene haben Al_2O_3-Gehalte von bis zu 7,7%. Auch der Klinopyroxen hat 6,5–8,7% Al_2O_3 und bis über 1% Cr_2O_3. An gelegentlich zu beobachtenden besonderen Gefügeeigenschaften der Peridotitauswürflinge sind zu nennen: mäßig ausgeprägte Regelung der Olivine, kompositionelle Lagentexturen und selten auch konzentrische Texturen. Häufig sind die Peridotitauswürflinge von einer basaltischen Schlackenhülle umgeben.

Peridotiteinschlüsse des lherzolithischen Typs sind auch sonst in Alkalibasalten des jungen Vulkanismus Mitteleuropas verbreitet. Für ihre Deutung als Xenolithe (= Fremdgesteinseinschlüsse) im Gegensatz zu der als Kumulate magmatischer Frühausscheidungen werden die Unterschiede der Zusammensetzung ihrer Pyroxene und Olivine zu der der Pyroxene und Olivine des einschließenden Basalts herangezogen.

6.3 Peridotite und Granatpyroxenite aus Kimberliten verschiedener Fundorte

Kimberlite und Kimberlitbreccien sind die ergiebigsten Wirtgesteine verschiedenster, aus dem oberen Erdmantel stammender Einschlüsse. Als häufigere und hinsichtlich ihrer Aussage über die Bedingungen der Kristallisation im oberen Mantel wichtige Gesteinstypen sind zu nennen:

- **Lherzolithe** mit oder ohne Spinellminerale (Al-Spinell bis Chromit),
- **Granatlherzolithe,**
- **Harzburgite** und **Granatharzburgite,**
- **Granatpyroxenite,** fallweise mit vorherrschendem Orthopyroxen oder Klinopyroxen oder meist beiden Pyroxenarten. Bei vorherrschendem Klinopyroxen wird oft die Bezeichnung **„Manteleklogit“,** auch **Griquait** verwendet. Varianten sind Chromit-Granat-Pyroxenite, Disthen-Gr.-P., Amphibol-Gr.-P., Korund-Gr.-P., Ilmenit-Gr.-P. und andere.
- **Ilmenitführende** bis ilmenitreiche **Pyroxenite** und **Ilmenitknollen.**

Phlogopit, Amphibol, Ilmenit und Rutil treten auch als Nebengemengteile in manchen Peridotiten und Pyroxeniten auf. Die Gesteine sind teils

Tabelle 105 Mineralische (Volum-%) und chemische (Gew.-%) Zusammensetzung von Mantel-Peridotiten (1, 4, 5, 6) und begleitenden Gesteinen (2, 3)

	(1)	(2)	(3)	(4)	(5)	(6)
Olivin	51,7	57,8	–	62,8	68	26
Orthopyroxen	32,0	14,6	–	28,1	8	12
Klinopyroxen	13,9	0,2	3,3	2,8	4	5
Amphibol	–	25,0	32,5	–	–	1
Granat	–	–	20,7	–	10	2
Spinell, Chromit	2,4	–	–	6,3	–	1
Fe-Ti-Erze	–	2,4	0,3	–	–	–
Plagioklas	–	–	41,7	–	–	–
Andere	–	–	1,5	–	10	53
SiO_2	46,0	42,0	46,5	44,07	43,20	39,21
TiO_2	0,09	0,76	0,15	0,02	0,14	0,04
Al_2O_3	3,2	2,0	22,5	0,73	2,42	1,43
Cr_2O_3	0,44	0,28	0,01	0,45	0,43	0,35
Fe_2O_3	3,5	0,8	2,3	1,82	1,92	4,27
FeO	5,5	14,6	5,0	6,78	7,30	3,64
NiO	0,23	0,06	0,03	0,30	–	0,25
MnO	0,16	0,21	0,13	0,14	0,16	0,09
MgO	37,5	36,0	8,3	43,80	41,26	38,59
CaO	3,2	2,5	11,8	1,64	1,93	1,11
Na_2O	0,18	0,46	2,32	0,07	n. b.	0,06
K_2O	0,01	0,04	0,06	0,04	n. b.	0,03
P_2O_5	n. b.	n. b.	n. b.	n. b.	n. b.	0.02
CO_2	n. b.	n. b.	n. b.	n. b.	n. b.	0,67
H_2O^+	n. b.	n. b.	n. b.	0,12	1,36	9,77
Summe	100,01	99,71	99,10	99,98	100,12	99,53

(1) Lherzolith, Baldissero, Ivrea-Zone, Italien (nach LENSCH 1971).
(2) Hornblende-Peridotit, Finero, Ivrea-Zone. Quelle wie (1).
(3) Metagabbro, Finero, Ivrea-Zone. Quelle wie (1).
(4) Peridotit-Einschluß in Olivinnephelinit, Gonterskirchen, Vogelsberg (nach SCHÜTZ 1967).
(5) Granatperidotit, Sklené, Böhmen (nach FIALA 1966).
(6) Granatperidotit, Herzogenhorn, Schwarzwald (Analyse K. BAATZ). Andere = Serpentin, Chlorit.

massig und mittel- bis grobkörnig, es wird ihnen dann oft magmatische Entstehung zugeschrieben; andere zeigen dagegen orientierte Texturen, Erscheinungen der Kataklase und Rekristallisation, wie sie auf S. 360 beschrieben sind. Auch die Granatpyroxenite haben oft eine Gefügeregelung. In solchen Fällen muß eine metamorphe Überprägung angenommen werden. In seltenen Fällen wurden auch Diamant und Graphit als Bestandteile von Granatpyroxeniten gefunden, so z. B. in Südafrika (Roberts-Victor-Mine) und Sibirien (Kimberlitvorkommen Mir). Für die Vorkommen der Roberts-Victor-Mine werden 1020 bis 1140°C und etwa 42 bis 45 kbar als Bildungsbedingungen angenommen.

Als allgemein kennzeichnende Eigenschaften der Hauptminerale aller dieser Mantelgesteine können angegeben werden:

- Olivin: Fo-reich;
- Orthopyroxen: Enstatit bis Bronzit, bis zu 3,5% Al_2O_3;
- Klinopyroxen: Chromdiopsid bis Diopsidaugit (bis zu 8% Al_2O_3 und 4% Cr_2O_3), auch Omphacit;
- Granat: fast immer über 60% Pyropanteil;
- Ilmenit: mit MgO-Gehalten um 10–12% (Pikroilmenit);
- Amphibol: edenitische und pargasitische Hornblenden.

Häufig kommen in den Kimberliten auch bis zu einigen cm große, gerundete Einzelkristalle von Granat, Pyroxenen und Ilmenit vor, die nicht

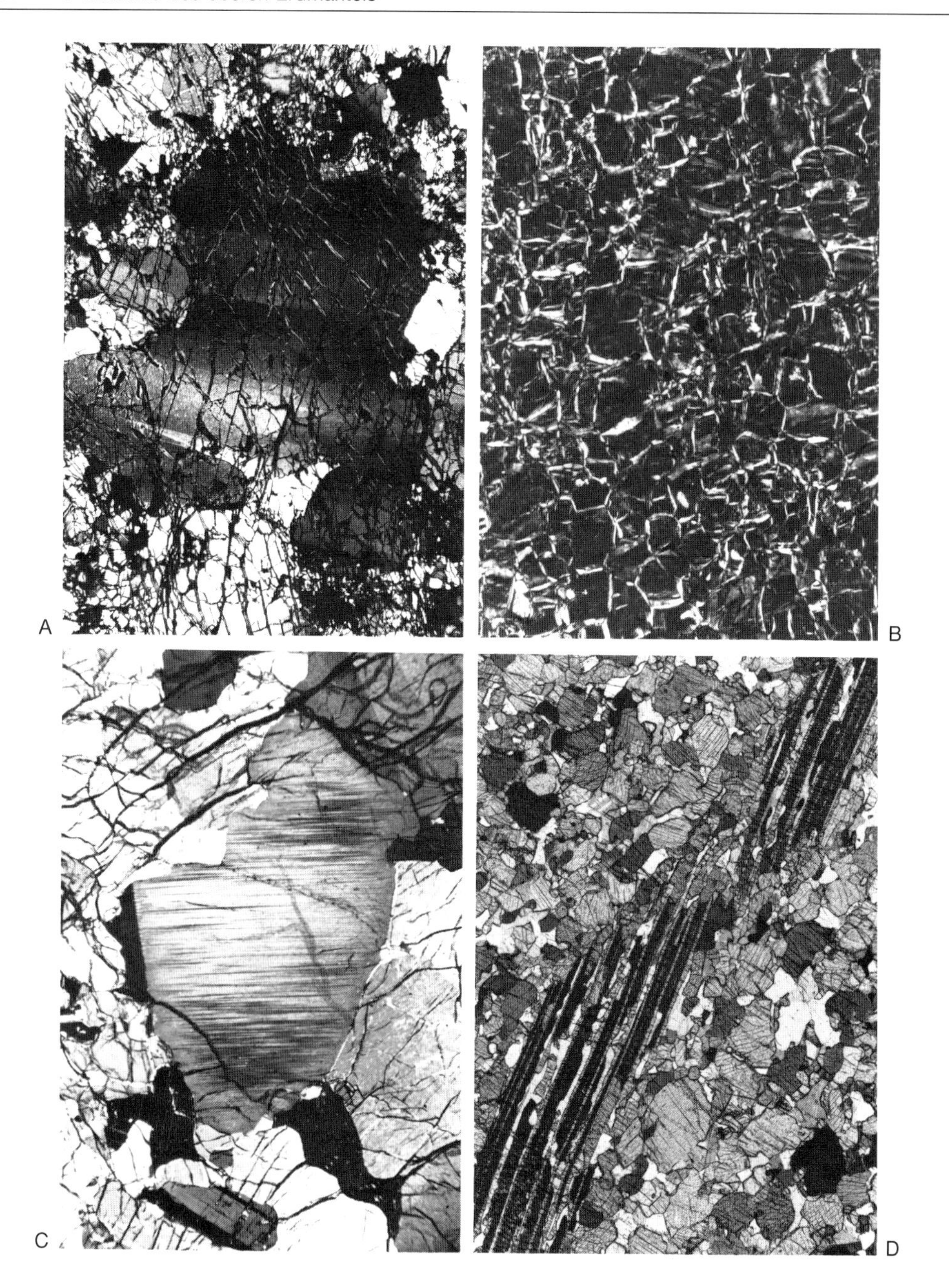

Abb. 120

A) Deformierter Olivin mit undulöser Auslöschung in Lherzolith, Lac de Lherz (Pyrenäen). Beginnende Serpentinisierung auf netzartigen Rissen aller Olivinkörner. Gekr. Nicols; 40 mal vergr.

B) Maschenstruktur eines vollständig serpentinisierten Peridotits, Aggsbach (Österreich). Gekr. Nicols; 40 mal vergr.

C) Lherzolith mit feinlamellar entmischtem Orthopyroxen (Mitte) in Olivin-Umgebung. Bargone bei Sestri (Italien). Gekr. Nicols; 30 mal vergr.

D) Olivinführender Gabbro, Lage im Peridotit der Serrania de Ronda (Spanien). Vorwiegend Klinopyroxen, z. T. verzwillingt und mit Plagioklas lamellar verwachsen; Plagioklas (hell), untergeordnet Olivin. Halb gekr. Nicols; 15 mal vergr.

ohne weiteres als Bruchstücke der gewöhnlichen Einschlußgesteine zu deuten sind (sog. „Megakristalle"). Ähnliche Pyroxen-Megakristalle treten auch in ultrabasisch-alkalischen Basalten auf. Sie werden dort als Kristallisate unter hohen Drucken, also noch im Mantelniveau, interpretiert.

6.4 Beispiele anderer, aus dem oberen Erdmantel stammender Peridotitvorkommen

Die Peridotite vom Lac de Lherz, Pyrenäen (nach AVÉ LALLEMANT, 1967, und AZAMBRE & RAVIER, 1978).

Zwischen den Kristallinmassiven der Trois Seigneurs im N und der Hochpyrenäen im S erstreckt sich zwischen Vicdessos und dem Tal des Salat ein 35 km langer und 2 bis 4 km breiter grabenartiger Streifen mesozoischer Sedimente, die durch eine Niedrigdruck-Metamorphose in Hornfelse und Marmore umgewandelt sind. An den Randstörungen des Grabens liegen mehrere kleine Schuppen von granulitischen Gneisen und Metabasiten.

Die Peridotite treten als zahlreiche Schollen und Fragmente in den Metasedimenten auf. Sie sind im festen Zustand und durch tektonischen Transport in ihre heutige Lage gekommen. Der Peridotitkörper vom Lac de Lherz ist 1,6 km lang und 0,7 km breit. Mehrere gefügebildende Akte können unterschieden werden. Als „alte" Texturen möglicherweise magmatischer Entstehung sind Lagen unterschiedlicher Zusammensetzung von cm- bis dm-Dicke anzusehen. Hauptgestein ist der **Lherzolith** mit 45–87% Olivin, 10–35% Orthopyroxen, 5–20% Chromdiopsid und 1–6% Chromspinell. Als besondere Merkmale der Hauptminerale sind hervorzuheben:
- **Olivin** (Forsterit), überall xenomorph, gestreckte und mäßig deutlich formgeregelte Körner; interne Deformationen mit Knickbändern und Rissen, längs derer die Serpentinisierung beginnt (Abb. 120 A). Gelegentlich Kataklase bis Mylonitisierung.
- **Orthopyroxen** (Enstatit) ebenfalls oft deformiert; Entmischungslamellen von Klinopyroxen parallel (100).
- **Klinopyroxen** (Chromdiopsid) mit Entmischungslamellen von Enstatit parallel (100); Kornformen unregelmäßig, oft deformiert;
- **Spinell** (Chromspinell, Picotit), xenomorphe Körner, im Dünnschliff braun oder olivgrün durchscheinend.
- Weitere Neben- und akzessorische Minerale sind: braune Hornblende, Pyrrhotin, Pentlandit, Ilmenit; in serpentinisierten Gesteinen auch Magnetit und Chromit (s. S. 287).

Als Lagen im Lherzolith treten folgende Gesteine auf:
- harzburgitischer Lherzolith, Websterit (s. Abschn. 2.15), Spinellpyroxenit mit vorherrschendem Diopsid, Orthopyroxenit mit bis zu 70% Orthopyroxen.

Als Gänge und Adern sind zu nennen:
- **Ariégit** (Spinell-Granat-Klinopyroxenit) und
- **Lherzit,** ein grobkörniger Biotit-Hornblendit.

Die mehreren aufeinanderfolgenden Deformationsakte vor, während und nach der Ortsstellung im heutigen Gesteinsrahmen erzeugten verschiedene, mehr oder weniger ausgeprägte Gefügeregelungen der Olivine und Pyroxene, wovon ein Beispiel auf S. 253, Abb. 98 wiedergegeben ist.

Peridotite und verwandte Gesteine der Ivrea-Zone, italienische Westalpen (nach LENSCH, 1971).

Die Ivrea-Zone erstreckt sich als 150 km langer und bis zu 15 km breiter Streifen zwischen dem Kristallin von Sesia-Lanzo im W und NW und dem südalpinen Kristallin im SE ihres nördlichen Abschnittes. Das Gebiet ist durch starke positive Schwereanomalien ausgezeichnet. Die tiefsten Anschnitte der Gesteinsabfolge enthalten Peridotite und andere Ultramafitite, die als tektonisch abgetrennte Teile eines in wenigen Kilometern Tiefe anzunehmenden hoch aufgestiegenen Mantelkörpers gedeutet werden. Die im Profil nach oben folgenden Gesteine sind Pyriklasite und Stronalithe der unteren Erdkruste (s. S. 292).

In der Umgebung von Finero bilden Peridotite im Verband mit anderen Ultramafititen und Metabasiten eine Antiklinale von 12 km Länge und bis zu 2 km Breite. Im Kern dieser Struktur liegt Phlogopit-Peridotit, darüber folgt eine wenigstens 100 m mächtige Lage „basischer Gesteine" (s. u.) und schließlich Hornblende-Peridotit. Im SE grenzen die Pyriklasite und andere Metabasite des „basischen Hauptzuges" an. Die Hauptgesteine des Ultramafititkörpers haben folgende Eigenschaften:
- **Phlogopitperidotit,** mittelkörniges, massiges bis schiefriges Gestein mit lagenweise stark

variierender mineralischer Zusammensetzung (Forsterit 58–84%, Enstatit 9–29%, grüne Hornblende 0–17%, Phlogopit 0,1–5,4%, Spinell 0,1–1,5%).

- **Hornblendeperidotit,** lagig-inhomogen (Olivin 40–95%, Bronzit 1–20%, Fe-Diopsid 0–64%, grüne bis bräunliche Hornblende bis 63%, Erzminerale und Spinelle bis 6,5%). Durch Absinken des Olivinanteils unter 40% und starke Zunahme der Hornblenden entwickeln sich grobkörnige Hornblendite.
- **Metagabbros variabler Zusammensetzung** („basische Gesteine"). Vorherrschend und charakteristisch sind gebänderte, granatführende Gesteine mit wesentlichen Anteilen von Plagioklas (als Beispiel: Bytownit 41,7%, Granat 20,7%, olivgrüne Hornblende 32,5%, Klinopyroxen 3,3%, Erzminerale 0,3%, Plagioklas-Pyroxen-Symplektit 1,5%). Der Granat enthält 50% Pyrop-, 30% Almandin- und 20% Grossularkomponente. Gelegentlich kommt **Sapphirin** vor.

In anderen Ultramafititkörpern der Ivrea-Zone kommen auch Lherzolithe vor, z. B. bei Baldissero und Balmuccia. Mineralbestand und chemische Analyse eines solchen Gesteins sind in Tabelle 105 angegeben.

Basische Ausscheidungen im Peridotit der Serra de Ronda (Spanien) als mögliche Zeugen der Entstehung eines basaltischen Magmas
(nach SCHUBERT, 1977).

Das Peridotitmassiv von Ronda (Südspanien) tritt mit etwa 300 km^2 Fläche als diapirartige Einlagerung in den Metamorphiten (Metapeliten, Quarziten und Marmoren) der Betischen Kordillere zutage. Der im festen Zustand aufdringende, aber noch sehr heiße Peridotitkörper erzeugte in seinem Nebengestein einen bis zu mehrere Kilometer breiten Kontakthof, für den Umwandlungstemperaturen von bis zu 800°C ermittelt wurden. Das Hauptgestein des Diapirs ist ein Spinell-Lherzolith mit einem ungleichkörnigen Gefüge aus Olivin (Fo_{90}), Al-haltigem Bronzit, Al- und Fe-haltigem Diopsid und Chromspinell. Basische Lagen und Linsen von cm- bis dm-Breite und bis zu mehreren Metern Länge nehmen bei unregelmäßiger Verteilung etwa 5 Volum-% des Massivs ein.

Sie sind je nach ihrem jetzt vorliegenden Mineralbestand als Granatpyroxenite, Klino- und Orthopyroxenite, Spinellpyroxenite und Olivinnorite zu bezeichnen. Diese Gesteine haben die chemische Zusammensetzung olivinreicher Basalte, auch in solchen Fällen, wo kein Plagioklas am Mineralbestand teilnimmt. Die Teilschmelzen kristallisierten, zunächst unter noch hohen Drukken, als Granatpyroxenit oder Pyroxenit aus; während des weiteren Aufstieges des Peridotitkörpers entstanden daraus unter nun niedrigeren Drucken die plagioklasreicheren noritischen und gabbroiden Gesteine mit Spinell (Abb. 120D). Die Umwandlungen vollzogen sich im festen Zustand. Entmischung von Orthopyroxen in Klinopyroxen und umgekehrt, komplizierte Verwachsungsstrukturen der neugebildeten Plagioklase mit den Pyroxenen und Kelyphitisierung des Granats (s. S. 243) sind hierfür charakteristische Erscheinungen.

Tabelle 106 Mineralische (Volum-%) und chemische (Gew.-%) Zusammensetzung basischer Ausscheidungen im Peridotit der Serrania de Ronda, Spanien (nach SCHUBERT 1977).

	(1)	(2)	(3)	(4)
SiO_2	46,80	49,80	46,50	46,80
TiO_2	0,06	0,69	0,25	0,59
Al_2O_3	2,60	10,90	12,10	13,40
Fe_2O_3	2,30	0,00	0,60	0,70
Cr_2O_3	0,83	0,25	0,40	0,16
FeO	5,50	5,80	4,00	6,40
NiO	0,24	0,00	0,11	0,13
MnO	0,12	0,10	0,10	0,16
MgO	36,00	20,60	18,80	18,60
CaO	2,65	10,90	13,50	11,60
Na_2O	0,13	1,10	1,47	1,07
K_2O	0,00	0,00	0,01	0,01
H_2O	n. b.	n. b.	n. b.	n. b.
Summe	97,23	100,14	97,84	99,62

(1) Spinell-Lherzolith, Penas Blancas. Olivin, z. T. serpentinisiert 40; Orthopyroxen 29; Klinopyroxen 25; Spinell 6.
(2) Granatpyroxenit, Subrique. Klinopyroxen etwa 50; Orthopyroxen 25; Granat (mit 75% Pyropanteil) 25.
(3) Plagioklas-Spinell-Pyroxenit, Rio Castor. Olivin 30; Klinopyroxen 22; Orthopyroxen 20; Plagioklas 20; Spinell 5; Hornblende 3.
(4) Olivinnorit, San Pedro. Orthopyroxen 30; Plagioklas 30; Olivin 20; Klinopyroxen 15; Spinell 5.

Granatperidotite verschiedener Vorkommen
(nach ROST, 1971 u. a.).

Peridotiten mit Granat oder Granat-Umwandlungsmineralen wird wegen ihrer allgemein angenommenen Herkunft aus Bereichen höherer Drucke (> 20 kb) besondere Aufmerksamkeit gewidmet.

Sie finden sich:
- im hochmetamorphen Grundgebirge als Linsen und Lagen in granulitfazieller Umgebung;
- als tektonisch transportierte Körper tiefer Herkunft in mittelmetamorpher (Gneis-)Umgebung;
- als Auswürflinge in Kimberliten (s. S. 151).

Die Granate der meisten Vorkommen sind pyropreich und enthalten bis zu mehreren Gewichtsprozent Cr_2O_3. ROST & GRIGEL (1969) geben als mittlere Zusammensetzung an: Pyrop 72,3%, Almandin 14,6%, Uwarowit 7,4%, Andradit 3,3%, Grossular 1,8%, Spessartin 0,6%. Die Farbe solcher Granate variiert mit steigendem Chromgehalt von gelbrot über rot bis violett. Sehr häufig sind die Granate durch retrograde Metamorphose infolge fallenden Druckes ganz oder teilweise kelyphitisiert. Die Kelyphite sind radialfaserige Aggregate aus Orthopyroxen, Klinopyroxen und Spinell; sie enthalten häufig auch Hornblende. Als mögliche Umwandlungsreaktion wird von ROST angegeben:

$$\underset{\text{Granat}}{Mg_5CaAl_4Si_6O_{24}} + 2\ \underset{\text{Olivin}}{Mg_2SiO_4} \rightarrow$$

$$6\ \underset{\text{Enstatit}}{MgSiO_3} + \underset{\text{Diopsid}}{CaMgSi_2O_6} + 2\ \underset{\text{Spinell.}}{MgAl_2O_4}$$

Die weiter teilnehmenden Elemente Fe und Cr sind hier nicht berücksichtigt. Wie andere Peridotite, so können auch die Granatperidotite der Serpentinisierung unterliegen, wobei auch die Kelyphitminerale entsprechend weiter in Chlorit, Serpentin und andere Minerale umgewandelt werden.

Granatperidotite treten in Mitteleuropa und den Alpen, z. B. im sächsischen Granulitgebirge, in verschiedenen Teilen des Altkristallins der Böhmischen Masse (Tschechoslowakei, Österreich) in den Vogesen, in der Ivrea-Zone (s. o.), im Tessin und im Ultental (Südtirol) auf.

Die als Schmucksteine berühmten **böhmischen Granate** sind Pyrope, welche aus basaltischen Schlotbreccien in der Umgebung von Trebenice ausgewittert sind und in pleistozänen Geröllablagerungen seifenartig angereichert wurden. Die pyrophaltigen Gesteinskomponenten der Schlotbreccien stammen aus einem in nur wenigen hundert Metern Tiefe anstehenden Granatperidotit des nordböhmischen Altkristallins.

Weiterführende Literatur zu Abschn. 6

BAILEY, D. K., TARNEY, J. & DUNHAM, K. C. [Hrsg.] (1980): The Evidence for Chemical Heterogeneity in the Earth's Mantle. – Philos. Transact. Royal Soc. London, A, **297:** 135–493.

BOYD, F. R. & MEYER, H. O. A. [Hrsg.] (1979): The Mantle Sample. – Proc. Second Internat. Kimberlite Conf., **2,** 422 S., Washington (Amer. Geophys. Union).

CARSWELL, D. A. (1980): Mantle-derived lherzolite nodules associated with kimberlite, carbonatite, and basalt magmatism: a review. – Lithos, **13:** 121–138.

HARTE, B. (1977): Rock nomenclature with particular relation to deformation and recrystallization textures in olivine-bearing xenoliths. – J. Geol., **85:** 279–288.

MERCIER, J. C. & NICOLAS, A. (1975): Texture and fabrics of upper-mantle peridotites as illustrated by xenoliths from basalts. – J. Petrol., **16:** 454–487.

RINGWOOD, A. E. (1975): Composition and Petrology of the Eart's Mantle. – 618 S., New York (McGraw-Hill).

WASS, S. Y. & ROGERS, N. W. (1980): Mantle metasomatism – precursor to continental volcanism. – Geochim. cosmochim Acta, **44:** 1811–1824.

WYLLIE, P. J. [Hrsg.] (1967): Ultramafic and Related Rocks. 464 S., New York (Wiley).

Amer. J. Sci., **280 A** (1980): The Jackson Volume, mehrere Aufsätze zum Thema Gesteine des oberen Erdmantels S. 389–666.

Quellen der Einzelbeschreibungen und Abbildungen

ALT, J. C. & HONNOREZ, J. (1984): Alteration of upper oceanic crust, DSDP site 417: mineralogy and chemistry. – Contrib. Miner. Petrol, **87:** 149–169.

ALTHERR, R., KELLER, J. & KOTT, K. (1976): Der jungtertiäre Monzonit von Kos und sein Kontakthof (Ägäis, Griechenland). – Bull. Soc. géol. France (VII), **18:** 207–216.

ANDERLE, H. J. & MEISL, S. (1974): Geologisch-mineralogische Exkursion in den Südtaunus. – Fortschr. Miner., **51:** 137–156.

ARNDT, N. T., NALDRETT, A. J. & PYKE, D. R. (1977): Komatiitic and iron-rich tholeiitic lavas of Munro township, north-east Ontario. – J. Petrol., **18:** 319–369.

ASHWORTH, J. R. (1976): Petrogenesis of migmatites in the Huntley-Portsoy area, north-east Scotland. – Min. Mag., **40:** 661–682.

AVÉ-LALLEMANT, H. G. (1969): Structural and petrofabric analysis of an „alpine type" peridotite: the lherzolite of the French Pyrenees. – Leidse geol. Mededel., **40:** 1–74.

AZAMBRE, B. & RAVIER, J. (1978): Les écailles de gneiss du faciès granulite du Port de Saleix et de la région de Lherz (Ariège), nouveaux témoins de socle profond des Pyrénées. – Bull. Soc. géol. France (VII), **20:** 221–234.

BAMBAUER, H. U. (1960): Der permische Vulkanismus der Nahemulde, I. Lavaserie der Grenzlagergruppe und Magmatitgänge bei Idar-Oberstein. – N. Jb. Miner., Abh., **95:** 141–199.

BARBERI, F., INNOCENTI, F., FERRARA, G., KELLER, J. & VILLARI, L. (1974): Evolution of the Eolian arc volcanism (southern Tyrrhenian Sea). – Earth planet. Sci. Lett., **21:** 269–276.

BARRIÈRE, M. (1972): Sur la distinction des granites hypoalumineux, alumineux et hyperalumineux. – C. R. Acad. Sci. Paris, **274:** 2416–2418.

BARRIÈRE, M. (1977): Le complexe de Ploumanac'h, Massif Armoricain. – Diss. Brest, 253 S.

BARTH, T. F. W. (1948): Oxygen in rocks: a basis for petrographic calculations. – J. Geol., **56:** 50–60.

BARTH, T. F. W., CORRENS, C. W. & ESKOLA, P. (1939): Die Entstehung der Gesteine. – Berlin (Springer).

BATEMAN, P. C. & CHAPPELL, B. W. (1979): Crystallization, fractionation, and solidification of the Tuolumne intrusive series, Yosemite National Park, California. – Geol. Soc. Amer. Bull., **90:** 465–482.

BATUM, I. (1975): Petrographische und geochemische Untersuchungen in den Vulkangebieten Göllüdağ und Acigöl (Zentralanatolien, Türkei).– Diss. Freiburg i. Br.: 1–101.

BEARTH, P. (1967): Geologie und Petrographie des Monte Rosa. – Beitr. geol. Kte. Schweiz, N.F., **137:** 1–130.

BEHR, H. J. (1961): Beiträge zur petrographischen und tektonischen Analyse des sächsischen Granulitgebirges. – Freiberger Forsch.-H., **C 119:** 1–64, mit Anlagemappe.

BERGEAT, A. (1899): Die Aeolischen Inseln (Stromboli, Panarea, Salina, Lipari, Vulcano, Filicudi und Alicudi). – Abh. bayer. Akad. Wiss., math.-phys. Kl., **20:** 1–274; München.

BERTOLANI, M. (1968): Fenomeni di trasformazione granulitica nella formazione basica Ivrea-Verbano (Alpi occidentali italiane). – Schweiz. miner. petrogr. Mitt., **48:** 21–30.

BIANCHI, A., CALLEGARI, E. & JOBSTRAIBIZER, P. G. (1970): I tipi petrografici fondamentali del plutone dell'Adamello. – Mem. Ist. Geol. Min. Padova, **27:** 1–148.

BLÜMEL, P. (1977): Stoffbestand und Metamorphose im Bayerischen Moldanubikum, insbesondere der progressiv-metamorphen Serie des nördlichen Bayerischen Waldes („Arber-Osser-Serie"). – Colloqu. internat. C.N.R.S., Rennes (La Chaine Varisque): 349–357.

BOSE, M. K. (1972): Deccan basalt. – Lithos, **5:** 131–146.

BOWES, D. R. & PARK, R. G. (1966): Metamorphic segregation banding in the Loch Kerry basite sheet from the Lewisian of Gairloch, Ross-shire, Scotland. – J. Petrol., **7:** 306–330.

BRAITSCH, O. (1962): Entstehung und Stoffbestand von Salzlagerstätten. – Berlin (Springer).

BRIDGWATER, D., KETO, L., MACGREGOR, V. R. & MYERS, J. S. (1976): Archean gneiss complex of Greenland. – In: ESCHER, A. & WATT, W. S. (Hrsg.): Geology of Greenland: 18–75; Kopenhagen.

BROUSSE, R. (1960): Analyses chimiques des roches volcaniques tertiaires et quaternaires de la France. – Bull. Serv. Carte géol. France, **263:** 1–136.

BROUSSE, R. (1961): Minéralogie et pétrographie des roches volcaniques de massif du Mont-Dore (Auvergne). – Bull. Soc. franç. Minér. Crist., **84:** 131–186.

BÜSCH, W. (1970): Dioritbildung durch Remobilisation. – N. Jb. Miner., Abh., **112:** 219–238.

CARMICHAEL, I. (1964): The petrology of Thingmuli, a tertiary volcano in eastern Iceland. – J. Petrol., **5:** 435–460.

CARMICHAEL, I. (1967a): The mineralogy of Thingmuli, a tertiary volcano in eastern Iceland. – Amer. Miner., **52:** 1518–1842.

CARMICHAEL, I. (1967b): The mineralogy and petrology of the volcanic rocks from the Leucite Hills, Wyoming. – Contrib. Miner. Petrol., **15:** 24–66.

CHAPPELL, B. W. & WHITE, A. J. R. (1974): Two contrasting granite types. – Pacif. Geol., **8:** 173–174.

CHAROY, R. (1975): Ploemeur kaolin deposit (Brittany): an example of hydrothermal alteration. – Petrologie, **1:** 253–266.

CHOPIN, C. (1984): Coesite and pure pyrope in high-grade blueschists of the Western Alps: a first record and some consequences. – Contrib. Miner. Petrol., **86**, 107–118.

COLEMAN, R. G. & LEE, D. E. (1962): Metamorphic aragonite in the glaucophane schists of Cazadero, California. – Amer. J. Sci., **260:** 577–595.

CORNELIUS, H. P. & CLAR, E. (1939): Geologie des Großglocknergebietes (1. Teil). – Abh. Zweigst. Wien d. Reichsanstalt f. Bodenforsch., **25:** 1–305.

CORNWALL, H. R. (1951): Differentiation in lavas of the Keeweenawan series and the origin of the copper deposits of Michigan. – Geol. Soc. Amer., Bull., **62:** 159–202.

CURRIE, K. L. (1976): The alkaline rocks of Canada. – Bull. geol. Surv. Canada, **239:** 1–228.

CZYGAN, W. (1969): Petrographie und Alkaliverteilung im Foyait der Serra de Monchique, Süd-Portugal. – N. Jb. Miner., Abh., **111:** 32–73.

DASGUPTA, H. D. & MANICKAVASAGAM, R. M. (1981): Regional metamorphism of non-calcareous manganiferous sediments from India and the related petrogenetic grid for a part of the system Mn–Fe–Si–O. – J. Petrol., **22:** 363–396.

DAURER, A. (1976): Das Moldanubikum im Bereich der Donaustörung zwischen Jochenstein und Schlögen, Oberösterreich. – Mitt. Ges. Bergbaustud. Österr., **23:** 1–54.

DEBON, F. (1975): Les massifs granitoides à structure concentrique de Cauterets-Panticosa (Pyrénées occidentales) et leurs enclaves. – Sci. de la Terre, Mem., **33:** 1–397.

DEER, W. A. (1976): Tertiary igneous rocks between Scoresby Sund and Kap Gustav Holm, East Greenland. – In: ESCHER, A. & WATT, W. S. (Hrsg.): Geology of Greenland: 405–429; Kopenhagen.

DIDIER, J. & LAMEYRE, J. (1969): Les granites du Massif Central français: Etude comparée des leucogranites et granodiorites. – Contrib. Miner. Petrol., **24:** 219–238.

DIETRICH, V. (1969): Die Ophiolithe des Oberhalbsteins (Graubünden) und das Ophiolithmaterial der ostschweizerischen Molasseablagerungen, ein petrographischer Vergleich. – Europ. Hochschulschr. Reihe XVII, **1:** 1–179; Bern (Lang & Cie.).

ECKERMANN, H. VON (1948): The alkaline district of Alnö Island. – Sveriges geol. Unders., Avh. Upps., Ser. Ca, **36:** 1–176.

ECKERMANN, H. VON (1966): Progress in research on the Alnö carbonatite. – In: TUTTLE, O. F. & GITTINS, J. (Hrsg.): Carbonatites: 3–32; New York (Wiley).

EGOROV, L. S. (1970): Carbonatites and ultrabasic-alkaline rocks of the Maimecha-Kotui region, N-Siberia. – Lithos, **3:** 533–572.

EHRENBERG, K.-H. (1971): Vulkanische Gesteine. – In: Erläut. z. geol. Kte. Hessen 1:25000, Bl. Schlüchtern. 85–128; Wiesbaden.

EHRENBERG, K.-H. (1978a): Vulkanische Gesteine. – In: Erläut. z. geol. Kte. Hessen 1:25000, Bl. Ortenberg: 88–136; Wiesbaden.

EHRENBERG, K.-H. (1978b): Exkursion A in den südlichen Vogelsberg. – Mitt. oberrhein. geol. Ver., **60:** 33–54.

EHRENBERG, K.-H. et al. (1981): Forschungsbohrungen im Hohen Vogelsberg (Hessen). Bohrung 1 (Flösser Schneise), Bohrung 2 (Hasselborn). – Geol. Abh. Hessen, **81:** 1–161.

EHRENBERG, K.-H. & HICKETHIER, H. (1982): Vulkanische Gesteine. – In: Erläut. z. geol. Kte. Hessen 1:25000, Bl. Steinau: 54–93.

EIGENFELD-MENDE, I. (1948): Metamorphe Umwandlungserscheinungen an Metabasiten des Südschwarzwaldes. – Mitt. bad. geol. Landesanst. N.F., **1:** 1–111.

ELLER, J. P. VON, HAHN-WEINHEIMER, P., PROPACH, G. & RASCHKE, H. (1971): Investigations sur le granite du Kagenfels. – Bull. Serv. Carte geol. Alsace Lorraine, **24:** 1–56.

ELLER, J. P. VON, LAPANIA, E., LADURON, D. & DE BETHUNE, P. (1971): Caractères polymétamorphiques de cornéennes de la région de Barr et Andlau (Vosges). – Bull. Serv. Carte géol. Alsace Lorraine, **24:** 127–148.

EMELEUS, C. H. & HARRY, W. T. (1970): The Igaliko nepheline syenite complex. – Grönl. geol. Unders., Bull., **83:** 1–115.

EMELEUS, C. H. & UPTON, B. G. J. (1976): The Gardar period in southern Greenland. – In: ESCHER, A. & WATTS, W. S. (Hrsg.): Geology of Greenland: 152–181; Kopenhagen.

EMMERMANN, R. (1968): Differentiation und Metasomatose des Albtalgranits (Südschwarzwald). – N. Jb. Miner., Abh., **109:** 94–130.

EMMERMANN, R. (1969): Genetic relations between two generations of K-feldspar in a granite pluton. – N. Jb. Miner., Abh., **111:** 289–313.

EMMERMANN, R. (1977): A petrogenetic model for the origin and evolution of the Hercynian granite series of the Schwarzwald. – N. Jb. Miner., Abh., **128:** 219–253.

ENGEL, A. E. J. & ENGEL, C. G. (1964): Igneous rocks of the East Pacific Rise. – Science, **146:** 477–485.

ERNST, W. G. (1971): Petrologic reconnaissance of Franciscan metagreywackes from the Diablo Range, Central Californian Coast Ranges. – J. Petrol., **12:** 413–347.

ESCHER, A., SØRENSEN, K. & ZECK, H. P. (1976): Naqssutoqidian mobile belt in East Greenland. – In: ESCHER, A. & WATT, W. S. (Hrsg.): Geology of Greenland: 76–95; Kopenhagen.

FAIRBROTHERS, G. E., CARR, M. J. & MAYFIELD, D. G. (1978): Temporal magmatic variation at Boqueron volcano, El Salvador. – Contrib. Miner. Petrol., **67:** 1–9.

FALKUM, T., WILSON, J. R., PETERSEN, J. S. & ZIMMERMANN, H. D. (1979): The intrusive granites of the Farsund area, south Norway: Their interrelations and relations with the Precambrian metamorphic envelope. – Norsk geol. Tidskr., **59:** 125–139.

FLICK, H. (1979): Die Keratophyre und Quarzkeratophyre des Lahn-Dill-Gebietes. Petrographische Charakteristik und geologische Verbreitung. – Geol. Jb. Hessen, **107:** 27–42.

Forster, A. & Kummer, R. (1974): The pegmatites in the area of Pleystein-Hagendorf/North, Eastern Bavaria. – Fortschr. Miner., **52,** Beih. 1: 89–100.

Fortuné, J. P., Gavoille, B. & Thiebaut, J. (1982): Le gisement de talc de Trimouns près Luzenac (Ariège). – Publ. 26. Congr. géol. internat., **E 10:** 1–43.

Frechen, J. (1962): Führer zu vulkanologisch-petrographischen Exkursionen im Siebengebirge am Rhein, Laacher Vulkangebiet und Maargebiet der Westeifel. – 151 S.; Stuttgart (Schweizerbart).

Frechen, J. (1963): Kristallisation, Mineralbestand, Mineralchemismus und Förderfolge der Mafite vom Dreiser Weiher in der Eifel. – N. Jb. Geol. Paläont., Mh., **1963:** 205–225.

Frechen, J. & Vieten, K. (1970): Petrographie der Vulkanite des Siebengebirges. – Decheniana, **122:** 337–356 und 357–377; Bonn.

Frey, M. (1969): Die Metamorphose des Keupers vom Tafeljura bis zum Lukmanier-Gebiet. – Beitr. geol. Kte. Schweiz, N.F., **137:** 1–160; Bern.

Frey, M. (1978): Progressive low-grade metamorphism of a blackshale formation, central Swiss Alps, with special reference to pyrophyllite and margarite bearing assemblages. – J. Petrol., **19:** 95–135.

Frey, M., Bucher, K., Frank, E. & Mullis, J. (1980): Alpine metamorphism along the geotraverse Basel-Chiasso – a review. – Eclogae geol. Helvet., **73:** 527–546.

Frey, M. & Niggli, E. (1971): Illit-Kristallinität, Mineralfazien und Inkohlungsgrad. – Schweiz. miner. petrogr. Mitt., **51:** 229–234.

Fuller, A. O. (1958): A contribution to the petrology of the Witwatersrand system. – Trans. Geol. Soc. South Africa, **61:** 19–50.

Gallitelli, P. & Simboli, G. (1970): Ricerche petrografiche e geochimiche sulle rocce di Predazzo e dei Monzoni (prov. Trento, Italia). – Miner. petrogr. Acta, **16:** 221–238.

Gandhi, S. S. (1970): Petrology of the Monteregian intrusions of Mount Yamaska, Quebec. – Canad. Miner., **10:** 452–484.

Gavelin, S. (1975): Replacement veins in gneiss from the Precambrian of south-eastern Sweden. – Geol. Fören. Stockholm. Förh., **97:** 56–73.

Glaveris, M. (1970): Skapolithisierung und Coronabildung in differenzierten präkambrischen Gabbros bei Ödegaarden, Südnorwegen, und deren Geochemie. Diss. Frankfurt a. M.: 1–119.

Goffé, B. & Saliot, P. (1977): Les associations minéralogiques des roches hyperalumineuses du Dogger de la Vanoise. – Bull. Soc. franç. Minér. Crist., **100:** 302–309.

Gold, D. P. (1972): Monteregian Hills: diatremes, kimberlite, lamprophyres and intrusive breccias west of Montreal. – Internat. Geol. Congr. Guide Book, **B: 11:** 1–47; Montreal.

Gorbatschev, R. (1969): A study of Svecofennian supracrustal rocks in central Sweden. – Geol. Fören. Stockholm Förhandl., **91:** 479–535.

Gresens, R. L. (1967): Composition-volume relationships of metasomatism. – Chem. Geol., **2:** 47–65.

Grünhagen, H. (1981): Petrographie und Genese der Adinole an einem Diabaskontakt im nordöstlichen Sauerland. – N. Jb. Miner., Abh., **140:** 253–272.

Guttenberg, R. von (1974): Stoffbestand und Metamorphose von Gesteinen der Bunten Serie am Südrand des Passauer Waldes. – Diss. München: 1–101.

Härme, M. (1959): Examples of the granitization of gneisses. – Bull. Comm. géol. Finlande, **184:** 41–58.

Hall, A. & Ahmed, Z. (1984): Rare Earth content and origin of rodingites. – Chem. d. Erde, **43:** 45–56.

Hart, S. R. (1976): Chemical variance in deep ocean basalts. – Initial Rep. D.S.D.P., **34:** 301–335.

Hentschel, H. (1951): Die Umbildung basischer Tuffe zu Schalsteinen. – N. Jb. Miner., Abh., **82:** 199–230.

Hentschel, H. (1970): Vulkanische Gesteine. – In: Lippert, H. J., Hentschel, H. & Rabien, A.: Geol. Kte. Hessen 1:25000, Erläut. Bl. Dillenburg: S. 314–474.

Herrmann, A. G. & Wedepohl, K. H. (1970): Untersuchungen an spilitischen Gesteinen der variskischen Geosynklinale. – Contrib. Miner. Petrol., **29:** 255–274.

Hoenes, D. (1955): Mikroskopische Grundlagen der Technischen Gesteinskunde. – In: Handbuch der Mikroskopie in der Technik, **4:** 449–462. – Frankfurt (Umschau-Verlag).

Hoffmann, C. (1970): Die Glaukophangesteine, ihre stofflichen Äquivalente und Umwandlungsprodukte in Nordcalabrien. – Contrib. Miner. Petrol., **27:** 283–320.

Holmes, A. (1950): Petrogenesis of katungite and its associates. – Amer. Miner., **35:** 772–795.

Honnorez, J. (1972): La palagonitisation, l'altération sous-marine du verre volcanique basique de Palagonia (Sicile). – Publ. Nr. **19** d. Stiftung Vulkaninst. Immanuel Friedländer: 1–131; Basel (Birkhäuser).

Huckenholz, G. (1965–1966): Der petrogenetische Werdegang der Klinopyroxene in den tertiären Vulkaniten der Hocheifel. – Contrib. Miner. Petrol., **11:** 138–195, **11:** 415–448, **12:** 73–95.

Irvine, T. N. & Stoeser, D. B. (1978): Structure of the Skaergaard trough bands. – Ann. Rep. Director Geophys. Lab., Carnegie Inst. Washington, Year Book, **77:** 725–732.

Jackson, E. D. (1961): Primary textures and mineral associations in the ultramafic zone of the Stillwater complex. – Miner. Soc. Amer. Spec. Pap., **1:** 46–54.

Jacobson, R. R. E., Macleod, W. N. & Black, R. (1958): Ring complexes in the younger granite province of northern Nigeria. – Geol. Soc. London Mem., **1:** 1–72.

JAHN, B. M. (1973): A petrogenetic model for the igneous complex in the Spanish Peaks region, Colorado. – Contrib. Miner. Petrol., **41:** 241–258.

JAMES, H. L. & SIMS, P. K. (Hrsg.) (1973): Precambrian Iron formations of the World. – Econ. Geol., **68:** 913–1179.

JANSEN, J. B. H. & SCHUILING, R. D. (1976): Metamorphism on Naxos: petrology and geothermal gradients. – Amer. J. Sci., **276:** 1225–1253.

JAYAWARDENA, D. E. & CARSWELL, D. A. (1976): The geochemistry of „charnockites" and their constituent ferromagnesian minerals from the Precambrian of south-east Sri Lanka. – Min. Mag., **40:** 541–554.

JOHANNSEN, A. (1931): A descriptive Petrography of Igneous Rocks, **1–4;** Chicago (University Press).

JOHANNES, W. & GUPTA, L. N. (1982): Origin and evolution of a migmatite. – Contrib. Miner. Petrol., **79:** 114–123.

JOHNSON, R. B. (1968): Geology of the igneous rocks of the Spanish Peaks region, Colorado. – U.S. Geol. Surv. Prof. Pap., **594 G:** 1–47.

JUNG, D. (1958): Untersuchungen am Tholeyit von Tholey (Saar). – Beitr. Miner. Petrol., **6:** 147–181.

KARL, F. (1959): Vergleichende petrographische Studien an den Tonalitgraniten der Hohen Tauern und den Tonalit-Graniten einiger periadriatischer Intrusivmassive. – Jb. geol. Bundesanst. Wien, **102:** 1–192.

KELLER, J. (1969): Origin of rhyolites by anatectic melting of granitic crustal rocks. – Bull. volcanol., **33:** 942–952.

KELLER, J. (1980): The island of Vulcano. – Rendic. Soc. Ital. Miner. Petrol., **36:** 369–414.

KELLER, J. (1981): Carbonatitic volcanism in the Kaiserstuhl alkaline complex: Evidence for highly fluid carbonatitic melts at the Earth's surface. – J. Volcanol. geotherm. Res., **9:** 423–431.

KELLER, J., JUNG, D., BURGATH, K. & WOLF, F. (1977): Geologie und Petrologie des neogenen Kalkalkali-Vulkanismus von Konya (Erenler Dağ – Massiv, Zentralanatolien). – Geol. Jb., **B 25:** 37–117.

KEMPE, D. R. C., DEER, W. A. & WAGER, L. R. (1970): Geological investigations in East Greenland, VIII: The Kanderdlugssuaq alkaline intrusion, East Greenland. – Medd. Grønland, **190,** H. 2: 1–49.

KLEIN H. & WIMMENAUER, W. (1984): Eclogites and their retrograde transformation in the Schwarzwald (Fed. Rep. Germany). – N. Jb. Miner., Mh., **1984:** 25–38.

KNAUER, E. (1958): Ein Beitrag zur Geochemie des „Keratophyrs" vom Büchenberg bei Elbingerode im Harz. – Geologie, **7:** 629–638.

KOPECKI, L. (1966): Tertiary Volcanics. – In: SVOBODA, J. (Hrsg.): Regional Geology of Czechoslovakia, **1:** 554–580; Praha.

KORNPROBST, J. (Hrsg.) (1984): Kimberlites. Proceedings of the Third International Kimberlite Conference, Clermont-Ferrand, France. – I: Kimberlites and Related Rocks: XIV + 466 S.; II: The Mantle and Crust-Mantle Relationships; XIV + 394 S.; Amsterdam (Elsevier).

KRISTMANNSDOTTIR, H. & TOMASSON, J. (1978): Zeolite zones in geothermal areas in Iceland. – In: SAND, L. B. & MUMPTON, F. A. (Hrsg.): Natural Zeolites: 277–284; Oxford (Pergamon).

KÜBLER, B. (1968): Evaluation quantitative du métamorphisme par la cristallinité de l'illite. – Bull. Centre Rech. Pau, SNRA, **2:** 385–397.

KUNO, H. (1960): High-alumina basalt. – J. Petrol., **1:** 121–145.

LANIER, G., JOHN, E. C., SWENSEN, A. J., REID, J., BARD, C. E., CADDEY, S. W. & WILSON, J. C. (1978): General geology of the Bingham Mine, Bingham Canyon, Utah. – Econ. Geol., **73:** 1228–1241.

LANIER, G., RAAB, W. J., FOLSOM, R. B. & CONE, S. (1978): Alteration of equigranular monzonite, Bingham mining district, Utah. – Econ. Geol., **73:** 1270–1286.

LAZARENKOV, B. G. & ABKUMOVA, N. B. (1977): Abundance of alkalic rocks. – Doklady Acad. Sci. USSR, Earth Sci. Sect., **232:** 213–214.

LE BAS, M. (1977): Carbonatite-Nephelinite Volcanism, 318 S. – London (Wiley).

LEHMANN, E. (1949): Das Keratophyr-Weilburgit-Problem. – Heidelb. Beitr. Miner. Petrogr., **2:** 1–166.

LENSCH, G. (1971): Die Ultramafitite der Zone von Ivrea. – Ann. Univ. Saraviensis, **9:** 6–146.

LEONARDI, P. & SACERDOTI, M. (1967): Complesso effusivo porfirico Atesino. – In: LEONARDI, P. (Hrsg.): Le Dolomiti, **1:** 47–64; Trento (C.N.R.).

LEROY, J. (1971): Les épisyénites non minéralisées dans le Massif de granite à deux micas de Saint-Sylvestre (Limousin, France). – Thèse Nancy: 86 S.

LETTENEY, C. D. (1968): The anorthosite-norite-charnockite series of the Thirteenth Lake dome, south central Adirondacks. – New York State Mus. Sci. Serv. Mem., **18:** 329–342.

LEVESON, O. J. (1966): Orbicular rocks – a review. – Geol. Soc. Amer. Bull., **77:** 409–426.

LIM, S. K. (1979): Die Assoziation von Amphiboliten, leukokraten Gneisen und Leptiniten am Südrand der zentralschwarzwälder Gneismasse. – Diss. Freiburg i. Br.: 1–121.

LUECKE, W. (1981): Lithium pegmatites in the Leinster granite (southeast Ireland). – Chem. Geol., **34:** 195–233.

MACDONALD, G. A. (1967): Forms and structures of extrusive basaltic rocks. – In: HESS, H. H. & POLDERVAART, A. (Hrsg.): Basalts, **1:** 1–62; New York (Wiley).

MACDONALD, G. A. (1972): Volcanoes. – 510 S.; Englewood Cliffs (Prentice).

MACDOUGALL, I. (1962): Differentiation of the Tasmanian dolerites: Red Hill dolerite-granophyre association. – Geol. Soc. Amer. Bull., **73:** 279–315.

MAGGETTI, M. (1971): Die basischen Intrusiva des Heppenheim-Lindenfelser Zuges (Mittlerer Bergsträßer Odenwald). – N. Jb. Miner., Abh., **115:** 192–228.

MAGNUSSON, N. H. (1966): Die mittelschwedischen Eisenerze und ihre Skarnmineralien. – Fortschr. Miner., **43:** 47–70.

MANSON, V. (1967): Geochemistry of basaltic rocks: major elements. – In: HESS, H. H. & POLDERVAART, A. (Hrsg.): Basalts, **1:** 215–270; New York (Wiley).

MARAVIC, H. VON & MORTEANI, G. (1980): Petrology and geochemistry of the carbonatite and syenite complex of Lueshe (N. E. Zaire). – Lithos, **13:** 159–170.

MARCKS, C. (1981): Geochemische und petrographische Variationen von Ignimbriten der nördlichen Wüste Lut (Ost-Iran). – Diss. Freiburg i. Br.: 1–90.

MARTINI, J. (1968): Étude pétrographique des Grès de Taveyanne entre Arve et Giffre (Haute Savoie, France). – Schweiz. miner. petrogr. Mitt., **48:** 539–654.

MATHÉ, G. (1969): Die Metabasite des sächsischen Granulitgebirges. – Freiberger Forsch.-H., **C 251:** 1–130.

MATTHES, S. (1951 a): Die Paragneise im mittleren kristallinen Vor-Spessart und ihre Metamorphose. – Abh. hess. Landesamt Bodenforsch. **8:** 1–86.

MATTHES, S. (1951 b): Die kontaktmetamorphe Überprägung basischer kristalliner Schiefer im Kontakt des Steinwald-Granits nördlich von Erbendorf in der bayerischen Oberpfalz. – N. Jb. Miner., Abh., **82:** 1–92.

MATTHES, S. & SCHMIDT, K. (1974): Eclogites of the Münchberg Mass, NE Bavaria. – Fortschr. Miner., **52,** Beih. 1: 33–58.

MAUS, H. J. (1967): Ignimbrite des Schwarzwaldes. – N. Jb. Geol. Paläont., Mh., **1967:** 461–489.

MEHNERT, K. R. (1938): Die Meta-Konglomerate des Wiesenthaler Gneiszuges im sächsischen Erzgebirge. – Miner.-petrogr. Mitt., **50:** 194–252.

MEHNERT, K. R. (1951): Zur Frage des Stoffhaushalts anatektischer Gesteine. – N. Jb. Miner., Abh., **82:** 155–198.

MEHNERT, K. R. (1975): The Ivrea Zone. A model of the deep crust. – N. Jb. Miner., Abh., **125:** 156–199.

MELCHER, G. C. (1966): The carbonatites of Jacupiranga, Sao Paulo, Brazil. – In: TUTTLE, O. F. & GITTINS, J. (Hrsg.): Carbonatites: 169–181; New York (Wiley).

MICHOT, J. (1961): Le massif complexe anorthosito-leuconoritique de Haaland-Helleren et la paligénèse basique. – Mem. Acad. Roy. Belg., 2ème série, **15:** 1–95.

MICHOT, J. & MICHOT, P. (1968): The problem of anorthosites: The South-Rogaland igeneous complex, southwestern Norway. – New York State Mus. Sci. Serv. Mem., **18:** 399–410.

MIDDLEMOST, E. (1968): The granitic rocks of Farsund, South Norway. – Norsk geol. Tidskr., **48:** 81–99.

MITCHELL, R. H. & PLATT, R. G. (1979): Nepheline-bearing rocks from the Poobah Lake complex, Ontario: malignites and malignites. – Contrib. Miner. Petrol., **69:** 255–264.

MÖBUS, G. (1967): Die Korngefügeregelung in magmatischen Gesteinen. – Freiberger Forsch.-H., **C 215:** 81–94.

MOORE, W. J. (1978): Chemical characteristics of hydrothermal alteration at Bingham, Utah. – Econ. Geol., **73:** 1260–1269.

MYERS, J. S. (1975): Cauldron subsidence and fluidization: mechanisms of intrusion of the Coastal Batholith of Peru into its own volcanic ejecta. – Geol. Soc. Amer. Bull., **86:** 1209–1220.

NEGENDANK, J. F. W. (1971): Der Paläo-Rhyolith auf dem Leisberg bei Schloßböckelheim und seine geologische Umgebung. – Abh. Hess. Landesamt Bodenforsch., **60:** 276–282.

NEMEČ, D. (1970): Ein Beitrag zur Typisierung der Schiefgürtelbilder in Quarztektoniten. – In: PAULITSCH, P. (Hrsg.): Experimentelle und natürliche Gesteinsverformung: 449–475; Berlin (Springer).

NIELSEN, T. F. D. (1978): The Tertiary Dike Swarms of the Kangerdlugssuaq Area, West Greenland. – Contrib. Miner. Petrol., **67:** 63–78.

NIELSEN, T. F. D. (1980): The ultramafic cumulate series, Gardiner complex, east Greenland. Cumulates in a shallow level magma chamber of a nephelinitic vulcano. – Lithos, **13:** 181–197.

NIGGLI, E. (1953): Zur Stereometrie und Entstehung der Aplit-, Granit- und Pegmatitgänge im Gebiete von Sept-Laux (Belledonne-Massiv s.l.). – Leidse geol. Meded., **7:** 215–236.

NISBET, E. G., BICKLE, M. J. & MARTIN, A. (1977): The mafic and ultramafic lavas of the Belingwe greenstone belt, Rhodesia. – J. Petrol., **18:** 521–566.

NOCKOLDS, S. R. & LE BAS, M. J. (1977): Average calc-alkali basalt. – Geol. Mag., **114:** 311–314.

NORTON, J. J. (1964): Geology and mineral deposits of some pegmatites in the southern Black Hills, South Dakota. – U.S. geol. Surv. Prof. Pap., **297 E:** 297–341.

OKRUSCH, M. (1969): Die Gneishornfelse um Steinach in der Oberpfalz. Eine phasenpetrologische Analyse. – Contrib. Miner. Petrol., **22:** 32–72.

OTTO, J. (1974): Die Einschlüsse im Granit von Oberkirch (Nordschwarzwald). – Ber. naturf. Ges. Freiburg i. Br., **64:** 83–174.

PAGANELLI, L. (1967 a): Studio petrografico della masse „sienitica" di Doss Capello presso Predazzo (Italia settentrionale). – Miner. petrogr. Acta, **16:** 175–194.

PAGANELLI, L. (1967 b): Studio petrografico degli affioramenti sienitici di Monte Mulat (Predazzo, Italia settentrionale). – Miner. Petrogr. Acta, **16:** 195–216.

PAPASTAMATIOU, I. N. (1951): The emery of Naxos. – In: ZACHOS, K. (Hrsg.): The Mineral Wealth of Greece: 37–68; Athen.

PATTON, T. C., GRANT, A. R. & CHEENEY, E. S. (1973): Hydrothermal alteration at the Middle Fork copper prospect, Central Cascades, Washington. – Econ. Geol., **68:** 816–830.

PAULITSCH, P. (1951): Zweiachsige Calcite und Gefügeregelung. – Tschermak's miner.-petrogr. Mitt., **2:** 180–197.

PECCERILLO, A. & TAYLOR, S. R. (1976): Geochemistry of eocene calcalkaline volcanic rocks from the Kastamonou area, northern Turkey. – Contrib. Miner. Petrol., **58:** 63–81.

PETERS, T., TROMMSDORFF, V. & SOMMERAUER, J. (1980): Progressive metamorphism of manganese carbonates and cherts in the Alps. – In: VARENTSOV, I. & GRASSELLY, G. (Hrsg.): Geology and Geochemistry of Manganese: 271–286; Stuttgart (Schweizerbart).

PICHLER, H. (1970): Italienische Vulkangebiete I. Somma-Vesuv, Latium, Toscana. – Sammlung geol. Führer, **51;** Berlin (Bornträger).

PICHLER, H. (1981): Italienische Vulkangebiete III. Lipari, Vulcano, Stromboli, Tyrrhenisches Meer. – Sammlung geol. Führer, **69;** Berlin (Bornträger).

PICHLER, H. & ZEIL, W. (1972): The cenozoic rhyolite-andesite association of the Chilean Andes. – Bull. volcanol., **35:** 424–452.

PIKE, J. E. N. & SCHWARZMANN, E. C. (1977): Classification of textures in ultramafic xenoliths. – J. Geol., **85:** 49–61.

POLDERVAART, A. & PARKER, A. B. (1964): The crystallization index as a parameter of igneous differentiation in binary variation diagrams. – Amer. J. Sci., **262:** 281–289.

PUPIN, J. P. (1980): Zircon and granite petrology. – Contrib. Miner. Petrol., **73:** 207–220.

PYKE, D. R., NALDRETT, A. J. & ECKSTRAND, O. R. (1973): Archaean ultramafic flows in Munro township, Ontario. – Geol. Soc. Amer., Bull., **84:** 955–978.

RANKIN, A. H. & LE BAS, M. (1974): Nahcolite ($NaHCO_3$) in inclusions in apatites from some East African ijolites and carbonatites. – Min. Mag., **39:** 564–570.

RAVIER, J. & CHENEVOY, M. (1966): Les granites à muscovite du Mont Pilat (Massif Central). – Bull. Soc. géol. France, 7. Ser., **8:** 133–148.

REID, J. E. (1978): Skarn alteration of the Commercial Limestone, Carr Fork area, Bingham, Utah. – Econ. Geol., **73:** 1315–1325.

REIN, G. (1961): Die quantitativ-mineralogische Analyse des Malsburger Granitplutons und ihre Anwendung auf Intrusionsform und Differentiationsverlauf. – Jh. geol. Landesamt Baden-Württ., **5:** 53–115.

REINHARD, M. (1931): Universal-Drehtischmethoden. Einführung in die kristalloptischen Grundbegriffe und die Plagioklasbestimmung. – Basel (Wepf).

REYNOLDS, R. C., WHITNEY, PH. R. & ISACHSEN, Y. (1968): K-Rb ratios in anorthositic and charnockitic rocks of the Adirondacks and their petrogenetic implications. – New York State Mus. Sci. Serv. Mem., **18:** 267–280.

RICHTER, D. H. & MOORE, J. G. (1966): Petrology of the Kilauea Iki lava lake, Hawaii. – U.S. geol. Surv. Prof. Pap., **537 B:** 1–26.

RICHTER, D. H. & MURATA, K. J. (1966): Petrography of the lavas of the 1959–60 eruption of Kilauea volcano, Hawaii. – U.S. geol. Surv., Prof. Pap., **537 D:** 1–12.

ROCHE, H. DE LA & LETERRIER, J. (1980): A classification of volcanic and plutonic rocks using R_1R_2 diagram and major element analyses – its relationships with current nomenclature. – Chem. Geol., **29:** 183–210.

ROCK, N. M. S. (1984): Nature and origin of calcalkaline lamprophyres: minettes, vogesites, kersantites and spessartites. – Transact. Roy. Soc. Edinburgh, Earth Sci., **74:** 193–227.

ROEDDER, E. (1962): Ancient fluids in crystals. – Scientif. Amer., **854:** 2–12.

RONA, P. A. (1984): Hydrothermal mineralization at seafloor spreading centers. – Earth Sci. Reviews, **20:** 1–104.

ROST, F. (1972): Probleme der Ultramafitite. – Fortschr. Miner., **48:** 54–68.

ROST, F. & GRIGEL, W. (1969): Zur Geochemie und Genese granatführender Ultramafitite des mitteleuropäischen Grundgebirges. – Chem. d. Erde, **28:** 91–177.

ROST, F. & HOCHSTETTER, R. (1964): Zur Petrologie und Geochemie der Ophicalcite des Eozoon-Typs. – N. Jb. Miner., Abh., **101:** 173–914.

RITTMANN, A. (1981): Vulkane und ihre Tätigkeit. – 3. Aufl., Stuttgart (Enke).

SAHAMA, TH. G. (1974): Potassium-rich alkaline rocks. – In: SØRENSEN, H. (Hrsg.): The Alkaline Rocks: 96–109; London (Wiley).

SAVOLAHTI, A. (1956): The Ahvenisto massit in Finland. The age of the surrounding gabbro-anorthosite complex and the crystallization of Rapakivi. – Bull. Comm. géol. Finlande, **174:** 1–96.

SAWARIZKI, A. N. (1954): Einführung in die Petrochemie der Eruptivgesteine. – Berlin (Akademie-Verl.).

SCHEUMANN, K. H. (1922): Zur Genese alkalisch-lamprophyrischer Ganggesteine. – Cbl. Miner., Geol., Paläont., **1922:** 495–545.

SCHISCHWANI, E. (1974): Mineralbestand, chemische und petrographische Zusammensetzung ignimbritischer Gesteine zwischen Aksaray und Kayseri (Zentralanatolien, Türkei). – Diss. Freiburg i. Br.: 1–115.

SCHLEICHER, H. (1978): Petrologie der Granitporphyre des Schwarzwaldes. – N. Jb. Miner., Abh., **132:** 153–181.

SCHMINCKE, H. U. (1978): Eifel-Vulkanismus östlich des Gebietes Rieden-Mayen. – Fortschr. Miner., **55,** Beih. 2: 1–31.

SCHUBERT, W. (1977): Reaktionen im alpinotypen Peridotitmassiv von Ronda (Spanien) und seinen partiellen Schmelzprodukten. – Contrib. Miner. Petrol., **62:** 205–219.

SCHWERDTNER, W. M. (1970): Gitterorientierungs-Mechanismus in Anhydrit-Schiefer. – In: PAULITSCH, P. (Hrsg.): Experimentelle und natürliche Gesteinsverformung: 142–164; Berlin (Springer).

SCOTFORD, D. M. & WILLIAMS, J. R. (1983): Petrology and geochemistry of metamorphosed ultramafic bodies in a portion of the Blue Ridge of North Carolina and Virginia. – Amer. Miner., **68:** 78–94.

SKINNER, E. M. W. & CLEMENT, C. R. (1979): Mineralogical classification of South African Kimberlites. – In: BOYD, F. R. & MEYER, H. O. A. (Hrsg.): Kimberlites, Diatremes and Diamonds, **1:** 129–139; Washington D.C. (Amer. Geophys. Union).

SHRBENY, O. (1969): Tertiary magmatic differentiation in the central part of the České středohoří Mountains. – Casopis pro Miner. a Geol., **14:** 285–298.

SMITH, C. S., MACCALLUM, M. E., COPPERSMITH, H. G. & EGGLER, D. H. (1979): Petrochemistry and structure of kimberlites in the Front Range and Laramie Range, Colorado-Wyoming. – In: BOYD, F. R. & MEYER, H. D. A. (Hrsg.): Kimberlites, Diatremes and Diamonds, **1:** 178–189; Washington (Amer. Geophys. Union).

SOHN, W. (1957): Der Harzburger Gabbro. – Geol. Jb., **72:** 117–172.

SØRENSEN, H. (1974): The Alkaline Rocks. – London (Wiley).

STALDER, H. A. (1976): Flüssigkeits- und Gaseinschlüsse in Quarzkristallen. – Naturwiss., **63:** 449–456.

STENGER, R. (1979): Petrographie und Geochemie der endogenen Einschlüsse im Albtalgranit (Südschwarzwald). – Jh. geol. Landesamt Baden-Württ., **21:** 89–105.

STETTNER, G. (1959): Die Lagerstätte des Specksteins von Göpfersgrün-Thiersheim im Fichtelgebirge. – Geol. Bavar., **42:** 1–72.

STOSCH, H. G. & SECK, H. A. (1980): Geochemistry and mineralogy of two spinel peridotite suites from Dreiser Weiher, West Germany. – Geochim. cosmochim. Acta, **44:** 457–470.

STRECKEISEN, A. (1976): To each plutonic rock its proper name. – Earth Sci. Rev., **12:** 1–34.

STRECKEISEN, A. & LE MAITRE, R. W. (1979): A chemical approximation to the modal QAPF classification of the igneous rocks. – N. Jb. Miner., Abh., **136:** 196–206.

STRUNZ, H. (1974): Granites and pegmatites in Eastern Bavaria. – Fortschr. Miner., **52,** Beih. 1: 1–33.

SZEKY-FUX, V. (1964): Propylitization and potassium metasomatism. – Acta geol., **8:** 97–117.

TAYLOR, H. P. (1967): The Duke Island zoned ultramafic complex, southeastern Alaska. – In: WYLLIE, P. J. (Hrsg.): Ultramafic and Related Rocks: 97–118; New York (Wiley).

TAYLOR, S. R. (1975): Lunar Science. A Post-Apollo View. – New York (Pergamon).

THEUERJAHR, A. K. (1973): Geochemisch-petrologische Untersuchungen an den jungpaläozoischen Rhyolithen des Saar-Nahe-Gebietes. – Diss. Mainz: 1–86.

THOMPSON, A. B. (1975): Calc-silicate diffusion zones between marble and pelitic schists. – J. Petrol., **16:** 314–346.

THOMPSON, G., BRYAN, W. B., FREY, F. A., DICKEY, J. S. & SVEN, C. J. (1976): Petrology and geochemistry of basalts from DSDP Leg 34, Nazca Plate. – In: VALLIER, T. L. (Hrsg.): Init. Rep. Deep Sea Drilling Project, **34:** 215–226; Washington D.C.

THOMPSON, J. B., jr. (1957): The graphical analysis of mineral assemblages in pelitic schists. – Amer. Miner., **42:** 842–858.

THOMPSON, R. N. (1968): Tertiary granites and associated rocks of the Marsco area, Isle of Skye. – Quart. J. geol. Soc., **124:** 349–380.

TROLL, G. (1964): Das Intrusivgebiet von Fürstenstein (Bayerischer Wald). – Geol. Bavarica, **52:** 1–140.

TROCHIM, H. D. (1960): Zur Petrogenese des Gabbro-Massivs vom Frankenstein (Odenwald). – Diss. Freiburg i. Br.: 1–151.

TROMMSDORFF, V. (1966): Progressive Metamorphose kieseliger Karbonatgesteine in den Zentralalpen zwischen Bernina und Simplon. – Schweiz. miner. petrogr. Mitt., **46:** 431–460.

TUREKIAN, K. & WEDEPOHL, K. H. (1961): Distribution of some elements in some major units of the Earth's crust. – Bull. Geol. Soc. Amer., **72:** 175–191.

TURNER, F. J. & WEISS, L. E. (1963): Structural Analysis of Metamorphic Tectonites. – New York (MacGraw-Hill).

TUTTLE, O. F. & BOWEN, N. L. (1958): Origin of granite in the light of experimental studies in the system $NaAlSi_3O_8-KAlSi_3O_8-SiO_2-H_2O$. – Geol. Soc. Amer., Mem., **74:** 1–153.

VALIQUETTE, G. & ARCHAMBAULT, G. (1970): Les gabbros et les syénites du complexe de Brome. – Canad. Miner., **10:** 484–510.

VARTIAINEN, H. & WOOLLEY, A. R. (1976): The petrography, mineralogy and chemistry of the fenites of the Sokli carbonatite intrusion, Finland. – Geol. Surv. Finland, Bull., **280:** 1–87.

VINX, R. (1982): Das Harzburger Gabbromassiv, eine orogenetisch geprägte Layered Intrusion. – N. Jb. Miner., Abh., **144:** 1–28.

VLASOV, K. A., KUZMENKO, M. Z. & ESKOVA, E. M. (1966): The Lovozero Alkali Massif. – Edinburgh (Oliver & Boyd).

VOLYNETS, O. N. (1979): Mixed lavas. Relationship of the melts forming these lavas. – In: ERLICH, E. N. & GORSHKOV, G. S. (Hrsg.): Quaternary volcanism and tectonics in Kamchatka. – Bull. volcanol., **42:** 233–241.

WAARD, D. DE & ROMEY, W. D. (1968): Chemical and petrologic trends in the anorthosite-charnockite series of the Snowy Mountain massif, Adirondack Highlands. – Amer. Miner., **54:** 529–538.

WACHENDORF, H. (1971): Die Rhyolithe und Basalte der Lebombos im Hinterland von Lourenço Marques (Moçambique). – Geotekton. Forschungen, **40:** 1–86; Stuttgart (Schweizerbart).

WAGER, L. M. & BROWN, G. M. (1968): Layered Igneous Rocks. – Edinburgh (Oliver & Boyd).

WALKER, K. R. (1969): The Palisades sill, New Jersey: a reinvestigation. – Geol. Soc. Amer. Spec. Pap., **111:** 1–178.

WALTHER, J. (1981): Fluide Einschlüsse im Apatit des Carbonatits vom Kaiserstuhl (Oberrheingraben): Ein Beitrag zur Interpretation der Carbonatitgenese. – Diss. Karlsruhe, 195 S.

WATERS, A. C. (1961): Stratigraphy and lithologic variations in Columbia River basalt. – Amer. J. Sci., **259:** 583–611.

WATERS, A. C. (1962): Basalt magma types and their tectonic associations. – Amer. geophys. Union, Monograph, **6:** 158–170.

WATSON, K. D. (1967): Kimberlite pipes of northeastern Arizona. – In: WYLLIE, P. J. (Hrsg.): Ultramafic and Related Rocks: 261–269; New York (Wiley).

WEDEPOHL, K. H. (1969): Composition and abundance of common igneous rocks. – In: WEDEPOHL, K. H. (Hrsg.): Handbook of Geochemistry, **1:** 227–249; Berlin (Springer).

WENK, E. & KELLER, F. (1969): Isograde in Amphibolitserien der Zentralalpen. – Schweiz. miner. petrogr. Mitt., **49:** 157–198.

WHEELER, R. P. II (1968): Minor intrusives associated with the Nain anorthosite. – New York State Mus. Sci. Serv. Mem., **18:** 129–206.

WILHELMY, H. (1958): Klimamorphologie der Massengesteine. – Braunschweig (Westermann).

WILLEMSE, J. (1964): A brief outline of the geology of the Bushveld igneous complex. – In: HAUGHTON, S. H. (Hrsg.): The geology of some ore deposits in Southern Africa, **2:** 91–128: Johannesburg (Geol. Soc. South Africa)

WINKLER, H. G. F. (1979): Petrogenesis of Metamorphic Rocks. 5. Aufl. – New York (Springer).

WILSON, R. A. M. (1959): The geology of the Xeros-Trodos area. – Cyprus geol. Surv., Mem., **1:** 1–184.

WIMMENAUER, W. (1966): The eruptive rocks and carbonatites of the Kaiserstuhl, Germany. – In: TUTTLE, O. F. & GITTINS, J. (Hrsg.): Carbonatites: 183–204; New York (Wiley).

WORST, B. G. (1958): Differentiation and structure of the Great Dyke of Rhodesia. – Transact. geol. Soc. South Africa, **61:** 283–354.

ZECK, H. P. (1970): An erupted migmatite from Cerro de Hoyazo, SE Spain. – Contrib. Miner. Petrol., **26:** 225–246.

ZEMANN, J. (1951): Zur Kenntnis der Riebeckitgneise des Ostendes der nordalpinen Grauwackenzone. – Tschermak's miner. petrogr. Mitt., **2:** 1–23.

ZURBRIGGEN, B. (1976): Synorogene Gesteinsbildung im Raume der Neunkirchener Höhe (Odenwald). – Geol. Jb. Hessen, **104:** 97–146.

ZYL, J. P. VAN (1969): The petrology of the Merensky Reef and associated rocks on Swartklip 988, Rustenburg. – In: VISSER, D. J. L. &GRUENEWALDT, G. VON (Hrsg.): Geol. Soc. South Africa, Spec. Publ., **1:** 80–107.

Unveröffentlichte Untersuchungsergebnisse von K. BAATZ, I. LÄMMLIN, W. MORCHE, H. MÜLLER und H. SCHMELTZER (alle Freiburg i. Br.).

Nachträge beim Nachdruck 1990

DSDP Init. Repts., **LXIX,** Puntarenas, Costa Rica to Balboa, Panama, July – December 1979. 864 S., Washington D.C. (Nat. Sci. Found.) 1983.

FREY, M., TEICHMÜLLER, M. & R., MULLIS, J., KÜNZI, B., BREITSCHEID, A., GRUNER, U. & SCHWIZER, B. (1980): Very low-grade metamorphism in external parts of the Central Alps: Illite crystallinity, coal rank and fluid inclusion data. – Eclogae geol. Helv., **73:** 173–203, Basel.

FREY, M. (1986): Very low-grade metamorphism of the Alps – an introduction. – Schweiz. mineral. petrogr. Mitt., **66:** 13–27.

LE MAITRE, R. W. (Hrsg.) (1990): A classification of Igneous Rocks and Glossary of Terms. Recommendations of the Internat. Union of Geol. Sci., Subcommiss. on the Systematics of Igneous Rocks. – 193 S., Oxford (Blackwell) 1989.

RAITH, M., RAASE, P., ACKERMAND, D. & LAL, R. K. (1983): Regional geobarometry in the granulite facies terrane of South India. – Transact. Royal Soc. Edinburgh, **73:** 221–224.

ROCK, N. M. S. (1991): Lamprophyres. – 285 S., Oxford etc. (Blackie).

SRIKANTAPPA, C., RAITH, M. & SPIERING, B. (1985): Progressive charnockitization of a leptynite-khondalite suite in southern Kerala, India – Evidence for formation of charnockites through decrease in fluid pressure? – J. Geol. Soc. India, **26:** 849–872.

Register

Gesteinsnamen, andere petrographische Begriffe, Ortsnamen der im Text behandelten Einzelbeispiele.